SUBM 설계 규칙들			
레이어	규칙	표현	깊이 (λ)
N-웰	1.1	폭	12
	1.2	차동 전위에서 웰까지의 간격	18
	1.3	동등 전위에서 웰까지의 간격	6
활성 영역(확산)	2.1	폭	3
	2.2	활성 영역까지의 간격	3
	2.3	웰로 둘러싸인 소스/드레인	6
	2.4	웰로 둘러싸인 기판/웰 접촉	3
	2.5	반대 형태의 활성 영역까지의 간격	4
폴리	3.1	폭	2
	3.2	필드 산화막 위로 폴리까지의 간격	3
	3.2a	활성 영역 위로 폴리까지의 간격	3
	3.3	활성 영역 너머로 확장된 게이트	2
	3.4	폴리 너머로 확장된 게이트	3
	3.5	폴리와 활성 영역의 간격	1
셀렉트 (n 또는 p)	4.1	기판/웰 접촉에서 게이트까지의 간격	3
	4.2	활성 영역의 중첩	2
	4.3	기판/웰 접촉의 중첩	1
	4.4	셀렉트까지의 간격	2
접촉 (폴리 혹은 활성 영역까지의)	5.1, 6.1	폭	2×2
	5.2b, 6.2b	폴리 혹은 활성 영역에 의한 중첩	1
	5.3, 6.3	접촉까지의 간격	3
	5.4, 6.4	게이트까지의 간격	2
	5.5b	폴리 접촉에서 다른 폴리까지의 간격	5
	5.7b, 6.7b	다중 접촉을 위한 폴리 활성 영역까지의 간격	3
	6.8b	활성 접촉에서 폴리 접촉까지의 간격	4
금속1, 금속2	7.1, 9.1	폭	3
	7.2, 9.2	동일 레이어 금속까지의 간격	3
	7.3, 8.3, 9.3	접촉 혹은 비아의 중첩	1
	7.4, 9.4	10 λ보다 넓은 배선의 금속까지의 간격	6
비아1, 비아2	8.1, 14.1	폭	2×2
	8.2, 14.2	같은 층의 비아와 간격	3
금속3	15.1	폭	5
	15.2	금속 3과의 간격	3
	15.3	비아 2와 중첩	2
	15.4	10 λ보다 넓은 배선의 금속까지의 간격	6
오버글래스 컷	10.1	본드 패드 열림폭	60 μm
	10.2	탐침 패드 열림폭	20 μm
	10.3	오버글래스 컷의 금속 3과의 중첩	6 μm
	10.4	패드금속과 다른 금속의 간격	30 μm
	10.5	패드금속과 액티브 또는 폴리의 간격	15 μm

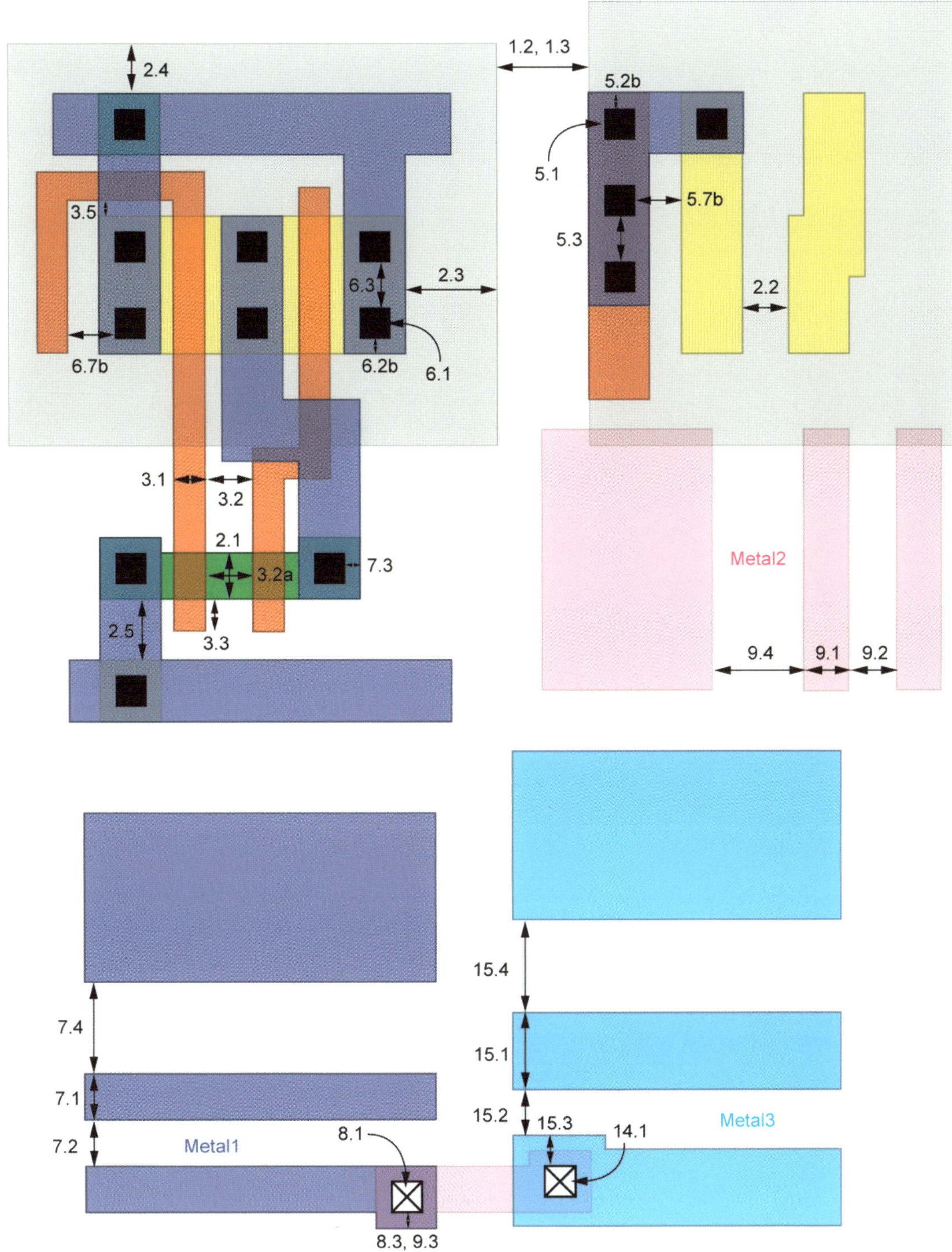

도식화된 MOSIS 설계

제4판

CMOS VLSI 설계 원리

CMOS VLSI Design: A Circuits and Systems Perspective

제4판

CMOS VLSI 설계 원리

CMOS VLSI Design: A Circuits and Systems Perspective

Neil H. E. Weste · David Money Harris | 지음
백준기 · 이성원 | 옮김

(주)한티에듀

Pearson Education South Asia Pte Ltd
63 Chulia St
#15-01
Singapore 049514

Pearson Education offices in Asia: *Bangkok, Beijing, Ho Chi Minh City, Hong Kong, Jakarta, Kuala Lumpur, Manila, Seoul, Singapore, Taipei, Tokyo*

3 2 1
24 23 22

발행일: 2022년 8월 20일
공급처: (주)한티에듀(02−332−7993~4/hantee@hanteemedia.co.kr)
ISBN: 978−981−3350−51−9(93560)
가　격: 39,000원

http://pearsonapac.com/

저자 서문

이 책이 처음 출판된 지 25년이 흐르는 동안, CMOS 기술은 현대 전기 시스템 설계에서 두각을 나타내고 있다. 이는 무선통신, 인터넷과 개인용 컴퓨터의 폭넓은 사용을 가능하게 해 왔다. 어떤 다른 인간의 발명품도 제한적인 시간에 이와 같은 빠른 성장을 하지는 못했다. 최신 칩들의 트랜지스터 수와 클럭 주파수는 엄청난 크기로 증가했다.

	1차 버전	2차 버전	3차 버전	4차 버전
연도	1985	1993	2004	2010
트랜지스터 수	10^5–10^6	10^6–10^7	10^8–10^9	10^9–10^{10}
클럭 주파수	10^7	10^8	10^9	10^{10}
세계 시장 규모	$25B	$60B	$170B	$250B

이 책은 주로 지난 6년간의 집적회로 설계의 엄청난 발전을 반영하기 위해 많은 부분 다시 쓰였다. 기본 원리는 거의 같으나, 전력 소비와 변동성이 칩 설계의 주요 요소가 되었다. 이 책은 다음과 같은 주요 요소를 강조하기 위하여 재배치되었다. 지연, 전력, 상호연결, 그리고 안정성. 다른 장들은 우리가 요소들을 가르치는 순서를 반영하여 재배치되었다.

이 책을 사용하는 법

이 책은 의도적으로 어떤 과정이 한 학기에 다룰 수 있는 것보다 넓고 깊게 다루고 있다. 첫 번째 VLSI 학부 과정에서 접근할 수 있으며, 상급의 대학원 과정에 적합하고, 실무의 엔지니어가 참고로 사용할 만큼 충분히 자세하다. 관심에 따라 주제를 택하는 것도 좋다. 1장은 전체 영역을 미리 보여 주며, 그 이후의 장들은 특정 주제에 따라 나열되어 있다. '선택' 표시가 되어 있는 절들은 다음의 절을 이해하는 데 필요하지 않다. 처음 읽을 때는 이들을 건너뛰고 나중에 필요할 경우 되돌아볼 수 있다.

여러분의 사고에 도움이 되도록 필요한 경우 그림을 함께 실었다('하나의 그림이 수천의 단어보다 낫다'). 본문에서 예제가 나올 경우 해답을 보기 전에 생각해 볼 것을 권한다. 이 책에 소개된 주제에 대해 보다 깊은 탐구가 필요한 경우를 위해 많은 참고문헌을 제공하였다. 산업체에서 사용되는 최상의 연습을 강조하였으며, 함정 및 착오에 대해 경고하였다. 우리 회로의 장점에 대한 판단이 기술과 응용이 바뀌면 틀려질 수 있으나, 우리는 가장 관련 있는 정보를 찾으려는 시도는 저자의 책임이라고 믿는다.

보충 자료

많은 보충 자료가 이 책의 웹 사이트 www.cmosvlsi.com에 있다. 학생을 돕기 위한 보충 자료는 다음과 같다.

- 1장에서 다룬 8비트 마이크로프로세서를 포함한 실험실 연습에 따른 실험 안내서
- 개방형 CAD 도구와 공정 파라미터를 포함한 VLSI 자료에 대한 링크의 모음
- 홀수 번호 문제의 답을 포함하는 학생용 해답집

강사를 돕기 위한 보충 자료는 다음과 같다.

- 과목 개요의 예
- VLSI 입문 과정을 위한 강의 슬라이드
- 해답을 포함한 강사용 매뉴얼

이러한 자료들은 이 책을 강의에 사용하는 교수만을 위하여 준비되어 있다. 자료를 원하는 경우 computing@aw.com으로 이메일을 보내기 바란다.

감사의 글

우리는 논평과 제안, 기술적인 토론에 대하여 많은 사람들에게 도움을 받았다. 그들은 다음과 같다. Bharadwaj "Birdy" Amrutur, Mark Anders, Adnan Aziz, Jacob Baker, Kaustav Banerjee, Steve Bibyk, David Blaauw, Erik Brunvand, Neil Burgess, Wayne Burleson, Robert Drost, Jo Ebergen, Sarah Harris, Jacob Herbold, Ron Ho, David Hopkins, Mark Horowitz, Steven Hsu, Tanay Karnik, Omid Kaveh, Matthew Keeter, Ben Keller, Ali Keshavarzi, Brucek Khailany, Jaeha Kim, Volkan Kursun, Simon Knowles, Ram Krishnamurthy, Austin Lee, Ana Sonia Leon, Shih-Lien Lu, Sanu Mathew, Aleksandar Milenkovic, Sam Naffziger, Braden Phillips, Stefan Rusu, Justin Schauer, James Stine, Jason Stinson, Aaron Stratton, Ivan Sutherland, Jim Tschanz, Alice Wang, Gu-Yeon Wei, 그리고 Peiyi Zhao. 혹시라도 누락된 사람들에게 미리 사죄한다.

MOSIS와 IBM은 친절히도 많은 예들을 위한 나노미터 SPICE 모델을 사용하도록 허가해 주었다. Nathaniel Pinckney는 실험 연습을 수정하고 시뮬레이션을 보충하면서 한여름을 보냈다. Jaeha Kim은 13장의 위상 고정 루프와 고속 I/O를 위한 새로운 절에 기여했다. David는 집필을 위해 두 번의 여름을 함께해 준 인도과학대학의 Bharadwaj Amrutur와 애들레이드대학교의 Braden Phillips에게 감사한다.

Addison-Wesley는 지루한 편집과 제작을 훌륭히 마쳤다. 우리는 특히 편집자인 Matt Goldstein과 조판을 담당한 Gillian Hall에게 감사한다.

Sally Harris는 David가 아기였을 때부터 가족사 책을 편집해 왔다. 그녀는 페이지 검사를 하며 놀라운 집중력으로 수백의 미세한 오류를 발견하였다.

우리 가족들의 지원 없이는 이 책이 존재할 수 없었을 것이다. David는 특히 집필 동안 두 번의 여름을 참아 준 아내 Jennifer와 아들 Abraham과 Samuel에게, 그리고 그 외의 가족들에게 감사한다.

책에는 실수가 슬슬 끼어들기 쉽다는 것을 절실히 느끼게 되었다. 3판의 독자들이 보고한 다수의 오류는 이제 수정되었다. 확인하기 위한 우리의 최선의 노력에도 불구하고 비슷한 수의 새로운 오류가 포함되었을 것이라 생각된다. www.cmosvlsi.com/errata.pdf의 정오표를 확인해 보고 의견이 있으면 bugs@cmosvlsi.com으로 보내 주기 바란다.

2010년 1월

N. W.

D. M. H.

저자 소개 및 역자 서문

저자 Neil Weste 박사는 현재 NHEW R&D라는 기술자문회사를 설립하여 경영하고 있으며, 오스트레일리아 매쿼리대학과 애들레이드대학의 겸임교수이기도 하다. 이전에 그는 오스트레일리아의 래디에이터 통신을 설립하였는데 이후 시스코에 합병되었다. 오스트레일리아에 돌아가기 전 미국 매사추세츠주 벌링턴에 있는 VLSI 엔지니어링 회사인 TLW의 대표를 맡았으며, TLW를 공동으로 설립하기 전에 VLSI Systems at Symbolics라는 회사의 중역으로 활동하고, Ivory Lisp라고 하는 마이크로프로세서와 NS 설계 시스템을 개발한 팀을 이끌었다. Symbolics 사에 들어오기 전에 Weste 박사는 뉴저지주 홀름델에 있는 AT&T 벨 연구소에서 6년간 연구를 수행하였다. 그는 1년간 노스캐롤라이나주의 Microelectronics Center에서 일했으며, 듀크대학과 노스캐롤라이나주립대학에서 강의를 하기도 했다. Weste 박사는 학사, 석사, 박사 과정을 모두 오스트레일리아의 애들레이드대학에서 수료하였다.

공저자인 David Harris 박사는 하비머드대학의 전기전자공학과 교수이다. 그는 MIT에서 학사와 석사 과정을 마쳤으며, 스탠퍼드대학에서 박사학위를 받았다. 그는 많은 특허와 논문을 발표하였으며, 선마이크로시스템스, 인텔, 휴렛팩커드, 에반스 앤드 서덜랜드 등에서 칩 설계를 하였다. 그의 연구 관심사는 고속 CMOS VLSI 설계와 컴퓨터 산술장치이다.

이 책은 CMOS VLSI의 기초에서부터 최근의 첨단 기술 이론 및 동향까지 전반적인 기술을 깊이 있게 다루었으며, 저자들의 풍부한 경험에 따른 많은 예제를 통하여 이해하기 쉽도록 설명되어 있다. 특히 2005년에 번역되었던 3판과 비교할 때, 트랜지스터 이론, 공정 기술, 회로 특성, CMOS 논리 회로, 순차 회로 설계, 데이터 경로, 메모리, I/O, 설계 방법 및 테스트 방법 등 전반적인 내용이 발전되고 변화한 기술들로 대체되어 있다. 또한 위에 열거한 기존의 주제들 이외에도 PLL과 DLL 등 최근의 기술적인 추세에 필요한 기술들이 추가되어서 구체적이면서도 널리 활용되는 회로 집단 및 서브시스템들을 다양하게 섭렵할 수 있도록 배려하였다. 이 책이 CMOS VLSI를 이해하고 활용하기 위한 완벽에 가까운 지침서 역할을 하는 데 의심의 여지가 없다.

번역은 되도록 원문의 뜻을 살리면서 문장을 알기 쉽게 가다듬고 문맥을 자연스럽게 하는 데 중점을 두었다. 번역 과정에서 가장 어려운 부분이 전문 용어의 번역 및 통일된 사용이었다. 용어의 번역은 책의 내용을 이해하는 데 가장 중요한 사항임과 동시에 우리말로 된 학문 용어의 정립에 일조해야 한다는 생각에 이르고 난 후, 역자들의 능력과 경험의 한계를 절실하게 느낄 수밖에 없었다. 다만 어색하더라도 가능한 모든 용어를 번역하고자 노력하였고, 일단 번역이 되면 통일해서 사용하였다. 미진한 번역 내용이나, 혹시 있을지 모르는 오류 등은 가능한 한 원본의 내용을 유추할 수 있도록 배려하였다. 독자들도 알 수 있듯이 방대한 분량의 번역 과정에서 부족한 부분이 너무 많은 것을 절실하게 느꼈지만, CMOS VLSI 설계 기술의 특성상 완전한 번역을 위해 너무 많은 시간을 할애함으로써 기술의 혁신 속도에 낙오될 수 없다는 생각으로 부족한 번역을 합리화할 수밖에 없음을 안타깝게 생각한다.

훌륭한 책을 번역할 수 있도록 배려해주신 (주) 피어슨에듀케이션코리아의 편집진에게 고마움을 전한다. 마지막으로 역자들의 사랑하는 아내인 백준기의 이선주와 이성원의 고정현에게 이 책을 바친다.

2011년 12월

중앙대학교 첨단영상대학원 영상공학과 교수 백준기
광운대학교 컴퓨터공학과 교수 이성원

차례

1장 VLSI 세계로의 초대

2장 디바이스

3장 동작 속도

4장 전력

5장 배선

6장 스케일링, 신뢰도 및 가변성

7장 SPICE

8장 게이트

9장 순차화

10장 데이터 경로

11장 메모리

12장 패키지, 전원, 클럭, I/O

13장 방법론

14장 테스트

15장 제조 공정

VLSI 세계로의 초대 1

1.1 간략한 역사

1958년에 텍사스인스트루먼츠에서 잭 킬비(Jack Kilby)가 처음으로 두 개의 트랜지스터를 사용한 플립플롭 집적회로를 만들었다. 2008년에 인텔 사에서 개발한 아이태니엄(Itanium) 마이크로프로세서에는 20억 개 이상의 트랜지스터가 집적되어 있고, 16기가비트 플래시메모리에는 40억 개 이상의 트랜지스터가 집적되어 있다. 이와 같은 발전은 50년 동안 매년 53%의 성장을 이룬 결과이고, 유사 이래 집적회로 기술 외에 이와 같이 높은 성장률을 오래도록 지속한 기술은 전무하다.

이같이 믿기 어려운 발전은 트랜지스터의 지속적인 축소와 제조 기술의 개선에 의해서 가능했다. 다른 대부분의 공학 분야는 성능, 전력, 가격 등이 서로 상충하는 관계를 가지고 있는 데 반해서, 집적회로 분야에서는 트랜지스터의 크기가 작아지면 처리 속도가 빨라지고, 전력 소모가 줄어들며, 제조 비용이 줄어드는 상호 협조적인 관계를 갖는다. 이와 같은 시너지 효과는 전자공학 기술의 혁신은 물론이고, 사회에 전반적인 영향력을 가지게 되었다.

한때 정부의 극비용 슈퍼컴퓨터가 가졌던 기능을 지금은 일회용 휴대전화에서 사용할 수 있게 되었다. 또한 회사 전체의 회계 시스템을 관리할 수 있는 메모리가 십대들이 즐겨 쓰는 iPod에 들어있다. 집적회로의 발전은 우주 탐험을 가능하게 하였고, 자동차를 보다 유용하게 만들었고, 전쟁의 형태를 획기적으로 변화시켰고, 웹브라우저들이 방대한 정보를 제공할 수 있도록 만들었으며, 우리가 사는 세계를 보다 상호 연관적인 곳으로 변화시켰다.

그림 1.1은 전 세계 반도체 시장에서의 연도별 매출액의 성장 추이를 보여 준다. 1994년도 집적회로 판매액은 천억 달러가 넘었다. 2007년에는 약 6×10^{18}개의 트랜지스터가 제조되었고, 이 개수는 지구상의 인간 1명당 평균 십억 개에 해당한다. 수천 명의 공학자들이 이 분야에서 그들의 꿈을 이루었고, 혁신적인 아이디어와 그들의 재능을 현실로 옮길 수 있는 사람들의 미래에 새로운 희망이 생겨났다.

20세기 전반부에는 전자 회로가 크고, 비싸고, 전력 소모가 많으면서도, 불안정한 진공관을 사용하였다. 1947년에 존 바딘(John Bardeen)과 월터 브래튼(Walter Brattain)이 최초로 점접촉 트랜지스터(point contact transistor)를 개발하였는데, 이것이 그림 1.2(a)에 나와 있다[Riordan97]. 당시만 해도 이것은 군사 기밀로 분류되었으나, 다음 해에 벨 연구소(Bell Labs)는 이 장치를 공개하였다.

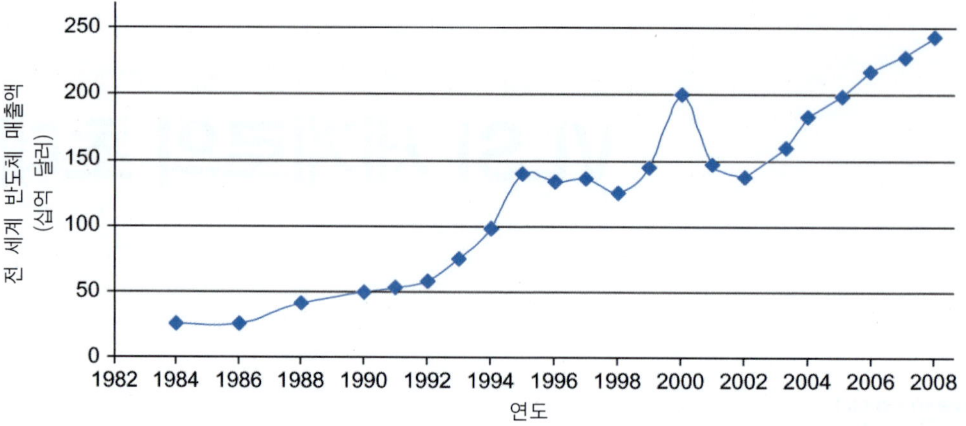

그림 1.1 전 세계 반도체 시장의 규모(Semiconductor Industry Association 제공)

이것을 트랜지스터(T-R-A-N-S-I-S-T-O-R)라 부른 이유는 이것을 통과하는 신호를 증폭시키는 저항 혹은 반도체이기 때문이다. 이것은 진공관 증폭기와 전기적으로 동일하다. 그러나 트랜지스터와 진공관의 유사성은 여기서 끝나게 된다. 다시 말해서 트랜지스터에는 진공도, 필라멘트도, 유리관도 없다. 단지 차갑고 딱딱한 물질로만 이루어져 있다.

10년 후, 텍사스인스트루먼츠의 잭 킬비는 여러 개의 트랜지스터가 한 개의 실리콘 조각 위에 만들어질 수 있다는 소형화의 잠재력을 깨닫게 되었다. 그림 1.2(b)는 잭 킬비가 게르마늄 조각과 금 전선을 사용하여 만든 최초의 집적회로 시제품을 보여 준다.

트랜지스터의 발명으로 인해서 1956년에 바딘, 브래튼, 윌리엄 쇼클리(William Shockley) 세 사

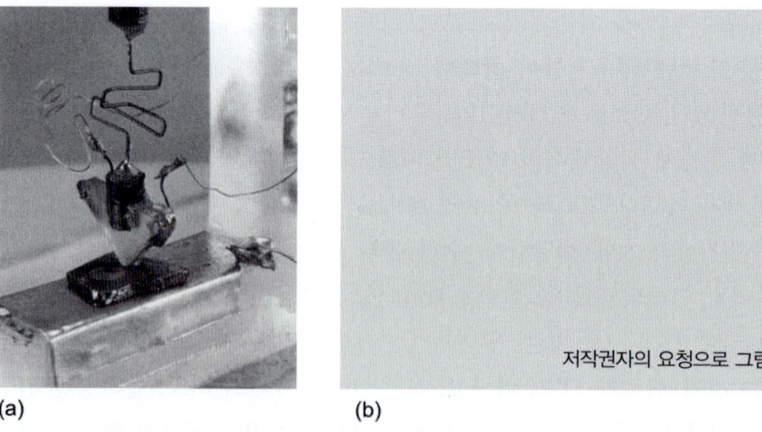

그림 1.2 (a) 최초의 트랜지스터(AT&T 보관 자료. AT&T의 허락으로 게재)와 (b) 최초의 집적회로(텍사스인스트루먼츠 제공)

람이 노벨 물리학상을 받았고, 킬비는 2000년에 집적회로를 발명한 공로로 노벨 물리학상을 받았다.

트랜지스터는 세 개의 단자를 가진 전기적인 스위치라고 생각할 수 있는데, 제어 단자에 인가된 전압의 크기에 따라서 나머지 두 단자가 상호 연결되거나 단절된다. 점접촉 트랜지스터가 발명된 직후, 벨 연구소는 바이폴라 접합 트랜지스터(BJT: bipolar junction transistor)를 발명하였다. 바이폴라 트랜지스터는 보다 안정적이고, 잡음이 적고, 전력 소모도 적다. 초기의 집적회로는 대부분 바이폴라 트랜지스터를 사용하였다. 바이폴라 트랜지스터는 베이스(base)라 불리는 제어 단자에 매우 적은 전류를 공급해서 이미터(emitter)와 컬렉터(collector)라 불리는 다른 두 단자에 흐르는 훨씬 큰 전류를 제어한다. 회로가 스위칭되지 않았을 때 베이스에 흐르는 전류에 의해서 소모되는 대기 전력(quiescent power)이 단일 다이(die) 위에 집적될 수 있는 트랜지스터들의 개수를 결정한다. 1960년대에 들어서 금속 산화막 반도체 전계 효과 트랜지스터(MOSFET: metal oxide semiconductor field effect transistor)가 제작되기 시작하였는데, 이 MOSFET는 BJT와는 달리 대기 상태에서 제어 단자에 인가되는 전류가 거의 없다는 장점을 갖고 있다. MOSFET는 도핑(doping)에 사용되는 n형 및 p형 실리콘에 따라서 nMOS와 pMOS의 두 가지 형태를 갖는다. 전계효과 트랜지스터의 원리는 1925년 독일 과학자인 줄리우스 릴리엔필드(Julius Lilienfield)의 이론에 기초한다[US patent 1,745,175]. MOSFET를 닮은 구조는 1935년에 오스카 헤일(Oskar Heil)[British patent 439,457]이 제안하였지만, 재료 문제 때문에 초기에 동작하는 장치를 만들고자 했던 시도가 지연되었다.

페어차일드(Fairchild) 사의 프랭크 완라스(Frank Wanlass)는 1963년에 MOSFET를 사용한 최초의 논리 게이트를 발표하였다[Wanlass63]. 완라스의 논리 게이트는 nMOS와 pMOS 트랜지스터를 모두 사용하였기 때문에 상보형 금속 산화막 반도체(complementary MOS) 혹은 CMOS라고 불린다. 이 회로는 별도로 분리된 트랜지스터들을 사용하지만, 단지 수 나노와트 단위의 전력만을 소모하는데, 이것은 같은 성능의 BJT가 소모하는 전력의 10^{-6}에 해당된다. 평판 실리콘 공정(planar silicon process)이 발전함에 따라, 트랜지스터가 차지하는 면적이 감소하고 제조 공정이 단순화되었으며[Vadasz69], 이것이 MOS 집적회로가 더욱 주목을 받게 되는 계기가 된 것이다. 초기 공정들은 단지 pMOS 트랜지스터만을 사용하였기 때문에 성능, 수율(yield), 안정성 모두에 문제가 있었다. nMOS 트랜지스터가 주도적인 역할을 하게 된 것은 1970년대에 들어서이다[Mead80]. 인텔이 선도적으로 nMOS 기술을 개발하여 1101 256비트 SRAM(static random access memory)과 4004 4비트 마이크로프로세서에 적용하였다. 이들이 차례로 그림 1.3에 나와 있다. nMOS 공정이 CMOS에 비해서 가격이 저렴한 대신, nMOS 논리 게이트는 여전히 대기 전류의 소모를 피할 수 없다. 1980년대에 들어 수십만 개의 트랜지스터가 단일 다이 위에 집적되면서, 소모 전력이 주된 관심사가 되었다. 따라서 CMOS 공정이 널리 적용되고 모든 디지털 논리회로의 응용 분야에서 nMOS와 바이폴라 공정을 대체하기에 이르렀다.

고든 무어(Gordon Moore)는 1965년에 단일 칩 상에서 가장 경제적으로 제조될 수 있는 트랜지스터의 개수를 연도별로 표시한 결과, 세미로그 스케일(semilogarithmic scale) 좌표에서 직선으로 나타난다는 것을 발견하였다[Moore65]. 그때 무어는 트랜지스터의 개수가 18개월마다 두 배가 된다는 점을 발견하였고, 이것이 유명한 **무어의 법칙**(Moore's law)이다. 그림 1.4는 인텔 마이크로프로세서의 트랜지스터 개수가 4004가 개발된 이래로 26개월마다 두 배가 되는 것을 보여 준다. 무어의 법칙

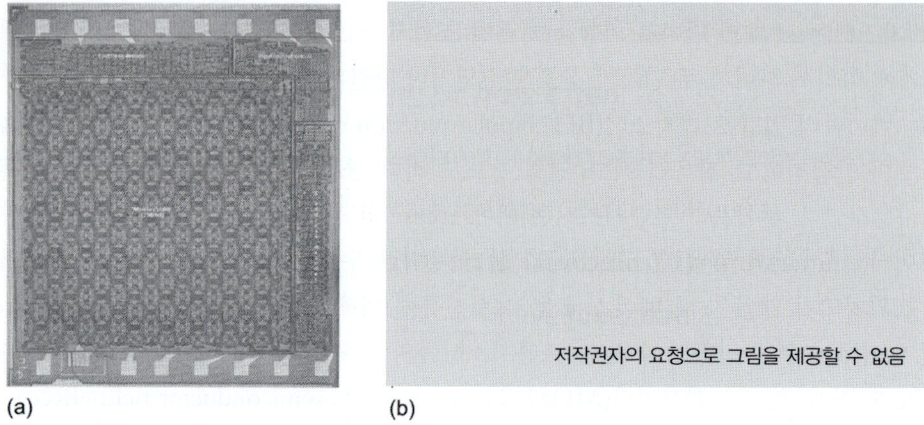

그림 1.3 (a) 인텔 1101 SRAM(© IEEE 1969[Vadasz69])과 (b) 4004 마이크로프로세서(인텔 사 제공)

은 주로 트랜지스터 크기의 **비례적인**(scaling) 축소에 의해서 그리고 약간은 보다 큰 칩을 만듦으로써 유도된다. 칩에 집적되는 수준은 **소형집적**(SSI: small-scale integration), **중형집적**(MSI: medium-scale integration), **대형집적**(LSI: large-scale integration), 그리고 **초고집적**(VLSI: very large-scale integration)으로 분류된다. SSI 회로는 7404 인버터와 같이 10개 이내의 게이트를 갖는 것을 의미한다. 참고로 한 게이트에는 약 6개 정도의 트랜지스터가 내장된다. MSI 회로는 74161 카운터와 같이 1000개 이내의 게이트를 갖고, LSI 회로는 단순한 8비트 마이크로프로세서와 같이 10,000개 이내의 게이트를 갖는다. 현재와 같은 집적 기술의 발전이 지속된다면 5년마다 새로운 이름을 붙여야 할 것이다. VLSI는 1980년대 이후 대부분의 집적회로를 지칭하는 용어가 되었다. 무어의 법칙으로부터 추론

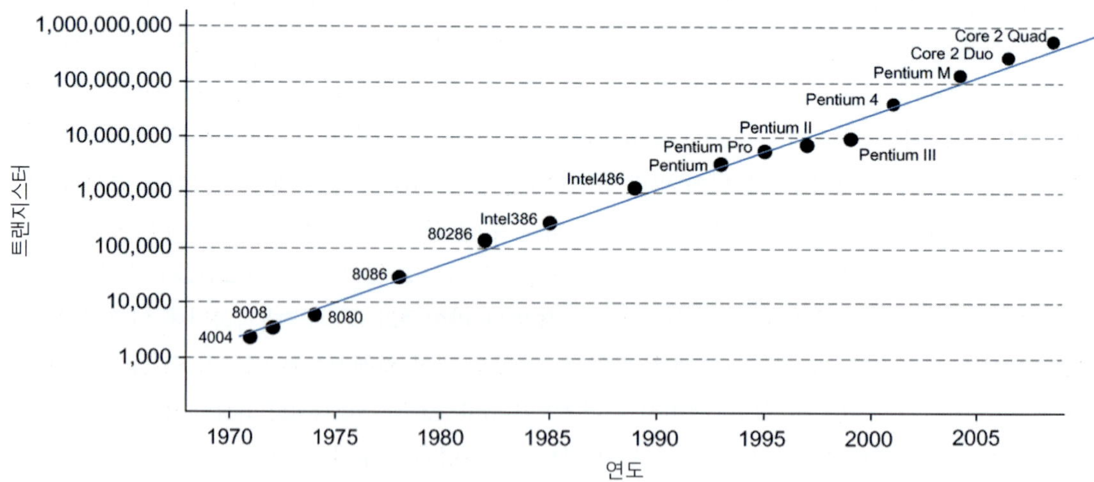

그림 1.4 인텔 마이크로프로세서의 트랜지스터 개수[Intel10]

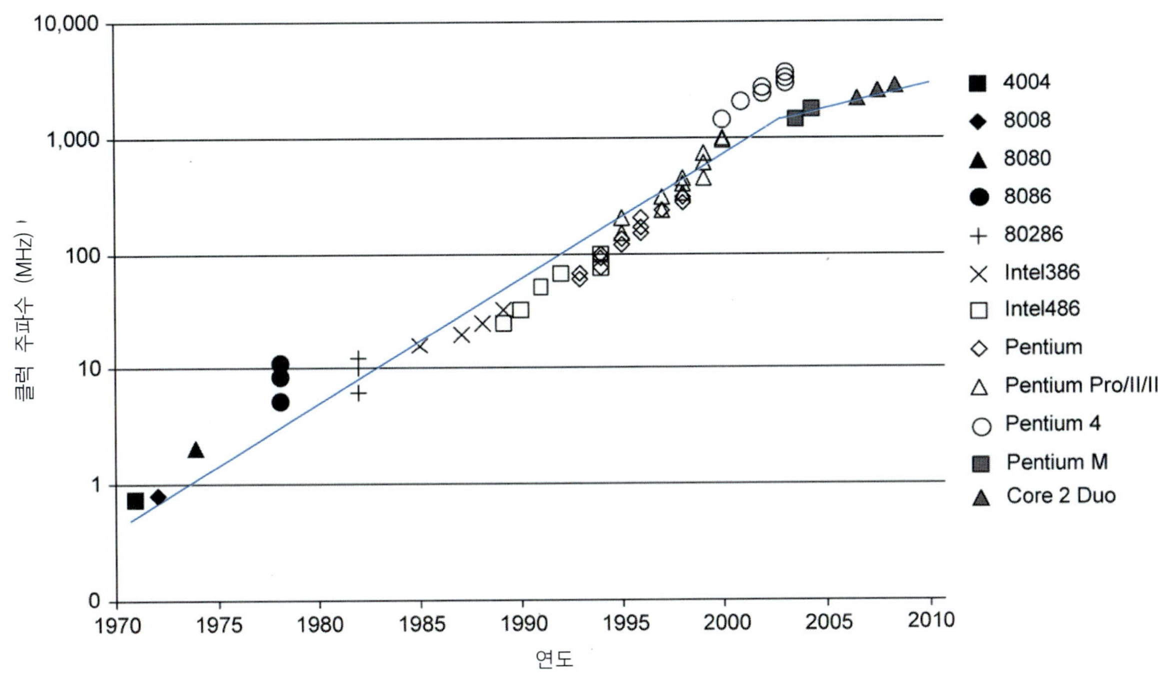

그림 1.5 인텔 마이크로프로세서의 클럭 주파수

된 것이 **Dennard의 스케일링 법칙**(Dennard's scaling law)이다[Dennard74]. 이 법칙에 의하면 트랜지스터의 크기가 작아짐에 따라 처리 속도가 향상되고, 전력 소모가 줄어들고, 제조 비용이 절감된다. 그림 1.5는 인텔 마이크로프로세서의 클럭 주파수가 34개월마다 두 배로 증가하는 그래프를 보여 준다. 이와 같은 주파수 증가는 2004년에 3 GHz에 도달한 후 큰 변화를 보이지 않는다. 컴퓨터의 성능은 응용프로그램을 실행하는 속도 측면에서 볼 때, 기본적인 클럭 주파수보다 월등하게 발전하였다. 현재 컴퓨터의 성능은 클럭 주파수보다는 칩 안에 내장된 코어들의 개수에 의해 결정된다. 개별적인 CMOS 트랜지스터가 스위치 동작을 실행하는 순간에는 매우 적은 전력을 소모하지만, 거대한 개수의 트랜지스터들이 고속으로 동작하는 경우 전력 소모에 관한 문제가 다시 설계의 주요 관심사로 부각된다. 나아가 트랜지스터들이 초소형화되면서 단절(OFF) 상태에서 완전하게 전류가 차단되지 않기 때문에, 백만 혹은 수십억 개의 트랜지스터들에서 발생하는 누설 전류가 커다란 전력 소모를 발생시킨다.

CMOS 제조 공정의 특성을 나타내는 크기는 안정적으로 제조될 수 있는 최소 트랜지스터의 크기를 의미한다. 1971년에 제작된 4004 마이크로프로세서는 최소 10 μm 크기의 트랜지스터를 사용한 반면, 2008년에 제작된 Core 2 Duo는 45 nm의 트랜지스터를 사용했다. 지금까지 2~3년을 주기로 같은 면적에 두 배의 개수를 집적하기 위해서 30%씩 축소된 트랜지스터를 제조하는 공정이 개발되었고, 각 세대별 공정이 그림 1.6에 나와 있다. 0.25 μm까지는 미크론($1\ \mu m = 10^{-6}$ m) 공정으로 규정하고, 이보다 축소된 경우는 나노미터($1\ nm = 10^{-9}$ m) 공정이라 한다. 누설 전류, 트랜지스터 특성 변화, 배선 저항 등과 같은 문제들이 미크론 공정에서는 큰 영향이 없지만, 나노미터 공정에서는 심각

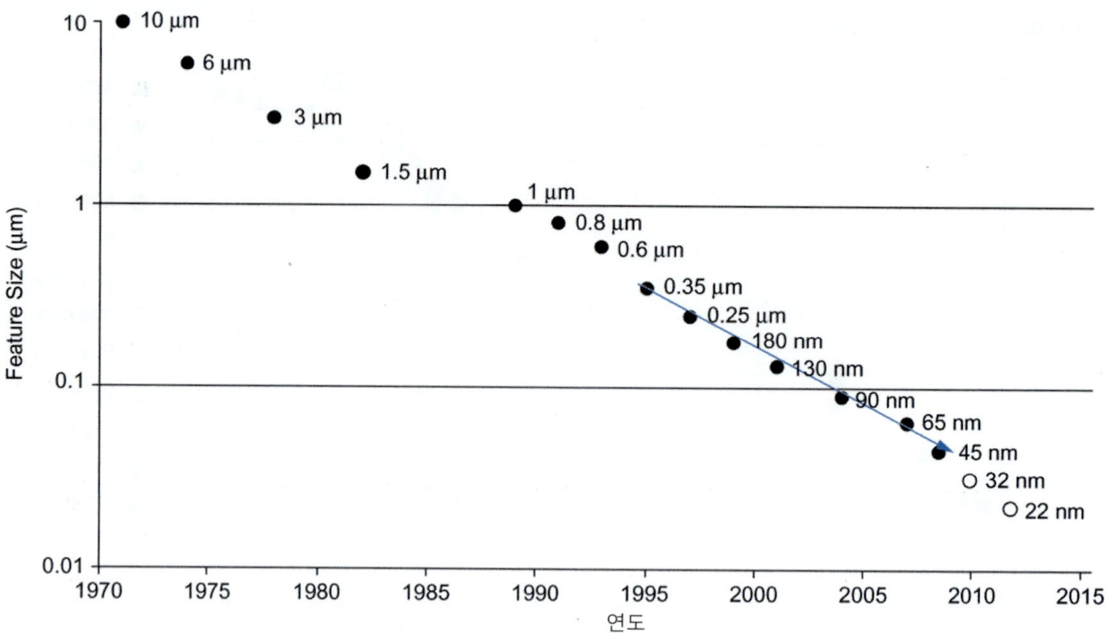

그림 1.6 CMOS 제조 공정의 세대별 발전 및 미래 전망(SIA2007)

해진다.

제조 회사들이 경쟁사들에 뒤지지 않기 위해서 노력하기 때문에 무어의 법칙은 저절로 지켜진다. 하지만 이와 같은 공정의 축소는 영원히 지속될 수 없는데, 그 이유는 트랜지스터가 원자의 크기보다 작아질 수는 없기 때문이다. Dennard의 법칙은 이미 느려지기 시작했다. 45 nm 세대에서 설계자들은 전력 소모를 줄이는 것과 지연을 줄이는 것 사이에서 절충점을 찾는 중이다. 트랜지스터의 개별 제조 비용은 줄어들지만, 최신 공정을 칩에 반영시키기 위한 설계 비용은 기하급수적으로 증가한다. 그러나 이론적인 한계를 기초로 한 많은 예측들이 이미 빗나가고 있다. 창의적인 공학자들과 재료과학자들은 그들의 경쟁자들에게 앞선 대가로 헤아릴 수 없는 경제적 보상을 받는다. 1990년대 초기에 전문가들은 트랜지스터의 축소가 단지 10년 동안 이루어지고 나면 더 이상의 발전을 기대하기는 어려울 것으로 예측하였지만, 2009년의 상황을 보면 여전히 축소가 진행되고 있고, 이러한 추세는 최소 10년 이상 지속될 것이 분명하다. 미래의 발명은 여러분의 것이다.

1.2 간략한 소개

VLSI 트랜지스터 개발비가 기하급수적으로 증가함에 따라서, 설계자들은 생산성 향상을 추구하기 위한 자동화 수준에 의지하게 되었다. 많은 설계자들이 하드웨어 기술 언어(HDL: hardware description language)를 사용하여 회로의 규격을 설정하는 데 많은 노력을 하지만, 실제 트랜지스터를 들여다보는 일은 거의 없다. 그럼에도 불구하고 칩 설계는 소프트웨어 공학이 아니라는 점을 강조할 필요가 있다. 보다 복잡한 문제를 해결하기 위해서는 기본적인 회로와 물리적 설계에 대한 이해가 필요하다. 따라서 이 책은 집적회로를 구성하는 트랜지스터 수준에서부터 HDL을 이용한 추상적인 설계 수준에 이르기까지의 전 과정을 이해하는 데 목적을 두고 있다.

이 장에서는 CMOS 트랜지스터를 단순화된 스위치로 가정하고, 이 모델을 사용해서 CMOS 논리 게이트와 래치를 정의한다. CMOS 트랜지스터는 인쇄 과정과 유사한 리소그래피 단계를 사용하여 실리콘 웨이퍼 상에서 대량으로 제조된다. 우리는 트랜지스터들을 어떻게 배열하는가 하는 방법을 익히게 되는데 이것을 레이아웃(layout)이라 부른다. 레이아웃은 직사각형 영역들을 규정하는 방법인데, 각각의 직사각형은 불순물이 확산되는 영역, 폴리실리콘이 성장하는 영역, 금속 배선(metal wire)이 침전되는 영역, 그리고 여러 계층을 연결하기 위한 접점(contact)이 식각(etching)되는 영역 들을 나타낸다. 이 장의 중반부에 이르면 단순한 CMOS 칩을 설계하고 레이아웃하는 데 필요한 원리를 이해하게 되고, 마지막으로 간단한 8비트 MIPS 마이크로프로세서의 설계를 위한 자세한 예제를 풀게 된다. 이 마이크로프로세서 설계 과정에서는 이 책 전체에 걸쳐서 제시되고 있는 설계의 문제점들을 제기하고 있다. VLSI 설계를 배우기 위한 가장 좋은 방법은 직접 설계해 보는 것이다. 독자 개인의 마이크로프로세서 설계 과정에 필요한 일련의 실험실 수준의 연습이 웹을 통해서 가능하다(`www.cmosvlsi.com` 참조).

1.3 MOS 트랜지스터

반도체인 실리콘(Si)은 대부분의 집적회로를 만드는 데 사용되는 재료이다[Tsividis99]. 순수한 실리콘은 3차원 **격자**(lattice) 구조의 원자들로 구성되어 있다. 실리콘은 4족의 원소로서, 그림 1.7(a)와 같이 인접한 네 개의 원자들과 공유결합(covalent bond)을 이룬다. 이 격자는 쉽게 표현하기 위해서 평면 상에 그렸지만 실제로는 정육면체 결정을 이루고 있다. 모든 원자가전자(valence electron)들이 화학적인 결합을 이루고 있기 때문에, 전도성은 매우 약하다. 그러나 소량의 불순물을 실리콘 격자에 주입하면 전도성은 향상된다. 이때 사용하는 불순물을 **도펀트**(dopant)라 부른다. 5족에 속하는 불순물인 비소(As)는 다섯 개의 원자가전자를 갖는다. 그림 1.7(b)와 같이 비소는 격자 중심에 있는 실리콘 원자를 대신하여 주변에 있는 네 개의 실리콘 원자들과 결합을 이루기 때문에, 다섯 번째 원자가전자는 비소 원자에 매우 약하게 연결되어 있다. 상온에서 이 격자의 열진동(thermal vibration)은 이 전자를 자유롭게 풀어 주기에 충분하며, 따라서 자유 전자(free electron)와 양전하의 As^+ 이온이 남게 된

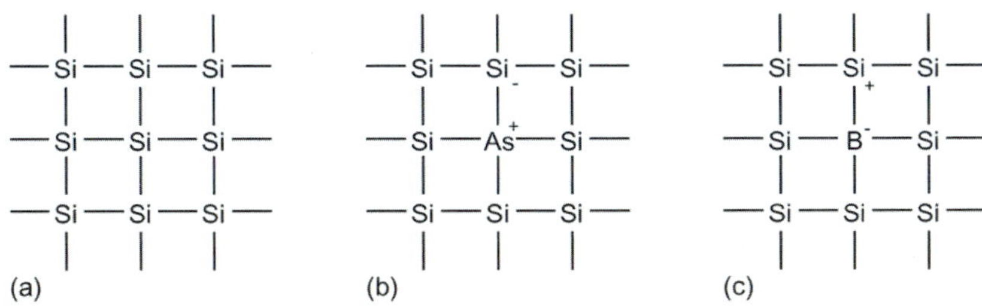

그림 1.7 실리콘 격자와 불순물 원자

다. 자유 전자는 전류를 통하게 만들기 때문에 전도성이 높아지게 된다. 이것은 **n형** 반도체라 하는데, 그 이유는 자유로운 캐리어(carrier)가 음전하를 띠는 전자이기 때문이다. 같은 방법으로 3족의 원소인 붕소(boron)는 그림 1.7(c)와 같이 세 개의 원자가전자를 갖는다. 불순물인 붕소 원자는 주변에 있는 실리콘 원자로부터 전자 한 개를 빌려서 결합을 유지하고, 전자를 빌려 준 실리콘은 원자가 한 개 부족한 상태가 된다. 이 실리콘 원자는 다시 주변의 실리콘으로부터 전자를 얻어서 중성이 되고, 이렇게 해서 전자가 부족해진 자리는 **정공**(hole)이 되어 격자 주변으로 전파된다. 이 정공은 양전하를 띠는 캐리어로 동작하기 때문에 이것을 **p형** 반도체라 한다.

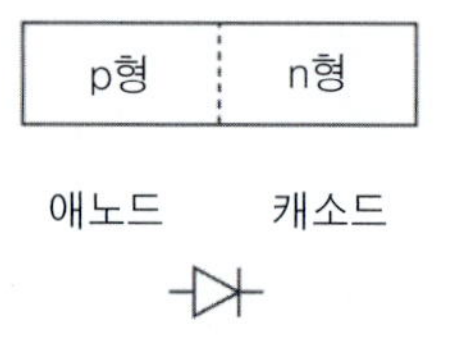

그림 1.8 p-n 접합 다이오드의 구조 및 심벌

그림 1.8과 같이 p형과 n형 반도체를 접합한 것을 **다이오드**(diode)라 한다. **애노드**(anode)라 불리는 p형 반도체에 **캐소드**(cathode)라 불리는 n형 반도체보다 높은 전압에 걸리면, 이 다이오드는 **순(방향)바이어스**(forward-bias)되었다고 말하며 전류가 흐르게 된다. 만약 애노드 전압이 캐소드 전압과 같거나 낮으면, 이 다이오드는 **역(방향)바이어스**(reverse-bias)되었다고 말하며 전류는 흐르지 않는다.

금속 산화막 반도체(**MOS**) 구조는 몇 개의 도체와 절연체를 샌드위치 형태로 수직으로 중첩하여 만들어진다. 이 구조들은 실리콘의 산화, 특수한 전도 특성을 만들기 위한 불순물의 주입, 인쇄 회로 기판을 제작하는 것과 같이 상호 연결을 위한 알루미늄이나 금속의 식각(etching) 혹은 침전(deposition) 등으로 대표되는 일련의 화학 공정 단계를 거쳐서 만들어진다. 트랜지스터들은 웨이퍼라고 불리는, 직경이 15~30 cm인 무결점 상태의 실리콘 단결정 원판 상에서 만들어진다. CMOS 기술은 n형 트랜지스터(nMOS)와 p형 트랜지스터(pMOS)라 불리는 두 가지 형태의 트랜지스터 혹은 **장치**(device)를 제공한다. 트랜지스터 동작이 전기장 혹은 전계(electric field)를 기반으로 이루어지기 때문에 이 장치들은 MOS 전계 효과 트랜지스터(MOSFET: metal oxide semiconductor field effect transistor) 혹은 간단히 **FET**라 불린다. 이 트랜지스터들의 절단면이 그림 1.9에 나와 있다. n+와 p+ 영역은 상대적으로 강하게 불순물이 첨가된 n형과 p형 실리콘을 나타낸다.

각 트랜지스터는 전도성을 갖는 **게이트**(gate)와 절연체인 산화실리콘(SiO_2)이 순서대로 **기판**(substrate), **바디**(body), 혹은 **벌크**(bulk)라 불리는 실리콘 웨이퍼 위에 수직으로 배열된 형태를 갖는

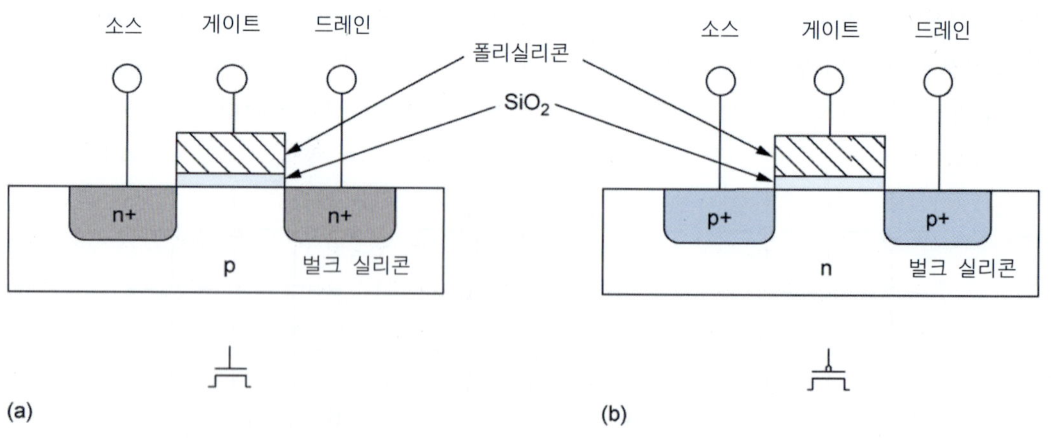

그림 1.9 (a) nMOS 트랜지스터와 (b) pMOS 트랜지스터

다. 초기 트랜지스터의 게이트는 금속으로 만들어졌기 때문에 이 구조를 금속 산화막 반도체 혹은 간단히 MOS라고 부른다. 1970년대 이후로 게이트는 대개 다결정 실리콘(polycrystalline silicon) 혹은 간단히 **폴리실리콘**(polysilicon)이라 불리는 재료로 만들지만 MOS라는 이름은 관습적으로 변하지 않고 있다. nMOS 트랜지스터는 p형 기판과 게이트 양쪽에 **소스**(source)와 **드레인**(drain)이라 불리는 n형 반도체 영역으로 구성된다. 소스와 드레인은 물리적으로 동일하기 때문에 편의상 언제든 서로 바꾸어 설명할 수 있다. 기판은 보통 접지되어 있다. pMOS 트랜지스터는 정반대로, n형 기판 위에 p형 소스와 드레인이 존재한다. nMOS와 pMOS 트랜지스터를 모두 갖는 CMOS에서는 기판이 n형이거나 p형이 되고, 반대 성격의 트랜지스터는 해당 기판을 만들기 위해 국부적으로 불순물이 첨가된 **웰**(well) 영역에 만들어진다.

게이트는 제어 입력으로 사용된다. 즉 소스와 드레인 사이의 전류 흐름에 영향력을 행사한다. nMOS 트랜지스터를 생각해 보자. 기판은 보통 접지되어 있기 때문에 소스와 드레인이 기판과 이루고 있는 p-n 접합은 역바이어스되어 있다. 만약 게이트 역시 접지되면, 역바이어스된 접합에서 전류는 흐르지 않는다. 따라서 이 트랜지스터는 차단 혹은 오프(OFF)되었다고 말한다. 반대로 게이트의 전압이 상승하면 전기장을 만들게 되고, 이 전기장은 산화실리콘과 실리콘 기판이 연결된 부분 아래로 자유 전자를 끌어당긴다. 게이트 전압이 충분히 상승하면, 전자의 개수가 정공의 개수를 초과하고, 게이트 아래의 **채널**(channel)이라 불리는 얇은 영역은 n형 반도체 역할을 수행할 수 있게 변화한다. 따라서 전자 캐리어의 전도 경로가 소스에서 드레인으로 형성되면서 전류가 흐르게 된다. 이와 같은 상태의 트랜지스터를 연결 혹은 온(ON)되었다고 한다.

pMOS 트랜지스터에서는 모든 동작이 반대로 일어난다. 기판이 양의 전압으로 유지되고, 게이트 역시 높은 전압을 가지면 소스와 드레인 접합이 역바이어스되어서 전류가 차단되고 트랜지스터는 오프된다. 이때 게이트 전압이 낮아지면 양전하가 산화실리콘과 실리콘 연결 부분 아래로 유도된다. 게이트 전압이 충분히 낮아지면 양전하의 캐리어의 전도 경로가 소스와 드레인 사이에 형성되고, 트랜지스터는 연결 상태가 된다. pMOS 트랜지스터의 심벌에서 게이트에 작은 원이 그려져 있는데, 이것은 nMOS 트랜지스터와 동작이 반대라는 것을 의미한다.

이 책 전체에 걸쳐서 양의 전압은 V_{DD} 혹은 POWER라 부르는데, 디지털 회로에서는 논리적으로 '1'을 의미한다. 1970년대와 1980년대 논리회로들에서 V_{DD}는 5 V 혹은 그보다 높은 전압으로 주어졌다. 그러나 현재의 소형화된 트랜지스터들은 그렇게 높은 전압을 견딜 수 없기 때문에 3.3, 2.5, 1.8, 1.5, 1.2, 1.0 V 등을 사용한다. 낮은 전압은 GROUND(GND) 혹은 V_{SS}로 표시하고 논리적으로 '0'을 의미하며, 실제로도 0 V가 사용된다.

요약하자면, MOS 트랜지스터의 게이트는 소스와 드레인 사이에 흐르는 전류를 제어한다. 이것을 극단적으로 단순화하면 MOS 트랜지스터를 온/오프(ON/OFF) 스위치로 생각할 수 있다. nMOS 트랜지스터의 게이트에 '1'을 입력하면 트랜지스터는 연결 상태가 되고, 소스와 드레인의 통로는 전도체가 된다. pMOS 트랜지스터는 이와 반대되는 작용을 하는데, 이 동작들이 그림 1.10에 나와 있다. 그림에서 *g*, *s*, *d*는 차례로 게이트, 소스, 드레인을 나타낸다. 단순화된 모델이 매우 유용하기 때문에 회로의 동작을 이해하는 데 가장 보편적인 모델로 사용된다.

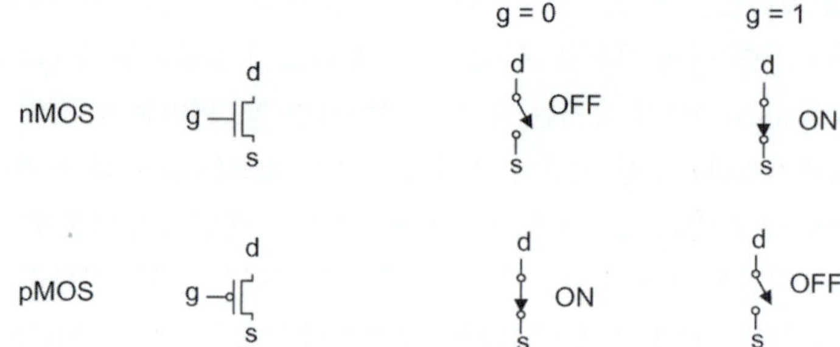

그림 1.10 트랜지스터 심벌과 스위치 수준의 모델들

1.4 CMOS 논리회로

1.4.1 인버터

그림 1.11 (a) 인버터 개념도와 (b) 심벌 $Y=\overline{A}$

그림 1.11은 nMOS와 pMOS 트랜지스터를 사용한 CMOS 인버터 혹은 NOT 게이트의 개념도(schematic)와 심벌을 보여 준다. 개념도 가장 윗부분의 수평 막대(−)는 V_{DD}를 의미하고 아랫부분의 역삼각형은 GND를 의미한다. 입력 A가 '0' 이면 nMOS 트랜지스터는 차단되고 pMOS 트랜지스터는 연결된다. 따라서 출력 Y는 V_{DD}와는 연결되고 GND와는 차단되기 때문에 '1' 로 풀업(pull-up)된다. 반대로 입력 A가 '1' 이면, nMOS는 연결되고 pMOS는 차단되며 출력 Y는 '0' 으로 풀다운(pull-down)된다. 이와 같은 동작이 표 1.1에 요약되어 있다.

표 1.1 인버터 진리표

A	Y
0	1
1	0

1.4.2 NAND 게이트

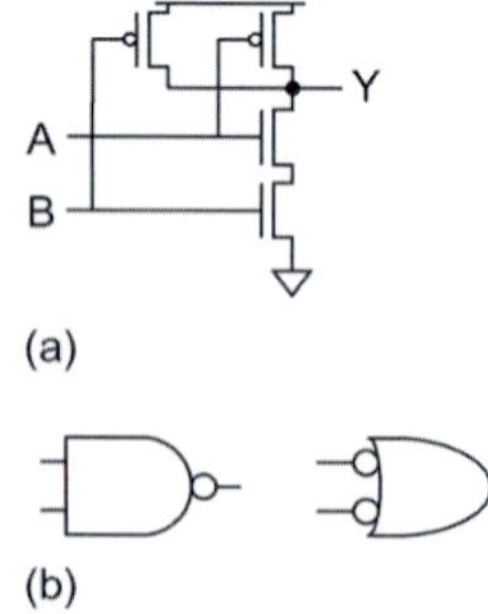

그림 1.12 (a) 2-입력 NAND 게이트 개념도와 (b) 심벌 $Y=\overline{A \cdot B}$

그림 1.12(a)는 2-입력 CMOS NAND 게이트를 보여 준다. 이 회로는 Y와 GND 사이에 두 개의 직렬 nMOS 트랜지스터와, Y와 V_{DD} 사이에 두 개의 병렬 pMOS 트랜지스터로 구성된다. 입력 A와 B 둘 중 하나가 '0' 이면 최소한 하나의 nMOS 트랜지스터가 차단되고, Y에서 GND로 가는 경로는 차단된다. 그러나 최소 하나 이상의 pMOS 트랜지스터는 연결되기 때문에 Y에서 V_{DD}로 가는 경로는 연결되고 출력은 '1' 이 된다. 만약 두 입력이 모두 '1' 이면 nMOS 트랜지스터는 모두 연결되고, pMOS 트랜지스터는 모두 차단되어 출력이 '0' 이 된다. 이것의 진리표가 표 1.2에 요약되어 있고 심벌은 그림 1.12(b)에 나와 있다. 드모르간의 법칙(DeMorgan's law)에 따르면 반전을 뜻하는 작은 원이 게이트 양쪽 중 어느 쪽에라도 위치할 수 있다. 이 책에서는 교차하는 두 직선이 'T' 형태로 만나거나 두

표 1.2 NAND 게이트 진리표

A	B	풀다운 네트워크	풀업 네트워크	Y
0	0	OFF	ON	1
0	1	OFF	ON	1
1	0	OFF	ON	1
1	1	ON	OFF	0

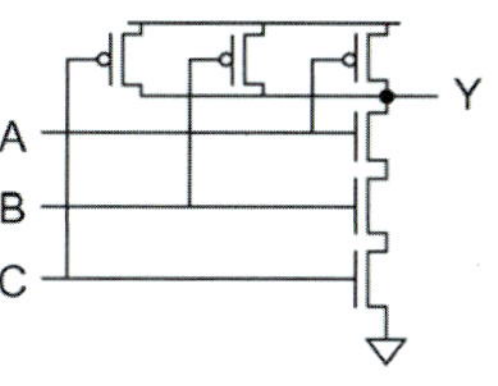

그림 1.13 3-입력 NAND 게이트 개념도 $Y=\overline{A \cdot B \cdot C}$

직선이 교차하는 지점 위에 검은 점이 표시되어 있으면 두 직선이 연결된 것으로 간주하기로 한다.

k-입력 NAND 게이트는 *k*개의 직렬 nMOS 트랜지스터와 *k*개의 병렬 pMOS 트랜지스터를 사용해서 만들 수 있다. 예를 들어 3-입력 NAND 게이트가 그림 1.13에 나와 있다. 어떤 입력 하나라도 '0'이면 출력은 병렬 pMOS 트랜지스터에 의해서 '1'로 풀업된다. 모든 입력이 '1'이면 출력은 직렬 nMOS 트랜지스터에 의해서 '0'으로 풀다운된다.

1.4.3 CMOS 논리 게이트

인버터와 NAND 게이트는 정적 **CMOS 논리 게이트**(static CMOS logic gate)의 대표적인 예이고, **상보형 CMOS 게이트**(complementary CMOS gate)라 불리기도 한다. 그림 1.14와 같이 완전한 CMOS 게이트는 일반적으로 출력과 GND 사이에 nMOS **풀다운 네트워크**(pull-down network)를, 출력과 V_{DD} 사이에 pMOS **풀업 네트워크**(pull-up network)를 가져야 한다. 이 네트워크들은 어떠한 입력에 대해서도 하나가 연결되면 다른 하나는 차단되는 배열을 갖는다.

인버터의 풀업과 풀다운 네트워크는 각기 단일 트랜지스터로 구성된다. NAND 게이트는 직렬의 풀다운 네트워크와 병렬의 풀업 네트워크를 사용한다. 보다 정교한 게이트들은 그만큼 복잡한 네트워크들을 사용한다. 둘 혹은 그 이상의 직렬 트랜지스터들은 모든 트랜지스터가 연결되었을 때만 연결된다. 반대로 여러 개의 병렬 트랜지스터들은 그 중의 어느 하나만 연결되어도 연결된다. nMOS와 pMOS 트랜지스터에 대해서 이 동작이 그림 1.15에 나와 있다. 이와 같은 구성들을 조합하면 CMOS 조합 논리회로를 만들 수 있다. 이와 같은 정적 CMOS 게이트가 널리 사용되지만, 8장에서

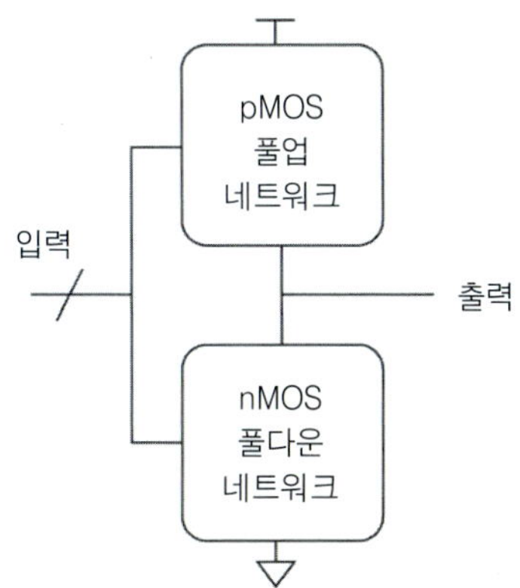

그림 1.14 풀업과 풀다운 네트워크를 갖는 일반적인 CMOS 논리 게이트

표 1.3 CMOS 논리 게이트의 출력 상태

	풀업 OFF	풀업 ON
풀다운 OFF	Z	1
풀다운 ON	0	쇠지레 상태 (X)

는 트랜지스터들을 사용해서 게이트를 만드는 다른 방법을 소개한다.

일반적으로 그림 1.14와 같이 논리 게이트를 만들기 위해 풀업 네트워크를 풀다운 네트워크 위에 연결시킬 때, 이 네트워크들은 논리 레벨을 출력시킨다. 출력 가능한 논리 레벨이 표 1.3에 나와 있다. 이 표에 의하면 CMOS 논리 게이트의 출력은 네 가지 상태를 가질 수 있다. 풀업이나 풀다운 네트워크 중 하나가 연결되고 다른 하나가 차단될 때 논리 게이트의 출력은 '1' 이나 '0' 이 됨은 이미 설명한 바와 같다. 만약 풀업과 풀다운이 모두 차단되면, 출력은 **고임피던스**(high-impedance) 혹은 **부유**(floating) 상태가 되고 이 상태를 Z 상태로 표기한다. 이 출력 상태는 멀티플렉서(multiplexer), 메모리 요소(memory element), 버스 구동기(bus driver) 등에서 매우 중요한 역할을 한다. 반대로 풀업과 풀다운이 동시에 연결되면 **쇠지레**(crowbarred) X 상태가 된다. 이 상태에서는 논리 레벨이 결정되지 않고, 정적 전류가 소모된다. 따라서 이 상태는 어떠한 CMOS 디지털 회로에서도 사용되지 않는다.

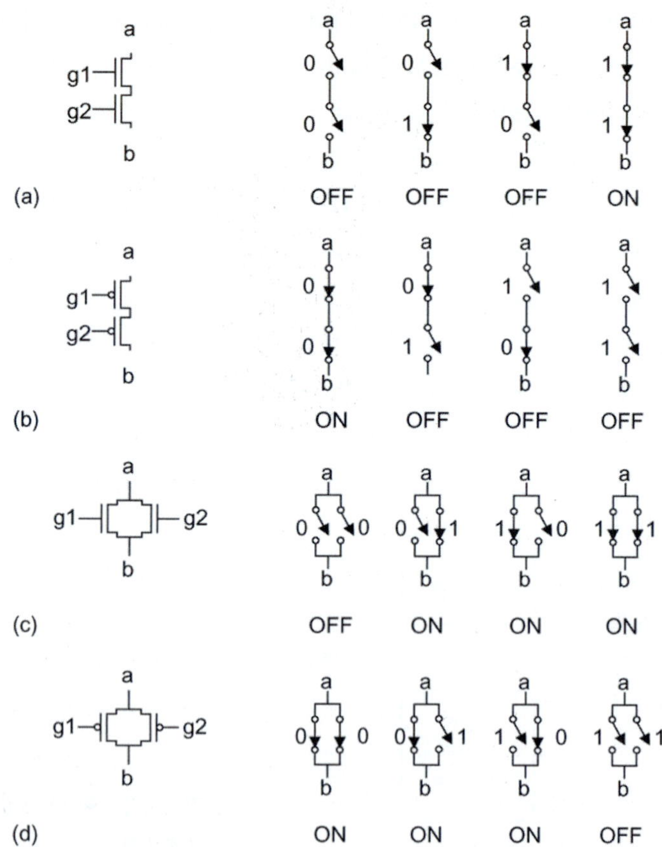

그림 1.15 직렬과 병렬로 연결된 트랜지스터들의 동작

1.4.4 NOR 게이트

2-입력 NOR 게이트가 그림 1.16에 나와 있다. 두 입력 중 어느 하나라도 하이(high)가 되면 병렬로 연결된 nMOS 트랜지스터들은 출력을 로우(low)로 풀다운한다. 두 입력이 모두 하이가 되면 직렬로 연결된 pMOS 트랜지스터들은 출력을 하이로 풀업한다. 이 동작이 표 1.4에 나와 있다. NAND 게이트와 마찬가지로 어떤 경우에도 부유(Z) 상태나 쇠지레(X) 상태는 발생하지 않는다.

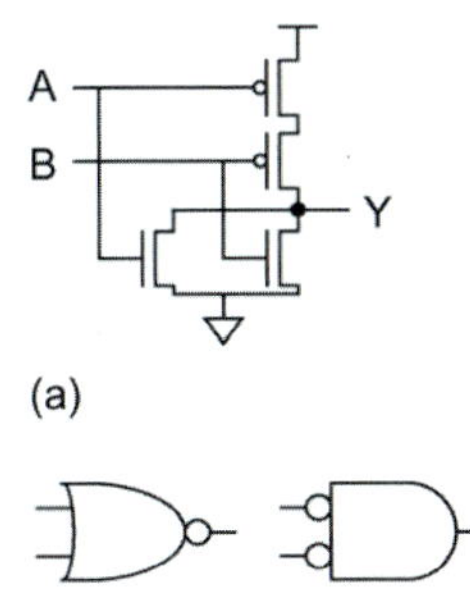

그림 1.16 (a) 2-입력 NOR 게이트 개념도와 (b) 심벌 $Y=\overline{A+B}$

표 1.4 NOR 게이트 진리표

A	B	Y
0	0	1
0	1	0
1	0	0
1	1	0

예제 1.1

3-입력 CMOS NOR 게이트를 그리시오.

해답: 그림 1.17이 3-입력 CMOS NOR 게이트를 나타낸다. 어떤 입력 하나라도 하이가 되면, 출력은 병렬 nMOS 트랜지스터들에 의해서 로우로 풀다운된다. 모든 입력이 로우가 되면, 출력은 직렬 pMOS 트랜지스터들에 의해서 하이로 풀업된다.

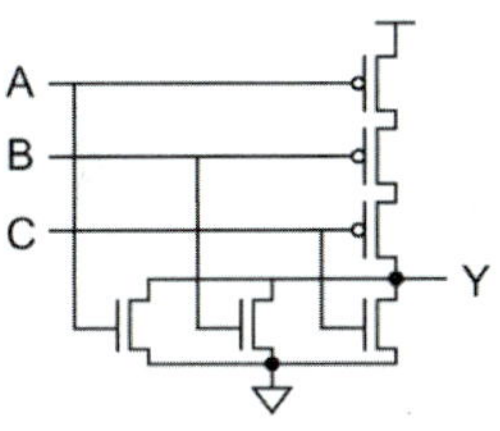

그림 1.17 3-입력 NOR 게이트 개념도 $Y=\overline{A+B+C}$

1.4.5 합성 게이트

합성 게이트(compound gate)는 직렬과 병렬 스위치 구조를 조합해서 구성한다. 예를 들어 논리 함수 $Y=\overline{(A \cdot B)+(C \cdot D)}$를 위한 스위치 연결 구조가 그림 1.18에 나와 있다. 이 함수는 AND-OR-INVERT-22 혹은 간단히 AOI22라 불리는데, 그 이유는 2-입력 AND 쌍의 NOR 동작을 수행하기 때문이다. nMOS 풀다운 네트워크에서 출력이 '0'으로 풀다운될 때 반전되지 않은 $((A \cdot B)+(C \cdot D))$를 사용하였다. $(A \cdot B)$와 $(C \cdot D)$의 AND 동작을 구현하기 위해서 그림 1.18(a)와 같이 직렬로 연결된 스위치들을 사용하였다. 이제 OR를 위해서는 그림 1.18(b)에 나와 있는 두 개의 구조를 병렬로 연결할 필요가 있다. pMOS 풀업 네트워크를 구현하기 위해서는 반드시 반대 극성에서 연결되는 스위치를 사용하여 상보형 표현을 계산해야 한다. 드모르간의 법칙에 따르면 이것은 AND와 OR 동작을 서로 바꾸는 것과 동일하다. 따라서 풀다운 네트워크에서 직렬로 나타난 트랜지스터들은 풀업 네트워크에서 반드시 병렬로 나타나야 한다. 반대로 풀다운 네트워크에서 병렬로 나타난 트랜지스터들은 풀업 네트워크에서는 직렬로 나타나야 한다. 이 원리는 **전도 상보**(conduction complement)라 하는데, 이미 앞서 설명한 NAND와 NOR 게이트에서 적용된 바 있다. 풀업 네트워크에서 A와 B의 병렬 조합이 C와 D의 병렬 조합과 직렬로 연결되어 있다. 이 과정은 그림 1.18(c)와 1.18(d)를 보면 자명하다. 네트워크들을 합성

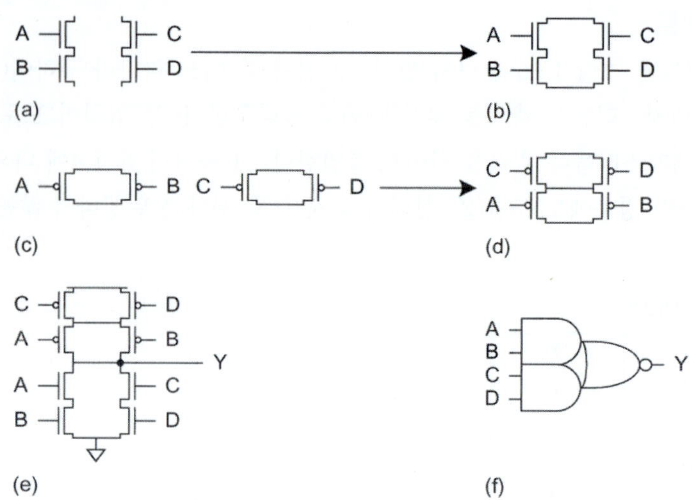

그림 1.18 논리 함수 $Y=\overline{(A \cdot B)+(C \cdot D)}$를 구현하기 위한 CMOS 합성 게이트

함으로써 그림 1.18(e)와 같은 연결 다이어그램을 얻는다. 그림 1.18(f)는 그 심벌을 나타낸다.

이 AOI22 게이트가 $C=\overline{A}$를 선택 신호로 연결해서 2-입력 반전 멀티플렉서로 사용된다. 만약 $C=0$이면 $Y=\overline{B}$가 되고, $C=1$이면 $Y=\overline{D}$가 된다. 이 멀티플렉서 설계를 개선하기 위한 방법이 1.4.8절에서 설명된다.

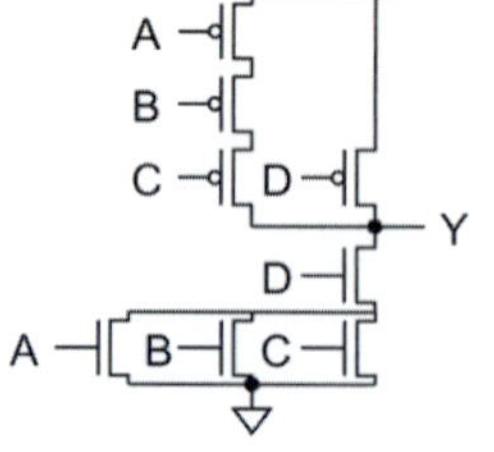

그림 1.19 논리 함수 $Y=\overline{(A+B+C) \cdot D}$를 구현하기 위한 CMOS 합성 게이트

예제 1.2

논리 함수 $Y=\overline{(A+B+C) \cdot D}$를 계산하는 CMOS 합성 게이트를 그리시오.

해답: 그림 1.19는 OR-AND-INVERT-3-1(OAI31) 게이트를 나타낸다. nMOS 풀다운 네트워크는 D가 '1'이고 A, B, C 중 하나 이상이 '1'일 때 출력을 하이로 풀업한다. 따라서 D는 병렬로 연결된 A, B, C와 직렬로 연결된다. pMOS 풀업 네트워크는 전도 상보이기 때문에 D는 직렬로 연결된 A, B, C와 병렬로 연결된다.

1.4.6 통과 트랜지스터와 전달 게이트

신호의 강도는 그것이 이상적인 전압 소스(voltage source)와 가까운 정도로 측정된다. 일반적으로 신호가 강할수록 더 많은 전류를 발생시키거나 받아들일 수 있다. 전원(power supply) 혹은 **레일**(rail)(V_{DD}와 GND)은 가장 강력한 '1'과 '0'의 발생 소스이다.

nMOS 트랜지스터는 '0'을 통과시킬 때 거의 완벽한 스위치이기 때문에, 강력한 '0'을 통과시킨다고 말한다. 그러나 nMOS 트랜지스터는 '1'을 통과시킬 때는 불완전하다. 하이로 간주되는 전압 레벨은 V_{DD}에 비해서 다소 낮은데, 그 이유는 2.3.2절에서 설명할 예정이다. 따라서 이 nMOS 트랜

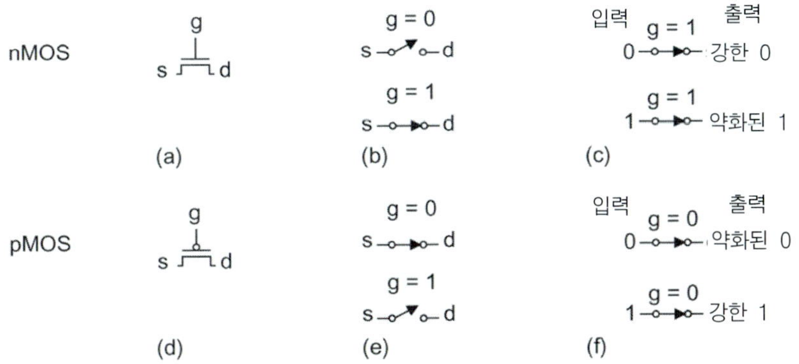

그림 1.20 통과 트랜지스터의 강한 출력과 약한 출력

지스터는 **약한** '1'을 통과시킨다고 말한다. pMOS 트랜지스터는 반대되는 성질을 갖는다. 즉 강한 '1'을 통과시키는 반면에 약한 '0'을 통과시킨다. 트랜지스터의 심벌과 동작이 그림 1.20에 요약되어 있다. 여기서 *g*, *s*, *d*는 각각 게이트, 소스, 드레인을 나타낸다.

nMOS 혹은 pMOS가 단독으로 사용되어 불완전한 스위치를 만들었을 때, 이것을 **통과 트랜지스터**(pass transistor)라 부른다. 그림 1.21(a)와 같이 nMOS와 pMOS 트랜지스터를 병렬로 합성하여 얻은 스위치는 그림 1.21(b)에서 g에 '1'이 입력되면 연결되는데, 이때 '0'과 '1'은 모두 수용할 수 있는(혹은 강한) 상태로 전달된다[그림 1.21(c) 참조]. 이와 같은 게이트를 **전달 게이트**(transmission gate) 혹은 **통과 게이트**(pass gate)라 부른다. 어떤 회로에서 '0'이나 '1' 둘 중 한 가지만 통과한다고 가정하면, 필요 없는 트랜지스터를 제거할 수 있고, 결과적으로 단일 nMOS 혹은 pMOS 장치가 된다. 전달 게이트에서는 제어 입력과 그것의 상보형 입력이 필요한데, 이것을 **이중 레일**(double rail) 논리라고 한다. 전달 게이트의 회로 심벌이 그림 1.21(d)에 나와 있다.[1] 전달 게이트를 표현하는 데는 개념도가 가장 간단하기 때문에 이후로는 개념도를 사용하기로 한다.

지금까지 모든 예에서 입력이 풀다운 네트워크에 있는 nMOS 트랜지스터와 상보형 풀업 네트워크에 있는 pMOS 트랜지스터의 게이트들을 구동하였다(그림 1.14 참조). 따라서 nMOS 트랜지스터는 '0'을 통과시킬 때만 사용되고, pMOS 트랜지스터는 '1'을 통과시킬 때만 사용된다. 결과적으로 출력은 항상 강하게 유지될 수 있는데, 이것을 **완전 복원**(fully restored) 논리 게이트라 하고, 이는 회로 설계를 현저하게 단순화할 수 있는 근거가 된다. 다른 형태의 논리와는 반대로, 풀업과 풀다운 스위치의 상대적 비율을 유지할 수 있다면 CMOS 게이트는 트랜지스터의 물리적인 크기에 관계없이 정상적으로 동작할 수 있다. 또한 어떠한 입력 조합에 대해서도 '1'과 '0'의 전원을 통과시키는 경우는 발생하지 않는다.(단일 채널 MOS, GaAs, 바이폴라에서는 이와 같은 현상이 발생할 수 있다.) 이후에 다룰 예정이지만, 이것이 CMOS에서 정적 전력 소모가 적은 이유가 된다.

[1] 좌우 단자를 *a*와 *b*라 부르는데, 그 이유는 *a*가 한 트랜지스터의 소스이고 *b*는 다른 트랜지스터의 드레인이기 때문이다.

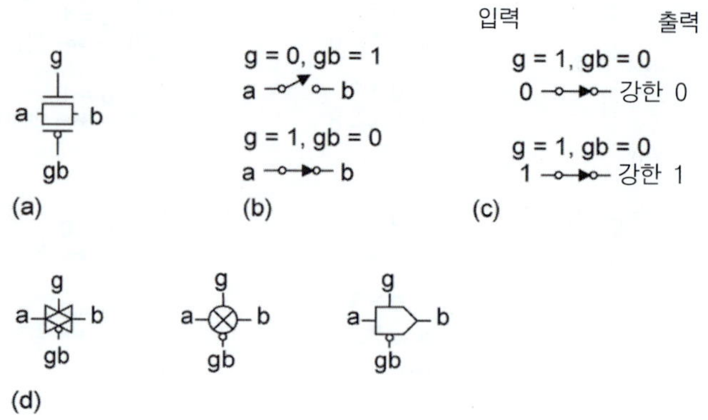

그림 1.21 전달 게이트

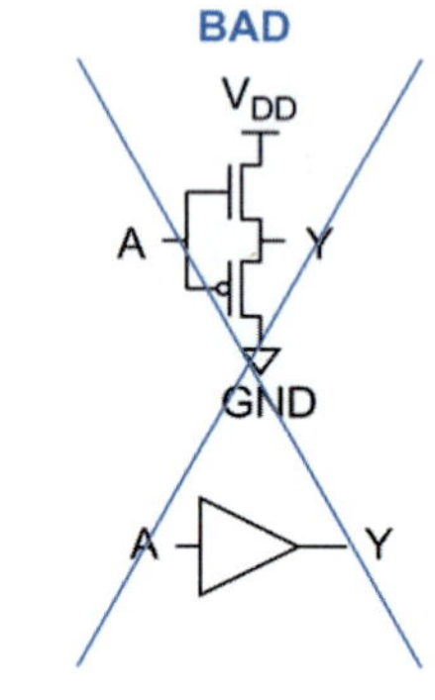

그림 1.22 잘못 구현된 비반전 버퍼

CMOS 게이트의 설계 결과는 그들이 반전된다는 것이다. nMOS 풀다운 네트워크는 입력이 '1' 일 때 연결되어서 '0' 을 출력한다. 이와 같은 이유로 우리는 위와 아래의 트랜지스터들을 서로 바꾸어 비반전(noninverting) 게이트를 만들고 싶은 유혹을 받는다. 예를 들어 그림 1.22는 비반전 버퍼(buffer)를 보여 준다. 불행히도 nMOS와 pMOS 트랜지스터는 모두 약한 출력을 만들어 내기 때문에 이와 같은 방법은 피해야 한다. 대신에 다수의 반전 게이트 단계들로부터 비반전 함수를 얻을 수 있다. 그림 1.23은 두 단계의 반전 CMOS 게이트들을 사용해서 구현한 4-입력 AND 게이트를 나타낸다. 각각의 게이트는 서로 다른 속도, 크기, 그리고 전력 소모를 갖도록 설계되었다.

같은 방법으로 그림 1.18의 합성 게이트는 두 개의 AND 게이트, 하나의 OR 게이트, 그리고 인버터를 사용해서 만들 수 있었다. AND와 OR 게이트는 다시 그림 1.24와 같이 NAND/NOR 게이트와 인버터를 사용해서 만들 수 있다. 그림 1.18의 합성 게이트는 8개의 트랜지스터를 사용한 반면, 그림 1.24의 합성 게이트는 20개를 사용하고 있다. CMOS 논리 설계자는 많은 개수의 AND/OR 게이트를 사용하는 대신, 반드시 합성 게이트의 장점을 활용할 수 있어야 한다.

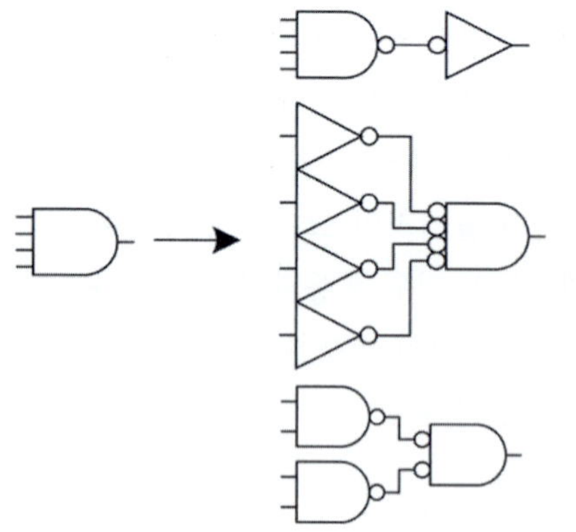

그림 1.23 CMOS 4-입력 AND 게이트의 여러 가지 구현 방법

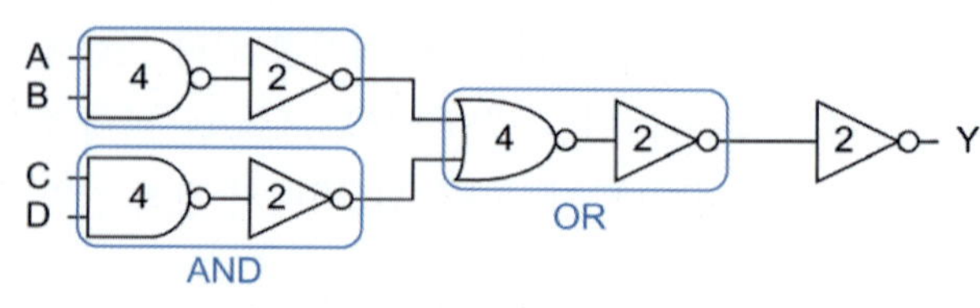

그림 1.24 비효율적인 AOI22의 게이트 구현 방식(숫자는 트랜지스터 개수를 나타냄)

1.4.7 3상 버퍼

그림 1.25는 **3상 버퍼**(tristate buffer) 심벌을 보여 준다. 이네이블(enable) 입력 EN이 '1' 이면, 보통 버퍼와 마찬가지로 출력 *Y*는 입력 *A*와 같아진다. 이네이블이 '0' 이면, *Y*는 부유 상태('Z' 상태)가 된다. 이것이 표 1.5에 요약되어 있다. 때때로 참형 및 상보형 이네이블 입력 쌍인 EN과 $\overline{\text{EN}}$가 명백하게 작성되는 반면, 때로는 EN만 나타난다.

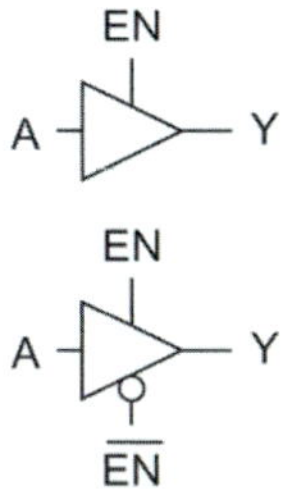

그림 1.25 3상 버퍼의 심벌

표 1.5 3상 버퍼의 진리표

EN / $\overline{\text{EN}}$	*A*	*Y*
0 / 1	0	Z
0 / 1	1	Z
1 / 0	0	0
1 / 0	1	1

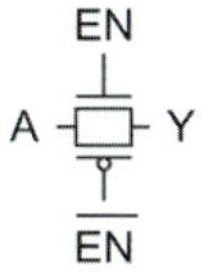

그림 1.26 전달 게이트

그림 1.26의 전달 게이트는 3상 버퍼와 같은 진리표를 갖는다. 이 게이트는 단지 두 개의 트랜지스터만을 필요로 하지만 **비복원**(nonrestoring) 회로이다. 만약 입력이 잡음이거나 훼손된(약한) 신호일 경우, 출력은 같은 잡음 혹은 훼손된 신호를 갖게 된다. 3.4.2절에서는 비복원 게이트의 신호 지연이 직렬로 연결된 게이트 수의 제곱에 비례함을 보게 될 것이다.

그림 1.27(a)는 **3상 인버터**(tristate inverter)를 보인다. 출력은 V_{DD} 혹은 GND로부터 능동적으로 구동되기 때문에, 이것은 복원 논리 게이트이다. 지금까지 다루었던 여느 게이트와는 달리, 3상 인버터는 특정 입력에 대해서 출력이 'Z' 상태를 가져야 하기 때문에 전도 상보 법칙을 따르지 않는다. EN이 '0' 이면[그림 1.27(b)] EN과 $\overline{\text{EN}}$에 연결된 두 트랜지스터가 모두 차단되고, 출력은 결과적으로 'Z' 상태를 갖는다. EN이 '1' 이면[그림 1.27(c)] 두 트랜지스터가 모두 연결된다. 이렇게 되면 개념적으로 이 두 트랜지스터는 없는 것과 마찬가지가 되고, 회로는 단순한 인버터로 동작한다. 그림 1.27(d)는 3상 인버터를 보여 준다. 상보 이네이블 입력은 내부적으로 생성될 수도 있고, 외부에서 셀에 제공될 수도 있다. 3상 버퍼는 3상 인버터와 일반 인버터를 직렬로 연결해서 구현할 수 있다.

3상태는 두 개 이상이 동시에 이네이블되지 않는 경우, 다수의 유닛들이 공통된 버스를 구동하도록 사용된 바 있다. 다수의 유닛들이 버스를 구동하면, 연결이 설정되고 전력이 낭비된다. 아무 유닛

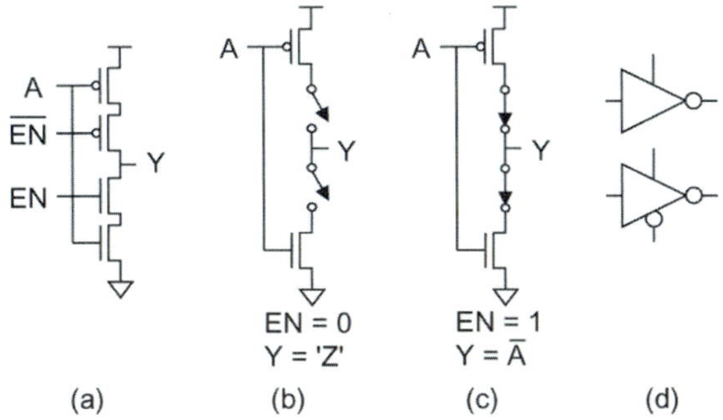

그림 1.27 3상 인버터

도 버스를 구동하지 않으면, 버스는 의미 없는 논리 레벨을 갖게 되어 수신기들이 전력을 낭비하게 된다. 대형 칩을 가로질러 상호 배타적인(동시에 발생하지 않는) 이네이블 신호를 적기에 공급하는 것이 매우 어렵기 때문에, 현재는 멀티플렉서가 더 많이 사용된다.

1.4.8 멀티플렉서

멀티플렉서는 CMOS 메모리 요소와 데이터 처리 구조의 핵심이 되는 부품이다. **멀티플렉서**(multiplexer)는 선택 신호(select signal)에 따라서 몇 개의 입력들 중 하나를 출력으로 선택한다. 2-입력 혹은 2:1 멀티플렉서는 선택 신호가 '0'일 때 입력 $D0$를 선택하고, 선택 신호가 '1'이면 $D1$을 선택한다. 멀티플렉서의 진리표가 표 1.6에 정리되어 있다. 논리 함수는 $Y=\overline{S}\cdot D0+S\cdot D1$이다.

표 1.6 멀티플렉서의 진리표

$S / \overline{S}$	$D1$	$D0$	Y
0 / 1	X	0	0
0 / 1	X	1	1
1 / 0	0	X	0
1 / 0	1	X	1

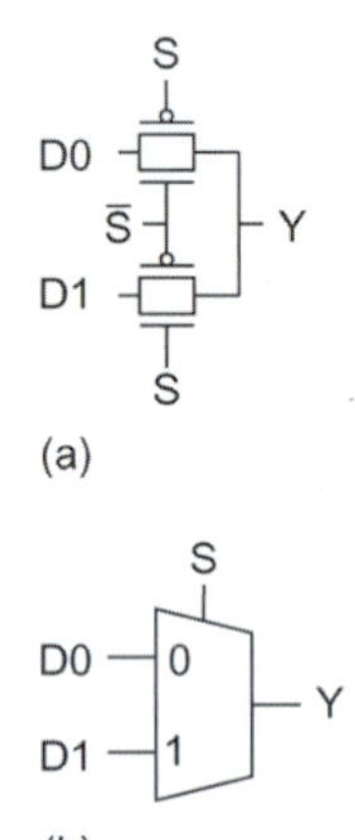

그림 1.28 전달 게이트로 구성된 멀티플렉서

그림 1.28(a)과 같이 두 개의 전달 게이트를 묶어서 소형의 2-입력 멀티플렉서를 만들 수 있다. 선택 신호의 상보쌍(complementary pair)은 둘 중의 한 전달 게이트만 주어진 시간에 연결시킨다. 그림 1.28(b)와 같이 상보 선택 신호 $\overline{S}$는 종종 심벌에 그리지 않는다.

다시 말하지만, 전달 게이트는 비복원 멀티플렉서를 만든다. 게이트를 사용해서 복원되는, 반전(inverting) 멀티플렉서를 만드는 방법은 몇 가지가 존재한다. 그 중 하나가 그림 1.18(e)의 합성 게이트로서 그림 1.29(a)와 같이 연결된다. 다른 방법으로는 그림 1.29(b)와 같이 두 개의 3상 인버터를 결합한다. 이 두 가지 방법의 개념도는 그림 1.29(b)에서 풀업 네트워크가 단순화되고 교환된 것만을 빼고는 동일하다. 그 이유는 선택 신호와 그것의 상보 신호가 상호 배타적이기(서로 다르기) 때문이다. 즉 상보 선택 신호가 셀 내부에서 생성되면, 그림 1.29(c)와 같이 심벌에서는 생략된다.

보다 큰 멀티플렉서는 다수의 2-입력 멀티플렉서 혹은 몇 개의 3상 인버터를 결합하여 만들 수 있다. 후자의 방법은 각 3상 인버터에 복호화된 선택 신호가 요구된다. 이 방법들을 사용해서 구현한 4-입력(4:1) 멀티플렉서가 그림 1.30에 나와 있다. 실제로 반전 멀티플렉서와 비반전 멀티플렉서 모

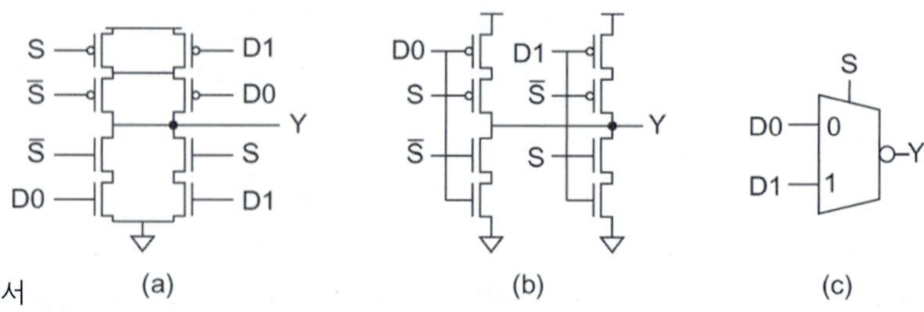

그림 1.29 반전 멀티플렉서

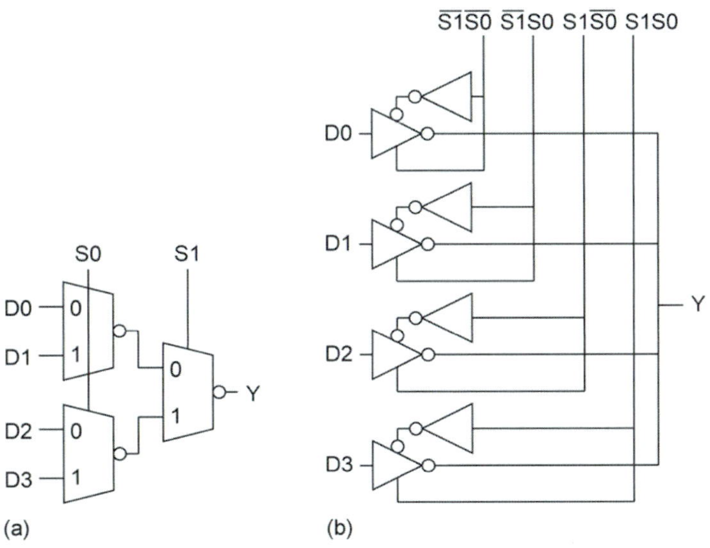

그림 1.30 4:1 멀티플렉서

두를 간단하게 멀티플렉서나 먹스(mux)라고 부른다.

1.4.9 순차 회로

지금까지는 현재 입력에 의해서 출력이 결정되는 **조합 회로**(combinational circuit)들을 다루었다. 이에 반해서 **순차 회로**(sequential circuit)는 메모리를 가지고 현재와 과거의 입력 모두에 의해서 출력을 결정한다. 조합 회로들을 사용하면, 래치나 플립플롭과 같은 순차 회로를 만들 수 있다. 이러한 순차 회로의 요소들은 클럭(*CLK*)과 데이터 입력(*D*)을 받아서 출력(*Q*)을 결정한다. *D* **래치**(latch)는 *CLK*=1일 때 입력이 그대로 출력으로 '전달' 되는 **투명**(transparent) 상태라 한다. 반대로 *CLK*=0일 때 출력은 입력에 관계없이 이전 값을 그대로 유지하는데, 이것을 유지 혹은 **불투명**(opaque) 상태라 한다. **에지 구동 플립플롭**(edge-triggered flip-flop)은 *CLK*가 상승 에지일 때만 입력 값을 출력으로 복사하고, 그 외의 경우에는 항상 이전 출력값을 유지한다.

1.4.9.1 래치 *D* 래치는 그림 1.31(a)에 나와 있듯이 2-입력 멀티플렉서와 두 개의 인버터로 구성된다. 멀티플렉서는 다시 그림 1.31(b)와 같이 한 쌍의 전달 게이트로 구성된다. 이러한 래치는 반전된 출력($\overline{Q}$)도 함께 제공한다. 그림 1.31(c)와 같이 *CLK*=1일 때, 래치는 전달 상태가 되어 입력을 그대로 출력으로 전달한다. 그림 1.31(d)와 같이 *CLK*=0일 때, 인버터 쌍에 피드백 통로가 만들어져서 래치는 현재의 상태가 유지된다.

D 래치는 **레벨 자극**(level-sensitive) 래치라고 불리기도 하는데 그 이유는 출력 상태가 그림 1.31(e)와 같이 클럭의 레벨에 의존하기 때문이다. 이 래치는 정레벨 자극(positive-level-sensitive) 래치이고, 그림 1.31(f)와 같은 심벌로 표시된다. 제어 신호의 연결을 반전시키면 부레벨 자극(negative-level-

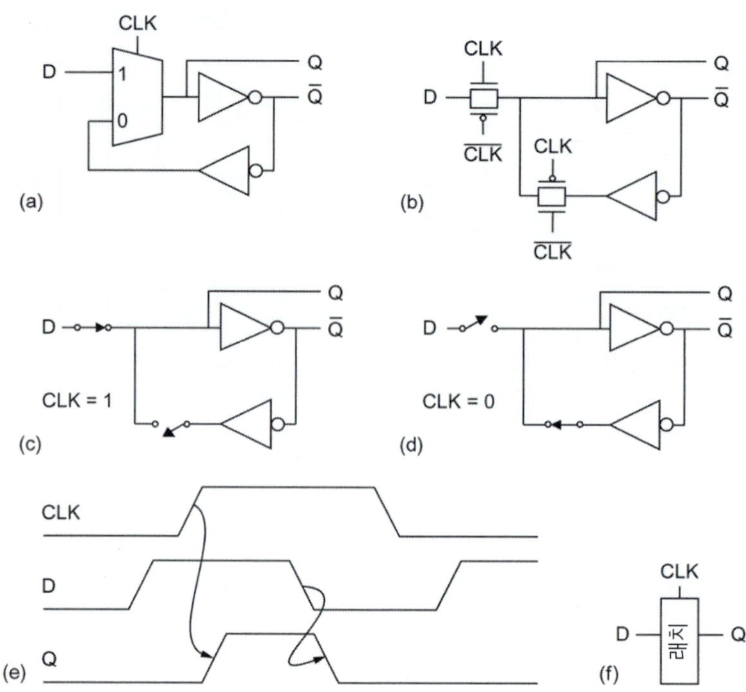

그림 1.31 CMOS 정레벨 자극 *D* 래치

sensitive) 래치를 얻을 수 있다.

1.4.9.2 플립플롭 정레벨 자극 래치와 부레벨 자극 래치를 각각 한 개씩 사용하면 그림 1.32(a, b)와 같은 에지 구동 플립플롭을 만들 수 있다. 통상적으로 첫 번째 래치를 **마스터**(master)라 하고, 두 번째 래치를 **슬레이브**(slave)라 한다.

*CLK*가 로우인 동안에는, 마스터 부레벨 자극 래치 출력 $\overline{QM}$가 *D* 입력을 따르는 반면, 슬레이브 정레벨 자극 래치는 그림 1.32(c)와 같이 과거의 값을 유지한다. 클럭이 0에서 1로 바뀌는 순간, 마스터 래치는 입력 샘플링을 중단하고 클럭이 전환되는 순간의 *D* 값을 유지한다. 슬레이브 래치는 열리고, 저장된 마스터 값 $\overline{QM}$를 슬레이브 래치의 출력 *Q*에 전달한다. *D* 입력은 출력으로부터 차단되는데 그 이유는 그림 1.32(d)와 같이 마스터가 *D* 입력으로부터 차단되기 때문이다. 클럭이 1에서 0으로 바뀌면, 슬레이브 래치는 과거의 값을 유지하고 마스터는 입력을 다시 샘플링하기 시작한다.

전달 게이트 멀티플렉서를 입력 스테이지로 간주할 때, 그림 1.32(e)와 같이 인버터를 사용해서 입력과 출력을 버퍼링해서 '모듈성'을 유지하는 것이 좋은 방법이다. 모듈성은 1.6.2절에서 설명할 예정이고, 강건한 래치와 레지스터는 9.3절에서 논의하기로 한다.

요약하자면, 이 플립플롭은 그림 1.32(f)와 같이 클럭의 상승 에지에서 *D* 입력을 *Q* 출력으로 복사한다. 따라서 이 장치는 상승 에지 구동(positive or rising-edge-triggered) 플립플롭이라 불리는데, ***D* 플립플롭, *D* 레지스터, 마스터-슬레이브 플립플롭** 등은 모두 이 같은 플립플롭을 일컫는 용어들이다.

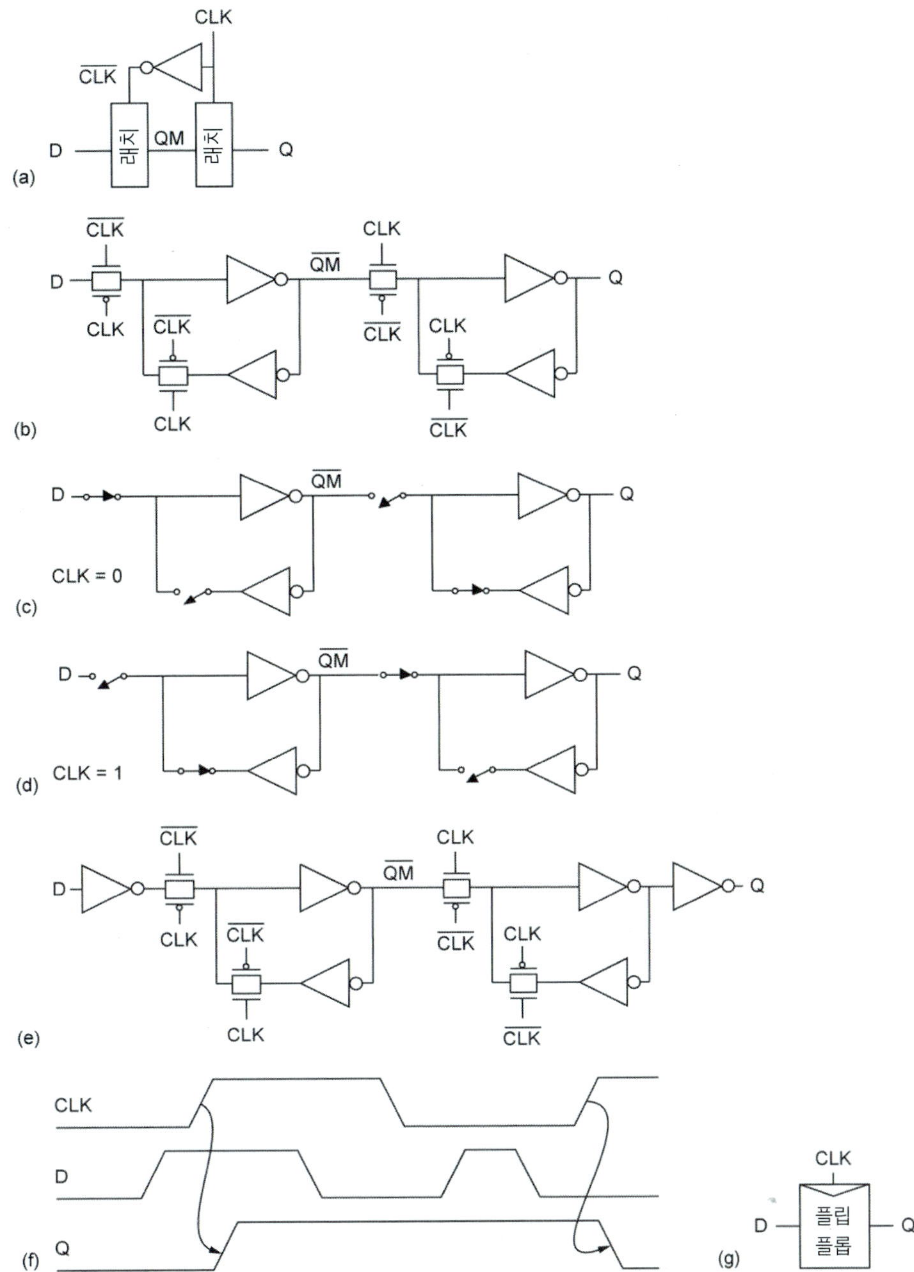

그림 1.32 CMOS 상승 에지 구동 *D* 플립플롭

그림 1.32(g)는 이 플립플롭의 심벌을 보여 준다. 래치들의 극성을 반전시키면 하강 에지 구동(negative or falling-edge-triggered) 플립플롭을 만들 수 있다. 둘 혹은 그 이상의 *D* 플립플롭들이 모여서 하나의 클럭 입력을 공유하는 것을 **레지스터**(register)라 부른다. 레지스터는 종종 다중 비트 *D*와 *Q* 버스를 사용하여 그리기도 한다.

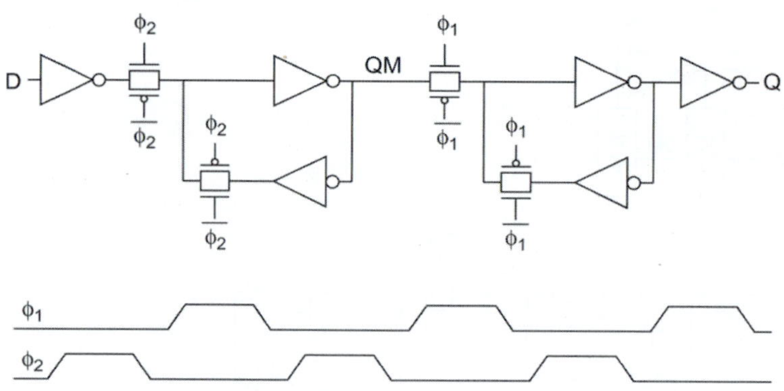

그림 1.33 두 개의 비중첩 위상 클럭을 갖는 플립플롭

9.2.5절에서는 시스템이 과도한 **클럭 스큐**(clock skew)를 갖는 경우 플립플롭들이 홀드 시간 오류(hold-time failure)를 겪을 수 있음을 설명할 것이다. 산업용 설계에 있어서, 홀드 시간 문제를 해결하기 위해서는 많은 노력이 필요하다. 설계 시간의 단축이 중요하면(예를 들어 학교의 강의 프로젝트 등), 홀드 시간 문제는 두 개의 비중첩(nonoverlapping) 클럭을 사용해서 해결할 수 있다. 그림 1.33에 두 개의 비중첩 위상 클럭을 갖는 플립플롭이 나와 있다. 클럭의 위상이 중첩되지 않는 한, 최악의 클럭스 큐가 발생하더라도 최소한 하나의 래치는 차단되기 때문에 홀드 시간 문제는 발생하지 않는다.

1.5 CMOS 제작과 레이아웃

지금까지 트랜지스터를 사용해서 논리 게이트와 래치를 설계하는 방법을 소개하였는데, 여기에서는 트랜지스터가 어떻게 만들어지는지 생각해 보기로 한다.

트랜지스터는 **기판**(substrate)이라고 불리는 얇은 실리콘 웨이퍼 위에서 만들어진다. 기판은 기계적인 지지 작용을 할 뿐만 아니라 전기적으로 공통 접점으로 사용된다. 우리는 트랜지스터의 물리적 레이아웃을 두 가지 측면에서 이해하고자 한다. 하나는 웨이퍼를 위에서 내려다본 형태이고, 다른 하나는 웨이퍼를 옆에서 절단한 면이다. 우리는 먼저 완전한 CMOS 인버터의 절단면을 검토한 후, 같은 인버터를 위에서 내려다보면서 인버터에서 서로 다른 부분을 제작하는 데 사용되는 일련의 마스크(mask)들을 정의하기로 한다. 트랜지스터와 도선의 크기는 마스크 규격과 제조 공정의 해상도에 의해서 결정된다. 제조 공정 해상도의 지속적인 발전이 반도체 산업의 기하급수적인 성장의 원동력이 되었다.

1.5.1 인버터 절단면

그림 1.34는 인버터의 절단면과 그것의 개념도를 보여 준다. 이 그림에서 인버터는 p형 기판 위에 만들어져 있다. pMOS 트랜지스터는 n형 바디 영역(body region)을 요구하기 때문에, n-웰이 기판 내부로 확산된다. CMOS 공정은 n형 기판과 nMOS 트랜지스터를 포함하는 p-웰을 가지고 만들 수도 있다. 1.3절에 기술한 바와 같이 nMOS 트랜지스터는 n형 소스/드레인 영역과 얇은 층의 산화실리콘

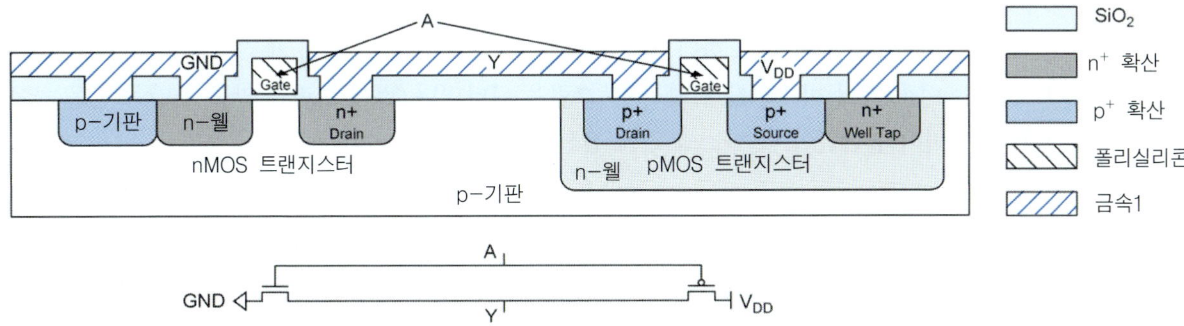

그림 1.34 웰과 기판 접점을 갖는 인버터의 절단면

게이트 산화층(SiO_2)이라고도 불리는 위에 폴리실리콘 게이트로 구성된다. pMOS 트랜지스터는 p형 소스와 드레인 영역을 사용하는 유사한 구조이다. 두 트랜지스터의 폴리실리콘 게이트는 상호 결합되어서 입력 A를 형성한다. nMOS 트랜지스터의 소스는 금속 접지선에 연결되고, pMOS 트랜지스터의 소스는 금속 V_{DD} 선에 연결된다. 두 트랜지스터의 드레인은 금속에 연결되어 출력 Y를 형성한다. **필드 산화층**(field oxide)이라고 불리는 보다 두꺼운 산화실리콘 레이어는 금속이 접점(contact) 이외의 지점에서 다른 레이어들과 단락(short)되는 것을 방지한다.

p형 기판과 n+ nMOS 소스(혹은 드레인) 사이에 형성된 p-n 접합(junction)이 순(방향)바이어스되지 않도록, 기판은 반드시 낮은 전압에 연결되어 있어야 한다. 이것은 일반적으로 강하게 도핑된 기판과 **탭**(tap)이라 불리는 웰 접점을 추가하여 GND와 V_{DD}를 차례로 기판과 n-웰에 연결시킴으로써 가능하다. 우수한 저항성 접점(ohmic contact)을 형성하기 위해서는 강한 도핑이 필요하다. 저항성 접점은 전류가 양방향으로 흐르는 데 낮은 저항을 제공한다. 금속과 약하게 도핑된 반도체 사이에 이루어지는 접합은 쇼트키 다이오드(Schottky diode)를 형성한다.

1.5.2 제조 공정

모든 트랜지스터들과 배선들이 마치 책이 인쇄되는 과정과 유사하게 인쇄되기 때문에, 반도체 칩은 아무리 복잡한 회로를 포함하더라도 상상할 수 없을 만큼 싼 가격으로 제조할 수 있다. 제조 과정은 **포토리소그래피**(photolithography)라 불리는 공정에 의해서 정의되는 순서에 따라서 진행된다. 거의 모든 칩들이 한 번에 동시에 인쇄되기 때문에, 칩의 가격은 그 안에 포함된 트랜지스터의 개수가 아닌 칩의 면적에 비례한다. 제조 기술이 발전함에 따라 보다 작은 트랜지스터들을 만들고 보다 많은 트랜지스터들을 같은 면적에 집적할 수 있게 되면서, 트랜지스터의 단위 가격은 매우 저렴해졌다. 트랜지스터의 크기가 작아질수록 전자가 소스에서 드레인으로 이동하는 거리가 단축되기 때문에 처리 속도도 함께 증가한다. 이것이 세대가 바뀌면서 컴퓨터와 전자 회로의 성능 향상과 가격 인하가 동시에 가능하게 된 이유이다.

인버터는 가상의 여섯 개의 마스크(n-웰, 폴리실리콘, n+ 확산, p+ 확산, 접점, 금속)로 정의된다. 여기서 가상의 마스크라고 칭한 이유는 실제 마스크는 제조상의 이유로 달라지기 때문인데, 보다 자세한 내용은 15장에서 다루기로 한다. 마스크들은 구성 요소가 칩 위에 제조되는 위치를 규정한다. 그림 1.35(a)는 여섯 개의 마스크를 위에서 본 그림을 나타낸다.(컬러 그림은 앞표지 안쪽 면을 참조.) 그림 1.34의 인버터 절단면이 각 마스크 위에 점선으로 표시되어 있다.

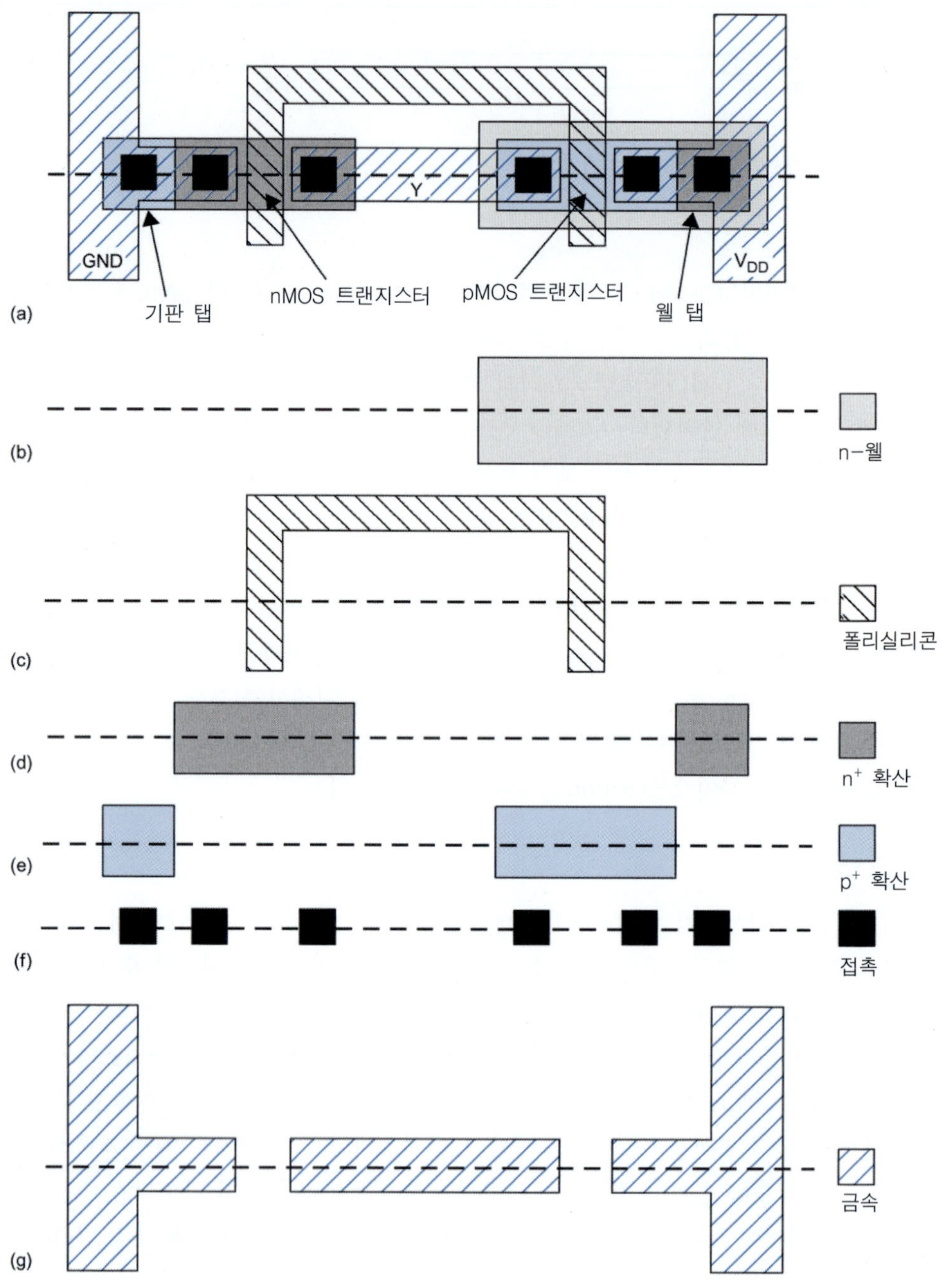

그림 1.35 인버터 마스크 집합

기본적인 개념을 설명하기 위해서 매우 단순한 제조 공정을 생각하기로 한다. 이 공정은 p형 실리콘 웨이퍼 상에서 n-웰을 형성하는 것으로 시작된다. 그림 1.36은 n-웰을 형성하는 데 연관된 각 공정 단계 이후의 단면을 보여 준다. 그림 1.36(a)는 공정이 시작되기 이전의 실리콘 웨이퍼를 그대로 보여 준다. n-웰을 형성하기 위해서는 충분한 양의 5족 불순물을 실리콘 기판에 주입해서 웰 영역에서 기판을 p형에서 n형으로 변화시켜야 한다. n-웰을 받아들일 영역을 규정하기 위해서, 웨이퍼 전역에 보호용 산화막을 먼저 성장시키고, 웰을 형성하고자 하는 영역에서 선택적으로 산화막을 제거하는 방법을 사용한다. 그 다음으로 n형 불순물을 첨가한다. 이 불순물은 대부분의 영역에서 산화막에 의

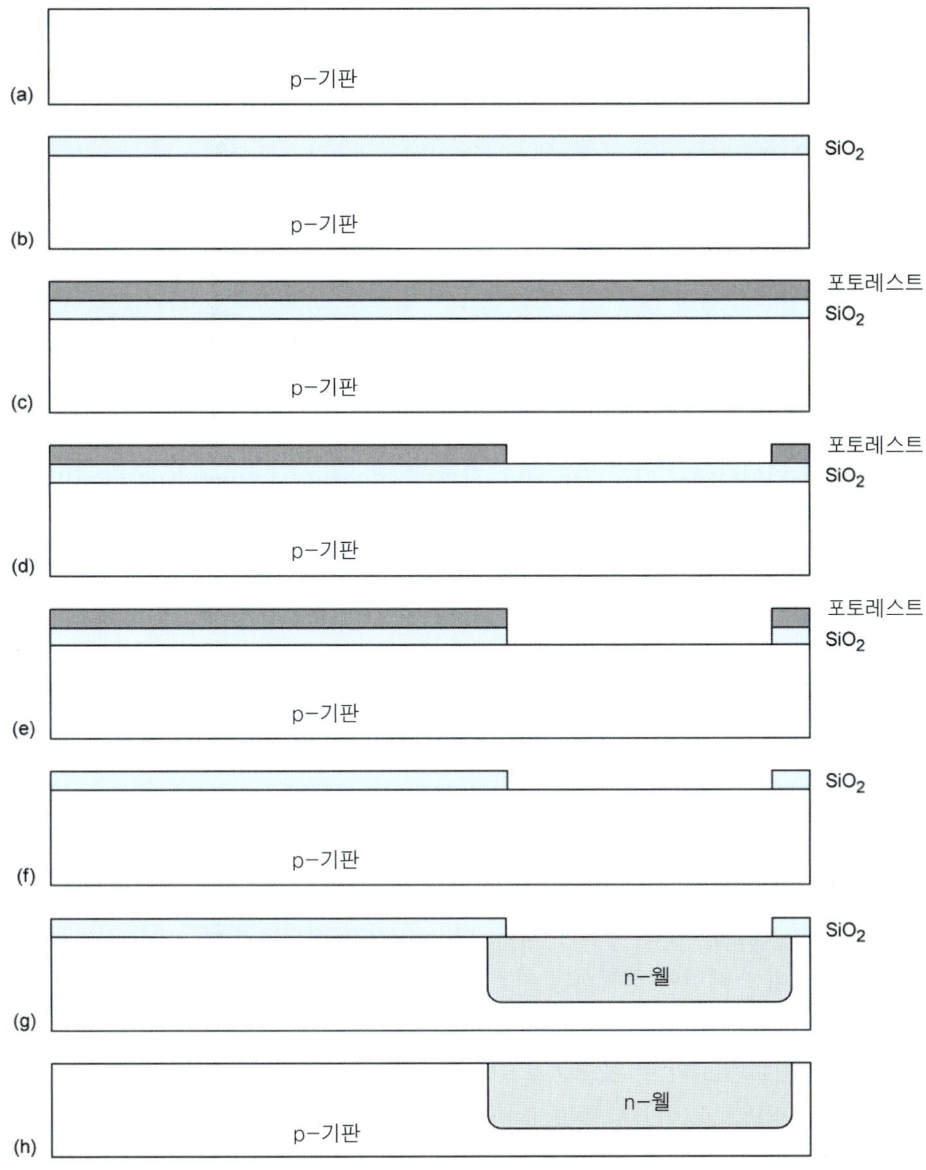

그림 1.36 n-웰 제조 과정에서의 단계별 절단면

해 차단되지만, 산화막이 선택적으로 제거된 영역에서는 기판으로 침투하여 웰을 형성한다. 보다 구체적인 단계를 설명하면 다음과 같다.

웨이퍼는 고온(보통 900~1200°C)의 화로에서 **산화**(oxidation)된다. 산화 작용은 Si와 O_2가 반응하여 웨이퍼 위에서 SiO_2가 되는 것이다[그림 1.36(b) 참조]. 이 산화물은 n-웰을 정의하기 위해서 **패턴**(pattern)이 만들어져야 한다. 빛에 노출된 부분이 부드러워진 유기 포토레지스트(photoresist)[2]는 그림 1.36(c)와 같이 웨이퍼 위로 퍼지게 된다. 이 포토레지스트는 그림 1.35(b)의 n-웰 마스크를 통해서 노출되는데, 마스크는 웰이 있어야 할 곳에서만 빛을 통과시킨다. 부드러워진 포토레지스트는 그림 1.36(d)와 같이 산화막을 노출시키기 위해서 제거된다. 산화막은 그림 1.36(e)와 같이 포토레지스트로 보호되지 않는 부분에서 플루오르화수소산(HF: hydrofluoric acid)에 의해서 식각(etching)된다. 그러고 난 후 남아 있는 포토레지스트는 그림 1.36(f)와 같이 **피라니아 에치**(piranha etch)라 불리는 혼합 산에 의해서 제거된다. 불순물을 첨가하는 두 가지 방법으로 확산과 이온주입이 있다. **확산**(diffusion) 공정에서, 웨이퍼는 불순물을 포함하는 가스가 들어 있는 화로에 놓여진다. 이것이 가열되면, 불순물 원자들이 기판으로 확산된다. 그림 1.36(g)를 보면 **측면**(lateral) 확산 때문에 웰이 산화막의 정공보다 큰 것을 알 수 있다. **이온주입**(ion implantation) 과정에서는 불순물 이온이 전기장에 의해서 가속되어서 기판으로 침투한다. 어느 방법이건 산화막 레이어는 불순물 원자가 웰이 존재하는 기판에 진입하는 것을 막는다. 마지막으로, 남아 있는 산화막은 HF에 의해서 벗겨지고 적절한 위치에 웰이 존재하는 웨이퍼만 남게 된다.

다음으로 트랜지스터 게이트가 만들어진다. 이것은 얇은 산화막 위에서 **폴리실리콘**이라 불리는 다결정 실리콘으로 구성된다. 이 얇은 산화막은 화로 안에서 성장한다. 그러고 나면 웨이퍼는 실란(silane) SiH_4 가스와 함께 리액터에서 다시 가열되어, **화학 증착**(chemical vapor deposition)이라 불리는 공정을 통해서 폴리실리콘 레이어를 성장시킨다. 이 폴리실리콘은 만족할 만한 전도체를 만들기 위해서 강하게 도핑된다. 이렇게 만들어진 장치의 단면이 그림 1.37(a)에 나와 있다. 이전과 마찬가지로 웨이퍼는 그림 1.35(c)와 같이 포토레지스트와 폴리실리콘 마스크에 의해서 패턴이 만들어지고, 폴리실리콘 마스크는 그대로 남는다[그림 1.37(b) 참조].

n+ 영역들은 확산을 통해서 트랜지스터의 능동 영역과 웰 접점을 만든다. 웰과 마찬가지로, 그림 1.37(c)와 같이 보호 작용을 하는 산화막이 생성되고, 그림 1.37(d)와 같이 불순물이 필요한 영역을 노출시키기 위해서 n-확산 마스크에 의해서 패턴이 만들어진다. n+ 영역이 전형적으로 이온주입에 의해서 만들어지지만[그림 1.37(e) 참조], 이들은 전통적으로 확산에 의해서 만들어졌기 때문에 **n-확산**이라 부른다. nMOS 트랜지스터 위의 폴리실리콘 게이트는 소스와 드레인이 게이트 밑의 채널에 의해서 분리되도록 확산을 막는 역할을 한다. 이것을 **자기 정렬**(self-aligned) 공정이라 하는 이유는 트랜지스터의 소스와 드레인이 정확하게 마스크를 정렬할 필요 없이 자동으로 게이트 주변에 만들어지기 때문이다. 마지막으로 그림 1.37(f)와 같이 보호용 산화막이 벗겨진다.

이 공정은 그림 1.38(a)와 같은 구조로 그림 1.35(e)의 p-확산 마스크를 만들기 위해서 되풀이된다. 산화막은 같은 방법으로 마스킹 용도로 사용되기 때문에 보이지 않는다. 필드 산화층은 웨이퍼를 금속으로부터 차단하고, 금속이 그림 1.38(b)의 확산이나 폴리실리콘에 연결되는 곳에서 접점 절단

[2] 엔지니어들은 광저항을 위한 여러 가지 유기 폴리머를 실험했다. 1958년 Brunford와 Walker는 젤로가 마스킹에 사용될 수 있다고 보고했다. 이들은 광범위한 실험 결과 다양한 젤로들 중에서 레몬으로 만든 것이 가장 좋은 결과를 제공함을 발견했다.

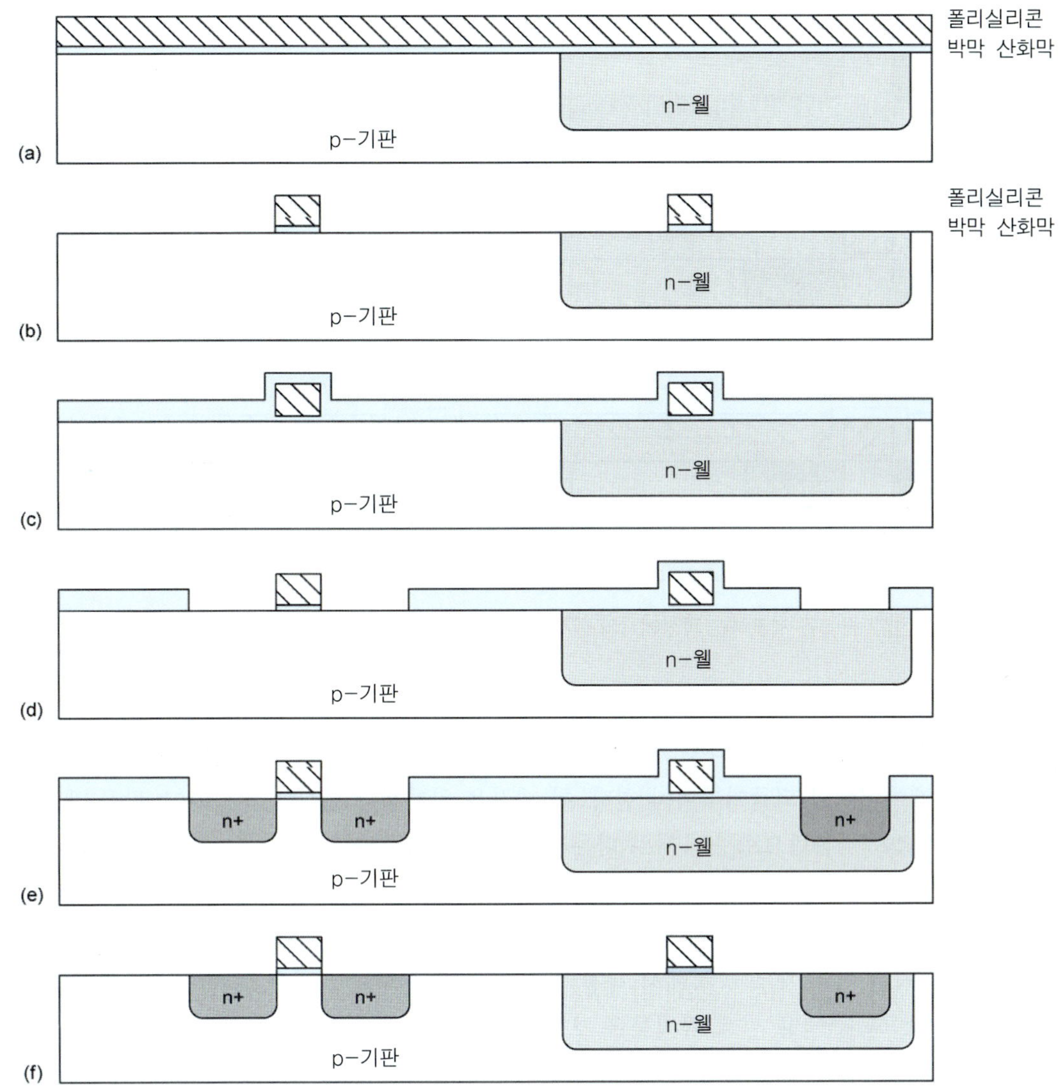

그림 1.37 폴리실리콘과 n-확산을 만드는 과정에서의 단계별 절단면

(contact cut)을 그대로 두기 위해서 그림 1.35(f)의 접점 마스크와 함께 형성된다. 마지막으로 스퍼터링(sputtering)이라 불리는 알루미늄이 웨이퍼 전체 위에 뿌려지는 과정을 통해서 접점절단을 메운다. 스퍼터링은 알루미늄을 증기로 뿌려서 웨이퍼 전체를 균일하게 덮는 과정을 말한다. 금속은 그림 1.35(g)와 같이 금속 마스크의 형태로 형성되고, 그림 1.38(c)와 같이 배선으로 남아 있어야 할 부분을 제외한 모든 곳에서 금속을 제거하기 위해 플라스마(plasma)를 사용한 식각이 이루어진다. 이렇게 해서 간단한 제조의 전체 과정이 마무리된다.

현대의 제조 과정들은 이보다 복잡한데, 그 이유는 트랜지스터 채널 주위에 보다 복잡한 불순물 형태를 만들어야 하고, 리소그래피에 사용되는 빛의 파장보다 작은 크기의 패턴을 인쇄해야 하기 때문이다. 그러나 이와 같이 복잡한 공정도 이미 소개된 일련의 단순한 마스크들을 사용하여 자동으로

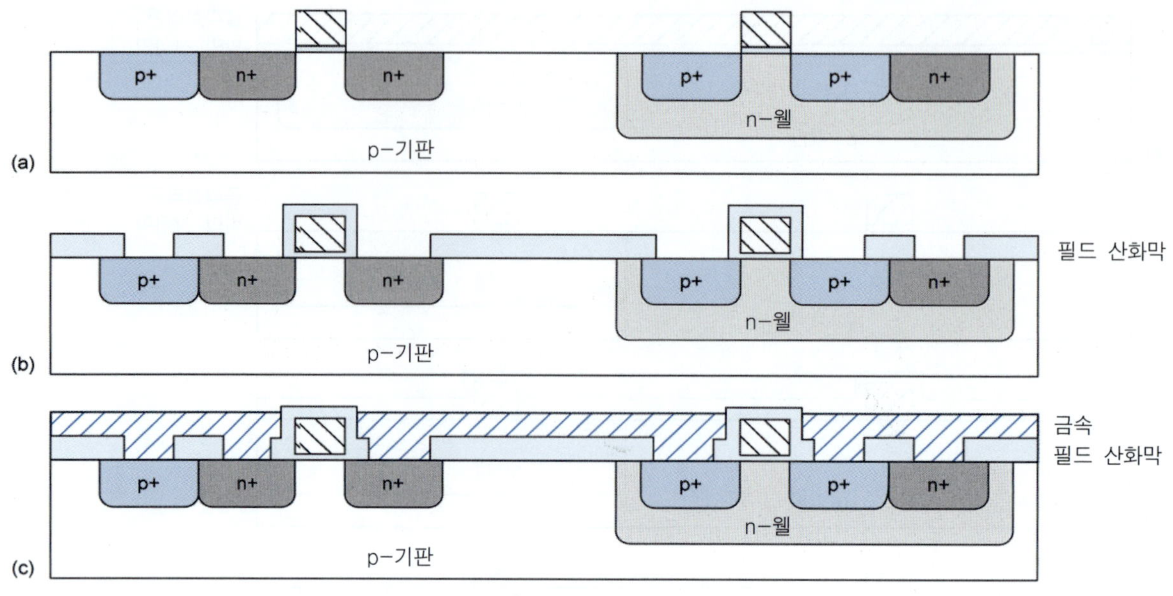

그림 1.38 p-확산, 접점, 금속을 제조하는 과정에서의 단계별 절단면

진행시킬 수 있다. 현재의 공정은 다섯 개 이상의 금속 레이어를 사용하기 때문에, 금속과 접점을 만드는 과정이 각 레이어에서 되풀이되어야 한다. 칩 제작은 원자재의 생산에 해당되고, 많은 제조사들이 기본적인 마스크들의 집합으로부터 서로 다른 설계 결과를 만들어 낸다.

1.5.3 레이아웃 설계 규칙

레이아웃 설계 규칙은 어떤 제조 공정에서 특정 형태를 얼마나 작게 그리고 얼마나 가깝게 위치시킬 수 있는가를 기술한다. 산업용 설계 규칙들은 보통 미크론(micron) 단위로 규정된다. 그러나 미크론 기반의 규칙은 한 공정에서 다른 공정으로 이전하는데 어려움이 따른다.

미드(Mead)와 콘웨이(Conway)[Mead80]는 공정의 해상도를 결정하는 단일 매개변수 λ에 기반을 둔 람다 설계 규칙을 대중화했다. λ는 일반적으로 최소로 그릴 수 있는 트랜지스터 채널 길이의 절반을 뜻한다. 이 길이는 트랜지스터의 소스와 드레인 사이의 거리가 되고, 폴리실리콘 배선의 최소 폭에 의해서 결정된다.예를 들어 180 nm 공정에서 폴리실리콘의 최소 폭이 0.18 μm이면 설계 규칙에서 λ=0.09 μm가 된다. 람다 규칙은 모든 규격을 λ의 정수배로 반올림해서 사용하기 때문에 매우 보수적인 방법이다. 그러나 이 규칙은 크기 변환을 간단하게 수행할 수 있다. 즉 λ의 값만 바꿈으로써 같은 레이아웃이 새로운 공정으로 쉽게 이전될 수 있다. 이 장에서는 설계 규칙을 λ로 표현하기로 한다. 미크론 규칙의 잠재적 우수성은 단순하고 크기 변환이 쉬운 람다 규칙을 위해서 잠시 접어 두기로 한다. 설계자는 종종 공정을 특정한 형태의 크기로 표현한다. **특정 형태의 크기**(feature size)는 트랜지스터의 최소 길이를 말하고, λ는 이것의 절반이 된다.

불행하게도 180 nm 이하의 설계 법칙들은 너무 복잡하고 상세하기 때문에 가변 규칙을 적용하기 어렵다. 그러나 직관적으로 단순한 가변 규칙은 복잡한 설계 법칙을 이해하는 데 도움이 된다.

MOSIS 서비스[Piña02]는 저렴한 프로토타이핑(prototyping) 서비스로서 대학, 산업체, 정부로부터 설계를 모으고, 그들을 합성해서 공통의 마스크를 만들어 비용을 분담시킨다. 또한 회사들이 관심을 가질 수 있을 만큼 생산량을 증가시킨다. MOSIS는 가변 람다 설계 규칙을 개발해서 넓은 영역의 제조 공정들에 적용될 수 있게 하였다. 이 규칙은 선이 끊어지지 않도록 최소 선폭을 기술하고, 선들 간의 단락이 일어나지 않도록 최소 간격을 규정하며, 두 레이어가 완전이 겹칠 수 있도록 최소 중복 영역을 정의한다.

보수적이지만 사용하기 쉬운, n-웰 공정의 두 금속 레이어의 설계 규칙은 다음과 같다.

- 금속과 확산은 최소 폭과 간격이 4λ이다.
- 접점들은 $2\lambda \times 2\lambda$이고, 상하 레이어에서 1λ만큼 둘러싸여 있어야 한다.
- 폴리실리콘의 폭은 2λ이다.
- 트랜지스터가 필요한 경우 폴리실리콘은 확산과 2λ만큼 중첩되어야 하고, 트랜지스터가 필요하지 않은 경우 1λ의 간격을 갖는다.
- 폴리실리콘과 접점은 다른 폴리실리콘과 접점들로부터 3λ의 간격을 갖는다.
- n-웰은 pMOS 트랜지스터를 6λ만큼 둘러싸고 nMOS 트랜지스터로부터는 6λ만큼 거리를 둔다.

그림 1.39는 2중 **금속** 레이어를 갖는 공정의 기본적인 MOSIS 설계 규칙을 보여 준다. 15.3절에서 이 규칙을 자세하게 다루고, 다른 산업용 설계 규칙과 비교해 볼 것이다.

3중 금속 공정에서 세번째 레이어의 폭은 일반적으로 6λ이고 간격은 4λ이다. 보다 많은 레이어를 갖는 공정들은 종종 낮은 저항을 갖는 두껍고 넓은 최상위 금속 레이어를 공급한다.

트랜지스터의 규격은 종종 폭/길이(width/length, W/L) 비율로 규정된다. 예를 들어, 그림 1.39에서 폴리실리콘이 n-확산을 가로질러 형성된 nMOS 트랜지스터는 W/L=4/2의 규격을 갖는다. 0.6 μm 공정에서, 이것은 실제로 너비 1.2 μm, 길이 0.6 μm에 해당한다. 이와 같은 최소 선폭 접촉

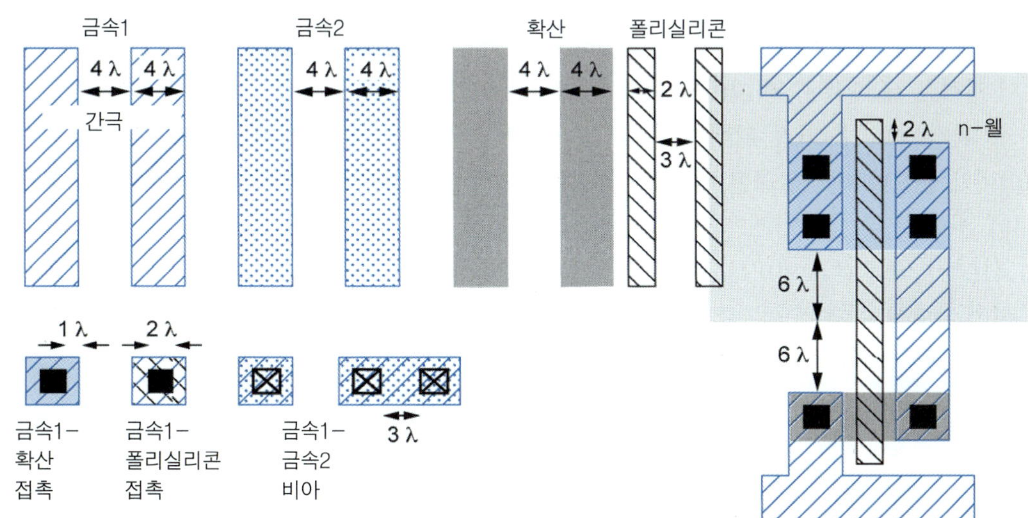

그림 1.39 단순화된 λ 설계 규칙

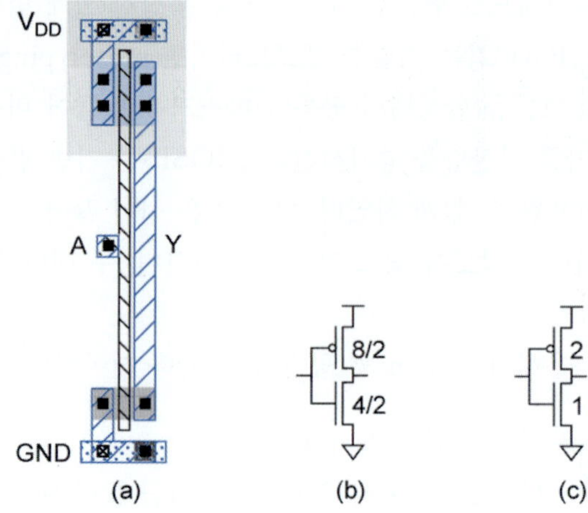

그림 1.40 규격이 표시된 인버터

트랜지스터를 단위 트랜지스터[3]라 부른다. pMOS 트랜지스터는 보통 nMOS 트랜지스터보다 넓게 만들어지는데, 그 이유는 정공이 전자보다 이동 속도가 느리기 때문에, nMOS와 같은 전류를 얻기 위해서 통로가 상대적으로 넓어야 하기 때문이다. 그림 1.40(a)는 단위 nMOS 트랜지스터와 크기가 이것의 두 배가 되는 pMOS 트랜지스터를 사용한 단위 인버터의 레이아웃을 보여 준다. 그림 1.40(b)는 각 트랜지스터에 W/L 규격이 표시된 개념도를 나타낸다. 디지털 시스템에서, 짧은 트랜지스터가 빠르고, 작고, 전력 소모가 적기 때문에, 최소 길이를 갖도록 선택된다.디지털 시스템에서, 짧은 트랜지스터가 빠르고, 작고, 전력 소모가 적기 때문에, 최소 길이를 갖도록 선택된다. 그림 1.40(c)는 보다 단순하게 표시하기 위해서 최소 길이를 가정하였을 때, 단위 폭의 배수를 규격으로 표시한 개념도를 나타낸다.

1.5.4 게이트 레이아웃

게이트 혹은 덧셈기나 메모리 요소와 같은 **셀**(cell)의 크기를 최소화하기 위해서 많은 시도가 이루어지고 레이아웃 형태를 점검하는 데 막대한 시간이 소모된다. 많은 응용 분야에서는 단순한 레이아웃으로도 충분하고, 이것은 자동으로 생성되거나 신속하게 만들어진다. 이 절에서는 자동화된 레이아웃 시스템에서 표준 셀을 위해 사용되는 '확산선(line of diffusion)' 규칙에 근거한 간단한 레이아웃을 소개한다. 이 형식은 네 개의 수평 띠(horizontal strip)로 구성된다. 이들은 셀의 바닥에 있는 금속 접지, n-확산, p-확산, 그리고 가장 위에 있는 금속 전원을 말한다. 전원과 접지 배선들은 **전원 레일**(supply rail)이라 불린다. 폴리실리콘 배선들은 트랜지스터 게이트를 형성하기 위해서 수직으로 배열된다. 셀 내의 금속선들은 트랜지스터들을 알맞게 연결한다.

그림 1.41(a)는 이와 같은 인버터의 레이아웃을 보여 준다. 입력 *A*는 폴리실리콘의 위, 아래, 왼쪽 중 어느 곳에 연결되어도 무방하다. 출력 *Y*는 셀의 오른쪽에 금속으로 만들어진다. 이때 p-기판과 n-

[3] 현대 공정에서 이와 같은 최소 트랜지스터는 그렇지 않은 트랜지스터들과 다소 다르게 동작한다. 게다가 이 트랜지스터는 접촉이 약간만 손상되어도 정상적으로 동작하지 않는다. 산업용 설계자들은 이러한 문제를 피하기 위해서 그 폭이 단위 트랜지스터 접점의 두 배(9λ) 이상이 되도록 설계한다.

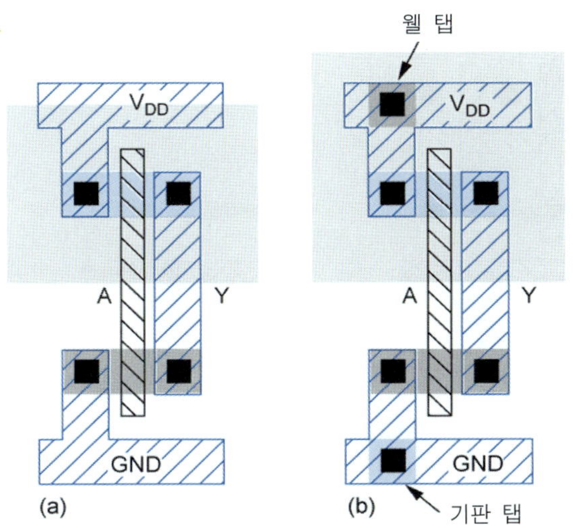

그림 1.41 인버터의 표준 셀 레이아웃

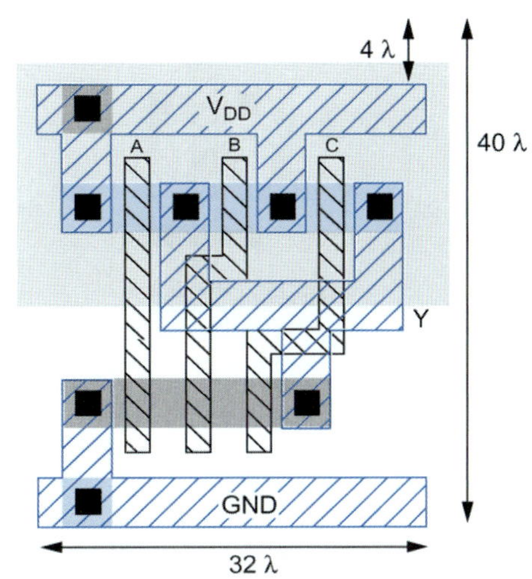

그림 1.42 3-입력 NAND 게이트의 표준 셀 레이아웃

웰은 차례대로 접지와 전원에 연결되어야 한다는 것을 상기할 필요가 있다. 그림 1.41(b)는 같은 인버터인데, 웰과 기판 탭이 차례로 전원과 접지 레일 아래에 위치한 것을 보여 준다. 그림 1.42는 3-입력 NAND 게이트를 보인다. 여기에서는 nMOS 트랜지스터들이 직렬로 연결되어 있고, pMOS 트랜지스터들이 병렬로 연결되어 있음을 주목할 필요가 있다. 전원과 접지는 설계 규칙을 만족시키면서, 두 게이트들이 인접했을 때 최소 4λ의 간격을 갖도록 각 방향으로 2λ만큼 확장되어 있다. 셀과 다른 배선 사이의 간격이 4λ일 때, 이 셀의 높이는 36λ 혹은 40λ가 된다. 모든 예들은 폭이 4λ인 트랜지스터를 사용한 것이다. 트랜지스터의 폭에 대한 선택은 3~4장에서 논할 예정이다.

이 셀들은 폴리실리콘으로 만들어진 게이트 연결이 위에서 아래로 향하도록 설계되었다. 현재의 표준 셀들에서는 폴리실리콘이 배선 레이어로 사용되지 않기 때문에 이 셀은 각 게이트에서 금속2와 금속1, 혹은 금속1과 폴리실리콘 접촉을 필요로 한다. 이것이 셀의 크기를 증가시키는 반면, 금속 배선 레이어 위에 있는 모든 단자에 접근이 가능한 장점이 있다.

1.5.5 막대도

레이아웃이 많은 시간을 요하기 때문에 레이아웃 계획을 신속하게 세우고 전체 레이어를 만들기 전에 예상 면적을 추정하는 과정이 매우 중요하다. **막대도**(stick diagram)는 크기를 무시하고 있기 때문에 매우 쉽게 얻을 수 있다. 그림 1.43과 이 책의 앞표지 안쪽에는 인버터와 3-입력 NAND 게이트의 막대도가 나와 있다. 이 책에서는 빗금 형태를 사용하였지만, 레이아웃 설계자는 색연필이나 지워지는 펜 등을 사용한다.

막대도가 크기를 포함하고 있지 않더라도, 훈련을 통해서 막대도를 사용해서 레이아웃의 크기를 추정하는 것은 어려운 일이 아니다. 개념도가 트랜지스터에 중점을 두고 있는 반면, 레이아웃 면적은 주로 금속 배선에 의해서 결정된다. 트랜지스터들은 배선 밑에 숨겨 놓을 수 있는 작은 조각에 불과하다. **경로 궤도**(routing track)는 배선에 필요하고, 인접한 배선과의 간격을 확보하는 데 필요한 충분한

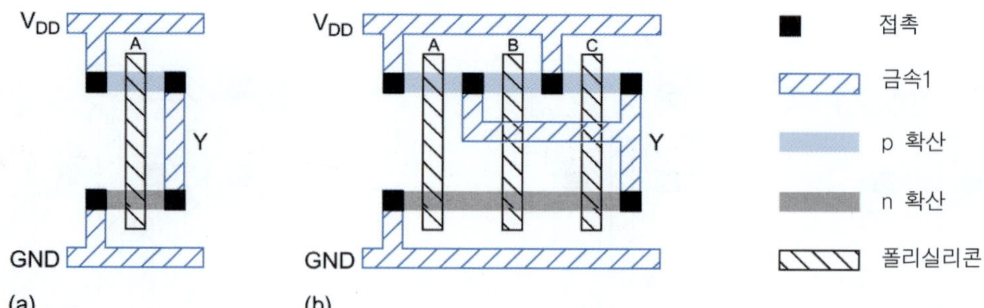

그림 1.43 인버터와 3-입력 NAND 게이트의 막대도

공간으로 정의된다. 만약 배선들의 폭이 4λ이고, 인접 배선과 4λ의 간격을 갖는다고 가정하면, 그림 1.44(a)와 같이 궤도의 **폭**(pitch)은 8λ가 된다. 이 폭은 배선들 사이에 트랜지스터가 존재할 수 있는 여지를 제공한다[그림 1.44(b) 참조]. 따라서 셀의 높이와 폭을 계산하려면 금속 트랙의 개수에 8λ를 곱하면 된다. 다소 문제가 되는 것은, 그림 1.45(a)와 같이 웰 옆에 형성된 nMOS와 pMOS 트랜지스터들 사이의 간격이 12λ가 되어야 한다는 점이다. 이 간격은 그림 1.45(b)와 같이 추가적인 배선의 궤도가 사용하게 된다. 따라서 추가 궤도는 실제 배선이 그 궤도에 사용되었는가의 여부에 관계없이, nMOS와 pMOS 트랜지스터들 사이에 위치해야 한다. 그림 1.46은 3-입력 NAND 게이트의 크기를 추정하기 위해서 궤도들의 수를 어떻게 파악하는가를 보여 준다. 네 개의 수직 배선 궤도가 있는데, 셀 폭이 32λ가 되도록 하기 위해서 궤도마다 8λ가 곱해진다. 또한 다섯 개의 수평 배선 궤도는 셀의 높이가 40λ가 되도록 한다. 수평 궤도들이 실제 크기대로 그려지지 않았어도, 그 개수를 헤아리는 것은 전혀 어렵지 않다. 그림 1.42는 실제 NAND 게이트 레이아웃이 V_{DD}와 그 다음의 금속 배선 사이의 간격이 4λ일 경우, 실제 크기를 만족시키고 있음을 나타낸다. 만약 트랜지스터가 4λ보다 크면, 추가적인 폭이 면적을 계산할 때 참고되어야 한다. 물론 이와 같은 추정 방법은 완벽한 설계 규칙과 비교할 때 지나치게 단순화되었기 때문에 시행착오적인 레이아웃이 반복되어야 한다.

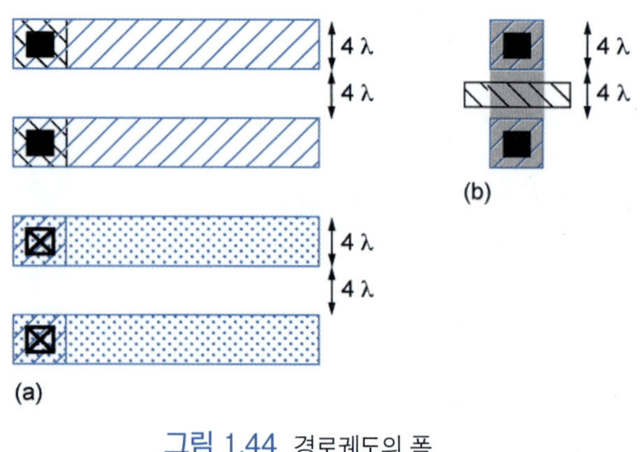

그림 1.44 경로궤도의 폭

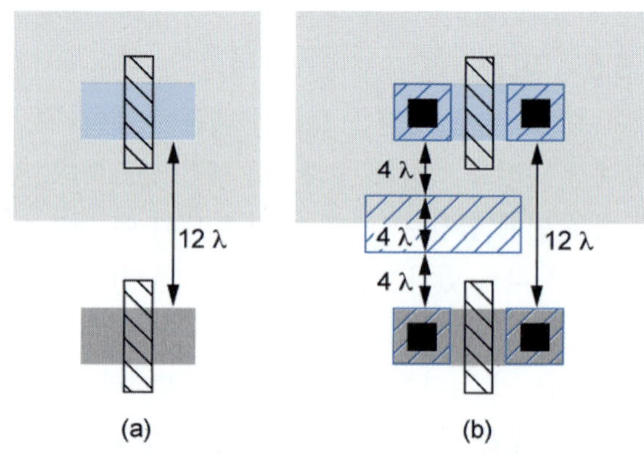

그림 1.45 nMOS와 pMOS 트랜지스터 사이의 간격

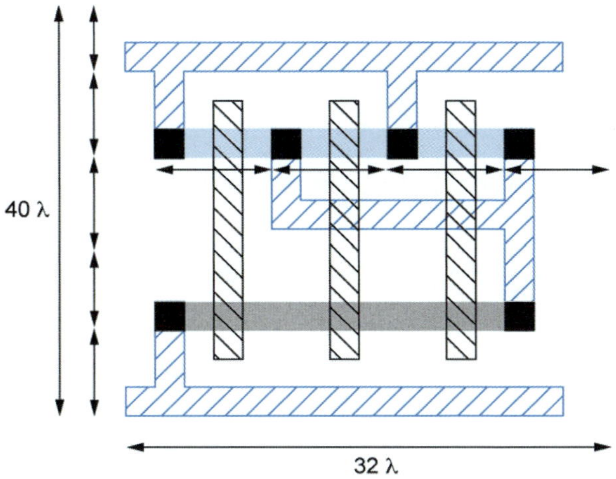

그림 1.46 3-입력 NAND 게이트의 면적 추정

예제 1.3

$Y=\overline{(A+B+C)\cdot D}$(그림 1.18 참조)를 수행하는 CMOS 게이트의 막대도를 그리고 이 셀의 높이와 폭을 계산하시오.

해답: 그림 1.47이 막대도를 보여 준다. 수평과 수직의 크기는 40×48λ가 된다.

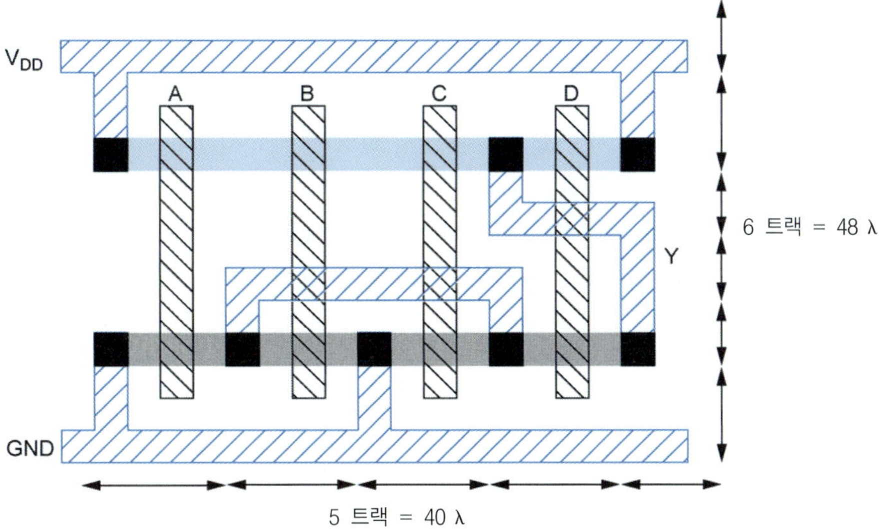

그림 1.47 함수 $Y=\overline{(A+B+C)\cdot D}$를 수행하는 CMOS 합성 게이트

1.6 설계 배분

이 시점에서 우리는 MOS 트랜지스터가 전압에 의해서 조절되는 스위치라는 것을 알게 되었다. 또한 트랜지스터들을 사용해서 논리 게이트를 만드는 방법, 트랜지스터를 제조하는 방법, 그리고 트랜지스터를 배치하고 배선하여 레이아웃을 수행하는 방법들을 알고 있다. 이 정도면 간단한 칩을 스스로 만들기에 부족함이 없다.

현대 VLSI 설계에서 가장 큰 도전 과제는 트랜지스터 자체를 설계하는 것이 아니라 시스템의 복잡도를 어떻게 관리하는가이다. 최신 **시스템온칩**(SOC: system-on-chip) 설계는 메모리, 프로세서, 고속 입출력 인터페이스, 그리고 특수 용도(application-specific) 논리게이트들을 하나의 칩 위에 결합하는 것이다. 이 설계는 수억(곧 수십억이 될 전망이다) 개의 트랜지스터들을 사용한다. SOC의 구현은 큰 규모의 공학 팀들에게 배분되고, 팀을 구성하는 공학자 개개인의 생산성이 매우 높아야 한다. 만약 구현이 너무 고지식하게 배분된다면, 각 블록은 인접한 회로를 고려하지 않고 최적화되기 때문에 최종적으로는 만족스럽지 않은 결과를 얻게 된다. 반대로 모든 과업이 다른 과업들과 너무 긴밀하게 연결되어 있다면, 설계의 진행이 너무 느려진다. 설계 관리자는 이 두 가지 극단으로부터 적절한 타협점을 찾는 것이 매우 중요하다. 이와 같은 선택에 있어서 실제 경험을 대체할 수 있는 것은 없기 때문에, 대형 프로젝트의 성공을 위해서는 많은 설계 경험을 가진 능력 있는 공학자가 필수적이다. 8장에서 소개될 **체계적 설계**(structured design)의 개념은 대형 소프트웨어 프로젝트에서도 사용되는 것이다. 체계적 설계는 계층(hierarchy), 정규성(regularity), 모듈성(modularity), 그리고 복잡도를 관리하기 위한 지역성(locality) 등을 필요로 한다.

1.6.1 설계 추상화

디지털 VLSI 설계는 종종 다섯 개의 상호 연관된 부분으로 나누어진다: **구조**(architecture) 설계, **미세구조**(microarchitecture) 설계, **논리** 설계, **회로** 설계, 그리고 **물리**(physical) 설계. 구조 설계는 시스템의 기능을 기술한다. 예를 들어 x86 마이크로프로세서 구조는 명령어 집합(instruction set), 레지스터 집합, 메모리 모델 등을 기술한다. 미세구조 설계는 앞서 설명한 구조 설계가 어떻게 레지스터 혹은 기능 유닛들로 분할되는가를 기술한다. 80386, 80486, 펜티엄, 펜티엄-2, 펜티엄-3, 펜티엄-4, Core, Core 2, Atom, 사이릭스(Cyrix) MII, AMD 애슬론(Athlon), 패넘(Phenom) 등은 모두 x86 구조에서 서로 다른 성능과 트랜지스터 수의 타협점을 제시하는 미세구조들이다. 논리는 기능 유닛들이 어떻게 구성되는가를 기술한다. 예를 들어 x86 정수 유닛에 사용되는 32비트 덧셈기를 구현하기 위해서 다양한 논리들은 리플 캐리(ripple carry), 캐리 예측(carry lookahead), 그리고 캐리 선택(carry select) 등을 포함한다. 또 다른 예로, 캐리 예측 덧셈기는 정적 CMOS 회로, 도미노 회로(domino circuit), 혹은 통과 트랜지스터 등을 사용할 수 있다. 이 회로들은 고성능 혹은 저전력을 강조하기 위해서 다듬어질 수 있다. 물리 설계는 칩의 레이아웃을 기술한다. 아날로그 및 RF VLSI 설계는 다른 추상화 계층을 사용한 같은 단계를 거친다.

이 요소들은 본래 상호 연관성을 갖고 있다. 예를 들어 미세구조와 논리의 선택은 칩에 설치될 트랜지스터들의 개수와 밀접하게 연관되어 있고, 이것은 다시 물리 설계와 공정 기술에 영향을 준다. 같은 방법으로, 캐시 접근(cache access)을 두 번에서 한 번으로 줄인 혁신적인 회로 설계는 어떤 미세구조가 바람직할 것이냐를 결정하는 데 중요한 역할을 한다. 클럭 주파수의 선택은 미세구조, 논리, 회로 설계, 그리고 물리 설계와 복잡한 상호 연관성을 갖는다. 보다 깊은 파이프라인 구조는 보다 높은 주파수를 허용하는 반면, 파이프라인 시작 단계의 연산들이 이후 단계의 연산들과 연관성을 가질 때 그에 상응하는 성능의 감소를 가져온다. 많은 함수들이 처리 속도와 면적, 전력, 설계 노력 사이에서 타협점을 찾기 위해 다양한 방법의 논리 및 회로 설계에 의존한다. 맞춤형 물리 설계는 보다 압축되고 빠른 회로와 저렴한 제조 비용을 가능하게 하는 반면, 설계에 들어가는 노력이 막대하다. CAD 시스템을 사용한 자동 레이아웃은 노력을 줄이고, 시장 진입 시기를 앞당긴다.

이러한 상호 관련성을 해결하기 위해서, 미세구조, 논리, 회로, 그리고 물리 설계가 최소한 부분적으로라도 병행되어야 한다. 미세구조는 비용 파악을 위해서 회로 및 물리 설계에 의존해야 한다. 공학자들은 종종 '짧고 굵거나(short and thic)', '길고 가는(tall and skinny)' 두 부류 중 하나로 분류된다. 길고 가는 공학자들은 넓은 범위의 주제들에 관한 것들을 이해하고 있다. 디지털 VLSI 설계에는 이러한 공학자들이 필요한데, 그 이유는 그들이 시스템 일부에서 선택한 결과가 가는 부분에 어떤 영향을 줄 것인가를 예측할 수 있기 때문이다.

1.6.2 구조적 설계

복잡한 설계를 관리할 수 있는 결정적인 도구가 **계층**(hierarchy)을 사용하는 것이다. 대형 시스템은 다수의 **코어**(core)들로 각 코어는 다양한 **유닛**(unit)들로 만들어진다. 분할이 가능하다. 각 유닛은 다시 다수의 **기능 블록**(functional block)[4]들로 구성된다. 이 블록들은 궁극적으로는 트랜지스터들로 구성되는 **셀**(cell)로부터 만들어진다. 이 시스템은 트랜지스터들을 개별적으로 살펴보는 것보다 정확하게 정의된 인터페이스와 기능들을 갖는 블랙박스 형태의 최상위 수준을 이해하는 것이 훨씬 효과적이다. 논리, 회로, 그리고 물리적 관점의 설계는 용이한 검증을 위해서 일정 계층을 공유하여야 한다. 설계의 계층은 전체의 칩을 **뿌리**로 하고, 기본 요소(primitive)들을 **잎**으로 간주하는 나무 구조(tree structure)로 이해할 수 있다.

정규성(regularity)은 설계해야 할 서로 다른 블록들을 최소화함으로써 복잡한 설계를 관리하는 데 도움을 준다. 어떤 블록이 일단 설계된 후 검증되면 다른 여러 부분에 재사용된다. **모듈성**(modularity)은 이러한 블록들의 상호 연결 관계가 명확하게 정의될 것을 요구한다. **지역성**(locality)은 어떤 블록이 사용된 시간과 위치 정보를 제공한다. 이러한 계층적 설계는 13.2절에서 자세하게 다룰 것이다.

1.6.3 동작, 구조, 물리적 영역

다른 관점의 설계 배분이 그림 1.48의 Y 차트에 나와 있다[Gajski83, Kang03]. 이 차트의 방사형 직선들은 세 가지 서로 다른 설계 영역을 나타낸다. 즉 동작(behavioral), 구조(structural), 물리적

[4] 어떤 설계자들은 유닛과 기능 블록을 모두 **모듈**(module)이라 부르기도 한다.

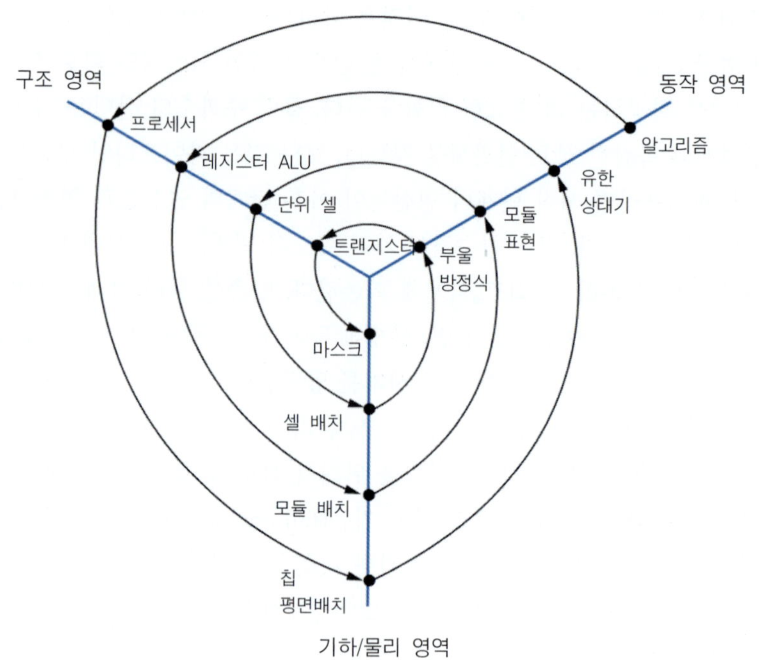

그림 1.48 Y 차트(McGraw-Hill 사의 허락으로 〔Kang03〕에서 인용)

(physical) 영역을 의미한다. 이 영역들은 거의 모든 현상의 설계를 기술하고, 그 결과 설계 과정을 기술하는 매우 일반적인 분류를 형성한다. 각 영역에서는 몇 단계의 설계 개념화(design abstraction)가 존재하는데, 설계 개념화란 최상위 단계에서 시작해서 개별적 요소들까지 내려가는 것이다.

동작 영역은 특정한 시스템이 무엇을 하는지 정의한다. 예를 들어 최상위 단계에서 특정한 톤(tone)의 음향을 발생시키는 칩을 만든다고 하는 것이 여기에 속한다. 이 동작은 톤 발생기(tone generator)를 만들기 위해서 필요한 것들을 정확하게 기술하기 위해서 계속 수정된다.

각 개념화 단계에서, 특정한 구조 표현(structureal description)이 기술된다. 구조 영역은 특정한 동작을 구현하는 데 필요한 모듈들의 상호 연결을 기술한다. 예를 들어 최상위 수준에서 터치톤(touch-tone) 발생기가 키보드, 톤 발생기, 오디오앰프, 배터리, 그리고 스피커로 구성되는 수준이 여기에 속한다. 궁극적으로 하위 수준의 개념화에서 개별적인 게이트와 톤 발생기를 만드는 데 필요한 트랜지스터 연결들이 기술된다.

각 개념화 단계를 위해서, 물리적 영역의 표현은 해당 단계의 개념화를 물리적으로 구성하는 방법을 설명한다. 상위 단계에서는, 이것이 키보드, 톤 발생기 칩, 배터리, 그리고 스피커를 결합하는 방법을 기술한다. 최상위 칩 단계에서, 이것은 평면배치(floorplan)로 구성되고, 하위 단계에서는 각 트랜지스터의 실제 기하 구조로 구성된다.

이와 같은 설계 과정은 각 영역들의 일관성을 유지하면서 하나의 영역에서 다른 영역으로 변환되는 과정이라고 이해될 수 있다. 동작 표현들은 구조적 표현으로 변환되는데, 변환된 구조적 표현은 다시 물리적 표현으로 변환된다. 이 변환들은 수동 및 자동으로 모두 이루어질 수 있다. 어떤 경우이건, 한 영역에서 다른 영역으로 변환된 과정을 검증하는 것은 정상적인 설계에 필요한 노력이다. 이것이 설계 내용물이 그 영역의 경계를 통과할 수 있다는 것을 보증한다. 각 영역을 연속적으로 구체화된 개념화 단계에서 계층적으로 규정할 수 있다면, 초대형 시스템의 설계가 가능하게 된다.

설계 영역과 개념화 단계를 정확하게 기술하는 이유는 시스템의 최종 기능이 초기 동작 기술에 이르기까지 완전하게 검증이 되는 정확한 설계 과정을 정의해야 하기 때문이다. 부정확한 설계가 만들어져서는 안 된다. 만약 실수가 발생했다면, 그것이 절대로 되풀이되지 않도록 설계 과정이 수정되어야 한다. 설계자는 설계 과정에 관해서 철저한 원칙을 가져야 하고, 모든 변환과 어떻게 그리고 왜 오류에 대한 검증이 가능하도록 설계되어야 하는지를 알아야 한다. 보통 이 과정들은 현대 설계 과정에서 완전하게 자동화되어 있다. 그러나 문제가 생겼을 때 원인을 찾아내기 위해서는 이 과정들에 대한 기본을 알고 있는 것이 중요하다.

Y 차트는 각 영역과, 다양한 설계 개념화 단계에서 영역 간의 변환을 예시한다. 설계 과정이 이 차트의 바깥에서 안쪽으로 감겨 들어올 때, 개념화 단계와 계층은 상위에서 하위로 이동한다.

이 장의 나머지 대부분은 의미 있는 시스템에 적용되는 VLSI 설계의 다양한 면을 예시하기 위한 간단한 마이크로프로세서의 설계에 관한 실태 연구(case study)로 채워진다. 이 논의는 프로세서의 구조 및 미세구조를 기술하는 것에서 시작된다. 그 다음으로 논리 설계를 고려하고, 하드웨어 기술 언어에 대해서 논하기로 한다. 이 프로세서는 1.4절에서 소개했던 트랜지스터 레벨의 정적 CMOS 회로를 사용하여 제작되고, 네트리스트(netlist) 형식이 소개된다. 계속해서 평면배치와 면적 계산을 포함한 프로세서의 물리적 설계를 둘러본다. 설계 검증은 매우 중요하기 때문에 설계의 각 요소들에 대해서 모든 수준의 계층에서 이루어져야 한다. 마지막으로, 레이아웃은 마스크로 변환되고, 이 과정을 거쳐서 칩이 제작되고 패키지에 넣어진 후, 테스트를 받게 된다.

1.7 사례: 간단한 MIPS 마이크로프로세서

이 절에서는 8비트 MIPS 마이크로프로세서의 구조를 고려하기로 한다[Patterson04, Harris07]. 그 이유는 이 프로세서가 널리 연구되고 있고, 계층적 설계를 예시하기에는 여전히 대형 칩이지만 그래도 상대적으로 단순하기 때문이다. 이 절에서는 이 구조와 우리가 앞으로 구현할 다중 사이클(multicycle) 미세구조를 기술한다. 만약 컴퓨터 구조에 익숙하지 않은 독자라면, MIPS 프로세서를 하나의 블랙박스로 간주하고 1.8절로 건너뛰는 것이 좋겠다.

일련의 실험을 통한 연습이 `www.cmosvlsi.com`에서 제공된다. 여기에서는 무상 공개 소스 CAD 도구인 *Electric* 혹은 Cadence와 Synopsis의 상용 설계 도구를 이용해서 스스로 마이크로프로세서를 설계할 수 있도록 한다.

1.7.1 MIPS 구조

MIPS32는 상대적으로 특이성이 거의 없는 간단한 32비트 RISC 구조를 갖는다. 이 구조에서 우리가 다룰 부분은 32비트 명령어 부호화를 사용하지만, $0-$7의 주소를 갖는 8개의 8비트 범용 레지스터만을 사용한다. 또한 8비트 프로그램 카운터(PC: program counter)를 사용한다. $0 번지의 레지스터는 숫자 0을 갖기 위해서 직접 배선된다. ADD, SUB, AND, OR, SLT, ADDI, BEQ, J, LB, 그리고 SB 등과 같은 명령어를 사용한다.

이 기능과 각 명령어의 부호화 방식이 표 1.7에 나와 있다. 각 명령어는 R, I, J 등의 템플릿을 사용하여 부호화된다. R형 **레지스터** 기반 명령어들은 산술 연산을 위해서 사용되고 두 개의 소스 레지스터(source register)와 목표 레지스터(destination register)들을 규정한다. I형 명령어들은 16비트 상수(**immediate**라고도 불린다)와 두 개의 레지스터들이 규정되어야 할 때 사용된다. J형 명령어(**점프**)들은 대부분의 명령 단어들을 26비트 점프 명령어에 사용한다. 각각의 부호화 형식이 그림 1.49에 나와 있다. 모든 형식에서 여섯 개의 상위 비트들은 연산 부호(operation code 혹은 op)가 된다. R형 명령어들은 모두 op=000000을 공유하며 이 기능들을 구별하기 위해서 여섯 개의 추가적인 funct 비트를 사용한다.

우리는 **어셈블리 언어**(assembly language)를 사용해서 MIPS 프로세서를 구현하는 프로그램을 만들 수 있다. 이때 프로그램의 각 줄은 ADD 혹은 BEQ와 같은 하나의 명령을 포함한다. 그러나 MIPS 하드웨어는 궁극적으로 이 프로그램을 **기계어**(machine language)라 불리는 32비트 숫자열로 읽어야 한다. **어셈블러**(assembler)는 어셈블리 언어를 기계어로 번역하는 지루한 작업을 표 1.7과 그림 1.49에 정의된 부호화 방식을 사용하여 자동화한다. 어셈블리 언어를 사용해서 최소한의 의미를 갖는 프로그램을 만드는 것도 어려운 일이다. 따라서 프로그래머들은 보통 C 혹은 Java와 같은 **상위 계층 언어**(high-level language)를 사용한다. **컴파일러**(compiler)는 **소스 코드**(source code)라 불리는 상위계

표 1.7 MIPS 명령어 집합

명령어	기능		부호화 결과	op 코드	기능 코드
add $1, $2, $3	addition:	$1 <- $2 + $3	R	000000	100000
sub $1, $2, $3	subtraction:	$1 <- $2 – $3	R	000000	100010
and $1, $2, $3	bitwise and:	$1 <- $2 and $3	R	000000	100100
or $1, $2, $3	bitwise or:	$1 <- $2 or $3	R	000000	100101
slt $1, $2, $3	set less than:	$1 <- 1 if $2 < $3 $1 <- 0 otherwise	R	000000	101010
addi $1, $2, imm	add immediate:	$1 <- $2 + imm	I	001000	n/a
beq $1, $2, imm	branch if equal:	PC <- PC + imm × 4[a]	I	000100	n/a
j destination	jump:	PC <- destination[a]	J	000010	n/a
lb $1, imm($2)	load byte:	$1 <- mem[$2 + imm]	I	100000	n/a
sb $1, imm($2)	store byte:	mem[$2 + imm] <- $1	I	101000	n/a

a. Technically, MIPS addresses specify bytes. Instructions require a 4-byte word and must begin at addresses that are a multiple of four. To most effectively use instruction bits in the full 32-bit MIPS architecture, branch and jump constants are specified in words and must be multiplied by four (shifted left 2 bits) to be converted to byte addresses.

구조	사례	부호화					
		6	5	5	5	5	6
R	add $rd, $ra, $rb	0	ra	rb	rd	0	funct
		6	5	5	16		
I	beq $ra, $rb, imm	op	ra	rb	imm		
		6	26				
J	j dest	op	dest				

그림 1.49 명령어 부호화 형식

층 언어 프로그램을 적절한 기계어로 된 **오브젝트 코드**(object code)로 변환하는 역할을 수행한다.

예제 1.4

그림 1.50은 피보나치(Fibonacci) 수열의 n번째 숫자인 f_n을 $n > 0$일 때 $f_n = f_{n-1} + f_{n-2}, f_{-1} = -1, f_0 = 1$와 같이 반복적으로 계산하는 간단한 C 프로그램을 보여 준다. 이 프로그램을 MIPS 어셈블리 언어와 기계어로 번역하시오.

해답: 그림 1.51은 주석이 첨가된 어셈블리 언어 프로그램을 나타내고, 그림 1.52는 이 어셈블리 언어를 기계어로 번역한 결과이다.

```
int fib(void)
{
   int n = 8;                /* compute nth Fibonacci number */
   int f1 = 1, f2 = -1;      /* last two Fibonacci numbers */

   while (n != 0) {          /* count down to n = 0 */
     f1 = f1 + f2;
     f2 = f1 - f2;
     n = n - 1;
   }
   return f1;
```

그림 1.50 피보나치 프로그램의 C 코드

1.7.2 다중 사이클 MIPS 미세구조

이 장에서는 [Patterson04]의 5장과 [Harris07]의 7장에 소개된 다중사이클 MIPS 미세구조를 8비트로 변환해 보기로 한다. 이 미세구조는 그림 1.53에 그려져 있다. 직사각형들은 레지스터나 메모리를 표시한다. 둥근 직사각형들은 멀티플렉서(multiplexer)를 나타낸다. 타원들은 제어 논리회로를 나타낸다. 가는 선들은 신호를 나타내고 굵은 선들은 데이터 경로(datapath)를 나타낸다. 제어 신호들은 일

```
# fib.asm
# Register usage: $3: n $4: f1 $5: f2
# return value written to address 255
fib:   addi $3, $0, 8      # initialize n=8
       addi $4, $0, 1      # initialize f1 = 1
       addi $5, $0, -1     # initialize f2 = -1
loop:  beq $3, $0, end     # Done with loop if n = 0
       add $4, $4, $5      # f1 = f1 + f2
       sub $5, $4, $5      # f2 = f1 - f2
       addi $3, $3, -1     # n = n - 1
       j loop              # repeat until done
end:   sb $4, 255($0)      # store result in address 255
```

그림 1.51 피보나치 프로그램의 어셈블리 언어 코드

Instruction	Binary Encoding	Hexadecimal Encoding
addi $3, $0, 8	001000 00000 00011 0000000000001000	20030008
addi $4, $0, 1	001000 00000 00100 0000000000000001	20040001
addi $5, $0, -1	001000 00000 00101 1111111111111111	2005ffff
beq $3, $0, end	000100 00011 00000 0000000000000100	10600004
add $4, $4, $5	000000 00100 00101 00100 00000 100000	00852020
sub $5, $4, $5	000000 00100 00101 00101 00000 100010	00852822
addi $3, $3, -1	001000 00011 00011 1111111111111111	2063ffff
j loop	000010 00000000000000000000000011	08000003
sb $4, 255($0)	101000 00000 00100 0000000011111111	a00400ff

그림 1.52 피보나치 프로그램의 기계어 코드

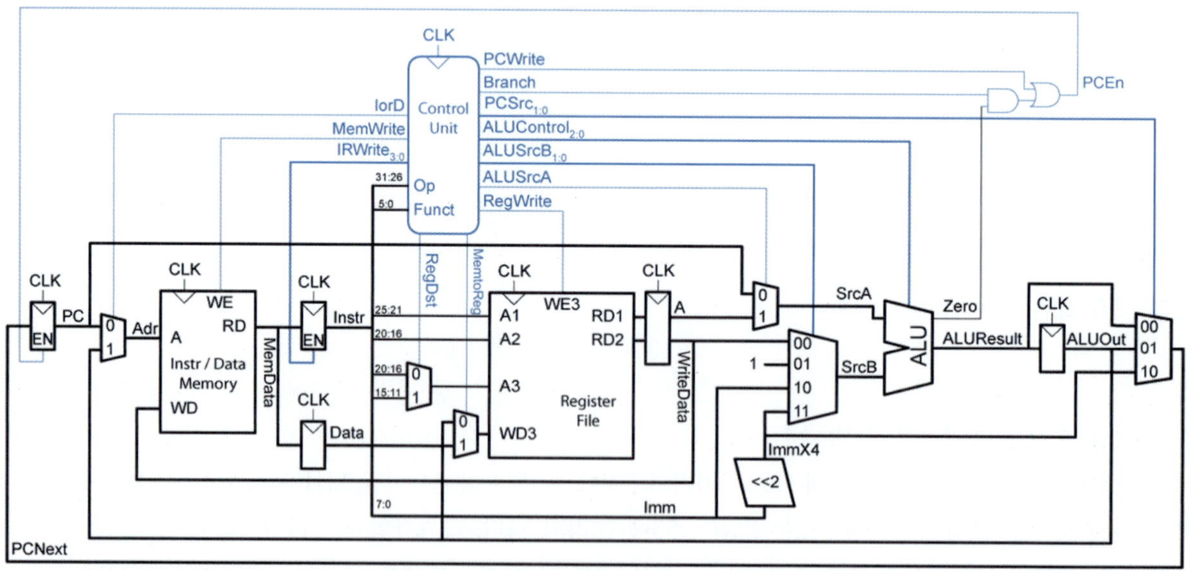

그림 1.53 다중 사이클 MIPS 미세구조. Elsevier의 허락으로 [Patterson04]와 [Harris07]에서 발췌

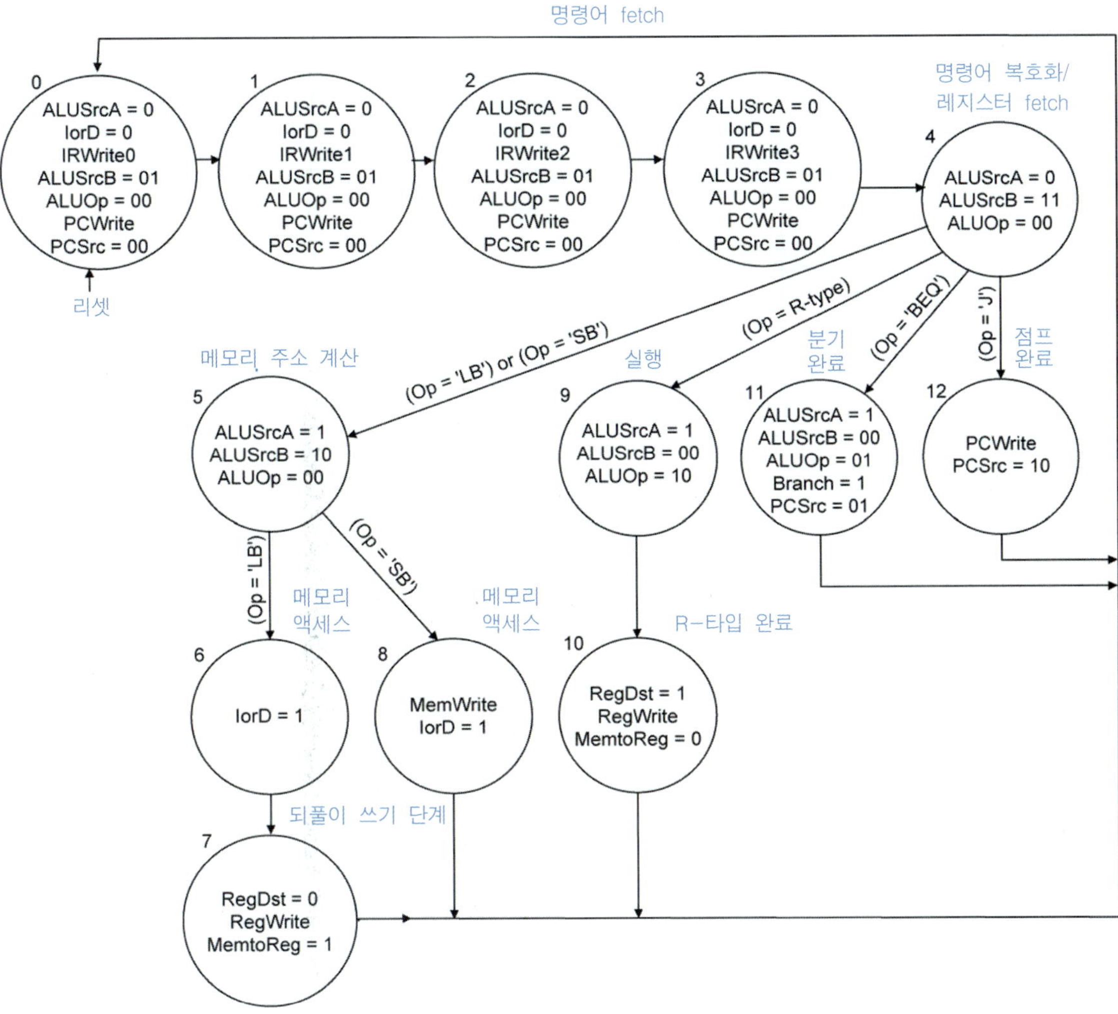

그림 1.54 다중 사이클 MIPS 제어를 위한 FSM. Elsevier의 허락으로 〔Patterson04〕와 〔Harris07〕에서 발췌

반적으로 멀티플렉서의 선택 신호(select signal)와 레지스터 이네이블 신호를 구동해서 데이터 경로가 어떻게 하나의 명령을 수행할 것인가를 지시한다.

명령 실행은 일반적으로 왼쪽에서 오른쪽으로 진행된다. 프로그램 카운터(PC)는 이 명령의 주소를 규정한다. 이 명령은 네 사이클 동안에 칩 외부 메모리로부터 한 번에 한 바이트를 32비트 명령 레지스터(IR: instruction register)로 적재한다. 이 `Op` 영역(명령의 31:26 비트 구간)은 제어기로 보내는데, 이 제어기는 정확한 연산을 통해서 데이터 경로가 명령을 수행하도록 한다. 예를 들어 `ADD` 명령에서 두 개의 소스 레지스터들이 레지스터 파일로부터 읽혀져서 임시 레지스터 A와 B로 이동된다. 다음 사이클에서 aludec 유닛은 산술 논리 연산장치(ALU: arithmetic logic unit)가 두 입력의 덧셈을 수행하도록 명령한다. 이 결과는 `ALUOut` 레지스터에서 읽혀진다. 그 다음 사이클에서는 이 결과가

표 1.8 ALUControl 정의

ALUOp	Funct	ALUControl	Meaning
00	x	010	ADD
01	x	110	SUB
10	100000	010	ADD
10	100010	110	SUB
10	100100	000	AND
10	100101	001	OR
10	101010	111	SLT
11	x	x	undefined

레지스터 파일에 있는 적절한 목적 레지스터에 저장된다.

이 제어기는 데이터 경로를 정렬시키는 멀티플렉서 선택 신호와 레지스터 이네이블 신호를 발생시키는 유한 상태기(FSM: finite state machine) 역할을 수행한다. 이 FSM의 상태 전이도(state transition diagram)가 그림 1.54에 나와 있다. 이미 논의한 대로, 처음 네 상태들은 메모리로부터 명령을 읽어 오는 데 사용된다. 이 FSM은 다음 단계에서 특정 명령을 수행하기 위해 Op 코드에 따라서 처리된다. 이 FSM에서 ADDI의 상태들은 생략되었고 독자들의 연습문제로 남겨 둔다.

이 제어기는 2비트 ALUOp 출력을 만든다. ALU 디코더 유닛은 3-비트 ALUControl 신호를 표 1.8의 ALUOp와 Funct 영역으로부터 계산하기 위해서 조합 논리를 사용한다. ALUControl은 적절한 계산을 선택하기 위해서 ALU가 가지고 있는 멀티플렉서를 구동한다.

예제 1.5

그림 1.53과 1.54를 참고해서, MIPS 프로세서가 어떻게 SUB 명령을 읽어 오고 수행하는가에 대해서 설명하시오.

해답: 처음 단계는 32비트 명령을 읽어 들이는(fetch) 과정이다. 이것은 명령이 8비트 메모리 인터페이스에서 도달할 수 있도록 네 사이클을 필요로 한다. 각 사이클에서 PC가 규정한 메모리의 주소로부터 한 바이트를 읽어 들인 후, 다음 바이트를 지시하기 위해서 PC를 하나 증가시킨다.

명령을 읽어 들이는 과정은 그림 1.54에 나와 있는 FSM의 상태 0~3에서 수행된다. 상태 0에서 PC는 명령의 첫 바이트의 주소를 갖고 있다. 이 제어기는 멀티플렉서가 이 주소를 메모리로 보내기 위해서 반드시 IorD=0을 선택해야 한다. MemRead 역시 메모리가 이 바이트를 읽어서 MemData 버스로 보내도록 해야 한다. 마지막으로 IRWrite0는 memdata를 IR의 최상위 바이트에 적을 수 있도록 해야 한다.

그러는 동안 PC를 하나 증가시켜야 하는데, 이것은 ALU를 사용해서 PC를 하나의 입력으로, '1'을 다른 하나의 입력으로 간주하여 ADD 연산을 수행하면 가능하다. PC를 첫 번째 입력으로 선택하기 위해서 ALUSrcA=0을 사용하면 된다. '1'을 다른 한 입력으로 선택하기 위해서는 ALUSrcB=

01을 사용한다. 덧셈을 수행하기 위해서는 표 1.8과 같이 ALUOp=00를 사용한다. 이 결과를 마지막 사이클에서 다시 PC에 쓰기 위해서 PCSrc=00과 PCEn=1을 사용한다.(PCWrite=1).

모든 제어 신호들은 그림 1.54의 상태 0에 표시되어 있다. 다른 레지스터 이네이블 신호들은 특별히 표시된 경우를 제외하고는 0인 것으로 가정한다. 다음 세 상태들은 차례로 바이트 1, 2, 3 IR에 쓰는 것을 제외하고는 동일하다.

다음 단계는 상태 4에서 소스 레지스터를 읽는 것이다. 이 두 소스 레지스터들은 IR의 비트 구간 25:21과 20:16에 규정된다. 레지스터 파일은 이 레지스터에서 읽은 값들을 A와 B 레지스터로 보낸다. SUB를 위한 제어 신호는 필요 없다.(명령어가 BEQ인 경우에 상태 4가 주소 분기 연산을 수행함에도 불구하고)

다음 단계는 뺄셈을 수행하는 것이다. IR 비트 구간 31:26의 Op 영역에 의해서, SUB가 R형 명령이기 때문에 FSM이 상태 9로 점프한다. 두 소스 레지스터들은 ALUSrcA=1과 ALUSrcB=00 으로 놓음으로써 ALU의 입력으로 선택된다. ALUOp=10을 선택하면 ALU 제어 디코더는 ALUControl 신호를 110, 즉 뺄셈으로 선택한다. 다른 R형 명령들도 디코더가 다른 Funct 코드(IR 비트 구간 5:0)를 받고, 그에 따라서 다른 ALUControl 신호를 발생시킨다는 것을 제외하고는 동일하다. 이 결과는 ALUOut 레지스터에 놓인다.

마지막으로 이 결과는 상태 10에서 레지스터 파일에 다시 쓰여져야 한다. 이 데이터는 MemtoReg=0가 되도록 ALUOut 레지스터로부터 받아야 한다. 이 목적 레지스터는 RegDst=1이 되기 위해서 IR 비트 구간 15:11에 규정된다. RegWrite는 쓰기를 수행하도록 명시되어야 한다. 그리고 FSM은 다음 명령을 읽어 들이기 위해서 상태 0으로 돌아간다.

1.8 논리 설계

최상위 단계에서 칩 인터페이스와 블록도를 정의함으로써 논리 설계가 시작된다. 그 다음으로 이 유닛을 개별적인 셀 단위까지 계층적으로 분할한다. 이 논리는 개념도나 레이아웃보다 상위 단계의 개념화를 제공하는 HDL에 의해서 정의된다. 이 코드는 종종 레지스터 전달 레벨(RTL: register transfer level) 표현이라고 불린다.

1.8.1 최상위 단계 인터페이스

최상위 단계의 입력과 출력이 표 1.9에 나열되어 있다. 이 예에서는 홀드 시간(hold-time) 문제를 해결하기 위해서 2상 클럭화(two-phase clocking) 시스템이 사용되었다. Reset은 PC를 0으로 초기화하고, FSM이 시작 상태(start state)에 있도록 제어한다.

나머지 신호들은 칩 외부에 있다고 가정한 비동기 8비트 메모리 인터페이스에 사용된다. 프로세서는 8비트 주소인 Adr을 전송하고, MemWrite를 내보낸다. 읽기 사이클(read cycle)에서 메모리는 MemData에 특정 값을 되돌려 보내는 반면, 쓰기 사이클에서는 메모리가 WriteData로부터 입력을 받아들인다. 많은 시스템들에서 MemData와 WriteData는 하나의 양방향 버스(bidirectional bus)에

표 1.9 최상위 단계 입력과 출력

입력	출력
ph1	MemWrite
ph2	Adr[7:0]
reset	WriteData[7:0]
MemData[7:0]	

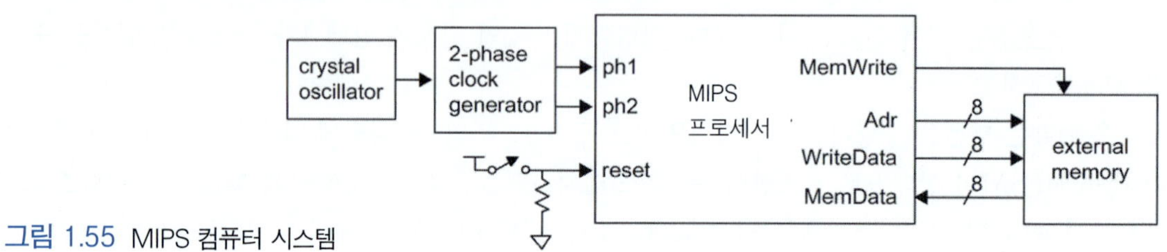

그림 1.55 MIPS 컴퓨터 시스템

서 합쳐지지만, 이 예에서는 그림 1.53의 인터페이스를 유지하고 있다. 그림 1.55는 MIPS 프로세서, 외부 메모리(external memory), 리셋 스위치(reset switch), 그리고 클럭 발생기(clock generator) 등으로 구성된 매우 간단한 컴퓨터 시스템을 보여 준다.

1.8.2 블록도

이 칩은 그림 1.56에 나와 있는 블록도와 같이 두 개의 상위 단계 유닛인 제어기(controller)와 데이터 경로(datapath)로 분할된다. 제어기는 control FSM, ALU 복호기, 그리고 PCEn을 계산하기 위한 두 개의 게이트로 구성된다. ALU 복호기는 ALUControl을 결정하기 위한 합성 논리회로로 구성된다. 8비트 데이터 경로는 칩의 나머지 부분을 차지하는데, 여덟 개의 동일한 **워드 슬라이스**(wordslice) 혹은 비트 슬라이스(bitslice) 형태로 구성된다. 예를 들면 그림 1.57은 8비트 2:1 멀티플렉서의 워드 슬라이스를 나타낸다. 이것은 8개의 개별적인 2:1 멀티플렉서와 해당 선택 신호를 위한 버터 및 인버터를 갖는 **지퍼**(zipper)로 구성된다.[5] 이와 같이 되풀이되는 워드를 구동하는 지퍼 회로를 분리시킴으로써 인버터를 되풀이해서 사용하지 않기 때문에 칩 공간을 줄일 수 있다. 이와는 다르게, 데이터 경로는 8개 행의 **비트 슬라이스**로 간주할 수도 있다. 이때 각 비트 슬라이스는 1비트의 요소와 이 비트들을 연결하는 수평 연결을 포함한다.

이와 같은 분할은 물리적 설계의 목표에 영향을 받은 것이다. 데이터 경로는 대부분의 트랜지스터들을 포함하고 구조적으로 매우 정규화되어 있다. 하나의 데이터 경로 비트 슬라이스를 적절한 노력을 들여서 수동으로 제작하면 높은 집적도를 얻을 수 있고, 나머지 비트 슬라이스는 이것을 복사해서 사용하면 된다. 워드 슬라이스를 사용한 데이터 경로의 설계는 상대적으로 용이한데, 그 이유는 ALU의 영

[5] 이 사례에서 지퍼는 워드슬라이스의 최상위에 있다. 보다 넓은 데이터경로에서는 지퍼가 가끔 워드슬라이스의 중간에 존재해서 짧은 도선을 구동하게 한다. 이 이름은 레이아웃이 격자무늬 스웨터의 중앙에 있는 지퍼와 같이 생긴 데서 유래했다.

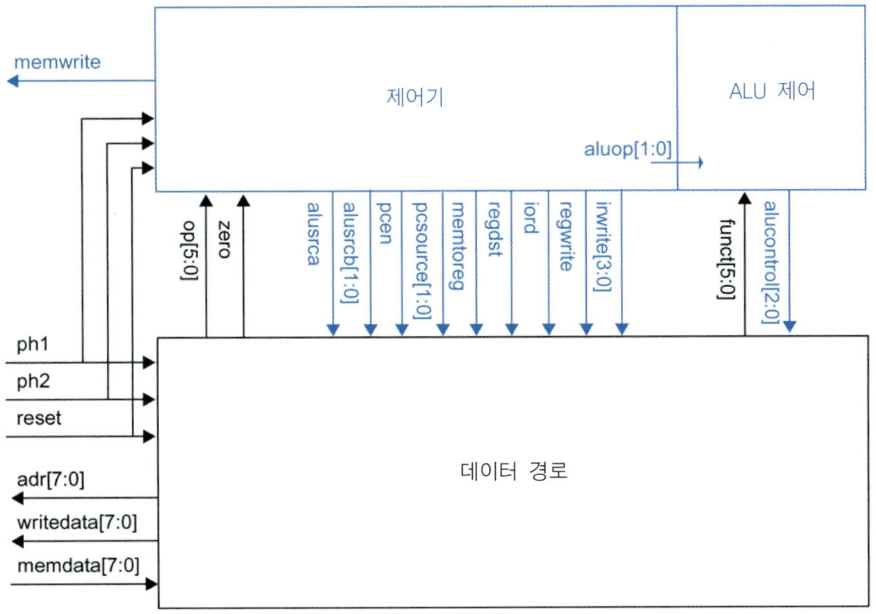

그림 1.56 최상위 단계 MIPS 블록도

그림 1.57 8비트 2:1 멀티플렉서의 워드 슬라이스

검출(zero detection) 회로와 같은 특정 구조들이 각 비트 슬라이스에서 동일하지 않기 때문이다. 제어기는 훨씬 작은 구조를 갖는데, FSM을 수동으로 게이트로 변환시키는 것은 매우 지루한 작업인 동시에 이 부분에서 많은 설계 오류(bug) 및 최종 수정이 빈번하게 일어난다. 따라서 우리는 HDL과 자동 회로 발생 장치를 사용해서 제어기를 보다 추상적으로 규정할 것이다.

1.8.3 계층

복잡한 시스템을 설계하기 위한 최선의 방법은 시스템을 단순화된 부분들로 분할하는 것이다. 그림 1.58은 MIPS 프로세서의 설계 계층을 나타낸다. 제어기는 controller_pla와 aludec를 포함하는데,

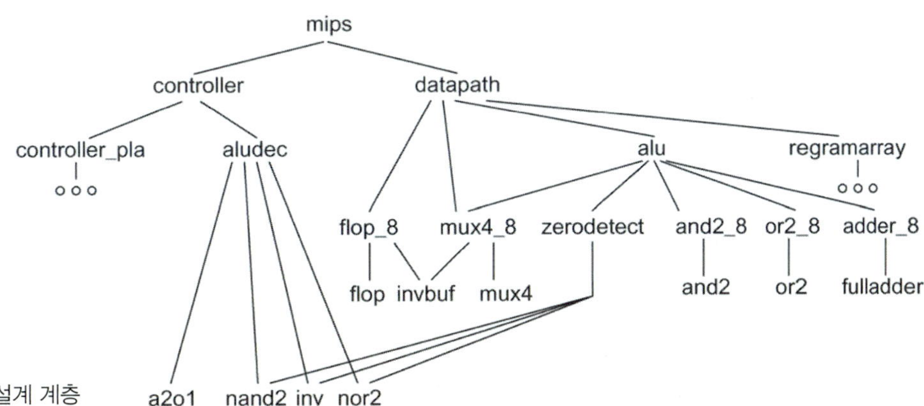

그림 1.58 MIPS 설계 계층

aludec는 다시 NAND, NOR, 그리고 인버터와 같은 표준 셀 라이브러리로부터 만들어진다. 데이터 경로는 8비트의 워드 슬라이스들로 구성되는데, 각각의 워드 슬라이스 역시 일반적으로 가산기(adder), 레지스터 파일 비트, 멀티플렉서, 플립플롭 등의 표준 셀로부터 만들어진다. 이 게이트들의 일부는 다른 위치에서 재사용된다.

이 설계 계층은 논리, 회로, 그리고 물리적 설계에서 반드시 같아야 할 필요는 없다. 예를 들어 논리의 관점에서 볼 때, 메모리는 블랙박스로 취급되는 것이 최선이지만, 회로 구현의 관점에서는 디코더(decoder), 셀 배열(cell array), 열 멀티플렉서(column multiplexer) 등으로 구성되는 것을 보일 필요가 있다. 서로 다른 계층들은 검증을 어렵게 만드는 경향이 있다. 실제로 논리, 회로, 그리고 물리적 설계의 계층을 서로 일치하도록 하는 것이 최선이다.

1.8.4 하드웨어 기술 언어

설계자는 논리 설계가 합리적으로 되었는지 여부에 대한 평가 결과를 신속하게 받아들일 필요가 있다. 블록도와 FSM의 상태 전이도를 회로도로 변환하는 작업은 오랜 시간이 걸리는 동시에 설계 오류가 발생하기 쉬운 부분이다. HDL은 설계 생산성을 높이기 위해서 보다 높은 개념화 단계에서 설계를 기술한다. HDL은 본래 문서 정리와 시뮬레이션을 목적으로 만들어졌지만, 현재는 HDL로부터 게이트를 직접 합성할 수 있게 되어 있다.

가장 대표적인 두 가지 HDL이 **베릴로그**(Verilog)와 **VHDL**이다. 베릴로그는 1984년에 Advanced Integrated Design Systems(나중에 Gateway Design Automation으로 명칭이 변경됨)에서 개발되었고, 1991년에 사실상의 산업용 개방 표준으로 자리 잡게 되었다. VHDL은 미국 국방성의 Very High Speed Integrated Circuits 프로젝트에서 개발된 hardware description language를 의미한다. 그 내력으로부터 짐작할 수 있듯이 상대적으로 단순하고 C 언어의 문법과 가까운 반면, VHDL은 대형 팀 프로젝트에 적합한 구조를 갖고 있다. 실리콘 밸리의 많은 회사들은 베릴로그를 사용하는 반면, 방위산업체나 통신 회사들은 VHDL을 선호한다. 다시 말해서 어느 하나가 다른 하나에 대해서 압도적인 우위를 차지하지는 못하고, 설계 특성상 업계에서는 두 가지가 공존하고 있는 실정이다. 이 책의 예제에서는 간략하게 하기 위해서 베릴로그를 사용하기로 한다.

HDL을 기술할 때, 순차적으로 수행되는 소프트웨어가 아닌 병렬로 수행되는 하드웨어를 기술하고 있다는 점을 명심해야 한다. 두 가지 일반적인 기술 방법이 있는데, **구조적 HDL**(structural HDL)은 하나의 셀이 어떻게 다른 셀이나 기본 게이트, 그리고 트랜지스터들로 구성되었는지를 규정한다. **동작형 HDL**(behavioral HDL)은 셀이 수행하는 동작을 기술한다.

논리 시뮬레이터(logic simulator)는 동작형과 구조적 HDL을 모두 검증할 수 있다. **논리 합성 도구**(logic synthesis tool)는 시간적 제약을 만족시키면서 면적을 최소화하기 위해서 동작형 HDL 코드를 **표준 셀**(standard cell)이라 불리는 **라이브러리**(library)로 변환시킨다. HDL의 일부만이 합성 가능한데, 예를 들어 테스트벤치(testbench)에서 사용되는 파일 입출력 명령은 합성될 수 없다는 것이 명확하다. 논리 합성의 결과는 숙련된 설계자가 수동으로 만든 회로에 비해서 집적도나 속도가 낮은 것이 보통이다. 그럼에도 불구하고 집적회로 공정들이 매우 발전되었기 때문에 합성된 회로는 특수 용도 집

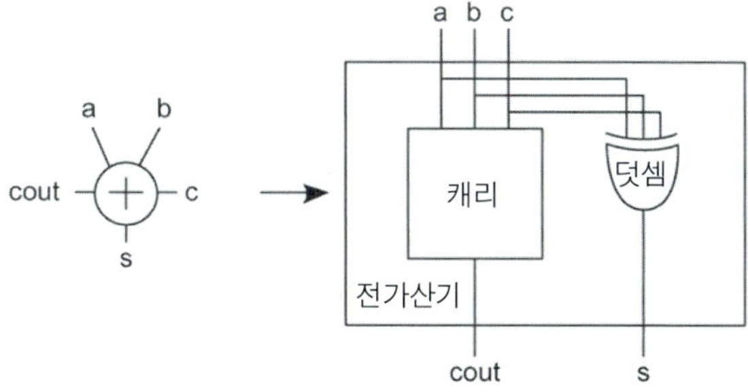

그림 1.59 완전 가산기

적회로(ASIC: application-specific integrated circuit)에 적용되는 데 아무 문제가 없다. 레이아웃은 배치 배선 도구(place and route tool)를 사용하여 자동으로 생성시킬 수 있다.

베릴로그에서 각 셀들을 **모듈**(module)이라 부른다. 입력과 출력은 C 프로그램과 유사하게 선언되고, 버스를 정의하기 위해서 비트폭(bit width)이 선언된다. 내부 신호들은 지역 변수(local variable)의 형태로 선언된다. 프로세서는 상위 단계에서 구조적 베릴로그를 사용해서 계층적으로 기술되고, 개별적인 셀들을 위해서는 동작형 베릴로그가 사용된다. 예를 들어 제어기 모듈은 FSM이 동작형 베릴로그에서 어떻게 규정되는가를 보이고, aludec 모듈은 조합 논리회로가 얼마나 복잡하게 규정되어 있는가를 보인다. 데이터 경로는 워드 슬라이스를 사용해서 구조적으로 정의되고, 이것은 다시 동작 수준으로 표현된다.

예시를 위해서, 8비트 가산기의 워드 슬라이스는 여덟 개의 직렬 완전 가산기(full adder)로 구성되는 리플 캐리 가산기(ripple carry adder)와 같이 구조적으로 표현된다. 이러한 완전 가산기는 합과 캐리 소회로(subcircuit)와 같이 구조적으로 표현된다. 완전 가산기 블록이 그림 1.59에 나와 있고, 캐리 소회로는 1.9절에서 자세하게 다루기로 한다.

```
module adder(input  logic [7:0] a, b,
             input  logic       c,
             output logic [7:0] s,
             output logic       cout);

  wire [6:0] carry;

  fulladder fa0(a[0], b[0], c,        s[0], carry[0]);
  fulladder fa1(a[1], b[1], carry[0], s[1], carry[1]);
  fulladder fa2(a[2], b[2], carry[1], s[2], carry[2]);
  ...
  fulladder fa7(a[7], b[7], carry[6], s[7], cout);
endmodule

module fulladder(input  logic a, b, c,
                 output logic s, cout);
```

```
  sum s1(a, b, c, s);
  carry c1(a, b, c, cout);
endmodule

module carry(input  logic a, b, c,
             output logic cout);

  assign cout = (a&b) | (a&c) | (b&c);
endmodule
```

1.9 회로 설계

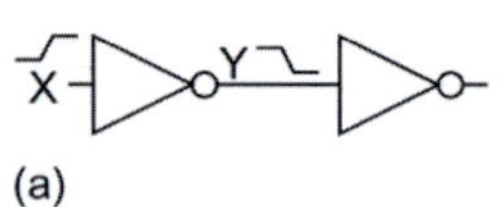

(a)

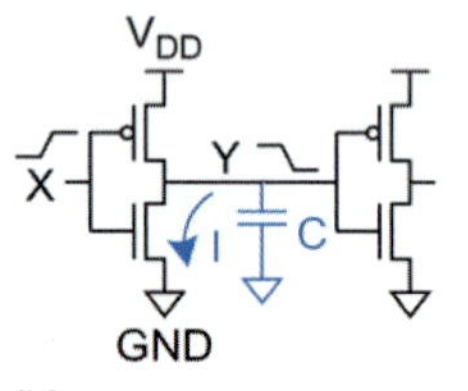

(b)

VDD
1
OFF
0
ON
Istatic
GND
(c)

그림 1.60 회로 지연과 전력: (a) 인버터 쌍, (b) 스위칭 과정에서 커패시턴스와 전류가 표시된 트랜지스터 수준 모델, (c) 대기 동작에서 정적 누설 전류

회로 설계는 특정한 논리 함수를 구현하기 위해서 트랜지스터들을 배열하는 과정이다. 회로는 개념도 혹은 네트리스트(netlist)와 같은 문자 형식으로 표현할 수 있다. 일반적인 트랜지스터 수준의 네트리스트 형식은 베릴로그와 SPICE를 포함한다. 베릴로그 네트리스트는 기능 검증에 사용되는 반면, SPICE 네트리스트는 지연과 전력 시뮬레이션을 위한 보다 상세한 해석에 사용된다.

트랜지스터의 게이트는 우수한 절연체이기 때문에, 커패시터 C로 모델링할 수 있다. 트랜지스터가 ON되면 전류 I가 소스와 드레인 사이에 흐르게 된다. 이때 전류와 커패시턴스 모두 트랜지스터 폭에 비례한다.

하나의 인버터가 다른 인버터를 구동하는 그림 1.60에 나와 있듯이, 논리회로의 지연은 전류와 커패시턴스에 의해서 결정된다. 커패시턴스가 충전 혹은 방전되는 것은 다음과 같은 미분방정식에 의해서 결정된다.

$$I = C\frac{dV}{dt}$$

평균 전류 I가 인가되면, 0에서 V_{DD}까지 스위칭되는 데 걸리는 시간은 다음과 같다.

$$t = \frac{C}{I}V_{DD}$$

그러므로 지연 시간은 부하 커패시턴스에 의해서 증가하는 반면, 구동 전류에 의해서는 감소한다. 지연을 정확하게 계산하기 위해서는 트랜지스터의 스위치 수준 아래까지 분석해야 한다. 2장에서는 전류와 커패시턴스를 설명하기 위한 보다 구체적인 트랜지스터 모델을 소개한다. 회로 설계의 목적 중 하나는 요구되는 지연을 만족시키는 트랜지스터의 폭을 결정하는 것인데, 자세한 내용은 3장에서 다루기로 한다.

부하 커패시턴스를 충전 혹은 방전시키기 위해서 에너지가 요구된다. 회로가 능동적으로 스위칭할 때 소모되는 에너지를 동적 전력(dynamic power)이라 한다. 동적 전력은 커패시터가 주파수 f의 속도로 충전 혹은 방전될 때 다음과 같이 결정된다.

$$P_{\text{dynamic}} = CV_{DD}^{2}f$$

게이트가 스위칭하지 않더라도, 일정량의 정전 전력이 소모된다. OFF 트랜지스터도 누설이 있기 때문에 미세한 양의 전류 I_{static}이 파워와 접지 간에 흐르고, 이것이 다음과 같은 정적 전력 소모의 원인이 된다.

$$P_{\text{static}} = I_{\text{static}}V_{DD}$$

전력에 관한 구체적인 내용은 4장에서 다루기로 한다.

하나의 논리 함수는 여러 가지 방법으로 구현될 수 있다. 이 함수를 AND, OR, NAND, NOR 중 어떤 게이트를 사용해서 만들 것인가? 각 게이트의 팬인(fan-in)과 팬아웃(fan-out)은 얼마씩으로 할 것인가? 게이트 상의 트랜지스터 폭은 얼마로 할 것인가? 이와 같은 선택은 시스템의 속도, 전력, 면적 등을 결정하는 회로 설계의 중요한 영역이 된다.

이미 언급한 바와 같이, 많은 설계 방법론 중에서 논리 합성 도구는 이와 같은 선택을 자동으로 해 주고, 최선의 구현을 위해서 표준 셀을 검색한다. 많은 응용에서 합성이면 충분하다. 그러나 시스템이 중대한 고속 혹은 저전력 요건을 만족시켜야 할 때, 또는 특별히 많은 개수를 생산하기 위해서 추가적인 면적 축소가 필요할 때, 주문형 설계가 이루어져야 한다.

회로 설계자는 보통 트랜지스터나 게이트 수준에서 개념도를 그린다. 예를 들어 그림 1.61은 완전 가산기에 들어가는 두 가지 다른 형태의 캐리 회로 설계를 나타낸다. 그림 1.61(a)의 게이트 수준 설계는 26개의 트랜지스터와 네 단계의 게이트 지연을 수반한다. 반면에 그림 1.61(b)의 트랜지스터 수준 설계는 단지 12개의 트랜지스터와 두 단계의 지연만을 갖는다. 이 설계는 CMOS 공정의 장점을 활용한 것이다.

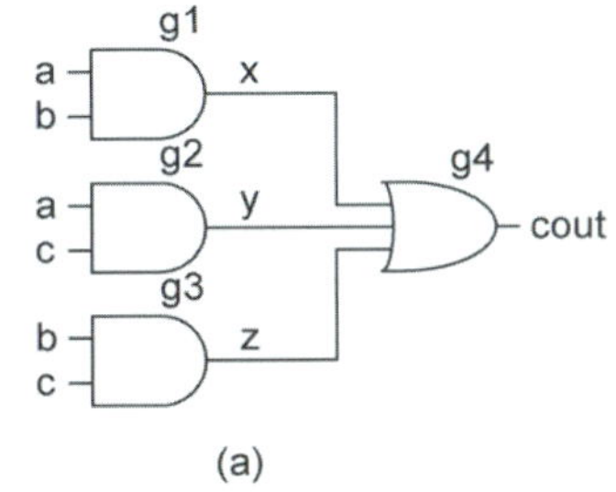

(a)

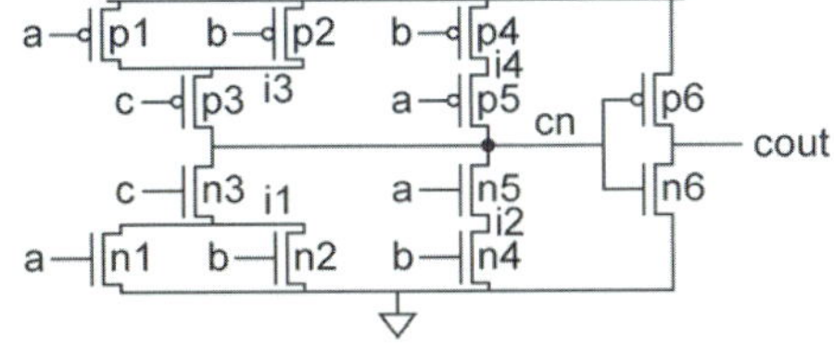

(b)

그림 1.61 캐리 소회로

보편적인 **네트리스트** 형식은 구조적 HDL을 따른다. 이 게이트 수준 설계는 다음과 같은 네트리스트를 갖는다.

```
module carry(input  logic a, b, c,
             output logic cout);

  logic x, y, z;

  and g1(x, a, b);
  and g2(y, a, c);
  and g3(z, b, c);
  or  g4(cout, x, y, z);
endmodule
```

이것은 포괄적인 게이트들을 사용하고, 실제 게이트 구현이 규정되지 않았기 때문에 공정에 독립된 구조 표현이다. 트랜지스터 수준의 네트리스트는 다음과 같다.

```
module carry(input  logic a, b, c,
             output tri   cout);

  tri     i1, i2, i3, i4, cn;
  supply0 gnd;
  supply1 vdd;

  tranif1 n1(i1, gnd, a);
  tranif1 n2(i1, gnd, b);
  tranif1 n3(cn, i1, c);
  tranif1 n4(i2, gnd, b);
  tranif1 n5(cn, i2, a);
  tranif0 p1(i3, vdd, a);
  tranif0 p2(i3, vdd, b);
  tranif0 p3(cn, i3, c);
  tranif0 p4(i4, vdd, b);
  tranif0 p5(cn, i4, a);
  tranif1 n6(cout, gnd, cn);
  tranif0 p6(cout, vdd, cn);
endmodule
```

트랜지스터는 다음과 같이 표현된다.

```
Transistor-type name(drain, source, gate);
```

`tranif1`은 게이트가 '1' 일 때 연결되는 nMOS 트랜지스터에 해당되고, `tranif0`는 게이트가 '0' 일 때 연결되는 pMOS 트랜지스터에 해당된다.

지금까지 소개했던 표현에서, 게이트의 속도를 결정하기 위한 정보는 포함되지 않았다. 우리는 트랜지스터의 크기와 부유 커패시턴스(stray capacitance)를 규정할 필요가 있다. 베릴로그가 스위치 수준과 게이트 수준의 언어로 만들어졌기 때문에, 이와 같은 자세한 수준의 구조적 표현에는 적합하지 않다. 따라서 SPICE 회로 시뮬레이터에서 사용되는 다른 형태의 구조적 언어를 사용한다. 회로 수준에서 트랜지스터 수준 캐리 소회로를 정의한 것은 다음과 같다.

```
.SUBCKT CARRY A B C COUT VDD GND
MN1 I1 A GND GND NMOS W=2U L=0.6U AD=1.8P AS=3P
MN2 I1 B GND GND NMOS W=2U L=0.6U AD=1.8P AS=3P
MN3 CN C I1 GND NMOS W=2U L=0.6U AD=3P AS=3P
MN4 I2 B GND GND NMOS W=2U L=0.6U AD=0.9P AS=3P
MN5 CN A I2 GND NMOS W=2U L=0.6U AD=3P AS=0.9P
MP1 I3 A VDD VDD PMOS W=4U L=0.6U AD=3.6P AS=6P
MP2 I3 B VDD VDD PMOS W=4U L=0.6U AD=3.6P AS=6P
MP3 CN C I3 VDD PMOS W=4U L=0.6U AD=6P AS=6P
MP4 I4 B VDD VDD PMOS W=4U L=0.6U AD=1.8P AS=6P
MP5 CN A I4 VDD PMOS W=4U L=0.6U AD=6P AS=1.8P
MN6 COUT CN GND GND NMOS W=4U L=0.6U AD=6P AS=6P
MP6 COUT CN VDD VDD PMOS W=8U L=0.6U AD=12P AS=12P
CI1 I1 GND 6FF
CI3 I3 GND 9FF
CA A GND 12FF
CB B GND 12FF
CC C GND 6FF
CCN CN GND 12FF
CCOUT COUT GND 6FF
.ENDS
```

트랜지스터들은 다음과 같이 모든 라인에서 M으로 시작된다.

```
Mname  drain   gate   source   body   type   W=width  L=length
       AD=drain area   AS=source area
```

아직까지는 MOS 스위치가 세 개의 단자(게이트, 소스, 드레인)로 가장되어 사용되었지만, 실제로는 기판이나 웰과 연결되는 네 번째의 **바디**(body) 단자를 갖는다. 바디 연결은 베릴로그의 네트리스트에는 기재되지 않지만, SPICE에서는 요구된다. 이 형식은 트랜지스터가 p형 혹은 n형 디바이스라는 것을 규정한다. 폭, 길이, 그리고 면적 변수들이 실제 트랜지스터의 물리적 규격을 결정한다. 이때 단위는 U(micro, 10^{-6}), P(pico, 10^{-12}), F(femto, 10^{-15}) 등을 포함한다. 커패시터는 다음과 같이 각 라인에서 C로 시작된다.

```
Cname   node1   node2   value
```

이 표현에서 SPICE의 내부 MOS 모델은 규정된 디바이스의 규격을 사용해서 MOS 트랜지스터가 본래 갖는 기생 커패시턴스(parasitic capacitance)를 계산한다. 추가적인 커패시턴스 서술은 디바이스 구조가 본래 갖고 있지 않은 추가적 배선 커패시턴스(routing capacitance)를 나타낸다. 이것은 게이트의 물리적 설계에 의해서 좌우된다. 긴 선은 지연을 증가시키는 저항에도 기여한다. 회로 수준의 구조 정의에서, 모든 연결들은 캐리 게이트를 속도, 전력, 연결성 등의 관점에서 완벽하게 정의될 수 있도록 주어진다. 7장에서는 SPICE 모델을 좀 더 상세히 기술할 것이다.

1.10 물리적 설계

1.10.1 평면배치

물리적 설계는 평면배치에서부터 시작된다. 평면배치는 칩에서 중요한 유닛들의 면적을 추정하고 그들의 상대적 위치를 선정한다. 평면배치는 제안된 설계가 예산에 맞는 칩 면적에 적합한지를 결정하고, 배선의 길이와 복잡도를 추정하는 역할을 수행한다. 따라서 초기 평면배치는 논리회로가 어느 정도 결정되었을 때부터 준비되어야 한다. 보통 이 과정은 피드백을 필요로 한다. 평면배치는 종종 논리 혹은 미세구조 설계의 변경을 요구하고, 이들은 다시 평면배치의 변경을 요구하게 된다. 예를 들어 미세구조는 하나의 캐시에 2사이클의 액세스 지연이 필요하다고 가정한다. 만약 평면배치가 데이터 캐시를 데이터 경로 안의 실행 유닛 근처에 배치한다면, 캐시 액세스 시간이 1사이클로 단축될 수 있다. 이렇게 함으로써 미세구조가 같은 성능을 제공하면서 캐시의 커패시턴스를 줄일 수 있게 한다. 일단 캐시가 축소되면, 평면배치는 데이터 경로 근처에서 새롭게 활용할 수 있는 공간이 있는지 다시 고려한다. 복잡한 설계가 안정화될 즈음에, 평면배치는 계층적으로 분리되어서 기능 블록들을 유닛 안에서 정의한다.

평면배치의 과제는 세부적인 칩 설계가 진행되기 전에 각 유닛의 크기를 추정하는 것이다. 이 절에서는 정상적인 크기 추정이 이루어진 유닛들을 사용하여 평면배치를 수행하는 방법을 설명한다. 다음 절에서는 평면배치에 들어가는 각 요소의 유형과 그 크기를 추정하는 방법을 설명한다.

그림 1.62는 패드 프레임(pad frame)을 포함하는 MIPS 프로세서 칩의 평면배치를 보여 준다. 최상위 단계 블록들은 제어기와 데이터 경로이다. 배선 채널은 제어기와 데이터 경로 사이에 위치해서 데이터 경로에 제어 신호가 배선될 수 있는 공간을 제공한다. 이 데이터 경로는 다시 워드 슬라이스로 분할된다. **패드 프레임**은 40개의 입출력 패드를 갖는데, 패드(pad)들은 칩 패키지에 있는 핀(pin)들과 연결된다. 이 평면배치에는 29개의 패드가 신호들에 할당되고, 나머지는 V_{DD}와 GND에 할당된다.

이 평면배치는 규격에 관한 주석과 함께 크기가 변환되어 있다. 이 칩은 0.6 μm 공정을 사용하여 1.5×1.5 mm의 다이 위에서 제작되었다. 따라서 다이의 크기는 5000λ가 된다. 각 패드는 750λ×350λ이므로 패드 프레임 안에서 최대 사용 가능한 코어 면적(core area)은 3500λ×3500λ= 12.25 Mλ^2이 된다. 우측 상단의 배선 채널과 버려지는 공간 때문에, 실제 코어 면적은 4.8 Mλ^2이 되고, 이것은 블록들의 면적을 합한 것보다 크다. 이 설계는 입출력 패드들이 칩의 면적에 포함되어 있기 때문에 **패드 제한**(pad-limited)되어 있다고 말한다. 대부분의 상용 칩들은 패드들이 칩 면적에 포함되지 않기 때문에 **코어 제한**(core-limited)되어 있다고 한다. 일반적으로 평면배치에 들어 있는 블록들은 직사각형 형태를 갖는데, 다른 형태는 집적도를 저하시키기 때문에 사용하지 않는다.

그림 1.63은 실제 칩 레이아웃을 보여 준다. 40개의 입출력 패드들이 칩 주변을 둘러싸고 있다.

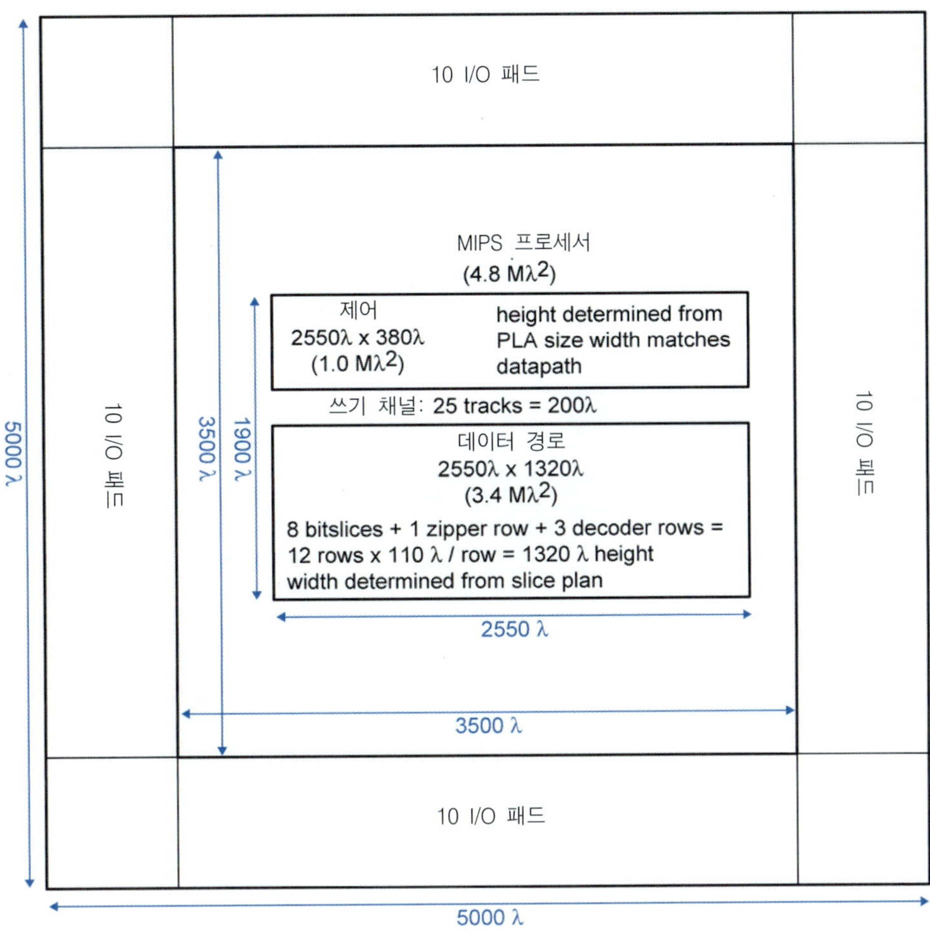

그림 1.62 MIPS 평면배치

패드 프레임의 바로 내부에 금속2(metal2)로 배선된 V_{DD}와 GND 고리들이 있고, 차례로 '+'와 '−'로 표시되어 있다.

칩의 구조는 **무작위 논리**(random logic), **데이터 경로**(datapath), **배열**(array), **아날로그**(analog), 그리고 **입출력**(I/O) 등으로 분류한다. 무작위 논리는 제어기와 같이 거의 구조를 갖지 않는다. 데이터 경로들은 다수 비트의 데이터 단어(data word)로 동작하고 각 비트에서 거의 같은 동작을 수행하기 때문에 다수의 같거나 거의 유사한 비트 슬라이스들이 1차원적으로 되풀이되어서 구성된다. RAM, ROM, PLA 등과 같은 배열은 2차원적으로 되풀이해서 배열된 셀들로 구성된다. 레이아웃이 재사용되거나 자동으로 생성되면 설계 생산성이 높아진다. 데이터 경로와 배열들은 하나의 셀이 효과적으로 설계되고 나면 그들을 1차원 혹은 2차원으로 되풀이해서 구성할 수 있기 때문에 매우 효과적인 VLSI 구성 블록이다. 자동 레이아웃 생성기는 메모리 배열이나 무작위 논리회로에는 효과적이지만 데이터 경로를 위해서는 그리 만족할 만한 결과를 제공하지 못한다. 따라서 많은 설계 방법들이 성능

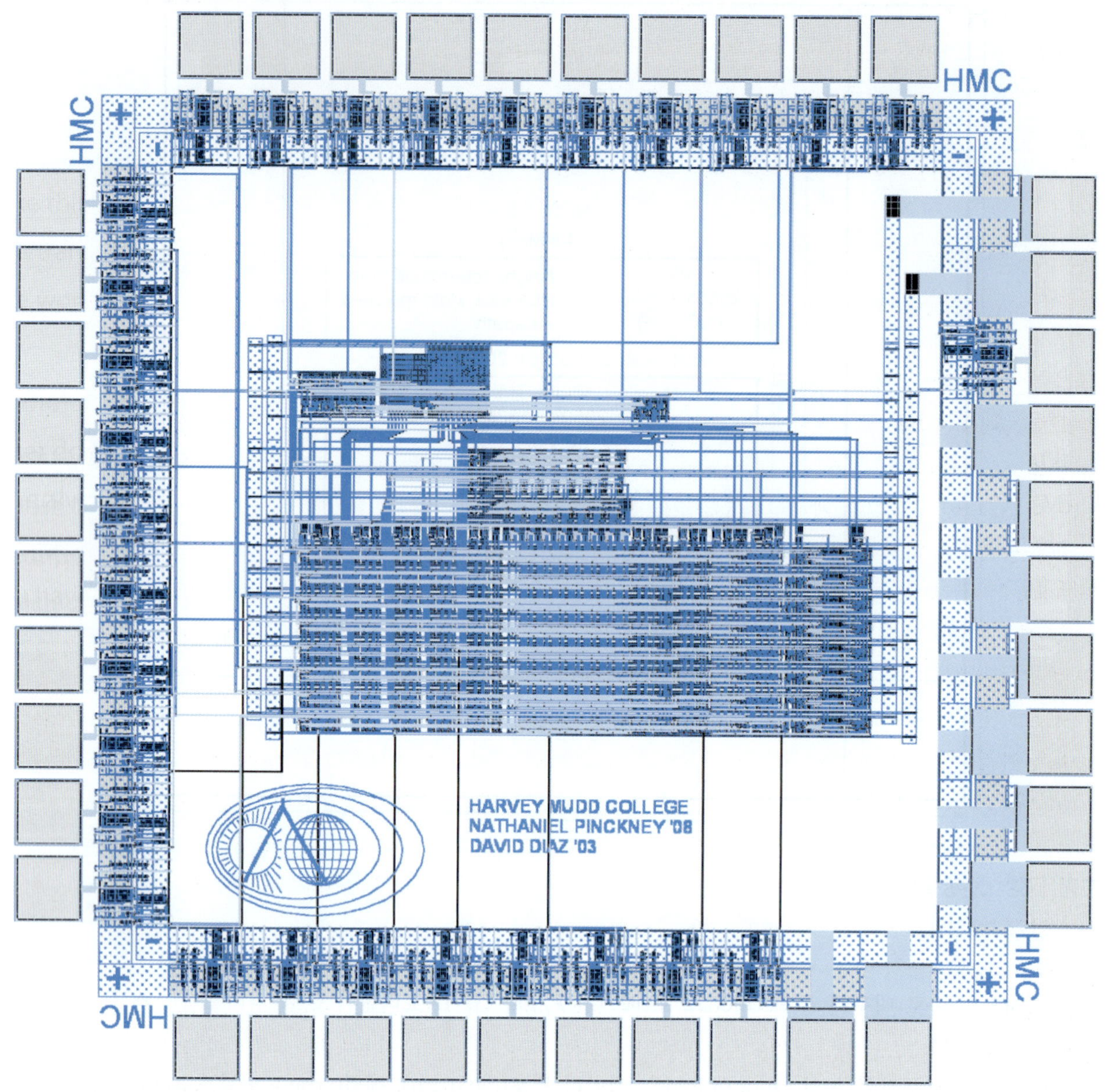

그림 1.63 MIPS 레이아웃

이나 면적이 중대한 요소일 경우를 제외하고는, 잠재적인 데이터 경로의 구조를 무시하고, 그 대신 무작위 논리 도구에 맡긴다. 아날로그 회로들은 여전히 매우 조심스러운 설계와 시뮬레이션이 요구되지만, 상대적으로 적은 분량의 레이아웃이 요구된다. 또한 입출력 셀들은 각각의 가공 공정마다 매우 조심스럽게 조율되어야 하고, 종종 공정 판매자에 의해서 제공된다.

무작위 논리와 데이터 경로는 인버터, NAND 게이트, 플립플롭 등과 같은 **표준 셀**로부터 만들어진다. 각 표준 셀은 이미 설계와 검증이 완료되었기 때문에 생산성을 향상시킨다. 또한 표준 셀은 종종 제3의 판매자(third party vendor)로부터 구매하기도 한다.

평면배치 과정에서 중요하게 결정해야 할 사항은 금속 배선 방향(metal orientation)이다. MIPS의 평면배치는 금속1을 수평으로, 금속2를 수직으로, 그리고 금속3를 다시 수평으로 사용한다. 각 레이어에서 상호 직교 방향을 사용하여 레이어 간 교차를 쉽게 한다.

1.10.2 표준 셀

간단한 표준 셀 라이브러리가 앞표지 안쪽에 나와 있다. 전원과 금속1을 사용해서 수평으로 배치된다. 이들 전원 공급 배선은 충분한 전류를 제공하기 위해서 8λ의 폭을 갖고, 중심 간에 90λ만큼 간격을 둔다. nMOS 트랜지스터는 셀의 아래 40λ 위치에 배치하고, pMOS 트랜지스터는 위 50λ 위치에 배치한다. 따라서 셀들은 전원 공급 배선과 n-웰 사이에 인접해서 연결된다. 입력과 출력들은 수직으로 배선된 금속2로 제공된다. 이 셀들은 정수 개의 금속2 배선을 제공하기 위해서 8λ의 배수가 되는 폭을 갖는다. 이 셀 안에서 폴리는 게이트를 형성하기 위해서 수직으로 배선되고, 확산과 금속1은 수평으로 배선된다. 금속 1은 다른 연결에 방해되지 않으면 공간을 절약하기 위해 수직으로 배선되기도 한다.

셀들은 행 방향으로 묶이는데, 각 행은 이전 행의 베이스로부터 최소한 110λ 이상 수직 방향으로 분리된다. 2-계층 금속 공정에서 수평 금속1 배선은 행들 사이의 **배선 채널**(routing channel)에 배치된다. 반드시 배치되어야 할 배선의 개수가 배선 채널의 높이를 결정한다. 레이아웃은 종종 자동 배치 배선 프로그램 도구에 의해서 수행된다. 그림 1.64는 이러한 도구에 의해서 생성된 제어기 레이아웃을 나타낸다. 여기에서 소개하는 레이아웃에서는 pMOS 트랜지스터 주위의 n-웰을 표시하지 않기로 한다.

보다 많은 계층의 금속 배선을 사용하면, 셀들 위로 배치가 가능하기 때문에 배선 채널이 필요 없게 된다. 예를 들어 3-계층 금속 공정에서 금속3는 10λ의 폭을 가지고 수평으로 배선된다. 따라서 11개의 수평 트랙이 각 셀들 위로 배치되는데, 이것만 가지고 모든 수평 배선이 가능하면 배선 채널은 필요 없게 된다.

자동 생성과 배치 배선 도구들은 표준 셀 설계 전체를 변환하는 데 충분하게 되었다. 그림 1.65는 7개의 금속 계층을 갖는 130 nm 공정의 셀 라이브러리에서 VHDL로 생성된 8비트 MIPS 프로세서 전체를 보여 준다. 그림 1.63과 비교할 때, 합성된 설계는 표준 셀의 26개 행들이 배선 아래에 있다는 정도만 식별할 수 있음을 보여 준다. 이 영역의 면적이 대략 4 $M\lambda^2$이다. 합성된 설계는 숙련된 주문형 설계(custom design)에 비해서 다소 느린 경향이 있지만, 설계 시간은 열 배 이상 단축된다.

1.10.3 피치 정합

그림 1.64의 제어기 면적의 대부분은 배선 채널이 차지한다. 이 논리회로가 보다 규칙적이 되면, 레이아웃 집적도는 배선을 셀 안에 포함시켜서 개선할 수 있다. 이와 같이 '상호 접합된(snap-together)' 셀들은 보다 많은 설계와 레이아웃 노력을 필요로 하지만 집적도와 동작 속도를 높일 수 있다는 장점이 있다. 이와 같은 셀을 설계하는 데 핵심적인 논점은 **피치 정합**(pitch-matching)이다. 상호 연결된 셀들은 연결 경계에서 반드시 크기가 같아야 한다. 그림 1.66은 피치 정합된 몇 가지 셀들을 나타낸

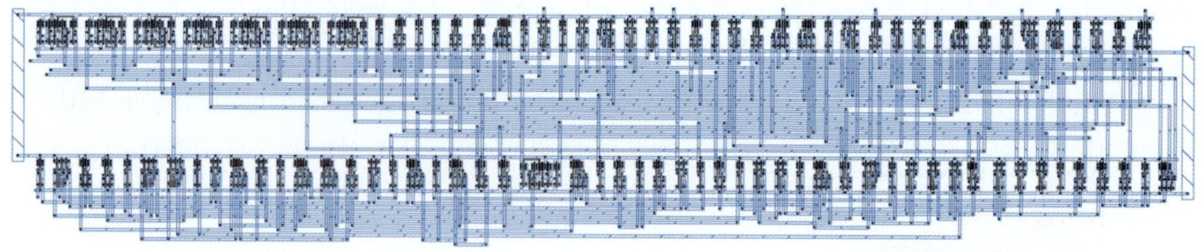

그림 1.64 MIPS 제어기 레이아웃(합성된)

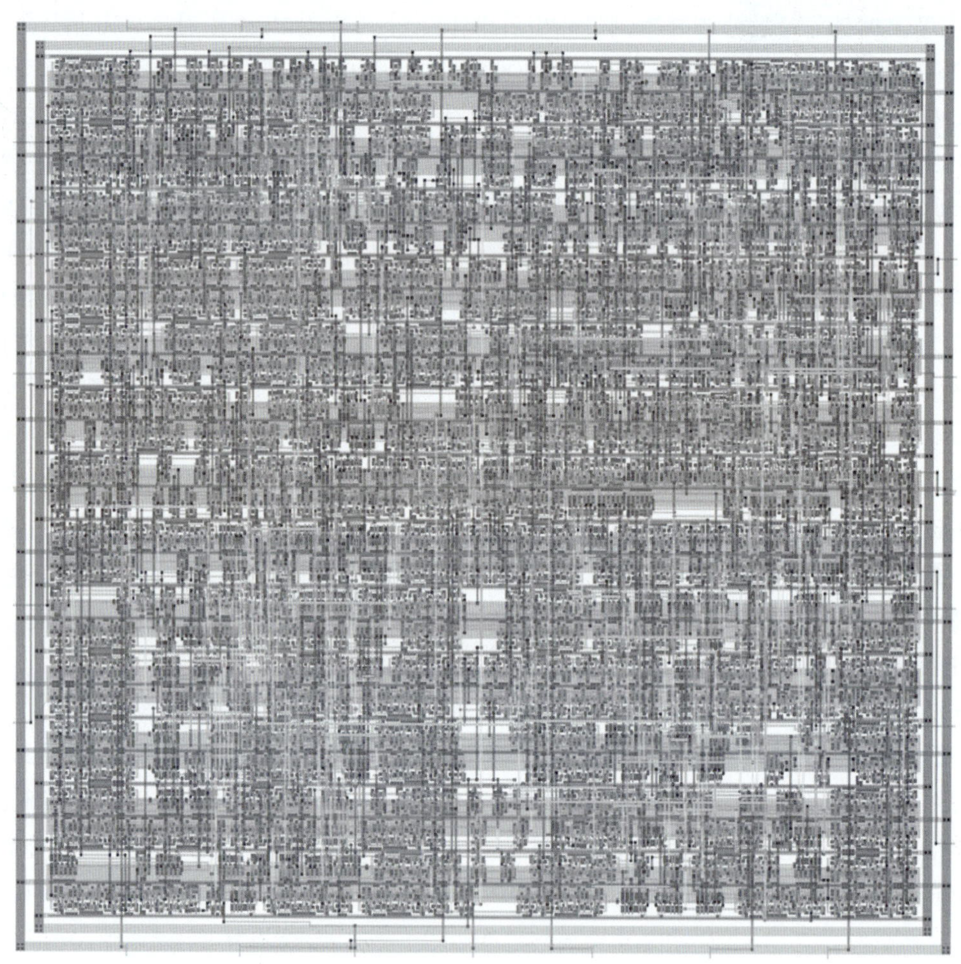

그림 1.65 합성된 MIPS 프로세서

A	A	A	A	B
A	A	A	A	B
A	A	A	A	B
A	A	A	A	B
C		C		D

그림 1.66 상호 접합된 셀들의 피치 정합

다. 셀 D를 축소시키는 것은 레이아웃 면적을 줄이는 데 기여하지 못한다. 반면에 셀 D의 크기를 확대하는 것은 셀 B와 C에 영향을 준다.

그림 1.67은 MIPS 데이터 경로를 보다 자세하게 보여 준다. 여덟 개의 수평 비트 슬라이스들이

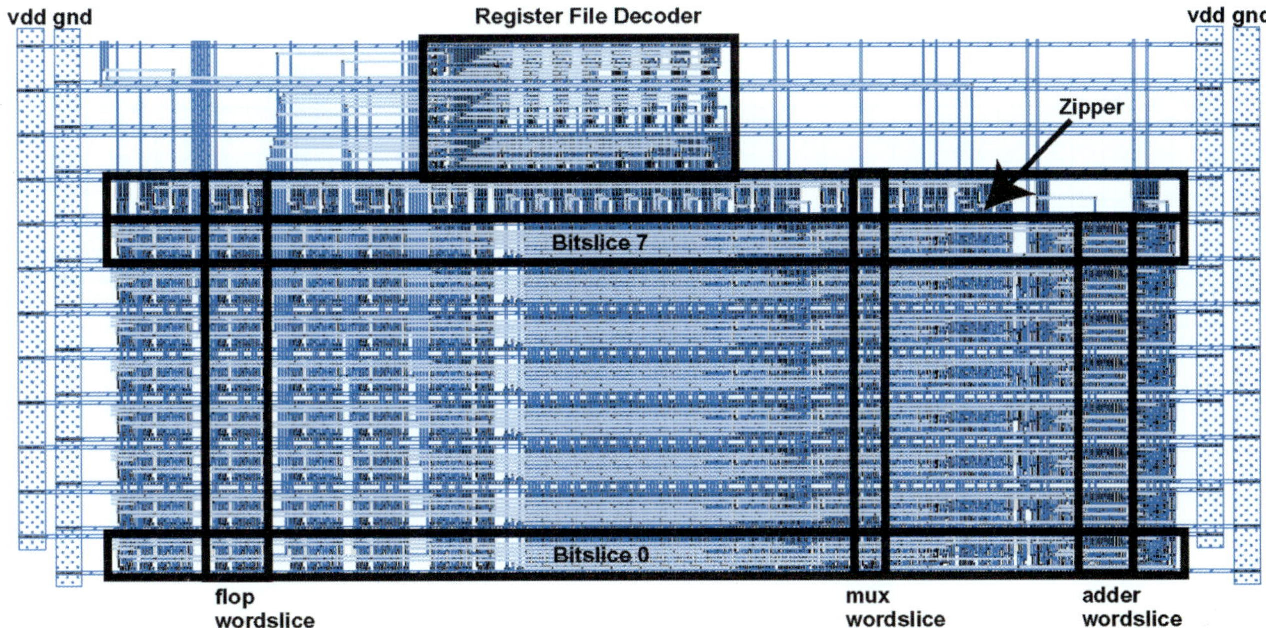

그림 1.67 MIPS 데이터 경로 레이아웃

명확하게 보인다. 레이아웃 최상위의 지퍼는 데이터 경로 안에서 레지스터 파일과 피치 정합된 디코더를 포함한다. 클럭, 멀티플렉서 선택, 레지스터 이네이블 등을 포함하는 제어를 위해서 수직 금속2 배선을 사용한다. 데이터를 비트 슬라이스를 따라 운반하기 위해서 수평 금속3는 셀들 위로 배선된다.

표준 셀에 포함된 트랜지스터의 폭과 데이터 경로에 필요한 배선의 개수가 데이터 경로 셀의 최소 높이를 결정한다. 상대적으로 단순한 데이터 경로의 높이는 일반적으로 60~100λ를 사용한다. 셀의 폭은 셀의 내용에 따라 결정된다.

1.10.4 슬라이스 계획

그림 1.68은 데이터 경로의 **슬라이스 계획**(slice plan)을 나타낸다. 이 그림은 워드 슬라이스의 순서와 각 비트 슬라이스 내부의 배선 경로의 할당을 예시한다. 점들은 배선이 셀 위를 통과하는 동시에 그 셀에서 사용되고 있다는 것을 표시한다. 각 셀은 그 형태와 폭이 주석으로 표시되어 있다. 예를 들어 프로그램 카운터(PC)는 PC 플롭의 출력인 동시에 srcA와 주소 멀티플렉서의 입력으로 사용된다. 이 슬라이스 계획은 데이터 경로를 레이아웃하기 전에 배선의 길이를 계산하고 배선의 혼잡도를 추정하는 것을 용이하게 한다. 이 경우, 가장 혼잡한 영역은 명백하게 레지스터 파일 위에서 나타나는데, 여기에서는 여덟 개의 배선 경로가 필요하다. 이 슬라이스 계획은 데이터 경로의 면적을 추정하는 데도 유용하다.

슬라이스 계획은 데이터 경로의 면적을 결정하는 핵심 요소이다. 각 워드 슬라이스는 경로 안에서 측정된 폭을 주석으로 표시한다. 이 정보는 셀 라이브러리 레이아웃으로부터 얻어진다. 슬라이스

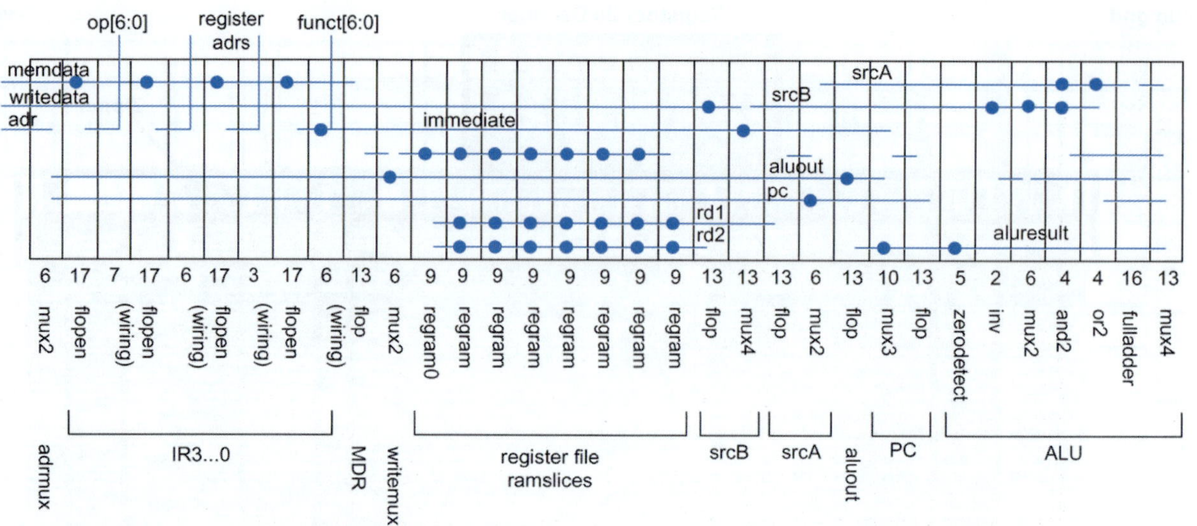

그림 1.68 데이터 경로 슬라이스 계획

계획에 포함된 각 요소들의 폭을 모두 더하면 데이터 경로가 319개의 트랙 혹은 2552λ가 된다. 8비트 데이터 경로에는 8개의 비트 슬라이스가 있다. 이 외에도 지퍼를 위한 1행과 세 개의 레지스터 파일을 위한 3행이 추가되어, 총 12개의 행을 갖는다. 각 행마다 110λ의 피치에서 데이터 경로의 높이는 1320λ가 된다. 어드레스 디코더는 버려지는 빈 공간을 제외하고는 해당 행들의 작은 부분만을 차지한다. 보다 조밀한 설계에서는 제어기가 사용되지 않은 영역을 활용할 수 있다.

1.10.5 배열

그림 1.69는 control FSM의 다음 상태를 생성하기 위한 프로그램 가능 논리 배열(PLA: programmable logic array)과 출력 논리회로를 나타낸다. PLA는 어떤 함수도 곱의 합(sum of products) 형태로 표현한다. 왼쪽에 보이는 구조는 AND 평면이라 부르고, 오른쪽 구조는 OR 평면이라 부른다. PLA는 11.7절에서 보다 구체적으로 논의할 것이다.

PLA 레이아웃은 각 입력당 2개, 각 출력당 3개, 그리고 오버헤드 6개의 수직 경로를 사용한다. 이렇게 하면 각 곱셈 결과를 위해서 1.5개의 수평 경로와 14개의 오버헤드를 사용하게 된다. 따라서 PLA의 크기는 쉽게 계산할 수 있다. PLA의 전체 면적은 500λ×350λ와 control FSM에 필요한 4개의 외부 플립플롭을 위한 336λ×220λ의 합이 된다. 제어기의 높이는 PLA의 높이와 입출력을 배선하는 몇 개의 배선 경로에 의해서 결정된다. 반면에 그림 1.64에 나와 있는 합성된 제어기는 배선 경로가 불필요하게 많은 공간을 차지하기 때문에 1500λ×400λ의 면적을 갖는다.

1.10.6 면적 추정

우수한 평면배치는 합리적인 면적 추정 여부에 의해서 좌우된다. 논리 설계가 완료되기 전에 평변배

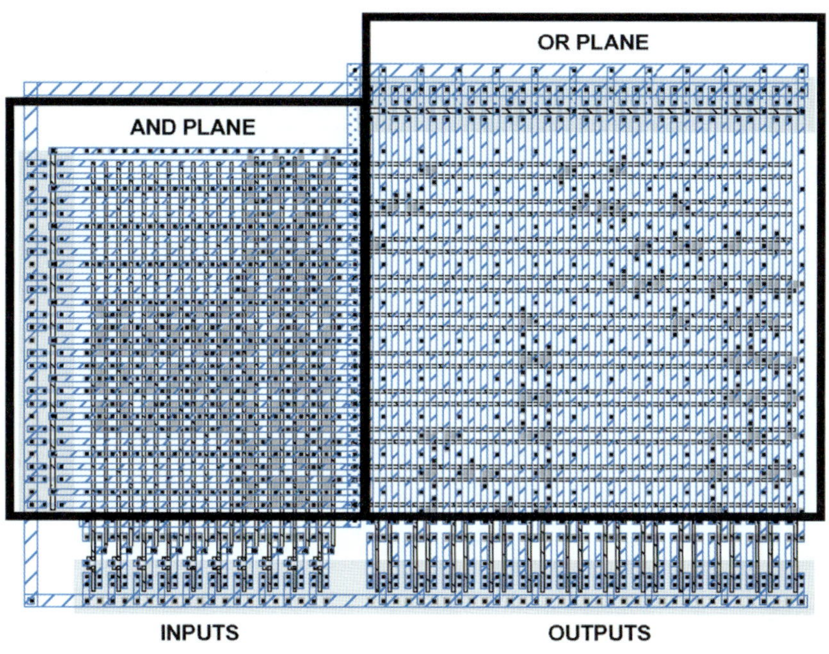

그림 1.69 control FSM을 위한 PLA

치를 얻는 것은 어려움이 따를 수도 있다. 숙련된 설계자는 과거에 설계했던 블록과의 비교를 통해서 현재 설계하고자 하는 블록의 면적을 추정할 수도 있을 것이다. 그러나 이와 같은 비교 자료도 없을 경우, 표 1.10에 열거한 기본적으로 사용되는 수치를 활용하면 된다. 이들 중에서 8λ/트랙의 피치를 갖는 대형 배선 채널을 설명할 수 있어야 한다. 큰 트랜지스터는 당연히 넓은 면적을 차지하기 때문에, W(width)와 L(length)의 함수로 표시된 면적 단위로 분할될 수 있다. 메모리의 경우, 메모리 비트보다 더 넓은 면적을 차지하는 디코더와 주변 회로들을 고려해야 한다. 데이터 경로와 배열들은 일반적으로 표준 셀보다 높은 집적도를 갖는다.

충분한 시간이 주어진다면 설계로부터 λ 몇 개 정도의 크기를 줄일 수는 있을 것이다. 그러나 해당 요소가 매우 많이 되풀이되지 않는 이상 이와 같은 노력은 효과적이지 못하다. 평면배치에서는 보수적으로 면적을 추정하는 것이 현명한데, 그 블록에 보다 많은 기능이 요구될 때는 더욱 그러하다.

어떤 셀 라이브러리 판매자는 일반적으로 배선된 표준 셀의 집적도를 kgates/mm^{2}로 규정하기도 한다.[6] 보통 하나의 게이트는 6개의 트랜지스터로 구성된 3-입력 정적 CMOS NAND 혹은 NOR로 정의된다. 6개의 금속 레이어를 갖는 65 nm($\lambda S \approx 0.03\ \mu$m) 공정은 무작위 논리를 구성할 때

[6] 1 kgate=1000 gates.

표 1.10 일반적인 레이아웃 집적도

요소	면적
랜덤 논리(2레벨 금속 공정)	1000 – 1500 λ^2 / 트랜지스터
데이터 경로	250 – 750 λ^2 / 트랜지스터 또는 6 WL + 360 λ^2 / 트랜지스터
SRAM	1000 λ^2 / 비트
DRAM (DRAM 공정)	100 λ^2 / 비트
ROM	100 λ^2 / 비트

160~500 kgates/mm^{2}의 집적도를 얻을 수 있는데, 이것은 대략 트랜지스터당 370~1160 λ^2에 해당한다. 다수의 금속 계층을 갖는 공정은 배선 채널이 필요 없기 때문에 보다 높은 집적도를 갖는다.

1.11 설계 검증

집적회로는 너무 복잡하기 때문에 항상 어디에선가 오류가 발생할 수 있다는 가정이 필요하다. 설계 검증은 제작이 이루어지기 전에 오류를 찾아내는 데 절대적인 과정이고, 칩을 제작하는 노력 전체의 1/3~1/2 정도가 검증에 필요하다.

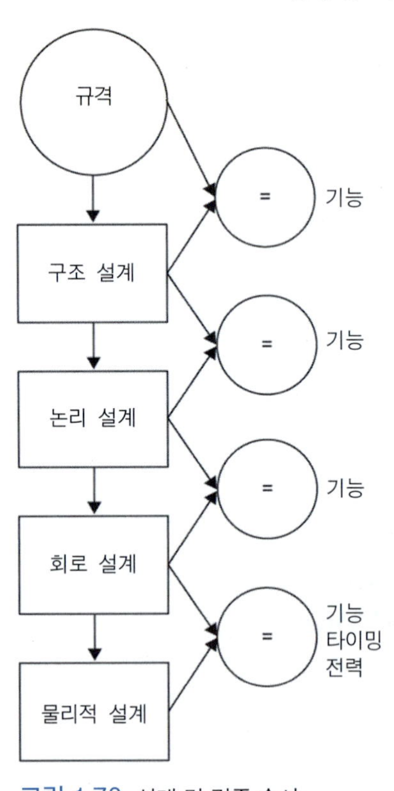

그림 1.70 설계 및 검증 순서

설계 표현이 구체적일수록 검증 시간은 증가한다. 레이아웃이 옳음을 증명하기 위해 다수의 사이클에 대해 SPICE와 같은 회로 수준 시뮬레이터에서 전체 칩을 검증하는 것은 실용적이지 못하다. 그 대신에 C 언어 모델과 같은 구조 단계 및 HDL 시뮬레이션과 같은 논리 단계에서 많은 기능들을 시험해 본다. 따라서 이 회로들은 믿을 만한 논리 표현이라는 것이 검증되어야 하고, 그 레이아웃은 그림 1.70과 같이 믿을 만한 회로 표현이라는 것이 검증되어야 한다. 회로와 레이아웃은 반드시 시간과 전력 규격도 만족시켜야 한다.

테스트벤치는 논리회로가 정확하게 설계되었는가를 검증하는 데 사용된다. 이 테스트벤치는 테스트 중인 논리를 실증한다. 이것은 입력 파일과 **테스트 벡터**(test vector)라 불리는 예상 출력을 읽고, 이들을 테스트할 모듈에 적용한 후, 불일치를 기록한다.

회로 검증을 위해서 몇 가지 기술들이 제공된다. 만약 논리가 셀 라이브러리로 합성된다면, 합성 후의 게이트 수준 네트리스트가 다시 HDL로 표현되고 같은 테스트 벡터를 사용해서 시뮬레이션된다. 대신에 트랜지스터 수준의 네트리스트는 순차회로에서 미묘한 경쟁 조건을 발생시키는데도 불구하고 테스트 벡터에 대한 시뮬레이션을 위해서 사용된다. 고성능의 **정식 검증**(formal verification) 도구들은 회로가 원하는 부울(Boole) 함수를 정상적으로 수행하는가를 증명할 수 있다. 색다른 회로들은 목적한 논리 함수를 정상적으로 수행하는지 그리고 잡음 여유도(noise margin)

를 충분히 갖는지 완벽하게 검증되어야 한다. 회로에서 발생하는 뜻하지 않은 함정들에 대해서는 이 교재를 통해서 전반적으로 논의하게 될 것이다.

레이아웃-개념도(LVS: layout versus schematic) 도구는 레이아웃된 트랜지스터가 회로 개념도에 지시된 대로 연결되었는가를 확인한다. **설계 규칙 검증 도구**(DRC: design rule checker)는 레이아웃이 설계 규칙을 만족시키는가를 검증한다. **전기 규칙 검증 도구**(ERC: electrical rule checker)는 잡음, 조기 결함(premature wearout) 등과 같은 잠재된 문제점을 찾아내는 데 사용한다. 이에 관한 구체적인 논의는 이후에 다루기로 한다.

1.12 가공, 패키지, 테스트

일단 칩이 완성되면, 생산을 위한 **테이프아웃**(tapeout)이 수행된다. **테이프아웃**이라는 용어는 과거에 마스크의 규격을 자기 테이프에 기록했던 것에 연유한다. 그러나 현재는 마스크의 규격이 생산자에게 전자적인 방법으로 전달된다. 마스크 규격을 표시하기 위한 두 가지 보편적인 방법이 대부분의 교육기관에서 사용하는 Caltech Interchange Format(CIF)[Mead80]과 산업용으로 사용하는 Calma GDS II Stream Format(GDS)[Calma84]이다.

마스크들은 전자 빔을 사용해 유리 위에서 크롬(chrome)의 패턴을 식각함으로써 만들어진다. 현대 공정에서 사용되는 하나의 마스크 집합은 가격이 매우 비싸다. 예를 들어 180 nm 공정의 대형 칩을 위한 마스크의 가격은 대략 $250,000에 이른다. 65 nm 공정에서는 이와 유사한 마스크 가격이 $3,000,000를 상회한다. 미국의 MOSIS 서비스와 이와 유사한 유럽과 일본의 EUROPRACTICE와 VDEC에서는 마스크 제작 비용을 분산시키기 위해서 하나의 마스크에 교육기관이나 산업체로부터 요구되는 여러 가지 소형 설계들을 포함시킨다. 교육기관 할인을 적용하면, 다중 프로젝트 웨이퍼에서 40개의 소형 칩을 제작하는 데 드는 비용이 130 nm 공정을 사용할 때 $10,000이고, 0.6 μm를 사용하면 $2000로 감소한다. MOSIS는 교육용 강의 프로젝트 칩 제작을 위한 연구보조금을 지원한다.

현재 집적회로 가공 공장을 짓기 위해서는 수십억 달러(수조 원)의 비용이 드는 데다가, 이마저도 몇 년이 지나면 낙후되기 일쑤이다. 몇 개의 대형 회사들은 여전히 가공 공장을 보유하고 있지만, 가공 공장이 없는 반도체 회사들이 점차 생겨나면서 TSMC, UMC, IBM 등과 같은 생산 및 판매 회사들과 마스크 제작을 위한 계약을 체결한다.

직경 150~300 nm(6~12인치)의 단일 실리콘 웨이퍼 상에서 여러 개의 칩을 동시에 생산한다. 가공은 침전(deposition), 마스킹, 식각, 이온주입 등의 여러 과정을 거친다. 대부분의 가공 공장은 웨이퍼 작업 처리량을 위해서 최적화되어 있다. 이렇게 해서 소요 시간이 약 10주 정도에 이르는데, 특별한 추가 비용을 지불하고 이 기간을 다소 줄일 수도 있다. 그림 1.71은 **클린룸**(clean room)에서 제작이 완료된 300 mm 웨이퍼를 들고 있는 엔지니어를 보여 준다. 클린룸은 웨이퍼 공정에 지장을 줄 수 있는 대부분의 먼지 및 입자들을 제거한다. 엔지니어들은 클린룸을 오염시키지 않도록 '토끼 가운(bunny suit)' 을 입는다. 그림 1.72는 8비트 MIPS 프로세서의 현미경 사진을 보여 준다.

공정을 마친 웨이퍼들은 다이(칩) 단위로 절단되고 패키지로 된다. 그림 1.73은 40-핀 **2중 직렬 패**

그림1.71 제작된 12인치 웨이퍼

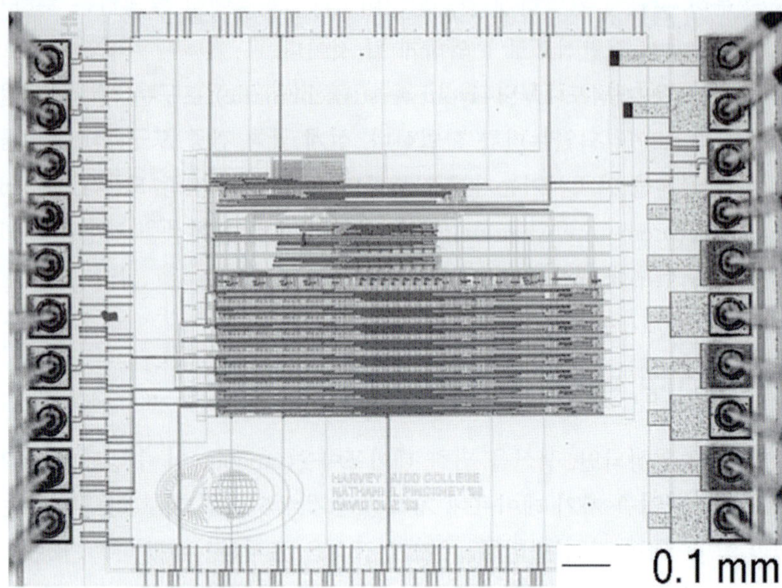

그림 1.72 MIPS 프로세서의 현미경 사진(패드 프레임 부분만 보임)

키지(DIP: dual-inline package)에 들어 있는 1.5×1.5 mm 크기의 칩을 보여 준다. **도선 연결**(wire-bonded) 패키지는 다이 위의 패드와 패키지의 중앙부에 있는 리드 프레임(lead frame)을 연결하기 위해서 순금 도선을 이용한다. 이 도선들이 그림 1.72의 패드 위에 연결된 모습이 보인다. 보다 발전된 패키지들은 비용, 핀의 개수, 핀 대역폭(pin bandwidth), 전력 운용, 신뢰성 등에서 차별된 성능을 보인다. 여기에 관한 보다 자세한 내용은 12.2절에서 논하기로 한다. 플립 칩 기술(flip-chip technology)은 작은 인두를 다이 위에 직접 올려놓고, 접속선(bond wire)의 인덕턴스를 제거하고, 접점들이 칩 주변에서만 이루어지는 것과는 달리 칩 전역에서 이루어지게 한다.

웨이퍼에 있는 작은 결함이나 미세한 먼지 입자들이 칩의 정상적 동작을 불가능하게 한다. 칩들은 판매되기 전에 테스트되어야 한다. 고속 칩을 테스트할 수 있는 도구들의 가격은 수백만 달러가 넘는다. 따라서 많은 칩들이 내재된 자기 진단(self-test) 회로를 사용해서 테스트 시간을 줄인다. 14장에서 설계 검증과 테스트에 대해서 자세하게 논의하려고 한다.

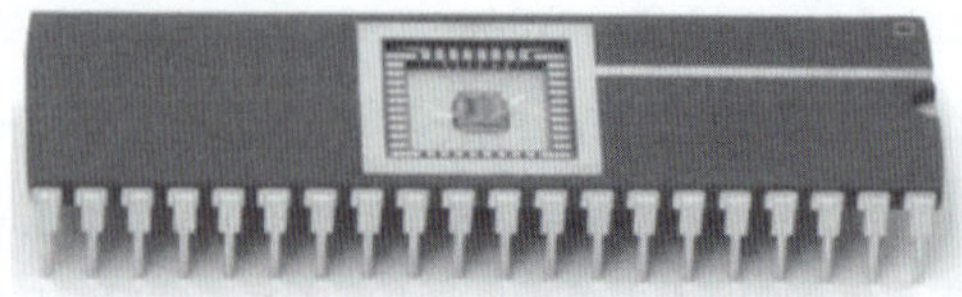

그림 1.73 40-핀 2중 직렬 패키지에 내장된 칩

요약 및 전망

> **"만약 자동차가 컴퓨터의 발전 주기를 따라왔더라면, 롤스로이스의 가격이 100달러 정도로 내리고, 휘발유 1리터에 50만 킬로미터를 주행할 수 있었을 것이다."**
>
> —Robert X. Cringely

CMOS 기술은 무어의 법칙에 따라서 반도체 산업을 지배하게 되었다. 이 장에서는 간단한 CMOS 집적회로를 설계하는 원리를 소개하였다. MOS 트랜지스터들은 전기적으로 제어되는 스위치로 간주할 수 있다. 현대의 CMOS 게이트들은 nMOS 트랜지스터로 구성된 풀다운 네트워크와 pMOS 트랜지스터로 구성된 풀업 네트워크를 사용하여 만들어진다. 트랜지스터와 배선은 일련의 침전, 리소그래피, 식각 등의 단계를 거쳐서 실리콘 웨이퍼 상에 가공된다. 이 단계들은 칩 레이아웃으로 만들어진 마스크 집합에 의해서 정의된다. 설계 규칙은 레이아웃에 있는 요소들의 최소 선폭과 상호 간격을 규정한다. 칩 설계 과정은 구조, 논리, 회로, 그리고 물리적 수준으로 나누어진다. 칩의 성능, 면적, 그리고 소모 전력은 각 수준에서 상호 연관된 회로 설계에 의해서 결정된다. 설계 검증은 복잡한 시스템를 구성하는 데 매우 중요한 역할을 한다. 하드웨어에 있어서 신뢰성은 소프트웨어에 비해서 훨씬 중요한 요구사항이다.

설계의 첫 번째 목표는 신뢰성, 성능, 전력, 그리고 비용이다. 어떤 칩이라도 정해진 수명 기간에 높은 확률로 신뢰성 있는 동작이 필요하다. 예를 들어 칩은 과도한 전압에 의해서 과열되거나 고장 나지 않도록 설계되어야 한다. 칩의 성능은 클럭 속도 및 병렬화 정도 등과 같은 여러 요소들에 의해서 결정된다. CMOS 트랜지스터는 스위칭을 할 때마다 전력이 소모되기 때문에, 동적 전력 소모는 트랜지스터의 개수, 크기, 스위칭 속도 등에 의해서 결정된다. 180 nm보다 작은 규격의 트랜지스터 역시 차단되어 있을 때도 현저한 양의 누설 전류를 갖기 때문에, 대기 상태에서도 정적 전력 소모가 발생한다. VLSI 설계에 있어서 가장 중요한 과제는 특정한 응용 분야에서 성능과 전력의 적절한 타협점을 찾는 것이다. 칩의 가격은 설계를 위한 비경상 엔지니어링(NRE: non-recurring engineering) 비용과 칩의 크기와 관련된 칩당 제조 비용을 합산해서 결정한다. 미세한 공정일수록 보다 많은 개수의 트랜지스터가 주어진 영역에 집적되기 때문에 유닛당 비용은 낮아지는 반면에 NRE 비용은 상승한다. 최신 제조 공정은 대량 판매를 전제로 비용이 최적화되어 있다. 그럼에도 불구하고 원숙하고 저렴한 제조 공정을 위해서 많은 흥미로운 시장이 존재한다.

칩이 이러한 목표를 달성하는 정도를 수치화하기 위해서, 우리는 보다 복잡한 모델을 개발하고 분석해야 한다. 이 책의 나머지 부분은 이 장에서 소개한 내용들을 확장하는 것이다. 2장에서는 지연과 전력을 계산하는 데 근본적으로 필요한 전류와 커패시턴스에 대해서 검토한다. 다음의 몇 장에서는 회로 설계자의 근본적인 문제를 제기한다. 2장에서 제시한 모델은 대형 시스템에 수동으로 응용하기에는 너무 구체적인 반면, 현대 트랜지스터의 복잡성을 모두 대변하기에는 구체성이 부족하다. 3장에서는 회로의 지연을 추정하기 위해서 단순화된 모델을 제시한다. 현대 칩들이 전력 소모를 고려하지 않고 성능만을 최적화해서 설계되었다면, 동작하는 순간 타 버릴 것이다. 따라서 전력 소모와 성능 사이의 적절한 타협점을 찾는 것이 중요하다. 나아가서 저전력 소모는 이동형 배터리 구동 시스템에서는 필수적이다. 이와 같은 소모 전력에 대해서는 4장에서 자세히 다루기로 한다. 배선은 트랜지스터의 전반적인 성능과 전력에 매우 중요한데, 이 점에 관해서는 5장에서 논의한다. 6장에서는 높은 수율과 낮은 고장률을 갖는 강건한 회로를 소개한다.

8장에서 논의할 시뮬레이션은 회로의 정확성을 검증할 뿐 아니라 정확한 성능과 소모 전력 예측에 사용된다. 8장에서는 조합 회로 설계를 고려한다. 전체 회로 집합이 속도, 전력, 복잡성, 강건성 들의 서로 다른 타협점에서 제공된다. 9장에서는 클럭화와 래칭 기술을 포함하는 순차적 회로를 소개한다.

이어지는 세 장에서는 CMOS 서브시스템에 대해서 학습한다. 10장에서는 가산기, 이동기(shifter), 곱셈기, 카운터 등을 포함하는 데이터 경로 서브시스템의 설계 방법을 열거한다. 11장에서는 SRAM, DRAM, CAM, ROM, PLA 등과 같은 메모리 서브시스템을 설명한다. 12장에서는 전력 배분, 클럭화, 입출력 등을 포함하는 특수 목적 서브시스템을 소개한다.

마지막 장들에서는 CMOS 시스템 설계의 실용성을 소개한다. 13장은 CMOS 특유의 문제점들을 고려한 최근 설계 방법들에 초점을 맞춘다. 테스트, 테스트를 위한 설계(design for test), 디버깅 기술이 14장에서 소개된다. 오늘날 거의 모든 디지털 집적회로 설계에는 하드웨어 기술 언어(HDL)가 사용된다. 보다 구체적인 CMOS 공정과 레이아웃 규칙은 15장에서 소개한다.

때때로 '선택' 표시가 있는 절들은 특정 주제를 매우 깊게 다룬 것이기 때문에 처음 읽는 독자들은 건너뛰어도 무방하다. 보조 교재인 *Digital VLSI Chip Design with Cadence and Synopsys CAD Tools* [Brunvand09]는 칩을 제작하기 위해서 산업계에서 사용하는 CAD 도구를 구체적으로 소개한다.

연습문제

1.1 트랜지스터 가격이 마이크로달러($\$10^{-6}$)에서 나노달러($\$10^{-9}$)로 낮아지면, 집적회로를 가지고 어떻게 세상을 바꿀 수 있는지 상상해 보시오.

1.2 3-입력 다수(majority) 게이트는 두 개 이상의 입력이 1일 때, 1을 출력한다. 소수(minority) 게이트는 다수 게이트의 출력을 반전시킨 것이다. 3-입력 MOS 소수 게이트를 단일 계층 논리로 설계하시오.

a) 트랜지스터 수준의 개념도를 그리시오.

b) 막대도를 그리시오.

c) 막대도에서 면적을 계산하시오.

1.3 그림 1.4의 데이터를 확장(혹은 외삽)해서, 2016년에 마이크로프로세서에 들어갈 트랜지스터의 개수를 예측하시오.

1.4 논리 함수 $F=\overline{(A+B)\cdot C}$를 계산하는 CMOS 복합 OR-AND-INVERT(OAI21) 게이트를 다음과 같은 과정을 통해서 설계하시오.

a) 트랜지스터 수준의 개념도 작성

b) 막대도 작성

c) 막대도로부터 면적 추정

d) CAD 도구를 사용하여 레이아웃 수행

e) 레이아웃된 면적과 추정된 면적을 비교

1.5 심벌로 표현된 CMOS 게이트의 조합을 사용해서 다음과 같은 함수를 수행하는 회로를 그리시오.

a) $Y = A$(버퍼)

b) $Y = A\overline{B} + \overline{A}B$(XOR)

c) $Y = \overline{AB} + AB$(XNOR)

d) $Y = AB + BC + AC$(다수)

1.6 트랜지스터 수준의 CMOS 3-입력 XOR 게이트를 그리시오. 입력과 그것의 반전된 쌍을 모두 사용할 수 있다고 가정하시오.

1.7 트랜지스터 수준의 CMOS 4-입력 NOR 게이트를 그리시오.

1.8 다음과 같은 단일 스테이지 CMOS 논리 게이트를 트랜지스터 수준으로 그리시오.

a) $Y = \overline{ABC + D}$

b) $Y = \overline{(AB + C) \cdot D}$

c) $Y = \overline{AB + C \cdot (A + B)}$

1.9 그림 1.74는 2-입력 NAND 게이트의 막대도를 나타낸다. X에서 X′에 이르는 선을 따라 절단한 단면을 그리시오.

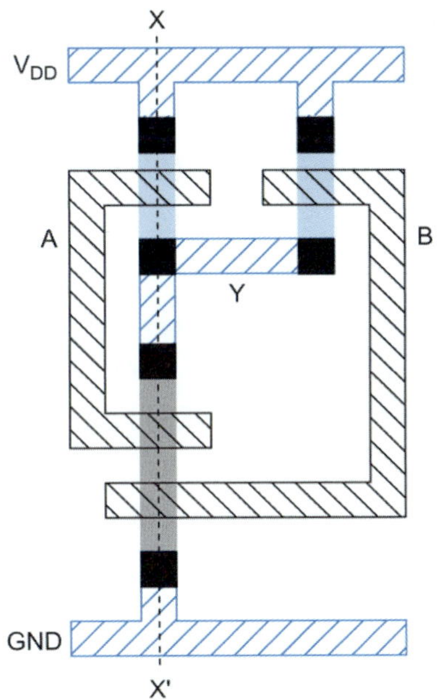

그림 1.74 2-입력 NAND 게이트의 막대도

1.10 그림 1.75는 레벨 자극 래치의 막대도를 나타낸다. 이 래치의 면적을 추정하시오.

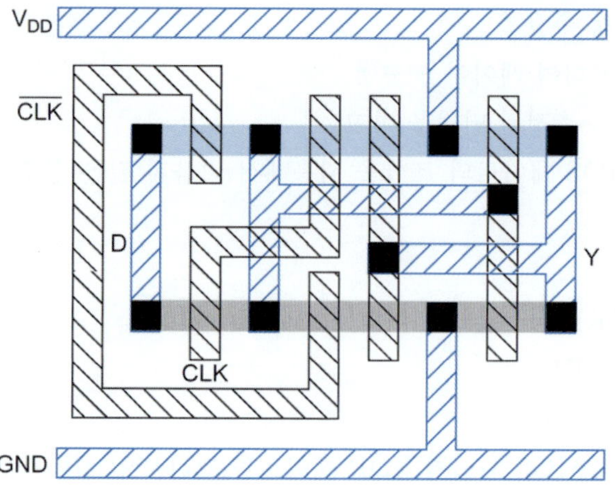

그림 1.75 레벨 자극 래치의 막대도

1.11 3-입력 다수 게이트를 CMOS NAND, NOR, 그리고 인버터들을 사용해서 설계하시오. 몇 개의 트랜지스터가 사용되는가? 이 결과를 연습문제 1.2(a)의 설계와 비교하시오.

1.12 연습문제 1.7의 CMOS 4-입력 NOR 게이트를 막대도로 그리시오.

1.13 연습문제 1.12에서 그린 4-입력 NOR 게이트의 면적을 계산하시오.

1.14 캐리 예측 가산기(carry lookahead adder)는 $G = G_3 + P_3(G_2 + P_2(G_1 + P_1 G_0))$ 함수를 계산한다. $\overline{G}$를 계산하기 위한 복합 게이트를 다음과 같은 과정으로 설계하시오.

a) 트랜지스터 수준의 개념도 작성

b) 막대도 작성

c) 막대도로부터 면적 추정

1.15 `www.cmosvlsi.com`은 4개의 실험으로 구성되어 있고, 거기에서는 이 장에서 소개된 다중 사이클 MIPS 프로세서를 완성함으로써 VLSI 설계를 학습할 수 있다. 이 실험들은 공개된 전자 CAD 도구 혹은 Cadence나 Synopsys와 같은 상업용 도구를 사용한다. 그 내용은 다음과 같다.

a) 단위 셀(leaf cell): 개념도 입력, 레이아웃, 아이콘, 시뮬레이션, DRC, ERC, LVS, 계층적 설계

b) 데이터 경로 설계: 워드 슬라이스, ALU 조합, 데이터 경로 배선

c) 제어 설계: 무작위 논리 또는 PLA

e) 칩 조합, 패드 프레임, 완전 칩 검증, 테이프아웃

1.16 CAD 도구를 사용해서 4-입력 NOR 게이트의 레이아웃을 그리시오. 이 결과 게이트의 면적을 연습문제 1.13에서 추정한 것과 비교하시오.

1.17 그림 1.75의 래치를 위한 트랜지스터 수준 개념도를 그리시오. 이 개념도는 그림 1.31(b)와 어떻게 다른지 설명하시오.

1.18 집적회로의 발전에 중요한 사건에 관한 사료를 찾아 읽어 보시오. 예를 들어 Lillian Hoddesonor의 *Crystal Fire*, Jeffrey Zygmont의 *Microchip*, 혹은 Robert Colwell의 *The Pentium Chronicles*

등이 있다. 중요한 기여를 했던 팀이나 개인을 선택하고, 성공에 필요한 특성이 무엇이었는지 견해를 제시하시오. 여러분의 전문적인 인생에서 닮고 싶거나 피하고 싶은 팀의 운영 특성은 무엇인가?

1.19 트랜지스터 수준으로 다음의 논리 함수들을 그리시오. 입력과 그것의 반전된 쌍을 모두 사용할 수 있다고 가정하시오.

a) 다음과 같이 정의되는 2:4 디코더

$$
\begin{aligned}
Y0 &= \overline{A0} \cdot \overline{A1} \\
Y1 &= A0 \cdot A1 \\
Y2 &= \overline{A0} \cdot A1 \\
Y3 &= A0 \cdot A1
\end{aligned}
$$

b) 다음과 같이 정의되는 우선순위 3:2 인코더

$$
\begin{aligned}
Y0 &= \overline{A0} \cdot (A1 + \overline{A2}) \\
Y1 &= \overline{A0} \cdot \overline{A1}
\end{aligned}
$$

1.20 인텔에서 개발한 가장 최근 마이크로프로세서의 트랜지스터 개수를 알아볼 수 있는 웹사이트를 찾아보자. 펜티엄 프로세서가 개발된 1993년에서 현재까지 트랜지스터의 개수가 어떻게 변화했는지 세미로그 스케일로 그래프를 그리시오. 트랜지스터 개수가 두 배로 증가하는 데 몇 개월이 필요한가?

1.21 논리 함수 $F=\overline{(A+B)\cdot(C+D)}$를 계산하는 CMOS 복합 OR-OR-AND-INVERT(OAI22) 게이트를 다음과 같은 과정을 통해서 설계하시오.

a) 트랜지스터 수준의 개념도 작성

b) 막대도 작성

c) 막대도로부터 면적 추정

d) CAD 도구를 사용하여 레이아웃 수행

e) 레이아웃된 면적과 추정된 면적을 비교

디바이스 2

2.1 서론

1장에서는 금속 산화막 반도체(MOS: metal-oxide semiconductor) 트랜지스터가 이상적인 스위치로 동작한다고 소개한 바 있다. 1.9절에서 설명한 것처럼 칩의 성능과 전력은 트랜지스터와 배선의 전류 및 커패시턴스에 달려 있다. 이 장에서는 MOS 트랜지스터의 특성을 보다 상세하게 검토하고자 한다. 배선에 대해서는 5장에서 다룰 것이다.

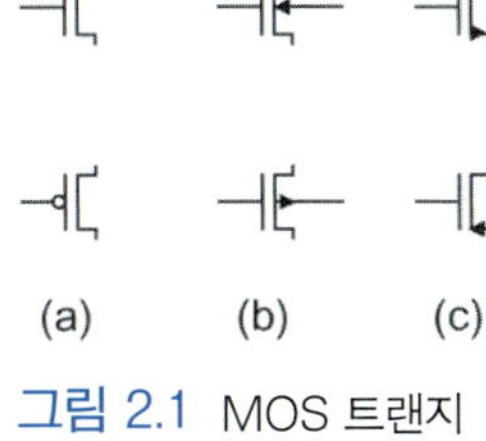

그림 2.1 MOS 트랜지스터 심벌

그림 2.1은 MOS 트랜지스터에 일반적으로 사용되는 심벌들을 보여 준다. 그림 2.1(a)의 심벌은 함수를 구성하기 위해서 스위치 논리를 표시하는 것이 필요할 때만 사용된다. 기판 혹은 웰 연결을 표시할 필요가 있다면 그림 2.1(b)의 심벌이 사용된다. 그림 2.1(c)는 다른 출판물에서 볼 수 있는 심벌이다.

MOS 트랜지스터는 소스와 드레인 사이를 통하는 전류가 게이트 전압에 의해서 제어되는 **다수 캐리어**(majority-carrier) 디바이스이다. nMOS 트랜지스터에서, 다수 캐리어는 전자이고, pMOS 트랜지스터에서는 정공이다. MOS 트랜지스터의 동작을 이해하기 위해서는 가장 먼저 소스나 드레인이 아닌 게이트와 기판을 갖는 독립된 MOS 구조를 살펴보는 것이 좋다. 그림 2.2는 간단한 MOS 구조를 보여 준다. 이 구조의 최상위 레이어는 **게이트**(gate)라 불리는 좋은 전도체이다. 초기의 트랜지스터에는 금속 게이트를 사용하였지만, 현재는 대부분 폴리실리콘(polysilicon)이라 불리는 다수의 소형 결정으로부터 형성된 실리콘을 사용한다. 중간 레이어는 **게이트 산화막**(gate oxide)이라 불리는 매우 얇은 절연막이다. 하위 레이어는 바디(body)라 불리는 도핑된 실리콘 물체이다. 그림 2.2는 정공을 캐리어로 갖는 p형 바디를 나타낸다. 바디는 접지되어 있고, 전압이 게이트에 인가된다. 게이트 산화막은 우수한 절연체이기 때문에 게이트에서 바디로 흐르는 전류는 거의 0에 가깝다.[1]

그림 2.2(a)는 음전압이 게이트에 인가되고, 따라서 게이트에 음전하가 충전되는 상태를 나타낸다. 양전하를 갖는 이동 가능한 정공들은 이 게이트 밑으로 모여든다. 이 상태를 **누적 모드**(accumulation

[1] 현재 게이트 산화막은 단지 원자 몇 개가 들어갈 정도의 두께이고, 전자들은 종종 이 산화막을 뚫고 게이트에서 기판으로 흐르는 전류를 발생시킨다. 이와 같은 현상이 2.4.4.2절에서 설명된다.

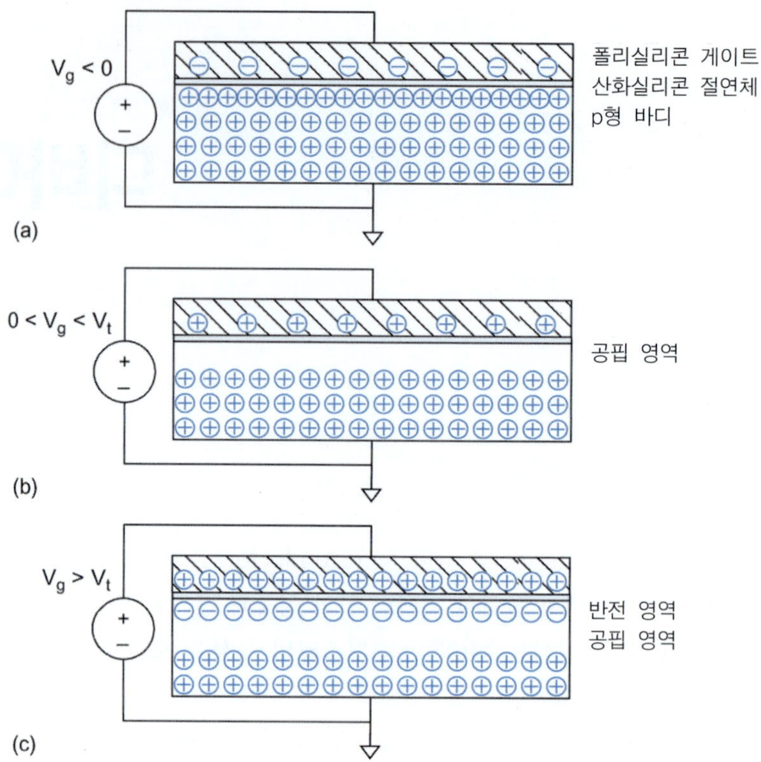

그림 2.2 MOS 구조: (a) 누적, (b) 공핍, (c) 반전

mode)라 한다. 그림 2.2(b)는 낮은 양전압이 게이트에 인가되고, 그로 인해 게이트가 양전하로 충전되는 상태를 보여 준다. 바디에 있는 정공들은 게이트 바로 밑의 영역으로부터 배척되고, 게이트 아래에는 **공핍 영역**(depletion region)이 형성된다. 그림 2.2(c)는 임계 문턱 전압(critical threshold voltage) V_t보다 높은 양전압이 인가되어서 보다 많은 양전하를 게이트로 끌어당기는 상태를 보여 준다. 정공들은 보다 멀리 물러나고, 바디에 있는 소수의 자유 전자들이 게이트 아래쪽 영역으로 모이게 된다. p형 바디에서 이와 같은 전자들의 도전 레이어를 **반전 레이어**(inversion layer)라 부른다. 문턱 전압은 바디에 있는 불순물의 양과 산화막의 두께 t_{ox}에 의해 결정된다. 이것은 보통 양의 값을 갖지만, 이 예에서 알 수 있듯이 음의 전압을 갖도록 가공할 수도 있다.

그림 2.3은 소스와 p형 바디가 접지된 nMOS 트랜지스터를 나타낸다. 이 트랜지스터는 **소스**(source)와 **드레인**(drain)이라 불리는 두 개의 n형 영역 사이에 겹쳐진 MOS로 구성된다. 그림 2.3(a)에서 게이트-소스 전압 V_{gs}는 문턱 전압보다 낮고, 소스와 드레인은 자유 전자를 갖는다. 바디는 자유 정공을 갖지만, 자유 전자는 없다. 바디와 소스(혹은 드레인) 사이의 접합은 역바이어스되어 있고, 따라서 흐르는 전류는 거의 0에 가깝다. 이때 트랜지스터가 OFF되었다고 하면, 이 상태를 **차단 모드**

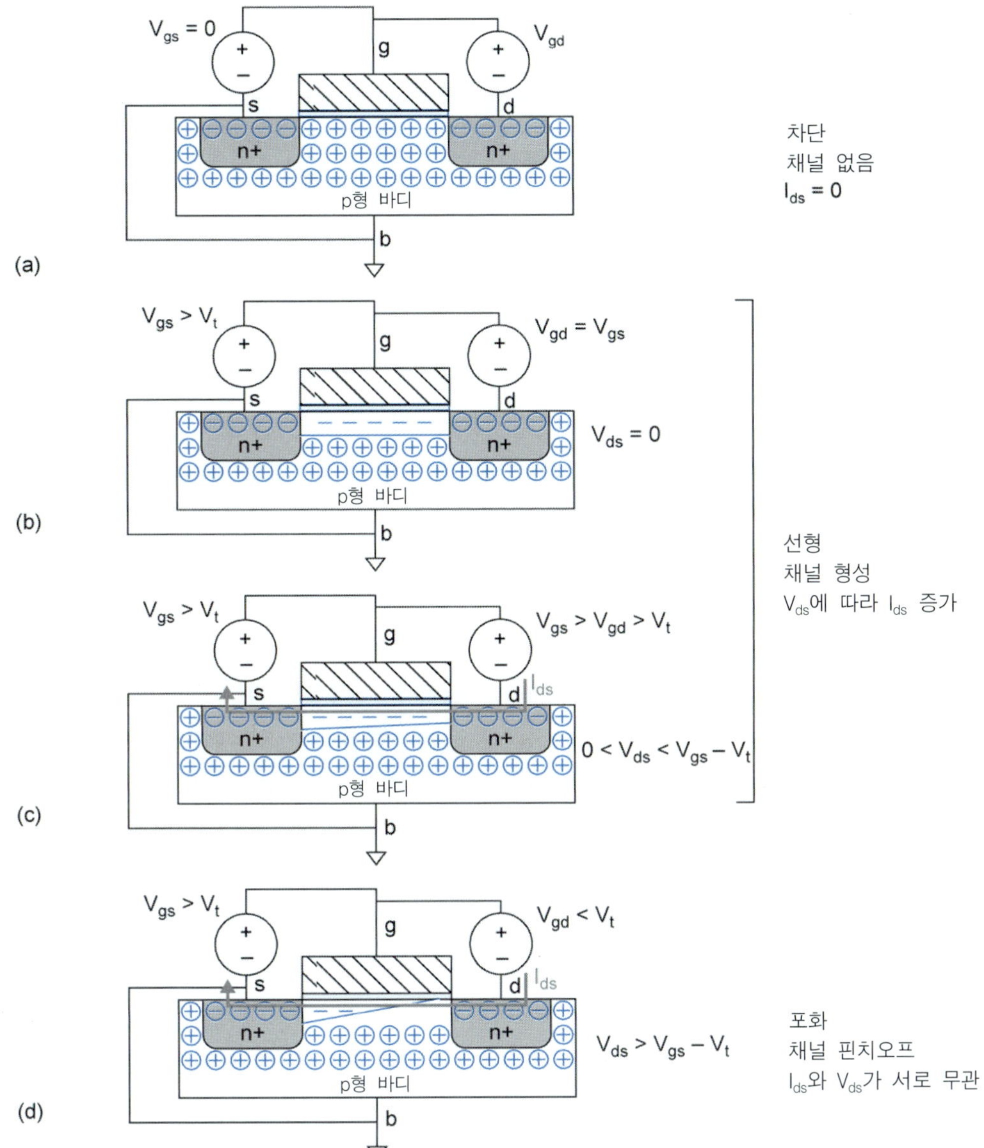

그림 2.3 nMOS 트랜지스터 동작의 차단, 선형, 포화 영역

(cutoff mode)라 한다. ON된 트랜지스터와 비교할 때, OFF된 트랜지스터에 흐르는 전류를 0이라고 근사화하는 것이 편리하다. 그러나 칩 안에 수백만 개 이상의 트랜지스터에서 누설되는 OFF 트랜지스터의 전류가 합쳐지면 현저하게 큰 값이 될 수도 있음을 명심하자.

그림 2.3(b)에서 게이트 전압은 문턱 전압보다 높다. 이 상태에서 **채널**(channel)이라 불리는 전자

들(다수 캐리어)의 반전 영역(inversion region)은 소스와 드레인을 연결시켜서 전도 경로를 만들게 된다. 캐리어들의 개수와 전도성은 게이트 전압에 따라서 증가한다. 드레인과 소스의 전위차는 $V_{ds}=V_{gs}-V_{gd}$가 된다. 만약 $V_{ds}=0$(즉 $V_{gs}=V_{gd}$)이면 드레인으로부터 소스로 흐르는 전류를 만들어 낼 수 있는 전기장이 형성되지 않는다.

그림 2.3(c)와 같이 낮은 양전위 V_{ds}가 드레인에 인가되면, 전류 I_{ds}가 드레인과 소스 중간에 위치한 채널에 흐르게 된다.[2] 이와 같은 동작 상태를 **선형**(linear), **저항성**(resistive), 혹은 **비포화**(nonsaturated, unsaturated) 모드라 부른다. 이 모드에서는 전류가 드레인 전압과 게이트 전압 모두에 따라서 증가한다. 만약 $V_{gs} < V_t$이 만족될 정도로 V_{ds}가 충분히 크다면, 채널은 드레인 근처에서 더 이상 반전되지 않고, 그림 2.3(d)와 같은 **핀치 오프**(pinched off) 상태가 된다. 그러나 드레인 양전압의 영향으로 표류하는 전자에 의해서 전도성은 유지된다. 전자들이 채널의 끝에 도달하면 드레인 주변에 있는 공핍 영역으로 주입되고, 드레인 방향으로 가속된다. 이와 같은 드레인 전압 위에서 전류 I_{ds}는 오로지 게이트 전압에 의해서 제어되고, 드레인으로 받는 영향은 중단된다. 이 상태를 **포화**(saturation) 모드라 한다.

요약하자면 nMOS 트랜지스터는 세 가지 동작 모드를 갖는다. 만약 $V_{gs} < V_t$이면, 트랜지스터는 OFF되고, 전류는 흐르지 않는다. 반대로 $V_{gs} > V_t$이고 V_{ds}가 충분히 작다면, 트랜지스터는 선형 저항과 같이 동작하고, 전류는 V_{ds}에 비례해서 증감한다. 만약 $V_{gs} > V_t$이고 V_{ds}가 큰 전압을 가지면, 트랜지스터는 전류원(current source)으로 동작하고, 이때 흐르는 전류는 V_{ds}와 무관하게 일정하게 유지된다.

그림 2.4의 pMOS 트랜지스터는 앞에 설명한 nMOS 트랜지스터와 반대로 동작한다. n형 바디는 높은 전위에 연결되고, p형 소스와 드레인의 접합은 정상적인 경우 역바이어스된다. 게이트도 함께 높은 전위에 연결되면, 드레인과 소스 사이에 전류는 흐르지 않는다. 반대로 게이트 전압이 문턱 전압 V_t까지 낮아지면, 정공들은 즉시 게이트 아래에서 p형 채널을 형성하기 위해서 모여들고, 그 결과 드레인과 소스 사이에 전류가 흐를 수 있게 된다. 두 가지 형태의 트랜지스터들이 갖는 문턱 전압이 반드시 서로 같을 필요는 없기 때문에 nMOS와 pMOS를 구분하기 위해서 V_{tn}과 V_{tp}라는 표기를

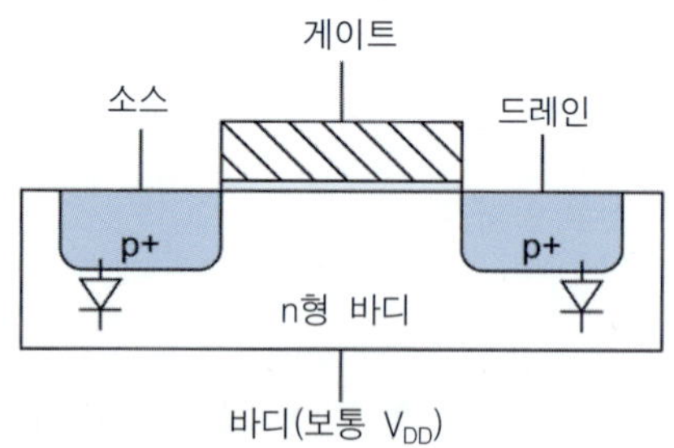

그림 2.4 pMOS 트랜지스터

[2] 소스와 드레인의 용어는 초기에 반대로 사용되었다. nMOS 트랜지스터의 전류는 음전하를 가지고 이동하는 전자에 의해서 발생함을 기억할 필요가 있다. 드레인에서 소스로 양전류가 흐른다는 것은 자유 전자가 소스에서 드레인 쪽으로 이동하는 것을 의미한다.

사용한다.

MOS 트랜지스터들이 소스와 드레인 간에 대칭 구조를 갖지만, 우리는 관습적으로 다수 캐리어가 소스로부터 드레인으로 움직인다고 말한다. 전자들이 음전하를 갖기 때문에 nMOS 트랜지스터의 소스는 두 단자 중에서 더 낮은 전위를 갖는다. 정공들은 양전하를 갖기 때문에 pMOS 트랜지스터의 소스는 두 단자 중 훨씬 더 높은 전위를 갖는다. 상보형 CMOS 게이트에서, 소스는 전원 레일(supply rail)에 더 가깝고, 드레인은 출력 단자와 더 가깝다.

우리는 2.2절에서 트랜지스터의 이상적인 전류와 전압(I-V) 모델을 유도하고자 한다. MOS 회로의 지연은 이 전류가 회로의 커패시턴스를 충전 혹은 방전하는 데 걸리는 시간에 의해서 결정된다. 2.3절에서는 트랜지스터의 커패시턴스를 설명한다. MOS 트랜지스터의 게이트는 본질적으로 박막 유전체를 가진 우수한 커패시터로 생각할 수 있다. 사실 게이트의 커패시턴스는 캐리어를 채널로 유인하는 역할을 하고, 결론적으로 디바이스의 동작이 가능하게 한다. 소스 혹은 드레인과 바디 사이의 p-n 접합은 추가적인 **기생**(parasitic) 커패시턴스를 만든다. 트랜지스터를 상호 연결하는 배선 커패시턴스 역시 중요하기 때문에 5.2.2절에서 다루기로 한다.

이상적인 I-V 모델은 일반적으로 트랜지스터 동작의 정성적인 특성을 이해할 수 있게 하는 반면, 극히 제한적인 정량적 정보만을 제공한다. 한편으로, 이것은 짧은 채널 길이(L)를 갖는 현대의 트랜지스터에서 중요한 효과들을 너무 많이 무시하고 있다. 따라서 정확하게 전류를 계산하는 데는 적합하지 못하다. SPICE에 기반을 둔 회로 시뮬레이터[Nagel75]는 트랜지스터 특성을 매우 깊이 있게 파악할 수 있는 BSIM과 같은 모델을 사용하지만, 완전한 표현을 위해서는 책 전체를 사용해야 한다[Cheng99]. 7장에서는 SPICE를 사용한 시뮬레이션에 관해서 논하기로 한다. 2.4절에서는 시뮬레이션에서 디지털 회로 설계자들에게 영향을 미치는 가장 중요한 효과들을 살펴본다. 다른 한편으로, 이상적인 I-V 모델은 대형 회로의 성능을 조율하기 위한 계산에 적용하기에 여전히 너무 복잡하다. 따라서 3장에서 단순화된 모델을 소개할 것이다.

2.5절에서는 CMOS 게이트와 통과 트랜지스터의 DC 전달 특성을 이해하기 위해서 I-V 모델을 적용하여 이 장을 마무리한다.

2.2 장채널 I-V 특성

이미 언급했던 대로, MOS 트랜지스터는 다음과 같은 세 가지 동작 영역을 갖는다:

- 차단 혹은 하위 문턱 전압 영역(subthreshold region)
- 선형 영역
- 포화 영역

상기의 각 영역에서 nMOS 트랜지스터의 전류-전압(I-V) 관계를 알아내기 위해서 모델을 유도해 보기로 한다[Shockley52, Cobbold70, Sah64]. 이 모델은 채널이 충분히 길어서 소스와 드레인 사이의 측면 전기장이 상대적으로 낮다고 가정한다. 이러한 이유로 이 모델을 **장채널**, **이상적**, **1차**, 혹은

쇼클리(Shockley) 모델이라 부른다. 참고로 이 가정은 나노 스케일 디바이스에서는 유효하지 않다. 다음 절들에서 이 모델을 개선하여 높은 전기장, 누설 전류, 그리고 이상적이지 못한 현상들을 반영할 수 있게 한다.

장채널 모델은 OFF된 트랜지스터에 흐르는 전류가 0이라 가정한다. 트랜지스터가 ON되면($V_{gs} > V_t$), 게이트는 캐리어(전자)를 유인하여 채널을 형성한다. 유인된 전자들은 소스와 드레인 사이에 인가되는 전기장에 비례하는 속도로 소스에서 드레인으로 이동한다. 따라서 채널에 충전된 전하량과 전자가 이동하는 속도를 알면 전류를 계산할 수 있다. 우리는 커패시터의 양쪽 전극(plate)에 충전된 전하량이 $Q=CV$인 것을 알고 있다. 따라서 채널의 전하량 Q_{channel}은 다음과 같고

$$Q_{\text{channel}} = C_g\left(V_{gc} - V_t\right) \tag{2.1}$$

여기에서 C_g는 게이트와 채널 간에 형성된 커패시턴스이고, $V_{gs}-V_t$는 채널을 p형에서 n형으로 반전시키는 데 필요한 최소 전압을 넘는 양을 나타낸다. 게이트 전압은 채널에 기준으로 사용되고, 접지되지는 않는다. 소스 전압이 V_s이고 드레인 전압이 V_d이면, 이들의 평균은 $V_c=(V_s+V_d)/2=V_s+V_{ds}/2$가 된다. 따라서 게이트와 채널의 평균 차이는 그림 2.5와 같이 $V_{gc}=V_g-V_c=V_{gs}-V_{ds}/2$가 된다.

우리는 게이트를 평판 전극 커패시터(parallel plate capacitor)로 모델링할 수 있기 때문에, 그 커패시턴스는 면적에 비례하고 두 전극의 거리에 반비례한다. 게이트의 길이와 폭이 각기 L과 W이고, 산화막의 두께가 t_{ox}라면, 그림 2.6에 나와 있는 것처럼 커패시턴스는 다음과 같다.

$$C_g = k_{\text{ox}}\varepsilon_0\frac{WL}{t_{\text{ox}}} = \varepsilon_{\text{ox}}\frac{WL}{t_{\text{ox}}} = C_{\text{ox}}WL \tag{2.2}$$

여기에서 SiO_2의 유전율(permittivity)은 $k_{\text{ox}}=3.9\varepsilon_0$이다.(진공의 유전율 $\varepsilon_0=8.85\times10^{-14}$ F/cm이다.) $\varepsilon_{\text{ox}}/t_{\text{ox}}$는 종종 게이트 산화막의 단위 면적당 커패시턴스를 나타내는 C_{ox}로 사용된다.

어떤 나노미터 공정에서는 보다 높은 유전 상수(dielectric constant)를 갖는 다른 게이트를 사용한다. 이 공정에서 같은 값의 C_{ox}를 갖는 SiO_2의 두께를 **등가 산화물 두께**(EOT: equivalent oxide

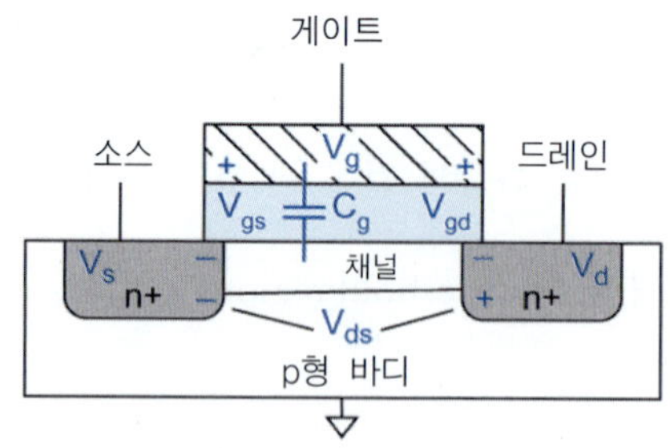

그림 2.5 게이트-채널의 평균 전압

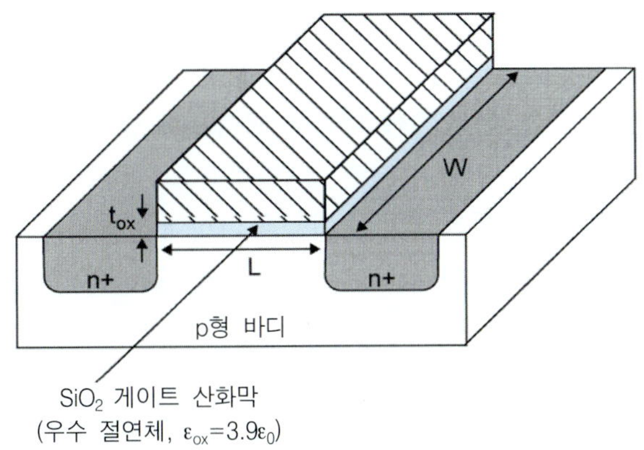

그림 2.6 트랜지스터 규격

thickness)라 부른다. 이 경우 t_{ox}는 실제 유전체보다 얇아진다.

채널에 있는 각 캐리어는 평면 전기장(소스와 드레인 사이의 전기장)에 비례하는 평균 속도(v)로 가속된다. 이 경우에 사용되는 비례 상수 μ는 **운동성**(mobility)이라 불리고, 다음과 같은 관계가 성립한다.

$$v = \mu E \tag{2.3}$$

낮은 전기장을 갖는 nMOS 트랜지스터에서 μ의 일반적인 값은 500~700 cm/V · s이다. 그러나 오늘날 대부분의 트랜지스터들은 운동성이 극도록 감소할 때 특히 높은 전기장에서 동작한다(2.4.1절 참조).

전기장 E는 드레인과 소스의 전위차 V_{ds}를 채널 길이로 나눈 것으로서, 다음 식과 같다.

$$E = \frac{V_{ds}}{L} \tag{2.4}$$

캐리어들이 채널을 횡단하는 데 필요한 시간은 채널 길이를 캐리어의 운동 속도로 나눈 값, 즉 L/v가 된다. 따라서 소스와 드레인 사이의 전류는 채널의 전하 총량을 전자가 이 채널을 횡단하는 데 걸리는 시간으로 나눈 값으로, 다음 식과 같이 결정된다.

$$\begin{aligned} I_{ds} &= \frac{Q_{\text{channel}}}{L/v} \\ &= \mu C_{\text{ox}} \frac{W}{L}\left(V_{gs} - V_t - V_{ds}/2\right)V_{ds} \\ &= \beta\left(V_{GT} - V_{ds}/2\right)V_{ds} \end{aligned} \tag{2.5}$$

$$\beta = \mu C_{\text{ox}} \frac{W}{L};\ V_{GT} = V_{gs} - V_t \tag{2.6}$$

$V_{gs}-V_t$는 자주 나오는 항이기 때문에 V_{GT}로 줄여서 표기한다. 식 (2.5)는 $V_{gs} > V_t$일 때 선형 동작 영역을 기술하고 있다. 그러나 V_{ds}는 상대적으로 작다. 이것을 **선형** 혹은 **저항성** 동작이라 부르는 이유는 $V_{ds} << V_{GT}$일 때 I_{ds}는 저항과 같이 V_{ds}에 따라 선형적으로 증가하기 때문이다. 기하학적 구조나 공정 기술에 의해서 결정되는 파라미터들은 어떤 경우 단일 요소 β로 합쳐진다. 이렇게 사용되는 β는 바이폴라 트랜지스터에서 컬렉터-베이스 전류의 비율을 나타내는 심벌과는 구별되어야 한다. 어떤 교재[Gray01]에서는 공정에 좌우되는 파라미터들만을 상수 k'으로 다음과 같이 표시한다.[3]

$$k' = \mu C_{\text{ox}} \tag{2.7}$$

그러나 만약 $V_{ds} > V_{\text{dsat}} \equiv V_{GT}$일 때, 채널은 드레인 근처에서 더 이상 반전되지 않는다. 우리는 이것을 핀치 오프라 부른다. 이렇게 된 다음부터 **드레인 포화 전압**은 더 이상 전류에 영향을 주지 않는다. 전류가 최대로 되었을 때 $V_{ds}=V_{\text{dsat}}$을 식 (2.5)에 치환하면, V_{ds}에 독립적인 포화 전류의 표현식을 얻을 수 있다.

$$I_{ds} = \frac{\beta}{2} V_{GT}^2 \tag{2.8}$$

이 표현식은 $V_{gs} > V_t$와 $V_{ds} > V_{\text{dsat}}$이 모두 만족될 때 성립한다. 따라서 장채널 MOS 트랜지스터는 포화 상태에서 제곱 법칙 특성(square-law behavior)을 갖는다고 말한다.

트랜지스터의 두 가지 중요한 성능 지수는 I_{on}과 I_{off}이다. I_{on}은 $V_{gs}=V_{ds}=V_{DD}$일 때의 ON 전류 I_{ds}를 뜻하고, I_{dsat}라고도 부른다. I_{off}는 $V_{gs}=0$, $V_{ds}=V_{DD}$일 때의 OFF 전류를 뜻한다. 장채널 모델에 따르면 $I_{\text{off}}=0$이고 I_{on}은 다음과 같다.

$$I_{\text{on}} = \frac{\beta}{2}\left(V_{DD} - V_t\right) \tag{2.9}$$

식 (2.10)은 세 가지 영역에서의 전류들을 요약하고 있다.

$$I_{ds} = \begin{cases} 0 & V_{gs} < V_t \quad \text{Cutoff} \\ \beta\left(V_{GT} - V_{ds}/2\right)V_{ds} & V_{ds} < V_{\text{dsat}} \quad \text{Linear} \\ \dfrac{\beta}{2} V_{GT}^2 & V_{ds} > V_{\text{dsat}} \quad \text{Saturation} \end{cases} \tag{2.10}$$

[3] 다른 출처(예를 들면 MOSIS)에서는 $k' = \frac{\mu C_{\text{ox}}}{2}$로 정의하기도 한다. 따라서 인용된 수치를 사용하기 전에 정의를 먼저 확인해야 한다.

예제 2.1

최소 채널 길이가 50 nm(λ=25 nm)인 65 nm 공정에서 W/L=4/2λ(즉 0.1/0.05 μm)를 갖는 nMOS 트랜지스터를 고려해 보기로 한다. 이 공정에서 게이트 산화막의 두께는 10.5 Å이고 전자의 운동성은 70°C에서 80 cm²/V · s이다. 문턱 전압은 0.3 V이고, V_{gs}=0, 0.2, 0.4, 0.6, 0.8, 1.0 V일 때, 각각의 경우에서 I_{ds}와 V_{ds}의 관계를 그리시오.

해답: 가장 먼저 β를 다음과 같이 계산한다.

$$\beta = \mu C_{ox}\frac{W}{L} = \left(80\frac{\text{cm}^2}{\text{V}\cdot\text{s}}\right)\left(\frac{3.9\times 8.85\times 10^{-14}\frac{\text{F}}{\text{cm}}}{10.5\ \times 10^{-8}\text{cm}}\right)\left(\frac{W}{L}\right) = 262\frac{W}{L}\frac{\text{A}}{\text{V}^2} \quad (2.11)$$

그림 2.7(a)는 이 트랜지스터의 I-V 특성을 보여 준다. 1차 모델에 의하면, 게이트 전압이 V_t보다 작을 때 전류는 흐르지 않는다. 게이트 전압이 이 문턱 전압보다 높아지면, V_{ds}가 작을 때 전류는 V_{ds}에 따라서 선형적으로 증가한다. V_{ds}가 포화점 ($V_{dsat}=V_{GT}$)에 도달하면, 전류는 트랜지스터가 포화되었을 때 V_{ds}와 무관하게 고정된다. 쇼클리모델이 높은 전기장에 의한 운동성 저하 및 속도 포화를 해석하지 못하기 때문에, 높은 전압에서 전류를 과도하게 추정한다는 것을 나중에 설명한다.

pMOS 트랜지스터도 거의 같은 방식으로 동작하지만, 모든 전압과 전류의 부호가 반전되어 그림 2.7(b)와 같이 I-V 특성이 3사분면에 나타난다. 표기를 간단하게 하기 위해서, 부호는 무시하고 pMOS 트랜지스터에서 전류가 소스에서 드레인으로 흐른다는 점만 기억하기로 한다. 실리콘에서 정공의 운동성은 일반적으로 전자의 그것보다 낮다. 이것은 pMOS 트랜지스터가 같은 크기의 nMOS 트랜지스터보다 적은 전류를 제공한다는 것을 의미하고, 따라서 동작이 느려지는 결과를 초래한다. 심벌 μ_n

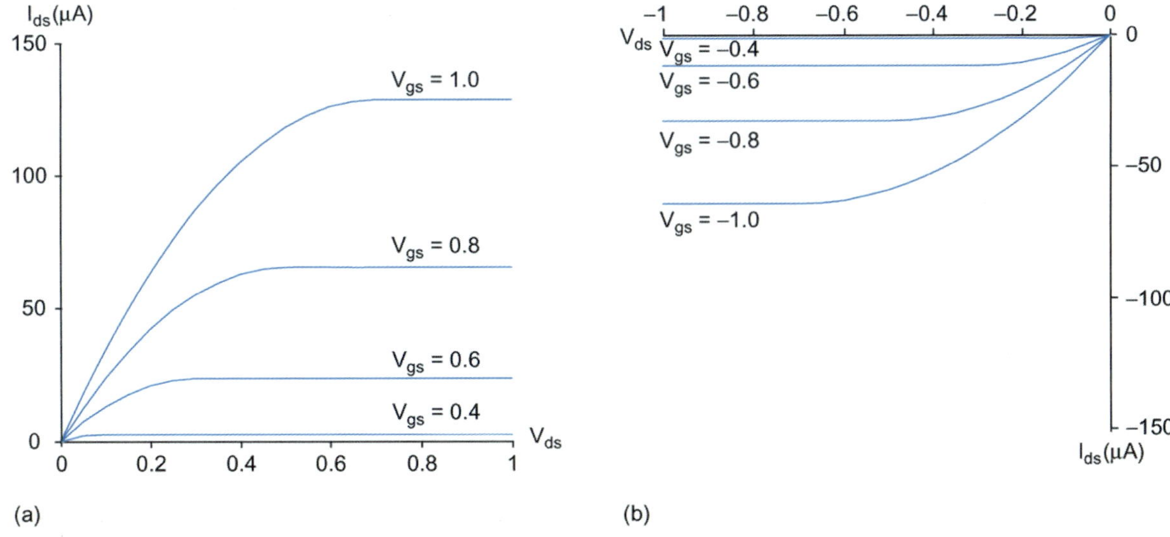

그림 2.7 이상적인 4/2λ 트랜지스터의 I-V 특성: (a) nMOS, (b) pMOS

과 μ_p는 차례대로 nMOS와 pMOS 트랜지스터의 운동성을 구분하기 위해서 사용된다. **운동성 비율**(mobility ratio)인 $\mu = \frac{\mu_n}{\mu_p}$는 일반적으로 2와 3 사이의 값을 갖는다. 이 책에서는 $\mu = 2$로 사용하였다. pMOS 트랜지스터는 그림 2.7(a)의 nMOS 트랜지스터와 같은 구조를 갖지만, $\mu_p = 40\ \text{cm}^2/\text{V} \cdot \text{s}$이고 $V_{tp} = -0.3$ V이다. 같은 방법으로 β_n, β_p, k'_n, 그리고 k'_p들은 종종 nMOS와 pMOS의 I-V 특성을 구분하기 위해서 사용된다.

2.3 C-V 특성

MOS 트랜지스터의 각 단자는 다른 단자에 대해서 커패시턴스를 갖는다. 일반적으로 이 커패시턴스들은 비선형적이고 전압에 따라서 변화한다. 그러나 이들의 동작이 논리 게이트의 스위칭 전압에 대해서 평균될 때 단순한 커패시터로 간략화될 수 있다. 이 절에서는 먼저 트랜지스터의 지연과 전력 소모를 추정하는 데 적합한 커패시턴스의 모델을 소개한다. 그 다음으로 회로 시뮬레이션에 사용되는 보다 구체적인 모델을 탐구한다. 구체적 모델을 처음 접하는 독자들은 이 부분을 건너뛰어도 무방하다.

2.3.1 간단한 MOS 커패시턴스 모델

MOS 트랜지스터의 게이트는 우수한 커패시터의 역할을 한다. 실제로, 이 커패시턴스는 채널을 반전시키는 데 필요한 전하를 끌어모으는 데 필요하기 때문에, 높은 I_{ds}를 얻기 위해서는 높은 커패시턴스가 요구된다. 2.2절에서 본 바와 같이 게이트 커패시터는 유전체로서의 산화막을 가운데 두고 게이트가 한 쪽 단자, 채널이 다른 한쪽 단자가 되는 평판 전극 커패시터로 생각할 수 있다. 따라서 커패시턴스는 다음과 같이 결정된다.

$$C_g = C_{\text{ox}} WL \tag{2.12}$$

커패시터의 바닥 기판은 채널인데, 이것은 트랜지스터 단자들 중 하나가 아니다. 트랜지스터가 ON되었을 때, 채널은 소스에서부터 확장된다.(포화 상태에 이르기 전까지는 채널이 드레인을 향해서 계속 확장되고, 포화 상태에 도달하면 확장이 정지된다.) 게이트 커패시턴스를 소스에 한정하고, C_{gs}라 부르는 것은 정당한 것으로 인정된다.

논리 게이트에 사용되는 대부분의 트랜지스터들은 최소 크기로 제조되어서, 최대의 동작 속도와 최저의 전력 소모를 가능하게 한다.[4] 특정한 공정에서 최솟값 L을 상수로 가정하면, 다음과 같이 정의할 수 있다.

$$C_g = C_{\text{permicron}} \times W \tag{2.13}$$

여기에서 $C_{\text{permicron}}$은 다음과 같다.

[4] 어떤 경우에는 단채널(short-channel) 현상 때문에 높은 문턱치를 갖는 최소 트랜지스터보다 다소 길게 설계한다(2.4.3.3절과 4.3.3절 참조). 이렇게 하면 높은 V_t를 갖는 트랜지스터를 위해 추가되는 마스크 단계에 필요한 비용을 피할 수 있다. 채널 길이 변화가 5~10% 정도로 작기 때문에, 커패시턴스의 변화는 미미하다.

$$C_{\text{permicron}} = C_{\text{ox}} L = \frac{\varepsilon_{\text{ox}}}{t_{\text{ox}}} L \tag{2.14}$$

채널 길이와 산화막의 두께를 같은 비율로 줄일 수 있는 발전된 제조 공정을 개발하면, $C_{\text{permicron}}$은 고정된 값을 갖는다. 이 관계는 빠른 계산을 위해서 유용하지만 정확하지는 않다. $C_{\text{permicron}}$은 오래된 공정에서의 2 fF/μm부터 90 및 65 nm 노드에서 대략 1 fF/μm까지 떨어진다. 표 7.5는 다양한 공정에 대해서 게이트 커패시턴스를 나타낸다.

게이트 이외에, 소스와 드레인도 커패시턴스를 갖는다. 이 커패시턴스들은 디바이스를 구동하는 기본적인 동작을 하지는 않지만, 회로 성능에 영향을 주기 때문에 **기생** 커패시턴스라 불린다. 이들은 소스 혹은 드레인과 바디 사이의 역바이어스된 p-n 접합에서 발생하기 때문에 **확산 커패시턴스** (diffusion capacitance)[5] C_{sb} 혹은 C_{db}라 불린다. 이 접합을 따라서 자유 캐리어가 없는 **공핍 영역**이 형성된다. 이 공핍 영역은 전도체인 p형과 n형 영역 사이에서 절연체 역할을 하면서 접합을 가로질러 커패시턴스를 생성한다. 이 접합의 커패시턴스는 소스와 드레인의 면적과 둘레, 확산의 깊이, 도핑 수준, 그리고 전압에 의해서 결정된다. 확산이 높은 커패시턴스와 저항을 동시에 갖기 때문에, 레이아웃에서 가능한 한 작게 만들어진다. 자주 나타나는 세 가지의 확산 형태가 그림 2.8에 두 개의 직렬 트랜지스터와 함께 나와 있다. 그림 2.8(a)에서 각 소스와 드레인은 각자의 접촉된 확산의 **고립된** 영역을 갖는다. 그림 2.8(b)에서는 아래쪽 트랜지스터의 드레인과 위쪽 트랜지스터의 소스가 **공유된** 접촉 확산 영역을 형성한다. 그림 2.8(c)에서는 소스와 드레인이 **결합**되어서 접촉되지 않은 영역을 만든다.

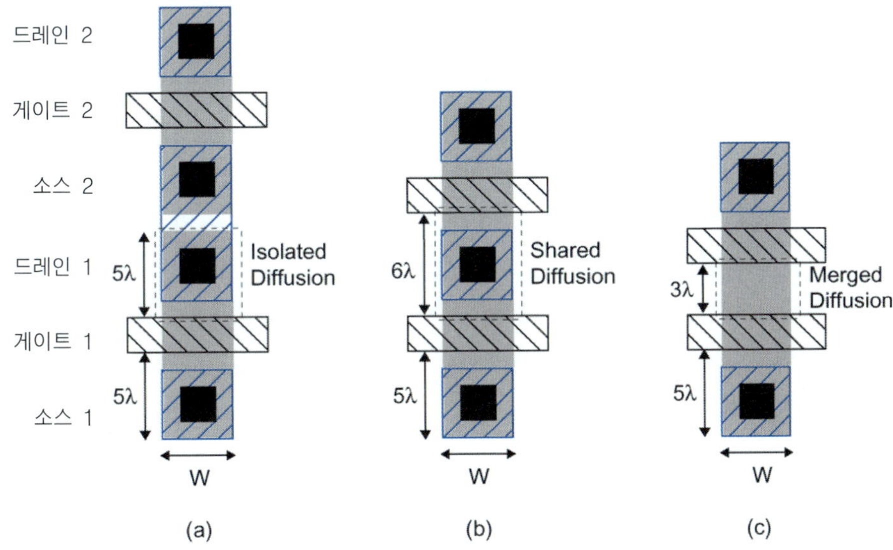

그림 2.8 확산 영역의 기하학적 구조

[5] 디바이스 엔지니어들은 이것을 보다 정확하게 **공핍** 커패시턴스라 부르지만, 회로 설계자들에게는 **확산** 커패시턴스라는 용어가 보다 널리 사용된다.

서로 다른 형태를 갖는 영역들의 평균 커패시턴스는 V_{DD}와 GND 사이에 있는 트랜지스터 스위치로서 시뮬레이션하여 계산된다. 표 7.5는 다양한 공정에서 이와 같이 계산된 커패시턴스들을 나열한다.

간편한 추정을 위해서, 접촉된 소스와 드레인 영역의 확산 커패시턴스 C_{sb}와 C_{db}가 게이트 커패시턴스(예를 들어 게이트 폭당 1~2 fF/μm)와 대비된다는 것을 알아 두자. 접촉되지 않은 소스 혹은 드레인의 확산 커패시턴스는 다소 작은데 그 이유는 면적이 작기 때문이다. $C_g = C_{sb} = C_{db} \approx 1$ fF/μm 값들은 이 교재에서 전반적인 예로 사용될 것이다. 그러나 보다 정확한 값들은 7.4절에서 논의할 방법을 사용해서 각자의 공정에 맞도록 계산해야 한다.

2.3.2 MOS 게이트 커패시턴스 모델의 자세한 내용

MOS 게이트는 채널 위에 존재하고 소스와 드레인의 확산 영역과 다소 중첩될 수 있다. 따라서 게이트 커패시턴스는 두 성분을 갖는다. 즉 채널 상의 고유 커패시턴스(intrinsic capacitance) C_{gc}와 게이트가 소스, 드레인, 바디와 중첩되어 발생하는 중첩 커패시턴스(overlap capacitance) C_{gol}을 갖는다.

고유 커패시턴스는 식 (2.12)에서 단순한 평판으로 간주하여 근사적으로 계산되었다. 이 커패시턴스를 $C_0 = WLC_{ox}$라 한다. 그러나 커패시터의 아래 판은 트랜지스터의 동작 모드에 의해서 결정된다. 고유 커패시턴스는 바닥 기판에 연결된 서로 다른 단자들을 나타내는 세 가지 성분, 즉 C_{gb}(게이트-바디), C_{gs}(게이트-소스), C_{gd}(게이트-드레인)를 갖는다. 그림 2.9(a)는 낮은 V_{ds}를 갖는 차단 영역에서 V_{gs}에 대한 커패시턴스의 변화를 보이는 반면, 그림 2.9(b)는 선형 및 포화 영역에서 V_{ds}에 대한 커패시턴스의 변화를 보인다[Dally98].

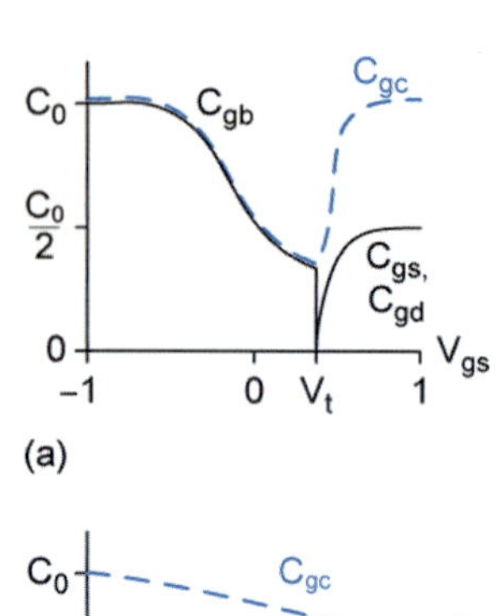

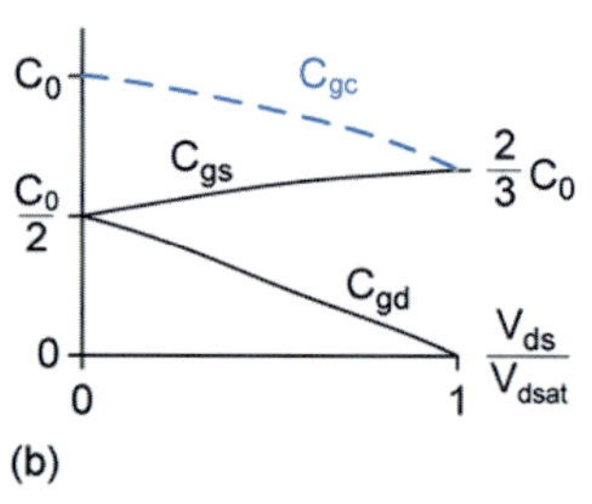

그림 2.9 게이트 고유 개패시턴스 $C_{gc} = C_{gs} + C_{gd} + C_{gb}$: (a) V_{gs}의 함수, (b) V_{ds}의 함수

1. **차단 영역.** 트랜지스터가 차단되었을 때($V_{gs} < V_t$), 채널은 반전되지 않고, 게이트의 전하는 바디로부터의 반대 극성의 전하와 같게 된다. 이것을 게이트-바디 커패시턴스 C_{gb}라 부른다. V_{gs}가 문턱 전압 이내에서 증가하면, 표면에 공핍 영역이 형성된다. 이것은 효과적으로 아래 판을 산화막으로부터 아래쪽으로 이동시키고, 커패시턴스를 감소시킨다[그림 2.9(a)].
2. **선형 영역.** $V_{gs} > V_t$일 때, 채널이 반전되어서 전도성이 우수한 바닥판의 역할을 한다. 그러나 채널은 바디가 아닌 소스와 드레인에 연결되어 있다. V_{ds}가 작을 때, 채널의 전하는 소스와 드레인으로 분배되어서, $C_{gs} = C_{gd} = C_0/2$가 된다. V_{ds}가 증가하면 드레인 근처 영역의 반전이 줄어들고, 보다 많은 부분의 커패시턴스가 소스로 이동해 간다[그림 2.9(a)].
3. **포화 영역.** $V_{ds} > V_{dsat}$일 때, 트랜지스터는 포화되고 채널은 핀치 오프가 된다. 이때 모든 고유 커패시턴스는 소스에 존재한다. 포화 상태의 이상적인 트랜지스터에서 이 커패시턴스는 핀치 오프에 의해서 $C_{gs} = 2/3C_0$가 된다[Gray01].

상기한 세 가지 영역의 동작이 표 2.1에 정리되어 있다.

실제 디바이스에서 게이트는 소스 및 드레인과 약간 중첩되어 있고, 소스와 드레인까지 테두리가 확장되어 있다. 이것이 그림 2.10과 같은 추가적인 커패시턴스를 발생시킨다. 이 커패시턴스들은 트랜지스터의 폭에 비례하는데, 일반적인 값은 $C_{gsol} = C_{gdol} = 0.2 \sim 0.4$ fF/μm이다. 이 값들은 전체 커패시턴스를 얻기 위해서 게이트 고유 커패시턴스에 더해야 한다.

표 2.1 MOS 게이트가 갖는 고유 커패시턴스의 근사화

매개변수	차단	선형	포화
C_{gb}	$\le C_0$	0	0
C_{gs}	0	$C_0/2$	$2/3\ C_0$
C_{gd}	0	$C_0/2$	0
$C_g = C_{gs} + C_{gd} + C_{gb}$	C_0	C_0	$2/3\ C_0$

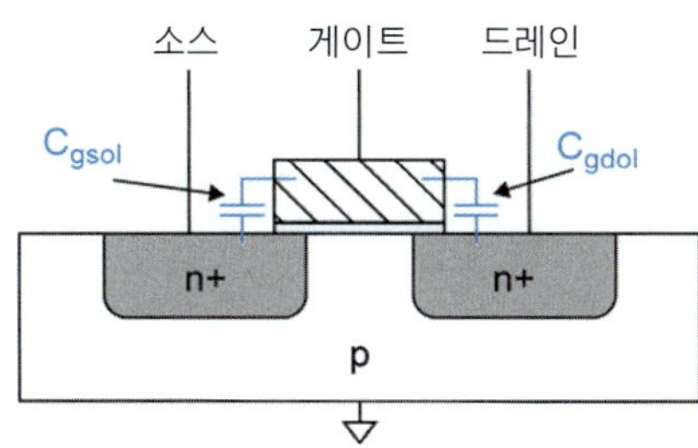

그림 2.10 중첩 커패시턴스

$$
\begin{aligned}
C_{gsol(\text{overlap})} &= C_{gsol}W \\
C_{gdol(\text{overlap})} &= C_{gdol}W
\end{aligned}
\tag{2.15}
$$

게이트 커패시턴스는 게이트에 연결된 단일 단자 커패시터로 생각하는 것이 편리하다. 소스와 드레인이 실제로 두 번째 단자를 형성하기 때문에, 유효 게이트 커패시턴스는 소스와 드레인의 스위칭 동작에 따라서 변화한다. 그림 2.11은 일곱 개의 서로 다른 소스와 드레인 조합에 대해서 0.35 μm 공

경우 1
경우 2
경우 3
경우 4
경우 5
경우 6
경우 7

C_g/C_0: 1.3 경우 1, 1.1 경우 2, 1.0 경우 3, .80 경우 4, .42 경우 5, .31 경우 6, .13 경우 7

그림 2.11 데이터 종속 게이트 커패시턴스

정의 유효 게이트 커패시턴스를 나타낸다[Bailey98].

게이트 커패시턴스의 보다 정확한 모델은 전하 기반 모델(charge-based model)[Cheng99]에 의해서 얻을 수 있다. 중첩 커패시턴스는 전압 의존성을 대변하기도 한다. 디지털 회로의 지연 계산을 위해서, 우리는 보통 $C_g = C_{gs} + C_{gd} + C_{gb} \approx C_0 + 2C_{gol}W$와 같은 근삿값 혹은 시뮬레이션으로 계산된 유효 커패시턴스를 사용한다[Nose00b]. 이 모델은 문턱 전압 바로 아래에서 동작하는 트랜지스터의 커패시턴스를 과도하게 추정한다는 것을 기억해야 한다.

2.3.3 MOS 확산 커패시턴스 모델의 자세한 내용

2.3.1절에서 언급한 대로, 소스와 드레인 사이의 역바이어스된 p-n 접합과 바디는 기생 커패시턴스를 발생시킨다. 이 커패시턴스는 소스 확산 영역의 **면적**(AS)과 **측벽 둘레**(sidewall perimeter, PS)에 의해서 결정된다. 이것의 기하 구조가 그림 2.12에 나와 있다. 면적은 $AS = W \cdot D$, 측벽 둘레는 $2W+2D$로 결정된다. 이 둘레 중에서 W만큼은 게이트와 접하고, 나머지 $W+2D$만큼은 접하지 않는다.

전체 소스 기생 커패시턴스는

$$C_{sb} = AS \times C_{jbs} + PS \times C_{jbssw} \tag{2.16}$$

와 같이 계산되고, 여기에서 C_{jbs}는 면적당 커패시턴스의 단위를 가지며 C_{jbssw}는 길이당 커패시턴스의 단위를 갖는다.

공핍 영역의 두께가 역바이어스에 의해서 결정되므로, 기생 커패시턴스들은 비선형적이다. 면적 접합 커패시턴스(area junction capacitance) 항은 다음과 같다[Gray01].

$$C_{jbs} = C_J \left(1 + \frac{V_{sb}}{\psi_0}\right)^{-M_J} \tag{2.17}$$

C_J는 바이어스가 없을 때의 접합 커패시턴스를 나타내는데, 공정에 매우 민감한 부분이다. M_J는 접합 성능 계수(junction grading coefficient)를 나타내는데, 일반적으로 확산 접합의 기울기에 따라서 0.5~0.33 범위의 값을 갖는다. ψ_0는 도핑 수준에 의해서 결정되는 **붙박이 전압**(built-in potential)이다.

$$\psi_0 = v_T \ln \frac{N_A N_D}{n_i^2} \tag{2.18}$$

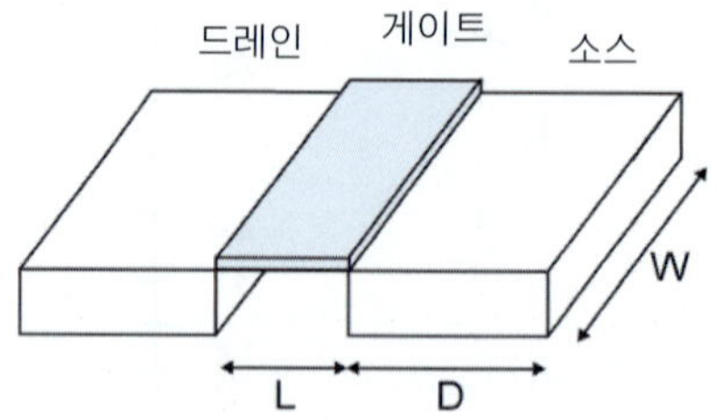

그림 2.12 확산 영역 기하 구조

v_T는 열역학(thermodynamics)에서 사용되는 **열전압**(thermal voltage)을 나타내기 때문에, 문턱 전압 V_t와 혼동하지 말아야 한다. 이것의 값은 kT/q인데(상온에서 26 mV), 여기에서 $k=1.380\times10^{-23}$ J/K은 볼츠만 상수(Boltzmann's constant)를 나타내고, T는 절대 온도(상온에서 300 K)를 나타내며, $q=1.602\times10^{-19}$ C은 전자 하나가 갖는 전하를 나타낸다. N_A와 N_D는 차례로 바디와 확산 영역의 도핑 수준을 나타낸다. n_i는 도핑되지 않은 실리콘에서 고유한 캐리어 농도를 나타내는데, 300 K에서 1.45×10^{10} cm^{-3}이다.

측벽 커패시턴스 항은 비슷한 형태를 갖지만, 다른 계수를 사용한다.

$$C_{jbssw} = C_{JSW}\left(1+\frac{V_{sb}}{\psi_{SW}}\right)^{-M_{JSW}} \tag{2.19}$$

SiO_2 절연체를 갖는 트랜지스터를 둘러싼 얇은 트렌치형 분리를 사용하는 0.35 μm 공정에서(15.2.6절 참조), 절연 트렌치를 따라 존재하는 측벽 커패시턴스는 최소화되는 경향을 갖는 반면, 채널 쪽의 측벽이 보다 중요해진다. 어떤 SPICE 모델에서는 게이트와 맞닿은 측벽 커패시턴스가 다음과 같이 다른 매개변수에 의해서 규정된다.

$$C_{jbsswg} = C_{JSW}\left(1+\frac{V_{sb}}{\psi_{SWG}}\right)^{-M_{JSWG}} \tag{2.20}$$

7.3.4절에서 SPICE를 사용한 주변 커패시턴스(perimeter capacitance)에 대해서 보다 자세하게 다룰 예정이다.

드레인 확산 영역은 AD, PD, 그리고 V_{db}에 의해서 결정되는 유사한 기생 커패시턴스를 갖는다. pMOS 트랜지스터에서도 동일한 관계가 성립하지만, 도핑 수준이 다르다. 커패시턴스가 전압에 좌우되기 때문에, 디지털 회로 설계자들에게 가장 유용한 것은 스위칭 반전 시간 동안 평균된 값이다. 이것은 C_{sb}와 C_{db}로서 2.3.1절에서 소개한 바 있다.

예제 2.2

드레인이 각각 0 V와 $V_{DD}=1.0$ V일 때 65 nm 공정에서 단위 크기(unit-sized) 접촉 nMOS 트랜지스터의 드레인에서 확산 기생 커패시턴스 C_{db}를 계산하시오. 기판은 접지된 것으로 가정하고, 확산 영역은 그림 2.8에 나와 있는 $\lambda=25$ nm 설계 규칙에 따른다. 상온에서 트랜지스터의 커패시턴스는 $CJ=1.2$ fF/μm^2, $MJ=0.33$, $CJSW=0.1$ fF/μm, $CJSWG=0.36$ fF/μm, $MJSW=MJSWG=0.10$이며 $\psi_0=0.7$ V이다.

해답: 그림 2.8에서 단위 크기 확산 접촉(contact)이 $4\times5\lambda$ 혹은 0.1×0.125 μm인 것을 알 수 있다. 면적은 0.0125 μm^{2}이고, 게이트 주변의 둘레는 0.35 μm에서 0.1 μm가 추가된다. 바이어스가 0일 때, $C_{jbd}=1.2$ fF/μm^2, $C_{jbdsw}=0.1$ fF/μm, 그리고 $C_{jbdswg}=0.36$ fF/μm이다. 따라서 전체 커패시턴스는 다음과 같이 계산된다.

$$C_{db}(0\text{ V}) = \left(0.0125\mu\text{m}^2\right)\left(1.2\frac{\text{fF}}{\mu\text{m}^2}\right) + \left(0.35\mu\text{m}\right)\left(0.1\frac{\text{fF}}{\mu\text{m}}\right) + \left(0.1\mu\text{m}\right)\left(0.36\frac{\text{fF}}{\mu\text{m}}\right) = 0.086\text{ fF} \tag{2.21}$$

드레인 전압이 V_{DD}일 때, 커패시턴스는 다음과 같이 간략화된다.

$$C_{db}(1\text{ V}) = \left(0.0125\mu\text{m}^2\right)\left(1.2\frac{\text{fF}}{\mu\text{m}^2}\right)\left(1+\frac{1.0}{0.7}\right)^{-0.33} + \left[\left(0.35\mu\text{m}\right)\left(0.1\frac{\text{fF}}{\mu\text{m}}\right) + \left(0.1\mu\text{m}\right)\left(0.36\frac{\text{fF}}{\mu\text{m}}\right)\right]\left(1+\frac{1.0}{0.7}\right)^{-0.10} = 0.076\text{ fF} \tag{2.22}$$

수동으로 성능을 평가하는 데 비선형 커패시턴스는 너무 많은 노력이 요구된다. 스위칭 범위 내에서 평균된 유효 커패시턴스 정도면 디지털 응용에 충분하다. 여기에서는 유효 드레인 커패시턴스가 두 극값의 평균으로 근사화되어 0.081 fF가 된다.

확산 영역들은 전통적으로 제한된 개수의 금속 레이어를 갖는 공정에서 **러너**(runner)라 불리는 짧은 도선으로 사용되었다. 그러나 확산 커패시턴스와 저항이 값이 크기 때문에 현재는 가급적 사용하지 않는다. 따라서 확산 영역은 스위칭 노드에서 가능한 한 작게 만든다.

요약하면, MOS 트랜지스터는 그림 2.13과 같이 4-단자 디바이스로서 각 단자의 쌍에 커패시턴스가 있는 것으로 간주할 수 있다. 게이트 커패시턴스는 고유한 성분을 포함하고 소스와 드레인에 중첩된 항을 갖는다. 소스와 드레인은 바디에 대해서 기생 확산 커패시턴스를 갖는다.

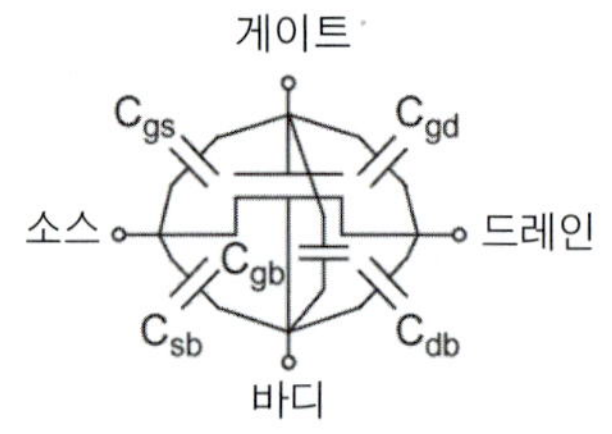

그림 2.13 MOS 트랜지스터의 커패시턴스

2.4 비이상적인 I-V 효과

식(2.10)의 장채널 I-V 모델은 채널 길이가 1미크론 미만인 현대 디바이스의 중요한 효과들을 무시하고 있다. 이 절에서는 설계자들에게 가장 중요한 효과들을 요약한 후, 각각을 자세하게 모델링한다.

그림 2.14는 65 nm 공정의 1미크론 nMOS 트랜지스터의 시뮬레이션된 I-V 특성을 2.2절에서 소개한 이상적인 특성과 비교한 것이다. 포화 전류는 V_{gs}의 제곱보다 작게 증가한다. 이것은 속도 포화(velocity saturation)와 운동성 저하(mobility degradation)에 기인한다. 높은 평면 전기장(lateral field) V_{ds}/L에서, 캐리어의 속도는 전기장의 강도에 비례해서 증가하는 것을 멈춘다. 이것은 **속도 포화**라고 하고, 높은 V_{ds}에서 기대한 것보다 작은 I_{ds}를 얻게 하는 원인이 된다. 높은 수직 전기장(vertical field) V_{gs}/t_{ox}에서, 캐리어는 보다 자주 산란된다. 이와 같은 **운동성 저하** 효과도 높은 V_{gs}에서 기대한 것보다 작은 전류를 얻게 하는 원인이 된다. 비이상적인(nonideal) 트랜지스터의 포화 전류는 V_{ds}에 따라서 다소 증가하는데, 이것을 **채널 길이 변조**(channel length modulation)라 한다. 이때 높은 V_{ds}는 드레인 주변의 공핍 영역의 크기를 증가시키고, 결과적으로 채널의 길이를 줄이는 효과가 있다.

문턱 전압은 채널을 반전시키는 데 필요한 게이트 전압을 나타내고, 주로 산화물의 두께와 채널

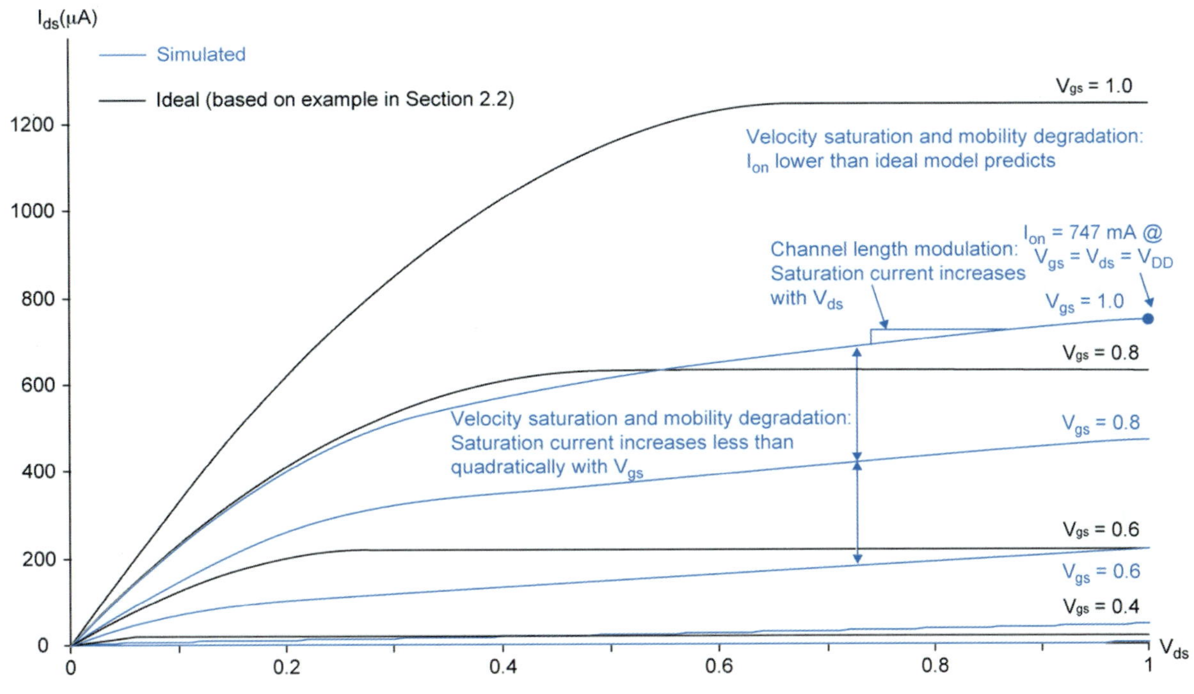

그림 2.14 I-V 특성의 시뮬레이션 결과

도핑 정도에 의해서 결정된다. 그러나 트랜지스터의 다른 전기장은 채널의 문턱 전압을 효과적으로 변경하며 영향을 미친다. 소스와 바디 사이의 전위를 증가시키면 **바디 효과**(body effect)에 의해서 문턱 전압이 높아진다. 드레인 전압을 증가시키면 **드레인 유도 장벽 감소**(drain-induced barrier lowering)효과에 의해서 문턱 전압이 낮아진다. 채널 길이가 증가하면 **단채널 효과**에 의해서 문턱 전압이 높아진다.

정상적으로 OFF된 트랜지스터에서 전류를 흐르게 하는 누설의 원인이 몇 가지 있다. $V_{gs} < V_t$일 때, 전류가 0이 되는 것이 아니라 기하급수적으로 감소하는 것을 알 수 있다. 이것을 **하위 문턱 전압 전도**(subthreshold conduction)라 한다. 게이트 전류 I_g는 이상적으로 0이어야 한다. 그러나 게이트 산화막이 몇 개의 원자 레이어 수준으로 얇아지면, 게이트를 관통하는 전자 **터널**(tunnel)이 미세한 **게이트 누설**(gate leakage)전류를 발생시킨다. 소스와 드레인 확산은 전형적으로 역바이어스된 다이오드가 되고, 기판 혹은 웰 방향의 **접합 누설**(junction leakage)이 발생한다.

온도가 상승하면 운동성과 문턱 전압이 모두 높아진다. 운동성 효과(mobility effect)는 ON된 트랜지스터에서 가장 중요한데, 이것은 높은 온도에서 낮은 I_{ds}의 원인이 된다. 문턱 전압 효과(threshold effect)는 OFF된 트랜지스터에서 가장 중요한데, 이것은 높은 온도에서 누설 전류를 많이 발생시키는 원인이 된다. 명확하게 말해서, 온도가 상승하면 MOS 트랜지스터의 특성이 저하된다.

비이상적인 효과가 회로 동작에 미치는 영향을 예측하고 미래의 공정에서 디바이스가 변화하는 방향을 예측하기 위해서 이들 효과에 대한 질적인 이해가 필요하다. 그러나 비이상적인 효과들은 수동으로 계산하기에는 불가능할 정도로 복잡한 I-V 특성을 요구한다. 따라서 이 효과들은 우수한 트랜지스터 모델에 삽입되어서 SPICE나 이와 유사한 소프트웨어를 사용하여 시뮬레이션할 수 있다.

2.4.1 속도 포화 및 운동성 저하

식 (2.3)에 의하면, 캐리어의 표류 속도, 즉 전류는 소스와 드레인 사이의 평면 전기장 $E_{lat}=V_{ds}/L$에 비례하는 것을 알 수 있다. 이러한 비례 상수를 캐리어 운동성(carrier mobility), μ라 부른다. 장채널 모델은 캐리어 운동성이 전기장에 무관하다고 가정한다. 이 가정은 전기장이 약할 때에만 성립하고, 강한 측면 혹은 수직 전기장이 인가되면 성립하지 않는다.

이와 유사하게, 어떤 사람이 VLSI 연구실에서 밤새 일한 후 마당 건너편에 있는 커피 테이블로 달려가기로 했다고 가정한다.[6] 깨어 있던 시간이 측면의 전기장에 해당한다. 오래 깨어 있었을수록, 더 빨리 커피를 마시려고 한다. 달려가는 속도는 피로감에 운동성을 곱한 것과 같다. 마당에서 강한 바람이 분다면, 이것은 수직 전기장에 해당한다. 이 바람은 그 사람을 벽으로부터 멀리 떨어지게 함으로써 전진을 느리게 한다. 같은 방법으로, 트랜지스터 게이트의 높은 전압은 캐리어들을 채널 에지로 끌어들여서 캐리어의 이동을 느리게 하는 산화물 연결에 충돌하게 한다. 이것을 운동성 저하라고 한다. 이번에는 1학년 학생들이 강의실 밖으로 뛰쳐 나와서 서로 부딪치고, 넘어지고, 일어나서 다시 뛰기 시작하는 상황이 캐리어들이 실리콘 격자로부터 튀어나오는 것과 유사하다. 뛰어다니는 학생이 더 빨리 움직일수록 더욱 자주 충돌하게 된다. 일정 수준 이상의 피로감을 느끼게 되면, 최대 평균 속도에 도달한다. 같은 방법으로 캐리어들도 높은 전기장이 인가되면 최대 속도 v_{sat}에 근접하게 된다. 이것을 속도 포화라 부른다.[7]

운동성 저하를 모델링하기 위해서 μ를 이보다 작고 V_{gs}의 함수인 μ_{eff}로 대체한다. 다수의 공정으로부터 실험 데이터를 적절하게 일치시키는 보편적인 모델[Chen96, Chen97]은 다음과 같다.

$$\mu_{eff-n}=\frac{540\frac{\text{cm}^2}{\text{V}\cdot\text{s}}}{1+\left(\frac{V_{gs}+V_t}{0.54\frac{\text{V}}{\text{nm}}t_{ox}}\right)^{1.85}} \qquad \mu_{eff-p}=\frac{185\frac{\text{cm}^2}{\text{V}\cdot\text{s}}}{1+\frac{\left|V_{gs}+1.5V_t\right|}{0.338\frac{\text{V}}{\text{nm}}t_{ox}}} \tag{2.23}$$

예제 2.3

예제 2.1의 물리적 파라미터를 사용해서, 완전히 ON되어 있는 nMOS와 pMOS 트랜지스터의 유효 운동성을 계산하시오.

해답: ON 트랜지스터에서 $V_{gs}=1.0$을 사용하고, pMOS 트랜지스터에서 양의 전압을 고려한다. $V_t=0.3$ V와 $t_{ox}=1.05$ nm를 식 (2.23)에 대입하면 다음의 결과를 얻는다.

$$\mu_{eff\text{-}n}(V_{gs}=1.0)=96\ \text{cm}^2/\text{V},\ \mu_{eff\text{-}p}(V_{gs}=1.0)=36\ \text{cm}^2/\text{V}$$

[6] 이 비교는 실험적으로 관찰되었지만, 권장하고 싶지는 않다. 생산성은 피로에 따라 감소한다. 특정한 탈진 상태를 지나면, 시간당 수행되는 실질 작업은 수많은 실수 때문에 감소하게 된다.

[7] 트랜지스터 동작의 포화 영역($V_{ds}>V_{gs}-V_t$)과 **속도 포화**($E_{lat}=V_{ds}/L$)를 혼동하지 말아야 한다. 이 교재에서 '포화'로 표시한 것은 트랜지스터 동작의 포화 영역을 의미하고, 강한 전기장에서 제한된 캐리어 속도는 '속도 포화'로 표시한다.

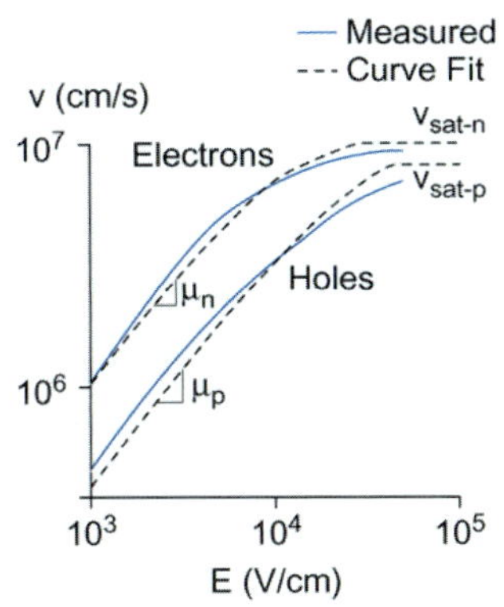

그림 2.15 300k에서 전기장에 대한 캐리어 속도. [Jacoboni77]에서 수정해서 인용. 속도는 높은 전기장에서 포화됨.

그림 2.15는 드레인과 소스 사이에서 캐리어 속도를 전기장 E의 함수로 측정한 결과를 보여 준다. 낮은 전기장에서 속도는 전기장에 비례해서 증가한다. 이렇게 증가하는 기울기가 유효 운동성 μ_{eff}가 된다. 전기장이 임계 수준 E_c 이상으로 증가하면, 속도가 v_{sat}으로 내려가고, 이 값은 대략 전자의 경우 10^7 cm/s, 정공의 경우 8×10^6 cm/s가 된다[Muller03]. 그림에 있듯이 속도는 다음과 같이 근사화할 수 있다[Toh88, Takeuchi94].

$$v = \begin{cases} \dfrac{\mu_{\text{eff}} E}{1+\dfrac{E}{E_c}} & E < E_c \\ v_{\text{sat}} & E \geq E_c \end{cases} \tag{2.24}$$

여기에서 **임계 전기장**은 다음과 같다.

$$E_c = \frac{2v_{\text{sat}}}{\mu_{\text{eff}}} \tag{2.25}$$

임계 전압 V_c는 임계 유효 전기장에 도달했을 때의 드레인-소스 전압으로 $V_c=E_cL$이 된다.

예제 2.4

예제 2.3의 유효 운동성을 사용해서, 완전히 ON 상태인 nMOS와 pMOS 트랜지스터의 임계 전압을 구하시오.

해답: 식 (2.25)를 이용하면 다음과 같이 V_{c-n}과 V_{c-p}를 얻는다.

$$V_{c-n} = \frac{2\left(10^7 \frac{\text{cm}}{\text{s}}\right)}{96\frac{\text{cm}^2}{\text{V}\cdot\text{s}}}\left(5\times10^{-6}\text{cm}\right) = 1.04\text{ V}$$

$$V_{c-p} = \frac{2\left(8\times10^6 \frac{\text{cm}}{\text{s}}\right)}{36\frac{\text{cm}^2}{\text{V}\cdot\text{s}}}\left(5\times10^{-6}\text{cm}\right) = 2.22\text{ V}$$

V_{c-n}이 V_{DD}와 비슷하기 때문에, nMOS 트랜지스터는 정상 동작에서 속도가 포화된다. pMOS 트랜지스터는 낮은 운동성을 갖기 때문에 속도가 포화되지 않는다.

식 (2.24)의 새로운 캐리어 속도와 함께 2.2절과 유사한 유도를 사용하면 다음과 같이 변형된 선형 포화 전류 방정식을 얻는다[Sodini84].

$$I_{ds} = \begin{cases} \dfrac{\mu_{\text{eff}}}{1+\dfrac{V_{ds}}{V_c}} C_{\text{ox}} \dfrac{W}{L}\left(V_{GT} - V_{ds}/2\right)V_{ds} & V_{ds} < V_{\text{dsat}} \quad \text{선형} \\ C_{\text{ox}}W\left(V_{GT} - V_{\text{dsat}}\right)v_{\text{sat}} & V_{ds} > V_{\text{dsat}} \quad \text{포화} \end{cases} \tag{2.26}$$

μ_{eff}는 운동성 저하 현상 때문에 V_{gs}가 증가하면 감소하는 특성을 갖는다. 전류는 운동성 항이 V_{ds}에 따라 감소하는 것을 제외하고는 식 (2.5)와 같이 선형 영역에서 결정된다. 충분히 높은 측면 전기장이 주어지면, 전류는 캐리어의 최대 속도에 의존해서 특정한 값으로 포화된다. 식 (2.26)의 두 부분을 $V_{ds}=V_{\text{dsat}}$와 같이 동일하다고 가정하면 다음과 같은 포화 전압을 얻는다.

$$V_{\text{dsat}} = \frac{V_{GT}V_c}{V_{GT}+V_c} \tag{2.27}$$

식 (2.27)은 병렬 저항 방정식과 같고, V_{dsat}은 V_{GT}와 V_c 중 작은 값 이하가 된다. 마지막으로 식 (2.27)을 (2.26)에 대입하면 속도 포화를 설명할 수 있는 포화 전류를 얻는다.

$$I_{\text{dsat}} = WC_{\text{ox}}v_{\text{sat}}\frac{V_{GT}^2}{V_{GT}+V_c} \qquad V_{ds} > V_{\text{dsat}} \tag{2.28}$$

만약 $V_{GT} << V_c$이면 속도 포화 효과가 무시되고, 식 (2.28)은 제곱 법칙 모델로 단순화된다. 이것을 **장채널 영역**(long channel regime)이라고 한다. 그러나 $V_{GT} >> V_c$이면 식 (2.28)이 다음과 같은 속도 포화 한계에 다다른다.

$$I_{\text{dsat}} \approx WC_{\text{ox}}v_{\text{sat}}V_{GT} \qquad V_{ds} > V_c \tag{2.29}$$

드레인 전류는 속도 포화가 없는 상태에서는 전압의 제곱에 비례하는 반면, 속도 포화가 일어난 상태에서는 선형적으로 비례함을 알 수 있다. 적절한 공급 전압에서 트랜지스터는 캐리어 속도가 전기장에 선형적으로 비례해서 증가하지 않는 동시에 포화되지도 않는 영역에서 동작한다. 식 (2.30)의 **α-전력 법칙 모델**(α-power law model)은 이 동작을 표현하는 단순한 근사화를 제공한다

[Sakurai90]. α는 **속도 포화 지수**(velocity saturation index)라 불리고, 측정된 I-V 데이터에 일치하는 함수로 결정된다. 장채널 혹은 낮은 V_{DD}를 갖는 트랜지스터들은 포화 상태에서 2차 함수로 표시된 I-V 특성을 보이고, $\alpha=2$로 모델링된다. 트랜지스터의 속도 포화가 심해질수록, V_{gs}의 증가가 전류에 미치는 영향이 줄어들고, α는 줄어들어서 1에 근접하게 되어 완전한 속도 포화에 도달한다. 간단하게 말해서, 이 모델은 선형 영역에서 직선으로 근사화된다. 전반적으로 이 모델은 I-V 특성 곡선에 실험적으로 정합해서 결정되는 세 매개변수인 α, βP_c, P_v에 근거한다.

$$I_{ds} = \begin{cases} 0 & V_{gs} < V_t \quad \text{차단} \\ I_{\text{dsat}} \dfrac{V_{ds}}{V_{\text{dsat}}} & V_{ds} < V_{\text{dsat}} \quad \text{선형} \\ I_{\text{dsat}} & V_{ds} > V_{\text{dsat}} \quad \text{포화} \end{cases} \tag{2.30}$$

여기에서 I_{dsat}과 V_{dsat}은 다음과 같다.

$$\begin{aligned} I_{\text{dsat}} &= P_c \frac{\beta}{2} V_{GT}^{\alpha} \\ V_{\text{dsat}} &= P_v V_{GT}^{\alpha/2} \end{aligned} \tag{2.31}$$

그림 2.16은 α-전력 법칙 모델을 $\alpha=1.3$일 때의 시뮬레이션 결과와 비교한 것이다. 낮은 V_{ds}에서는 다르지만, V_{gs}의 전체 영역에서는 $V_{ds}=V_{DD}$일 때 전류가 시뮬레이션과 잘 일치한다.

낮은 전기장에서 정공의 운동성은 전자에 비해서 현저히 떨어지기 때문에, pMOS 트랜지스터는 같은 V_{DD}에서 nMOS보다 적은 속도 포화를 갖는다. 이것이 pMOS가 nMOS보다 높은 α 값을 갖는 이유를 설명한다.

이 모델들은 간단한 계산으로 파악하기에는 너무 복잡하다. 단순화된 방법은, 속도 포화된 트랜지스터에서, 트랜지스터가 강하게 ON되었을 때 I_{ds}가 V_{gs}에 선형적으로 비례함을 관찰하는 것이다.

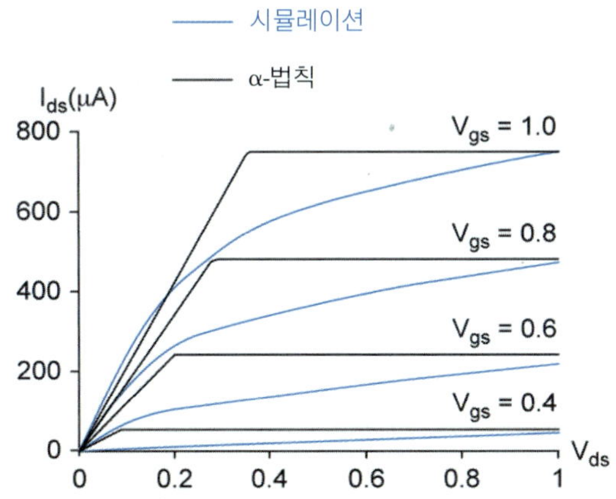

그림 2.16 α-전력 법칙 모델과 시뮬레이션된 트랜지스터 특성 비교

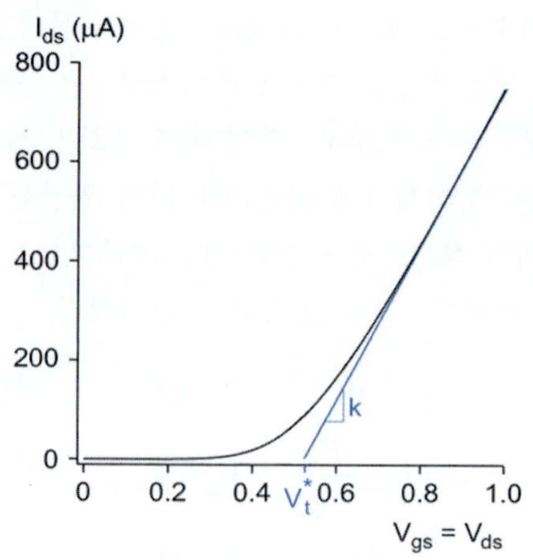

그림 2.17 포화 상태에서 I_{ds}와 V_{gs}의 관계. 높은 V_{gs}에서 일치함

그림 2.17은 $V_{ds}=V_{gs}$를 유지하면서 I_{on}과 V_{DD}의 관계를 보여 준다. V_{gs}가 V_t에 비해서 현저히 높을 때, I_{ds}는 직선으로 정확하게 근사화된다. 따라서 ON 전류는 다음과 같이 근사화된다.

$$I_{ds} = k\left(V_{gs} - V_t^*\right) \tag{2.32}$$

여기에서 V_t^*는 가로축과 만나는 점을 나타낸다.

2.4.2 채널 길이 변조

이상적으로, 포화된 트랜지스터에서 I_{ds}는 V_{ds}의 영향을 받지 않기 때문에, 이 트랜지스터는 완전한 전류원(current source)이 된다. 2.3.3절에서 논의한 대로, 드레인과 바디 사이에서 역바이어스된 p-n 접합은 그림 2.18에 나와 있듯이 V_{db}에 비례해서 증가하는 폭 L_d를 갖는 공핍 영역을 형성한다. 이 공핍 영역은 채널 길이를 다음과 같이 효과적으로 감소시킨다.

$$L_{\text{eff}} = L - L_d \tag{2.33}$$

바디 전압을 계산에 포함시키지 않기 위해서, 소스 전압이 바디 전압과 같다고($V_{db} \approx V_{ds}$) 가정하자. 이 경우 V_{ds}가 증가하면 채널 길이가 감소한다. 채널 길이가 감소하면 보다 많은 전류가 흐르게 된다. 따라서 그림 2.18과 같이 포화 상태에서 I_{ds}는 V_{ds}에 따라서 증가한다. 이 현상은 식 (2.10)에 $(1+V_{ds}/V_A)$를 곱해서 근사적으로 모델링되는데, 이때 V_a를 **얼리 전압**(Early voltage)이라고 한다 [Gray01]. 포화 상태에서 우리는 다음과 같은 관계를 얻는다.

$$I_{ds} = \frac{\beta}{2} V_{\text{GT}}^2 \left(1 + \frac{V_{ds}}{V_A}\right) \tag{2.34}$$

채널 길이가 감소할수록, 채널 길이 변조 효과는 보다 중요해진다. 따라서 V_A는 채널 길이에 비례

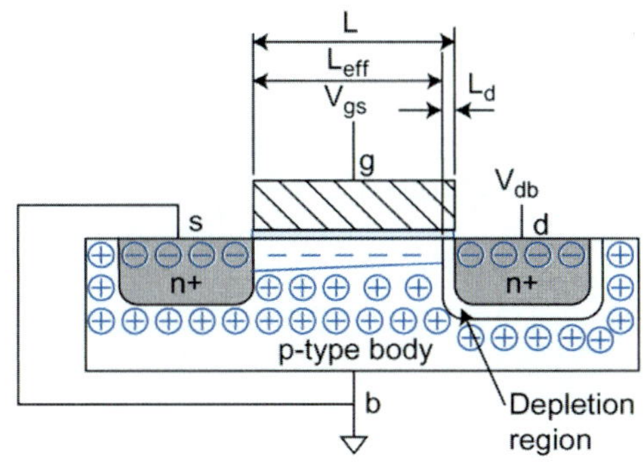

그림 2.18 공핍 영역이 유효 채널 길이를 축소시킴

한다. 채널 길이 변조 모델은 비선형 동작을 지나치게 단순화한 것이기 때문에, 정확한 디바이스의 모델링보다는 개념적으로 이해하는 데 유용하다.

채널 길이 변조는 증폭기의 이득(gain)을 감소시키기 때문에 아날로그 설계자들에게 매우 중요하다. 반면에 디지털 회로의 동작을 이해하는 데는 별로 중요하지 않다.

2.4.3 문턱 전압 효과

지금까지 우리는 문턱 전압을 상수로 간주했다. 그러나 V_t는 소스 전압에 따라서 증가하고, 바디 전압에 따라 감소하며, 드레인 전압에 따라 감소하고, 채널 길이에 따라 증가한다[Roy03]. 이 절에서는 이러한 효과들을 모델링하기로 한다.

2.4.3.1 바디 효과 지금까지 우리는 트랜지스터를 게이트, 소스, 드레인 등 3-단자를 갖는 디바이스로 간주했다. 그러나 바디가 사실상 네 번째 단자의 역할을 한다. 소스와 바디 사이에 인가된 전압 V_{sb}는 채널을 반전시키는 데 필요한 전하량을 증가시키고, 결과적으로 문턱 전압을 상승시킨다. 이 문턱 전압은 다음과 같이 모델링된다.

$$V_t = V_{t0} + \gamma\left(\sqrt{\phi_s + V_{sb}} - \sqrt{\phi_s}\right) \tag{2.35}$$

여기에서 V_{t0}는 소스와 바디의 전위가 같을 때의 문턱 전압을 나타내고, ϕ_s는 문턱 전압에서의 **표면 전위**(surface potential)를 나타낸다.(표면 전위에 대한 자세한 내용은 [Tsividis99]와 같은 디바이스 물리학 교재를 참고한다.) 마지막으로 γ는 **바디 효과 지수**(body effect coefficient)를 나타내고, 일반적으로 0.4~1.0 $V^{1/2}$ 범위의 값을 갖는다. 이 값들은 모두 도핑 수준 N_A에 의해서 결정된다. 2.5.4절의 내용과 같이, 바디 효과는 통과 트랜지스터가 약한 값을 통과시키는(예를 들면 nMOS 트랜지스터가 '1'을 통과시키는 경우) 성능을 저하시킨다. 4.3.4절에서 문턱 전압을 변화시키기 위해서 바디 바이어스를 의도적으로 적용하는 방법을 기술할 것이다. 이것은 성능과 하위 문턱 전압 누설 전류 사이의 교환 조건을 제공한다.

$$\phi_s = 2v_T \ln\frac{N_A}{n_i} \tag{2.36}$$

$$\gamma = \frac{t_{ox}}{\varepsilon_{ox}}\sqrt{2q\varepsilon_{si}N_A} = \frac{\sqrt{2q\varepsilon_{si}N_A}}{C_{ox}} \tag{2.37}$$

소스 혹은 바디에 낮은 전압이 인가되면, 식 (2.35)는 다음과 같이 선형화되며

$$V_t = V_{t0} + k_\gamma V_{sb} \tag{2.38}$$

여기에서 k_γ는 다음과 같다.

$$k_\gamma = \frac{\gamma}{2\sqrt{\phi_s}} = \frac{\sqrt{\dfrac{q\varepsilon_{si}N_A}{v_T\ln\frac{N_A}{n_i}}}}{2C_{ox}} \tag{2.39}$$

예제 2.5

명목상의 문턱 전압이 0.3 V이고 도핑 수준이 8×10^{17} cm^{-3}인 65 nm 공정의 트랜지스터를 생각하자. 바디는 기판 접촉에 의해서 접지되어 있다. 소스가 0 V 대신 0.6 V에 연결되어 있다면 상온에서 문턱 전압은 얼마나 변화하는가?

해답: 상온에서 열전압은 $v_T=kT/q=26$ mV이고, $n_i=1.45\times10^{10}$ cm^{-3}이다. 따라서 문턱 전압은 다음 식의 유도 과정을 거쳐서 0.04 V 증가한다.

$$\begin{aligned}
\phi_s &= 2(0.026\text{ V})\ln\frac{8\times10^{17}\text{cm}^{-3}}{1.45\times10^{10}\text{cm}^{-3}} = 0.93\text{ V}\\
\gamma &= \frac{10.5\times10^{-8}\text{cm}}{3.9\times8.85\times10^{-14}\frac{\text{F}}{\text{cm}}}\sqrt{2\left(1.6\times10^{-19}\text{C}\right)\left(11.7\times8.85\times10^{-14}\frac{\text{F}}{\text{cm}}\right)\left(8\times10^{17}\text{cm}^{-3}\right)} = 0.16\\
V_t &= 0.3+\gamma\left(\sqrt{\phi_s+0.6\text{ V}}-\sqrt{\phi_s}\right) = 0.34\text{ V}
\end{aligned} \tag{2.40}$$

2.4.3.2 드레인 유도 장벽 감소 드레인 전압 V_{ds}는 문턱 전압에 영향을 주는 전기장을 형성한다. **드레인 유도 장벽 감소**(DIBL: drain-induced barrier lowering) 효과는 특히 단채널 트랜지스터에서 중요하게 작용하고, 다음과 같이 모델링된다.

$$V_t = V_{t0} - \eta V_{ds} \tag{2.41}$$

여기에서 η는 DIBL 계수를 나타내는데, 일반적으로 0.1(혹은 100 mV/V) 단위의 값을 갖는다.

채널 길이 변조의 경우와 마찬가지로, DIBL은 I_{ds}가 포화 상태에서 V_{ds}에 따라 증가하는 원인이

된다. 이 효과는 식 (2.34)에서 사용된 보다 작은 V_A와 합쳐진다. 이 효과는 아날로그 설계에서는 골칫거리이지만, 디지털 회로에서는 매우 중요하다. 다시 말해서 DIBL은 높은 V_{ds}에서 하위 문턱 전압 누설을 증가시킨다. 이에 대한 자세한 내용은 2.4.4절에서 다루기로 한다.

2.4.3.3 단채널 효과 문턱 전압은 일반적으로 채널 길이에 따라 증가한다. 이 현상은 소스와 드레인 공핍 영역이 채널의 많은 부분까지 확장될 때, L이 작을수록 현저하게 나타난다. 따라서 이것을 **단채널 효과**(short channel effect)[8], 혹은 V_t 하락(V_t rolloff)[Tsividis99, Cheng99]이라 부른다. 어떤 공정에서는 **역 단채널 효과**가 V_t를 채널 길이에 따라 감소시키는 원인이 된다.

V_t가 채널 폭에 따라서 변화하는 **협채널 효과**(narrow channel effect)도 존재한다. 이것은 최소 선폭이 최소 길이보다 크기 때문에 중요성이 덜하다.

2.4.4 누설 전류

트랜지스터가 명목상 OFF되었어도, 미세한 전류가 빠져나간다. 그림 2.19에서 알 수 있듯이 이러한 누설 작용은 소스와 드레인 사이의 하위 문턱 전압 전도, 게이트로부터 바디로의 게이트 누설, 그리고 소스에서 드레인을 거쳐 바디 사이에서 발생하는 접합 누설 등을 포함한다[Roy03, Narendra06]. 하위 문턱 전압 전도는 문턱 전압에 의한 전위 장벽보다 높은 캐리어의 열 방출이 원인이 된다. 게이트 누설은 극히 얇은 게이트 유전체를 통한 관통(tunneling) 효과에 의한 양자역학적 결과이다. 접합 누설은 소스/드레인 확산 영역과 바디 사이의 p-n 접합에 흐르는 전류가 원인이다.

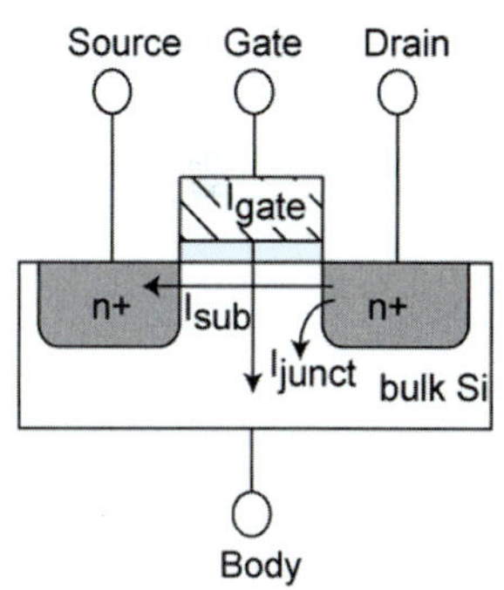

그림 2.19 누설 전류 경로

180 nm 공정에서 누설 전류는 저전력 응용을 제외하고는 그리 중요하지 않다. 90 nm와 65 nm 공정에서는 하위 문턱 전압 누설이 트랜지스터당 1~10 nA가 될 때까지 문턱 전압이 감소한다. 45 nm 공정에서는 높은 k를 갖는 게이트 유전체가 사용되지 않는 한, 게이트 누설이 하위 문턱 전압 누설과 비슷해질 때까지 산화물 두께가 얇아진다. 전체적으로 누설 전류는 나노미터 공정에서 설계상 매우 중요한 고려 요인이다.

2.4.4.1 하위 문턱 전압 누설 전류 장채널 트랜지스터의 I-V 모델은 $V_{gs} > V_t$일 때만 전류가 소스에서 드레인으로 흐른다고 가정한다. 실제 트랜지스터에서는 전류가 갑자기 문턱치 이하로 떨어지지 않고, 그림 2.20과 같이 지수함수적으로 감소한다. 게이트 전압이 높아지면 트랜지스터는 강하게 ON된다. 게이트 전압이 V_t 이하로 낮아지면, 지수함수적인 전류의 감소가 로그 스케일에서 직선의 기울기로 발생한다. 이와 같이 $V_{gs} < V_t$인 영역을 **약반전**(weak inversion) 영역이라 한다. **하위 문턱 전압 누설 전류**(subthreshold leakage current)는 드레인 유도 장벽 감소 현상 때문에 이 V_{ds}에 따라 현저하게 증가한다(2.4.3.2절 참조). I_{ds}의 하한점은 음성 게이트 전압(negative gate voltage)에 의해 악화된 드레인 접합 누설에 의해서 결정된다(2.4.4.3절 참조).

[8] **단채널 효과**라는 용어는 CMOS 관련 문헌에서 지나칠 정도로 많이 사용된다. 어떤 경우, 이것은 장채널 효과로 설명할 수 있는 모든 동작을 의미하기도 한다. 반면에 매우 짧은 채널 길이에서 현저하게 나타나는 DIBL 효과를 의미하기도 한다[Muller03]. 이 교재에서는 이 용어를 채널 길이에 대한 문턱 전압의 민감도를 기술하는 데 국한한다.

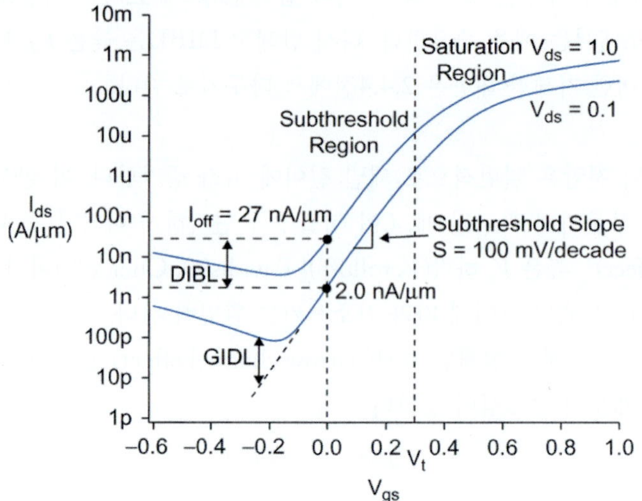

그림 2.20 70°C에서 65 nm nMOS 트랜지스터의 로그 스케일 I-V 특성

하위 문턱 전압 누설 전류는 식 (2.42)와 같이 결정된다. I_{ds0}는 문턱 전류이고, 공정과 디바이스의 기하 구조에 의해서 결정된다. 이것은 일반적으로 시뮬레이션에 의해서 추출되지만, 식 (2.43)으로부터 계산할 수도 있다. $e^{1.8}$ 항은 실험적으로 추가된 것이다[Sheu87]. n은 공정에 의해서 좌우되는 항으로서, 공핍 영역의 특성으로부터 영향을 받고, CMOS 공정의 경우 1.3~1.7의 범위를 갖는다. 마지막 항은 V_{ds}=0일 때 누설 전류가 0이 됨을 나타내지만, V_{ds}가 열전압 v_T의 몇 배가 되면(예를 들면 $V_{ds} > 50$ mV일 때) 최대로 증가한다. 보다 중요한 것은, ηV_{ds} 항목에 의해서 나타난 것과 같이, 드레인 유도 장벽 감소 현상이 효과적으로 문턱 전압을 낮출 수 있다는 점이다. 이것은 낮은 V_{ds}와 비교할 때 $V_{ds}=V_{DD}$에서 10배 이상 효과적으로 누설 전류를 증가시킬 수 있다. 바디 효과 역시 $V_{sb} \approx 0$일 때 V_t를 변조한다.

$$I_{ds} = I_{ds0} e^{\frac{V_{gs} - V_{t0} + \eta V_{ds} - k\gamma V_{sb}}{n v_T}} \left(1 - e^{\frac{-V_{ds}}{v_T}}\right) \tag{2.42}$$

$$I_{ds0} = \beta v_T^2 e^{1.8} \tag{2.43}$$

하위 문턱 전압 전도 상태는 초저전력(very low-power) 아날로그 회로에서 장점을 발휘한다. 이것은 커패시터에 충전된 전하에 의존하는 동적 회로(dynamic circuit)와 DRAM에서도 특별히 중요한 역할을 한다. 주기적으로 전원을 재공급하거나 누설 전류를 보상하기 위한 전류가 존재하지 않는 이상, OFF된 트랜지스터를 통한 전도는 커패시터를 방전시킨다. 누설 전류는 비활동(idle) 회로에서 전력 소모를 발생시킨다. V_t가 감소하거나 온도가 상승하면 누설 전류는 기하급수적으로 증가하기 때문에, 이것이 저전압 전원이나 낮은 문턱 전압을 사용하는 칩에서 중요한 문제가 되고 있다.

그림 2.20에 나와 있듯이, 하위 문턱 전류는 세미로그 그래프에서 직선으로 근사화된다. 직선의 기울기의 역수를 **하위 문턱 기울기**(subthreshold slope)라 부르고, 다음과 같이 정의한다.

$$S = \left[\frac{d\left(\log_{10} I_{ds}\right)}{dV_{gs}}\right]^{-1} = n v_T \ln 10 \tag{2.44}$$

하위 문턱 기울기는 누설 전류를 10배 이상 감소시키기 위해서 필요한 게이트 전압 강하를 의미한다. 상온에서 일반적인 값은 100 mV/decade이다. 식 (2.42)는 하위 문턱 기울기를 사용하면 다음과 같이 표현된다.

$$I_{ds} = I_{\text{off}} 10^{\frac{V_{gs}+\eta\left(V_{ds}-V_{dd}\right)-k\gamma V_{sb}}{S}}\left(1-e^{\frac{-V_{ds}}{v_T}}\right) \tag{2.45}$$

여기에서 I_{off}는 $V_{gs}=0$, $V_{ds}=V_{DD}$일 때 하위 문턱 전류를 나타낸다.

예제 2.6

상온에서 $n=1.5$일 때, OFF된 트랜지스터($V_{gs}=0$)에 흐르는 누설 전류가 갓 ON된($V_{gs}=V_t$) 트랜지스터의 누설 전류의 10^3배가 되는 최소 문턱 전압은 얼마인가? 절연체 상 실리콘(SOI: silicon-on-insulator) 공정의 장점들 중 하나가 작은 n 값을 갖는 것이다(8.5절 참조). $n=1.3$일 때 SOI에 필요한 문턱 전압은 얼마인가?

해답: 상온에서 $v_T=26$ mV이다. 누설을 무시할 수 없도록 $V_{ds} >> v_T$라 가정하자. 다음의 식을 풀면 V_t를 구할 수 있다.

$$\begin{aligned} I_{ds}\left(V_{gs}=0\right) &= 10^{-3} I_{ds0} = I_{ds0} e^{\frac{-V_t}{n v_T}} \\ V_t &= -n v_T \ln 10^{-3} = 270\text{mV} \end{aligned} \tag{2.46}$$

CMOS 공정에서 V_{gs}가 문턱 전압 아래에서 90 mV만큼 감소할 때마다 누설은 10배씩 감소한다. 이것은 종종 하위 문턱 전압 기울기가 $S=90$ mV/decade라 표현된다. SOI 공정에서 하위 문턱 전압 기울기 S는 78 mV/decade이고, 따라서 단지 234 mV의 문턱 전압이 필요하다.

2.4.4.2 게이트 누설 전류

양자역학에 의하면 원자를 에워싸고 있는 전자들은 확률적으로 공간상에 분포한다. 게이트 산화물이 15~20 Å보다 얇을 때, 게이트에 있는 전자가 확률적으로 산화물의 다른 면에 존재할 수 있다. 캐리어가 얇은 장벽을 관통(tunneling)하는 효과가 게이트 누설 전류의 원인이 된다.

게이트 관통을 설명하기 위한 두 가지 물리적 구조가 FN **관통**(Fowler-Nordheim)과 **직접 관통**

(direct tunneling)이다. FN 관통은 높은 전압과 적절한 두께의 산화물이 있는 경우에 가장 중요한 효과이고, EEPROM을 프로그래밍하는 데 사용된다(11.4절 참조). 직접 관통은 낮은 전압과 얇은 산화물이 있는 경우에 중요하고, 지배적인 누설 요소이다.

직접 관통 전류는 다음과 같이 계산한다[Chandrakasan01].

$$I_{gate} = WA\left(\frac{V_{DD}}{t_{ox}}\right)^2 e^{-B\frac{t_{ox}}{V_{DD}}} \tag{2.47}$$

여기에서 A와 B는 공정 상수이다.

트랜지스터는 우수한 ON 전류를 만들기 위해서 높은 C_{ox}가 필요하고, 이를 위해서는 산화물의 두께가 얇아져야 한다. 관통 전류는 산화물 두께에 따라서 지수적으로 감소하고, 최근에 들어서야 의미를 갖게 되었다. 그림 2.21은 게이트 누설 전류 밀도(전류/면적) J_G를 다양한 산화물 두께에 대해서 그린 것이다. 게이트 누설 전류는 두께가 1 Å 얇아질 때마다 2.7배 혹은 그 이상의 배율로 증가한다[Rohrer05]. 큰 관통 전류는 동적 노드뿐만 아니라 정지 전력 소모에도 영향을 주기 때문에, 게이트 누설 전류가 100 A/cm^2 이하가 되도록 등가의 산화물 두께 t_{ox}를 최소 10.5 Å 이상으로 제한한다. 이 규격을 정당화 하려면, SiO_2의 각 원자 계층이 약 3 Å이고, 게이트 산화물이 한 줌의 원자 계층 두께를 갖는다는 점을 상기하면 된다. 15.4.1.3절에서는 관통 효과를 줄이면서 우수한 C_{ox}를 제공하는 높은 유전 상수를 갖는 게이트 절연체의 혁신적 기술을 소개한다.

게이트 유전체를 SiO_2로 사용할 때, nMOS 트랜지스터의 관통 전류는 pMOS에 비해서 10배 정도 높은데, 그 이유는 전자는 전도대(conduction band)를 관통하는 반면에 정공은 장벽이 훨씬 높은 원자가대(valence band)를 관통해야 하기 때문이다[Hamzaoglu02]. 서로 다른 유전체들은 각기 다른 관통 성질을 갖는다.

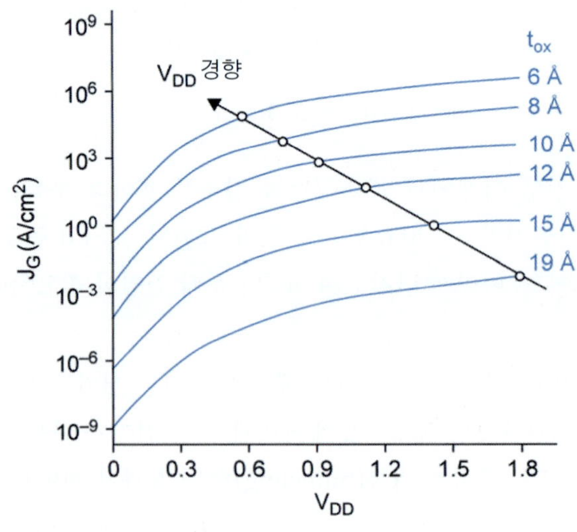

그림 2.21 게이트 누설 전류(Song01)

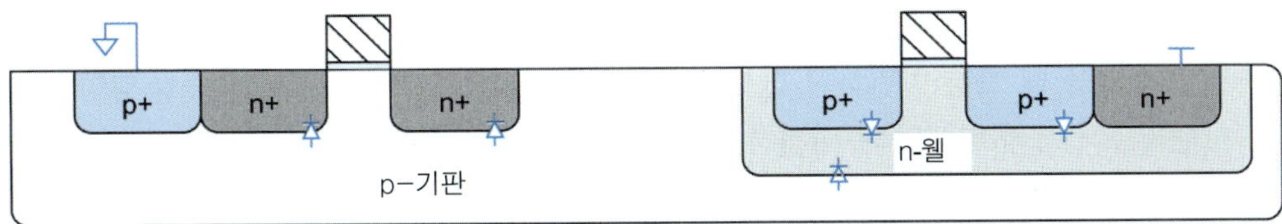

그림 2.22 CMOS 회로의 기판-확산 다이오드

2.4.4.3 접합 누설 전류 그림 2.22와 같이 확산과 기판 혹은 웰 사이의 p-n 접합은 다이오드를 형성한다. 웰과 기판 사이의 접합 역시 다른 다이오드를 형성한다. 기판과 웰은 접지 혹은 V_{DD}와 연결되어서 이 다이오드들에게 역바이어스를 제공한다. 그러나 역바이어스된 다이오드도 여전히 적은 전류 I_D가 통하게 한다.[9]

$$I_D = I_S\left(e^{\frac{V_D}{v_T}} - 1\right) \tag{2.48}$$

여기에서 I_S는 확산 영역의 도핑 수준, 면적, 그리고 둘레에 의존하고, V_d는 다이오드 전압($-V_{sb}$ 혹은 $-V_{db}$)을 나타낸다. 접합이 열전압보다 현저하게 많이 역바이어스되었을 때, 누설 전류는 단지 $-I_S$가 되고, 이것은 일반적으로 0.1~0.01 fA/μm^{2}의 범위에 존재한다.

보다 중요한 점은, 강하게 도핑된 드레인에서는 **밴드간 관통**(BTBT: band-to-band tunneling)과 **게이트 유도 드레인 누설**(GIDL: gate-induced drain leakage)이 발생할 수 있다는 것이다.

BTBT 현상은 소스/드레인과 바디 간 접합이 역바이어스되어 있을 때 발생한다. 이것은 역바이어스와 도핑 수준의 함수가 된다. 하위 문턱 전압 문제를 풀기 위해서 사용된 높은 할로 도핑은 대신 BTBT를 증가시킨다. 이 누설 전류는 트랩(trap)이라고 불리는 실리콘 격자의 결함이 캐리어의 관통 거리를 감소시킬 때 발생하는 **결함 관통**(TAT: trap-assisted tunneling)에 의해서 악화된다. 대부분의 누설 전류는 도핑이 최고 수준일 때 채널에 가장 가까운 측벽을 따라서 발생한다.

$$I_{BTBT} = WX_j A\frac{E_j}{E_g^{0.5}}V_{dd}\, e^{-B\frac{E_g^{1.5}}{E_j}} \tag{2.49}$$

여기에서 X_j는 확산의 접합 깊이, E_g는 밴드 간격 전압, 그리고 A와 B는 공정 상수를 나타낸다 [Mukhopadhyay05]. 역바이어스된 V_{DD}에서 접합을 따라 존재하는 전기장은 다음과 같다.

$$E_j = \sqrt{\frac{2qN_{halo}N_{sd}}{\varepsilon\left(N_{halo}+N_{sd}\right)}}\left(V_{DD} + v_T \ln\frac{N_{halo}N_{sd}}{n_i^2}\right) \tag{2.50}$$

[9] I_D와 I_S는 차례로 다이오드 전류와 역바이어스된 포화 전류를 나타낸다. 여기에서 D와 S가 드레인이나 소스를 나타내는 것이 아님에 주의해야 한다.

GIDL은 게이트가 부분적으로 드레인과 중첩될 때 발생한다. 이 현상은 드레인 전압이 높고 게이트가 전압이 낮을 때 가장 빈번하게 발생한다. GIDL 전류는 게이트-드레인 중첩 영역에 비례하고, 따라서 트랜지스터 폭에 비례한다. 이것은 명확하게 전기장의 함수이기 때문에 드레인-게이트 전압에 따라 급격하게 증가한다. 그러나 $|V_{gd}| \leq V_{DD}$일 때는 이 현상이 미미하고[Mukhopadhyay05], 하위 문턱 누설을 차단하기 위해서 게이트가 레일 밖으로 나올 때에 한해서 발생한다.

2.4.5 온도 의존성

트랜지스터 특성은 온도의 영향을 받는다[Cobbold66, Vadasz66, Tsividis99, Gutierrez01]. 캐리어 운동성은 온도가 상승할 때 저하된다. 이들의 근사적 관계는 다음과 같다.

$$\mu(T) = \mu(T_r)\left(\frac{T}{T_r}\right)^{-k_\mu} \tag{2.51}$$

여기에서 T는 절대 온도를, T_r은 실내 상온을, 그리고 k_μ는 일반적으로 값이 1.5인 정합 계수를 나타낸다. v_{sat} 역시 온도에 따라 감소하고, 보다 구체적으로는 300에서 400 K로 온도가 상승하면 20% 감소한다.

문턱 전압의 크기는 온도에 선형적으로 비례해서 감소하고, 다음과 같이 근사화된다.

$$V_t(T) = V_t(T_r) - k_{vt}(T - T_r) \tag{2.52}$$

여기에서 k_{vt}는 일반적으로 1~2 mV/K 범위에 존재한다.

높은 V_{DD}에서 I_{on}은 온도에 따라 감소한다. 하위 문턱 누설 전류는 온도에 따라 지수적으로 증가한다. BTBT는 온도에 따라 느리게 증가하고, 게이트 누설은 온도에 영향을 받지 않는다.

그림 2.23은 온도 효과를 종합적으로 보여 준다. 높은 V_{gs}에서 전류는 온도에 따라 감소하는데, 이 현상은 **네거티브 온도 계수**(negative temperature coefficient)를 사용해서 설명할 수 있다. 반면에 낮

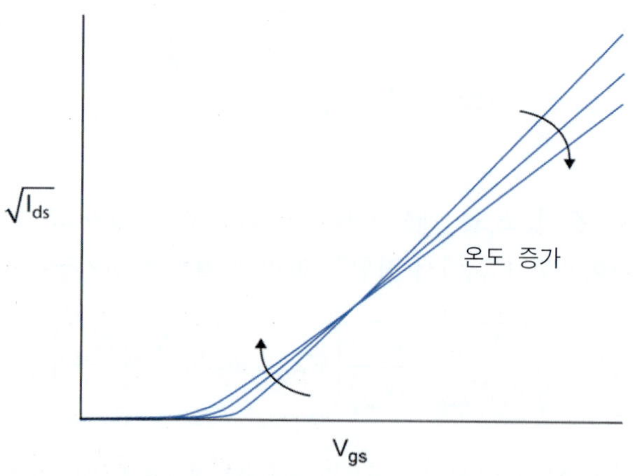

그림 2.23 다양한 온도에서 포화된 nMOS 트랜지스터의 I-V 특성

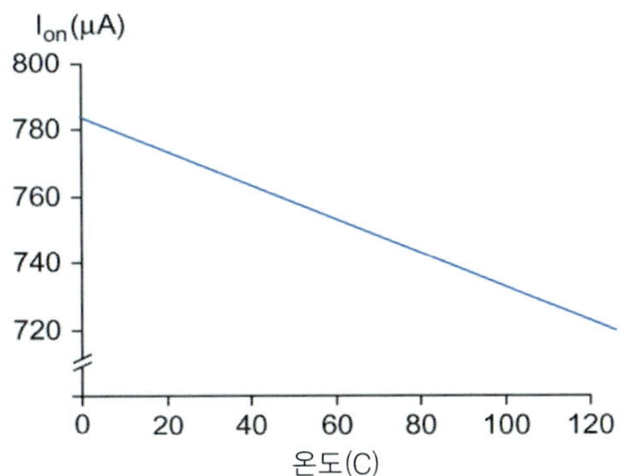

그림 2.24 I_{dsat}과 온도의 관계

은 V_{gs}에서 전류는 포지티브 온도 계수(positive temperature coefficient)를 갖는다. 그림 2.24와 같이 OFF 전류는 온도에 따라서 증가하는 반면, ON 전류인 I_{dsat}은 온도에 따라 감소한다. 따라서 회로의 성능은 높은 온도에서 최악이 된다. 그러나 낮은 V_{DD}(일반적으로 0.7~1.1 V 이하)에서 동작하는 시스템에서는 I_{dsat}이 온도에 따라 증가한다[Kumar06].

역으로 말해서, 회로의 성능은 냉각에 의해서 개선된다. 대부분의 시스템들이 자연 대류(natural convection)나 팬이 달린 히트 싱크(heat sink)를 사용하지만, 비용에 문제가 없다면 수냉식(water cooling) 장치, 박막 냉장 장치(thin-film refrigerator), 혹은 액체 질소 등을 사용하는 것이 좋다. 저온에서 동작시키면 많은 장점이 있다[Keyes70, Sun87]. 하위 문턱 전압 누설은 온도에 기하급수적으로 비례하기 때문에, 낮은 문턱 전압이 사용된다. 속도 포화는 높은 전기장에서 발생하여 많은 전류를 발생시킨다. 운동성이 높아지면, 전기장들은 낮은 전원에 도달해서, 전력을 감소시킨다. 공핍 영역들이 확대되고, 접합 커패시턴스가 감소한다.

실험실에서 간단하게 회로의 온도 의존성을 확인할 수 있는 도구로서 냉동 스프레이 캔과 히트 건(heat gun)을 들 수 있다. 전자는 급격하게 칩을 '냉각' 시키고, 후자는 반대로 가열하는 데 사용된다. 이와 같은 실험을 통해 손쉽게 온도 효과를 판별할 수 있지만, 급격한 냉각 혹은 가열은 칩이나 패키지에 균열을 가져올 수 있기 때문에 주의해야 한다.

2.4.6 기하 구조 의존성

레이아웃 설계자는 폭과 길이(W_{drawn}, L_{drawn})를 사용해서 트랜지스터를 그린다. 실제 게이트의 규격은 특정한 인수 X_W와 X_L에 따라서 변한다. 예를 들어 제작자는 전체적인 설계 규칙이나 금속의 피치를 변경하지 않고, 짧아진 채널(X_L이 음수인 경우)을 제공하기 위해서 실제보다 좁은 폴리실리콘 마스크를 제작하거나 폴리실리콘을 과도하게 에칭할 수 있다. 게다가 소스와 드레인은 게이트 아래에서 L_D 만큼 평면 방향으로 확산되는 경향이 있어서, 유효 채널 길이가 줄어들고 결국은 캐리어가 소스와 드레인 사이를 지나다닐 수 있게 된다. 마찬가지로 W_D 폭의 벌크 확산은 채널 폭을 축소시킨다. 이 요인들을 결합하면 트랜지스터의 유효 폭과 길이를 계산할 수 있는데, 이들은 이 교재의 다른 부분에서 사용되는 전류와 커패시턴스 방정식에서 W와 L을 대체하는 데 사용된다. 채널 양쪽에서 평면 확산에 의한 두 요소는 다음과 같다.

$$L_{\text{eff}} = L_{\text{drawn}} + X_L - 2L_D$$
$$W_{\text{eff}} = W_{\text{drawn}} + X_W - 2W_D \tag{2.53}$$

따라서 두 배로 길게 그린 트랜지스터의 유효 채널 길이가 반드시 두 배가 되지 않는다. 마찬가지로 폭이 두 배 차이 나는 두 트랜지스터에서 각각의 포화 전류는 두 배 이상이 된다. 문턱 전압도 짧고 좁은 채널 효과 때문에 트랜지스터의 규격에 따라 변화한다.

문턱 전압, 유효 채널 길이, 채널 길이 변조 효과, 그리고 속도 포화 효과를 결합하면, I_{dsat}은 정확하게 $1/L$배로 감소되지 않는다. 일반적으로 전류가 정확하게 정합되었을 때(예를 들어 센스 증폭기나 A/D 변환기 등에서) 각 디바이스의 폭과 길이를 같게 사용하는 것이 최선이다. 몇 개의 동일한 트랜지스터를 병렬로 연결해서 전류 비율을 만들 수 있다.

0.25 μm보다 미세한 공정에서, 트랜지스터의 유효 길이는 트랜지스터의 방향에 의해서도 많은 영향을 받는다. 게다가 인접한 폴리실리콘의 양도 제작 과정의 에칭 비율에 영향을 주고, 궁극적으로 채널 길이에 영향을 준다. 정확한 정합이 요구되는 트랜지스터들은 같은 방향으로 배열되어야 한다. 에칭의 균일성을 향상시키기 위해서 모조 폴리실리콘 배선(dummy polysilicon wire)을 인접한 곳에 배치하는 경우도 있다.

2.4.7 요약

초소형 트랜지스터의 물리적 성질이 복잡하지만, 비이상적인 I-V 특성의 영향은 설계자의 관점에서 쉽게 이해할 수 있다.

문턱 전압 강하 통과 트랜지스터가 잘못된 값을 전달할 때 문턱 전압 강하(threshold drop)가 발생한다. nMOS 트랜지스터는 $V_{DD} - V_{tn}$까지만 풀업되는 반면, pMOS 트랜지스터는 $|V_{tp}|$까지만 풀다운된다. 문턱 전압이 강하되는 양은 바디 효과에 의해서 증가한다. 따라서 문턱 전압이 공급 전원의 작지 않은 비율을 차지하는 현재의 공정에서 통과 트랜지스터는 제대로 작동하기 어렵다. 0과 1을 모두 전달하기 위해서는 완전 상보형 전달 게이트를 사용해야 한다.

누설 전류 이상적으로 상보형 CMOS 게이트는 정지 상태에서 완전히 전류가 차단되고, 전력 소모도 없지만, 실제 게이트는 다소의 누설 전류를 갖는다. 누설 전류의 가장 중요한 요인은 OFF되어야 할 트랜지스터의 소스와 드레인 사이의 하위 문턱 전압 누설이다. OFF 트랜지스터의 하위 문턱 전압 전류는 V_{gs}가 V_t 아래로 60~100 mV 낮아질 때마다 10배씩 감소한다. 따라서 문턱 전압이 감소하면 문턱 전압 누설 전류가 상당한 비율로 증가한다. 어떤 공정은 다수의 V_t 중 하나를 선택할 수 있도록 한다. 낮은 V_t를 선택하면 임계 회로에서 높은 성능이 보장되는 반면, 높은 V_t는 적은 누설 전류를 발생시키는 회로에 적합하다.

트랜지스터의 게이트는 우수한 절연체이다. 그러나 매우 얇은 게이트에서는 관통 전류가 흐른다. 관통의 중요성은 급속히 증대되고 있고, 누설 전류의 다른 중요한 원인이 되기도 한다.

누설 전류는 CMOS 게이트가 정지 상태에서 전력을 소모하게 한다. 이것은 동적 논리, 래치, 그리고 메모리 셀 등에서 데이터를 유지하는 시간을 제한한다. 현대 공정에서 동적 논리와 래치는 피드백을 사용해서 누설 전류로부터 데이터 손실을 방지한다. 누설 전류는 온도가 상승하면 증가한다.

V_{DD} 속도 포화와 운동성 저하는 높은 전압에서 예측보다 적은 전류를 제공하는 원인이 된다. 이것은 빠른 트랜지스터를 얻기 위해서 높은 V_{DD}를 사용하면 안 된다는 것을 의미하고, 전력 소모를 줄이기 위해서라도 공정이 발전함에 따라서 V_{DD}는 낮아져야 한다. 게다가 초단채널과 얇은 게이트 산화막은 높은 V_{DD}에 의해서 손상될 수도 있다.

지연 직렬로 연결된 트랜지스터들은 전압의 일부분을 각 트랜지스터들에서 손실하기 때문에 단일 트랜지스터에 비해서 낮은 전기장과 낮은 속도 포화를 갖는다. 따라서 직렬로 연결된 트랜지스터들은 단순한 모델로 예측된 결과보다 빠르게 동작한다. 예를 들어 직렬로 연결된 두 개의 nMOS 트랜지스터들은 폭이 같은 단일 nMOS 트랜지스터가 전달하는 전류의 절반보다 많은 양의 전류를 전달한다. 이 효과는 pMOS 트랜지스터보다 nMOS 트랜지스터에서 더욱 현저한데, 그 이유는 nMOS 트랜지스터의 운동성이 훨씬 높고, 더 많이 속도 포화되기 때문이다.

정합 두 트랜지스터가 동일하게 동작해야 한다면, 그들은 같은 규격과 같은 방향을 가져야 하고, 가능하면 서로 나란히 배열되어야 한다.

2.5 DC 전달 특성

디지털 회로는 전체 동작 영역 중에서 특정 부분만을 사용하는 아날로그 회로로 생각할 수 있다. 회로의 DC 특성은 입력이 충분히 느리게 변화해서 커패시턴스가 충전과 방전을 수행할 시간이 충분하다고 가정한 상태에서 출력과 입력 전압의 관계를 설정한 것이다. 특정한 입출력 전압 레벨을 유효한 '0'과 '1'의 논리 레벨로 정의한다. 이 절에서는 CMOS 게이트와 통과 트랜지스터의 DC 전달 특성을 알아본다.

2.5.1 정적 CMOS 인버터의 DC 특성

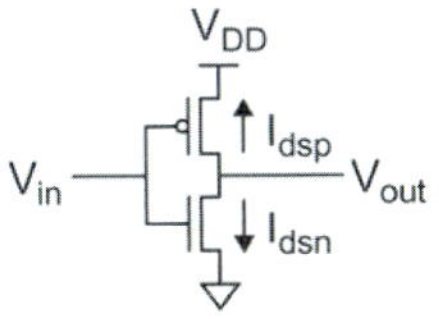

그림 2.25에 나와 있는 상보형 CMOS 인버터의 DC 전달 함수(V_{out}과 V_{in}의 관계)를 유도해 보자. n형과 p형 트랜지스터의 다양한 동작 영역을 요약한 표 2.2를 가지고 시작한다. 이 표에서 V_{tn}은 n-채널 디바이스의 문턱 전압을, V_{tp}는 p-채널 디바이스의 문턱 전압을 각각 나타낸다. V_{tp}는 음수인 것을 상기할 필요가 있다. 방정식은 V_{gs}/V_{ds}와 V_{in}/V_{out}의 항을 갖는다. 트랜지스터의 소스는 접지되고, $V_{gsn}=V_{in}$, $V_{dsn}=V_{out}$이다. pMOS 트랜지스터의 소스는 V_{DD}에 연결되고, $V_{gsp}=V_{in}-V_{DD}$, $V_{dsp}=V_{out}-V_{DD}$가 된다.

그림 2.25 CMOS 인버터

표 2.2 CMOS 인버터의 세 가지 동작 영역에서 전압 간의 관계

	차단	선형	포화
nMOS	$V_{gsn} < V_{tn}$	$V_{gsn} > V_{tn}$	$V_{gsn} > V_{tn}$
	$V_{\text{in}} < V_{tn}$	$V_{\text{in}} > V_{tn}$	$V_{\text{in}} > V_{tn}$
		$V_{dsn} < V_{gsn} - V_{tn}$	$V_{dsn} > V_{gsn} - V_{tn}$
		$V_{\text{out}} < V_{\text{in}} - V_{tn}$	$V_{\text{out}} > V_{\text{in}} - V_{tn}$
pMOS	$V_{gsp} > V_{tp}$	$V_{gsp} < V_{tp}$	$V_{gsp} < V_{tp}$
	$V_{\text{in}} > V_{tp} + V_{DD}$	$V_{\text{in}} < V_{tp} + V_{DD}$	$V_{\text{in}} < V_{tp} + V_{DD}$
		$V_{dsp} > V_{gsp} - V_{tp}$	$V_{dsp} < V_{gsp} - V_{tp}$
		$V_{\text{out}} > V_{\text{in}} - V_{tp}$	$V_{\text{out}} < V_{\text{in}} - V_{tp}$

DC 전달 특성을 유도하는 목적은 출력 전압(V_{out})의 변화를 입력 전압(V_{in})의 함수로 나타내는 것이다. 이것은 그래프를 사용하거나, 해석적으로(연습문제 2.16 참조), 혹은 시뮬레이션을 통해서 [Carr72] 얻을 수 있다. V_{in}이 주어지면, 제약 조건 $I_{dsn}=|I_{dsp}|$을 만족시키는 V_{out}을 찾아야 한다. 간략하게 하기 위해 $V_{tn}=-V_{tp}$라 가정하고, $\beta_n=\beta_p$를 만족하도록 pMOS 트랜지스터가 nMOS 트랜지스터보다 2~3배 크다고 가정한다. 이와 같은 가정은 2.5.2절에서 확장된다.

그림 2.26(a)의 인버터를 구성하는 두 트랜지스터에 대해서 식 (2.10)에 기술된 간단한 대수 방정식의 그래프 표현부터 시작한다. 이 그래프는 다양한 값의 V_{gsn}과 V_{gsp}에 대해서 I_{dsn}과 I_{dsp}를 V_{dsn}과 V_{dsp}로 나타낸다. 그림 2.26(b)는 다양한 V_{in}에 대해서 I_{dsn}과 $|I_{dsp}|$를 V_{out}으로 나타낸다. 점으로 표시한 인버터의 가능한 동작점은 주어진 V_{in}에 대해서 $I_{dsn}=|I_{dsp}|$를 만족하는 V_{out}의 값들이다. 이 동작점들은 인버터의 DC 전달 특성을 보이기 위해서 그림 2.26(c)에 V_{out}과 V_{in} 축 상에 그렸다. 전원 전류 $I_{DD}=I_{dsn}=|I_{dsp}|$는 V_{in}에 대해서 그림 2.26(d)와 같이 그렸는데, 이것은 V_{in}이 접지와 V_{DD} 사이를 통과할 때, 두 트랜지스터가 동시에 ON된다는 것을 보이고, 결과적으로 전원으로부터 전류의 펄스를 초래한다.

그림 2.26(c)와 같이 CMOS 인버터의 동작은 다섯 개의 영역으로 구분된다. 각 영역에서 트랜지스터의 상태는 표 2.3에 정리되어 있다. 영역 A에서 nMOS 트랜지스터는 OFF되고, pMOS 트랜지스터는 출력을 V_{DD}로 풀업시킨다. 영역 B에서 nMOS 트랜지스터는 ON되기 시작하면서, 출력을 풀다운시킨다. 영역 C에서 두 트랜지스터는 모두 포화되어 있다. 이상적인 트랜지스터는 $V_{\text{in}}=V_{DD}/2$일 때 영역 C에만 존재하고, 이 예에서 전달 곡선의 기울기는 $-\infty$인데, 이것은 무한 이득(infinite gain)에 해당한다. 실제 트랜지스터는 2.4.2절에서 기술한 바와 같이 채널 길이 변조에 따른 유한한 저항을 갖기 때문에, 영역 C에서 유한한 기울기를 나타낸다. 영역 D에서 pMOS 트랜지스터는 부분적으로 ON되고, 영역 E에서는 완전히 OFF되어서 nMOS 트랜지스터가 출력을 접지로 풀다운하도록 한다. 또한 입력이 V_{DD}와 접지 사이의 문턱 전압 이내에 있으면 인버터의 전류 소모는 0이 된다.

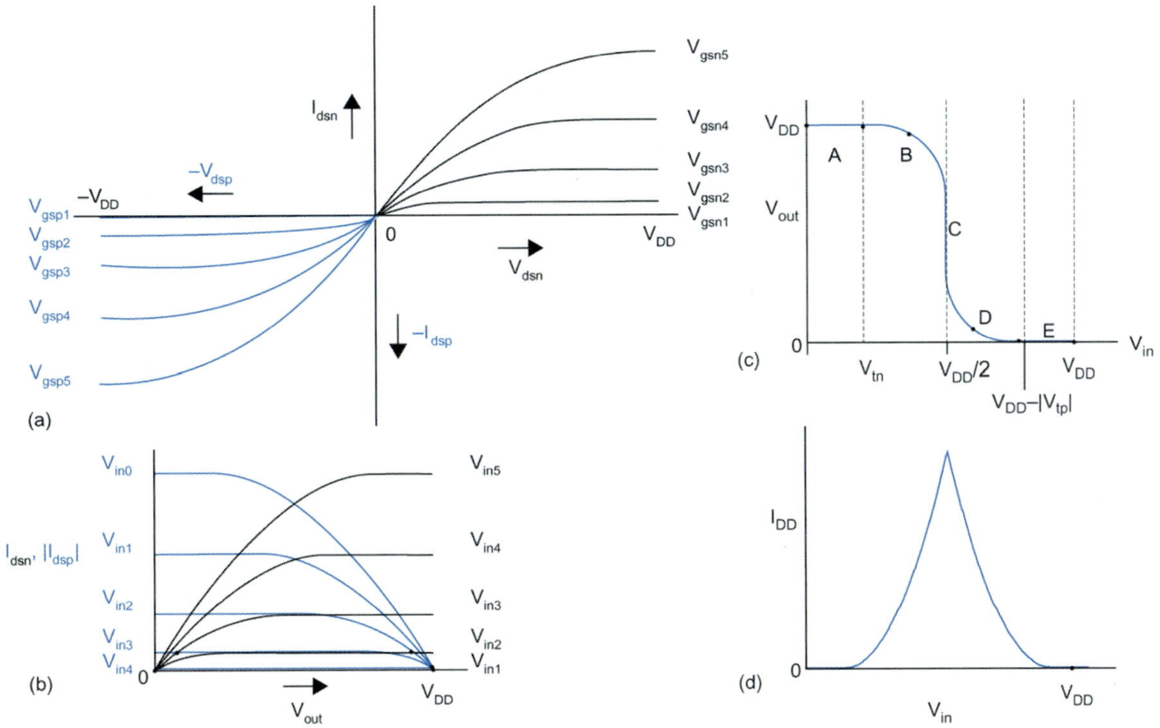

그림 2.26 CMOS 인버터 DC 특성의 도해

표 2.3 CMOS 인버터의 동작 요약

영역	조건	p-디바이스	n-디바이스	출력
A	$0 \le V_{\text{in}} < V_{tn}$	linear	cutoff	$V_{\text{out}} = V_{DD}$
B	$V_{tn} \le V_{\text{in}} < V_{DD}/2$	linear	saturated	$V_{\text{out}} > V_{DD}/2$
C	$V_{\text{in}} = V_{DD}/2$	saturated	saturated	V_{out} drops sharply
D	$V_{DD}/2 < V_{\text{in}} \le V_{DD} - \lvert V_{tp} \rvert$	saturated	linear	$V_{\text{out}} < V_{DD}/2$
E	$V_{\text{in}} > V_{DD} - \lvert V_{tp} \rvert$	cutoff	linear	$V_{\text{out}} = 0$

그림 2.27은 65 nm 공정에서 인버터를 시뮬레이션한 결과를 보여 준다. 대략 같은 β 값을 갖도록 하기 위해서 pMOS 트랜지스터는 nMOS 트랜지스터의 두 배 정도 넓게 만들어진다. 채널 길이 변조에 의해서 전달 곡선이 완전히 수직이 되지는 않지만, 시뮬레이션 결과가 단순한 모델을 합리적으로 반영하고 있다.

$V_{\text{inv}} = V_{\text{in}} = V_{\text{out}}$을 만족하는 교차점을 **입력 문턱**(input threshold) 전압이라 한다. nMOS와 pMOS 트랜지스터 모두 온도가 상승하면 운동성과 문턱 전압이 모두 감소하기 때문에 게이트의 입력 문턱 전압은 온도에 미약하게 영향을 받는다.

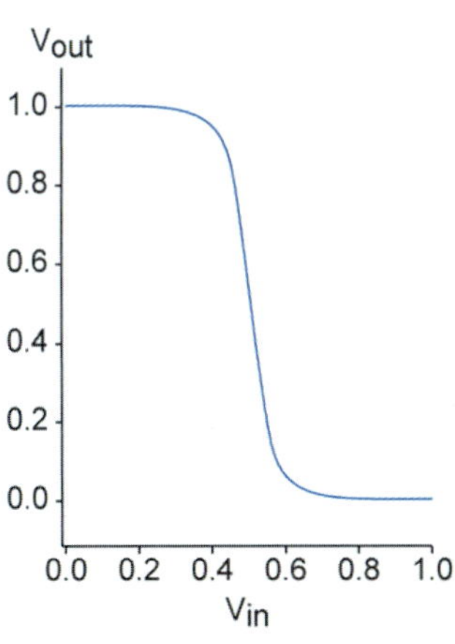

그림 2.27 CMOS 인터버 DC 특성의 시뮬레이션 결과

2.5.2 베타 비율 효과

$\beta_p=\beta_n$일 때, 인버터 문턱 전압 $V_{inv}=V_{DD}/2$가 됨을 확인한 바 있다. 이것은 잡음 여유도를 최대화하고(2.5.3절 참조), 용량성 부하(capacitive load)가 충전되고 방전되는 시간을 갖게(3.2절 참조) 하기 때문에 바람직하다. 베타 비율 $r=\beta_p/\beta_n$이 1이 아닌 인버터를 **비대칭**(skewed) 인버터라 부른다 [Sutherland99]. 만약 $r>1$이면 인버터는 HI-**비대칭**이라 하고, $r<1$이면 인버터는 LO-**비대칭**이라 한다. $r=1$인 경우 인버터는 **대칭**(unskewed)이라 한다.

HI-비대칭 인버터는 상대적으로 강한 pMOS 트랜지스터를 갖는다. 따라서 입력이 $V_{DD}/2$일 때, 출력이 $V_{DD}/2$보다 클 것으로 예상할 수 있다. 다시 말해서, 입력 문턱 전압이 대칭 인버터보다 높아야 한다. 마찬가지로 LO-비대칭 인버터는 상대적으로 약한 pMOS 트랜지스터를 갖기 때문에, 스위칭 문턱 전압이 낮아진다.

그림 2.28은 DC 전달 특성 곡선에서 베타 비율이 변하는 상황을 그리고 있다. 베타 비율이 변함에 따라 스위칭 문턱 전압도 변하고 있다. 그러나 출력 전압의 변화는 높은 기울기를 유지하고 있다. 게이트들은 보통 속도를 위해서 최소 길이를 유지하는 동안 폭을 조절하기 때문에 비대칭으로 만들어진다.

인버터 문턱 전압은 해석적으로도 계산할 수 있다. 포화된 트랜지스터에서 식 (2.10)의 장채널 모델이 유효하면 다음과 같다.

$$I_{dn}=\frac{\beta_n}{2}\left(V_{inv}-V_{tn}\right)^2$$
$$I_{dp}=\frac{\beta_p}{2}\left(V_{inv}-V_{DD}-V_{tp}\right)^2 \qquad (2.54)$$

전류가 같은 값을 가지면서 극성이 반대가 되면, V_{inv}를 r의 함수로 다음과 같이 구할 수 있다.

$$V_{inv}=\frac{V_{DD}+V_{tp}+V_{tn}\sqrt{\frac{1}{r}}}{1+\sqrt{\frac{1}{r}}} \qquad (2.55)$$

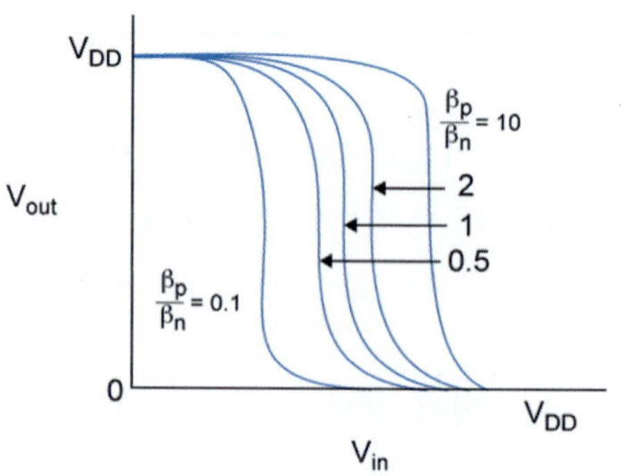

그림 2.28 비대칭 인버터의 전달 특성

트랜지스터가 완전히 속도 포화되는 한계에서 식 (2.29)는 다음과 같이 표현된다.

$$I_{dn} = W_n C_{ox} v_{sat-n}(V_{inv} - V_{tn})$$
$$I_{dp} = W_p C_{ox} v_{sat-p}(V_{inv} - V_{DD} - V_{tp}) \quad (2.56)$$

$r = W_p v_{sat-p} / W_n v_{sat-n}$으로 재정의하면, 인버터 문턱 전압은 다음과 같다.

$$V_{inv} = \frac{V_{DD} + V_{tp} + V_{tn}\frac{1}{r}}{1 + \frac{1}{r}} \quad (2.57)$$

어떤 경우에도, 만약 $V_{tn} = -V_{tp}$, $r = 1$이면, 예상대로 $V_{inv} = V_{DD}/2$가 된다. 그러나 속도 포화된 인버터는 DC 전달 특성이 예리하지 않기 때문에 비대칭성에 보다 민감하다.

다른 정적 CMOS 게이트의 DC 전달 특성은 게이트를 등가의 인버터로 분해하여 이해할 수 있다. 직렬로 연결된 트랜지스터들은 길이가 긴 하나의 트랜지스터로 간주할 수 있다. 만약 몇 개의 병렬 트랜지스터들 중 단 하나만 ON되면, 나머지 다른 트랜지스터들은 무시된다. 만약 몇 개의 병렬 트랜지스터들이 ON되면, 이 트랜지스터들 집합을 큰 폭을 가진 하나의 트랜지스터로 간주할 수 있다.

2.5.3 잡음 여유도

잡음 여유도(noise margin)는 DC 전압 특성과 밀접한 관계가 있다[Wakerly00]. 이 변수는 출력이 영향받지 않는 입력의 잡음 전압을 결정할 수 있게 해 준다. 잡음 여유도 혹은 **잡음 면역성**(noise immunity)을 규정하기 위해서 두 가지 변수를 사용하는데, 하나는 LOW 잡음 여유도(NM_L)이고, 다른 하나는 HIGH 잡음 여유도(NM_H)이다. 그림 2.29에 따르면, NM_L은 입력 게이트에서 인식된 최대 LOW 전압과 구동 게이트에서 생성된 최대 LOW 출력의 차이로 다음과 같이 정의된다.

$$NM_L = V_{IL} - V_{OL} \quad (2.58)$$

NM_H는 구동 게이트의 최소 HIGH 출력과 입력 게이트의 최소 HIGH 출력의 차이로 다음과 같이 정의된다.

$$NM_H = V_{OH} - V_{IH} \quad (2.59)$$

여기에서

V_{IH}=최소 HIGH 입력 전압
V_{IL}=최대 LOW 입력 전압
V_{OH}=최소 HIGH 출력 전압
V_{OL}=최대 LOW 출력 전압

을 의미한다.

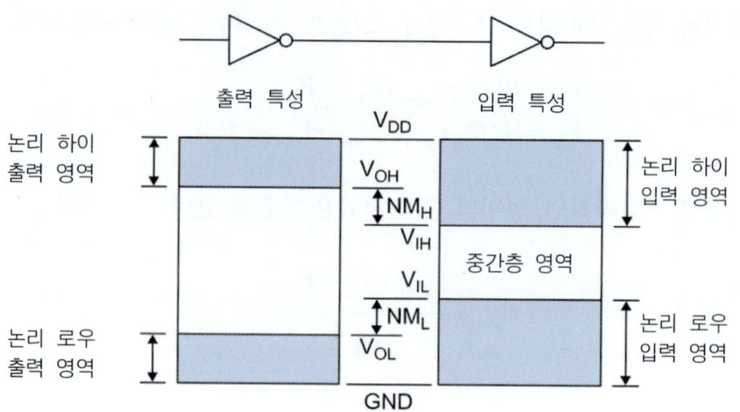

그림 2.29 잡음 여유도의 정의

V_{IL}과 V_{IH} 사이의 입력 전압은 **불확정 영역**(indeterminate region) 혹은 **금지 구역**(forbidden zone)이라 불리는데, 합법적인 디지털 논리 레벨이 아님을 나타낸다. 따라서 V_{IH}가 가능한 한 V_{IL}과 가깝게 되고, 이 값이 '논리 스윙(logic swing)' $V_{OL} \sim V_{OH}$의 중간점에 위치하는 것이 바람직하다. 이것은 전달 특성이 가능한 한 가파르게 변하는 것을 의미하고, 결과적으로 과도기(transition region)에서 높은 이득이 필요하다는 것을 뜻한다. 잡음 여유도를 계산하기 위한 목적으로, 인버터의 전달 특성과 전압 레벨 V_{IL}, V_{OL}, V_{IH}, V_{OH}의 정의를 그림 2.30에 나타내었다. 논리 레벨은 기울기가 -1인 이득이 1인 점으로 결정된다. 이것은 최악의 정적 잡음 여유도에서 보수적으로 결정된 경계이다[Hill68, Lohstroh83, Shepard99]. 여기에 나와 있는 인버터에서, $NM_H = 0.13\ V_{DD}$인 반면에 $NM_L = 0.46\ V_{DD}$이다. 입력이 합법적인 경계에 있을 때 출력이 다소 저하됨을 주지할 필요가 있다. 이것은 **잡음 피**

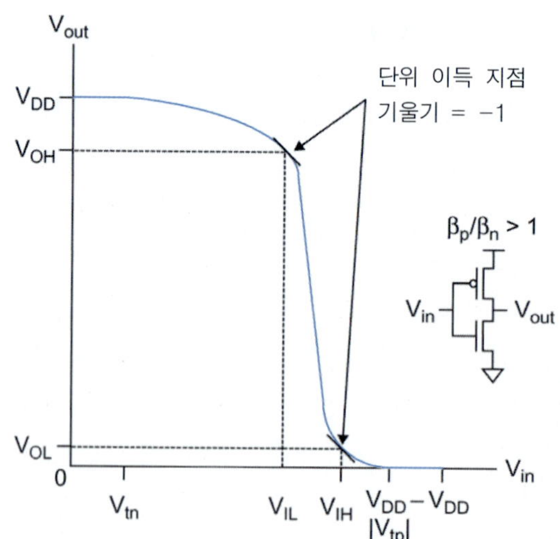

그림 2.30 CMOS 인버터의 잡음 여유도

드스루(noise feedthrough) 혹은 **전파 잡음**(propagated noise)이라 한다. 이 장 마지막 부분의 연습문제에서 논리 레벨과 잡음 여유도를 찾기 위한 그래프 및 해석적 방법을 살펴본다.

NM_H나 NM_L 둘 중 하나가 현저하게 작아지면 입력의 잡음에 의해서 게이트가 방해를 받는다. 대칭 게이트는 같은 잡음 여유도를 갖기 때문에, 임의의 잡음 원인에 대해서 최대의 면역성을 갖는다. 만약 $|V_{tp}|=V_{tn}$이면, 문턱 전압이 증가할 때 NM_H와 NM_L도 함께 증가한다.

잡음 여유도는 속도 개선을 위해서 자주 희생된다. 8장에서 이러한 상호 장단점을 정리한다. 잡음의 근원은 공급 전원에 따라 감소되는 경향을 갖기 때문에, 잡음 여유도는 전원 전압의 일부로 주어지는 것이 최선이다. 0.4 V의 잡음 여유도는 1.8 V 공정에서는 매우 안전하지만, 5 V 공정에서는 불안하다.

DC 해석은 게이트가 무한한 시간 동안 받아들일 수 있는 잡음의 레벨을 규정하는 **정적 잡음 여유도**(static noise margin)를 제공한다. 잡음이 매우 짧은 시간만 지속된다면 펄스의 크기가 다소 커도 무관하다. 이것을 **동적 잡음 여유도**(dynamic noise margin)라 하고 최대 진폭을 주기의 함수로 규정하고 있다[Lohstroh79, Somasekhar00]. 불행하게도 동적 잡음 여유도를 간편하게 규정할 수 있는 간단한 진폭-주기 곱이 존재하지 않는다.

2.5.4 통과 트랜지스터의 DC 특성

1.4.6절에서 다루었던 nMOS 트랜지스터가 '0' 은 잘 통과시키는 반면에 '1' 은 그렇지 못했음을 상기하자. 여기에서는 '1' 을 잘 통과시키지 못한다는 정의를 보다 구체화하고자 한다. 그림 2.31(a)는 게이트와 드레인이 V_{DD}에 연결된 nMOS 트랜지스터를 나타낸다. 소스가 초기에 $V_s=0$이었다고 가정하자. $V_{gs} > V_{tn}$이기 때문에 트랜지스터는 ON되고 전류가 흐른다. 만약 소스의 전압이 $V_s=V_{DD}-V_{tn}$까지 상승하면, V_{gs}는 V_{tn}까지 하강하고 트랜지스터는 OFF된다. 따라서 '1' 을 통과시키고자 하는 nMOS 트랜지스터는 어떤 경우에도 소스를 $V_{DD}-V_{tn}$ 이상으로 풀업시킬 수 없다.[10] 이와 같은 전압 손실을 **문턱 전압 강하**(threshold drop)라고도 부른다.

나아가서 nMOS 트랜지스터의 소스 전압이 상승하면, $V_{sb} \neq 0$이 된다. 2.4.3.1절에 기술한 바와 같이 소스와 바디의 전위차가 0이 아니면, 문턱 전압을 상승시키는 바디 효과가 발생한다. 그 절의 예제에서 사용했던 데이터에 의하면 $V_{DD}=1$ V를 사용하는 통과 트랜지스터가 단지 0.65 V의 출력을 만들어 냈고, 잠재적으로 다음 단계에서 잡음 여유도를 만족시키지 못하는 결과를 만들었다.

같은 방식으로, pMOS 트랜지스터는 '1' 은 잘 통과시키는 반면, '0' 은 잘 통과시키지 못한다. 만약 pMOS의 소스 전압이 $|V_{tp}|$ 아래로 내려가면, 트랜지스터는 단절된다. 따라서 pMOS 트랜지스터는 그림 2.31(b)와 같이 접지에서 문턱 전압만큼 높은 전압까지만 풀다운이 가능하다.

소스 전압이 게이트의 문턱 전압 이내까지 상승할 수 있기 때문에, 직렬로 연결된 다수의 트랜지스터들의 출력은 그림 2.31(c)와 같이 단일 트랜지스터의 출력 이상으로 저하되지는 않는다. 그러나 저하된 출력이 다른 트랜지스터의 게이트를 구동하게 되면, 두 번째 트랜지스터는 그림 2.31(d)와 같

[10] 실제로 하위 문턱 전압 전류에 의해서 출력 전압의 상승이 매우 느리다.

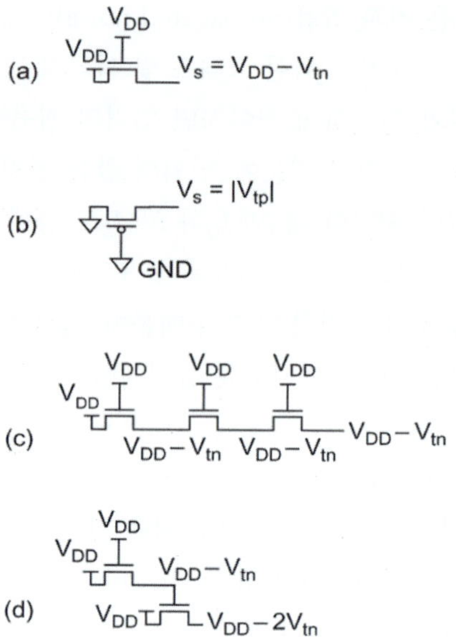

그림 2.31 통과 트랜지스터의 문턱치 하강

이 한층 더 저하된 출력을 갖게 된다.

트랜지스터를 스위치로 사용하고자 하면, 문턱치 하강은 출력 전압을 훼손한다. 전원 전압이 높고 V_t가 V_{DD}에 비해서 충분히 작은 오래된 공정에서는 이러한 하강이 용납되었다. 하지만 V_t가 V_{DD}의 1/3이 되는 현대 공정에서는, 문턱치 하강이 출력의 값을 불안정하게 만들 수 있다. 이 문제를 해결하기 위해서 CMOS 스위치는 전달 게이트를 사용해서 만들어진다.

1.4.6절을 되돌아보면, 전달 게이트는 nMOS 트랜지스터와 pMOS 트랜지스터가 병렬로 연결되고, 게이트가 상보형 신호에 의해서 제어된다. 이 전달 게이트가 ON되면, 어떤 출력에 대해서도 최소한 하나 이상의 트랜지스터가 ON되고, 따라서 전달 게이트는 0과 1을 동시에 통과시킨다. 이 전달 게이트는 MOS 논리회로에서 기본적이면서도 널리 사용되는 구성 요소이다. 그 응용 분야는 멀티플렉싱, 논리회로, 래치, 아날로그 스위치 등 다양하다. 전달 게이트는 입력과 출력을 연결하는 전압 제어 스위치로 동작한다.

2.6 함정 및 착오

이 절에서는 초보(혹은 숙련된) 설계자들을 현혹시킬 수 있는 함정이나 잘못 알려진 내용들을 열거한다.

단순화된 모델에 대한 맹목적 신뢰

모델이라는 것은 단지 실제 상황을 근사화하는 것에 불과한 것이지, 실제 그 자체는 아니다. 또한 모델은 주어진 한계 내에서만 사용이 가능하다. 특히 쇼클리나 RC 모델과 같은 단순한 모델은 현대 트랜지스터의 I−V 특성과는 전혀 유사하지도 않다. 이 모델들은 직관적으로 특성들이 변화해 가는 방향 정도(예를 들어 트랜지스터의 폭을 증가시키면 게이트 커패시턴스가 증가하고, ON 저항이 감소한다)를 가늠하는 데 유용한 것이지, 예측하고자 하는 절댓값을 얻기 위한 것이 아니다. 첨단 프로젝트는 종종 개발 중인 공정을 목표로 하는 경우가 많은데, 여기에서 단순화된 모델들은 단지 대략적인 추측의 용도로만 사용이 가능하다. 마지막으로 공정들은 모든 동작 상황에서 완전히 그 특성이 규정되지 않을 수 있다. 예를 들어 공급자가 보장하지 않은 한, 단순화된 모델이 하위 문턱 전압 영역에서 정확할 것이라고 가정하면 안 된다. 이와 같은 관점에서 현대 SPICE 모델은 성능을 예측함에 있어서 매우 우수한데, 이 우수성은 비교적 완전하게 규정된(온도, 전압, 공정 편차 등) 공정 모델에서 GHz 영역까지를 포함한다.

지나치게 복잡한 모델의 사용

모델은 어차피 완벽하게 정확한 것은 아니기 때문에, 지나치게 복잡한 모델을 사용하는 것은, 특히 손으로 계산을 할 때, 별 의미가 없다. 단순화된 모델이 핵심적인 요소들에 보다 직관적으로 통찰력을 제공하고, 설계 과정에서 보다 신속한 피드백을 가능하게 한다. 게다가 어떤 제조 공정에서 시뮬레이션된 데이터에 의해서 교정된 RC 모델은 그렇지 못한 정교한 모델만큼 정확한 지연의 추정을 가능하게 한다.

두 배로 긴 트랜지스터가 정확히 절반의 전류를 제공한다는 가정

1차 근사에 의하면 전류는 W/L에 비례한다. 현대의 트랜지스터에서 유효 길이는 그려진 길이보다 짧은 것이 보통이다. 따라서 길이가 두 배로 그려진 트랜지스터는 두 배 이상 전류를 감소시킨다. 게다가 트랜지스터가 길어질수록 문턱 전압이 증가하는 경향이 있는데, 이 현상이 전류를 더욱 감소시키는 원인이 된다. 따라서 트랜지스터의 길이를 사용해서 전류를 분배하고자 하는 것은 잘못된 시도이다.

직렬로 연결된 두 트랜지스터가 단일 트랜지스터의 정확히 절반의 전류를 제공한다는 가정

1차 근사에 의하면, 이것은 사실이다. 그러나 실제 상황에서 직렬로 연결된 두 트랜지스터는 채널 주위에서 보다 작은 전기장을 만나게 되고, 각기 보다 작은 속도 포화가 일어난다. 따라서 현대 공정에서 직렬로 연결된 두 트랜지스터는 단일 트랜지스터가 갖는 전류의 절반보다는 많은 전류를 제공한다. 이 현상은 전자의 이동성이 정공보다 높고, 속도 포화의 정도가 크기 때문에 pMOS보다는 nMOS에서 더욱 현저하게 발생한다. 이것은 NAND 게이트가 1차 근사화 방식으로 예측한 것보다 우수하게 동작한다는 것을 의미한다.

누설 전류의 무시

현대 공정에서 하위 문턱 전압과 게이트 누설은 매우 중요한 문제이다. 누설 현상은 고온과 무작위로 발생하는 공정 편차에 의해서 악화된다. 구동되지 않는 노드는 그 상태를 오래 유지하는데, 그 과정에서 전압이 누설된다. 누설 전력은 전체 전력의 상당한 부분을 차지하게 되고, 특히 배터리로 구동되는 장치에서는 더욱 심각하다.

nMOS 통과 트랜지스터의 사용

nMOS 통과 트랜지스터는 $V_{DD}-V_t$까지만 풀업이 가능하다. 이 전압은 V_{DD}가 감소할 때, 수신부의 VI_H 이하로 떨어질 수도 있다. 예를 들어 250 nm, 2.5 V 공정에서 정확하게 동작하는 nMOS 통과 트랜지스터를 갖는 스캔 래치를 고려해 보자. 이 래치가 180 nm, 1.8 V 공정으로 전이되면, 스캔 사슬이 더 이상 동작하지 않는다. 이 문제는 통과 트랜지스터에서 밝혀졌고, 스캔 사슬은 V_{DD}를 실험적으로 2 V까지 높여서 다시 동작하게 만들었다. 따라서 전달 게이트를 사용하는 것이 문제를 해결하는 좋은 방법이다.

요약

요약하자면, MOS 트랜지스터는 게이트, 소스, 드레인, 그리고 바디를 네 단자로 갖는 디바이스이다. 정상 동작 상태에서, 바디는 GND 혹은 V_{DD}에 고정되기 때문에 트랜지스터를 3-단자 디바이스로 모델링할 수 있다. 트랜지스터는 전압에 의해서 제어되는 스위치로 동작한다. nMOS 스위치는 게이트 전압이 문턱 전압 V_t보다 낮을 때 OFF된다. 반대로 게이트 전압이 문턱 전압 V_t보다 높아지면, 소스와 드레인을 연결하는 채널이 형성되어 스위치는 ON된다. 이 장에서는 트랜지스터가 ON되었을 때 흐르는 전류의 양을 예측하기 위해서 보다 정교한 모델들을 다루었다. 트랜지스터는 단자 전압에 따라서 다음과 같은 세 가지의 다른 동작 영역을 갖는다.

- $V_{gs} < V_t$ 차단 $I_{ds} \sim 0$
- $V_{gs} > V_t$, $V_{ds} < V_{gs}-V_t$ 선형 I_{ds} increases with V_{ds}(like a resistor)
- $V_{gs} > V_t$, $V_{ds} > V_{gs}-V_t$ 포화 I_{ds} constant(like a current source)

장채널 트랜지스터에서, 포화 전류는 V_{GT}^2에 비례한다. pMOS 트랜지스터는 nMOS 트랜지스터와 유사하지만, 부호가 반대이고 정공의 낮은 이동성 때문에 절반 가량의 전류를 전달한다.

실제 트랜지스터에서, I-V 특성은 더욱 복잡하다. 현대 트랜지스터는 비정상적으로 작고, 따라서 낮은 전압에서도 막대한 전기장에 직면한다. 이렇게 높은 전기장은 속도 포화와 이동성 저하의 원인이 되어서 예측했던 것보다 적은 전류가 발생한다. 이것은 포화 전류가 V_{GT}^{α}에 비례하는 것으로 모델링할 수 있고, 이때 속도 포화 지수 α는 2보다 작다. 게다가 포화 전류는 채널 길이 변조에 의해서 V_{ds}와 함께 다소 증가한다. 단순한 모델을 사용한 계산이 정확하지는 않지만, 일반적인 경향은 크게 변하지 않고 전달 특성은 여전히 그래프나 시뮬레이션 방법으로 유도가 가능하다.

게이트 전압이 낮을 때에도, 트랜지스터는 완전히 OFF되지 않는다. 채널의 하위 문턱 전압 전류는 $V_{gs} < V_t$일 때 지수함수적으로 감소하지만, 낮은 문턱 전압을 사용하는 트랜지스터에서는 무시할

수 없게 된다. 접합 누설 전류는 역바이어스된 p-n 접합에서 흐른다. 관통 전류는 산화막이 어느 정도 이상 얇아졌을 때, 절연된 게이트를 통해서 흐른다.

논리 게이트의 DC 전달 특성과 잡음 여유도를 해석적인 수식 표현이나 시뮬레이션에 의한 부하 직선(load line) 해석으로 유도할 수 있다.

이상적인 스위치와는 다르게, MOS 트랜지스터는 어떤 전압을 다른 전압보다 잘 통과시킨다. nMOS 트랜지스터는 '0'은 잘 통과시키지만, '1'을 통과시킬 때는 $V_{DD}-V_t$까지만 풀업이 가능하다. pMOS 트랜지스터는 '1'은 잘 통과시키지만, '0'을 통과시킬 때는 $|V_{tp}|$까지만 풀다운이 가능하다. 이와 같은 문턱 전압 강하는 바디 효과에 의해서 증대된다. 이 효과는 소스의 전위가 바디의 전위와 다를 때, 문턱 전압을 상승시키는 것을 의미한다.

설계자가 현대 BSIM 모델을 직관적으로 다루기 위해서 필요한 변수들이 너무 많다. 대신에 CMOS 트랜지스터는 다음과 같은 몇 가지의 성능 지수를 써서 그 특성을 이해할 수 있다.

- V_{DD} Target supply voltage
- L_{gate}/L_{poly} Effective channel length(< feature size)
- t_{ox} Effective oxide thickness(a.k.a. EOT)
- I_{dsat} I_{ds} @ $V_{gs}=V_{ds}=V_{DD}$
- I_{off} I_{ds} @ $V_{gs}=0$, $V_{ds}=V_{DD}$
- I_g Gate leakage @ $V_{gs}=V_{DD}$

[Muller03]과 [Tsividis99]는 포괄적인 디바이스 물리학을 보다 발전된 수준으로 제공한다. [Gray01]은 MOSFET 모델을 아날로그 회로 설계자의 관점에서 보다 구체적으로 기술하였다.

연습문제

2.1 nMOS 트랜지스터의 문턱 전압을 변경하기 위해서 기판을 기판 바이어스(substrate bias)라 불리는 특정 전압에 연결하곤 한다. nMOS 트랜지스터의 문턱 전압을 증가시키고자 할 때, 기판 바이어스는 양의 값을 가져야 하는지 아니면 음의 값을 가져야 하는지 답하시오.

2.2 피터 핏폴(Peter Pitfall)이라는 사람이 그림 2.32에 나와 있는 자신의 특허인 비반전 버퍼의 사용권을 당신에게 제공했다고 가정하자. 이 버퍼의 전달 특성을 그래프로 나타내시오. $\beta_n=\beta_p=\beta$이고 $V_{tn}=|V_{tp}|=V_t$라고 가정하자. 이것이 회로를 구성하기에 나쁜 생각인 이유를 밝히시오.

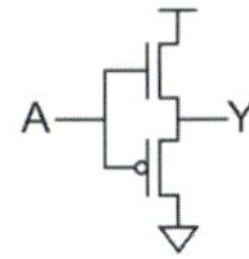

그림 2.32 비반전 버퍼

2.3 0.6 μm 공정에서 $W/L=4/2\lambda$(즉 1.2/0.6 μm)를 갖는 nMOS 트랜지스터를 생각해 보자. 이 공정에서 게이트 산화막의 두께가 100 Å이고 전자의 이동성이 350 cm^2/V · s이다. 문턱 전압은 0.7 V이고, V_{gs}=0, 1, 2, 3, 4, 5 V일 때 V_{ds}에 대한 I_{ds}의 그래프를 그리시오.

2.4 모든 트랜지스터들을 쇼클리 모델로 정의할 수 있다고 가정할 때, 직렬로 연결된 두 트랜지스터에 흐르는 전류가 길이가 두 배인 하나의 트랜지스터에 흐르는 전류와 같음을 보이시오. 특

히 그림 2.33에서 트랜지스터들이 선형 영역($V_{DS} < V_{DD} - V_t$, $V_{DD} > V_t$)에서 동작할 때, $I_{DS1} = I_{DS2}$임을 보이시오. 힌트: 직렬로 연결된 트랜지스터들의 전류를 V_1으로 표현하고, 이것을 V_1에 대해서 푼다.

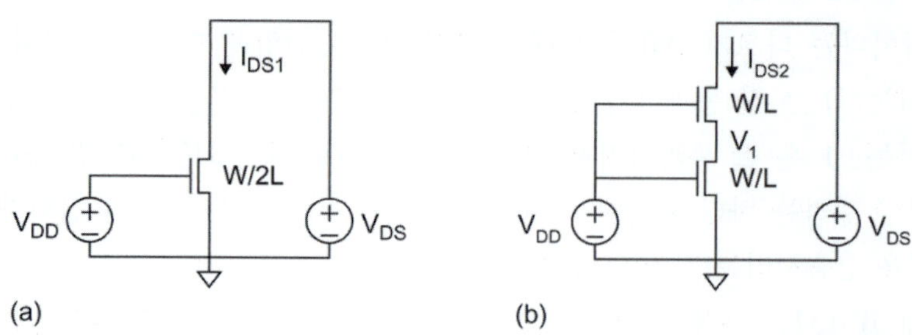

그림 2.33 직렬 트랜지스터의 전류

2.5 연습문제 2.4에서 바디 효과는 무시되었다. 만약 바디 효과를 고려한다면, I_{DS2}는 I_{DS1}과 비교할 때 같을 것인지, 클 것인지, 아니면 작을 것인지 답하고 그 이유를 설명하시오.

2.6 90 nm 길이의 트랜지스터가 16 Å 두께의 게이트 산화막을 갖고 있다. 이 게이트의 폭(미크론)당 커패시턴스는 얼마인가?

2.7 0.6 nm 공정에서 단위 크기의 접촉 nMOS 트랜지스터의 드레인 전압이 0이고 V_{DD}=5 V일 때, 확산 기생 커패시턴스 C_{db}를 구하시오. 기판은 접지되었다고 가정하자. 트랜지스터의 특성은 상온에서 CJ=0.42 fF/μm^2, MJ=0.44, $CJSW$=0.33 fF/μm, $MJSW$=0.12, 그리고 ψ_0=0.98 V이다.

2.8 식 (2.27)을 증명하시오.

2.9 0.6 μm 공정에서 게이트 산화막 두께가 100 Å인 nMOS 트랜지스터를 생각하자. 도핑 수준이 $N_A = 2\times10^{17}$ cm^{-3}이고, 명목상의 문턱 전압이 0.7 V이다. 바디는 기판 접촉과 함께 접지되어 있다. 상온에서 소스가 0 대신 4 V에 연결되어 있다면 문턱 전압의 변화는 얼마인가?

2.10 어떤 공정의 바디 효과는 저주파수에서 동작하는 CMOS 게이트에 들어가는 직렬 트랜지스터의 개수를 제한하는가 여부를 밝히시오.

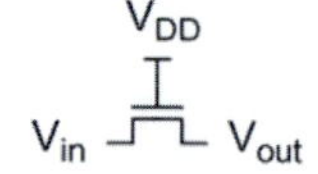

그림 2.34 단일 통과 트랜지스터

2.11 V_{DD}=1.2 V이고, V_t=0.4 V라 하자. 그림 2.34에서 (a) V_{in}=0 V; (b) V_{in}= 0.6 V; (c) V_{in}= 0.9 V; 그리고 (d) V_{in}= 1.2 V일 때 각각의 V_{out}을 구하시오. 단, 바디 효과는 없는 것으로 가정한다.

2.12 어떤 nMOS 트랜지스터가 0.4 V의 문턱 전압을 갖고, V_{DD}=1.2 V이다. 회로 설계자가 보다 빠른 속도를 얻기 위해서 V_t를 100 mV만큼 줄이고자 하는 제안을 검토 중이다.

a) 트랜지스터가 이상적이라 가정하면, $V_{gs} = V_{ds} = V_{DD}$일 때 어떤 요소에 의해서 포화 전류가 증가하는가?

b) n=1.4라 가정하면, 상온에서 V_{gs}=0일 때 어떤 요소에 의해서 하위 문턱 전압 누설 전류가 증가하는가?

c) 하위 문턱 전압이 온도의 영향을 받지 않는다고 가정하자. 120°C에서 어떤 요소에 의해서

하위 문턱 전압 누설 전류가 증가하는가?

2.13 입력 $A=0$일 때, 상온에서 인버터의 하위 문턱 전압 누설 전류를 찾으시오. $\beta_n=2\beta_p=1$ mA/V^2, $n=1.0$, 그리고 $|V_t|=0.4$ V이다. 바디 효과를 가정하자. DIBL 계수는 $\gamma=\eta=0$이다.

2.14 연습문제 2.13을 입력이 $A=B=0$인 단위 트랜지스터를 사용해서 만든 NAND 게이트에 대해서 되풀이하시오. $n=1$일 때 직렬로 연결된 트랜지스터를 통과하는 하위 문턱 전압 전류가 인버터의 절반이 되는 것을 증명하시오.

2.15 보다 실제적인 트랜지스터에서, $\eta=0.04$인 경우에 연습문제 2.13과 2.14를 각각 되풀이하시오. γ는 2차적인 영향이기 때문에 0으로 가정한다. 각각의 경우 누설 전류가 증가하는지 감소하는지 답하시오. 직렬로 연결된 트랜지스터를 통과하는 누설 전류가 인버터를 통과하는 전류의 절반을 넘는지, 정확하게 절반인지, 아니면 절반에 못 미치는지 답하시오.

2.16 그림 2.35의 통과 트랜지스터 네트워크에서 출력 전압을 위한 표현을 유도하시오. 단, 바디 효과는 없는 것으로 가정한다.

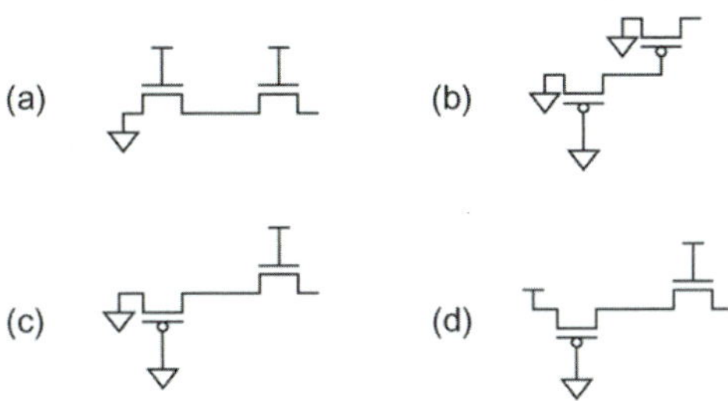

그림 2.35 통과 트랜지스터 네트워크

2.17 새로운 인버터가 그림 2.36과 같은 전달 특성을 갖는다고 하자. 최적의 잡음 여유도를 갖기 위한 V_{IL}, V_{IH}, V_{OL}, V_{OH}의 값은 얼마인가? 상위 잡음 여유도(high noise margin)와 하위 잡음 여유도(low noise margin)는 각각 얼마인가?

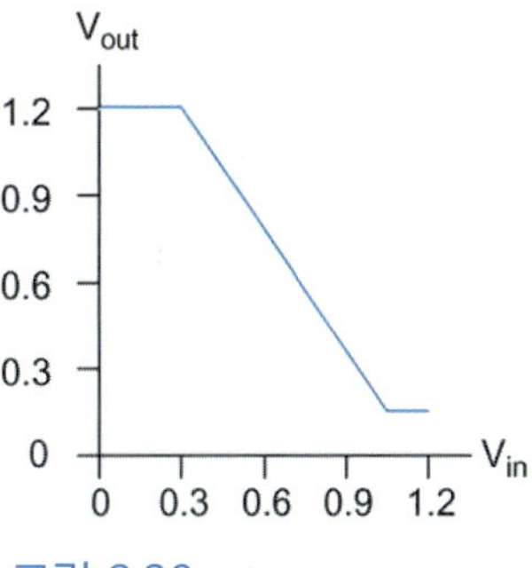

그림 2.36 전달 특성

2.18 2.5.1절에서 정적 CMOS 인버터의 전달 특성을 그래프로 유도하였다. 전달 함수의 B와 D 영역에서 V_{out}을 V_{in}의 함수로서 해석적으로 표현하시오. $|V_{tp}|=V_{tn}$이고, $\beta_p=\beta_n$이라 가정한다.

2.19 연습문제 2.18의 결과를 사용해서, $V_{tn}=|V_{tp}|=0.35$ V, $\beta_p=\beta_n$을 갖고 1.0 V에서 동작하는 CMOS 인버터의 잡음 여유도를 계산하시오.

2.20 두 트랜지스터의 문턱 전압과 β 값들이 일반적으로 같지 않을 때, 연습문제 2.18을 되풀이하시오. 또한 두 트랜지스터가 모두 포화되었을 때, 영역 C에서 V_{in}의 값에 대해서 해를 구하시오.

2.21 연습문제 2.20의 결과를 사용해서, $V_{tn}=|V_{tp}|=0.35$ V, $\beta_p=0.5\beta_n$을 갖고, 1.0 V에서 동작하는 CMOS 인버터의 잡음 여유도를 계산하시오.

3 동작 속도

3.1 서론

1장에서는 작동이 가능한 칩을 제작하는 방법을 학습하였다. 이제 우리는 우수하게 작동하는 칩을 제작하는 방법을 논하기로 한다. 우수한 칩들의 공통적 평가 지표는 이 장에서 설명할 속도와 5장에서 설명할 전력이다. 지연과 전력은 트랜지스터와 배선에 의해서 영향을 받기 때문에, 5장에서는 상호 연결 해석과 설계에 관해서 자세하게 설명한다. 칩은 신뢰성 있는 기능을 수행해야만 의미가 있기 때문에, 6장에서는 신뢰성 있는 설계 방법을 설명한다.

회로의 특성을 규정짓는 가장 확실한 방법은 시뮬레이션을 해 보는 것인데 이것은 7장의 논제이기도 하다. 불행하게도 시뮬레이션 방식은 특정한 회로가 어떻게 반응하는지만을 알려 줄 뿐 더 좋게 회로를 변경하는 방법을 알려 주지는 않는다. 설계를 하기 위해 시뮬레이션을 통해서 바람직한 선택을 하는 데는 너무 다양한 가능성이 있다. 게다가 시뮬레이션의 결과를 대충 알 수 없다면 시뮬레이션 모델에서의 오류(bug)를 잡아낼 수 없다. 평범한 기술자는 주로 컴퓨터 툴에만 의존하지만 탁월한 기술자는 회로의 반응을 빠르게 직관할 수 있는 능력을 개발한다. 이 장에서는 시스템 성능의 이해를 돕는 간단한 모델을 개발하는 데 주력한다.

3.1.1 정의

그림 3.1에 나와 있는 몇 가지 요소를 다음과 같이 정의한다.

- **전달 지연 시간**(propagation delay time): t_{pd}=입력 50% 값에서 출력의 50%까지의 최대 시간
- **혼조 지연 시간**(contamination delay time): t_{cd}=입력 50% 값에서 출력의 50%까지의 최소 시간
- **상승 시간**(rise time): t_r=파형이 정상값의 20%에서 80%까지 상승하는 데 걸리는 시간
- **하강 시간**(fall time): t_f=파형이 정상값의 80%에서 20%까지 하강하는 데 걸리는 시간

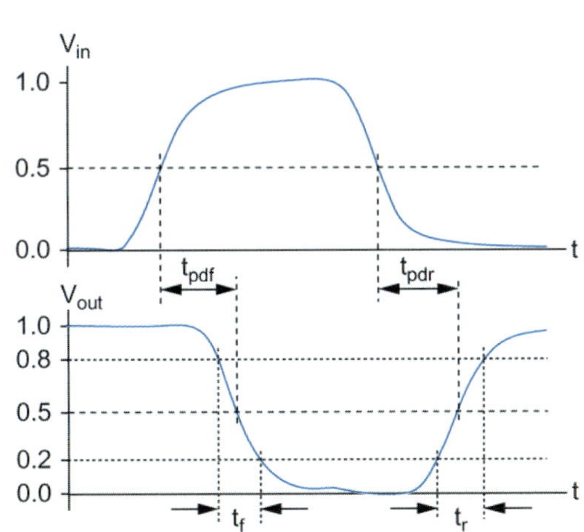

그림 3.1 전달 지연과 상승/하강 시간

- **에지 비율**(edge rate): $t_{rf}=(t_r+t_f)/2$

직관적으로 우리는 입력이 변동하면 출력은 최소한 혼조 시간 동안 현재 값을 유지하다가 대부분의 전달 지연 시 새로운 값을 갖게 된다고 알고 있다. 우리는 때때로 출력 상승 t_{pdr}/t_{cdr}과 출력 하강 t_{pdf}/t_{cdf}에 대한 지연을 구분한다. 상승/하강 시간은 또한 때때로 **경사**(slope) 또는 **에지 비율**(edge rate)이라고도 한다. 전달 지연 시간과 혼조 지연 시간은 또한 각각 **최대 시간**(max-time) 또는 **최소 시간**(min-time)이라고도 한다. 노드를 충전하거나 방전하는 게이트는 **구동기**(driver)라고 하며 게이트와 구동되는 선은 **부하**(load)라 부른다. 전달 지연은 일반적으로 가장 관심 있는 요소이기 때문에, 간단히 **지연**이라고 부르기도 한다.

타이밍 분석기(timing analyzer)는 도달 시간(arrival time)을 계산하는 데 사용한다. 도달 시간은 논리 블록에서 각 노드가 스위칭하는 가장 긴 시간을 의미한다. 노드들은 입력, 출력, 그리고 중간 노드로 분류된다. 사용자는 입력의 **도달 시간**을 명시해야 하고, 출력에서 시간 데이터가 요구된다. 중간 노드 i의 도달 시간 a_i는 i를 구동하는 게이트의 전달 지연과 게이트로 들어가는 입력의 도달 시간에 따라 결정된다.

$$a_i = \max_{j\in fanin(i)}\left\{a_j\right\}+t_{pd_i} \tag{3.1}$$

타이밍 분석기는 각 노드의 도달 시간을 계산하고, 출력들이 원하는 시간에 도달했는지 점검한다. **슬랙**(slack)은 원하는 시간과 실제 도달 시간과의 차이를 뜻한다. **포지티브 슬랙**은 회로가 타이밍을 만족시킨다는 것을 의미하고, **네거티브 슬랙**은 회로의 동작 속도가 요구에 못 미친다는 것을 의미한다. 그림 3.2는 도달 시간이 표기된 노드들을 보여 준다. 모든 출력이 200 ps 이내에 만들어진다면, 회로는 60 ps의 포지티브 슬랙을 갖는다.

실용적인 타이밍 분석기는 도달 시간 모델을 확장해서 몇 가지 중요한 효과를 설명할 수 있다. 도달 시간과 전달 지연은 상승 및 하강 전이에 따라 별도록 정의된다. 게이트의 지연은 입력마다 다를 수 있다. 가장 빠른 도달 시간은 오염 지연(contamination delay)에 근거해서 계산된다. 모든 요소들을 고려하면 게이트가 스위칭하고 타이밍 분석기가 셋업 및 홀드 시간을 만족시키는지 확인할 수 있다.

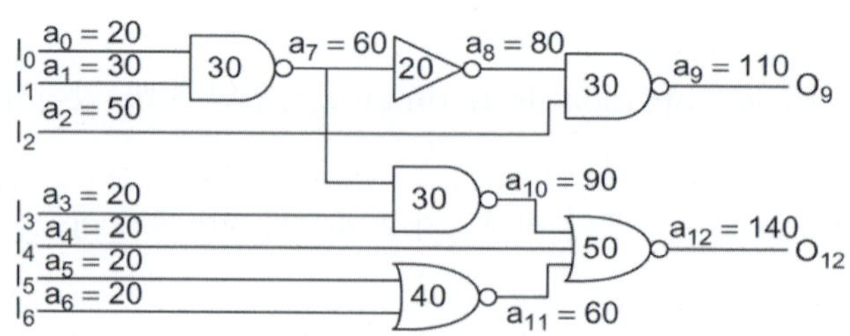

그림 3.2 도착 시간 사례

3.1.2 타이밍 최적화

대부분의 설계에는 속도에 대해서 특별한 노력을 요구하지 않는 논리회로가 많이 있다. 그렇지만 보통 타이밍에 대해 관심을 가져야 할 **임계 경로**(critical path)가 많이 있다. 임계 경로는 아래 4개의 주요 레벨에서 영향을 받는다.

- 구조 레벨/마이크로 구조 레벨
- 논리 레벨
- 회로 레벨
- 레이아웃 레벨

대부분의 레버리지는 양호한 마이크로 구조를 사용함으로써 달성된다. 이것은 기능을 실현하는 알고리즘과, 얼마나 많은 게이트 지연이 클럭 사이클에 적당한지, 얼마나 빠른 추가가 발생하는지, 얼마나 빨리 메모리에 접속되는지, 얼마나 긴 신호가 배선을 따라 전파하는지 등과 같은 목표하는 기술 모두에 대한 폭넓은 지식을 필요로 한다. 마이크로 구조 레벨에서의 트레이드오프(tradeoff: 여러 가지 인자의 균형 도모)에는 파이프라인 스테이지의 수, 수행 유닛의 수 및 메모리 크기가 포함된다.

타이밍 최적화의 다음 레벨은 논리 레벨이다. 트레이드오프는 기능 블록[예를 들어 리플 캐리(ripple carry) 대 예측 가산기(lookahead adder)]의 유형과, 사이클의 게이트 스테이지 수, 게이트의 팬인(fan-in)과 팬아웃(fan-out)을 포함한다. 기능으로부터 게이트와 레지스터로의 변형은 경험과 실험으로 행해지거나 점차 논리 합성으로 행해지고 있다. 그러나 유능한 논리 설계로도 저급의 마이크로 구조의 문제점을 해결할 수 없음을 염두에 두기 바란다.

논리가 선택되면 지연은 트랜지스터 크기를 선정하거나 다른 유형의 CMOS 논리를 사용하여 회로 레벨에 맞출 수 있다. 결국 지연은 레이아웃에 의해 결정된다. 플로어플랜(수동적으로 생성되었거나 자동적으로 생성된)은 지연에 가장 큰 영향을 주는 배선 길이를 결정하기 때문에 매우 중요하다. 특정한 셀을 튜닝해도 기생 용량(커패시턴스)을 줄일 수 있다.

많은 RTL 설계자들이 마이크로 구조 이하로는 모험을 하지 않는다. 일반적으로 실제 설계는 RTL 코드를 작성하고, 합성한 후, 그 결과의 속도가 충분한가를 점검하는 것이다. 만약 원하는 속도를 만족시키지 못하면, 설계자는 병렬화, 파이프라인, 혹은 알고리즘의 변화를 통해서 RTL 코드를 재작성하고, 이것이 타이밍 조건을 만족시킬 때까지 이 과정을 되풀이한다. 타이밍 분석기는 **타이밍이 얼마나 근접했는지**를 점검하는 데 사용된다. 합성기가 동작하는 추상화 수준보다 낮은 레벨의 이해가 없으면, 설계자는 복잡한 시스템에서 타이밍 조건에 얼마나 근접했는지 파악하기 어렵다.

이 장에서는 논리 스테이지의 수와 게이트 유형, 트랜지스터 크기를 선정하는 논리와 회로의 최적화에 대해 중점적으로 다룬다. 인버터의 과도 응답에서 시작해서, 2장의 디바이스 모델을 사용해서 지연을 계산하기 위해 전압을 시간의 함수로 사용하는 수식을 소개한다. 불행하게도 이 수식은 너무 복잡해서 직관적인 해석이 불가능한 반면, 정확한 결과를 예측하기에는 너무 단순하다. 이 장에서는 설계자들이 보다 직관적인 이해가 가능하도록 더욱 단순한 모델을 다룬다. RC 지연 모델은 유효 저항을 갖는 스위칭 트랜지스터를 근사화하고, 미분방정식보다는 대수적으로 지연을 추정하는 방법을 제시한다. 논리 에퍼트(logical effort) 방법은 이 모델을 더욱 단순화해서, 회로의 지연을 계산하는 데 기여한다. 마지막으로 타이밍 해석을 위해서 사용되는 다른 지연 모델에 대해서 논의하며 이 장을 마무리한다.

3.2 과도 응답

지연을 계산하는 가장 근본적인 방법은 회로의 물리적 모델을 만들고, 출력 전압을 입력 전압과 시간의 함수로 표시한 미분방정식을 만든 후, 이것의 해를 구하는 것이다. 이 미분방정식의 해를 **과도 응답**(transient response)이라 하고, 지연은 출력이 $V_{DD}/2$에 도달하기까지의 시간을 말한다.

미분방정식은 회로에서 커패시턴스가 충전 혹은 방전하는 현상에 근거한다. 커패시터의 전압이 순간적으로 변화할 수 없기 때문에, 회로가 스위칭하는 데 시간이 필요하다. 커패시턴스 C가 전류 I에 의해서 충전되면, 커패시터의 전압은 다음과 같이 변화한다.

$$I = C\frac{dV}{dt} \tag{3.2}$$

모든 회로는 일정량의 커패시턴스를 갖는다. 집적회로에서 커패시턴스는 2.3절에서 설명한 바와 같이 구동 트랜지스터의 확산 커패시턴스와 함께 부하의 게이트 커패시턴스로 구성된다. 트랜지스터들을 연결하는 배선은 커패시턴스의 대부분을 차지하고, 이와 관련된 자세한 내용이 5.2.2절에서 소개된다. 트랜지스터는 입력(게이트)과 출력(소스/드레인) 전압에 좌우된다. 이것을 확인하기 위해서 인버터의 스텝 응답을 계산해 보자.

그림 3.3(a)는 인버터 $X1$이 배선의 끝에 있는 다른 인버터 $X2$를 구동하는 회로를 보여 준다. 0에서 V_{DD}로 상승하는 전압이 노드 A에 인가될 때 $X1$을 통과하는 전달 지연 t_{pdf}, 다시 말해서 노드 B에서 입력이 $V_{DD}/2$에 도달하는 지연을 계산하고자 한다.

이 커패시턴스는 그림 3.3(b)에 표시되어 있다. 각 트랜지스터의 드레인과 바디 사이에 확산 커패시턴스 C_{db}가 있고, 소스와 바디 사이에 확산 커패시턴스 C_{sb}가 존재한다. $X2$에 있는 트랜지스터의 게이트 커패시턴스 C_{gs}와 배선 커패시턴스는 각각 부하의 일부가 된다. $X1$에 있는 트랜지스터의 게이트 커패시턴스와 $X2$에 있는 트랜지스터의 확산 커패시턴스는 노드 B와 연결되어 있지 않기 때문에 영향을 미치지 않는다. 소스-바디 커패시턴스 C_{sbn1}과 C_{sbp1}의 양쪽 단자는 고정된 전압에 묶여 있기 때

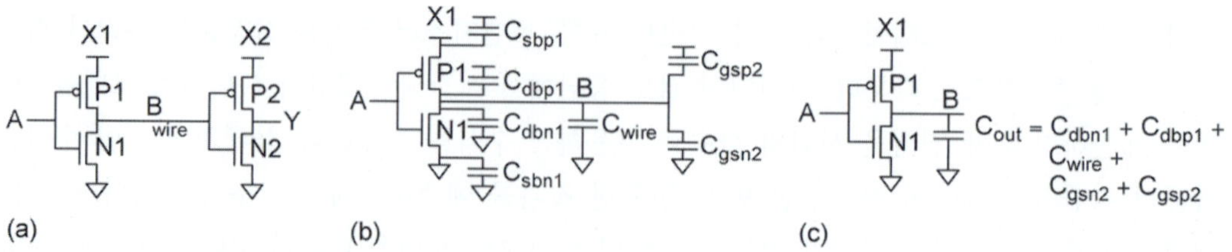
X1
X2
P1
P2
A
B
wire
Y
N1
N2
(a)
Csbp1
Cdbp1
Cdbn1
Csbn1
Cwire
Cgsp2
Cgsn2
(b)
Cout = Cdbn1 + Cdbp1 + Cwire + Cgsn2 + Cgsp2
(c)

그림 3.3 인버터 지연 계산을 위한 커패시턴스

문에 스위칭 커패시턴스에 영향을 주지 않는다. 각 커패시터의 두 번째 단자가 접지 혹은 전원 둘 중 어디에 연결되었는가는 이들이 고정된 전압이기 때문에 문제가 되지 않는다. 그림 3.3(c)는 모든 커패시턴스가 단일 커패시턴스 C_{out}으로 묶인 것을 보여 준다.

전압의 상승이 일어나기 전에 $A=0$이고, $N1$은 OFF, $P1$은 ON, 그리고 $B=V_{DD}$이다. 전압이 상승하면 $A=1$이 되고, $N1$은 ON, $P1$은 OFF, 그리고 B는 0으로 떨어진다. 노드 B에서 전압 V_B가 변화하는 속도는 출력 커패시턴스와 $N1$을 통과하는 전류에 의해 결정된다.

$$C_{\text{out}} \frac{dV_B}{dt} = -I_{dsn1} \tag{3.3}$$

트랜지스터가 장채널 모델을 만족하면, $N1$이 선형 영역에서 동작하는지 아니면 포화 영역에서 동작하는지에 따라 전류가 결정된다. 이 게이트의 전압은 V_{DD}, 소스 전압은 0, 그리고 드레인 전압은 V_B이다. 따라서 $V_{gs}=V_{DD}$가 되고, $V_{ds}=V_B$가 된다. 초기에 $V_{ds}=V_{DD} > V_{gs}-V_t$였기 때문에, $N1$은 포화 영역에서 동작한다. V_B가 $V_{DD}-V_t$ 아래로 떨어지면, $N1$은 선형 영역에서 동작한다. 식 (2.10)을 대입해서 재정리하면, V_B를 결정하는 다음의 미분방정식을 얻는다.

$$\frac{dV_B}{dt} = -\frac{\beta}{C_{\text{out}}} \begin{cases} \dfrac{\left(V_{DD}-V_t\right)^2}{2} & V_B > V_{DD}-V_t \\ \left(V_{DD}-V_t-\dfrac{V_B}{2}\right)V_B & V_B < V_{DD}-V_t \end{cases} \tag{3.4}$$

포화 영역에서 동작할 때, 전류는 고정되고 V_B는 $V_{DD}-V_t$에 도달할 때까지 선형적으로 감소한다. 따라서 이 미분방정식은 비선형이다. 이 응답은 수치적으로 계산할 수 있다. 상승 출력 응답도 유사한 방법으로 계산되고, $\beta_p=\beta_n$일 때 하강 응답과 대칭이 된다.

예제 3.1

스텝 입력에 대한 인버터의 응답을 그리고 전달 지연을 결정하시오. nMOS 트랜지스터의 폭은 1 μm이고, 출력 커패시턴스는 20 fF이라 가정한다. 65 nm 공정에서 다음과 같은 장채널 모델 변수 값을 사용한다: $L=50$ nm, $V_{DD}=1.0$ V, $V_t=0.3$ V, $t_{ox}=10.5$ Å, $\mu=80$ cm^2/V·s.

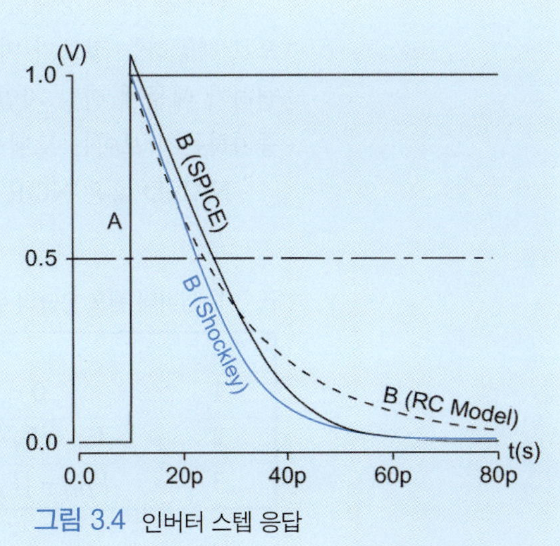

그림 3.4 인버터 스텝 응답

해답: 이 응답은 그림 3.3에 나와 있다. 입력 A는 10 ps 동안 상승한다. 청색 곡선은 장채널 모델에 의해서 예측된 응답을 나타낸다. 초기에 출력 B는 포화된 nMOS 트랜지스터가 고정 전류원으로 동작하는 것과 같이 직선으로 감소한다. B는 궁극적으로 0에 도달하면 곡선으로 바뀌고, nMOS 트랜지스터는 선형 영역으로 진입한다. 전달 지연은 12.5 ps가 된

다. 검정색 곡선은 SPICE에 의해서 예측된 스텝 응답을 나타낸다. 이때 전달 지연은 15.8 ps인데, 이것은 장채널 모델에서 사용된 운동성이 속도 포화 및 운동성 저하 현상을 충분히 반영하지 못하기 때문이다. SPICE는 *B*가 초기 하강 직전에 순간적으로 상승하는 것을 보여 준다. 이 효과를 부트스트래핑(bootstrapping)이라 하는데, 3.6.6절에서 자세하게 다루기로 한다. 점선은 nMOS 트랜지스터가 ON되었을 때 1 kΩ의 저항으로 동작한다고 가정하는 RC 모델의 결과를 나타낸다. 이때 전달 지연은 하강 시간이 과도하게 예측된 것 말고는, SPICE 결과와 매우 유사하다. RC 모델은 3.3절에서 소개한다.

실제 회로에서 입력은 0이 아닌 상승/하강 시간을 갖는 다른 게이트에서 들어온다. 이 입력은 동일한 상승/하강 시간을 갖는 램프로 근사화된다. 상승 램프와 하강 출력을 가정하고, 0이 아닌 상승 시간이 전달 지연에 어떤 영향을 주는지 알아보자.

$V_{tn}+|V_{tp}|<V_{DD}$라 가정할 때, 램프 응답은 표 3.1과 같이 세 가지 상태를 갖는다. *A*가 상승하기 시작할 때, *N*1은 변함 없이 OFF이고, *B*는 V_{DD}를 유지한다. *A*가 V_{tn}에 도달하면, *N*1은 ON이 된다. 이 과정에서 *P*1과 경쟁한 후 DC 회로 응답에 의해서 예측된 잠정값에 도달할 때까지 *B*를 풀다운시킨다. *A*가 V_{DD}에 충분히 근접하면, *P*1은 OFF되고 *B*는 0으로 감소한다. 따라서 각 상태에서 V_B의 미분방정식은 다음과 같다.

$$
\begin{aligned}
&\text{Phase 1} \qquad V_B = V_{DD} \\
&\text{Phase 2} \qquad \frac{dV_B}{dt} = \frac{I_{dsp1} - I_{dsn1}}{C_{\text{out}}} \\
&\text{Phase 3} \qquad \frac{dV_B}{dt} = \frac{-I_{dsn1}}{C_{\text{out}}}
\end{aligned}
\tag{3.5}
$$

전류는 다시 장채널 모델에 의해서 추정할 수 있지만, 완전한 모델을 다루기가 번거롭고 직관적으로 제공하는 정보가 미미하다. 중요한 점은 *N*1이 완전히 ON되어 있고, 두 번째 상태에서 *P*1과 경쟁하기 때문에 전달 지연이 증가한다는 것이다. 3.4.6.1절에서 상승 시간에 따라 전달 지연이 어떻게 증가하는지 보이는 모델을 개발한다.

NAND 혹은 NOR 등과 같이 더욱 복잡한 게이트들은 직렬로 연결된 트랜지스터들로 구성된다.

표 3.1 인버터 램프 응답의 위상

Phase	V_A	*N1*	*P1*	V_B
1	$0 < V_A < V_{tn}$	OFF	ON	V_{DD}
2	$V_{tn} < V_A < V_{DD} - \|V_{tp}\|$	ON	ON	Intermediate
3	$V_{DD} - \|V_{tp}\| < V_A < V_{DD}$	ON	OFF	Falling toward 0

각각의 직렬 트랜지스터에서 V_{ds}가 작기 때문에, 전달되는 전류도 미미하다. 트랜지스터를 통과하는 전류는 비선형 연립 미분방정식의 수치적인 해를 구해서 얻을 수 있다. 만약 트랜지스터들이 동일한 규격을 가지면, 부하도 같고, 지연은 직렬 트랜지스터들의 개수에 따라 증가할 것이다.

이 절에서는 회로의 물리적인 모델을 개발하는 방법을 제시하고, 이 모델을 위한 미분방정식을 만들고, 이 방정식을 풀어서 지연을 계산한다. 이 모델은 출력 커패시턴스가 증가함에 따라 지연이 증가하고, 구동 전류가 증가함에 따라 지연이 감소함을 보인다. 장채널 트랜지스터의 전류 계산을 위해서 미분방정식을 사용하는데, 이것은 현대 공정에서는 정확도가 떨어진다. 이 방정식들은 너무 비선형적이어서 폐쇄형(closed-form) 해가 존재하지 않는다. 회로 시뮬레이터들은 보다 정확한 지연 방정식을 사용해서 이 과정을 자동화하여 우수하게 지연을 예측한다. 이 장의 나머지 부분은 보다 직관적이고 추정 오차에 여유로운 단순화된 모델을 개발하는 데 할애한다.

3.3 RC 지연 모델

RC 모델은 트랜지스터의 비선형 I-V와 C-V 특성을 게이트의 스위칭 영역에 있는 평균 저항과 커패시턴스를 사용해서 근사화한다. 이 근사화는 자세한 아날로그 동작 특성을 해석하는 데 한계가 있음에도 불구하고, 지연 시간 추정에 매우 적합하다.

3.3.1 유효 저항

RC 지연 모델은 트랜지스터를 저항과 직렬로 연결된 스위치로 간주한다. **유효 저항**(effective resistance)은 스위칭 구간에서 평균된 V_{ds}와 I_{ds}의 비율이다.

단위 폭 nMOS는 유효 저항 R을 갖는다. 단위 트랜지스터는 임의의 크기를 가질 수 있지만, 통상적으로 최소 길이와 최소 접점 확산폭(4/2λ)을 갖는다. 달리 말해 표준 셀 라이브러리의 최소 크기 인버터에서의 nMOS 트랜지스터의 폭을 의미한다. 단위 트랜지스터 폭의 k배인 nMOS 트랜지스터의 저항은 R/k가 된다. 단위 pMOS 트랜지스터는 운동성이 낮기 때문에 더욱 큰 저항 값을 갖는다($2R \sim 3R$). 이 교재에서는 단위 pMOS 트랜지스터의 유효 저항을 $2R$로 가정하고, 단위 트랜지스터의 R 값은 10 kΩ 정도로 한다. 3.3.7절과 7.4.5절에서는 특정 공정에서 트랜지스터의 유효 저항을 결정하는 방법을 소개한다.

장채널 모델에 의하면, 전류는 채널 길이에 따라 선형적으로 감소하고, 저항은 L에 비례한다. 게다가 직렬로 연결된 두 트랜지스터의 저항은 각 트랜지스터의 유효 저항을 합한 것이다. 그러나 트랜지스터가 완전히 속도 포화되면, 채널 길이가 전류와 저항에 영향을 주지 않는다. 실제 트랜지스터는 이 두 가지 극단의 중간에서 동작한다. 이것은 동시에 직렬로 연결된 트랜지스터들은 V_{ds}가 작고, 속도 포화되어 있기 때문에 각각의 저항을 합친 것보다는 작은 저항을 갖는다는 뜻이다. 이 효과는 높은 운동성에 의해서 pMOS 트랜지스터보다 nMOS 트랜지스터에서 더욱 강하게 나타난다. 가장 간단한 방법은 속도 포화를 무시하는 것이지만, 직렬 트랜지스터들이 예상보다 다소 빠르게 동작함을 유의해야 한다.

3.3.2 게이트와 확산 커패시턴스

각 트랜지스터는 게이트와 확산 커패시턴스를 갖는다. C를 극성에 무관하게 단위 트랜지스터의 게이트 커패시턴스로 정의한다. 단위 폭의 k배인 트랜지스터는 커패시턴스 kC를 갖는다. 확산 커패시턴스는 소스/드레인 영역의 크기에 비례한다. 2.3.1절의 근사화를 사용하면 단위 트랜지스터의 접합된 소스 혹은 드레인도 커패시턴스 C를 갖는다. 보다 넓은 트랜지스터는 비례적으로 큰 확산 커패시턴스를 갖는다. 채널 길이를 증가시키면 비례적으로 게이트 커패시턴스가 증가하지만 확산 커패시턴스에는 영향이 없다.

커패시턴스가 전압의 비선형 함수이지만, 우리는 고정된 평균값을 사용한다. 2.3.1절에서 설명한 대로, 최소 길이 트랜지스터에서 $C=1$ fF/μm가 된다. 폭이 1 μm인 단위 트랜지스터를 갖는 65 nm 공정에서 $C=0.1$ fF가 된다.

3.3.3 등가 RC 회로

그림 3.5는 소스와 드레인에 접합된 확산을 갖는 폭 k의 nMOS와 pMOS 트랜지스터의 RC 등가 회로를 보여 준다. pMOS 트랜지스터는 정공이 전자보다 운동성이 낮기 때문에 nMOS 트랜지스터의 약 2배의 저항을 갖는다. pMOS 커패시터는 n-웰의 전압이 높기 때문에 V_{DD}를 두 번째 단자로 가지고 있다. 그러나 지연의 예측을 통한 이 커패시터의 동작은 두 번째 단자의 전압이 상수인 이상 영향을 받지 않는다. 따라서 편의상 두 번째 단자를 접지시킨다.

논리 게이트의 등가 회로는 개별 트랜지스터들의 등가 회로를 합성해서 얻어진다. 그림 3.6은 배선 커패시턴스가 없는 팬아웃이 1인 인버터의 등가 회로를 보여 준다. 그림 3.6(a)에 나와 있는 단위 인버터는 단위 크기 nMOS 트랜지스터와 이것의 두 배 크기인 pMOS 트랜지스터를 사용하여 상승 및 하강 저항을 구성한다. 그림 3.6(b)는 등가 회로를 나타내는데, 여기에서 첫 인버터가 두 번째 인버터의 게이트를 구동한다. 입력 A가 상승하면, nMOS 트랜지스터는 ON되고, pMOS 트랜지스터는 OFF된다. 그림 3.6(c)는 스위치가 제거된 경우를 보여 준다. 두 개의 공급 전원 사이에서 단락된 커패시터는

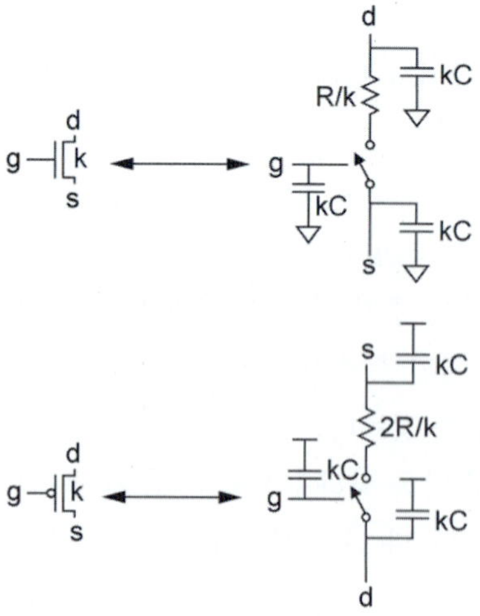

그림 3.5 트랜지스터의 등가 회로

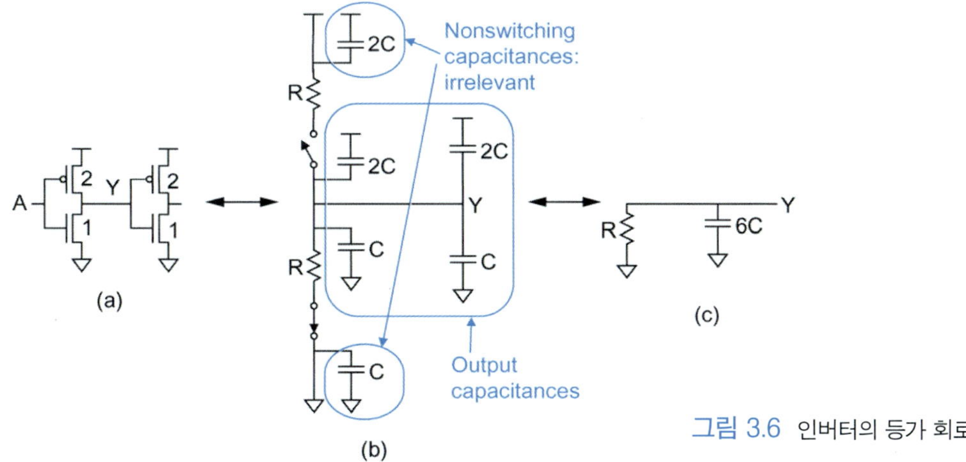

그림 3.6 인버터의 등가 회로

충전이나 방전이 이루어지지 않기 때문에 무시한다. 출력 Y에서 총 커패시턴스는 $6C$가 된다.

예제 3.2

유효 상승 및 하강 저항이 단위 인버터의 저항 R과 같도록 만들어진 트랜지스터를 갖는 3-입력 NAND 게이트를 그리시오. 모든 확산 노드들은 접합되었다고 가정하고, 하강 출력 전이와 최악의 상승 출력 전이를 위한 등가 회로를 그리시오.

해답: 그림 3.7(a)는 게이트를 보여 준다. 세 개의 nMOS 트랜지스터는 직렬로 연결되어 저항이 단일 트랜지스터의 세 배가 된다. 따라서 각 트랜지스터는 보상을 위해서 단위 폭의 세 배가 되어야 한다. 다시 말해서, 각 트랜지스터는 저항 $R/3$을 갖고, 직렬로 연결된 결과 저항 R을 갖는다. 두 개의 pMOS 트랜지스터는 병렬로 연결되었다. 최악의 경우 pMOS 트랜지스터 하나만 ON된다. 따라서 각 트랜지스터는 단위 폭의 두 배를 가져야 한다.

그림 3.7(b)는 커패시턴스를 보여 준다. 각 입력은 다섯 단위의 게이트 커패시턴스를 이 입력을 구동하는 회로에 제공한다. 소스 확산 위의 커패시터의 양쪽 단자는 단락되어서 회로 동작에 영향이 없다. 그림 3.7(c)는 이 커패시턴스가 생략되고 나머지 커패시턴스가 접지로 묶인 게이트를 보여 준다.

그림 3.7(d)는 하강 출력 전이를 위한 등가 회로를 보여 준다. 출력은 세 개의 직렬 nMOS 트랜지스터를 통해서 풀다운된다. 그림 3.7(e)는 상승 출력 전이를 위한 등가 회로를 나타낸다. 최악의 경우 상위 두 입력이 1이고, 하위의 전압이 0이 된다. 출력은 단일 pMOS 트랜지스터를 통해서 풀업된다. 상위 두 nMOS 트랜지스터는 여전히 ON되어 있기 때문에, nMOS 트랜지스터들 간 확산 커패시턴스는 방전되어야 한다.

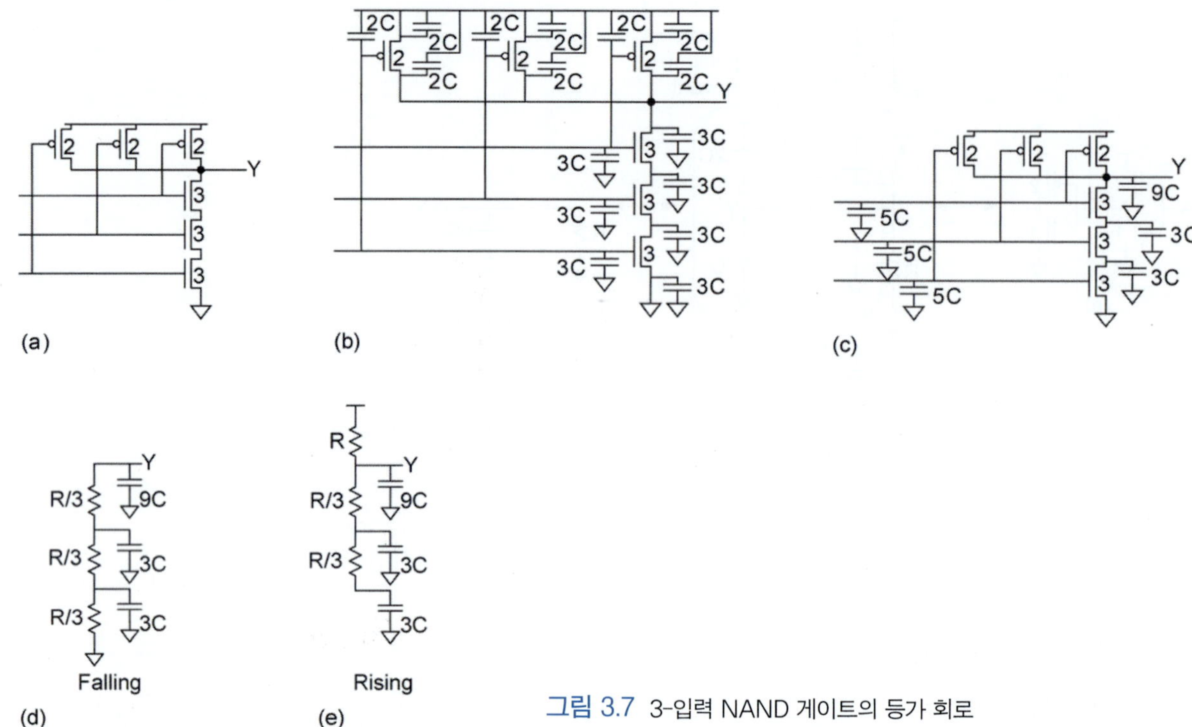

그림 3.7 3-입력 NAND 게이트의 등가 회로

3.3.4 과도 응답

이제는 RC 모델을 그림 3.8에 나와 있는 1차 시스템의 스텝 응답을 추정하는 데 적용한다. 이 시스템은 같은 상승 및 하강 지연을 가지도록 설계된 인버터의 우수한 모델이다. 이 시스템의 전달 함수는 다음과 같다.

$$H(s)=\frac{1}{1+sRC} \tag{3.6}$$

그리고 스텝 응답은 다음과 같다.

$$V_{out}(t)=V_{DD}e^{-t/\tau} \tag{3.7}$$

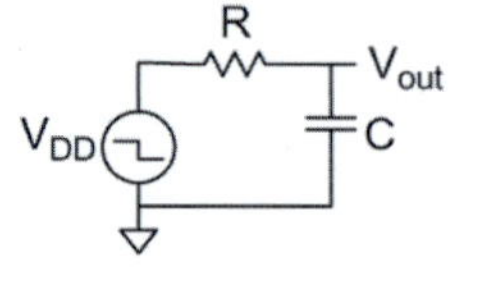

그림 3.8 1차 RC 시스템

여기에서 $\tau=RC$를 나타낸다. 전달 지연은 그림 3.9와 같이 V_{out}이 $V_{DD}/2$에 도달하는 데 걸리는 시간이고, 다음과 같이 계산된다.

$$t_{pd}=RC\ln 2 \tag{3.8}$$

ln 2=0.69라는 비율은 다루기 힘들다. 유효 저항 R은 실험적인 값이기 때문에 새로운 유효 저항 $R'=R\ln 2$를 정의하기 위해서 ln 2의 비율을 사용하는 것이 바람직하다. 이렇게 되면 전달 지연은 간

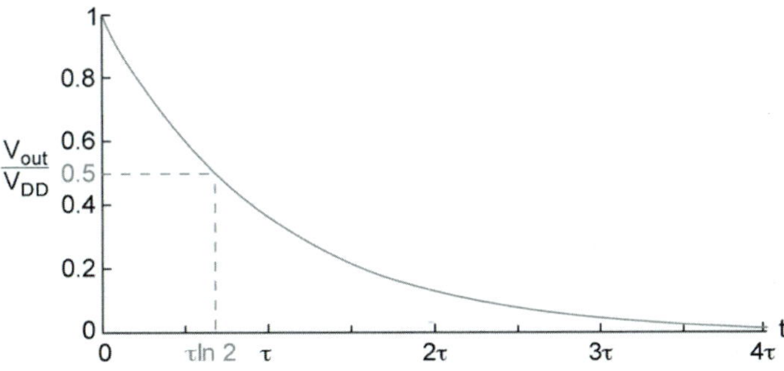

그림 3.9 1차 스텝 응답

단하게 $R'C$가 된다. 편의를 위해 프라임(′) 기호를 빼고 다음과 같이 표현한다.

$$t_{pd} = RC \tag{3.9}$$

여기에서 유효 저항 R은 정확한 지연을 제공하도록 결정된다.

그림 3.10은 2차 시스템을 나타낸다. R_1과 R_2는 NAND 게이트 혹은 무시할 수 없을 정도의 저항을 갖는 긴 배선을 구동하는 인버터에 있는 두 개의 직렬 nMOS 트랜지스터를 나타낸다. 이 전달 함수는 다음과 같다.

$$H(s) = \frac{1}{1 + s\left[R_1C_1 + \left(R_1 + R_2\right)C_2\right] + s^2 R_1C_1R_2C_2} \tag{3.10}$$

그림 3.10 2차 RC 시스템

이 함수는 두 개의 실수 폴(pole)을 갖고, 이에 따른 스텝 응답은 다음과 같다.

$$V_{out}(t) = V_{DD}\frac{\tau_1 e^{-t/\tau_1} - \tau_2 e^{-t/\tau_2}}{\tau_1 - \tau_2} \tag{3.11}$$

여기에서 $\tau_{1,2}$와 R^*는 다음과 같다.

$$\tau_{1,2} = \frac{R_1C_1 + \left(R_1 + R_2\right)C_2}{2}\left(1 \pm \sqrt{1 - \frac{4R^*C^*}{\left[1 + \left(1 + R^*\right)C^*\right]^2}}\right)$$
$$R^* = \frac{R_2}{R_1};\ C^* = \frac{C_2}{C_1} \tag{3.12}$$

식 (3.12)는 매우 복잡하기 때문에 CMOS 회로를 등가의 RC 네트워크로 단순화하기 어렵다. 그러나 다음 식과 같이 고정된 시간 상수를 갖는 1차 시스템으로 근사화할 수는 있다.

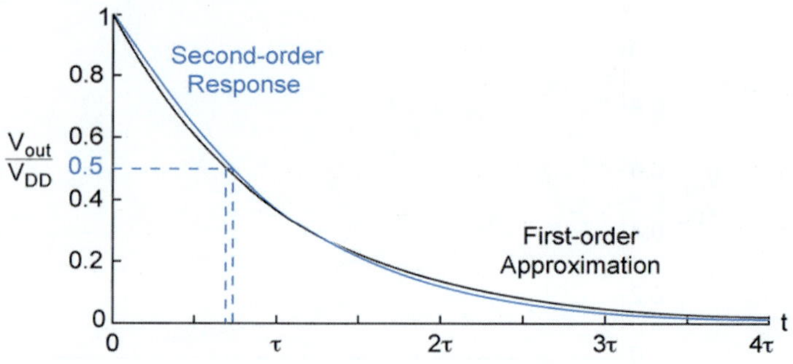

그림 3.11 2차 응답과 1차 근사화의 비교

$$\tau = \tau_1 + \tau_2 = R_1C_1 + (R_1 + R_2)C_2 \tag{3.13}$$

이 근사화는 시간 상수가 충분히 클 때 유용하다[Horowitz84]. 예를 들어 만약 $R_1 = R_2 = R$, $C_1 = C_2 = C$일 때, $\tau_1 = 2.6RC$, $\tau_2 = 0.4RC$, $\tau = 3RC$가 되고, 2차 응답과 이것의 1차 근사화가 그림 3.11에 나와 있다. 1차 근사화로부터 추정된 전달 함수의 오차는 7% 미만이다. 두 시간 상수가 동일한 최악의 경우에도, 오차는 15% 미만이다. 고정된 시간 상수는 중간 노드의 특성을 해석하기에는 적합하지 않다. 예를 들어 n_1의 응답은 고정된 시간 상수로 표현이 가능하지만, CMOS 설계자는 우선적으로 게이트의 출력 지연에 관심을 가져야 한다. 다음 절에서는 엘모어(Elmore) 지연 모델을 사용해서 일반적인 RC 트리 회로를 위한 고정 시간 상수를 근사화하는 방법에 대해서 알아본다.

3.3.5 엘모어 지연

일반적으로 대부분의 회로들은 **RC 트리**(RC tree), 즉 루프가 없는 RC 회로로 표현된다. 이 트리의 뿌리는 전압 소스이고, 잎은 가지 끝의 커패시턴스를 나타낸다. 엘모어(Elmore) 지연 모델은 하나의 잎새 노드로 스위칭하는 소스의 지연을 추정한다[Elmore48]. i번째 노드의 커패시턴스를 C_i, 유효 저항을 R_{is}라 하면 엘모어 지연은 다음과 같이 정의된다.

$$t_{pd} = \sum_i R_{is}C_i \tag{3.14}$$

예제 3.3

그림 3.10의 2차 RC 시스템에서 V_{out}의 엘모어 지연을 구하시오.

해답: 회로는 하나의 소스와 두 노드를 갖는다. 노드 n_1에서 커패시턴스는 C_1, 유효 저항은 R_1이 된다. 노드 V_{out}에서 커패시턴스는 C_2가 되고, 소스의 저항은 (R_1+R_2)가 된다. 따라서 엘모어 지연은 식 (3.13)에 의해서 $t_{pd} = R_1C_1 + (R_1+R_2)C_2$와 같이 계산된다. 유효 저항은 ln 2의 배율로 결정된다.

예제 3.4

m개의 동일한 인버터들을 구동하는 단위 인버터의 지연 t_{pd}를 구하시오.

해답: 그림 3.12는 하강 전이의 등가 회로를 나타낸다. 각 부하 인버터는 전체 $3mC$ 중에서 $3C$단위의 게이트 커패시턴스를 제공한다. 출력 노드 역시 구동 인버터의 드레인 확산으로부터 $3C$의 커패시턴스를 갖는다. 이 현상은 접합을 위해서 드레인을 크게 만들면서 발생한 부작용이기 때문에 **기생** 커패시턴스라 한다. 이 기생 커패시턴스는 인버터가 구동하는 부하의 영향을 받지 않는다. 따라서 전체 커패시턴스는 $(3+3m)C$가 되고, 저항이 R이기 때문에 엘모어 지연은 $t_{pd}=(3+3m)RC$가 된다. 상승 전이를 위한 등가 회로도 같은 결과를 갖는다.

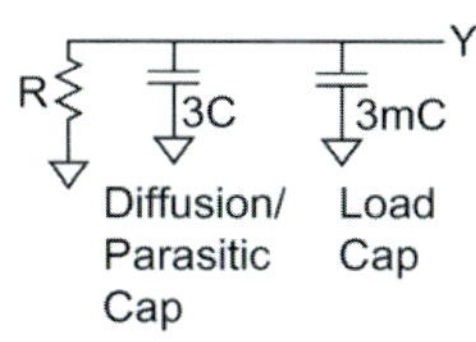

그림 3.12 인버터의 등가 회로

예제 3.5

예제 3.4를 단위 크기의 w배 드라이버를 사용해서 되풀이하시오.

해답: 그림 3.13은 등가 회로를 나타낸다. 구동 트랜지스터가 w배 넓어졌기 때문에 유효 저항은 w배 감소하고, 확산 커패시턴스는 w배 증가한다. 엘모어 지연은 $t_{pd}=((3w+3m)C)(R/w)=(3+3m/w)RC$가 된다.

게이트의 **팬아웃** h는 부하 커패시턴스와 입력 커패시턴스의 비율로 정의된다.(이때 확산 커패시턴스는 고려하지 않는다.) 부하 커패시턴스는 $3mC$이고, 입력 커패시턴스는 $3wC$이기 때문에 인버터는 팬아웃 $h=m/w$를 갖고, 지연은 $(3+3h)/RC$가 된다.

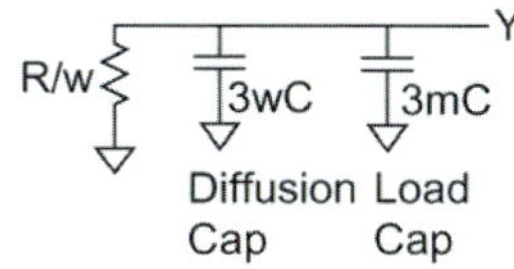

그림 3.13 넓은 인버터의 등가 회로

예제 3.6

단위 트랜지스터가 65 nm 공정에서 $R=10$ kΩ와 $C=0.1$ fF를 가질 때, 그림 3.14의 팬아웃이 $h=4$인 인버터의 지연을 피코초(picosecond) 단위로 계산하시오.

해답: 65 nm 공정에서 RC의 곱은 (10 kΩ)(0.1 fF)=1 ps가 된다. $h=4$일 경우, 지연은 $(3+3h)$(1 ps)=15 ps가 된다. 이것은 **팬아웃이 4인(FO4) 인버터 지연**이고, 보통 회로의 게이트 지연을 나타낸다. 이 인버터는 초당 약 660억 회를 스위칭할 수 있다. 이러한 놀라운 속도는 집적회로의 환상적인 기능들 중 하나가 된다.

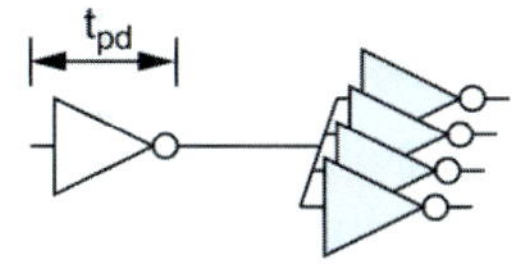

그림 3.14 4-팬아웃(FO4) 인버터

가끔은 지연을 공정에 독립적인 형태로 표현하여 회로를 생산 공정 속도보다는 위상기하학(topology)에 바탕을 두고 비교하는 것이 도움이 된다. 더욱이 공정과 무관한 지연 측정법으로 하나의 공정에서 습득한 회로 속도에 대한 지식이 새로운 공정에 이식될 수 있다. 기생 커패시턴스가 없고 팬아웃이 1인 이상적인 인버터의 지연이 $\tau=3RC$[1]임을 상기하자[Sutherland99]. 우리는 정규화된 지

[1] 기생 저항이 없고 팬아웃이 1인 인버터의 지연 $\tau=3RC$를 Mead와 Conway가 정의[Mead80]한 자신의 게이트를 구동하는 nMOS 트랜지스터의 지연 $\tau=RC$과 혼동하지 말자. 이후로 이 교재에서는 $\tau=3RC$을 사용하기로 한다.

연을 이와 같은 인버터 지연을 사용해서 다음과 같이 표시한다.

$$d = \frac{t_{pd}}{\tau} \tag{3.15}$$

따라서 팬아웃이 h인 인버터의 지연은 정규화된 형태인 $d=h+1$과 같이 주어지고, 이때 확산 커패시턴스는 근사적으로 게이트 커패시턴스와 같다고 가정한다. FO4 인버터는 지연 5τ를 갖는다. 만약 확산 커패시턴스가 다소 높거나 낮으면, FO4 지연은 아주 미세하게 변화할 것이다. 따라서 FO4 지연에서 측정된 회로 지연은 공정에 따라 거의 변화가 없다.[2]

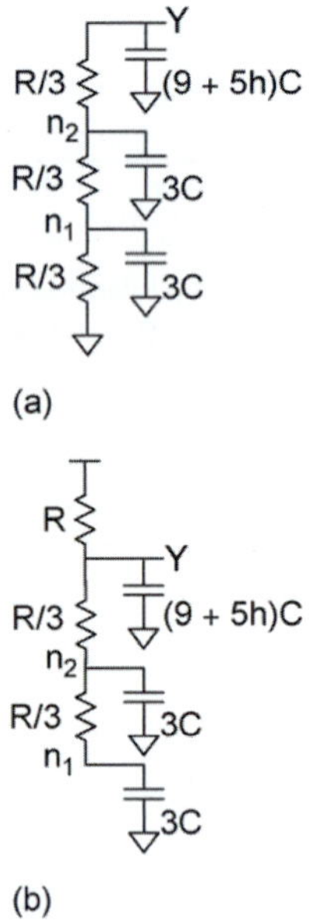

그림 3.15 부하가 연결된 게이트의 등가 회로

예제 3.7

예제 3.2에서 출력에 h개의 동일한 NAND 게이트 부하가 있을 때, 3-입력 NAND 게이트의 t_{pdf}와 t_{pdr}을 구하시오.

해답: 각 NAND 게이트의 부하는 주어진 입력에 대해서 5단위의 커패시턴스를 제공한다. 그림 3.15(a)는 하강 전이에서 부하를 포함한 등가 회로를 나타낸다. 노드 n_1은 커패시턴스 $3C$와 접지까지의 저항 $R/3$을 갖는다. 노드 n_2는 커패시턴스 $3C$와 접지까지의 저항 $(R/3+R/3)$을 갖는다. 노드 Y는 커패시턴스 $(9+5h)C$와 접지까지의 저항 $(R/3+R/3+R/3)$을 갖는다. 하강 출력에 대한 엘모어 지연은 이 RC 곱들의 합인 $t_{pdf}=(3C)(R/3)+(3C)(R/3+R/3)+((9+5h)C)(R/3+R/3+R/3)=(12+5h)RC$가 된다.

그림 3.15(b)는 하강 전이를 위한 등가 회로를 나타낸다. 최악의 경우, 두 개의 내적(innter product)이 1이고 바깥쪽 입력이 하강한다. Y는 하나의 pMOS 트랜지스터에 의해서 V_{DD}까지 풀업된다. ON 상태의 nMOS 트랜지스터는 전이를 느리게 하는 기생 커패시턴스를 만든다. 노드 Y는 커패시턴스 $(9+5h)$C와 V_{DD}까지의 저항 R을 갖는다. 노드 n_2는 커패시턴스 $3C$를 갖는다. 출력이 저항 R을 통해서만 충전되기 때문에, 적절한 저항은 $(R+R/3)$이 아닌 R이 된다. 이것은 전원 (V_{DD})에서 노드(n_2)까지 공유된 경로 및 잎새(Y)에 존재하는 저항을 뜻한다. 마찬가지로 노드 n_1은 커패시턴스 $3C$와 저항 R을 갖는다. 따라서 상승 출력의 엘모어 지연은 $t_{pdr}=(15+5h)RC$가 된다. 저항 $R/3$은 이 지연에 영향을 주지 않는다. 실제로 이들은 Y가 상승하기 전에 끝까지 충전할 필요 없는 확산 커패시턴스를 차단한다. 따라서 엘모어 지연은 보수적인 값이고, 실제 지연은 이보다 작다.

게이트가 동일한 풀업과 풀다운 저항을 갖더라도, 내부 노드들의 커패시턴스 때문에 이들의 지연은 달라질 수 있다.

[2] 이것은 회로가 게이트 지연에 의해서 지배될 때를 가정한다. 긴 배선의 RC 지연을 게이트 지연을 사용해서 쉽게 해석하기는 어렵다(7장 참조).

예제 3.8

예제 3.2에서 출력에 h개의 동일한 NAND 게이트들이 부하로 연결되었을 때, 3-입력 NAND 게이트의 오염된 지연 t_{cdf}와 t_{cdr}을 구하시오.

해답: 오염된 지연은 게이트가 스위칭할 때 가장 작다. 하강 전이에서 최선의 경우는 상위 트랜지스터가 ON되었을 때 바닥의 두 nMOS 트랜지스터가 이미 ON되어 있는 것이다. 이 경우 노드 n_1과 n_2의 확산 커패시턴스는 이미 방전되어 있고, 지연에 영향을 주지 않는다. 그림 3.16(a)는 등가 회로를 보이고, 이때 지연은 $t_{cdf}=(9+5h)/RC$가 된다.

상승 전이에서 최선의 경우는 모든 pMOS 트랜지스터가 동시에 ON되는 것이다. 이 경우 NMOS 트랜지스터는 OFF되고, 따라서 n_1과 n_2는 출력에 연결되어 지연에 영향을 주지 않는다. 이 병렬 트랜지스터드들은 그림 3.16(b)와 같이 3배 높은 전류를 제공하기 때문에 지연은 $t_{cdr}=(3+(5/3)h)RC$가 된다.

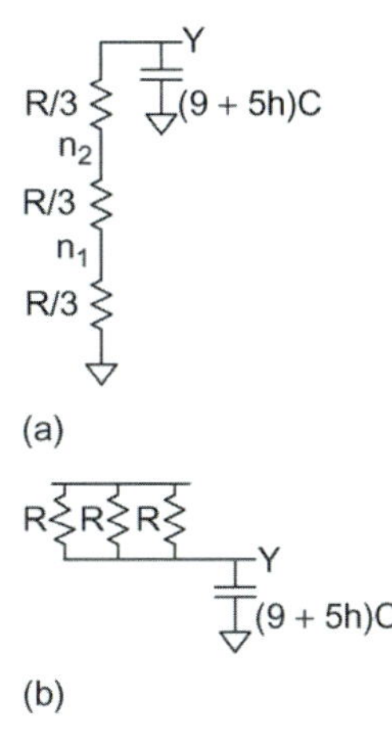

그림 3.16 오염된 지연의 등가 회로

이상의 모든 예제에서 지연은 두 가지 성분으로 구성된다. **기생 지연**(parasitic delay)은 게이트가 자신의 내부 확산 커패시턴스를 구동하기 위한 시간이다. 트랜지스터의 폭을 증가시키면 저항은 감소하지만 커패시턴스를 증가시키기 때문에, 지연은 게이트 크기와는 무관해진다.[3] **에퍼트 지연**(effort delay)은 외부 부하 커패시턴스와 입력 커패시턴스 사이의 비율 h에 의해서 결정되기 때문에 트랜지스터 폭에 따라 달라진다. 이것은 게이트의 복잡도에도 영향을 받는다. 커패시턴스 비율은 **팬아웃** 혹은 **전기 에퍼트**(electrical effort)라 부르고, 게이트 복잡도는 **논리 에퍼트**(logical effort)라 부른다. 예를 들어 어떤 인버터가 지연 $d=h+1$을 가지면 기생 지연은 1이 되고, 해당되는 논리 에퍼트 역시 1이 된다. NAND3는 최악의 경우 지연 $d=(5/3)h+5$를 갖기 때문에, 기생 지연은 5가 되고, 논리 에퍼트는 5/3이 된다. 이러한 지연 성분들은 3.4절에서 보다 자세하게 설명하기로 한다.

3.3.6 커패시턴스의 레이아웃 의존성

레이아웃이 양호할 경우 확산 노드는 확산 커패시턴스를 감소시키기 위해 가능하면 어디서나 공유된다. 더욱이 접촉되지 않은 직렬 트랜지스터 간 확산 노드는 일반적으로 접촉하여야 하는 노드보다 작다. 그와 같이 접촉하지 않은 노드는, 수작업 계산 시 무시하기는 하지만, 작은 커패시턴스(2.3.3절과 7.4.4절 참조)를 갖는다. 레이아웃 전 단계에서 커패시턴스를 추정하는 보수적인 방법은 직렬 트랜지스터 사이의 접합되지 않은 확산과 나머지 모든 노드의 접합된 확산을 고려하는 것이다. 그러나 보다 정확한 추정은 레이아웃이 수행된 이후에 가능하다.

[3] 폭이 큰 게이트는 확산 커패시턴스가 폭에 선형적으로 비례해서 증가하지 않도록 특수한 레이아웃 기술을 사용해서, 3.3.6절에서 논의한 대형 게이트의 기생 지연이 감소되도록 한다.

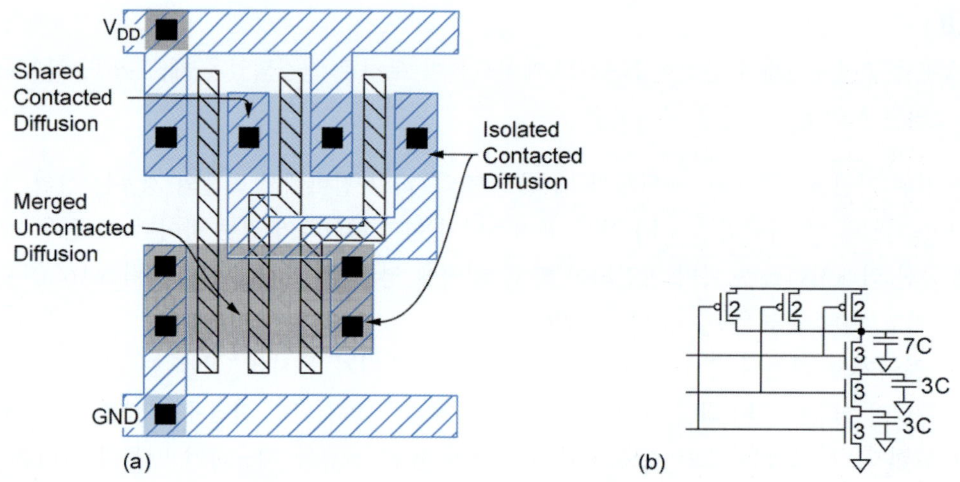

그림 3.17 레이아웃으로부터 추출된 확산 커패시턴스가 표시된 3-입력 NAND

예제 3.9

그림 3.17(a)는 3-입력 NAND 게이트의 레이아웃을 보여 준다. 단일 드레인 확산 영역이 두 개의 pMOS 트랜지스터 사이에 공유되어 있다. 실제 확산 커패시턴스를 레이아웃으로부터 구하시오.

해답: 그림 3.17(b)는 커패시턴스들을 접지로 합쳐서 다시 그린 개념도이다. 출력 노드는 뒤따르는 확산 커패시턴스를 갖는다. 다시 말해서, nMOS 트랜지스터 드레인으로부터 $3C$, 고립된 pMOS 트랜지스터 드레인으로부터 $2C$, 그리고 접점을 공유하는 pMOS 드레인 쌍으로부터 $2C$만큼의 커패시턴스를 갖는다. 따라서 출력의 실제 확산 커패시턴스는 그림 3.15에서 예측된 $9C$가 아닌 $7C$가 된다.

넓은 트랜지스터를 **접어서**(folding) 확산 커패시턴스를 감소시킬 수 있다. 그림 3.18(a)는 24/12λ 인버터의 일반적인 레이아웃을 보여 준다. 단위(4λ) 트랜지스터가 확산 커패시턴스 C를 가지므로, 인버터는 총 확산 커패시턴스 $9C$를 갖는다. 그림 3.18(b)에 나와 있는 접힌 레이아웃은 각기 폭이 절반인 두 개의 병렬 디바이스를 사용해서 각 트랜지스터를 구성한다. 확산 영역이 1/2로 축소되어 확산 커패시턴스가 $4.5C$가 되었음에 유의하자. 일반적으로 접힘 레이아웃은 그렇지 않은 방법에 비해서 지연을 감소시키는 효과가 있다. 또한 제한된 높이를 갖는 표준 셀에 적합하고, 폴리실리콘이 짧아져서 저항이 감소한다. 이러한 이유로 넓은 트랜지스터에는 가능하면 접힘 레이아웃을 사용한다.

45 nm 혹은 그 이하의 공정에서 트랜지스터 게이트는 생산성을 높이고 공정 편차를 줄이기 위해서 제한된 종류의 간격을 갖는다. 예를 들어 게이트를 위한 폴리실리콘 사이의 간격은 접합이 필요하지 않은 경우에도 접합되는 트랜지스터와 같은 간격을 갖는다. 이렇게 한 종류의 표준 트랜지스터를 사용함으로써 공정 편차를 줄일 수 있다.

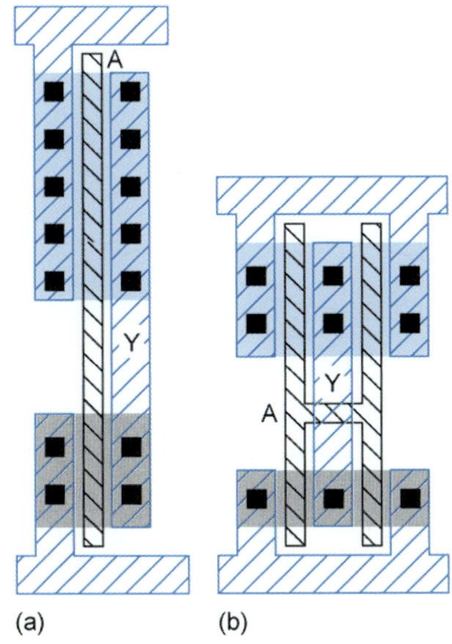

그림 3.18 레이아웃 형태: (a) 전통적인 방법, (b) 접힘 방법

3.3.7 유효 저항의 결정

유효 저항은 시뮬레이션 혹은 이론적 해석을 통해서 결정할 수 있다. 7.4.5절에서는 가장 정확한 시뮬레이션 기술을 소개한다. 이 절에서는 저항과 다른 요소들을 보다 직관적으로 연결시킬 수 있는 해석 방법을 소개한다.

유효 저항이 트랜지스터가 스위칭하는 동안의 평균값 V_{ds}/I_{ds}임을 상기하자. 3.3.4절에서 언급했던 대로 저항은 전달 지연이 RC의 곱으로 표시될 수 있도록 ln 2의 비율로 조정된다. 상승 입력의 스텝 응답을 위해서 출력이 nMOS 트랜지스터를 통해서 V_{DD}에서 $V_{DD}/2$까지 방전하는 시간을 생각해 보자. 트랜지스터가 충분하게 속도 포화되었다면($V_{\text{dsat}}<V_{DD}/2$), 트랜지스터는 변화 구간에서 포화 상태에 머무르고, 전류는 상수로 근사화된 I_{dsat}가 된다. 이 경우 유효 저항은 다음과 같이 결정된다.

$$R_{\text{step}}=\frac{\ln 2}{V_{DD}/2}\int_{V_{DD}/2}^{V_{DD}}\frac{V}{I_{\text{dsat}}}dV=\frac{3\ln 2}{4}\frac{V_{DD}}{I_{\text{dsat}}}\approx\frac{V_{DD}}{2I_{\text{dsat}}} \tag{3.16}$$

실제 트랜지스터에서 채널 길이 변조와 DIBL은 전류를 감소시켜서 유효 저항을 증가시킨다.

보다 중요한 것은 입력이 일정한 값의 상승 시간을 갖는다는 점인데, 우리는 입력이 $V_{DD}/2$를 통과해서 상승 혹은 하강하는 시간에 관심을 갖는다. 입력과 출력의 기울기가 같고, 입력이 $V_{DD}/2$를 통과할 때 출력이 하강한다고 가정한다. 그러면 그림 3.19와 같이 입력이 V_{DD}에 도달할 때 출력은 $V_{DD}/2$가 된다.

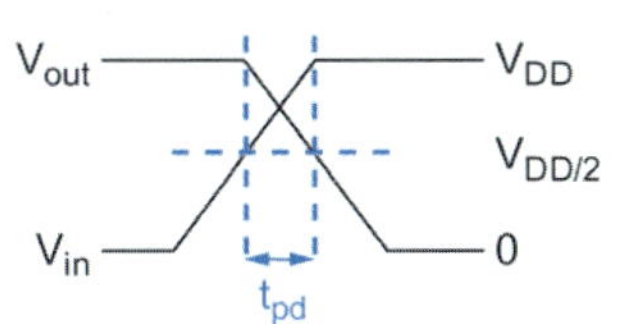

그림 3.19 입력과 출력이 램프로 근사화된 전달 지연

그림 3.20과 같이 변화가 시작될 때($V_{gs}=V_{DD}/2$, $V_{ds}=V_{DD}$) 트랜지스터의 전류를 I_L, 변화가 끝날 때($V_{gs}=V_{DD}$, $V_{ds}=V_{DD}/2$) I_H라 정의한다. 이렇게 하면 트랜지스터는 스위칭하는 동안에 다음과

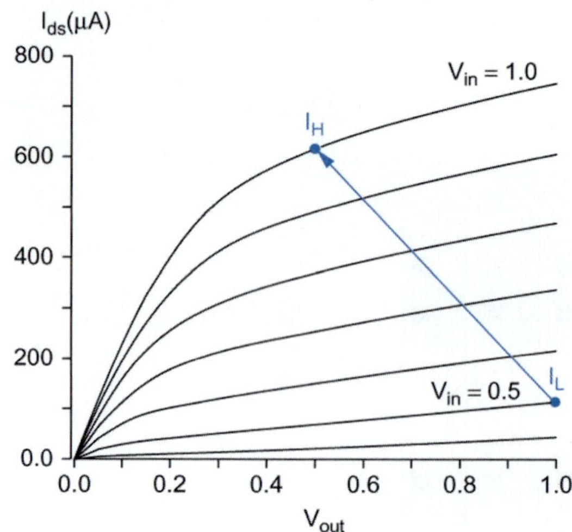

그림 3.20 스위칭 궤적의 근사화

같은 값을 갖는 전류원으로 생각될 수 있다[Na02].

$$I_{\text{eff}} = \frac{I_H + I_L}{2} \tag{3.17}$$

출력이 $V_{DD}/2$까지 방전되는 시간은 다음과 같다.

$$t_{pd} = \frac{CV_{DD}}{2I_{\text{eff}}} \tag{3.18}$$

이것과 $t_{pd} = RC$를 같다고 하면 다음의 결과를 얻는다.

$$R = \frac{V_{DD}}{2I_{\text{eff}}} = \frac{V_{DD}}{I_H + I_L} \tag{3.19}$$

3.4 선형 지연 모델

RC 지연 모델은 지연이 게이트 팬아웃의 선형 함수임을 보여 주었다. 이 결과에 따라서 설계자는 이 선형 함수의 기울기와 세로축 절편을 사용해서 게이트의 특성을 보다 단순하게 해석할 수 있다. 일반적으로 게이트의 전달 지연은 다음과 같이 쓸 수 있다.

$$d = f + p \tag{3.20}$$

여기서 p는 부하가 연결되지 않았을 때 게이트에 내재하는 **기생 지연**이다. f는 게이트의 복잡도와 팬아웃으로 결정되는 **에퍼트 지연** 또는 **스테이지 에퍼트**(stage effort)이다.

$$f = gh \tag{3.21}$$

복잡도는 **논리 에퍼트** g로 표시한다[Sutherland99]. 인버터는 1이라는 논리 에퍼트 값을 갖는 것으로 정의된다. 좀 더 복잡한 게이트는 더 큰 논리 에퍼트를 가져서 주어진 팬아웃을 구동하는 데 더 오래 걸린다. 예를 들어 이전 예제의 NAND 게이트의 논리 에퍼트는 5/3이다. h개의 동일한 복사본을 구동하는 게이트는 하나의 **팬아웃**을 갖거나 h개의 **전기 에퍼트**를 갖는다. 만일 부하가 게이트를 동일하게 복제하지 않으면 전기 에퍼트는 다음과 같이 계산된다.

$$h = \frac{C_{out}}{C_{in}} \tag{3.22}$$

여기서 C_{out}은 구동되는 외부 부하의 커패시턴스이며 C_{in}은 게이트[4]의 입력 커패시턴스이다.

그림 3.21은 이상적인 인버터와 3-입력 NAND 게이트에 대한 정상 지연 대 전기 에퍼트를 그린 것이다. y 절편은 기생 지연, 즉 게이트가 부하를 구동하지 않을 때의 지연을 나타낸다. 선의 경사는 논리 에퍼트이다. 인버터는 정의에 의해 1의 기울기를 갖는다. NAND는 5/3의 기울기를 갖는다.

이 절의 나머지 부분에서는 논리 에퍼트와 기생 지연을 추정하는 방법과 선형 지연 모델을 이용하는 방법을 살펴본다.

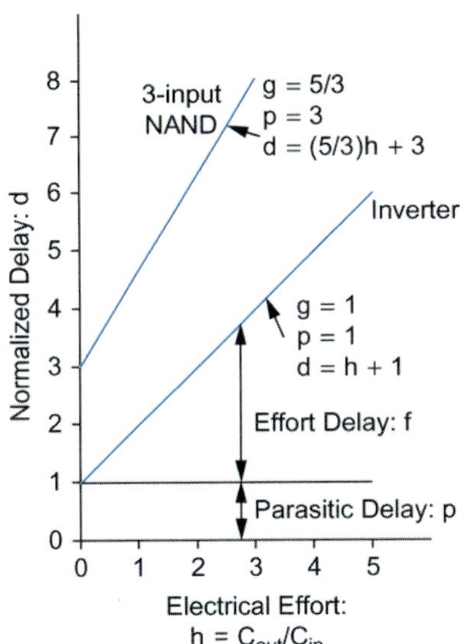

그림 3.21 정규화된 지연과 팬아웃의 관계

[4] 어떤 TTL 설계 기술자들은 다른 게이트가 다른 커패시턴스를 갖는 것처럼 h개의 다른 게이트를 구동할 때 게이트가 h개의 팬아웃을 갖는다고 한다. 이러한 정의는 지연을 계산하는 데 유용하지 않아 VLSI 설계에서는 피하는 게 상책이다. **전기 에퍼트**는 이러한 잠재적인 혼란은 피하고 논리 에퍼트 병렬은 강조한다.

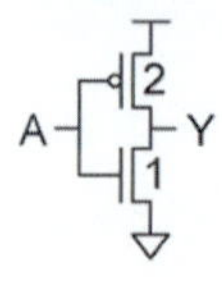

$C_{in} = 3$
(a) $g = 3/3$

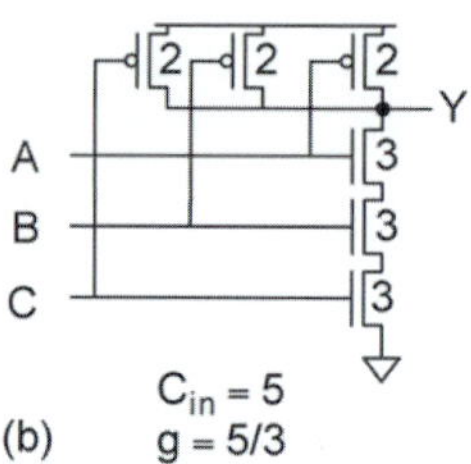

$C_{in} = 5$
(b) $g = 5/3$

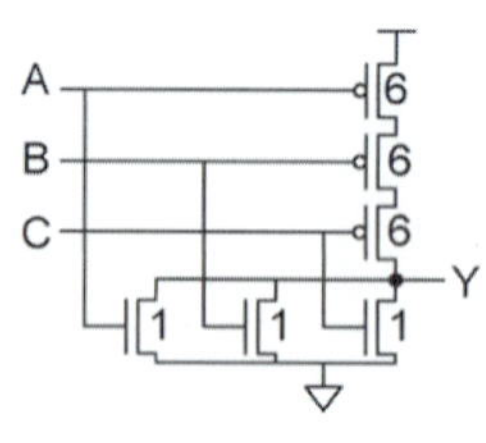

$C_{in} = 7$
(c) $g = 7/3$

그림 3.22 단위 저항을 위한 논리 게이트의 크기 결정

3.4.1 논리 에퍼트

게이트의 논리 에퍼트는 **동일한 출력 전류를 공급할 수 있는 인버터 입력 커패시턴스와 게이트 입력 커패시턴스의 비율**로 정의된다. 이와 동등한 의미로 논리 에퍼트는, 게이트의 각 입력이 인버터만큼의 커패시턴스를 갖는다는 전제하에, 게이트가 인버터에 비하여 출력 전류를 생성하는 데 얼마나 열악한지를 표시한다.

논리 에퍼트는 지연 대 팬아웃 시뮬레이션에서 게이트 지연 기울기 대 인버터 지연의 기울기 비율로부터 측정할 수 있다(7.5.3절 참조). 또한 게이트를 그려 봄으로써 산정할 수도 있다. 그림 3.22는 pMOS 트랜지스터가 nMOS 트랜지스터의 2배의 저항을 갖는다는 가정[5]하에 단위 저항을 달성하기 위해 선정한 폭의 트랜지스터로 구성한 인버터, NAND, NOR게이트를 보여 준다. 인버터는 3단위의 입력 커패시턴스로 구성되어 있다. NAND 게이트는 각 입력에 5단위의 커패시턴스가 있어서 논리 에퍼트는 5/3이다. 마찬가지로 NOR는 7단위의 커패시턴스로 되어 있어서 논리 에퍼트는 7/3이다. 이것은 NOR가 느린 pMOS를 직렬로 갖고 있어서 NAND가 NOR보다 좋을 거라는 기대에 부합한다.

표 3.2는 일반적인 게이트의 논리 에퍼트를 정리한 것이다. 에퍼트는 입력의 수에 비례하여 증가하는 경향이 있다. 직렬 트랜지스터는 pMOS가 아니고 nMOS이기 때문에 NAND 게이트는 NOR 게이트보다 좋다. XOR 게이트는 특히 가격이 비싸고 다른 입력에 대해서 다른 논리 에퍼트를 갖는다. 흥미롭게도 그림 1.29(b)의 집단-3상태(ganged-tristate)로 구성한 멀티플렉서(multiplexer)는 입력수에 무관한 2의 논리 에퍼트를 갖는다. 언뜻 이것은 매우 큰 멀티플렉서가 작은 것과 같이 빠르다는 느낌을 준다. 그러나 기생 지연은 멀티플렉서 크기에 따라 증가한다. 따라서 4-입력 멀티플렉서 트리를 사용하여 대형 멀티플렉서를 구성하는 것이 일반적으로 가장 빠르다[Sutherland99].

3.4.2 기생 지연

게이트의 기생 지연(parasitic delay)은 부하를 구동하지 않을 때 게이트의 지연이다. 이 값은 RC 지연

표 3.2 일반적인 게이트의 논리 에퍼트

Gate Type	Number of Inputs				
	1	2	3	4	*n*
inverter	1				
NAND		4/3	5/3	6/3	$(n+2)/3$
NOR		5/3	7/3	9/3	$(2n+1)/3$
tristate, multiplexer	2	2	2	2	2
XOR, XNOR		4, 4	6, 12, 6	8, 16, 16, 8	

[5] 이 가정은 이 책 전반에 걸쳐 있다. 연습문제 3.17~3.18은 서로 다른 비교 저항의 효과를 다룬다([Sutherland99]도 참고하라). 전반적인 결론은 너무 많이 변동되지 않아서 대부분의 수작업계산이 간단한 모델로 충분하다는 것이다. 좀 더 정확한 결과를 원할 때는 시뮬레이터나 정적인 타이밍 분석기를 사용하여야 한다.

표 3.3 일반적인 게이트의 기생 지연

Gate Type	Number of Inputs				
	1	2	3	4	n
inverter	1				
NAND		2	3	4	n
NOR		2	3	4	n
tristate, multiplexer	2	4	6	8	$2n$

모델을 사용하여 계산할 수 있다. 수작업으로 계산하기에 좋은 방법은 출력 노드의 확산 커패시턴스만을 세는 것이다. 예를 들어 출력 노드의 각 트랜지스터가 자체의 드레인 확산 접촉을 갖는다는 가정하에 그림 3.22의 게이트를 검토하자. 트랜지스터는 각 게이트의 저항 값이 R이 되도록 선정된다. 인버터는 출력에 3단위의 확산 커패시턴스를 갖기 때문에 기생 지연은 $3RC=\tau$가 된다. 다른 말로 정상적인 기생 지연 값은 1이다. 일반적으로 우리는 정상화된 기생 지연을 p_{inv}라 한다. p_{inv}는 특정한 공정에서 확산 커패시턴스의 게이트 커패시턴스에 대한 비율이다. 이 값은 보통 1에 가깝고 많은 경우에 간단히 1로 간주한다. 3-입력 NAND와 NOR는 각각 출력에 9단위의 확산 커패시턴스를 갖고 있어서 기생 지연은 3배만큼 크다($3p_{\text{inv}}$ 또는 간단히 3). 표 3.3은 보통 게이트의 기생 지연을 추정한다. 트랜지스터 크기를 크게 하면 저항은 감소하고 커패시턴스는 증가하여 기생 지연은 1차로 게이트 크기와 무관하다. 그러나 더 넓은 트랜지스터는 접을 수 있고 가끔 내부 배선 기생 커패시턴스에서의 선형 증가보다는 작다. 따라서 실제적으로 게이트가 클수록 작은 기생 지연 값을 갖는 경향이 있다.

이와 같은 기생 지연 산정 방법은 분명히 세련되지 못하다. 좀 더 세련된 방법은 예제3.7과 같이 엘모어 지연을 사용하여 내부 기생을 산출하거나 시뮬레이션 방법으로 지연을 추출하는 것이다. 기생 지연은 또한 확산 커패시턴스 대 게이트 커패시턴스의 비율에 좌우된다. 예를 들어 확산 커패시턴스가 훨씬 작은 절연체 상 실리콘(silicon-on-insulator) 공정에서 기생 지연은 더 낮다. 기생 지연을 아는 것이 게이트 지연을 정확하게 산정하는 데 중요하지만 3.5절에서 특정한 회로에 적합한 최상의 트랜지스터 크기는 기생 지연에 미약하게 의존함을 알 수 있다. 여기서는 대략적인 계산도 큰 문제가 되지 않는다.

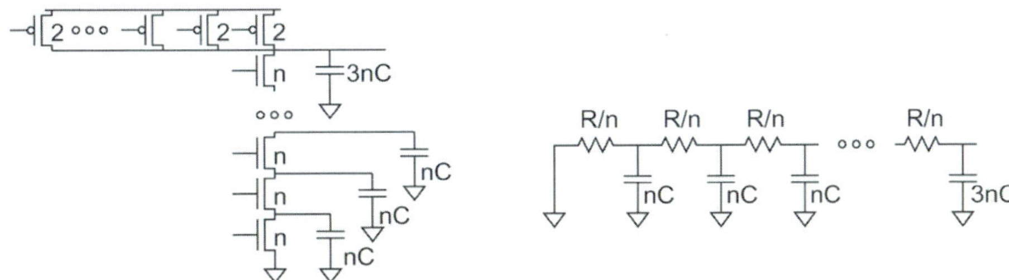

그림 3.23 n-입력 NAND 게이트의 기생 지연

그럼에도 불구하고 기생 지연은 실제 NAND나 NOR 회로의 많은 입력에 선형 이상으로 비례하여 성장한다. 예를 들면 그림 3.23은 상위 입력이 모두 '1'이고, 바닥쪽 입력은 상승한다. 게이트는 출력은 물론 모든 내부 노드의 확산 커패시턴스를 방전해야 한다. 엘모어 지연 값은 다음 식과 같다.

$$t_{pd} = R(3nC) + \sum_{i=1}^{n-1} (\frac{iR}{n})(nC) = \left(\frac{n^2}{2} + \frac{5}{2}n\right)RC \tag{3.23}$$

이러한 지연은 직렬 트랜지스터의 수 n에 비례하여 2차적으로 증가하여, 어느 이상 되면 대형의 게이트를 두 개의 작은 직렬 트랜지스터로 나누는 것이 빠름을 나타낸다. 우리는 3.4.6.5절에서 n^2의 계수가 게이트-소스 커패시턴스 때문에 이와 같이 간단한 모델에서보다는 실제 회로에서 커지려는 경향이 있다는 것을 알게 된다. 실제로 4개나 5개 이상의 트랜지스터로 게이트를 구성하는 것은 권장할 만하지 않다. 대형의 팬인 게이트를 구성할 때 nMOS 트랜지스터가 동일한 크기와 커패시턴스의 pMOS 트랜지스터보다 낮은 저항 값을 갖기 때문에 NAND 게이트 트리는 NOR 게이트 트리보다 좋다.

3.4.3 논리 게이트의 지연

선형 지연 모델을 논리 게이트에 적용한 두 가지 사례를 살펴본다.

예제 3.10

선형 지연 모델을 사용해서 예제 3.6에 나와 있는 FO4 인버터의 지연을 계산하시오. 인버터는 τ=3 ps를 갖는 65 nm 공정이라고 가정한다.

해답: 인버터의 논리 에퍼트는 정의에 의해서 g=1이다. 전기 에퍼트는 부하가 크기가 같은 4개의 게이트이므로 4이다. 인버터의 기생 지연은 $p_{\text{inv}} \approx 1$이다. 총 지연은 통상 표현 방식으로 $d=gh+p=1\times4+1=5$, 절대 표현 방식으로는 t_{pd}=15 ps이다.

가끔 경로 지연은 FO4 인버터 지연으로 표현된다. 모든 설계 기술자가 τ 표기법에 익숙하지는 않으나 경험이 많은 대부분의 설계 기술자들은 자신들이 수행하는 작업 공정에 있는 4 인버터 팬아웃의 지연을 안다. τ는 0.2 FO4 인버터 지연 값으로 계산된다. 확산 커패시턴스 대 게이트 커패시턴스 비율이 변동 p_{inv}=1이 아니고 0.8 또는 1.2일지라도, FO4 지연 값은 4.8~5.2 범위에서만 변동할 뿐이다. 여기에서 FO4 지연을 이용해 표현된 게이트 주도 논리 블록의 지연은 마치 확산 커패시턴스가 변동하지 않는 것처럼 한 공정과 다른 공정 간에 비교적 일정하다.

대략 추산해서 공정에 대한 FO4 지연(피코초)은 채널 길이(나노미터)의 1/3~1/2이다. 예를 들어 50 nm 채널 길이를 갖는 65 nm 공정은 16~25 ps의 FO4 지연을 갖는다. 지연은 공정과 전압, 온도 변화에 매우 민감한테 이에 대해서는 6.2절에서 검토하기로 한다. FO4 지연은 전형적인 공정 파라미터와 최악의 환경(저전력 공급 전압과 고온)을 가정하여 인용된다.

예제 3.11

링 발진기(ring oscillator)는 그림 3.24에 나와 있는 바와 같이 홀수 개의 인버터로 구성한다. N개 스테이지 링 발진기의 주파수를 계산하시오.

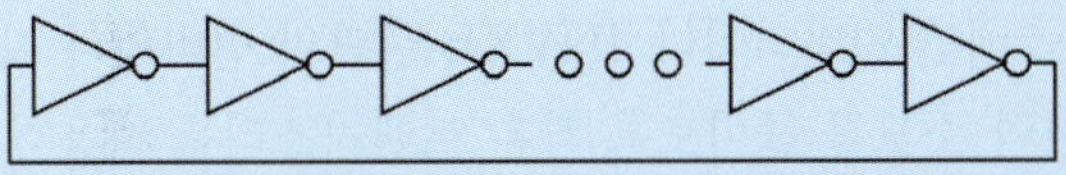

그림 3.24 링 발진기

해답: 인버터의 논리 에퍼트는 정의에 의해 $g=1$이다. 각 인버터의 전기 에퍼트는 하나의 동일한 부하를 구동하기 때문에 역시 1이다. 기생 지연도 1이다. 각 스테이지의 지연은 $d=gh+p=1\times1+1=2$이다. N개 스테이지의 링 발진기는 가치라는 것이 원래의 극성을 다시 얻기 위해서는 링 주위에 2번 전달되어야 하기 때문에 $2N$개 스테이지 지연의 주기를 갖는다. 그러므로 주기는 $T=2\times2N$이다. 주파수는 주기 $1/4N$의 역수이다.

65 nm의 31개 스테이지 링 발진기는 1/(4×31×3 ps)=2.7 GHz의 주파수를 갖는다.

링 발진기는 종종 특정 칩이 명목상 속도보다 빠르거나 늦는지 판정하기 위한 모니터로 사용된다. 인버터들 중 하나는 사용하지 않는 링을 OFF시키기 위해서 NAND 게이트로 대체된다. 출력은 외부 패드 중 가능하면 테스트용 멀티플렉서로 배선된다. 이 발진기의 주파수는 100 MHz 정도로 충분히 낮아서 외부 경로를 통해서 신호가 감쇠되는 것을 방지한다.

3.4.4 드라이브

좋은 표준 셀 라이브러리는 여러 크기의 게이트들을 가지고 있다. 이 크기들은 일반적으로 그들의 드라이브(drive)로 표시된다. 예를 들어 단위 인버터는 inv_1×로 표시된다. 이보다 8배 큰 인버터는 inv_8×로 표시한다. 동일한 전류를 갖는 2-입력 NAND 게이트는 nand2_1×로 표시한다.

종종 입력 커패시턴스 대신 드라이브를 사용해서 게이트를 보다 직관적으로 해석할 수 있다. 단위 인버터를 단위 입력 커패시턴스를 갖는 것으로 재정의하면, 임의의 게이트의 드라이브는 다음과 같다.

$$x = \frac{C_{\text{in}}}{g} \tag{3.24}$$

지연은 드라이브를 사용해서 다음과 같이 구한다.

$$d = \frac{C_{\text{out}}}{x} + p \tag{3.25}$$

3.4.5 데이터시트로부터 논리 에퍼트의 추출

표준 셀 라이브러리를 사용할 때, 우리는 종종 데이터시트로부터 직접 논리 에퍼트를 추출할 수 있다. 예를 들어 그림 3.25는 TSMC 180 nm 공정의 Artisan Components 라이브러리에서 INV와 NAND2를 보여 준다. 이 라이브러리 안의 게이트는 다양한 드라이브 강도로 주어진다. INVX1은 단위 인버터이고, INVX2는 드라이브가 2배인 인버터이다. INVXL은 단위 인버터와 같은 영역을 갖되, 비임계 경로(non-critical path)에서 전력 소모를 줄이도록 작은 트랜지스터를 사용한다. X12~X20은 높은 드라이브 강도와 낮은 입력 커패시턴스를 얻는 대가로 기생 지연이 높아진 세 단계의 작은 인버터들이다.

데이터시트로부터 단위 인버터가 입력 커패시턴스 3.6 fF를 가짐을 알 수 있다. 상승 및 하강 지연은 별도로 기재되어 있다. 다른 표기 방법은 8.2.1.5절에서 설명할 예정이지만, 평균 지연은 여기에서 사용한다. 평균 **내부** 혹은 기생 지연은 (25.3+14.6)/2=20.0 ps가 된다. 이 지연의 기울기와 부하 커패시턴스 곡선은 평균 상승 및 하강 값 K_{load}가 된다. 팬아웃 h를 구동하는 인버터는 다음과 같은 지연을 갖게 된다.

$$t_{pd} = 20.0\text{ ps} + \left(3.6\frac{\text{fF}}{\text{gate}}\right)(h\text{ gates})\left(\frac{4.53+2.37}{2}\frac{\text{ns}}{\text{pF}}\right) = (20.0+12.4h)\text{ ps} \tag{3.26}$$

INV

Cell Description

The INV cell provides the logical inversion of a single input (A). The output (Y) is represented by the logic equation:

$Y = \overline{A}$

Logic Symbol

Cell Size

Drive Strength	Height (μm)	Width (μm)
INVXL	5.04	1.32
INVX1	5.04	1.32
INVX2	5.04	1.98
INVX3	5.04	2.64
INVX4	5.04	2.64
INVX8	5.04	3.96
INVX12	5.04	8.58
INVX16	5.04	11.22
INVX20	5.04	12.54

Functions

A	Y
0	1
1	0

AC Power

Pin	Power (μW/MHz)								
	XL	X1	X2	X3	X4	X8	X12	X16	X20
A	0.0087	0.0117	0.0218	0.0329	0.0394	0.0773	0.1706	0.2260	0.2820

Pin Capacitance

Pin	Capacitance (pF)								
	XL	X1	X2	X3	X4	X8	X12	X16	X20
A	0.0027	0.0036	0.0071	0.0104	0.0136	0.0271	0.0068	0.0090	0.0110

Delays at 25°C, 1.8V, Typical Process

Description	Intrinsic Delay (ns)								
	XL	X1	X2	X3	X4	X8	X12	X16	X20
A → Y↑	0.0261	0.0253	0.0228	0.0243	0.0206	0.0198	0.1303	0.1276	0.1265
A → Y↓	0.0154	0.0146	0.0140	0.0146	0.0125	0.0125	0.1235	0.1232	0.1183

Description	K_{load} (ns/pF)								
	XL	X1	X2	X3	X4	X8	X12	X16	X20
A → Y↑	6.2539	4.5257	2.2629	1.5216	1.1447	0.5513	0.3680	0.2760	0.2209
A → Y↓	3.3414	2.3675	1.2661	0.8247	0.6333	0.3211	0.2194	0.1647	0.1316

TSMC 0.18μm Process SAGE-X™ Standard Cell Library Databook
110

NAND2

Cell Description

The NAND2 cell provides the logical NAND of two inputs (A, B). The output (Y) is represented by the logic equation:

$Y = \overline{(A \bullet B)}$

Logic Symbol

A
B
Y

Functions

A	B	Y
0	x	1
x	0	1
1	1	0

Cell Size

Drive Strength	Height (μm)	Width (μm)
NAND2XL	5.04	1.98
NAND2X1	5.04	1.98
NAND2X2	5.04	3.30
NAND2X4	5.04	4.62

AC Power

Pin	Power (μW/MHz)			
	XL	X1	X2	X4
A	0.0106	0.0139	0.0258	0.0501
B	0.0135	0.0181	0.0351	0.0683

Pin Capacitance

Pin	Capacitance (pF)			
	XL	X1	X2	X4
A	0.0033	0.0042	0.0082	0.0163
B	0.0029	0.0039	0.0086	0.0158

Delay at 25°C, 1.8V, Typical Process

Description	Intrinsic Delay (ns)			
	XL	X1	X2	X4
A → Y↑	0.0324	0.0313	0.0286	0.0295
A → Y↓	0.0198	0.0195	0.0179	0.0181
B → Y↑	0.0409	0.0400	0.0389	0.0395
B → Y↓	0.0241	0.0242	0.0239	0.0235

Description	K_{load} (ns/pF)			
	XL	X1	X2	X4
A → Y↑	6.2614	4.5288	2.1944	1.1638
A → Y↓	3.8144	2.8429	1.3901	0.7200
B → Y↑	6.2527	4.5253	2.1935	1.1631
B → Y↓	3.8226	2.8470	1.3923	0.7210

TSMC 0.18μm Process SAGE-X™ Standard Cell Library Databook
130

Artisan

그림 3.25 Artisan Components 셀 라이브러리. 허락하에 게재

이 지연의 기울기와 팬아웃 곡선은 τ=12.4 ps임을 나타내고, y 절편은 p_{inv}=20.0 ps, 혹은 정규화된 표현으로 (20.0/12.4)=1.61임을 나타낸다. 이것은 내부 배선의 커패시턴스를 포함하기 때문에 이전에 추정했던 지연보다 큰 값이다.

유사한 계산을 사용하면, X1 2-입력 NAND 게이트가 내부 입력 A로부터 다음과 같은 평균 지연을 가짐을 알 수 있다.

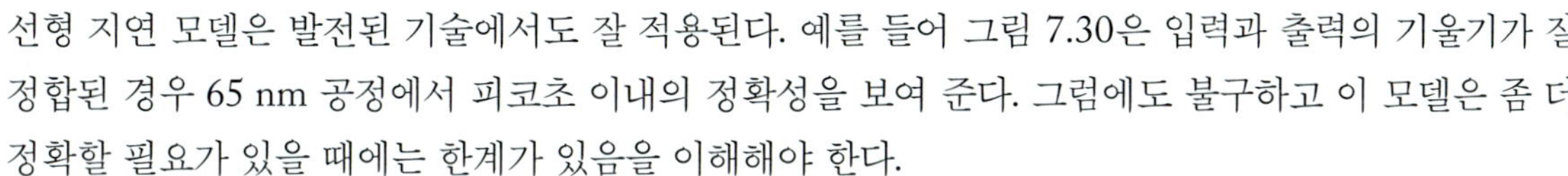

$$t_{pd} = \left(\frac{31.3+19.5}{2}\right)\text{ps} + \left(4.2\frac{\text{fF}}{\text{gate}}\right)(h\ \text{gates})\left(\frac{4.53+2.84}{2}\frac{\text{ns}}{\text{pF}}\right) = (25.4+15.5h)\ \text{ps} \quad (3.27)$$

따라서 기생 지연은 (25.4/12.4)=2.05이고, 논리 에퍼트는 (15.5/12.4)=1.25가 된다. 3.4.6.3절에서 살펴보겠지만, 논리 에퍼트는 이론적인 값 4/3보다 다소 높다. X2와 X4 게이트의 기생 지연과 논리 에퍼트는 비슷하다.

3.4.6 선형 지연 모델의 한계

선형 지연 모델은 발전된 기술에서도 잘 적용된다. 예를 들어 그림 7.30은 입력과 출력의 기울기가 잘 정합된 경우 65 nm 공정에서 피코초 이내의 정확성을 보여 준다. 그럼에도 불구하고 이 모델은 좀 더 정확할 필요가 있을 때에는 한계가 있음을 이해해야 한다.

3.4.6.1 입력과 출력 기울기 선형 지연 모델에서 가장 큰 오류의 근원은 입력 기울기 효과(slope effect)이다. 그림 3.26(a)는 여러 가지 기울기의 램프로 구동되는 FO4 인버터를 보여 준다. ON 전류가 nMOS 트랜지스터의 게이트 전압에 비례하여 증가함을 상기하자. 트랜지스터가 $V_{gs} < V_t$인 경우

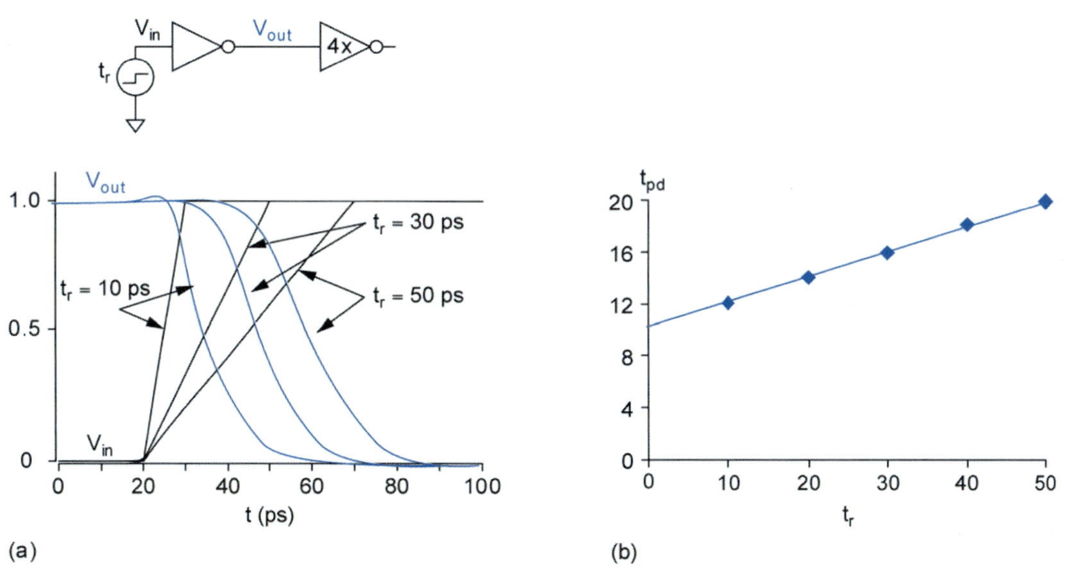

그림 3.26 CMOS 인버터 지연의 기울기 효과에 대한 SPICE 시뮬레이션

에는 **OFF**, $V_{gs}=V_{DD}$인 경우에는 **완전히 ON**, 중간 게이트 전압에서는 **부분적으로 ON**이라고 한다. 입력의 상승 시간이 증가하면 지연도 또한 증가하는데 이는 활성 트랜지스터가 한 번에 모두 ON되지 않기 때문이다. 그림 3.26(b)는 평균적인 전달 지연 대 입력 상승 시간을 그린 것이다. 지연 시간 대 상승 시간 데이터가 직선에 잘 맞음을 주목하자[Hedenstierna87].

기울기를 중요시하는 것은 정밀한 시간 분석에 매우 중요하다(3.6절 참조). 그러나 일반적으로 수작업으로 계산할 만한 것과 비교할 때 다소 복잡하다. 다행히 3.5절에서 배우겠지만, 회로는 각 게이트가 동일한 에퍼트를 가질 때 가장 빠르고 그 지연 값은 대략 4τ이다. 기울기는 에지 비율과 관련이 있기 때문에 빠른 회로는 비교적 일관성 있는 기울기를 갖는 경향이 있다. 만일 셀 라이브러리가 이러한 기울기들로 특징지어져 있다면, 이것들은 지연을 아주 정확하게 모델링하는 곳에 사용되는 경향이 있다.

3.4.6.2 입력 도착 시간 선형 지연 모델에서 오류의 또 다른 원천은 바로 다중 입력 게이트의 한 입력이 다른 입력이 완전히 안정한 상태에서 스위칭하는 것이다. 직렬 스택의 2-입력이 동시에 ON되면 지연은 예상보다 약간 길어지는데 이것은 두 개의 트랜지스터가 전이의 초기에 아주 부분적으로만 ON되기 때문이다. 병렬 스택에의 두 입력이 동시에 ON되면 지연은 예상보다 짧아지는데 이는 두 개의 트랜지스터가 전류를 출력까지 공급하기 때문이다. 7.5.3절에서 설명하겠지만, 이 지연은 먼저 도착하는 입력에 따라 다소 변화할 수 있다.

3.4.6.3 속도 포화 논리 에퍼트를 추정하기 위해서 동일한 전류를 제공할 목적으로 N개의 직렬 트랜지스터가 N배로 넓은 영역을 갖는다고 가정한다. 그러나 3.3.1절에서 논의한 바와 같이, 직렬 트랜지스터들은 작은 속도 포화를 갖기 때문에 추정값보다 낮은 저항을 갖는다[Sakurai91].

보다 정확한 추정을 위해서 N개의 직렬 트랜지스터들이 채널 길이가 N배인 하나의 트랜지스터와 같음을 상기하자. L과 NL을 식 (2.28)에 대입하면 두 개의 직렬 트랜지스터와 하나의 트랜지스터의 전류 비율은 다음과 같다.

$$\frac{I_{\text{dsat}-N-\text{series}}}{I_{\text{dsat}}}=\frac{\left(V_{DD}-V_t\right)+V_c}{\left(V_{DD}-V_t\right)+NV_c} \quad (3.28)$$

트랜지스터가 모두 속도 포화되지 않은 이상($V_c \gg V_{DD}-V_t$), 전류 비율은 예측했던 대로 $1/N$이 된다. 트랜지스터들이 완전히 속도 포화되면 전류는 직렬 트랜지스터의 개수와 무관하게 고정된다.

예제 3.12

65 nm 공정에서 트랜지스터를 2개와 3개 갖는 nMOS와 pMOS 스택의 상대적 포화 전류를 계산하시오. V_{DD}=1.0 V, V_t=0.3 V이고, nMOS에서는 $V_c=E_cL$=1.04 V, pMOS에서는 2.22 V를 사용한다.

해답: 식 (3.28)을 적용하면 2개의 nMOS 트랜지스터는 0.63, 3개의 nMOS 트랜지스터는 0.46, 2개의 pMOS 트랜지스터는 0.57, 그리고 3개의 pMOS 트랜지스터는 0.40의 비율을 갖는다. pMOS는 속도 포화가 작기 때문에 상대적으로 이상적인 값 0.5와 0.33에 더 가깝다.

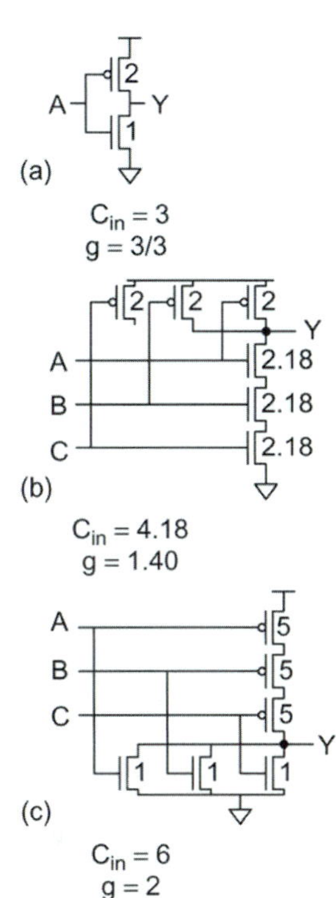

그림 3.27 속도 포화를 설명하는 논리 에퍼트 추정

이 트랜지스터들은 인버터와 같은 전류를 제공하기 위해서 크기가 조정되었다. 세 개의 직렬 nMOS 트랜지스터는 3배라기보다는 1/0.46=2.18배 넓게 만들어진다. 세 개의 직렬 pMOS 트랜지스터는 2.5배 넓게 만들어진다. 그림 3.27은 속도 포화를 반영할 수 있도록 그림 3.22를 변형한 것이다. NAND와 NOR의 논리 에퍼트는 예측한 것보다 낮고, 이것은 7.5.3절에 보일 SPICE 시뮬레이션 결과와도 일치한다.

3.4.6.4 전압 의존성 설계자는 종종 공급 전원과 문턱 전압이 변하면 지연이 어떻게 변화할지 예측할 필요가 있다. 지연은 CV_{DD}/I에 비례함을 상기하자. I_{dsat}을 구하기 위해서 식 (2.30)의 α-전력 법칙을 사용하면 RC 시간 상수의 크기와 게이트 지연을 다음과 같이 추정할 수 있다.

$$\tau = k\frac{CV_{DD}}{\left(V_{DD}-V_t\right)^{\alpha}} \tag{3.29}$$

여기에서 k는 공정 파라미터를 반영한다.

이와 다른 방법으로, 속도 포화된 트랜지스터를 위해서 식 (2.32)로부터 선형 포화 전류 모델을 사용하면 다음과 같은 단순화된 추정이 가능하다.

$$\tau = k\frac{CV_{DD}}{\left(V_{DD}-V_t^*\right)} = \frac{kC}{1-\frac{V_t^*}{V_{DD}}} \tag{3.30}$$

이 모델을 사용하면 문턱 전압을 비례적으로 감소시키는 동안 속도 포화된 트랜지스터의 지연을 변화시키지 않고도 공급 전압을 감소시킬 수 있다.

$V_{DD} < V_t$일 때, 지연은 식 (2.45)의 하위 문턱 전류에 의해서 다음과 같이 결정된다.

$$\tau = k\frac{CV_{DD}}{I_{off}10^{\frac{V_{DD}}{S}}} \tag{3.31}$$

3.4.6.5 게이트-소스 커패시턴스 3.3절의 예제에서는 게이트 커패시턴스가 고정 공급 레일에서 종단된다고 가정하였다. 2.3.2절에서 학습한 것과 같이 게이트 산화 커패시터의 바닥 쪽 터미널은 채널로서 기본적으로 트랜지스터가 ON일 때 소스에 접속된다. 이는 트랜지스터의 소스가 값을 변동하면 C_{gs}의 전압을 변경하기 위해 충전이 필요함을 뜻한다.

3.4.6.6 부트스트래핑 트랜지스터는 또한 게이트와 드레인 간에 약간의 커패시턴스를 갖는다. 이 커패시턴스는 그림 3.28(a)에서 알 수 있듯이 **부트스트래핑**(bootstrapping)이라는 효과에서 입력과 출력을 연결한다. 현재까지 우리 모델은 $C_{in}(C_{gs})$만을 고려했다. 이 그림은 또한 게이트와 드레인 간 커패시턴스인 C_{gd}를 고려한다. 입력이 상승하는 경우에 유효 입력 커패시턴스는 $C_{gs}+C_{gd}$이다. 출력이 하강하기 시작하면 C_{gd}에 걸려 있는 전압은 변동하고 입력이 추가 전류를 공급하여 C_{gd}를 충전한다. 다른 말로 말해서 게이트 커패시턴스에 있는 C_{gd}의 충격이 효과적으로 배가된다.

그림 3.28(b)는 두 개의 인버터 쌍으로 회로 상의 부트스트랩 커패시턴스 효과를 설명한다. 맨 위의 쌍은 두 번째 인버터의 입출력 간에 가외의 커패시턴스를 갖는다. 바닥 쪽의 쌍은 입력과 접지 간에 같은 양의 추가 커패시턴스를 갖는다. *x*가 하강하면 노드 *a*와 *c*는 상승하기 시작한다[그림 3.28(c)]. 처음에 두 개의 트랜지스터와 별도의 3 fF로 구성한 두 노드는 대략 같은 커패시턴스를 갖는다. 노드 *a*가 상승하면 초기에 *b*를 끌어올리거나 '자체 부트스트랩으로 *b*를 끌어올린다'. 결국 nMOS 트랜지스터는 ON되고 *b*와 *d*를 끌어내린다. *b*가 하강하면 노드 *a*에 보이는 느린 최종 변환점에 연결하는 커패시터를 통하여 *a*를 끌어당긴다. 또한 부트스트랩 커패시터를 방전하도록 추가로 충전하기 때문에 *b*가 *d*보다 나중에 하강함을 주시하자. 요약하면, 추가 커패시턴스는 입력과 출력이 연결될 때, 입력과 접지 간에 연결될 때에 비하여 더 큰 영향을 준다.

C_{gd}가 매우 작기 때문에 디지털 회로의 부트스트래핑은 단지 좀 귀찮은 존재일 뿐이다. 그러나 인버터가 $V_{DD}/2$에 가까운 선형 지역에 편중되면 C_{gd}는 인버터의 이득으로 배증될 수 있다. 이것이 **밀러 효과**(Miller effect)로 알려진 것이며 아날로그 회로에서는 아주 중요하다.

3.5 경로의 논리 에퍼트

설계 기술자들은 특정 논리 기능을 위해 가장 빠른 회로 토폴로지(topology)와 게이트 크기를 선정하고 설계의 지연을 계산할 필요가 있다. 이미 언급했듯이, 시뮬레이션이나 타이밍 분석은 단지 특정한 방법이 얼마나 빨리 작동하는지만 알려 줄 뿐 좀 더 좋은 결과를 위해 구현을 수정해야 하는지는 물론

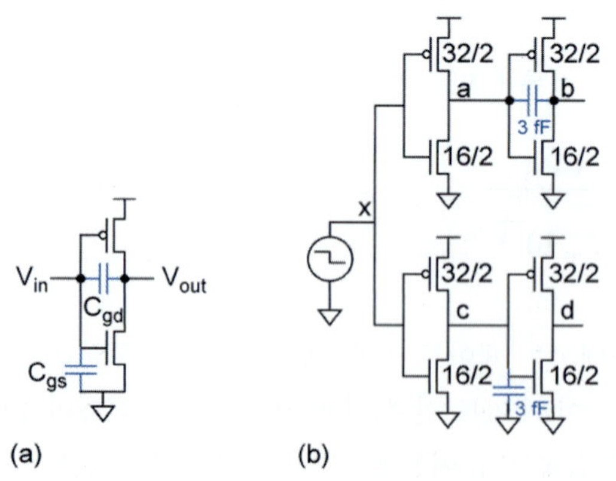

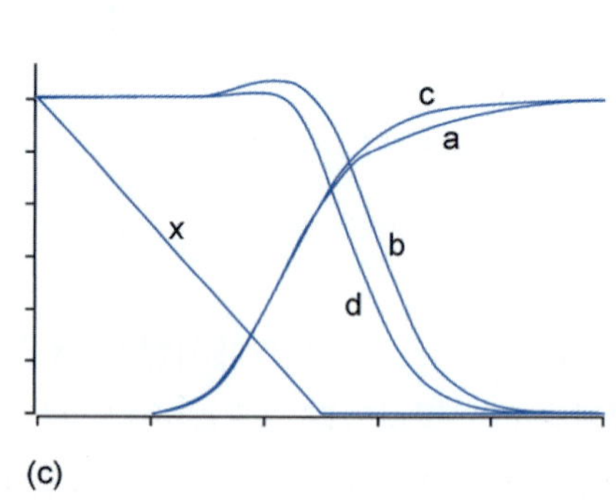

그림 3.28 인버터 지연에서 부트스트래핑 효과와 파형

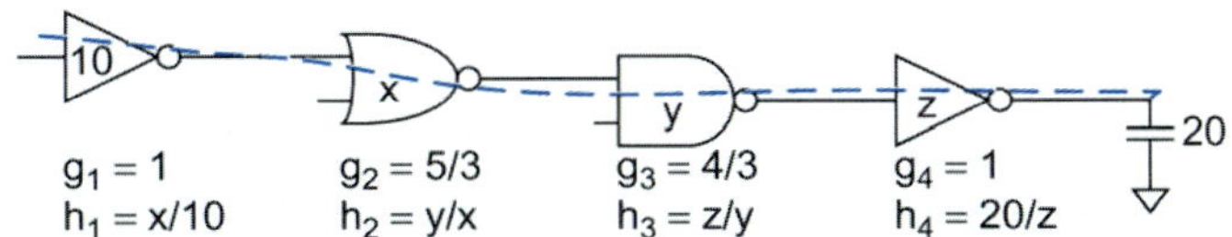

그림 3.29 다중 스테이지 논리 네트워크

무엇을 변경하면 되는지조차 알려 주지 않는다. 경험이 없는 설계 기술자들은 가끔 작은 변경과 수많은 시뮬레이션을 하느라 시간을 소진한다. 이것은 지루할 뿐 아니라 때때로 눈에 띄는 개선을 가져오지 못한다. 논리 에퍼트 방법[Sutherland99]은 간단한 방법을 제공하여 기능을 달성하기 위한 최상의 토폴로지와 많은 논리 스테이지를 선택하도록 한다. 그것은 설계 기술자로 하여금 주어진 토폴로지에 대해 가능한 최소 지연 값을 계산하고 이러한 지연을 달성하기 위한 게이트 크기를 선택하도록 한다.

3.5.1 다중 스테이지 논리 네트워크 지연

그림 3.29는 다중 스테이지 경로에서 각 스테이지의 논리 에퍼트와 전기 에퍼트를 각 스테이지의 크기의 함수로 보여 준다. 관심 경로(이 경우에는 경로만)는 푸른 점선으로 표시하였다. 전기 에퍼트는 크기에 좌우되나 논리 에퍼트는 크기에 무관함을 주시하라. 이 절에서는 크기 결정에 무관한 전체 경로에 대한 성능 지표를 제시한다.

경로 논리 에퍼트(path logical effort) G는 경로를 따라 있는 각 스테이지의 논리 에퍼트의 곱으로 표시한다.

$$G = \prod g_i \tag{3.32}$$

경로 전기 에퍼트(path electrical effort) H는 경로가 구동해야 할 출력 커패시턴스 대 경로 자체의 입력 커패시턴스의 비로 계산한다. 우리가 게이트 크기를 선정할 때까지 개별 스테이지 전기 에퍼트를 알지 못하기 때문에 이 방법은 전기 에퍼트를 스테이지 전기 에퍼트의 곱으로 정의하는 것보다 편리하다.

$$H = \frac{C_{\text{out(path)}}}{C_{\text{in(path)}}} \tag{3.33}$$

경로 에퍼트(path effort) F는 각 스테이지의 스테이지 에퍼트의 곱이다. 단일 스테이지의 스테이지 에퍼트는 $f=gh$임을 상기하자. $F=GH$라고 유추할 수 있는가?

$$F = \prod f_i = \prod g_i h_i \tag{3.34}$$

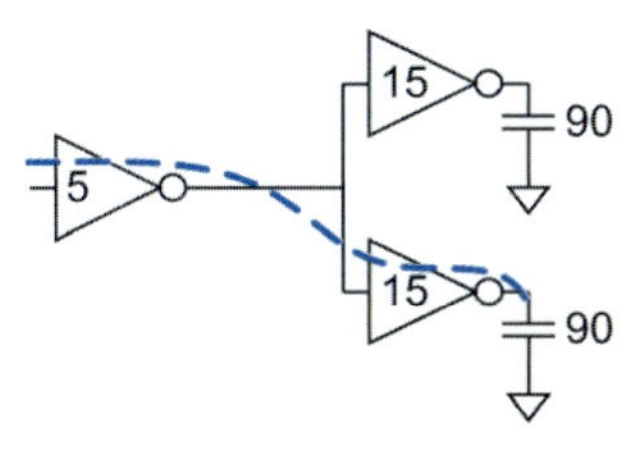

그림 3.30 2-방향 분기를 갖는 회로

분기 경로에서 $F \neq GH$이다. 이것을 그림 3.30에 2-방향 분기 회로로 나타내었다. 1차 입력으로부터 출력 중의 하나로 가는 경로를 고려하자. 경로 논리 에퍼트는 $G=1\times1=1$이다. 경로 전기 에퍼트는 $H=90/5=18$이다. 따라서 $GH=18$이다. 그러나 $F=f_1f_2=g_1h_1g_2h_2=1\times6\times1\times6=36$이다. 다른 말로 2-방향 분기 때문에 이 경로에서 $F=2GH$이다.

경로의 스테이지 간 분기(branching)를 설명하기 위해서는 새로운 종류의 에퍼트를 도입해야 한다. 이 **분기 에퍼트**(branching effort)는 스테이지 측에서 본 총 커패시턴스 대 경로의 커패시턴스의 비율이다. 그림 3.30에서 이 값은 (15+15)/15=2이다.

$$b = \frac{C_{\text{onpath}} + C_{\text{offpath}}}{C_{\text{onpath}}} \tag{3.35}$$

경로 분기 에퍼트(path branching effort) B는 스테이지 간 분기 에퍼트의 곱이다.

$$B = \prod b_i \tag{3.36}$$

이제 경로 에퍼트 F를 경로의 논리, 전기 및 분기 에퍼트의 곱으로 정의할 수 있다. 스테이지의 전기 에퍼트의 곱은 실제는 BH이지 H가 아님을 주목하라.

$$F = GBH \tag{3.37}$$

이제 다중 스테이지 네트워크의 지연을 계산할 수 있다. **경로 지연**(path delay) D는 각 스테이지의 지연의 합이다. 이것은 **경로 에퍼트 지연**(path effort delay) D_F와 **경로 기생 지연**(path parasitic delay) P의 합으로 쓸 수 있다.

$$\begin{aligned} D &= \sum d_i = D_F + P \\ D_F &= \sum f_i \\ P &= \sum p_i \end{aligned} \tag{3.38}$$

스테이지 에퍼트의 곱은 F로 게이트 크기에 무관하다. 경로 에퍼트 지연은 스테이지 에퍼트의 합이다. 곱이 일정한 수 세트의 합은 모든 수를 같게 함으로써 최소화할 수 있다. 다른 말로 경로 지연은 각 스테이지의 에퍼트가 동일할 때 최소가 된다. 만일 경로가 N개의 스테이지를 갖고, 각각이 같은 에퍼트를 갖는다면, 그 에퍼트는 다음 식과 같아야 한다.

$$\hat{f} = g_i h_i = F^{1/N} \tag{3.39}$$

그래서 경로 에퍼트가 F이고, 기생 지연이 P인 N개 스테이지 경로의 가능한 최소 지연 값은 다음 식과 같다.

$$D = NF^{1/N} + P \tag{3.40}$$

이것은 논리 에퍼트의 핵심적인 결과이다. 경로의 최소 지연은 트랜지스터 크기를 정하지 않고 단지 스테이지의 수, 경로 에퍼트, 기생 지연만 알아도 계산할 수 있다. 이 방법은 지연이 크기에 좌우되고 선정된 크기가 최소 지연을 제공하는지 확신할 수 없으므로 시뮬레이션 방법보다 월등히 우수하다.

이것은 또한 이러한 최소 지연을 달성하는 게이트 크기를 선정하는 단순한 방법이다. 식 (3.21)과

(3.22)를 결합하면 구동하고자 하는 출력 커패시턴스가 주어진 게이트에 대해 최상의 입력 커패시턴스를 구하는 **커패시턴스 변환**(capacitance transformation) 공식을 얻는다.

$$C_{\text{in}_i} = \frac{C_{\text{out}_i} \times g_i}{\hat{f}} \tag{3.41}$$

경로 끝 부하로 시작하여 각 스테이지의 크기를 정하기 위해 커패시턴스 변환법을 적용하면서 역순으로 진행해 보자. 사양에 정합하는 초기 스테이지의 크기를 검증하여 수치가 맞는지 점검할 필요가 있다.

예제 3.13

그림 3.31에 나와 있는 경로 *A*에서 *B*까지의 최소 지연을 계산하고 이 지연을 달성하기 위한 트랜지스터 크기를 선정하시오. 초기의 NAND2 게이트는 입력에 8λ의 트랜지스터 폭의 부하를 갖고, 출력 부하는 45λ의 트랜지스터 폭과 대등하다.

해답: 경로 논리 에퍼트는 $G=(4/3)\times(5/3)\times(5/3)=100/27$이다. 경로 전기 에퍼트는 $H=45/8$이다. 경로 분기 에퍼트는 $B=3\times2=6$이다. 경로 에퍼트는 $F=GBH=125$이다. 3개의 스테이지가 있어 최상의 에퍼트는 $\hat{f}=\sqrt[3]{125}=5$이다. 경로 기생 지연은 $P=2+3+2=7$이다. 여기서 최소 경로 지연은 $D=3\times5+7=22\tau$ 또는 4.4 FO4 인버터 지연이다. 게이트 크기는 커패시턴스 변환으로 계산된다: $y=45\times(5/3/)/5=15$. $x=(15+15)\times(5/3)/5=10$이다. 초기의 2-입력 NAND 게이트가 희망하는 대로 $(10+10+10)\times(4/3)/5=8$를 가져야 한다. 그림 3.32의 트랜지스터 크기는 동일한 상승과 하강 지연 시 원하는 크기의 입력 커패시턴스를 갖도록 선정한다 예를 들어, 2-입력 NOR 게이트는 4:1 P/N 비율을 가져야 한다. 총 입력 커패시턴스가 15라고 하면, 이 비율을 얻기 위해서 pMOS 폭은 12가 되어야 하고, nMOS 폭은 3이 되어야 한다.

우리는 또한 지연이 달성되었는지 체크할 수 있다. NAND2 게이트 지연은 $d_1=g_1h_1+p_1=(4/3)\times(10+10+10)/8+2=7$이다. NAND3 게이트 지연은 $d_2=g_2h_2+p_2=(5/3)\times(15+15)/10+3=8$이다. NOR2 게이트 지연은 $d_3=g_3h_3+p_3=(5/3)\times45/15+2=7$이다. 여기서 경로 지연은 예상대로 22가 된다.

지연은 τ의 단위로 표시됨을 기억하자. $\tau=3$ ps인 65 nm 공정에서 지연은 66 ps가 된다. 다른 방법으로, 팬아웃이 4인 인버터 지연은 5τ이고, 따라서 경로 지연은 4.4 FO4가 된다.

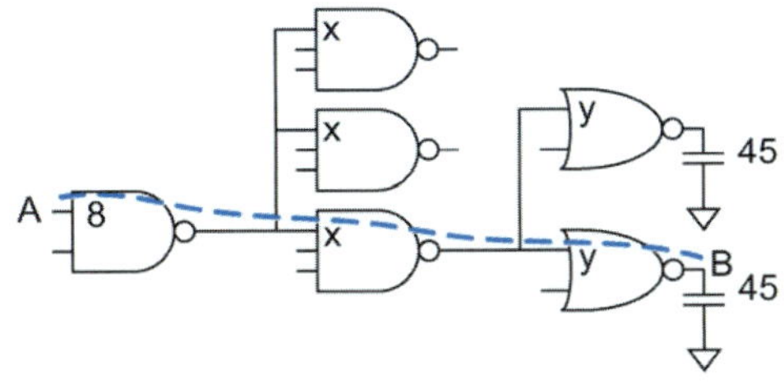

그림 3.31 경로의 예

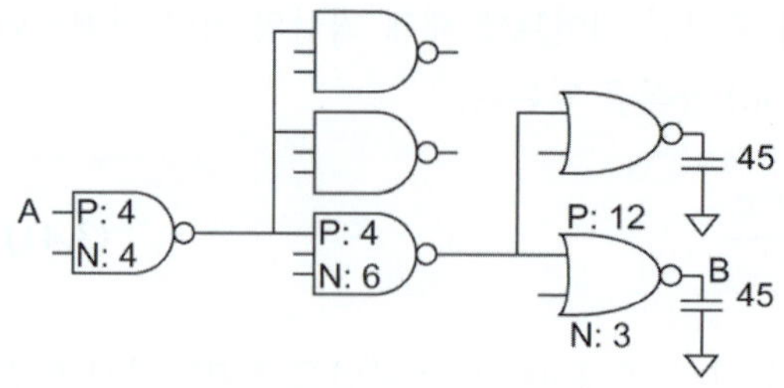

그림 3.32 트랜지스터 크기가 표시된 경로의 예

많은 미숙련 설계 기술자들은 더 넓은 트랜지스터가 더 많은 전류를 허용하는 것으로 알고 더 큰 게이트를 사용하여 회로를 빠르게 하려고 노력한다. 첫 번째 것만 제외하고 다른 어느 게이트의 크기를 늘려도 회로는 느릴 뿐이다. 예를 들어 NAND3의 크기를 늘리는 것은 NAND3를 빠르게 하지만 NAND2를 더 느리게 하여 순 속도는 더 느려지게 된다. 초기 NAND2 게이트를 크게 하면 구성하려는 회로를 빠르게 한다. 그러나 입력 *A*를 계산하는 경로 상의 더 큰 부하로 작용하여 경로의 속도를 느리게 한다. 여기서 경로가 구동해야 하는 부하뿐 아니라 경로의 최대 입력 커패시턴스에 대한 사양도 확보하는 것이 아주 중요하다.

3.5.2 최적의 스테이지 개수 결정

특수한 회로 접속 형태(토폴로지)가 주어졌다고 하면, 우리는 지금 어떻게 지연을 계산하고 게이트 크기를 선택할 것인가를 안다. 그러나 특정한 논리 기능을 구성하는 데에는 여러 가지 다양한 접속 형태가 있다. 논리 에퍼트는 NAND가 NOR보다 더 좋다거나 입력이 적은 게이트가 입력이 많은 게이트보다 좋다거나 하는 것을 말해 준다. 이 절에서는 논리 에퍼트를 사용하여 최적의 스테이지 수를 예측하고자 한다.

논리 설계 기술자들은 때때로 각 스테이지가 일정한 '게이트 지연'을 갖는다는 가정으로 논리 스테이지 수를 세어서 지연을 산출한다. 이 방법은 가장 빠른 회로가 가장 적은 논리 스테이지를 사용할 때라는 인상을 주어서 오류를 범할 수 있다. 물론 게이트 지연은 실제 전기 에퍼트에 좌우되어 때때로 적은 수의 스테이지를 사용하면 더 큰 지연이 발생한다. 다음 예제가 이 점을 설명한다.

예제 3.14

제어 유닛(control unit)은 단위 크기의 인버터로부터 신호를 발생시킨다. 신호는 64비트 데이터 경로의 각각의 비트슬라이스에 있는 단위 크기의 부하를 구동해야 한다. 설계 기술자는 큰 부하를 구동하는 신호를 버퍼링하기 위해 인버터를 추가할 수 있다. 신호 극성이 관계없다고 가정하면 추가할 인버터의 최적 개수는 얼마이고 지연은 얼마가 될 것인가?

해답: 그림 3.33은 0, 1, 2, 또는 3개의 인버터를 추가하는 사례를 보여 준다. 경로 전기 에퍼트는 $H=64$이다. 경로 논리 에퍼트는 $G=1$이고 인버터 수와 무관하다. 이래서 경로 에퍼트는 $F=64$이다.

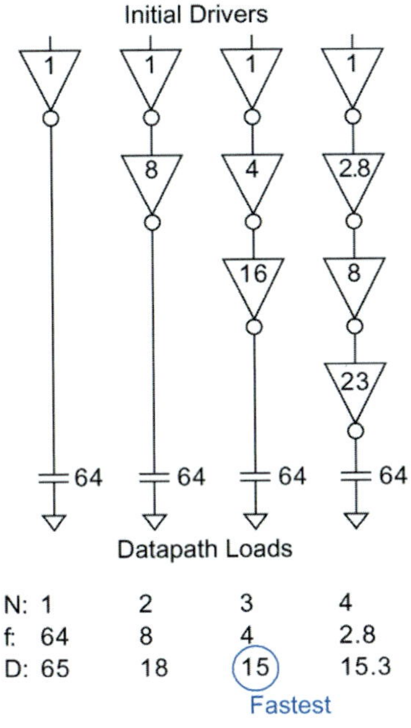

그림 3.33 서로 다른 개수의 버퍼 스테이지 비교

인버터 크기는 동일한 스테이지 에퍼트를 달성하도록 선정된다. 총 지연은 $D=N\sqrt[N]{64}+N$이다.

3-스테이지 설계는 가장 빠르며 단일 스테이지에 비해 훨씬 우수하다. 반전(inversion)의 짝수가 필요하면, 두 개 또는 네 개의 스테이지가 좋을 것 같다. 4-스테이지 설계는 약간 더 빠르나 2-스테이지 설계는 면적이나 전력 소모가 현저하게 작다.

일반적으로 여러분은 기능 변경 없이 경로의 마지막에 인버터를 추가할 수 있다(아마도 극성을 지키기 위해). 최소 지연을 발생시키면서 몇 개를 추가할 수 있는지 산출해 보자. 그림 3.34의 논리 블록은 n_1개의 스테이지와 경로 에퍼트 값 F를 갖는다. 경로를 N개의 스테이지로 가져오기 위해 경로의 끝에 $N-n_1$개의 인버터를 추가하는 것을 검토하자. 인버터를 추가해도 경로 논리 에퍼트를 변화시키지는 못하고 기생 지연을 추가한다. 새로운 경로의 지연은 다음 식과 같다.

$$D = NF^{1/N} + \sum_{i=1}^{n_1} p_i + \left(N - n_1\right) p_{\text{inv}} \tag{3.42}$$

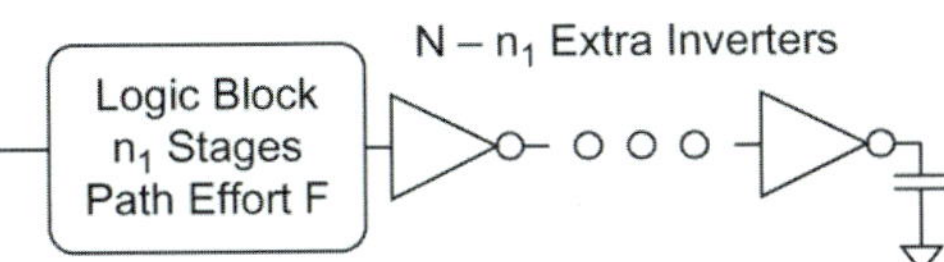

그림 3.34 추가 인버터를 갖는 논리 블록

N에 대해서 미분하고 이를 0으로 놓으면 최적의 스테이지 수를 구할 수 있다. 결과는 아래와 같이 정의하면 좀 더 간결하게 표현할 수 있다.

$$\rho = F^{1/\hat{N}}$$

그러면 최상의 스테이지 에퍼트가 된다.

$$\begin{aligned} \frac{\partial D}{\partial N} &= -F^{1/N}\ln F^{1/N} + F^{1/N} + p_{\text{inv}} = 0 \\ &\Rightarrow p_{\text{inv}} + \rho(1 - \ln\rho) = 0 \end{aligned} \tag{3.43}$$

식 (3.43)은 폐쇄형 해법이 없다. 기생 문제를 무시하면(즉 $p_{\text{inv}}=0$) $\rho=2.71828$이라는 고전적인 결과를 얻는다[Mead80]. 실제로 기생 지연은 각 인버터가 추가하기에는 다소 비싸다는 것을 의미한다. 결과적으로 더 적은 수의 스테이지를 사용하거나, e보다 높은 스테이지의 에퍼트를 사용하는 것이 좋다. 수식으로 풀면 $p_{\text{inv}}=1$일 때, $\rho=3.59$가 나온다.

경로는 $\hat{N}=\log_\rho F$ 스테이지를 사용하여 최소 지연을 달성한다. 최상의 스테이지 에퍼트뿐만 아니라 다른 수의 스테이지를 사용하는 데 대한 민감도에 대해 이해하는 것이 중요하다. 그림 3.35는 $p_{\text{inv}}=1$인 경우의 스테이지에 대해서 특정한 수의 스테이지를 사용함으로써 지연 증가를 그린 것이다. x축은 이상적인 개수에 대한 실제 스테이지 개수의 비율을 보인다. y축은 최상으로 얻을 수 있는 지연에 대한 실제 지연의 비율을 보인다.

곡선은 최적 조건 부근에서 매우 평탄하다. 만일 스테이지 수가 이론적인 최상 값의 2/3~1.5배 이내라면, 지연은 최상값의 15% 이내이다(즉 ρ는 2.4~6 범위 내에 있다).

스테이지 에퍼트 4를 이용하는 것은 편리한 선택이며 최적의 스테이지 수를 간단히 암산으로 선택할 수 있도록 해 준다. 이 에퍼트는 0.7~2.5 범위의 p_{inv}에 대해서 최솟값의 2% 내의 지연 값을 갖

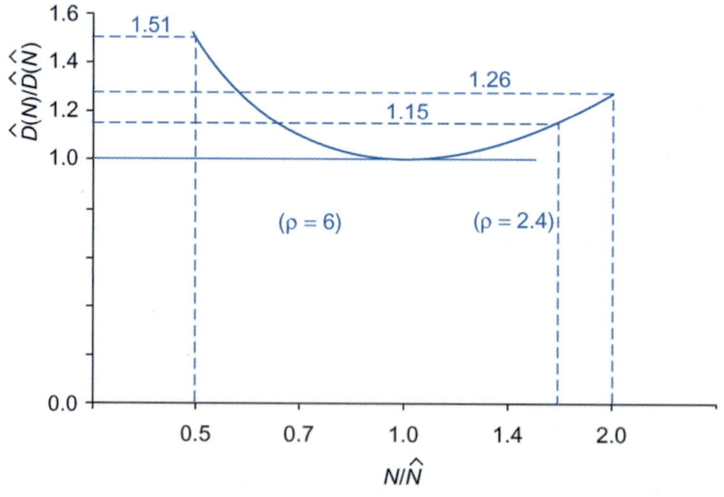

그림 3.35 스테이지 개수에 대한 지연 민감도

는다. 이것은 더 나아가 왜 FO4 인버터가 '표본적인' 논리 게이트 지연을 갖는지를 설명해 준다.

3.5.3 사례

논리 에퍼트의 응용을 설명하기 위하여 좀 더 큰 예를 들자. 우리의 중요한 동료 Ben Bitdiddle은 차량용 내장 프로세서인 Motoroil 68W86의 레지스터 파일에 사용할 디코더를 설계한다. 디코더 사양은 다음과 같다.

- 16워드 레지스터 파일
- 32비트 워드
- 각 레지스터 비트는 워드 라인에 3단위 크기의 트랜지스터 부하를 갖고 있음(2단위 크기의 액세스 트랜지스터에 약간의 배선 용량 추가)
- 참(true) 및 상보형 어드레스 비트 $A[3:0]$가 있음
- 각 어드레스 입력은 10단위 트랜지스터를 구동할 수 있음

11.2.2절에서 상세히 학습하겠지만, 2^N워드 디코더는 2^N개의 N-입력 AND 게이트로 구성되어 있다. 따라서 문제는 적절한 4-입력 AND 게이트를 설계하는 것으로 축약된다. Ben을 도와 몇 개의 스테이지를 사용할 것인지, 얼마나 큰 게이트를 사용할 것인지, 디코더 작동 속도는 어떻게 할 것인지 결정하자.

워드 라인의 출력 부하는 각각 3단위의 커패시턴스나 96단위의 32비트이다. 그러므로 경로 전기 에퍼트는 $H=96/10=9.6$이다. 각 어드레스는 16워드의 반을 계산하도록 되어 있다. 그것의 보수는 다른 반을 계산하는 데 사용된다. 그러므로 $B=8$-방향 분기는 경로 어딘가에 필요하다. 이제 닭이 먼저냐 알이 먼저냐 하는 문제에 봉착했다. 경로 에퍼트와 최적의 스테이지 수를 알기 위해서는 논리 경로 에퍼트를 알아야 한다. 그러나 최적의 스테이지 수를 알지 못하고는 경로를 그릴 수 없고 그러한 경로에 대한 논리 에퍼트를 결정할 수 없다. 이 딜레마를 해결하는 데는 두 가지 방법이 있다. 하나는 임의의 수의 스테이지로 경로를 스케치하여 경로 논리 에퍼트를 구하고, 그것을 경로 에퍼트와 실제 스테이지 수를 결정하는 데 사용하는 것이다. 경로는 이 스테이지 수대로 새로 설계한 다음 경로 논리 에퍼트를 다듬을 수 있다. 만일 논리 에퍼트가 많이 변동하면 공정은 반복될 수 있다. 대신 디코더의 논리는 다소 간단하여 논리 에퍼트를 무시할 수 있다($G=1$이라고 가정). 그런 후 최상의 스테이지 수는 논리 에퍼트를 무시했기 때문에 예상한 것보다 약간 높을 수 있다는 것을 염두에 두고, 설계를 진행할 수 있다.

두 번째 접근 방법으로 우리는 경로 에퍼트가 $F=GBH=(1)(8)(9.6)=76.8$임을 알 수 있다. 최상의 스테이지 에퍼트 값 $\rho=4$를 목표로 하여 최상의 스테이지 수 $N=\log_4 76.8=3.1$을 구할 수 있다. 논리 에퍼트를 고려하면 4-스테이지 설계도 좋은 선택이 될 수 있음을 상기하면서 3-스테이지 설계를 선택한다. 그림 3.36은 가능한 3-스테이지 설계를 보여 준다(INV-NAND4-INV).

이 경로는 논리 에퍼트 $G=1\times(6/3)\times1=2$를 갖기 때문에 실제 경로 에퍼트는 $F=(2)(8)(9.6)=154$이다. 스테이지 에퍼트는 $\hat{f}=154^{1/3}=5.36$이다. 이것은 적절한 범위인 2.4~6 안에 있어서 설계가 성공할 것으로 기대한다. 우리는 커패시턴스 변형을 적용하여 게이트 크기가 $z=96\times1/5.36=18$ 및 $y=18\times2/5.36=6.7$임을 알 수 있다. 지연은 $3\times5.36+1+4+1=22.1$이다.

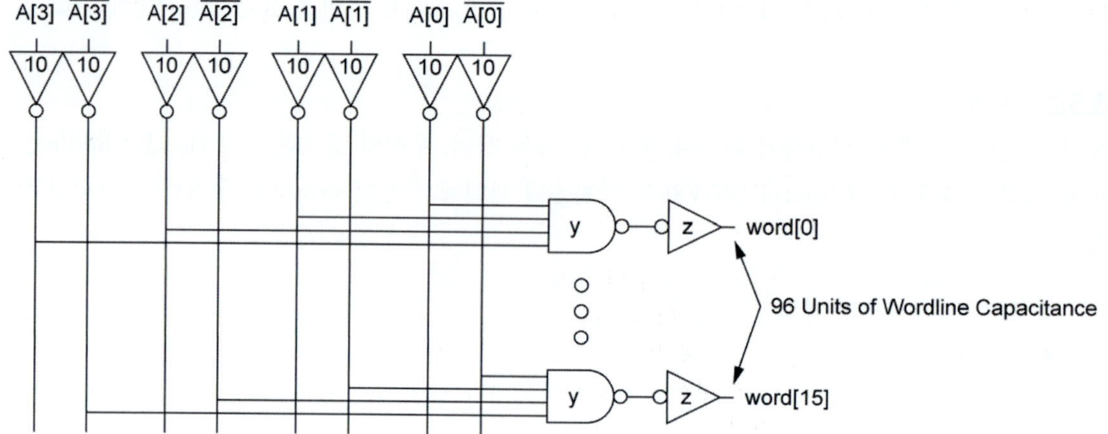

그림 3.36 3-스테이지 디코더 설계

표 3.4 디코더 설계를 비교한 스프레드시트

Design	Stages N	G	P	D
NAND4-INV	2	2	5	29.8
NAND2-NOR2	2	20/9	4	30.1
INV-NAND4-INV	**3**	**2**	**6**	**22.1**
NAND4-INV-INV-INV	4	2	7	21.1
NAND2-NOR2-INV-INV	4	20/9	6	20.5
NAND2-INV-NAND2-INV	4	16/9	6	19.7
INV-NAND2-INV-NAND2-INV	5	16/9	7	20.4
NAND2-INV-NAND2-INV-INV-INV	6	16/9	8	21.6

논리 에퍼트는 또한 스키매틱 에디터와 수많은 시뮬레이션보다는 스프레드시트를 이용하여 대체 설계를 신속히 비교할 수 있도록 한다. 표 3.4는 대체 설계의 수를 비교하고 있다. 우리는 4-스테이지 설계가 예상했던것처럼 다소 빠르다는 것을 알게 된다. 4-스테이지 NAND2-INV-NAND2-INV 설계는 이론적인 최상의 스테이지 수를 가질 뿐 아니라 더 간단한 2-입력 게이트를 가져 논리 에퍼트와 기생 지연을 줄여 원래의 설계에 비해 12%의 속도 증가를 기할 수 있다. 그러나 3-스테이지 설계는 총 게이트 영역이 더 작고 전력을 적게 소비한다.

3.5.4 요약 및 의견

논리 에퍼트는 회로 토폴로지를 비교, 선택하기 쉽고, 경로에 대한 최적의 스테이지 수 및 경로 지연의 계산을 쉽게 하는 방법을 제공한다. 표기법은 익숙해지는 데 시간이 걸리겠지만 본 저자는 좀 더 나은 표기법을 찾아보지 않고 영어와 그리스어를 총동원하였다. *d*는 'delay'를, *p*는 'parasitic'을, *b*는

'branching' 을, f는 'effort' 를, g는 'logical effort' 를, 그리고 h는 f와 g 다음에 오는 글자로 기억하면 편리할 것이다. 스테이지와 경로에 대해서 표기법을 표 3.5에 요약하였다.

논리 에퍼트 방법은 아래와 같은 단계로 적용한다.

1. 경로 에퍼트를 계산한다: $F=GBH$
2. 최상의 스테이지를 계산한다: $\hat{N}=\log_4 F$
3. 경로를 그린다: $\hat{N}$ stages
4. 최소 지연을 계산한다: $D=\hat{N}F^{1/\hat{N}}+P$
5. 최상의 스테이지 에퍼트를 결정한다: $\hat{f}=F^{1/\hat{N}}$
6. 끝에서 시작하여 역순으로 작업하여 크기를 구한다: $C_{\text{in}_i}=\dfrac{C_{\text{out}_i}\times g_i}{\hat{f}}$

CAD 툴은 복잡한 지연 모델을 산정하는 데 매우 빠르고 정확하므로 논리 에퍼트를 그러한 툴 대신 사용해서는 안 된다. 이 기법의 가치는 오히려 '빠르고 부정확한' 수작업 계산과 회로 설계에 주는 통찰력으로부터 나온다. 주요한 통찰력 몇 개를 아래에 정리한다.

- 논리 게이트나 경로의 복잡성을 특징짓는 수치적인 '논리 에퍼트' 아이디어는 대안 회로 토폴로지를 비교할 수 있게 하며 어떤 토폴로지가 다른 것보다 좋고 나쁜지 보여 준다.
- 보수 CMOS 회로에서 NAND 구조는 NOR 구조보다 빠르다.
- 경로는 각 스테이지의 에퍼트 지연이 거의 동일하고 이러한 지연이 4에 가까울 때 가장 빠르다.

표 3.5 논리 에퍼트 표시의 요약

Term	Stage Expression	Path Expression
number of stages	1	N
logical effort	g (see Table 3.2)	$G=\prod g_i$
electrical effort	$h=\dfrac{C_{\text{out}}}{C_{\text{in}}}$	$H=\dfrac{C_{\text{out(path)}}}{C_{\text{in(path)}}}$
branching effort	$b=\dfrac{C_{\text{onpath}}+C_{\text{offpath}}}{C_{\text{onpath}}}$	$B=\prod b_i$
effort	$f=gh$	$F=GBH$
effort delay	f	$D_F=\sum f_i$
parasitic delay	p (see Table 3.3)	$P=\sum p_i$
delay	$d=f+p$	$D=\sum d_i=D_F+P$

- 경로 지연은 최적값으로부터 편차가 크지 않으면 민감하지 않다. 스테이지 에퍼트가 2.4~6 범위이면 최소 지연의 15% 이내로 설계된다. 1~2보다 현격히 큰 수치에 대해서는 계산할 필요가 없다. 그래서 많은 산정은 암산으로 할 수 있다. 이론에 따라 트랜지스터 크기를 선택할 필요가 없다. 설계가 적절하다면 트랜지스터 크기에 주력하는 것은 실익이 없다.
- 4보다 다소 큰 스테이지 에퍼트를 사용하면 속도가 약간 떨어지지만 면적을 줄이고 전력 소모를 줄일 수 있다. 6~8보다 큰 에퍼트를 사용하면 속도가 상당히 떨어진다.
- '더 적은 게이트 지연'에 대해 더 적은 수의 스테이지를 사용하면 회로 속도를 더 빠르게 하지 못한다. 게이트를 크게 만드는 것도 회로를 빠르게 하지 못한다. 면적과 전력 소모만 증가시킬 뿐이다.
- 양호하게 설계된 경로의 지연은 $\log_4 F$ FO4 인버터 지연이다. 부하의 4배수마다 경로에 하나의 FO4 인버터 지연을 추가한다. 그래서 64비트 데이터 경로에 팬아웃하는 제어 신호는 약 3FO4 인버터의 증폭 지연을 야기한다.
- 게이트의 각 입력의 논리 에퍼트는 입력 수가 증가하면서 자체 문제 없이 증가한다. 논리 에퍼트와 기생 지연 둘 모두를 고려하면 논리 게이트에서의 4개 직렬 트랜지스터와 멀티플렉스에로의 4-입력의 실제 한계를 발견한다. 이러한 팬인 외에는 게이트를 폭이 좁은 여러 단의 스테이지로 나누는 것이 더 빠르다.
- 인버터나 낮은 논리 에퍼트를 갖는 2-입력 NAND 게이트가 큰 분기 에퍼트를 갖는 노드를 구동하는 데 최적이다. 분기 이후에는 작은 게이트를 사용하여 구동 중인 게이트의 부하를 최소화할 수 있다.
- 경로가 갈라지고 하나의 가지가 다른 가지보다 더 중요할 때는 덜 중요한 가지를 버퍼링하여 임계 경로 상의 분기 에퍼트를 줄인다.

3.5.5 논리 에퍼트의 한계

논리 에퍼트는 선형 지연 모델에 기초하고 각 스테이지의 에퍼트 지연을 같게 하면 경로 지연이 최소화된다는 간단한 전제에 기반한다. 이와 같은 간이성이 가장 큰 강점이지만 많은 한계 또한 갖고 있다.

- 논리 에퍼트는 상호 접속에 영향을 주지 않는다. 무시할 수 없는 배선 커패시턴스와 RC 지연의 효과는 5장에서 다시 검토한다. 논리 에퍼트는 라우팅 지연이 대부분이 아닌 보통의 레이아웃으로 구성한 고속 회로에 가장 잘 적용된다. 그러한 구조에는 가산기, 승산기, 메모리, 기타 데이터 경로와 어레이가 포함된다.
- 논리 에퍼트는 최고 속도에 대해서 임계 경로를 설계하는 방법을 설명하지만, 주어진 속도에서의 최소 면적이나 전력을 위한 설계 방법은 설명하지 않는다. 이 문제는 4.2.2.1절에서 다룬다.
- 복잡한 분기로 구성한 경로는 수작업으로 분석하기 어렵다.
- 선형 지연 모델은 입력 기울기의 효과를 포착하지 못한다. 다행히 에지 비율은 스테이지당 에퍼트 지연 값이 동일한 잘 설계된 회로에서는 같아지려는 경향이 있다.

3.5.6 반복적 크기 결정

지금까지 소개한 기술의 한계를 넘기 위해서, 시스템에 있는 각 게이트의 방정식을 표시하고 가장 늦은 도달 시간을 최소화한다. 폐쇄형 해법이 존재하지는 않지만, 반복적이고 직관적으로 최적해에 도달하는 방법이 있다. 이 절에서는 최소 지연을 위한 크기 결정 방법을 소개하고, 4.2.2.1절에서는 지연 제약 조건을 만족하는 최소 에너지 크기 결정 방법을 소개한다.

i번째 게이트의 특성은 논리 에퍼트 g_i, 기생 지연 p_i, 그리고 드라이브 x_i에 의해서 결정된다. 공식적으로 이 절의 목표는 가장 늦은 출력의 도달 시간을 최소화하는 드라이브 x의 비음수 벡터를 찾는 것이다. 이것은 MOSEK와 같은 상용 최적화 도구를 사용하거나, 간단한 문제인 경우 마이크로소프트의 엑셀을 이용할 수도 있다. 도달 시간 방정식은 **컨벡스**(convex) 성격을 갖기 때문에 하나의 최솟값을 갖고, 잘못된 해가 얻어질 위험이 없다. 나아가서 이 함수는 모든 변수와 계수가 양의 값을 갖는 **posynomial** 함수이기 때문에 **기하학적 프로그래밍**(geometric programming) 방법으로 효과적인 최적화가 가능하다[Fishburn85].

예제 3.15

그림 3.37은 불균일 분기를 갖고, 팬아웃이 재수렴하고, 배선 부하가 경로의 중간에 있는 회로를 나타낸다. 이 모든 조건들이 논리 에퍼트의 간단한 응용을 어렵게 한다. 배선 부하는 게이트 커패시턴스와 같은 단위로 주어진다. 입력이 시간 0에서 도달한다고 가정한다. 출력의 도달 시간을 게이트 드라이브의 함수로 나타내고, 최소 지연을 얻기 위한 크기를 결정하시오.

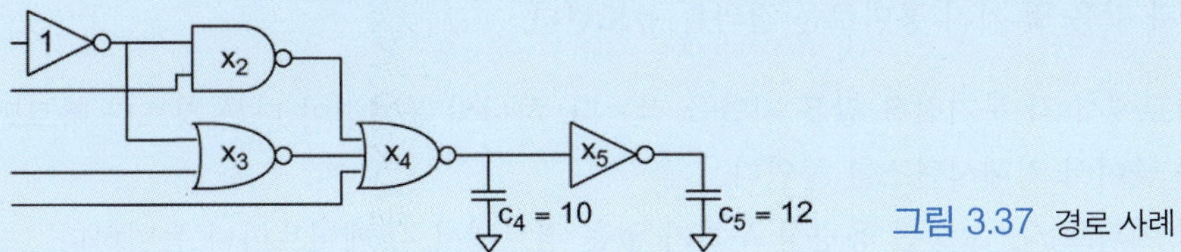

그림 3.37 경로 사례

해답: 각 게이트의 지연 방정식은 식 (3.25)를 사용해서 얻는다. x는 크기가 아닌 드라이브를 나타낸다. 식 (3.24)에 따르면 논리 에퍼트 g를 갖는 게이트의 입력 커패시턴스와 드라이브 x는 $C_{in}=gx$의 관계를 갖는다.

$$
\begin{aligned}
d_1 &= 1+\tfrac{4}{3}x_2+\tfrac{5}{3}x_3 \\
d_2 &= 2+\tfrac{7}{3}\frac{x_4}{x_2} \\
d_3 &= 2+\tfrac{7}{3}\frac{x_4}{x_3} \\
d_4 &= 3+\frac{x_5}{x_4}+\frac{10}{x_4} \\
d_5 &= 1+\frac{12}{x_5}
\end{aligned}
\tag{3.44}
$$

표 3.6 최소 지연을 위한 경로 설계

Stage (i)	x_i	f_i	c_{in}	d_i	a_i
1: INV	1	4.85	1	5.85	5.85
2: NAND2	1.62	4.85	2.16	6.85	12.70
3: NOR2	1.62	4.85	2.70	6.85	12.70
4: NOR3	3.37	4.85	7.86	7.85	20.55
5: INV	6.35	1.89	6.35	2.89	23.44

식 (3.1)의 정의를 사용해서 도달 시간을 구한다.

$$\begin{aligned} a_1 &= d_1 \\ a_2 &= a_1 + d_2 \\ a_3 &= a_1 + d_3 \\ a_4 &= \max\{a_2, a_3\} + d_4 \\ a_5 &= a_4 + d_5 = d_1 + \max\{d_2, d_3\} + d_4 + d_5 \end{aligned} \tag{3.45}$$

최종 도달 시간을 최소화하기 위한 드라이브를 선택한다. 표 3.6은 이 결과를 보이고, 이렇게 구한 최소 지연은 23.44이다.

이 예제는 다음과 같은 몇 가지 흥미로운 결과를 유도한다.

- 분기하는 경로에서 각 분기점은 같은 지연을 갖는다. 하나의 분기점이 다른 것보다 빠르면, 이것의 크기를 줄여서 커패시턴스를 줄인다.
- 이 스테이지 에퍼트 f는 고정된 용량성 부하가 없는 경로에서 각 게이트마다 동일하다.
- 지연을 최소화하기 위해서 게이트에 의해서 발생하는 에퍼트를 줄이기 위한 대용량 고정 커패시턴스를 갖는 노드의 게이트를 확장하고, 다른 한편으로 프로세서에 의한 에퍼트를 다소 증가시킨다.

표준 셀 라이브러리는 몇 가지 고정된 크기들을 제공한다. 게이트 드라이브는 가장 근접한 크기로 반올림된다. 예를 들어 이 회로는 inv_1x, nand2_2x, nor2_2x, nor3_3x, 그리고 inv_6x 등을 사용할 수 있다. 지연은 23.83으로 증가하는데, 2% 미만의 손실이 발생한다. 대개 $\sqrt{2}$배로 다른 크기의 라이브러리는 충분히 큰 부하를 구동할 수 있는 인버터가 있다면 연속적인 크기를 사용하는 것과 거의 유사하다. 2배로 다른 크기를 사용해도 충분히 좋은 결과를 얻을 수 있다.

이 절에서 논리 에퍼트를 직관적으로 이해하기 위해서 선형 모델을 사용했지만, 에지 속도, V_{DD}, V_t 등을 고려한 보다 정교한 모델을 사용할 수도 있다[Patil07]. 수치적인 계산을 위한 추가 노력은 큰 문제가 되지 않고, 이 모델은 공급 전원이나 문턱 전압을 최적화하는 데도 사용할 수 있다. 타이밍 모델은 3.6절에서 보다 자세하게 논의한다.

3.6 타이밍 해석 및 지연 모델

수백만 게이트를 갖는 칩을 다루기 위해서, 타이밍 분석기를 위한 지연 모델은 충분히 빠르고 정확한 해석이 가능하도록 사용이 쉬워야 한다. 이 절에서는 타이밍 해석을 위해서 SPICE보다 빠르고, 선형 모델보다는 정확한 몇 가지 지연 모델을 검토한다. 표준 셀 라이브러리에 있는 게이트의 타이밍(면적, 전력, 잡음) 모델은 .lib 파일에 저장되어 있다. 이 모델들은 www.opensourceliberty.org에 있는 Liberty 표준 문서의 일부이다. 표준 셀 라이브러리의 논리 에퍼트 파라미터는 이전 스테이지에서 상승/하강 시간이 동일하다는 가정하에 타이밍 모델에 직선을 정합시켜서 얻는다.

3.6.1 경사 기반 선형 모델

선형 지연 모델에 입력 경사를 반영하는 항목을 추가해서 확장한 간단한 방법은 다음과 같다. 입력의 경사가 이전 스테이지의 지연에 비례한다고 가정하면, 상승 및 하강 출력의 지연은 다음과 같이 표현된다.

```
delay_rise =intrinsic_rise + rise_resistance × capacitance +
            slope_rise × delay_previous
delay_fall =intrinsic_fall + fall_resistance × capacitance +
            slope_fall × delay_previous
```

선형 지연 모델은 넓은 영역의 경사와 합성 회로에 있는 부하를 다루기에는 충분히 정확하지 못하기 때문에 비선형 모델로 대체된다.

3.6.2 비선형 지연 모델

비선형 지연 모델은 부하 커패시턴스와 입력 경사에 근거한 표에서 지연을 찾아내는 것이다. 상승 및 하강 지연과 출력 경사를 찾기 위해서 별도의 표를 사용한다. 표 3.7은 인버터의 하강 지연을 위한 비선형 모델의 사례를 보여 준다. 타이밍 해석기는 특정한 부하 커패시턴스와 경사가 표에 없을 때 인접한 값들을 보간해서 사용한다.

표 3.7 인버터 t_{pdf}(ps)의 비선형 지연 모델

C_{out} (fF)	Rise Time (ps)				
	10	20	40	80	160
1	11.5	13.3	17.0	21.2	25.3
2	18.4	20.2	24.1	30.9	38.5
4	32.0	33.8	37.6	43.4	58.5
8	59.2	60.9	65.7	72.3	87.8

비선형 지연 모델은 현재 시점에서 널리 사용되지만, 복잡한 RC 상호 연결 네트워크를 구동하는 게이트의 지연을 해석하는 데는 충분하지 않다. 이 모델은 잡음을 해석하는 데도 충분하지 않다. 따라서 전압과 온도를 해석하기 위해서 다른 모델이 필요하다.

3.6.3 전류원 모델

비선형 지연 모델의 한계는 전류원 모델을 개발하는 동기가 되었다. **전류원 모델**(current source model)은 이론적으로 출력 DC 전류를 입력과 셀의 출력 전압의 비선형 함수로 표현한다. 타이밍 해석기는 수치적으로 출력 전압을 시간의 함수로 찾기 위해서 출력 전압을 임의의 RC 네트워크로 결합한 후 전달 지연을 얻는다.

Liberty **Composite Current Source Model**(CCSM)은 주어진 입력 슬루 레이트(slew rate)와 출력 커패시턴스에 대해서 출력 전류를 시간의 함수로 저장한다. 이와 비교되는 **Effective Current Source Model**(ECSM)은 출력 전압을 시간의 함수로 저장한다. 이 두 가지 표현은 동등하고, 실제 전류원 모델로 합성될 수 있다[Chopra06].

3.7 함정 및 착오

무부하 게이트의 게이트 지연 정의

공정 마케팅 시 흔히, 링 발진기(2τ)의 인버터나, 자체 게이트 커패시턴스(1/3τ)를 충전하는 트랜지스터의 RC 시정수에 기반을 둔 게이트 지연을 보고한다. 임계 경로 상의 실제 게이트의 지연은 5~6τ에 가까움을 기억하고, 의심이 갈 때는 어떻게 '게이트 지연'을 정의하는지, 또는 FO4 인버터 지연 값을 확인한다.

경로의 트랜지스터를 크게 하여 속도 증대하기

대부분의 설계 기술자들은 트랜지스터의 크기를 키우면 저항이 감소하여 일정한 부하에서 속도가 빨라진다고 알고 있다. 신참 설계 기술자들은 때때로, 크기를 키우면 입력 커패시턴스를 키워 이전 스테이지를 더 느리게 하며, 특히 이전 스테이지가 다른 설계 기술자의 타이밍 설계 영역일 경우 더 그러하다는 사실을 망각한다. 저자들은 이것들이 대형 마이크로프로세서의 풀칩 타이밍(full-chip timing) 분석 시 집중력의 결여로 나타난다고 보는데, 이유는 개별 기술자들이 경로와 타이밍이 조우할 때까지 각자 자신의 게이트 크기만을 키우기 때문이다. 기술자들은 이전 스테이지의 큰 부하 때문에 그들의 입력이 더 늦게 도착하는 것을 주간 풀칩 타이밍 작업 후에야 알아차린다. 해법은 각 블록의 사양에 도착 시간뿐 아니라 이전 블록의 구동기 저항도 포함시키는 것이다.

스테이지 수를 줄여 속도 증가시키기

논리 설계 기술자들은 가끔 경로의 '게이트 지연'을 센다. 이 방법은 적절히 사용하면 편리한 방안이다. 각 게이트가 게이트 지연에 영향을 준다고 믿는 초심 기술자들은, 경로의 지연은 가급적 적은 수의 논리 스테이지를 사용하여 최소화할 것을 제안하는데, 이것은 분명히 맞지 않는 것이다.

3.8 역사적 고찰

그림 1.5는 마이크로프로세서의 동작 주파수가 40년간 지수함수적으로 증가한 사례를 보여 준다. 대부분의 개선이 요소 크기에 따른 게이트 지연의 자연스러운 감소에 의해서 이루어졌지만, 중요한 부분은 발전된 마이크로 구조와 사이클당 더 적은 개수의 게이트를 사용하는 회로 설계에 의한 것이다. 회로의 발전 측면에서 보면, 사이클 타임은 FO4 인버터의 지연에서 가장 잘 표현된다.

그림 3.38은 International Solid-State Circuits Conference에 발표된 칩의 보고서에 근거해서 마이크로프로세서의 사이클 타임의 역사적 발전을 보여 준다. 초기 프로세서들은 사이클당 FO4 지연이 100에 가깝게 동작했다. Digital Equipment Corporation 마이크로프로세서의 Alpha 라인은 1990년대 초에 사이클당 FO4 지연을 20 이하로 줄임으로써 방황하던 회로 설계 분야에 충격을 주었다. 이것은 당시 클럭 주파수 증가를 위한 전쟁을 종식시켰다. 1990년대 후반에 Intel과 AMD는 주파수를 사용해서 프로세서를 분류하기 시작했다. Pentium 2와 3는 사이클당 FO4 지연이 20~24에 도달했다. Pentium 4는 극도로 긴 파이프라인과 어마어마한 전력 소모를 대가로 사이클 타임을 10까지 줄였다 마이크로 구조는 사이클 타임이 단지 8 FO4 지연/사이클일 때 최대가 되는 것으로 예측하였다[Hrishikesh02].

짧은 사이클 타임은 방대한 개수(20~30)의 파이프라인 스테이지와 많은 전력 소모(100 W)를 대가로 가능해졌다. 사이클당 게이트 개수는 전력 효율을 높이기 위해서 다시 증가했다. [Srinivasan02]는 사이클당 FO4 지연 19~24가 되면 성능과 전력 사이의 적절한 타협점이 된다는 것을 확인하였다.

특정 용도의 주문형 집적회로(ASIC: application-specific integrated circuit)는 보다 쉬운 설계를 위해서 일반적으로 훨씬 낮은 주파수(나노미터 공정에서 200~400 MHz 정도)에서 동작했다. 전형적인 ASIC 사이클 타임은 사이클당 FO4 40~100 정도이지만[Mai05, Chinnery02], 성능이 중요한 설계에서는 25까지 빠르게 할 수 있다.

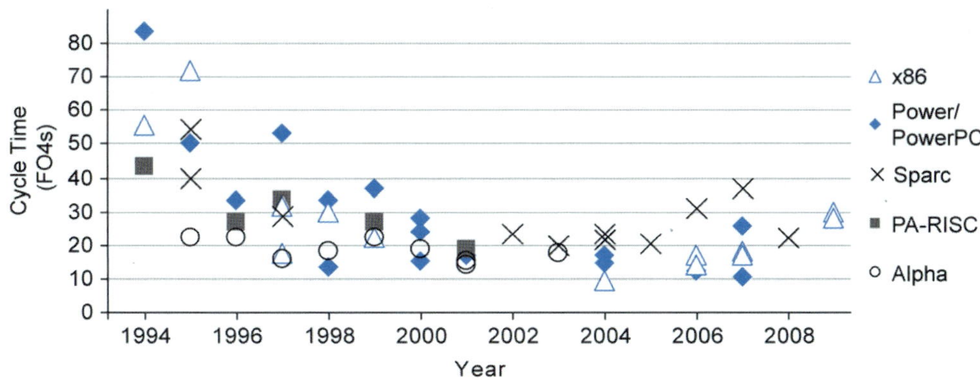

그림 3.38 시간에 따른 마이크로프로세서 사이클. FO4 지연을 요소 크기의 함수로 추정하는 데 기반을 둔 불확실성이 존재함

요약

VLSI 설계 기술자들의 도전 과제는 전력이나 면적을 적게 차지하고, 신뢰성 있게 작동하며, 설계 시간이 들지 않으면서 속도 요구를 맞추는 시스템을 엔지니어링하는 것이다. 회로 시뮬레이션은 지연을 계산하는 중요한 툴이며 4장에서 심도 있게 논의될 것이지만 가능한 모든 설계를 시뮬레이션하는 것은 시간이 너무 많이 소요된다. GIGO(garbage-in, garbage-out)의 실수를 할 가능성이 있다. 왜 회로에 특정한 지연이 있는지, 지연을 개선하기 위하여 회로를 어떻게 변경하여야 하는지에 대해 간파하지 않는다. 설계 기술자는 또한 수작업으로 성능을 신속히 산정하기 위한 간단한 모델을 가져야 하며 왜 어떤 회로는 다른 것보다 좋은지 설명하여야 한다.

트랜지스터가 비선형 전류-전압과 커패시턴스-전압 관계의 복잡한 기기일지라도 디지털회로의 지연 산정을 위한 목적이라면 일정한 커패시턴스와 ON 상태의 유효 저항 R을 가짐으로써 아주 훌륭하게 예상할 수 있다. 논리 게이트는 이래서 RC 네트워크로 모델링된다. 엘모어 지연 모델은 네트워크의 지연을 산정한다. 충전 또는 방전되어야 할 각 커패시턴스와 저항의 곱의 합으로서 네트워크의 지연을 산정한다. 그러므로 게이트 지연은 기생 지연(내부의 기생 지연을 구동하는 게이트를 말함)+에퍼트 지연(외부 부하를 구동하는 게이트를 말함)이다. 에퍼트 지연은 전기 에퍼트(부하 커패시턴스 대 입력 커패시턴스의 비율, **팬아웃**이라고도 함)와 논리 에퍼트(같은 입력 커패시턴스를 갖는 인버터에 대한 게이트의 전류 구동 능력으로 특징지음)에 좌우된다. 발전된 제조 공정에서도 지연 대 전기 에퍼트 곡선은 직선에 매우 잘 맞는다. 논리 에퍼트 방법은 이런 선형 지연 모델에 구성되어 경로의 에퍼트와 기생 지연에 기반을 둔 전체 경로의 지연을 신속히 산정하는 데 도움이 된다. 우리는 다음 장에서 논리 에퍼트를 사용하여 무엇이 회로를 빠르게 하는지 설명할 것이다.

연습문제

3.1 어떤 설계자는 '게이트 지연'을 FO4 인버터로 하지 않고 팬아웃이 3인 2-입력 NAND 게이트로 한다. 논리 에퍼트를 이용하여 팬아웃이 3인 2-입력 NAND 게이트의 지연을 구하시오. $p_{inv}=1$로 놓고, 결과를 τ와 FO4 인버터 지연을 사용하여 설명하시오.

3.2 $p_{inv}=0.75$일 때, 확산 대 게이트 커패시턴스 비율이 낮은 공정에 대해서 연습문제 3.1을 반복하시오. 이것이 NAND 게이트 지연을 측정된 FO4 인버터 지연과 같이 바꿀 수 있는 확률은 얼마인가? $p_{inv}=1.25$이면 어떤 현상이 발생하는가?

3.3 단위 인버터와 동등한 유효 상승 저항 및 유효 하강 저항을 달성하기 위하여 선정된 트랜지스터 폭의 2-입력 NOR 게이트를 그리시오. 엘모어 지연 모델을 이용하여 h와 동일한 NOR 게이트를 구동하는 NOR 게이트의 상승 전달 지연과 하강 전달 지연을 계산하시오. 모든 소스나 드레인은 커패시턴스 산정 시 확산층과 완전한 접촉 상태를 유지하는 것으로 가정한다.

3.4 2-입력 NOR에 대한 막대도(stick diagram)를 그리시오. 양호한 커패시턴스 추정값을 사용해

서 연습문제 3.3을 반복하시오. 특히 확산 노드가 두 개의 병렬 트랜지스터 사이에 공유되어 있으면, 커패시턴스는 단 한 번만 계상한다. 만일 확산 노드가 두 개의 직렬 트랜지스터 간에 공유되어 있고 접촉이 필요 없으면, 확산 면적이 작으므로 커패시턴스는 절반만 계상하시오.

3.5 3-스테이지 논리 경로는 각 스테이지의 에퍼트가 12, 6, 9 지연 유닛이 되도록 각각 설계되었다. 이 설계는 개선 여지가 있는가? 왜 그런가? 이 경로에 대한 최적의 스테이지 수는 얼마인가? 기존 설계에 어떠한 변경을 하여야 한다고 생각하는가?

3.6 입력 커패시턴스의 3개 단위로 구성한 단위 인버터가 단위 구동을 갖는다고 가정한다.

a) 4x 인버터 구동이란 무엇인가?

b) 입력 커패시턴스 3단위로 구성한 2-입력 NAND 게이트 구동이란 무엇인가?

3.7 3.4.2절에서 계산한 논리 에퍼트와 기생 지연을 이용하여, 2-입력 NOR 게이트에 대해서 그림 3.21과 같은 지연 에퍼트 대 전기 에퍼트 그래프를 그리시오. 여기서 그린 그래프의 기울기와 2-입력 NAND 그래프의 기울기를 비교하시오. *y* 절편을 비교하시오.

3.8 4x 인버터는 단위 인버터보다 4배가 넓다. 만일 단위 인버터가 입력 커패시턴스와 p_{inv}의 기생 지연이 있는 3단위를 갖고 있으면 4x 인버터의 입력 커패시턴스는 얼마인가? 논리 에퍼트는 얼마인가? 기생 지연은 얼마인가?

3.9 아래 함수를 계산하기 위한 게이트 레벨의 회로를 설계하시오.

```
if (a == b) y = a;
else y = 0;
```

위에서 *a*, *b*, *y*는 16비트 버스라고 하자. 입력 커패시턴스와 출력 커패시턴스는 각각 10단위라고 가정한다. 목표는 가급적 빠른 회로를 만드는 것이다. 최상의 게이트 사이즈가 사용될 경우 논리 에퍼트를 사용하여 FO4 인버터 지연을 개산하시오. 이 지연을 달성하기 위해 어떠한 크기를 사용할 필요가 있는가?

3.10 출력 패드는 (상대적으로) 매우 큰 칩 밖(off-chip) 커패시턴스를 구동하기 위해 연속적인 대형의 인버터 체인을 내포한다. 체인의 제1 인버터가 20 fF의 커패시턴스를 갖고, 칩 밖 부하는 10 pF이다. 최소 지연으로 부하를 구동하기 위해 몇 개의 인버터를 사용하여야 하는가? 지연을 개산하고, FO4 인버터 지연으로 표현하시오.

3.11 그림 3.39의 클럭 버퍼는 100 fF의 최대 입력 커패시턴스를 갖는다. 참 출력(true output), 상보형 출력(complementary output) 모두 300 pF 부하를 구동하여야 한다. 입력에서 출력으로의 최악의 지연을 최소화하는 각 인버터의 입력 커패시턴스를 계산하시오. 이 지연은 τ로 얼마인가? 인버터 기생 지연이 1이라고 가정한다.

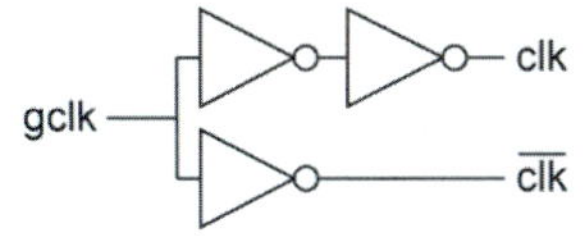

그림 3.39 클럭 버퍼

3.12 그림 3.40의 2개의 2-입력 AND 게이트 설계를 검토해 보자. 어느 것이 더 빠른지 직관적으로 말하시오. 이 지연을 달성하기 위해 경로 에퍼트와 지연, 입력 커패시턴스 *x*와 *y*를 계산하고, 답을 상세히 설명하시오.

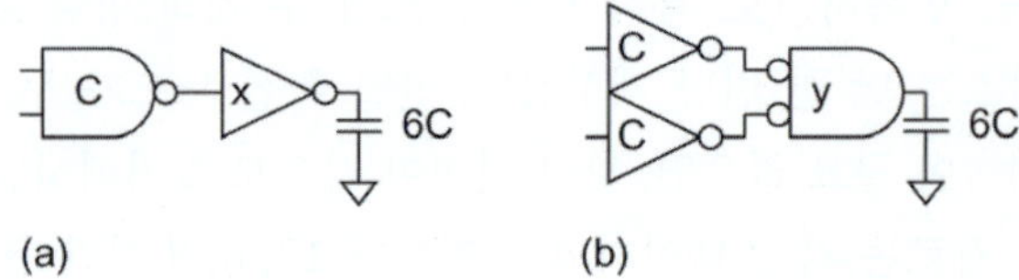

그림 3.40 2-입력 AND 게이트

3.13 그림 3.41의 6-입력 AND 게이트에 대한 4개의 설계를 검토하시오. 만일 경로 전기 에퍼트가 H일 경우에 각 경로의 지연에 대하여 설명하시오. $H=1$일 때 어떤 설계가 가장 빠른가? $H=5$이면 어떤가? $H=20$이면 어떤가? 결론을 직관적으로 말하시오.

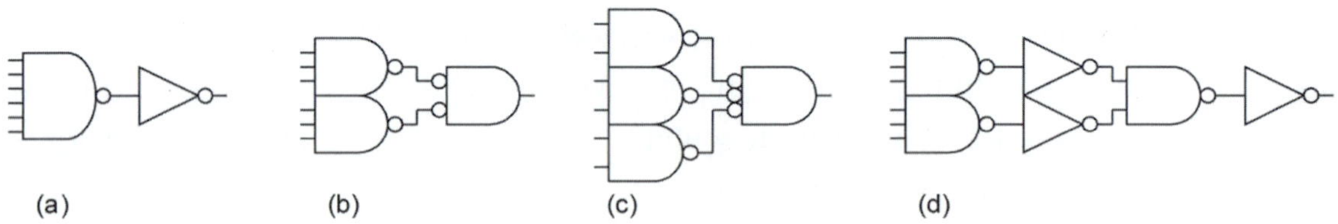

그림 3.41 6-입력 AND 게이트

3.14 그림 3.42를 이용하여 X2와 X4 NOR 게이트 A 입력의 기생 지연과 논리 에퍼트를 구하시오. 이 값들이 X1게이트의 값과 비교하여 몇 % 다른가? 이것은 기생 지연과 논리 에퍼트가 게이트 유형에 관계하지만 트랜지스터 크기에는 무관한 우리의 모델에 대해서 무엇을 의미하는가?

3.15 단위 인버터와 동등한 상승 저항 및 하강 저항을 달성하기 위하여 선정된 트랜지스터폭의 4-입력 NAND 게이트를 그리시오. 왜 논리 에퍼트 값이 6/3인지 설명하시오.

3.16 64비트 레지스터로 구성한 32워드 레지스터 파일에 대해 3.5.3절의 디코더 설계를 반복하시오. 가장 빠른 디코더 설계를 결정하고, 이런 지연을 달성하기 위해 필요한 디코더의 지연과 트랜지스터 폭을 결정하시오.

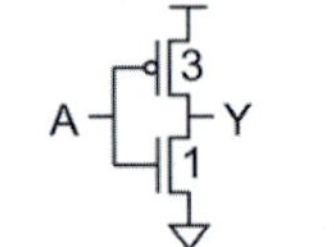

그림 3.43 단위 인버터

3.17 nMOS 트랜지스터의 3배의 유효 저항을 갖는 pMOS 트랜지스터를 갖고 있는 공정을 계상하시오. 그림 3.43은 상승 지연과 하강 지연이 같은 단위 인버터를 보여 준다. 2-입력 NAND 게이트와 2-입력 NOR 게이트의 상승 지연과 하강 지연이 같은 경우 논리 에퍼트를 구하시오.

3.18 pMOS 트랜지스터가 nMOS 트랜지스터의 유효 저항의 μ배라고 가정하고 연습문제 3.17을 일반화하시오. k-입력 NAND 게이트와 k-입력 NOR 게이트의 논리 에퍼트의 일반적인 표현식을 구하시오. μ가 증가할 경우, NAND 대 NOR의 상대적인 요구성(desirability)에 대해 견해를 말하시오.

3.19 그림 3.42에서 X1 NOR 게이트 B 입력의 기생 지연과 논리 에퍼트는 얼마인가? 이 값들이 A 입력과 왜 다른가?

3.20 그림 3.25의 데이터시트를 사용하여 FO3 NAND2 게이트의 입력 A로부터 평균 지연 값을

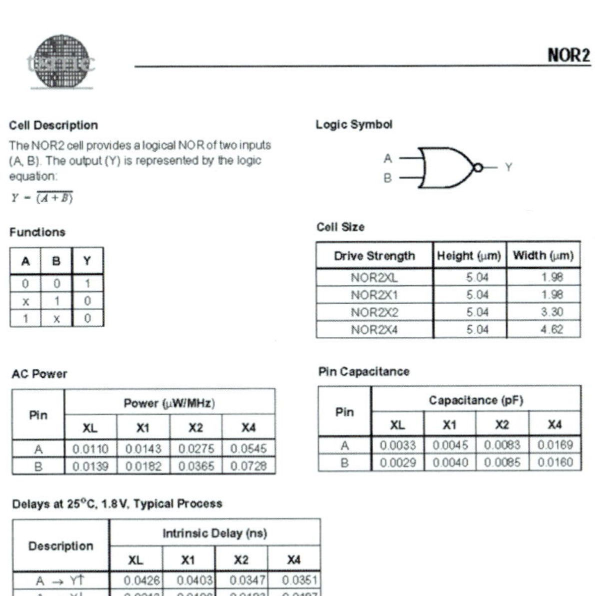

NOR2

Cell Description

The NOR2 cell provides a logical NOR of two inputs (A, B). The output (Y) is represented by the logic equation:

$Y = \overline{(A+B)}$

Logic Symbol

Functions

A	B	Y
0	0	1
x	1	0
1	x	0

Cell Size

Drive Strength	Height (μm)	Width (μm)
NOR2XL	5.04	1.98
NOR2X1	5.04	1.98
NOR2X2	5.04	3.30
NOR2X4	5.04	4.62

AC Power

Pin	Power (μW/MHz)			
	XL	X1	X2	X4
A	0.0110	0.0143	0.0275	0.0545
B	0.0139	0.0182	0.0365	0.0728

Pin Capacitance

Pin	Capacitance (pF)			
	XL	X1	X2	X4
A	0.0033	0.0045	0.0083	0.0169
B	0.0029	0.0040	0.0085	0.0160

Delays at 25°C, 1.8V, Typical Process

Description	Intrinsic Delay (ns)			
	XL	X1	X2	X4
A → Y↑	0.0426	0.0403	0.0347	0.0351
A → Y↓	0.0213	0.0196	0.0183	0.0187
B → Y↑	0.0536	0.0519	0.0485	0.0473
B → Y↓	0.0259	0.0244	0.0247	0.0245

Description	K_{load} (ns/pF)			
	XL	X1	X2	X4
A → Y↑	9.4704	6.7329	3.3656	1.6550
A → Y↓	3.5015	2.3672	1.2659	0.6330
B → Y↑	9.4589	6.7278	3.3647	1.6542
B → Y↓	3.5234	2.3779	1.2717	0.6357

TSMC 0.18μm Process SAGE-X™ Standard Cell Library Databook
144

Artisan

그림 3.42 2-입력 NOR 게이트의 데이터시트(Artisan Componnts 제공)

그리시오. 왜 다른 구동 강도에서보다 XL 구동 강도에서 지연 값이 더 큰가?

3.21 그림 3.42는 TSMC 180 nm 공정용 Artisan Components 표준 셀 라이브러리에 있는 2-입력 NOR 게이트에 대한 데이터시트이다. 평균 기생 지연과 X1 NOR 게이트 A 입력의 논리 에퍼트를 구하시오. 3.4.5절의 τ 값을 이용하시오.

3.22 3.4.2절의 기생 지연 개산은 출력 측의 각 트랜지스터 상의 접촉 확산을 감안하고 내부 확산은 무시한 채 구했다. 출력 노드의 평행 트랜지스터가 단일 확산 접촉을 공유한다면 기생 지연은 증가하는가 감소하는가? 직렬 트랜지스터 간의 내부 확산 커패시턴스를 감안하면 어떤가? 셀 내부의 배선 커패시턴스를 감안하면 어떤가?

3.23 엘모어 지연 모델을 사용하여 AND-OR INVERT 게이트의 상승 전달 지연 및 하강 전달 지연을 구하시오. 레이아웃의 막대도에 근거한 확산 커패시턴스를 개산하시오.

3.24 문제 3.11의 클럭 버퍼는 **1~2 포크**(fork)의 한 예이다. 일반적으로 1~2 포크가 최대 입력 커패시턴스 C_1을 갖고, 두 가지 각각 C_2 부하를 구동하면, 각 인버터의 커패시턴스는 얼마여야 하고, 회로의 작동 속도는 얼마인가? p_{inv}를 사용하여 답하시오.

3.25 64비트 Naffziger 가산기[Naffziger96]는 FO4 인버터 지연 값 약 140 ps의 고속 0.5 μm HP 공정에서 930 ps의 지연 값을 갖는다. FO4 인버터 지연 값 20 ps의 65 nm 공정에서의 지연 값을 구하시오.

3.26 n-입력 NOR 게이트의 최악의 경우의 엘모어 기생 지연을 구하시오.

전력 4

4.1 서론

지구상에서 핵을 제외한 모든 에너지는 태양으로부터 나온다. 본질적으로 지구는 수십억 년 동안 식물의 성장 형태로 태양의 에너지를 충전해 온 거대한 배터리라고 생각할 수 있다. 이렇게 성장한 식물은 탄소로 바뀌고, 이는 다시 석유, 석탄 등과 같은 탄소 연료가 되었다. 최근에 우리는 태양으로부터 직접 에너지를 얻거나 바람, 조수, 습기, 지열 등으로부터 간접적으로 에너지를 얻을 수 있게 되었다. 에너지는 변환을 수반한다. 태양은 식물을 자라게 하고, 식물은 탄소로 변하고, 탄소는 열을 발생시키고, 열은 전기를 만들고, 전기는 화학 물질을 만들며(배터리 충전) 화학 물질은 전기를 만들기도 한다(배터리 방전). 또한 전기는 소리를 발생시킨다. 마지막 단계로 만들어진 소리의 일부는 우주 공간으로 퍼져 나가고, 나머지는 열로 바뀌어 소실된다. 일상 생활에서 에너지의 변환이 도처에서 일어나기 때문에, 우리는 종종 소리 없는 변환을 느끼지 못한다.

오늘날 우리는 몇 가지 관점에서 순간 에너지인 전력에 흥미를 갖는다. 휴대용 기기는 통상적으로 배터리의 방전을 수반한다. 배터리 기술이 최근 몇 년간 현저하게 발전했지만, 일정한 크기와 무게를 갖는 배터리의 용량은 무한히 늘어날 수 없다. 예를 들어 충전 가능한 AA 배터리는 7 W-hr의 에너지 용량을 가지고, 노트북 컴퓨터에 사용되는 리튬 이온 배터리는 파운드당 80 W-hr의 에너지 밀도를 갖는다. 배터리는 어김없이 방전되고, 재충전이 필요하며, 어느 시점에서는 교체되어야 한다. 제품 설계자는 한편으로는 기능을 추가하고 크기를 줄이면서 다른 한편으로는 배터리의 수명을 늘리고자 한다. 이렇게 상충되는 요구에 의해서 저전력 IC 설계가 필요하게 되었다. 상시 전원에 연결되어 있는 전자기기에서 지금까지 화석 연료 의존성과 온실 효과를 줄이기 위해서 요구되었던 기능은 전력 소모를 줄이는 것이었다. 냉각수를 사용하거나 다른 냉각 기능을 갖기 전까지, 고성능 칩의 전력 소모는 150 W 정도로 제한되었다. 2006년 미국에서는 정보통신 관련 전기 소모량이 610억 kWh에 달했다[EPA07]. 이것은 45억 달러짜리 발전소 15개의 출력에 해당하고, 미국 전체 에너지 소모량의 1.5%에 달한다. 칩의 기능성이 제작될 때 한 번은 면적에 의해서 제한되는 반면, 이후로 동작할 때는 전력에 의해서 종종 제약을 받는다. 고성능 설계와 에너지 효율적인 설계는 같은 의미를 갖는다.

이 장에서는 CMOS 칩에서 소모하는 전력의 다양한 인자와 관련된 기본적인 이론을 살펴본다. 다음으로는 이러한 인자를 추정하고 최소화할 수 있는 방법을 소개한다. 그리고 저전력을 가능하게 하는 구조에 관해서 논한다.

칩 설계자 입장에서 전력 소모를 줄이기 위해서 사용 가능한 방법들에 집중하는 반면, 전력 소모에 주된 영향을 미치는 것은 응용 제품 혹은 구조적 수준이라는 점을 기억해야 한다. 간단히 말해서 전원이 켜 있는 시간을 줄일수록 전력 소모는 줄어든다. 이 원리는 간단하지만, 저전력 회로 설계의 모든 부분에 적용된다. 다시 말하자면, 전력의 최소화는 하향식으로 이루어져야 한다. 즉 문제 정의에서 시작해서 하위 수준으로 내려가야 한다. 회로 수준에서 시작하는 상향식 방법은 실패가 예정되어 있다.

4.1.1 정의

우리는 이미 전력과 에너지와 관련된 몇 가지 용어를 제시한 바 있다. 이와 같이 기본적인 용어들을 검토해서 그 의미를 되새길 필요가 있다.

회로 요소에 의해 소모되거나 공급되는 **순간 전력**(instantaneous power) $P(t)$는 공급 전류와 공급 전압의 곱이다.

$$P(t) = I(t)V(t) \tag{4.1}$$

어떤 시간 간격 T에 소모되거나 공급되는 **에너지**(energy)는 순간 전력의 적분 값이다.

$$E = \int_0^T P(t)dt \tag{4.2}$$

이 시간 간격에서 **평균 전력**(average power)은 아래와 같다.

$$P_{\text{avg}} = \frac{E}{T} = \frac{1}{T}\int_0^T P(t)dt \tag{4.3}$$

전력의 단위로는 와트(W: Watt)를 사용한다. 회로의 에너지 단위는 줄(J: Joules)이고, 1 W=1 J/s가 된다. 배터리의 에너지는 W-hr를 사용하고, 1 W-hr=(1 J/s)(3600 s/hr)(1 hr)=3600 J이다.

4.1.2 사례

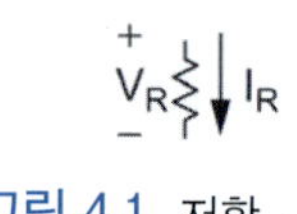

그림 4.1 저항

그림 4.1은 저항을 나타낸다. 전압과 저항의 관계는 옴의 법칙($V=IR$)에 의해서 정의되기 때문에, 저항에서 소모되는 순간 전력은 다음과 같다.

$$P_R(t) = \frac{V_R^2(t)}{R} = I_R^2(t)R \tag{4.4}$$

이 전력은 전기에서 열로 변환된다.

그림 4.2 전압원

그림 4.2에 나와 있는 전압원 V_{DD}는 다음 식과 같이 전류에 비례하는 전력을 공급한다.

$$P_{VDD}(t) = I_{DD}(t)V_{DD} \tag{4.5}$$

그림 4.3은 커패시터를 나타낸다. 이 커패시터가 0에서 V_C로 충전되면, 다음과 같은 에너지가 저장된다.

$$E_C = \int_0^\infty I(t)V(t)dt = \int_0^\infty C\frac{dV}{dt}V(t)dt = C\int_0^{V_C} V(t)dV = \tfrac{1}{2}CV_C^2 \quad (4.6)$$

커패시터가 다시 0으로 방전되면 이 에너지가 방출된다.

그림 4.4는 부하 커패시턴스를 구동하는 CMOS 인버터를 나타낸다. 입력이 1에서 0으로 스위치하면, pMOS 트랜지스터는 ON 되어서 부하를 V_{DD}로 충전한다. 식 (4.6)에 의해서 커패시터에 충전되는 에너지는 다음과 같다.

$$E_C = \tfrac{1}{2}C_L V_{DD}^2 \quad (4.7)$$

공급 전원으로부터 전달되는 에너지는 다음과 같다.

$$E_C = \int_0^\infty I(t)V_{DD}dt = \int_0^\infty C\frac{dV}{dt}V_{DD}dt = CV_{DD}\int_0^{V_{DD}} dV = CV_{DD}^2 \quad (4.8)$$

공급 전원의 에너지 중 절반만 커패시터에 저장됨에 유의한다. 전류가 흐름과 동시에 트랜지스터에 전압이 걸리기 때문에 나머지 절반은 pMOS 트랜지스터에서 열로 변환되어 소모된다. 소모 전력은 부하 커패시턴스에 의해서 결정되고, 트랜지스터의 크기나 스위칭 속도에는 영향을 받지 않는다. 그림 4.5는 공급 전원과 커패시터(게이트 스위치)의 에너지와 전력을 보인다.

입력이 다시 0에서 1로 스위치 되면, pMOS 트랜지스터는 OFF되고 nMOS 트랜지스터가 ON되어서, 커패시터를 방전시킨다. 커패시터에 저장되었던 에너지는 nMOS 트랜지스터에서 소모된다. 이 과정에서 공급 전원으로부터는 전력이 차단된다. 용량성 부하를 갖는 임의의 정적 CMOS에 같은 해석이 적용된다.

그림 4.5는 인버터가 150 fF의 커패시터를 1 GHz 속도로 구동할 때의 파형을 나타낸다. V_{in}이 하강하기 시작하면, pMOS 트랜지스터가 ON되기 시작한다. 초기 포화 상태에서 전류 I_p는 증가하기 시작하여 궁극적으로는 V_{in}이 하강할 때 I_{dsat}까지 도달한다. 최종적으로 V_{out}은 pMOS가 선형 영역으로 동작할 때까지 상승한다. 커패시터가 선형 저항을 통해서 충전되는 동안 I_p는 지수함수적으로 감소한다. V_{in}이 상승하기 시작하면, pMOS는 OFF 되기 시작한다. 그러나 부분적으로 ON된 pMOS가 nMOS와 경쟁하는 동안 일시적으로 작은 전류가 흐르는데, 이것을 **단락 전류**(short-circuit current)라 한다. V_{out}이 상승할 때, 인버터는 V_{DD}로부터 전력을 유도한다. 전력의 절반을 pMOS에서 소모하고, 나머지 절반은 커패시터로 인가된다. V_{DD}는 총 150 fJ의 에너지를 공급하고, 이 중 절반은 커패시터에 저장된다. 인버터는 동일한 상승/하강 시간을 가져서 대칭이 되도록 크기가 조절된다. 커패시터의 에너지는 GND로 옮겨진다. 전이 과정에서 단락 전류는 감지할 수 없을 만큼 작은 2.7 fJ의 추가적인 에너지를 V_{DD}로부터 소모한다.

게이트가 평균 주파수 f_{sw}에서 스위칭한다고 가정하자. 시간 구간 T 동안에, 부하는 충전과 방전

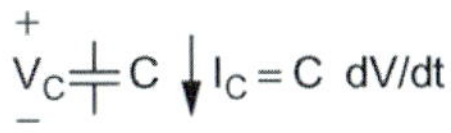

V_C C $I_C = C\ dV/dt$

그림 4.3 커패시터

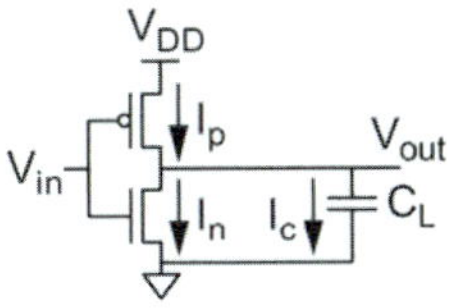

V_{DD} V_{in} I_p V_{out} I_n I_c C_L

그림 4.4 CMOS 인버터

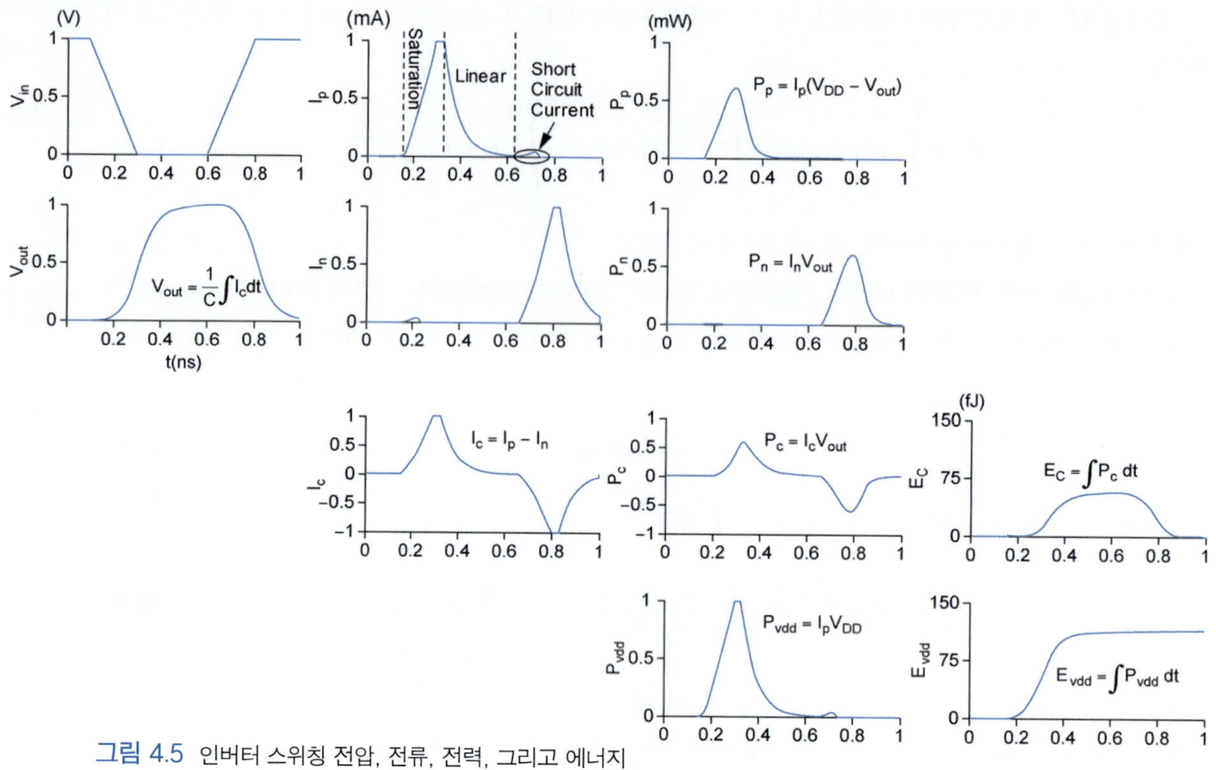

그림 4.5 인버터 스위칭 전압, 전류, 전력, 그리고 에너지

을 Tf_{sw}회 되풀이한다. 식 (4.3)에 의해서 평균 전력 소모는 다음과 같다.

$$P_{switching} = \frac{E}{T} = \frac{Tf_{sw}CV_{DD}^2}{T} = CV_{DD}^2 f_{sw} \tag{4.9}$$

이것은 부하의 스위칭에 의해서 발생하기 때문에 **동적 전력**(dynamic power)이라 한다. 대부분의 게이트는 모든 클럭 사이클마다 스위칭하지는 않기 때문에, 스위칭 주파수 f_{sw}는 클럭 주파수 f에 **활성 인자**(activity factor) α를 곱한 것이다. 이렇게 하면 동적 전력 소모는 다음과 같이 표현된다.

$$P_{switching} = \alpha CV_{DD}^2 f \tag{4.10}$$

활성 인자는 회로의 노드가 0에서 1로 변화하는 확률이다. 클럭은 모든 사이클마다 상승하고 하강하기 때문에 활성 인자 $\alpha=1$인 경우이다. 대부분의 데이터는 사이클당 한 번만 변하기 때문에 최대 $\alpha=0.5$가 된다. 완전한 무작위 데이터는 변화가 한 사이클 건너 발생한다고 가정하면 $\alpha=0.25$가 된다. 정적 CMOS 논리는 실험적으로 $\alpha=0.1$이 된다.

4.1.3 전력 소모의 요인

CMOS 회로에서의 전력 소모 형태는 다음과 같이 두 가지로 분류된다.

- 동적인 전력 소모
  - 부하 커패시턴스의 충전과 방전
  - pMOS와 nMOS네트워크가 부분적으로 ON일 때의 '단락 회로' 전류
- 정적인 전력 소모
  - OFF트랜지스터를 통한 하위 문턱(subthreshold) 누설
  - 게이트 유전체를 통한 게이트 누설
  - 소스/드레인 확산에서의 접합 누설
  - 비례 회로의 경합 전류(8.2.2절 참조)

이 두 가지를 합치면 다음과 같은 총 전력을 얻는다.

$$P_{\text{dynamic}} = P_{\text{switching}} + P_{\text{short circuit}} \tag{4.11}$$

$$P_{\text{static}} = \left(I_{\text{sub}} + I_{\text{gate}} + I_{\text{junct}} + I_{\text{contention}}\right)V_{DD} \tag{4.12}$$

$$P_{\text{total}} = P_{\text{dynamic}} + P_{\text{static}} \tag{4.13}$$

전력은 활성, 대기, 수면 상태로 분리해서 고려한다. **활성 전력**(active power)은 칩이 유용한 동작을 하고 있을 때 소모되는 전력을 말하고 $P_{\text{switching}}$으로 표기한다. **대기 전력**(standby power)은 칩이 대기 상태에 있을 때 소모되는 전력을 말한다. 클럭이 정지하고 비례 회로가 비활성화되면 대기 전력은 누설 전류에 의해서 결정된다. 수면 상태에서는 동작할 필요 없는 회로에 전원 공급이 차단되어 누설 전류가 발생하지 않는다. 이렇게 하면 **수면 전력**(sleep power)을 현저하게 줄일 수 있지만, 회로를 다시 활성화하는 데 오랜 시간이 필요하게 된다.

[Gonzalez96]는 대략 마이크로프로세서 전력의 1/3은 클럭, 다른 1/3은 메모리, 그리고 나머지 1/3은 논리회로와 배선에 의해서 소모된다는 것을 발견했다. 나노미터 공정에서는 1/3에 가가운 전력이 누설에 의해서 소모되고, 고속 입출력은 전력 소모를 증가시키는 다른 요인이 된다. 예를 들어 그림 4.6은 Sun의 8-코어 84 W Niagra2 프로세서의 활성 전력 소모를 나타낸다[Nawathe08]. 이 코어들과 다른 부품들은 집합적으로 클럭, 논리회로, 배선 등을 설명한다.

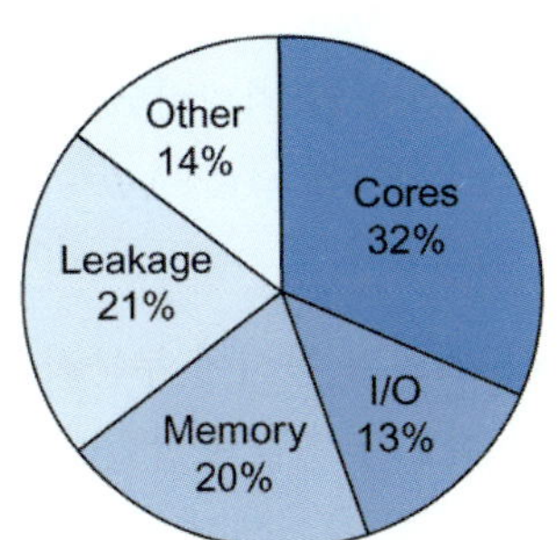

그림 4.6 Niagra2의 전력

다음 절에서는 이 부품들의 전력을 추정하고 최소화하는 방법을 살펴본다. 많은 도구들이 전력 추정을 위해서 개발되었고, 보다 구체적으로 7.5.4절과 13.4.1.6절에서 논하기로 한다.

4.2 동적 전력

동적 전력은 식 (4.10)과 같이 대부분 스위칭 전력으로 구성된다. 설계자는 이미 공급 전압 V_{DD}와 주파수 f를 알고 있다. 이 경우 전력을 추정하기 위해서는 회로의 각 노드를 고려해야 한다. 노드의 커패시턴스는 게이트, 확산, 그리고 배선 커패시턴스의 합이 된다. 활성 인자는 4.2.1절의 방법을 사용하거나 논리 시뮬레이션에 의한 측정으로 구할 수 있다. 각 노드의 **유효 커패시턴스**(effective capacitance)는 고유의 커패시턴스에 활성 인자를 곱한 값이 된다. 이 스위칭 전력은 모든 노드의 유효 커패시턴스를 합한 값에 비례한다.

활성 인자는 어떤 과업이 수행되고 있는가에 깊이 의존한다. 예를 들어 휴대폰 프로세서가 달력을 디스플레이하는 것보다 비디오 게임을 수행할 때 더 많은 전력을 소모하는 이치와 같다. CAD 도구는 이상적인 업무량이 주어질 때 좋은 결과를 낼 수 있다. 저전력 설계는 스위칭 전력의 고려와 감소를 포함한다.

V_{DD}가 2차 함수이기 때문에 요구되는 주파수 동작을 보장할 수 있는 최소의 V_{DD}를 선택하는 것이 좋다. 같은 방법으로, 목표 기능을 수행할 수 있는 최저 주파수를 선택한다. 활성 인자는 사용하지 않는 블록들을 수면 상태가 되게 함으로써 감소시킬 수 있다.

예제 4.1

1 V, 65 nm 공정의 디지털 시스템온칩(SOC: system-on-chip)이 십억 개의 트랜지스터를 갖고 있는데, 이들 중 오천만 개는 논리 게이트이고, 나머지는 메모리 배열로 사용된다. 논리 트랜지스터의 평균 폭은 12λ이고, 메모리 트랜지스터의 평균 폭은 4λ이다. 메모리 배열은 뱅크 단위로 분할되고, 이들 중 필요한 뱅크만 활성화되어서 활성 인자는 0.02가 된다. 정적 CMOS 논리 게이트는 평균 활성 인자 0.1을 갖는다. 각 트랜지스터가 1 fF/μm의 게이트 커패시턴스와 0.8 fF/μm의 확산 커패시턴스를 갖는다고 가정하고, 배선 커패시턴스는 무시하기로 한다. 이 시스템이 1 GHz로 동작할 때 스위칭 전력을 계산하시오.

해답 논리 트랜지스터는 $(50\times10^6)(12\lambda)(0.025\ \mu\text{m}/\lambda)(1+0.8)\ \text{fF}/\mu\text{m}=27\text{nF}$를 갖고, 메모리 트랜지스터는 $(950\times10^6)(4\lambda)(0.025\ \mu\text{m}/\lambda)(1+0.8)\ \text{fF}/\mu\text{m}=171\ \text{nF}$의 커패시턴스를 갖는다. 스위칭 전력 소모는 $[(0.1)(27\times10^{-9})+(0.02)(171\times10^{-9})](1.0\ \text{V})^2(10^9\ \text{Hz})=6.1\ \text{W}$가 된다.

동적 전력은 트랜지스터가 스위칭할 때 풀업과 풀다운 네트워크가 동시에 부분적으로 ON되면서 V_{DD}에서 GND로 전력이 급격히 쏠리기 때문에 발생하는 단락 회로 전력을 포함한다. 이 단락 회로 전력이 전체의 10%를 넘지 않기 때문에, 안전하게 스위칭 전력의 10%를 추가해서 동적 전력을 계산한다.

스위칭 전력은 부하 커패시턴스를 충전하는 데 필요한 에너지를 사용하면서 소모되기 때문에, 이 에너지는 GND로 들어간다. 직관적으로 전력은 한 군데로 쏠리는 것보다, 필요한 곳에 섞여 있을 때 소모를 줄일 수 있다. 공진 회로와 단열 충전 복원 회로는 이러한 목표를 추구한다[Maksimovic00, Sathe07]. 불행하게도 이러한 모든 기술들은 잠재적인 에너지 절약을 저해하는 복잡성을 함께 갖기 때문에, 특정한 용도 이외에는 사용되지 못하는 단점이 있다.

4.2.1 활성 인자

활성 인자는 전력 소모를 줄이기 위한 강력하고도 사용하기 쉬운 도구이다. 회로가 완전하게 OFF되었다면 활성 인자와 동적 전력은 0이 될 것이다. 반면에 클럭을 차단하면 해당 블록이 OFF되는데, 이것을 **클럭 게이팅**(clock gating)이라 한다. 어떤 블록이 ON되면, 클럭에서는 활성도가 1이 되고, 논리 회로의 노드에서는 1보다 현저하게 낮은 값을 갖는다. 논리 게이트의 활성 인자는 스위칭 확률을 계산해서 추정한다. 글리치는 활성 인자를 증가시킨다.

4.2.1.1 클럭 게이팅 클럭 게이팅은 대기 블록에 들어가는 클럭을 차단할 수 있는 이네이블 신호를 사용한다. 클럭이 매우 높은 활성 인자를 갖고, 이 클럭이 스위칭을 발생시키는 레지스터로 들어가는 것을 차단하기 때문에, 이 방법은 매우 효과적이다.

클럭 게이팅은 동작이 가능한 레지스터(enabled register)에는 모두 적용이 가능하다. 동작 가능 레지스터의 설계에 관해서는 9.3.5절에서 논의한다. 경우에 따라서 동작 가능 신호를 계산하기 위한 논리는 간단하다. 예를 들어 실수 유닛이 비실수 명령어를 받았을 때 동작을 중단시킬 수 있다. 그러나 클럭 게이팅 신호는 종종 칩의 임계 경로가 된다.

클럭 이네이블 신호는 클럭이 활성화되어 있을 때 안정적이어야 한다. 그림 4.7은 어떻게 이네이블 래치를 클럭이 하강하기 전까지 변화 없이 유지하는가를 보여 준다.

논리의 큰 블록이 OFF되면, 클럭은 배분 회로에서 미리 차단되어 레지스터와 전체 네트워크의 일부를 동시에 차단한다. 이 클럭 네트워크는 활성 인자 1을 갖고 높은 커패시턴스를 갖기 때문에 전력 소모를 현저하게 줄일 수 있다.

4.2.1.2 스위칭 확률 어떤 노드의 활성 인자는 이 노드가 0에서 1로 스위칭하는 확률이라는 것을 이미 정의한 바 있다. 이 확률은 논리 함수에 의존한다. 각 노드가 1일 확률을 해석하면, 활성 인자를 추정할 수 있다. 설계자가 수동으로 활성 인자를 자주 추정하지는 않지만, 여기에서 연습으로 추정해 보

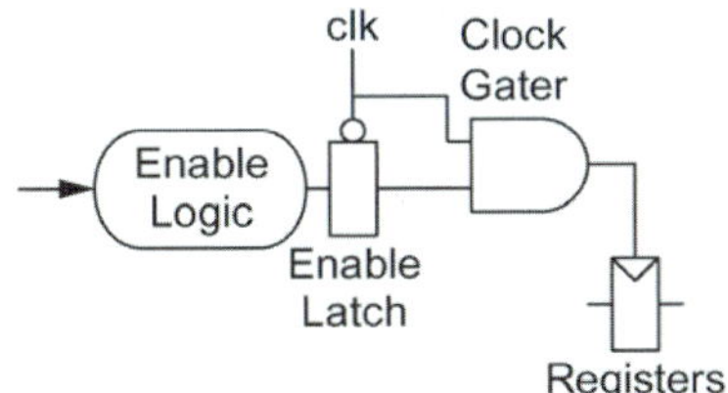

그림 4.7 클럭 게이팅

표 4.1 스위칭 확률

Gate	P_Y
AND2	$P_A P_B$
AND3	$P_A P_B P_C$
OR2	$1 - \overline{P}_A \overline{P}_B$
NAND2	$1 - P_A P_B$
NOR2	$\overline{P}_A \overline{P}_B$
XOR2	$P_A \overline{P}_B + \overline{P}_A P_B$

는 것은 직관적 이해에 도움이 될 것이다.

P_i를 노드 i가 1이 될 확률이라 정의하면, $\overline{P}_i = 1 - P_i$는 노드가 0이 될 확률을 나타낸다. 이 노드의 활성 인자 α_i는 노드가 한 사이클에서 0이었다가 다음 사이클에서 1이 되는 확률이다. 이 확률이 각 사이클과 연관되어 있지 않다면 활성 인자는 다음과 같이 계산된다.

$$\alpha_i = \overline{P}_i P_i \tag{4.14}$$

완전한 무작위 데이터는 $P=0.5$이고, 따라서 $\alpha=0.25$가 된다. 구조적 데이터의 활성 인자는 다른 값을 갖는다. 예를 들어 소리의 크기와 같은 물리적인 값을 표현하는 64비트 무부호 정수의 상위 비트는 거의 항상 0 값을 갖는다. 이 경우 활성 인자는 0.25보다 작게 된다.

표 4.1은 입력들이 상호 연관이 없다고 가정할 때, 다양한 게이트들의 출력 확률을 입력 확률의 함수로 표현한 목록을 나타낸다. 식 (4.14)에 의하면 출력의 활성 인자는 $\overline{P}_Y P_Y$가 된다.

예제 4.2

그림 4.8은 트리 구조(a)와 체인 구조(b)의 게이트들을 사용한 4-입력 AND 게이트를 보여 준다. 입력 확률이 $P_A = P_B = P_C = P_D = 0.5$라 가정할 때, 각 노드의 활성 인자를 구하시오.

해답 그림 4.9에 표 4.1과 식 (4.14)에 따라 각 노드 신호의 확률과 활성 인자를 표시하였다. 중간 노드에서는 체인 구조가 낮은 활성 인자를 갖는다.

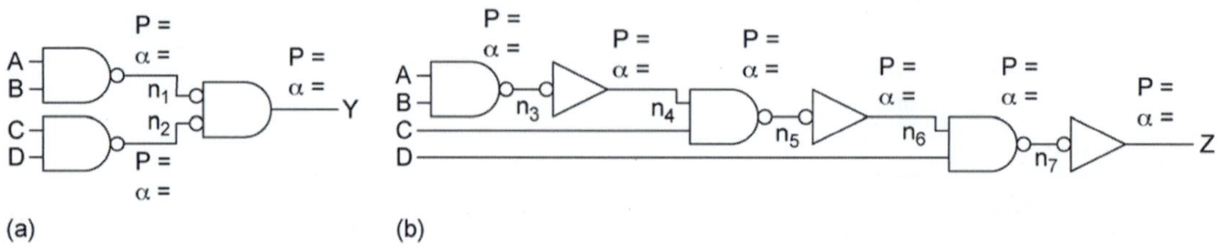

그림 4.8 4-입력 AND 회로

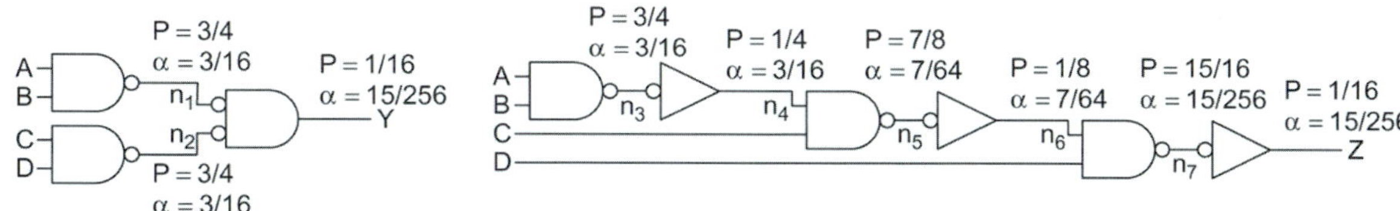

그림 4.9 신호 확률과 활성 인자

경로가 재수렴하는 팬아웃을 가지면, 신호는 상호 연관되기 때문에 조건부 확률이 요구된다. 전력 해석 도구는 대형의 복잡한 회로들을 다루는 데 가장 편리한 방법이다.

사전 전력 추정을 위해서는 RTL 코드 작성과 동작 할당이 이루어지기 전에 활성 인자를 예측해야 한다. 사전 데이터가 없을 때, $\alpha=0.1$이 합당한 선택이다.

4.2.1.3 글리치 이전 절에서 계산했던 스위칭 확률은 게이트의 전달 지연이 0일 경우에만 유효하다. 실제로는 다수의 입력이 동시에 도달하지 않았을 때 게이트가 만들어 내는 허구의 전이 상태가 종종 발생하는데, 이것을 글리치(glitch)라 부른다. 예를 들면 그림 4.8(b)에서 *ABCD*가 1101에서 0111로 전이한다고 가정하자. 노드 n_4는 1이었던 값이 0으로 하강한다. 그러나 n_5, n_6, n_7, 그리고 Z는 n_4가 변하기 전까지 글리치 상태에 있다. 글리치는 추가 전력 소모의 원인이 된다. 게이트 체인은 특히 이 문제를 발생시키는 요인이 된다. 글리치는 활성 인자를 1 이상으로 증가시킬 수도 있고, 리플 캐리 가산기나 배열 곱셈기(10장) 등과 같은 특별한 회로에서 소모하는 전력의 대부분을 설명할 수 있다. 글리치 전력은 타이밍 시뮬레이션을 통해서 정확하게 계산할 수 있다.

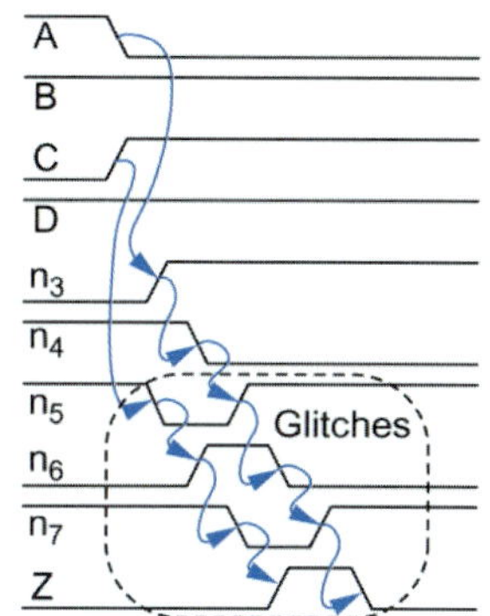

그림 4.10 게이트 체인에서 발생하는 글리치

4.2.2 커패시턴스

스위칭 커패시턴스는 배선과 트랜지스터에서 발생한다. 배선 커패시턴스는 평면배치와 배선을 잘해서 최소화할 수 있다. 대량의 데이터를 교환하는 유닛들은 배선을 줄이기 위해서 서로 가깝게 배치해야 한다.

디바이스 스위칭 커패시턴스는 적은 수의 논리 스테이지와 작은 트랜지스터를 선택해서 감소시킬 수 있다. 최소 크기 게이트는 비임계 경로에 사용될 수 있다. 논리 에퍼트가 최적의 스테이지 에퍼트 값을 4로 추정하였더라도, 더 큰 스테이지 에퍼트를 사용하면 지연의 증가는 미미한 반면에 트랜지스터 크기는 많이 줄일 수 있다. 따라서 크고 활성 인자가 높아서 전력 소모가 많은 게이트는 다소의 성능 저하를 감수하고 크기를 줄일 수 있다. 예를 들어 입출력 패드를 구동하는 버퍼와 긴 배선은 버퍼 크기를 줄이기 위해서 8~12개의 스테이지 에퍼트를 사용한다. 이와 유사하게 레지스터는 소형의 클럭화된 트랜지스터를 사용할 수 있다. 그 이유는 이 트랜지스터가 조합 논리 회로의 트랜지스터보다 10배 이상 큰 활성 인자를 갖기 때문이다. 5장에서는 배선 커패시턴스가 다른 회로들에 비해서 많은 전력을 소모한다는 것을 보일 것이다. 긴 배선을 가장 에너지 효율적으로 구동하는 방법은 더 큰 논리 에퍼트

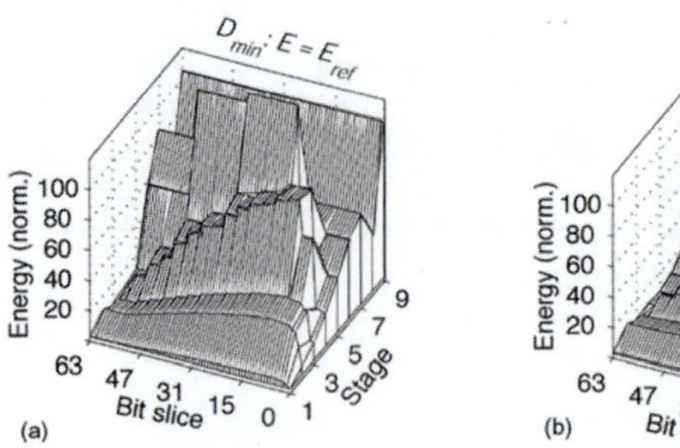

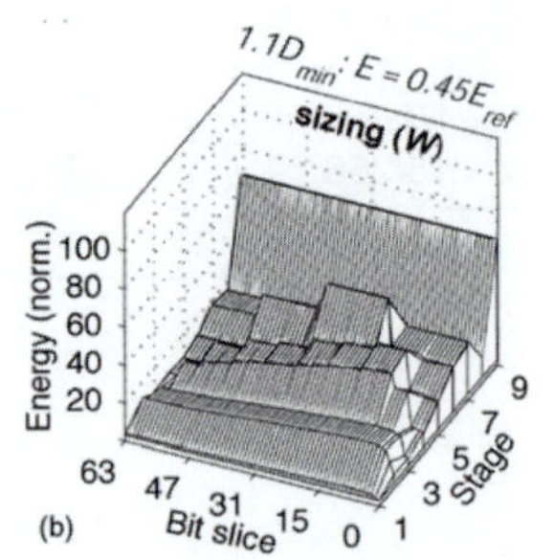

그림 4.11 지연 제약을 만족하는 게이트 크기다([Marković04]에서 발췌. © IEEE 2004)

를 갖는 복잡한 게이트보다는 인버터와 버퍼를 사용하는 것이다[Stan99].

그림 4.11은 64비트 Kogge-Stone 가산기(10.2.2.8절 참조)에서 트랜지스터 크기를 결정하는 사례를 보여 준다[Marković04]. 그림 4.11(a)에서, 게이트는 최소의 지연을 갖도록 설계되었다. 중간에 있는 피크 값은 큰 게이트가 긴 배선을 구동하는 데서 발생한 것이다. 그림 4.11(b)에서, 회로는 10% 증가한 지연을 위해서 다시 최적화되었고, 에너지는 55% 감소했다. 일반적으로 큰 에너지 감소는 회로를 최소 지연 상태에서 다소 변경시킴으로써 가능하다.

불행하게도 아주 단순한 인버터에서조차도, 주어진 지연 제약을 만족시키면서 에너지를 최소화하는 게이트의 크기를 결정할 수 있는 고정된 방법은 없다[Ma94]. 그러나 이 문제의 수치적 해법은 매우 직관적이며, 다음 절에 소개할 예정이다.

4.2.2.1 지연 제약을 만족시키는 게이트 크기 3장에서, 논리 에퍼트를 사용해서 지연을 최소화하는 방법을 알아보았다. 많은 경우, 에너지를 절약하기 위해서 지연 증가를 감수한다. 3.5.6절의 반복적인 기술을 확장해서 지연 제약을 만족시키면서 스위칭 에너지를 최소화할 수 있도록 회로의 크기를 결정할 수 있다.

먼저 회로의 에너지를 계산하는 모델을 고려한다. 단위 인버터가 게이트 커패시턴스 $3C$를 가지면, 논리 에퍼트 g, 기생 지연 p, 드라이브 x를 갖는 게이트는 gx배의 게이트 커패시턴스와 px배의 확산 커패시턴스를 갖는다. 각 게이트의 스위칭 에너지는 활성 인자, 게이트의 확산 커패시턴스, 배선 커패시턴스 C_{wire}, 그리고 구동되는 모든 스테이지의 게이트 커패시턴스에 의해서 결정된다. 전체 회로의 에너지는 다음과 같이 각 게이트 에너지의 합으로 표현된다.

$$\text{Energy} = 3CV_{DD}^2 \sum_{i \in \text{nodes}} \alpha_i \left(\frac{C_{\text{wire}_i}}{3C} + p_i x_i + \sum_{j \in \text{fanout}(i)} g_j x_j \right) \tag{4.15}$$

만약 배선 커패시턴스가 단위 인버터가 갖는 커패시턴스의 정수배로 $c = C_{\text{wire}}/3C$와 같이 표현되고, 커패시턴스와 공정 전압을 위해서 에너지가 정규화되면, 식 (4.15)는 다음과 같이 노드들의 유효 커패시턴스의 합이 된다.

$$E=\sum_{i\in\text{nodes}}\alpha_i\left(c_i+p_ix_i+\sum_{j\in\text{fanout}(i)}g_jx_j\right)=\sum_{i\in\text{nodes}}\alpha_ix_id_i \tag{4.16}$$

이제 우리는 가장 늦은 도달 시간이 어떤 지연 값 D보다 작도록 E를 최소화하고자 한다. 이것은 여전히 posynomial 문제이고, 적절한 도구를 사용하면 고유해를 구할 수 있다.

예제 4.3

그림 3.37의 회로에서 지연이 $D_{\text{min}}=23.44\tau$에서 50τ로 변했을 때, 에너지-지연 상쇄 곡선을 그리시오. 입력 확률은 0.5라 가정한다.

해답: 그림 4.12는 각 노드의 활성 인자를 나타낸다. 따라서 이 회로의 에너지는 다음과 같다.

$$\begin{aligned}E=&\tfrac{1}{4}\left(1+\tfrac{4}{3}x_2+\tfrac{5}{3}x_3\right)+\tfrac{3}{16}\left(2x_2+\tfrac{7}{3}x_4\right)+\tfrac{3}{16}\left(2x_3+\tfrac{7}{3}x_4\right)\\&+\tfrac{87}{1024}\left(10+3x_4+x_5\right)+\tfrac{87}{1024}\left(12+x_5\right)\end{aligned} \tag{4.17}$$

그림 4.13은 지연 제약하에서 최소 에너지를 반복적으로 구해서 얻어진 에너지-지연 트레이드오프 곡선을 나타낸다. 이 곡선은 D_{min} 근방에서 가파른 경사를 갖는데, 이는 많은 양의 에너지가 지연을 약간 증가시킴으로써 절약될 수 있음을 나타낸다. 이 지연은 입력 인버터의 크기를 증가시키지 않는 한, 에너지를 아무리 증가시켜도 D_{min} 이하로 감소하지 않는다.

4.2.3 전압

전압은 동적 전력에 2차 함수적으로 영향을 준다. 따라서 저전력 전원을 선택하면 전력 소모를 현저하게 줄일 수 있다. 많은 트랜지스터들이 속도 포화 영역에서 동작하므로, 저전력 전원은 장채널 모델에서 예측한 만큼의 성능 저하를 초래하지는 않는다. 이 칩은 다수의 **전압 영역**(voltage domain)으로 나뉘고, 각 영역은 특정 회로의 요구를 위해 최적화된다. 예를 들어 시스템온칩은 메모리 셀의 안정성

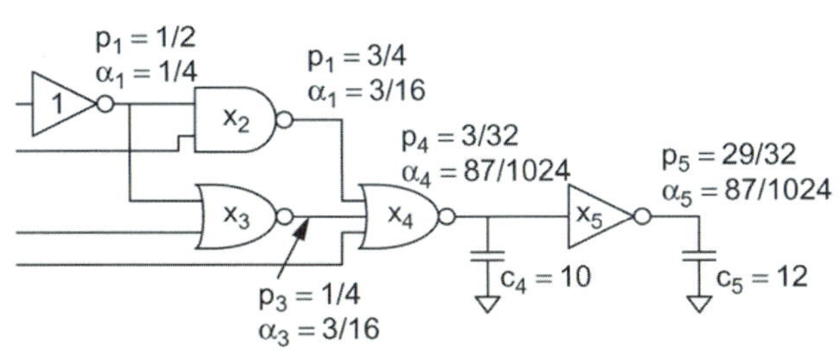

그림 4.12 활성 인자

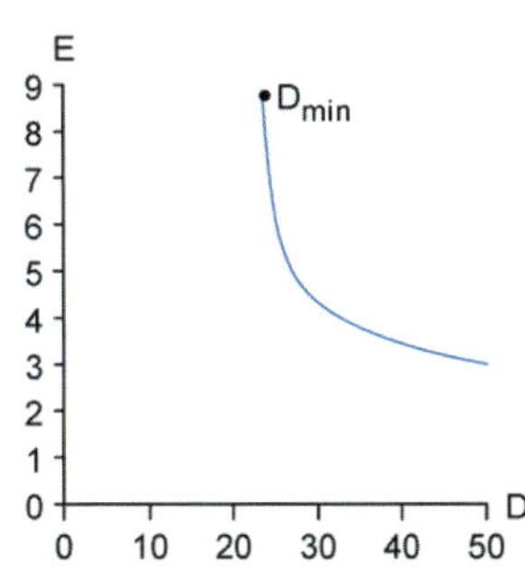

그림 4.13 에너지-지연 곡선

을 위해서 높은 전압을 사용하고, 프로세서를 위해서 중간 전압을 사용하며, 저속으로 동작하는 입출력을 위해서는 낮은 전압을 사용할 수 있다. 4.3.2절에서는 수면 모드에서 누설 전류를 절약하기 위해서 전압 영역들을 완전히 OFF시키는 방법을 소개할 것이다.

전압은 동작 모드에 따라서도 조정된다. 예를 들어 노트북 컴퓨터의 프로세서는 AC 전원에 연결되었을 때는 높은 전압과 높은 속도로 동작하는 반면, 배터리로 구동될 때는 낮은 전압과 속도로 동작할 수 있다. 만약 주파수와 전압이 비례해서 낮아지면, 전력은 세제곱에 비례해서 감소한다. 예를 들면 노트북 컴퓨터 프로세서의 전력을 70% 절약하려면 2/3배의 주파수 및 전압을 감소시키면 된다.

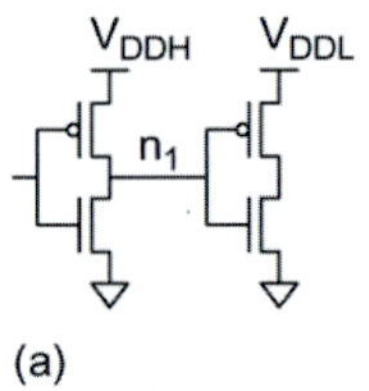

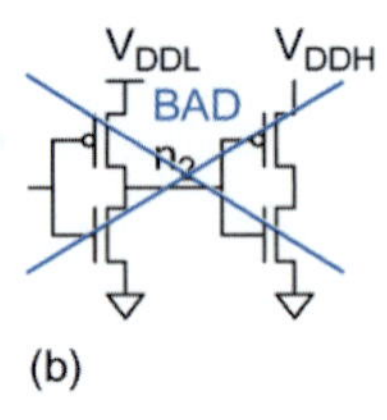

그림 4.14 전압 영역 교차

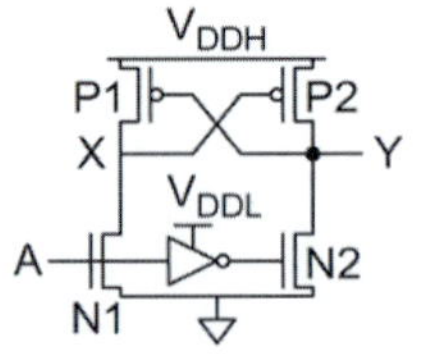

그림 4.15 레벨 변환기

4.2.3.1 전압 영역 전압 영역을 사용하는 이유는 영역 간 교차하는 신호의 전압 레벨을 변환하고, 어떤 회로가 어떤 영역에 속하는지 선택하고, 공급 전원을 다중 영역에 배선하기 위함이다.

그림 4.14는 두 종류의 전원 전압 V_{DDH}와 V_{DDL}을 사용한 두 영역 간 인버터의 직접 연결을 보여준다. V_{DDH} 영역의 게이트는 직접 V_{DDL} 영역의 게이트를 구동할 수 있다. 그러나 V_{DDL} 영역의 게이트는 다른 V_{DDL} 게이트에 의해서 구동되면 보다 빠르게 스위칭할 것이다. 타이밍 분석기는 오염된 지연을 계산할 때 홀드 시간이 위반되지 않도록 이 현상을 고려해야 한다. 불행히도 V_{DDL} 영역의 게이트는 V_{DDH} 영역의 게이트를 직접 구동하지 못한다. n_2가 V_{DDL} 영역에 있을 때, V_{DDH} 영역의 pMOS 트랜지스터는 게이트 전압 $V_{gs}=V_{DDH}-V_{DDL}$을 갖는다. 이것이 V_t보다 높아지면, pMOS는 ON되어서 경합 전류를 만든다. 이 차이가 V_t보다 작더라도, pMOS는 현저하게 증가한 누설 전류를 갖게 된다. 이 문제는 영역 간 전압 차이가 충분히 작을 경우, 수신기에 높은 V_t를 갖는 pMOS 디바이스를 사용함으로써 완화할 수 있다[Tawfik09].

전압 영역 간 교차를 관리하기 위한 표준 방법은 그림 4.15에 나와 있는 **레벨 변환기**(level converter)이다. $A=0$이면, $N1$은 OFF되고 $N2$는 ON된다. $N2$는 Y를 0으로 풀다운하고, $P1$을 ON시키고, X를 V_{DDH}까지 풀업시키고, $P2$가 OFF되게 한다. $A=1$이면, $N1$은 ON되고, $N2$는 OFF된다. $N1$은 X를 0으로 풀다운하고, $P2$를 ON시키고, Y를 V_{DDH}로 풀업시킨다. 어떤 경우에도 레벨 변환기는 버퍼로 동작하고, 트랜지스터가 부분적으로 ON될 위험 없이 Y를 적절하게 0과 V_{DDH} 사이에 있도록 구동한다. 불행히도 레벨 변환기는 지연(약 2 FO4)과 각 영역 간 교차 시 전력 소모를 초래한다. [Kulkarni04]와 [Ishihara04]는 다양한 종류의 레벨 변환기를 검토하였다. 이러한 비용은 변환기를 레지스터 내에 만들고 클럭 사이클 경계에서만 영역 간 교차가 일어날 수 있게 하여 완화할 수 있다. 이러한 레벨 변환기는 9.4.4절에서 소개할 예정이다.

전압 영역을 사용하는 가장 쉬운 방법은 각 영역에 넓은 영역을 배치하여 공유하는 것이다. 따라서 각 영역은 고유의 전력 그리드를 갖게 된다. 레벨 변환기는 두 종류의 공급 전원을 사용하기 때문에, 영역 간 교차에서 필요한 영역 주변에 위치해야 한다.

이와는 다른 방법으로 **클러스터 전압 스케일링**(CVS: cluster voltage scaling)이 있는데[Usami95], 여기에서는 두 전원 전압이 단일 블록에 사용된다. 그림 4.16은 CVS의 예를 보여 준다. 게이트는 초기에 V_{DDH}를 사용하는 경로에 있다. 비임계 게이트는 나중에 V_{DDH}를 사용하는 경로에 있게 된다. 경로가 조합 논리회로 블록 안에서 V_{DDL} 게이트에서 V_{DDH} 게이트로 교차하지 않도록 전압이 할당된다.

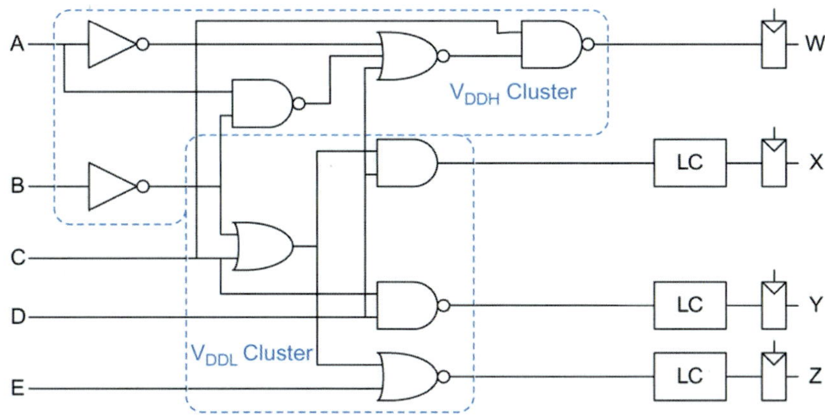

그림 4.16 클러스터 전압 스케일링

따라서 레벨 변환기는 레지스터에만 필요하게 된다. CVS를 사용하려면 두 전원이 전체 블록에 분배되어야 한다. 이것은 두 개의 전원 레일을 사용하면 된다. 셀 라이브러리는 높은 전압과 낮은 전압의 셀들을 모두 가지고, pMOS가 연결되는 레일에 의해서 두 전압을 구분한다. 이렇게 하면 게이트의 성질이 상호 교환될 수 있다. 많은 프로세서들이 서로 다른 전위의 n-웰들 간에 넓은 간격을 필요로 하는데, 이것이 V_{DDL}과 V_{DDH} 게이트의 근접을 제한한다.

4.2.3.2 동적 전압 스케일링(DVS) 많은 시스템들이 시간에 따라 변화하는 성능 요구를 갖는다. 예를 들어 비디오 디코더는 정적인 장면에서보다 빠르게 움직이는 장면에서 더 많은 연산을 요구한다. 워크스테이션은 간단한 게임을 할 때보다 SPICE 시뮬레이션을 동작시킬 때 더 많은 성능이 필요하다. 이러한 시스템들은 과업들을 계획대로 충분히 완료하기 위해서 클럭 주파수를 최소로 줄임으로써 많은 에너지를 절약할 수 있다. 이렇게 하면 이 주파수에서 동작하기 위해 최소로 필요한 전원 전압을 줄이게 된다. 이것을 **동적 전압 스케일링**(DVS: dynamic voltage scaling) 혹은 **동적 전압/주파수 스케일링**(DVFS: dynamic voltage/frequency scaling)이라 한다[Burd00]. 그림 4.17은 기본 DVS 시스템의 블록도를 나타낸다. 이 DVS 제어기는 시스템으로부터 작업 할당 및 다이 온도 정보를 받는다. 그리고 할

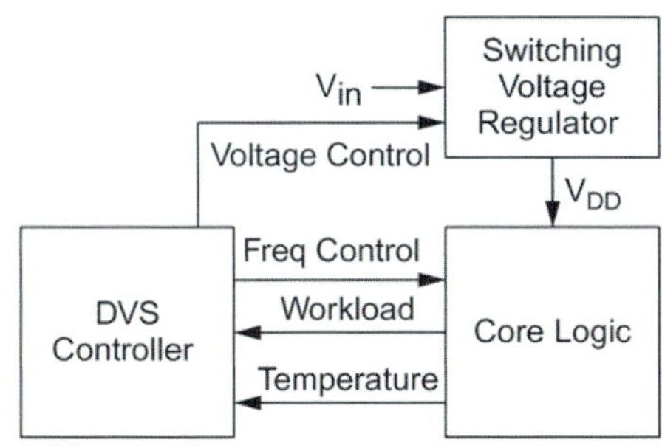

그림 4.17 DVS 시스템

당된 작업을 충분히 수행하거나 과열 없이 성능을 최대화할 수 있도록 전원 전압과 클럭 주파수를 결정한다. 스위칭 전압 안정기는 효과적으로 V_{in}을 높은 값에서 V_{DD}로 내릴 수 있다. 핵심 논리는 위상 고정 루프(phase-locked loop) 혹은 특정한 클럭 주파수를 발생시키기 위한 다른 클럭 합성기를 포함한다.

DVS 제어기는 동작 주파수를 결정하고, 그 주파수에 적합한 가장 낮은 전원 전압을 선택한다. 전압을 선택하는 한 가지 방법은 미리 해석된 전압과 주파수 관계를 사용하는 것이다. 이것은 전압이 최악의 부품(6장 참조)에도 충분할 수 있도록 해야 하기 때문에 본질적으로 보수적인 방법이다. 쿼드 코어 Itanium 프로세서는 제작 과정에서 각 칩 맞춤형 단락 프로그램이 가능한(fuse-programmable) 표를 포함한다[Stackhouse09]. 다른 방법은 시스템 성능 추적을 위한 링 발진기와 같은 회로를 복사해서 사용하는 것이다.

시스템의 에너지가 할당된 작업에 따라 어떻게 변하는지 살펴보자. 할당된 시간 동안 주어진 작업을 완료하는 데 필요한 최대 성능의 일부를 **비율**(rate)이라고 정의하자. 그림 4.18은 에너지와 비율의 관계를 나타낸 그래프이다. 비율이 1보다 작으면 클럭 주파수가 하향 조정되거나, 작업이 완료될 때까지 시스템이 최대 주파수로 동작한 후 클럭을 정지시킨다. 이것은 연속적으로 클럭 값을 조정하는 것보다 간단하다. DVS를 사용하지 않으면, 에너지는 비율에 선형적으로 비례한다. 이상적인 DVS를 사용하면 낮은 비율에서 전압이 감소한다. 전압과 주파수의 선형 관계를 가정하면, 에너지는 비율의 세제곱에 비례하기 때문에, 비율이 낮아지면 현저하게 감소한다. 최대 비율의 절반으로 동작하면 에너지가 1/8로 줄어든다.

이러한 스케일링은 전원 전압을 연속적으로 조정하는 것인데, 이것은 전원 전압을 불연속적 단계별로 조정하는 것보다 비용이 많이 든다. 또한 연속적으로 변하는 전원 전압과 주파수를 사용하는 회로를 해석하는 것도 어려운 문제이다. 전원 전압이 예를 들어 1.0, 0.75, 0.5 V 세 종류로 제한되고, 주파수도 세 가지로 제한되면, DVS의 이점이 최대화된다. 시스템이 더 많은 에너지를 절약하기 위해서 이 전압을 **지속적으로 변경**(dither)하면 더욱 좋다[Gutnik97]. 예를 들어 비율 0.6이 요구된다면, 이 시스템은 연산의 40%를 위해서 비율 0.75로 동작하고, 나머지 60%를 위해서 비율 0.5로 바뀐다. 따

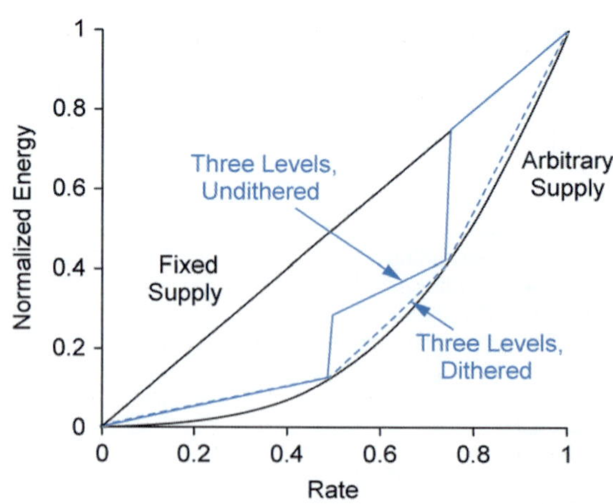

그림 4.18 DVS로부터의 에너지 감소

라서 세 전압을 지속적으로 변경해서 선택하면 시스템은 임의의 전원 전압을 사용하는 것만큼 에너지를 절약할 수 있다. 실제로 두 전압 간의 변경만 해도 DVS 이점의 80%를 얻을 수 있다[Aisaka02].

4.3.2절은 수면 모드에서 블록의 전력을 차단하기 위한 전력 게이팅을 소개한다. 활성모드에서 각 블록에 대해 여러 개의 전원 전압 중 하나를 선택하기 위해서도 같은 구조를 사용한다. 이것은 **지역 전압 선택**(local voltage dithering)을 가능하게 하여 각 블록이 선호하는 전압으로 동작할 수 있다.

DVS는 정상적으로 최대 V_{DD}로부터 이것의 절반까지의 범위에서 동작하고, 하위 문턱 전압까지 확장될 수 있다[Zhai05a, Calhoun06a]. 이것은 종종 (UDVS: ultra-dynamic voltage scaling)라 불린다. 넓은 범위의 전압들 사이에서 칩의 최악의 지연을 추적하는 복제 회로를 만드는 것은 어려운 일이다. DVS는 가전제품에서 고성능 마이크로프로세서에 이르기까지 다양한 시스템에 사용된다[Keating07, Stackhouse09].

하위 문턱 전압과 게이트 누설은 전원 전압에 매우 민감하기 때문에, DVS는 낮은 활성 기간에 누설을 감소시키는 데도 효과적이다.

변화하는 V_{DD} 전압에서의 동작은 보다 높은 공급 전원으로부터 전압을 낮추는 조정 가능한 전압 안정기를 의미한다.

4.2.4 주파수

동적 전력은 주파수에 직접 비례하기 때문에, 칩은 필요 이상으로 빨리 동작할 필요가 없다. 이미 언급한 대로, 주파수를 줄이면 트랜지스터를 줄이거나 전원 전압을 줄일 수 있고, 이것은 전력 감소에 더 큰 효과가 있다. 이 성능은 면적이 전력만큼 중요하지 않을 때 병렬화(4.5.2절 참조)를 사용해서 더욱 증가시킬 수 있다.

다수의 전원 전압을 사용할 수 없는 경우에도, 칩은 다수의 주파수 영역을 사용해서 특정 부분이 다른 부분보다 빠르게 동작하도록 할 수 있다. 예를 들어 마이크로프로세서 버스 인터페이스는 보통 코어에 비해서 느리게 동작한다. 낮은 주파수 영역은 작은 트랜지스터를 사용하기 때문에 전력도 절약할 수 있다.

주파수 영역 간 교차는 서로 정수배인 주파수들을 사용하면 가장 쉽게 구현할 수 있다. 동기화의 문제는 9.5절에서 자세하게 다루기로 한다.

4.2.5 단락 회로 전류

단락 회로 전력 소모는 그림 4.5와 같이 입력이 스위칭할 때 풀업과 풀다운이 동시에 부분적으로 ON되면서 발생한다. 입력 에지 비율이 늦어지면 단락 회로 전력 소모가 증가하는데, 그 이유는 네트워크가 보다 오랜 시간 동안 ON되기 때문이다[Veendrick84]. 그러나 부하가 크면 출력이 입력 전이 기간에 조금만 스위칭하고, 이것은 단락 회로 전류를 유발하는 트랜지스터에 작은 V_{ds}를 만들기 때문에 단락 회로 전력은 부하 커패시턴스가 증가하면 감소한다. 입력 에지 비율이 출력 에지 비율보다 현저하게 느리지 않는 이상, 단락 회로 전류는 부하에 대한 전류의 작은 부분(10% 이내)이기 때문에 간단한 계산에서는 무시해도 좋다. 단락 회로 전류를 최소화하기 위해서는 넓은 트랜지스터를 갖는 게이트에 들어가는 입력에서 상대적으로 급격한 에지를 사용하는 것이 좋다. 이렇게 하기 위해서는 이전 스테이지의 스테이지 에퍼트를 4 혹은 그 이하로 유지하면 된다. 일반적으로 균형이 잡힌 입력과 출력 에지 비율을 갖는 게이트는 낮은 단락 회로 전류를 갖는다.

단락 회로 전력은 전압 비율 $\nu = V_t / V_{DD}$에 매우 민감하다. $\nu > 0.5$까지 되면, 단락 회로 전류는 거의 없어지는데, 그 이유는 풀업과 풀다운 네트워크가 동시에 ON되기 때문이다. v=0.3 혹은 0.2가 되면 선명한 에지를 가정할 때 단락 회로 전력은 보통 스위칭 전력의 2% 혹은 10%가 된다[Nose00a]. 나노미터 공정에서 V_t는 과도한 누설 없이 간신히 0.3 V 이하로 떨어질 수 있고, V_{DD}는 1 V 정도가 되고, 단락 회로 전류는 거의 무시할 만한 수준이 된다.

4.2.6 공진 회로

공진 회로는 에너지를 접지로 쏟아붓기보다는 커패시터나 인덕터와 같은 저장 요소들 사이에서 출렁이게 함으로써 스위칭 전력 소모를 줄인다. 이 기술은 고정된 주파수로 동작하는 클럭과 같은 응용에 가장 적합하다.

그림 4.19는 공진 클럭 네트워크를 나타낸다[Chan05]. C_{clock}은 클럭 네트워크의 커패시턴스이다. 정상적인 클럭 회로는 강력한 클럭 버퍼에 의해서 V_{DD}와 GND 사이의 전압으로 구동된다. 이 공진 클럭 네트워크는 인덕터 L_1과 약 10 C_{clock}만큼의 용량을 갖는 커패시터 C_2를 더한다. R_{clock}과 R_{ind}는 공진의 품질을 저하시키는 클럭 배선과 인덕터의 저항을 나타낸다. 공진 클럭 회로에서 에너지는 L_1과 C_{clock} 사이를 오가는데, 이것은 공진 주파수 f에서 사인파 형태의 공진을 만든다. 구동기는 저항성 손실을 보상하기 위해서 충분한 에너지를 공급한다. C_2는 과도한 에너지를 저장하기 위해서 충분한 크기가 보장되어야 하고, 클럭 커패시턴스의 공진에 방해받지 않아야 한다.

$$f \approx \frac{1}{2\pi\sqrt{L_1 C_{clock}}} \tag{4.18}$$

기계적 유사성으로 보면, 인덕터는 스프링에, 커패시터는 물체에 비유된다. 클럭 자체의 커패시턴스는 높고 인덕턴스는 낮기 때문에, L_1으로 대비되는 스프링에 매달려 있는 물체로 볼 수 있다. 이 물체는 위아래로 진동한다. 클럭 구동기는 이 물체에 힘을 주어서 움직임을 시작하게 하고 스프링의 댐핑을 제어한다. 그러나 스프링은 물체가 하강할 때 에너지를 저장하고, 상승할 때 에너지를 돌려주어야 하기 때문에 약간의 에너지가 필요하다.

IBM은 공진 전역 클럭 분배 시스템을 셀 프로세서를 위해서 개발하였다[Chan09]. 동작 주파수 4~5 GHz에서 시스템은 칩의 전력을 10% 정도 절약할 수 있다. 공진 클럭의 몇 가지 단점으로는 동

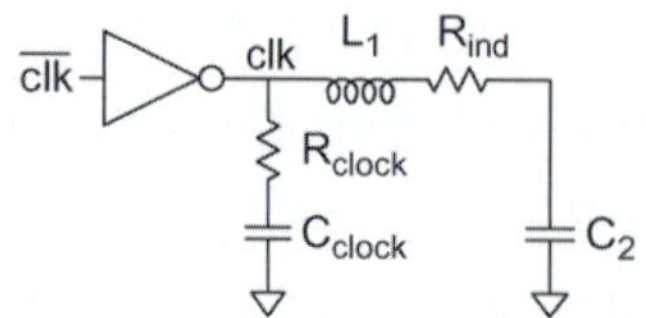

그림 4.19 공진 클럭 네트워크

작 주파수의 한정된 범위, 사인파형의 클럭 출력, CMOS 공정에서 우수한 인덕터를 만들기 힘들다는 점 등이 있다.

4.3 정적 전력

정적 전력(static power)은 칩이 스위칭하지 않을 때도 소모된다. nMOS 프로세서에서 본질적으로 발생하는 경합 전류가 한 칩에 집적될 수 있는 트랜지스터의 개수를 제한하기 때문에CMOS가 nMOS 프로세서를 대체하였다. 정적 CMOS 게이트는 경합 전류를 발생시키지 않는다. 90 nm 노드 이전에, 누설 전력은 동적 전력에 비해서 무시할 수준이기 때문에 수면 모드에서 첫 번째 고려 대상이다. 낮은 문턱 전압과 얇은 게이트 산화물을 갖는 나노미터 공정에서 누설 전류는 총 활성 전력의 1/3을 차지한다. 2.4.4절에서 누설 전류의 구조를 설명한 바 있다. 이 절에서는 정적 전력의 각 요인을 간단하게 되짚어 보고, 수면 상태의 전력을 감소시키는 데 핵심 역할을 하는 전력 게이팅에 관해서 논하기로 한다. 하위 문턱 전압 누설이 정적 전력의 중요한 부분이므로, 이를 감소시키기 위한 다중 문턱 전압, 가변 문턱 전압, 스택 강제 등의 다른 방법들도 소개한다.

4.3.1 정적 전력 요소

식 (4.12)와 같이 정적 전력은 하위 문턱 전압, 게이트, 접합 누설 전류, 그리고 경합 전류로부터 발생한다. 이 교재의 거의 대부분이 누설 전류에 관해서 언급하고 있지만[Narendra06], 이 절에서는 핵심 효과만 논하기로 한다.

4.3.1.1 하위 문턱 전압 누설 하위 문턱 전압 누설 전류는 식 (2.45)와 같이 트랜지스터가 OFF되었을 때 발생한다. V_{ds}가 열전압의 몇 배를 초과하면(예를 들어, $V_{ds} > 50$ mV), 누설 전류는 다음과 같이 단순화된다.

$$I_{\text{sub}} = I_{\text{off}} 10^{\frac{V_{gs} + \eta(V_{ds} - V_{DD}) - k_\gamma V_{sb}}{S}} \tag{4.19}$$

여기에서 I_{off}는 $V_{gs}=0$, $V_{ds}=V_{DD}$일 때의 하위 문턱 전압 전류이고, S는 식 (2.44)에 따른 하위 문턱 경사(약 100 mV/decade)를 나타낸다. I_{off}는 단일 OFF 트랜지스터의 누설을 정의하는 핵심 공정 파라미터이다. 이 파라미터의 값은 낮은 V_t 디바이스의 100 nA/μm에서 시작해서 높은 V_t 디바이스의 1 nA/μm 이하까지 떨어진다. η는 65 nm 공정에서 낮은 V_t인 100 mV/V의 DIBL 계수인데, 드레인이 축소된 채널에 미치는 영향이 증가하기 때문에 이 계수는 증가하는 경향을 보인다. V_{ds}가 작으면 I_{sub}가 I_{off}와 비슷한 크기로 감소한다. k_γ는 바디 효과 계수인데, 이것은 바디 효과가 어떻게 문턱 전압을 결정하는지 설명한다. 소스 전압을 올리거나 음성 바디 전압을 인가하면 누설을 더욱 감소시킬 수 있다.

I_{off}는 보통 25°C에서 규정되고, 온도에 따라 지수적으로 상승한다. 그 이유는 V_t가 온도에 따라 감소하고 S는 온도에 직접 비례하기 때문이다. I_{off}는 일반적으로 125°C에서 10~20배로 증가하기 때

문에 다이 온도를 제한하는 것이 누설 전류를 제어하는 데 매우 중요하다.

두 개 혹은 그 이상의 트랜지스터들에 흐르는 누설 전류는 **스택 효과**(stack effect)에 의해서 극적으로 감소된다[Ye98, Narendra01]. 그림 4.20은 게이트가 0 V인 두 개의 직렬 OFF 트랜지스터를 나타낸다. *N*2의 드레인 전압은 V_{DD}이기 때문에 스택에서 누설이 발생한다. 그러나 중간 노드 전압 V_x는 각 트랜지스터가 같은 전류를 갖는 점으로 안정화된다. 만약 V_x가 작으면 *N*1이 훨씬 감소된 DIBL 효과를 보게 되어 누설이 감소된다. V_x가 증가하면 *N*2의 전압 V_{gs}는 음수가 되어 누설이 감소한다. 따라서 직렬 트랜지스터들은 누설이 감소한다고 기대할 수 있다. 이것은 $V_x > 50$ mV라 가정할 때, 다음과 같이 V_x와 I_{sub}의 해를 수학적으로 구해서 증명할 수 있다.

V_{DD}

0 — N2

V_x

0 — N1

그림 4.20 스택 효과를 예시하는 직렬 OFF 트랜지스터

$$I_{sub} = \underbrace{I_{off} 10^{\frac{\eta(V_x - V_{DD})}{S}}}_{N2} = \underbrace{I_{off} 10^{\frac{-V_x + \eta\left(\left(V_{DD} - V_x\right) - V_{DD}\right) - k_\gamma V_x}{S}}}_{N1} \tag{4.20}$$

$$V_x = \frac{\eta V_{DD}}{1 + 2\eta + k_\gamma} \tag{4.21}$$

$$I_{sub} = I_{off} 10^{\frac{-\eta V_{DD}\left(\frac{1+\eta+k_\gamma}{1+2\eta+k_\gamma}\right)}{S}} \approx I_{off} 10^{\frac{-\eta V_{DD}}{S}} \tag{4.22}$$

위에서 사용한 일반적인 값과 V_{DD}=1.0 V를 사용해서 스택 효과가 하위 문턱 전압 누설을 10배로 줄일 수 있음을 확인하였다. 3개 혹은 그 이상의 OFF 트랜지스터들을 갖는 스택에서는 누설이 더욱 감소한다.

하위 문턱 전압 누설은 다른 형태의 누설을 고려하지 않고는 감소시킬 수가 없다[Mukhopadhyay05]. DIBL과 단채널 효과를 제어해서 V_t를 올리기 위해 할로 도핑 수준을 올리면 BTBT가 증가한다. V_t를 올리기 위해서 바디에 역바이어스를 인가하는 것도 BTBT를 증가시킨다. 트랜지스터를 보다 강하게 OFF시키기 위해서 음성 전압을 인가하면 GIDL이 증가한다. 그림 4.21은 50 nm 공정에서 V_t가 낮을 때 하위 문턱 전압 누설이 중요해지지만, 다른 소스들이 어떻게 높은 V_t를 물려받는지 보여 준다[Agarwal07].

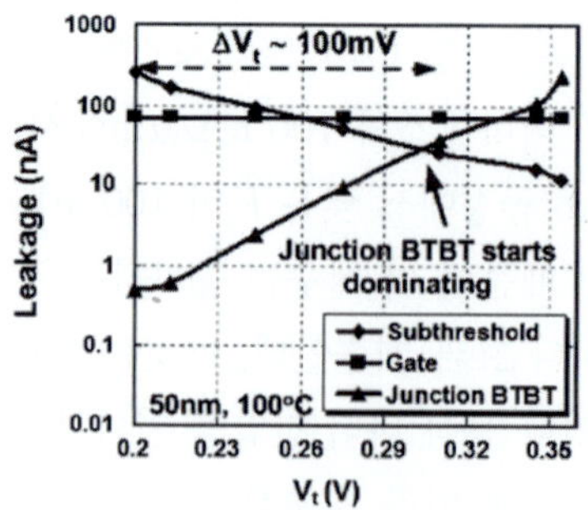

그림 4.21 V_t 함수로서의 누설 전류(© IEEE 2007)

절연체 상 실리콘(SOI: silicon on insulator) 회로는 보다 급격한 하위 문턱 전압 감소를 갖기 때문에 저전력 설계에 많이 사용된다. SOI 회로 설계는 8.4절에서 보다 자세하게 설명한다.

4.3.1.2 게이트 누설 게이트 누설은 캐리어가 얇은 게이트 유전체를 통과할 때 게이트에 전압이 인가되면 발생한다. 공정은 보통 I_G를 최소 길이 게이트인 경우 nA/μm 단위로 규정하고, 트랜지스터 게이트인 경우 A/mm² 단위로 규정한다. 게이트 누설은 유전체 두께의 함수이다. 이것은 보통 유전체 두께를 선택하여 적절한 수준으로 제한된다. pMOS 게이트 누설은 보통 SiO_2 게이트에서 10배 이상 작기 때문에 무시할 수 있지만, 다른 게이트 유전체에서는 무시할 수 없는 값을 갖는다.

게이트 누설은 게이트에 걸린 전압에 의해서도 영향을 받는다. 예를 들어 그림 4.22는 두 개의 직렬 트랜지스터를 나타낸다. *N*1이 ON이고 *N*2가 OFF이면, *N*1은 $V_{gs}=V_{DD}$를 갖고 완전 게이트 누설이 발생한다. 반면에 *N*1이 OFF이고 *N*2가 ON이면, *N*2가 $V_{gs}=V_t$를 갖고 게이트 누설은 무시할 만한 수준이 된다[Lee03, Mukhopadhyay03]. 두 경우 모두 OFF 트랜지스터에서는 게이트 누설이 없다. 따라서 게이트 누설은 OFF 트랜지스터가 레일에 가깝도록 트랜지스터를 스택함으로써 완화할 수 있다.

그림 4.22 직렬 스택에서의 게이트 누설

표 4.2는 15 Å의 산화물과 60 nm의 채널 길이를 갖는 공정에서 [Lee03]의 데이터를 사용해서 그림 4.23에 나와 있는 3-입력 NAND 게이트에 미치는 게이트와 하위 문턱 누설의 합쳐진 효과를 요약하고 있다. ON된 nMOS 트랜지스터를 통한 게이트 누설은 6.3 nA이고, pMOS의 게이트 누설은 무시한다. $V_{ds}=V_{DD}$일 때 nMOS 트랜지스터를 통한 하위 문턱 전압은 5.63 nA이고, $|V_{ds}|=V_{DD}$일 때 pMOS 트랜지스터의 하위 문턱 전압 누설은 9.3 nA이다.

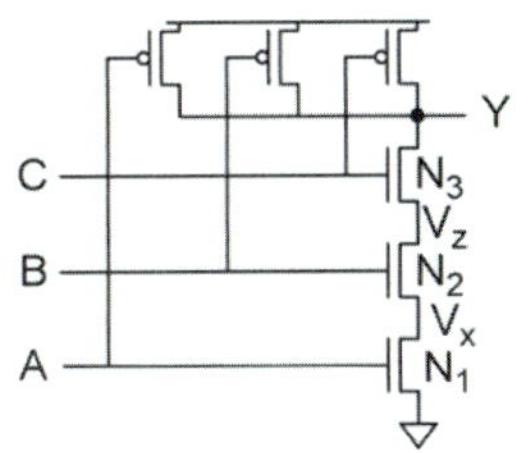

그림 4.23 게이트의 패턴 의존성과 하위 문턱 전압 누설을 보이는 NAND 게이트

NAND3는 하위 문턱 누설을 줄이기 위한 스택 효과의 혜택을 본다. 000의 경우, 세 개의 nMOS 트랜지스터가 모두 OFF되고 세 배의 스택 효과는 누설 전류를 10분의 1 수준으로 줄인다. 모든 중간 노드들은 스택 효과에 의해서 결정된 100~200 mV 근처까지 상승한다. 001과 100의 경우 두 개의 nMOS 트랜지스터가 OFF되고, 두 배의 스택 효과는 누설 전류를 5배 정도 감소시킨다. 110의 경우

표 4.2 NAND3에서의 게이트와 하위 문턱 전압 누설(nA)

Input State (ABC)	I_{sub}	I_{gate}	I_{total}	V_x	V_z
000	0.4	0	0.4	stack effect	stack effect
001	0.7	0	0.7	stack effect	$V_{DD}-V_t$
010	0	1.3	1.3	intermediate	intermediate
011	3.8	0	10.1	$V_{DD}-V_t$	$V_{DD}-V_t$
100	0.7	6.3	7.0	0	stack effect
101	3.8	6.3	10.1	0	$V_{DD}-V_t$
110	5.6	12.6	18.2	0	0
111	28	18.9	46.9	0	0

한 개의 트랜지스터만 OFF되고 $V_{ds}=V_{DD}$가 되기 때문에 nMOS 트랜지스터 스택에서는 하위 문턱 전압 누설 전체가 발생한다. 011과 101의 경우 한 개의 nMOS 트랜지스터에서 $V_{ds}=V_{DD}-V_t$가 되기 때문에 누설은 부분적으로 감소한다. 111의 경우 세 개의 병렬 pMOS 모두에서 누설이 발생한다.

NAND3 역시 입력 패턴 의존적인 게이트 누설을 갖는다. 000의 경우 세 개의 nMOS 트랜지스터가 모두 OFF되고, 따라서 게이트 전류가 차단된다. 001과 011의 경우, ON 트랜지스터에서는 $V_{gs}=V_t$가 되기 때문에 누설이 거의 없다. 010의 경우, *N*2를 통한 게이트 누설이 V_x와 V_z를 충전하여 소스/드레인 전압 증가가 게이트 전류를 감소시킬 때까지 중간 전압으로 충전한다. 101의 경우, *N*1에서는 완전한 게이트 누설이 발생하는 반면, V_z가 높기 때문에 *N*3의 누설은 거의 없다. 110의 경우 *N*1과 *N*2에서 모두 게이트 누설이 발생하고, 111의 경우 세 개의 nMOS 트랜지스터 모두에서 누설이 발생한다.

4.3.1.3 접합 누설 접합 누설은 소스 혹은 드레인 확산 영역이 기판과 다른 전위를 가질 때 발생한다. 역바이어스된 다이오드의 일반적인 누설이 무시할 정도로 작지만, BTBT와 GIDL은 V_t가 높은 트랜지스터에서 하위 문턱 누설에 근접하는 누설 전류를 발생시킨다. BTBT는 강한 역바이어스가 드레인과 바디 사이에 인가될 때 (nMOS 트랜지스터의 경우 $V_{db}=V_{DD}$) 최대가 된다. GIDL은 트랜지스터가 OFF 되고, 강한 바이어스가 드레인에 인가될 때(nMOS 트랜지스터에서 $V_{gd}=-V_{DD}$) 최대가 된다. 접합 누설은 다른 누설에 비해서 미미하지만, 해석이 필요할 때에는 트랜지스터 폭당 전류인 nA/μm 단위를 사용한다.

4.3.1.4 경합 전류 정적 CMOS 회로는 경합 전류(contention current)를 갖지 않는다. 그러나 특정한 대체 회로는 정지점(quiescent point)에서도 본질적으로 전류를 만들어 낸다. 예를 들어 8.2.2절에서 소개할 의사 nMOS 게이트는 출력이 0일 때 nMOS 풀다운과 항상 ON되어 있는 pMOS 풀업 사이에서 경합 전류를 갖는다. 전류 모드 논리와 많은 아날로그 회로 역시 정적 전류를 만든다. 이러한 회로들은 풀업 혹은 전류 소스를 정지시켜서 OFF가 되게 한다.

4.3.1.5 정적 전력 추정 정적 전류는 누설을 발생시키는 트랜지스터의 폭을 추정하고, 거기에 누설 전류를 곱한 후, 누설 상태에 있는 트랜지스터들의 비율을 곱해서 계산된다. 정적 전력은 이렇게 추정한 정적 전류에 공급 전원 전압을 곱한 것이다.

예제 4.4

예제 4.1의 SOC를 생각해 보자. OFF된 디바이스의 하위 문턱 누설은 낮은 문턱 전압을 갖는 디바이스에서는 100 nA/μm이고, 높은 문턱 전압을 갖는 디바이스에서는 10 nA/μm가 된다. 게이트 누설은 5 nA/μm이고, 접합 누설은 무시한다. 메모리는 어디에서나 누설이 낮아야 한다. 논리회로는 성능상 중요한 경로의 5%에서만 누설이 낮은 디바이스를 사용한다. 이때 정적 전력 소모를 계산하시오.

해답: 낮은 문턱 전압을 갖는 디바이스의 폭은 (50×10^6 논리 트랜지스터)(0.05)(12λ)(0.025 μm/λ)$=0.75\times10^6$ μm이고, 높은 문턱 전압을 갖는 디바이스의 폭은 [(50×10^6 논리 트랜지스터)(0.95)(12λ)+(950×10^6 메모리 트랜지스터)(4λ)](0.025 μm/λ)$=109.25\times10^6$ μm가 된다. 직렬 스택의 장점을 무시하면 절반의 트랜지스터들은 OFF 되어 하위 문턱 누설을 만들고, 나머지 절반의 트랜지스터들은 ON되어 게이트 누설을 만든다. $I_{sub}=[(0.75\times10^6\ \mu m)(100\ nA/\mu m)+(109.25\times10^6\ \mu m)(10\ nA/\mu m)]/2=584\ mA$가 되고, $I_{gate}=((0.75+109.25)\times10^6\ \mu m)(5\ nA/\mu m)/2=275\ mA$가 되고, $P_{static}=(584\ mA+275\ mA)(1\ V)=859\ mW$가 된다. 이것은 스위칭 전력의 15%에 해당하는 양으로 휴대용 디바이스의 배터리를 순식간에 방전시킬 수 있다.

4.3.2 전력 게이팅

수면 상태에서 정적 전류를 줄이는 가장 쉬운 방법은 수면 블록에 연결된 공급 전원을 차단하는 것이다. 이 기술은 **전력 게이팅**(power gating)이라 불리는데, 그림 4.24에 나와 있다. 논리 블록은 가상의 V_{DD} 레일인 V_{DDV}로부터 전력을 공급받는다. 이 블록이 활성화되면, 헤더 스위치 트랜지스터가 ON 되어 V_{DDV}를 V_{DD}로 연결시킨다. 반면에 이 블록이 수면 상태가 되면, 헤더 스위치가 OFF되어서 V_{DDV}는 연결이 끊어져 전압이 점차 0으로 가라앉게 된다. 이 현상이 발생하면, 블록의 출력들은 금지된 전압 수준을 가질 수도 있게 된다. 출력을 고립시키는 게이트는 하향 흐름 논리에서 문제가 발생하지 않도록 수면 상태에서 출력이 유효한 전압 수준을 갖게 만든다.

전력 게이팅은 몇 가지 설계 문제를 야기한다. 헤더 스위치의 크기는 매우 조심스럽게 결정되어야 한다. 이것은 활성화된 동작 중에 회로에 작은 지연을 만들어야 하는 동시에, 수면 상태에서 작은 누설을 만들어야 한다. 활성 및 수면 상태 사이의 전이는 시간과 에너지를 필요로 하기 때문에, 전력 게이팅은 블록이 충분한 시간 동안 OFF되어 있어야만 효과가 있다. 블록이 차단되면, 이 상태는 저장되거나 전원이 공급되기 시작할 때 리셋된다. 9.4.3절에서는 이 상태를 유지하기 위해서 2차 공급 전원을 사용하는 상태 보존 레지스터를 소개한다. 다른 방법으로, 중요한 레지스터들은 전체 블록이

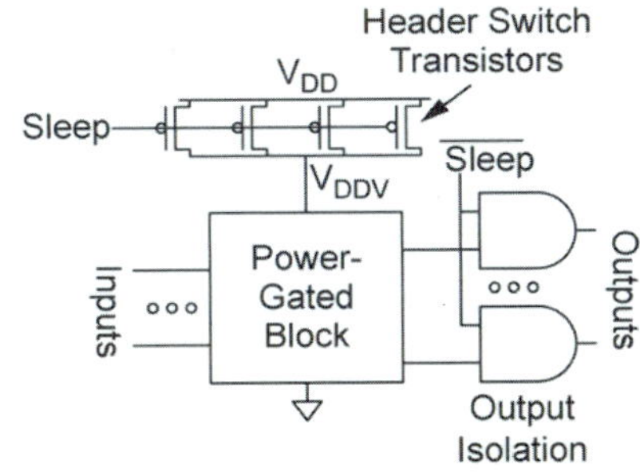

그림 4.24 전력 게이팅

전력 게이팅 되도록 메모리에 저장될 수도 있다. 이 레지스터들은 전원이 복원될 때 메모리로부터 다시 로딩되어야 한다. [Keating07]에서는 표준 CAD 절차에서 전력 게이팅을 사용하는 방법에 대해 자세하게 소개하였다. 전력 스위치가 충분히 빠르면, 클럭 게이팅된 블록들의 전원 공급을 차단해서 활성 상태의 누설 전력을 절약할 수 있다[Tschanz03, Min06]. 누설 전력 감소나 상태의 손실에 대한 부담이 너무 클 경우, 상태를 유지하는 데 필요한 최소한의 수준까지 공급 전원을 낮출 수 있다. DVS를 사용하면 충분히 게이트 누설을 제거할 수 있고, 하위 문턱 누설 에너지를 10배 이상 감소시킬 수 있다[Calhoun04].

전력 게이팅은 논리 회로에 낮은 V_t 트랜지스터를 사용하고, 헤더 혹은 푸터(footer) 스위치에 높은 V_t를 사용하기 때문에, 처음에는 **다중 문턱 전압 CMOS**(MTCMOS: multiple threshold CMOS)[Mutoh95]라는 이름으로 제안되었다. 그러나 시스템이 전력 게이팅을 사용하지 않으면서 다중 문턱 전압을 사용할 수 있기 때문에 다소 혼동을 유발한다. 게다가 V_{DD}와 GND를 동시에 스위칭할 필요가 없다.

4.3.2.1 전력 게이트 설계

전력 게이팅은 외부적으로 전압 안정기의 입력을 디세이블시키거나, 내부적으로 높은 V_t의 헤더나 푸터 스위치를 사용하여 수행할 수 있다. 외부 전력 게이팅은 수면 기간 중 누설을 완전히 차단할 수 있지만, 전력 네트워크가 방전하기 위해서 수백 nF의 분리 커패시턴스(decoupling capacitance)를 갖고 있으므로 많은 시간과 에너지가 필요하다.

칩 상의 전력 게이팅은 pMOS 헤더 스위치 혹은 nMOS 푸터 스위치 트랜지스터를 사용할 수 있다. nMOS 트랜지스터는 단위 폭당 더 많은 전류를 전달할 수 있기 때문에 작게 설계할 수 있다. 반면에 내부와 외부 전력 게이팅이 모두 사용되면, V_{DD}를 차단하기 위한 두 가지 방법 모두를 사용하는 것이 좋다. pMOS 전력 게이팅 역시 다중 공급 전원을 사용할 때는 사용이 간단하다. 실제로 GND가 항상 고정되게 함으로써 설계자와 CAD 도구 사이에 혼동을 줄일 수 있다. 많은 경우 pMOS 전력 게이팅을 사용하는 것만으로도 충분하다.

이론적으로 개별적 논리 게이트에 **세밀한 전력 게이팅**(fine-grained power gating)을 사용하는 것이 가능하지만, 셀마다 스위치를 배치하는 것은 면적을 지나치게 증가시킨다. 실용적인 설계는 스위치가 전체 블록에 걸쳐서 공유되는 위치에 **거친 전력 게이팅**(coarse-grained power gating)을 사용한다. 이 스위치는 V_{DDV}에서 일정한 전압 강하를 필연적으로 발생시키는 유효 저항을 사용한다. 이 스위치는 보통 지연을 5~10%로 유지할 수 있도록 크기가 결정된다. 이렇게 하기 위한 방법들 중 하나는 적정 지연을 유지하면서 전압 강하를 작게 만들 수 있도록 스위치의 폭을 선택하는 것이다. 이렇게 하면 전력 해석에 의해서 해당 블록의 평균 전류가 계산된다. 스위치의 폭은 평균 전류가 흐를 때 전압 강하가 작게 유지될 수 있도록 선택한다. 이 블록이 충분히 커서 스위칭이 시간에 따라 분산되고 V_{DDV} 상의 커패시턴스가 충분히 리플을 제거할 수 있다면, **평균 전류 방법**(average current method)[Mutoh99]을 사용하면 된다. 예를 들어 45 nm 코어 프로세서는 정지 상태의 코어들을 OFF 시키기 위해서 코어당 1.5 m의 저누설(low-leakage) pMOS 전력 게이트 트랜지스터를 사용한다[Kumar09].

예제 4.5

65 nm 공정에서 캐시는 평균 전력 2 W를 소모한다. 지연이 5% 이상 증가하지 않게 하려면 pMOS 트랜지스터의 폭은 얼마가 되어야 하는가?

해답: 65 nm 공정은 1 V에서 동작하기 때문에, 평균 전류는 2 W/1 V=1 A가 된다. pMOS 트랜지스터는 ON 저항 R=2 kΩ · μm를 갖는다. 5% 지연의 증가는 V_{DDV}가 5% 감소하는 것과 대략 일치한다[식 (3.29)에서 확인). 따라서 R_{switch}=0.05×1 V/2 A=25 mΩ이 된다. 따라서 트랜지스터 폭은 kΩ · μm/25 mΩ=8×10[4] μm가 된다. 낮은 V_{ds}에서 ON 저항은 R보다 낮다. 회로 시뮬레이션 결과 폭이 3.7×10[4] μm이면 전압 강하를 5% 이내로 유지하는 데 충분하다.

이 전력 스위치는 일반적으로 다수의 병렬 트랜지스터들에 의해서 만들어진다. 트랜지스터의 길이와 폭은 I_{on}/I_{off} 비율이 최대가 되도록 선택해야 한다. 이 과정은 공정에 밀접하게 의존하며, L과 W가 가질 수 있는 값 전체를 SPICE 시뮬레이션을 통해 검토해야 한다. 수면 상태에서 이 비율을 개선하기 위해서 역방향 바디 바이어스가 사용될 수 있다(4.3.4절 참조). 다른 방법으로, 이 스위치는 게이트 산화물이 과도한 스트레스를 받지 않는 동안 보다 효과적으로 ON 혹은 OFF 시키기 위해서 양성적(positively) 혹은 음성적(negatively)으로 과도하게 구동될 수 있다[Min06].

전력 스위치가 ON되면, 갑자기 몰려드는 전류가 IR과 $L\ di/dt$ 강하 잡음(12.3절 참조)과 전력 버스의 전자 이동을 유발한다(6.3.3.1절 참조). 이 문제를 완화하기 위해서는 ON되는 병렬 트랜지스터의 개수를 조절함으로써 스위치를 점진적으로 ON시켜야 한다.

4.3.3 다중 문턱 전압과 산화물 두께

다중 문턱 전압의 선택적인 적용은 낮은 V_t 트랜지스터를 갖는 임계 경로에서 성능을 유지할 수 있게 하는 반면에 높은 V_t 트랜지스터를 갖는 다른 경로에서는 누설을 감소시킨다.

다중 문턱 전압 셀 라이브러리는 문턱 전압에 대해서 물리적으로 동일한 셀을 포함해서, 문턱 전압 간의 치환을 쉽게 할 수 있어야 한다. 바람직한 설계는 전역에서 높은 V_t 디바이스를 가지고 시작해서 필요한 곳에서 낮은 V_t를 선택적으로 사용하는 것이다.

다중 문턱 전압을 사용하기 위해서는 CMOS 공정의 비용을 증가시키는 추가적인 주입 마스크(implant mask)가 필요하다. 이것의 대안으로, 설계자는 채널 길이를 증가시켜서 단채널 효과를 통해서 문턱 전압을 상승시킨다. 예를 들어 인텔의 65 nm 공정에서, 트랜지스터를 10% 길게 제작하면 I_{on}을 10% 감소시킬 수 있지만, I_{off}는 3분의 1로 줄일 수 있다[Rusu07]. 듀얼 코어 제논 프로세서는 캐시와 코어 게이트의 54%에 대해서 거의 배타적으로 긴 트랜지스터를 사용한다.

대부분의 나노미터 공정은 논리 트랜지스터를 위해서 박막 산화물을 제공하고, 높은 전압을 견뎌야 하는 입출력 트랜지스터를 위해서 훨씬 두꺼운 산화물을 제공한다. 산화물의 두께는 다른 마스크 단계에 의해서 조절된다. 두꺼운 산화물 디바이스에서 게이트 누설은 무시할 수 있지만, 고속 논리 응용에서는 그 성능이 적합하지 못하다. 어떤 공정은 게이트 누설을 줄이기 위해서 다른 중간 산화물 두께를 제공한다.

[Anis03]은 다중 문턱 전압 응용을 위한 방대한 조사를 제공한다.

4.3.4 가변 문턱 전압

V_{sb}가 바디 효과를 통해서 문턱 전압을 조절하는 식 (2.38)을 상기해 보자. 활성 상태에서 높은 I_{on}을 얻고, 수면 상태에서 낮은 I_{off}를 얻는 다른 방법은 바디 바이어스를 적용함으로써 트랜지스터의 문턱 전압을 동적으로 조절한다. 이 기술은 **가변 문턱 전압 CMOS**(VTCMOS: variable threshold CMOS)라 불린다.

예를 들어 누설을 줄이기 위해서 낮은 V_t 디바이스가 사용되고, **역방향 바디 바이어스**(RBB: reverse body bias)가 수면 상태에서 적용될 수 있다[Kuroda96]. 다른 방법으로는, 성능을 향상시키기 위해서 높은 V_t 디바이스가 사용되고, 활성 상태에서 **순방향 바디 바이어스**(FBB: forward body bias)가 적용될 수 있다[Narendra03]. 바디 바이어스는 전력 게이팅 트랜지스터에 적용되어 수면 상태에서 보다 효과적으로 OFF될 수 있게 한다.

지나친 RBB (예를 들어 −1.2 V보다 낮은 전압)는 BTBT를 통해서 많은 접합 누설을 발생시키는 반면[Keshavarzi01], 지나친 FBB (예를 들어 0.4 V 보다 높은 전압)는 바디-소스 다이오드를 통해서 상당한 전류를 발생시킨다. 식 (2.39)에 따르면, t_{ox}가 얇아질수록 바디 효과가 약해지기 때문에, 바디 바이어스는 90 nm 이하의 공정에서는 큰 소득을 얻지 못한다[von Arnim05].

바디 바이어스를 적용하기 위해서는 기판과 웰 전압을 분배하기 위한 추가적인 공급 전원 레일이 필요하다. 예를 들어, 1.0 V n-웰 공정에서 RBB 방식은 $V_{BBn}=-0.4$ V에서 p형 기판과, $V_{BBp}=1.4$ V에서 n-웰을 바이어스할 수 있다. 그림 4.25는 바디 바이어스를 사용한 인버터의 개념도와 단면을 보여 준다. n-웰 공정에서 모든 nMOS트랜지스터는 같은 p형 기판을 공유하고, 동일한 V_{BBn}을 사용해야 한다. 삼중 웰 공정에서 트랜지스터들의 그룹은 기판으로부터 고립된 서로 다른 p-웰들을 사용할 수 있기 때문에 다른 바디 바이어스를 사용하는 것이 가능하다. 웰과 기판에는 전류가 거의 흐르지 않기 때문에, 바이어스 전압은 전하 펌프를 사용해서 발생시키는 것이 상대적으로 용이하다(12.3.8절 참조).

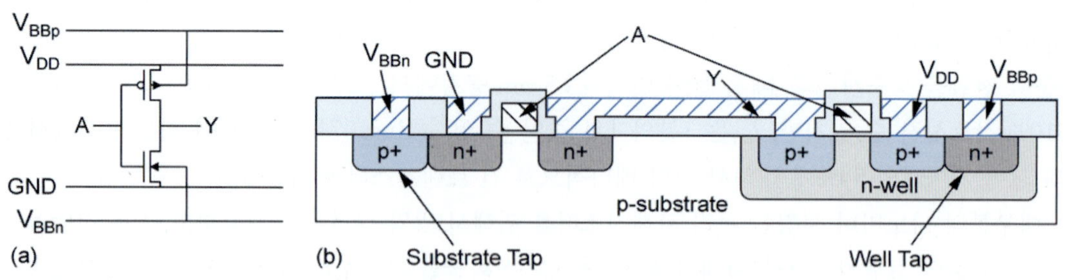

그림 4.25 바디 바이어스

4.3.5 입력 벡터 제어

표 4.2에서 보았듯이 스택 효과와 입력 정렬은 최선과 최악의 경우 사이에서 하위 문턱 전압과 게이트 누설을 2배 정도 변화시킨다. 따라서 논리 블록의 누설은 논리 블록의 입력에 의존하는 게이트 입력에 의해 결정된다. **입력 벡터 제어**(input vector control)의 개념은 블록이 수면 상태에 있을 때 블록의 누설을 최소화하는 입력 패턴을 적용한다는 것이다[Narendra06, Abdollahi04]. 이 벡터는 레지스터에의 세트/리셋 입력 혹은 스캔 사슬에 의해서 적용된다. 논리 블록의 모든 게이트를 입력에 의해서만 제어한다는 것은 어렵지만, 최적의 입력 벡터는 무작위 벡터와 비교할 때 25~50%의 누설을 절약할 수 있다. 입력 벡터의 적용은 스위칭 동작을 유발하기 때문에, 수면 상태에 들어갈 때 소모했던 에너지를 만회하기 위해서 수천 사이클 동안 블록은 수면 상태를 유지할 필요가 있다.

4.4 에너지-지연 최적화

이 시점에서 자연스럽게 최적의 V_{DD}와 V_t는 어떻게 결정하는가 하는 의문이 생긴다. 여기에 대한 답은 목적에 따라 다르다는 것이다. 최소 전력 그 자체는 연산 동작이 무한히 길어지도록 지연을 발생시켜서 아무런 기능도 수행하지 못하게 하기 때문에 의미가 없다. 연산에 필요한 시간은 해석을 통해 분리되어야 한다. 보다 적절한 성능 지표는 에너지의 최소화, 에너지-지연 곱의 최소화, 지연 제약 조건을 만족시키는 에너지 최소화 등을 포함한다.

4.4.1 최소 에너지

식 (4.3)에 따르면, 연산에 필요한 전력과 연산을 완료하기 위한 시간의 곱은 소모되는 에너지가 된다. 따라서 **전력-지연 곱**(PDP: power-delay product)은 간단히 말해서 에너지가 된다. 지연이 중요하지 않을 때, 최소 에너지 지점은 연산이 소모하는 최소의 에너지가 되고, $V_{DD} < V_t$일 때 하위 문턱 동작에서 발생한다. 최소 에너지 지점은 일반적으로 기존의 동작 지점보다 10배 감소된 에너지를 소모하는 대신 3배 이상의 속도 저하가 발생한다[Wang06].

노이만(John von Neumann은 처음으로 '단위 정보당 열역학적인 최소 에너지'는 $kT\ln 2$가 된다고 주장했다[von Neumann66]. [Meindl00]은 인버터가 동작할 수 있는 최소 허용 전압을 고려함으로써 노이만의 주장을 CMOS에 대해서 증명했다. 0이 아닌 잡음 여유도를 얻기 위해서, 인버터는 스위칭 지점 V_{inv}에서 -1보다 가파른 경사를 가져야 한다. 하위 문턱 전압 특성으로 $n=1$인 이상적인 인버터에서 이것은 다음과 같은 최소 동작 전압을 결정한다.

$$V_{\min} = 2\ln 2 v_T = 36 \text{ mV @ } 300 \text{ K} \tag{4.23}$$

단일 MOSFET의 게이트 커패시턴스에 저장된 에너지는 $E=QV_{DD}/2$가 되고, 여기에서 Q는 전하를 나타낸다. 최소 가능 전하는 단위 전자 q이다. V_{DD}를 $V_{\min}$으로 대체하면 $E_{\min}=kT\ln 2=2.9\times 10^{-21}$ J이 된다. 이와 대비해서, 0.5 μm 5 V 공정에서 단위 인버터는 스위칭이 일어날 때 공급 전원으로부터 약 1.5×10^{-13} J의 에너지를 사용하고, 65 nm 1 V 공정에서는 같은 인버터가 3×10^{-16} J의 에너지를 사용한다.

인버터는 100 mV 이하의 공급 전원에서 동작함이 증명된 바 있지만, 이것이 실제 CMOS 공정에서 에너지를 최소화하는 것은 아니다. 이들이 극히 낮은 스위칭 에너지를 갖지만, 누설 에너지가 지배적이 될 정도로 속도가 느려진다. 진정한 최소 에너지 지점은 스위칭과 누설 에너지의 균형을 이룰 수 있는 다소 높은 전압이다.

하위 문턱 동작에서, $V_{DD}-V_t$가 감소할 때 전류는 지수적으로 감소하기 때문에, 지연은 지수적으로 증가한다. 이 스위칭 에너지는 V_{DD}의 제곱에 비례해서 개선된다. 누설 전류는 DIBL 때문에 V_{DD}에 따라 느리게 개선되지만, 느린 게이트가 오랫동안 누설하기 때문에 누설 에너지는 지수적으로 증가한다. 최소 에너지 동작을 얻기 위해서 모든 트랜지스터들은 최소 폭을 가져야 한다. 이것은 스위칭 커패시턴스와 누설을 동시에 감소시킨다. 게이트와 접합 누설, 그리고 단락 회로 전력은 하위 문턱 동작에서 무시할 정도로 작기 때문에, 전체 에너지는 스위칭과 누설 에너지의 합이 되고, 이것은 그림 4.26과 같이 두 에너지가 교차하는 지점 근방에서 최소화된다.

에너지를 계산하기 위해서 회로는 임계 경로 상에 N개의 게이트, 전체 유효 커패시턴스 C_{eff}, 그리고 전체 유효 폭이 W_{eff}인 누설 트랜지스터를 갖는다고 가정한다. 부하 C_g를 가지고 하위 문턱 전압에서 동작하는 게이트의 지연이 식 (3.31)에 주어져 있다. 따라서 사이클 타임은 다음과 같이 결정된다.

$$D=\frac{NkC_gV_{DD}}{I_{\text{off}}10^{V_{DD}}} \tag{4.24}$$

한 사이클에서 소모되는 에너지는 다음과 같다.

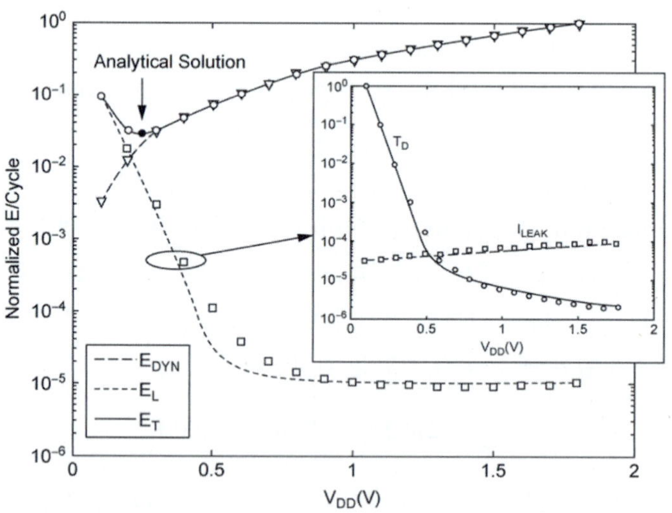

그림 4.26 최소 에너지 위치([Calhoun05]에서 발췌, © IEEE 2005)

$$\begin{aligned} E_{\text{switching}} &= C_{\text{eff}} V_{DD}^2 \\ E_{\text{leak}} &= I_{\text{sub}} V_{DD} D = W_{\text{eff}} N k C_g 10^{-V_{DD}} V_{DD}^2 \\ E_{\text{total}} &= E_{\text{switching}} + E_{\text{leak}} = V_{DD}^2 \left(C_{\text{eff}} + W_{\text{eff}} N k C_g 10^{-V_{DD}} \right) \end{aligned} \tag{4.25}$$

최소 에너지 지점을 찾기 위해서 식 (4.25)를 V_{DD}에 대해서 미분할 수 있지만[Calhoun05], 이 결과는 정돈된 형태로 얻기 힘들다.

보다 직관적인 방법은 그래프에서 최소 에너지 지점을 찾는 것이다. 그림 4.27(a)는 마이크로프로세서 파이프라인의 동작을 반영하기 위해서 설계된 180 nm 공정의 링 발진기의 V_{DD}와 V_t의 함수로 에너지와 지연의 곡선을 그린 것이다. 회로가 문턱 전압 근처에서 동작한다고 가정할 때, V_{DD}가 증가하거나 V_t가 감소하면 동작 주파수는 지수적으로 증가한다. $V_{DD}=V_t$일 때, 회로는 약 10 MHz에서 동작한다. 에너지 곡선은 최소 에너지 지점으로 정규화된다. 십자가로 표시된 이 점은 V_{DD}=0.13 V, V_t=0.37 V에서 발생한다. 이 점에서 에너지는 일반적인 동작점보다 10배 정도 감소되지만, 지연은 30~40배 증가한다.

곡선들의 형태는 공정 파라미터의 약한 함수이기 때문에 나노미터 공정에서 유효하다. 그러나 이 결과는 상대적인 스위칭과 누설 에너지에 강하게 의존한다. 그림 4.27(b)는 활성 인자가 0.1로 떨어져서 C_{eff}를 감소시킨 결과를 보여 준다. 스위칭 에너지는 그리 중요하지 않기 때문에, 회로는 보다 높은 공급 전원 전압에서 동작할 수 있다. 따라서 문턱 전압을 증가시켜서 누설을 차단할 수 있고, 결과적으로 전체 에너지가 현저하게 감소한다. 이 결과는 온도에 의한 영향도 받는다. 고온에서 더 많은 누설이 발생하기 때문에 높은 문턱 전압을 사용해야 한다. 공정 편차 역시 최적의 동작점을 보다 높은 전압과 에너지로 이동시킨다.

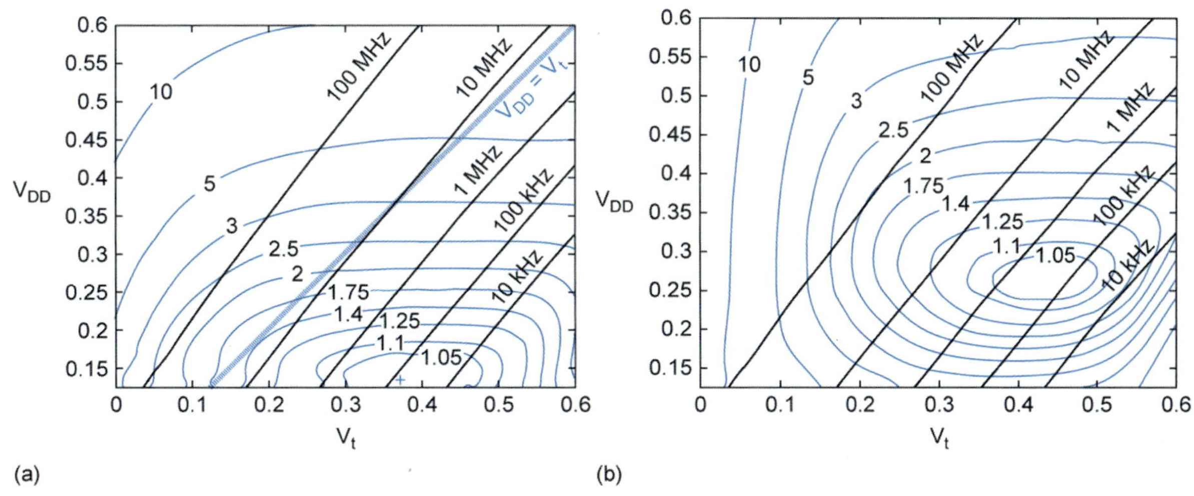

그림 4.27 링 발진기의 에너지 및 지연: (a) a51, (b) a50.1([Wang02]에서 발췌, © IEEE 2002)

4.4.2 최소 에너지-지연 곱

에너지-지연 곱(EDP: energy-delay product)은 널리 사용되는 성능 지표로서 에너지와 지연의 중요성의 균형을 의미한다[Gonzalez97, Stan99, Nose00c]. 누설을 무시하면 EDP를 최소화하는 전원 전압을 깔끔하게 계산할 수 있다. 누설을 고려하면 최적의 전압은 다소 높아진다.

우선 누설을 무시한 EDP를 고려한다. 부하 커패시턴스 C_{eff}를 충전하는 에너지는 식 (4.7)에 주어졌다. α-전력 법칙 모델을 사용한 지연은 식 (3.29)에 주어져 있다. 따라서 EDP는 다음과 같이 결정된다.

$$\text{EDP} = k\frac{C_{\text{eff}}^2 V_{DD}^3}{\left(V_{DD} - V_t\right)^{\alpha}} \tag{4.26}$$

위 식을 V_{DD}로 미분하고 그 결과를 0으로 만들면 EDP를 최소화하는 전압은 다음과 같다.

$$V_{DD\text{-opt}} = \frac{3}{3-\alpha}V_t \tag{4.27}$$

α는 1(완전하게 속도 포화된 상태)과 2(속도 포화가 없는 상태) 사이의 값을 가짐을 상기하자. 일반적인 값을 갖는 α에 대해서, $V_{DD-\text{opt}} \approx 2V_t$가 되는 흥미로운 결론에 도달한다. 이 전압은 대부분의 시스템들이 동작하는 것보다 훨씬 낮다.

식 (4.26)은 V_t가 0으로 근접할 때 EDP가 개선됨을 보이지만, 누설 전력이 크기 때문에 실제와는 다르다. 누설 항이 식 (4.27)에 추가되면, 그 결과가 너무 복잡해지기 때문에 여기에 제시하기는 어렵다. 그림 4.28은 EDP와 지연의 곡선을 V_{DD}와 V_t의 함수로 그린 것이다. EDP는 최적의 값으로 정규화된다. 일반적인 공정 파라미터에서, 최적의 V_t는 대략 100~150 mV이고, EDP는 일반적인 동작점 V_{DD}=1.0 V, V_t=0.3 V보다 4배 개선된다. 최적의 지점에서 누설 에너지는 동적 에너지의 절반이

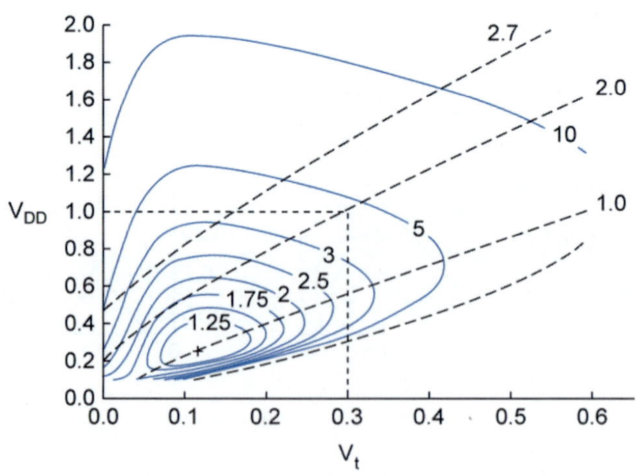

그림 4.28 에너지-지연 곱([Gonzalez97]에서 발췌. © IEEE 1997)

된다. 점선은 등속도 곡선을 나타내고, 최적의 EDP 지점에서 속도에 정규화된다. 보다 높은 속도에서 동작하기 위해서는 EDP를 증가시켜야 한다.

4.4.3 지연 제약을 만족시키는 최소 에너지

실제로 설계자는 지연 제약 조건을 만족시키면서 에너지를 최소화하는 문제에 직면한다. 이와 동등하게, 시스템의 전력 소모는 배터리 혹은 냉각 시스템에 의해서 제한되고, 설계자는 에너지 제약 조건하에서 최소점을 찾아야 한다. 그림 4.27(a)는 지연과 에너지의 곡선을 나타낸다. 최적의 공급 전압과 주어진 지연에서 동작을 위한 문턱 전압은 지연과 에너지 곡선의 접점에서 발생한다.

공급 전압과 문턱 전압이 결정되면, 설계자는 논리회로를 만들고 지연과 에너지에 영향을 주는 크기 선택을 할 수 있다. 그림 4.13은 에너지-지연 트레이드오프 곡선을 나타낸다. 이 곡선들은 다양한 지연을 만족시키는 논리 합성기와 크기 조정 도구들을 사용해서 만들어진다. 이 곡선은 최소 지연점 근처에서 가파르게 변화하기 때문에 에너지 효율적인 설계는 보다 긴 지연에서 동작하게 하는 것을 목표로 한다.

지연 조건을 만족시키는 에너지는 누설 전력이 동적 전력의 절반 가량일 때 최소화된다[Marković04]. 그러나 이 점 근처에서 곡선은 평평하기 때문에 많은 설계는 수면 상태에서 전력 감소를 가능하게 하기 위해서 더 낮은 누설에서 동작하게 한다.

4.5 저전력 구조

VLSI 설계는 칩에 내장될 수 있는 트랜지스터들의 개수에 의해서 결정되곤 한다. 각 트랜지스터로부터 최대 속도를 추출하면 전반적으로 성능을 최대화할 수 있다. 수십억 개의 나노미터 크기 트랜지스터들이 한 칩에 내장되기 때문에 많은 설계들은 전력 제약을 만족시켜야 하고, 대부분의 에너지 효율적인 설계가 중요하다. 이것은 다중 코어 프로세서가 갑자기 도입된 결과이다.

4.5.1 마이크로 구조

에너지 효율적인 구조는 모듈성과 지역성의 구조적 설계 원칙의 장점을 활용한다[Horowitz04, Naffziger0b]. [Pollack99]는 프로세서의 성능이 트랜지스터 개수의 제곱근에 비례함을 확인하였다. 마지막 비트까지의 명령어 수준 병렬화를 이끌어 내기 위해서 복잡하고 방대한 프로세서를 설계하는 것은 에너지 효율성이 매우 낮다. 마이크로 구조는 데이터 수준 병렬화를 다룰 수 있는 많은 수의 단순한 코어를 사용하는 방향으로 발전한다. 작은 코어는 짧은 배선을 사용하고 보다 빠른 메모리 접근이 가능하다.

메모리는 활성 인자가 미미하고 정규성이 누설 제어를 단순화하기 때문에 논리회로에 비해서 전력 밀도가 매우 낮다. 만약 고속의 프로세서나 대용량의 메모리를 사용해서 과업 수행을 가속할 수 있으면, 메모리를 사용하는 것이 바람직하다. 메모리는 현재 다른 칩들의 절반 이하의 면적을 사용한다.

특별한 용도의 기능 유닛들은 일반 프로세서에 비해서 열 배 정도 개선된 에너지 효율성을 제공할 수 있다. 그래픽스, 네트워킹, 암호 해독 등과 같은 많은 연산량을 위한 가속기는 프로세서로부터 이 과업들의 부담을 덜어 준다. 이러한 혼합적인 구조, 정규적인 코어의 결합, 특화된 가속기, 그리고 대용량 메모리 들이 더욱 중요해진다.

상용 소프트웨어는 가상 메모리, 메모리 보호, 32비트 및 64 비트 데이터 경로, 강건한 전력 관리 등과 같은 하드웨어 발전에 비해서 10년 정도 뒤져 있다. 현재는 프로그래머들이 많은 코어들의 장점을 활용하는 데 어려움을 겪는다. 프로그래밍 기술과 도구가 이를 따라 잡을 것인지 아니면 마이크로 구조가 프로그래머의 요구에 굴복할 것인지는 시간이 지나야 알 수 있다.

4.5.2 병렬화 및 파이프라이닝

과거에는 **병렬화**(parallelism)와 **파이프라이닝**(pipelining)이 그림 4.29와 같이 전력 소모를 줄이는 효과적인 방법이었다[Chandrakasan92].

단일 기능 유닛을 N개의 병렬 유닛으로 대체하면, 각각은 $1/N$ 주파수로 동작할 수 있다. 멀티플렉서는 결과들 중에서 선택을 한다. 전압도 따라서 감소하고, 면적이 두 배로 증가하는 대가로 에너지는 전압의 제곱에 비례해서 감소한다. 단일 기능 유닛을 N-스테이지의 파이프라인 유닛으로 대체하는 것도 더 많은 레지스터를 사용하는 대가로 클럭 사이클당 논리 연산을 줄여 준다. 따라서 전압을 줄일 수 있다. 이 두 가지 기술은 보다 높은 에너지 효율성을 위해서 결합할 수도 있다.

누설이 중요하지 않으면, 멀티플렉서가 파이프라인 레지스터보다 작은 오버헤드를 가지므로, 병렬화를 사용하는 것이 바람직하다. 파이프라인 스테이지 간에 완벽하게 균형 잡힌 논리회로를 만드는 것도 어렵다. 실제로는 누설이 총 전력의 중요한 부분이 되기 때문에, 파이프라이닝을 사용하는 것이 바람직하다[Marković04].

V_{DD}가 최적의 에너지-지연 지점에 더욱 가깝기 때문에, 잠재적인 공급 전압 감소와 에너지 절약

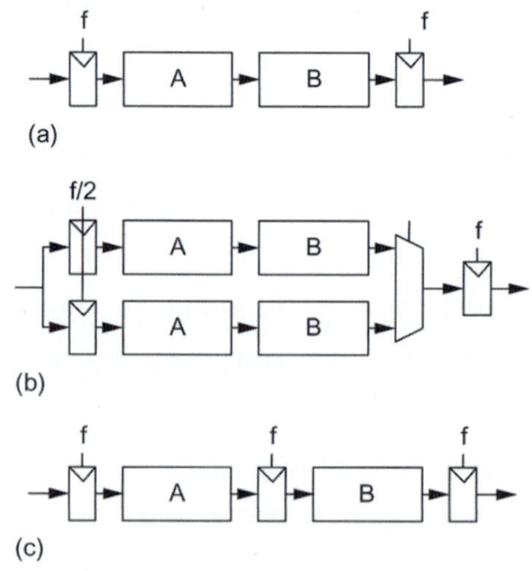

그림 4.29 기능 유닛들: (a) 일반, (b) 병렬, (c) 파이프라인

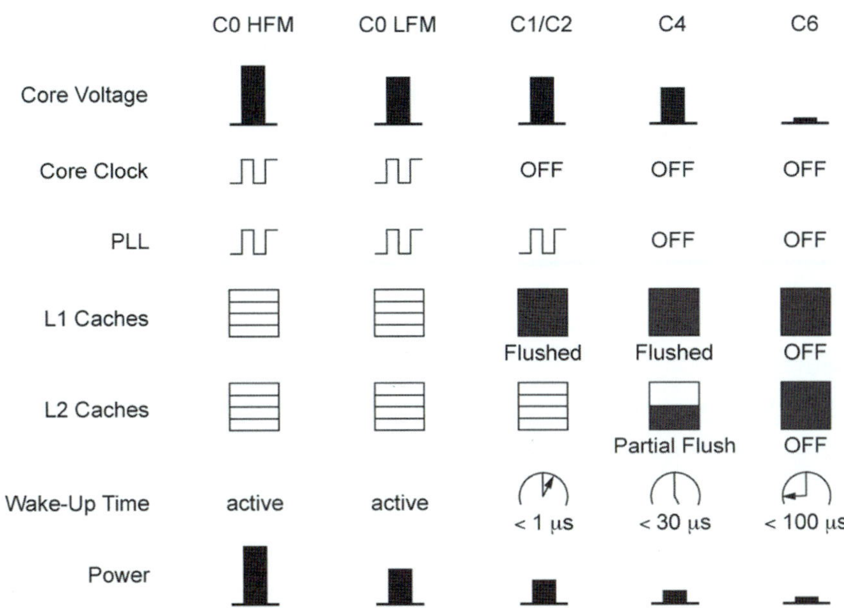

그림 4.30 Atom 전력 관리 모드 (© IEEE 2009)

은 줄어든다. 그럼에도 불구하고 병렬화와 파이프라이닝은 방대한 트랜지스터 예산으로부터 성능을 도출해 내는 가장 중요한 위치를 유지하고 있다.

4.5.3 전력 관리 모드

방을 나올 때는 불을 꺼야 한다고 배운 것처럼, 칩 설계자들은 칩의 일부분이 비활성화될 때 클럭 혹은 전력 게이팅을 사용해서 반드시 그 부분을 OFF시키도록 배우고 있다. 현재 많은 칩들은 전력 절약과 재가동에 필요한 시간 사이의 트레이드오프를 제공하는 다양한 전력 관리 모드를 사용한다.

예를 들어 인텔의 Atom 프로세서[Gerosa09]는 1 V에서 2 GHz의 최대 주파수로 동작해서 2 W의 전력을 소모한다. 전력 관리 모드들은 그림 4.30에 나와 있다. 저주파수 모드에서는 클럭이 600 MHz까지 떨어지는 반면, 공급 전압이 0.75 V로 낮아진다. C1수면 상태에서 코어 클럭은 OFF되고, 레벨 1 캐시는 누설을 줄이기 위해서 전력 게이팅된다. 그러나 프로세서는 1마이크로초 이내에 활성 상태로 복귀한다. C4수면 상태에서 PLL은 역시 OFF된다. C6 수면 상태에서는 코어와 캐시가 전력을 80 mW이내로 줄이기 위해서 모두 전력 게이팅된다. 그러나 재가동 시간은 100마이크로초로 증가한다. 일반적인 작업 부하에서 프로세서는 C6 수면 상태에서 80~90%의 시간을 사용하여 평균 전력을 220 mW까지 감소시킨다.

칩이 소모할 수 있는 최대 전력은 정상 전력의 두 배 혹은 그 이상이다. 코드에 의해서 촉발되는 최대 전력 소모는 칩을 태워 버리기 때문에 **열 바이러스**(thermal virus)라 불린다[Naffziger06]. 이러한 최악의 상황을 피하기 위해서 칩은 적응적인 특성을 가져야 한다. 12.2.5절에서 온도 센서에 대해 논하기로 한다.

전력 관리는 활성 상태보다는 정지 상태에서 현저하게 낮은 전력 소모를 가능하게 한다. 정지 및 활성 상태 사이의 전이는 공급 전원의 공진을 자극해서 증폭된 잡음을 발생시키는 스파이크를 피하기 위해서 다수의 사이클을 필요로 한다.

4.6 함정 및 착오

과도한 크기의 게이트

시간 제약을 만족시키려다 보면 게이트의 크기를 키우게 된다. 게이트가 대부분인 경로에서 모든 게이트의 크기를 두 배로 늘려도 지연은 개선되지 않는다. 그 대신 전력만 두 배로 증가한다.

전력을 고려하지 않고 속도를 높이려는 설계

나노미터 공정은 전력을 고려하지 않은 상태에서 대형 칩을 설계하는 것이 더 이상 가능하지 않은 시점에 도달했다. 전력을 고려하지 않으면 칩의 온도를 제어할 수 없다. 설계는 반드시 전력 효율적이어야 한다. 속도만을 높이려는 설계는 많은 전력을 소모하는 큰 게이트와 투기적인 논리회로를 사용하는 경향이 있다. 코어 혹은 연산 요소가 50%의 전력을 가지고 80% 정도의 성능을 제공할 수 있다면, 두 개의 코어를 병렬로 사용해서 160%의 처리량을 얻는 것이 바람직하다.

연산 당 에너지 대신 주파수에 대한 전력을 기재

모듈은 종종 임의의 주파수(예를 들어 10 mW @ 1 GHz)에서 소모되는 전력을 표시한다. 이것은 에너지를 표시하는 것과 동일한데 그 이유는 $E=P/f$ (예를 들어 10 pJ)이기 때문이다. 에너지의 표시가 더 간단하다는 의견이 많다.

에너지-지연 곱이 중요한데도 전력-지연의 곱을 기재

이전에 논의한 내용을 연장해서, 주파수가 지연의 역수보다 느린 경우, 시스템은 주어진 주파수에서 PDP를 표시한다. 이 성능 지표는 사실 EDP의 변형된 형태인데, 그 이유는 충분히 낮은 주파수에서 전력은 에너지와 동등하기 때문이다. 임의의 주파수를 포함시킬 필요가 없기 때문에 EDP의 표시가 명백히 단순 명료하다.

누설에 대한 설명 부족

많은 설계자들이 동적 전력을 우선적으로 고려하는 데 익숙하다. 모든 형태의 누설은 나노미터 공정에서 극도로 중요해졌다. 이것을 무시하면 전력 소모를 저평가하는 것에 그치지 않고, 민감한 회로에서 기능의 오동작을 초래할 수 있다.

4.7 역사적 고찰

전자공학의 역사는 작은 크기에서 보다 많은 능력을 제공하기 위해서 전력을 감소시키기 위한 끊임없는 도전이었다고 할 수 있다.

1944년에 나온 Colossus는 세계 최초의 완전한 전자 컴퓨터였다. 이 비밀스런 기계는 2400개의 진공관을 사용해서 밤낮으로 독일의 통신 암호를 해독하는 데 15 kW를 소모하였다. 이 기계는 전쟁 후 파괴되었지만, 2007년에 이 기능을 재현한 기계가 만들어졌다(그림 4.31).

진공관 기계는 방 전체를 차지했고 자주 고장을 일으켰다. 2400개의 전구를 동시에 켜 놓고 있다고 상상해 보자. 1960년대에 들어서 진공관은 극히 작고 1000배 이하의 전력을 소모하는 고체 상태의 트랜지스터로 대체되었다. 무어(Gordon Moore)는 곧바로 칩당 트랜지스터 개수의 지수적 증가에 대한 유명한 예언을 내놓았다.

그림 4.31 복원된 Colossus Mark 2(Tony Sale 사진 제공)

1970년 쯤에 MOSFET가 등장했다. nMOS 기술은 트랜지스터를 CMOS보다 효율적으로 집적할 수 있었기 때문에 10년 이상 지배적인 위치를 차지했다. nMOS 회로는 **공핍 부하**(depletion load, 음성 V_t) nMOS 풀업을 저항성 부하로 사용해서, 각 게이트는 출력이 0일 때 경합 전력을 소모한다. 예를 들어 그림 4.32는 nMOS 2-입력 NOR 게이트를 나타낸다.

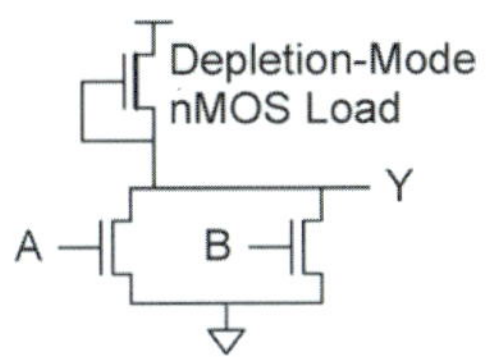

그림 4.32 nMOS NOR 게이트

CMOS 회로는 시계 회로에 처음 등장했는데, 핵심 기능은 스위칭이 임계치에 도달하지 않을 때 전력 소모가 거의 없다는 점이다[Vittoz72]. 회로의 밀도와 속도가 그리 높지 않음에도 불구하고 CMOS의 사용은 성공적이었다. 마이크로프로세서와 같은 중요한 회로의 전력 소모가 끝없이 증가하기 시작한 1980년대에 들어서야 CMOS가 nMOS를 완전하게 대체하기 시작했다.

엔지니어들이 수백만 개의 CMOS 트랜지스터들을 단일 칩에 집적할 수 있게 되자, 전력 소모가 다시 CMOS의 문제로 대두되었다. 1990년대에 들어서 설계자들은 오랫동안 사용해 왔던 5 V 공급 전원을 버리고, 동적 전력을 줄이기 위해서 전원 전압을 낮추기 시작했다. 그 결과 문턱 전압이 낮아져서 하위 문턱 전압 누설이 새로운 문제로 대두되었다. 게이트 유전체는 몇 개의 원자 단위까지 얇아졌고, 양자역학 현상이 게이트 누설을 문제화했다. 1 V 전압을 사용할 때, 추가로 전력 스케일링을 할 수 있는 여지가 제한된다.

2001년 2월 5일에 인텔의 부사장이었던 Patrick Gelsinger는 국제고체회로학술대회 (International Solid State Circuits Conference)[Gelsinger01]에서 주제 발표를 통해 마이크로프로세서의 전력 소모가 지수적으로 증가해 왔고(그림 4.33 참조), 다가오는 10년 동안 이 추세는 가속될 것이라는 예측을 했다. 그는 '현재의 일상적인 사업이 미래에는 통하지 않을 것이며,' 현재 같은 추세로 스케일링이 지속되면 고속 프로세서의 전력 밀도가 2005년에는 핵 반응기, 2010년에는 로켓의 노즐, 그리고 2015년에는 태양 표면의 그것과 같아질 것이라고 예측하였다. 명백하게도 반도체 사업은 예전과 같이 진행되지 않았고, 전력 소모는 고속 프로세서의 경우 150 W 이하로 줄어들었으며, 배터리 구동 시스템에서는 이보다 훨씬 낮아졌다.

클럭 게이팅은 그 방법이 명료하기 때문에 전력 감소를 위해서 처음으로 가장 널리 응용된 기술이었다. 전력 게이팅은 초기에 배터리 구동 시스템의 대기 시간을 증가시킬 목적으로 사용되었으나, 현재는 고성능 마이크로프로세서에서 누설을 제어하는 데 사용된다[Rusu10]. 전압 영역 역시 널리 사용된다. 초기에 전통적인 입출력 표준과의 호환성을 제공하기 위해서 코어와 입출력에 분리된 전원들이 제공되었다. 다음 단계는 메모리와 핵심 논리회로의 전원을 분리하는 것이다. 메모리 배열들은 종종 신뢰성을 위해서 고정된 높은 전원 전압을 사용한다. 논리회로는 많은 동적 전력을 소모하기 때문에, 가변 전원 전압에서 상대적으로 느리게 동작한다. 때때로 위상 고정 루프나 민감한 아날로그 회로는 아직도 필터링된 영역을 사용하기도 한다. 동적 전압 감축은 보통 전력/성능 트레이드오프를 제공하기 위해서 사용된다[Clark01]. 예를 들어 노트북 컴퓨터의 프로세서는 보통 시스템이 전원에 연결되었을 때 높은 전원 전압을 사용한다.

그림 4.33 2001년에 예측되었던 마이크로프로세서 전력밀도 증가 추세

바디 바이어스는 인텔 XScale 마이크로프로세서[Clark02], Transmeta의 Efficeon 마이크로프로세서, 도시바의 MPEG4 비디오 디코더[Takahashi98] 등과 같은 응용에서 누설을 제어하기 위해서 사용된다. 군집된 전압 스케일링 역시 비디오 코덱에 사용되었다. 이 기술들은 모두 바이어스나 전압 선을 블록을 통해서 배선하고 여기에서 발생하는 잡음을 제어하는 데 필요한 오버헤드를 밝혀낸다. 이들은 다른 기술들과 같이 널리 사용되지는 않고, 바디 효과 계수가 산화물 두께에 따라 감소하기 때문에 130 nm 이하의 공정에서는 그 효과가 제한된다.

CMOS 기술의 도래는 반도체 기술의 거대한 시장을 여는 마지막 움직임이었다. 지금까지 누구도 이보다 우수한 디바이스를 개발하지 못하고 있다. 지금도 CMOS를 최적화하기 위해서 수천억 달러의 투자가 이루어지고 있기 때문에, 다른 어떤 기술도 이것을 따라잡기는 어려워 보인다. CMOS를 대체할 수 있는 다른 기술을 찾는 것보다는 여기에 들어가는 에너지를 보다 효과적으로 사용할 수 있도록 노력하는 것이 최선이라고 생각한다.

요약

회로의 전력 소모는 정적 성분과 동적 성분을 모두 갖는다. 동적 전력은 부하 커패시턴스를 충전 및 방전시키면서 발생하고, 주파수, 전압, 커패시턴스, 그리고 활성 인자 등에 의해서 결정된다. 정적 전력은 누설과 V_{DD}에서 GND로 가는 의도적 경로를 갖는 회로로부터 발생한다. 상보형 CMOS 게이트가 높은 V_t에서 동작할 때 정적 전력을 거의 소비하지 않기 때문에, 이를 사용한 CMOS 회로는 저전력 설계가 가능하다. 그러나 구성 요소들의 크기가 줄어들면서 누설이 증가하고, 이것은 정적 전력 소모를 동적 전력만큼 우려할 대상으로 만들었다. 전력을 절약하는 가장 좋은 방법은 동작하지 않을 때 회로를 차단하는 것이다. 가장 중요한 기술은 클럭 게이팅인데, 이것은 유닛이 정지 상태에 있을 때 클럭을 차단하는 것이다. 전력 게이팅은 회로가 수면 상태에 있을 때 공급 전원을 차단한다.

연습문제

4.1 표 4.1의 스위칭 확률을 유도하시오.

4.2 4개의 FO4 인버터의 지연을 갖는 8-입력 OR 게이트를 설계하시오. 각 입력은 1개 유닛의 커패시턴스를 갖고, 부하 커패시턴스는 16개의 유닛을 갖는다. 입력 확률이 0.5일 때, 각 노드에서 스위칭 확률을 계산하고, 스위칭 에너지를 최소화하는 회로의 크기를 구하시오.

4.3 2-입력 NOR 게이트에 대해서 표 4.2와 유사한 표를 만드시오.

4.4 65 nm 공정에서 전력 게이팅 회로를 위한 헤더 스위치를 설계하시오. pMOS 트랜지스터가 대략 2.5 kΩ · μm의 ON 저항을 갖고, 게이팅될 블록은 100 mA의 ON 전류를 갖는다고 가정한다. 지연의 증가를 2% 이내로 하기 위한 헤더 트랜지스터의 폭은 얼마가 되는가?

4.5 평균 활성 인자가 0.1인 무작위 논리로 구성된 칩을 합성한다고 가정한다. 평균 스위칭 커패시턴스가 450 pF/mm^{2}인 표준 셀 공정을 사용한다. 칩의 면적이 70 mm^{2}이고, V_{DD}=9 V일 때

450 MHz의 주파수로 동작한다고 가정할 때, 동적 전력 소모를 계산하시오.

4.6 정적 CMOS 게이트에서 전력을 절약하기 위해서 V_{DD}를 낮추려고 하면 성능을 유지하기 위해 V_t도 그에 비례해서 감소시켜야 한다. 이 경우 동적 전력 소모가 증가하는지 감소하는지 답하시오. 정적 전력 소모에 대해서도 답하시오.

4.7 스택 효과는 DIBL이 충분히 클 때, 두 개의 직렬 OFF 트랜지스터를 통과하는 전류를 I_{off}의 10배 이하로 감소시킨다. DIBL이 크지 않을 때(즉 $\eta=0$) 이 전류가 $I_{off}/2$가 됨을 보이시오. $\gamma=0$, $n=1$로 가정한다.

4.8 그림 4.34에 나와 있는 신호의 활성 인자를 계산하시오. 클럭 속도는 1 GHz이다.

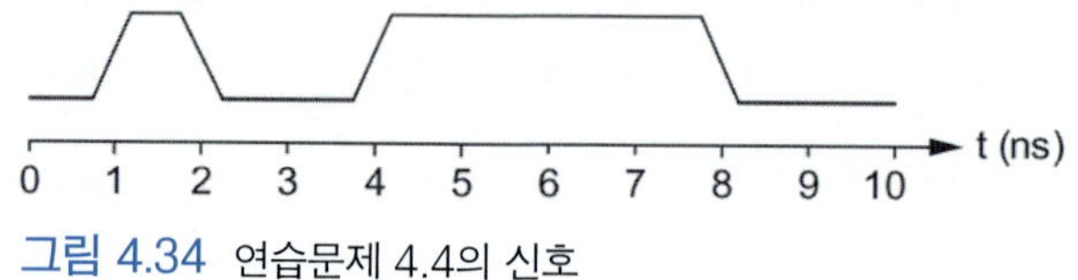

그림 4.34 연습문제 4.4의 신호

4.9 예제 3.14의 버퍼 설계 문제를 생각해 보자. 지연 제약이 20τ이면 몇 개의 스테이지가 최소 에너지를 가능하게 하고, 이 스테이지들은 어떤 크기를 가져야 하는가?

4.10 부하가 64가 아니라 500이고, 지연 제약이 30τ인 경우 연습문제 4.9를 되풀이하시오.

배선 5

5.1 서론

트랜지스터들을 함께 연결하는 배선들을 **상호연결**(interconnect)이라고 하는데 이는 현대 시스템의 성능에 중요한 역할을 한다. VLSI 초기에 트랜지스터는 비교적 느렸다. 배선은 넓고 두꺼우며 낮은 저항을 갖고 있었다. 그러한 환경에서 배선은 묶음 커패시턴스(lumped capacitance)가 있는 이상적인 등전위 커패시턴스로 간주되었다. 현대의 VLSI 공정에서 트랜지스터는 훨씬 빠르게 스위칭한다. 한편 배선은 더 좁아지고, 배선 RC 지연이 게이트 지연을 초과하는 많은 경로 상의 지점까지 저항을 구동한다. 더욱이 배선은 매우 조밀하게 압축되어서 커패시턴스의 많은 부분은 이웃으로부터 인한 것이다. 하나의 배선이 스위칭할 때, 커패시턴스를 통해 이웃에 영향을 주는 경향이 있다. 이 효과를 **누화**(crosstalk)라고 한다. 칩 상 상호연결 인덕턴스는 무시할 수 있으나 고속 에지 비율과 조밀하게 싸인 버스 시스템의 영향 인자가 되고 있다. 이러한 인자들을 고려하여 회로 설계는 이제 하부의 트랜지스터만큼이나 배선 기술에 노력을 경주한다.

이 절의 나머지 부분에서는 상호연결에 사용되는 크기 규격을 정의하고, 나노미터 공정에서 사용되는 배선 스택들의 실용적인 사례를 제시한다. 5.2절에서는 배선의 저항, 커패시턴스, 인덕턴스를 모델링하는 방법을 살펴보고, 5.3절에서는 지연, 에너지 및 잡음에 미치는 배선의 영향을 알아본다. 5.4절에서는 설계자 의도대로 성능을 개선하고 잡음을 조절할 수 있는 도구를 살펴본다. 마지막으로 5.5절에서는 논리 에퍼트 방법을 확장해서 상호연결 경로 설계를 직관적으로 이해한다.

5.1.1 배선 구조

그림 5.1은 인접한 한 쌍의 배선을 나타낸다. 배선들은 폭 w, 길이 l, 두께 t, 인접 배선과의 간격 s와 두께 h의 유전체를 갖는다. 폭과 간격을 합한 것을 **피치**(pitch)라 정의한다. 두께와 폭의 비율 t/w는 **종횡비**(aspect ratio)라 한다.

초기의 CMOS 공정은 단일 금속 레이어를 가졌고, 1990년대 초까지도 2~3개의 금속 레이어를 사용했지만, 현재는 화학기계적인 기술의 발전을 통해서 보다 많은 금속 레이어를 사용하는 것이 실용화되었다. 가까운 미래에 보다 낮은 유전 상수를 갖는 새로운 물질이 배선 사이에 사용되는 SiO_2

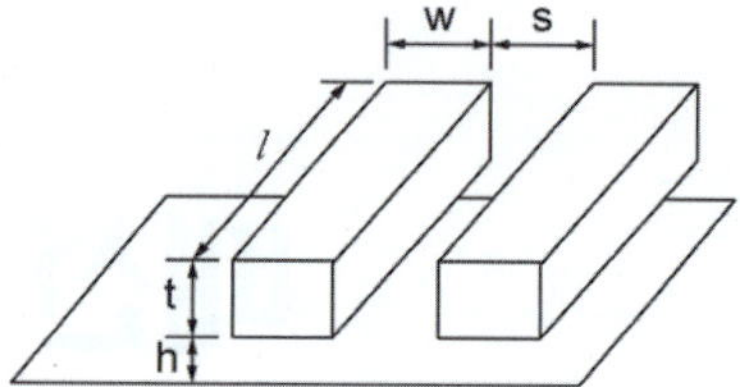

그림 5.1 상호연결의 기하학적 구조

절연체를 대체할 것이다. 65 nm 공정은 8~10개의 금속 레이어를 사용하고, 레이어의 개수는 공정 기술의 세대가 바뀌면서 비례해서 증가해 왔다.

5.1.2 사례: 인텔 금속 스택

그림 5.2는 인텔의 90 nm와 45 nm 공정에서 사용되는 금속 스택의 절단면을 나타낸다 [Thompson02, Moon08]. 90 nm 공정은 6개의 금속 레이어를 사용하는 반면, 45 nm 공정에서는 8개의 금속 레이어를 사용한다. 트랜지스터는 방대한 배선의 미로 아래에 있는 작은 디바이스로 보인다. 금속1 레이어는 셀 내부에서 조밀한 배선을 제공하기 위해서 가장 압축된 피치를 갖는다. 상위 레이어로 갈수록 긴 거리에서도 낮은 저항을 가질 수 있도록 두께는 두꺼워지고 피치는 커진다. 배선의 최대 종횡비는 약 1.8이다.

최상위 수준의 금속은 가장 낮은 저항 값을 갖기 때문에 전력과 클럭 분배를 위해서 사용된다. 인

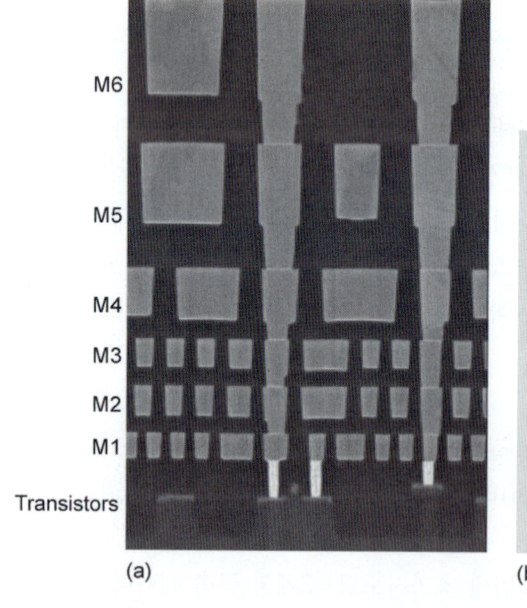

그림 5.2 인텔의 두 가지 공정에서 배선 절단면을 SEM으로 촬영한 영상: (a) 90 nm 공정, (b) 45 nm 공정(인텔 사의 허락으로 (a) [Thompson02]에서 발췌. © IEEE 2002, (b) [Moon08]에서 발췌)

표 5.1 인텔의 45 nm 공정 금속 스택

Layer	*t* (nm)	*w* (nm)	*s* (nm)	pitch (nm)
M9	7 μm	17.5 μm	13 μm	30.5 μm
M8	720	400	410	810
M7	504	280	280	560
M6	324	180	180	360
M5	252	140	140	280
M4	216	120	120	240
M3	144	80	80	160
M2	144	80	80	160
M1	144	80	80	160

저작권자의 요청으로 그림을 제공할 수 없음

그림 5.3 인텔의 45 nm 공정에서 M9과 입출력 돌기를 갖는 절단면의 SEM 영상(인텔 사의 허락으로 〔Moon08〕에서 발췌)

텔의 45 nm 공정은 다이를 거쳐서 서로 다르게 전력 게이팅된 영역에 전력을 분배하기 위해서 특별히 두꺼운 9번째 Cu 금속 레이어를 사용한다[4.3.2절 참조]. 그림 5.3은 이것의 절단면을 보여 준다. 하위의 금속 레이어와 트랜지스터들은 상대적으로 매우 작아서 알아보기 힘들다. 표 5.1은 이 공정에서 사용되는 각 금속 레이어의 두께와 최소 피치를 보여 준다.

5.2 상호연결 모델링

그림 5.4에 나와 있듯이 배선은 기계에 비유하기 위해서 파이프를 생각할 수 있다[Ho07]. 저항은 배선의 단면적과 관계가 있다. 좁은 배선은 전류의 흐름을 방해한다. 커패시턴스는 물이 새는 파이프 아래의 홈통에 해당한다. 이때 홈통은 전류가 배선의 마지막을 통과하기 전에 채워져야 한다. 인덕턴스는 파이프에 설치되어 있는 물레방아에 비유되는데, 이것은 전류 혹은 물의 흐름의 속도가 변화하는 것을 방해하는 관성을 갖는다.

배선은 단위 길이당 저항과 커패시턴스를 가지고 분포되어 있는 회로이다. 이 특성은 몇 묶음(lump)의 요소들에 의해서 근사화된다. 각 형태에 따라서 세 종류의 근사화 방법인 L 모델, π 모델,

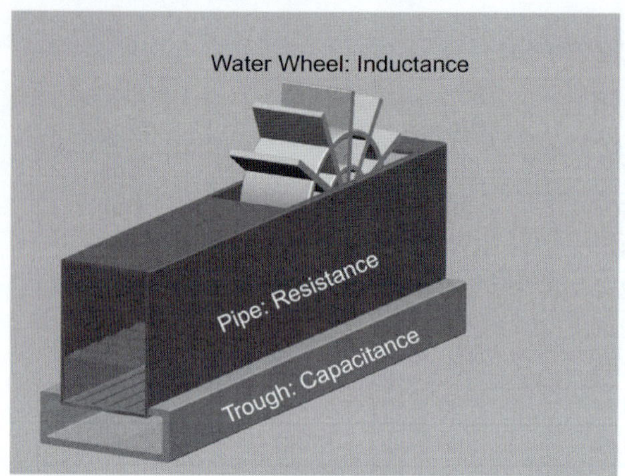

그림 5.4 파이프를 사용한 배선의 비유

그림 5.5 흩어진 RC 회로의 묶음 근사화

그리고 T 모델이 있다. 그림 5.5는 흩어져 있는 RC 회로가 *N*개의 작은 저항과 커패시턴스를 갖는 RC 조각들과 동일함을 나타내고, 이 조각들이 덩어리로 묶인 요소들로 모델링되는 것을 보여 준다. 조각들의 개수가 무한히 많아지면 이와 같은 근사화가 실제의 흩어진 회로에 수렴한다. L 모델은 정확한 결과를 위해서 많은 조각들이 필요하기 때문에 좋은 선택이 되지 못한다. π 모델은 3%의 오차를 가질 정도로 정확한 근사화를 위해서 세 조각만 있으면 충분하다[Sakurai83]. T 모델은 π 모델과 비슷하지만, 한 개의 노드가 더 필요해서 계산이나 시뮬레이션이 다소 느리다. 결론적으로 3~5개의 조각을 갖는 π 모델을 사용하는 것이 실용적이다. 인덕턴스를 고려하자면 각 트랜지스터와 직렬로 연결한다. 저항, 커패시턴스, 인덕턴스를 계산하는 방법을 차례로 살펴보기로 한다.

5.2.1 저항

균일한 도전체 슬래브 저항은 아래와 같이 표현할 수 있다.

$$R = \frac{\rho}{t}\frac{l}{w} \tag{5.1}$$

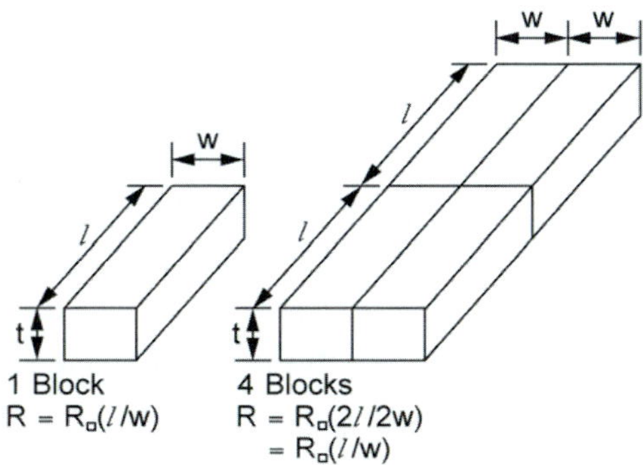

그림 5.6 같은 저항을 갖는 두 도체

여기서 ρ은 저항률(resistivity)[1]이다. 이 식은 아래와 같이 다시 쓸 수 있다.

$$R = R_{\square}\frac{l}{w} \tag{5.2}$$

여기서 $R_{\square}=\rho/t$는 **시트 저항**(sheet resistance)이고 Ω/square의 단위를 갖는다. 사각형이라는 것은 차원이 없는 양으로서 길이와 폭이 같은 슬래브에 대응된다. 이것은 저항률과 두께가 회로 설계 기술자의 제어 밖의 영역이고 나중에 단일한 시트 저항 파라미터로 축약할 수 있어서 편리하다.

레이어 상의 도전체의 저항을 구하려면, 시트 저항에 도전체의 길이 대 폭의 비율을 곱하면 된다. 예를 들어 그림 5.6의 두 가지 모양의 저항은 크기가 다르지만 길이 대 폭 비율이 같기 때문에 같다. 비직사각형(nonrectangular shape)은 저항을 계산하기 쉽도록 간단한 형태로 분할할 수 있다[Horowitz83].

표 5.2는 순수 금속의 벌크 전류 저항률을 보여 준다[Bakoglu90]. 얇은 금속 필름의 시트 저항은 약간 높은 경향이 있다. 즉 Cu는 2.2~2.6 $\mu\Omega \cdot$ cm, Al은 3.6~4.0 $\mu\Omega \cdot$ cm이다[kapur02].

표 5.2 22°C에서의 순수 금속의 벌크 저항률

Metal	Resistivity ($\mu\Omega \cdot$ cm)
Silver (Ag)	1.6
Copper (Cu)	1.7
Gold (Au)	2.2
Aluminum (Al)	2.8
Tungsten (W)	5.3
Molybdenum (Mo)	5.3
Titanium (Ti)	43.0

[1] ρ는 비저항과 최상의 스테이지 에퍼트를 표시하는 데 사용된다. 의미는 전후 관계에서 확실히 알 수 있다.

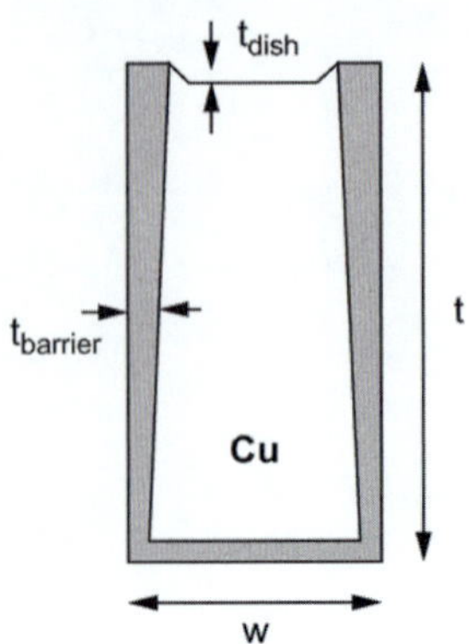

그림 5.7 구리 장벽과 접시화

그림 5.7과 같이 구리는 전도성이 낮은 확산 장벽(barrier)에 둘러싸인다. 이 장벽은 효과적으로 배선의 단면적을 줄이고 저항을 증가시킨다. 나아가서 금속을 얇게 만드는 마무리 작업을 **접시화**(dishing)라 한다. 선폭이 수십 나노미터만 되면 10 nm 장벽만으로도 충분하다. 평균 장벽 두께를 t_{barrier}라 하면 높이는 t_{dish} 만큼 감소하고, 저항은 다음과 같이 결정된다.

$$R = \frac{\rho}{\left(t - t_{\text{dish}} - t_{\text{barrier}}\right)} \frac{l}{\left(w - 2t_{\text{barrier}}\right)} \tag{5.3}$$

예제 5.1

65 nm 공정에서 0.22 μm 두께를 갖는 Cu 배선의 시트 저항을 계산하시오. 장벽 레이어와 접시화를 무시하고, 선폭이 0.125 μm이고 길이가 1 mm일 때 전체 저항을 계산하시오.

해답: 시트 저항은 다음과 같이 계산된다.

$$R_{\square} = \frac{2.2 \times 10^{-8}\ \Omega \cdot \text{m}}{0.22 \times 10^{-6}\ \text{m}} = 0.10\ \Omega/\square \tag{5.4}$$

전체 저항은 다음과 같다.

$$R = \left(0.10\ \Omega/\square\right) \frac{1000\ \mu\text{m}}{0.125\ \mu\text{m}} = 800\ \Omega \tag{5.5}$$

금속은 상위층으로 갈수록 두꺼워지기 때문에 더 낮은 저항률을 갖는다. 금속 저항은 보통 Al이나 구리로 결정된다. 폴리실리콘, 확산층, 웰(well)의 저항률은 도핑 레벨에 따라 현격하게 영향을 받는다. 폴리실리콘과 확산층은 가끔 $TiSi_2$(3.2.8절 참조)와 같은 규소 화합물로 만들어 저항을 줄인다. 상호 접속선 저항은 온도가 상승하면 증가한다. 이 효과는 웰과 확산층에 대해서 적용된다.

접촉과 비아(via)는 접촉 물질과 접촉부 크기에 무관한 저항을 갖고 있다. 일반적인 값은 2~20 Ω. 다중 접점은 저저항 접속을 위해 필요하다(그림 5.8). 전류가 직각으로 또는 반대로 흐르면 사각형의 접점이 필요한 반면, 전류가 동일한 방향일 때 접점은 더 적어도 된다.

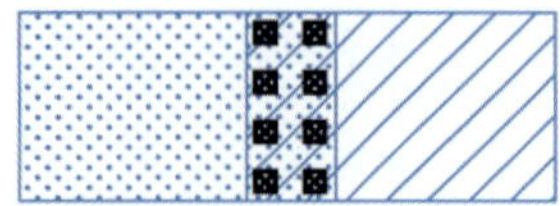

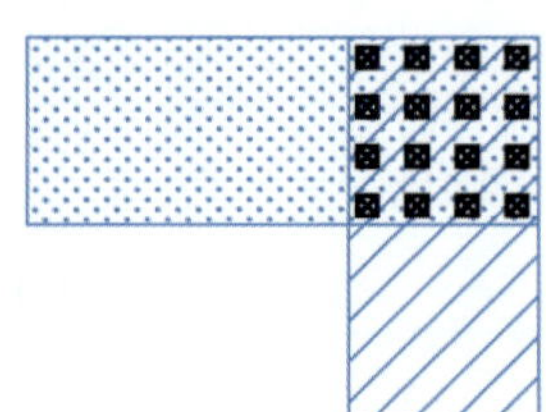

그림 5.8 낮은 저항의 연결을 위한 다중 비아

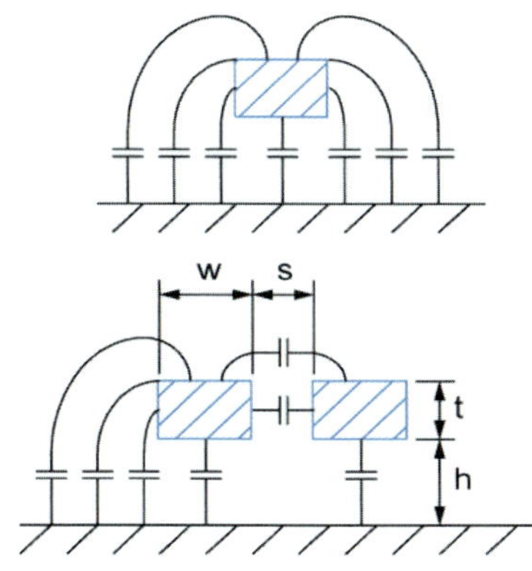

그림 5.9 커패시턴스에 대한 프린지 영역의 효과

5.2.2 커패시턴스

기판 상에서 격리된 배선은 접지판 위의 도체로 볼 수 있다. 배선 커패시턴스는 두 가지가 있다. 바닥에 평행한 바닥 배선의 평행판 커패시턴스(parallel plate capacitance)와 유한한 두께의 도체 프린지를 따라서 생성되는 프린지 커패시턴스(fringing capacitance)가 그것이다. 게다가 같은 층에서 두 번째 배선과 가까운 배선은 이웃에 대해 커패시턴스를 가질 수 있다. 이러한 효과는 그림 5.9에서 설명하고 있다. 고전적인 평행판 커패시턴스 공식은 다음과 같다.

$$C = \frac{\varepsilon_{ox}}{h} wl \tag{5.6}$$

산화물에 가끔 인을 도핑하여 이온이 트랜지스터를 파괴하기 전에 포획한다는 점에 주목하자. 이상적인 산화층이나 낮은 k 유전체가 $3.9\varepsilon_0$임에 비해 이 산화물은 $\varepsilon_{ox} \approx 4.1\varepsilon_0$이다.

프린지 커패시턴스는 계산하기가 좀 더 복잡하여 정확한 결과를 얻기 위해서는 수치 필드 해석기(field solver)가 필요하다. 많은 저자들은 이 계산에 대한 추정법을 제안했다[Barke88, Ruehli73, Yuan82]. 직관적으로 매력적인 한 추정법은 그림 5.10과 같이 접지판 위의 단일 도체를 양쪽에 반구가 있는 직각형 중간 부분으로 간주한다[Yuan82]. 총 커패시턴스는 폭이 $w-t/2$인 평행판 커패시터의 커패시턴스와 반경이 $t/2$인 원통형 커패시터의 커패시턴스 합과 같다. 이 결과는 종횡비가 2 이하이고 $t \approx h$일 경우 10% 내로 정확한 커패시턴스 표현 방법이다.

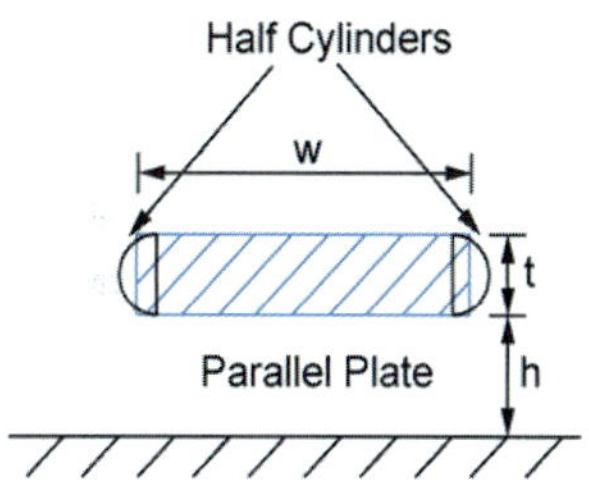

그림 5.10 프린지 영역을 포함한 Yuan & Trick 커패시턴스 모델

$$C = \varepsilon_{ox} l \left[\frac{w - \frac{t}{2}}{h} + \frac{2\pi}{\ln\left(1 + \frac{2h}{t} + \sqrt{\frac{2h}{t}\left(\frac{2h}{t} + 2\right)}\right)} \right] \tag{5.7}$$

계산상 효율적이고, 비교적 정확한 경험적인 공식은 아래와 같다[Meijs84, Barke88].

$$C = \varepsilon_{ox} l \left[\frac{w}{h} + 0.77 + 1.06 \left(\frac{w}{h} \right)^{0.25} + 1.06 \left(\frac{t}{h} \right)^{0.5} \right] \tag{5.8}$$

상기 계산 값은 종횡비가 3.3 이내일 경우 6% 이내로 정확하다.

이들 공식은 같은 층이나 높은 층의 이웃과의 관계를 설명하지 못한다. 현대의 다층 CMOS 공정에서 레이어 간의 커패시턴스의 상호 작용은 매우 복잡하다. 커패시턴스의 보수적인 위쪽 경계(upper bound)는 해당 도전체의 위층이나 아래층이 고체 접지판이라는 가정하에 얻는다. 마찬가지로 아래쪽 경계(lower bound)는 기판 외에는 시스템 내에 다른 도체가 없다는 가정하에 구한다. 아래쪽 경계가 레이아웃 정보 부재 시 혼조 지연 계산에 사용될 수 있는 것처럼 위쪽 경계는 전달 지연과 전력 계산 시 사용된다.

커패시턴스 위쪽 경계 계산 시 사용한 모델의 단면은 그림 5.11에서 볼 수 있다. 해당 도체의 총 커패시턴스는 상층, 하층 및 인근 도체 간 커패시턴스의 합이다. 상층 레이어와 하층 레이어가 스위칭 하지 않으면[2] 접지판으로 간주되고 이 부분의 커패시턴스는 C_{gnd}라고 부른다. 이론적으로 배선은 조금 떨어진 인근에 대해 커패시턴스를 가지며 실제로 이 커패시턴스는 대부분의 전기장(electric field)이 가장 가까운 도체에서 종단되므로 무시할 만큼 작다. 인접한 배선들 사이에 사용되는 유전체들이 커패시턴스를 줄이기 위해서 가능한 최소의 유전 상수 k_{horiz}를 사용한다. 레이어들 사이의 유전체는 기계적으로 더욱 안정되어야 하고 보다 큰 k_{vert}를 사용해야 한다. 식 (5.9)는 배선 커패시턴스를 위한 단순하면서도 직관적인 추정 방법이다[Bohr95]. 상수항 C_{fringe}는 프린지 커패시턴스(fringe capacitance)를 설명하고, 최솟값의 몇 배 정도가 되는 w와 s에 대해서 보다 정확한 정합을 제공한다[Ho01].

$$\begin{aligned} C_{total} &= C_{top} + C_{bot} + 2C_{adj} \\ &\approx \varepsilon_0 l \left[2k_{vert} \frac{w}{h} + 2k_{horiz} \frac{t}{s} \right] + C_{fringe} \end{aligned} \tag{5.9}$$

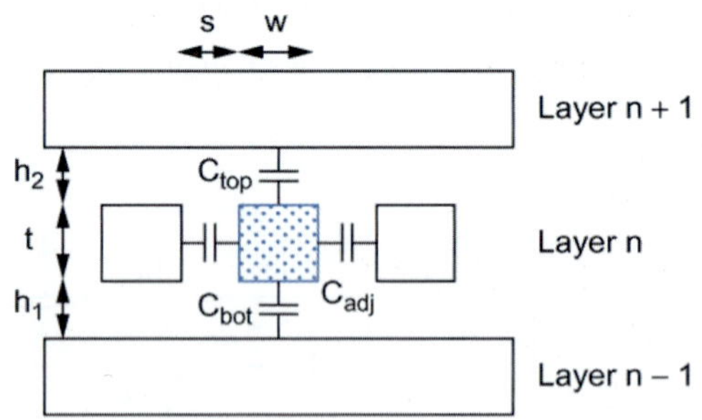

그림 5.11 다중 레이어 커패시턴스 모델

[2] 평균적으로 상호의 스위칭 동작을 취소하는 많은 수의 직교 도체를 포함한다.

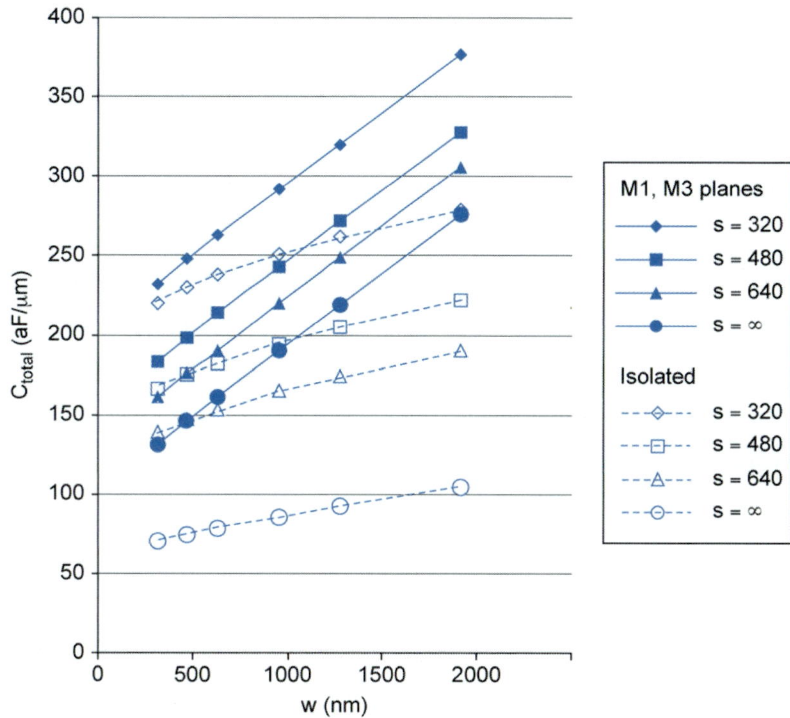

그림 5.12 폭과 간격의 함수로서의 금속-2 선의 커패시턴스

커패시턴스는 FastCap[Nabors92]이나 HSPICE와 같은 필드 해석기(field solver)를 사용하여 데이터 표를 만들면 계산할 수 있다. 이 표는 각 레이어 상의 서로 다른 폭과 간격에 대해서 만들 수 있으며 필요시 엔트리 간에 끼워 넣을 수 있다. 인접한 선들의 연결이 중요하기 때문에 이 표는 C_{adj}와 C_{gnd}를 포함해야 한다. 그림 5.12는 배선과 산화물 두께가 0.7 μm인 180 nm 공정에서 금속2 배선 데이터를 나타낸다. 폭과 간격은 최소 0.32 μm의 배수로 주어진다. 기판 위에 고립된 배선에서는 전도체 사이의 간격이 커패시턴스에 큰 영향을 미친다. 금속1과 금속3 평면 사이에 끼여 있는 배선에서는 커패시턴스가 증가하고 폭에 더욱 민감해지는 반면, 간격이 일단 배선 두께보다 넓어진 후에는 간격에 영향을 적게 받는다. 어떤 경우에도 y 절편은 0보다 크기 때문에 선폭을 2배로 증가시켜도 전체 커패시턴스는 2배까지 증가하지 않는다. 이 데이터는 C_{fringe}=0.05 fF/μm일 때 식 (5.9)를 만족시킨다. 촘촘한 피치의 금속 선들은 대략 C_{fringe}=0.2 fF/μm 정도의 커패시턴스를 갖는다.

실제로 전도체의 위와 아래의 레이어들은 고정된 평면도 아니고 완전히 비어 있지도 않다. 각 수준의 금속 밀도에 근거한 보간에 의해서 해당 커패시턴스를 정확하게 추출할 수 있다. [Chern92]는 10% 이내의 오차를 갖는 정확한 보간 방법을 제안했다. 그러나 위와 아래의 배선 밀도가 어느 정도 이상 높으면, 평면으로 근사화할 수 있다. 기계적인 안정성과 균일한 식각을 위해서 조밀한 배선이 사용되고, 이 경우 평면 근사화가 더욱 효과적이다.

5.2.3 인덕턴스

대부분의 설계 도구는 단지 상호연결 저항과 커패시턴스만을 고려한다. 인덕턴스는 칩 상 파워 그리드(on-chip power grid), 클럭 네트워크(clock network), 광폭 버스(wide bus)를 정확하게 모델링하는데 중요해지기 시작했다. 업계는 아직 인덕턴스에 대해 매우 제한적으로 이해하고 있지만 이 책에서는 몇 가지 중요한 문제가 논의될 것이다.

일반적으로는 전류가 게이트 출력으로부터 흘러나와 부하 커패시턴스를 충전 또는 방전한다고 하는데 실제로는 루프를 흐르는 것이다. 전류 루프의 복귀 경로는 보통 전원이나 접지망이다. 어떤 주파수에서 전원은 'AC 접지' 인데 이는 우회 커패시턴스가 V_{DD}와 GND 간에 저임피던스 경로를 형성하기 때문이다. 루프를 따라 흐르는 전류는 루프 면적과 전류 크기에 비례하는 자장을 발생시킨다. 전류를 변동시키면 에너지가 자장을 변동시킨다. 이것은 전류의 변동이 변동 비율에 비례하는 전압을 발생시킴을 의미한다. 이대 비례 상수를 인덕턴스 L[3]라고 한다.

$$V = L\frac{dI}{dt} \tag{5.10}$$

인덕턴스와 커패시턴스는 또한 매체 내에서의 빛의 속도를 결정한다. 배선의 저항이 0이어서 RC 지연도 0일지라도 인덕턴스와 커패시턴스가 각각 L과 C, 길이 l인 배선을 따라가는 빛의 진행 속도는 다음 식과 같다.

$$t_{pd} = l\sqrt{LC} \tag{5.11}$$

만일 전류 복귀 경로가 전기장선이 있는 도체가 종단하는 곳과 같다면, 신호 속도는 다음과 같다.

$$v = \frac{1}{\sqrt{LC}} = \frac{1}{\sqrt{\varepsilon_{ox}\mu_0}} = \frac{c}{\sqrt{3.9}} \tag{5.12}$$

여기서 μ_0는 자유 공간의 투과율(permeability) ($4\pi\times10^{-7}$ H/m)이고 c는 자유 공간에서의 속도 (3×10^8 m/s)이다. 다른 말로, 신호는 빛의 절반의 속도로 진행한다. 낮은 k(< 3.9) 유전체를 사용하면 속도가 증가한다. 그러나 많은 신호가 인근 이웃에서 종단하는 전기장을 갖지만 더 먼 전원선에 복귀하는 전류도 있다. 이런 것들이 인덕턴스를 증가시키고, 신호 속도를 저감한다.

이번에는 전기장을 변동하여 다른 루프에 전류를 발생시킨다. 이것은 한 배선의 신호가 다른 배선에 유도적으로 결합하는 것을 뜻한다. 이것을 **유도적 누화**(inductive crosstalk)라고 한다.

길이 l, 폭 w, 지상 높이 h인 도체의 인덕턴스는 대략 다음 식과 같다.

$$L = l\frac{\mu_0}{2\pi}\ln\left(\frac{8h}{w} + \frac{w}{4h}\right) \tag{5.13}$$

[3] L은 인덕턴스와 트랜지스터 채널 길이를 표시하는 데 사용된다. 의미는 본문에서 충분히 설명되었다.

여기서 $w < h$이고 두께는 무시할 만큼 작다고 가정한다. 전형적인 칩 상의 인덕턴스 값은 전원이나 접지선의 근접 효과에 따라서 0.15~1.5 pH/μm 범위에 있다.(복귀 경로 근처의 배선은 더 작은 전류 루프와 작은 인덕턴스를 갖는다.)

인덕턴스의 추출은 일반적으로 3차원 문제가 되고, 복잡한 기하 구조에서는 이 문제를 풀기 위해서 극도로 많은 시간이 필요하다. 인덕턴스는 전체 루프에 의해서 결정되기 때문에 커패시턴스의 경우와 같이 조각으로 분리해서 해석할 수 없다. 따라서 칩 레이아웃으로부터 인덕턴스를 추출하는 것은 비실용적이다. 대신에 최악의 경우 간단한 시험 구조를 위한 FastHenry[Kamon94]와 같은 도구를 사용해서 인덕턴스를 추출한다. 이 방법은 공급 전원 네트워크가 높은 정규성을 가질 때 사용할 수 있다. 전력 평면은 많은 금속 자원을 필요로 한다. 이 경우 조밀한 전력 그리드가 좋은 대안이 된다. 전력 그리드의 간격은 주변으로 전류를 흐르게 해서 루프 면적을 증가시키고, 결과적으로 인덕턴스를 증가시킨다. 나아가서 큰 루프는 멀리 있는 전도체에 의해서 형성된 다른 루프를 통해서 자기장과 연결되기 때문에, 복귀 경로가 전도체에서 멀리 떨어져 있을 때 상호 인덕턴스 연결이 발생한다.

5.2.4 표피 효과

전류가 가장 작은 임피던스 $Z=R+j\omega L$의 경로를 따라 흐른다. 높은 주파수 ω에서, 임피던스는 인덕턴스가 주도한다. 인덕턴스는 복귀 경로에 가장 가까운 도체 표면 가까이에서만 흐를 때 최소가 된다. 이런 표피 효과(skin effect)는 두꺼운 도체의 유효 단면적을 감소시켜 고주파에서의 유효 저항을 증가시킨다. 도체의 표피 깊이(skin depth)는 다음 식과 같다.

$$\delta = \sqrt{\frac{2\rho}{\omega\mu}} \tag{5.14}$$

여기에서 μ는 유전체의 자기 투과율(magnetic permeability)을 나타내고, 이 값은 정상적인 경우 진공에서 $4\pi\times10^{-7}$ H/m가 된다. 중요한 주파수는 신호의 푸리에 변환에서 상당한 전력의 최대 주파수가 된다. 이 주파수는 칩의 동작 주파수가 아니라, 더 빠르게 변화하는 에지와 관련된다. 신호의 20~80%인 상승/하강 시간을 갖는 정현파는 $8.65t_{rf}$의 주기를 갖는다. 따라서 이러한 에지의 주파수는 다음과 같이 근사화된다.

$$\omega = \frac{2\pi}{8.65\,t_{rf}} \tag{5.15}$$

여기에서 t_{rf}는 상승/하강 시간의 평균 20~80%이다.

우수한 전력 그리드를 갖는 칩에서, 우수한 전류 복귀 경로는 보통 모든 방향에서 가능하다. 따라서 그림 5.13과 같이 전류가 도체의 4 면들을 따라서 두께 δ인 조각에서 흐른다는 것은 타당한 가정이다. 만약 $\min(w,t) > 2\delta$이면, 도체의 일부분은 전류를 운반하지 못하고, 따라서 저항은 증가한다.

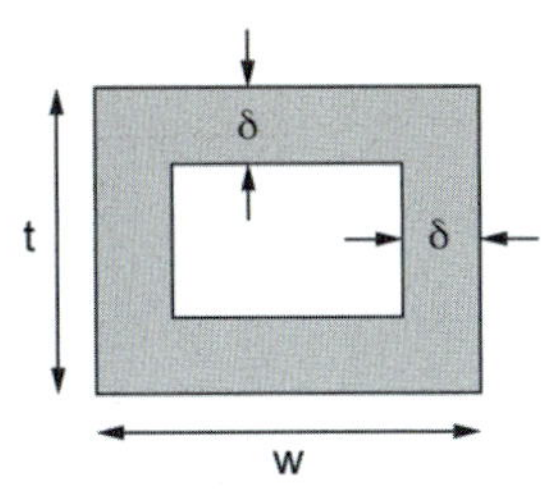

그림 5.13 표피 두께에 의해서 결정된 조각에서 흐르는 전류

예제 5.2

20 ps 에지 비율 신호에 의한 구리 배선에 대한 표피 깊이를 구하시오.

해답: 식 (5.15)에 따라서 관심 최대 주파수는 다음과 같다.

$$\omega = \frac{2\pi}{8.65 \times 20 \text{ ps}} = 3.6 \times 10^{10} \text{ rad/s} = 5.8 \text{ GHz} \tag{5.16}$$

식 (5.14)에 따라서 표피 두께는 다음과 같다.

$$\delta = \sqrt{\frac{2\left(2.2 \times 10^{-8}\ \Omega \cdot \text{m}\right)}{\left(3.6 \times 10^{10} \text{ rad/s}\right)\left(4\pi \times 10^{-7} \text{ H/m}\right)}} = 0.99\ \mu\text{m} \tag{5.17}$$

이것은 전형적인 금속 레이어 두께의 절반을 초과한다.

5.2.5 온도 의존성

상호연결에 의한 커패시턴스는 온도에 무관하지만, 저항은 많은 영향을 받는다. 구리와 알루미늄의 온도 계수는 정상 동작 범위의 회로에서 약 0.4%/°C이다. 다시 말해서 온도가 100°C 상승하면 저항이 40% 증가한다. 액체 질소의 온도인 77 K에서 구리의 상대 저항률은 0.22 kΩ · cm로 떨어져서 10배 정도의 개선이 이루어진다. 이것은 냉각이 잘 된 시스템에서 RC가 지배적인 회로가 갖는 커다란 장점이다.

5.3 상호연결 효과

이 절에서는 묶음 모델을 사용해서 지연, 에너지, 그리고 잡음에 미치는 배선의 영향을 검토한다.

5.3.1 지연

상호연결은 두 가지 이유로 회로 지연을 증가시킨다. 첫째, 배선 커패시턴스는 각 게이트에 부하를 늘린다. 둘째, 긴 선은 상당한 저항을 분산된 RC 지연과 **비행 시간**(flight time)을 야기한다. 3.3.5절의 엘모어 지연 계산에 배선 커패시턴스를 추가하는 것이 간단하다. 이 절에서는 RC 지연에 대해서 집중 검토한다.

분산된 배선의 저항과 커패시턴스는 묶음 요소로부터 대략 구할 수 있다. 3가지 표준 예측법은 모양에 따라서 L 모델, 파이 모델, T 모델이 있다.

예제 5.3

10x 단위 크기의 인버터는 예제 5.1의 1 mm 배선의 끝에 있는 2x 인버터를 구동한다. 배선 커패시턴스는 0.2 fF/μm이고, 같은 크기의 nMOS 트랜지스터에 대해서 C=0.1 fF이고, R=10 kΩ이다. 엘모어 지연 모델을 이용하여 전달 지연을 계산시오. 확산 커패시턴스는 무시하자.

해답: 구동기는 저항 1 kΩ을 갖는다. 수신기(receiver)는 0.6 fF의 커패시턴스에 대해서 2 유닛의 nMOS 트랜지스터와 4 유닛의 pMOS 트랜지스터를 갖는다. 배선 커패시턴스는 200 fF가 된다.

그림 5.14는 단일 조각 파이 모델을 사용한 시스템의 등가 회로를 나타낸다. 엘모어 지연은 t_{pd}=(1000 Ω)(100 fF)+(1000 Ω+800 Ω)(100 fF+0.6 fF)=281 ps이다. 긴 선의 커패시턴스가 지연을 주도하며, 2x 인버터의 커패시턴스는 비교적 무시할 만하다.

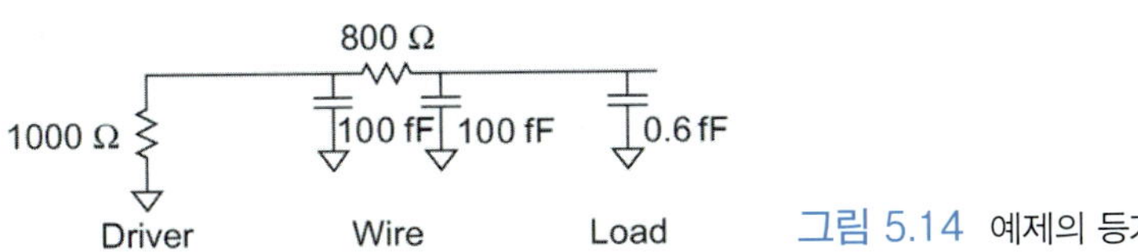

그림 5.14 예제의 등가 회로

배선 저항과 배선 커패시턴스가 모두 길이에 따라 증가하므로 배선 지연은 길이에 따라 2차 함수적으로(quadratically) 증가한다. 더 두껍고 넓은 배선, 구리와 같은 저저항 금속, 낮은 유전 상수를 갖는 절연체가 도움이 된다. 그러나 긴 선은 지연이 너무 커서 사용할 수 없는 경우가 있다. 5.4.2절은 중계기를 사용하여 어떻게 긴 배선을 여러 개의 조각으로 나누어 전체 지연이 길이의 선형 함수가 되도록 하는가를 설명한다.

예제 5.4

예제 5.3의 파라미터를 사용하는 배선의 mm^{2}당 RC 비행 시간을 구하시오. FO4 인버터의 지연이 15 ps일 경우, 결과를 FO4/mm^{2}로 나타내시오. 10 mm 다이을 가로지르는 비행 시간은 얼마인가?

해답: R=800 Ω/mm, C=0.2 pF/mm이다. 비행 시간은 RC/2=80 ps/mm^2, 혹은 5.3 FO4/mm^{2}가 된다. 10 mm 다이를 가로지르는 비행 시간은 530 FO4가 되고, 이것은 수십 개의 클럭 사이클에 해당한다.

폴리실리콘과 확산 배선[때로는 **러너**(runner)라고 함]은 높은 저항 값을 가져서 확산 또한 매우 높은 커패시턴스 값을 갖는다. 래치와 플립플롭에서는 폴리실리콘을 가급적 적게 사용하여야 한다.

엘모어 지연이 구동기에서 리프로 가는 경로에서 저항만을 고려한 모델이라는 점을 상기하자. 다른 가지의 커패시턴스는 같은 분기점에 있는 것과 같이 묶인다. 이러한 가지들이 각각의 저항에 의해서 부분적으로 차폐되기 때문에 보수적인 결과를 얻는다.

예제 5.5

그림 5.15는 게이트가 배선을 두 목적지로 구동하는 모델을 보여 준다. 게이트는 유효 저항 R_1을 갖는 전압원으로 나타낸다. 두 개의 수신기는 노드 3과 4에 위치한다. 노드 3으로 가는 배선은 충분히 길어서 파이 조각의 쌍으로 표현되는 반면, 노드 4로 향하는 배선은 단일 조각으로 표현된다. 입력 x로부터 각 수신기까지의 엘모어 지연을 구하시오.

해답: 엘모어 지연은 다음과 같이 계산된다.

$$T_{D_3} = R_1C_1 + (R_1 + R_2)C_2 + (R_1 + R_2 + R_3)C_3 + R_1C_4$$
$$T_{D_4} = R_1C_1 + R_1(C_2 + C_3) + (R_1 + R_4)C_4 \tag{5.18}$$

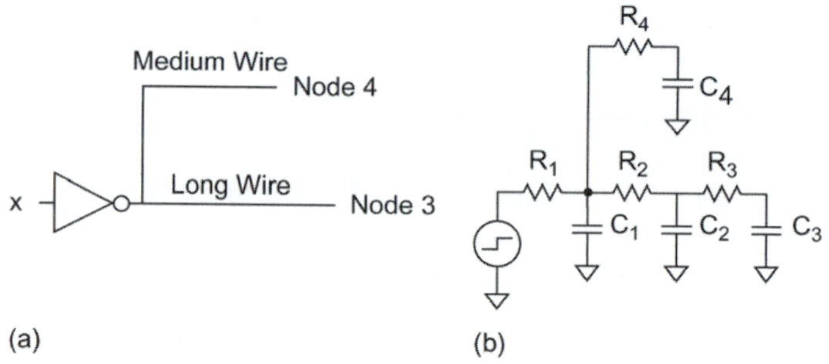

그림 5.15 RC 트리를 갖는 상호연결의 모델링

5.3.2 에너지

배선의 스위칭 에너지는 커패시턴스에 의해서 결정된다. 긴 배선은 상당한 커패시턴스를 갖기 때문에 많은 양의 스위칭 에너지를 요구한다.

예제 5.6

CMOS 공정에서 정보 1비트(하나의 상승 혹은 하강 전이)를 전송하기 위해 필요한 단위 길이당 에너지를 구하시오.

해답: E=(0.2 pF/mm)(1.0 V)^2=pJ/bit/mm이다. 통신 사슬의 에너지는 종종 초당 기가 비트당 전력인 0.2 mW/Gbps로 표현한다.

예제 5.7

65 nm 공정에서 3 GHz로 동작하는 20 mm×20 mm 다이에 있는 마이크로프로세서를 생각해 보자. 금속 레이어는 250 nm 피치로 배선된다. 사용 가능한 배선 트랙의 절반이 사용된다. 이 배선들

은 평균 활성 인자 0.1을 갖는다. 이 금속 레이어에 의해서 소모되는 전력을 구하시오.

해답: 확보된 40,000개 중에서 다이를 가로지르는 금속 트랙이 (20 mm)/(250 nm)=80,000개 있다. 배선 커패시턴스는 (20 pF/mm)(20 mm)(40,000트랙)=160 nF가 된다. 전력은 (0.1)(160 nF)(1.0 V)2(3 GHz)=48 W가 된다. 이 결과는 칩이 하나 이상의 금속 레이어를 가질 때 문제가 된다. 전력을 제어할 수 있는 범위 안에 두려면 활성 인자가 훨씬 작아져야 한다.

5.3.3 누화

그림 5.16과 같이 배선은 접지는 물론 인근 이웃에 대해서도 커패시턴스를 갖는다. 배선 *A*가 스위칭하면 용량성 결합으로 인해 이웃 *B*를 자신 쪽으로 끄는 경향이 있는데 이를 **누화**(crosstalk)라고 한다. 만일 *B*가 동시에 스위칭하면 스위칭 지연은 증가하거나 감소한다. 만일 *B*가 스위칭하지 않으면 누화는 *B*에 잡음을 유발한다. 우리는 누화의 영향이 C_{adj} 대 전체 커패시턴스의 비율에 좌우된다는 것을 알고 있다. 부하 커패시턴스가 전체 커패시턴스에 포함되어 있어서 짧은 선이나 큰 부하에 대해서 부하 커패시턴스가 주도하고 누화는 중요하지 않다. 반대로 긴 선에 대해서는 누화가 매우 중요하다.

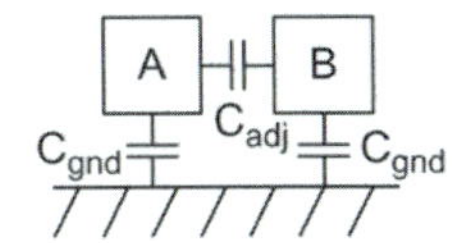

그림 5.16 가까운 주변과 접지에 대한 커패시턴스

5.3.3.1 누화 지연 효과 만일 배선과 이웃이 모두 스위칭한다면 스위칭의 방향이 전달될 전하와 스위칭의 지연에 영향을 준다. 표 5.3은 이러한 효과를 요약한 것이다. 결합 커패시터에 전달되는 전하는 $Q=C_{adj}\Delta V$이다. 여기서 ΔV는 *A*와 *B* 간의 전압 변동값이다. 만일 *A*가 스위칭하고 *B*가 스위칭하지 않으면 $\Delta V=V_{DD}$이다. *A* 쪽에서 유효하게 본 총 커패시턴스는 접지와 *B*에 대한 커패시턴스이다. 만일 *A*와 *B*가 같은 방향으로 스위칭한다면 $\Delta V=0$이다. 여기에서 전하는 필요하지 않고 C_{adj}는 지연 목적으로는 존재하지 않는다. 만일 *A*와 *B*가 반대 방향으로 스위칭한다면 $\Delta V=2V_{DD}$이다. 2배의 전하가 필요하다. 등가적으로 커패시터는 V_{DD}를 통해 2배의 크기로 간주된다. 이것은 3.4.6.6절의 밀러 효과(Miller effect)와 유사하다. **밀러 결합 인수**(MCF: Miller coupling factor)는 인근 배선에 대한 커패시턴스에 얼마를 곱하면 유효 커패시턴스를 구할 수 있는지 설명한다. 어떤 설계 기술자들은 레이아웃 정보가 없을 경우 전달 지연을 계산할 때 통계적인 타협안으로 MCF=1.5를 사용한다.

보수적인 설계 방법론에 의하면 전달 지연과 혼조 지연(contaminated delay)을 계산할 때 서로 이웃하는 구성품이 스위칭한다고 가정한다(MCF는 각각 2와 0). 이 방법은 배선 지연을 넓은 범위로

표 5.3 스위칭 방향에 따른 유효 커패시턴스의 종속성

B	ΔV	$C_{eff(A)}$	MCF
Constant	V_{DD}	$C_{gnd}+C_{adj}$	1
Switching same direction as *A*	0	C_{gnd}	0
Switching opposite to *A*	$2V_{DD}$	$C_{gnd}+2C_{adj}$	2

확장한다. 좀 더 공격적인 방법은 각 신호가 스위칭할 때 타임 창을 추적한다. 이리하여 스위칭하는 이웃은 잠재적인 스위칭 창이 겹칠 때만 감안한다. 마찬가지로 스위칭 방향이 고려될 수 있다. 예를 들어 8.2.4절에 설명한 동적인 게이트는 높게 선충전하고 평가 중 낮게 떨어진다. 이런 이유로 동적 버스(dynamic bus)는 평가 중에는 역스위칭(opposite switching) 하지 않는다.

예제 5.8

1 mm 라인 쌍의 각 배선은 0.08 fF/μm의 대접지 커패시턴스와 0.12 fF/μm의 대이웃 커패시턴스를 갖는다. 각 라인은 유효 저항 1 kΩ의 인버터에 의해서 구동된다. 경로의 혼조 지연과 전달 지연을 계산하시오. 인버터의 기생 커패시턴스와 배선의 저항은 무시하자.

해답: 우리는 C_{gnd}=(0.08 fF/μm)(1000 μm)=80 fF와 C_{adj}=120 fF가 된다. 지연 값은 RC_{eff}이다. 혼조 지연은 가능한 최소의 지연으로서 두 개의 배선이 동일한 방향일 때 발생한다. 그런 경우 $C_{eff}=C_{gnd}$이고 지연 값은 t_{cd}=(1 kΩ)(0.08 pF)=80 ps이다. 전달 지연은 가능한 최대 지연이고, 배선이 서로 반대 방향으로 스위칭할 때 발생한다. 이 경우 $C_{eff}=C_{gnd}+2C_{adj}$이고 지연 값은 t_{pd}=(1 kΩ)(0.32 pF)=320 ps이다.

5.3.3.2 누화 잡음 효과 배선 B가 동작하지 않을 때 배선 A가 스위칭한다고 가정한다. 이 경우 B가 부분적으로 스위칭하면 잡음을 유발한다. 이때 A를 **공격자**(aggressor) 또는 **가해자**(perpetrator), B를 **희생자**(victim)라고 부른다. 만일 희생자가 부유하면, 그림 5.17처럼 희생자 잡음(victim noise)을 계산하기 위하여 회로를 용량성 전압 분할기로 모델링할 수 있다. $\Delta V_{aggressor}$는 보통 V_{DD}이다.

$$\Delta V_{victim} = \frac{C_{adj}}{C_{gnd-v} + C_{adj}} \Delta V_{aggressor} \quad (5.19)$$

만일 희생자가 능동적으로 구동되면, 구동기는 희생자 잡음을 억제하고 저감하기 위해 전류를 공급한다. 우리는 그림 5.18에 나와 있는 바와 같이 구동기를 저항으로 모델링한다. 최대 잡음 값은 가해자의 희생자에 대한 시정수 비율 k 값에 좌우된다[Ho01].

$$\Delta V_{victim} = \frac{C_{adj}}{C_{gnd-v} + C_{adj}} \frac{1}{1+k} \Delta V_{aggressor} \quad (5.20)$$

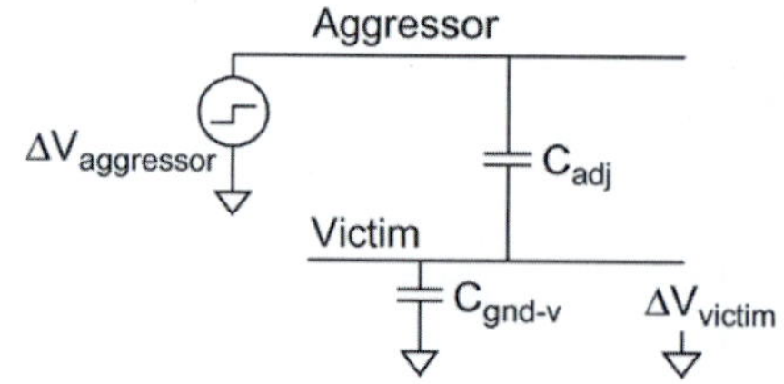

그림 5.17 부유하는 희생자에 대한 결합

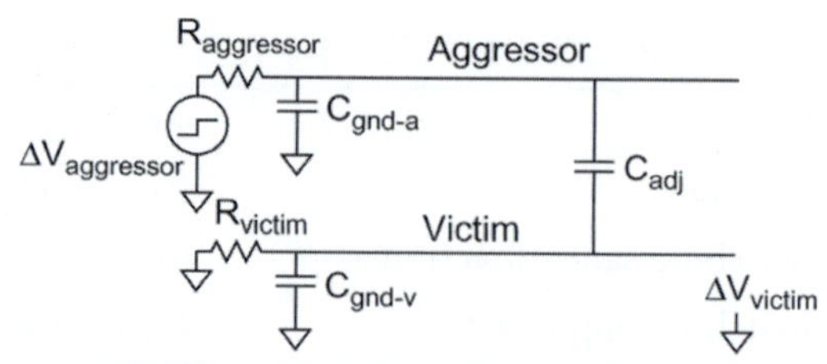

그림 5.18 구동되는 희생자에 대한 결합

여기서 k는 다음과 같다.

$$k = \frac{\tau_{\text{aggressor}}}{\tau_{\text{victim}}} = \frac{R_{\text{aggressor}}\left(C_{\text{gnd}-a} + C_{\text{adj}}\right)}{R_{\text{victim}}\left(C_{\text{gnd}-v} + C_{\text{adj}}\right)} \tag{5.21}$$

그림 5.19는 가해자가 단위 인버터로 구동될 때의 결합 시뮬레이션을 보여 준다. 희생자는 가해자의 절반, 동등, 또는 2배 크기의 인버터에 의해 구동되며, $C_{\text{adj}} = C_{\text{gnd}}$이다. 희생자가 부유(floating)하면 잡음은 무한정 유지된다. 희생자가 구동되면 구동기는 희생자를 복원한다. 더 큰(더 빠른) 구동기는 결합을 더 빨리 풀어서 공급 전압의 작은 부분의 잡음을 발생시킨다. 잡음이 발생할 때 희생자 측 트랜지스터는 가해자 측이 포화 상태일 때 선형 영역에 있음을 주시하자. 모두 동일한 크기의 구동기에 대해서 이것은 $R_{\text{aggressor}}$가 더 큰 속도 포화로부터 야기된 더 큰 비율로, R_{victim}의 2~4배가 됨을 뜻한다[Ho01]. 일반적으로 식 (5.20)은 보수적인데 특히 저항이 포함되어 있을 때 그러하다[Vittal99]. 이것은 때때로 결합이 문제가 되는 경우에 네트(net)를 플래그(flag)하는 데 사용된다. 그러고 나서 시뮬레이션을 수행하여 정확한 결합 잡음을 계산할 수 있다. 결합 잡음은 $k < 1$인 경우 약하게 구동되는 노드에는 가장 중요하다.

우리는 단일 이웃 스위칭 사례만을 검토하였다. 이웃 둘이 스위칭할 때 잡음은 두 배 클 것이다. 우리는 위아래 레이어도 AC 접지판으로서 모델링하였는데 이들 레이어의 배선은 스위칭할 것이다. 긴 라인에 대해서는 많은 라인이 스위칭 업(switching up), 스위칭 다운(switching down)을 하여 지연이나 잡음에 별다른 영향을 주지 않을 것이다. 그러나 64비트가 0에서 1로 동시에 스위칭하는 64비트 버스 위의 짧은 라인은 이러한 스위칭으로 강력한 영향을 받을 것이다.

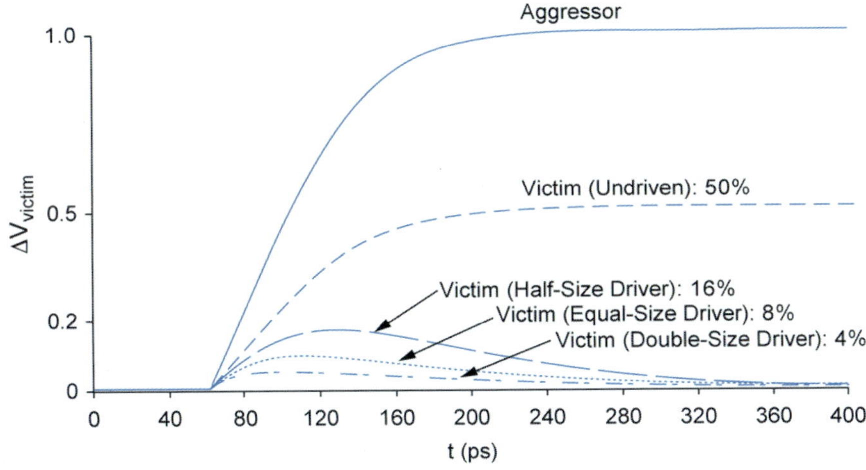

그림 5.19 결합 잡음의 파형

5.4 상호연결 기술

긴 배선 지연이 일정하거나 오히려 더 느려지는데 게이트 지연이 지속적으로 개선되면, 배선 기술은 집적회로 설계의 주요한 부분이 된다. 설계 주기에서 초기에 평면배치를 개발하고, 긴 배선을 구분하며, 이런 것들에 대해 미리 계획을 세워야 한다. 주요한 통신 유닛이 다른 것에 근접하도록 평면배치를 하면 긴 배선은 피할 수 없다. 설계 기술자는 지연과 결합 잡음을 처리하기 위한 여러 가지 기술을 갖고 있다. 폭과 간격, 레이어 용도는 모두 설계 기술자가 관리한다. 차폐는 중요한 네트에서 결합을 줄이는 데 사용될 수 있다. 긴 배선을 따라 삽입된 중계기(repeater)는 지연을 2차 함수에서 길이의 선형 함수로 줄이는 데 사용될 수 있다. 배선 커패시턴스와 저항은 게이트 크기를 선택하는 데 논리 에퍼트의 사용을 복잡하게 한다.

5.4.1 폭, 간격, 레이어

설계 기술자는 수용할 수 있는 지연과 잡음 수준을 달성하기 위해 배선 폭과 간격, 레이어 용도를 선정한다. 초깃값으로 덜 중요한 상호연결에 최상의 밀도를 주기 위해 최소 피치 배선을 선택한다. 배선 커패시턴스가 부하를 지배할 때, 지연을 줄이는 최선의 방법은 간격을 늘려서 인접 요소 간 커패시턴스를 줄이는 것이다. 이것은 동시에 에너지와 결합 잡음도 감소시킨다. 게이트 커패시턴스와 배선 커패시턴스가 지연의 지배적 요소가 되면, 선폭을 증가시켜서 저항과 지연을 줄인다. 배선의 폭을 넓히면 상부 판과 하부 판의 커패시턴스를 약간 증가시켜서 이것이 인근 배선의 결합 잡음을 다소 저감한다. 그러나 선폭의 증가는 에너지 증가를 수반한다.

선 두께는 금속 레이어의 선택에 좌우된다. 하위 레이어는 얇고, 촘촘한 피치에 최적화되어 있다. 중간 레이어는 저항을 낮추고 전류를 다루는 기능을 높이기 위해서 다소 두꺼워진다. 상위 레이어는 낮은 저항의 전력 그리드와 전역적으로 고속 상호연결을 제공하기 위해서 더욱 두꺼워진다. 트랙의 배선은 귀중한 자원이고, 종종 평면배치에 할당된다.

전력 그리드는 보통 다수의 레이어에 걸쳐서 분포한다. 전류를 제어하는 기능 대부분은 최저의 저항을 갖는 상위의 두 레이어에서 제공된다. 그러나 그리드는 쉬운 연결을 위해서 금속1이나 금속2까지 확장되어야 한다.

5.4.2 중계기

저항과 커패시턴스는 그림 5.20(a)에 나와 있는 바와 같이 모두 배선 길이 l에 비례하여 증가하므로, 배선의 RC 지연은 l의 제곱으로 증가한다. 지연은 그림 5.20(b)에서와 같이 배선을 N개의 조각으로 나누고 인버터나 배선을 구동하기 위해 **중계기**(repeater)라 불리는 버퍼를 삽입하여 줄일 수 있다 [Glasser85]. 새로운 배선은, 총 지연값이 l^2/N이고, RC 비행 시간이 $(l/N)^2$인 N개의 조각을 포함한다. 만일 조각 수가 길이에 비례하면, 전반적인 지연은 l에 선형적으로 증가한다.

인버터를 중계기로 사용하면 최상의 성능을 얻을 수 있다. 각 중계기는 약간의 지연을 유발한다. 만일 거리가 중계 기간에 너무 크면 지연은 긴 배선에 의한 것이 대부분일 것이다. 만일 거리가 너무

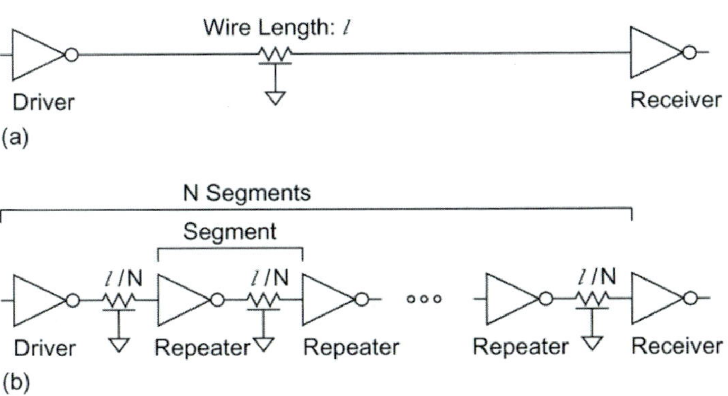

그림 5.20 중계기를 포함하거나 그렇지 않은 배선

작으면 지연은 인버터의 수가 대부분의 영향을 줄 것이다. 일반적으로 중계 기간의 최적의 거리는 이러한 극단적인 값으로부터 적절히 결정하여야 한다. 단위 인버터가 저항 R과 게이트 커패시턴스 C[4]와 확산 커패시턴스 Cp_{inv}를 갖고 있고, 배선이 저항 R_w와 커패시턴스 C_w를 갖는다고 가정한다. 단위 크기의 W배가 되는 중계기를 삽입한다고 가정하자. 그림 5.21은 단일 조각의 모델을 보여 준다. 중계 배선의 엘모어 지연은 다음과 같다.

$$t_{pd} = N\left[\frac{R}{W}\left(C_w\frac{l}{N} + CW\left(1+p_{\text{inv}}\right)\right) + R_w\frac{l}{N}\left(\frac{C_w}{2}\frac{l}{N} + CW\right)\right] \tag{5.22}$$

윗 식을 N과 W에 대해서 미분하면 중계기들 사이에서의 최적의 배선 길이를 다음과 같이 얻는다(연습문제 5.1 참조).

$$\frac{l}{N} = \sqrt{\frac{2RC\left(1+p_{\text{inv}}\right)}{R_wC_w}} \tag{5.23}$$

예제 3.10에서 FO4 인버터의 지연이 $5RC$가 되었음을 상기하자. 접힌 트랜지스터를 사용하고, $P_{\text{inv}} \approx 0.5$일 때 식 (5.23)은 다음과 같이 단순화된다.

$$\frac{l}{N} = 0.77\sqrt{\frac{\text{FO4}}{R_wC_w}} \tag{5.24}$$

그림 5.21 중계기가 삽입된 배선의 조각에 대한 등가 회로

[4] 지금 C는 단일 트랜지스터가 아닌 전체 인버터의 커패시턴스를 가리키므로 $\tau = RC$임에 유의하자.

적절히 반복된 배선의 단위 길이당 지연은 다음과 같다.

$$\frac{t_{pd}}{l} = \left(2 + \sqrt{2\left(1 + p_{\text{inv}}\right)}\right)\sqrt{RCR_w C_w} \approx 1.67\sqrt{\text{FO4}\ R_w C_w} \quad (5.25)$$

상기 지연을 달성하기 위해 인버터는 아래 식으로 구해지는 nMOS 트랜지스터 폭을 사용하여야 한다.

$$W = \sqrt{\frac{RC_w}{R_w C}} \quad (5.26)$$

한 비트를 전송하는 데 필요한 단위 길이당 에너지는 배선과 중계기 커패시턴스에 의해 다음과 같이 결정된다.

$$\frac{E}{l} = C_w + NWC\left(1 + p_{\text{inv}}\right) = C_w\left(1 + \sqrt{\frac{1 + p_{\text{inv}}}{2}}\right)V_{DD}^2 \approx 1.87 C_w V_{DD}^2 \quad (5.27)$$

다시 말해서, 최소 지연을 갖도록 크기가 결정된 중계기는 중계기가 없는 배선에 87% 에너지가 추가로 필요하다.

예제 5.9

65 nm 공정에서 중계기 배선의 mm당 지연을 구하시오. 배선은 중간 레이어에 배치되고 2x의 폭, 간격, 높이를 갖는다. 따라서 저항은 200 Ω/mm이고, 커패시턴스는 0.2 pF/mm가 된다. FO4 인버터의 지연은 15 ps이다. 이러한 지연과 비트당 에너지를 얻기 위한 중계기 간격과 구동기의 크기를 구하시오.

해답: 식 (5.25)를 사용하면 지연은 다음과 같다.

$$t_{pd} = 1.67\sqrt{(15\ \text{ps})(200\ \Omega/\text{mm})(0.2\ \text{pF/mm})} = 41\ \text{ps/mm} \quad (5.28)$$

이 지연은 중계기 간격 0.45 mm와 nMOS 구동기의 폭 18 μm(단위 크기의 180x)를 사용해서 얻을 수 있다. 비트당 에너지는 0.4 pJ/mm이다.

일반적으로 예상하듯이, 지연과 거리/크기 곡선은 최소점 근방에서 상대적으로 평평하다. 따라서 지연을 약간 늘리면 충분한 에너지가 절약된다. 최소 EDP 지점에서 조각들이 1.7배 길어지는 대가로 구동기는 0.6배 축소할 수 있다. 이 지연은 14%까지 증가하지만, 중계기가 없는 선로에 비해서 30%의 에너지만 추가된다[Ho01]. 예제 5.9의 파라미터를 사용하면, 최소 EDP 지점은 0.8 mm 간격과 11 μm(단위 크기의 110x) 폭의 구동기를 사용해서 수치적으로 구할 수 있다. 이렇게 하면 47 ps/mm의 지연으로 0.26 pJ/mm의 에너지를 얻는다.

불행하게도 중계기를 삽입하면 설계가 복잡해지는데, 이는 각 배선에 중계기가 짝수 개인지 확인하거나, 도치된 입력을 수용하기 위해 수신 논리를 적용해야 하기 때문이다. 어떤 설계 기술자들은 극성(polarity) 문제를 피하기 위해 단일 인버터 대신 인버터 쌍(즉 버퍼)을 사용한다. 이들 쌍으로 지연은 더 증가한다. 그러나 첫 번째 인버터 W_1은 더 작아서 이것을 구동하는 배선에 부하 부담이 덜하다. 두 번째 인버터는 좀 더 커서 다음에 오는 배선을 좀 더 강하게 구동한다. 두 번째 인버터의 최적의 크기는 $W_2=kW_1$임을 알 수 있는데 여기서 $P_{\text{inv}}=0.5$이면 $k=2.25$이다. 중계기 간 거리는 아래 식과 같이 증가한다 (연습문제 5.2 참조).

$$\frac{l}{N}=\sqrt{\frac{2RC\left(k+\frac{1}{k}+2p_{\text{inv}}\right)}{R_wC_w}}\approx 1.22\sqrt{\frac{\text{FO4}}{R_wC_w}} \tag{5.29}$$

단위 길이당 지연은 아래 식과 같이 된다.

$$\frac{t_{pd}}{l}=1.81\sqrt{\text{FO4}\,R_wC_w} \tag{5.30}$$

위 식에서 트랜지스터 폭은 다음과 같고

$$W_1=\frac{W}{\sqrt{k}},\quad W_2=W\sqrt{k} \tag{5.31}$$

단위 길이에서 비트당 에너지는 다음과 같다.

$$\frac{E}{l}\approx 2.2C_wV_{DD}^2 \tag{5.32}$$

이것은 보통 비반전 중계기로 구동되는 배선이 반전 중계기 사용 시보다 단위 길이당 8% 느릴 뿐임을 뜻한다. 평면배치를 단순화하는 데 2/3 정도의 중계기만 있으면 된다. 총 중계기 면적과 전력을 약간 증가한다.

전반적인 지연은 중계기 간의 거리의 약한 함수이어서, 단지 지연이 약간만 있을 경우, 중계기의 평면배치에서 적당한 곳을 찾는 어려움을 줄이기 위하여 거리를 증가시키는 것은 적절하다. 중계기는 배선에 방향성을 부여한다. 양방향 버스와 분산형 3상태(tristate) 버스는 간단한 중계기를 사용할 수 없어서 더 느리다. 이것이 점 간 단방향 통신에는 유리하다

5.5 배선을 고려한 논리 에퍼트

배선이 고정된 커패시턴스를 갖기 때문에 상호연결은 논리 에퍼트의 적용을 어렵게 만든다. 게이트 부하 C_{gate}를 구동하는 커패시턴스 C_{wire}를 갖는 배선에서 분기 효과는 $(C_{\text{gate}}+C_{\text{wire}})/C_{\text{gate}}$가 된다. 이 분기 효과는 고정적이지 않고, 구동되는 게이트 크기에 따라 변한다. 모든 스테이지가 균등한 에퍼트

를 가질 때 회로의 속도가 최고가 된다는 단순한 법칙은 배선 커패시턴스를 고려하면 더 이상 사실이 아니다. 배선이 너무 짧거나 너무 길면 근사화가 가능하지만, 배선과 게이트 부하가 비슷해지면 최적의 스테이지 에퍼트를 결정할 수 있는 간단한 방법이 없다.

모든 회로는 어떠한 형태로든 상호연결을 갖지만, 짧은 연결($C_{wire} << C_{gate}$)은 무시할 수 있다. 대신에 배선 커패시턴스와 확산 커패시턴스의 비율을 계산할 수 있고, 기생 지연을 결정하기 위해서 이 비율을 추가적인 기생 커패시턴스로 추가할 수 있다. 인접한 게이트들의 상호연결을 위해서, 이것은 최적의 스테이지 에퍼트 ρ가 4보다 약간 커지게 한다. 이 경로는 각 스테이지가 배선 커패시턴스에 기여하기 때문에 적은 개수의 스테이지를 사용해야 한다. 지연을 줄이기 위해서 게이트의 크기를 증가시켜서 배선 커패시턴스가 전체에서 차지하는 비중을 작게 만든다. 그러나 이것은 에너지의 증가를 초래한다.

이와는 반대로, 상호연결이 길 때($C_{wire} >> C_{gate}$), 끝 단의 게이트는 무시된다. 이 경로는 두 부분으로 분할된다. 첫 부분은 배선을 구동하고, 둘째 부분은 배선으로부터 입력을 받는다. 첫 부분은 배선의 부하 커패시턴스를 구동하도록 설계되는데, 이때 수신기의 추가 부하는 무시한다. 에너지를 절약하기 위해서, 배선을 구동하는 마지막 스테이지는 낮은 논리 에퍼트와 높은 전기 에퍼트를 가져야 한다. 이를 위해서는 인버터를 사용하는 것이 바람직하다[Stan99]. 수신기의 크기는 실용적인 고려에 의해서 결정된다. 즉 큰 수신기는 동작이 빠른 대신 면적과 전력이 증가한다. RC 비행 시간이 몇 개의 게이트 지연을 초과할 만큼 배선이 길어지면, 그 배선은 중계기에 의해서 구동되는 몇 개의 조각으로 분할된다.

가장 어려운 문제는 $C_{wire} \approx C_{gate}$일 때 발생한다. 이러한 중간 길이 배선은 구동해야 하는 게이트 크기의 강한 함수의 형태로 나타나는 분기 효과를 발생시킨다. 지연 방정식을 경로 상의 게이트 크기와 배선 커패시턴스의 함수로 나타내면, 이것을 게이트 크기로 미분해서 최적의 크기를 얻을 수 있다. 다른 방법으로, 지연을 최소화하거나 에너지-지연 트레이드오프 곡선을 발생시키기 위해서 컨벡스 최적화 방법(convex optimizer)을 사용할 수 있다.

그림 5.22는 경로를 따르는 세 개의 스테이지를 보여 준다. 엘모어 지연을 중간 스테이지의 크기로 미분하면, 스테이지 커패시턴스에 의해 발생한 지연이 스테이지 저항에 의해서 발생한 지연과 같게 된다는 결과를 발견할 수 있다[Morgenshtein09].

$$C_i\left(R_{i-1}+R_{w_{i-1}}\right)=R_i\left(C_{i+1}+C_{w_{i+1}}\right) \tag{5.33}$$

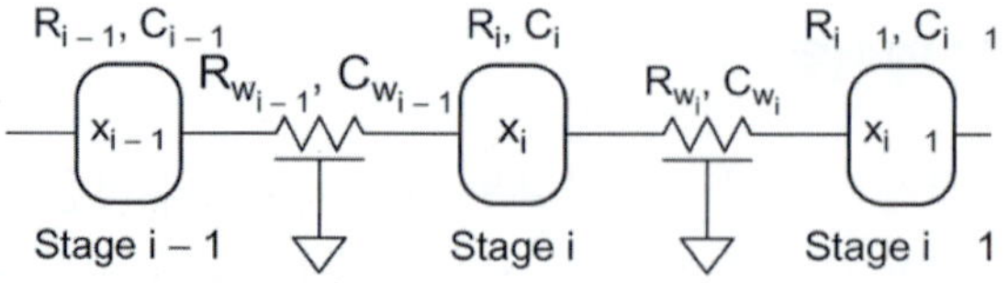

그림 5.22 배선을 갖는 경로

예제 5.10

그림 5.23의 경로는 덩어리로 묶인 커패시턴스로 모델링된 중간 길이 배선을 포함한다. 경로 지연을 x와 y로 표현하시오. 최소 경로 지연을 얻기 위한 인버터 x와 y의 크기를 구하시오. 각 스테이지의 스테이지 에퍼트는 얼마인가?

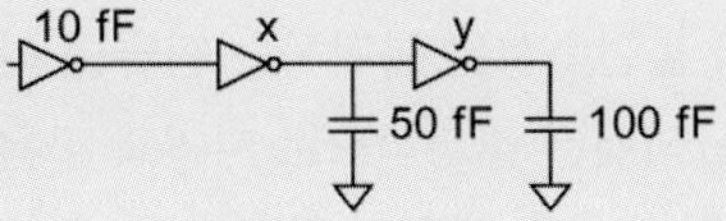

10 fF x y 50 fF 100 fF

그림 5.23 중간 길이 배선을 갖는 경로

해답: 논리 에퍼트 지연 모델로부터, 다음과 같은 경로 지연을 얻는다.

$$d = \frac{x}{10} + \frac{y+50}{x} + \frac{100}{y} + P \tag{5.34}$$

이것을 각각의 크기로 미분하고, 그 결과를 0으로 만들기 위해서 다음 식의 해를 구하면

$$\begin{aligned} \frac{1}{10} - \frac{y+50}{x^2} = 0 \Rightarrow x^2 = 10y + 500 \\ \frac{1}{x} - \frac{100}{y^2} = 0 \Rightarrow y^2 = 100x \end{aligned} \tag{5.35}$$

x=33 fF, y=57 fF가 된다.

스테이지 에퍼트는 차례대로 (33/10)=3.3, (57+50)/33=3.2, (100/57)=1.8이 된다. 첫 두 스테이지 에퍼트는 서로 같지만, 세 번째는 상대적으로 작다. x가 이미 대형 배선 커패시턴스를 구동하기 때문에, y를 구동하기 위해서 점진적으로 증가하는 x의 점진적 지연이 출력을 구동하기 위해서 점진적으로 감소하는 y의 지연과 같아지기 전에 y의 지연은 다소 크다.

5.6 함정 및 작오

평면배치를 고려하지 않은 대형 칩의 설계

1990년대 중반에는 설계자들이 HDL을 사용해서 칩을 합성하는 데 익숙했고, 칩을 제조하기 위해서 배치 배선을 수행하는 사업자에게 네트리스트를 전달하기만 하면 되었다. 많은 설계자들이 물리적 구현을 위한 고려 사항으로부터 분리되어 있었다. 현재 칩을 가로지르는 비행 시간이 느린 시스템에서는 사이클 타임의 큰 부분을 차지하고, 고속 시스템에서는 다수의 사이클을 차지하게 되었다. 평면배치를 고려하지 않고 칩을 합성하면, 레이아웃 이후 긴 배선을 갖는 경로가 너무 느려질 수 있다. 이렇게 되면 배선을 줄이기 위해서 새로운 시간 제약을 사용해서 재합성을 수행해야 한다. 이렇게 새로운 레이아웃이 종료되면, 긴 배선은 다른 경로에 놓이게 된다. 이 문제를 해결하기 위해서 시간 규제된 배치(timing directed placement) 알고리즘을 사용하는데, 이것은 한 번 혹은 적은 횟수의 반복에 의해서 배치 배선의 수렴된 결과를 얻는다.

전력 그리드에 간격을 남겨 놓기

루프에서 전류는 항상 흐른다. 신호 배선을 따라 흐르는 전류는 전원/접지 네트워크로 복귀한다. 이 루프의 면적은 신호의 인덕턴스를 결정한다. 전력 그리드의 불연속성은 복귀하는 전류를 신호의 배선에서 멀리 떨어진 경로에 남게 해서 인덕턴스를 증가시킨다. 이것은 결과적으로 지연과 잡음을 증가시킨다. 신호의 인덕턴스는 일반적으로 모델링되지 않고 지연과 잡음은 제작이 완료된 후에나 발견된다.

요약

칩 요소들의 크기가 줄어들면서, 트랜지스터는 빨라졌지만 배선은 그렇지 못하다. 상호연결 지연은 매우 중요한 문제가 되었다. 지연은 배선의 저항과 커패시턴스 그리고 구동기와 부하에 근거한 엘모어 지연 모델을 사용해서 추정한다. 배선 지연은 길이의 제곱에 비례해서 증가하기 때문에, 긴 배선은 중계기에 의해서 구동되는 다수의 작은 조각으로 분할된다. 방대한 개수의 배선들이 모든 트랜지스터에 연결되어야 하기 때문에 공정은 다수의 레이어로 구성된 연결을 제공한다. 이렇게 해서 서로 가까워진 배선들 간의 용량성 결합은 잡음의 근본적인 원인이 된다. 이 문제를 해결하기 위해서 짧고 얇은 배선에는 높은 대역폭을 제공하고 길고 두꺼운 배선에는 작은 지연을 제공하는 다양한 두께의 금속 레이어들을 사용한다. 이러한 마이크로 구조는 근본적으로 평면배치와 연관된다. 그 이유는 칩을 가로지르는 배선을 위한 파이프라인 지연에 한 개 이상의 사이클을 할당해야 하기 때문이다.

연습문제

5.1 식 (5.23)~(5.26)을 유도하시오. 초기 구동기와 최종 수신기는 중계기와 같은 크기를 갖기 때문에 전체 지연은 각 조각이 갖는 지연의 N배가 된다.

5.2 하나의 인버터를 사용하는 대신 인버터 쌍(비반전 버퍼)을 사용해서 연습문제 5.1을 다시 고려한다. 각 쌍에서 첫 인버터는 단위 폭의 W1배가 되고, 다음 인버터는 처음 인버터보다 k배 크다. 식 (5.29)~(5.32)를 유도하시오.

5.3 180 nm 공정에서 되풀이되는 금속2 배선의 특성 속도(characteristic velocity)를 mm당 지연으로 계산하시오. 단위 nMOS 트랜지스터는 저항 2.5 kΩ, 커패시턴스 0.7 fF을 갖고, pMOS는 2배의 저항을 갖는다. 그림 5.12의 데이터를 사용한다. 최소 피치와 더블 피치(최소 피치 폭과 간격의 2배)를 모두 고려하시오. 배선 위아래의 고체 금속을 가정하고, 이웃 간 스위칭은 발생하지 않는다고 가정한다.

5.4 식 (5.33)을 증명하시오.

5.5 표 5.1의 인텔 45 nm 공정에서 각 레이어의 최소 피치 Cu 배선의 mm당 저항을 구하시오. 10 nm 고저항 장벽 레이어를 가정하고, 접시화 효과는 무시한다.

5.6 0.6 μm 공정에서 길이 5 mm, 폭 4λ인 금속2 레이어를 고려한다. 시트 저항은 0.08 Ω/□이고, 커패시턴스는 0.2 fF/μm이다. 이 배선을 위한 3-조각 파이 모델을 구성하시오.

5.7 단위 크기의 10x 인버터가 연습문제 5.6의 5 mm 배선 끝에서 2x 인버터를 구동한다. 게이트 커패시턴스는 C=2 fF/μm이고, nMOS 트랜지스터의 유효 저항은 R=2.5 kΩ · μm이다. 엘모어 지연 모델을 사용해서 전달 지연을 구하시오. 확산 커패시턴스는 무시한다.

5.8 그림 5.12에서 피치가 960 nm 를 넘지 않을 때 180 nm 공정에서 금속2 버스의 RC 지연을 최소화하는 최적의 폭과 간격을 구하시오. 최소 폭과 간격은 320 nm이다. 우선 인접한 비트 사이에 스위칭이 없다고 가정한다. 만약 이들이 스위칭하면 어떻게 달라지는가?

6 스케일링, 신뢰도 및 가변성

6.1 서론

집적회로 제작에서 가장 중요한 문제는 수백만 혹은 수십억 개의 트랜지스터를 수조 회의 사이클 동안 단 하나의 예외도 없이 모두 동작시켜야 한다는 것이다. 트랜지스터는 매우 작기 때문에 빛의 파장보다 작은 오차와 불순물 원자의 이산적인 개수에 의해서 발생하는 편차가 성능에 중요한 영향을 준다. 칩이 살아서 동작하는 동안 냉각에서 비등점까지 온도의 변화를 경험하게 된다. 강한 전기장은 게이트를 파괴시키기도 한다. 흰 개미가 서서히 집을 통째로 갉아먹듯이 전류는 꾸준하게 배선의 원자를 날라서 없앤다. 우주 광선은 미세한 메모리 셀에 저장된 비트를 공격한다.

이러한 벅찬 문제들이 산재함에도 불구하고, 엔지니어는 10년이 넘는 수명을 가진 집적회로를 일상적으로 제작한다. 전통적인 정적 CMOS 회로는 충분한 잡음 여유도를 갖고, 트랜지스터 파라미터 편차에 민감하지 않고, 잡음이 발생해도 복구할 수 있는 능력이 있기 때문에 이러한 문제에 대한 좋은 대안이 되었다. 이러한 회로를 오랫동안 동작시키기 위해서는 최대 전원 전압과 충분한 전류만 제공해 주면 된다. 제조 편차 및 동작 조건 변화에도 불구하고 이러한 잡음 내성과 적응적 구조는 오차를 복구하고 칩이 최적의 상태에서 동작할 수 있게 한다.

6.2절에서는 제조 및 환경 편차의 근원과 이들이 칩에 미치는 영향을 검토하기 시작한다. 6.3절에서는 마모, 소프트 에러, 파국적 불량 등에 대응하는 신뢰성에 대해서 논한다. 우수한 설계는 현재의 제조 공정뿐만 아니라, 향후 보다 발전된 공정에도 적용될 수 있는 결과라야 한다. 6.4절에서는 앞으로 공정이 어떻게 진화할 것인가를 예측하는 스케일링 법칙에 대해 배운다. 6.5절에서는 편차와 전이 오차를 보상하기 위한 적응적이고 잡음 내성을 갖는 설계 기술에 관해서 논한다.

6.2 가변성

현재까지는 회로의 작동 양상을 결정하는 여러 가지 방향을 고려할 때, 다른 작동 조건하에서 발생할지 모르는 변화에 대해 유추만 해 왔다. 일반적으로 변동 원인에는 아래와 같은 세 가지가 있다. 두 가지는 환경적인 것이고 다른 하나는 제조와 관련이 있다.

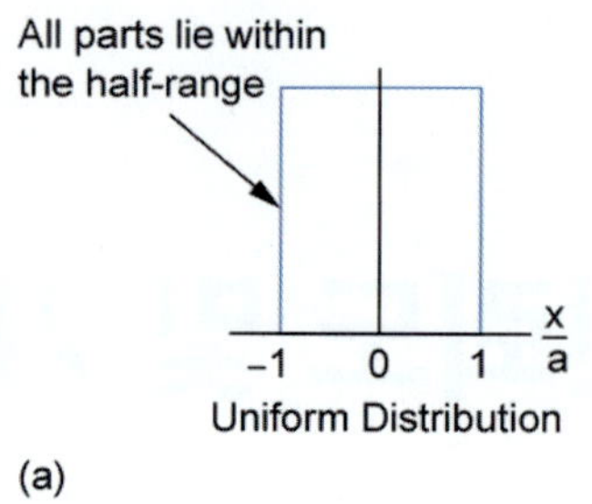

(a)

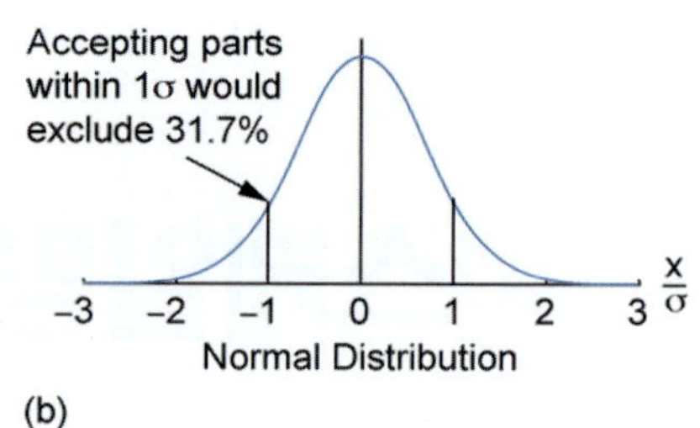

(b)

그림 6.1 균일 및 정규 분포

- 공정 편차
- 공급 전압
- 동작 온도

변동의 근원은 공정(process), 전압(voltage), 그리고 온도(temperature)(즉 PVT)로도 알려져 있다. 회로를 설계할 때는 이러한 변수의 극한 범위 전반에 걸쳐 신뢰성 있게 작동하도록 목표하여야 한다. 그렇지 못한다면 회로 실패를 야기하고, 잠재적으로 전체 시스템이 돌이킬 수 없게 망가지며, 급속한 신뢰도 저하를 유발한다(고객을 잃는 것을 말할 필요조차 없음).

변수는 **균일**(uniform) 또는 **정규**(normal)(가우스) 통계적 분포 방식으로 모델링될 수 있다. 이러한 분포 방식은 그림 6.1에 나와 있다. 균일 분포는 **반범위**(half-range) a로 지정된다. 좋은 결과를 얻기 위해서는 전체 반범위의 변동을 받아들여야 한다. 예를 들어 V_{DD}에 대한 균일 분포는 1.0 V ± 10%로 지정되어야 한다. 이 분포는 100 mV 반범위를 갖는다. 모든 부분은 그 영역의 어떤 전압에서도 작동하여야 한다. 정규 분포는 **표준편차**(standard deviation) σ로 지정된다. 공정 편차는 보통 정규 분포로 모델링된다. 3σ 분포에서 유지되는 부분은 그 부분의 0.26%가 불량으로 처리된다. 2σ 분포에서는 파트의 4.56%가 불량으로 처리된다. 1σ 분포에서는 31.74%가 그렇게 된다. 분명히 명목상 1σ 바깥 부분을 불량으로 처리하게 되면 너무 많은 부분을 손실하게 된다. 3σ나 2σ 제한이 관례적이며, 상업적으로 가능한 CMOS 공정은 이러한 수율을 낼 수 있게 기기 파라미터 세트를 공급할 수 있어야 한다. 수백만 개가 동일하게 복제되는 메모리 셀과 같은 부품은 0.26%의 불량률이 너무 높은 것이다. 이러한 회로는 5, 6, 심지어는 7σ의 편차까지 견디어 내야 한다. 만약 한쪽 방향으로의 편차만 고려 대상이라면(예를 들어 속도 저하 편차), 불량률은 절반으로 줄어든다.

6.2.1 공급 전압

시스템은 정격 공급 전압에서 작동하도록 설계된다. 그러나 이 전압은 전압 조정기의 허용 한계, 공급 레일에 의한 IR 강하, di/dt 잡음을 포함한 여러 가지 이유로 변동한다. 시스템 설계 기술자들은 전원 공급 잡음을 전원 공급 변동률과 분포 자원과 적절히 타협할지 모른다. 보통 공급은 각 논리 게이트에서 정격 전압의 ±10%로 지정된다. 공급은 시간뿐만 아니라 칩 전체에 걸쳐 변화한다. 예를 들어 그

그림 6.2 전압 늘어짐 지도(International Business 사 제공)

림 6.2는 최악의 전압 늘어짐(voltage droop)을 칩 상에서 위치의 함수로 나타낸 전압 지도(voltage map)를 보여 준다[Bernstein06, Su03].

속도는 대강 V_{DD}에 비례하여 일차로 이것이 ±10% 지연 변동을 야기한다(이것이 중요할 때는 공정과 전압을 체크하라). 전원 전압 변동은 잡음 목표 설정 시에도 다룬다.

6.2.2 온도

2.4.5절에서는 온도가 상승함에 따라 드레인 전류가 감소함을 보여 주었다. 트랜지스터 접합점의 온도는 주위 온도와 패키지의 전력 발산으로 인한 온도 상승 값의 합이다. 이 상승은 12.2.4절에서 보겠지만 전력 소모와 패키지의 열저항으로 결정된다.

표 6.1은 상업용, 공업용, 군용 표준으로 지정한 부품의 주위 온도 범위를 정리한 것이다. 부품은 사전에 가열할 시간이 없으면 주위 온도 범위의 아래 끝에서 작동하여야 한다. 접합점 온도는 최대 주위 온도를 현격히 초과할 것이다. 일반적인 상용 부품은 125°C까지 접합점 온도에서 작동하도록 검증된다.

온도는 많은 전력을 소모하는 위치에 따라서 다이를 가로질러 변화한다. 이 변화는 점진적이기 때문에 1 mm 직경 내의 모든 회로는 같은 온도를 갖는다. 온도는 밀리초 단위로 변화한다. 그림 6.3은 Itanium 2 마이크로프로세서의 시뮬레이션된 열 지도를 보여 준다[Harris01b].

표 6.1 대기 온도 범위

Standard	Minimum	Maximum
Commercial	0 °C	70 °C
Industrial	−40 °C	85 °C
Military	−55 °C	125 °C

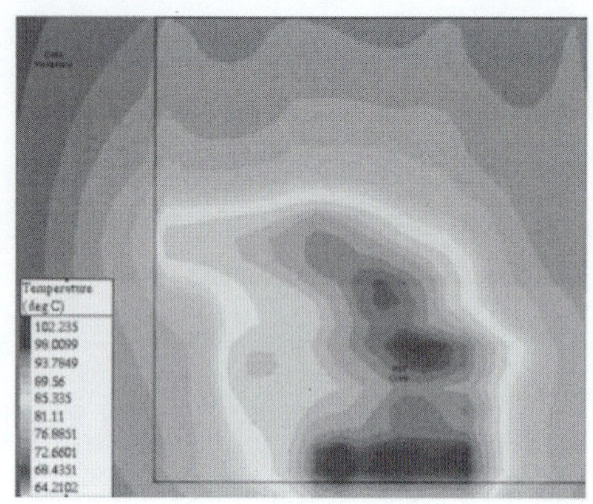

그림 6.3 Itanium 2의 열 지도(© IEEE 2001)

6.2.3 공정 편차

기기와 상호연결은 필름 두께와 측면부, 도핑 농도에 있어서 차이가 있다[Bernstein99]. 이들 차이는 웨이퍼마다 다르고, 같은 웨이퍼에서도 다이마다 다르며, 개별 다이에서도 다르다. 이러한 차이는 웨이퍼 간보다는 다이를 가로지르는 경우가 일반적으로 작다. 이들 효과는 때때로 다이 간(inter-die) 또는 다이 내(intra-die) 차이라고 부른다. 다이 내 차이는 또한 공정 경사(process tilt)라고 불리는데 이는 어떤 파라미터가 다이를 가로질러 천천히 그리고 체계적으로 변동하기 때문이다. 예를 들어 만일 이온 주입기가 주변보다는 웨이퍼의 중심 가까이에 더 많은 불순물을 주입했다면 문턱 전압은 웨이퍼를 가로질러서 방사상으로 기울어질 것이다.

기기에 대해서 가장 중요한 편차는 채널 길이 L과 문턱 전압 V_t이다. 채널 길이 변화는 포토리소그래피 근접 효과, 광학적인 편차, 플라스마 식각 의존도가 원인이다. 산화막 두께는 잘 제어되고, 일반적으로 웨이퍼 간에 유일하게 의미가 있다. 성능에 대한 이것의 효과는 가끔 채널 길이의 변동으로 합쳐진다. 문턱 전압은, 서로 다른 도핑 농도와 어닐링 효과, 게이트 산화물 내의 이동 전하(mobile charge), 미소한 트랜지스터 내의 불순물 원자(dopant atom)로 야기되는 개별 불순물 변동 때문에 편차가 발생한다. 문턱 전압은 트랜지스터가 마모되면서 점진적으로 변화한다. 이렇게 시간 의존적인 편차는 6.3절에서 검토한다.

상호연결에 대해 가장 중요한 편차는 선폭과 간격, 금속과 유전체 두께, 그리고 접촉 저항이다. 선폭과 간격은 채널 길이와 같이 포토리소그래피와 식각 근접 효과에 좌우된다. 두께는 폴리싱의 영향을 받는다. 접촉 저항은 접촉부 크기와 식각 및 세정 단계에 좌우된다.

공정 편차는 다음과 같이 분류된다.

- **L2L**(lot-to-lot)
- **W2W**(wafer-to-wafer)
- **D2D**(die-to-die), 다이 간, 혹은 **WIW**(within-wafer)
- **WID**(within-die) 혹은 다이 내

그림 6.4 90 nm 공정의 CMOS 링 발진기 회로의 웨이퍼 상 주파수 분포. M. Pelgrom, "Nanometer CMOS: An Analog Design Challenge!" *IEEE Distinguished Lecture*, Denver 2006. (B. Ljevar (NXP) 제공.)

웨이퍼는 **로트**(lot)라 불리는 배치 작업으로 처리된다. 웨이퍼들은 각각 다른 시점에서 이온 주입이 일어나기 때문에 W2W 문턱 전압 편차가 발생한다. 웨이퍼 가장자리의 다이는 중앙부에 있는 다이와 다르게 식각되기 때문에 D2D 채널 길이 편차가 발생한다. 예를 들어 그림 6.4는 링 발진기의 동작 주파수를 웨이퍼 상의 위치의 함수로 그려서 20%의 편차를 보여 준다. 교정(calibration)이 로트 단위나 웨이퍼 단위로 이루어지지 않았을 경우, L2L과 W2W 편차들은 D2D 편차로 합산된다. D2D 편차는 궁극적으로 칩을 다른 것보다 빠르거나 느리게 동작하게 만드는 요인이 된다. 이러한 편차는 2 혹은 3σ 편차를 견딜 수 있게 충분한 여유도를 제공해서 해결한다. 그리고 이 범위를 넘는 소수의 칩들은 폐기한다.

WID 편차는 한때 D2D 편차에 비해서 작았기 때문에 무시되었으나, 현재의 나노미터 공정에서는 매우 중요하게 되었다. 어떤 WID 편차는 공간 상의 위치와 관련이 있기 때문에 **공정 편향**(process tilt)이라고도 불린다. 예를 들어 이온 주입기가 웨이퍼의 중앙부에 더 많은 양의 이온을 주입하게 되면, 문턱 전압이 웨이퍼 가장자리로 가면서 변하게 된다. 요약하자면, 같은 다이에서 제작된 트랜지스터들 간의 편차가 작고, 같은 웨이퍼 상의 트랜지스터들 간의 편차가 더욱 작다. 칩 내부에서도 수백만 혹은 수십억 개의 트랜지스터들이 넓은 영역에 분포하기 때문에 WID 편차가 더욱 관리하기 어렵다.

6.2.4 설계 코너

설계 기술자들의 입장에서 볼 때, 공정과 환경 변화의 총체적인 효과는 트랜지스터에 일괄적으로 영향을 준다: **보통**(typical, nominal), **고속**(fast), **저속**(slow). CMOS에서 각각의 속도는 구분지을 수 있는 다소 독립적인 성격의 두 가지 형태의 트랜지스터가 있다. 더욱이 상호연결 속도는 기기에 관계없이 다를 수 있다. 이러한 공정 변동이 환경적인 변동과 결합되면 **설계 코너**(design corner) 또는 **공정**

표 6.2 설계 코너 확인

Corner					Purpose
nMOS	pMOS	Wire	V_{DD}	Temp	
T	T	T	S	S	Timing specifications (binned parts)
S	S	S	S	S	Timing specifications (conservative)
F	F	F	F	F	Race conditions, hold time constraints, pulse collapse, noise
S	S	?	F	S	Dynamic power
F	F	F	F	S	Subthreshold leakage noise and power, overall noise analysis
S	S	F	S	S	Races of gates against wires
F	F	S	F	F	Races of wires against gates
S	F	T	F	F	Pseudo-nMOS and ratioed circuits noise margins, memory read/write, race of pMOS against nMOS
F	S	T	F	F	Ratioed circuits, memory read/write, race of nMOS against pMOS

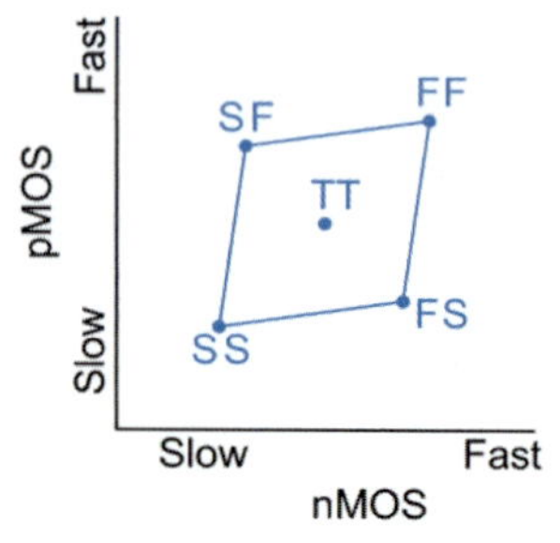

그림 6.5 설계 코너

코너(process corner)를 정의할 수 있다. **코너**(corner)라는 용어는 그림 6.5에 나와 있는 것처럼 회로의 보장된 성능을 둘러싸는 상상 속의 상자로 볼 수 있다. 상자는 사각형이 아닌데 이는 두꺼운 산화막의 느린 nMOS 트랜지스터와 얇은 산화막의 빠른 pMOS 트랜지스터를 동시에 찾아내는 것이 불가능하도록 하는 기기 간의 산화막 두께 트랙과 같은 특성 때문이다.

표 6.2는 여러 가지 중요한 설계 코너를 열거하고 있다. 코너들은 각각 nMOS, pMOS, 상호연결, 전력 공급, 온도를 나타내는 다섯 개의 글자로 표시된다. **고속**(fast), **보통**(typical), **저속**(slow)에 대해서는 각각 F, T, S로 나타낸다. 표 6.3에서 보여주는 환경적 코너는 회로가 고전압과 저온에서 가장 빠름을 설명한다. 회로들은 설계 공간의 코너에서 고장을 일으킬 가능성이 가장 크다. 그래서 비표준 회로는 모든 경우에 정확히 작동하도록 보장하기 위하여 모든 코너에 대해서 시뮬레이션을 하여야 한다. 가끔 집적회로는 일반적인 공정에 대한 타이밍 사양을 맞추도록 설계한다. 이들 부품은 **빈**(bin)에 감겨질 것이다. 빠른 부품은 높은 주파수에 맞추어져 있고 비싸게 판매되며, 느린 부품은 낮은 주파수에 맞추어져 있다. 어떤 경우에도 부품은 가장 느린 SSSSS 환경에서도 작동하여야 한다. 다른 집적회로는 비교적 낮은 주파수에서 높은 수율을 내도록 설계된다. 이들 부품은 느린 공정 코너의 타이밍에 대해서 시뮬레이션한다. 고속 코너 FFFFF는 최대 DC 전력 소비를 하는데 그 이유는 문턱전압이 가장 낮기 때문이다. 다른 코너는 레이스와 상대 강도와 다양한 트랜지스터의 속도 또는 상호연결이 중요한 곳의 비율을 점검하기 위하여 사용된다. FFFFS 코너는 잡음에 매우 중요한데 이는 에

표 6.3 환경적 코너

Corner	Voltage	Temperature
F	1.98	0 °C
T	1.8	70 °C
S	1.62	125 °C

지 속도가 빨라서 더 많은 결합을 유발하기 때문이다. 무턱 전압은 낮고, 누설은 크다[Shepard99].

코너들은 더 적은 문자로 줄여쓰기도 한다. 예를 들어 두 개의 문자는 nMOS, pMOS를 뜻한다. 세 개의 문자는 nMOS, pMOS, 환경을 뜻한다. 네 개의 문자는 nMOS, pMOS, 전압, 온도를 뜻한다.

지연 사양을 해석할 때는 설계 코너를 아는 것이 중요하다. 예를 들어 그림 3.25의 데이터시트는 25°C TTTT 코너로 지정되었다. SS 코너는 27% 더 느리다. 셀은 저전압 코너와 고온 코너에 13%의 페널티를 추가, −71%/V와 0.13%/°C로 낮추어져 있다. 이들 요소는 증식성이 있어서 SSSS에는 정상치의 1.62배의 지연을 야기한다.

[Ho01]과 [Chinnery02]는 FO4 인버터 지연을 다음과 같이 유효 채널 길이 L_{eff}로부터 산정할 수 있음을 발견했다.

- TTTT 코너에서 $L_{eff} \times (0.36\ \text{ps/nm})$
- TTSS 코너에서 $L_{eff} \times (0.50\ \text{ps/nm})$
- SSSS 코너에서 $L_{eff} \times (0.60\ \text{ps/nm})$

성능을 개선하기 위하여, 유효 채널 길이가 늘어진 채널 길이보다 더 빠르도록 공격적으로 스케일되어 있다는 것에 주목하자. 보통 $L_{eff}=0.5 \sim 0.7L_{drawn}$이다. 예를 들어 인텔의 180 nm 공정은 원래 $L_{eff}=140$ nm 공정으로 제작되었다가 후에 $L_{eff}=100$ nm공정으로 변경됐다. 우리 모델은 보통 자주 설계하는 TTSS 코너에서 50~70 ps의 FO4 인버터 지연을 예상한다. 문턱 전압이 더 높은 저전력 공정에서는 FO4 지연이 더 길 것이다.

표준 공정 코너에서의 작업 수행 외에, 칩은 매우 높은 온도와 매우 높은 전압 **번인**(burn-in) 코너에서 기능하여야 한다(예: 외부 온도 125~140°C는 내부적으로는 온도가 훨씬 더 높으며, V_{DD}의 1.3~1.7배를 뜻함[Vollertsen99]). 최고 속도로 가동할 필요는 없지만 모든 노드가 토글링할 수 있게 정확히 작동해야 한다. 번인 코너는 누설이 매우 커서, 도미노 게이트와 정적인 래치의 키퍼 크기와 약한 피드백을 한정한다.

다중 문턱 전압과 다중 산화막 두께 공정은 독립적으로 빠름, 보통, 느림으로 변동하는 트랜지스터의 각 특징을 인지할 수 있다. 이 방법은 시뮬레이션하는 것보다 더 많은 코너를 다루어야 하고, 여러 다른 유형의 회로에 대해 어떤 코너를 체크해야 하는지를 확인하는 어려움을 증대시킨다.

6.3 신뢰도

신뢰성 있는 CMOS 칩을 설계하려면 잠재적인 불량 모드를 이해하고 해결하여야 한다[Segura04]. 이 절에서는 집적회로를 영구히 고장 나게 하는 아래와 같은 신뢰도 문제(**하드 에러**)를 다루기로 한다.

- 산화물 마모
- 상호연결 마모
- 과전압 고장
- 래치업

이 절은 또한 시스템이 망가지거나 데이터를 잃게 되는 과도 현상(transient)에 의한 고장(**소프트 에러**)도 고려한다. 회로의 함정과 통상적인 설계 오류는 8.3절에서 다룬다.

6.3.1 신뢰도 용어

고장(failure)은 주어진 시간 동안에 시스템이 규정된 동작 규격을 벗어나는 것을 말한다. 이것의 원인은 설계 오류에서부터 제조상의 결함에 이르기까지 다양하다. 또한 모든 고장이 반드시 오동작을 일으키는 것은 아니다. 예를 들어 다중 마이크로프로세서의 인터페이스 논리에서 발생한 고장은 단일 마이크로프로세서의 오동작을 발생시키지 않는다. 정상적인 것과 병렬로 존재하는 비아의 결함은 발견되지 않는다. 따라서 잠재적 고장을 연구하면 전체 시스템의 고장률을 예측하고 개선하는 데 도움이 된다.

신뢰도를 나타내는 데 사용하는 약어가 많다[Tobias95]. MTBF는 **평균 고장 간격**(mean time between failure)이다: (기기 개수×작동 시간)/고장 횟수. FIT는 **고장률**(failure in time)로, 100만 개의 기기에서 1000시간마다 발생하는 고장 수 또는 10^9×(고장률/시간)이다. 1000 FIT는 10^6 시간=114년에 한 번꼴로 고장이 발생함을 나타낸다. 이것들은 단일 칩에 유효하다. 그러나 만일 시스템이 1000 FIT의 칩 100개를 포함하고 있고, 고객이 10개의 시스템을 산다면 고장률은 100×1000×10=10^6 FIT, 또는 1000시간(42일)마다 한 번의 고장이 난 셈이다. 100 FIT 이하의 신뢰도 목표가 바람직하다.

대부분의 시스템은 그림 6.6에 나와 있는 **욕조 곡선**(bathtub curve)을 보여 준다. 생 후 곧, 취약하거나 경계선에 있는 구성품으로 구성한 시스템은 고장 나기 쉽다. 이 기간을 **초기 사망률**(infant mortality)이라고 부른다. 신뢰성 있는 시스템은 그 후 **유효한 작동 수명**(useful operating life)으로 진입하며 이 기간의 고장률은 낮다. 그 후 시스템이 노후되고 수명의 끝에 오면 고장률은 증가한다. 제품을 출하하기 전에 초기 사망률을 지나치도록 에이징하는 것이 중요하다. 에이징은 정상 전압이나 온도보다 높게 **번인**하여 스트레스를 줌으로써 가속된다. 노드는 시스템의 모든 부품에 스트레스를 가하기 위하여 번인하는 동안 토글링하여야 한다. 그러므로 회로는 번인 조건에서도 기능하여야 한다(6.2.4절 참조).

엔지니어들은 전형적으로 제품의 수명이 10년이 넘기를 원하지만, 제품을 판매하기 전에 10년간

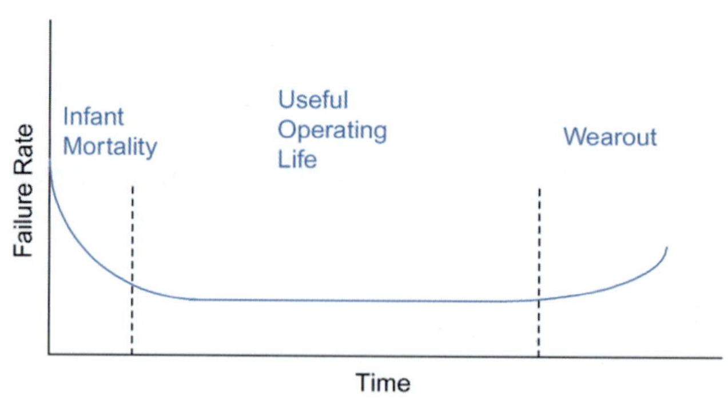

그림 6.6 신뢰도 욕조 곡선

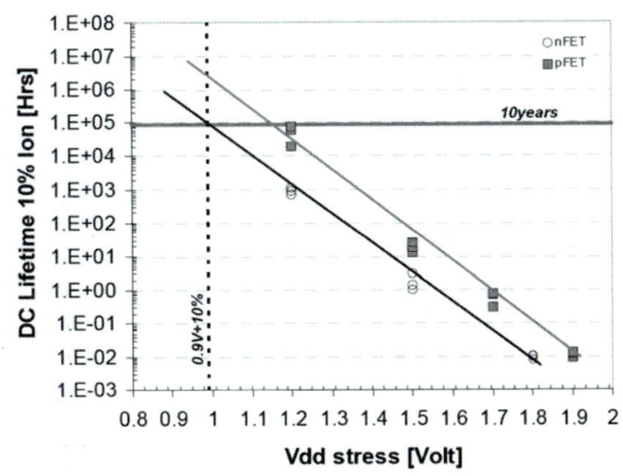

그림 6.7 IBM 32 nm 공정의 게이트 산화물 수명(© IEEE 2008)

테스트하는 것은 불가능하다. 다행스럽게도 대부분의 마모 방식은 전압과 온도에 지수함수적으로 비례하는 관계를 가진다. 시스템은 또한 에이징 과정을 시뮬레이션하고 소진되는 시간을 평가하기 위하여 번인 조건에서 **가속 수명 시험**(accelerated life testing)을 하여야 한다. 결과는 실제의 유용한 작동 수명을 판단하기 위하여 정상 작동 조건에 외삽하여야 한다. 그림 6.7에 IBM 32 nm 공정의 게이트 산화물 수명이 나와 있다. 외삽된 결과는 명목상의 전원 전압 0.9 V보다 10% 높을 때 10년이 넘는 것으로 예측된다.

이 과정은 시간을 많이 소요하는 일이고 프로젝트의 끝 부분에 실시한다. 대량 생산 칩의 한 부분이 연장된 기간 동안 수많은 칩에 의도적으로 스트레스를 가하는 번인 보드로 구성한 신뢰도 평가 프로그램이 반드시 포함되어야 한다. 설계 기술자들은 수명을 예측하기 위하여 신뢰도 시뮬레이터를 개발하려고 노력하지만 그래도 실제 시험이 중요하다[Hu92, Hsu92]. 대량 생산용 부품에 대해서 고장 원인을 추적하고 고장의 공통점이 재설계되면 생산에 투입된다.

6.3.2 산화물 마모

게이트 산화물이 스트레스를 받으면서 점진적으로 마모되고, 이것은 문턱 전압을 변화시키고 게이트 누설을 증가시킨다. 결과적으로 트랜지스터가 지나치게 느려지고, 부정합이 커지고, 누설 전류가 커져서 회로가 고장 난다. 공정들은 일반적으로 산화물 마모 효과를 보장하기 위해서 최대 동작 온도를 제한한다. 산화물 마모가 발생하는 주된 원인들은 다음과 같다.

- 고온 캐리어(hot carrier)
- 음성 바이어스 온도 불안정(NBTI: negative bias temperature instability)
- 시간 의존 유전체 파손(TDDB: time-dependent dielectric breakdown)

6.3.2.1 고온 캐리어 트랜지스터가 스위칭할 때, 높은 에너지 혹은 '고온' 캐리어는 때때로 게이트 산화물로 주입되고, 거기에 갇히게 된다. 전자는 높은 이동성을 갖고, 고온 캐리어 대부분의 원인이

된다. 손상된 산화물은 디바이스의 I-V 특성을 변화시키고, nMOS 트랜지스터의 전류는 줄이고, pMOS 트랜지스터의 전류를 증가시킨다. nMOS 트랜지스터가 ON일 때 V_{ds}가 커지면 기판 전류 I_{sub}가 커지는데, 이 경우 손상이 최대가 된다. 따라서 빠르게 상승하는 입력과 큰 부하가 걸린 출력을 갖는 인버터나 NOR 게이트, 혹은 공급 전원 전압이 높을 때 최악의 상황이 된다[Sakurai86].

고온 캐리어는 nMOS 트랜지스터가 너무 느려질 때 회로 손상의 원인이 된다. 고온 캐리어는 센스 증폭기와 정합된 부품들이 서로 다르게 손상된 정합 회로의 고장 원인이 되기도 한다[Huh98]. 고온 전자의 불량은 시뮬레이터를 사용해서 분석할 수 있다[Hu92, Hsu91, Quader94]. 입력 상승 시간과 스테이지 전기 에퍼트를 최대로 만들어서 손상을 제한할 수 있다[Leblebici96]. 이 최댓값은 공정과 동작 전원 전압에 의해서 결정된다.

6.3.2.2 NBTI 게이트 산화물에 전기장이 인가되면, **트랩**(trap)이라 불리는 결합이 SiO_2 연결에서 발생한다. 트랩이 형성되면 문턱 전압이 증가하고, 회로가 고장 날 때까지 구동 전류가 감소한다[Doyle91, Reddy02]. 이 현상은 높아진 온도에서 강한 음성 바이어스된 pMOS 트랜지스터에서 가장 두드러지게 나타나고, 대부분의 나노미터 공정에서 산화물을 마모시키는 가장 대표적인 원인이 된다. 전기장 $E_{ox}=V_{DD}/t_{ox}$가 시간 t에서 인가되면, 문턱 전압 이동이 다음과 같이 모델링된다[Paul07].

$$\Delta V_t = ke^{\frac{E_{ox}}{E_0}} t^{0.25} \tag{6.1}$$

번인(burn-in) 과정 동안 높은 스트레스는 NBTI로부터 예측된 문턱 전압의 변화를 막는다. 이것은 완전한 NBTI 저하를 고려한 테스트를 허용하기 때문에 바람직하다. 설계 과정에서, 칩은 수명 주기 동안에 최악의 NBTI 이동을 고려해서 시뮬레이션할 필요가 있다.

6.3.2.3 TDDB 전기장이 게이트 산화물을 가로질러 인가되면, 게이트 전류는 점차 증가한다. 이 현상을 **시간 의존 유전체 파손**(TDDB)이라 부르고, 상승된 게이트 전류는 **스트레스성 누설 전류**(SILC: stress-induced leakage current)라 부른다. 정확한 물리적 구조를 완전하게 이해할 수는 없지만, TDDB는 전하 주입, 벌크 트랩 스테이지 생성, 트랩 전도 등을 결합한다[Hicks08]. 충분한 스트레스 이후에, TDDB는 게이트를 단락시키는 파국적 유전체 손상을 발생시킨다.

고장률(failure rate)은 온도와 산화물 두께에 지수적으로 비례한다[Monsieur01]. 수명이 10년인 디바이스가 125°C에서 동작하려면 게이트를 가로지르는 전기장 $E_{ox}=V_{DD}/t_{ox}$는 0.7 V/nm 이하로 유지되어야 한다[Moazzami90]. 나노미터 공정은 이 제한에 가깝게 동작한다. 전압 오버슈트가 발생할 때, 이 문제는 최악이 되고, 잡음에 오염된 공급 전원이나 I/O 패드 반향의 원인이 된다. 신뢰도를 개선하기 위해서는 공급 전원 전압을 낮추고 전원 잡음을 최소화하고, I/O 패드에서 산화물을 두껍게 해야 한다.

6.3.3 상호연결 마모

배선을 통해 흐르는 높은 전류는 궁극적으로 배선에 손상을 준다. 직류 전류를 운반하는 배선에서 전자 이동은 주요한 고장 원인이 된다. 교류 전류를 운반하는 배선에서는 자기 발열(self-heating)이 첫 번째 우려 사항이다.

6.3.3.1 전자 이동 높은 전류 밀도는 금속 원자를 시간이 지남에 따라 이동시키는 '전자풍(electron wind)'을 유발한다. 이러한 **전자 이동**(electromigration)은 진공의 형성을 통해서 금속 상호연결의 마모를 발생시킨다[Hu95]. 그림 6.8은 M2와 M3 레이어 사이에서 발생하는 비아의 전자 이동 손상을 전자 현미경으로 관찰한 영상이다[Christiansen06]. 전자 현미경 영상은 진공의 형성과 이동 및 배선 고장 등을 명백하게 보여 준다[Meier99]. 이 문제는 특히 알루미늄 배선에서 심각한 반면, Al-Cu 혹은 Al-Si 등에서는 완화된다. 전자 이동 특성은 금속 필름의 그레인 구조에 따라서 결정된다.

전자 이동은 전류 밀도 $J=I/wt$에 의존한다. 전자풍이 한 방향으로만 불 때 DC 전류를 운반하는 배선에서 전자 이동이 발생한다[Liew90]. 전자 이동으로 발생하는 전류는 보통 최대 J_{dc}로 표현된다. 고장까지의 평균 시간(MTTF: mean time to failure) 역시 다음과 같이 동작 온도에 민감하다[Black69].

$$\text{MTTF} \propto \frac{e^{\frac{E_a}{kT}}}{J_{dc}^{n}} \tag{6.2}$$

E_a는 고온에서 스트레스 테스트에 의해서 실험적으로 결정된 활성화 에너지를 나타내고, n은 대략 2가 된다. 전자 이동에 의한 DC 전류의 한계는 재질, 공정, 그리고 원하는 MTTF에 의해서 변하고, 제조사로부터 제공받아야 한다. 더 구체적인 정보가 없으면, 110°C에서 알루미늄의 경우 보수적으로 최대 $J_{dc}=1\sim2\ \text{mA}/\mu\text{m}^2$을 사용한다[Rzepka98]. 구리는 전자 이동에 대해서 덜 민감하고, 전류 밀도 $10\ \text{mA}/\mu\text{m}^2$ 이상에 견딘다[Young00]. 전류 밀도는 접촉 절단(contact cut)에서 더욱 제한된다.

동적 스위칭 전력을 고려하면, 배선이 구동할 수 있는 최대 스위칭 커패시턴스를 추정할 수 있다. 전류는 $I_{dc}=P/V=\alpha CVf$가 된다. 따라서 $I_{dc\text{-max}}$로 제한된 배선에서 스위칭 커패시턴스는 다음의 값보다 작게 된다.

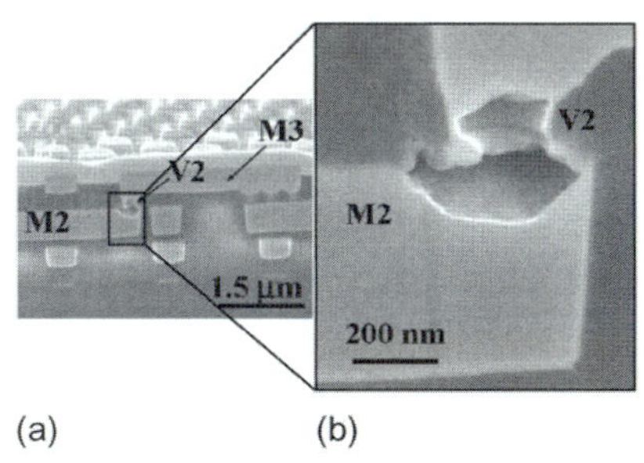

그림 6.8 M2-M3 비아의 전자 이동 손상(© IEEE 2006)

$$C = \frac{I_{dc-\max}}{\alpha V_{DD} f} \tag{6.3}$$

6.3.3.2 자기 발열 양방향 배선은 전자 이동을 발생시키는 경향이 상대적으로 작은 반면, 전류 밀도는 여전히 **자기 발열**(self-heating)에 의해서 제한된다. 높은 전류는 배선에서 전력 소모를 발생시킨다. 주변의 산화물이나 낮은 k 값을 갖는 유전체가 단열재 역할을 하기 때문에, 배선 온도는 기판에 비해서 현저히 높아진다. 고온의 배선은 더 높은 저항과 지연을 갖는다. 전자 이동은 온도에도 많은 영향을 받기 때문에, 자기 발열은 양방향 배선에서 온도에 의해서 발생하는 전자 이동의 원인이 된다. 돌출 전류의 짧은 펄스는 상호연결을 녹일 수도 있다. 자기 발열은 전류 밀도의 RMS(root-mean-square) 값에 의존한다. 이것은 회로 시뮬레이션이나 계산에 의해서 다음과 같이 추정된다.

$$I_{rms} = \sqrt{\frac{\int_0^T I(t)^2\, dt}{T}} \tag{6.4}$$

자기 발열이 있는 경우 신뢰도를 제어하기 위한 보수적인 법칙은 실리콘 기판위의 양방향 알루미늄 배선에서 $J_{rms} < 15\ \text{mA}/\mu\text{m}^2$으로 유지하는 것이다[Rzepka98]. 배선의 최대 커패시턴스는 RMS 전류를 기반으로 추정된다. 만약 신호가 대칭적인 상승 및 하강 에지를 가지면, 반주기만 고려하면 된다. 그림 6.9(a)는 상승 시간 t_r의 20~80%를 갖고 평균 주기가 $T=1/\alpha f$인 신호를 보여 준다. 스위칭 전류 $i(t)$는 그림 6.9(b)와 같이 구간 $\Delta T=t_r/(0.8-0.2)$의 삼각파로 근사화된다. 이 경우 RMS 전류는 다음과 같이 계산된다.

$$\begin{aligned} I_{rms} &= \sqrt{\frac{1}{0.5T}\int_0^{0.5T} i^2(t)\,dt} \\ &= \sqrt{\frac{2}{0.5T}\int_0^{\Delta t/2}\left(\frac{2CV_{DD}}{\Delta t}\frac{t}{\Delta t/2}\right)^2 dt} \\ &\approx 1.26CV_{DD}\sqrt{\frac{\alpha f}{t_r}} \end{aligned} \tag{6.5}$$

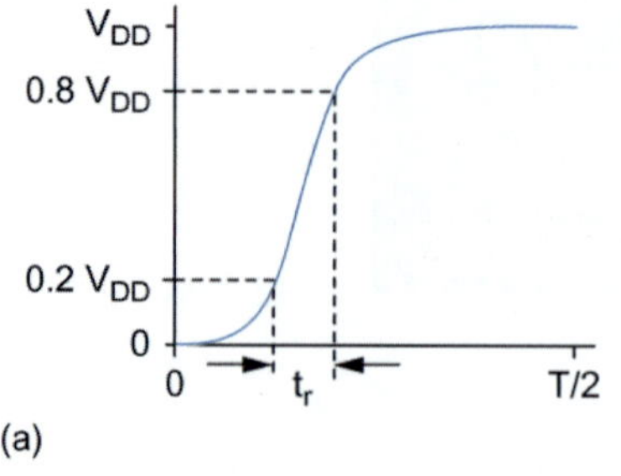

(a)

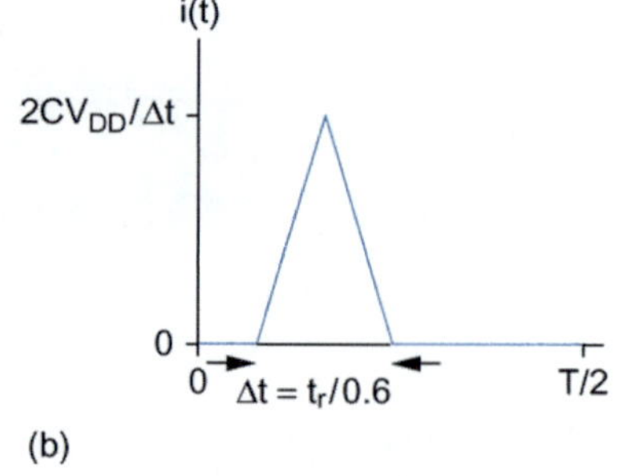

(b)

그림 6.9 RMS 전류 밀도에 대한 스위칭 파형

그리고 과도한 자기 발열을 피하기 위해서 배선과 부하 커패시턴스는 다음 값보다 작아야 한다.

$$C = \frac{I_{rms-\max}}{1.26 V_{DD} \sqrt{\frac{\alpha f}{t_r}}} \tag{6.6}$$

예제 6.1

선폭 1 μm이고 자기 발열이 10 mA로 제한된 배선을 사용한 금속 레이어 위에 클럭 신호가 배선되어 있다. 이 배선은 커패시턴스 0.4 fF/μm를 갖고, 부하 커패시턴스는 85 fF이다. 이 클럭이 3 GHz에서 스위칭하고, 상승 시간이 20 ps이다. 이 배선이 과열되지 않고 중계기 사이에 배선될 수 있는 최대 길이는 얼마인가?

해답: 클럭은 활성 인자 1을 갖는다. 식 (6.6)에 의하면, 이 선로의 최대 커패시턴스는 다음과 같다.

$$C = \frac{10^{-2}\ \text{A}}{1.26(1\ \text{V})\sqrt{\frac{1 \cdot 3\times 10^{9}\ \text{Hz}}{20\times 10^{-12}\ \text{s}}}} = 685\ \text{fF} \tag{6.7}$$

따라서 최대 배선 길이는 (685−85 fF)/(0.4 fF/μm)=1500 μm가 된다.

요약하면, 높은 DC 전류 밀도에 의해서 발생하는 전자 이동은 근본적으로 전원과 접지 선로의 문제이다. 자기 발열은 양방향 신호 선로에서 RMS 전류 밀도를 제한한다. 그러나 nMOS와 pMOS 트랜지스터들을 접촉하는 배선을 통해서 흐르는 현저한 단방향 전류를 간과해서는 안 된다. 예를 들어 그림 6.10은 인버터에서 어떤 선로가 DC와 RMS 전류에 의해서 제한되는지 보여 준다. 두 문제 모두 선로의 폭을 넓히거나 트랜지스터 크기를 줄여서(결과적으로 전류를 줄여서) 해결할 수 있다.

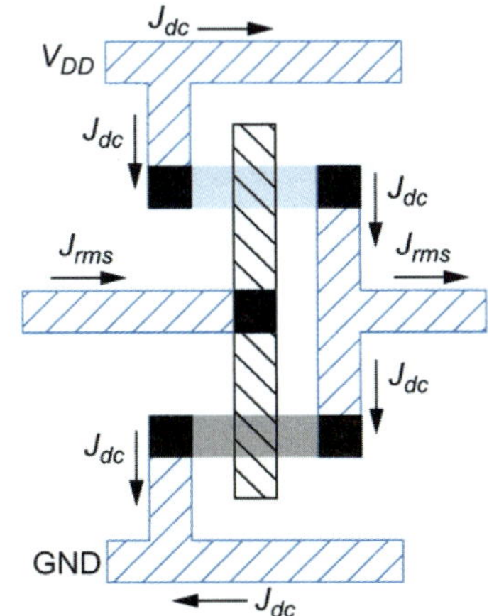

그림 6.10 인버터에서의 전류 밀도 제한

6.3.4 소프트 에러

1970년대에 동적인 RAM(DRAM)이 코어 메모리를 대체하자, DRAM 업체들은 때때로 DRAM 비트가 자연적으로 값을 교번하는 것을 보고 의아해 했다. 처음에는 그 오류를 '시스템의 잡음', '전압의 경계 효과', '센스 증폭기', 또는 '패턴 민감도'로 치부했으나 오류가 불규칙적이라는 것을 알게 되었다. 불량 비트를 새로운 값으로 다시 쓰면 다른 비트보다 추가적인 오류를 일으킬 가능성이 더 많다. 고전적 보고서에 의하면[May79], 인텔은 이러한 소프트 에러의 근원을 알파 입자 충돌로 입자가 에너지를 소실하면서 실리콘에 전자-정공 쌍이 발생하기 때문이라는 것을 확인했다. 초과된 캐리어는 트랜지스터의 확산 터미널로 모아진다. 만일 모아진 전하가 노드의 전하와 견줄만 하면 전압은 교란을 일으킨다.

소프트 에러는 칩을 때리는 방사선에 의해 촉발되는 불규칙적인 비순환 오류이다. 집적회로 상호연결과 패키징의 분열하는 우라늄과 토륨 불순물로부터 나오는 알파 입자가 소프트 에러의 주원인이었으나, 고도로 정제된 재료를 사용함으로써 크게 줄어들었다. 현재는 우주에서 방사된 높은 에너지(> 1 MeV)의 중성자가 소프트 에러의 주원인이다[Baumann01, Baumann05]. 중성자가 실리콘 원자에 충돌하면 분열을 유도하고, 원자를 충전된 파편들로 파괴해서 기판을 통해서 지속적으로 움직이게 만든다. 이온들은 격자를 통해서 이동하는 뒤편에서 전자-정공 쌍의 궤적을 남긴다. 그림 6.11은 이온이 역바이어스된 p-n 접합에 충돌하는 것을 보여 준다[Baumann05]. 이온들은 미크론보다 작은 반경을 갖는 실린더 형태의 전자와 정공 궤적을 남긴다. 수십 피코초 이내에 접합의 전기장은 캐리어를 모아서 깔때기 모양의 공핍 영역으로 보낸다. 수 나노초가 지나면 전자들은 공핍 영역으로 확산된다. 이온의 종류, 에너지, 궤적, 그리고 p-n 접합의 기하 구조에 따라 수백 펨토초 동안 전하가 접합 위에 모인다.

이러한 돌출 전류를 **단일 이벤트 전이**(SET: single-event transient)라 부른다. 만약 수집된 전하가 임계값 Q_{crit}를 초과하면, 노드의 상태를 뒤집어서 **단일 이벤트 전복**(SEU: single-event upset)이라 불리는 고장을 초래한다. 이와 같은 고장을 **소프트 에러**(soft error)라 한다. Q_{crit}는 노드의 커패시턴스와 전압, 그리고 교란을 억제하기 위한 피드백 기기에 의해 결정된다. 이 현상은 트랜지스터가 축소되면 커패시턴스와 전압 모두 감소하여 Q_{crit}가 줄어들기 때문에 심각한 문제가 된다. 다행히 작은 접합에서는 수집된 전하량도 작지만, 소프트 에러가 발생하는 경향은 변하지 않는다.

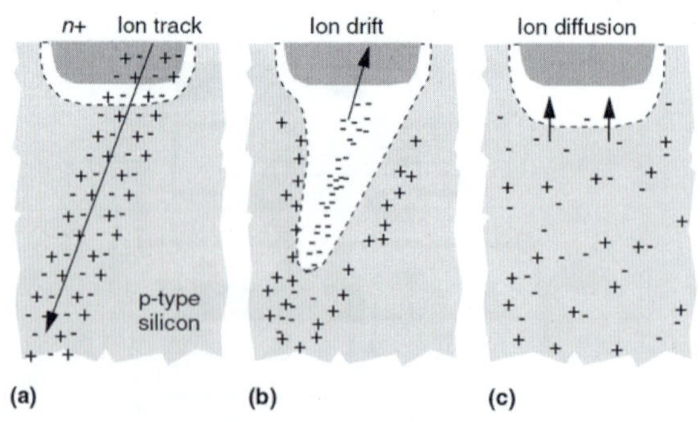

그림 6.11 방사성 충돌 이후 발생하여 모인 캐리어들(© IEEE 2005)

입자 충돌에 의해서 발생한 정공은 근처의 기판으로 이동하여 수집된다. 이렇게 저항성 기판을 통해 흐르는 전류는 기판의 전위를 증가시킨다. 이것은 다시 nMOS 트랜지스터 근처의 소스와 드레인 사이의 기생 바이폴라 트랜지스터(6.3.6절 참조)를 ON시켜서 트랜지스터 동작을 교란한다 [Osada04]. 이러한 다중 노드 교란은 다수의 기판과 웰 접촉을 사용해서 제어할 수 있다.

해수면에서 SRAM은 일반적으로 100~2000 FIT/Mb의 **소프트 에러율**(SER: soft error rate)을 초래한다[Hazucha00, Normand96]. 우주선의 중성자는 해수면 수준에서는 낮으나 항공기 운항 고도에서보다는 두 단계는 더 크다[Zieglar96]. 이들 우주선은 항공기 운항 고도에서 10^6 FIT/Mb까지 올라간다. 공정과 레이아웃에 따라서 소프트 에러의 약 1%가 다중 노드에 영향을 준다[Hazucha04].

소프트 에러는 메모리, 레지스터, 그리고 조합 논리에 영향을 미친다. 메모리는 오류 검출 및 정정 부호를 사용해서 소프트 에러를 견디기 때문에, 잘 설계된 시스템에서는 소프트 에러가 실제 고장으로 이어지는 경우가 드물다. 이러한 코드는 10.7.2절과 11.8.2절에서 보다 깊이 있게 다루기로 한다. 레지스터에서는 충전된 전하가 줄어들기 때문에 소프트 에러가 보다 중요하다. 레지스터와 메모리를 방사능에 강건하게 만드는 방법은 9.3.10절과 11.8.3절에서 다루기로 한다.

조합 논리회로에서 수집된 전하는 게이트 출력에 순간적인 글리치를 만든다. 이 글리치는 레지스터에 도달할 때까지 하부 논리를 통해서 전달된다. 이러한 현상이 반드시 고장과 직결되지는 않는다. 이를 방지하는 몇 가지 방법은 다음과 같다.

- **논리 마스킹**(logical masking): SEU는 논리를 통해서 민감해진 통로를 만들지 않을 수도 있다. 예를 들어 NAND 게이트의 두 입력이 모두 0일 때, 한 입력의 SEU는 출력에 영향을 주지 않는다.
- **시간적 마스킹**(temporal masking): TEU는 샘플링 되는 시간에 레지스터에 도달하지 않을 수도 있다.
- **전기적 마스킹**(electrical masking): EEU는 게이트 대역폭보다 빠를 때 감쇠되지 않을 수도 있다.

오래된 기술에서는 큰 게이트가 더 많은 전하를 갖기 때문에, 전복(upset)을 경험할 확률이 낮았다. 설사 전복이 발생하더라도, 전기적 마스킹에 의해서 감쇠되었을 것이다. 그러나 65 nm 이하의 조합 논리에서는 게이트 커패시턴스가 작고 속도는 높기 때문에 소프트 에러가 큰 문제로 대두된다 [Mitra05, Rao07]. 6.5.2절에서는 논리 에러를 완화시키기 위한 중복성의 사용에 대해서 논의한다.

6.3.5 과전압 고장

미소한 트랜지스터는 비교적 낮은 전압으로도 쉽게 파손될 수 있다. **과전압**(overvoltage) 신뢰도 문제는 정전기 방전, 산화막 파괴, 펀치스루(punchthrough), 게이트 산화물의 시종속 유전율 파괴로 일어난다. I/O에 진입하는 **정전기 방전**(ESD: electrostatic discharge)은 전압과 과도 전류가 크며 12.6.2절에서 더 상세하게 다루기로 한다.

게이트에 가해지는 과도 전압은 산화물의 마모를 가속시켜서, 극단적으로는 박막 유전체를 **파손**

시켜서 기기를 파괴한다. DC 산화물 파괴 전압은 산화물 두께와 절대 온도에 의해서 다음과 같이 스케일링된다[Monsieur01].

$$V_{bd} = at_{ox} + \frac{b}{T} + V_0 \tag{6.8}$$

대략 a=1.5 V/nm, b=533 V · K, 그리고 V_0는 0에 가깝다. 65 nm 공정은 최악의 조건(고온)일 때 3 V 근처에서 파괴가 발생한다.

드레인과 소스 간에 가해진 정상보다 높은 전압은 소스/드레인 공핍 지역을 접촉하면 **펀치스루**를 일으킨다[Tsividis99]. 이것은 비정상적으로 높은 전류를 발생시키고, 궁극적으로는 자기 파괴로 연결되는 과열을 야기한다.

두 가지 문제점 때문에 트랜지스터에 가해질 수 있는 최대 안전 전압까지 이르게 된다. 재앙적 고장을 피한다고 해도, 높은 전압은 마모를 촉진한다. 따라서 장시간 신뢰성 동작을 위해서 공정은 V_{max}를 규정한다. 현대 공정에서 이런 전압은 가끔 I/O 표준 전압보다 훨씬 낮아서 더 두꺼운 두 번째 유형의 트랜지스터와 높은 I/O 전압을 감내할 수 있는 더 긴 채널을 요구한다.

6.3.6 래치업

CMOS 칩이 V_{DD}와 GND 간에 저저항 경로가 생겨서 용융 상태를 야기하는 이상한 경향으로, CMOS 공정의 조기 채택이 늦어졌다. **래치업**(latchup)이라고 부르는 이 현상은 기판과 웰, 확산으로 된 기생성이 있는 바이폴라 트랜지스터가 ON될 때 일어난다. 공정이 발전함에 따라 적절한 레이아웃이 수립되면서 래치업 문제는 피할 수 있게 되었다.

래치업 효과[Estreich82, Troutman86]의 원인은 그림 6.12(a)에 나와 있는 바와 같이 위에 등가회로가 놓이는 CMOS 인버터의 공정 단면을 검사함으로써 이해할 수 있다. nMOS, pMOS 트랜지스터에 추가해서, 그림은 npn 트랜지스터와 pnp 트랜지스터, 파워와 접지 레일을 연결한 2개의 저항

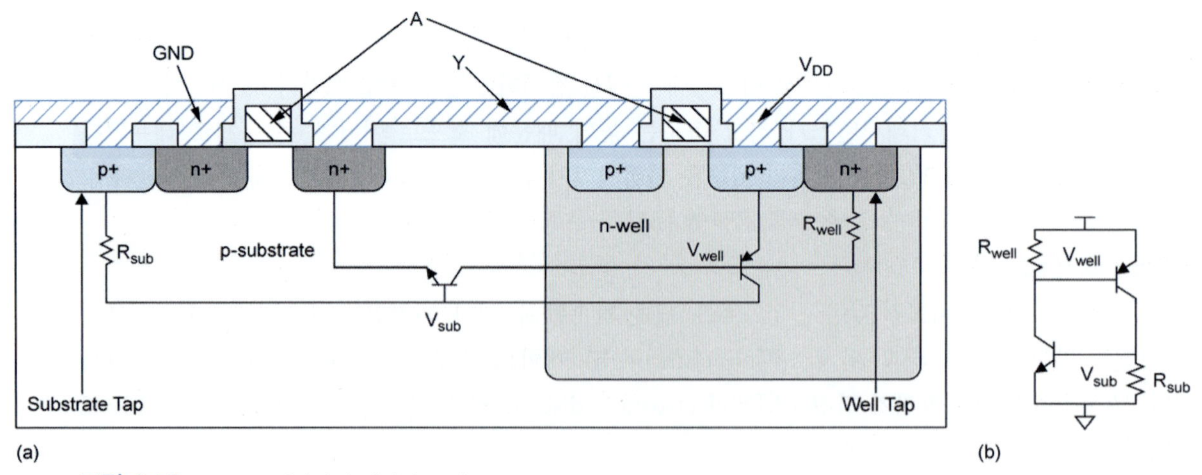

그림 6.12 CMOS 래치업의 원리와 모델

으로 구성한 회로를 보여 준다[그림 6.12(b)]. npn 트랜지스터는 nMOS 트랜지스터의 접지된 n 확산 소스, p형 기판 및 n 웰 사이에 형성되어 있다. 저항은 기판이나 웰로부터 가장 가까운 기판과 웰 탭(tap)을 통한 저항으로 인한 것이다. 상호 결합(cross coupled) 트랜지스터는 양안정 실리콘 제어 정류기(SCR)를 구성한다. 보통 기생성 바이폴라 트랜지스터 두 개 모두는 OFF된다. 래치업은 정상 칩 파워가 인가 중이거나 비정상 외부 전압이 인가될 때 과도 전류가 기판을 통과해 흐르면 트리거된다. 상당한 전류가 기판에 흐르면 V_{sub}는 상승하고 npn 트랜지스터를 ON시킨다. 이것이 웰 저항을 통해 전류를 통과시켜 V_{well}을 끌어내리고 pnp 트랜지스터를 ON시킨다. 이번에는 pnp 트랜지스터 전류가 V_{sub}를 올려서 V_{DD}와 GND 간에 전원 공급이 중단되거나 전력선이 녹아버릴 때까지 지속하는 대전류가 흐르는 정의 피드백 루프를 시작한다.

다행히 래치업 방지는 R_{sub}와 R_{well}을 최소화하면 쉽게 달성된다. 어떤 공정은, 낮은 기판 저항을 갖는 강하게 도핑된 기판 위에 약하게 도핑된 실리콘의 얇은 에피텍셜 레이어를 사용한다. 가장 중요한 것은 설계 기술자가 기판과 웰 탭을 각 트랜지스터에 가깝게 위치시켜야 한다는 것이다. 보수적인 지침에 의하면 탭을 V_{DD}나 GND에 연결된 각 소스에 가까이 위치시켜야 한다. 만일 이 방법이 실용적이지 못하면 공정 업체로부터 좀 더 상세한 정보를 획득하거나 다음 지침을 따를 수 있다:

- 각각의 웰은 적어도 하나의 탭을 가져야 한다.
- 모든 기판과 웰 탭은 금속 내의 적절한 전원에 직접 연결해야 한다.
- 탭은 5~10 트랜지스터마다 또는 드문 구역에는 더 자주 위치시켜야 한다.
- nMOS 트랜지스터는 GND 근처에 집중적으로 위치시키고, pMOS 트랜지스터는 V_{DD} 근처에 집중적으로 놓아서 체커판 패턴에 nMOS와 pMOS 트랜지스터가 뒤얽히는(intertwine) 회선 구조(convoluted structures)를 피해야 한다.

I/O 패드는, 외부 전압이 GND 아래나 V_{DD} 위에서 링(ring)을 만들어, 드레인과 기판 또는 웰 사이의 접합점을 순바이어스하고, 전류를 기판에 주입하기 때문에 래치업에 특히 민감하다. 그런 경우에, 보호 링(guard ring)은 그림 6.13에 나와 있는 것처럼 전류를 모으는 데 사용하여야 한다. 보호 링은 단순히 해당 트랜지스터를 완전히 둘러싸는 적절한 전원에 연결된 기판이나 웰 탭이다. 예를 들어 그림 6.13(b)의 n+ 확산은 만일 다이오드 강하가 0볼트 이하로 떨어지면 전자를 기판에 주입한다. 접지에 연결된 p+ 보호 링은, 보호 링 밖의 다른 회로 동작을 간섭하기 전에 이들 전자를 모으기 위하여 저저항 경로를 제공한다. 외부와 연결된 회로의 **모든** 확산 구조는 보호 링 형태가 되어야 한다. 즉 n+ 확산 p+ 링은 GND에 연결, 또는 p+ 확산 n+ 링은 V_{DD}에 연결. 더 심각하게 생각하는 사람들을 위해서 이중 보호 링을 채택할 수도 있다. 즉 n+, p+로 보호, GND 연결, 다시 n+, V_{DD} 연결, 또는 p+, n+로 보호, V_{DD} 연결, 다시 p+, GND 연결.

SOI 공정은 기생 바이폴라 구조가 없어서 전적으로 래치업을 피한다. 물론 $V_{DD} < 0.7$ 공정은, 기생 트랜지스터가 ON할 충분한 크기의 베이스-이미터 전압을 결코 갖지 못해, 래치업이 되지 않는다. 일반적으로 저전압 공정은 래치업 문제에 훨씬 덜 취약하다.

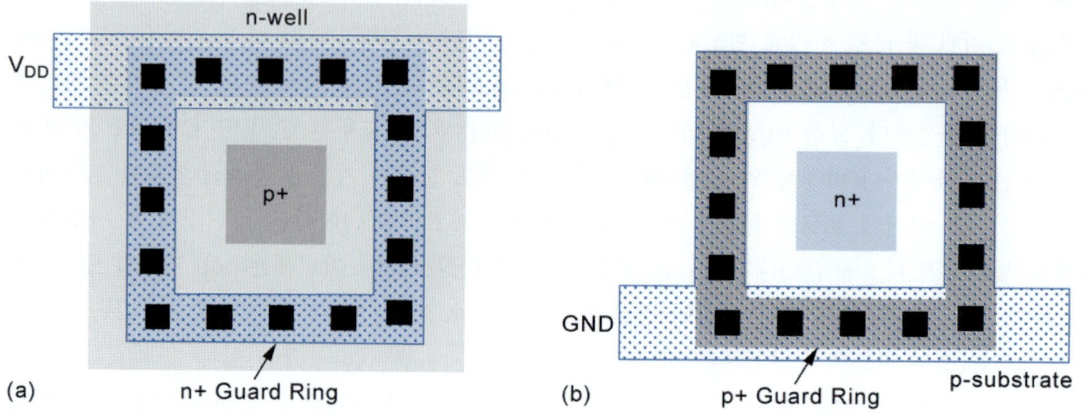

그림 6.13 보호 링

6.4 스케일링

VLSI 설계에서 변하지 않는 것은 일정한 변화이다. 그림 1.6은 각 최소 배선폭별로 인텔 마이크로프로세서의 도입 연도를 보여 주는 대수 그래프로서 최소 배선폭이 한 세대에서 다음 2~3년까지 30%씩 감소하는 것을 표시한다. 트랜지스터가 소형화되면서 속도는 빨라지고 전력 소모는 작아지고, 생산비는 더 싸지고 있지 않은가! 어려움이 증가함에도 불구하고 공정 발전은 과거 10년간 가속화되었다. 그와 같은 스케일링은 기술의 역사에 일찍이 예가 없었던 일이다. 그러나 스케일링은 또한 잡음과 신뢰도 문제를 악화시키고, 새로운 문제를 야기한다. 설계 기술자들은 미래의 제품을 계획하기 위하여 칩 성능에 대한 배선폭 스케일링의 효과를 예측할 수 있어서 기존의 제품이 미래 제품의 원가 절감에 꼭 맞게 스케일링되도록 하고, 아직 부각되지 않은 설계상의 어려움을 예측해야 한다. 이 절은 트랜지스터와 상호연결선을 어떻게 스케일링하는지와 설계에 있어서의 스케일링의 의미를 검토한다. 반도체산업협회(SIA: Semiconductor Industry Association)는 미래의 스케일링을 예측하는 국제반도체기술로드맵(ITRS: International Technology Roadmap for Semiconductor)을 작성하고 유지한다. 6.7절은 스케일링이 어떻게 과거 30년간 인텔 마이크로프로세서에 영향을 끼쳤는지에 대한 사례 연구 자료이다.

6.4.1 트랜지스터 스케일링

Dennard의 스케일링 법칙(Dennard's scaling law)[Dennard74]에 따르면, 기기의 중요한 파라미터가 무차원 요소 *S*에 의해 스케일링된다면, MOS 트랜지스터의 기초적인 작동 특성이 유지되고 그 성능이 개선될 수 있다. 이러한 파라미터에는 다음과 같은 것들이 있다.

- 모든 차원(x, y, z 방향)
- 기기 전압
- 도핑 집중 밀도

이 방법은 전기장이 전압과 축소 거리와 같게 유지되기 때문에 **고정 필드**(constant field) 스케일링이라 부른다. 반대로 **고정 전압**(constant voltage) 스케일링은 디바이스를 축소시키는 반면 공급 전원은 변화가 없다. 또 다른 접근 방식은 **평행 스케일링**(lateral scaling)으로서 여기에서는 단지 게이트 길이만 스케일링된다. 이것을 보통 **게이트 축소**(gate shrink)라고 부르는데 설계 시 기존의 마스크 데이터베이스에서 행해지기 때문이다.

이러한 유형의 스케일링 효과는 표 6.4에 나와 있다. 업계는 일반적으로 공정 세대를 $S=\sqrt{2}$으로 스케일링한다. 이것은 30% 축소라고도 한다. 이렇게 하면 세대마다 트랜지스터의 수가 2배가 되는 것이다. 두 세대마다 트랜지스터 성능은 배가 된다. 5%의 게이트 축소($S=1.05$)는, 공정이 그러한 공정에서의 구성품의 속도를 증가시키기 위하여 성장함에 따라 흔하게 적용된다.

표 6.4 MOS 디바이스 특성에 대한 스케일링의 영향

Parameter	Sensitivity	Dennard Scaling	Constant Voltage	Lateral Scaling
Scaling Parameters				
Length: L		$1/S$	$1/S$	$1/S$
Width: W		$1/S$	$1/S$	1
Gate oxide thickness: t_{ox}		$1/S$	$1/S$	1
Supply voltage: V_{DD}		$1/S$	1	1
Threshold voltage: V_{tn}, V_{tp}		$1/S$	1	1
Substrate doping: N_A		S	S	1
Device Characteristics				
β	$\frac{W}{L}\frac{1}{t_{ox}}$	S	S	S
Current: I_{ds}	$\beta(V_{DD}-V_t)^2$	$1/S$	S	S
Resistance: R	$\frac{V_{DD}}{I_{ds}}$	1	$1/S$	$1/S$
Gate capacitance: C	$\frac{WL}{t_{ox}}$	$1/S$	$1/S$	$1/S$
Gate delay: τ	RC	$1/S$	$1/S^2$	$1/S^2$
Clock frequency: f	$1/\tau$	S	S^2	S^2
Switching energy (per gate): E	CV_{DD}^2	$1/S^3$	$1/S$	$1/S$
Switching power dissipation (per gate): P	Ef	$1/S^2$	S	S
Area (per gate): A		$1/S^2$	$1/S^2$	1
Switching power density	P/A	1	S^3	S
Switching current density	I_{ds}/A	S	S^3	S

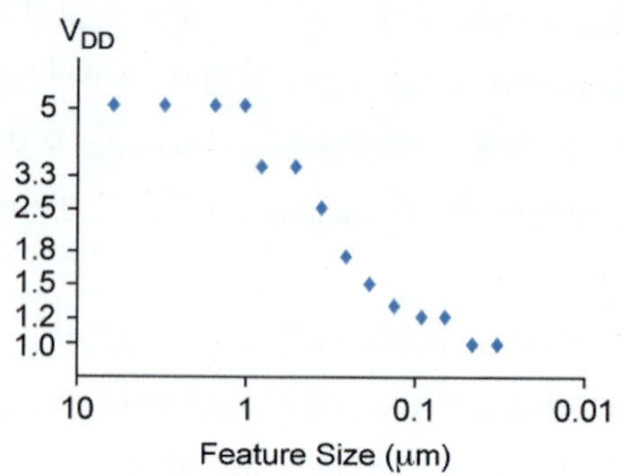

그림 6.14 요소 크기에 따른 전압 스케일링

그림 6.14는 요소 크기에 따라 전압이 스케일링된 결과를 보여 준다. 역사적으로 최소 배선폭은 공급 전압을 5 V로 유지하면서, 6 μm에서 1 μm로 축소되었다. 이것을 **고정 전압**(constant voltage) 스케일링이라고 부르며 원가 절감은 물론 2차적인 지연 개선을 제공한다. 그것은 또한 I/O 전압 표준에서 연속성을 유지한다. 고정 전압 스케일링은 기기의 전기장을 증가시켰다. 1 μm 세대까지는 속도 포화가 심각하여 배선폭을 줄여도 기기 전류를 더 이상 개선되지 않았다. 고전압으로 기기가 파손되는 것은 또 다른 위험 요소였다. 그러므로 고정 전압 스케일링은 현대 기기의 규칙이 되었다. Dennard 스케일링으로부터 30%를 축소하면 클럭 주파수를 40% 개선할 수 있고, 전력 소모를 반으로 줄일 수 있다. 전기장이 고정되게 유지하면 많은 비선형 요소와 마모 구조를 근본적으로 차단할 수 있는 장점이 있다. 불행하게도 전압 스케일링은 누설 때문에 90 nm 세대 이후로는 적용이 현저하게 줄어들었고, 이것이 궁극적으로는 CMOS 스케일링을 제한한다.

FO4 인버터의 지연은 이상적인 고정 전기장 스케일링을 가정할 때 $1/S$로 축소된다. 6.2.4절에서 보았듯이 이 지연은 통상적으로 최악의 환경에서 유효 채널 길이의 0.5 ps/nm가 된다.

예제 6.2

대부분의 공정은 대략 1 fF/μm의 게이트 커패시턴스를 갖는다. 만일 최소 배선폭이 f(nm)인 공정의 FO4 인버터 지연이 0.5 ps×f라면 단위(즉 4λ 폭) nMOS 트랜지스터의 ON 저항은 얼마인가?

해답: FO4 인버터는 $5\tau=15RC$의 지연 값을 갖는다. 그러므로 RC는 다음과 같다.

$$RC = \frac{0.5f}{15} = \frac{f}{30}\frac{\text{ps}}{\text{nm}} \tag{6.9}$$

단위 트랜지스터는 폭 $W=2f$를 갖고 커패시턴스 $C=2$ fF/μm을 갖는다. 아래 식에서 R을 구하면 다음과 같다.

$$R = \left(\frac{f}{30}\frac{\text{ps}}{\text{nm}}\right)\left(\frac{1}{2f}\frac{\mu\text{m}}{\text{fF}}\right) = 16.6\ \text{k}\Omega \tag{6.10}$$

이것은 최소 배선폭과 관계없다. 단위 트랜지스터의 저항은 게이트 커패시턴스가 최소 배선폭에 따라 감소하는 동안에는 최소 배선폭에 거의 무관하다고 볼 수 있다. 바꾸어 말해서, 미크론당 커패시턴스는 저항 미크론이 최소 배선폭에 따라 감소하면 최소 배선폭과 거의 무관하다.

6.4.2 상호연결 스케일링

상호 접속선에 대한 두 가지 통상적인 접근 방법은 모든 치수를 스케일링하거나, 배선 높이를 일정하게 유지하는 것이다.[1] 표 6.5는 이들 각 기법의 단위 길이당 저항, 커패시턴스, 지연을 보여 준다. 배선 길이는 어떤 유형에 대해서는 줄어들고 다른 것에 대해서는 늘어난다. Local과 스케일링된 배선은 스케일링 중 길이가 줄어든 배선들이다. 예를 들어 64비트 ALU를 가로지르는 배선은 **지역적**(local)이다. 왜냐하면 ALU가 미세공정으로 들어가면 짧아지기 때문이다. 특별한 프로세서의 배선은 스케일링된다. 왜냐하면 마이크로프로세서가 새로운 공정에 대해서 축소되면 배선도 축소되기 때문이다. 그러나 다음 세대의 마이크로프로세서 배선은 **전역적**(global)이다. 왜냐하면 다음 세대의 마이크로프로세서 다이는 이전 세대보다 클 것이기 때문이다(D_c 값은 1.1). 그래서 칩을 가로지르는 배선은 짧아지기보다는 더 길어질 것이다. 표는 또한 상호 접속선의 배선 지연의 스케일링을 중계기 유무로 구분하여 보여 준다.

비반복 상호연결 지연은 지역적 상호 접속에서는 일정하고, 전역적 상호연결에서는 증가한다. 이것은 트랜지스터가 빨라져서 상호연결 대 게이트 지연의 비율이 스케일링에 따라 증가하는 문제를 야기한다. 회로의 증가분은 게이트 지연보다는 배선 지연에 의해 제한되며, 설계 기술자는 배선 기술과 중계기에 더 많은 관심을 집중하여야 한다.

배선 폭과 간격이 배선 두께보다 훨씬 컸던 구공정에서는 두께가 아니라 폭과 간격을 줄여서 배선을 스케일링하는 것이 유리했었다. 이 방법은 단위 길이당 배선 저항을 2차적으로 피했고 수용할 수 있었는데 프린지(fringing) 커패시턴스는 전체로 볼 때 작은 부분이었기 때문이다. 종횡비(aspect ratio)가 1.5 ~ 2.2인 현대 공정에서 프린지 커패시턴스는 전체 커패시턴스의 대부분을 차지한다. 두께를 더 늘려도 지연이 개선되지 않으므로 높이는 증가하지 않고 간격을 스케일링하면 프린지 커패시턴스를 충분히 증가시킨다. 더욱이 이웃과의 결합 커패시턴스는 심각한 누화를 야기한다. 그러므로 지금은 매 세대별로 저레벨 금속 상호연결의 두께를 줄이는 것이 일상화되었다. 물론 공정 기술자는 배선 두께를 선형으로 스케일링하는 것과 배선 두께를 일정하게 하는 것 사이의 여러 가능성 중에서 하나를 선택할 수 있다.

배선 두께가 스케일링 되었을 때 단위 길이당 커패시턴스가 일정함을 주시하자. 여기서 최소 피치 커패시턴스의 적절한 초기 추정값은 대략 0.2 fF/μm이고, 공정과 무관하다. 다른 말로, 배선 커패

[1] 역사적으로 도선은 낮은 종횡비를 가졌었고, 이것은 두께가 아닌 폭에 의해서 크기가 결정되었다. 이것은 *RC* 지연을 제어하는 데 도움이 되었다. 그러나, 결합커패시턴스 종횡비가 높아질수록 나빠지고, 따라서 누화는 도선의 종횡비를 2-3으로 제한한다.

표 6.5 상호연결 특성에 대한 스케일링의 영향

Parameter	Sensitivity	Scale Factor
Scaling Parameters		
Width: w		$1/S$
Spacing: s		$1/S$
Thickness: t		$1/S$
Interlayer oxide height: h		$1/S$
Die size		D_c
Characteristics per Unit Length		
Wire resistance per unit length: R_w	$\frac{1}{wt}$	S^2
Fringing capacitance per unit length: C_{wf}	$\frac{t}{s}$	1
Parallel plate capacitance per unit length: C_{wp}	$\frac{w}{h}$	1
Total wire capacitance per unit length: C_w	$C_{wf}+C_{wp}$	1
Unrepeated RC constant per unit length: t_{wu}	R_wC_w	S^2
Repeated wire RC delay per unit length: t_{wr} (assuming constant field scaling of gates)	$\sqrt{RCR_wC_w}$	$\sqrt{S}$
Crosstalk noise	$\frac{w}{h}$	1
Energy per bit per unit length: E_w	$C_wV_{DD}^2$	$1/S^2$
Local/Semiglobal Interconnect Characteristics		
Length: l		$1/S$
Unrepeated wire RC delay	l^2t_{wu}	1
Repeated wire delay	lt_{wr}	$\sqrt{1/S}$
Energy per bit	lE_w	$1/S^3$
Global Interconnect Characteristics		
Length: l		D_c
Unrepeated wire RC delay	l^2t_{wu}	$S^2D_c^2$
Repeated wire delay	lt_{wr}	$D_c\sqrt{S}$
Energy per bit	lE_w	D_c/S^2

시턴스는 단위 길이당 게이트 커패시턴스의 1/5 정도이다.

6.4.3 반도체를 위한 국제적 기술 로드맵

믿을 수 없는 스케일링의 속도 때문에 호환성 있는 공정 단계를 개발하고 생산 중단을 야기하기 전에 닥쳐올 어려움을 예측하고 처리할 수 있도록 많은 업체와 연구원들은 서로 협력하여야 한다. 반도체산업협의회(SIA)는, 개발 노력이 비호환 기술에 낭비되지 않는 합의점을 안출하고, 향후의 소요와 직접

표 6.6 2007 ITRS로부터의 예측

Year	2009	2012	2015	2018	2021
Feature size (nm)	34	24	17	12	8.4
L_{gate} (nm)	20	14	10	7	5
V_{DD} (V)	1.0	0.9	0.8	0.7	0.65
Billions of transistors/die	1.5	3.1	6.2	12.4	24.7
Wiring levels	12	12	13	14	15
Maximum power (W)	198	198	198	198	198
DRAM capacity (Gb)	2	4	8	16	32
Flash capacity (Gb)	16	32	64	128	256

적인 연구 노력을 예상하기 위하여 국제반도체기술로드맵(ITRS)[SIA07]을 개발하고 갱신한다. 미래를 예측하는 이러한 노력은 불가피하게 오류를 발생시켜, 업계는 최소 배선폭과, 1990년대 후반에 예상했던 로드맵보다 더 빠르게 클럭 주파수를 스케일링해 왔다. 그럼에도 불구하고 로드맵은 일반인이 역사적인 스케일링 데이터를 통해서 선 작업으로 간단히 획득할 수 있는 것보다 더 일관성 있는 비전을 제공한다.

ITRS는 대략 3년마다 **기술 매듭**(technology node)이라 불리는 주요 신기술 세대를 예측한다. 표 6.6은 몇몇 기술 예측, 특히 고성능 마이크로프로세서에 대한 것을 요약한 것이다. 그러나 심각한 도전이 앞에 가로놓여 있다. 로드맵 상의 스케일링을 유지하기 위해 많은 분야에서 중대한 혁신이 이루어져야 한다.

6.4.4 설계에 주는 영향

일차 스케일링의 한계 중 하나는 치수나 전압에 0 단위까지 비례적으로 스케일링할 수 있다는 잘못된 인상을 준다는 것이다. 현실에서 수많은 요인이 스케일링에 따라서 변동한다. 이 절에서는 문제의 수정 구슬(crystal ball) 속을 들여다보고 미래의 설계에 주는 몇 가지 영향을 알아보고자 한다. 이들 예측은, 칩 설계 기술자들이 불가능하다고 생각되는 장벽에 대해 천재적인 해결책을 개발한 멋진 역사를 갖고 있기 때문에 대단히 위험스럽다.

6.4.4.1 성능과 원가 개선 스케일링의 최고의 긍정적인 영향은 성능과 원가가 지속적으로 개선된다는 것이다. 시스템을 기획하는 사람은 CMOS 기술의 스케일링에 대해 이해하여야 하고 공정 능력에 대해 언제 칩이 완성될지 몇 년 앞을 내다볼 수 있어야 한다. 트랜지스터는 매년 저렴해지고 있기 때문에, 시스템을 기획하는 사람은 더 많고 더 좋은 기능을 제공하며 증가하는 트랜지스터 수를 어떻게 활용할지에 대한 창조적인 아이디어가 필요하기 때문이다. 트랜지스터가 처음 발명되었을 때 그 당시의 최상의 예측은 50센트 생산비를 종국에 맞출 수 있음을 제시하는 것이었다. 그림 6.15는 트랜지스터 수효와 과거 30년간 반도체 업계에 의해 선적된 트랜지스터당 평균 가격을 그린 것이다[Moore03]. 2008년에는 1페니로 10만 개 이상의 트랜지스터를 살 수 있었고, 2015년에 트랜지스터의 가격은 마

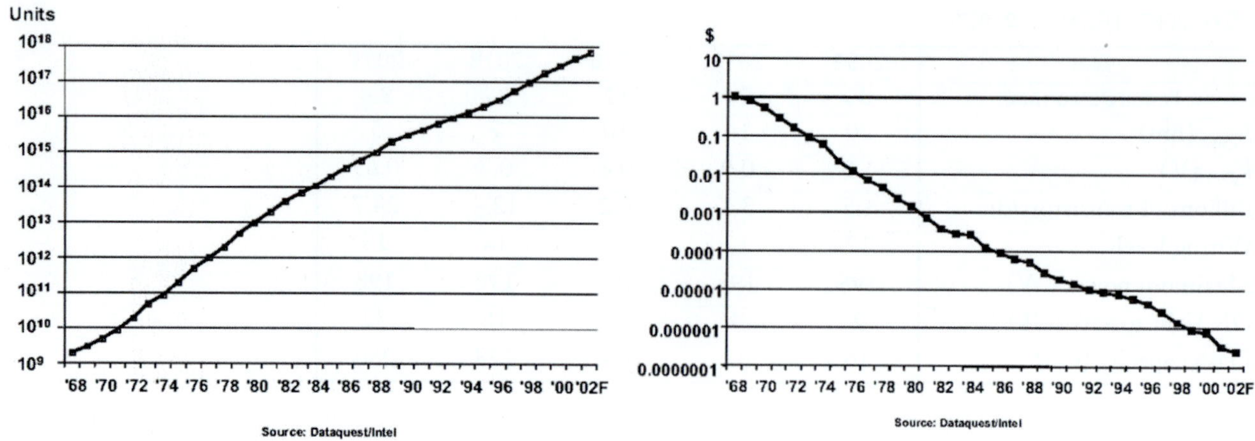

그림 6.15 트랜지스터 선적과 평균 가격(© IEEE 2003)

이크로센트 단위가 될 것이다[SIA07].

6.4.4.2 상호연결 스케일링된 트랜지스터는 지속적으로 지연이 개선되지만 스케일링된 배선은 변하지 않거나 악화된다. 그림 6.16은 1997년 SIAR[SIA97]로부터 발췌한 것으로 250 nm 또는 180 nm 세대의 게이트와 배선의 바닥 탈출과 그 후의 악화 상황을 종합적으로 보여 주고 있다. 배선 문제는 많은 보고서로 하여금 기존 배선의 종말을 예측하도록 부추겼다. 그러나 그림은 두 가지 측면에서 오해의 소지가 있다. 첫째, '게이트 (gate)' 지연은 실제와 같이 부하가 걸린 게이트가 아닌 단일의 무부하 트랜지스터(지연 값=RC)에 대해 보여 준다(예를 들어 FO4 인버터 지연=15RC). 둘째, 그림의 배선 지연은 고정된 길이에 대한 것인데, 기술이 스케일링되면 유닛 내에서 게이트를 접속하는 대부

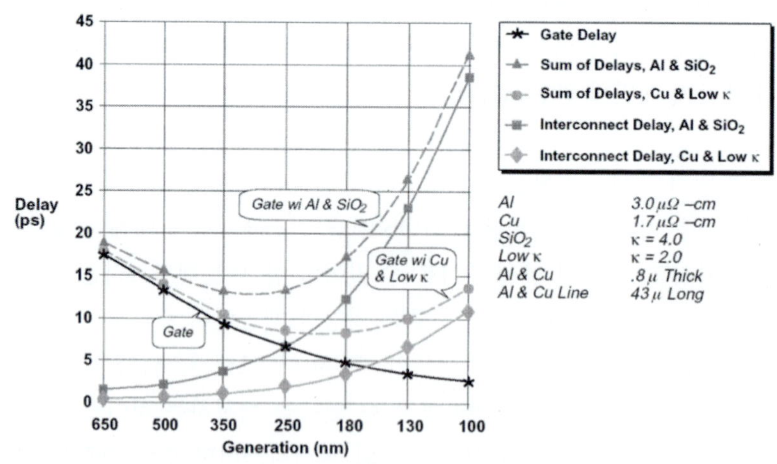

그림 6.16 게이트와 도선 지연 스케일링(반도체산업협회의 허락으로 [SIA97]에서 발췌)

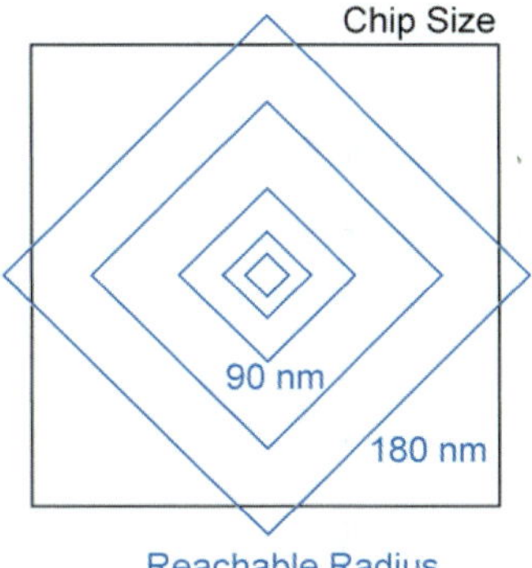

그림 6.17 도달 가능 반지름 스케일링

분의 로컬 배선 또한 점점 짧아진다는 것이다[Ho01].

실제로 논리 게이트 내의 배선과 같이 짧은 배선에 대해서는, 배선 RC 지연은 무시할 수 있으며, 얼마간은 큰 변동이 없을 것이다. 그러나 긴 배선은 상당한 문제를 야기한다. 하나의 사이클 동안에 대형의 고성능 칩에서 다른 칩으로 신호를 보내는 것은 불가능하다. 또한 하나의 신호가 한 사이클 내에서 이동을 완료할 수 있는 '도달 가능 반지름(reachable radius)' 은 그림 6.17에 나와 있는 바와 같이 점점 작아진다. 이래서 마이크로 기획자는 평면배치를 이해하고 데이터가 다이를 가로질러 긴 거리를 이동하도록 다중 파이프라인 스테이지를 예산하여야 한다.

중계기는 다소 도움이 되지만 그렇다고 하더라도 상호연결은 유지되지 않는다. 더욱이 플로어플랜에 "중계기 팜 (repeater farm)"을 위한 공간이 마련되어여야 한다. 스켈일된 게이트가 빨라지므로 중계기의 지연은 저하하며 여기서 더 많은 중계기를 사용하는 것이 좋다는 예상을 할 수 있다. 이것은 더 많은 수의 중계기 팜이 필요함을 뜻한다.

상호연결의 문제를 완화하는 한 가지 기법은 더 많은 수의 상호연결 레이어를 사용하는 것이다. 표 6.7은 TSMC 공정에서 세대마다 상호연결 레이어가 증가하는 것을 보여 준다. 더 적은 상호연결 레이어는 고전적으로 고밀도의 짧은 접속을 제공하도록 스케일링되었다. 더 많은 레이어는 덜 공격적으로 스케일링되었거나 두껍거나 넓어서 저저항, 고속 상호연결, 양호한 클럭 분배망 및 경직된 파워

표 6.7 TSMC 공정에서의 금속층 스케일링

Process (nm)	Metal Layers
500	3 (Al)
350	4 (Al)
250	5 (Al)
180	6 (Al, low-k)
150	7 (Cu, low-k)
130	8 (Cu, low-k)
90	9 (Cu, low-k)
65	10 (Cu, low-k)
45	10 (Cu, low-k)

그리드(power grid)를 제공하도록 역스케일링 되었다. 구리와 k가 낮은 유전체도 저항과 커패시턴스를 줄이기 위하여 도입되었다.

50~100 kgate(1 kgate=1000개의 3-입력 NAND 게이트 또는 6000개의 트랜지스터)의 블록은 계속 적절히 짧은 내부 배선을 갖고, 수용 가능한 수준의 배선 RC 지연 값을 갖는다[Sylvester98]. 그러므로 대형 시스템은 블록 간 통신에 필요하면 중계기를 삽입하여, 대략 이런 정도 크기의 블록으로 분할될 수 있다.

6.4.4.3 전력 고전적인 불변장 스케일링에서, 전력 밀도는 일정하고, 전반적인 칩 전력 소모는 다이 크기에 따라 아주 천천히 증가한다. 실제로 전력 밀도는 엄청 증가했는데 이는 클럭 주파수가 고전적인 스케일링으로 예측한 것보다 훨씬 빠르게 증가했고, V_{DD}는 불변장 스케일링이 필요로 하는 것보다도 다소 높았기 때문이다. 고성능 마이크로프로세서는 대략 150 W의 한계까지 도달해 있는데, 이것은 냉각팬과 발열판으로 식힐 수 있는 전력이다. 이러한 추세는 분명히 끝날 것이고, 설계자는 이제 클럭 속도를 올리는 것보다는 전력 제한을 만족시키는 최대 성능을 목표로 삼아야 한다.

정적 전력 소모는 점증하는 관심사인데 배터리로 작동하는 기기에서 특히 그렇다. 하위 문턱 누설에 의한 정적 전력 소모는 역사적으로 무시할 수 있었으나 문턱 전압 이하 약 0.3~0.4 V에 대해서는 중요해졌고 1 V 이하의 시스템 작동에 대하여 동적 전력과 견줄만 하게 되었다. 4.4.2절에서는 에너지-지연 곱을 최소화하기 위해서 정적 전력이 전체 전력의 1/3이 되어야 한다는 것을 확인하였다. 누설이 늘어남에 따라 수면 상태의 전력을 제어하기 위해서 전력 게이팅 방법을 사용해야 한다. 누설을 −100 nA/μm 이하로 제어하기 위해서는 V_t를 300 mV 정도로 고정시킨다. 누설 증가 속도를 늦추기 위하여, V_t는 구공정의 약 $V_{DD}/5$에서 신공정의 $V_{DD}/3$으로 변경되었다. 시스템은 서로 다른 임계전압의 다양한 트랜지스터를 사용하여, 메모리와 중요하지 않은 게이트가 높은 V_t로 전력 소모를 줄이면서, 임계 경로 상의 게이트는 고속의 낮은 V_t 기기를 가질 수 있다.

게이트 누설 전류는 또한 15~20 Å 이하의 산화물에 중요하다. 다층의 산화물 두께도 필요하다. I/O 표준치 1.8 또는 3.3은 현대 공정에서 매우 얇은 산화물에 파괴적이어서 느린 I/O 트랜지스터에는 두꺼운 산화물을 사용한다. 두꺼운 산화물은 메모리나 덜 중요한 회로에도 사용될 수 있다.

전력이 일정하게 유지되더라도 낮은 공급 전압은 큰 전류 밀도를 야기한다. 이것은 다시 전력 공급망에서 더 큰 IR 강하와 di/dt 잡음을 유발한다(8.3.5절과 12.3절 참조). 이들 요소 때문에 전력 분배망용 칩에 더 많은 핀과 금속 자원이 필요하다.

모든 요소가 고려되면, 스케일링은 전력 제한에 의해서 여러 방향으로 축소된다. 어떤 제조사는 편리한 스케일링이 성능이나 전력의 이점을 제공하지만, 양쪽을 동시에 제공하지는 않는다는 사실을 알게 되었다[Muller08]. 인텔은 높은 k 금속 게이트나 실리콘과 같은 새로운 물질을 공격적으로 소개하여 45 nm 노드에서 성능과 전력의 이점을 동시에 추구하고자 하였다. 그럼에도 불구하고 무어의 법칙은 결국 느려지고 있다.

6.4.4.4 가변성 트랜지스터가 축소되면서 채널 길이와 문턱 전압 같은 파라미터의 편차가 증가한다.

가변성은 아날로그적인 의미에서 주류 디지털 회로의 핵심으로 변했다. 설계자는 칩의 가변성을 보장하는 확장된 보호 장치를 적용해야 한다. 이후로는 가변성과 편차에 견디는 설계 기술에 대해서 보다 자세하게 다루기로 한다.

6.4.4.5 생산성 칩 상에 집적하는 트랜지스터의 수는 설계자의 생산성보다 더 빨리 증가한다. 이로써 설계팀이 커지고 경기가 좋을 때는 숙련 기술자를 충분히 확보하는 데 어려움이 있다. 이 때문에 성능과 면적을 희생하더라도 생산성을 극대화하기 위한 설계 방법론을 찾게 된다. 이제 대부분의 칩은 합성(synthesis), 배치(place), 배선(route)을 사용하여 설계된다. 주문 회로 설계가 가능한 상황은 점점 사라져 가고 있다. 다른 말로, 많은 설계의 경우 창조성은 회로 레벨에서 시스템 레벨로 이동하고 있다. 반면에 성능은 마이크로프로세서 세계에서 아직은 가장 중요하다. 그러한 분야의 설계팀은 개발비가 시장의 크기에 의해 정당화되기 때문에 자동차와 우주항공팀의 크기에 접근한다. 이런 이유로 그와 같이 커다란 조직을 이끄는 숙련된 기술 관리자를 필요로 한다.

50~100 kgate 블록의 수는 비교적 저성능 시스템에서도 증가한다. 이래서 평면배치와 블록의 배치에 더 많은 관심을 요구하는 것이다.

생산성 문제를 푸는 주요 방법 중 하나는 설계를 재사용하는 것이다. 지적재산(IP) 블록도 보드 레벨 설계에서 칩을 구매하는 것처럼 구매하여 SOC(system-on-chip)에서 블랙박스처럼 사용할 수 있다. IP 블록을 검증하기 위한 초기 문제점들은 부분적으로 극복되었다. 그러나 IP 시장은 여전히 불투명하다.

6.4.4.6 물리적 한계 어디까지 CMOS 공정이 스케일링될 것인가? 32 nm 공정에서 최소 크기 트랜지스터는 100개의 실리콘 원자보다 작은 유효 채널 길이를 갖는다. 스케일링이 무한히 지속될 수 없음은 분명하다. 수많은 연구 자료들이 실리콘 스케일링의 종말을 예측하여 왔다[Svensson03]. 예를 들어 1972년에 0.25 μm 세대가 한계로 주어졌는데 이는 불순물 분배의 터널링(tunneling)과 파동(fluctuation) 문제 때문이었다[Hoeneisen72, Mead80]. 이 세대에 칩은 10~30 MHz에서 작동할것으로 예측되었었다. 1999년에 IBM은 스케일링이 2004년에 100 nm 세 대를 넘어 거의 중단될 것으로 예측하였다[Davari99].

저자의 경험으로는 전혀 해결될 것 같지 않은 문제들은 10년 이후에나 나타날 것 같다. 이들 장벽에 대한 이유는 아래와 같다.

- 동적 전력 소비
- 낮은 V_{DD}와 V_t에서의 하위 문턱 누설
- 얇은 산화물을 통한 터널링 전류
- DIBL과 짧은 채널 효과로 인한 불량 I-V 특성
- 리소그래피 한계
- 제조 공장과 마스크에 대한 기하급수적인 비용 증가
- 전자 이동

- 상호연결 지연
- 가변성

이 교재를 쓰는 시점에서 볼 때, 2013년의 35 nm 이전까지 근본적인 장벽이 있을 것 같지는 않다. 이 시점 이후의 미래를 예측하는 것은 어렵다. 여하튼 수많은 수재들이 계속 한계를 밀어내고, 수조 달러의 투기 자금이 유입되고 있어, 우리는 또 한 번 스케일링의 미래에 도박을 걸 뿐이다.

6.5 가변성-내성 설계

가변성은 전통적으로 수율을 보장하기 위한 마진에 의해서 조정되었다. 가변성이 증가하면 마진이 증가하여 칩의 성능과 전력을 심하게 훼손한다. 가변성 내성 설계(variation-tolerant desing)는 보다 중요해졌다. 이 절에서는 마진을 줄이기 위한 적응적 제어와 오류 내성을 설명하고, 9장에서는 비대칭 내성 회로를 소개한다.

6.5.1 적응적 제어

가변성을 보상하기 위해서 칩은 스스로 동작 조건을 측정할 수 있고, 공급 전원 전압, 바디 바이어스, 주파수, 그리고 활성 인자들과 같은 파라미터를 신속하게 조정할 수 있다. 이것을 **적응적 제어**(adaptive control)라 한다[Wang08a].

스위칭 에너지를 절약하기 위한 동적 전압 스케일링(DVS)이 4.2.3.2절에 소개되었고, 문턱 전압 제어를 위한 바디 바이어스가 4.3.4절에 소개되었다. 두 기술은 파라미터 수율을 개선하기 위해서 함께 혹은 별개로 사용될 수 있다[Chen03]. **적응적 바디 바이어스**(ABB: adaptive body bias)는 누설의 분포를 줄이고 성능을 개선하기 위해서 다이 간 문턱 전압 편차를 보상할 수 있다[Narendra99, Tschanz02]. **적응적 전압 스케일링**(AVS: adaptive voltage scaling)은 느리거나 빠른 코너에서 문제를 보상하기 위해서 주파수와 동적 에너지 간의 트레이드오프를 제공한다. 이 조정은 미묘하기 때문에 확실한 개선을 위해서는 정밀한 전압 제어(약 20 mV)가 필요하다[Tschanz03b]. 편차가 작은 블록들과 연관되면, 이 블록들은 개별적으로 제어할 수 있다[Gregg07].

칩은 보통 최악으로 할당된 과업에서 전력 소모가 일정 수준 이하가 되도록 설계된다. 그러나 많은 응용에서 칩의 일부분만 활성화되거나 그 기간이 아주 짧을 때 정해진 전압이나 주파수 이상으로 동작할 수 있다. 예를 들어 단일 스레드를 실행시키는 다중 코어 프로세서는 하나의 코어를 증가된 주파수로 실행시키고, 다른 코어들을 수면 상태에 있게 한다.

적응적 제어 시스템은 하나 이상의 온도 센서(12.2.5절 참조)를 사용해서 다이 온도와 복원된 전압을 감시할 수 있다. 예를 들어 이 중 코어 Itanium 프로세서는 분리된 내장형 마이크로 제어기를 가지고 20 ms마다 온도를 측정하고 코어 전압을 제어해서 전력이 한계를 넘지 않도록 한다[McGowen06].

6.5.2 오류 내성

오류에 대한 내성은 수율을 향상시켜서 비용을 절감시키고 요구되는 마진을 줄여서 성능을 개선시킨다. 어떤 기술은 여분의 부품을 제공하고 오류의 검출과 보상을 가능하게 한다.

메모리 설계자는 오래전부터 메모리에 여분의 행과 열을 마련하면 수율이 개선된다는 것을 배웠다. 행이나 열에 제조상 오류가 발생하면 제조상의 테스트 과정에서 여분으로 대체한다. 이 기술은 11.8.1절에서 보다 자세하게 다룰 것이다. 이것은 다수의 동일한 부품으로 구성되는 어떤 회로에도 즉시 적용될 수 있다. 예를 들어 8-코어 프로세서는 코어 2 개를 여분으로 활용하는 6-코어 모델로 판매될 수 있다.

개별적인 부품이 수율 Y_c를 갖는다고 하면, N개의 부품을 갖는 시스템이 r개의 결함을 가질 확률은 다음과 같다.

$$P = \binom{N}{r} Y_c^{N-r} \left(1 - Y_c\right)^r \tag{6.11}$$

여기에서

$$\binom{N}{r} \equiv \frac{(N)(N-1)(N-2)\cdots(N-r+1)}{(r)(r-1)(r-2)\cdots(1)} = \frac{N!}{r!(N-r)!} \tag{6.12}$$

는 N개의 집합에서 r개의 항목을 선택하는 방법의 수이다. 따라서 r개의 결함이 여분의 부품으로 보수될 수 있다면, 시스템의 수율은 다음과 같이 개선된다.

$$Y_s = \sum_{i=0}^{r} \binom{N}{r} Y_c^{N-r} \left(1 - Y_c\right)^r \tag{6.13}$$

만약 여분의 부품 개수가 많아지면, 다음과 같이 단위 면적 D당 결함률을 고려하는 것이 좋다.

$$Y_s = e^{-DA} \sum_{i=0}^{r} \frac{(DA)^i}{i!} \tag{6.14}$$

예제 6.3

16-코어 프로세서에서 각 코어가 수율 90%를 갖고, 칩 상에 다른 오류는 발생하지 않는다고 가정한다. 이 칩의 수율은 얼마인가? 칩이 두 개의 코어를 여분으로 가지면 수율은 얼마로 높아질 것인가?

해답: 모든 코어가 동작해야 한다면 수율의 정의 $Y_s = Y_c^N$에 의해서 $(0.9)^{16} = 18.5\%$가 된다. 두 개의 오류가 보상된다고 가정하면, 식 (6.13)을 사용하면 수율이 다음과 같이 개선됨을 예측할 수 있다: $(0.9)^{16} + 16 \times (0.9)^{15} \times (0.1) + 16 \times 15/2 \times (0.9)^{14} \times (0.1)^2 = 78.9\%$.

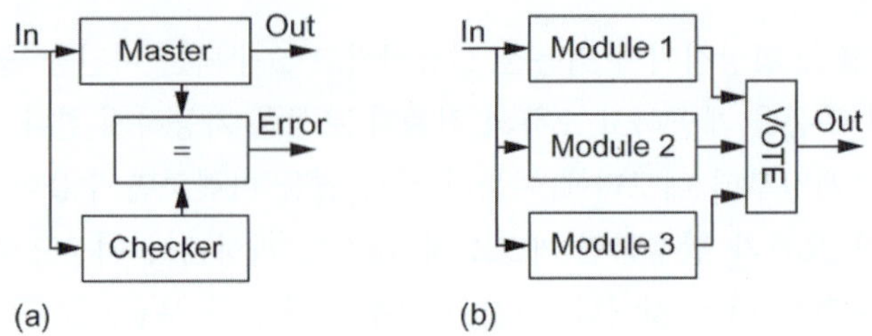

그림 6.18 마스터-검사기 동작과 삼중 모드 중복성

메모리는 오류 검출 및 정정 코드를 오래전부터 사용해 왔다(11.8.2절 참조). 이 코드는 보통 소프트 오류를 정정하는 데 사용되었지만, 하드 에러를 정정할 수도 있다. 코딩은 잡음이 빈번하게 비트를 반전시키는 통신 채널에서도 널리 사용된다.

논리 오류 내성은 더욱 어려운 문제이다. 시스템이 높은 수준의 보장(예를 들어 영구 보증)을 필요로 하거나 높은 오류 발생률을 가지면 2~3개의 동일한 하드웨어가 함께 동작한다. 그림 6.18(a)의 **마스터-검사기**(master-checker) 구성에서, 시스템은 주기적으로 상태를 **검사점**(checkpoint)에 저장한다. 마스터와 검사기가 다르면 오류가 검출된다. 이 시스템은 마지막 검사점으로 되돌아와서 잘못된 동작을 되풀이한다. 예를 들어 IBM G5 S/390 메인프레임 프로세서에서는 두 개의 동일한 코어가 동작한다[Northrop99]. 그림 6.18(b)에 나와 있는 **삼중 모드 중복성**(TMR: triple-mode redundancy)에서는, 한 개의 하드웨어가 오동작할 경우 시스템은 과반수 투표를 통해서 정확한 결과를 선택한다[Lyons62]. 이 기술은 시스템 동작 속도를 늦추지 않고 오류를 방지하기 때문에, 실시간 시스템에 이상적이다. 다중 코어를 가지고 적절하게 구성된 시스템에서는 2~3개의 프로세서를 묶어서 오류 내성을 확보할 수 있다.

어떤 모듈이 하드 에러 확률 X_m을 갖는다고 하면, TMR 시스템이 오류를 가질 확률은 다음과 같다.

$$X_s = \binom{3}{2} X_m^2 \left(1 - X_m\right) + X_m^3 = 3X_m^2 - 2X_m^3 \tag{6.15}$$

예제 6.4

금성 탐사 위성의 자세 제어 컴퓨터를 설계하는 엔지니어가 컴퓨터가 전체 여행 기간에 우주 방사선에 의해서 오류를 발생할 확률이 1%임을 확인하였다. 신뢰도를 향상시키기 위해서 TMR을 적용하면, 오류가 발생할 확률은 얼마가 되는가?

해답: 식 (6.15)를 사용하면 오류가 발생할 확률은 $3(0.01)^2 - 2(0.01)^3 = 0.0298\%$가 된다.

6.6 함정 및 착오

회로 성능을 인용할 때 공정 코너나 환경 누락

대부분의 제품은 고온에서 동작이 가능하도록 보장되어야 하지만 많은 논문들이 실내 온도(또는 더 낮은 온도)에 작동하는 트랜지스터에 대해서 쓰여져서 낙관적인 성능 결과를 보여 준다. 예를 들어 ISSCC에서 인텔은 펜티엄 II 프로세서를 놀랄 만큼 높은 클럭률로 작동하는 것으로 설명하였다 [Choudhury97]. 그러나 질문을 받았을 때 연설자는 그 측정치는 프로세서가 '얼음보다 차가웠을 때' 얻은 것이라고 실토했다.

마찬가지로 FFFFF 설계 코너는 때때로 '발행된 논문(published paper)' 코너라고 불리는데 이는 지연을, 같은 조건에서의 사실이나 FO4 인버터 지연을 언급하지 않고, 이러한 시뮬레이션이나 생산 조건으로 보고하기 때문이다. 이 코너의 회로는 생산 부문에서보다 2배 빠르다.

정합 지연에 너무 적은 마진 제공

인버터 계통의 지연은 설계 코너, 전압, 온도에 따라 다른 회로의 지연에 비해 약 30%가량 변동한다. 이에 더하여, 다이 간 공정 변동과 모델링과 추론의 오류도 감안해야 한다. 인버터 지연이 게이트 지연보다 빠를 때 회로가 실패하는 곳에 레이스 조건이 존재한다면, 안심하기를 바라는 경험이 있는 기술자는 정산 조건에서 여유 있는 지연 마진을 제공한다. 마진이 거의 없게 되면 마스크 변경에 수백만 달러의 비용이 들 수 있고, 시장에 늦게 진입함으로써 엄청난 기회 손실이 발생함을 염두에 두자.

공정 스케일링 계획의 실패

많은 제품이 다중의 공정 세대를 통해서 이행한다. 예를 들어 인텔 펜티엄 프로는 원래 0.6 μm BiCMOS 공정으로 설계되고 생산되었다. 펜티엄 II는 더 낮은 전압에서 동작하는 0.35 μm 공정으로 생산된 아주 가까운 파생제품이다. 새로운 공정에서 바이폴라 트랜지스터는 더 이상 성능상 이점이 없고, 중요한 디자인 에퍼트에서는 제외되었다. 동일한 구성의 다른 파생 제품은 배선 지연이 게이트 지연만큼은 개선되지 않는 0.25 및 0.18 μm 공정으로 이행하였다. 상호연결 위주의 경로는 새로운 공정에서 양호한 성능을 달성하기 위해 새로 설계할 필요가 있다. 이에 반해서, 펜티엄 4는 공정 스케일링을 염두에 두고 설계하였다. 제품의 수명 기간 중에 기기 성능은 개선되나 배선은 개선되지 않음을 알기 때문에, 설계 기술자들은 원래의 공정에 대한 상호연결 위주의 경로를 과대 설계하게 되어 공정이 발전하여도 경로는 성능을 제한하지 않는다[Deleganes02].

6.7 역사적 고찰

스케일링의 믿을 수 없는 역사는 마이크로프로세서의 발전에서 엿볼 수 있다. 인텔 마이크로프로세서 라인은 30년 이상에 걸쳐 있다. 표 6.8은 인텔 박물관의 허가로 최초의 4비트 마이크로프로세서 4004

표 6.8 30년간 인텔 마이크로프로세서의 역사

Processor	Year	Feature Size (μm)	Transistors	Frequency (MHz)	Word Size	Power (*W*)	Cache (L1 / L2 / L3)	Package
4004	1971	10	2.3k	0.75	4	0.5	none	16-pin DIP
8008	1972	10	3.5k	0.5–0.8	8	0.5	none	18-pin DIP
8080	1974	6	6k	2	8	0.5	none	40-pin DIP
8086	1978	3	29k	5–10	16	2	none	40-pin DIP
80286	1982	1.5	134k	6–12	16	3	none	68-pin PGA
Intel386	1985	1.5–1.0	275k	16–25	32	1–1.5	none	100-pin PGA
Intel486	1989	1–0.6	1.2M	25–100	32	0.3–2.5	8K	168-pin PGA
Pentium	1993	0.8–0.35	3.2–4.5M	60–300	32	8–17	16K	296-pin PGA
Pentium Pro	1995	0.6–0.35	5.5M	166–200	32	29–47	16K / 256K+	387-pin MCM PGA
Pentium II	1997	0.35–0.25	7.5M	233–450	32	17–43	32K / 256K+	242-pin SECC
Pentium III	1999	0.25–0.18	9.5–28M	450–1000	32	14–44	32K / 512K	330-pin SECC2
Pentium 4	2000	180–65 nm	42–178M	1400–3800	32/64	21–115	20K+ / 256K+	478-pin PGA
Pentium M	2003	130–90 nm	77–140M	1300–2130	32	5–27	64K / 1M	479-pin FCBGA
Core	2006	65 nm	152M	1000–1860	32	6–31	64K / 2M	479-pin FCBGA
Core 2 Duo	2006	65–45 nm	167–410M	1060–3160	32/64	10–65	64K / 4M+	775-pin LGA
Core i7	2008	45 nm	731M	2660–3330	32/64	45–130	64K / 256K / 8M	1366-pin LGA
Atom	2008	45 nm	47M	800–1860	32/64	1.4–13	56K / 512K+	441-pin FCBGA

로부터 Core i7에 이르는 진행을 요약한 것이다. 30년 이상 동안 최소 배선폭은 거의 1백 배 개선되었다. 트랜지스터 개수는 1만 배 이상 증가했고, 클럭 주파수도 1천 배로 증가했다. 과거에 어려움을 겪으면서도, 스케일링은 가속화되었다.

마이크로프로세서의 다이 사진은 놀랄 만한 스케일링의 역사를 보여 준다. 그림 6.19의 4004[Faggin96]는 미소한 다이에 트랜지스터를 수작업으로 압축한 것이다. 4비트 데이터 경로와 레지스터 파일을 주시하라. 하나의 금속 레이어만이 이용할 수 있어서, 트레이스가 접촉 없이 다이를 건너기 위해 폴리실리콘 점퍼가 필요했다. 마스크는 색연필을 사용하여 설계하였고, 적색의 플라스틱 루비리스(rubylith)를 손으로 잘랐다. 대각선이 일상적으로 사용되었음을 주시하라. 16개의 I/O 패드와 결합 배선은 눈에 띄게 보인다. 이 프로세서는 Busicom 계산기에 사용되었다.

그림 6.20의 80286[Childs84]은 통상적인 모습과 완연히 다르다. 이것은 표준 데이터 경로, 랜덤 제어 논리 및 여러 개의 어레이로 구분되어 있다. 어레이는 명령 디코더 PLA와 메모리 관리 하드웨어를 포함한다. 이러한 스케일에서는 개별 트랜지스터를 볼 수가 없다.

그림 6.21에 나와 있는 Intel386(원래는 80386이지만, 숫자를 상표로 사용할 수 없어서 바뀜)은 인텔의 첫 32비트 마이크로프로세서이다. 왼쪽의 데이터 경로를 쉽게 알아볼 수 있다. 자동 배치 배선 도구를 사용해서 합성한 제어 논리회로가 오른쪽에 있다. 당시의 발전된 도구는 대각선 방향의 상호 연결을 더 이상 제공하지 않았다.

Intel486은 그림 6.22와 같이 8 KB 캐시와 파이프라인 정수 데이터 경로를 갖는 부동 소수점 유

그림 6.19 4004 마이크로프로세서(인텔 사 제공)

그림 6.20 80286 마이크로프로세서(인텔 사 제공)

그림 6.21 Intel386 마이크로프로세서(인텔 사 제공)

그림 6.22 Intel486 마이크로프로세서(인텔 사 제공)

닛을 집적한다. 이 정도 스케일이 되면 개별 게이트를 볼 수는 없다. 가운데 선은 32비트 정수 데이터 경로이다. 위쪽에 있는 것이 캐시이며, 4개의 2 KB 서브 어레이로 나누어진다. 캐시가 서브어레이 외에 상당한 양의 논리를 포함하고 있음을 주시하자. 상단 우측의 넓은 데이터 경로는 부동 소수점 유닛을 형성한다.

그림 6.23의 펜티엄 프로세서는 슈퍼스칼라 정수 처리 유닛, 별도의 8 KB 데이터, 명령 캐시를

그림 6.23 펜티엄 마이크로프로세서(인텔 사 제공)

제공한다. 32비트 데이터 경로와 그의 부속 제어 논리는 칩의 중앙에 보인다. 이런 스케일에서는 개별적인 데이터 경로 조각을 구분하기가 어렵다. 좌측 상단의 명령 캐시는 우측에 명령 페치와 디코드 유닛을 공급한다. 데이터 캐시는 좌측 하단에 있다. 버스 인터페이스 논리는 두 개의 캐시 사이에 있다. 악명 높은 FDIV 오류(bug) [Price95]의 근원지인 파이프라인 부동 소수점 유닛은 우측 하단에 있다. 이러한 평면배치는 명령어 캐시, 명령어 페치나 데이터 캐시와 정수 데이터 경로와 같이 가끔 통신하는 유닛 간의 배선 길이를 최소화하는 것이 중요하다. 정수 데이터 경로는 가끔 마이크로프로세서의 핵심을 이루며, 다른 유닛은 데이터경로를 둘러싸고 필요로 하는 엄청난 양의 명령과 데이터를 공급한다.

그림 6.24의 펜티엄 III 프로세서는 사이클당 3명령까지의 무순 발행(out-of-order issue)을 한다. 다이의 왼쪽 절반은 256~512 KB 레벨 2 캐시에 배정되어 32 KB 명령과 데이터 캐시를 보충한다. 프로세서의 성능이 메모리 시스템 밴드폭을 앞질러 가고 있어서, 캐시 계층을 담당하는 다이 부분은 계속 넓어질 것이다.

그림 6.25에서 펜티엄 4 프로세서를 볼 수 있다[Hinton01, Deleganes02]. VLSI 시스템의 복잡성은 분명히 엔지니어팀이 특이하게 설계한 엄청나게 많은 분리된 블록 때문이다. 사실 이러한 수준의 스케일에서, 주요한 기능 유닛이라도 구분하기는 어려운 것이다. 높은 작동 주파수는 사이클당 14개의 FO4 인버터 지연을 사용하는 긴 파이프라인으로 달성된다. 놀랍게도 정수 처리 유닛 부분은 일반적인 칩 주파수의 2배로 된다. 펜티엄 4는 1990년대의 '메가헤르츠 전쟁'을 촉발했다. 당시 인텔은

그림 6.24 펜티엄 III 마이크로프로세서(인텔 사 제공)

그림 6.25 펜티엄 4 마이크로프로세서(인텔 사 제공)

성능보다는 클럭 속도 증가에 주력했다. 설계팀들은 20~30단계의 파이프라인과 극도로 복잡한 도미노 회로 기술들을 사용해서 원하는 클럭 속도를 얻었다.

프로세서는 이후로도 지속적으로 발전하여 Core 2 Duo와 Atom이 출시되었는데 이들은 차례로 그림 6.26과 그림 6.27에 나와 있다.

그림 6.26 Core 2 Duo(인텔 사 제공)

그림 6.27 Atom 프로세서(인텔 사 제공)

요약

이 장에서는 살펴 본 강건한 설계의 세 가지 면은 가변성의 관리, 신뢰도의 확보, 그리고 향후 스케일링에 대한 계획이다.

설계자는 회로가 동작 전압, 온도, 그리고 디바이스 파라미터의 변화에도 정확하게 동작할 수 있게 만들어야 한다. 공정 코너는 지연, 전력 소모, 기능성을 위한 공정과 환경의 다이 간 최악의 조합을 설명하는 데 사용된다. 그러나 지나치게 비관적인 경우를 피하기 위해서 통계적 기술이 많이 사용되기 시작했다. 회로는 노후, 외부 환경, 정전기 충격 등이 발생해도 지속적으로 동작할 수 있도록 설계되어야 한다.

MOS 공정은 지난 30년간 꾸준히 발전해 왔다. 훌륭한 설계 기술자는, 최소 배선폭이 점점 작아지므로, 현재의 공정에 익숙해야 함은 물론 미래의 공정 능력을 예측할 수 있어야 한다. 현대의 정수 필드 스케일링에서 게이트 지연은 채널 길이에 따라서 개선된다. 칩 상의 트랜지스터 수는 2차적으로 성장한다. 트랜지스터가 스위칭하여야 할 에너지는 채널 길이의 세제곱으로 감소하나, 칩이 더 높은 비율로 스위칭하여야 할 많은 트랜지스터 때문에, 동적 전력 밀도는 거의 변동하지 않는다. 정적 전력은 작은 트랜지스터가 기하급수적으로 누설하게 되므로 상승한다. 단위 길이당 상호연결 커패시턴스는 변하지 않지만, 배선은 더 작은 단면적을 갖고 있기 때문에, 저항은 증가한다. 미래의 칩을 계획하는 기획 기술자는 더 많은 수의 고속 트랜지스터의 이점을 향유할 것이지만, 배선 대 게이트 지연비의 변동과 증가하는 누설 전류 때문에, 기존의 아키텍처를 재고하여야 한다.

연습문제

6.1 TMR이 시스템 수율을 저하시키기 전까지 모듈의 수율은 얼마나 낮아질 수 있는가?

6.2 어떤 칩이 100개의 11-스테이지 링 발진기를 갖는다. 각 인버터는 표준편차 1 ps에서 10 ps의 평균 지연을 갖기 때문에, 링 발진기는 평균 4.54 GHz로 동작한다. 이 칩의 동작 주파수는 가장 느린 발진기의 주파수로 정의된다.

a) 칩의 동작 주파수를 예측하시오.

b) 97.7%의 파라미터 수율을 얻기 위한 최대 목표 동작 주파수를 구하시오.

6.3 대형 칩은 명목상 60 W의 전력 소모를 갖고, 그 중 20 W는 누설에 해당한다. 유효 채널 길이는 40 nm이고, 다이 간 표준편차 4 nm와 다이 내부 표준편차 3 nm를 갖는다. 임의의 불순물 변동에 의한 문턱 전압 표준편차는 30 mV이다. 이 칩은 단채널 효과에 의해서 2.5 mV/nm의 채널 길이 민감도를 갖는다. 하위 문턱 경사는 100 mV/decade이다. 84%의 파라미터 수율을 얻기 위한 최대 전력을 구하시오.

6.4 높은 전압에서 어떤 회로의 수명 테스트를 하려고 한다. 측정된 수명이 2 V에서 20시간, 1.8 V에서 160시간, 1.6 V에서 1250시간이라고 하면, 10년 수명을 얻기 위한 동작 전압은 얼마이겠는가?

6.5 많이 사용되는 서브시스템은 '5개의 9' (99.999%)를 목표로 설계된다. 오류를 발생시키는 파라미터가 정규 분포를 가지려면 표준편차가 얼마나 많이 증가를 해야 하는가?

6.6 어떤 부품이나 배선에서 발생하는 단일 오류에도 생존할 수 있는 TMR 시스템을 설계하시오.

6.7 데이터 캐시에서 마이크로프로세서의 레지스터 파일까지 가는 경로는 500 ps의 게이트 지연과 500 ps의 배선 지연을 포함한다. 이 칩은 고정 전기장 스케일링을 사용해서 스케일링되고, 높이가 감소된 배선을 $S=2$인 새로운 세대로 대체한다. 이 경로의 게이트와 배선 지연을 구하시오. 전체 지연은 얼마나 개선되는가?

SPICE 7

7.1 서론

칩 제작은 비용이 많이 들고 시간 소비적이다. 따라서 설계자들은 설계 공간을 탐구하고 칩 제작 이전에 설계를 검증하기 위해 시뮬레이션 도구를 필요로 한다. 시뮬레이터들은 공정에서 아키텍처에 이르기까지 추상화(abstraction)의 많은 레벨에서 동작한다. SUPREME 같은 **공정 시뮬레이터**(process simulator)들은 시간 및 온도 같은 공정 방식 내의 요소들이 디바이스의 물리, 전자 특성에 어떻게 영향을 주는지를 예측한다. SPICE나 Spectre 같은 **회로 시뮬레이터**(circuit simulator)들은 회로 전압 및 전류를 예측하기 위해 디바이스 모델들 및 회로 네트리스트를 사용하는데 이들은 성능 및 전력 소비를 표시한다. VCS나 ModelSim 같은 **논리 시뮬레이터**(logic simulator)들은 디지털 회로의 동작을 예측하고 하드웨어 기술 언어(HDL: hardware description language) 내에 지정된 설계의 올바른 논리 동작을 검증하기 위해 널리 사용된다. **아키텍처 시뮬레이터**(architecture simulator)들은 처리율(throughput) 및 메모리 접근 패턴들을 예측하기 위해 명령어 및 레지스터 레벨에서 동작하는데 이들은 파이프라이닝(pipelining) 및 캐시 메모리 조직 같은 설계 결정에 영향을 준다. 추상화의 다양한 레벨들은 시뮬레이션될 수 있는 시스템의 상세한 정도 및 크기 사이의 트레이드오프(trade-off)들을 제공한다. VLSI 설계자는 주로 회로와 논리 시뮬레이션에 관심을 갖는다. 이 장은 SPICE를 가지고 회로 시뮬레이션에 초점을 맞춘다. 14.3절에서는 논리 시뮬레이션을 논의한다.

이전 장들에서 행한 바와 같이 종이와 펜을 사용하여 혹은 시뮬레이션을 통해 회로 동작을 예측하는 것이 더 좋은 것일까? VLSI 회로들은 복잡하고 현대식 트랜지스터들은 비선형적이며 비이상적 동작을 하고 있다. 따라서 상세한 회로 동작을 예측하기 위해 시뮬레이션은 필수적이다. 심지어 지연 혹은 전달 특성들을 위한 폐쇄형(closed-form) 해답들이 존재할 때에도 이들은 수많은 회로들에 대해 손수 적용하기에는 너무 시간 소비적이다. 반면에 회로 시뮬레이션은 에러를 범하기 일쑤이다: GIGO (garbage in, garbage out). 이 시뮬레이터는 설계자가 제공하는 현실(reality) 모델을 접수하지만 부정확한 또는 불완전한 모델을 너무 쉽게 만들어 낸다. 더군다나 이 시뮬레이터는 설계자가 제공하는 자극(stimulus)을 단지 적용하고 최악의 경우 자극(worst-case stimulus)을 너무 쉽게 간과한다. 숙련된 프로그래머가 프로그램이 디버깅 이전에 올바르게 동작하기를 기대하지 않는 것과 같은 방식으로 숙련된

VLSI 설계자는 시뮬레이션의 첫 번째 구동이 현실을 반영할 것이라고 기대하지 않는다. 따라서 이 회로 설계자는 회로 동작에 대해 직관적으로 잘 이해해야 하고 시뮬레이션 이전에 기대 결과(outcome)를 예측할 수 있어야만 한다. 단지 기대 및 시뮬레이션 결과가 일치할 때에만 결과에 대한 신뢰가 있을 수 있다. 사실상 회로 설계자들은 수작업 해석 및 시뮬레이션 양쪽 모두에 의존하거나 또는 [Glasser85]에서 언급한 바와 같이 '해석으로부터 얻어지는 통찰을 통해 인도되는 시뮬레이션' 에 의존한다.

이 장은 예를 사용하여 SPICE를 간명하게 설명한다. 그와 동시에 트랜지스터 및 확산 커패시턴스에 대한 모델들을 논의한다. 이 장의 나머지 부분에서는 공정을 특성화하기 위한 시뮬레이션 기법과 회로들의 성능, 전력 및 회로와 상호연결이 옳은지를 점검하기 위한 시뮬레이션 기법에 대해 다룰 것이다.

7.2 SPICE 지침서

SPICE(simulation program with integrated circuit emphasis)는 1970년대에 버클리(Berkeley)에서 최초로 개발되었다[Nagel75]. 이것은 트랜지스터, 레지스터, 커패시터 그리고 전압원 같은 구성 요소들을 묘사하는 비선형 미분방정식을 풀이한다. SPICE는 회로를 해석하기 위한 많은 방식들을 제공하지만 근본적으로 디지털 VLSI 설계자들은 고정된 혹은 시간 내에서 임의적으로 변하는, 입력에 주어지는 노드 전압들을 예측하는 **DC** 및 **과도상태**(transient) 해석에 흥미가 있다. SPICE는 원래 FORTRAN 내에서 개발되었고 특히 파일 포맷에 있어서 그 전승 내용과 관련된 몇몇 특징들이 있다. 대부분의 플랫폼 상에서 활용 가능한 SPICE 버전들이 있지만 상업 버전들은 더 강력한 수치 수렴(numerical convergence)을 제공하는 경향이 있다. 특히 HSPICE는 수렴을 잘하고, 최신 디바이스 및 상호연결 모델들을 지원하며, 또한 회로를 측정하고 최적화하기 위한 수많은 강화요인(enhancement)들을 가지고 있기 때문에 산업에서 널리 사용된다. PSPICE는 무료 한정 학생판을 가진 또 다른 상업 버전이다. LTSpice는 강력한 무료 버전이다. 이 절 내의 모든 예들은 HSPICE를 사용하고 일반적으로 평범한 SPICE 내에서는 작동하지 않을 것이다.

SPICE 사용에 대한 상세한 내용들은 버전 및 플랫폼에 따라 다른 반면에 SPICE의 모든 버전들은 입력 파일 읽기를 하고 결과, 경고 및 에러 메시지들을 가진 목록 파일을 생성한다. 입력 파일은 종종 **SPICE 덱**(SPICE deck)이라 부르고 각 라인은 메인프레임(mainframe)에 대해 펀치 카드들의 덱(deck)으로서 제공되었기 때문에 카드 (card)라고 부른다. Dl 입력 파일은 구성 요소 및 노드들을 구성하는 네트리스트를 포함한다. 또한 이것은 시뮬레이션 옵션, 해석 명령(analysis command), 그리고 디바이스 모델들을 포함한다. 이 네트리스트는 손으로 입력되거나 CAD 프로그램 내에서 회로 스키매틱 또는 레이아웃으로부터 추출될 수 있다.

우수한 SPICE 덱은 우수한 소프트웨어 일부와 같다. 이것은 읽기가 가능하고, 유지가 가능하며 또한 재사용이 가능하다. 주석(comment)들 및 여백은 이 덱이 읽기가 가능하도록 만드는 것을 돕는다. 종종 SPICE 덱 쓰기를 위한 최상의 방법은 거의 적절한 일을 하는 우수한 덱을 가지고 시작하고 나서 그것을 변형하는 것이다.

이 절의 나머지 부분은 주요 구문(syntax)을 묘사하는 일련의 예들 및 디지털 VLSI 회로를 위한

SPICE의 가능성을 제공한다. 좀 더 상세한 내용에 대해서는 버클리 SPICE 매뉴얼[Johnson91], 지루한 HSPICE 매뉴얼, 또는 SPICE 상의 어떠한 교재들([Kielkowski95, Foty96] 같은)을 참조하기 바란다.

7.2.1 소스 및 수동적 구성 요소

50 ps 이상 0에서 1.0 V까지 상승하는 입력이 주어진 그림 7.1(a)에서 RC 회로의 응답을 찾고 싶다고 가정한다. 100 fF×2 kΩ=200 ps인 RC 시간 상수가 입력 상승 시간(rise time)보다 훨씬 더 크기 때문에 직관적으로 이 출력이 200 ps 시간 상수를 가지고 1.0 V의 최종값에 점근적으로 접근하는 기하급수와 비슷할 것으로 기대한다. 그림 7.2는 이러한 시뮬레이션을 위한 SPICE 덱을 제공하고 그림 7.1(b)는 입력 및 출력 응답을 보여 준다.

*를 가지고 시작하는 카드들은 주석이다. SPICE 덱의 첫 번째 카드는 반드시 주석이어야만 하면서 전형적으로 시뮬레이션의 제목을 표시한다. 컴퓨터 프로그램 같은 SPICE 입력 파일들을 취급하고 그 덱들의 주석을 달기 위한 유사한 절차를 따르는 것은 좋은 연습이 된다. 특히 초기에 시뮬레이션의 저자, 일자 및 목적을 제공하는 것은 덱이 미래에 개정되어야만 할 때(예: 칩이 실리콘 결함 수정 중이고 결함에 대한 가능한 이유들을 찾아내기 위해 과거 시뮬레이션들을 재검토할 때) 도움이 된다.

제어 카드들은 점(.)을 가지고 시작한다. 이 `.option post` 카드는 HSPICE가 파형 뷰어(waveform viewer)를 가진 사용을 위한 파일에 결과들 쓰기를 하도록 명령한다. SPICE 덱의 마지막

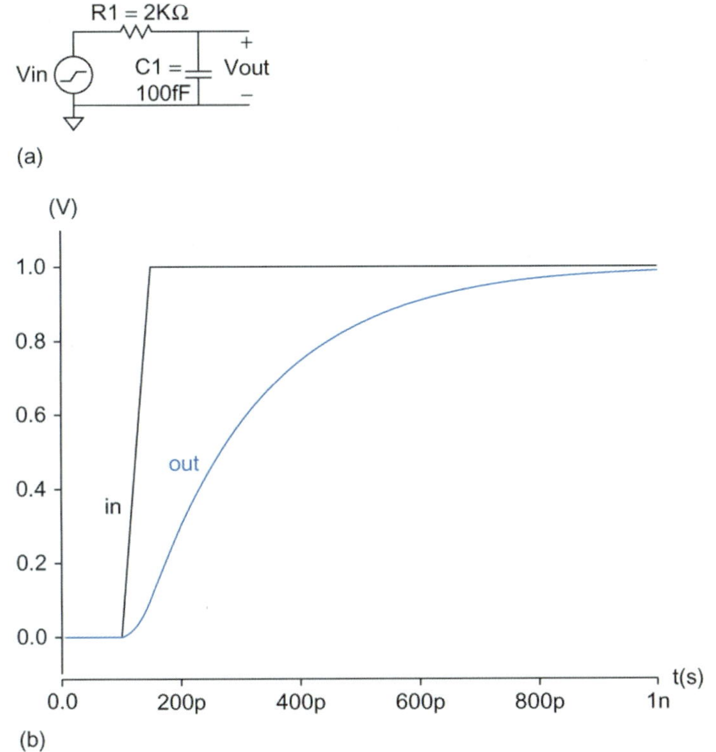

그림 7.1 RC 회로 응답

```
* rc.sp
* David_Harris@hmc.edu 2/2/03
* Find the response of RC circuit to rising input

*----------------------------------------------------------------
* Parameters and models
*----------------------------------------------------------------
.option post

*----------------------------------------------------------------
* Simulation netlist
*----------------------------------------------------------------
Vin    in    gnd    pwl    0ps 0 100ps 0 150ps 1.0 1ns 1.0
R1     in    out    2k
C1     out   gnd    100f

*----------------------------------------------------------------
* Stimulus
*----------------------------------------------------------------
.tran 20ps 1ns
.plot v(in) v(out)
.end
```

그림 7.2 RC SPICE 덱

카드는 .end이어야 한다.

네트리스트 내의 각 라인은 회로 요소의 형태를 표시하는 문자를 가지고 시작한다. 공통 요소들은 표 7.1에 주어져 있다. 이러한 경우에 이 회로는 Vin으로 명명된 전압원, R1으로 명명된 저항기 및 C1으로 명명된 커패시터로 구성된다. 회로 내의 노드들은 in, out, 그리고 gnd로 명명된다. gnd는 0 V 기준으로 정의되는 특별 노드의 명칭이다. 이 단위들은 한 개 또는 두 개의 문자들로 구성된다. 첫 번째 문자(character)는 표 7.2에 나와 있는 바와 같이 크기의 차수를 나타낸다. 메가는 m이 아니라 x임에 유의하자. 두 번째 문자는 편의(farad에 대한 F 또는 second에 대한 s 같은)를 위한 단위를 표시하고 SPICE에 의해 무시된다. 예를 들면 100 femtofarad 커패시터는 100fF, 100f, 또는 100e-15로 표시될 수 있다. SPICE는 대소문자를 구분하지 않지만, 네트리스트가 다른 툴로 전달될 경우를 대비해서 항상 대문자로 작성하는 것이 좋다.

전압원은 구분적인 선형(PWL) 소스로서 정의된다. 이 파형은 (시간, 전압) 쌍의 임의 개수를 사용하여 지정된다. 다른 공통 소스들은 DC 소스 및 펄스 소스들을 포함한다. 노드 vdd를 2.5 V로 설정하는 Vdd로 명명되는 DC 전압원은 다음과 같이 표현될 수 있다.

```
Vdd    vdd    gnd    2.5
```

펄스 소스들은 클럭 같은 반복 신호들에 대해 편리하다. 펄스 소스에 대한 일반형은 그림 7.3에

표 7.1 공통 SPICE 요소

Letter	Element
R	Resistor
C	Capacitor
L	Inductor
K	Mutual inductor
V	Independent voltage source
I	Independent current source
M	MOSFET
D	Diode
Q	Bipolar transistor
W	Lossy transmission line
X	Subcircuit
E	Voltage-controlled voltage source
G	Voltage-controlled current source
H	Current-controlled voltage source
F	Current-controlled current source

표 7.2 SPICE 단위

Letter	Unit	Magnitude
a	atto	10^{-18}
f	femto	10^{-15}
p	pico	10^{-12}
n	nano	10^{-9}
u	micro	10^{-6}
m	milli	10^{-3}
k	kilo	10^{3}
x	mega	10^{6}
g	giga	10^{9}

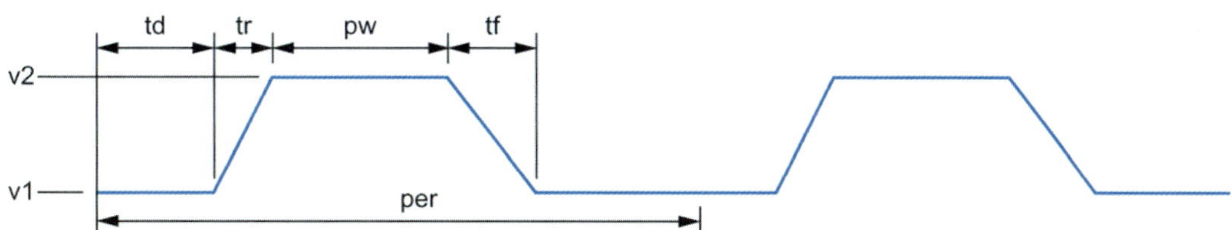

그림 7.3 펄스 파형

도식화되어 있다. 예를 들면 1.0 V 스윙, 800 ps 주기, 100 ps 상승 및 하강 시간, 그리고 50% 충격 계수(duty cycle)(예: 동일한 하이 및 로우 시간)를 가진 클럭은 다음과 같이 표현될 것이다.

```
Vck    clk    gnd    PULSE 0 1 0ps 100ps 100ps 300ps 800ps
```

이 자극은 과도상태 해석(transient analysis)(`.tran`)이 1 ns의 지속 시간 동안 20 ps의 최대 스텝 크기를 사용하여 수행되도록 지정한다. 노드 전압들을 작도할 때 이 스텝 크기는 지점들 사이의 간격을 결정한다.

`.plot` 명령은 그림 7.4에 나와 있는 바와 같이 지정된 노드 변수들(이 경우에 노드 `in` 및 `out`에서의 전압들)의 문자 플롯(textual plot)을 생성한다. 이와 유사하게 `.print` 문장은 다중열 표 내의 결과들을 인쇄한다. 양쪽 명령들은 FORTRAN 및 라인 프린터들의 레거시를 보여 준다. 그래픽 사용자 인터페이스(GUI)를 가진 현대식 컴퓨터 상에서는 `.option post` 명령이 일반적으로 선호된다. 이것

```
legend:

  a: v(in)
  b: v(out)

    time       v(in)
(ab      )   -500.0000m        0.         500.0000m       1.0000       1.5000
                    +             +             +             +             +
   0.        0.     -+------+------2------+------+------+------+------+------+-
  20.0000p   0.      +      +      2      +      +      +      +      +      +
  40.0000p   0.      +      +      2      +      +      +      +      +      +
  60.0000p   0.      +      +      2      +      +      +      +      +      +
  80.0000p   0.      +      +      2      +      +      +      +      +      +
 100.0000p   0.      +      +      2      +      +      +      +      +      +
 120.0000p 400.000m  +      +      +b     +   a  +      +      +      +      +
 140.0000p 800.000m  +      +      + b    +      +      +a     +      +      +
 160.0000p   1.000   +      +      +   b  +      +      +      a      +      +
 180.0000p   1.000   +      +      +      b      +      +      a      +      +
 200.0000p   1.000  -+------+------+------+-b----+------+------a------+------+-
 220.0000p   1.000   +      +      +      +  b   +      +      a      +      +
 240.0000p   1.000   +      +      +      +    b +      +      a      +      +
 260.0000p   1.000   +      +      +      +      b      +      a      +      +
 280.0000p   1.000   +      +      +      +      +b     +      a      +      +
 300.0000p   1.000   +      +      +      +      + b    +      a      +      +
 320.0000p   1.000   +      +      +      +      +  b   +      a      +      +
 340.0000p   1.000   +      +      +      +      +   b  +      a      +      +
 360.0000p   1.000   +      +      +      +      +    b +      a      +      +
 380.0000p   1.000   +      +      +      +      +     b+      a      +      +
 400.0000p   1.000  -+------+------+------+------+------b------a------+------+-
 420.0000p   1.000   +      +      +      +      +      +b     a      +      +
 440.0000p   1.000   +      +      +      +      +      +b     a      +      +
 460.0000p   1.000   +      +      +      +      +      + b    a      +      +
 480.0000p   1.000   +      +      +      +      +      + b    a      +      +
 500.0000p   1.000   +      +      +      +      +      +  b   a      +      +
 520.0000p   1.000   +      +      +      +      +      +  b   a      +      +
 540.0000p   1.000   +      +      +      +      +      +   b  a      +      +
 560.0000p   1.000   +      +      +      +      +      +   b  a      +      +
 580.0000p   1.000   +      +      +      +      +      +   b  a      +      +
 600.0000p   1.000  -+------+------+------+------+------+---b--a------+------+-
 620.0000p   1.000   +      +      +      +      +      +    b a      +      +
 640.0000p   1.000   +      +      +      +      +      +    b a      +      +
 660.0000p   1.000   +      +      +      +      +      +    b a      +      +
 680.0000p   1.000   +      +      +      +      +      +    b a      +      +
 700.0000p   1.000   +      +      +      +      +      +    b a      +      +
 720.0000p   1.000   +      +      +      +      +      +     ba      +      +
 740.0000p   1.000   +      +      +      +      +      +     ba      +      +
 760.0000p   1.000   +      +      +      +      +      +     ba      +      +
 780.0000p   1.000   +      +      +      +      +      +     ba      +      +
 800.0000p   1.000  -+------+------+------+------+------+-----ba------+------+-
 820.0000p   1.000   +      +      +      +      +      +     ba      +      +
 840.0000p   1.000   +      +      +      +      +      +     ba      +      +
 860.0000p   1.000   +      +      +      +      +      +     ba      +      +
 880.0000p   1.000   +      +      +      +      +      +     ba      +      +
 900.0000p   1.000   +      +      +      +      +      +     ba      +      +
 920.0000p   1.000   +      +      +      +      +      +     ba      +      +
 940.0000p   1.000   +      +      +      +      +      +      2      +      +
 960.0000p   1.000   +      +      +      +      +      +      2      +      +
 980.0000p   1.000   +      +      +      +      +      +      2      +      +
   1.0000n   1.000  -+------+------+------+------+------+------2------+------+-
                    +             +             +             +             +
```

그림 7.4 RC 회로 응답의 문자 플롯

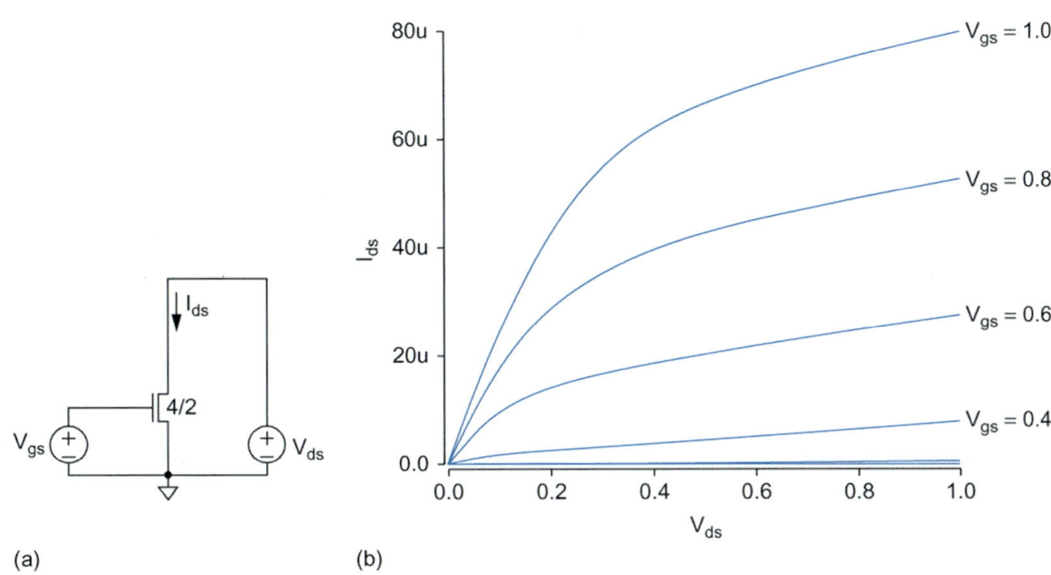

그림 7.5 MOS I-V 특성, 전류의 단위는 μA

은 지정된(과도상태) 해석의 결과들을 포함하는 파일(이 경우에 `rc.tr0`)을 생성한다. 그 다음에 분리 그래픽 파형 뷰어가 파형들을 관찰하고 처리하기 위해 사용될 수 있다. SPICE Explorer는 HSPICE와 호환성이 있는 Synopsys의 파형 뷰어이다.

7.2.2 트랜지스터 DC 해석

새로운 CMOS 공정과 친숙하게 되는 첫 번째 단계들 중 하나는 트랜지스터들의 I-V 특성을 관찰하는 것이다. 그림 7.5(a)는 V_{DD}=1.0 V에서 65 nm 공정 내의 단위(4/2λ) nMOS 트랜지스터에 대한 테스트 회로들을 보여 준다. 이 I-V 특성은 그림 7.6의 SPICE 덱을 사용하여 그림 7.5(b)에 그려져 있다.

`.include`는 디스크로부터 또 다른 SPICE 파일 읽기를 한다. 이 예에서 이것은 7.3절에서 더 논의될 디바이스 모델들을 로딩한다. 이 회로는 0 V의 디폴트 값을 가진 두 개의 독립적 전압원들을 사용한다. 이러한 전압들은 `.dc` 명령에 의해 변동될 것이다. 이 nMOS 트랜지스터는 다음의 구문을 사용하는 MOSFET 요소 `M`를 사용하여 정의된다.

```
Mname   drain   gate   source   body   model   W=<width>   L=<length>
```

이 공정은 명목상 65 nm 공정임에도 불구하고 λ=25 nm와 50 nm의 최소 채널 길이를 갖는다.

`.dc` 명령은 0 V에서부터 1.0 V까지 0.05 V 증분만큼씩 전압원 `Vgs` DC 전압을 변동시킨다. 이러한 것은 `Vgs`의 서로 다른 값에서 많은 I_{ds} 대 V_{ds} 곡선을 컴퓨터로 계산하기 위해 V_{gs}가 0 V에서부터 1.0 V까지 0.2 V 증분만큼씩 스위프되면서 여러 번 반복된다.

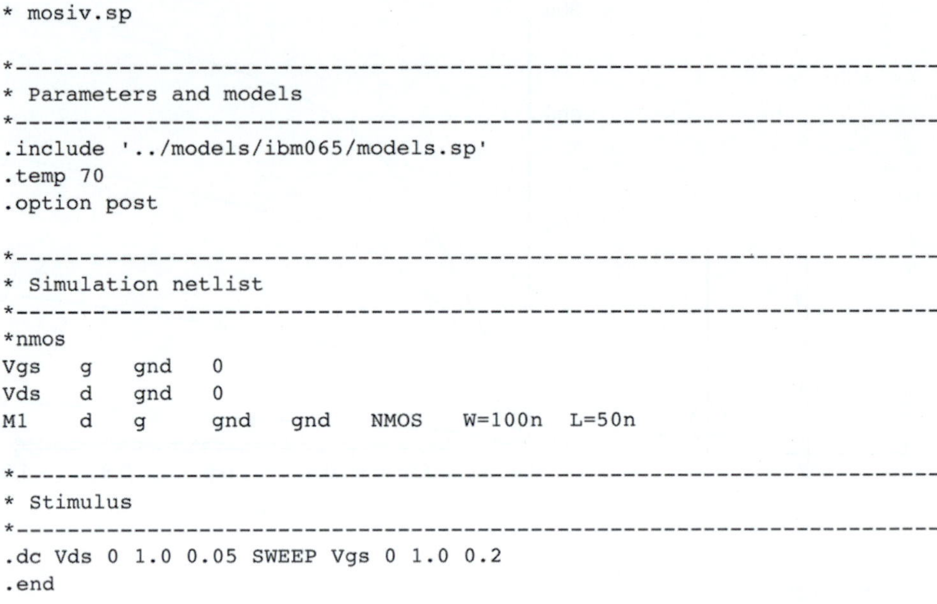

```
* mosiv.sp

*----------------------------------------------------------------------
* Parameters and models
*----------------------------------------------------------------------
.include '../models/ibm065/models.sp'
.temp 70
.option post

*----------------------------------------------------------------------
* Simulation netlist
*----------------------------------------------------------------------
*nmos
Vgs    g    gnd    0
Vds    d    gnd    0
M1     d    g      gnd    gnd    NMOS    W=100n    L=50n

*----------------------------------------------------------------------
* Stimulus
*----------------------------------------------------------------------
.dc Vds 0 1.0 0.05 SWEEP Vgs 0 1.0 0.2
.end
```

그림 7.6 MOSIV SPICE 덱

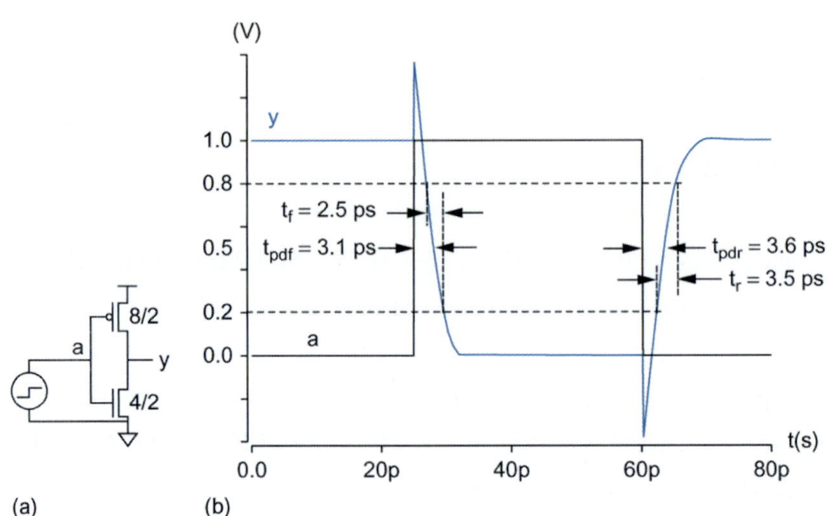

그림 7.7 언로딩된 인버터

7.2.3 인버터 과도상태 해석

그림 7.7은 전파 지연 및 20~80% 상승 및 하강 시간들을 가지고 주석을 단 언로딩된 단위 인버터의 단계 응답을 보여 준다. 로드가 없기 때문에 부트스트래핑으로부터 유효 오버슈트가 발생하는 것을 주시하자[3.4.6.6절 참조]. 이 시뮬레이션을 위한 SPICE 덱은 그림 7.8에서 볼 수 있다.

```
* inv.sp

*----------------------------------------------------------------------
* Parameters and models
*----------------------------------------------------------------------
.param SUPPLY=1.0
.option scale=25n
.include '../models/ibm065/models.sp'
.temp 70
.option post

*----------------------------------------------------------------------
* Simulation netlist
*----------------------------------------------------------------------
Vdd    vdd    gnd    'SUPPLY'
Vin    a      gnd    PULSE   0 'SUPPLY' 25ps 0ps 0ps 35ps 80ps
M1     y      a      gnd     gnd    NMOS    W=4    L=2
+ AS=20 PS=18 AD=20 PD=18
M2     y      a      vdd     vdd    PMOS    W=8    L=2
+ AS=40 PS=26 AD=40 PD=26

*----------------------------------------------------------------------
* Stimulus
*----------------------------------------------------------------------
.tran 0.1ps 80ps
.end
```

그림 7.8 INV SPICE 덱

이러한 덱은 매개변수들의 사용 및 스케일링을 도입한다. `.param` 문장은 `SUPPLY`로 명명되는 매개변수가 1.0의 값을 갖도록 정의한다. 그 다음에 이것은 `Vdd` 및 입력 펄스의 진폭을 설정하는 데 사용된다. 만약 서로 다른 공급 전압에서 응답을 평가하기를 원했다면 단지 `.param` 문장을 바꿀 필요가 있었을 것이다. `.scale`은 디폴트로 미터 값으로 측정될 모든 치수들에 대한 스케일 요소를 설정한다. 이러한 경우에 이것은 스케일을 $\lambda = 25$ nm로 설정한다. 이제 이 인버터 내의 트랜지스터 폭 및 길이들은 미터보다는 차라리 람다(λ)의 항으로 지정된다. 이것은 가변 규칙을 사용한 칩 설계에 편리하지만, 미크론 규칙을 갖는 상용 공정에서는 사용하지 않는다.

기생 지연은 확산 커패시턴스에 강하게 의존하고 차례로 소스 및 드레인의 면적 및 주변 길이(perimeter)에 의존한다는 점을 돌이켜 생각해 보자. 한 인버터 내의 각 확산 영역은 반드시 접촉되어야만 하기 때문에 이것은 그림 2.8(a)의 기하학적 구조와 유사하다. 확산 폭은 트랜지스터 폭과 동일하고 확산 길이는 5λ이다. 따라서 소스 및 드레인의 면적은 $AS = AD = 5W\lambda^2$이고 주변 길이들은 $PS = PD = (2W + 10)\lambda$이다. 한 카드의 첫 번째 열 내의 + 기호는 이것이 이전 카드의 지속임을 나타낸다. 또한 이러한 치수들은 스케일 인수에 의해 영향을 받는다.

7.2.4 하위회로 및 측정

공정의 고유 속도를 측정하는 가장 간단한 방법들 중 한 가지는 팬아웃-4(fanout-of-4) 인버터 지연이다. 그림 7.9(a)는 이러한 지연을 측정하기 위한 회로를 보여 준다. 이 nMOS 및 pMOS 트랜지스터 크기들(단위 4/2λ 트랜지스터의 곱)이 각 게이트 하부 및 상부 각각에 목록화되어 있다. *X*3는 테스트 중인 인버터이고 *X*4는 그 로드인데 이 *X*4는 *X*3보다 4배 더 크다. 첫 번째 순서에 대해 이러한 두 개의 인버터들은 충분할 것이다. 그러나 3.4.6.1절에서 논의된 바와 같이 *X*3의 지연은 또한 입력 기울기에 의존한다. 실제적 입력 기울기를 획득하는 한 가지 방법은 FO4 인버터들 *X*1 및 *X*2의 쌍을 이용하여 노드 c를 구동하는 것이다. 또한 3.4.6.6절에서 논의된 바와 같이 *X*4의 입력 커패시턴스는 단지 그 C_{gs}에 의존할 뿐만 아니라 C_{gd}에도 의존한다. C_{gd}는 노드 e가 스위칭되면서 밀러 곱(Miller-multiplied)이 되고 e가 즉시 스위칭된다면 효과적으로 두 배가 될 것이다. e가 *X*5를 가지고 로딩될 때 이것은 *X*4에 의해 노드 d에서 제공되는 유효 커패시턴스를 감소시키면서 더 느리고 더 실제적 비율로 스위칭된다. 그림 7.9(b)의 파형들은 상승 및 하강 지연들을 가지고 주석을 달게 된다.

공통 회로 요소들이 하위회로들로서 포착될 때 SPICE 덱들은 읽기 및 유지하기가 더 쉽다. 예를 들면 그림 7.10의 덱은 인버터 하위회로를 사용하여 FO4 인버터 지연을 컴퓨터로 계산한다.

`.global` 문장은 vdd 및 gnd를 하위회로에 있어서 기준이 될 수 있는 전역 노드들로서 정의한다. 이 인버터들은 두 개의 단말 a 및 y를 가진 하위회로로서 선언된다. 이것은 또한 nMOS 및 pMOS 트랜지스터들의 폭을 지정하는 두 개의 매개변수들을 접수한다. 이러한 매개변수들은 4 그리고 8의 디폴트 값을 갖는다. 소스 및 드레인의 면적 및 주변 길이는 트랜지스터 폭의 함수들이다. HSPICE는 단일 인용부호 내에 주어진 함수들을 평가한다. 이 함수들은 매개변수, 상수, 괄호, +, −, *, /, 그리고 **(거듭제곱으로 되는)을 포함할 수 있다.

시뮬레이션 네트리스트는 전력 공급, 입력 파형, 그리고 네 개의 인버터들을 포함한다. 각 인버터는 하위회로 (x) 요소이다. N 및 P가 지정되어 있지 않아서 각각은 디폴트 크기를 사용한다. M 매개변수는 병렬로 연결된 M개의 요소들과 동등하며 주어진 요소에 하위회로 내의 모든 전류들을 곱한다. 이러한 경우에 팬아웃들은 매개변수 H 항으로 표현된다. 따라서 *X*2는 4개의 단위 인버터들의 커패시

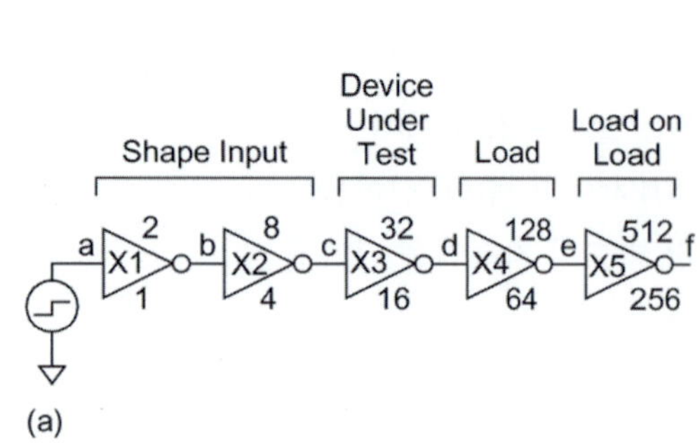

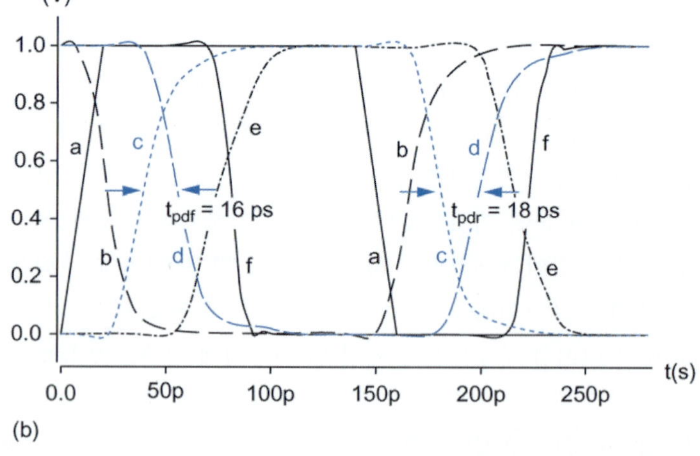

그림 7.9 팬아웃-4 인버터

```
* fo4.sp
*----------------------------------------------------------------------
* Parameters and models
*----------------------------------------------------------------------
.param SUPPLY=1.0
.param H=4
.option scale=25n
.include '../models/ibm065/models.sp'
.temp 70
.option post
*----------------------------------------------------------------------
* Subcircuits
*----------------------------------------------------------------------
.global vdd gnd
.subckt inv a y N=4 P=8
M1    y     a     gnd     gnd     NMOS    W='N'   L=2
+ AS='N*5' PS='2*N+10' AD='N*5' PD='2*N+10'
M2    y     a     vdd     vdd     PMOS    W='P'   L=2
+ AS='P*5' PS='2*P+10' AD='P*5' PD='2*P+10'
.ends
*----------------------------------------------------------------------
* Simulation netlist
*----------------------------------------------------------------------
Vdd   vdd   gnd   'SUPPLY'
Vin   a     gnd   PULSE   0 'SUPPLY' 0ps 20ps 20ps 120ps 280ps
X1    a     b     inv              * shape input waveform
X2    b     c     inv     M='H'    * reshape input waveform
X3    c     d     inv     M='H**2' * device under test
X4    d     e     inv     M='H**3' * load
X5    e     f     inv     M='H**4' * load on load
*----------------------------------------------------------------------
* Stimulus
*----------------------------------------------------------------------
.tran 0.1ps 280ps
.measure tpdr                               * rising prop delay
+      TRIG v(c)    VAL='SUPPLY/2' FALL=1
+      TARG v(d)    VAL='SUPPLY/2' RISE=1
.measure tpdf                               * falling prop delay
+      TRIG v(c)    VAL='SUPPLY/2' RISE=1
+      TARG v(d)    VAL='SUPPLY/2' FALL=1
.measure tpd param='(tpdr+tpdf)/2'          * average prop delay
.measure trise                              * rise time
+      TRIG v(d)    VAL='0.2*SUPPLY' RISE=1
+      TARG v(d)    VAL='0.8*SUPPLY' RISE=1
.measure tfall                              * fall time
+      TRIG v(d)    VAL='0.8*SUPPLY' FALL=1
+      TARG v(d)    VAL='0.2*SUPPLY' FALL=1
.end
```

그림 7.10 FO4 SPICE 덱

턴스 및 출력 전류를 가지고 있는 반면에 *X*3는 16과 동등하다. 인버터들을 모델링하는 또 다른 방법에서는 N 및 P 매개변수들을 사용할 것이다.

```
X1   a   b   inv   N=4      P=8      * shape input waveform
X2   b   c   inv   N=16     P=32     * reshape input waveform
X3   c   d   inv   N=64     P=128    * device under test
X4   d   e   inv   N=256    P=512    * load
X5   e   f   inv   N=1024   P=2048   * load on load
```

그러나 단위 폭의 네 배를 가진 트랜지스터는 병렬로 묶인 네 개의 단위 인버터들과 정확하게 동일한 커패시턴스 또는 출력 전류를 가지고 있지 않고 따라서 M 매개변수가 일반적으로 선호된다.

이러한 예에서 하위회로 선언(declaration) 및 시뮬레이션 네트리스트는 SPICE 덱의 일부이다. 표준 셀 라이브러리를 가지고 작업을 할 때 그들 자신의 파일들 내의 하위회로 선언들을 유지하고 그 대신에 `.include` 문장을 이용하여 이들을 참조하는 것이 공통적이다. 이 시뮬레이션 네트리스트가 스키매틱 또는 레이아웃 CAD 시스템으로부터 추출될 때 네트리스트를 분리 파일 내에 두고 또한 그것을 `.include` 하는 것이 공통적이다.

`.measure` 문장은 시뮬레이션 결과들을 측정하고 목록화된 파일 내에서 이들을 인쇄한다. 이 덱은 입력 c가 $V_{DD}/2$를 통해 처음 하강하는 시간과 출력 d가 $V_{DD}/2$를 통해 처음 상승하는 시간의 차로서 상승 전파 지연 t_{pdr}을 측정한다. `TRIG` 및 `TARG`는 그 사이에서 지연이 측정되는 트리거 및 타깃을 표시한다. 또한 `.measure` 문장이 다른 측정들의 함수들을 컴퓨터로 계산하는 데 사용될 수 있다. 예를 들면 평균 FO4 인버터 전파 지연 t_{pd}는 t_{pdr} 및 t_{pdf}의 중간값, 즉 $t_{pd}=17$ ps이다. 20~80% 상승 시간은 $t_r=20$ ps이고 하강 시간은 $t_f=17$ ps이다.

7.2.5 최적화

많은 예에서 2:1의 P/N 비는 거의 동일한 상승 및 하강 지연들을 제공한다고 가정해 왔다. pMOS 이동도(mobility)가 nMOS의 이동도 절반보다도 낮기 때문에 FO4 인버터 시뮬레이션은 하강 지연보다 더 느린 상승 지연을 제공한다. 따라서 동일 지연을 위한 비율을 찾기 위해 반복적으로 서로 다른 디폴트 값들을 가지고 시뮬레이션을 가동할 수 있다. HSPICE는 일부 목표를 달성하고 어떤 매개변수 값이 최상의 결과들을 제공했는지를 보고하기 위해 매개변수들을 자동적으로 조정(tweak)할 붙박이형 최적화 능력을 가지고 있다. 그림 7.11은 최적화기를 사용하는 FO4 인버터 시뮬레이션의 변형된 버전을 보여 준다.

하위회로 $X1$~$X5$는 그들의 pMOS 폭들을 무효(override)로 하고 그 대신에 폭 `P1`을 사용한다. 최적화 설정에서 t_{pdr} 및 t_{pdf}의 차이가 측정된다. 최적화의 목표는 이 차이를 0으로 구동할 것이다. 이것을 행하기 위해 `P1`은 초기 추정(guess) 8을 가지고 4로부터 16까지 변동될 수도 있다. 최적화기는 `P1`의 최상 값을 찾기 위해 30번까지의 반복(iteration)을 사용할 수도 있다. nMOS의 폭이 4에 고정되기 때문에 최상의 P/N 비는 `P1/4`로 컴퓨터로 계산된다. 과도상태 해석은 변동할 매개변수, 요구하는 결과, 그리고 반복 횟수를 담고 있는 `SWEEP` 문장을 포함한다.

HSPICE는 17.9 ps의 상승 및 하강 지연을 제공하면서 동일 상승 및 하강 지연을 위한 P/N 비를 2.87:1로 결정한다. 이것은 2:1 비가 면적 및 전력을 소비하는 큰 pMOS 트랜지스터들에 대해 제공하고 필요로 하는 것보다 더 느리다. 따라서 그러한 높은 비는 거의 사용되지 않는다.

유사한 시나리오는 최소 평균 지연을 제공하는 *P*/*N* 비를 찾는 것이다. RESULTS=tpd를 사용하기 위해 .tran을 변경하여 상승, 하강 및 평균 전파 지연이 각각 18.8, 15.2 및 17.0 ps인 1.79:1 의 최상 비를 찾는다. 최적화를 행할 때마다 이러한 지점으로부터의 편차에 대한 최적 조건뿐만 아니라 감도를

```
* fo4opt.sp
*----------------------------------------------------------------------
* Parameters and models
*----------------------------------------------------------------------
.param SUPPLY=1.0
.option scale=25n
.include '../models/ibm065/models.sp'
.temp 70
.option post
*----------------------------------------------------------------------
* Subcircuits
*----------------------------------------------------------------------
.global vdd gnd
.subckt inv a y N=4 P=8
M1   y   a   gnd   gnd   NMOS   W='N'   L=2
+ AS='N*5' PS='2*N+10' AD='N*5' PD='2*N+10'
M2   y   a   vdd   vdd   PMOS   W='P'   L=2
+ AS='P*5' PS='2*P+10' AD='P*5' PD='2*P+10'
.ends
*----------------------------------------------------------------------
* Simulation netlist
*----------------------------------------------------------------------
Vdd   vdd   gnd   'SUPPLY'
Vin   a     gnd   PULSE    0 'SUPPLY' 0ps 20ps 20ps 120ps 280ps
X1    a     b     inv      P='P1'             * shape input waveform
X2    b     c     inv      P='P1'    M=4      * reshape input waveform
X3    c     d     inv      P='P1'    M=16     * device under test
X4    d     e     inv      P='P1'    M=64     * load
X5    e     f     inv      P='P1'    M=256    * load on load
*----------------------------------------------------------------------
* Optimization setup
*----------------------------------------------------------------------
.param P1=optrange(8,4,16)          * search from 4 to 16, guess 8
.model optmod opt itropt=30         * maximum of 30 iterations
.measure bestratio param='P1/4'     * compute best P/N ratio
*----------------------------------------------------------------------
* Stimulus
*----------------------------------------------------------------------
.tran 0.1ps 280ps SWEEP OPTIMIZE=optrange RESULTS=diff MODEL=optmod
.measure tpdr                                * rising propagation delay
+      TRIG v(c)   VAL='SUPPLY/2' FALL=1
+      TARG v(d)   VAL='SUPPLY/2' RISE=1
.measure tpdf                                * falling propagation delay
+      TRIG v(c)   VAL='SUPPLY/2' RISE=1
+      TARG v(d)   VAL='SUPPLY/2' FALL=1
.measure tpd param='(tpdr+tpdf)/2' goal=0   * average prop delay
.measure diff param='tpdr-tpdf' goal = 0    * diff between delays
.end
```

그림 7.11 FO4OPT SPICE 덱

고려하는 것이 중요하다. 더 나아간 시뮬레이션은 1.5:1에서부터 2.2:1에 이르는 어느 지점에서의 모든 *P/N* 비들은 17.2 ps보다 나은 평균 전파 지연을 제공하고 1.79:1 '최적 조건'에 비굴하게 집착할 필요가 없다는 것을 보여 준다. 실질적인 최상의 *P/N* 비는 면적 및 전력을 절감하기 위해 더 작은 pMOS 디바이스들을 사용하는 것과 더욱 근접한 상승/하강 시간들을 달성하고 약한 pMOS 트랜지스터들을 가진 회로들 내의 매우 느린 상승 에지들에 의해 유발되는 고온 전자 신뢰성 문제들을 피하기 위해 더 큰 디바이스들을 사용하는 것 사이의 타협이다. *P/N* 비들은 8.2.1.6절에서 더 논의된다.

7.2.6 기타 HSPICE 명령들

HSPICE의 전체 매뉴얼은 4000쪽 이상을 채우고 여기에서 설명할 수 있는 것보다 더 많은 내용을 포함한다. 가장 유용한 추가 명령어들의 일부가 이 절에서 설명된다. 7.3절에서는 트랜지스터 모델들 및 라이브러리 셀들을 설명하고, 7.6절에서는 손실이 많은 전송선들을 가진 상호연결의 모델링을 논의한다.

```
.option accurate
```

보다 정확한 결과를 얻기 위하여 결합 허용(integration tolerance)을 강하게 한다. 이는 발진기와 고이득 아날로그 회로에 유용하며 결과가 이상할 때 사용한다.

```
.option autostop
```

`.tran` 카드의 전체 기간을 지속하는 대신 모든 `.measure` 결과가 얻어졌을 때 시뮬레이션을 멈춘다. 이는 시뮬레이션 시간을 많이 줄인다.

```
.temp 0 70 125
```

시뮬레이션을 0, 70, 그리고 125°C에서 세 번 반복한다. 디바이스 모델은 변화하는 온도가 디바이스 성능을 어떻게 변화시키는지에 대한 정보를 포함할 수 있다.

```
.op
```

DC 동작점에서 전압, 전류, 그리고 트랜지스터 바이어스 조건을 출력한다.

7.3 디바이스 모델

7.2절의 예들 대부분은 트랜지스터 모델들을 담고 있는 파일을 포함한다. SPICE는 폭넓은 다양한 MOS 트랜지스터 모델들에 대해 복잡성 및 정확성 사이의 다양한 트레이드오프를 제공한다. 레벨 1 및 레벨 3 모델은 역사적으로 중요하지만 이들은 매우 작은 현대식 트랜지스터들을 정확하게 모델링하는 데 더 이상 적합하지 않다. BSIM 모델들이 더 정확하고 현재 가장 널리 사용되고 있다. 일부 회사들은 그들 자신의 사유 모델을 사용한다. 이 절은 이러한 모델 각각의 주요 특성을 간략하게 설명한

다. 또한 확산 커패시턴스를 모델링하는 방법 그리고 다양한 공정 코너들 내에서 시뮬레이션들을 가동하는 방법을 설명한다. 이 모델 설명들은 단지 모델들의 능력 및 한계의 개요로서만 의도되어 있다. 필요한 경우 더 상세한 설명은 SPICE 매뉴얼을 참고하기 바란다.

7.3.1 레벨 1 모델

SPICE 레벨 1 또는 Shichman-Hodges 모델[Shichman68]은 채널 길이 변조 및 바디 효과(body effect)를 가지고 강화된, 식 (2.10)에 설명된 쇼클리(Shockley) 모델과 밀접하게 관련되어 있다. 기본 전류 모델은 다음과 같다.

$$I_{ds} = \begin{cases} 0 & V_{gs} < V_t \quad \text{cutoff} \\ \text{KP}\dfrac{W_{\text{eff}}}{L_{\text{eff}}}\left(1+\text{LAMBDA}\times V_{ds}\right)\left(V_{gs}-V_t-{V_{ds}}/{2}\right)V_{ds} & V_{ds} < V_{gs}-V_t \quad \text{linear} \\ \dfrac{\text{KP}}{2}\dfrac{W_{\text{eff}}}{L_{\text{eff}}}\left(1+\text{LAMBDA}\times V_{ds}\right)\left(V_{gs}-V_t\right)^2 & V_{ds} > V_{gs}-V_t \quad \text{saturation} \end{cases} \tag{7.1}$$

SPICE 모델로부터의 매개변수들은 ALL CAPS 내에 주어진다. β가 그 대신에 KP($W_{\text{eff}}/L_{\text{eff}}$)로서 쓰여지고 여기에서 KP는 식 (2.7)로부터의 k'의 역할을 하는 모델 매개변수이다. W_{eff} 및 L_{eff}는 식 (2.48)에서 설명된 바와 같이 유효 폭 및 길이이다. LAMBDA 항은 채널 길이 변조를 모델링한다(2.4.2절 참조).

문턱 전압은 바디 효과를 통한 소스-바디 전압 V_{sb}에 의해 변조된다(2.4.3.1절 참조). 음수가 아닌 V_{sb}에 대해 문턱 전압은 다음과 같다.

$$V_t = \text{VTO} + \text{GAMMA}\left(\sqrt{\text{PHI}+V_{sb}} - \sqrt{\text{PHI}}\right) \tag{7.2}$$

이것은 식 (2.30)과 동등하고 여기에서 VTO는 '제로 바이어스' 문턱 전압 V_{t0}, GAMMA는 바디 효과 계수 γ, 그리고 PHI는 표면 전위 ϕ_s이다.

게이트 커패시턴스는 산화막 두께 TOX로부터 계산된다. HSPICE 내의 디폴트 게이트 커패시턴스 모델은 디지털 회로들의 과도상태 응답을 찾는 데 적절하다. 아날로그 설계를 위해 중요한 비상호적(nonreciprocal) 효과들을 포착하는 더 정교한 모델들이 존재한다.

레벨 1 모델들은 수동 해석과 상호 연관시키기가 쉬워서 가르치기에는 유용하지만, 현대식 설계에 대해서는 지나치게 단순하다. 그림 7.12는 카드 구문을 도해적으로 설명하는 레벨 1 모델 카드의 예를 제공한다. 또한 이 카드는 7.3.4절에서 설명할 확산 커패시턴스를 컴퓨터로 계산하기 위한 항들

```
.model NMOS NMOS (LEVEL=1 TOX=40e-10 KP=155E-6 LAMBDA=0.2
+                 VTO=0.4 PHI=0.93 GAMMA=0.6
+                 CJ=9.8E-5 PB=0.72 MJ=0.36
+                 CJSW=2.2E-10 PHP=7.5 MJSW=0.1)
```

그림 7.12 표본 레벨 1 모델

을 포함한다.

7.3.2 레벨 2 및 3 모델

SPICE 레벨 2 및 3 모델들은 속도 포화, 이동도 저하(degradation), 하위 문턱 전도(conductance), 그리고 드레인에 의해 유도된 장벽 낮추기(barrier lowering)의 효과들을 첨가한다. 레벨 2 모델은 Grove-Frohman 방정식[Frohman69]에 기초하고 있는 반면에 레벨 3 모델은 유사 정확도 및 더 빠른 시뮬레이션 시간들 그리고 더 우수한 수렴을 제공하는 실험 방정식들에 기초하고 있다. 그러나 이러한 모델들은 여전히 현대식 트랜지스터들의 측정된 I-V 특성들에 잘 맞지 않는다.

7.3.3 BSIM 모델

(BSIM: berkeley short-channel IGFET[1] Model)은 지금 회로 시뮬레이션에 있어서 널리 사용되는 매우 정교한 모델이다. 이 모델들은 기초 디바이스 물리학으로부터 유도되지만 현대식 트랜지스터들의 동작에 맞추기 위해 방대한 개수의 매개변수들을 사용한다. BSIM 버전 1, 2, 3v3, 그리고 4는 각각 SPICE 레벨 13, 39, 49, 그리고 54로 구현된다.

BSIM 버전 3과 4는 모델을 설명하는 데 책 전체[Cheng99, Dunga07]가 필요하다. 이것은 100개 이상의 매개변수들을 포함하고 디바이스 방정식들이 27쪽에 걸쳐 있다. 이것은 디지털 회로 시뮬레이션에 매우 우수하다. 이 모델의 특성들은 다음을 포함한다.

- 우수한 수렴을 위해 하위 문턱, 선형, 그리고 포화 지역에 걸친 지속적 그리고 미분 가능한 I-V 특성
- 트랜지스터 길이 및 폭에 대해 V_t 같은 매개변수들의 감도
- 바디 효과 및 드레인에 의해 유도된 장벽 낮추기를 포함하는 상세한 문턱 전압 모델
- 속도 포화, 이동도 저하 및 다른 단락 채널(short-channel) 효과
- 다중 게이트 커패시턴스 모델
- 확산 커패시턴스 및 저항 모델
- 게이트 누설 모델(BSIM 4에서)

문턱 전압 같은 일부 디바이스 매개변수들은 디바이스 치수와 함께 상당히 변경된다. BSIM 모델들은 LMIN, LMAX, WMIN 및 WMAX 매개변수들에 의해 지정되는 길이 및 폭의 서로 다른 범위를 포함하는 서로 다른 모델들과 함께 **빈**(bin)에 저장될 수 있다. 예를 들면 한 모델은 0.18~0.25 μm 범위의 채널 길이들을 가진 트랜지스터들을 포함할 수 있고, 다른 모델은 0.25~0.5 μm 범위 그리고 세 번째 모델은 0.5~5 μm 범위의 것들을 포함할 수 있을 것이다. 트랜지스터가 빈들 중 하나에 맞지 않으면 SPICE는 불편을 호소하게 될 것이다.

[1] IGFET는 차례로 insulated-gate field effect transistor를 나타내고 MOSFET의 유사어이다.

BSIM 모델이 매우 복잡하기 때문에 전달 지연, 스위칭 문턱 전압, 잡음 여유도 등을 폐쇄형 해로 유도하는 것은 비현실적이다. 그러나 이러한 특성을 회로 시뮬레이션으로 찾아내는 것은 어렵지 않다. 7.4절에서는 디바이스 특성을 찾고 유효 커패시턴스와 저항을 추출할 수 있는 간단한 시뮬레이션을 소개할 예정이다. 간단한 RC 모델은 논리 게이트의 특성에 관해서 설계자에게 중요한 개념을 지속적으로 제시한다.

7.3.4 확산 커패시턴스 모델

소스 또는 드레인 확산과 바디 사이의 p-n 접합은 역바이어스된 다이오드를 형성한다. 그 동안 확산 커패시턴스가 게이트의 기생지연을 결정하고 확산의 면적 및 주변 길이에 의존하는 것을 관찰해 왔다. HSPICE는 이러한 기하학적 배열을 지정하기 위한 수많은 방법들을 제공하는데 트랜지스터 모델 카드의 일부인 ACM(area calculation method 면적 계산 방법) 매개변수에 의해 제어된다. 또한 이 모델 카드는 2.3.3절에서 설명된 바와 같이 접합 및 측면(sidewall) 확산 커패시턴스를 위한 값들을 반드시 가지고 있어야만 한다. 확산 커패시턴스 모델은 레벨 1~3 및 BSIM을 포함하는 거의 모든 디바이스 모델들에 걸쳐 공통적이다.

디폴트로서 HSPICE 모델들은 ACM=0을 사용한다. 이 방법에 있어서 설계자는 각 트랜지스터의 소스 및 드레인의 면적 및 주변 길이를 반드시 지정해야만 한다. 예를 들면 그림 2.8로부터의 각 확산 영역의 치수들은 표 7.3(면적에 대해 λ^2 단위, 주변 길이에 대해 λ로)에 목록화되어 있다. 공유 접촉된 확산인 경우의 SPICE 설명은 그림 7.13에 나와 있는데 `.option scale`이 λ 값에 설정된다고 가정한다.

또한 SPICE 모델들은 CJ, CJSW, PB, PHP, MJ, 그리고 MJSW라는 매개변수들을 포함해야만 한다. 확산이 역바이어스되고 면적 및 주변 길이가 지정되어 있다고 가정하면 소스 및 바디 사이의 확산 커패시턴스는 2.3.3절에서 설명된 바와 같이 컴퓨터로 계산된다.

$$C_{sb} = \mathrm{AS} \times \mathrm{CJ} \times \left(1 + \frac{V_{sb}}{\mathrm{PB}}\right)^{-MJ} + \mathrm{PS} \times \mathrm{CJSW} \times \left(1 + \frac{V_{sb}}{\mathrm{PHP}}\right)^{-MJSW} \tag{7.3}$$

표 7.3 확산 면적 및 주변 길이

	AS1 / AD2	PS1 / PD2	AD1 / AS2	PD1 / PS2
(a) Isolated contacted diffusion	$W \times 5$	$2 \times W + 10$	$W \times 5$	$2 \times W + 10$
(b) Shared contacted diffusion	$W \times 5$	$2 \times W + 10$	$W \times 3$	$W + 6$
(c) Merged uncontacted diffusion	$W \times 5$	$2 \times W + 10$	$W \times 1.5$	$W + 3$

```
* Shared contacted diffusion
M1    mid    b    bot    gnd    NMOS    W='w'    L=2
+ AS='w*5' PS='2*w+10' AD='w*3' PD='w+6'
M2    top    a    mid    gnd    NMOS    W='w'    L=2
+ AS='w*3' PS='w+6' AD='w*5' PD='2*w+10'
```

그림 7.13 공유 접촉된 확산을 가진 트랜지스터들의 SPICE 모델

모델 매개변수들에 있어서 D로 치환되는 S와 함께 드레인 방정식들은 유사하다.

BSIM3 모델들은 게이트에 인접한 에지 상의 서로 다른 측면 커패시턴스를 고려하는 유사한 면적 계산 모델(ACM=0)을 제공한다. PHP 매개변수는 더 일치되도록 PBSW로 개명된다.

$$C_{sb} = \mathrm{AS} \times \mathrm{CJ} \times \left(1+\frac{V_{sb}}{\mathrm{PB}}\right)^{-MJ} + (\mathrm{PS}-W) \times \mathrm{CJSW} \times \left(1+\frac{V_{sb}}{\mathrm{PBSW}}\right)^{-MJSW} + W \times \mathrm{CJSWG} \times \left(1+\frac{V_{sb}}{\mathrm{PBSWG}}\right)^{-MJSWG} \tag{7.4}$$

이 면적 및 주변 길이가 지정되지 않으면 이들은 게이트의 기생 지연을 상당히 저평가하면서 ACM=0 또는 10 내에서 0으로 디폴트가 된다. 또한 HSPICE는 면적 및 주변 길이가 지정되지 않았을 때 0이 아닌 디폴트 값들을 제공하는 ACM=1, 2, 3 및 12를 지원한다. 자신의 모델들을 점검하고 HSPICE 문서를 주의해서 읽어 보기 바란다.

확산 면적 및 주변 길이는 접합 누설 전류를 컴퓨터로 계산하는 데도 사용된다. 그러나 이러한 전류는 현대식 디바이스들 내의 하위 문턱 누설에 비해서 일반적으로 무시할 만하다.

7.3.5 설계 코너

엔지니어들은 디바이스 특성들 및 환경 내의 변동(variation)들에 걸친 동작을 검증하기 위해 다중 설계 코너들 내의 회로들을 종종 시뮬레이션한다. HSPICE는 라이브러리 변경을 쉽게 만드는 `.lib` 카드를 포함한다. 예를 들면 그림 7.14의 덱은 TT, FF, 그리고 SS 코너들 내의 언로딩된 인버터의 단계 응답 상에서 세 개의 시뮬레이션을 가동한다.

이 덱은 처음에 SUP를 1.0 V의 명목(nominal) 공급 전압으로 설정한다. 그 이후에 이것은 TT 조건들을 지정하는 라이브러리 내에서 읽기를 하는 `.lib` 카드를 호출(invoke)한다. 이 자극에서 `.alter` 문장이 변경에 따라 시뮬레이션을 반복하는 데 사용된다. 이러한 경우에 설계 코너는 변경된다. 모두 함께 세 개의 시뮬레이션들이 수행되고 세 세트의 파형들이 세 개의 설계 코너들을 위해 발생된다.

라이브러리 파일은 그림 7.15에 주어져 있다. 어느 라이브러리가 지정되었는지에 따라서 온도가 (`.temp`를 이용하여 섭씨온도로) 지정되고 V_{DD} 값 `SUPPLY`는 명목 `SUP`로부터 계산된다. 이 라이브러리는 적절한 nMOS 및 pMOS 트랜지스터 모델들을 로딩한다. 가장 빠른 공정파일은 더 낮은 명목 문턱 전압 V_{t0}, 더 큰 측면 확산(lateral diffusion) L_D, 그리고 더 낮은 확산 커패시턴스 값들을 가지고 있다.

7.4 디바이스 특성 부여

현대식 SPICE 모델들은 많은 매개변수들을 가지고 있어서 설계자가 모델 파일들로부터 주요 성능 특성들을 쉽게 읽을 수가 없다. 더 편리한 접근 방식은 유효 저항 및 커패시턴스, 팬아웃-4 인버터 지연, I-V 특성들, 그리고 다른 흥미로운 데이터를 추출하기 위해 시뮬레이션들 한 세트를 가동하는 것

```
* corner.sp
* Step response of unloaded inverter across process corners

*----------------------------------------------------------------------
* Parameters and models
*----------------------------------------------------------------------
.option scale=25n
.param SUP=1.0 * Must set before calling .lib
.lib '../models/ibm065/opconditions.lib' TT
.option post

*----------------------------------------------------------------------
* Simulation netlist
*----------------------------------------------------------------------
Vdd   vdd   gnd   'SUPPLY'
Vin   a     gnd   PULSE    0 'SUPPLY' 25ps 0ps 0ps 35ps 80ps
M1    y     a     gnd      gnd     NMOS    W=4    L=2
+ AS=20 PS=18 AD=20 PD=18
M2    y     a     vdd      vdd     PMOS    W=8    L=2
+ AS=40 PS=26 AD=40 PD=26

*----------------------------------------------------------------------
* Stimulus
*----------------------------------------------------------------------
.tran 0.1ps 80ps
.alter
.lib '../models/ibm065/opconditions.lib' FF
.alter
.lib '../models/ibm065/opconditions.lib' SS
.end
```

그림 7.14 CORNER SPICE 덱

이다. 이 절은 이러한 시뮬레이션들을 설명하고 다양한 CMOS 공정들에 걸쳐 결과들을 비교한다.

7.4.1 I-V 특성

새로운 공정과 친숙하게 될 때 시작점은 전류-전압(I-V) 특성들을 작도하는 것이다. 디지털 설계자들은 이러한 플롯들로부터 직접 계산을 하지 않을지라도, 이것은 nMOS 및 pMOS 트랜지스터들의 ON 전류가 얼마인지, 이 공정이 얼마나 심하게 속도 포화(velocity-saturated)되는지, 전압이 문턱 아래에서 어떻게 기울어(roll off)지는지, 또한 디바이스가 DIBL 및 바디 효과에 의해 어떻게 영향을 받는지 등을 알아내는 데 도움이 된다. 이러한 플롯들은 7.2.2절에서 논의된 바와 같이 DC 스위프들을 가지고 만들어진다. 각 트랜지스터는 V_{DD}=1.0 V인 채로 70°C에서의 대표적 65 nm 공정에 있어서 폭이 1 μm이다. 그림 7.16은 nMOS 동작을 보여 주고 그림 7.17은 pMOS 동작을 보여 준다

그림 7.16(a)는 그림 7.5에서 행해진 바와 같이 V_{gs}의 다양한 값에서 I_{ds} 대 V_{ds}를 그린 것이다. 포화 전류는 $V_{gs}-V_t$와 함께 이차적으로 이상적으로 증가하게 된다. 그러나 이것은 nMOS 트랜지스터가 심하게 속도 포화되어 있음(α 제곱 모델에 있어서 2보다는 1에 더 가까운 α)을 나타내면서 이 플롯에서 선형 의존성에 더 가깝게 보여 준다. V_{ds}를 가진 포화 전류의 증가는 채널 길이 변조 때문이다. 그림

```
* opconditions.lib
* For IBM 65 nm process

* TT: Typical nMOS, pMOS, voltage, temperature
.lib TT
.temp 70
.param SUPPLY='SUP'
.include 'modelsTT.sp'
.endl TT

* SS: Slow nMOS, pMOS, low voltage, high temperature
.lib SS
.temp 125
.param SUPPLY='0.9 * SUP'
.include 'modelsSS.sp'
.endl SS

* FF: Fast nMOS, pMOS, high voltage, low temperature
.lib FF
.temp 0
.param SUPPLY='1.1 * SUP'
.include 'modelsFF.sp'
.endl FF

* FS: Fast nMOS, Slow pMOS, typical voltage and temperature
.lib FS
.temp 70
.param SUPPLY='SUP'
.include 'modelsFS.sp'
.endl FS

* SF: Slow nMOS, Fast pMOS, typical voltage and temperature
.lib SF
.temp 70
.param SUPPLY='SUP'
.include 'modelsSF.sp'
.endl SF
```

그림 7.15 (4:2) OPCONDITIONS 라이브러리

7.16(b)는 두 배의 채널 길이를 가진 디바이스에 대해 유사한 플롯을 만든다. 속도 포화가 작기 때문에, 전류의 감소는 2배 이내가 된다. 이 전류는 채널 길이 변조가 더 긴 채널 길이들에 대해 영향을 덜 준다는 것을 나타내면서 포화에 있어서 약간 더 평평하다.

그림 7.16(c)는 V_{ds}=0.1 V 및 1.0 V에 대한 반대수 스케일(semilogarithmic scale) 상에서 nMOS 트랜지스터의 I_{ds} 대 V_{gs}를 그린 것이다. 낮은 V_{gs}에서 직선은 전류가 문턱 아래에서 기하급수적으로 기울어진다는 것을 표시한다. 변동하는 드레인 전압에서의 하위 문턱 누설 내의 차이는 높은 V_{ds}에서 V_t를 효과적으로 감소시키는 드레인 유도된 장벽 낮추기(DIBL)의 효과들을 반영한다. 포화 전류 I_{dsat}는 $V_{gs}=V_{ds}=V_{DD}$에서 측정되고 OFF 전류 I_{off}는 $V_{gs}=0$ 그리고 $V_{ds}=V_{DD}$에서 측정된다. 하위 문턱 기울기는 약 105 mV/decade이고 DIBL은 V_{ds} 범위에 걸쳐서 유효 문턱 전압을 약 110 mV만큼 감소시킨다.

그림 7.16(d)는 V_{bs}=−0.2, 0, 그리고 0.2 V에 대한 선형 스케일 상에 유사한 플롯을 만든다. V_{ds}는

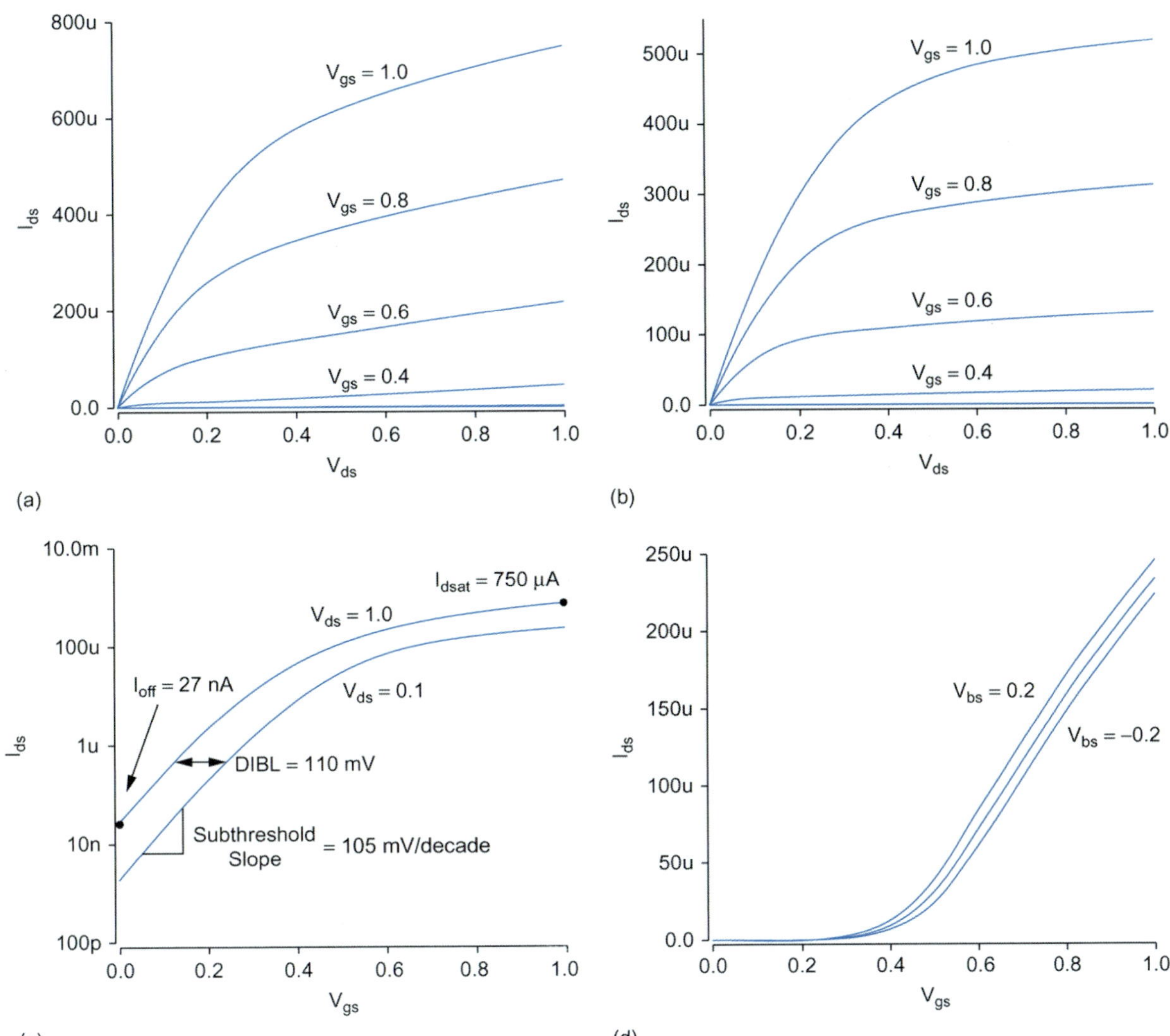

그림 7.16 65 nm nMOS I-V 특성

0.1 V에서 상수로 고정된다. 이 곡선은 V_{bs}가 점점 더 음수가 되면서 바디 효과가 문턱 전압을 125 mV/V만큼 증가시키는 것을 나타내면서 수평적으로 이동한다.

그림 7.17의 pMOS 특성을 비교해 보자. pMOS 트랜지스터의 포화 전류는 nMOS보다 작지만, 디바이스는 그만큼 속도 포화되지 않는다.

그림 7.18의 pMOS 특성도 비교해 보자. 과거 기술에서는 포화 전류가 더 낮아서 성능 저하를 초래하였다. 그러나 디바이스 특성은 이상적인 것에 가깝다. 속도 포화는 여전히 심한 반면, 채널 길이 변조는 심하지 않다. 하위 문턱 전압 경사는 decade당 90 nV이고 DIBL은 유효 문턱 전압을 40 mV까지 감소시킨다. ON과 OFF 전류의 비율은 10의 6~7승이 된다.

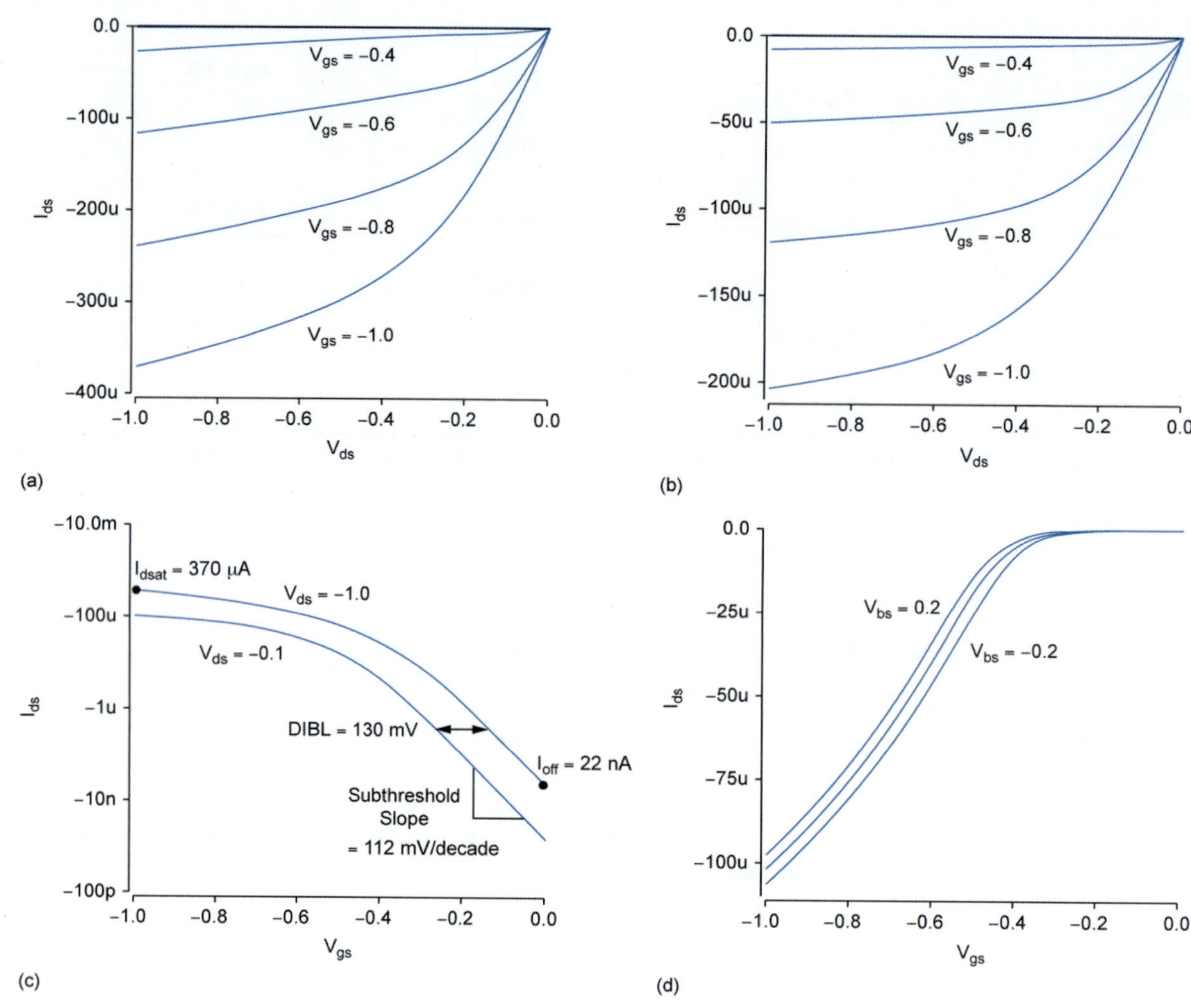

그림 7.17 65 nm pMOS I-V 특성

7.4.2 문턱 전압

쇼클리 모델에서 문턱 전압 V_t는 그 아래에서 I_{ds}가 0으로 되는 V_{gs}의 값으로서 정의된다. 그림 7.16(c)에 나와 있는 실제 트랜지스터 특성들에 있어서 하위 문턱 전류는 $V_{gs} < V_t$에 대해 지속적으로 흐르고 따라서 이 문턱 전압을 측정하거나 또는 심지어 정의하는 것은 문제가 많다. 더군다나 문턱 전압은 L, W, V_{ds}, 그리고 V_{bs}와 함께 변동한다. 측정된 I_{ds}-V_{gs} 데이터[Ortiz-Conde02]로부터 문턱 전압을 결정하기 위해 최소한 열한 가지의 서로 다른 방법들이 문헌 내에서 사용되어 왔다. 이 절에서는 두 가지 공통된 방법(고정 전류 및 선형 외삽) 및 각각의 장점들을 결합하는 혼성을 살펴볼 것이다.

고정 전류(constant current) 방법은 문턱을 주어진 드레인 전류 I_{crit}에서의 게이트 전압으로서 정의한다. 이러한 방법은 사용하기 쉽지만 임계 드레인 전류의 임의 선택에 의존한다. 전형적인 I_{crit}는 0.1 μA×(W/L)이다. 그림 7.19는 추출된 문턱 전압이 V_{ds}=100 mV에서 I_{crit}=0.1 또는 1 μA와 함께

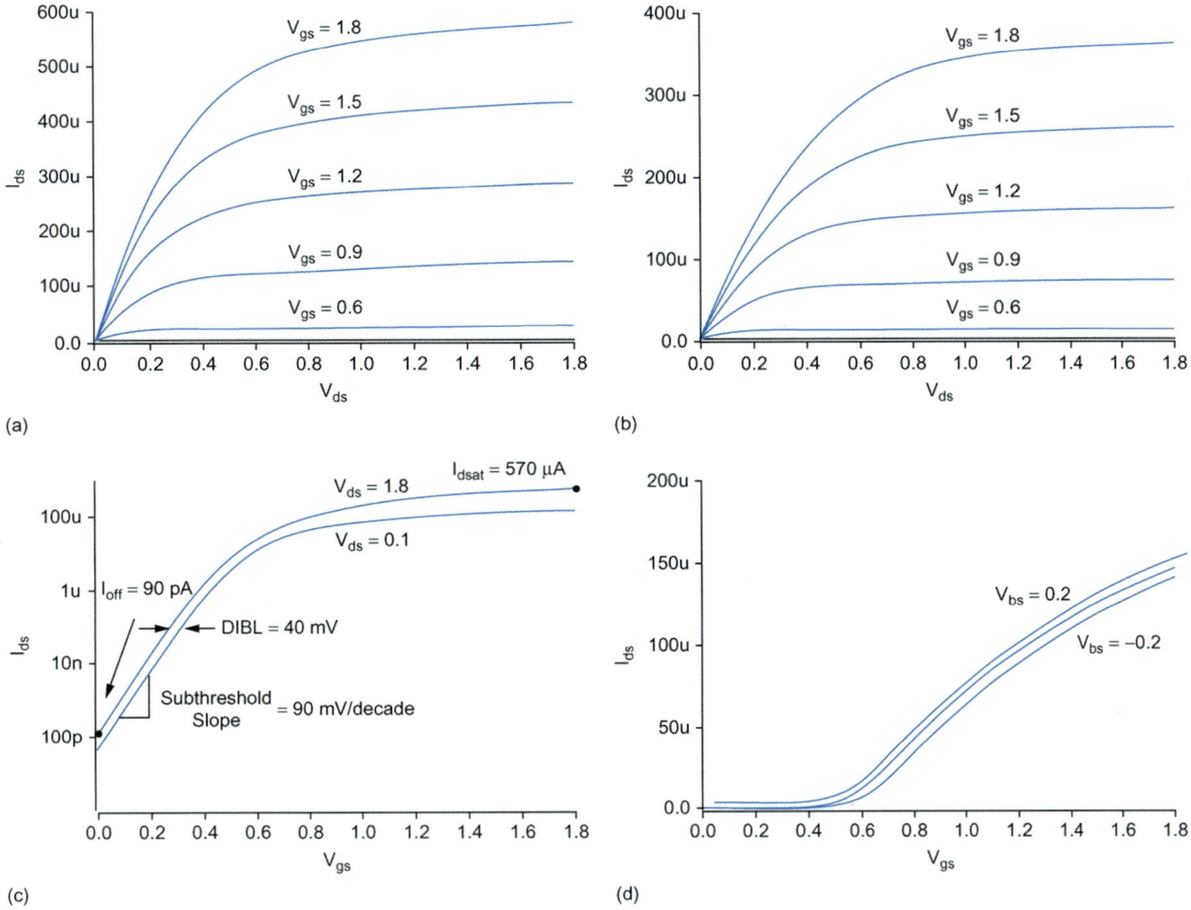

그림 7.18 180 nm nMOS I-V 특성

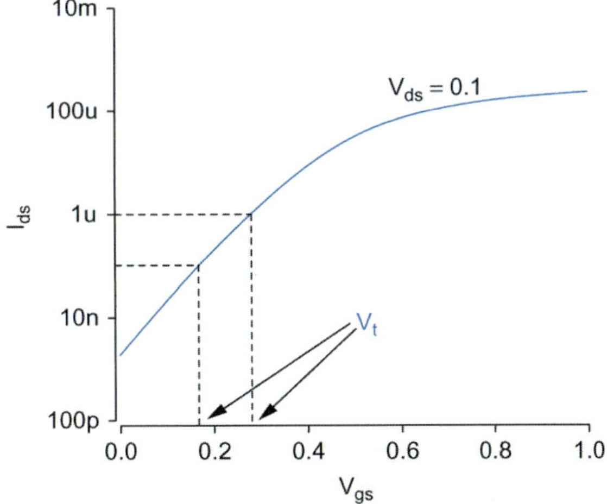

그림 7.19 고정 전류 문턱 전압 추출 방법

어떻게 변동하는지를 보여 준다.

선형 외삽(linear extrapolation, 또는 최대 g_m) 방법은 I_{ds}-V_{gs} 특성들 상에서 최대 기울기의 점으로부터 게이트 전압을 외삽한다. 이것은 모호하지는 않지만 소스/드레인 확산 때문에 그리고 드레인 유도된 장벽 낮추기(DIBL)가 높은 V_{ds}에서 이 문턱을 효과적으로 감소시키기 때문에 직렬 저항으로 인해 단지 동작의 선형 영역(낮은 V_{ds})에 대해서만 유효하다. 그림 7.20은 이 문턱이 V_{ds}=100 mV에서 선형 외삽법을 사용하여 측정된 데이터로부터 어떻게 추출되는지를 보여 준다. 이러한 방법은 상당히 다른 문턱 전압 및 문턱에서의 전류를 제공할 수 있고 따라서 문턱 전압 사양을 해석할 때 이 문턱 전압이 어떻게 측정되었는지를 점검하는 것이 중요하다는 것을 관측해 본다. I_{crit}은 $V_{gs}=V_t$에서 I_{ds}의 값으로 정의된다.

[Zhou99]는 V_{ds}의 모든 값들에 대해 유효한 문턱 전압을 추출하는 혼성 방법을 설명하고 임계 전류의 임의 선택에 의존하지 않는다. V_t 및 I_{crit}는 선형 외삽법을 사용하여 L 및 W의 주어진 값에 대해 낮은 V_{ds}(예: 100 mV)에서 찾아진다. V_{ds}의 다른 값들에 대해서 V_t는 $I_{ds}=I_{crit}$일 때 게이트 전압이 되도

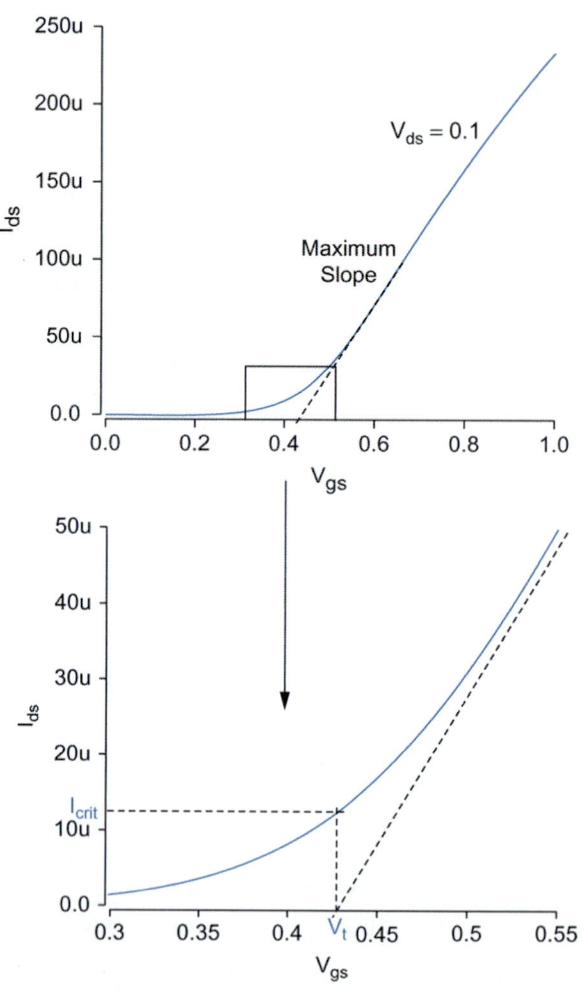

그림 7.20 선형 외삽된 문턱 전압 추출 방법

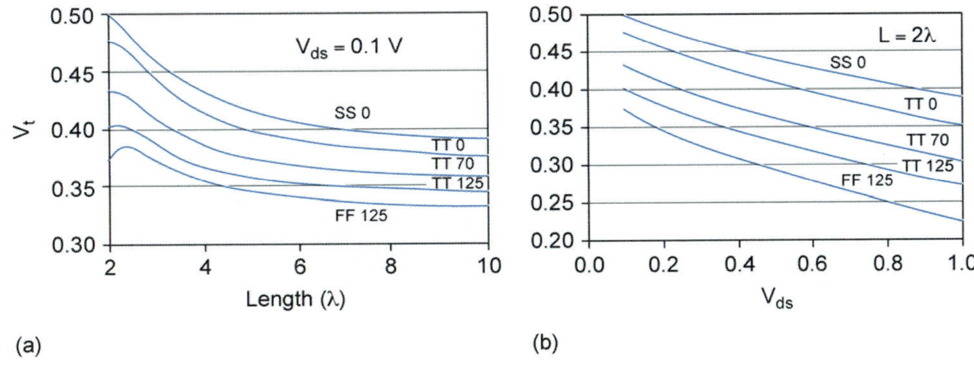

그림 7.21 MOS 문턱 전압

록 정의된다.

그림 7.21(a)는 다양한 설계 코너들 및 온도들에 걸쳐서 문턱 전압 V_t 대 16λ 폭의 디바이스에 대한 길이를 그린 것이다. 이 문턱은 선형 외삽법을 사용하여 추출되고 명백히 상수가 아니다. 이것은 온도와 함께 감소하고 SS 코너보다 FF 코너에 있어서 더 낮다. 이상적인 긴 채널 트랜지스터에 있어서 문턱은 폭과 길이에 무관하다. 실제 디바이스에 있어서 기하학적 형태 감도는 공정의 특정 도핑 프로파일에 의존한다. 이 데이터는 L에 따라 감소하는 문턱 전압을 보이지만, 많은 공정들에서 이 문턱 전압은 L에 따라 증가한다. 그림 7.21(b)는 Zhou 방법을 사용하여 16/2λ 트랜지스터들에 대해 V_{ds}에 대한 V_t를 그린 것이다. 이 문턱 전압은 DIBL 때문에 V_{ds}와 함께 감소한다.

이 절의 교훈은 V_t가 길이, 폭, 온도, 처리 과정, 그리고 어떻게 그것을 정의하는가에 의존한다는 것이다. 이 전류는 문턱에서 0으로 갑자기 떨어지지 않고 나노미터 공정에서의 OFF 디바이스에 대해서조차 중요하다.

7.4.3 게이트 커패시턴스

게이트 지연을 평가하기 위해 RC 모델들을 사용할 때 지연 목적들을 위한 유효 게이트 커패시턴스를 알 필요가 있다. 2.3.2절에서 게이트 커패시턴스는 전압에 의존한다는 것을 보았다. 게이트 및 드레인은 서로 반대 방향에서 스위칭하기 때문에 게이트-드레인 구성 요소는 게이트가 스위칭할 때 효과적으로 두 배가 될 수도 있다. 그럼에도 불구하고 스위칭하는 시간에 걸쳐 평균화된 유효 커패시턴스를 얻을 수 있다. 스테이지 에퍼트가 약 4일 때 논리 에퍼트로부터 회로들이 잘 수행하는지를 알게 되기 때문에 팬아웃-4 인버터들을 사용하여 '전형적' 스위칭 시간들을 가지고 게이트들을 표현한다.

그림 7.22는 인버터 $X4$의 유효 게이트 커패시턴스를 결정하기 위한 회로를 보여 준다. 이 접근 방식은 c로부터 g까지의 평균 지연이 c로부터 d까지의 지연과 동등할 때까지 커패시턴스 C_{delay}를 조절하는 것이다. $X6$ 및 $X3$은 동일 입력 기울기를 가지고 있고 동일한 크기이기 때문에 이들이 동일 지연을 가질 때 C_{delay}는 $X4$의 유효 게이트 커패시턴스와 반드시 동일해야만 한다. $X1$ 및 $X2$는 노드 c 상에서 합리적 입력 기울기를 생성하기 위해 사용된다. 단일 인버터는 합리적 결과들을 제공하고는

그림 7.22 지연 평가에 대한 유효 게이트 커패시턴스를 추출하기 위한 회로

있지만 이것이 a에서 상승 시간과 근본적으로 무관한 c 상에서 기울기를 제공하기 때문에 이 인버터 쌍은 심지어 더 우수하다. *X*5는 노드 e가 너무 빠르게 스위칭하는 것을 방지하기 위해서 *X*4에서 부하가 되는데, 이것은 *X*4의 게이트-드레인 커패시턴스를 과도하게 예측할 수 있다.

그림 7.23은 이 지연들이 균등하게 될 때까지 C_{delay}를 자동적으로 동조할 수 있도록 최적화기를 사용하는 SPICE 덱을 목록화한 것이다. 이러한 커패시턴스는 게이트 폭 $C_{permicron}$의 미크론당 커패시턴스를 얻기 위해 *X*4의 총 게이트 폭(μm로)으로 나누어진다. 이 커패시턴스는 표 7.5에 다양한 공정에 대해서 C_g로 기재되어 있다. 단지 게이트 커패시턴스만을 측정하기 위해 이 덱은 확산 면적 및 주변 길이를 0으로 설정하는 점을 유념하자.

게이트 커패시턴스는 식 (4.10)에 나와 있는 바와 같이 동적 전력 소비에도 중요하다. 드레인이 완전히 스위칭하기에 충분할 정도로 길게 기다리고 있을 때 C_{gd}는 밀러 효과로부터 효과적으로 두 배가 되기 때문에 전력에 대한 유효 게이트 커패시턴스는 지연에 대한 것보다 전형적으로 어느 정도 더 높다. 그림 7.24는 전력 목적들을 위해 게이트 커패시턴스를 측정하기 위한 회로를 보여 준다. 전압의 스텝 증가가 입력되면 전압원에서 나오는 전류가 누적된다. 동적 전력 소비를 위한 유효 커패시턴스는 다음과 같다.

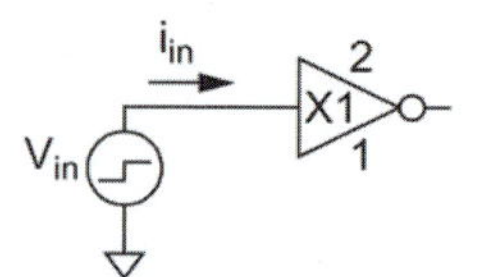

그림 7.24 전력 평가에 대한 유효 게이트 커패시턴스를 추출하기 위한 회로

$$C_{\text{eff-power}} = \frac{\int i_{\text{in}}(t)\,dt}{V_{DD}} \tag{7.5}$$

다시 이 커패시턴스는 미크론당 유효 커패시턴스를 찾기 위해 총 트랜지스터 폭으로 나누어질 수 있다.

7.4.4 기생 커패시턴스

트랜지스터의 소스 또는 드레인과 연관된 기생 커패시턴스는 게이트-확산 중첩 커패시턴스, C_{gol}, 그리고 확산 면적 및 주변 길이 커패시턴스 C_{jb} 및 C_{jbsw}를 포함한다. 7.3.4절에서 논의된 바와 같이 일부 모델들은 게이트 측면을 따르는 주변 길이에 서로 다른 커패시턴스 C_{jbswg}를 배정한다. 확산 커패시턴스는 전압에 의존하지만 게이트 커패시턴스와 함께 마찬가지로, 지연 평가에 대한 사용을 위해 스위칭 전이에 걸쳐 평균화된 유효 커패시턴스를 추출할 수 있다.

그림 7.25는 이러한 커패시턴스들을 추출하기 위한 회로들을 보여 준다. 이 커패시턴스들은 7.4.3절로부터의 게이트 커패시턴스 추출과 동일한 방식으로 동작한다. 첫 번째 팬아웃-4 인버터들은 전형

```
* capdelay.hsp
* Extract effective gate capacitance for delay estimation.
*----------------------------------------------------------------------
* Parameters and models
*----------------------------------------------------------------------
.option scale=25n
.param SUP=1.0 * Must set before calling .lib
.lib '../models/ibm065/opconditions.lib' TT
.option post
*----------------------------------------------------------------------
* Subcircuits
*----------------------------------------------------------------------
.global  vdd   gnd
.subckt  inv   a     y
M1       y     a     gnd   gnd   NMOS   W=16 L=2 AD=0 AS=0 PD=0 PS=0
M2       y     a     vdd   vdd   PMOS   W=32 L=2 AD=0 AS=0 PD=0 PS=0
.ends
*----------------------------------------------------------------------
* Simulation netlist
*----------------------------------------------------------------------
Vdd      vdd   gnd   'SUPPLY'      * SUPPLY is set by .lib call
Vin      a     gnd   pulse 0 'SUPPLY' 0ps 20ps 20ps 120ps 280ps
X1       a     b     inv           * set appropriate slope
X2       b     c     inv   M=4     * set appropriate slope
X3       c     d     inv   M=8     * drive real load
X4       d     e     inv   M=32    * real load
X5       e     f     inv   M=128   * load on load (important!)
X6       c     g     inv   M=8     * drive linear capacitor
cdelay   g     gnd   'CperMicron*32*(16+32)*25n/1u' * linear capacitor
*----------------------------------------------------------------------
* Optimization setup
*----------------------------------------------------------------------
.measure errorR param='invR - capR' goal=0
.measure errorF param='invF - capF' goal=0
.param CperMicron=optrange(2f, 0.2f, 3.0f)
.model optmod opt itropt=30
.measure CperMic param = 'CperMicron'
*----------------------------------------------------------------------
* Stimulus
*----------------------------------------------------------------------
.tran 1ps 280ns SWEEP OPTIMIZE = optrange
+        RESULTS=errorR,errorF MODEL=optmod
.measure invR
+        TRIG v(c)  VAL='SUPPLY/2' FALL=1
+        TARG v(d)  VAL='SUPPLY/2' RISE=1
.measure  capR
+        TRIG v(c)  VAL='SUPPLY/2' FALL=1
+        TARG v(g)  VAL='SUPPLY/2' RISE=1
.measure invF
+        TRIG v(c)  VAL='SUPPLY/2' RISE=1
+        TARG v(d)  VAL='SUPPLY/2' FALL=1
.measure  capF
+        TRIG v(c)  VAL='SUPPLY/2' RISE=1
+        TARG v(g)  VAL='SUPPLY/2' FALL=1
.end
```

그림 7.23 CAPDELAY SPICE 덱

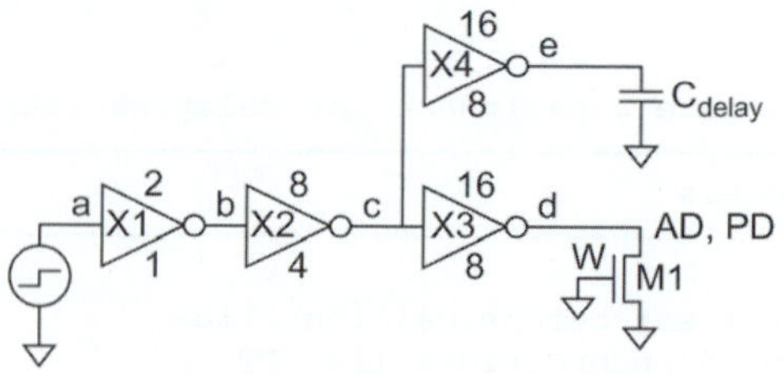

그림 7.25 지연 평가에 대한 유효 기생 커패시턴스를 추출하기 위한 회로

적 게이트와 동등하게 하기 위해 입력 기울기를 형상화한다. *X*3는 지정된 *W*, AD, 그리고 PD를 가지고 OFF 트랜지스터 *M*1의 드레인을 구동한다. *X*4는 간단한 커패시터를 구동하고 그 값은 *X*3와 *X*4의 지연이 동일하도록 최적화된다. 이러한 값은 *M*1의 드레인의 유효 커패시턴스이다. 유사한 시뮬레이션들은 pMOS 트랜지스터의 기생 커패시턴스들을 찾기 위해 반드시 구동되어야만 한다.

표 7.4는 커패시턴스들 각각을 추출하기 위한 *W*, AD, 그리고 PD의 적절한 값들을 목록화한 것이다. 단위 트랜지스터가 (그림 7.23에서와 같이) 폭이 16λ가 될 때 이 크기들은 게이트 지연들 및 노드 d 상의 기울기가 합리적이 되도록 선택된다. 이것은 격리 접촉된, 공유 접촉된, 그리고 병합 비접촉된 확산 영역들의 유효 커패시턴스 C_d를 찾기 위한 값들 또한 제공한다. 트랜지스터들의 폭이 폴리실리콘 게이트에 수직인 주변 길이가 전체 커패시턴스의 무시할 만한 부분이 되기에 충분히 넓다고 가정하면서 이 커패시턴스는 찾아진다. AD 및 PD의 치수들은 그림 2.8의 레이아웃들에 기초하고 있고 자신의 설계 규칙들을 대신해야만 한다. 공유 그리고 병합 지역의 총 커패시턴스는 확산 노드를 공유하는 두 개의 트랜지스터들 사이에서 분할되어야만 한다. 이 커패시턴스는 λ 값에 대해 정규화함으로써 미크론당(또는 미크론 제곱당) 단위들로 변환될 수 있다. 예를 들면 λ=0.09μm를 가진 65 nm 공정에서 게이트 중첩에 대해 C_{delay}가 23 fF이면 미크론당 커패시턴스는 다음과 같다.

$$C_{gol} = \frac{23\text{ fF}}{(1600\ \lambda)\left(\frac{0.025\ \mu\text{m}}{\lambda}\right)} = 0.57\frac{\text{fF}}{\mu\text{m}} \tag{7.6}$$

표 7.4 확산 커패시턴스 추출을 위한 치수

	W (λ)	AD (λ^2)	PD (λ)	To find effective *C* per micron
C_{gol}	1600	0	0	$C_{delay}/1600\lambda$ (per μm)
C_{jb}	0	8000	0	$C_{delay}/8000\lambda^2$ (per μm^2)
C_{jbsw}	0	0	1600	$C_{delay}/1600\lambda$ (per μm)
C_{jbswg}	1600	0	1600	$C_{delay}/1600\lambda - C_{gol}$ (per μm)
C_d (isolated-contacted)	1600	8000	3200	$C_{delay}/1600\lambda$ (per μm of gate width)
C_d (shared-contacted)	3200	9600	3200	$C_{delay}/1600\lambda$ (per μm of gate width)
C_d (merged-uncontacted)	3200	4800	3200	$C_{delay}/1600\lambda$ (per μm of gate width)

$t_{pdr} = \frac{R_p}{2}(3hC + 3C_d)$ $t_{pdf} = R_n(3hC + 3C_d)$

$R_p/2$ $3hC + 3C_d$ R_n $3hC + 3C_d$

2 2h 1 h

(a) Fanout-of-*h* Inverter (b) Rising Delay (c) Falling Delay

그림 7.26 팬아웃-*h* 인버터에 대한 RC 지연 모델

7.4.5 유효 저항

RC 지연 모델에 일치하여 단위 트랜지스터가 게이트 커패시턴스 C, 기생 커패시턴스 C_d, 그리고 저항 R_n(nMOS에 대한) 또는 R_p(pMOS에 대한)를 가지고 있다면 그림 7.26에 일치하여 2:1 P/N 비를 가진 팬아웃-h 인버터의 상승 및 하강 지연들이 찾아질 수 있다. 이러한 지연들은 h를 변경함으로써 그림 7.10의 팬아웃-4 인버터 시뮬레이션으로부터 쉽게 측정될 수 있다.

기생물들에 대한 의존성은 서로 다른 팬아웃들에서의 지연들 사이의 차이를 계산함으로써 제거될 수 있다. 예를 들면 h=3 및 h=4에 대한 지연들 사이의 차이는 다음과 같다.

$$\Delta t_{pdr} = \frac{R_p}{2}\left(3\times 4\times C+3C_d\right)-\frac{R_p}{2}\left(3\times 3\times C+3C_d\right)=\tfrac{3}{2}R_pC$$
$$\Delta t_{pdf} = R_n\left(3\times 4\times C+3C_d\right)-R_n\left(3\times 3\times C+3C_d\right)=3R_nC \tag{7.7}$$

유효 게이트 커패시턴스 추출로부터 C를 알게 되면서 R_n 및 R_p는 쉽게 계산된다. 이러한 것들은 지연 평가를 위한 단일 nMOS 및 pMOS 트랜지스터들을 대표한다.

두 개의 단위 트랜지스터들이 직렬로 연결되어 있을 때 각각은 전체 저항의 두 배를 제공하면서 명목적으로 동일할 유효 저항을 가지게 된다. 그러나 트랜지스터들이 항상 일부 속도 포화를 경험하는 현대식 공정들에 있어서 각 트랜지스터는 더 작은 V_{ds} 따라서 더 작은 속도 포화 및 더 낮은 유효 저항을 보게 된다. 그림 7.27에 나와 있는 바와 같이 인버터들 대신에 팬아웃-h 3상태들을 시뮬레이션함으로써 이러한 저항을 결정할 수 있다. 유사한 이유에 의해 h=2 및 h=3에 대한 c에서 d까지의 지연들 사이의 차이는 다음과 같다.

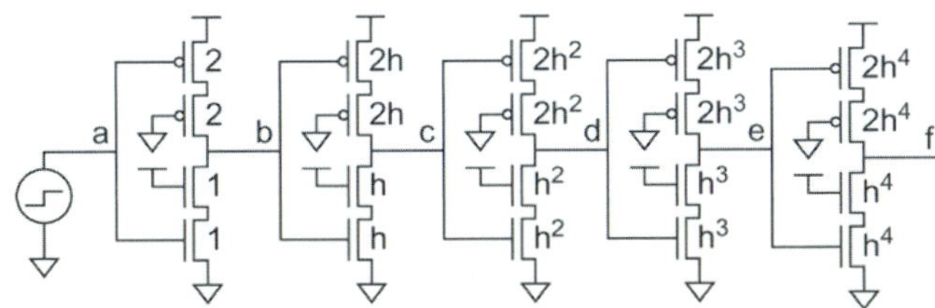

그림 7.27 유효 직렬 저항을 추출하기 위한 회로

$$\begin{aligned}\Delta t_{pdr} &= \tfrac{3}{2}\left(2R_{p\text{-series}}\right)C \\ \Delta t_{pdf} &= 3\left(2R_{n\text{-series}}\right)C\end{aligned} \tag{7.8}$$

여전히 C가 알려져 있기 때문에 지연 평가에 대한 직렬 nMOS 및 pMOS 트랜지스터들의 유효 저항을 추출할 수 있고 이러한 저항이 단일 트랜지스터들보다 약간 더 작게 되기를 기대해야만 한다.

이 지연은 입력 기울기와 함께 변동하기 때문에 유효 저항을 추출할 때 실제적인 입력 기울기들을 사용하는 것은 중요하다. **실제적**(realistic)이란 입력 및 출력 에지 비율들이 거의 동등해야만 한다는 것을 의미한다. 단계 입력이 적용된다면 출력은 더 빠른 전이를 할 것이고 유효 저항은 감소하도록 나타날 것이다. 이 절에서 h는 4에 가까운 스테이지 에퍼트들을 제공하도록 선택되었다.

7.4.6 공정 비교

표 7.5는 2 μm에서 65 nm 로 낮아지는 범위의 형상 크기를 가진 다양한 CMOS 공정들의 특성들을 비교한다. 오래된 모델들은 MOSIS 웨이퍼 테스트 결과로부터 얻어지지만[Piña02], 새로운 모델들은 IBM이나 TSMC에 의해 제공된다. 이 MOSIS 모델들은 ACM=0을 사용하고 따라서 확산 측면 커패시턴스는 게이트 및 다른 벽들을 따라서 동일한 것으로 취급된다. 0.6 μm 공정들은 V_{DD}=5 V(고속에 대해) 또는 V_{DD}=3.3 V(저전력에 대해) 둘 중의 하나에서 동작한다. 모든 특성들은 TTTT 조건들(70°C)에서 추출된다.

트랜지스터 길이는 일반적으로 명목 크기보다 짧다. 예를 들어 0.6 μm 공정에서 MOSIS는 마스크를 생성하기 전에 폴리실리콘을 미리 0.1 μm만큼 축소시킨다. 게다가 게이트들은 보통 유효 채널 길이가 유도된 채널 길이보다 짧도록 제작된다. 채널이 짧을수록 트랜지스터가 예측보다 빨리 동작한다. 대부분의 공정에서 지연을 위한 게이트 커패시턴스는 스케일링 이론에서 예측한 대로 2 fF/μm 근처에서 유지되지만, 180 nm 세대에서는 급격하게 감소한다. 전력에 대한 게이트 커패시턴스는 7.4.3절에서 논의된 바와 같이 지연에 대한 것보다 약간 더 높다.

FO4 인버터 지연은 필드 불변 스케일링이 예측하는 바와 같이 형상 크기와 함께 꾸준히 향상되어 왔다. 이것은 지연이 피코초로 측정되고 형상 크기가 나노미터로 측정될 때 형상 크기 1/3에서 1/2까지에 대한 3.4.3절의 규칙에 들어맞다. 격리 접촉된 소스 또는 드레인의 확산 커패시턴스가 많은 세대에 걸쳐서 nMOS 및 pMOS 트랜지스터들 양쪽 모두에 대해 1~2 fF/μm이었다. 공유 접촉된 확산 영역은 더 넓은 면적을 가지고 있고 두 개의 게이트 중첩을 포함하기 때문에 그 커패시턴스는 약간 더 높다. 병합 확산의 커패시턴스는 두 개의 게이트 중첩을 반영하지만 더 작은 확산 영역을 반영한다. 공유되고 합쳐진 확산 커패시턴스의 절반은 확산 영역에 연결된 트랜지스터들에 각각 할당된다.

1 μm 폭 트랜지스터의 유효 저항은 형상 크기 f에 비례하는 공정 스케일링과 함께 감소해 왔다. 그러나 단위(4/2λ) nMOS 트랜지스터의 저항 $R/2f$는 필드 불변(constant field) 스케일링 이론이 예측하는 바와 같이 대략적으로 약 8 kΩ에 고정되어 있다. pMOS 트랜지스터들의 유효 저항은 nMOS 트랜지스터들의 2~3배이다. 직렬 nMOS 트랜지스터들의 쌍 각각은 더 작은 V_{ds}를 가지고 있고 따라서

표 7.5 다양한 공정들에 대한 디바이스 특성

Vendor		Orbit	HP	AMI	AMI	TSMC	TSMC	TSMC	IBM	IBM	IBM
Model		MOSIS	MOSIS	MOSIS	MOSIS	MOSIS	MOSIS	TSMC	IBM	IBM	IBM
Feature Size f	nm	2000	800	600	600	350	250	180	130	90	65
V_{DD}	V	5	5	5	3.3	3.3	2.5	1.8	1.2	1.0	1.0
Gates											
C_g (delay)	fF/μm	1.77	1.67	1.55	1.48	1.90	2.30	1.67	1.04	0.97	0.80
C_g (power)	fF/μm	2.24	1.70	1.83	1.76	2.20	2.92	2.06	1.34	1.23	1.07
FO4 Inv. Delay	ps	856	297	230	312	210	153	75.6	45.9	37.2	17.2
nMOS											
C_d (isolated)	fF/μm	1.19	1.11	1.14	1.21	1.63	1.88	1.12	0.94	0.89	0.76
C_d (shared)	fF/μm	1.62	1.43	1.41	1.50	2.04	2.60	1.62	1.56	1.60	1.28
C_d (merged)	fF/μm	1.48	1.36	1.19	1.24	1.60	2.16	1.41	1.40	1.51	1.20
R_n (single)	k$\Omega \cdot \mu$m	30.3	10.1	9.19	11.9	5.73	4.02	2.69	2.54	2.35	1.34
R_n (series)	k$\Omega \cdot \mu$m	22.1	6.95	6.28	8.59	4.01	3.10	2.00	1.93	1.81	1.13
V_{tn} (const. I)	V	0.65	0.65	0.70	0.70	0.59	0.48	0.41	0.32	0.32	0.31
V_{tn} (linear ext.)	V	0.65	0.75	0.76	0.76	0.67	0.57	0.53	0.43	0.43	0.43
I_{dsat}	μA/μm	152	380	387	216	450	551	566	478	497	755
I_{off}	pA/μm	2.26	9.36	2.21	1.45	6.57	56.3	93.9	1720	4000	33400
I_{gate}	pA/μm	n/a	n/a	n/a	n/a	n/a	n/a	n/a	1.22	3620	8520
pMOS											
C_d (isolated)	fF/μm	1.42	1.17	1.31	1.42	1.89	2.07	1.24	0.94	0.74	0.73
C_d (shared)	fF/μm	1.92	1.62	1.73	1.86	2.37	2.89	1.79	1.56	1.25	1.25
C_d (merged)	fF/μm	1.52	1.23	1.35	1.43	1.83	2.40	1.56	1.41	1.16	1.18
R_p (single)	k$\Omega \cdot \mu$m	67.1	26.7	19.9	29.6	16.1	8.93	6.51	6.39	5.47	2.87
R_p (series)	k$\Omega \cdot \mu$m	53.9	21.4	15.4	23.6	13.3	6.91	5.41	5.48	4.92	2.42
$\lvert V_{tp}\rvert$ (const. I)	V	0.72	0.91	0.90	0.90	0.83	0.46	0.43	0.33	0.35	0.33
$\lvert V_{tp}\rvert$ (linear ext.)	V	0.71	0.94	0.93	0.93	0.88	0.52	0.51	0.42	0.43	0.42
I_{dsat}	μA/μm	70.5	154	215.3	99.0	181	245	228	177	187	360
I_{off}	pA/μm	2.18	1.57	2.08	1.38	2.06	30.1	25.2	1330	2780	19500
I_{gate}	pA/μm	n/a	n/a	n/a	n/a	n/a	n/a	n/a	0.06	1210	2770

더 낮은 속도 포화를 경험하기 때문에 단일 디바이스보다 더 낮은 유효 저항을 가지고 있다. 직렬 pMOS 트랜지스터들은 처음에는 속도 포화되지 않았기 때문에 뚜렷한 향상을 보이지 못한다.

문턱 전압들은 고정 전류[nMOS에 대해 $I_{crit}=0.1(W/L)\mu$A 그리고 pMOS에 대해 $0.06(W/L)\mu$A 에서] 및 선형 외삽법들을 사용하여 $16/2\lambda$ 디바이스들에 대해 $V_{ds}=100$ mV에서 보고된다. 문턱 전압들은 일반적으로 감소되어 왔지만(하위 문턱 전압 때문에) 채널 길이 또는 공급 전압만큼 빠르지는 않다. 따라서 V_{DD}/V_t 비는 감소하고 있고 문턱 강하들을 가지고 통과 트랜지스터 회로들은 현대식 공정들에 있어서 성능을 잘 내지 못한다.

미크론당 포화 전류는 고정되어야만 한다고 필드 불변 스케일링이 암시함에도 불구하고 형상 크기가 감소하면서 그것은 공격적 디바이스 설계를 통해 어느 정도 증가하여 왔다. OFF 전류는 과거에는 미크론당 몇 피코암페어 정도였는데 낮은 문턱 전압들을 가진 디바이스들을 통한 하위 문턱 전도(subthreshold conduction) 때문에 지금은 기하급수적으로 증가하고 있다. 선형 외삽법을 사용하는 문턱에서의 전류는 선형 외삽법에 의해 발견된 더 높은 문턱 전압들과 일치하면서 고정 전류 I_{crit}보다 어느 정도 더 높다. 게이트 누설은 90 nm 이하로 현저하게 된다.

7.4.7 공정 및 환경 감도

표 7.6은 IBM 65 nm 공정 특성들이 공정 코너, 전압, 그리고 온도와 함께 어떻게 변동하는지를 보여준다. FO4 인버터 지연은 최상 그리고 최악의 경우 사이의 2 이상의 인수에 의해 변동한다. TT 공정에 있어서 인버터 지연은 약 0.12%/°C만큼 그리고 공급 전압 변화의 모든 백분율에 대해 약 1%만큼씩 변동한다. 이러한 계산은 6.2.4절의 Artisan 라이브러리 데이터와 잘 일치하지만 유효 저항은 공급 전압에 역비례하고 온도 및 디바이스 코너들에 매우 민감하다. I_{off} 하위 문턱 누설은 고온에서 또는 문턱 전압들이 더 낮은 장소인 급속한 코너(fast corner) 내에서 상당히 증가한다.

7.5 회로 특성 부여

앞 절에서의 디바이스 특성 부여 기법들은 전형적으로 새로운 공정과 친숙해지고 있는 엔지니어들에 의해 한 번 가동된다. SPICE는 전체 회로들의 특성을 나타나게 하기 위해 더 자주 사용된다. 이 절은 경로들의 시뮬레이션 상에서 일부 지시자(pointer)들을 제공하고 DC 전달 특성들, 논리 에퍼트, 그리고 논리 게이트들의 전력 소비를 찾는 방법을 설명한다.

7.5.1 경로 시뮬레이션

오늘날 대부분의 정적 CMOS 회로들의 지연은 정적 타이밍 해석기와 함께 컴퓨터로 계산된다(3.6절과 13.4.1.4절 참조). 잡음 소스들(특히 커플링 및 전력 공급 잡음)이 제어되는 한 이 회로들은 올바르게 동작하고 정적 타이밍 해석기와 매우 잘 연관될 것이다. 그러나 SPICE 레벨 시뮬레이션은 클럭 발생기 및 분배 네트워크 같은 민감한 회로들, 주문형 메모리 어레이들, 그리고 새로운 회로 기법들에 대해 중요하다.

대부분의 숙련된 설계자들은 어떤 면들이 가장 중요한지를 이해하고, 설계 트레이드오프들을 평가하고 또한 결과들에 대한 정성적인 예측을 획득하기 위해 단순한 모델들에 기초한 회로를 설계하기 시작한다. 이상적인 쇼클리 트랜지스터 모델들, RC 지연 모델들, 그리고 논리 에퍼트는 이들이 통찰력을 제공하기에 충분히 간단하기 때문에 모두 여기에 도움이 된다. 우수한 첫 번째 통과 설계가 준비될 때 설계자는 회로가 올바르게 동작하는지 검증하고 지연 및 전력 사양들을 맞추기 위해 그 회로 시뮬레이션을 한다. 일부 소프트웨어 프로그램들이 디버깅 이전에 올바르게 가동하지 못하는 것과 같이 이 시뮬레이션은 처음에는 종종 올바르지 않게 될 것이다. 이 설계자가 어떤 결과들이 기대되는지

표 7.6 IBM 65 nm 공정의 코너

nMOS		T	F	S	F	S	T	T	T	T
pMOS		T	F	S	S	F	T	T	T	T
V_{DD}	V	1.0	1.1	0.9	1.0	1.0	1.1	0.9	1.0	1.0
T	°C	70	0	125	70	70	70	70	0	125
Gates										
C_g (delay)	fF/μm	0.80	0.79	0.80	0.82	0.79	0.82	0.78	0.79	0.81
C_g (power)	fF/μm	1.07	1.05	1.07	1.07	1.04	1.07	1.04	1.07	1.06
FO4 Inv. Delay	ps	17.2	12.2	24.4	17.4	17.1	15.1	20.4	16.6	17.5
nMOS										
C_d (isolated)	fF/μm	0.76	0.72	0.79	0.72	0.80	0.75	0.77	0.75	0.76
C_d (shared)	fF/μm	1.28	1.22	1.33	1.22	1.33	1.26	1.29	1.27	1.28
C_d (merged)	fF/μm	1.20	1.15	1.25	1.15	1.25	1.19	1.22	1.20	1.21
R_n (single)	kΩ · μm	1.34	0.96	1.92	1.21	1.49	1.16	1.63	1.31	1.37
R_n (series)	kΩ · μm	1.13	0.79	1.66	0.96	1.31	0.97	1.39	1.09	1.16
V_{tn} (const. I)	V	0.31	0.32	0.30	0.27	0.34	0.31	0.31	0.36	0.27
V_{tn} (linear ext.)	V	0.43	0.45	0.43	0.40	0.47	0.43	0.43	0.48	0.40
I_{dsat}	μA/μm	755	1094	510	844	672	919	596	793	731
I_{off}	nA/μm	33.4	22.4	38.9	95.0	12.3	41.5	2.7	4.6	120
I_{gate}	nA/μm	8.5	13.6	5.0	8.9	8.1	12.6	5.7	8.1	8.9
pMOS										
C_d (isolated)	fF/μm	0.73	0.69	0.77	0.77	0.70	0.72	0.74	0.72	0.74
C_d (shared)	fF/μm	1.25	1.18	1.32	1.30	1.20	1.23	1.26	1.23	1.26
C_d (merged)	fF/μm	1.18	1.12	1.24	1.23	1.13	1.16	1.20	1.17	1.19
R_p (single)	kΩ · μm	2.87	2.09	3.99	3.10	2.65	2.46	3.47	2.82	2.89
R_p (series)	kΩ · μm	2.42	1.67	3.47	2.69	2.04	1.16	3.05	2.40	2.35
V_{tn} (const. I)	V	0.33	0.36	0.32	0.37	0.30	0.33	0.33	0.39	0.28
V_{tp} (linear ext.)	V	0.42	0.44	0.41	0.45	0.39	0.42	0.42	0.47	0.39
I_{dsat}	μA/μm	360	517	247	319	407	438	285	373	353
I_{off}	nA/μm	19.5	7.4	27.7	7.0	53.0	24.0	15.7	1.4	86.1
I_{gate}	nA/μm	2.8	4.3	1.7	2.6	2.9	4.0	1.9	2.5	2.9

를 알고 있지 않는 한 이것은 현혹될 만큼 중요한 수치들을 가지고 멋지게 인쇄되는 허위 결과들을 신뢰하도록 부추긴다. 일단 이 회로가 올바르게 나타나면 모든 경우들에 있어서 동작하는지를 검증하기 위해 설계 코너들에 걸쳐서 점검해야만 한다. 8.2.4절은 다양한 코너들에 민감한 회로들의 예들을 보여 준다.

시뮬레이션은 내용이 덜 들지만 실리콘을 변경하는 데 드는 비용은 엄청나다. 따라서 실제 입력 파형들, 적절한 출력 로딩 및 적당한 상호연결 모델들을 포함하여 관련 조건들 모두를 포착하는 회로 모델을 구축하는 것이 중요하다. 일치(matching)가 중요한 경우에 코너 파일들 내에 주어지지 않는 불일치(mismatching)의 효과들을 반드시 고려해야만 한다(7.5.5절 참조). 그러나 SPICE 덱들이 더 복잡해지면서 이들은 더 느리게 가동하고, 더 많은 실수들을 축적하고 또한 오류 수정을 하기가 너무 어렵다. 좋은 타협 방법은 각 단계 이후에 그 결과들이 여전히 이해가 되는 것을 확인하면서 단순히 시작하고 점진적으로 복잡도를 첨가하는 것이다.

7.5.2 DC 전달 특성

`.dc` 카드는 논리 게이트들의 전달 특성들 및 잡음 마진들을 찾기에 유용하다. 그림 7.29는 정적 및 동적 인버터들에 특성을 부여하는 예를 보여 준다(동적 논리는 8.2.4절에서 다루어진다). 그림 7.28(a와 b)는 각 게이트의 회로 스키매틱을 보여 준다. 그림 7.28(c)는 시뮬레이션 결과들을 보여 준다. 정적 인버터 특성들은 $V_{DD}/2$ 주변에서 거의 대칭적이다. 동적 인버터는 더 낮은 스위칭 문턱을 가지고 있고 그 출력은 양적 피드백이 키퍼를 OFF하기 때문에 이 문턱을 넘어서면 갑자기 강하한다.

입력 `a`가 '0' 이고 동적 인버터가 평가(ϕ= '1') 내에 있을 때 출력은 '0' 또는 '1' 둘 중의 하나에서 안정하게 되리라는 것을 유념하자. 전달 특성들을 찾기 위해서는 `.ic` 명령을 사용하여 '1' 출력을 가지고 게이트를 초기화한다.

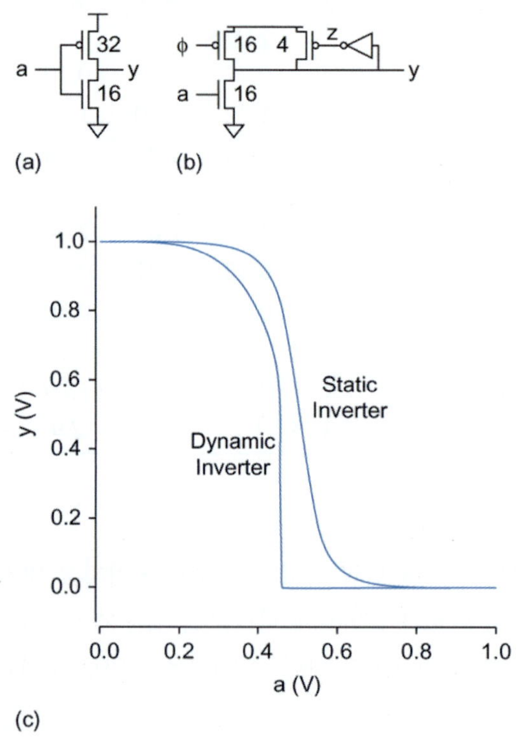

그림 7.28 DC 전달 해석을 위한 회로

```
* invdc.sp
* Static and dynamic inverter DC transfer characteristics

*----------------------------------------------------------------------
* Parameters and models
*----------------------------------------------------------------------
.param SUPPLY=1.0
.option scale=25n
.include '../models/ibm065/models.sp'
.temp 70
.option post

*----------------------------------------------------------------------
* Simulation netlist
*----------------------------------------------------------------------
Vdd   vdd   gnd   'SUPPLY'
Va    a     gnd   0
Vclk  clk   gnd   'SUPPLY'
* Static Inverter
M1    y1    a     gnd   gnd   NMOS   W=16   L=2
M2    y1    a     vdd   vdd   PMOS   W=32   L=2
* Dynamic Inverter
M3    y2    a     gnd   gnd   NMOS   W=16   L=2
M4    y2    clk   vdd   vdd   PMOS   W=16   L=2
M5    y2    z     vdd   vdd   PMOS   W=4    L=2
M6    z     y2    gnd   gnd   NMOS   W=4    L=2
M7    z     y2    vdd   vdd   PMOS   W=8    L=2
.ic V(y2) = 'SUPPLY'

*----------------------------------------------------------------------
* Stimulus
*----------------------------------------------------------------------
.dc Va 0 1.0 0.01
.end
```

그림 7.29 DC 전달 해석을 위한 INVDC SPICE 덱

7.5.3 논리 에퍼트

논리 에퍼트 및 게이트 각 입력의 기생 지연은 지연 대 팬아웃 시뮬레이션 결과들에 대한 직선을 맞춤으로써 측정될 수 있다. FO4 인버터 예와 마찬가지로 적절한 입력 파형을 가지고 게이트를 구동하고 로드들의 두 개의 스테이지들을 제공하는 것이 중요하다. 그림 7.30(a)는 병렬로 된 다중 게이트들을 시뮬레이션하기 위해 M 매개변수를 사용하여 2-입력 NAND 게이트 *X*3의 지연에 특성을 부여하기 위한 회로의 예를 보여 준다. 그림 7.30(b)는 인버터와 2-입력 NAND에 대한 65 nm 공정의 지연 대 팬아웃을 그린 것이다. 데이터는 트랜지스터들이 모든 종류의 비선형 및 비이상적 효과들을 경험할지라도 직선과 일치하는 것을 보여 준다. 이것은 선형 지연 모델이 입력 및 출력 기울기들이 모순이 없는 한 매우 정교하다는 것을 보여 준다.

SWEEP 명령은 팬아웃을 변경하고 과도 시뮬레이션을 여러 번 되풀이하는 데 편리하다. 예를 들어 다음과 같은 문장은 H를 1에서부터 8까지 1만큼의 단계로 8번 시뮬레이션한다.

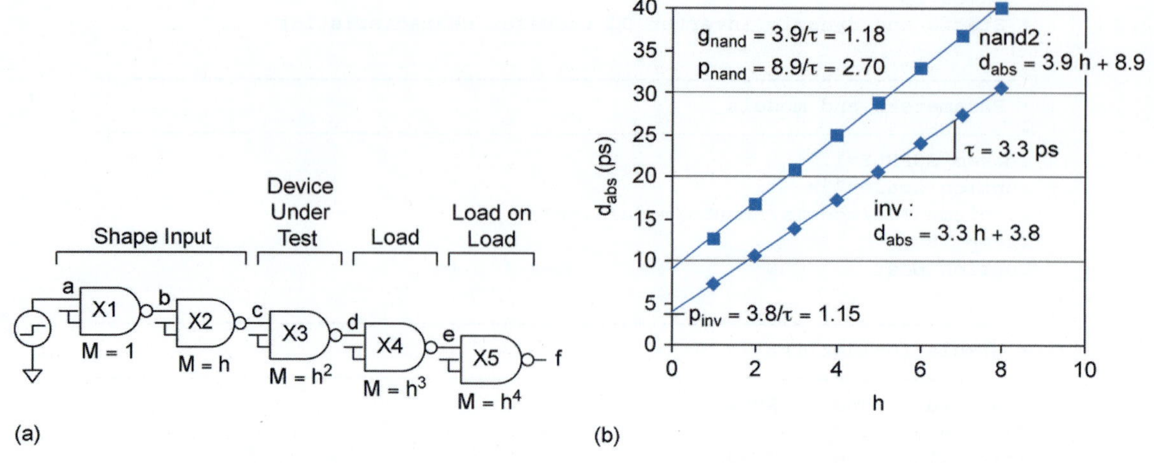

그림 7.30 2-입력 NAND 게이트의 논리 에퍼트 특성 부여

```
.tran 1ps 1000ps SWEEP H 1 8 1
```

전체 라이브러리에 특성을 부여하기 위해 적절한 SPICE 덱들을 생성하고, 시뮬레이터를 호출하며, 또한 데이터를 추출하고 그 곡선이 일치하도록 리스트 파일들을 후처리(postprocess)하는 Perl이나 Python 같은 언어 내에서 스크립트 쓰기를 할 수 있다.

τ는 인버터에 대해 지연 대 팬아웃 그래프에서 h(즉 기울기)의 계수임을 상기하자. 이 공정에 있어서 τ=15ps로 주어지면 NAND 게이트는 16.7/15=1.11의 논리 에퍼트 및 28.9/15=1.93의 기생 지연을 가지고 있다.

표 7.7은 IBM 65 nm 공정에 있어서 상승, 하강, 그리고 평균 입력 전이들에 대해 다중 입력

표 7.7 다중입력 NAND 게이트들의 서로 다른 입력들의 논리 에퍼트 및 기생 지연

# of inputs	Input	Rising Logical Effort g_u	Falling Logical Effort g_u	Average Logical Effort g	Rising Parasitic Delay p_u	Falling Parasitic Delay p_d	Average Parasitic Delay p
2	*A*	1.40	1.12	**1.26**	2.46	2.48	**2.47**
	B	1.31	1.16	**1.24**	1.97	1.82	**1.89**
3	*A*	1.76	1.27	**1.51**	4.77	4.10	**4.44**
	B	1.73	1.32	**1.52**	3.93	3.60	**3.77**
	C	1.59	1.38	**1.48**	3.05	2.43	**2.74**
4	*A*	2.15	1.42	**1.78**	7.63	5.94	**6.79**
	B	2.09	1.48	**1.78**	6.67	5.37	**6.02**
	C	2.08	1.53	**1.80**	5.32	4.51	**4.91**
	D	1.90	1.59	**1.75**	4.04	2.93	**3.49**

NAND 게이트들의 서로 다른 입력들의 논리 에퍼트 및 기생 지연을 비교한다. 상승 및 하강 전이들에 대해서는 인버터의 평균 지연으로부터 발견되는 τ 값에 대해서 여전히 정규화한다. 입력 A는 최댓값(전력 또는 접지에 가장 가까운)이다. 8.2.1.3절에서 논의되겠지만, 외부의 입력은 더 높은 기생 지연을 가지고 있지만 약간 더 낮은 논리 에퍼트를 가지고 있다. pMOS 트랜지스터들은 nMOS 트랜지스터들의 이동도의 절반보다 더 낮고 nMOS 트랜지스터들은 직렬 트랜지스터들이 기대한 것보다 더 낮은 저항을 가지도록 크게 속도 포화되어 있기 때문에 이러한 공정에 있어서 상승 및 하강 지연들은 서로 매우 다르다.

표 7.8은 서로 다른 많은 공정들에 있어서 다양한 게이트들의 평균 논리 에퍼트 및 기생 지연을 비교한다. 각 경우에 있어서 외부 출력에 대한 TTTT 코너 내에서 시뮬레이션들이 수행된다. 참고로 FO4 인버터 지연 및 τ의 값들이 각 공정에 대해 주어진다. 속도 포화가 N 시리즈 nMOS 트랜지스터들의 저항이 단일 트랜지스터의 N배 이하로 낮추는 원인이 되기 때문에 NAND 게이트들의 논리 에퍼트는 4.2.3절에서 예측했던 것보다는 상당히 더 낮다. PMOS 트랜지스터들은 더 낮은 이동도를 가지고 있고 따라서 더 낮은 속도 포화를 경험하기 때문에 NOR 게이트 에퍼트들은 약간 더 낮지만 그 효과는 덜 중요하다. 이 에퍼트들은 공정 및 전압에 걸쳐서 어느 정도 일관성이 있다. 상대적으로 예

표 7.8 다양한 공정들에 있어서 게이트들의 논리 에퍼트 및 기생 지연

Vendor		Orbit	HP	AMI	AMI	TSMC	TSMC	TSMC	IBM	IBM	IBM
Model		MOSIS	MOSIS	MOSIS	MOSIS	MOSIS	MOSIS	TSMC	IBM	IBM	IBM
Feature Size f	nm	2000	800	600	600	350	250	180	130	90	65
V_{DD}	V	5	5	5	3.3	3.3	2.5	1.8	1.2	1.0	1.0
FO4 Delay	ps	856	297	230	312	210	153	75.6	46.0	37.3	17.2
τ	ps	170	59	45	60	40	30	15	9.0	7.4	3.3
Logical Effort											
Inverter		1.00	1.00	1.00	1.00	1.00	1.00	1.00	1.00	1.00	1.00
NAND2		1.13	1.07	1.05	1.08	1.12	1.12	1.14	1.16	1.20	1.26
NAND3		1.32	1.21	1.19	1.24	1.29	1.29	1.31	1.35	1.41	1.51
NAND4		1.53	1.37	1.36	1.42	1.47	1.47	1.50	1.55	1.62	1.78
NOR2		1.57	1.59	1.58	1.60	1.52	1.50	1.50	1.57	1.56	1.50
NOR3		2.16	2.23	2.23	2.30	2.07	2.02	2.00	2.12	2.08	1.96
NOR4		2.76	2.92	2.96	3.09	2.62	2.52	2.53	2.70	2.60	2.43
Parasitic Delay											
Inverter		1.08	1.05	1.18	1.25	1.33	1.18	1.03	1.16	1.07	1.20
NAND2		1.87	1.85	1.92	2.10	2.28	2.07	1.90	2.29	2.25	2.47
NAND3		3.34	3.30	3.40	3.79	4.15	3.65	3.51	4.14	4.10	4.44
NAND4		4.98	5.12	5.22	5.78	6.30	5.47	5.52	6.39	6.39	6.79
NOR2		2.86	2.91	3.29	3.56	3.52	2.95	2.85	3.35	3.01	3.29
NOR3		5.65	6.05	7.02	7.70	6.89	5.61	5.57	6.59	5.76	6.35
NOR4		9.11	10.3	12.4	13.9	11.0	8.76	8.95	10.54	9.11	10.16

제 3.12의 속도 포화 모델은 NAND2, NAND3, NOR2, NOR3를 위한 1.20, 1.39, 1.50, 2.00의 논리 에퍼트를 예측한다. 기생 지연들은 확산의 상대 커패시턴스들 및 게이트들 내에서의 변동 때문에 더 큰 스프레드를 보여 준다.

이러한 데이터는 손으로 설계를 행할 때 설계자가 전형적으로 원하는 것보다 더 상세한 것을 포함한다. 표 3.2로부터의 논리 에퍼트의 대략적 평가들은 일반적으로 초기 설계에 대해 충분하다. 그러나 정확한 지연 대 팬아웃 정보는 종종 입력 기울기 의존성과 함께 증가되면서, 정적 타이밍 해석기를 가지고 사용하기 위한 표준 셀 라이브러리에 특성을 부여할 때 매우 중요하다. FO4 인버터 지연은 트랜지스터 폭이 다르기 때문에 표 7.5와 다소 다를 수 있다.

7.5.4 전력 및 에너지

4.1절에서 에너지 및 전력은 공급 전류에 비례한다고 배웠다. 이들은 전력 공급 전압원에서 나온 전류에 기초하여 측정될 수 있다. 예를 들면 다음 코드는 처음 10 ns 동안 회로로 전달되는 전하 및 에너지를 측정하기 위해 INTEGRAL 명령을 사용한다.

```
.measure charge INTEGRAL I(vdd) FROM=0ns TO=10ns
.measure energy param='charge*SUPPLY'
```

그 대신에 HSPICE는 전압원에 의해 전달되는 순간 및 평균 전력을 직접적으로 측정하는 것을 가능하게 한다.

```
.print P(vdd)
.measure pwr AVG P(vdd) FROM=0ns TO=10ns
```

때로는 더 큰 회로의 경우 단지 한 개의 게이트에 의해 소비되는 전력을 측정하는 것이 도움이 된다. 그러한 경우에는 그 게이트에 대해 개별 전압원을 사용할 수 있고 단지 그 소스로부터만 전력을 측정할 수 있다. 불행하게도 이것은 vdd가 .global로서 선언될 수 없음을 의미한다.

게이트의 입력이 스위칭할 때 이것은 게이트-소스 커패시턴스들을 통한 공급에 전력을 전달한다. 그 내부 및 부하 커패시턴스들을 방전하는 게이트에 의해 이끌어진 전력으로부터 이러한 입력 전력을 주의해서 구별해야 한다.

7.5.5 시뮬레이션 상의 불일치들

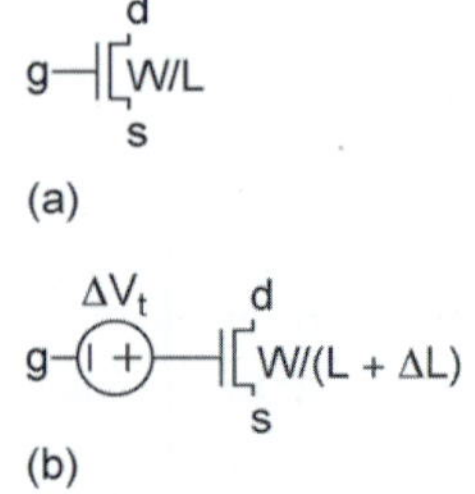

그림 7.31 모델링 불일치

많은 회로들은 명목적 동일 트랜지스터들 사이에서의 불일치들에 대해 민감하다. 예를 들면 센스 증폭기(11.2.3.3절)들은 입력들 사이의 작은 차동 전압에 응답해야만 한다. 명목적 동일 트랜지스터들 사이의 불일치들은 필요한 전압을 상당히 증가시킬 수 있는 오프셋을 첨가한다. 트랜지스터들은 여전히 서로 일치할 것이기 때문에 서로 다른 코너들 내에서 단지 시뮬레이션하는 것은 부적당하다. 두 개의 명목적 동일 트랜지스터들 내의 전류들 사이의 불일치는 기본적으로 문턱 전압 및 채널 길이에 있어서의 시프트들 탓이다. 그림 7.31은 이러한 불일치를 시뮬레이션하는 예를 보여 준다. 각 트랜지스터는 서로 다른 채널 길이 및 문턱 전압 내의 차이를 모델링하는 전압원을 가진 동일 회로에 의해 치환된다. 많은 빈(bin)이 있는 BSIM 모델들은 공정에 의해 지원되는 최솟값보다 더 짧은 트랜지스터 길이 설정을 가능하게 하지 않는다. 매개변수들 상에서 데이터를 획득하는 것은 어려울 수 있다.

많은 경우, 트랜지스터들은 서로 근접하게 위치하지 않고 전압과 온도가 현저하게 다른 환경을 갖는다. 예를 들어 어떤 칩 내부에서 다른 위치에 있는 두 개의 클럭 버퍼는 두 클럭 사이에서 클럭 부정합의 원인이 된다. 전압의 차이는 서로 다른 전원을 사용하여 모델링할 수 있다. 온도 차이는 별개의 시뮬레이션을 서로 다른 온도에서 수행함으로써 쉽게 다룰 수 있다.

7.5.6 Monte Carlo 시뮬레이션

회로 상의 임의 변동의 효과들을 찾기 위해 Monte Carlo 시뮬레이션이 사용될 수 있다. 이것은 무작위로 선택된 서로 다른 매개변수 오프셋들을 가지고 반복적으로 시뮬레이션을 가동하는 것으로 구성된다. Monte Carlo 시뮬레이션을 사용하기 위해서 트랜지스터 모델들은 오프셋 매개변수들을 반드시 포함해야만 한다. 제조사들은 통상적으로 나노미터 공정에 대한 그러한 모델들을 제공한다.

예를 들면 길이, 폭, 그리고 문턱 전압 변화들을 취급하기 위해 변형된 그림 7.10으로부터 시뮬레이션된 nMOS 모델 카드를 생각해 보자. 전이 명령은 다음과 같이 변한다.

```
.tran 1ps 1000ps SWEEP MONTE=30
```

`.measure`는 30회 반복된 시뮬레이션으로부터 평균값, 최솟값, 최댓값, 그리고 표준편차를 보고한다. 평균값은 17.1 ps이고, 표준편차는 σ=0.56 ps이다.

우수한 모델은 사용자가 다이 간 편차, 다이 내 편차, 혹은 모두를 고려할 수 있도록 조절하는 값을 포함한다. 또한 트랜지스터 방향과 웰 에지 근접도와 같은 레이아웃으로부터 추출된 정보를 받아들인다.

7.6 상호연결 시뮬레이션

상호연결 기생들은 전반적 지연에 있어서 매우 중요한 요소이다. 실제 레이아웃이 활용 가능하면 도선의 기하학적 배열이 직접적으로 추출될 수 있다. 단지 스키매틱만이 활용 가능하면 설계자는 도선 길이들을 추정할 필요가 있다. 작은 게이트들에 대해 심지어 게이트 내부의 이 도선들의 커패시턴스들도 중요하다. 따라서 일부 회사들은 트랜지스터들의 개수 및 크기에 기초한 스키매틱들 내의 도선 기생물들을 추정하기 위해 **기생 평가기**(parasitic estimator) 도구들을 사용한다. 어떠한 경우에도 설계자는 평면배치 내에서 그들의 추정된 길이들에 기초한 긴 도선들을 반드시 명시적으로 모델링해야만 한다.

일단 도선 길이 및 피치가 알려지거나 평가되면 이들은 5.2절에서 논의된 방법들을 사용하여 도선 저항 R 및 커패시턴스 C로 변환될 수 있다. 짧은 도선(도선 저항이 게이트 저항보다 훨씬 더 낮은 곳)은 집중(lumped) 커패시터로서 모델링될 수 있다. 더 긴 도선은 다중 세그먼트 π 모델을 가지고 모델링될 수 있다. 그림 7.32에 나와 있는 것 같은 4-세그먼트 모델은 일반적으로 매우 정교하다. 이 모

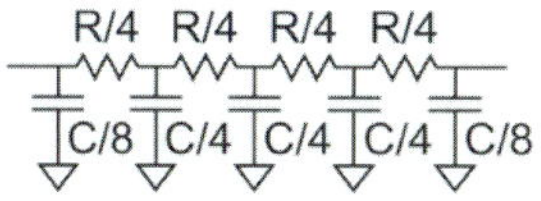

그림 7.32 상호연결에 대한 4-세그먼트 π 모델

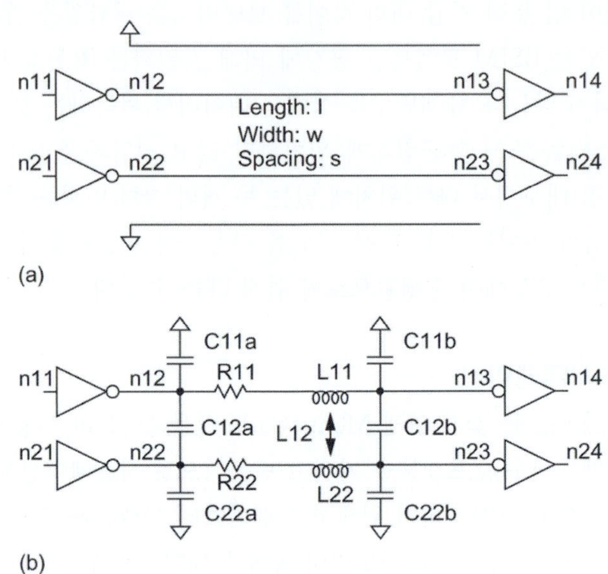

그림 7.33 손실이 많은 다중 도체 전송선

델은 서로 이웃하는 도선들 사이의 커플링을 포함하도록 쉽게 확장될 수 있다.

일반적으로 상호연결은 다중 상호 작용 신호 및 전력선/접지선들로 구성된다[Young00]. 예를 들면 그림 7.33(a)는 접지선들 쌍 사이에서 가동되는 병렬 신호들의 쌍을 보여 준다. 단위 길이당 저항 및 커패시턴스를 가지고 접지선들을 모델링하는 것이 가능할지라도 공급 네트워크들을 이상적인 것으로 취급하고 그 이후에 잡음 예산 내에서 전력 공급을 개별적으로 설명하는 것이 보통 더 실질적이다. 그림 7.33(b)는 단일 π-세그먼트 모델을 사용하여 동등 회로를 보여 준다. 각 선은 직렬 저항 및 인덕턴스, 접지에 대한 커패시턴스, 그리고 상호 커패시턴스 및 인덕턴스를 가지고 있다. 이 상호 요소들은 한 도체 내의 변화하는 전압 또는 전류가 다른 도체 내의 전류 또는 전압을 어떻게 유도하는지를 설명한다.

HSPICE는 손실이 많은 다중 도체 전송선들을 모델링하는 `W` 요소 또한 지원한다. 이것은 저항, 커패시턴스, 인덕턴스, 상호 커패시턴스, 그리고 상호 인덕턴스를 갖는 π 모델을 구축하는 것보다 더 편리하다. 더군다나 HSPICE는 상호연결의 단면적 설명으로부터의 모든 항들을 컴퓨터로 계산할 수 있는 붙박이형 이차원 필드 솔버를 가지고 있다. 그림 7.34는 요소 값들을 추출하기 위해 필드 솔버를 사용하고 `W` 요소를 가지고 라인들을 모델링하는 SPICE 덱을 제공한다.

이 덱은 필드 솔버가 전기 매개변수들을 추출하는 데 사용하는 상호연결의 이차원 단면을 설명한다. 이 상호연결은 두 개의 접지선들 사이의 두 개의 신호 흔적(trace)들로 구성된다. 각 도선은 2 μm 폭 및 0.7 μm 두께를 가지고 있다. 구리 도선들은 위와 아래에 낮은 k(ε=3.55ε_0) 유전체의 0.9 μm를 가지고 중간에 끼여 있다. N=2 신호 흔적들은 접지선들로부터 6 μm 그리고 서로에서부터 2 μm 공간이 있고 6 μm 길이를 가지고 있다. HSPICE 필드 솔버는 매우 유동적이고 HSPICE 매뉴얼 내에

```
* interconnect.sp
*----------------------------------------------------------------------
* Parameters and models
*----------------------------------------------------------------------
.param SUPPLY=1.0
.include '../models/ibm065/models.sp'
.temp 70
.option post
*----------------------------------------------------------------------
* Subcircuits
*----------------------------------------------------------------------
.global vdd gnd
.subckt inv a y N=100nm P=200nm
M1    y    a    gnd    gnd    NMOS    W='N'    L=50nm
+ AS='N*125nm' PS='2*N+250nm' AD='N*125nm' PD='2*N+250nm'
M2    y    a    vdd    vdd    PMOS    W='P'    L=50nm
+ AS='P*125nm' PS='2*P+250nm' AD='P*125nm' PD='2*P+250nm'
.ends
*----------------------------------------------------------------------
* Compute transmission line parameters with field solver
*----------------------------------------------------------------------
.material     oxide          DIELECTRIC          ER=3.55
.material     copper         METAL               CONDUCTIVITY=57.6meg
.layerstack   chipstack      LAYER=(oxide,2.5um)
.fsoptions    opt1           ACCURACY=MEDIUM     PRINTDATA=YES
.shape        widewire       RECTANGLE           WIDTH=2um    HEIGHT=0.7um
.model        coplanar       W                   MODELTYPE=FieldSolver
+ LAYERSTACK=chipstack       FSOPTIONS=opt1      RLGCFILE=coplanar.rlgc
+ CONDUCTOR=(SHAPE=widewire ORIGIN=(0,0.9um)     MATERIAL=copper TYPE=reference)
+ CONDUCTOR=(SHAPE=widewire ORIGIN=(8um,0.9um)   MATERIAL=copper)
+ CONDUCTOR=(SHAPE=widewire ORIGIN=(12um,0.9um)  MATERIAL=copper)
+ CONDUCTOR=(SHAPE=widewire ORIGIN=(20um,0.9um)  MATERIAL=copper TYPE=reference)
*----------------------------------------------------------------------
* Simulation netlist
*----------------------------------------------------------------------
Vdd   vdd   gnd   'SUPPLY'
Vin   n11   gnd   PULSE   0 'SUPPLY' 0ps 20ps 20ps 500ps 1000ps
W1    n12   n22   gnd     n13   n23   gnd   FSmodel=coplanar N=2 l=6mm
X1    n11   n12   inv     M=80
X2    n13   n14   inv     M=40
X3    gnd   n22   inv     M=80
X4    n23   n24   inv     M=40
*----------------------------------------------------------------------
* Stimulus
*----------------------------------------------------------------------
.tran 1ps 250ps
.end
```

그림 7.34 손실이 많은 다중 도체 전송선에 대한 SPICE 덱

완전히 문서화되어 있다. 이것은 전송선 모델을 생성하고 coplanar.rlgc 파일에 그것을 쓴다. 이 파일은 저항, 커패시턴스, 그리고 인덕턴스 행렬들을 포함하고 그림 7.35에 나와 있다.

이 행렬들은 해석을 위한 약간의 수고를 필요로 한다. 이들은 하부 절반(lower half)이 인쇄되도록 대각선 주변에서 대칭적이다. 저항들은 $R_{11}=R_{22}=12.4$ Ω/mm이다. 인덕턴스들은 $L_{11}=L_{22}=0.67$ nH/mm이고 $L_{12}=0.37$ nH/mm이다. 커패시턴스 행렬은 음수들로 커플링 커패시턴스들을 대표하고

```
* L(H/m), C(F/m), Ro(Ohm/m), Go(S/m), Rs(Ohm/(m*sqrt(Hz)), Gd(S/(m*Hz))
.MODEL coplanar W MODELTYPE=RLGC, N=2
+ Lo =   6.68161e-007
+        3.67226e-007  6.68161e-007
+ Co =   2.53841e-011
+        -1.36778e-011  2.53841e-011
+ Ro =   12400.8
+        0  12400.8
+ Go =   0
+        0  0
```

그림 7.35 coplanar.rlgc 파일

대각선 상의 흔적에 대한 모든 커패시턴스들의 합을 놓는다. 따라서 $C_{11}=C_{22}=0.0117$ pF/mm이고 $C_{12}=0.0137$ pF/mm이다. π 모델에 있어서 이러한 커패시턴스들 각각의 절반은 각각의 끝에서 집중된다.

그림 7.36은 도선들을 따라가는 전압들을 보여 준다. 가파른(sharp) 에지율들을 가지고 구동되는 높은 인덕턴스 및 낮은 저항을 가진 폭넓은 도선들에 의해 발생되는 링잉(ringing, 예: 발진)을 관찰한다. 도체들에 대해 더 가까운 접지선들을 이동시킴으로써 인덕턴스가 감소되었다면 이 링잉은 감소했을 것이다. 스위칭 라인은 또한 양쪽 끝단에서 잡음을 유발하면서 결합한다.

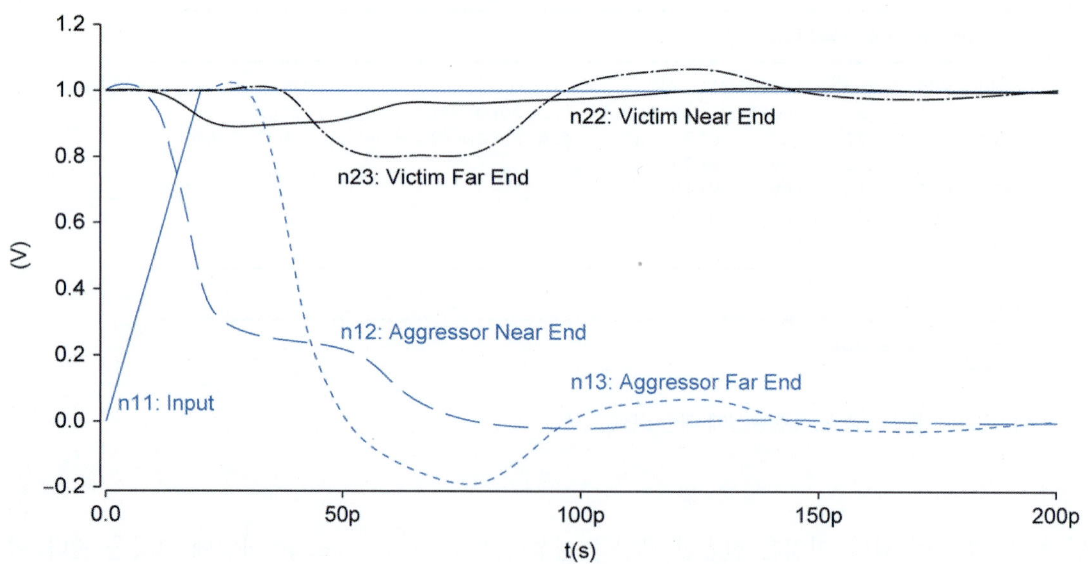

그림 7.36 전송선 응답

7.7 함정 및 착오

시뮬레이션들에 있어서의 확산 평가 및 기생들 상호연결의 실패

확산 커패시턴스는 FO4 인버터의 지연 20% 그리고 높은 팬인, 낮은 팬아웃 게이트의 50% 이상에 대해 설명할 수 있다. 소스 및 드레인의 면적 및 주변 길이가 시뮬레이션들 내에 포함되는 회로들을 시뮬레이션할 때 확신하도록 한다. 상호연결 커패시턴스도 중요하지만 평가하기 어렵다. 긴 도선들에 대해서 이 커패시턴스 및 RC 지연은 경로 지연의 대부분을 표현한다. 하나의 공통 에러는 스키매틱 레벨에서 회로 설계를 하는 동안 도선들을 무시하고 따라서 도선 지연이 주요 회로 변경들을 요구하고 레이아웃 변경을 완료하기에 충분히 중요하다는 것을 레이아웃 이후에 발견하는 것이다.

부적절한 입력 파형들의 적용

게이트 지연은 입력의 상승/하강 시간에 매우 의존한다. 예를 들면 인버터의 전파 지연은 실제적 상승 시간이 제공될 때보다 단계 입력이 적용될 때 상당히 더 짧다.

부적절한 출력 로딩의 적용

게이트 지연은 심지어 출력 로딩에 더욱 의존한다. 일부 엔지니어들, 특히 마케팅 부서 내의 엔지니어들은 게이트를 언로딩된 인버터의 지연으로서 측정한다. 이것은 '전형적인' 로딩을 가진 FO4 인버터 또는 다른 게이트 지연의 약 1/5이다. 임계 경로를 시뮬레이션할 때 최종 단계가 반드시 구동해야만 하는 평가된 로드를 포함하는 것이 중요하다.

부적절한 트랜지스터 크기들의 선택

게이트 지연은 또한 트랜지스터 폭들에 의존한다. 일부 논문들은 신중하게 선택된 트랜지스터 크기들을 가진 새로운 설계를 제대로 선택되지 못한 크기들을 가진 이전 설계와 비교하고 새로운 설계가 더 우수하다는 잘못된 결론에 이른다.

올바르지 못한 임계 경로의 식별

기본 설계를 하는 동안에 전체 회로보다는 차라리 단지 임계 경로만을 모델링함으로써 회로들을 비교하는 것이 훨씬 더 효율적이다. 그러나 이것은 설계자가 가장 임계적이게 될 경로를 올바르게 식별하는 것을 필요로 한다. 때로는 많은 고려를 해야만 한다.

숨겨진 스케일 인수들의 설명에 대한 실패

많은 CAD 시스템들은 스케일링 인수(scaling factor)들을 도입한다. 예를 들면 어떤 회로는 설계 규칙들의 한 세트를 가지고 제도될 수 있고 자동적으로 다음 공정 세대에 척도화될 수 있다. CAD 도구들은 이러한 변경을 반영하기 위한 스케일링 인수를 도입할 수도 있다. 이러한 스케일링을 반영하는 적절한 트랜지스터 크기들을 지정하는 것은 미묘한 것으로 악명이 높다. 시뮬레이션 결과들은 우수하게 보이겠지만 스케일링이 적절하게 설명되지 않으면 무의미하다.

SPICE로부터의 결과들에 대한 맹목적 신뢰

SPICE 초보 사용자들은 종종 시뮬레이션 결과들을 너무 지나치게 신뢰한다. 이것은 SPICE가 결과들을 많은 유효 숫자들로 인쇄하고 멋진 파형들을 생성하는 점에 의해 악화된다. 지금까지 살펴본 바와 같이 시뮬레이션 결과들이 실제 회로의 동작을 반영하지 않을 수도 있는 수많은 이유들이 있다.

새로운 공정 또는 도구 세트를 처음 사용할 때 이 결과들이 일부 간단한 회로들(예: FO4 인버터)에 대해 어떠한 것이 되어야만 하는지를 항상 예측해 보고 이 시뮬레이션이 기대치와 일치하는지를 검증해 본다. 처음에는 어느 정도 편집증적이어도 해가 되지 않는다. 이 흐름(flow)이 올바른지를 증명한 후에 가능하면 버전 제어와 함께 모든 모델들 및 네트리스트 생성 스크립트들을 고정시킨다. 이런 식으로 어떠한 변경이 행해지면 이 변경에 대한 타당한 이유가 반드시 명백해야만 하고 이 시뮬레이션은 다시 정당성이 확인되어야만 한다. 일반적으로 SPICE 덱들은 다른 방식으로 증명될 때까지 오류 투성이다. 시뮬레이션이 기대치들과 일치하지 않으면 에러들 또는 덱 내의 부적당한 모델링에 대해 상세히 살펴본다.

생각하는 대신에 SPICE 사용하기

아마도 회로 설계자들의 대다수가 SPICE를 너무 과도하게 사용하고 뇌는 너무 적게 사용할 것이다. 회로 시뮬레이션은 해석에 의해 이끌어져야만 한다.

공통 SPICE 덱 에러 만들기

SPICE 덱 내의 공통된 착오들은 다음과 같다.

- 첫 번째 라인 상의 주석의 생략
- 덱 엔드에서의 새로운 라인의 생략
- 파형 뷰어를 사용할 때 `.option` 사후 명령의 생략
- 확산 기생들의 제거
- 동적 논리 또는 순차 회로들에 대한 초깃값들 설정 생략

`.option scale`이 설정되지 않을 때 부적절한 치수들의 사용

`.option scale`이 사용되지 않으면 $W=4$, $L=2$를 가진 트랜지스터는 4×2 m^2으로서 해석될 수 있게 된다. 이것은 SPICE가 에러 메시지들을 생성하도록 유발하면서 BSIM 모델 파일 내 크기들의 법적 범위를 종종 벗어난다. 이와 유사하게 3×0.5 μm의 드레인 확산은 PD=7 AD=1.5 또는 PD=7u AD=1.5u의 공통 착오에 반대되면서 PD=7u AD=1.5p로서 지정되어야만 한다.

요약

SPICE는 적절하게 사용될 때 CMOS 회로들의 동작에 특성을 부여하기 위한 강력한 도구이다. 이 장은 간단한 회로들에 특성을 부여하고 최적화하기 위한 DC 및 과도상태 해석들을 수행하는 방법을 보여 주는 간명한 지도 방법을 가지고 시작했다. SPICE는 서로 다른 여러 트랜지스터 모델들을 지원한다. 이 책을 쓰는 시점에 BSIM 모델은 가장 널리 사용되고 대부분의 디지털 응용에 대해 MOSFET 동작을 매우 잘 설명한다. MOSFET 연결을 지정할 때 단말 연결들(드레인, 게이트, 그리고 바디) 그리고 폭 및 길이뿐만 아니라 기생 커패시턴스를 컴퓨터로 계산하기 위해 사용되는 소스 및 드레인의 면적 및 주변 길이가 반드시 포함되어야 한다.

현대식 SPICE 모델들은 많은 매개변수들을 가지고 있고 수작업 계산을 하기에 어렵다. 그러나 설계자는 공정에 특성을 부여하기 위해 일부 시뮬레이션들을 수행할 수 있다. 예를 들면 유효 게이트 커패시턴스 및 저항, 확산 커패시턴스, 그리고 문턱 전압 및 누설 전류를 아는 것이 도움이 된다. 또한 회로 성능의 빠른 평가를 위해 팬아웃-4 인버터의 지연 그리고 게이트들 라이브러리의 논리 에퍼트 및 기생 지연을 결정하는 것이 중요하다.

대부분의 설계자들은 실제 회로들에 특성을 부여하기 위해 SPICE를 사용한다. 기본 설계를 하는 동안에 회로가 성능 요구를 충족시키게 될지를 빠르게 결정하기 위한 임계 경로를 모델링할 수 있다. 우수한 모델은 회로 자체뿐만 아니라 입력 에지율, 출력 로딩, 그리고 확산 커패시턴스와 상호연결 같은 기생들을 설명한다. 인덕턴스가 중요하게 될 때 손실이 많은 다중 도체 전송선 `W` 요소가 편리할지라도 대부분의 상호연결은 4-세그먼트 π 모델을 가지고 표현될 수 있다. 새로운 그리고 '위험성 있는' 회로들은 이들이 처리 공정 및 환경에 있어서의 변동들에 걸쳐서 확실히 올바르게 작동할 수 있도록 다중 설계 코너들에서 시뮬레이션되어야만 한다. SPICE는 GIGO의 경향이 있기 때문에 종종 기대치들과 일치할 때까지 간단한 모델 및 오류 수정을 가지고 시작하는 것이 최상이다. 그 이후에 더 상세한 것이 점진적으로 첨가되고 테스트될 수 있다.

연습문제

주: 이 책의 웹페이지(`www.cmosvlsi.com`)는 이 장에서 데이터를 생성하기 위해 사용되는 SPICE 모델들 및 특성 부여 스크립트들을 포함한다. 다른 언급이 없는 한 TTTT 조건들 내에서 mosistsmc180 모델 파일(MOSIS에 의해서 TSMC 180 nm 공정 상에서 제조되는 테스트 구조들로부터 추출되는)을 사용하여 연습문제를 푸시오.

7.1 연습문제 3.9는 논리함수의 지연을 평가하도록 요청한다. 자신의 설계를 시뮬레이션하고 자신의 평가에 대해 결과들을 비교하시오. 커패시턴스 한 단위를 최소 크기의 트랜지스터로 놓는다.

7.2 `charlib.pl` 스크립트는 지정된 공정 내에서 게이트들의 논리 에퍼트 및 기생 지연을 추출하기 위해 수많은 시뮬레이션들을 가동한다. 또 다른 열을 사용하여 새로운 공정에 대해 표 7.8

에 첨가하시오.

7.3 `charlib.pl` 스크립트를 사용하여 최대 입력에 대한 5-입력 NAND 게이트의 논리 에퍼트 및 기생 지연을 찾으시오.

7.4 연습문제 3.12는 2-입력 AND 게이트들의 두 가지 설계를 비교한다. x 및 y의 어떤 값이 최소 지연을 제공하는가? 논리 에퍼트 계산들로부터 제시되는 x 및 y의 값들을 사용하여 달성되었던 것보다 지연이 얼마나 더 빠른가? 최상의 지연은 논리 에퍼트를 사용하여 평가들에 대해 어떻게 비교하는가? 게이트 커패시턴스를 $C=10\ \mu$m로 놓는다.

7.5 그림 7.10에서 SPICE 덱을 변형함으로써 팬아웃-5 인버터의 평균 전파 지연을 찾으시오.

7.6 3:1 P/N 비를 가진 인버터에 대해 입력 및 출력 논리 레벨들 그리고 하이 및 로우 잡음 마진들을 찾으시오.

7.7 어떤 P/N 비가 인버터에 대해 두 개의 잡음 마진 중 더 작은 것을 최대화하는가?

7.8 자신의 공정에 있어서 nNOS 및 pMOS 트랜지스터들에 대한 그림 7.16과 7.17의 곡선들과 같은 여덟 개의 I-V 곡선 한 세트를 만드시오.

7.9 부하(load) 상의 부하 $X5$가 생략된다면 연습문제 7.5의 지연은 몇 퍼센트 정도 변하는가?

7.10 입력이 정형 인버터(shaping inverter)들의 쌍에 의해 구동된다면 연습문제 7.5의 지연은 몇 퍼센트 정도 변하는가?

7.11 `char.pl Perl` 스크립트는 공정에 특성을 부여하기 위해 수많은 시뮬레이션들을 가동한다. 새로운 공정에 대해 또 다른 열을 표 7.5에 첨가하기 위해 스크립트를 사용하시오.

게이트 8

8.1 서론

디지털 논리는 조합 회로와 순차 회로로 나뉜다. 조합 회로의 출력은 현재 입력에 의해서만 결정되는 반면, 순차 회로는 메모리를 갖는다. 일반적으로 조합 회로를 구성하기 위한 단위는 논리 게이트인 반면, 순차 회로의 구성 단위는 레지스터와 래치들이다. 이 장은 조합 회로를 다루고, 9장에서는 순차 회로를 다루기로 한다.

1장에서 우리는 MOS 트랜지스터가 단순한 스위치로 동작한다는 가정하에 CMOS 논리를 소개한 바 있다. **정적**(static) CMOS 게이트는 상보형 nMOS와 pMOS 네트워크가 결합되어 각기 차례대로 '0'과 '1'의 출력을 구동한다. 3장에서는 RC 지연 모델과 논리 에퍼트를 사용해서 정적 CMOS 논리에서 발생하는 지연의 원인을 보다 자세하게 이해하였다.

이 장에서는 **회로군**(circuit family)이라 불리는 CMOS 논리 구성의 대안을 살펴보기로 한다. 대부분의 설계가 정적 CMOS 라이브러리를 사용하여 합성을 수행하고, 주문형 설계조차도 논리의 97% 이상에 대해서 정적 CMOS를 사용하기 때문에, 고속, 저전력, 혹은 집적도의 제한이 새로운 해법을 요구하게 되었다. 우리가 사용할 회로는 응용 분야를 만족시키는 동시에 설계와 검증의 노력을 최소화하는 것이어야 한다. 대부분 공통적으로 사용되는 회로군의 대안으로서 비례 회로(ratioed circuit), 동적 회로(dynamic circuit), 그리고 통과 트랜지스터 회로 등을 들 수 있다.

3.3.7절을 상기하면, 논리 게이트의 지연이 출력 전류 I, 부하 커패시턴스 C, 그리고 출력 전압 스윙(output voltage swing) ΔV에 의해서 결정된다고 가정할 수 있다.

$$t \propto \frac{C}{I}\Delta V \tag{8.1}$$

동작 속도가 빠른 회로군은 위의 세 가지 요소들 중 하나를 개선하고자 한다. nMOS 트랜지스터가 같은 크기와 커패시턴스를 갖는 pMOS 트랜지스터보다 많은 전류를 제공하기 때문에, nMOS 네트워크가 선호되는 것이다. 논리 에퍼트는 C/I 항에 비례하는데, 그 이유는 이 항이 특정한 출력 전류를 전달하는 게이트의 입력 커패시턴스에 의해서 결정되기 때문이다.

정적 CMOS의 한 가지 단점은 그것이 각 입력에서 nMOS와 pMOS를 모두 필요로 한다는 것이다. 출력이 강하하는 변화가 진행될 때, pMOS 트랜지스터는 풀다운 전류에 도움을 주지는 않으면서 커패시턴스를 현저하게 증가시킨다. 따라서 정적 CMOS는 상대적으로 큰 논리 에퍼트를 필요로 한다. 많은 고속 회로군은 입력에서 nMOS 트랜지스터만을 구동하기 위한 방법을 추구하는데, 이것은 커패시턴스와 논리 에퍼트를 모두 감소시킬 수 있는 방법이다. 다른 구조는 출력을 하이로 풀업시키는 방법이 있다. 언제 출력을 하이로 풀업시키는가를 결정하기 위해서 입력, 출력, 그리고 클럭 신호들을 감시하고 있을 필요가 있다. 입력과 출력을 감시하기 위해서는 필연적으로 노드들에 부하가 발생되고, 따라서 클럭이 최적의 순간에 제공되는 클럭화된 회로의 속도를 향상시킬 수 있다. 정적 CMOS의 다른 단점은 모든 노드 전압들이 0과 V_{DD} 사이의 영역에서 변화해야 한다는 것이다. 어떤 회로군은 축소된 전압 스윙을 사용하여 전달 지연(propagation delay)과 전력 소모를 감소시킨다. 그러나 이와 같은 장점은 최종적으로 출력을 원래의 수준으로 증폭하는 데 사용되는 지연과 전력 소모, 그리고 축소된 스윙에 따른 안정도 저하 등을 함께 고려해서 평가해야 한다.

정적 CMOS 논리는 그 안정성 때문에 널리 사용되고 있다. 정확한 입력이 주어지면, 논리 설계와 제조 과정에 오류가 없는 한 정확한 출력이 약속된다. 그러나 다른 회로군은 전하 공유, 누설 전류, 문턱 전압 강하, 그리고 비례 제약 등의 문제점에 노출된다. 따라서 다른 형태의 회로군을 사용할 때에는 이와 같은 문제점을 이해하고 모든 설계 관점에서 회로가 정상적으로 동작할 것인가를 확인하는 것이 필요하다.

다른 많은 종류의 회로군이 제안된 바 있지만, 그들 중 대부분은 상업용으로 거의 사용되지 않고 사장되고 있다. 모든 트랜지스터는 각기 고유한 커패시턴스를 갖기 때문에, 고속 회로는 단순한 구성을 갖는 것이 보통이다. 그럼에도 불구하고 우리는 여러 가지 관점에서 이러한 회로들을 검토해 보고자 하고, 이들 중 몇 가지는 특수한 목적으로 향후 사용될 수 있는 가능성을 지닌다. 대부분의 다른 교재들은 이와 같은 회로군들을 구체적인 평가 없이 목록으로 나열하기만 하고 있지만, 이 교재에서는 설계자들이 모든 회로군을 다시 검토해야 하는 수고 없이, 필요한 용도에 최적의 것을 선택할 수 있도록 유용한 평가를 제공할 것이다. 물론 완전하지 않은 평가가 갖는 위험성을 무시할 수 없기 때문에, 최종 판단은 설계자 자신에게 맡기기로 한다.

절연체 상 실리콘(SOI: silicon-on-insulator) 칩들은 전도성 기판을 없앴다. 이렇게 해서 기생 커패시턴스를 낮추고 하위 문턱 경사를 개선하여 저전력 고속을 실현했지만, 그들 고유의 문제를 갖는다. 8.4절에서는 SOI 회로의 문제점을 검토한다.

CMOS는 소형의 배터리에 의해서 수년간 구동되어야 하는 인공 장기나 주위에서 에너지를 수집해야 하는 원격 센서 등과 같이 초저전력 시스템에 적용되는 사례가 증가하고 있다. 하위 문턱 영역에서 동작하는 정적 CMOS 게이트는 수십 배의 성능 저하를 감수하면서 10배 정도의 에너지를 감소시킨다. 8.5절에서는 하위 문턱 전압 회로들의 설계 문제를 검토한다.

8.2 회로군

상보형 nMOS 풀다운과 pMOS 풀업 네트워크를 갖는 정적 CMOS 회로는 집적회로 분야에서 압도적으로 많은 논리 게이트에 사용된다. 이들은 우수한 잡음 여유도를 갖고, 고속이고, 전력 소모가 적고, 디바이스 편차에 민감하지 않고, 설계하기 쉽고, 많은 CAD 도구에 의해서 폭넓게 지원받으며, 표준 셀 라이브러리를 곧바로 적용할 수 있는 장점이 있다. 잡음이 여유도를 초과하게 되면, 글리치(glitch)에 의해서 게이트 지연이 증가하지만, 게이트는 궁극적으로 정확한 출력에 도달하게 된다. 이제 대부분의 설계팀들은 조합 논리만을 위한 정적 CMOS 회로를 사용한다. 이 절은 정적 CMOS 회로를 최적화하는 기술을 가장 먼저 서술한다.

그럼에도 불구하고 성능과 면적 제약 때문에 종종 다른 회로군의 사용이 요구된다. 이 절의 나머지 부분에서는 비례 회로, 동적 회로, 그리고 통과 트랜지스터 등 가장 널리 사용되는 회로군에 대해서 기술한다.

8.2.1 정적 CMOS

AND와 OR 함수에 익숙한 설계자들은 정적 CMOS의 장점을 활용하기 위해서 이들을 NAND와 NOR 함수로 변환하는 방법을 생각해야 한다. 이 변환은 수동 회로 설계에서 버블 이동(bubble pushing)에 의해서 이루어진다. 만약 특정한 입력이 가장 많이 사용된다는 것을 안다면, 회로를 그 입력에 맞도록 최적화하는 것이 좋을 것이다. 같은 방법으로 상승 혹은 하강 에지가 보다 결정적인 역할을 한다면, 게이트는 해당 에지에 최적화될 수 있다. 우리는 지금까지 상승 및 하강 지연이 같은 게이트를 구성하는 데 주력해 왔다. 그러나 pMOS 트랜지스터를 사용하면 지연, 전력, 면적 등을 줄일 수 있다. 다중 문턱 전압을 사용하는 공정에서, 다양한 종류의 게이트들은 서로 다른 속도-누설 간의 타협에 의해서 만들어진다.

8.2.1.1 버블 이동 CMOS 스테이지들은 본질적으로 반전된 결과를 제공한다. 따라서 AND와 OR 함수는 반드시 NAND와 NOR 게이트로 만들어져야 한다. 드모르간의 법칙을 사용하여 이 변환 관계를 설명하면 다음과 같다.

$$\overline{A \cdot B} = \overline{A} + \overline{B}$$
$$\overline{A + B} = \overline{A} \cdot \overline{B} \tag{8.2}$$

이 관계는 그림 8.1에 나와 있다. NAND 게이트는 반전된 입력을 갖는 OR 게이트와 같고, NOR 게이트는 반전된 입력을 갖는 AND 게이트와 같다. 이 관계는 두 개 이상의 입력을 갖는 게이트에도 동일하게 적용된다. 이와 같은 변환 관계는 반전을 표시하는 버블(속이 빈 작은 동그라미)의 위치가 입출력 사이에서 변하기 때문에 **버블 이동**(bubble pushing)이라고 부르기도 한다.

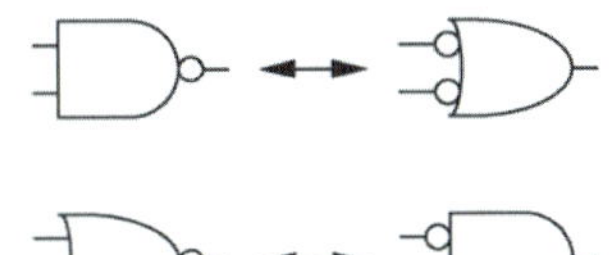

그림 8.1 드모르간의 법칙을 사용한 버블 이동

예제 8.1

NAND와 NOR 게이트들을 사용해서 $F=AB+CD$를 계산하는 회로를 설계하시오.

해답: 그림 8.2(a)와 같이, 회로는 두 개의 AND와 하나의 OR로 구성된다. 그림 8.2(b)는 AND와 OR가 기본적인 CMOS 스테이지로 대체된 것을 나타낸다. 그림 8.2(c와 d)는 버블 이동을 사용하여 단순화된 결과를 보여 준다.

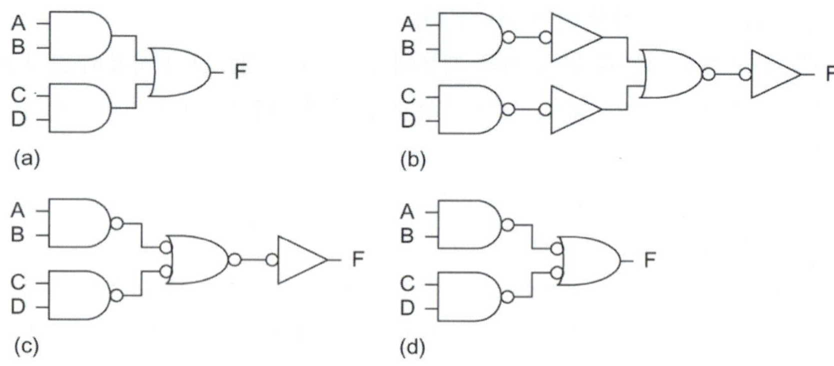

그림 8.2 버블 이동을 사용해서 AND와 OR를 NAND와 NOR로 대체한 결과

8.2.1.2 복합 게이트 1.4.5절에서 기술한 바와 같이, 정적 CMOS는 단일 스테이지에서 AND/OR의 다양한 반전 조합을 구성하는 복합 게이트를 취급하는 데에도 효과적으로 사용된다. 논리 함수 $F=AB+CD$는 그림 8.3과 같이 AND-OR-INVERT-22(AOI22) 게이트와 인버터를 사용해서 얻을 수 있다.

일반적으로 복합 게이트의 논리 에퍼트는 서로 다른 입력에 대해서 서로 다르게 나타난다. 그림 8.4는 AOI21, AOI22, 그리고 보다 복잡한 복합 AOI 게이트들에서 어떻게 논리 에퍼트가 계산되는지를 보여 준다. 각 입력의 논리 에퍼트는 그 입력의 커패시턴스와 인버터의 입력 커패시턴스 간의 비율로 결정된다. AOI21 게이트에서, 이것은 OR 단자(C)의 논리 에퍼트가 두 개의 AND 단자(A, B)에서보다 다소 작다는 것을 의미한다. 기생 지연은 출력에 연결된 트랜지스터들의 크기를 합함으로써 출력 노드의 전체 확산 커패시턴스로부터 대략적으로 추정된다.

그림 8.3 AOI22 게이트를 사용한 논리

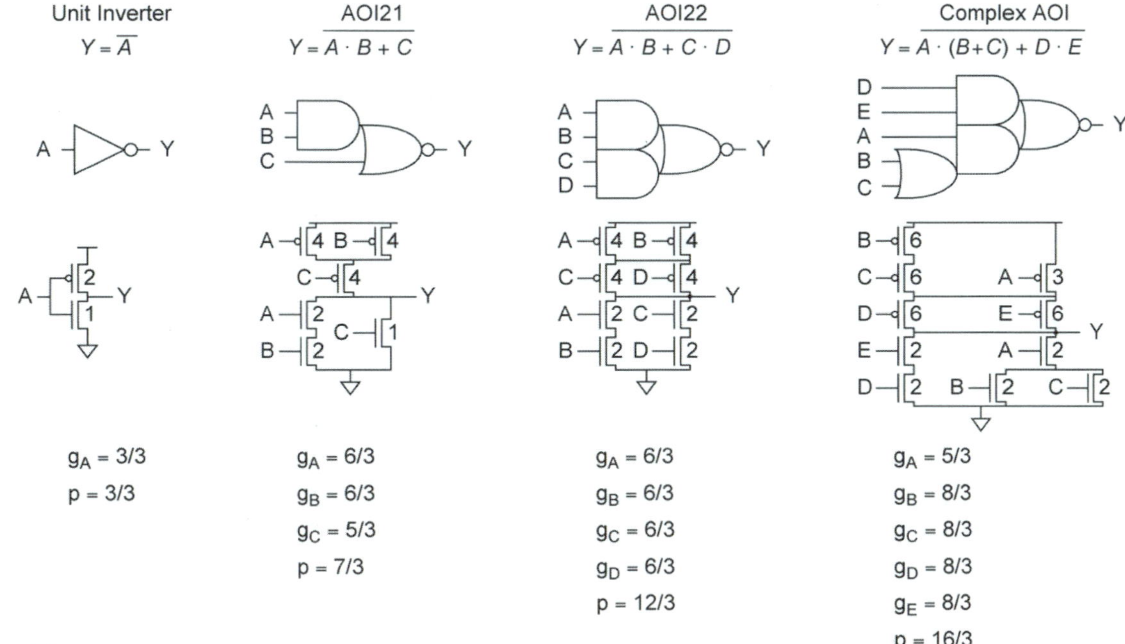

그림 8.4 AOI 게이트의 논리 에퍼트와 기생 지연

예제 8.2

그림 8.2(d)와 그림 8.3을 사용해서, $F=AB+CD$를 계산하기 위한 최소 지연을 계산하여 τ로 나타내시오. 각 입력은 최대 20λ의 트랜지스터 폭을 제공한다. 출력은 반드시 100λ의 폭을 갖는 트랜지스터와 같은 부하를 구동해야 한다.

해답: 경로 전기 에퍼트 (path electrical effort)는 $H=100/20=5$이고, 분기 에퍼트(branching effort)는 $B=1$이다. NAND 게이트를 이용한 설계의 경로 논리 에퍼트(path logical effort)는 $G=(4/3)\times(4/3)=16/9$이고, 기생 지연은 $P=2+2=4$이다. AOI22와 인버터를 사용한 설계는 경로 논리 에퍼트 $G=(6/3)\times1=2$를 갖고, 기생 지연은 $P=12/3+1=5$이다. 두 설계 모두 $N=2$ 스테이지를 갖고, 경로 에퍼트 $F=GBH$는 차례대로 80/9와 10이다. 경로 지연 $NF^{1/N}+P$는 차례대로 10.0τ와 11.3τ가 된다. 복합 게이트를 사용하는 것이 항상 속도가 향상된 결과를 가져오지는 않는다. 예를 들어 단순한 2-입력 NAND 게이트가 훨씬 더 빠를 수 있다.

크기를 계산하기 위해서, 최적의 스테이지 에퍼트(stage effort) $\hat{f}=F^{1/N}$을 차례대로 3.0과 3.2로 결정한다. 이들은 범위 2.4~6에 존재하기 때문에 우리는 이 에퍼트들이 합리적이라는 것과, 이 설계가 스테이지들을 추가하거나 삭제해도 크게 개선되지 않으리라는 것을 알 수 있다. 두 번째 게이트의 입력 커패시턴스는 다음과 같은 커패시턴스 변환에 의해서 계산된다.

$$C_{\text{in}_i} = \frac{C_{\text{out}_i} \times g_i}{\hat{f}}$$

NAND 게이트 설계를 위해서 입력 커패시턴스는 다음과 같이 계산되고

$$C_{\text{in}} = \frac{100\,\lambda \times (4/3)}{3.0} = 44\,\lambda$$

AOI22 설계를 위해서 입력 커패시턴스는 다음과 같이 계산된다.

$$C_{\text{in}} = \frac{100\,\lambda \times (1)}{3.2} = 31\,\lambda$$

경로들은 그림 8.5에서 트랜지스터 폭이 인버터 값에 의해서 반올림되어 나타난다.

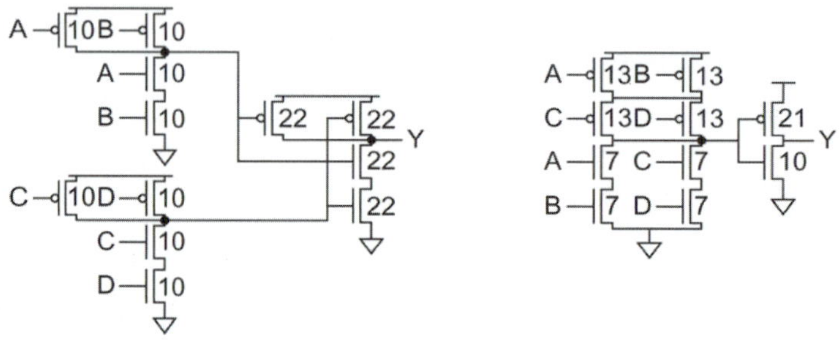

그림 8.5 사례로 본 트랜지스터 폭

8.2.1.3 입력 순서에 의한 지연 효과 서로 다른 게이트 입력의 논리 에퍼트와 기생 지연은 서로 다른 값을 갖는다. 이전에 소개했던 AOI21과 같은 논리 게이트들은 본질적으로 **비대칭**이어서 하나의 입력이 다른 입력보다 작은 커패시턴스를 받는다. 반면에 NAND나 NOR 게이트들은 명목적으로는 대칭이지만 실제로는 서로 다른 입력에 대해서 약간 다른 논리 에퍼트와 기생 지연을 갖는다.

그림 8.6 NAND 게이트의 지연 추정

그림 8.6은 확산 기생 커패시턴스가 표시된 2-입력 NAND 게이트를 나타낸다. 하나의 출력은 '1'로 고정되어 있고, 다른 하나가 '0'에서 '1'로 상승할 때 하강 출력 변화가 발생한다고 생각하자. 만약 입력 B가 마지막으로 상승하면, 노드 x는 입력 A의 nMOS 트랜지스터에 의해서 풀업되어 있기 때문에 초기에 $V_{DD}-V_t \approx V_{DD}$의 전압을 갖는다. 엘모어 지연(Elmore delay)은 $(R/2)(2C)+R(6C)=7RC=2.33\tau$가 된다.[1] 반대로, 만약 입력 A가 마지막으로 상승한다면, 노드 x는 입력 B에서 nMOS 트랜지스터에 의해서 방전되어 있기 때문에 초기에 0 V의 전압을 갖는다. 노드 x에 전하가 전달되지 않

[1] 어떤 인버터가 동일한 다른 인버터의 게이트를 구동하는 데 소요되는 지연이 $\tau=3RC$임을 상기하자.

기 때문에, 엘모어 지연은 간단하게 $R(6C)=6RC=2\tau$가 된다.

일반적으로 B와 같은 **바깥쪽** 혹은 **외부** 입력을 전원 레일에 가까운 입력이라 정의하고, A와 같은 **안쪽** 혹은 **내부** 입력을 출력에 가까운 입력으로 정의한다. 기생 지연은 내부 입력이 마지막으로 변화할 때 최소가 되는데, 그 이유는 중간 노드가 거의 방전되어 있기 때문이다. 따라서 만약 하나의 신호가 다른 신호보다 늦게 도달한다고 알고 있다면, 게이트는 이 신호가 내부 입력에 연결되었을 때 최고의 속도를 갖게 된다.

표 7.7은 다양한 NAND 게이트의 각 입력에 대해서 논리 에퍼트와 기생 지연을 나열하고, 동시에 내부 입력이 더 작은 기생 지연을 가짐을 보여 준다. 이 논리 에퍼트들은 속도 포화 때문에 초기에 예측했던 추정치보다 낮다. 흥미롭게도 중간 노드 x가 상승하고, 따라서 내부 입력이 ON되었을 때 역피드백을 야기하는 경향이 있기 때문에, 내부 입력이 다소 높은 논리 에퍼트를 갖는다[Sutherland99](연습문제 8.5 참조). 이 효과는 내부 입력이 팬아웃 범위에서 항상 빠르기 때문에 설계자들에게 중요하지 않다.

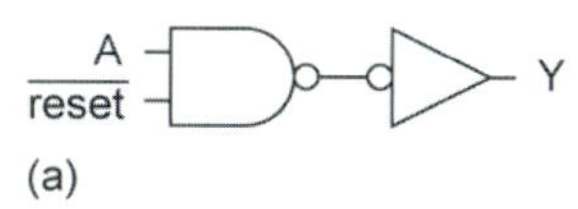

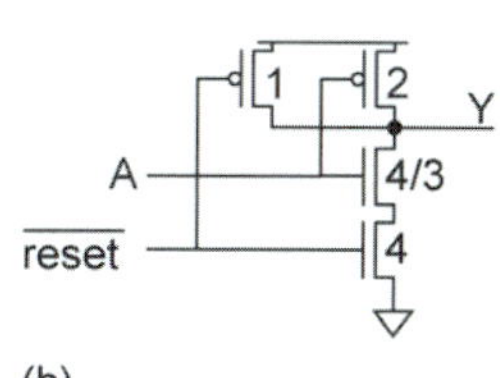

그림 8.7 데이터 입력에 최적화된 리셋 가능 버퍼

8.2.1.4 비대칭 게이트 하나의 입력이 다른 입력에 비해서 그 중요성이 많이 떨어진다면, 명목상 대칭인 게이트라도 먼저 들어오는 입력을 희생하는 대가로 나중에 들어오는 입력에 유리하도록 비대칭으로 만들 수 있다. 직렬 네트워크에서 이것은 초기 입력이 출력 트랜지스터에 연결되게 하고, 트랜지스터를 넓게 만들어서 임계 입력이 도달했을 때 저항을 감소시킨다. 병렬 네트워크에서 초기 입력은 좁은 트랜지스터에 연결되어 기생 커패시턴스를 줄인다.

예를 들어 그림 8.7(a)의 데이터 경로를 생각해 보자. 보통 조건에서 이 경로는 A와 Y 사이의 버퍼 역할을 한다. 리셋이 실행되면, 이 경로는 강제로 출력을 로우로 만든다. 만약 리셋이 예외적인 상황에서만, 그리고 느리게 발생한다면, 회로는 리셋을 희생하는 대가로 입력-출력 지연을 최적화하도록 만들어져야 한다. 이것은 그림 8.7(b)와 같은 **비대칭** NAND 게이트로 구성이 가능하다. 풀다운 저항 값은 $R/4+R/(4/3)=R$이기 때문에, 게이트는 여전히 단위 인버터와 같은 드라이버를 제공한다. 그러나 입력 A의 커패시턴스는 단지 10/3이기 때문에, 논리 에퍼트는 10/9가 된다. 이것은 일반적인 NAND 게이트가 갖는 4/3보다 좋은 값이다. 무한히 큰 리셋 트랜지스터와 입력 A를 위한 단위 크기 nMOS 트랜지스터에서, 논리 에퍼트 값은 하나의 인버터와 마찬가지로 1이 된다. 입력 A의 논리 에퍼트에 대한 개선은 리셋 입력의 논리 에퍼트를 더 많이 희생하는 대가로 얻어진다. 리셋 입력의 pMOS 트랜지스터 역시 줄어들었음을 주목할 필요가 있다. 이것은 리셋의 응답을 느리게 하는 대가로 확산 커패시턴스와 기생 지연을 축소시킨다.

CMOS 트랜지스터는 보통 속도 포화되어 있고, 직렬로 연결된 트랜지스터들은 장채널 모델에서 예측한 것보다 많은 전류를 운반한다. 이 전류는 3.4.6.3절에서 논의한 대로 직렬 스택을 하나의 등가 트랜지스터로 변환해서 예측할 수 있다. 비대칭 게이트가 등가의 전류를 가질 수 있는 폭은 내부 트랜지스터의 폭과 같다. 등가 길이는 상대적 폭의 역수를 합한 값에 따라 증가한다. 상대 전류는 N이 등가 길이를 나타낼 때, 식 (3.28)을 사용해서 계산할 수 있다.

예제 8.3

속도 포화를 가정했을 때, 단위 풀다운 전류를 위한 비대칭 NAND 게이트에 있는 nMOS 트랜지스터의 크기를 구하시오. 비임계 트랜지스터의 폭이 임계 트랜지스터보다 3배 크게 만든다. V_{DD}=1.0 V, V_t=0.3 V를 가정하고, nMOS 기기에서 E_cL=1.04 V를 사용한다. 이 게이트의 논리 에퍼트를 계산하시오.

해답: 등가 길이는 단위 트랜지스터의 1+1/3=4/3배가 된다. 식 (3.28)을 적용하면 상대 전류는 0.83이 된다. 따라서 트랜지스터의 폭은 단위 전류를 운반하기 위해서 1.20과 3.60이 된다. 논리 에퍼트는 (1.20+2)/3=1.07이고, 이것은 속도 포화를 고려하지 않고 예측한 것보다 개선된 것이다.

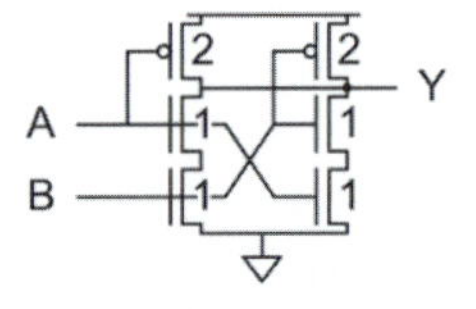

그림 8.8 완전 대칭 2-입력 NAND 게이트

중재기(arbiter)와 같은 다른 회로에서는 어떤 특정 입력도 동등하게 취급될 수 있도록 완전 대칭으로 게이트를 구성한다. 그림 8.8은 대칭 NAND 게이트를 구성하는 방법을 보여 준다.

8.2.1.5 비대칭 게이트 하나의 입력 변화가 다른 것보다 중요한 경우를 생각해 보자. 2.5.2절에서 상승 출력 변화에 유리하도록 **HI-비대칭** 게이트를, 하강 출력 변화에 유리하도록 **LO-비대칭** 게이트를 정의한 바 있다. 이와 같은 구별은 결정적인 역할을 하지 않는 트랜지스터의 크기를 축소하여 구현할 수 있다. 상승 및 하강 변화를 위한 논리 에퍼트는 차례대로 g_u와 g_d로 표시하고, 이 값들은 비대칭 게이트의 입력 커패시턴스와 해당 변화를 구동하는 대칭 게이트의 입력 커패시턴스의 비율로 결정된다. 그림 8.9(a)는 nMOS 트랜지스터를 축소해서 HI-비대칭 인버터를 만드는 방법을 보여 준다. 이 과정에서 그림 8.9(b)의 대칭 인버터에 비해서 입력 커패시턴스가 감소된 반면, 결정적인 변화에 대한 유효 저항은 동일하게 유지된다. 따라서 결정적 변화에 대한 논리 에퍼트는 g_u=2.5/3=5/6으로 감소한다. 물론 이와 같은 개선은 비결정적 변화를 희생한 대가로 얻어진다. 하강 변화를 위한 논리 에퍼트는 이 인버터를 그림 8.9(c)와 같이 논리 에퍼트가 g_d=2.5/1.5=5/3인 동일한 풀다운 전류를 갖는 축소된 비대칭 인버터와 비교함으로써 추정할 수 있다. 비대칭 정도(예를 들어 고속 변화와 저속 변화에 대한 유효 저항의 비율)는 논리 에퍼트와 잡음 여유도에 큰 영향을 주는데, 2를 사용하는 것이 보통이다. 그림 8.10은 비대칭 정도가 2인 HI-비대칭 및 LO-비대칭 게이트들을 나열하고 있다. 비대칭 게이트들은 때때로 개념도의 심벌에 H 혹은 L로 표시하여 구분하기도 한다.

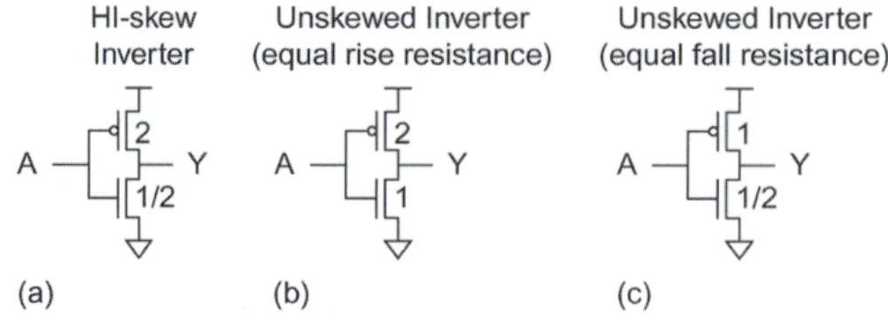

그림 8.9 HI-비대칭 인버터의 논리 에퍼트 계산

HI-비대칭 및 LO-비대칭 게이트는 단지 한 가지의 변화만이 중요할 때 사용할 수 있다 [Solomatnikov00]. 비대칭 게이트들은 8.2.4절에서 소개할 동적 회로들과 함께 잘 동작한다.

8.2.1.6 *P/N* 비율 그림 8.10에서 LO-비대칭 NOR2의 평균 논리 에퍼트가 실제로 비대칭 게이트보다 우수하다. 비대칭 게이트에 있는 pMOS 트랜지스터들은 동일한 상승 지연을 제공하기 위해서 상당히 커진다. 이들은 단지 상승 지연을 개선하기 위해서 두 트랜지스터 모두의 입력 커패시턴스를 증가시킨다. 보다 느린 상승 변화를 수용한다면, pMOS 트랜지스터는 입력 커패시턴스와 평균 지연을 줄이기 위해서 현저하게 축소될 수 있다.

논리 게이트에서 최적의 *P/N* 비율(pMOS와 nMOS 트랜지스터 폭의 비율)을 찾아보기로 하자. 연습문제 8.13에서 평균 지연을 최소화하는 *P/N* 값은 상승과 하강 지연을 같게 만드는 비율의 제곱근이 되는 것을 확인하게 될 것이다. 일반적으로 가정할 때 이동성 비율이 $\mu_n/\mu_p=2$인 공정에서, 최적의 비율이 그림 8.11에 나와 있다.

이 인버터에서 pMOS의 크기를 2에서 $\sqrt{2} \approx 1.4$로 줄이면 이론적으로는 평균 지연을 줄일 수 있지만, 이 개선의 정도는 3%에 불과하다. 그러나 이것은 pMOS 트랜지스터의 면적을 크게 줄일 수 있다. 이것은 입력 커패시턴스를 줄이고, 결과적으로 전력 소모를 줄이게 된다. 불행하게도 이것은 출력들 사이에서 지연이 동일하지 않게 되는 결과를 초래한다. 각 게이트에 있는 최악의 에지를 유인하는 경로는 평균보다 큰 지연을 갖는다. 과도하게 느린 상승 출력은 열 전자(hot electron) 현상을 초래할 수 있다.

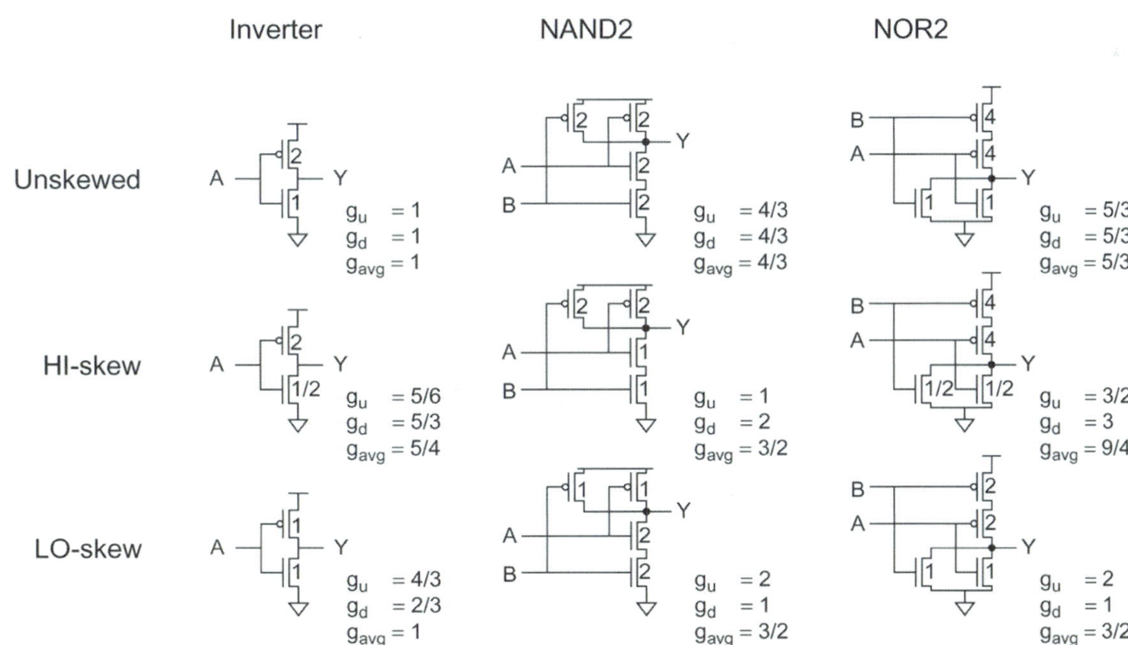

그림 8.10 비대칭 게이트의 목록

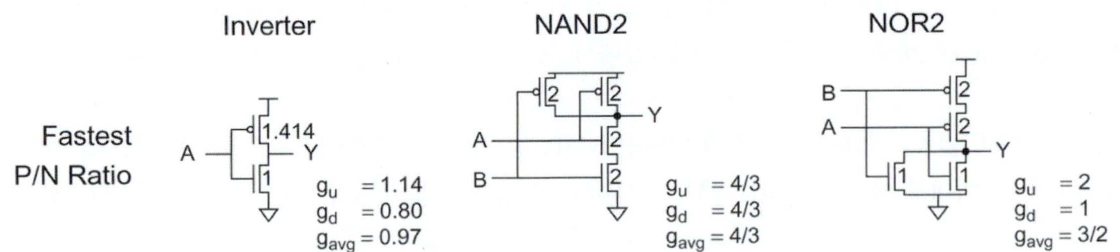

그림 8.11 최소 지연을 제공하는 *P/N* 비율을 갖는 게이트

요약하면, 셀 라이브러리의 *P/N* 비율은 평균 지연이 아닌 면적, 전력, 그리고 신뢰성에 기초해서 결정되어야 한다. NOR 게이트에서 pMOS 트랜지스터의 크기를 줄이면, 지연과 면적을 모두 현저하게 줄일 수 있다. 대부분의 표준 셀 라이브러리에서, 셀 간의 간격이 *P/N* 비율을 결정한다. 인버터에 공통적으로 사용되는 비율의 범위는 1.5~2이다.

8.2.1.7 다중 문턱 전압 어떤 CMOS 공정은 둘 혹은 그 이상의 문턱 전압을 제공한다. 하위 문턱 전압을 갖는 트랜지스터는 ON 전류를 보다 많이 만들어 내지만, OFF 전류는 지수함수적으로 많은 누설 전류를 발생시킨다. 라이브러리들은 게이트의 상위 및 하위 문턱 전압을 모두 제공할 수 있다. 하위 문턱 전압 게이트는 임계 경로의 지연을 줄이기 위해서 사용된다[Kumar94, Wei98]. 비대칭 게이트들은 단지 임계 트랜지스터 네트워크에서만 하위 문턱 전압 디바이스를 사용한다.

8.2.2 비례 회로

비례 회로는 정확한 동작을 위해서 적절한 크기 혹은 저항을 가져야 한다. 예를 들어 1970년대부터 1980년대 초까지 CMOS 기술이 성숙되기 전에, 비례 회로는 그림 8.12와 같이 nMOS 트랜지스터만으로 만들어졌다. 개념적으로 비례 게이트는 nMOS 풀다운 네트워크와 **정적 부하**(static load)라고 불리는 풀업 기기로 구성된다. 풀다운 네트워크가 OFF되면, 정적 부하는 출력을 1로 풀업시킨다. 풀다운 네트워크가 ON되면, 출력은 정적 부하와 경쟁한다. 이 정적 부하는 출력 풀다운이 0으로 인정받을 수 있도록 충분히 약해야 한다. 따라서 비례 회로는 약한 풀업 디바이스와 강한 풀다운 디바이스를 사용하는 조건을 만족시켜야 한다. 강한 정적 부하는 보다 빠른 출력을 만들지만 V_{OL}을 증가시켜서

그림 8.12 nMOS 비례 게이트

잡음 여유도를 나쁘게 하고, 출력이 0이 되어야 할 때 정적 전류를 많이 소비하게 한다. 상보형 회로들과 다르게, 비례 회로는 제조 과정에서 발생할 수 있는 명목상 파라미터의 변화에도 불구하고 정상적으로 동작할 수 있도록 선택되어야 한다. 전력 소비를 줄이기 위해서 nMOS 회로는 궁극적으로 CMOS로 대체될 것이지만, 간혹 특정한 응용에서 비례 회로가 사용되기도 한다.

저항은 간단한 정적 부하가 되지만, 큰 저항은 넓은 레이아웃 면적을 차지한다.

8.2.2.1 의사 nMOS 그림 8.13(a)는 **의사 nMOS**(pseudo-nMOS) 논리 게이트를 나타낸다. 대부분의 CMOS 공정에서는 높은 저항이나 공핍 상태의 트랜지스터가 제공되지 않는다. 대신에 게이트가 접지되어 항상 ON되어 있는 pMOS 트랜지스터를 사용한 정적 부하를 만들 수 있다. DC 전달 특성은 180 nm 공정에 대한 그림 8.13(b, c)에 나와 있는 바와 같이, V_{in}이 주어질 때 $I_{dsn}=|I_{dsp}|$가 되는 V_{out}을

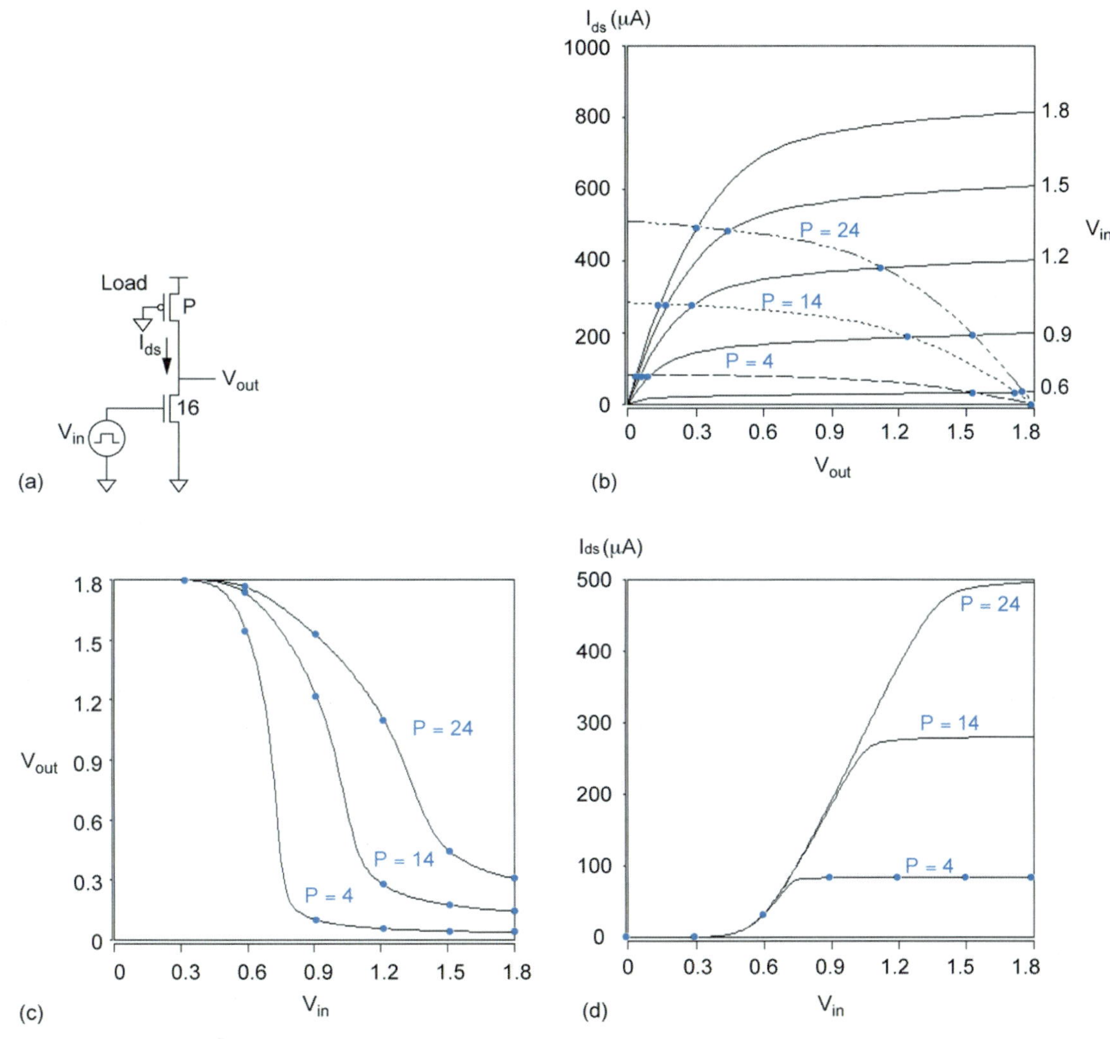

그림 8.13 의사 nMOS 인버터와 DC 전달 특성

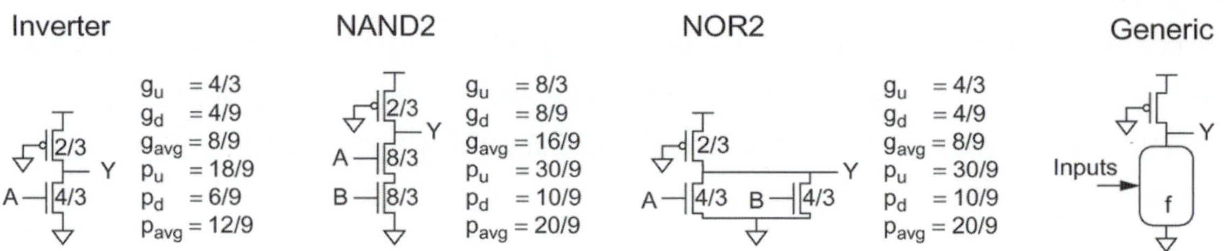

그림 8.14 의사 nMOS 논리 게이트들

찾아서 유도한다. 베타 비율은 트랜지스터 특성과 인버터의 V_{OL}에 영향을 준다. 상대적으로 큰 pMOS 트랜지스터는 빠른 상승 시간을 제공하는 대신 전달 특성을 무디게 한다. 그림 8.13(d)는 nMOS 트랜지스터가 ON되면 회로에 DC 전류가 흐르게 되는 것을 보여 준다.

그림 8.14는 몇 개의 의사 nMOS 논리 게이트들을 나타낸다. 풀다운 네트워크는 정적 게이트의 그것과 같지만, 풀업 네트워크는 접지에 연결되어서 항상 ON되어 있는 단일 pMOS로 대체되어 있다. 이 pMOS 트랜지스터의 폭은 잡음 여유도와 속도를 절충하기 위해서 nMOS 풀다운 네트워크 강도의 1/4(유효 폭의 1/2)로 선택되었다. 이 최적의 크기는 공정에 매우 민감하지만, 보통 1/3~1/6 범위에 있다.

의사 nMOS 게이트의 논리 에퍼트를 계산하기 위해서, 상보형 CMOS 단위 인버터가 상승 및 하강 변화에 모두 전류 I를 전달한다고 가정하자. 보이는 폭에서, pMOS 트랜지스터는 $I/3$을 만들고, nMOS 네트워크는 $4I/3$을 만든다. 각 변화에 대한 논리 에퍼트는 입력 커패시턴스와 해당 변화에 대해서 같은 전류를 갖는 상보형 CMOS 인버터 커패시턴스의 비율로 계산된다. 하강 변화에서, pMOS 트랜지스터는 효과적으로 nMOS 풀다운과 경쟁한다. 출력 전류는 풀다운 전류에서 풀업 전류를 뺀 $4I/3-I/3=I$와 같이 계산된다. 따라서 g_d를 계산하기 위해서 각 게이트를 단위 인버터와 비교할 것이다. 예를 들어 의사 nMOS 인버터의 하강 변화를 위한 논리 에퍼트는 입력 커패시턴스(4/3)에 대한 단위 상보형 CMOS 인버터(3)의 비율이기 때문에 4/9가 된다. 전류가 1/3이기 때문에 g_u는 3배가 된다.

기생 지연 역시 출력 커패시턴스를 계산하고 그것을 같은 전류를 갖는 인버터와 비교함으로써 구할 수 있다. 예를 들면 의사 nMOS NOR는 단위 크기 상보형 CMOS 인버터가 3인 것과 비교해서 10/3유닛의 확산 커패시턴스를 갖기 때문에, 풀다운에 대한 기생 지연은 10/9가 된다. 풀업 전류는 최대 1/3이기 때문에, 풀업에 대한 기생 지연은 10/3이다.

지금까지 살펴본 바에 의하면, 의사 nMOS는 NAND 구조에 대해 정적 CMOS에 비해서 평균적으로 속도가 느린 반면, NOR 구조에서는 매우 잘 동작한다. 논리 에퍼트는 광폭 NOR 게이트(wide NOR gate)들에서 입력의 개수에 무관하기 때문에, 의사 nMOS는 전력이 충분히 공급되는 한, 고속의 광폭 NOR 게이트 혹은 ROM이나 PLA와 같은 NOR 기반 구조에 유용하다.

예제 8.4

정적 CMOS 인버터와 k-입력 의사 nMOS NOR를 사용해서, 그림 8.15와 같이 드모르간 법칙으로 k-입력 AND 게이트를 설계하시오. 각 인버터는 단위 크기라고 가정한다. 만약 출력 부하가 크기 H의 인버터라 할 때, NOR 게이트에서 최적의 트랜지스터 크기를 결정하고, 이 경로의 평균 지연을 계산하시오.

해답: 경로 전기 에퍼트는 H이고, 분기 에퍼트는 $B=1$이다. 이 인버터의 논리 에퍼트는 1이고, 의사 nMOS NOR의 평균 논리 에퍼트는 그림 8.14에 따라서 8/9이다. 경로 논리 에퍼트는 $G=1\times(8/9)=8/9$이기 때문에 경로 에퍼트는 $8H/9$이다. 각 스테이지는 $\hat{f}=\sqrt{8H/9}$의 에퍼트를 가져야 한다. 다음과 같은 커패시턴스 변환에 의해서 단위 크기 인버터의 NOR 풀다운 트랜지스터 폭을 얻을 수 있다.

$$C_{\text{in}} = \frac{gC_{\text{out}}}{\hat{f}} = \frac{(8/9)H}{\sqrt{8H/9}} = \frac{\sqrt{8H}}{3}$$

단위 인버터가 3유닛의 입력 커패시턴스를 갖기 때문에, NOR 트랜지스터의 폭은 $\sqrt{8H}$이다. nMOS와 pMOS 폭이 표시된 완전한 회로가 그림 8.16에 나와 있다.

k-입력 의사 nMOS NOR의 평균 기생 지연은 $(8k+4)/9$로 계산된다. 전체 지연을 τ로 표시하면 다음과 같다.

$$D = N\hat{f} + P = \frac{4\sqrt{2}}{3}\sqrt{H} + \frac{8k+13}{9}$$

입력의 개수가 증가해도 단지 기생 지연에만 영향을 주고, 에퍼트 지연에는 영향이 없다.

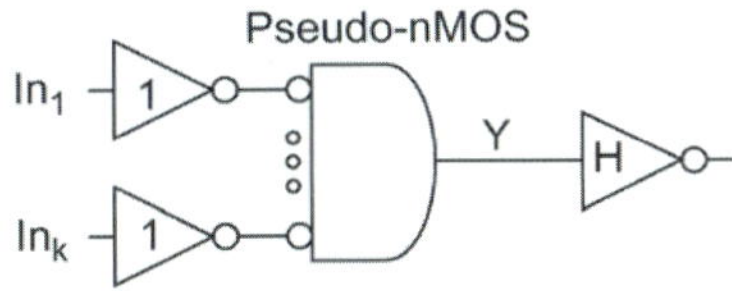

그림 8.15 부하 H를 구동하는 k-입력 AND 게이트

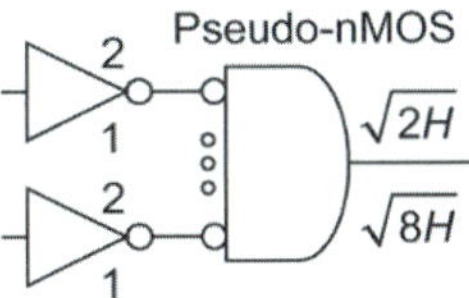

그림 8.16 트랜지스터 폭을 표시한 k-입력 AND 게이트

의사 nMOS 게이트들은 입력 게이트에서 $V_{OL} > V_{IL}$인 경우에는 정상적으로 동작하지 않는다. 이것은 nMOS 트랜지스터가 약하고 pMOS 트랜지스터가 강한 SF 코너 설계와 매우 유사하다. SF가 만족할 만한 잡음 여유도를 갖게 하기 위한 설계는 정상 코너에서 약한 pMOS 트랜지스터의 보수적인 선택을 필요로 한다. 그림 8.17과 같이, 공정 민감도를 줄이기 위해서 바이어스 회로를 사용할 수

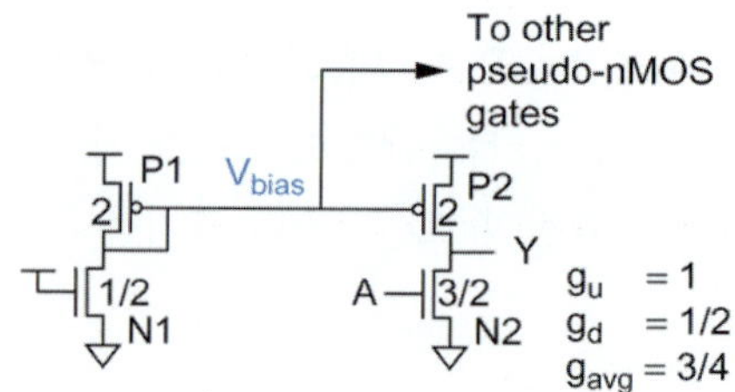

그림 8.17 복제 바이어스를 사용한 의사 nMOS 게이트

있다. 바이어스 회로를 사용하는 목적은 pMOS와 nMOS 트랜지스터들의 상대적인 이동성에 무관하게 *P*2가 *N*2의 1/3이 되는 전류를 전달하게 하는 V_{bias}를 만들기 위한 것이다. 트랜지스터 *N*2는 3/2의 폭을 갖기 때문에 ON되었을 때 3*I*/2의 전류를 만들어 낸다. 트랜지스터 *N*1은 *N*2의 전류인 *I*/2의 1/3만큼을 만드는 전류원으로 동작하기 위해서 ON으로 고정된다. *P*1은 *N*1의 전류인 *I*/2와 같은 전류를 제공하는 데 충분한 바이어스 전압을 만들기 위해서 피드백을 사용한 전류 거울(current mirror)로서 동작한다. *P*1의 크기는 충분한 전류를 만들어 내고, *P*2의 크기와 같은 한 크게 중요하지 않다. 이렇게 하면 *P*2는 이상적으로 *I*/2만큼의 전류를 제공한다. *A*가 하이일 때, 의사 nMOS 게이트는 유효 전류 $(3I/2-I/2)=I$를 가지고 풀다운된다. 1차 근사를 사용하면, 이 바이어스 기술은 상대적 전류들을 트랜지스터 폭, 상대적 pMOS와 nMOS 이동성에 의해서 엄격하게 규제한다.

복제된 바이어스(replica bias)는 이전에 다루었던 회로들에서 보수적으로 계산된 1/4이 아닌 1/3의 전류 비율을 허용하고, 결과적으로 보다 낮은 논리 에퍼트가 발생한다. 바이어스 전압 V_{bias}는 다수의 의사 nMOS 게이트들로 분배된다. 이상적으로 V_{bias}는 공정 코너에서 V_{OL}이 상수로 유지되도록 스스로 조절된다. 불행하게도 두 개의 pMOS 트랜지스터를 통과하는 전류는 그들의 드레인 전압이 같지 않기 때문에 일치하지 않고, 따라서 이 기술은 공정 민감도가 높은 편이다. 이 바이어스는 V_{DD}와 비교되기 때문에, 바이어스 전압이나 V_{DD} 전원에 잡음이 인가되면 회로 성능에 영향을 준다.

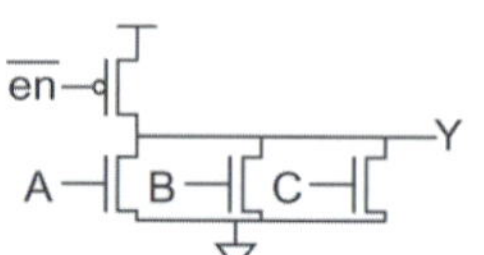

그림 8.18 이네이블 풀업을 갖는 의사 nMOS 게이트

pMOS 트랜지스터를 OFF시키면 논리 게이트가 동작하지 않거나 그림 8.18과 같은 IDDQ 테스트 모드(14.6.4절 참조)에서는 전력을 감소시킬 수 있다.

예제 8.5

5:32 의사 nMOS 행 디코더와 48비트 라인에 pMOS 풀업을 갖는 32워드×48비트 ROM의 정적 소모 전력을 계산하시오. pMOS 트랜지스터는 360 μA/μm의 ON 전류와 최대 선폭 100 nm를 갖는다. V_{DD}=1.0 V이다. 워드 라인 중 하나와 비트 라인의 50%가 주어진 시점에서 하이가 된다고 가정한다.

해답: 각 pMOS 트랜지스터는 출력이 로우일 때, 360 μA/μm×0.1 μm×1.0 V=36 μW의 전력을 소모한다. 31개의 워드 라인과 24개의 비트 라인을 예상하면, 전체 정적 전력은 36 μW×(31+24)=1.98 mW가 된다.

8.2.2.2 집단 CMOS 그림 8.19는 집단으로 연결된 CMOS 인버터 쌍을 나타낸다. NOR 함수를 계산하는 진리표가 표 8.1에 나와 있다. 이와 같은 회로를 **대칭 NOR**(symmetric NOR)[2][Johnson88] 혹은 보다 일반적으로 **집단 CMOS**(ganged CMOS)[Schultz90]라 부르기도 한다. 하나의 입력이 '0' 이고 다른 하나가 '1' 인 경우, 이 게이트는 적절한 비례 제약을 만족시키는 의사 nMOS로 간주할 수 있다. 두 입력이 모두 '0' 인 경우에는, 두 pMOS 트랜지스터가 모두 병렬로 ON되어서, 출력을 일반적인 의사 nMOS보다 빨리 풀업시킨다. 게다가 두 입력이 모두 '1' 이면, 두 pMOS 트랜지스터가 모두 OFF되기 때문에 정적 전력 소모를 줄일 수 있다. 의사 nMOS에서와 마찬가지로, 트랜지스터들의 크기는 pMOS가 nMOS 강도의 약 1/4 정도가 되도록 결정되어야 하고, 풀다운 전류는 단위 인버터의 그것과 일치해야 한다. 따라서 대칭 NOR는 2-입력 의사 nMOS NOR보다 성능 개선과 소모 전력 감소라는 두 가지 면에서 모두 우수하다.

존슨은 또한 대칭 구조가 보다 많은 입력을 갖는 NOR 게이트와 NAND 게이트에도 사용될 수 있음을 보여 주었다(연습문제 8.23과 8.24 참조). 3-입력 대칭 NOR 역시 잘 동작하지만, 논리 에퍼트 면에서는 그리 바람직하지 못하다.

8.2.3 캐스코드 전압 스위치 논리

캐스코드 전압 스위치 논리(CVSL: cascode voltage switch logic)[3][Heller84]는 정적 전력 소모 없이 비례 회로의 성능을 개선하는 것을 목적으로 한다. 이것은 참(true)형과 상보형 입력 신호를 모두 사용하고, 그림 8.20(a)의 nMOS 네트워크 쌍을 사용하여 참형과 상보형 출력을 모두 만든다. 풀다운 네트

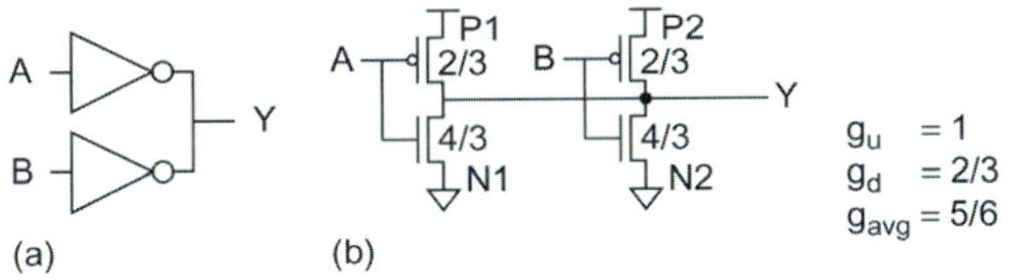

그림 8.19 대칭 2-입력 NOR 게이트

표 8.1 대칭 NOR 게이트의 동작

A	*B*	*N1*	*P1*	*N2*	*P2*	*Y*
0	0	OFF	ON	OFF	ON	1
0	1	OFF	ON	ON	OFF	~ 0
1	0	ON	OFF	OFF	ON	~ 0
1	1	ON	OFF	ON	OFF	0

2 여기에서 사용된 **대칭**(symmetric)이라는 용어는 8.2.1.4절에서 **대칭** 혹은 **비대칭** 게이트에 사용된 용어와 구별되어야 한다.

3 많은 저자들이 이 회로군을 **차분 캐스코드 전압 스위치 논리**(differential cascode voltage switch logic, DCVS[Chu86] 혹은 DCVSL[Ng96])라고 부른다. **캐스코드**라는 용어는 트랜지스터들이 직렬로 배치된 아날로그 회로에서 유래한다.

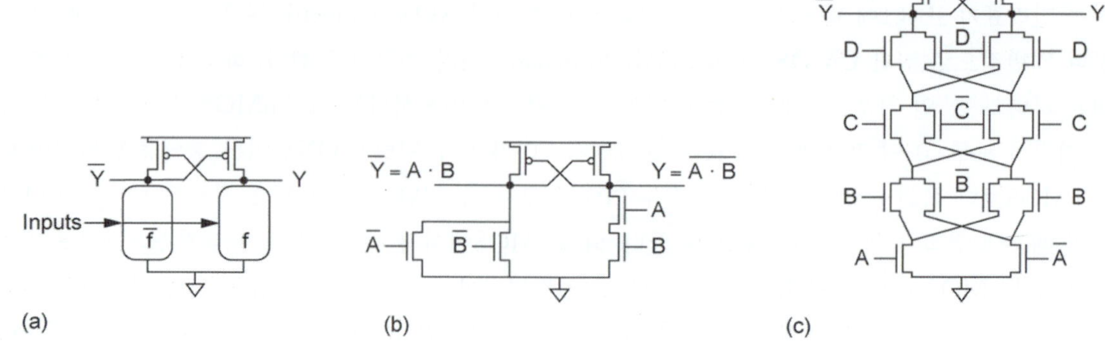

그림 8.20 CVSL 게이트

워크 f는 정적 CMOS에서와 마찬가지로 논리 함수를 구성하는 반면, $\overline{f}$는 반전된 입력을 상보 위치에 있는 트랜지스터에 제공한다. 어떤 입력 패턴이 주어지건, 풀다운 네트워크 중 하나는 ON되고, 다른 하나는 OFF된다. ON된 풀다운 네트워크는 출력을 로우로 만든다. 로우 출력은 반대편 출력을 하이로 만들기 위해서 pMOS 트랜지스터를 ON시킨다. 반대편 출력이 상승할 때, 다른 pMOS 트랜지스터는 OFF되기 때문에 정적 전력 소모가 일어나지 않는다. 그림 8.20(b)는 CVSL AND/NAND 게이트를 나타낸다. 한쪽에는 트랜지스터가 병렬로, 다른 쪽에는 직렬로 배치된 풀다운 네트워크가 어떻게 상보형 동작을 하는지 살펴보자. 그림 8.20(c)는 4-입력 XOR 게이트를 나타낸다. 이 풀다운 네트워크는 트랜지스터 개수를 두 개로 줄이기 위해서 A와 $\overline{A}$ 트랜지스터를 공유한다. 복잡한 함수에서 이와 같은 공유가 가능하고, 공유 네트워크 설계를 위한 구조적 방법이 제안된 바 있다[Chu86].

CVSL은 모든 논리가 nMOS 트랜지스터로 수행되고, 결과적으로 입력 커패시턴스가 줄어들기 때문에 잠재적으로 속도를 향상시킬 수 있는 장점이 있다. 의사 nMOS에서와 마찬 가지로, pMOS 트랜지스터의 크기가 중요하다. pMOS 트랜지스터는 풀다운 네트워크와 경쟁하기 때문에, 큰 pMOS 트랜지스터는 하강 변화의 속도를 저하시킨다. 의사 nMOS와 다른 점은, 피드백이 pMOS를 OFF시키는 경향이 있기 때문에 출력이 궁극적으로 합법적인 수준으로 정착된다는 것이다. 작은 pMOS 트랜지스터는 반대편 출력을 하이로 풀업시키는 속도가 느리다. 게다가 CVSL 게이트는 하강 및 상승 변화를 모두 필요로 하기 때문에 지연이 증가한다. 스위칭 기간 동안 경쟁 전류(contention current)도 전력 소모를 증가시킨다.

의사 nMOS는 광폭 NOR 구조와 함께 잘 동작한다. 불행하게도 CVSL 역시 상보형, 저속의 높은 NAND 구조를 필요로 한다. 따라서 CVSL은 일반적인 NAND와 NOR 논리에 적합하지 않다. XOR와 같은 대칭형 구조에서조차도, CVSL은 전력 소모를 더욱 필요로 하는데다가, 정적 CMOS보다도 속도가 느린 경향이 있다[Chu87, Ng96]. 그러나 CVSL에 숨은 개념은 다음 절에서 소개할 표준 이중 레일 도미노와 상보형 통과 트랜지스터 논리를 이해하는 데 도움을 준다.

8.2.4 동적 회로

비례 회로는 단일 저항성 풀업과 함께 입력에 연결되어 있는 pMOS 트랜지스터를 대체하여 입력 커패시턴스를 감소시킨다. 비례 회로의 단점으로는 느린 상승 변화, 하강 변화 시 경쟁, 정적 전력 소모, 그리고 0보다 큰 V_{OL} 등을 들 수 있다. 동적 회로는 항상 ON되어 있는 pMOS 트랜지스터 대신 클럭화된 풀업 트랜지스터를 사용해서 위와 같은 단점들을 극복하고자 한다. 그림 8.21은 (a) 정적 CMOS, (b) 의사 nMOS, 그리고 (c) 동적 인버터를 비교해서 보여 준다. 동적 회로의 동작은 그림 8.22와 같이 두 모드로 나뉜다. **선충전**(precharge) 기간에 클럭 ϕ는 '0' 이기 때문에 클럭화된 pMOS는 ON되고, 출력 Y를 하이로 초기화한다. **평가**(evaluation) 기간에는 클럭이 '1' 이고, 클럭화된 pMOS는 OFF된다. 이 출력은 하이로 유지되거나 풀다운 네트워크를 통해서 로우로 방전된다. 동적 회로는 보다 낮은 입력 커패시턴스를 갖고, 스위칭 기간에 경쟁이 없기 때문에 통상적으로 사용되는 회로군 중 가장 빠른 것이다. 이들은 정적 전력 소모도 없다. 그러나 이들은 매우 정확한 클럭화를 요구하고, 현저한 동적 전력 소모를 갖고, 평가 기간에 잡음에 민감한 단점이 있다.

그림 8.21(c)에서, 만약 입력 A가 선충전 기간에 '1' 이면, pMOS와 nMOS가 모두 ON되기 때문에 경쟁이 발생한다. 입력이 선충전 기간에 '0' 이 되도록 보장되지 않으면, 그림 8.23과 같이 경쟁이 발생하지 않도록 nMOS 더미의 바닥 부분에 따로 클럭화된 트랜지스터를 추가할 수 있다. 추가된 이 트랜지스터를 **풋**(foot)이라 부른다. 그림 8.24는 일반적인 **풋**(footed) 게이트와 **언풋**(unfooted) 게이트를 나타낸다.[4]

그림 8.25는 풋 동적 게이트와 언풋 동적 게이트 모두의 하강 논리 에퍼트를 추정하고 있다. 보통 풀다운 트랜지스터의 폭은 단위 저항이 만들어지도록 선택된다. 선충전은 게이트가 동작하지 않을 때 발생하고, 종종 매우 느리게 일어난다. 따라서 선충전 트랜지스터의 폭은 단위 저항의 두 배로 선택된다. 이렇게 하면 상승 지연이 크게 증가하는 대가로 클럭에 인가되는 용량성 부하와 기생 커패시턴스

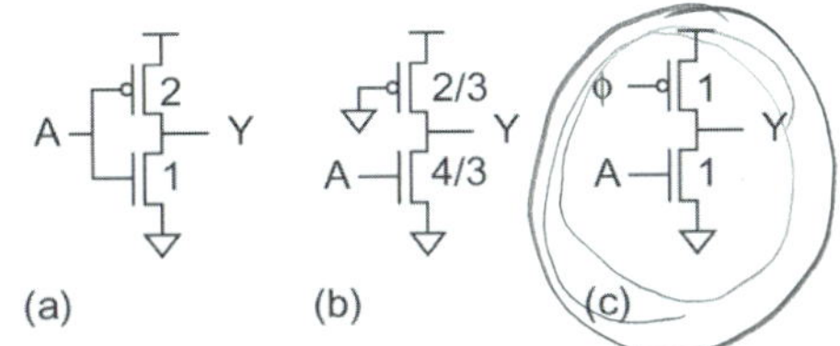

그림 8.21 (a) 정적 CMOS, (b) 의사 nMOS, (c) 동적 인버터의 비교

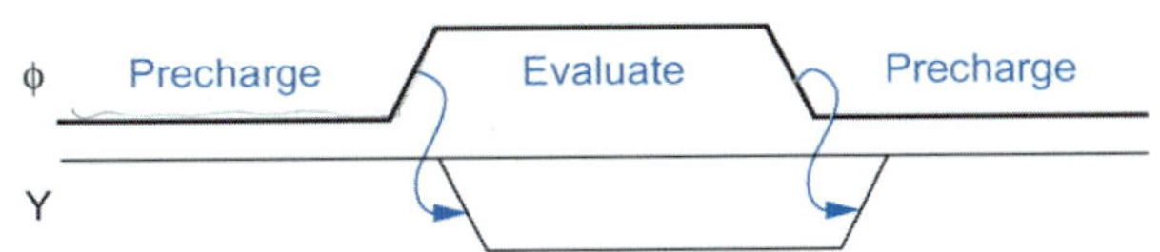

그림 8.22 동적 게이트의 선충전 및 평가

[4] 풋 게이트와 언풋 게이트라는 용어는 IBM[Nowka98]에서 사용되었다. 인텔은 이와 같은 형태를 차례대로 D1과 D2라 불렀다.

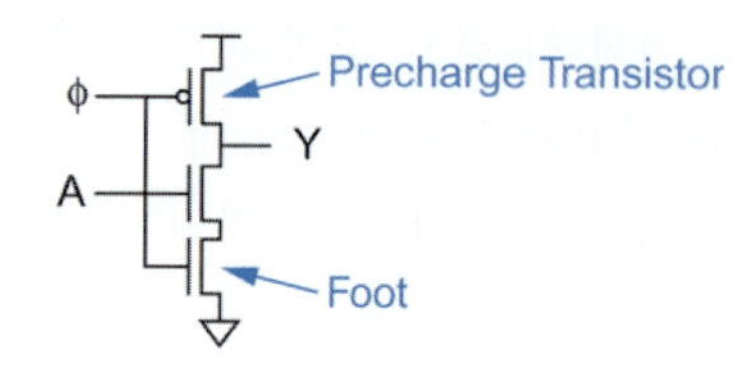

그림 8.23 풋 동적 인버터

그림 8.24 일반화된 풋 동적 게이트와 언풋 동적 게이트

그림 8.25 동적 게이트들의 목록

를 줄일 수 있다. 논리 에퍼트는 매우 작은 것을 알 수 있다. 풋 게이트들은 그렇지 않은 게이트들보다 논리 에퍼트가 높지만 정적 논리에 비해서는 여전히 개선된 구조이다. 실제로 풋 게이트의 논리 에퍼트는 예상보다 개선되는데, 그 이유는 속도 포화가 직렬 nMOS 트랜지스터들이 추정한 것보다 작은 저항을 가짐을 의미하기 때문이다. 게다가 논리 에퍼트는 입력 변화 기간에 nMOS와 pMOS 트랜지스터들 사이에 경쟁이 없기 때문에 예측 값보다 다소 개선된다. 풋의 크기는 증가된 클럭의 부하를 증가시키는 대가로 다른 입력들의 논리 에퍼트를 줄이기 위해서 다른 nMOS 트랜지스터들에 비해서 상대적으로 크게 만들 수 있다. 의사 nMOS 게이트들과 같이, 동적 게이트들은 광폭 NOR 함수나 멀티플렉서 등에 적합한데, 그 이유는 논리 에퍼트가 입력의 개수와 무관하기 때문이다. 물론 출력 노드에 보다 많은 확산 커패시턴스가 존재하기 때문에 입력의 개수가 증가하면 기생 지연도 따라서 증가한다. 동적 게이트의 논리 에퍼트와 기생 지연의 특성을 해석하는 것은 매우 어려운데, 그 이유는 출력이 입력의 상승보다 훨씬 빨리 하강하는 경향이 있어서, 결과적으로 팬아웃에서 전달 지연의 잠재적 오류를 발생시키기 때문이다[Sutherland99].

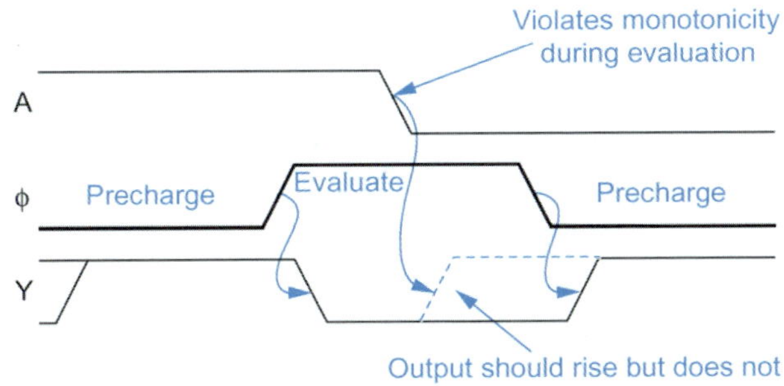

그림 8.26 단조성 문제

동적 게이트의 근본적인 문제점은 **단조성**(monotonicity)이 요구된다는 것이다. 동적 게이트가 평가 모드에 있는 동안, 입력은 반드시 **단조 상승**(monotonically rising)해야만 한다. 즉 입력이 로우에서 시작해서 로우로 유지되는 경우, 로우로 시작해서 하이로 상승하는 경우, 하이로 시작해서 하이로 유지되는 경우가 모두 가능한 반면, 하이로 시작해서 로우로 하강할 수는 없다. 그림 8.26은 입력 전압이 단조성 규칙을 어기는 풋 동적 인버터의 파형을 나타낸다. 선충전 기간에 출력은 하이로 풀업된다. 클럭이 상승하면, 입력은 하이가 되고, 출력은 인버터의 동작과 동일하게 풀다운 네트워크를 통해서 로우로 방전된다. 그러나 선충전 트랜지스터는 OFF되고, 따라서 출력은 미결정(floating) 상태가 되어서 인버터와는 다르게 상승하지 하지 않고 로우로 남아 있는다. 요약하면, 동적 게이트가 정상적으로 동작하기 위해서 입력은 단조 상승해야 한다.

불행하게도 동적 게이트의 출력은 하이로 시작하고 평가 기간에 로우로 하강한다. 이와 같이 출력 *X*를 단조 하강(monotonically falling)시키는 것은 그림 8.27과 같이 단조 상승을 기대하는 두 번째 동적 게이트의 입력으로 적합하지 않다. 같은 클럭을 공유하는 동적 게이트들은 직접 연결될 수 없다. 이 문제는 다음 절에서 다루게 될 도미노 논리를 사용해서 종종 해결할 수 있다.

8.2.4.1 도미노 논리 단조성 문제는 그림 8.28(a)와 같이 동적 게이트들 사이에 정적 CMOS 인버터를 삽입해서 해결할 수 있다. 이렇게 하면 그림 8.28(b)와 같이 단조 하강 출력을 다음 게이트에 적합

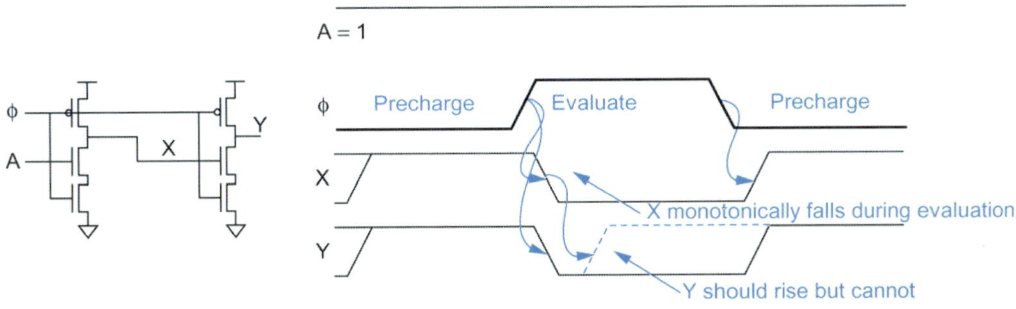

그림 8.27 동적 게이트의 부정확한 연결

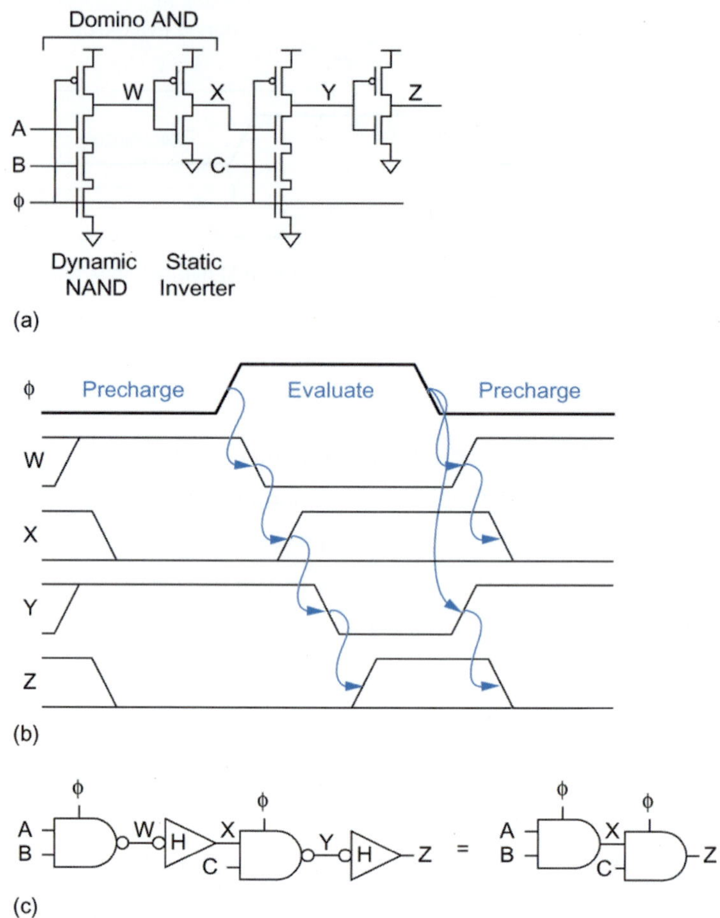

그림 8.28 도미노 게이트

한 단조 상승 신호로 변환할 수 있다. 동적-정적 쌍은 함께 **도미노**(domino) 게이트[Krambeck82]라 불리는데 그 이유는 선충전 과정이 도미노 사슬을 닮았고, 평가 모드가 게이트를 도미노에서 각 블록이 넘어지면서 다음 블록을 쓰러뜨리듯이 게이트를 작동시키기 때문이다. 같은 사슬 내에 있는 모든 논리 게이트를 선충전시키고 평가하기 위해서 단일 클럭을 사용할 수 있다. 동적 출력은 평가 기간에 단조 하강하기 때문에, 정적 인버터 출력은 단조 상승한다. 선충전은 동시에 이루어지지만, 평가는 순차적으로 이루어짐을 알 필요가 있다. 이것은 선충전이 평가에 비해서 덜 결정적인 이유가 된다. 동적 NAND, HI-비대칭 인버터, 그리고 도미노 AND가 그림 8.28(c)에 나와 있다.

일반적으로 NAND나 NOR와 같은 보다 복잡한 반전 정적 CMOS 게이트들이 인버터 대신에 사용될 수 있다[Sutherland99]. 이와 같은 동적 논리와 정적 논리의 혼합을 **합성 도미노**(compound domino)라 부른다. 예를 들어 그림 8.29는 두 개의 4-입력 동적 멀티플렉서와 HI-비대칭 NAND 게이트를 사용해서 구성한 8-입력 도미노 멀티플렉서를 나타낸다. 이 멀티플렉서는 종종 동적 스테이지가 작은 확

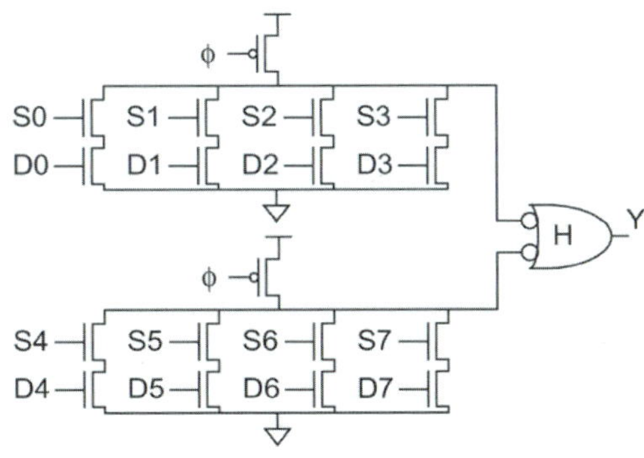

그림 8.29 정적 CMOS 논리를 사용한 도미노 게이트

산 커패시턴스와 기생 지연을 갖기 때문에 8-입력 동적 멀티플렉서와 HI-비대칭 인버터보다 속도가 빠르다.

XOR 게이트와 같이 반드시 반전을 요구하는 함수를 제외하고, 도미노 게이트들은 본질적으로 비반전 출력을 제공한다. 이 문제를 해결하는 세 가지 방법은 정적 논리에 반전 기능을 삽입하거나, 클럭을 지연시키거나, 이중 레일 도미노 논리를 사용하는 것이다. 산술 논리 연산장치(ALU)와 같은 많은 회로에서 경로의 마지막에 필요한 XOR 게이트는 마지막 도미노 논리에 의해서 구동되는 기존의 정적 CMOS XOR 게이트를 사용하여 만들 수 있다. 그러나 XOR의 출력은 단조 상승 조건을 만족시키지 않기 때문에, 더 이상의 도미노 논리를 구동할 수는 없다. 두 번째 접근 방법은 정적 CMOS를 사용하지 않고 직접 동적 게이트를 직렬로 연결시켜서, 평가 기간에 입력이 단조성을 만족시킬 수 있도록 클럭을 다음 게이트로 지연시키는 것이다. 이것은 보통 내용 기반 주소 메모리(CAM: content-addressable memory)와 NOR-NOR PLA 등에서 사용된다. 세 번째 방법인 이중 레일 도미노 논리는 다음 절에서 논의하기로 한다.

8.2.4.2 이중 레일 도미노 논리 **이중 레일 도미노**(dual-rail domino) 게이트들은 각 신호를 한 쌍의 배선을 사용해서 부호화한다. 입력과 출력 신호 쌍들은 차례로 *_h*와 *_l*로 표시된다. 표 8.2는 이 부호화 방법을 정리한 것이다. *_h* 배선은 게이트의 출력이 '하이' 혹은 '1' 일 때 하이가 되고, *_l* 배선은 게이트의 출력이 '로우' 혹은 '0' 일 때 하이가 된다. 게이트가 선충전되었을 때는 *_h*나 *_l* 신호 아무것도 하

표 8.2 이중 레일 도미노 신호 부호화

sig_h	*sig_l*	Meaning
0	0	Precharged
0	1	'0'
1	0	'1'
1	1	Invalid

이가 되지 않는다. 한 쌍의 배선들이 보정 연산(correction operation) 과정에서 동시에 하이가 되는 경우는 없다.

그림 8.30(a)와 같이, 이중 레일 도미노 논리들은 단일 입력과 상보형 입력을 모두 수용하고, 단일 출력과 상보형 출력을 모두 만들어 낸다. 이것은 그림 8.20의 정적 CVSL 회로와 비교할 때, 상호 결합(cross coupling)된 pMOS 트랜지스터가 선충전 클럭에 대신 연결되어 있다는 점만 제외하고는 동일하다. 따라서 이중 레일 도미노는 CVSL의 동적 형태로 간주할 수 있고, 때로는 DCVS라고 부르기도 한다[Heller84]. 그림 8.30(b)는 이중 레일 AND/NAND 게이트를 나타내고, 그림 8.30(c)는 이중 레일 XOR/XNOR 게이트를 나타낸다. 이 게이트들은 클럭화된 평가 트랜지스터와 함께 그려져 있지만, 풋 없이 구성될 수도 있다. 이중 레일 도미노는 반전과 비반전 논리 함수를 모두 계산할 수 있다는 면에서 완전한 논리 집단이라고 볼 수 있다. 그러나 이것은 보다 넓은 면적과 배선을 필요로 하고, 많은 전력 소모를 수반한다. 이중 레일 구조는 또한 광폭 NOR 게이트의 효율을 갖지 못하는데, 그 이유는 이것이 상보형 높은 동적 NAND 적층(stack)을 필요로 하기 때문이다.

이중 레일 도미노 신호들은 계산 결과만이 아니라 계산이 종료된 시점까지 나타낸다. 계산이 완료되기 전에는, 모든 레일이 선충전되어 있다. 계산이 종료되면, 하나의 레일이 하이가 된다. 그림 8.31과 같이 종료 시점 검출을 위해서 NAND 게이트를 사용할 수 있다. 이것은 비동기 회로에서 특히 유

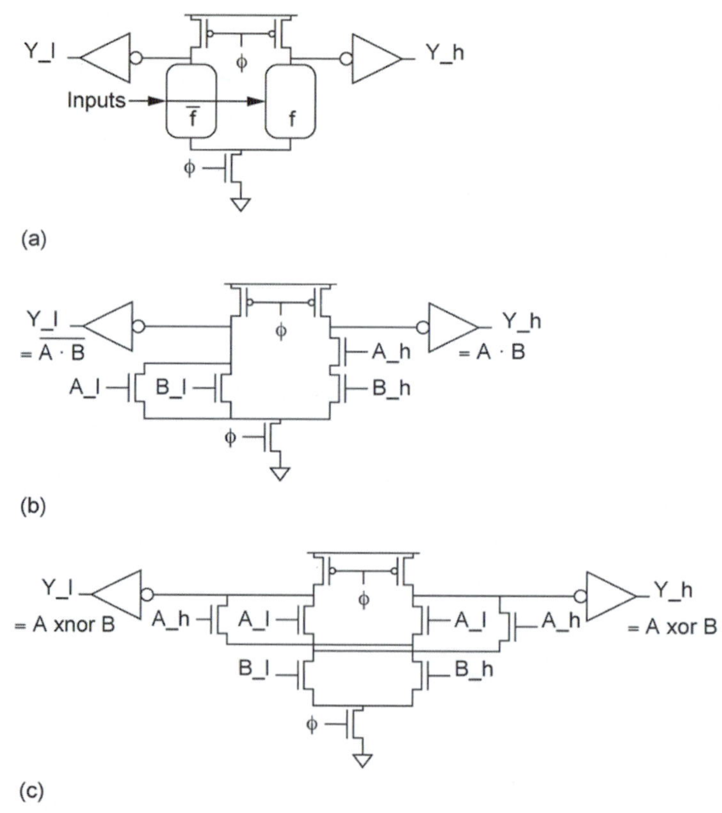

그림 8.30 이중 레일 도미노 게이트

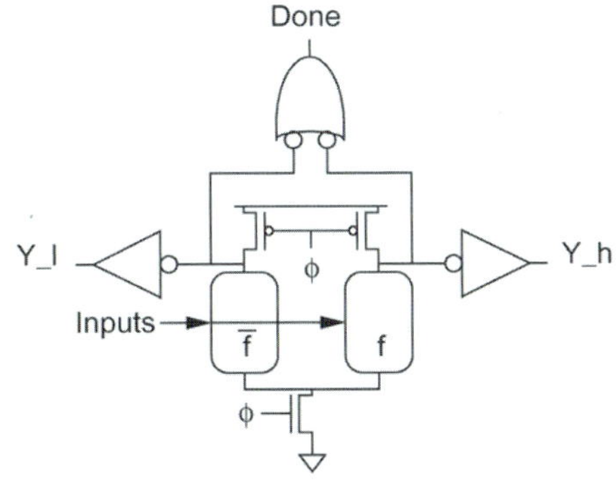

그림 8.31 종료 검증 기능을 갖는 이중 레일 도미노 게이트

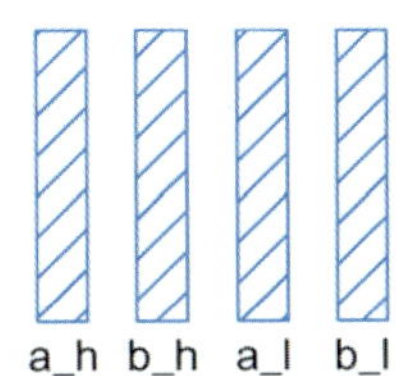

그림 8.32 이중 레일 버스에서의 결합 잡음 제거

용한 것이다[Williams91, Sparsø01].

이중 레일 신호 버스들에서 그림 8.32와 같이 비트들을 상호 디지타이징(interdigitizing)해서 결합(coupling)을 줄일 수 있다. 각 배선은 동시에 둘 혹은 그 이상의 적대적 스위칭을 갖지 않는데, 그 이유는 각 사이클에서 두 개의 레일 중 하나만이 스위칭되기 때문이다.

8.2.4.3 키퍼 동적 회로는 동적 노드에서 전하 누설이 발생한다. 동적 노드가 하이로 선충전되었다가 이후 미결정 상태로 방치되면, 동적 노드의 전압은 하위 문턱 전압, 게이트, 그리고 접합 누설 등에 의해서 흔들리게 된다. 시간 상수는 제작 공정과 동작 온도에 따라서 밀리초(millisecond)에서 나노초(nanosecond)까지의 범위에 존재한다. 이 문제는 동적 RAM의 누설과 유사하다. 게다가 동적 회로는 나쁜 입력 잡음 여유도를 갖는다. 만약 게이트가 평가 기간에 있는 동안 입력이 V_t 이상으로 상승하면, 입력 트랜지스터가 약하게 ON되고, 부정확하게 출력을 방전시킨다. 누설과 잡음 여유도 문제 모두 **키퍼**(keeper) 회로를 추가해서 해결할 수 있다.

그림 8.33은 도미노 버퍼 위에 있는 기존의 키퍼를 보여 준다. 이 키퍼는 출력이 미결정 상태일 때 이것을 **고정**시키는 약한 트랜지스터이다. 동적 노드 X가 하이일 때, 출력 Y는 로우이고, 키퍼는 X가 미결정 상태에 있는 것을 방지하기 위해서 ON된다. X가 하강할 때, 키퍼는 초기에 이 변화에 반대로 동작하기 때문에, 키퍼는 풀다운 네트워크보다 훨씬 약하게 만들어져야 한다. 결과적으로 Y가 상승하고, 키퍼는 OFF되며, 정적 전력 소모를 방지한다.

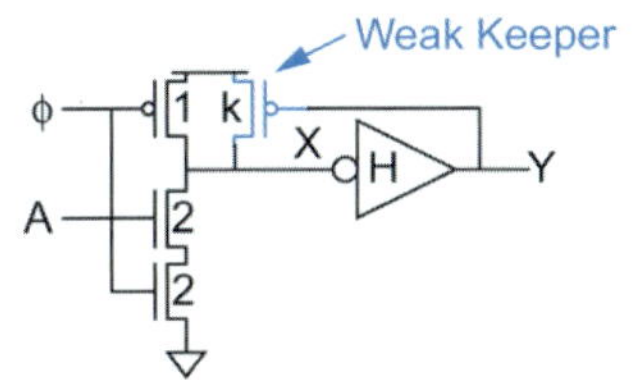

그림 8.33 전통적인 키퍼

키퍼는 출력이 미결정 상태이고 풀다운 적층이 OFF일 때 누설 전류를 보상할 수 있을 만큼 강하게 만들어져야(넓어야) 한다. 입력이 V_t보다 약간 높을 때 키퍼가 출력을 하이로 유지하기 위해서 충분한 전류를 공급할 수 있기 때문에, 강한 키퍼는 잡음 여유도를 개선하는 부수적인 장점도 갖는다. 그림 7.28은 동적 인버터의 DC 전달 특성을 보여 주었다. 키퍼의 폭 k가 넓어지면, 스위칭 지점은 오른쪽으로 이동한다. 그러나 강한 키퍼는 지연도 함께 증가시키는데, 그 증가량은 5~10% 정도가 된다. 키퍼 트랜지스터는 보통 풀다운 적층의 1/10 정도의 강도로 만들어지는 반면, 광폭 NOR 혹은 특별히 누설이 많은 공정의 멀티플렉서 등에서는 이것보다 강하게 만들어진다.

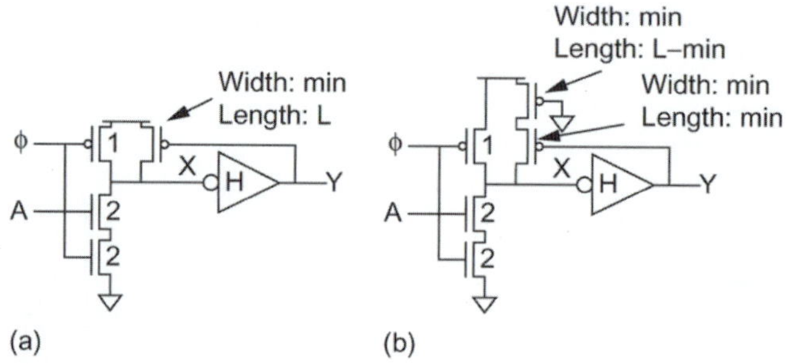

그림 8.34 약한 키퍼의 구현

소형 동적 게이트에서, 이 비율은 키퍼가 최소 크기 트랜지스터보다 작아야 한다는 것을 의미한다. 이 비율은 그림 8.34(a)와 같이 키퍼의 길이를 증가시킴으로써 조정할 수 있다. 긴 키퍼 트랜지스터는 출력 *Y*의 용량성 부하를 증가시키는데, 이 문제는 그림 8.34(b)와 같이 키퍼를 분리시킴으로써 해결할 수 있다.

그림 8.35는 이중 레일 도미노 버퍼를 위한 **차분 키퍼**(differential keeper)를 나타낸다. 게이트가 선충전되어 있을 때, 두 키퍼 트랜지스터는 모두 OFF되고, 동적 출력은 미결정 상태이다. 그러나 이 레일들이 로우로 평가되는 순간, 반대편 키퍼가 ON된다. 차분 키퍼는 하강 레일에 반대로 경쟁하지 않기 때문에 속도가 빠르다. 하나의 레일이 신속하게 하강하기만 한다면, 다른 레일의 키퍼는 과도한 누설이나 잡음이 오류를 발생시키기 전에 ON된다. 물론 이중 레일 도미노가 기존 키퍼 쌍을 사용할 수도 있다.

번인(burn-in) 동안에 이 칩은 주파수는 실제보다 낮지만 온도와 전압은 매우 높은 상태에서 동작한다. 이것은 다수의 nMOS 트랜지스터가 병렬로 누설을 발생시킬 때, 광폭 동적 NOR 게이트에서 이 키퍼를 압도할 수 있는 과도한 누설 전류를 야기한다. 그림 8.36은 **번인 조건부 키퍼**(burn-in conditional keeper)[Alvandpour02]를 갖는 도미노 게이트를 나타낸다. *BI* 신호는 번인 중에 1차 키퍼에 병렬로 연결되어 있는 2차 키퍼를 ON시키기 위해서 '1'이 된다. 2차 키퍼는 번인 중에 게이트를 느리게 만들지만, 누설을 압도하기 위한 추가 전류를 제공한다.

인버터 출력의 잡음은 키퍼의 효과를 감소시킨다. 누설이 높은 저전력 나노미터 공정에서, 이 효

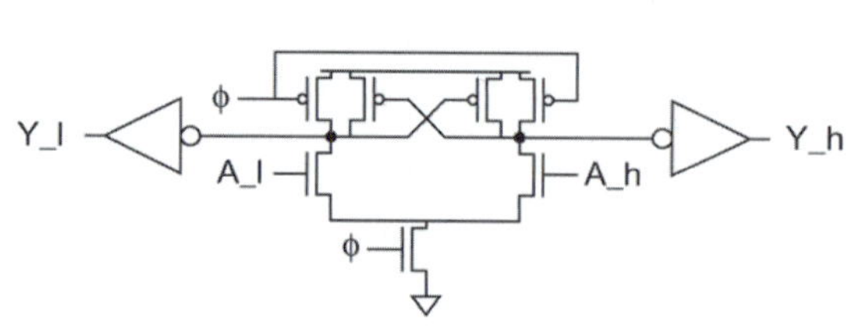

그림 8.35 차분 키퍼

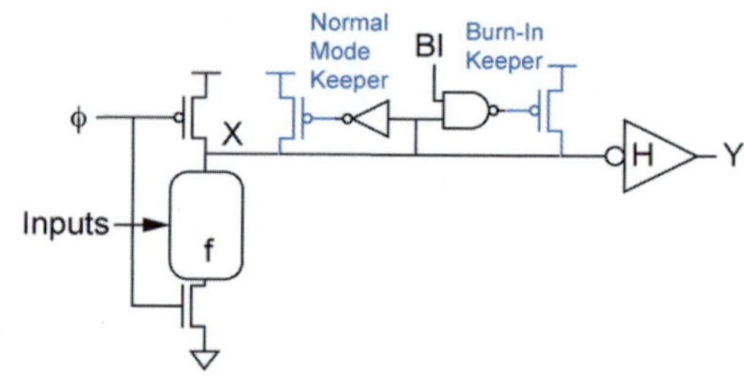

그림 8.36 번인 조건부 키퍼

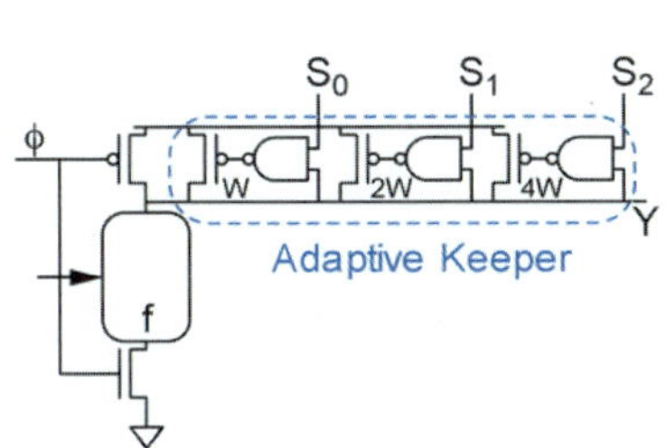

그림 8.37 적응적 키퍼

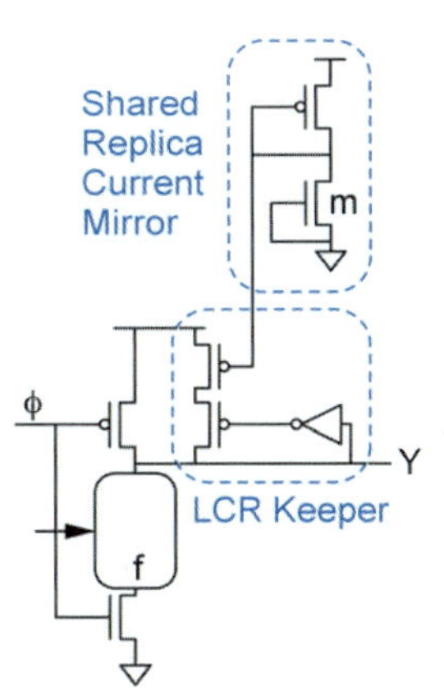

그림 8.38 누설 전류 복제 키퍼

과는 키퍼의 폭을 심각하게 증가시킨다. 그림 8.36의 도미노 게이트가 어떻게 개별적으로 피드백 인버터를 사용했는지 유념하자. 이 기술은 번인 키퍼가 적용되지 않는 경우에도 인텔 사에서 사용했다.

비례 회로들과 같이, 도미노 키퍼는 공정 편차에 시달린다[Brusamarello08]. 이 키퍼는 FS 코너에서 출력을 유지하기 위해서 충분한 폭을 가져야 한다. 이것은 SF 코너에서 지연에 가장 큰 영향을 준다. 나아가서 이 키퍼는 수율에 미치는 영향을 없애기 위해서 다이 내부 편차가 5σ가 되도록 크기가 결정되어야 한다. 대칭적인 편차를 보상하기 위해서 보다 정교한 키퍼를 사용할 수 있다. 그림 8.37의 **적응적 키퍼**(adaptive keeper)는 수치적으로 규정할 수 있는 키퍼의 강도를 갖는다[Kim03]. 그림 8.38의 **누설 전류 복제**(LCR: leakage current replica) 키퍼는 누설 전류와 같은 전류를 가질 수 있도록 전류 거울을 사용한다[Lih07]. 전류 거울의 nMOS 트랜지스터 폭은 누설 기기의 폭과 정합되도록 선택한다. 잡음과 무작위 편차를 보상하기 위해서 추가적인 잡음 여유도가 필요하다.

지연된 클럭을 갖는 도미노 회로는 출력을 하이 혹은 로우로 유지하기 위해서 상호 결합된 인버터로 구성된 완전한 키퍼를 사용할 수 있다.

8.2.4.4 2차 선충전 디바이스 동적 게이트들은 **전하 공유**(charge sharing) 문제를 겪을 소지가 있다[Oklobdzija86]. 예를 들어 그림 8.39(a)의 2-입력 동적 NAND 게이트를 생각해 보자. 출력 Y가 V_{DD}로 선충전되어 있고, 입력 A와 B는 로우였다고 가정하자. 중간 노드 x 역시 이전 사이클에서 로우 값을 가졌다고 가정한다. 평가 기간에 입력 A는 상승하지만, 입력 B는 로우로 남아 있기 때문에, 출력 Y는 하이로 유지된다. 그러나 전하가 그림 8.39(b)와 같이 C_x와 C_Y 사이에 분배된다. 이것은 용량성 부하 분배기와 같이 동작하고 전압은 다음과 같이 평형을 이룬다.

$$V_x = V_Y = \frac{C_Y}{C_x + C_Y} V_{DD} \tag{8.3}$$

전하 공유는 출력에 가벼운 부하가 걸리고(C_Y가 작은 경우) 내부 커패시턴스가 클 때 가장 심각

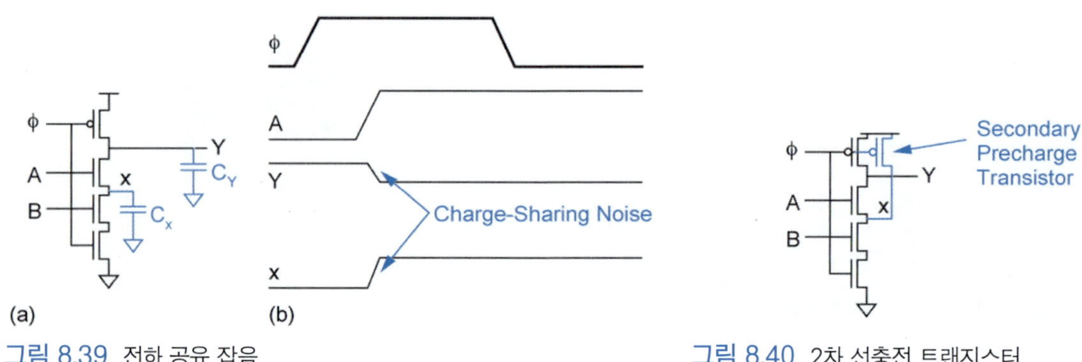

그림 8.39 전하 공유 잡음

그림 8.40 2차 선충전 트랜지스터

한 문제가 된다. 예를 들어 4-입력 동적 NAND 게이트와 복합 AOI 게이트들은 다수의 노드들 간에 전하를 공유한다. 만약 전하 공유 잡음이 작으면, 키퍼가 궁극적으로 동적 출력을 V_{DD}가 되도록 복원할 수 있다. 그러나 만약 전하 공유 잡음이 커지면, 출력 값이 바뀌거나 키퍼가 OFF되고, 결과적으로 부정확한 결과를 초래한다.

전하 공유 문제는 그림 8.40과 같이 몇 개 혹은 모든 내부 노드들을 **2차 선충전 트랜지스터**(secondary precharge transistor)를 사용하여 선충전함으로써 해결할 수 있다. 이 트랜지스터들은 단지 내부 커패시턴스만을 충전시키고, 이들의 확산 커패시턴스가 평가 과정을 느리게 만들 수 있기 때문에 가능한 한 작게 구성되어야 한다. 종종 높은 적층에서는 한 노드 건너 하나씩 선충전하는 것으로 충분하다. SOI 공정은 내부 노드들의 확산 커패시턴스가 작기 때문에 동적 게이트에서 전하 공유 문제가 그리 심각하지 않다. 만약 어느 정도의 전하 공유를 허용할 수 있다면, 게이트는 몇 개의 내부 노드들을 선방전(predischarge)함으로써 동작 속도를 개선할 수 있다[Ye00].

요약하면, 도미노 논리는 원래 고속, 소형 회로 기술을 위해서 제안되었다. 실제로 도미노 논리의 장점은 높은 동작 속도에 있다. 그러나 신뢰성의 향상을 위해서, 풋, 키퍼, 그리고 2차 선충전 디바이스들이 추가되면서 정적 CMOS에 비해 소형화의 장점이 거의 없고, 안정성을 보장하기 위한 설계 노력이 매우 많이 요구된다. 이중 레일 도미노의 경우에는 정적 CMOS보다 더 넓은 면적이 필요하다.

8.2.4.5 동적 경로의 논리 에퍼트 3.5.2절에서 가상적으로 정적 CMOS 인버터를 경로의 마지막에 추가하여 최적의 스테이지 에퍼트(stage effort)를 얻었다. 이 최적의 에퍼트는 기생 지연에 의존하는데, 그 값은 $p_{inv}=1$일 때 3.59였다. 다른 회로군을 사용할 때, 최적의 스테이지 에퍼트는 변할 수 있다. 예를 들어 도미노 회로에서 도미노 버퍼를 경로의 끝에 추가하는 경우를 고려해 보자. 그림 8.41은 도미노 버퍼의 논리 에퍼트가 풋인 경우는 $G=5/9$이고, 언풋인 경우는 5/18이 됨을 보여 준다. 따라서 경로에 추가된 각 버퍼는 실제로 경로 에퍼트를 감소시킨다. 결과적으로 정적 CMOS에서 보다 더 낮은 스테이지 에퍼트를 목표로 많은 버퍼를 추가하는 것이 좋음을 알 수 있다.

[Sutherland99]는 최적의 스테이지 에퍼트가 풋 도미노에서 $\rho=2.76$이고, 언풋 도미노에서 2.0임을 보여 주었다. 풋과 언풋 도미노가 섞여 있는 경로에서, 최적 에퍼트는 이 두 값 사이의 어떤 값이

그림 8.41 도미노 버퍼의 논리 에퍼트

될 것이다. 어림 계산으로, 정적 CMOS 경로에서 스테이지 에퍼트 4를 목표로 할 때, 도미노 경로에서는 2~3이 된다.

우리는 동적 게이트들 사이의 정적 CMOS 스테이지들에 논리를 삽입하는 것도 가능함을 알아보았다. 다음의 예제는 어떤 경우에 이와 같은 구조가 도움이 되는지 살펴보기 위한 것이다.

예제 8.6

그림 8.42는 풋 동적 게이트를 사용하는 8-입력 도미노 AND 게이트의 두 가지 다른 설계를 나타낸다. 하나는 정적 CMOS 인버터와 함께 네 개의 논리 스테이지를 갖는다. 다른 하나는 HI-비대칭 NOR 게이트와 함께 단지 두 스테이지만 사용하고 있다. 어떤 경로 전기 에퍼트 범위에서 2-스테이지 설계가 더 빠른 속도를 제공하는가?

해답: 두 번째 설계가 정적 게이트의 복잡도는 다소 증가시키는 반면에 스테이지의 개수를 절반으로 줄였기 때문에 결과적으로 우수한 설계라고 예측하기 쉽다. 그러나 이것은 전기 에퍼트가 낮은 경우에만 사실이다. 그림 8.43은 각 경로에 (a) 논리 에퍼트, (b) 기생 지연, (c) 전체 지연을 표시한 경로를 보여 준다. 기생 지연은 단지 출력 노드의 확산 커패시턴스만을 고려한 것이다. 두 가지 설계의 지연은 경로 전기 에퍼트 H에 대해서 그렸다.[5] $H > 2.9$인 경우, 도미노 게이트들이 효과적인 버퍼로 사용되는 4-스테이지 설계가 보다 바람직하다.

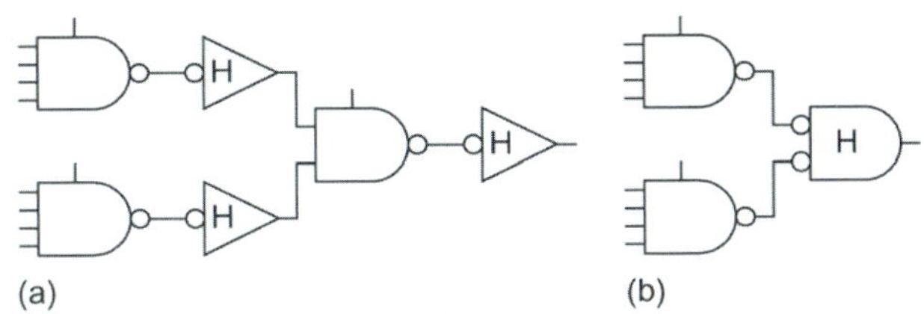

그림 8.42 8-입력 도미노 AND 게이트

[5] 경로 전기 에퍼트 H를 개념도에서 HI-비대칭 정적 CMOS 게이트를 표시하는 H와 구별해야 한다.

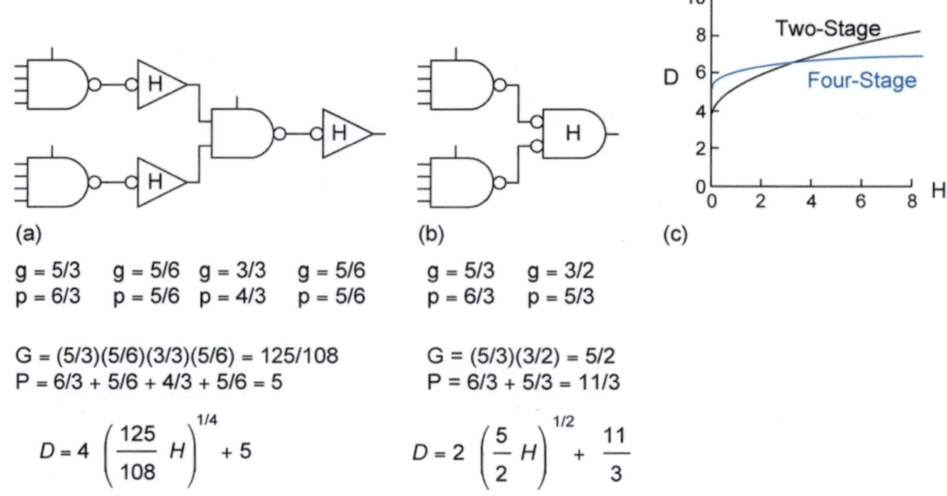

그림 8.43 8-입력 도미노 AND 지연

요약하면, 동적 스테이지들은 그들이 nMOS 트랜지스터를 사용해서 논리를 구성하기 때문에 속도가 빠르다. 게다가 논리 에퍼트가 낮기 때문에 상대적으로 많은 개수의 스테이지들이 도움이 된다. 정적 CMOS 스테이지에 논리를 삽입하기 위해서는 느린 pMOS 트랜지스터를 사용하고, 스테이지의 개수를 줄이게 된다. 따라서 정적 CMOS 게이트들은 낮은 전기 에퍼트를 갖는 경로에만 사용하는 것이 좋다.

8.2.4.6 다중 출력 도미노 논리 하나의 함수가 다른 함수의 종속 함수 (subfunction)가 되거나 한 종속 함수를 공유하는 다중 함수(multiple function)를 계산해야 할 필요가 있다. **다중 출력 도미노 논리**(MODL: multiple output domino logic)[Hwang89, Wang97]는 모든 계산을 다중 출력 게이트에 합성해서 면적을 줄일 수 있다.

많이 사용되는 응용은 덧셈인데, 이때 4-비트 블록에서 각 비트의 캐리아웃(carry-out) c_i가 계산되어야 한다(10.2.2.2절 참조). 블록에서 각 비트의 위치 i는 캐리를 전파시키거나(p_i), 캐리를 생성시킨다(g_i). 캐리아웃 논리는 다음과 같이 계산된다.

$$\begin{aligned} c_1 &= g_1 + p_1 c_0 \\ c_2 &= g_2 + p_2\left(g_1 + p_1 c_0\right) \\ c_3 &= g_3 + p_3\left(g_2 + p_2\left(g_1 + p_1 c_0\right)\right) \\ c_4 &= g_4 + p_4\left(g_3 + p_3\left(g_2 + p_2\left(g_1 + p_1 c_0\right)\right)\right) \end{aligned} \tag{8.4}$$

이것은 그림 8.44(a)와 같이 네 개의 복합 AOI 게이트로 구현할 수 있다. 각 출력은 상대적으로 하위 비트의 출력의 함수이다. 보다 소형화된 MODL 설계는 종종 그림 8.44(b)의 **맨체스터 캐리 사슬**

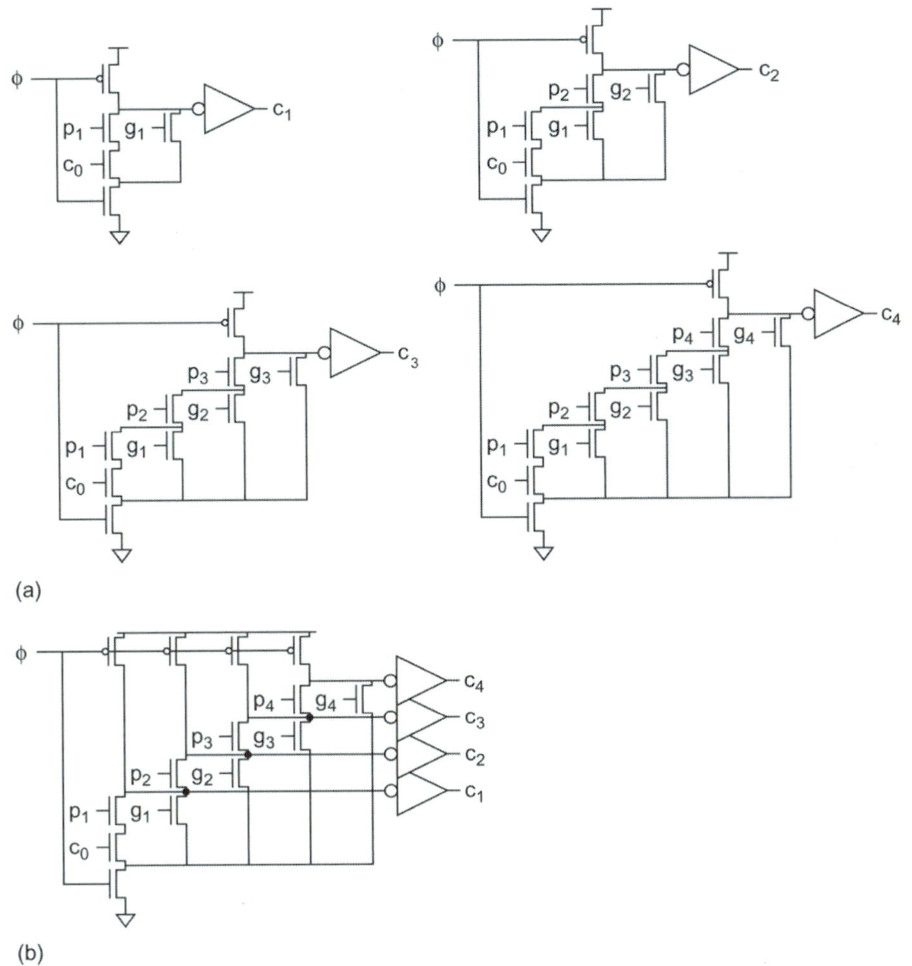

그림 8.44 전통적인 캐리 사슬과 MODL 캐리 사슬

(Manchester carry chain)이라 불린다. 중간 출력들은 2차 선충전 트랜지스터를 필요로 하고 있음에 유의할 필요가 있다. 또한 특정 입력이 **잠복 경로**(sneak path)를 피하기 위해서 상호 같은 값을 갖지 않도록 주의를 기울여야 한다. 예를 들어 이 가산기에서 다음과 같이 정의해야 한다.

$$g_i = a_i b_i$$
$$p_i = a_i \oplus b_i \tag{8.5}$$

만약 위 식과 다르게 $p_i = a_i + b_i$라고 정의되었다면, a_4와 b_4가 동시에 '1'이고 다른 모든 입력이 '0'일 때, 잠복 경로가 발생할 수 있다. 이 경우 예측대로 $g_4 = p_4 = 1$인 상태가 발생하지만, c_3 역시 그림 8.45와 같이 잘못된 상태를 갖게 된다.

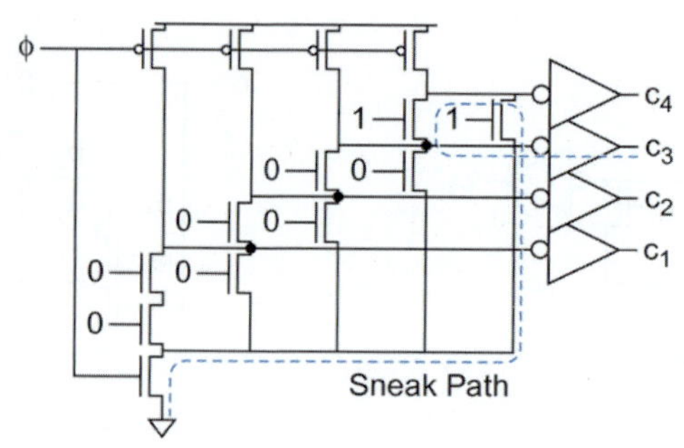

그림 8.45 잠복 경로

8.2.4.7 NP와 지퍼 도미노 도미노의 다른 변형이 그림 8.46(a)에 나와 있다. HI-비대칭 반전 정적 게이트들이 pMOS 논리를 사용한 선방전 동적 게이트로 대체되었다. 예를 들어 풋 동적 p-논리 NAND 게이트가 그림 8.46(b)에 나와 있다. ϕ=0일 때, 첫째와 셋째 스테이지들이 하이로 선충전되는 반면에 둘째 스테이지는 로우로 선방전된다. ϕ가 상승하면, 모든 스테이지들은 평가 상태가 된다. 도미노 연결이 그림 8.46(c)와 같이 가능하다. 이와 같은 설계 방식을 **NP 도미노** 혹은 **비경쟁 도미노**(no race domino 혹은 NORA domino)[Gonclaves83, Friedman84]라 부른다.

NORA는 두 가지 중요한 결점을 갖는다. 풋 p-논리 게이트들의 논리 에퍼트가 일반적으로 HI-비대칭 게이트들에 비해서 나쁘다(예를 들어 NORA와 일반 게이트 순서대로 NOR2에 대해서 2와

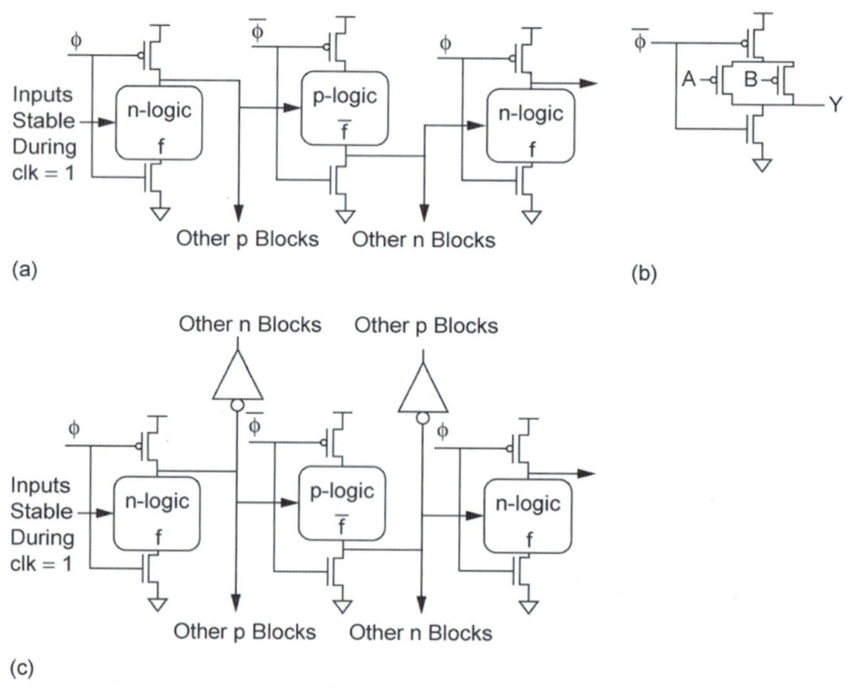

그림 8.46 NP 도미노

3/2, NAND2에 대해서 4/3과 1이다). 두 번째로 NORA는 잡음에 극도로 민감하게 영향을 받는다. 일반 동적 게이트에서, 입력은 낮은 잡음 여유도(대략 V_t)를 갖지만, 정적 CMOS 게이트에 의해서 강하게 구동된다. 미결정 동적 출력은 결합과 전하 분배에 의해서 잡음의 영향을 더 받지만, 이들은 더 큰 잡음 여유도를 갖는 다른 정적 CMOS 게이트를 구동한다. 그러나 NORA에서는, 민감한 동적 입력이 잡음의 영향을 잘 받는 동적 출력에 의해서 구동된다. 이와 같은 단점과 추가 클럭 위상이 요구되기 때문에 NORA는 많이 사용되지 않는다.

지퍼 도미노(zipper domino)[Lee86]는 평가 기간에 선충전 트랜지스터를 약하게 ON시켜 놓는 기술과 밀접하게 관련이 있다. 이 때 선충전 클럭을 사용하는데, 이 클럭은 pMOS를 선충전할 때 0과 $V_{DD}-|V_{tp}|$ 사이를, nMOS를 선충전할 때는 V_{tn}과 V_{DD} 사이를 스윙한다. 이와 같은 과정은 키퍼의 역할과 동일하다. 지퍼는 실제 산업체에서 많은 응용을 찾아보기 힘들다[Benrstein99].

8.2.5 통과 트랜지스터 회로

지금까지 살펴보았던 회로군에서 입력들은 트랜지스터의 게이트 단자로만 공급되었다. 이와는 달리 통과 트랜지스터에서는 입력이 소스/드레인의 확산 단자로도 입력된다. 이 회로는 nMOS 통과 트랜지스터 혹은 **전달 게이트**(transmision gate)라 불리는 nMOS와 pMOS의 병렬 구조를 사용해서 구성된다. 많은 교재에서 통과 트랜지스터가 정적 CMOS 논리에 비해서 실질적으로 면적, 속도, 그리고 소모 전력 면에서 개선을 가져다 준다고 주장하고 있다. 특수한 경우에 이것은 사실이다. 예를 들어 통과 트랜지스터는 대부분의 현대 시스템에 사용되는 효과적인 6-트랜지스터 정적 RAM 셀을 설계하는 데 필수적인 요소이다(11.2절 참조). 전가산기와 XOR의 다른 회로들도 통과 트랜지스터를 사용하면 효과적으로 구현할 수 있다. 이와는 다른 경우에서, 통과 트랜지스터 회로가 지금까지 논의하였던 기초적인 논리 구조를 설계하는 데 기본적으로 동일한 방법이라는 것을 확인해 보겠다. 대부분의 일반 용도 논리(general-purpose logic)를 위해서 정적 CMOS가 속도, 전력, 면적 측면에서 유리하다는 것은 누구나가 인정하는 사실이다 [Zimmermann97].

비교를 위해서, 그림 8.47은 정적 CMOS, 유사 nMOS, CVSL, 그리고 단일 및 이중 레일 도미노 등과 함께 여러 가지 통과 트랜지스터 회로군에서 구성된 2-입력 멀티플렉서를 보여 준다. 어떤 회로군은 이중 레일을 사용해서 상보형 출력을 만드는 반면, 다른 것들은 단일 레일 혹은 상보형 출력이 필요할 때 반전 기능을 추가한다. 논리 함수 U XOR V는 $S=U, \overline{S}=\overline{U}, A=V, B=\overline{V}$를 사용한 논리와 동일하게 계산된다. 이것은 정적 CMOS가 복합 게이트와 두 개의 추가적인 인버터를 필요로 하기 때문에 정적 CMOS가 XOR 구현에는 매우 부적합하다는 것을 보여 준다. 따라서 통과 트랜지스터 회로가 적합하다. 반대로 정적 CMOS NAND와 NOR 게이트는 상대적으로 효과적이며, 통과 트랜지스터를 사용해도 그 이점이 크지 않다.

이 절에서는 멀티플렉서와 래치 등에서 일반적으로 사용하는 방법과 같이, 우선 CMOS를 전달 게이트와 혼합하여 검토를 시작한다. 다음으로 전가산기와 같은 XOR를 많이 사용하는 회로에 적합한 **상보형 통과 트랜지스터 논리**(CPL: complementary pass-transistor logic)와, 통과 트랜지스터를 사용한 간결한 통합(LEAP: lean integration with pass transistors)을 검토하기로 한다. 마지막으로, 다양

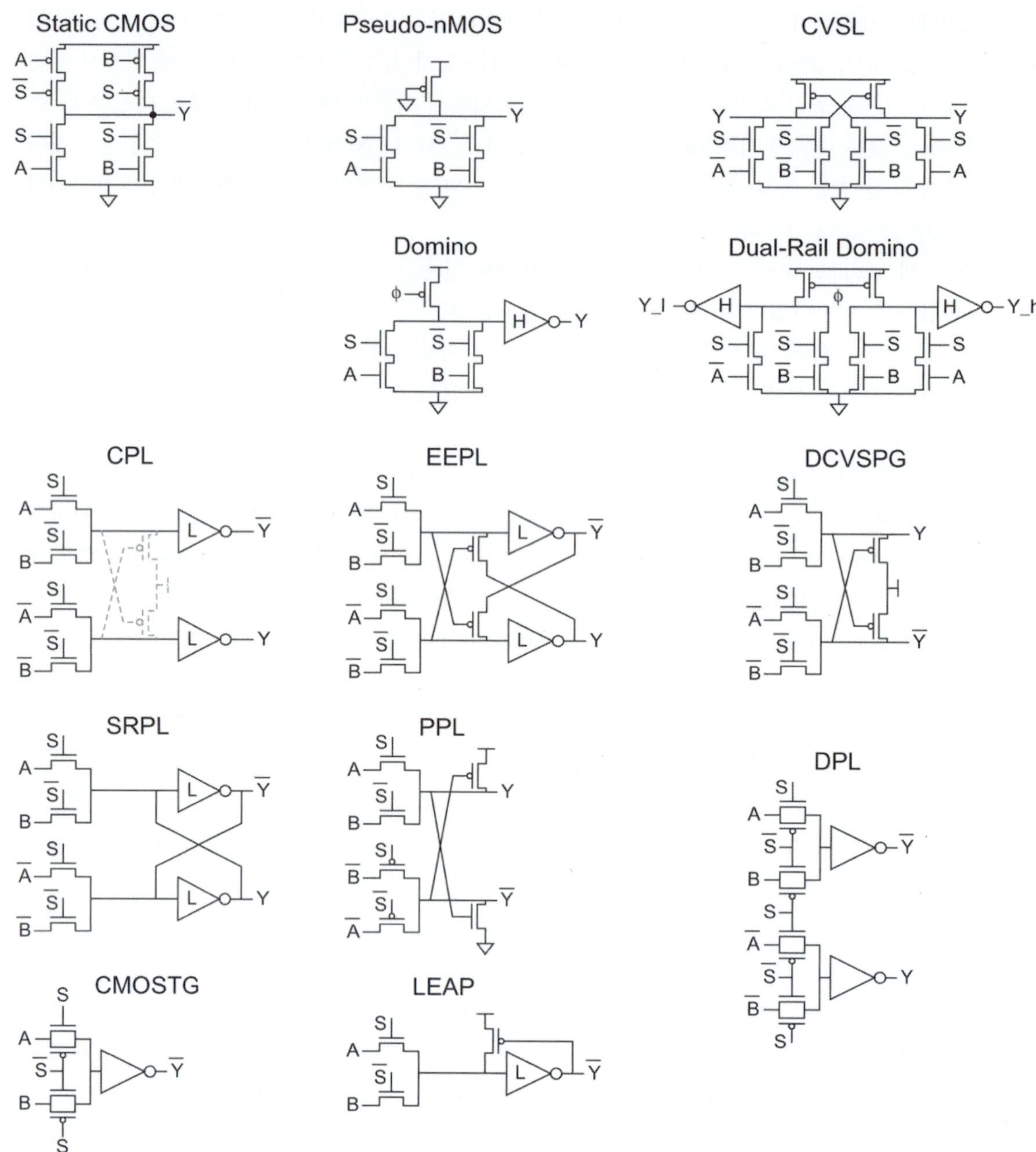

그림 8.47 2-입력 멀티플렉서 회로군

한 종류의 대체 통과 트랜지스터 집단의 목록을 정리하기로 한다.

8.2.5.1 전달 게이트를 갖는 CMOS 3상태, 래치, 그리고 멀티플렉서 등과 같은 구조들은 종종 간단한 정적 CMOS 논리와 함께 전달 게이트로 그릴 수 있다. 예를 들어 그림 1.28은 두 개의 전달 게이트를

그림 8.48 단위 전달 게이트의 유효 저항

사용한 멀티플렉서를 나타낸다. 이것은 복원 불가능(nonrestoring) 회로이다. 즉 출력의 논리 레벨들이 입력의 레벨들보다 우수하지 못하기 때문에, 이와 같은 회로들을 직렬로 연결하면 잡음이 누적된다. 출력을 버퍼링하여 레벨을 복원하기 위해서, 정적 CMOS 출력 인버터가 그림 8.47과 같이 추가된다 (CMOSTG).

단일 nMOS 혹은 pMOS 통과 트랜지스터에는 문턱 전압 강하가 발생한다. 단독으로 사용하려면, 출력을 레일로 연결하기 위해서 추가 회로가 필요하다. 전달 게이트는 이 문제를 해결할 수 있지만, 두 개의 병렬 트랜지스터가 필요하다. 단위 크기 전달 게이트의 저항은 지연 계산을 위해서 *R*로 정한다. 병렬로 연결된 nMOS와 pMOS 트랜지스터를 통해서 전류가 흐른다. 트랜지스터 하나에서는 전류가 잘 흐르지만, 다른 트랜지스터에서는 그렇지 못하다(그림 8.48 참조).

우선 전달 게이트를 갖는 CMOS는 완전히 새로운 회로를 보여 줄 것이다. 조심스럽게 관찰하면 이 형태가 정적 CMOS와 거의 동일함을 알 수 있다. 다수의 논리 스테이지들이 직렬로 연결된 구조는 전달 게이트와 트랜지스터가 번갈아 되풀이되는 것으로 간주할 수 있다. 그림 8.49(a)는 멀티플렉서를 다시 그리고 있는데, 이것은 확산 입력을 구동하는 이전 스테이지로부터 인버터들을 포함하고, 출력 인버터를 제외시키기 위한 것이다. 그림 6.49(b)는 이 멀티플렉서를 트랜지스터 수준에서 그린 것이다. 이것은 풀업과 풀다운 네트워크에 있는 중간 노드들이 *N*1과 *N*2와 같이 상호 단락된 것을 제외하고는 그림 8.47의 정적 CMOS 멀티플렉서와 같다.

중간 노드들을 단락시키면 지연에 두 가지 영향을 준다. 유효 저항이 (특히 상승 출력의 경우) 어느 정도 감소하는데, 그 이유는 출력이 단일 트랜지스터보다는 병렬로 조합된 두 개의 통과 트랜지스터를 통해서 풀업 혹은 풀다운되기 때문이다. 그러나 이렇게 단락을 시키기 위해서는 추가로 확산 및 배선 커패시턴스가 요구되기 때문에, 유효 커패시턴스는 약간 증가하게 된다. 이것은 멀티플렉서의 레이아웃에서 자명하게 밝혀진다. 그림 8.50(a)의 전달 게이트 설계는 *N*1과 *N*2에서 접촉이 필요한 반

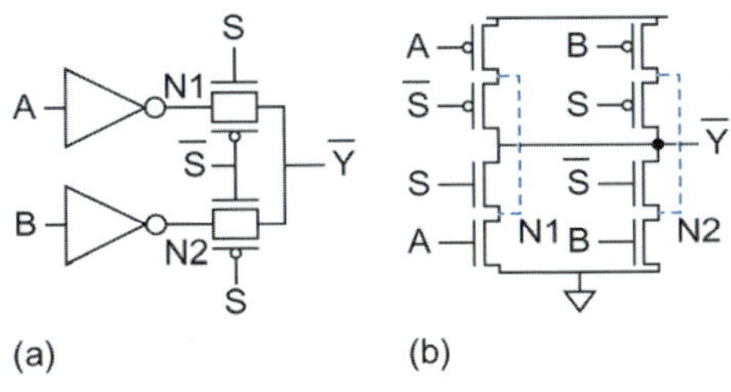

그림 8.49 2-입력 반전 멀티플렉서에서 CMOSTG의 대체 표현

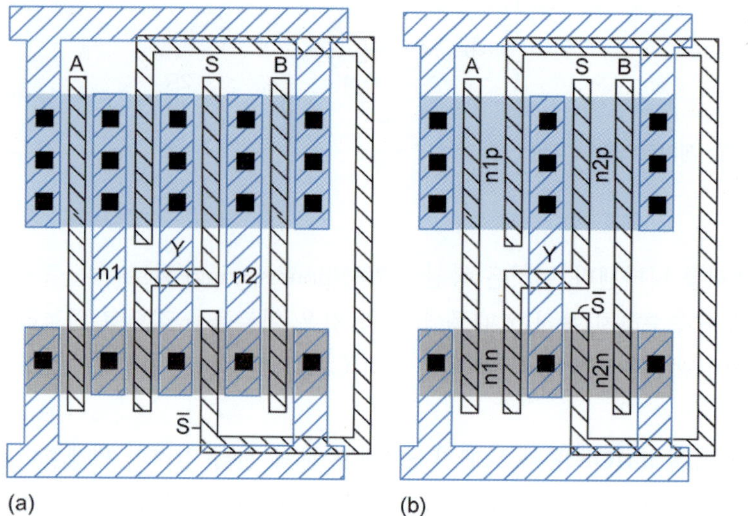

그림 8.50 멀티플렉서 레이아웃 비교

면, 그림 8.50(b)에 나와 있는 정적 CMOS는 그렇지 않다. 대부분의 공정에서 개선된 저항은 적절한 팬아웃을 갖는 게이트를 위해서 일반적으로 도움이 된다.

그림 8.51은 3상 인버터의 중간 노드를 단락시켜서 전달 게이트 형태로부터 전통적인 정적 CMOS 형태로 변환된 것을 나타낸다. 그림 8.51(d)는 *A*와 이네이블 단자를 상호 교환한 것이다. 이것은 논리적으로는 동등하지만, 전기적으로는 열등하다. 전하 공유에 관해서는 8.3.4절에서 자세하게 다루기로 한다.

정적 CMOS 표현이 CMOS 전달 게이트에 비해서 몇 가지 장점이 있다. 만약 인버터가 입력 대신 출력에 있다면, 이 게이트의 지연은 출력에 의해서 구동되는 커패시턴스 이외에 입력을 구동하는 것에 의해서도 영향을 받는다. 이와 같은 입력 구동기의 민감도는 게이트의 특성 파악을 더욱 어렵게 하고, 대부분의 시간 해석 도구와도 맞지를 않는다. 설계 초보자들은 종종 전원을 직접 확산 입력에 연결해서 전달 게이트의 특성을 잘못 해석하는 경우가 많다. 이렇게 하면 전달 게이트 멀티플렉서는

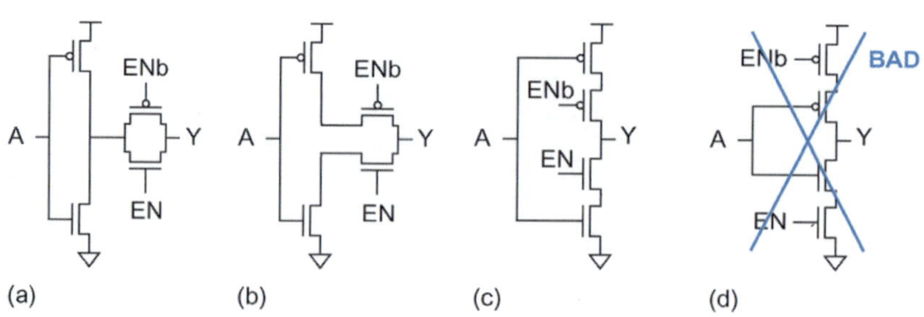

그림 8.51 3상 인버터

직렬로 한 개의 트랜지스터만을 갖기 때문에 매우 빠르게 보인다. 정확한 특성 해석을 위해서는 구동기가 함께 고려되어야 한다. 두 번째 단점은 3상 인버터로 가는 확산 입력이 잡음에 민감해서 인버터를 오동작시킬 수 있다는 것이다. 이 내용은 8.3.9절에서 논의할 예정이다. 마지막으로 접촉이 면적을 약간 증가시키고, 접촉 커패시턴스가 전력 소모를 증가시킨다.

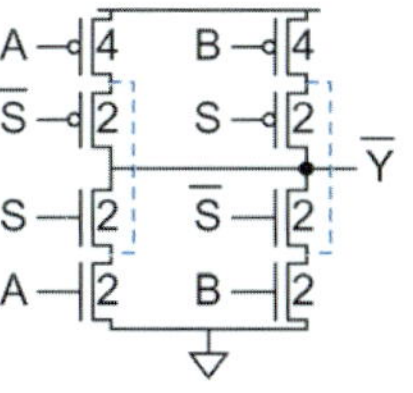

그림 8.52 전달 게이트 회로의 논리 에퍼트

전달 게이트를 포함한 회로들의 논리 에퍼트는 그림 8.52의 전달 게이트 멀티플렉서와 같이 확산 입력 대신 게이트 출력에서 시작되는 스테이지를 그려서 계산할 수 있다. 단락 효과를 무시할 수 있기 때문에, 정적 CMOS 멀티플렉서와 마찬가지로 A 혹은 B 단자의 논리 에퍼트는 6/3이다. 다수의 직렬 전달 게이트를 갖는 회로의 기생 지연은 내부 확산 커패시턴스에 의해서 급격하게 증가하기 때문에, 두 개 이상의 전달 게이트를 버퍼 없이 직렬로 사용하는 것은 아무 이득이 없다.

8.2.5.2 상보형 통과 트랜지스터 논리 CPL[Yano90]은 CVSL의 개선된 형태로 이해할 수 있다. CVSL은 게이트의 한쪽 면이 풀다운을 수행하고, 상호 결합된 pMOS 트랜지스터가 다른 쪽을 풀업시키기 때문에 속도가 느리다. 상호 결합된 디바이스의 크기는 본질적으로 과도한 풀다운과 경쟁하는 대형 트랜지스터와 풀업을 느리게 하는 소형 트랜지스터 사이의 타협점에서 결정된다. CPL은 게이트의 절반은 풀업을, 그리고 나머지 절반이 풀다운을 담당하게 해서 이 문제를 해결한다.

그림 8.53(a)는 그림 8.47을 옆으로 회전시킨 결과로부터 얻은 멀티플렉서를 보여 준다. 만약 어떤 경로가 직렬로 연결된 CPL 게이트로 구성되었다면, 이 인버터들은 어떤 스테이지의 출력이나 그 다음 스테이지의 입력에서 동일하게 잘 보인다. 그림 8.53(b)는 이 멀티플렉서가 확산 입력을 구동하는 이전 스테이지에 있는 인버터를 포함하고, 출력 인버터는 배제하도록 다시 그린 결과를 나타낸다. 그림 8.53(c)는 트랜지스터 수준에서 그린 멀티플렉서를 보여 준다. 이것이 인버터에서 적층의 내부 노드가 약한 pMOS 트랜지스터를 통해서 풀업되는 것을 제외하고는 그림 8.47의 CVSL 게이트와 동일하다.

게이트가 스위칭할 때, 한쪽은 nMOS 트랜지스터를 통해서 잘 풀다운되고, 다른 쪽은 풀업된다. CPL은 상호 결합된 pMOS 트랜지스터를 사용하지 않고도 구성할 수 있다. 그러나 출력은 단지 $V_{DD}-V_t$까지만 상승한다. 이것은 출력 인버터가 약하게 ON될 것이기 때문에 정적 전력 소모의 대가를 치른다. 상호 결합된 약한 디바이스들을 추가하면 하강 출력을 약간 느리게 하는 반면에 상승 출력

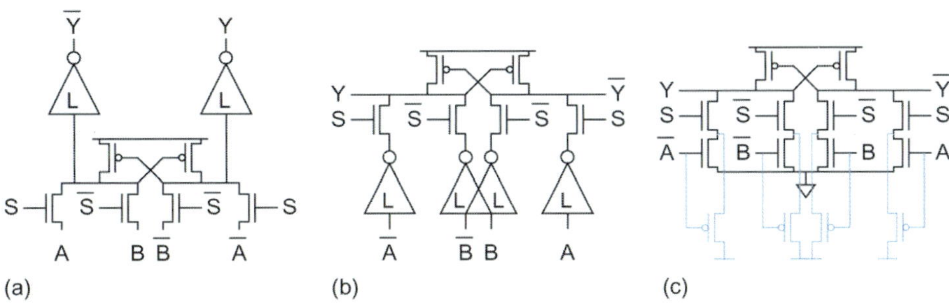

그림 8.53 CPL의 대체 표현

이 전원 레일에 도달하는 것을 돕는다. 이 출력 인버터들은 느리게 상승하는 출력에 대한 민감도를 줄이기 위해서 LO-비대칭으로 만들 수 있다.

8.2.5.3 통과 트랜지스터를 사용한 간결한 통합 CPL과 같이, LEAP[6][Yano96]는 그림 8.47과 같이 고속 nMOS 트랜지스터만을 사용해서 논리 네트워크를 구성한다. 이것은 단일 단자 논리 집단으로서 상보형 네트워크가 필요 없고, 따라서 면적과 전력을 줄일 수 있다. 출력은 인버터와 함께 버퍼링되는데, 인버터는 nMOS 트랜지스터의 비대칭 응답을 잘 받아들이기 위해서 LO-비대칭으로 만들 수 있다. 이 nMOS 네트워크는 $V_{DD}-V_t$까지만 풀업이 가능하기 때문에, 출력 인버터에서 전력 소모를 피하면서 내부 노드를 완전 하이로 풀업시키기 위해서 pMOS 피드백 트랜지스터가 필요하다. 이 pMOS의 폭은 하강 변화와 경쟁하고 상승 변화의 마지막 부분을 지지하는 타협점에서 결정된다. 이것은 일반적으로 매우 약하게 구성되어야 하고, 지나치게 강해지면 회로는 오동작하게 된다. LEAP는 의사 nMOS의 많은 장점을 가지면서 전력 소모 없이 넓은 1:N 멀티플렉서를 구성하는 좋은 방법이다. 이것은 셀들이 소형이기 때문에 초기에는 통과 트랜지스터 논리 생성에 사용할 목적으로 제안되었다.

대부분의 회로군들이 $V_{DD} \geq \max(V_{tn}, |V_{tp}|)$까지 동작하는 것과는 달리, LEAP는 $V_{DD} \geq 2V_t$까지만 동작하는데, 그 이유는 이 인버터가 문턱 전압만큼만 변화한 입력을 받아도 상태가 바뀌기 때문이다.

8.2.5.4 기타 통과 트랜지스터 집단 문헌에 여러 종류의 통과 트랜지스터 집단이 발표되었다. 그들 중에는 **차분 통과 트랜지스터 논리**(DPTL: differential pass transistor logic)[Pasternak87, Pasternk91], **이중 통과 트랜지스터 논리**(DPL: double pass transistor logic)[Suzuki93], **에너지 절약형 통과 트랜지스터 논리**(EEPL: energy economized pass transistor logic)[Song96], **푸시풀 통과 트랜지스터 논리**(PPL: push-pull pass transistor logic)[Paik96], **스윙 복원 통과 트랜지스터 논리**(SRPL: swing-restored pass transistor logic)[Parameswar96], 그리고 **차분 캐스코드 전압 스위치 통과 게이트 논리**(DCVSPG: differential cascode voltage switch with pass gate logic)[Lai97] 등이 있다. 이상의 모든 집단은 단일 레일 CMOSTG와 LEAP와는 다르게, CPL과 같이 이중 레일 구조를 갖는다.

DPL은 알고 있는 '0' 혹은 '1' 중의 하나만 통과시키는 단일 통과 트랜지스터를 사용하기 위해서 최적화된 CMOSTG의 이중 레일 형태이다. 이것은 레벨 복원 디바이스 없이도 우수한 하이와 로우의 논리 수준을 통과시킨다. 그러나 pMOS 트랜지스터가 면적과 커패시턴스를 현저하게 증가시키는 반면에 지연의 개선에는 큰 도움을 못 주기 때문에 크고, 상대적으로 느린 게이트를 만드는 결과를 초래한다.

다른 이중 레일 집단들은 변형된 CPL로 간주할 수 있다. EEPL은 V_{DD} 대신 반대편으로부터 상

[6] LEAP의 형태는 **단일 단자 스윙 복원 통과 트랜지스터 논리**(single ended swing restoring pass transistor logic)라는 이름으로 새로워졌다[Pihl98].

호 결합된 레벨 복원 트랜지스터를 구동한다. 발명자는 이것이 CPL보다 지연이 적고, 전력 소모도 적다고 주장하지만, 그 개선점이 확인되지는 않았다[Zimmermann97]. SRPL은 상호 결합된 pMOS 풀업을 사용하는 대신 인버터들을 상호 결합한다. 이것은 비율 문제를 발생시키는데, 이것은 통과 트랜지스터가 풀업되려고 할 때 인버터 내부의 nMOS 트랜지스터가 풀업을 극복할 수 있을 만큼 충분히 약하게 만들어져야 한다는 것이다. 이 문제는 결과적으로 작은 인버터를 요구하게 되는데, 이렇게 되면 버퍼링 능력이 저하된다. DCVSPG는 CPL로부터 출력 인버터를 없앤다. 이렇게 버퍼가 없어지면, DCVSPG 게이트의 출력은 다른 DCVSPG 게이트의 확산 단자에 들어가는 입력을 나쁘게 만드는데, 그 이유는 복원되지 않는 긴 nMOS 트랜지스터 사슬이 형성되어서 지연과 잡음 문제를 발생시키기 때문이다. PPL 역시 버퍼링되지 않은 출력을 갖기 때문에 지연과 잡음 문제로부터 자유롭지 못하다. DPTL은 상호 결합된 pMOS 트랜지스터와 CPL의 LO-비대칭 인버터의 대안으로서 출력 버퍼를 일반화한 것이다. 모든 대체 방법들은 CPL보다 크고 느리다.

8.3 회로 상의 오류

회로 설계자는 잡음의 영향을 덜 받는 단순한 회로를 선호한다. 복잡한 회로, 특히 많은 트랜지스터를 갖는 회로인 경우 더 큰 면적과 커패시턴스를 갖게 되고, 결과적으로 오류를 발생시킬 요인이 증가한다. 정적 CMOS는 잡음에 가장 강한 회로군이기 때문에, 가능하기만 하면 이것을 사용하는 것이 바람직하다. 이 절에서는 칩의 오동작을 유발할 수 있는 회로 상의 다양한 함정을 나열해 보기로 한다.

- 문턱 전압 강하
- 비율 오류
- 누설
- 전하 공유
- 전원 잡음
- 결합
- 소수 캐리어 주입
- 게이트 후면 결합
- 확산 입력 잡음 민감도
- 레이스 조건
- 지연 정합
- 준안정성
- 과열점
- 소프트 에러
- 공정 민감도

용량성 결합(capacitive coupling)과 유도성 결합(inductive coupling)은 5.3절에서 논의하였고, 잠

복 경로는 8.2.4.6절에서 논의한 바 있다. 회로 설계에 영향을 주는 소프트 에러와 같은 신뢰성 문제는 6.3절에서 소개하였다. 레이스 조건 등과 같은 타이밍 관련 문제, 지연 정합, 그리고 준안정성 등은 9.2.3절과 9.5.1절에서 논의할 예정이다. 나머지 함정들은 이 절에서 다루기로 한다.

8.3.1 문턱 전압 강하

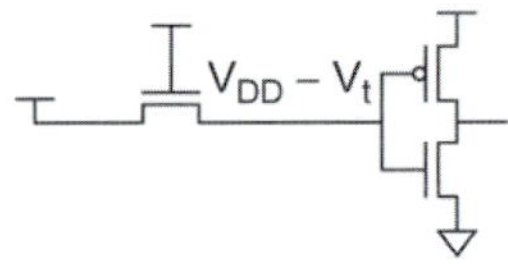

그림 8.54 문턱 전압 강하를 발생시키는 통과 트랜지스터

통과 트랜지스터는 한 방향으로 풀업(혹은 풀다운)시키는 능력이 우수한 반면, 다른 방향으로는 전원 레일에서 V_t만큼 강하된 영역에서만 스윙이 일어난다. 이것을 **문턱 전압 강하**(threshold drop)라 부른다. 예를 들어 그림 8.54는 논리 '1'을 인버터에 전달하는 통과 트랜지스터를 나타낸다. 이 통과 트랜지스터의 출력은 $V_{DD}-V_t$까지만 상승할 수 있다. 더욱 큰 문제는, 이 통과 트랜지스터에서 $V_{sb}>0$이기 때문에 바디 효과가 문턱 전압을 증가시킨다는 것이다. 이와 같이 저하된 출력은 인버터의 pMOS 트랜지스터를 완전하게 단절시키지 못하고, 결과적으로 정적 전력 소모가 발생한다. 실제로 V_{DD}가 낮은 경우에 출력의 강하는 인버터가 더 이상 유효한 입력 논리 레벨인 V_{IH}를 받을 수 없게 한다. 마지막으로 출력이 $V_{DD}-V_t$에 접근하면, 입력의 변화에 거의 반응하지 않게 된다. 문턱 전압 강하는 $V_{DD}\approx 5V_t$인 오래된 공정에서는 극복이 가능했지만, $V_{DD}\approx 3V_t$인 현재의 공정에서는 절대로 용납되지 않는다. 결과적으로 통과 트랜지스터는 반드시 완전한 전달 게이트로 대체되거나, 몇몇 통과 트랜지스터 집단에서와 같이 약한 pMOS 피드백 트랜지스터를 사용해서 출력을 V_{DD}로 끌어올려야 한다.

8.3.2 비율 오류

의사 nMOS 회로는 강한 nMOS 트랜지스터와 약한 pMOS 트랜지스터에 의해서 한 노드가 동시에 풀업되고 풀다운될 때 발생하는 비례 제약을 보인다. 약한 트랜지스터는 출력 레벨이 다음 스테이지의 V_{IL}보다 잡음 여유도만큼 낮도록 강하할 수 있게 충분히 작아야 한다. 이상적으로 출력은 다음 스테이지가 정적 전력 소모를 발생시키지 않도록 V_t 이하로 강하되어야 한다. 비례 회로는 SF와 FS 코너에서 확인되어야 한다.

비례 회로의 다른 예는 피드백 회로에서 찾아볼 수 있다. 예를 들어 동적 키퍼, SRPL과 LEAP의 레벨 복원 디바이스, 그리고 정적 래치에 있는 피드백 인버터 등은 모두 정확한 비율을 가진 약한 피드백 트랜지스터를 갖는다.

이와 같은 비율은 확산 입력의 경우에 특히 민감하다. 예를 들어 그림 8.55(a)는 약한 피드백 인버터를 갖는 정적 래치를 보여 준다. 이 피드백 인버터는 그림 8.55(b)와 같이 직렬로 연결된 통과 트랜

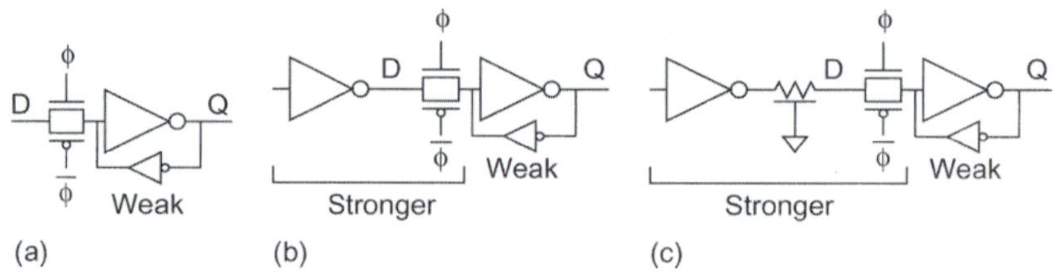

그림 8.55 확산 입력을 갖는 정적 래치의 비율 제약

지스터와 D 입력을 구동하는 게이트에 의해서 극복될 수 있을 만큼 약하게 만들어져야 한다. 이것은 래치만을 확인해서는 증명할 수 없고, 래치와 드라이버를 전체적으로 점검해야 한다. 더욱 큰 문제는, 구동기가 멀리 떨어져 있을 때, 그림 8.55(c)와 같이 직렬 배선 저항까지 고려되어야 한다는 점이다.

8.3.3 누설

누설 전류는 특히 동적 노드와 광폭 NOR 구조에서 면적이 줄어들게 되면서 중요성이 커지고 있다. 누설이 하위 문턱 전도, 게이트 터널링(gate tunneling), 그리고 역바이어스 다이오드 누설 등에 의해서 발생한다. 하위 문턱 전도는 현재 V_t가 점점 낮아지기 때문에 가장 중요한 요소이지만, 산화막의 두께가 더욱 얇아지면, 게이트 터널링 역시 중요한 문제가 될 것이다. 정적 전력 소모를 유발하는 것 이외에도 누설은 동적 혹은 약하게 구동되는 노드에서 부정확한 출력을 야기한다. 누설이 동적 노드를 ΔV만큼 왜곡시키기 위한 시간은 다음과 같이 결정된다.

$$t = \frac{C_{\text{node}}\Delta V}{I_{\text{leak}}} \tag{8.6}$$

하위 문턱 전압 누설은 명목상 단절되어 있는 트랜지스터를 통해서 동적 노드를 서서히 방전시킨다. 완전 동적 게이트와 키퍼가 없는 래치는 현재 대부분의 공정에서 제조가 불가능하다. DRAM 리프레시(refresh) 시간 역시 누설에 의해서 결정되고, DRAM 공정들은 만족할 만한 보존 시간을 보장하기 위해서 누설을 최소화해야 한다.

키퍼가 사용될 경우에도, 충분히 넓게 만들어져야 한다. 이것은 단절되어 있는 것으로 생각되는 트랜지스터를 통해서 누설이 발생하는 동안 키퍼가 완전하게 ON되어 있어야 하기 때문에 언뜻 사소한 것으로 보인다. 그러나 광폭 동적 NOR 구조에서는 다수의 병렬 nMOS 트랜지스터들이 동시에 누설을 발생시킬 수 있다. 비슷한 문제가 광폭 의사 nMOS NOR 게이트와 PLA에서도 발생한다. 예를 들어 과거 선마이크로시스템스의 UltraSparc V는 과도한 누설 때문에 번인에 어려움이 있었다.

하위 문턱 전압 누설은 단일 트랜지스터보다는 직렬로 연결된 두 개의 단절된 트랜지스터에서 급격하게 감소한다. 그 이유는 바깥쪽 트랜지스터가 더 낮은 드레인 전압을 갖고, DIBL로부터 훨씬 작은 영향을 받기 때문이다. 다중 문턱 전압도 임계 경로에서 우수한 성능을 얻고 다른 경로에서 낮은 누설을 갖기 위해서 사용되는 방법이다.

8.3.4 전하 공유

전하 공유는 8.2.4.4절에서 동적 게이트와 함께 소개되었다. 전하 공유는 동적 게이트가 통과 트랜지스터를 구동할 때 발생할 수 있다. 예를 들어 그림 8.56은 전달 게이트를 구동하는 동적 인버터를 보여 준다. 이 동적 게이트가 선충전되어 있고 출력이 하이로 떠 있다고 생각하자. 또한 이 전달 게이트는 OFF되어 있고, Y=0이라 가정한다. 이때 전달 게이트가 ON되면, 전하는 X와 Y 사이에서 분배되고, 동적 출력을 왜곡시키게 된다.

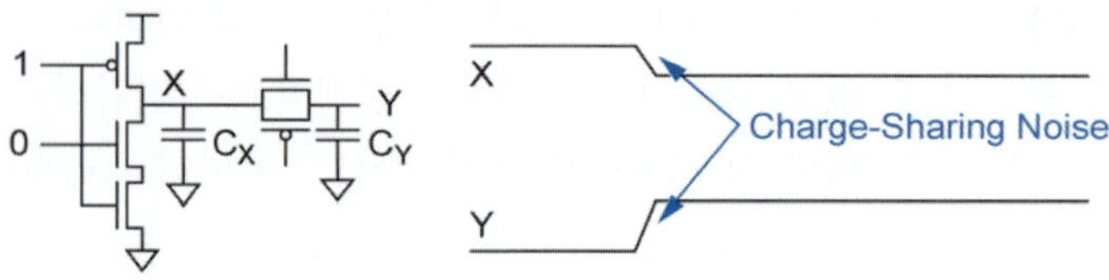

그림 8.56 통과 트랜지스터를 구동하는 동적 게이트의 전하 공유

8.3.5 공급 전원 잡음

대형 칩에서 V_{DD}와 접지는 일정하지 않다. 이 둘은 IR 전압 강하와 di/dt 잡음에 의한 **공급 전원 잡음**(power supply noise)에 민감하다. IR 강하는 그림 8.57과 같이 전원 핀과 전류 I를 유도하는 블록 사이에서 전원 격자의 저항 R에서 발생한다. di/dt 잡음은 전류가 급격하게 변화할 때 전원 인덕턴스 L에서 발생한다. di/dt 잡음은 몇 사이클 동안 동작이 없다가 스위칭을 시작하는 블록에서 특히 중요하다. 공급 전원 잡음은 성능을 저하시키고, 잡음 여유도를 저하시킨다. 일반적인 목표는 공급 전원 잡음이 V_{DD}의 5~10% 정도로 유지되는 것이다. 공급 전원 잡음은 잡음 여유도 문제와 지연 변동을 야기한다. 잡음 여유도 문제는 민감한 회로들을 서로 가깝게 배치한 후, 저항이 낮은 전원 배선을 공유하게 해서 해결할 수 있다.

공급 전원 잡음은 12.3절에서 논의할 예정인데, 칩 전력 격자, 우회 커패시턴스, 패키징 등의 시뮬레이션으로부터 추정할 수 있다. 그림 6.2는 칩 영역 상에서의 공급 전원 잡음 지도를 보여 주었다.

8.3.6 과열점

온도가 상승하면 트랜지스터의 성능이 저하되기 때문에, 과도하게 가열되는 **과열점**(hot spot)이 발생하지 않도록 주의가 필요하다. 이 현상은 전체적인 전력이 어느 정도 범위 내에서 조절되더라도, 위치에 따른 전력 소모의 불균형이 원인이 된다. 균일하지 않은 온도 분포는 칩에 있는 게이트 사이의 지연이 서로 다르도록 만든다. 칩 전체의 온도 분포는 전기열역학(electrothermal) 시뮬레이션을 통해서 얻을 수 있다[Petegem94, Chen00]. 이 시뮬레이션은 평면배치와 초기 전력 추정이 가능할 때 시작할 수 있다. 그림 6.3은 Itanium 2 프로세서의 온도 분포 시뮬레이션 결과를 나타낸다. 중앙에 있는 뜨거운 핵심부에서 차가운 레벨에 이르는 온도 경사도가 주변을 따라 존재하고 있다. 특히 독립적으로 발생하는 과열점으로서는 6.3.3.2절에서 소개된 스스로 발열하는 저항성 배선이 있다.

GND at Driver
R_{grid}
I_{grid}
GND at Receiver

그림 8.57 공급 전원의 IR 강하

8.3.7 소수 캐리어 주입

어떤 신호를 잠시 용량성 결합이나 입출력 구동기의 유도성 링을 통해서 전원 레일 바깥쪽으로 구동할 수 있다. 이 경우, 드레인과 바디 사이의 접합은 순바이어스되어서, 기판으로 전류가 흐르도록 만든다. 이 효과를 소수 캐리어 주입(minority carrier injection)[Chandrakasan01]이라 한다. 예를 들어 그림 8.58에서 nMOS 트랜지스터의 드레인이 GND보다 낮은 전압으로 구동되어서, 전자들을 p형 기판으로 주입한다. 이 전자들은 그림 8.58(a)와 같이 가까이 존재하는 트랜지스터의 확산 노드에서 모이고, 이 노드의 높은 전압을 왜곡시킨다. 이 문제는 동적 노드와 민감한 아날로그 회로에서 특히 심각하다.

소수 캐리어 주입 문제는 캐리어 제공자를 민감한 노드에서 멀리 떨어지게 해서 극복할 수 있다. 특히 입출력 패드는 민감한 노드 근처에 위치해서는 안 된다. 잡음 도구들은 잠재적인 결합 문제들을 찾아낼 수 있기 때문에 이와 같은 결합 문제를 줄이기 위해서 레이아웃을 변경할 수 있다. 다른 방법으로, 민감한 노드를 임시 기판이나 웰 접촉을 사용해서 보호할 수 있다. 예를 들어 그림 8.58(b)에서 주입된 대부분의 전자들은 동적 노드에 도달하기 전에 기판 접촉에 모이게 된다. 입출력 패드에서, 출력 트랜지스터 주변에 기판이나 웰 접촉의 **보호 링**(guard ring)을 만드는 것이 일반적인 방법이다(그림 6.13 참조).

8.3.8 게이트 후면 결합

다중 입력 정적 CMOS 게이트를 구동하는 동적 게이트들은 그림 8.59에 나와 있는 **게이트 후면 결합**(back-gate coupling) 효과에 영향을 받는다[Chandrakasan01]. 이 예에서 동적 NAND 게이트는 하나

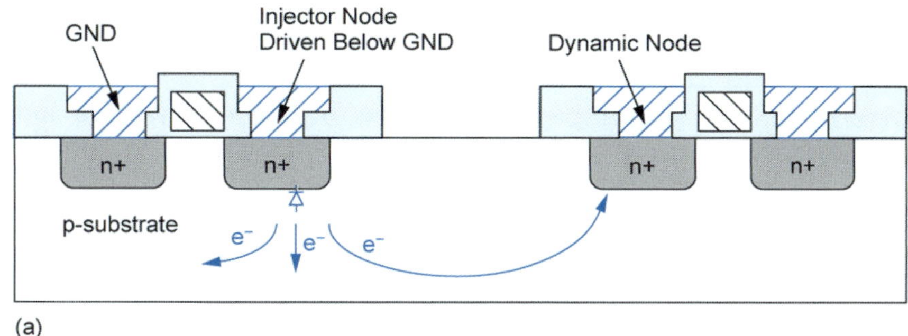

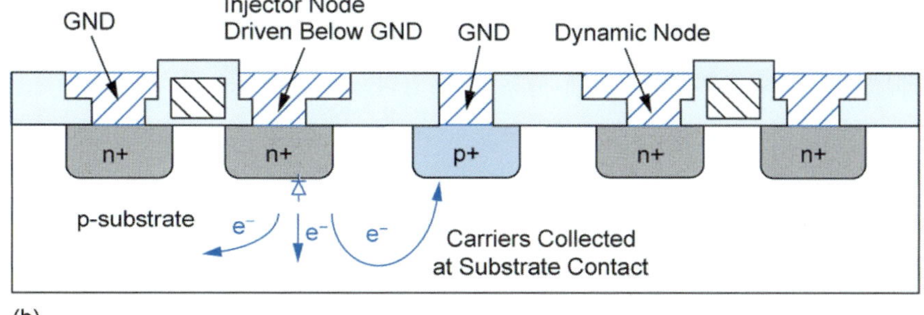

그림 8.58 소수 캐리어 주입과 축적

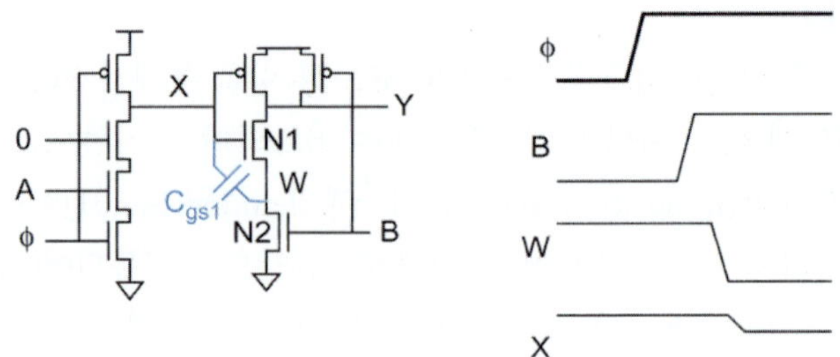

그림 8.59 게이트 후면 결합

의 정적 NAND 게이트를 구동한다. $N1$의 게이트-소스 커패시턴스 C_{gs1}이 표시되어 있다. 이 동적 게이트가 평가(evaluation) 상태에 있고 출력 X가 하이로 떠 있다고 가정하자. 이 정적 NAND 게이트의 다른 입력 B는 초기에 로우로 결정되어 있다. 따라서 이 NAND의 출력 Y는 하이이고, 내부 노드 W는 $V_{DD}-V_t$까지 충전된다. 어떤 순간에 B가 상승하면, 트랜지스터 $N2$를 통해서 Y와 W가 방전된다. 트랜지스터 $N1$의 소스는 하강한다. 이렇게 되면 C_{gs1}에 의해서 동적 노드 X가 약해지는 결과를 초래한다. 전하 공유가 발생했을 때와 같이, 약해지는 정도는 C_{gs1}과 노드 X의 전체 커패시턴스의 비율에 따라서 결정된다.

게이트 후면 결합은 입력을 전원 레일에 보다 가깝게 이동시킴으로써 해결할 수 있다. 예를 들어 X가 $N1$ 대신 $N2$를 구동한다면, 이 문제는 없어질 것이다. 이와는 반대로, 게이트 후면 결합 잡음은 동적 잡음을 제거하기 위해서 반드시 고려되어야 한다.

8.3.9 확산 입력 잡음 민감도

그림 8.55(a)에서 노출된 확산 입력을 갖는 정적 래치를 보여 주었다. 이와 같은 입력은 특히 잡음에 민감하다. 예를 들어 그림 8.60과 같이 공급 전원 잡음과 결합 잡음이 입력 전압을 전달 게이트에서 보았을 때 GND로부터 상대적으로 V_t만큼 낮게 구동한다고 생각하자. 그러면 nMOS 트랜지스터에서 V_{gs}는 V_t를 초과하게 되고, 따라서 전달 게이트는 ON된다. 이 래치가 '1'을 포함하고 있으면, 결과적으로 부정확하게 '0'으로 방전될 것이다. 비슷한 효과가 V_{DD} 위에서도 발생한다.

이런 이유로, 8.3.2절에서 논의했던 비율 문제와 함께 표준 셀 래치가 노출된 확산 노드 대신 버퍼링된 입력과 함께 사용된다. 확산 입력은 노출시키면 래치의 속도가 향상되고, 이것은 입력이 정확하게 제어되고 검증되는 데이터 경로에 사용될 수 있다.

그림 8.60 래치의 확산 입력에 발생하는 잡음

8.3.10 공정 민감도

한계 회로(marginal circuit)는 명목상의 공정 조건에서는 정상적으로 동작하지만, 특정한 공정 한계에서 혹은 이 회로가 다른 공정으로 이동했을 때는 동작이 보장되지 않는다. 새로운 회로들은 모든 공정의 한계에서 시뮬레이션되어야 하고, 모든 공정 민감도에 대해서 주의 깊게 검토되어야 한다. 이들은 통전 실험에 사용되는 높은 전압과 온도, 그리고 저전력 버전에 사용되는 저전압을 포함하는 모든 전압과 온도에서 검증되어야 한다.

설계가 비용 절감을 위해서 다른 공정으로 이전될 여지가 있다면, 회로들은 이것을 수용할 수 있도록 설계되어야 한다. 누설이 증가하고, 문턱 전압 강하가 전원 전압과 비교할 때 무시할 수 없을 정도로 증가하고, 배선의 지연이 사이클의 많은 부분을 차지할 정도가 되고, 배선의 종횡비가 증가함에 따라서 결합이 악화되는 것 등은 예측이 가능하다. 예를 들어 펜티엄 4 프로세서가 본래 180 nm 공정에서 제조되었다. 이때 설계자들은 트랜지스터의 크기가 나중에 축소될 경우 최적의 중계기(repeater) 간격이 작아지리라는 것을 알았기 때문에 당시의 공정에서 최적인 간격보다 가깝게 중계기들을 배치하였다[Kumar01].

8.3.11 사례: 도미노 잡음 경비

도미노 논리는 많은 고성능 마이크로프로세서들에서 중요하지만, 잡음에 민감하기 때문에 조심스러운 검증이 필요하다. 정적 CMOS 게이트에서 잡음은 지연을 증가시키지만, 도미노 논리에서의 잡음은 부정확한 결과를 초래한다. 이 절에서는 도미노 게이트에 영향을 주는 다양한 잡음의 원인을 검토하고, 이를 제거하기 위해서 필요한 노력들의 사례를 정리하기로 한다.

동적 출력들은 하이로 떠 있거나, 약한 키퍼에 의해서 유지되고 있을 때 특히 잡음에 민감하다. 동적 입력들은 낮은 잡음 여유도(대략 V_t 정도)를 갖는다. 잡음에 관련된 문제들을 정리하면 다음과 같다[Chandrakasan01].

- **전하 누설**(charge leakage): 동적 노드에서 하위 문턱 전압 누설은 현재 가장 중요한 문제이지만, 앞으로는 게이트 누설도 중요한 문제가 될 것이다. 하위 문턱 전압 누설은 광폭 NOR 구조가 고온에서(특히 통전 시험 과정에서) 동작할 때 가장 치명적이다. 키퍼들은 누설을 보상할 수 있도록 적절한 크기를 가져야 한다.
- **전하 공유**(charge sharing): 전하 공유는 동적 출력 노드와 동적 게이트 내부의 노드 사이에서 발생한다. 전하 공유가 과도할 경우 2차 선충전 트랜지스터들이 추가되어야 한다. 전달 게이트가 ON되었을 때 전하 공유가 발생할 수 있기 때문에 동적 노드들을 직접 전달 게이트로 구동해서는 안 된다.
- **용량성 결합**(capacitive coupling): 용량성 결합은 입력과 출력 모두에서 발생할 수 있다. 동적 게이트의 입력은 가장 낮은 잡음 여유도를 갖지만, 결합 잡음에 대항하는 정적 게이트에 의해서 능동적으로 구동된다. 이 동적 출력들은 더 높은 잡음 내성을 갖지만, 약하게 구동되는 단점이 있다. 결합은 배선을 짧게 하고 주변 배선들과의 간격을 크게 함으로써 최소화된다. 배선들

이 높은 종횡비를 갖기 때문에 250 nm 이하의 공정에서 결합은 극도로 악화된다.

- **게이트 후면 결합**(back-gate coupling): 다중 입력 CMOS 게이트에 연결된 동적 게이트들은 가능하면 바깥쪽의 출력을 구동해야 한다. 이것은 동적 게이트가 인버터를 구동하는 요소가 아니다.
- **소수 캐리어 주입**(minority carrier injection): 동적 노드들은 소수 캐리어를 주입할 수 있는 노드들로부터 보호되어야 한다. 이들은 입출력 회로와 전원 레일 멀리서 결합될 수 있는 노드들을 포함한다. 동적 노드들을 잠재적 주입으로부터 보호하기 위해서 기판/웰 접촉과 보호 링들을 추가할 수 있다.
- **공급 전원 잡음**(power supply noise): 정적 게이트들은 공급 전원 잡음을 최소화하기 위해서 그들이 구동하는 동적 게이트와 가깝게 배치되어야 한다.
- **소프트 에러**(soft error): 알파 입자(alpha particle)와 우주 광선(cosmic ray)이 동적 노드를 교란할 수 있다. 이와 같은 오류의 확률은 대형 노드 커패시턴스와 강한 키퍼에 의해서 감소시킬 수 있다.
- **잡음 피드스루**(noise feedthrough): 이전 스테이지의 입력을 잡음 여유도의 경계로 밀어내는 잡음은 그림 2.30과 같이 출력의 왜곡을 야기한다.
- **공정 코너 효과**(process corner effect): 잡음 여유도는 특정한 공정 코너에서 저하된다. 동적 게이트들은 nMOS 트랜지스터가 낮은 문턱 전압을 갖고 pMOS 키퍼가 약한 FS 코너에서 최소의 잡음 여유도를 갖는다. HI-비대칭 정적 게이트들은 게이트가 최대로 비대칭이 된 SF 코너에서 잡음 여유도가 최소가 된다.

도미노 게이트에서 잡음에 약한 동적 출력은 적절한 잡음 여유도를 갖는 정적 게이트를 구동한다. 잡음에 민감한 동적 게이트는 잡음에 강한 정적 게이트에 의해서 강하게 구동된다. NP 도미노 게이트 혹은 클럭 지연된 도미노 게이트에서, 잡음에 약한 동적 출력은 잡음에 민감한 동적 입력을 직접 구동해서, 회로를 대단히 불안하게 만든다.

3.3 V 공정의 잡음 경비를 생각해 보자[Harris01a]. 이 공정에서 HI-비대칭 인버터는 V_{IH}=2.08 V를 갖고, $V_{OH}=V_{DD}$일 때, NM_H가 V_{DD}의 37%가 된다. 소형 키퍼를 갖는 동적 게이트는 V_{IL}=0.63 V를 갖고, NM_L은 V_{DD}의 19%가 된다. 표 8.3은 이와 같은 여유도들을 근본 잡음원에 할당한 것이다. 완전한 설계 방법에서, 서로 다른 게이트들에서 다른 여유도가 사용될 수 있다. 예를 들어 광폭 NOR 구조는 전하 공유 잡음을 갖지 않는 대신, 현저한 누설이 발생할 수 있다. 보다 많은 결합 잡음은 다른 잡

표 8.3 도미노 잡음 경비 사례

Source	Dynamic Output	Dynamic Input
Charge sharing	10	n/a
Coupling	17	7
Supply noise	5	5
Feedthrough noise	5	7
Total	37%	19%

음원들이 작을 때 극복될 수 있다. 잡음 분석 도구는 13.4.2.6절에서 자세히 다룰 것이다.

8.4 절연체 상 실리콘 회로 설계

절연체 상 실리콘(SOI: silicon-on-insulator;) 기술은 십 년 이상 연구 주제가 되어 왔지만, 실제로 상용화를 위해서 주목받기 시작한 것은 1998년에 PowerPC 마이크로프로세서를 위해서 IBM이 채택한 후부터였다[Shahidi02]. SOI는 우수한 성능과 낮은 전력 소모 때문에 관심을 끄는 반면, 높은 제조 원가와 회로 설계를 복잡하게 하는 특수한 트랜지스터를 사용해야 하는 단점이 있다.

SOI와 기존의 대형 CMOS 기술의 기본적인 차이점은 트랜지스터의 소스, 드레인, 그리고 바디가 전도성을 갖는 기판 혹은 웰(**벌크**라 부름) 대신 절연체인 산화막에 의해서 둘러싸여 있다는 점이다. 절연체를 사용함으로써 확산 영역에 존재하는 대부분의 기생 커패시턴스를 제거할 수 있다. 그러나 이것은 바디가 기판 혹은 웰을 통해서 GND 혹은 V_{DD}에 더 이상 연결되지 않는다는 것을 의미한다. 바디 전압에서 발생하는 변화는 V_t를 변화시켜서, 설계 과정에서 장점과 복잡성을 동시에 제공한다.

그림 8.61은 SOI 공정에서 만들어진 인버터의 절단면을 나타낸다. 이 공정은 표준 CMOS 공정과 유사하지만, 박막 단결정 실리콘 레이어 아래에 매장된 박막의 SiO_2 레이어를 포함하는 웨이퍼에서 시작된다. 15.4.1.2절에서는 매장된 이 산화물을 형성하는 몇 가지 방법에 대해 논의할 것이다. 각 트랜지스터를 산화물 절연체로 둘러싸기 위해서 얕은 도랑 형태의 절연체를 사용한다. 그림 8.62는 0.22 μm IBM SOI 공정에서 제작된 6-트랜지스터 정적 RAM 셀의 주사 전자 현미경 영상을 보여 준다.

SOI 디바이스들은 부분 공핍(PD: partially depleted) 혹은 완전 공핍(FD: fully depleted)으로 분류된다. 자유 캐리어가 없는 공핍 영역은 게이트 아래의 바디에서 형성된다. FD SOI에서는 바디가 채널의 공핍 폭보다 얇기 때문에, 바디 전하가 변하지 않고 따라서 바디 전압도 변하지 않는다. PD SOI에서는 바디가 더 두껍고, 바디 전압이 존재하는 전하량에 따라서 변한다. 이렇게 변하는 바디 전압은 바디 효과를 통해서 V_t를 변하게 한다. FD SOI는 얇은 바디 때문에 제조하기가 어렵고, 따라서 PD SOI가 가장 장래성 있는 기술이라 생각된다.

이 절에서는 nMOS 트랜지스터만 다루기로 하고, pMOS 트랜지스터는 유사한 동작을 하는 것으

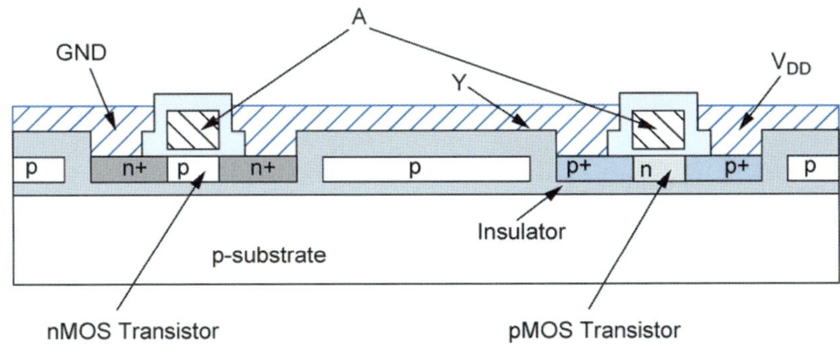

그림 8.61 SOI 인버터 절단면

그림8.62 IBM SOI 공정의 전자 현미경 사진

로 가정한다.

8.4.1 유동 바디 전압

PD SOI를 이해하기 위해서는 바디 전압을 따른다는 사실을 알아야 한다. 바디 전압이 고정되면, 문턱 전압도 따라서 고정될 것이고, 트랜지스터는 확산 커패시턴스가 낮다는 점을 빼고는 기존의 벌크 디바이스와 매우 유사하게 동작할 것이다.

PD SOI에서, 미결정 상태의 바디 전압은 바디가 충전 혹은 방전하는가에 따라서 변한다. 그림 8.63은 이 구조를 통해서 전하가 바디로 들어가거나, 바디로부터 빠져나오는 과정을 보여 준다 [Bernstein00]. 바디 안에서 전하가 서서히 증가하는 두 가지 경로가 있다.

- 역바이어스된 드레인-바디 전압 D_{db}와 소스-바디 전압 D_{sb} 접합은 작은 다이오드 누설 전류를 바디로 운반한다.
- 높은 에너지를 갖는 캐리어들은 충돌 이온화(impact ionization)를 일으켜서 전자-정공 쌍을 만든다. 이 전자들 중 일부는 게이트나 게이트 산화막 속으로 주입된다. [이것은 6.3.2.1절에서 다루었던 발열 전자 마모(hot electron wearout) 구조이다.] 대응되는 정공들은 바디에 축적된다. 이 효과는 V_{DS}가 디바이스의 목표 동작점보다 높을 때 가장 현저하고, 정상 동작 기간에는 상

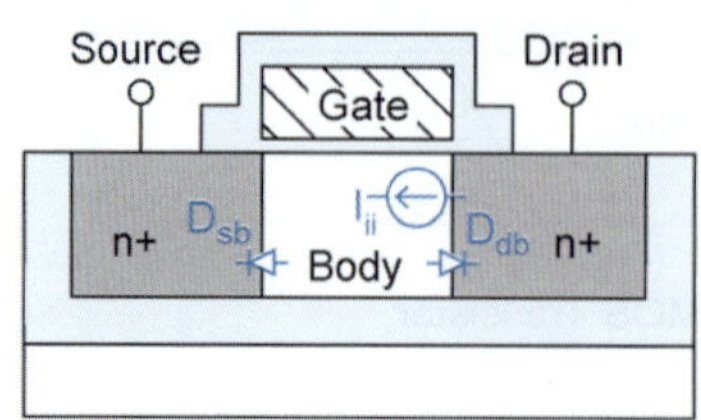

그림 8.63 유동 바디 내외부로의 전하 경로

대적으로 미약하다. 바디로 들어가는 충돌 이온화 전류는 전류원 I_{ii}로 모델링된다.

전하는 다른 두 경로를 통해서 바디로부터 빠져나간다.

- 바디 전압이 증가하면, 소스-바디 접합이 약간 순바이어스된다. 궁극적으로 이 접합에서 빠져나가는 전하는 드레인-바디 접합에서 발생하는 누설 전하와 동일하다.
- 상승하는 게이트나 드레인은 바디를 용량성으로 결합시킨다. 이것은 소스-바디 접합을 강하게 순바이어스되게 만들고, 바디가 전하를 급속하게 쏟아 내게 한다.

요약하면, 디바이스가 충분히 오랫동안(마이크로초 단위) 대기 상태에 있으면, 바디 전압이 평형 상태에 도달한다. 이 디바이스가 스위칭을 시작하면, 전하가 바디로부터 빠져나오게 되고, 바디 전압과 문턱 전압을 현저하게 변화시킨다.

8.4.2 SOI의 장점

SOI의 가장 큰 장점은 확산 커패시턴스를 저하시킨다는 것이다. 소스와 드레인은 채널과 대면하지 않고 바닥과 측벽에서 산화막과 접하기 때문에, 기본적으로 이 측면들의 기생 커패시턴스를 제거한다. 이것은 기생 지연을 작게 하고, 동적 전력 소모를 감소시키는 결과를 초래한다.

보다 교묘한 장점은 낮은 문턱 전압에 대한 가능성이다. 벌크 공정에서, 문턱 전압은 채널 길이에 따라 변한다. 이 문턱 전압은 최악의 경우 하위 문턱 전압을 제한하기 위해서 충분히 높아야 하기 때문에, 명목상의 문턱 전압은 반드시 이보다 높아야 한다. SOI 공정들에서, 문턱 전압의 변화는 작아지는 경향이 있다. 따라서 명목상의 V_t가 최악의 경우와 보다 가까워질 수 있다. 낮은 명목상의 V_t는 특히 낮은 V_{DD}에서 출력 변화를 빠르게 하는 결과를 초래한다.

식 (2.44)에 의하면, CMOS 디바이스는 대략 $nv_T \ln 10$ 정도의 하위 문턱 기울기(subthreshold slope)를 갖는데, 여기에서 $v_T = kT/q$는 상온에서 26 mV의 값을 갖는 열 전압을 나타내고, n은 공정에 의해서 결정된다. 벌크 CMOS 공정들은 통상적으로 하위 문턱 기울기 90 mV/decade에 대해서 $n \approx 1.5$를 갖는다. 다시 말해서, V_{gs}가 V_t 아래로 90 mV 감소할 때마다, 하위 문턱 전압 누설 전류가 10배씩 감소한다. SOI가 $n=1$을 갖고, 이상적인 하위 문턱 기울기가 단지 60 mV/decade라는 것은 잘못된 주장이다. IBM은 실제 SOI 디바이스의 하위 문턱 기울기가 75~85 mV/decade라는 것을 확인하였다. 이것은 벌크보다 우수하지만, 과장된 주장만큼 좋지는 않다. 15.4.4절에서 논의할 FinFET는 낮은 하위 문턱 기울기를 제공하는 SOI 트랜지스터의 변형이라 볼 수 있는데, 그 이유는 게이트가 채널을 보다 많은 측면에서 둘러싸고 있고, 결과적으로 트랜지스터를 보다 급속하게 OFF시킬 수 있기 때문이다.

마지막으로 SOI는 절연 산화막이 래치업을 유발하는 기생 바이폴라 디바이스를 제거하기 때문에 래치업으로부터 자유롭다.

8.4.3 SOI의 단점

PD SOI는 **내력 효과**(history effect)를 피할 수 없다. 바디 전압의 변화는 문턱 전압을 변화시키고, 따라서 게이트 지연의 변화를 초래한다. 바디 전압은 디바이스가 대기 혹은 스위칭 상태였는지에 따라서 변하기 때문에, 게이트 지연은 과거 스위칭 내력의 함수가 된다. 전반적으로, 상승된 바디 전압은 문턱 전압을 감소시키고, 게이트를 보다 빠르게 만들지만, 불확실성이 회로 설계를 보다 어렵게 만든다. 내력 효과는 다른 전달 지연(propagation delay)과 오염 지연(contamination delay)을 할당함으로써 단순화된 방법으로 모델링할 수 있다. IBM은 내력 효과가 게이트 지연을 8% 정도 변화시킨다는 사실을 확인했는데, 이것은 제조 과정과 환경 변화의 복합된 효과와 비교할 때 매우 소규모의 변화이다[Shahidi02].

불행하게도 내력 효과는 명목상으로 동일한 트랜지스터들 사이에 현저한 부정합(mismatch)을 초래한다. 예를 들어 만약 센스 증폭기가 되풀이해서 특정 입력 값을 읽어 들인다면, 차분 쌍의 문턱 전압들이 서로 다를 것이고, 이것이 센스 증폭기에서 오프셋을 발생시킨다. 이 문제는 민감한 아날로그 회로를 위해서 바디를 접지나 소스에 연결하기 위한 접촉을 추가해서 해결할 수 있다.

다른 PD SOI 문제는 각 트랜지스터 내부에 기생 바이폴라 트랜지스터가 존재한다는 것이다. 그림 8.64와 같이 소스, 바디, 그리고 드레인이 npn 바이폴라 트랜지스터의 이미터, 베이스, 컬렉터를 형성한다. 보통 트랜지스터에서 바디는 공급 전원에 연결되지만, SOI에서는 바디/베이스가 떠 있게 된다. 게이트가 로우일 때 소스와 드레인이 모두 충분한 기간 동안 하이로 유지되면, 베이스 역시 다이오드 누설에 의해서 떠 있게 될 것이다. 소스가 로우로 풀다운되면, 이 npn 트랜지스터는 ON될 것이다. 전류 I_B가 바디/베이스에서 소스/이미터로 흐르게 되면, βI_B가 드레인/컬렉터에서 소스/이미터로 흐르게 된다. 바이폴라 트랜지스터 이득 β는 채널 길이와 도핑 수준에 의해서 결정되지만 1을 넘을 수는 없다. 따라서 트랜지스터가 OFF되어야 함에도 불구하고 소스가 로우로 풀다운될 때, 현저한 전류 펄스(pulse of current)가 드레인에서 소스로 흐를 수 있다.

이 전류 펄스는 종종 **통과 게이트 누설**(pass-gate leakage)이라 불리는데, 그 이유는 소스와 드레인이 초기에 하이였다가 로우로 풀다운될 때 전류 펄스가 통과 트랜지스터를 OFF시키기 때문이다. 이것은 ON 트랜지스터가 글리치에 대항하기 때문에 정적 회로에서는 큰 문제가 되지 않는다. 그러나 동적 래치나 논리에서는 오동작을 발생시킨다. 따라서 동적 노드들은 강한 키퍼를 사용해야 한다.

모든 SOI 회로들의 세 번째 공통적인 문제점은 자기 발열(self-heating)이다. 산화막은 우수한 전기적 절연체인 동시에 열을 차단하는 부도체이다. 따라서 스위칭 트랜지스터에서 발생되는 열은 기판으로 발산되기보다는 트랜지스터 내부에 축적되는 경향을 갖는다. 개별적으로 많은 전력을 소모하는 트랜지스터들은 다이보다 훨씬 많이 가열된다. 보다 높은 온도에서 이들은 적은 전류를 전달하고, 결과적으로 느려진다. 자기 발열은 논리 트랜지스터에서는 매우 작지만, 클럭 버퍼와 I/O 트랜지스터에

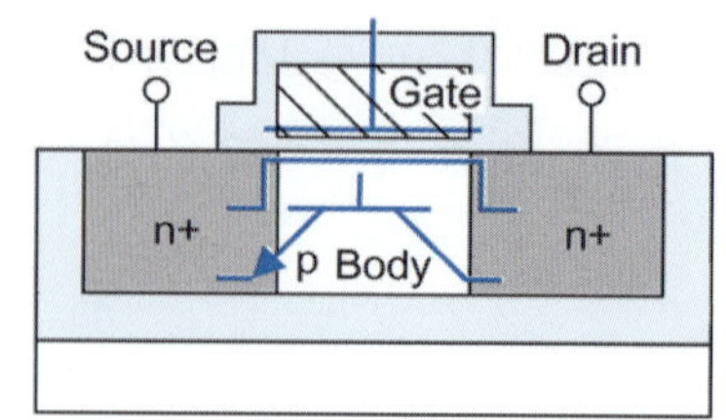

그림 8.64 PD SOI의 기생 바이폴라 트랜지스터

서 온도를 10~15°C 증가시킨다.

8.4.4 회로 유형의 암시

요약하면, SOI는 고속 CMOS 논리를 위해서 매력적이다. 보다 작은 확산 커패시턴스는 낮은 기생 지연을 제공한다. 낮은 문턱 전압은 보다 우수한 구동 전류와 낮은 게이트 지연을 제공한다. 게다가 SOI는 저전력 설계에서도 매력적이다. 작은 확산 커패시턴스는 동적 전력 소모를 감소시킨다. 개선된 속도는 동적 전력을 추가로 감소시키기 위해서 낮은 전원 전압을 사용해야 하는 조건과 상충된다. 보다 가파른 하위 문턱 기울기는 특히 FinFET에서 동적 전력을 감소시킬 수 있는 기회를 제공한다.

PD SOI에 있는 상보형 정적 CMOS 게이트는 개선된 지연만을 제외하고는 그들의 벌크 상대와 매우 유사하게 동작한다. 내력 효과 역시 게이트 지연에서 패턴 의존 편차(pattern-dependent variation)를 발생시킨다.

동적 노드를 갖는 회로는 통과 게이트 누설로부터 발생하는 새로운 잡음원에 대응해야 한다. 특히 동적 래치와 동적 게이트는 동적 노드에서 전하를 손실할 수 있다. 그림 8.65는 통과 게이트 누설 구조를 나타낸다. 각 경우에서, 동적 노드 *X*는 초기에 하이이고, 이 노드에 연결된 트랜지스터는 OFF되어 있다. 이 트랜지스터의 소스는 하이로 시작한 후 로우가 되어서, 기생 바이폴라 트랜지스터를 ON시키고 *X*를 부분적으로 방전시킨다. 통과 게이트 누설을 극복하기 위해서, *X*는 동적 게이트의 래치나 pMOS 키퍼를 위해서 상호 결합된 인버터 쌍을 가지고 정적화되어야 한다. 정적화 트랜지스터(staticizing transistor)는 누설을 극복하기 위해서 상대적으로 강하게 만들어져야 한다(예를 들어 정상 경로의 1/4 정도). 이 게이트들은 강한 키퍼를 극복해야 하기 때문에 동작이 느려진다. 동적 게이트는 통과 게이트 누설을 방지하기 위해서 내부 노드를 선방전시킬 수 있지만, 이 내부 노드들에서 발생하는 전하 공유를 처리해야 한다.

트랜지스터들의 정합에 의존하는 아날로그 회로, 센스 증폭기, 그리고 다른 회로들은 떠 있는 바디의 내력에 기인하는 현저한 문턱 전압 부정합을 겪는다. 이들은 고정된 전압에서 바디를 유지함으로써 부정합을 제거하기 위해서 바디 접촉을 필요로 한다. 게이팅된 클럭 역시 내력 효과가 클럭이 충분한 기간 동안 무력화된 후 첫 활성화 사이클에서 느리게 스위칭되게 만들기 때문에 심하게 어긋나게 된다.

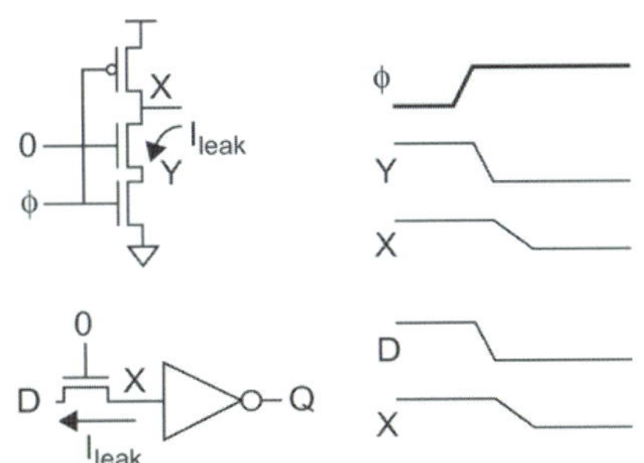

그림 8.65 동적 래치와 게이트의 통과 게이트 누설

8.4.5 요약

요약하면, SOI는 소스/드레인 확산 커패시턴스를 획기적으로 줄여서 보다 고속의, 전력 효율적인 트랜지스터를 만들기 때문에 매력적이다. 이것은 래치업에도 면역성을 갖는다. PD SOI는 가장 현실적인 기술이고, 부유 바디(floating body)가 낮은 문턱 전압을 제공하기 때문에 구동 전류를 증대시킬 수도 있다.

SOI 설계는 부유 바디 효과 때문에 매우 어렵다. 게이트 지연은 바디 전압이 디바이스의 과거 상태에 의존하기 때문에 내력 의존성을 갖게 된다. 이것은 디바이스 모델링과 지연 추정을 복잡하게 만든다. 이것은 디바이스 간의 부정합을 초래하기도 한다. 센스 증폭기와 같은 특수한 응용에서, 완전 공핍 디바이스를 만들기 위해서 바디 접촉이 추가될 수도 있다.

SOI 설계에 있어서 두 번째 어려움은 통과 게이트 누설 때문에 발생한다. 동적 노드들은 OFF 트랜지스터와 연결되었을 때조차도 누설 때문에 방전될 수 있다. 강력한 키퍼는 에러를 방지하기 위해서 누설을 줄인다.

마지막으로 SOI 디바이스를 둘러싸고 있는 산화물은 우수한 단열재이기 때문에 더 큰 자기 발열을 수반한다. 따라서 각 트랜지스터의 동작 온도가 기판의 온도보다 10~15°C 정도 상승할 수 있다. 자기 발열은 ON 전류를 감소시키고, 모델링을 더욱 어렵게 만든다.

이 절에서는 이 교재 전체에서 다룰 가치가 있는 주제를 피상적으로 다루었다. 특히 SOI 정적 RAM은 통과 게이트 누설과 부유 바디 때문에 특별한 관리가 요구된다. [Bernstein00]은 부분 공핍 SOI 회로 설계의 명확한 방법을 제공하였고, [Kuo01]은 SOI 회로 관련 서적들을 조사하여 정리하였다.

8.5 하위 문턱 전압 회로 설계

응용 분야가 늘어남에 따라서, 성능의 향상보다는 배터리 수명의 연장이 중요한 요구 조건이 되고 있다. 예를 들어 심장 박동 조절기는 수술을 통한 배터리의 교환이 극도로 위험하기 때문에, 환자의 수명 기간 동안 지속되는 것이 이상적이다. 다른 응용에서, 시스템이 외부 환경으로부터 충분한 에너지를 수집할 수 있기 때문에 배터리가 필요 없는 경우가 있다. 예를 들어 타이어 압력 센서는 타이어가 회전할 때 발생하는 진동으로부터 에너지를 얻는다. 이러한 응용들은 모두 에너지 소모를 최소화해야 할 필요가 있다.

4.4.1절에서 살펴본 바와 같이, 최소 에너지 지점은 하위 문턱 전압 영역으로 불리는 $V_{DD} < V_t$에서 발생한다. 이 회로의 모든 트랜지스터는 OFF되지만, 일부는 상대적으로 더 완전하게 OFF된다. 식 (2.45)에 따르면, 하위 문턱 전압 누설은 V_{gs}에 따라 지수적으로 증가한다. 하위 문턱 경사를 S=100 mV 라고 가정하면, V_{gs}=0.3인 트랜지스터는 V_{gs}=0인 트랜지스터에 비해서 명목상 1000배 이상의 누설 전류를 갖는다. 이 정도의 차분이면, 비록 느리기는 해도 논리 연산을 수행하기에 충분하다. 게이트와 접합 누설은 V_{DD}에 따라 급격하게 감소하기 때문에, 하위 문턱 전압 누설과 비교할 때 무시해도 좋다.

하위 문턱 전압 영역에서, 공급 전원 전압이 감소하면 지연이 지수적으로 증가한다. 전원 전압을 줄이면 스위칭 에너지가 감소하지만, OFF 트랜지스터의 누설 시간을 연장시켜서 누설 에너지를 증가시킨다. 최소 에너지 지점은 동적 에너지와 누설 에너지 합이 최소가 되는 지점으로서, 보통 300~500 mV에 가깝다. 이 전압에서는 정적 CMOS 논리가 kHz 혹은 낮은 MHz 주파수로 동작하고, 통상적인 전압을 사용하는 경우와 비교해서 10배 이상의 에너지가 절약된다. 주파수가 낮기 때문에 전력 소모는 수십 배 이상 감소한다. 연산당 에너지를 증가시켜서 동작 전압과 주파수를 더욱 낮출 수 있다. 반대로 만약 시스템의 고려가 허용된다면, 평균 전력은 시스템이 최소 에너지점에서 동작할 때 더욱 감소하고, 따라서 다음 연산이 요구될 때까지 전원 공급을 차단할 수 있다.

이 절은 트랜지스터 크기, DC 전달 특성, 그리고 게이트 선택과 같은 요점들을 요약하였다. 11.2.6.3절은 하위 문턱 전압 메모리를 검토한다. [Wang06]은 하위 문턱 전압 회로 설계를 위해서 책 전체를 할애하였고, [Hanson06]은 최소 에너지점에서의 동작 문제를 검토하였다. 하위 문턱 전압 회로의 가장 초기 응용은 손목시계의 주파수 분할기였다[Vittoz72]. 나아가서 [Hanson09]와 [Kwong09]는 능동 영역에서 나노와트, 수면 영역에서 피코와트까지 내려간 전력을 얻기 위한 실험적인 마이크로 제어기를 제안하였다.

8.5.1 크기 결정

트랜지스터의 크기는 기껏해야 선형적 성능 개선을 제공하는 반면, 공급 전원은 지수적 개선을 제공한다. 일반적으로 성능 제약을 만족시키는 최소 에너지는 최소 폭 트랜지스터와 공급 전원을 높여서 얻을 수 있다[Calhoun05].

주입되는 불순물의 변동으로 인한 V_t 변화가 지극히 높다면, 더 넓은 트랜지스터가 이러한 편차와 누설을 줄이는 데 도움이 될 것이다[Kwon06]. 만약 회로 상의 하나의 경로가 다른 경로에 비해서 임계치를 많이 벗어나면, 그 경로에서 트랜지스터를 확장하는 것이 속도를 개선하는 데 전체 회로의 전원 전압을 증가시키는 것보다 낫다.

최소 크기 트랜지스터가 사용되면, 배선은 스위칭 커패시턴스의 주원인이 된다. 배선을 줄이기 위해서, 하위 문턱 셀들의 크기를 최소화해야 한다. 이 셀들의 높이는 플립플롭의 최소 높이가 되어야 하고, 세심한 평면배치와 배선이 근본적으로 중요하다.

8.5.2 게이트 선택

논리 게이트는 동작을 복원하고 잡음 여유도를 유지하기 위해서 DC 전달 특성에서 −1보다 가파른 경사를 가져야 한다. 수십 년 전에는 공급 전원이 100 mV까지 낮아질 때 정적 CMOS 논리가 우수한 전달 특성을 가졌다[Swanson72]. 그림 8.66은 65 nm 공정에서 최소 폭 트랜지스터를 사용해서 전원 전압이 변할 때의 전형적인 전달 특성을 보여 준다. nMOS와 pMOS 문턱 전압이 서로 다르고 게이트의 상승/하강 시간이 비대칭이기 때문에 스위칭 지점이 한쪽으로 치우친다. 그러나 300 mV까지는 특성이 우수하고, 200 mV까지도 견딜 만하다.

불행히도 공정 편차는 스위칭 특성을 저하시킨다. 최악의 경우 코너(보통 SF 혹은 FS)에서, 공급 전원은 복잡한 게이트의 동작을 보장하기 위해서 300 mV 혹은 그 이상이 된다. 다수의 직렬과 병렬 트랜지스터를 갖는 게이트들은 직렬 스택을 통한 ON 전류가 병렬 트랜지스터들의 OFF 전류를 상회하도록 보다 높은 공급 전원을 사용한다. 나아가서 스택 효과는 직렬 트랜지스터들의 ON 전류와 속도를 저하시킨다. 따라서 하위 문턱 전압 회로는 단순한 게이트를 사용해야 한다(예를 들어 AOI22 혹은 NAND3보다 복잡하지 않을 것).

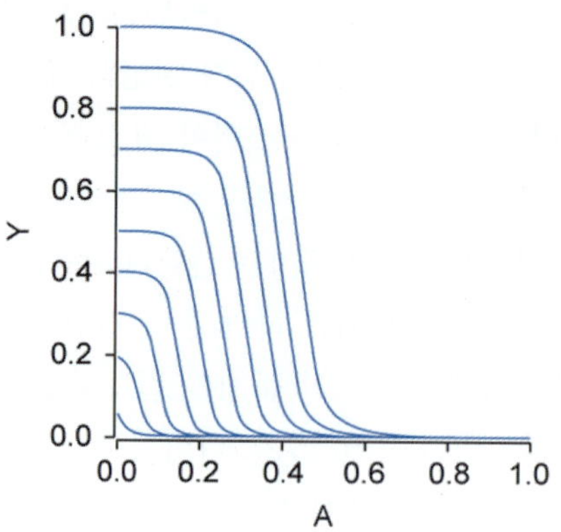

그림 8.66 저전력에서 인버터의 DC 전달 특성

광폭 멀티플렉서와 같이 다수의 병렬 트랜지스터를 갖는 정적 구조는 OFF 트랜지스터의 누설이 편차를 고려할 때 ON 트랜지스터의 전류보다 크기 때문에 낮은 전압에서는 정상적으로 동작하지 않는다. 이것은 하위 문턱 전압 RAM을 설계할 때 고려해야 하는 중요한 요소이다.

비례 회로는 편차에 지수함수적으로 비례하는 민감도가 어떤 트랜지스터가 최적인지 보장하는 것을 어렵게 만들기 때문에 낮은 전원 전압에서 정상적으로 동작하지 않는다. 약한 피드백을 갖는 래치와 레지스터의 사용은 피해야 한다. 그림 9.19(b)의 기존 레지스터는 하위문턱 전압에서 잘 동작한다.

추가적으로 동적 회로들은 누설이 동적 노드를 쉽게 불안정하게 만들기 때문에 하위 문턱 전압 동적에 강건하지 못하다. 키퍼는 공정 편차 문제를 해결하기 어려운 비례 문제를 갖는다.

하위 문턱 전압 회로는 상업적으로 구할 수 있는 저전력 표준 셀 라이브러리에서 지나치게 복잡하거나 최소 가능 크기를 벗어난 셀들을 제외하여 합성할 수 있다.

8.6 함정 및 착오

제조 기술 개선 계획의 실패

다양한 회로 기술들의 상대적 이점을 변화시키는 많은 개선 방법들이 존재한다. 예를 들어 상호연결 지연들은 게이트 지연만큼 빠르게 개선되지 않고, 문턱 전압 강하는 공급 전압의 보다 많은 부분을 차지하며, 누설 전류는 증가한다. 이와 같은 변화를 예측하는 데 실패하면, 발명된 기술의 수명이 단축된다.

분명한 사례가 BiCMOS 회로의 발전과 쇠퇴이다. 바이폴라 트랜지스터는 단위 입력 커패시턴스당 0.8 μm 세대의 CMOS보다 높은 전류 출력을 갖기 때문에(즉 낮은 논리 에퍼트를 갖는다) 특히 대형 부하를 구동해야 하는 회로에서 널리 사용되었다. 1990년대 초에는 이 주제로 수백 편의 논문이 발표되었다. 펜티엄 및 펜티엄 프로 프로세서들이 BiCMOS 공정을 사용해서 만들어졌다. 투자자들은 BiCMOS 공정으로 고속 PowerPC 프로세서를 만들기를 기대하며 최소한 4천만 달러를 Exponential이라 불리는 신규 회사에 쏟아 부었다.

불행하게도 고속 CMOS 트랜지스터, 낮은 공급 전압, 그리고 칩에 집적되는 트랜지스터 수의 증가에 의해서 공정 축소 기술이 BiCMOS와는 반대로 작용하였다. 바이폴라 트랜지스터의 미세 구조 CMOS에 대한 상대적 이점이 감소되었다. V_{be} 강하가 공급 전원의 수용할 수 없는 부분이 되었다. 결국 바이폴라 베이스 전류에 의한 정적 전력 소모가 바이폴라 트랜지스터의 사용을 제한하기에 이르렀다.

펜티엄 2는 펜티엄 프로 설계에 기반을 두고 있었지만, 이들이 0.35 μm 세대에서 더 이상 장점이 없었기 때문에 바이폴라 트랜지스터들이 제거되었다. 유능한 엔지니어들로 구성된 팀을 가졌음에도 불구하고, Exponential은 완전히 실패하였고, 궁극적으로 설득력 있는 성능 면의 장점이 없이 당시 시장에 나온 다른 어떤 칩보다 많은 전력을 소모하는 프로세서를 만드는 데 그쳤다[Maier97].

조율된 새로운 회로와 조율되지 않은 기존 기술 사례의 비교

새로운 발명이 좋게 보이도록 하는 방법은 그것을 주어진 상황에 맞도록 최대한 잘 다듬고, 그것을 조율되지 않은 기존 기술과 비교하는 것이다. 예를 들어 [Zimmermann97]은 대부분의 논문들에서 정적 CMOS 가산기보다 빠른 통과 트랜지스터를 사용한 가산기가 그림 10.4에 나와 있는 소형의 28-트랜지스터 셀을 사용하는 대신 40-트랜지스터 정적 가산기 셀을 사용하고 있음을 지적하였다.

통과 트랜지스터 회로 특성을 해석할 때 구동 저항을 무시하는 경우

통과 트랜지스터 집단이 실제보다 두 배 정도 빠르게 동작하는 것처럼 보이게 하는 다른 방법은 이전 게이트의 출력 스테이지 대신 전압원을 갖는 확산 입력을 구동하게 하는 것이다.

회로 지연의 부분적 공표

클럭화된 회로들은 모두 셋업 시간과 클럭-출력 지연(clock-to-output delay)을 갖는다. 클럭화된 회로들이 빠르게 동작하는 것같이 보이게 하는 방법은 클럭-출력 지연만을 공표하는 것이다. 이것은 특히 센스 증폭기 논리 집단에서 공통적으로 사용하는 방법이다.

성능에 대한 과도한 주장

출판된 많은 논문들이 성능에 대해서 과도한 주장을 하고 있다. 예를 들어 전가산기 설계를 비교할 때, 어떤 저자들은 DSL과 이중 레일 도미노가 정적 CMOS에 비해서 8~10배 빠르다고 주장한다. 그러나 이와 같은 어떤 주장도 실제와는 거리가 멀다. 예를 들어 [Ng96]은 DSL을 사용해서 만들어진 8×8 곱셈기가 정적 CMOS보다 1.5배 빠르고, 이중 레일 도미노를 사용한 것이 2배 빠르다는 것을 확인하였다.

일반적으로 회로 설계에 있어서 "공짜 점심식사와 같은 경우는 없다." 즉 아무런 비용이나 위험 부담 없이 기존 기술에 비해서 획기적으로 개선된 새로운 기술이 발명될 수는 없다는 의미이다. CMOS 설계는 매우 성숙된 분야이고, 설계자들은 이런 사실을 모르지 않기 때문에, 어떤 새로운 발명이 지나치게 우수하게 보인다면, 그것이 사실일 수는 있다. 그러나 논문들이 피할 수 없는 트레이드오프를 숨긴 채 새로운 발명의 장점을 과도하게 주장하고 있는 것은 아닌지 확인할 필요가 있다. 이러한 트레이드오프를 받아들일 수는 있지만, 최소한 모르고 지나치는 일은 없어야 한다.

적절한 검증 도구가 없는 회로의 제작

현재 수백만(가까운 미래에 수십억) 개의 트랜지스터를 갖는 칩에서 수동으로 회로를 검증하는 것은 현실적으로 불가능하다. 자동화된 검증 도구가 널리 사용되는 회로군에 대해서 오류를 검증할 수 있어야 한다. 만약 적절한 검증 도구를 구매하거나 만들 수 없다면, 할 수 없이 정적 CMOS 논리만을 사용해야 한다.

속도를 보장하기 위한 하위 문턱 전압 회로의 크기 결정

하위 문턱 전압 영역의 동작을 사용하는 이유는 에너지를 최소화하기 위함이다. 몇 개의 논문들에서 고속 연산을 위해서 넓은 트랜지스터를 사용하고 있다. 전압과 속도 사이에 지수함수적인 관계가 주어질 때, 낮은 에너지에서 같은 속도를 얻기 위해서는 공급 전원을 약간 증가시킨다.

요약

회로 지연은 게이트의 $(C/I)\Delta V$ 곱과 관련이 있다. 이 장에서는 C/I 비율을 개선하거나 작은 전압 스윙에 반응할 수 있는 대체 조합 회로 구조들을 검토해 보았다. 대부분의 기술들이 지연을 줄이기 위해서 높은 전력 소모와 낮은 잡음 여유도 사이에서 타협점을 찾는다. 상보형 CMOS 회로들이 매우 안정적인 반면에, 대체 회로군들은 사용상의 단점이나 함정들을 이해하고 다룰 수 있어야 한다.

이 장에서는 기생 커패시턴스를 줄이기 위한 셀들의 레이아웃과 최적화 방법에 대해서도 살펴보았다.

상보형 CMOS를 대체하는 대표적인 세 가지가 도미노, 의사 nMOS, 그리고 통과 트랜지스터 논리이다. 이들은 각기 nMOS 트랜지스터를 사용해서 논리를 수행함으로써 입력 커패시턴스를 줄이고자 한다. 전력, 강건성, 그리고 생산성에 대한 고려가 이러한 기술들을 데이터 경로와 랜덤 논리에서 배제하였다.

의사 nMOS는 pMOS 풀업 네트워크 대신 항상 ON되어 있는 하나의 약한 pMOS 트랜지스터를 사용한다. 이 pMOS 트랜지스터는 출력이 로우일 때, 정적 전력 소모를 발생시킨다. 이것이 지나치게 약하게 만들어지면, 상승 변화가 느려진다. 반대로 지나치게 강하게 만들어지면, V_{OL}이 너무 높아지고 전력 소모가 증가한다. 정적 전력 소모가 받아들여질 수 있다면, 광폭 NOR 함수를 위해서 의사 nMOS 게이트가 잘 동작한다.

동적 게이트들은 의사 nMOS를 닮았지만, 약한 풀업 대신 클럭화된 pMOS 트랜지스터를 사용한다. 클럭이 로우일 때, 게이트들은 하이로 선충전된다. 클럭이 상승하면, 게이트들은 평가를 시작하고, 출력을 로우로 만들거나 하이로 떠 있게 한다. 동적 게이트의 입력은 평가 기간 동안 반드시 단조 증가해야 하고, 출력은 단조 감소해야 한다. 도미노 게이트들은 동적 게이트 뒤에 반전 정적 게이트가 따라오게 되고, 단조 증가하는 출력을 만든다. 따라서 도미노 게이트들은 직렬로 연결될 수 있지만, 비반전 함수만을 계산할 수 있다. 이중 레일 도미노는 게이트가 커지고 두 배로 많은 배선을 사용하는 대가로 상보형 입력을 받아들이고, 어떤 논리 함수에 대해서도 상보형 출력을 제공한다. 동적 게이트들 역시 V_{IL}이 문턱 전압 V_t와 가깝고 출력이 떠 있기 때문에 잡음에 민감하다. 중요한 잡음원들로는 전하 공유, 누설, 그리고 결합 등이 있다. 따라서 도미노 회로들은 일반적으로 2차 선충전 트랜지스터, 키퍼, 그리고 보호되거나 조심스럽게 배선된 상호연결을 갖는다. 클럭과 동적 노드의 높은 동작 계수가 도미노 회로가 많은 전력을 요구하게 만든다. 이와 같은 모든 문제점들에도 불구하고, 도미노는 정적 CMOS와 비교해서 1.5~2배의 속도를 제공하고, 고성능 시스템의 중대한 경로에서 큰 장점이 있다.

통과 트랜지스터 회로는 트랜지스터 게이트와 확산 입력을 구동하는 입력을 사용한다. 많은 통과 트랜지스터 기술들이 연구되었는데, 그 중에서 상보형 통과 트랜지스터 논리가 가장 효과적인 것으로 알려진다. nMOS 트랜지스터는 단지 $V_{DD}-V_t$까지만 풀업이 가능하기 때문에, 상호 결합된 pMOS 트랜지스터들이 출력을 전원 레벨까지 끌어올린다. 어떤 설계자들은 정적 CMOS를 사용해서 구현하기에는 어려움이 있는 XOR, 전가산기, 멀티플렉서 등을 구현하는 데 더 빠른 동작 속도와 면적 축소를 제공할 수 있음을 발견했다. 문턱 전압 강하 때문에, 이 회로는 V_{DD}/V_t가 감소할 때 축소하기가 어렵다.

연습문제

8.1 고속 6-입력 OR 게이트를 다음과 같은 회로군을 사용해서 설계하시오. 2-스테이지 논리를 사용해서 결과를 스케치하시오(예를 들어 NOR6+INV, NOR3+NAND2 등). 각 게이트에 nMOS와 pMOS 트랜지스터의 폭을 표시하고 레이블을 할당하시오. 각 입력은 트랜지스터 폭의 30λ 이상은 구동할 수 없다. 이 출력은 60/30 인버터(즉 60λ 폭의 pMOS와 30λ 폭의 nMOS 트랜지스터)를 구동해야 한다. 평균 지연을 최소화하기 위한 형태와 크기를 선택하기 위해서 논리 에퍼트를 사용하시오. 이 지연을 논리 에퍼트를 사용해서 추정하시오. 기생 지연을 추정할 때, 출력 노드의 확산 커패시턴스만을 고려하시오.

a) 정적 CMOS

b) 풀다운 스택의 1/4 강도를 갖는 pMOS 트랜지스터가 포함된 의사 nMOS

c) 도미노(HI-비대칭 인버터가 있는 풋 동적 게이트), 상승 입력에서부터 상승 출력까지의 지연만을 최적화할 것

8.2 연습문제 8.1에서 설계한 게이트를 시뮬레이션하시오. 평균 지연(혹은 도미노 설계를 위한 상승 지연)을 결정하시오. 논리 에퍼트는 단지 근사적으로 구하시오. 지연을 축소하기 위해서 트랜지스터 크기를 미세 조정하시오. 얼마나 많은 개선을 얻을 수 있을지 답하시오.

8.3 12-입력 OR 게이트의 개념도를 3-입력 이상을 갖지 못하는 NAND와 NOR들을 사용해서 그리시오.

8.4 $F=(A+B)(C+D)$를 최소의 지연으로 계산하는 정적 CMOS 회로를 설계하시오. 각 입력은 최대 30λ의 트랜지스터 폭을 갖는다. 출력은 500λ의 트랜지스터 폭에 해당하는 부하를 구동해야 한다. 최소 지연을 얻을 수 있는 트랜지스터 크기를 선택하고 이 지연을 τ로 계산하시오.

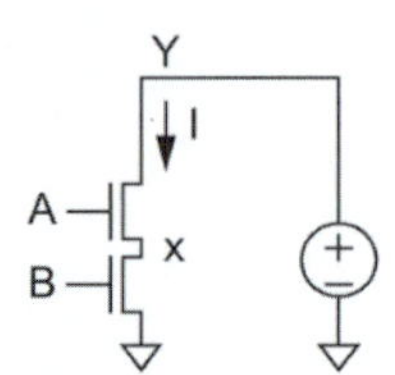

그림 8.67 직렬로 연결된 트랜지스터의 전류

8.5 그림 8.67은 2-입력 NAND 게이트의 풀다운 네트워크를 모델링하는 두 개의 직렬 트랜지스터를 보여 준다.

a) $0 \le A \le 1$, $B=Y=1$, $V_t=0$, $\beta=1$일 때, 이상적인 트랜지스터 모델을 사용해서 I-A 관계를 그래프로 그리시오. 같은 축에서, $0 \le B \le 1$, $A=1$일 때 I-B 관계를 그리시오. **힌트**: x에 대한 해를 구해야 하는데, 이 과정은 수치적으로 수행되는 것이 가장 좋다.

b) (a)의 결과를 사용해서, 2-입력 NAND 게이트의 안쪽 입력이 바깥쪽 입력보다 다소 큰 논리 에퍼트를 갖는 이유를 설명하시오.

8.6 OR-AND-INVERT 게이트의 OR 단자에서 논리 에퍼트는 무엇인가? AND 단자에서의 논리 에퍼트는 무엇인가? 출력에서 확산 커패시턴스만이 고려될 때 기생 지연은 무엇인가?

8.7 사용 가능한 공정에서 3-입력 NOR 게이트를 시뮬레이션하시오. 각 입력에서 논리 에퍼트와 기생 지연을 결정하시오.

8.8 그림 3.25에 주어진 데이터시트를 사용해서, $X1$ 2-입력 NAND 게이트에서 A 입력으로부터 상승 및 하강 논리 에퍼트와 기생 지연을 계산하시오.

8.9 연습문제 8.8을 B 입력에 대해서 되풀이하시오. 서로 다른 입력에 대해서 결과가 달라지는 이유를 설명하시오.

8.10 HI-비대칭과 LO-비대칭 3-입력 NAND와 NOR 게이트들을 그리시오. 출력의 임계 변화에서 각 게이트의 논리 에퍼트는 얼마인가?

8.11 왜곡도(skew factor) $s < 1$을 갖는 HI-비대칭과 LO-비대칭 k-입력 NAND 게이트의 g_u, g_d, 그리고 g_{avg}를 s와 k의 함수로 나타내는 식을 유도하시오. 이때 s는 비임계 트랜지스터가 정규 크기의 트랜지스터보다 큰 비율을 의미한다.

8.12 하나의 임계 입력이 다른 두 입력보다 우세한 비대칭 3-입력 NOR 게이트를 설계하시오. 임계 입력의 논리 에퍼트가 1.5가 되도록 트랜지스터의 크기를 결정하시오. 다른 두 비임계 입력의 논리 에퍼트는 얼마인가?

8.13 논리 게이트에서 최소 평균 지연을 제공하는 P/N 비율이 상승 및 하강 지연을 같게 만드는 비율의 제곱근이 됨을 증명하시오.

8.14 만약 기생 지연이 p이고, 논리 에퍼트가 g인 버퍼를 추가할 수 있을 때, $\rho(g, p)$가 경로의 최적 스테이지 에퍼트라고 가정한다. 예를 들어 3.5.2절에서 $\rho(1, 1)=3.59$임을 보았다. 식 (3.19)를 수치적으로 풀어서 $\rho(1, p)$의 그래프를 쉽게 그릴 수 있다. 이것은 인버터가 기생 지연 p를 갖는 위치에서 정적 CMOS 회로의 최적 스테이지 에퍼트를 보여 준다. 다음 식을 증명하시오. 이 식은 버퍼들이 낮은 논리 에퍼트를 갖는 도미노 회로의 최적 스테이지 에퍼트를 계산하는 데 유용하다.

$$\rho(g, p) = g\rho(1, \frac{p}{g})$$

8.15 단위 크기 nMOS 트랜지스터를 사용해서 팬아웃이 4인 인버터를 시뮬레이션하시오. 상승 및

하강 지연을 같게 만들기 위한 pMOS 트랜지스터의 폭은 얼마인가? 이때의 지연은 얼마인가? 평균 지연을 최소로 하기 위한 pMOS 트랜지스터의 폭은 얼마인가? 이때의 지연은 얼마인가? 평균 지연이 얼마나 감소되는가?

8.16 인버터를 위한 많은 표준 셀 라이브러리가 *P/N* 비율을 동일한 상승 및 하강 지연과 최소 평균 지연 사이의 값으로 선택한다. 그 이유를 설명하시오.

8.17 정적 CMOS NOR 게이트는 4개의 트랜지스터를 사용하는 반면, 의사 nMOS NOR 게이트는 3개만을 사용한다. 불행하게도 의사 nMOS 출력이 전원 레일의 완전한 레벨까지 스윙하지 않는다. 입력과 그것의 반전 값이 모두 사용 가능할 때, 동적 노드를 사용하지 않고 전원 레일의 완전 레벨까지 스윙하는 3-트랜지스터 NOR 게이트를 제작할 수 있다. 어떻게 하는지 설명하시오. 제시한 회로의 단점에 대해서 설명하시오.

8.18 의사 nMOS 3-입력 NAND와 NOR 게이트를 그리고, 트랜지스터 폭을 표시하시오. 각 게이트의 상승, 하강, 평균 논리 에퍼트는 얼마인가?

8.19 다음의 논리 함수를 계산하는 의사 nMOS 게이트를 그리시오.

$$F = \overline{A(B+C+D)+E\cdot F\cdot G}$$

8.20 전기 에퍼트가 6인 8-입력 AND 게이트를 의사 nMOS 논리를 사용해서 설계하시오. 만약 n-입력 의사 nMOS NOR 게이트의 기생 지연이 $(4n+2)/9$라 하면, 경로 지연은 얼마인가?

8.21 pMOS 트랜지스터의 폭이 nMOS 트랜지스터의 절반이 되는 의사 nMOS 인버터를 시뮬레이션하시오. 상승, 하강, 평균 논리 에퍼트는 얼마인가? V_{OL}은 얼마인가?

8.22 연습문제 8.21을 FS와 SF 공정 코너에서 되풀이하시오.

8.23 3-입력 NOR 게이트를 그리시오. 풀다운이 최악의 경우 풀업보다 4배 강하게 되도록 인버터의 크기를 결정하고, 트랜지스터의 폭을 표시하시오. 상승, 하강, 평균 논리 에퍼트를 추정하시오. 정적 CMOS 3-입력 NOR 게이트와 어떻게 비교할 수 있는지 설명하시오.

8.24 2-입력 대칭 NAND 게이트를 그리시오. 풀다운이 최악의 경우 풀업보다 4배 강하게 되도록 인버터의 크기를 결정하고 트랜지스터의 폭을 표시하시오. 상승, 하강, 평균 논리 에퍼트를 추정하시오. 정적 CMOS 2-입력 NAND 게이트와 어떻게 비교할 수 있는지 설명하시오.

8.25 4개의 동일한 게이트를 구동할 수 있는 팬아웃을 갖는 2, 4, 8, 16-입력 의사 nMOS와 SFPL NOR 게이트의 평균 지연을 비교하시오.

8.26 3-입력 CVSL OR/NOR 게이트를 그리시오.

8.27 동적 풋/언풋 3-입력 NAND와 NOR 게이트를 그리고, 트랜지스터 폭을 표시하시오. 각 게이트의 논리 에퍼트는 얼마인가?

8.28 3-입력 이중 레일 도미노 OR/NOR 게이트를 그리시오.

8.29 3-입력 이중 레일 도미노 다수/소수(majority/minority) 게이트를 그리시오. 이것은 종종 도미노 전가산기 셀에 사용된다. 입력의 과반수가 참일 때, 다수 함수(majority function)의 출력이 참이 된다는 사실을 상기하시오.

8.30 표준 키퍼를 잡음 내성 선충전 디바이스와 비교하시오. 더 큰 pMOS 트랜지스터들이 더 높은 V_{IL}을 제공하지만(잡음 여유도를 개선시키지만), 지연을 증가시킨다. 2-입력 풋 NAND 게이트를 시뮬레이션하고, V_{IL}-지연 그래프를 다양한 크기의 키퍼와 잡음 내성 선충전 트랜지스터들에 대해서 그리시오.

8.31 전기 에퍼트 1을 구동하는 4-입력 풋 동적 NAND 게이트를 설계하시오. 최악의 경우 전하 공유 잡음을 V_{DD}의 비율로 추정하시오. 이때 접촉되지 않은 노드의 확산 커패시턴스가 게이트 커패시턴스의 대략 절반 정도이고, 접촉된 노드에서는 게이트 커패시턴스와 같다고 가정한다.

8.32 연습문제 8.31을 h=0, 1, 2, 4, 8일 때 되풀이하고, 전하 공유 잡음 대비 전기 에퍼트 그래프를 그리시오.

8.33 소형 2차 선충전 트랜지스터가 내부 노드 하나에 추가되었을 때, 연습문제 8.31을 되풀이하시오.

8.34 연습문제 8.31에서 설계한 회로를 시뮬레이션하고, 불일치나 모순이 있으면 설명하시오.

8.35 $F=(A+B)(C+D)$를 가장 빠르게 계산할 수 있는 도미노 회로를 설계하시오. 각 입력은 최대 30λ의 트랜지스터 폭을 갖는다. 출력은 500λ의 트랜지스터 폭에 해당하는 부하를 구동해야 한다. 최소 지연을 갖는 트랜지스터 크기를 선택하고, 이 지연을 τ로 추정해서 나타내시오.

8.36 3.5.3절의 메모리 디코더를 풋 도미노 논리를 사용해서 재설계하시오. 상보형 입력을 사용할 수 있고, 각 입력은 5개의 단위 트랜지스터를 구동할 수 있다고 가정한다. 게이트의 크기를 표시하고, 지연을 추정하시오.

8.37 NP 도미노 8-입력 AND 회로를 그리시오.

8.38 4:1 멀티플렉서를 그리시오. 4개의 데이터 신호 $D0$, $D1$, $D2$, $D3$와 두 개의 선택 신호 $S0$, $S1$이 주어진다. 다음의 경우 몇 개의 트랜지스터가 필요한가?

a) 정적 CMOS 게이트만 사용할 경우

b) 논리 게이트와 전달 게이트를 함께 사용할 경우

8.39 다음과 같은 회로 기술을 사용해서 3-입력 XOR 함수를 그리시오.

a) 정적 CMOS

b) 의사 nMOS

c) 이중 레일 도미노

d) CPL

e) EEPL

f) DCVSPG

g) SRPL

h) PPL

i) DPL

j) LEAP

8.40 2-입력 NAND 게이트에 대해서 연습문제 8.39를 되풀이하시오.

8.41 다음과 같은 회로군을 사용해서 8-입력 XOR 함수를 계산하는 센스 증폭기 게이트를 단일 게

이트로 설계하시오: SSDL, ECDL, LCDL, DCSL1, DCSL2, DCSL3. 각 상보형 입력 쌍은 24λ의 트랜지스터 폭 이상 구동하지 못하고, 각 출력은 32/16λ의 인버터를 구동해야 한다. 셋업 시간과 클럭-출력 지연을 결정하기 위해서 각 회로를 시뮬레이션하시오.

8.42 그림 8.68은 스위치 출력 차분 구조(SODS: switched output differential structure) 게이트를 나타낸다. 이 게이트가 어떻게 동작하는지 설명하고, 이 게이트가 인버터/버퍼로 동작하기 위한 파형을 그리시오. 이 회로군의 장점과 약점에 대해서 논하시오.

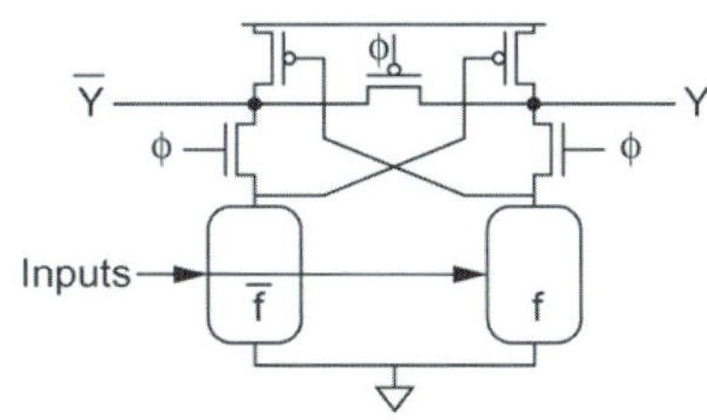

그림 8.68 SODS

8.43 최근에 출판된 논문들 중에서 연습문제 8.42의 SODS를 제외한 회로군을 하나 선택하시오. 선택한 회로가 제시된 논문을 비판적으로 평가하시오. 인버터와 버퍼를 스케치하고, 적절한 파형을 사용해서 동작을 설명하시오. 선택한 회로군의 강점은 무엇인가? 당신이 대형 칩의 설계 스타일을 선택해야 하는 회로 관리자라면, 이 회로군에 관해서 주의할 점은 무엇인가?

8.44 $V_{out} < |V_{tp}|$ 라 가정한다. 그림 8.13에서 $V_{in} = V_{DD}$를 두 트랜지스터의 문턱전압과 β 값의 함수로 하는 의사 nMOS 인버터를 위한 장채널 모델을 사용해서 V_{out}을 유도하시오.

순차화 9

9.1 서론

8장에서는 출력이 현재 입력의 함수인 **조합 회로**(combinational circuit)를 다루었다. 이 장에서는 **순차 회로**(sequential circuit)를 다루는데 여기서 출력은 현재의 입력은 물론 이전의 입력에 의해서도 변동되는데 그러한 회로는 **상태**(state)를 갖는다. 유한 상태기(finite state machine)와 파이프라인(pipeline)은 순차 회로의 중요한 두 가지 예이다.

순차 회로는 보통 **메모리 소자**(memory element)라 불리는 플립플롭이나 래치(latch)를 사용하여 설계하는데 **토큰**(token)이라는 데이터를 갖는다. 이들 소자의 목적은 기억이 아니다. 즉 순서 기능을 이용하여 현재의 토큰을 **이전**의 토큰이나 **다음**의 토큰과 구별하기 위한 것이다. 따라서 이것들을 **순차화 요소**(sequencing element)라 명명한다[Harris01a]. 순차화 요소가 없으면 다음의 토큰이 이전의 토큰을 따라잡게 되어 양쪽 모두를 혼동되게 한다. 순차화 요소는 너무 빨리 도착하는 토큰을 지연시켜 이전의 토큰을 따라잡지 못하도록 한다. 잘못되어 어쩔 수 없이 이미 문제가 있는 토큰에 추가적인 지연을 야기할 수가 있는데 이런 것이 시스템의 성능을 저하시킨다. 이러한 추가적인 지연을 **순차화 오버헤드**(sequencing overhead)라 한다.

이 장에서는 정적 회로와 동적 회로 모두에 대한 순차화에 대해서 다룬다. **정적 회로**(static circuit)는 상보(complementary) CMOS, 의사(pseudo)-nMOS, 또는 통과 트랜지스터 논리(pass transistor logic)와 같이 클럭 입력(clock input)을 갖지 않는 게이트이다. 동적 회로(dynamic circuit)는 클럭 입력, 특히 도미노 논리(domino logic)를 갖는 게이트이다. 다소 혼란스럽겠지만, 순차화 요소는 자체로 정적 또는 동적 중 하나로 될 수 있다. **정적 저장**(static storage)부 순차 소자는 피드백 기능을 보유하고 있어서 출력 값을 무한히 유지할 수 있다. **동적 저장**(dynamic storage)부 소자는 일반적으로 커패시터에 전하 형태로 값을 유지하는데 장기간 리프레시하지 않으면 소멸되어 버린다. 게이트와 순차 소자를 정적인 것과 동적인 것 중 택하는 문제는 독립적으로 결정할 수 있다.

9.2~9.4절에서는 정적 회로 특히 플립플롭, 2 위상 투과성 래치(2-phase transparent latch)와 펄스 래치(pulsed latch)에 대한 순차 소자에 대해서 알아본다. 주기적 클럭은 보통 순차 시점을 표시하는 데 사용한다. 9.5절은 외부 신호가 어떻게 클럭에 동기화되는가를 보여 주고, 동기기 고장 위험에 대해서 분석한다. 웨이브 파이프라이닝은 9.6절에서 다룬다. 클럭 발생과 분배에 대해서는 12.4절에

서 상세히 다룬다.

순차화 전략의 선택은 해당 조직이 사용하는 설계 흐름과 밀접하게 관련되어 있다. 따라서 설계 방향을 확정하기 전에 설계 입력(design capture), 시스템 합성(synthesis), 검증(verification)의 모든 단계가 감안되었는지 확인하는 것이 중요하다. 이 과정에 셀 라이브러리(래치 회로나 플립플롭 회로, 모델들은 준비되어 있는가?), 타이밍 분석기와 같은 도구(타이밍 클로저는 달성하기 용이한가?) 및 자동 테스트 생성기(자기 테스트 소자는 용이하게 삽입할 수 있는가?)가 포함된다.

9.2 정적 회로의 순차화

1.4.9절을 상기하면 **래치**(latch)와 플립플롭(flip-flop)이 가장 흔하게 사용되는 순차화 요소라는 것을 알 수 있다. 두 가지 모두 데이터 입력(*D*), 클럭(*clk*) 및 데이터 출력(*Q*) 등 3개의 단자를 갖고 있다. 래치는 클럭이 하이(high)일 때 투과성이고 로우(low)일 때 비투과성이다. 다시 말해서 클럭이 하이일 때, *D*는 래치가 단순히 버퍼처럼 작용하여 *Q*로 흐르며, 클럭이 로우일 때는 *D*가 변동하더라도 래치는 현재의 *Q*출력을 유지한다. 플립플롭은 에지 트리거 기기로서 *D*를 클럭의 상승 에지의 *Q*에 복사하고, 기타 기간에는 *D*를 무시한다. 그림 9.1은 이러한 내용들을 설명한다. 최초의 상승 클럭 에지 전에 *Q*의 미지 상태는 저레벨 및 고레벨 라인 쌍으로 표시된다.

이 절에서는 플립플롭, 2-위상 투과성 래치 및 펄스 래치와 같은 정적 회로를 순차화하는 데 가장 널리 사용하는 방법에 대해서 알아본다[Unger86]. 이상적인 순차화 방법이란 순차화 시 오버헤드가 없고, 중간에 논리회로가 없어도 순차 회로를 계속 연결할 수 있고, 각 클럭 주기에서 논리의 수를 균형 있게 함에 있어서 설계상 융통성을 부여하고, 성능 저하 없이 어느 정도의 클럭 스큐(skew)에 대한 내성을 갖고, 장소를 차지하거나 전력을 소모하지 않는 것이다. 우리는 이러한 방법들을 비교하고 각 경우의 장단점을 알아본다. 또한 각 소자의 트랜지스터 수준에서의 회로 구현 방법들을 조사하고자 한다.

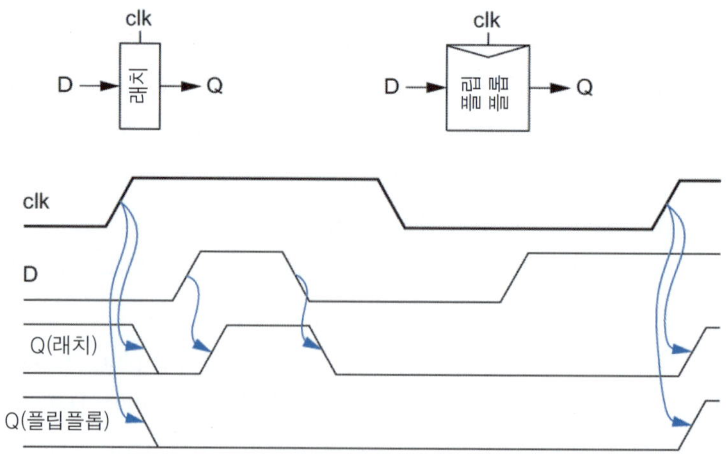

그림 9.1 래치와 플립플롭

9.2.1 순차화 방법

그림 9.2는 조합 논리 블록을 순차화하는 세 가지 방법을 보여 준다. 각 경우의 클럭 파형, 순차화 요소 및 조합 논리는 그림과 같다. 수평축은 토큰이 회로의 한 지점에 도착하는 시간에 해당한다. 예를 들면 토큰은 클럭의 최초 상승 에지의 최초 플립플롭에서 포착된다. 토큰은 조합 논리를 통해서 전파하고 클럭의 두 번째 상승 에지의 두 번째 플립플롭에 도착한다. 수직 점선은 하나의 사이클과 다음 사이클 간의 경계를 표시한다. 클럭 주기는 T_c이다. 2-위상 시스템에서 위상은 $t_{nonoverlap}$에 의해서 분리되고 펄스 폭은 t_{pw}이다.

플립플롭 기반 시스템은 각 주기 경계에 하나의 플립플롭을 사용한다. 토큰은 한 주기에서 상승 에지의 다음 주기로 진행한다. 만일 토큰이 너무 빨리 도착하면 다음 사이클까지 플립플롭에서 대기한다. 플립플롭은 그림 9.3에서 볼 수 있는 것과 같이 *clk*와 그것의 상보 값을 사용하는 백투백 래치(back-to-back latch) 쌍임을 알 수 있다. 만일 래치를 분리하면, 조합 논리의 전 주기를 때때로 **반주기**(half cycle)라 불리는 두 개의 위상으로 분리할 수 있다. 두 개의 래치 클럭은 가끔 ϕ_1과 ϕ_2라고 불린다. 이것들은 *clk*와 그 상보 값 혹은 비중복($t_{nonoverlap} > 0$)일 수 있다. 주어진 시간에, 적어도 한 주

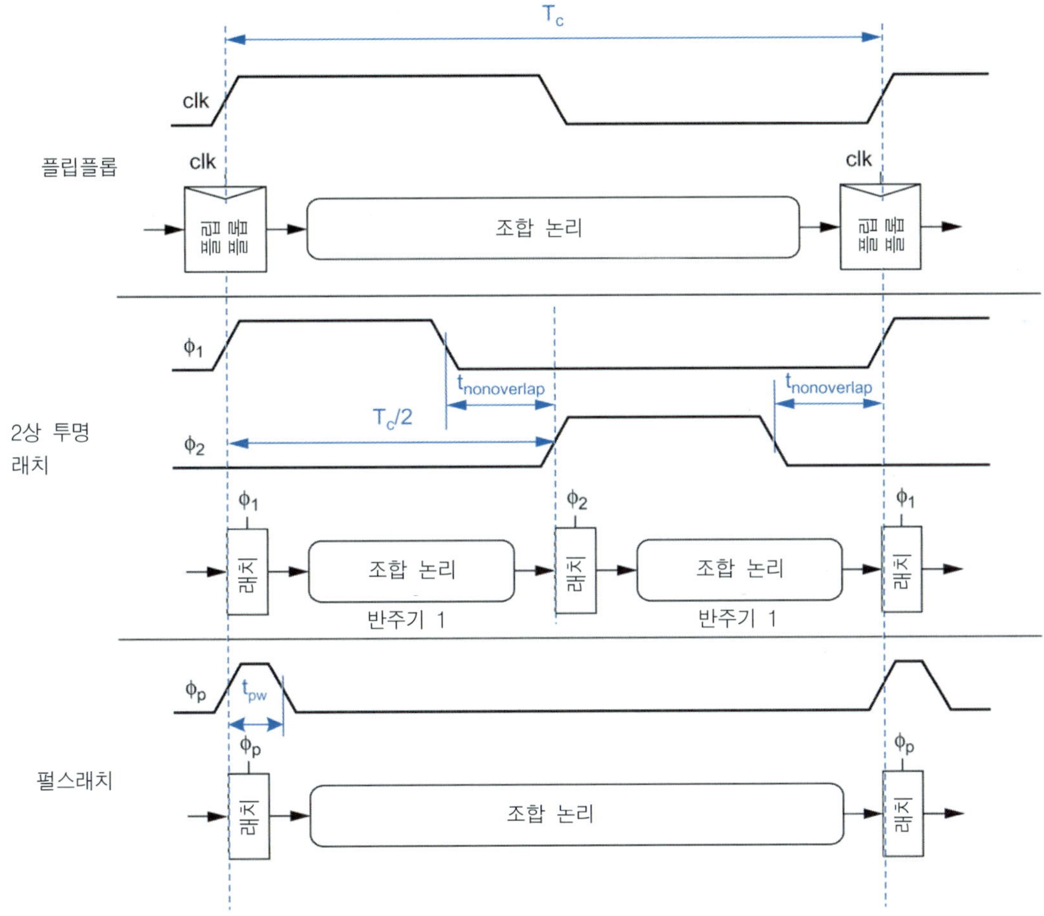

그림 9.2 정적 순차화 방법

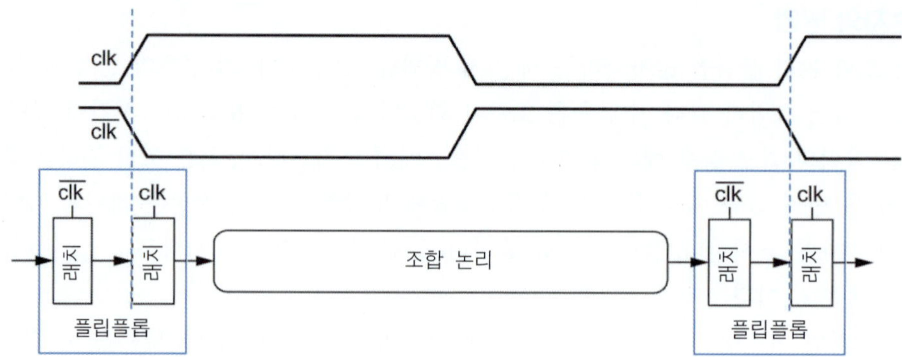

그림 9.3 백투백 래치 쌍으로 본 플립플롭

표 9.1 순차화 요소의 타이밍 표기

용어	이름
t_{pd}	논리 전파 지연
t_{cd}	논리 혼조 지연
t_{pcq}	래치 플롭 클럭-Q 전파 지연
t_{ccq}	래치 플롭 클럭-Q 혼조 지연
t_{pdq}	래치 D-Q 전파 지연
t_{cdq}	래치 D-Q 혼조 지연
t_{setup}	래치/플롭 셋업 시간
t_{hold}	래치/플롭 유지시간

기는 로우(low)로 해당 래치는 비투과성 상태가 되어서 하나의 토큰이 다른 토큰을 따라잡는 것을 방지한다. 두 개의 래치는 하나의 운하 수운(canal lock)에 있는 두 개의 빈틈없는 게이트와 같이 작동한다[Mead80]. 펄스 래치 시스템은 각 주기에서 래치 한 개를 제거하고 남은 래치에 짧은 펄스를 가한다. 만일 펄스가 조합 논리를 통한 지연보다 짧으면 토큰이 각 펄스에 대해 한 클럭 사이클씩 진행할 것으로 보면 된다.

표 9.1은 조합 논리와 순차화 요소의 지연과 타이밍 제약 조건(timing constraint)을 정의한다. 이러한 지연은 상승 전이와 하강 전이에 대해 현격하게 다르며 r 또는 f 첨자로 구분할 수 있다. 간단히 하기 위해 전체적으로 최댓값과 최솟값을 사용한다.

그림 9.4는 **타이밍도**(timing diagram)에서의 이들 지연 양태를 보여 준다. 타이밍도에서 수평축은 시간을, 수직축은 논리 레벨을 표시한다. 하나의 실선(a single line)은 그 시점에서의 신호가 하이(high)이거나 로우(low)인 것을 표시한다. 쌍 실선(a pair of lines)은 신호는 안정성이 있지만 그 값은 다루지 않음을 표시한다. 교차 실선(criss-crossed line)은 그 시점에서 신호가 변동할 수 있음을 표시한다. 망사(cross-hatch) 쌍 실선은 신호가 일정한 시간에 걸쳐 한 번 이상 변동될 수 있음을 표시한다.

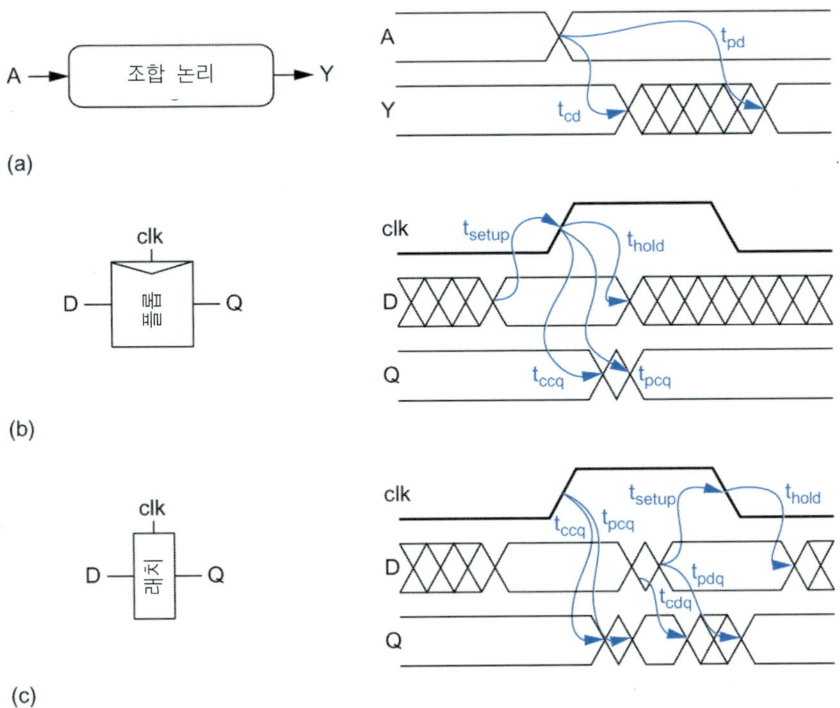

그림 9.4 타이밍도

그림 9.4(a)는 입력 *A*가 하나의 임의 값에서 다른 값으로 변동하는 것에 대한 조합 논리의 반응을 보여 준다. 출력 *Y*는 순간적으로 변동할 수 없다. 혼조 지연(contamination delay) t_{cd} 후에 *Y*는 변동하기 시작하거나 **글리치**(glitch)가 발생한다. 전달 지연(propagation delay) t_{pd} 후에 *Y*는 최종값으로 확정된다. 혼조 지연과 전달 지연은 조합 논리의 다양한 경로로 인하여 서로 상당히 다를 수 있다. 그림 9.4(b)는 플립플롭의 반응을 보여 준다. 데이터 입력은 샘플링이 신뢰도가 높다면 플롭의 상승 에지 인근의 창에서는 안정성을 유지하여야 한다. 특히 입력 *D*는 *clk*의 상승 에지 이전에 **셋업 시간**(setup time) t_{setup}에 의해서 확정되고, 클럭 에지 이후 **홀드 시간**(hold time) t_{hold}까지 다시 변동해서는 안 된다. 출력은 **클럭-*Q* 혼조 지연** t_{ccq} 이후에 변동하기 시작하고, **클럭-*Q* 전달 지연** t_{pcq} 이후에 확정된다. 그림 9.4(c)는 래치의 반응을 보여 준다. 지금 입력 *D*가 셋업되고 샘플링 주기의 마지막을 확정하는 하강 에지를 유지하여야 한다. 출력은 래치가 클럭의 상승 에지에서 투과성을 갖고 t_{pcq}로 확정된 후 초기에 t_{ccq}를 변경한다. 래치가 투과성인 동안 출력은 약간의 *D*-*Q* 지연 t_{cdq}와 t_{pdq} 후에 입력을 추적한다. 9.4.2절에서는 시뮬레이션으로 어떻게 셋업 시간과 홀드 시간, 전달 지연을 구하는지에 대해 공부한다.

9.2.2 최대 지연 제약 조건

이상적으로 조합 논리의 계산 중 내내 전체 클럭 주기를 사용할 수 있어야 한다. 물론 래치나 플립플

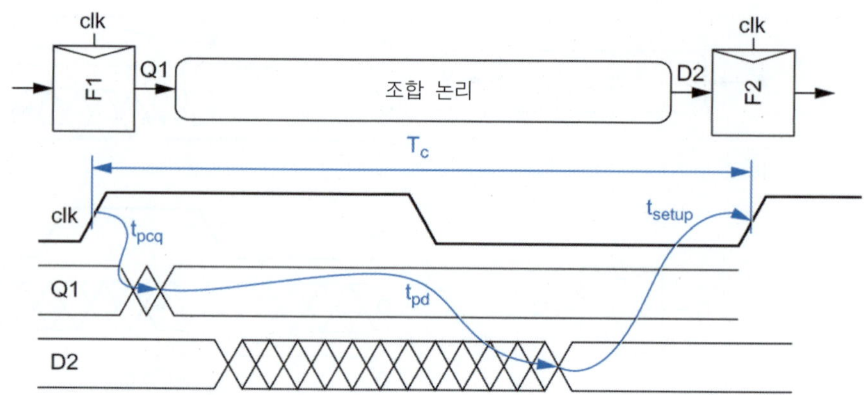

그림 9.5 플립플롭의 최대 지연 제약 조건

롭의 순차화 오버헤드는 이러한 시간을 축내게 된다. 만일 조합 논리 지연이 너무 크면 수신 소자는 셋업 시간을 놓치고 틀린 값을 샘플링하게 된다. 이것을 **셋업 시간 실패**(setup time failure) 또는 **최대 지연 실패**(max-delay failure)라고 한다. 이 문제는 논리를 좀 더 빠르도록 새로 설계하거나 클럭 주기를 증가시킴으로써 해결할 수 있다. 이 절에서는 논리에 배정된 실제 시간과 자주 사용하는 순차화 요소인 플립플롭, 2-위상 래치 및 펄스 래치 각각에 대한 순차화 오버헤드를 계산해 본다.

그림 9.5는 클럭에 스큐가 전혀 없다는 가정하에 하나의 플립플롭에서 다른 플립플롭으로 가는 경로 상에서의 최대 지연 타이밍 제약 조건을 보여 준다. 이 경로는 *F*1을 트리거하는 클럭의 상승 에지에서 시작한다. 데이터는 플립플롭 *Q*1의 출력으로, 조합 논리를 통하여 *D*2에 전달되어 다음 상승 클럭 에지 전인 *F*2에서 셋업된다. 이것은 클럭 주기가 최소한 아래와 같아야 함을 뜻한다.

$$T_c \geq t_{pcq} + t_{pd} + t_{\text{setup}} \tag{9.1}$$

다른 방법으로, 전달 지연과 플립플롭의 셋업 시간으로 야기되는 순차화 오버헤드를 뺀, 순 사이클 타임인 최대 허용 논리 지연을 구할 수 있다.

$$t_{pd} \leq T_c - \underbrace{\left(t_{\text{setup}} + t_{pcq}\right)}_{\text{sequencing overhead}} \tag{9.2}$$

예제 9.1

산술 논리 연산장치(ALU: arithmetic/logic unit) **자가 바이패스 경로**(self-bypass path)는 특정한 파이프라인 마이크로프로세서의 클럭 주파수를 제한한다. 예를 들면 Itanium 2의 정수 처리 유닛(IEU: integer execution unit)은 그림 9.6(a)에 나와 있는 바와 같이 여섯 개의 분리된 ALU에 대해서 자가 바이패스 경로를 포함하고 있다[Fetzer02]. 하나의 ALU에 대한 경로는 그림 9.6(b)에서와 같이 가산기(adder) 입력을 갖는 레지스터(register)에서 시작한다. 가산기는 총 합계(감산 시

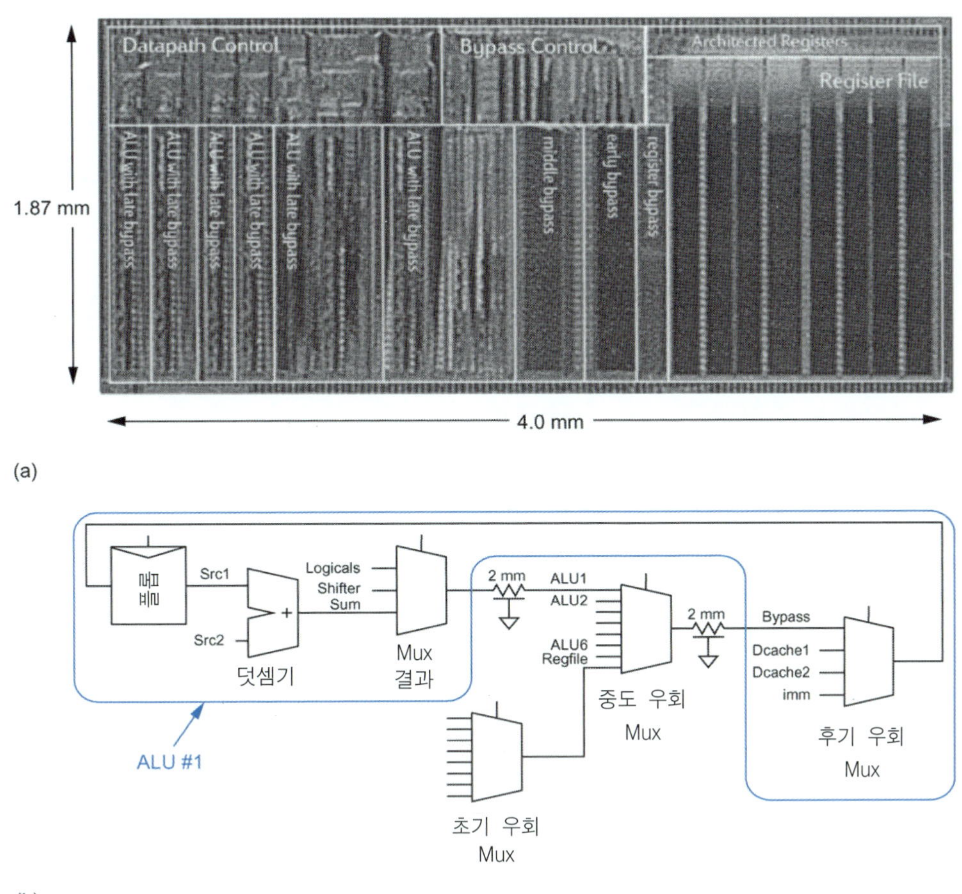

그림 9.6 Itanium 2 ALU 자가 바이패스 경로[(a) © IEEE 2002]

는 차이를)를 계산한다. **결과 멀티플렉서**(result multiplexer)는 이들 합계치 중에서 논리 유닛의 출력과 시프터의 출력을 선택한다. 그러면 일련의 **바이패스 멀티플렉서**(bypass multiplexer)는 다음 주기 동안 ALU의 입력을 선택한다. 초기(early) 바이패스 멀티플렉서는 이전 주기의 임계 경로 상에 있지 않은 ALU의 결과치 중에서 선택한다. 8:1 중도(middle) 바이패스 멀티플렉서는 여섯 개의 ALU 중 하나의 결과치, 즉 초기 바이패스 먹스(mux) 또는 레지스터 파일을 선택한다. 4:1 후기(late) 바이패스 멀티플렉서는 데이터 캐시로부터 복귀하는 두 개의 결과치 중에서 하나, 즉 중도 바이패스 먹스 결과 또는 이후의 명령어로 정해지는 인접한 피연산자(operand)를 선택한다. 후기 바이패스 먹스 출력은 ALU로 보내져 다음 주기에서 사용된다. 여섯 개의 ALU와 바이패스 멀티플렉서는 상당한 넓이를 차지하기 때문에 임계 경로도 결과 먹스에서 중도 바이패스 먹스까지, 중도 바이패스 먹스에서 후기 바이패스 먹스까지 2 mm의 결선을 사용한다.(**주의:** Itanium 2에서는 ALU 자가 바이패스 경로가 4-위상 스큐 허용 도미노 회로로 내장되어 있다. 여기서는 이 예제의 목적상 정적 논리와 플립플롭 또는 래치로 되어 있다고 가정한다.)

예를 들어 경로에서의 전달 지연과 혼조 지연에 대해서는 표 9.2를 참고하기 바란다. 레지스터가 플립플롭으로 구성되어 있고 그 사양은 셋업 시간 62 ps, 홀드 시간 −10 ps, 전달 지연 90 ps, 그리고 혼조 지연 75 ps라 가정한다. ALU 자가 바이패스 경로가 정확히 동작하는 최소 사이클 타임 T_c를 계산하시오.

해답: 임계 경로는 가산기(590 ps), 결과 먹스(60 ps), 중도 바이패스 먹스(80 ps), 후기 바이패스 먹스(70 ps) 및 2개의 2 mm 결선(각각 100 ps)을 통해 총합 t_{pd}=1000 ps 전달 지연을 발생시킨다. 식 (9.1)에 의하면 사이클 타임 T_c는 최소한 90+1000+62=1152 ps가 되어야 한다.

표 9.2 조합 논리 지연

요소	전파 지연	혼조 지연
덧셈기	590 ps	100 ps
결과 Mux	60 ps	35 ps
초기 우회 Mux	110 ps	95 ps
중도 우회 Mux	80 ps	55 ps
후기 우회 Mux	70 ps	45 ps
2-mm 배선	100 ps	65 ps

그림 9.7은 2-위상 투과성 래치를 사용하는 경로에서의 유사한 제약 조건(analogous constraint)을 보여 준다. 래치가 투과성일 때(ϕ_1 하이) $D1$이 $L1$에 도착한다고 가정한다. 데이터는 조합 논리의 첫 번째 블록인 $L1$, 조합 논리의 두 번째 블록인 $L2$를 통해서 전달된다. 기술적으로 $D3$가 ϕ_1의 하강 에지 전, 셋업 시간만큼 늦게 도착하더라도 $L3$에 의해서 정확하게 포착되어야 한다. 정확히 말해서, $D3$가 $D1$ 후 한 클럭 주기 이상 지연되지 않는다고 한다. 이유는 결국 하나의 설계에서 각각의 단일 주기 경로가 전 클럭 주기 이상을 소모한다는 것은 불가능하기 때문이다. 어떤 경로는 다른 경로가 시간을 적게 차지하면 더 많이 차지할 수도 있는데 이 기술은 **시간 차용**(time borrowing)이라 하며 9.2.4절에서 다루기로 한다. 경로가 한 주기 이상을 차지한다고 하면 사이클 타임은 다음과 같아야 한다.

$$T_c \geq t_{pdq1} + t_{pd1} + t_{pdq2} + t_{pd2} \tag{9.3}$$

다시 한 번 2-위상의 각각을 통한 논리 지연의 합인 최대 논리 지연을 계산할 수 있다. 순차화 오버헤드는 두 개의 래치 전달 지연으로 구성된다. 클럭 간 비중복(nonoverlap)이 래치 기반 시스템에서 성능 저하를 야기하지 않는데, 이것은 두 개의 클럭이 모두 로우(low) 상태라도 데이터가 래치 간의 조합 논리를 통해 계속 전달되기 때문이다. 플립플롭이 지연이 플롭 전달 지연과 셋업 시간을 결정하는

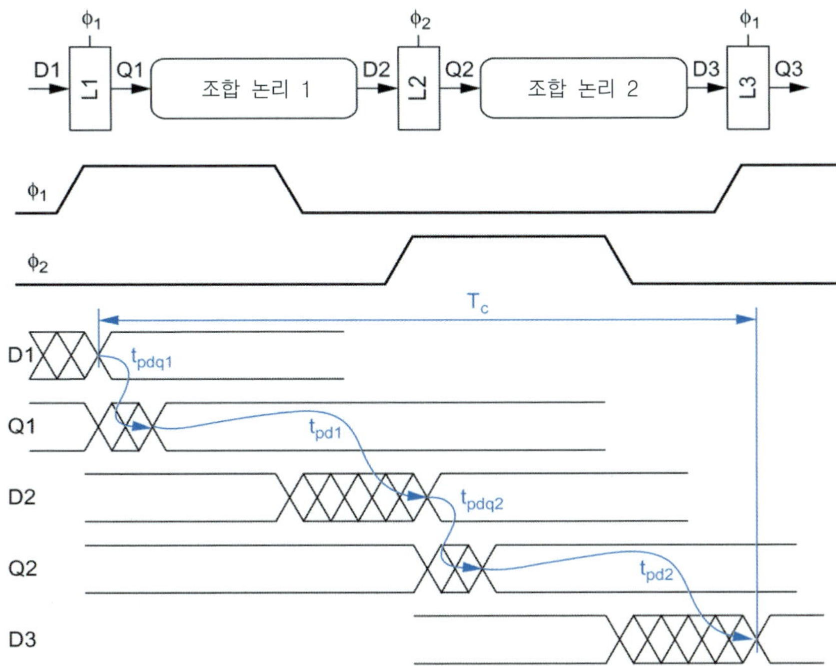

그림 9.7 2-위상 래치 최대 지연 제약 조건

2개의 래치로 만들어져 있다는 것을 인식하면 식 (9.4)가 식 (9.2)와 아주 유사하다는 것을 알 수 있다.

$$t_{pd} = t_{pd1} + t_{pd2} \leq T_c - \underbrace{\left(2t_{pdq}\right)}_{\text{sequencing overhead}} \tag{9.4}$$

만일 펄스 폭이 충분히 넓으면, 펄스 래치의 최대 지연 제약 조건은 그림 9.8(a)에서와 같이 임계 경로에 한 개의 래치만 있다는 것을 빼고는 2-위상 래치의 그것과 유사하다. 그러나 만일 펄스가 셋업 시간보다 좁으면 데이터는 그림 9.8(b)와 같이 펄스가 상승하기 전에 셋업되어야 한다. 이들 두 개의 경우를 결합하면 계산식은 아래와 같이 된다.

$$T_c \geq \max\left(t_{pdq} + t_{pd},\, t_{pcq} + t_{pd} + t_{\text{setup}} - t_{pw}\right) \tag{9.5}$$

최대 논리 지연을 계산하면 순차화 오버헤드는 펄스가 충분히 넓어서 셋업 시간을 충분히 숨길 수 있는 경우에 단지 한 개의 래치 지연이 된다.

$$t_{pd} \leq T_c - \underbrace{\max\left(t_{pdq},\, t_{pcq} + t_{\text{setup}} - t_{pw}\right)}_{\text{sequencing overhead}} \tag{9.6}$$

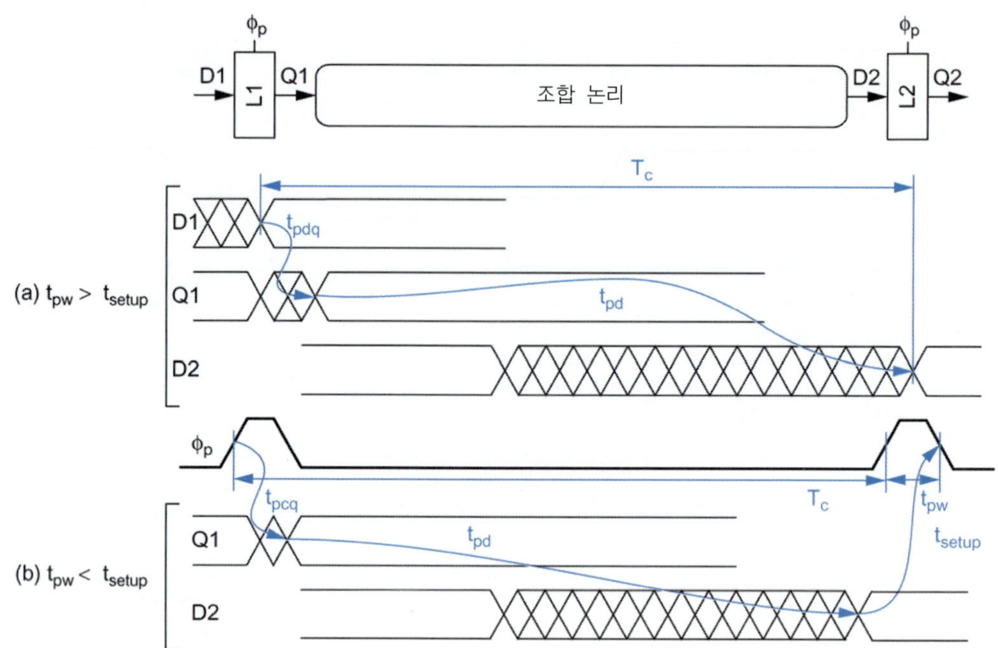

그림 9.8 펄스 래치 최대 지연 제약 조건

예제 9.2

플립플롭이 펄스 래치로 대체되는 경우 ALU 자가 바이패스 경로 사이클 타임을 재계산하시오. 펄스 래치의 펄스 폭은 150 ps, 셋업 시간은 40 ps, 홀드 시간은 5 ps, *clk-Q* 전달 지연은 82 ps, 혼조 지연은 52 ps, 그리고 *D-Q* 전달 지연은 92 ps이다.

해답: t_{pd}는 아직 1000 ps이다. 식 (9.5)에 의하면 사이클 타임은 최소한 92+1000=1092 ps이다.

9.2.3 최소 지연 제약 조건

이상적인 경우 순차화 요소는 조합 논리를 간섭함이 없이 연이어 설치할 수 있고 작동은 정확하게 된다. 예를 들어 파이프라인은 백투백 레지스터(back-to-back register)를 사용하여 명령 opcode를 변경하지 않고 순차화한다. 그러나 만일 홀드 시간이 크고 혼조 지연이 작으면 데이터는 하나의 클럭 에지에 있는 두 개의 연속적인 소자를 통해서 부정확하게 전달되어 시스템 상태를 와전시킨다. 이것은 **레이스 조건**(race condition), **홀드 시간 실패**(hold time failure), 또는 **최소 지연 실패**(min-delay failure)라고 불린다. 설계자들은 칩(chip)을 변경하거나 재제작하는 것이 엄청나게 고비용이고 시간 소모가 크기 때문에 그와 같은 실패를 하지 않기 위해 매우 보수적이어야 한다.

그림 9.9는 하나의 플립플롭에서 아무런 스큐가 없는 다음의 이상적인 클럭으로 가는 경로 상에

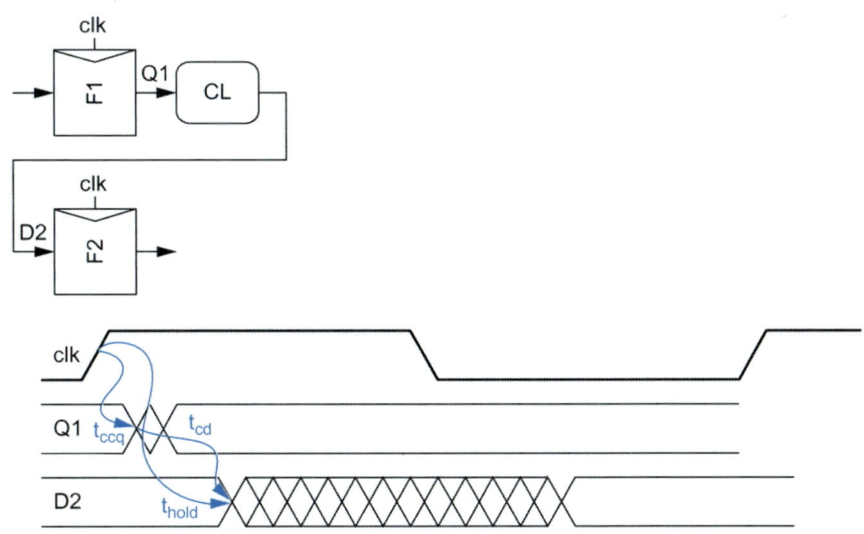

그림 9.9 플립플롭 래치 최소 지연 제약 조건

서의 최소 지연 타이밍 제약 조건을 보여 준다. 그 경로는 *F*1을 트리거하는 클럭의 상승 에지와 함께 시작한다. 데이터는 *clk-Q* 혼조 지연 후 *Q*1에서, 다른 논리 혼조 지연 후 *D*2에서 변경하기 시작한다. 그러나 그것은 클럭 에지 후 최소한 홀드 시간 t_{hold}까지는 *D*2에 도달하지 않아서 *F*2 내용을 와전시키지 않아야 한다. 여기에서 최소 논리 혼조 지연은 다음과 같이 계산한다.

$$t_{cd} \geq t_{\text{hold}} - t_{ccq} \tag{9.7}$$

예제 9.3

그림 9.6의 플립플롭을 사용한 ALU 자가 바이패스 예제에서 후기 바이패스 멀티플렉서의 최선위 입력은 또 다른 플립플롭에서 오는 *imm* 값이다. 이 경로에 어떠한 홀드 시간 실패가 일어날 수 있는가?

해답: 일어나지 않는다. 후기 바이패스 먹스는 t_{cd}=45 ps 값을 갖는다. 플립플롭은 t_{hold}=−10 ps, t_{ccq}=75 ps이다. 여기서 식 (9.7)은 간단히 충족된다.

만일 플립플롭을 통한 혼조 지연이 홀드 시간을 초과하면 안전하게 백투백 플립플롭을 사용할 수 있다. 만일 그렇지 않다면, 플립플롭 간에 분명히 지연을 추가하든지(예를 들면 버퍼) 백투백 플롭을 필요로 하는 경로 상에 정상 혼조 지연보다 큰 특별히 느린 플립플롭을 사용하여야 한다. 스캔 체인은 백투백 플롭을 사용하는 통상적인 경로이다.

그림 9.10은 하나의 투과성 래치에서 다른 투과성 래치로의 경로 상에서의 최소 지연 시간 제약

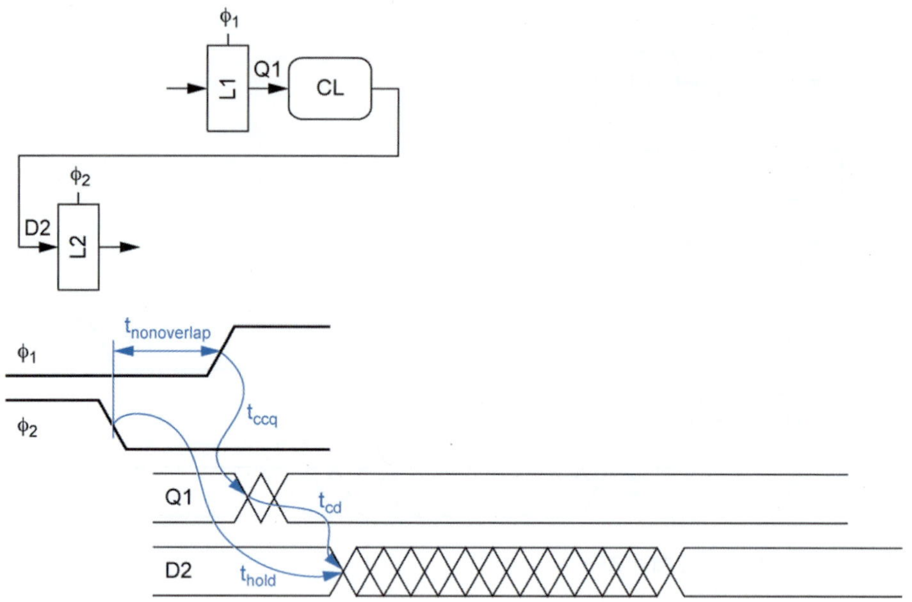

그림 9.10 2-위상 래치 최소 지연 제약 조건

조건을 보여 준다. 이 경로는 ϕ_1의 상승 에지 상의 $L1$을 통과하는 데이터로 시작한다. 데이터는 ϕ_2의 이전 하강 에지 이후의 홀드 시간 때까지 $L2$에 도착하지 않아야 한다. 이유는 $L1$이 투과성이 되기 전에 $L2$가 안전하게 비투과성이 되어야 하기 때문이다. 에지가 $t_{\text{nonoverlap}}$에 의해서 분리되면 논리의 각 상을 통한 최소 논리 혼조 지연은 다음과 같다.

$$t_{cd1}, t_{cd2} \geq t_{\text{hold}} - t_{ccq} - t_{\text{nonoverlap}} \tag{9.8}$$

(첫 번째 반주기를 통한 최소 지연이 도출되었음을 알 수 있으나 두 번째 반주기에도 동일한 제약 조건이 있음을 주목하자.)

이 결과는 $t_{\text{nonoverlap}}$을 충분히 크게 하면 홀드 시간 실패를 완전히 피할 수 있음을 보여 준다. 그러나 고속에서 비중복 클럭을 발생시키고 분배하는 것은 도전적인 일이다. 그러므로 대부분의 상용 투과성 래치 기반 시스템은 클럭과 그 상보 값을 사용한다. 이 경우에 $t_{\text{nonoverlap}}=0$이고 래치와 플립플롭 간에 동일하다.

이 현상은 명백한 모순이다. 혼조 지연 조건은 래치 기반 시스템의 논리의 각 위상에 적용되나 플립플롭을 사용하는 논리의 전 주기에 적용되지는 않는다. 그러므로 래치는 플립플롭에 비해 전반적인 논리 혼조 지연의 두 배를 소요하는 것처럼 보인다. 그런데 플립플롭은 한 쌍의 래치로 만들어지지 않는가! 이 모순은 플립플롭이 두 개의 래치 간에 내부 레이스 조건을 갖고 있다는 것을 관찰하면 해결되는 문제이다. 플립플롭은 항상 신뢰성 있게 작동하도록 잘 설계하여야 한다.

그림 9.11은 하나의 펄스 래치에서 다음의 펄스 래치에의 경로 상의 최소 지연 시간을 보여 준다.

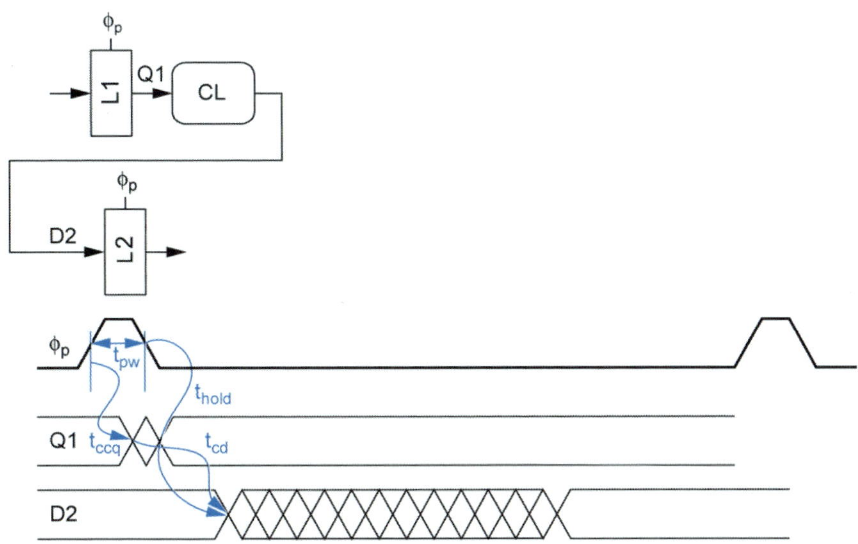

그림 9.11 펄스 래치 최소 지연 제약 조건

여기서 데이터는 펄스의 상승 에지에서 출발하고 펄스의 하강 에지 이후까지 유지하여야 한다. 그러므로 펄스 폭은 플립플롭의 경우에 비해 펄스 래치의 홀드 시간을 효과적으로 증가시킨다.

$$t_{cd} \geq t_{\text{hold}} - t_{ccq} + t_{pw} \tag{9.9}$$

예제 9.4

만일 ALU 자가 바이패스 경로가 플립플롭 대신에 펄스 래치를 사용한다면 홀드 시간 문제가 발생하겠는가?

해답: 발생한다. 후기 바이패스 먹스는 t_{cd}=45 ps이다. 펄스 래치는 t_{pw}=150 ps, t_{hold}=5 ps, t_{ccq}=52 ps이다. 여기에서 식 (9.9)는 매우 심하게 위반되었다. *Src*1은 현재 명령 보다는 다음 명령에서 *imm*을 수신할 것이다. 문제는 *imm* 펄스 래치 다음에 버퍼를 추가하면 해결된다. 버퍼는 최소 지연 값 $t_{\text{hold}}-t_{ccq}+t_{pw}-t_{cd}$=58 ps를 추가할 필요가 있다. 대신에 *imm* 펄스 래치는 임계 경로의 속도 저하 없이 플립플롭으로 대체할 수 있다. 만일 플립플롭이 매우 긴(>110 ps) 혼조 지연 값으로 설계하였다면 레이스는 회피할 수 있다.

9.2.4 시간 차용

플립플롭을 사용하는 시스템에서, 데이터는 클럭의 상승 에지에 있는 첫 번째 플롭에서 출발하고 클럭의 다음 상승 에지 이전의 두 번째 플롭에서 셋업되어야 한다. 만일 데이터가 늦게 도착하면 회로는

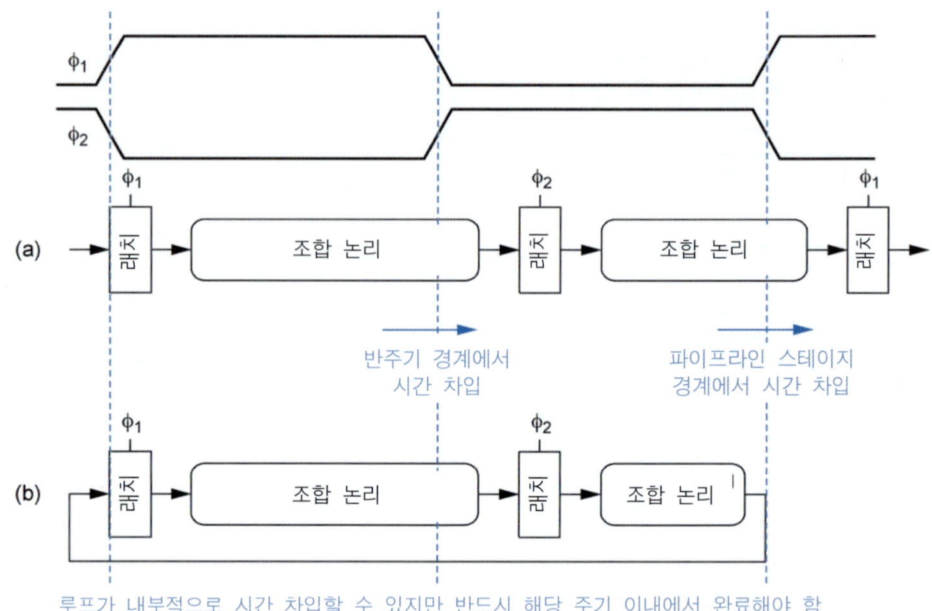

그림 9.12 시간 차용

잘못된 결과를 내게 된다. 만일 데이터가 일찍 도착하면 클럭 에지 때까지 진입이 거부되며 남은 시간은 용도 없이 지나간다. 따라서 클럭이 **하드 에지**(hard edge)를 부과한다고 말하는데 사이클을 날카롭게 그리기 때문이다.

이와는 대조적으로, 시스템이 투과성 래치를 사용할 때 데이터는 클럭의 상승 에지 상에 있는 첫 번째 래치를 출발할 수 있으나 수신 래치 상에 있는 클럭의 하강 에지 때까지 셋업될 필요는 없다. 만일 한 개의 반주기 또는 파이프라인 스테이지가 너무 많은 논리를 갖고 있다면 그림 9.12(a)에서와 같이 다음 반주기나 스테이지로 시간을 차용할 수 있다[Bernstein99]. **시간 차용**(time borrowing)은 다중 주기에 걸쳐 축적할 수 있다. 그러나 피드백 시스템에서는 긴 지연은 짧은 지연으로 반드시 균형이 맞추어져 전반적인 루프가 주어진 시간 내에 완성되어야 한다. 예를 들어 그림 9.12(b)는 단일 주기자가 바이패스 루프에서 반주기 동안 시간 차용이 발생하지만 전체 경로는 온전히 한 주기로 맞추어짐을 보여 준다. 자가 바이패스 루프의 전형적인 예는 파이프라인 프로세서의 실행 스테이지인데 여기서 ALU는 작동을 완료하고 명령에 의존하는 ALU에서 사용하도록 결과를 우회시킨다. 디지털 시스템의 대부분의 임계 경로는 자가 바이패스 루프에서 발생하는데 이것은 다른 경우에는 시간 지연이 문제가 되지 않기 때문이다.

그림 9.13은 2-위상 래치 기반 시스템이 차용할 수 있는 최대 시간을 보여 준다(논리의 각 반주기에 통상 융통되는 $T_c/2-t_{pdq}$ 이상). 데이터는 수신 래치의 클럭의 하강 에지까지 셋업할 필요가 없기 때문에 하나의 위상은 다음 주기로부터 반주기 시간까지 차용할 수 있다(셋업 시간과 비중복만큼 감함).

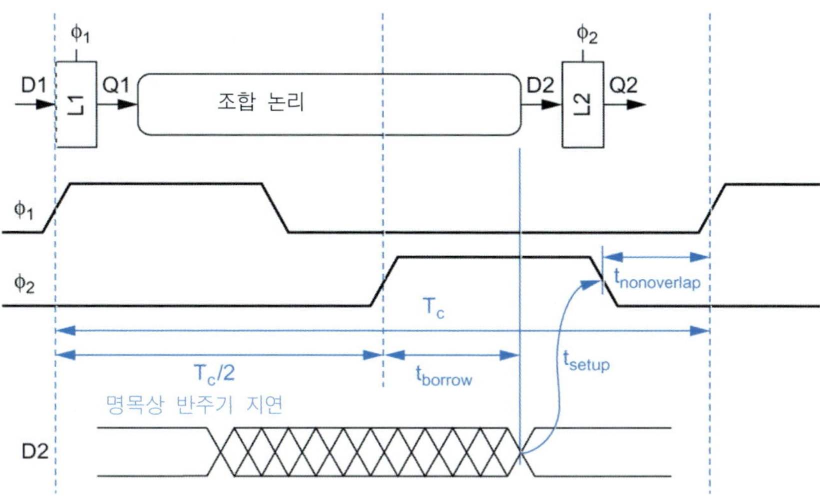

그림 9.13 시간 차용 최대 허용량

$$t_{\text{borrow}} \le \frac{T_c}{2} - \left(t_{\text{setup}} + t_{\text{nonoverlap}}\right) \tag{9.10}$$

예제 9.5

ALU 자가 바이패스 경로는 2-위상 투과성 래치를 사용하도록 변경하였다. 중간 주기 ϕ_2 래치는 그림 9.14에 나와 있는 바와 같이 가산기 뒤에 설치한다. 래치의 셋업 시간이 40 pa, 홀드 시간 5 ps, *clk-Q* 전달 지연 82 ps, 혼조 지연 52 ps, *D-Q* 전달 지연은 82 ps이다. 경로에 대한 최소 주기 시간을 계산하시오. 이 주기 시간에서 중간 주기 래치를 통해서 차용하는 시간은 얼마인가? 만일 사이클 타임이 2000 ps로 증가하면 얼마의 시간이 차용되는가?

해답: 식 (9.3)에 따르면 사이클 타임 T_c=82+590+82+410=1164 ps이다. 주기의 첫 번째 반은 래치 및 가산기 지연과 관계하고 82+590=672 ps를 소모한다. 명목 반주기 시간 T_c/2=582 ps이다. 여기에서 경로는 두 번째 반주기로부터 90 ps를 차용한다. 만일 사이클 타임이 2000 ps로 증가하고, 명목 반주기 시간이 1000 ps가 되면 시간 차용은 더 이상 발생하지 않는다.

펄스 래치는 좁은 펄스에 대해서는 투과성의 래치로 볼 수 있다. 만일 펄스가 셋업 시간보다 넓으면 펄스 래치는 한 주기에서 다음 주기로 적은 시간을 차용할 수 있다.

$$t_{\text{borrow}} \le t_{pw} - t_{\text{setup}} \tag{9.11}$$

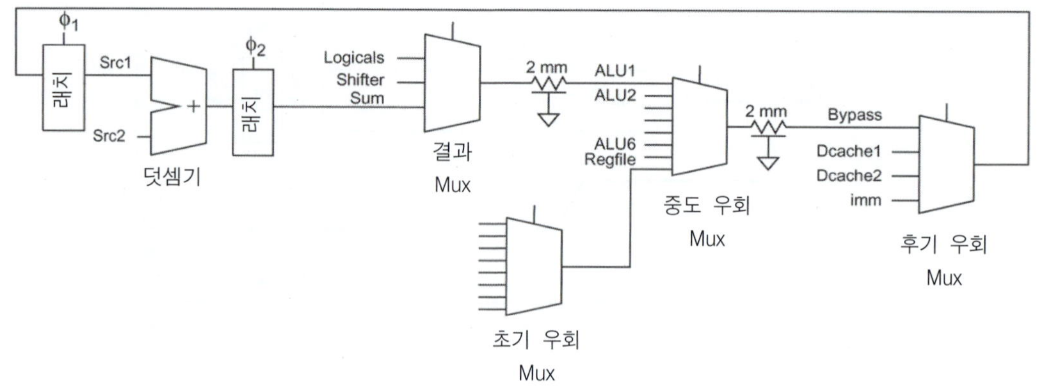

그림 9.14 2-위상 래치의 ALU 자가 바이패스 경로

예제 9.6

만일 ALU 바이패스 경로가 펄스 래치를 사용하면 다음 주기에서 얼마의 시간을 차용할 수 있는가?

해답: 차용 못한다. 왜냐하면 경로는 피드백 루프이기 때문이다. 만일 출력이 늦게 도착하고 시간을 차용하면 경로는 다음 주기에서 늦게 시작한다. 이것이 이번에는 출력을 늦게 도착하도록 한다. 시간 차용은 파이프라인 내에서 논리의 균형을 잡는 데만 사용할 수 있다. 많은 설계자들의 바람에도 불구하고 클럭 주기에 허용된 시간의 양을 증가시키지 않는다.

시간 차용은 시스템 설계자에게 두 가지 이득이 있다. 가장 분명한 것은 **의도적인 시간 차용**(intentional time borrowing)으로서 설계자는 반주기와 파이프라인 스테이지 사이에서 좀 더 쉽게 논리의 균형을 이룰 수 있다. 이로써 설계 시간을 단축할 수 있는데, 균형을 잡는 것은, 기능을 하나의 스테이지에서 다른 스테이지로 옮기기 위하여 마이크로아키텍처에 변경을 가하는 것보다, 회로 설계 중에 할 수 있기 때문이다. 다른 이득은 **우연한 시간 차용**(opportunistic time borrowing)이다. 설계자가 설계 시에 주의하여 각 스테이지의 지연을 균등하게 하더라도, 지연은 제조된 칩에서는 공정과 환경 변화, CAD 시스템이 사용한 타이밍 모델의 부정확성 때문에 스테이지 간에 서로 다르게 된다. 하드 에지로 된 시스템에서는 가장 긴 주기가 최소의 클럭 주기를 정한다. 시간을 차용하는 시스템에서는 느린 주기가 빠른 주기로부터 우연히 시간을 차용할 수 있어 어느 정도의 변동은 평균화한다.

경험 있는 설계 관리자는 칩이 테이프아웃(tapeout)에 접근할 때까지 의도적인 시간 차용 사용을 금지한다. 그렇지 않으면 설계자들은 그들의 파이프라인 스테이지가 근처의 스테이지로부터 시간을 차용할 수 있다고 지나치게 가정하는 경향이 있다. 많은 설계자들이 동일한 가정을 할 때 모든 경로는 지나치게 길어지게 된다. 더 심각한 것은 너무 늦어서 그 많은 경로를 재설계할 수 없는 전반적인 칩 타이밍 분석이 시작될 때까지 그 문제가 잠복할 수 있다는 것이다. 다른 해결책은 전반적인 칩 타이밍 분석을 설계 공정의 초기에 시작하는 것이다.

9.2.5 클럭 스큐

현재까지의 분석은 이상적인 클럭과 스큐가 없다는 가정에 의한 것이다. 현실에서는 그림 9.15(a)에서와 같이 클럭은 도착 시간에 어느 정도의 불확실성이 계산에 유용한 시간을 잠식한다. 굵은 *clk* 선은 가장 늦은 클럭 도착 시간을 표시한다. 빗금선은 클럭이 스큐 때문에 빨리 도착할 수 있음을 보여준다. 플립플롭 기반 시스템에서 최대 지연에 대한 최악의 시나리오는 출발하는 플롭이 클럭을 조기에 받게 되는 것이다. 이 경우에 클럭 스큐는 계산에 사용할 시간에서 차감되어 순차화 오버헤드처럼 보이게 된다. 최소 지연에 대한 최악의 시나리오는 그림 9.15(b)에 나와 있는 것처럼, 출발하는 플롭이 클럭을 이르게 받고 수신하는 클럭은 늦게 받는 것이다. 이 경우에 클럭 스큐는 시스템의 홀드 시간을 실질적으로 증가시키게 된다.

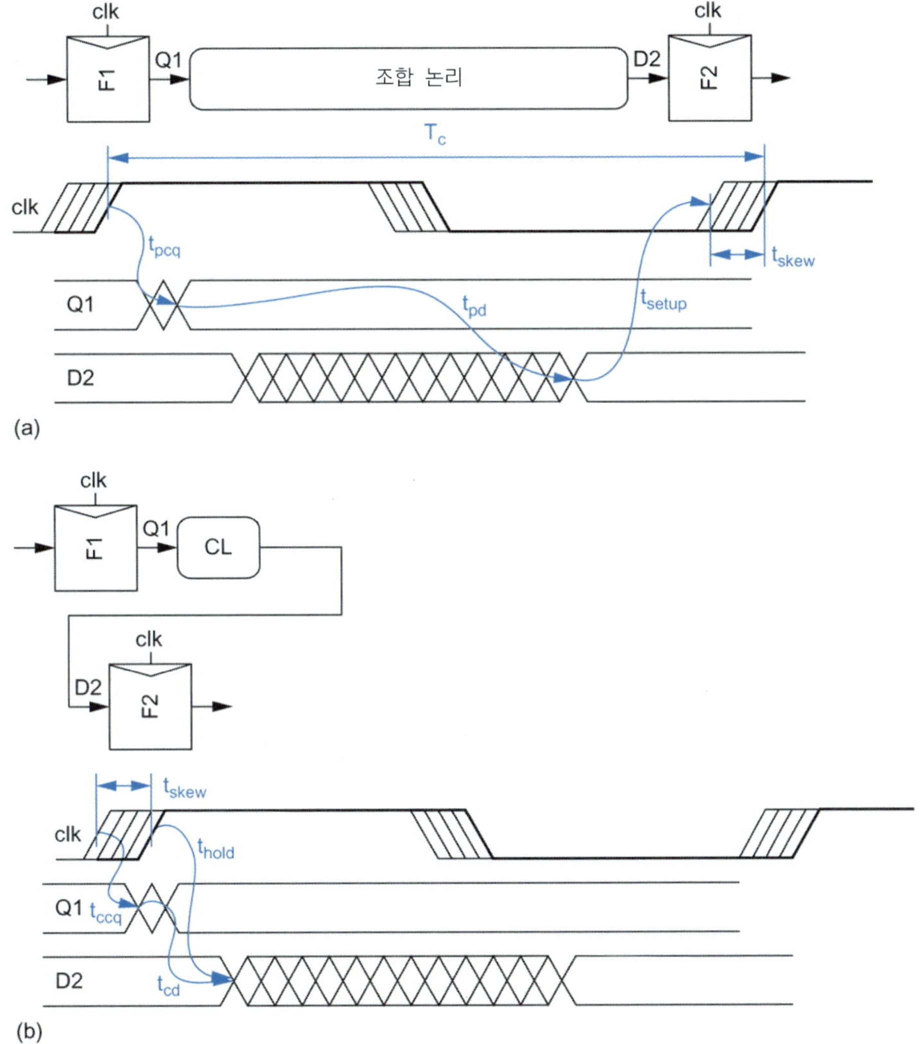

그림 9.15 클럭 스큐와 플립플롭

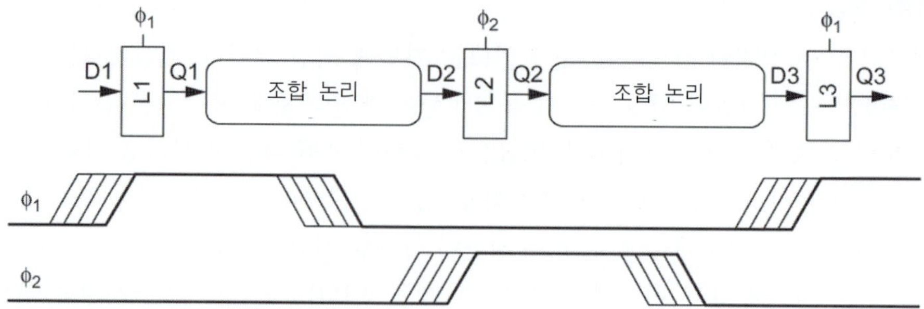

그림 9.16 클럭 스큐와 투과성 래치

$$t_{pd} \le T_c - \underbrace{\left(t_{pcq} + t_{\text{setup}} + t_{\text{skew}}\right)}_{\text{sequencing overhead}} \tag{9.12}$$

$$t_{cd} \ge t_{\text{hold}} - t_{ccq} + t_{\text{skew}} \tag{9.13}$$

투과성 래치를 사용하는 시스템에서는 클럭 스큐가 성능을 저하시키지 않는다. 그림 9.16은 클럭이 데이터가 투과성임에도 래치에 도착할 수 있기 때문에 스큐가 발생할 때에도 어떻게 전 주기(두 개의 래치 지연 감함)를 계산할 수 있는지 보여 준다. 이런 이유로 투과성 래치 기반 시스템을 **스큐 허용**(skew tolerant)이라고 한다. 그러나 스큐는 각 반주기 내에서 홀드 시간을 실질적으로 증가시킨다. 스큐는 또한 시간 차용할 창을 잠식한다.

$$t_{pd} \le T_c - \underbrace{\left(2t_{pdq}\right)}_{\text{sequencing overhead}} \tag{9.14}$$

$$t_{cd1}, t_{cd2} \ge t_{\text{hold}} - t_{ccq} - t_{\text{nonoverlap}} + t_{\text{skew}} \tag{9.15}$$

$$t_{\text{borrow}} \le \frac{T_c}{2} - \left(t_{\text{setup}} + t_{\text{nonoverlap}} + t_{\text{skew}}\right) \tag{9.16}$$

예제 9.7

만일 그림 9.6의 ALU 자가 바이패스 경로가, 다양한 ALU의 두 플립플롭 간에 하나의 주기에서 다음 주기까지 50 ps의 스큐를 경험한다면 이 시스템의 최소 사이클 타임은 얼마인가? 이 시스템은 홀드 시간이 실패할 때까지 얼마만큼의 클럭 스큐를 갖는가?

해답: 식 (9.12)에 의하면 사이클 타임은 50 ps에서 1202 ps까지 증가해야 한다. 임의의 사이클 타임에서 시스템이 정확하게 작동할 수 있는 최대 스큐는 $t_{cd} - t_{\text{hold}} + t_{ccq} = 45 - (-10) + 75 = 130$ ps이다.

펄스 래치는 펄스 폭에 비례하는 스큐의 양을 허용할 수 있다. 만일 펄스가 충분히 넓으면 데이터가 래치가 투과성인 동안에는 도착할 것이기 때문에 스큐는 순차화 오버헤드가 증가할 것이다. 만일 펄스 폭이 좁으면 스큐는 성능을 저하할 것이다. 다시 스큐는 홀드 시간을 실질적으로 증가시키고 차용할 수 있는 시간을 감소시킬 것이다(연습문제 9.9 참조).

$$t_{pd} \leq T_c - \underbrace{\max\left(t_{pdq},\ t_{pcq} + t_{\text{setup}} - t_{pw} + t_{\text{skew}}\right)}_{\text{sequencing overhead}} \tag{9.17}$$

$$t_{cd} \geq t_{\text{hold}} + t_{pw} - t_{ccq} + t_{\text{skew}} \tag{9.18}$$

$$t_{\text{borrow}} \leq t_{pw} - \left(t_{\text{setup}} + t_{\text{skew}}\right) \tag{9.19}$$

요약해서 말한다면 하드 에지(예를 들어 플립플롭)로 설계한 시스템은 계산에 유용하게 사용할 시간에서 클럭 스큐를 감한다. 좀 더 부드러운 에지(예를 들어 래치)로 설계한 시스템은 순차화 오버헤드를 증가시키지 않고 어느 정도의 클럭 스큐를 허용하기 위하여 투과성 창의 이점을 이용한다. 클럭 스큐는 12.4절에서 추가로 언급한다. 특히 다른 양의 스큐는 최소 지연과 최대 지연 검사에 배정할 수 있다. 더욱이 인근의 순차화 요소는 칩의 반대쪽 코너의 소자보다 스큐가 덜함을 볼 수 있다. 최근의 자동화된 배치 및 배선 도구(place & route tool)는 클럭 지연을 모델링하는 데 상당한 노력을 소모하며 클럭 스큐를 최소화하기 위하여 버퍼 소자를 삽입하지만 스큐는 공격적인 사이클 타임의 시스템에 대해서는 점점 더 커지는 문제가 있다.

9.3 래치와 플립플롭 회로 설계

기존의 CMOS 래치는 래치가 투과성일 때 데이터를 통과시키고, 래치가 비투과성일 때 데이터 홀드를 피드백하기 위해 통과 트랜지스터나 트랜지스터 버퍼로 구성하였다. 우리는 기본 래치에 대한 회로 설계를 탐구하고 그 기반 위에 플립플롭과 펄스 래치를 제작한다. 많은 래치는 리셋와 이네이블 입력을 수신한다. 순차화 오버헤드를 줄이기 위해 논리 기능을 래치에 집어넣는 것도 가능하다.

여러 가지 새로운 래치와 플립플롭 구조가 상업적 설계에 사용되었다. 참 단상 클럭화(TSPC: true single phase clocking) 기법은 클럭 분배를 단순화하기 위하여 반전(inversion) 없는 단일 클럭을 사용한다. Klass 준동적 플립플롭(SDFF: semidynamic flip-flop)은 도미노형의 입력 스테이지를 사용하는 고속 플립플롭이다. 차동 플립플롭은 어떤 응용에는 양호하다. 이러한 각 대안에 대해서 설명하고 비교하기로 한다.

9.3.1 기존의 CMOS 래치

그림 9.17(a)는 단일 트랜지스터로 구성한 매우 단순한 트랜지스터 래치이다. 이것은 간편하고 빠르지만 네 가지 제한 사항이 있다. 출력은 **레일투레일**(rail-to-rail)로 왕복(swing)하지 않는다(즉 GND로부터 V_{DD}로). 즉 $V_{DD}-V_t$ 이상 상승하지 않는다. 출력은 **동적**(dynamic)이다. 다른 말로 출력은 래

치가 비투과성일 때 부유한다. 만일 너무 오래 부유하면 누설이 발생하여 방해를 받는다(8.3.3절 참조). D는 통과 트랜지스터의 **확산 입력**(diffusion input)을 구동하여 잡음 문제를 일으키며(8.3.9절 참조) 정적인 타이밍 분석기로 지연을 모델링하는 데 더 어렵다. 마지막으로 상태 노드는 **노출되어**(exposed) 출력의 잡음은 상태를 오염시킬 수 있다. 나머지 그림은 좀 더 고도로 작동시키기 위해 좀 더 많은 트랜지스터를 사용하여 래치를 개선한 것을 설명한다.

그림 9.17(b)는 레일투레일 출력 스윙을 제공하기 위해 단일 nMOS 통과 트랜지스터 대신 CMOS 전송 게이트를 사용한다. CMOS 전송 게이트는 상보형 클럭 $\bar{\phi}$를 요구하는데 이것은 추가적

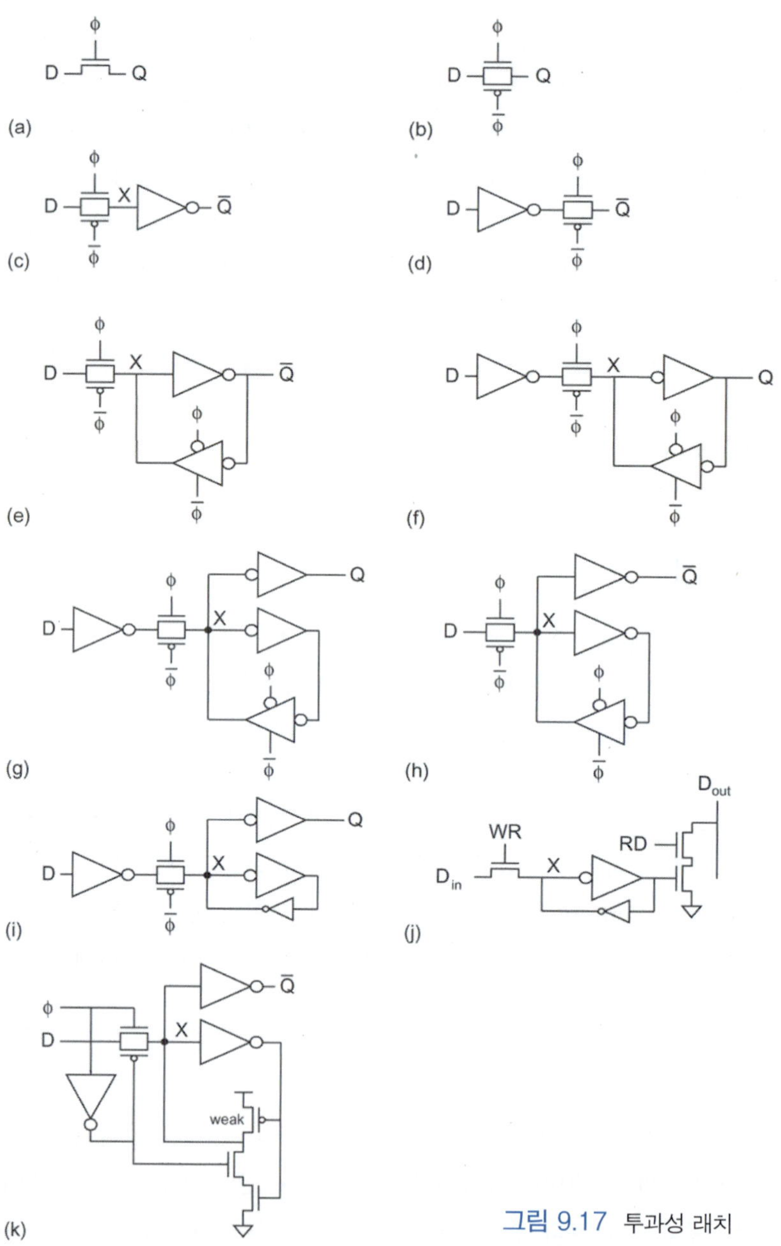

그림 9.17 투과성 래치

인 입력으로 제공되거나 인버터를 통해서 국지적으로 ϕ로부터 발생한다. 그림 9.17(c)는 출력 인버터를 추가하여 상태 노드 X는 출력의 잡음으로부터 격리된다. 물론 이로 인해 반전 래치를 생성한다. 그림 9.17(d)는 버퍼 입력, 비버퍼 출력을 내는 반전 래치로 동작한다. 8.2.5.1절에서 설명한 것처럼 전송 게이트가 따르는 인버터는 본질적으로 3상태 인버터와 동등하지만 출력이 병렬 전송 게이트의 두 개의 트랜지스터로 구동되기 때문에 약간 더 낮은 논리 에퍼트를 갖는다. 그림 9.17(c)와 (d)는 모두 빠른 동적 래치이다.

현대적인 공정에서 아임계 누설(subthreshold leakage)은, 동적인 노드가 특히 번인 테스트(burn-in test) 중의 고온과 전압에서 짧은 시간 동안만 그 값을 유지할 수 있을 만큼 충분히 크다. 그러므로 실용적인 래치는 정적화되어서 그림 9.17(e)에서처럼 출력이 부유되지 않도록 피드백을 추가하여야 한다. 클럭이 '1' 일 때, 피드백 상태는 OFF되고 래치는 투과성을 갖는다. 클럭이 '0' 일 때 입력 전송 게이트는 OFF된다. 그러나 피드백 3상태가 ON하여 X를 정확한 레벨로 유지한다. 그림 9.17(f)는 입력 인버터를 추가하여 입력은 비버퍼 확산이라기보다는 트랜지스터 게이트라고 할 수 있다. 불행하게도 (e)와 (f) 모두 출력 노이즈 문제를 다시 끌어들인다. 즉 출력의 큰 노이즈 스파이크는 피드백 게이트를 따라 뒤로 전파될 수 있고 상태 노드 X를 오염시킨다. 그림 9.17(g)는 현재까지 언급한 모든 결함을 다루는 매우 강력한 투과성 래치이다. 즉 래치는 정적이며 모든 노드는 레일투레일 스윙을 하고 상태 잡음은 출력 잡음으로부터 격리되고 입력은 확산하기보다는 트랜지스터 게이트를 구동한다. 그와 같은 래치가 Artisan 표준 셀 라이브러리[Artisan02]를 포함하는 표준 셀 응용에 폭넓게 사용될 수 있다. 고성능을 고집하거나 면적이 특히 중요하지 않은 모든 곳에 권장한다.

입력 잡음을 더 잘 제어할 수 있는 반주문 데이터 경로(semicustom datapath) 응용에서 그림 9.17(h)의 반전 래치는 더 빠르고 더 간편 선호할 만하다. 즉 예를 들어 Intel은 이것을 표준 데이터 경로 래치로 사용한다[Karnik01]. 그림 9.17(i)는 3상태 위치에 약한 피드백인버터를 사용하여 클럭 부하를 저감하고 두 개의 트랜지스터를 줄인 변종인 **잼래치**(jamb latch)를 보여 준다. 3상태가 모든 코너의 피드백 인버터를 제압(overpower)할 수 있을 만큼 충분히 강하도록 주의 깊게 회로를 설계하여야 한다. 그림 9.17(j)는 레지스터 파일과 필드 프로그램 가능 게이트 어레이(FPGA: field programmable gate array) 셀에 흔히 사용되는 또 다른 잼래치이다. 그와 같은 많은 래치는 단일 D_{out} 선으로 읽어 내며 단지 한 개만이 임의의 시간에 RD 신호로 이네이블된다. Itanium 2 프로세서는 그림 9.17(k)에 나와 있는 래치를 사용한다[Naffziger02]. 정적인 피드백에서는 풀다운 스택은 클럭되지만 풀업은 약한 pMOS 트랜지스터이다. 그러므로 입력을 구동하는 게이트는 피드백을 견딜 수 있을 만큼 강해야 한다. Itanium 2 셀 라이브러리는 또한 이전 게이트가 너무 약하거나 멀 때 입력을 버퍼링하기위하여 추가적인 입력 인버터가 붙은 유사한 래치를 포함한다. 입력 인버터가 있으므로 래치는 (g)와 (i)에 나와 있는 설계 간의 절충물로 볼 수 있다. 어떤 래치는 참(true)과 상보형 출력을 제공하기 위해 인버터를 하나 더 추가한다.

그림 9.17(d)의 동적인 래치는 그림 9.18(a)의 클럭화된 3상태처럼 그릴 수 있다. 그러한 형태는 때때로 **클럭화된 CMOS**(C^2MOS, clocked CMOS)라고 한다[Suzuki73]. 인버터와 전송 게이트를 사용하는 기존의 형태는 출력이 병렬로 작동하는 nMOS와 pMOS를 통해서 구동되므로 약간 더 빠

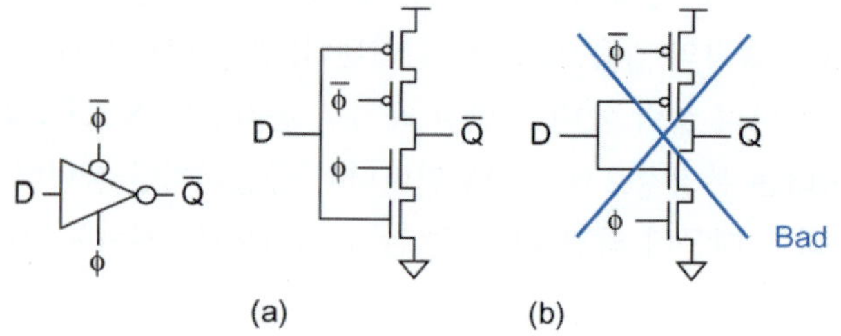

그림 9.18 C^2MOS 래치

르다. C^2MOS는 두 개의 접점 제거하기 때문에 약간 더 작다. 그림 9.18(b)는 데이터와 클럭 단자를 교환하는 3상태의 또 다른 형태이다. 래치가 비투과성일 때 *D*를 토글링하면 출력 노드에 노이즈를 함유하는 전하를 일으키기 때문에, 이것은 논리적으로는 동일하나 전기적으로는 열등하다[Suzuki73].

지금까지 보아 온 모든 래치는 ϕ가 하이(high)이면 투과성이다. 래치는 ϕ와 $\bar{\phi}$를 서로 바꿈으로써 액티브 로우(low) 래치로 전환될 수 있다.

9.3.2 기존의 CMOS 플립플롭

그림 9.19(a)는 백투백 동적 래치(back-to-back dynamic latch)로 만든 동적 반전 플립플롭을 보여 준다[Suzuki73]. 첫 번째 인버터이건 마지막 인버터이건, 버퍼링되지 않은 입력이나 출력에서 좀 더 큰 노이즈 감도를 희생한다면, 지연을 줄이기 위하여 제거할 수 있다. 그림 9.19(b)에서는 비반전 정적 플립플롭을 생산하기 위하여 피드백과 또 다른 인버터를 추가한다. PowerPC 603 마이크로프로세서 데이터 경로는 입력 인버터나 $\overline{Q}$ 출력을 사용하지 않고 이러한 플립플롭 설계를 채용하였다[Gerosa94]. 대부분의 표준 셀 라이브러리는 단순하고, 강건하고, 소형이며, 에너지 효율적[Stojanovic99]이기 때

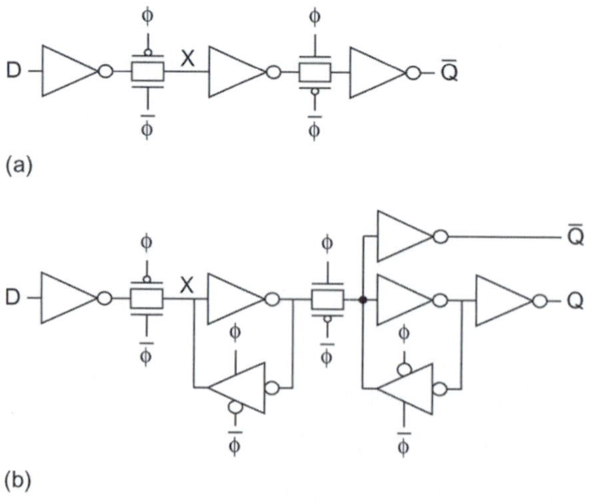

그림 9.19 플립플롭

문에 이 디자인을 사용한다. 그러나 나중에 기술된 대안의 일부는 더 빠르다.

플립플롭은 보통 단일 클럭 신호 ϕ를 취하고 그 상보 값 $\bar{\phi}$는 해당 지역에서 발생한다. 만일 클럭 상승/하강 시간이 매우 느리면 클럭과 상보 값 두 개 모두 동시에 중간 전압 수준이 되어 두 개의 래치가 모두 투과성을 갖게 되고 플립플롭 홀드 시간을 증가시킨다. ASIC표준 셀 라이브러리(Artisan 라이브러리와 같은)에서는 클럭은 플립플롭 셀에서 상보되고 버퍼링되어 좀 더 많은 인버터와 클럭 부하를 희생하여 에지율을 날카롭게 만든다. 그러나 클럭 부하는 1의 활동 속성을 가지고 있어서 플립플롭에서의 많은 소비 전력을 유발하기 때문에 가능한 한 작은 채로 둬야 한다.

플립플롭은 또한 두 개의 래치 사이에 내부 레이스 조건의 가능성도 가지고 있다. 이 레이스는 클럭과 인버터의 지연으로 야기되는 그 상보 값 사이에서 스큐로 인해 악화될 수 있다. 그림 9.20(a)는 내장 인버터를 사용하여 그림 9.19(a)를 다시 그린 것이다. ϕ가 하강하면 클럭과 그 상보 값은 순간적으로 그림 9.20(b)와 같이 로우(low)가 되어 양쪽 전송 게이트의 클럭화된 pMOS 트랜지스터를 ON 한다. 만일 스큐(즉 인버터 지연)가 너무 크면 데이터는 하강하는 클럭 에지의 양 래치를 통해서 빠져나가 부정확한 작동을 야기한다. 그림 9.20(c)는 인버터와 전송 게이트 대신 C^2MOS를 사용하는 C^2MOS 동적 플립플롭 내장 모습을 보여 준다[Suzuki73]. 각 스테이지가 반전하고 데이터는 한 래치의 nMOS 스택과 다른 래치의 pMOS 스택을 통과해 가기 때문에 두 개의 클럭화된 pMOS 트랜지스터를 ON하는 스큐는 위험하지 않다. 그러나 플립플롭은 아직은 양 트랜지스터를 부분적으로 ON하는 초저속 에지율에 의한 실패에 대해 매우 취약하다. 동일한 스큐의 이점은 래치 간에 짝수의 반전 논리 스테이지가 존재할 경우에도 적용된다. 이 기술은 때때로 **NORA**(NO RAce)라고도 불린다[Gonclaves83]. 실제 대부분의 플립플롭 설계는 클럭 인버터의 지연을 주의 깊게 통제하여 전송 게이트 설계는 C^2MOS보다 다소 빠르다[Chao89].

이 모든 플립플롭은 플립플롭 간 특히 플롭 상호간에 논리가 적거나 아주 없고 클럭 스큐가 크거나 제대로 분석되지 않은 경우에 플립플롭 사이에서 아직은 최소 지연 문제를 제기할 가능성이 있다.

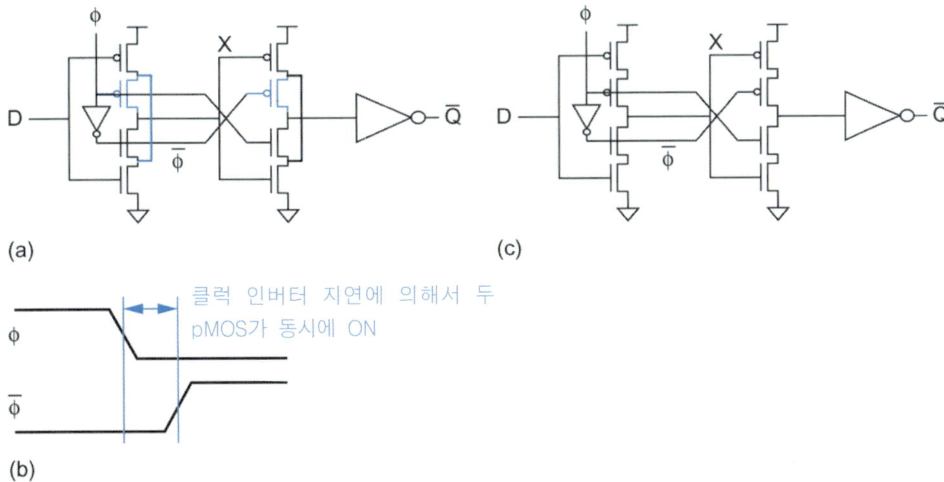

그림 9.20 전달 게이트와 NORA 동적 플립플롭

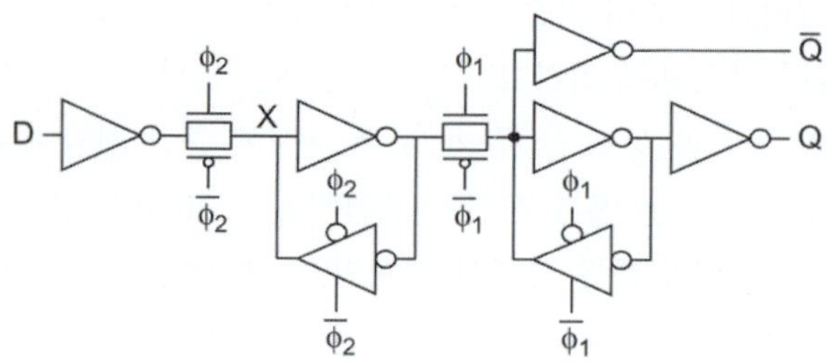

그림 9.21 2-위상 비중복 클럭의 플립플롭

주의 깊은 클럭 스큐 분석에 너무 많은 작업이 소요되고 성능이 그렇게 중요하지 않은 VLSI급 프로젝트에 대비하여 적절한 대안으로서 그림 9.21에서 보여 주는 바와 같이 클럭과 그 상보 값 대신에 2-위상 비중복 클럭 쌍을 사용하는 방법이 있다. 플립플롭은 ϕ_1의 상승 에지의 입력을 포착한다. 비중복을 충분히 크게 하면 회로는 스큐가 클지라도 작동이 된다. 그러나 논리가 비중복 시간을 사용하지 않으면 이것이 직접 셋업 시간과 플립플롭의 순차화 오버헤드를 증가시킨다(연습문제 9.10 참조). 플립플롭을 위한 레이아웃은 앞표지 안쪽에 있으며, 단일 클럭을 이용하기에 편리할 것이다. 어떻게 확산 노드가 기생 커패시턴스를 감소시키기 위해 공유되는지 관찰해 보자.

9.3.3 펄스 래치

펄스 래치는 클럭 펄스가 짧은 기존 CMOS 투과성 래치를 사용하여 제작할 수 있다. 그림 9.22(a)는 때때로 **클럭 초퍼**(clock chopper)나 **원쇼트**(one-shot)라고 불리는 단순한 형태의 펄스 발생기를 보여 준다[Harris01a]. 펄스 래치는 그것이 2개가 아니라 단일 래치를 포함하고 시간 차용을 허락하기 때문에 일반적인 플립플롭보다 빠르다. 그것은 또한 펄스 발생기가 에너지 소비를 늘리지만 에너지를 덜 소비한다.(그리고 이상적으로 에너지와 면적 효율을 위해 다중의 펄스 래치에 걸쳐 공유된다.) 결점은 상승된 홀드 시간이다.

Itanium 2 프로세서에서 사용되는 **Naffziger 펄스 래치**(Naffziger pulsed latch)는 그림 9.22(b)의 발생기에서 만들어지는 펄스보다도 더 짧은 펄스로 작동하는 그림 9.17(k)의 래치로 되어 있다[Naffziger02]. 이 펄스 발생기는 주기의 6분의 1 정도의 공칭폭으로 펄스를 발생시키는 상당히 느린(약한) 인버터를 사용한다(1.2 GHz 동작으로 125 ps 발생). 디세이블되면(disabled) 펄스 발생기의 내부 노드는 순간적으로 높이 부유하지만 그림 9.22(c)에서와 같이 클럭의 상승 에지 부근에서 필요조건을 유지한다.

그림 9.22(d)는 대체로 긴 펄스를 발생시키는 NEC RISC 프로세서[Kozu96]에 사용하는 또 다른 펄스 발생기를 보여 준다. 이 발생기는 동적 전송 게이트를 내장하여 펄스 중에 이네이블에 글리치가 나지 않게 한다.

많은 설계자들이 짧은 펄스는 위험한 것으로 알고 있다. 펄스 발생기는 프로세스 변경이나 라우

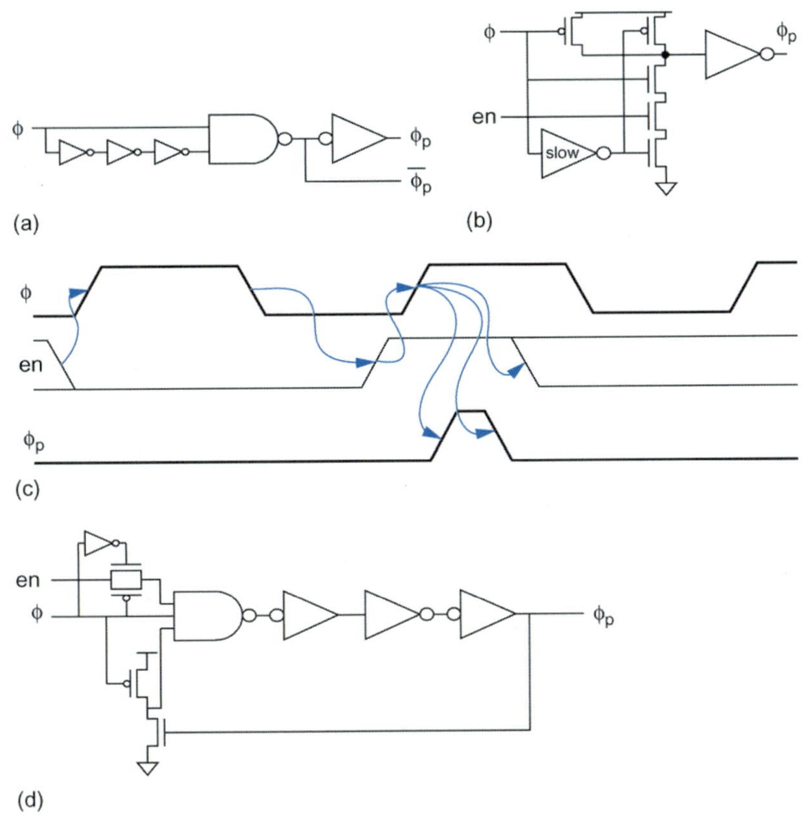

그림 9.22 펄스 발생기

팅으로 펄스가 심하게 저하하지 않게 프로세스 코너와 RC 부하(load)를 교차하여 주의 깊게 시뮬레이션하여야 한다. 그러나 Itanium 2 팀은 펄스 발생기가 적절한 드라이브를 갖고 있으며 일반적인 클럭을 사용해도 무방한 것을 발견하였다. 쿼드-코어 Itanium 펄스 발생기는 전달 게이트 멀티플렉서를 사용하여 1과 3-인버터 지연 체인 사이에서 선택한다[Stackhouse09]. 더 넓은 펄스는 공정과 환경의 변동성을 넘어 더 강건한 래치 작동을 제공하고, 많은 시간 차용을 허용하지만, 홀드 시간을 늘린다. 멀티플렉서 선택은 제조 뒤에 발견된 문제를 해결하기 위해 소프트웨어로 프로그래밍할 수 있다.

그림 9.23의 **Partovi 펄스 래치**(Partovi pulsed latch)는 펄스 발생기를 래치에 내장함으로써 펄스 분배의 필요성을 제거하였다[Partovi96, Draper97]. 눈금 친 박스의 약한 크로스 커플드 인버터(cross coupled inverter)는, 출력을 버퍼링하기 위해 추가적인 인버터를 사용하지 않는다면 래치가 Q나 $\overline{Q}$에 대해 뒤로부터 오는 출력 노이즈에 취약하다고 할지라도 회로를 정적화한다. Partovi 펄스 래치는 AMD K6와 Athlon[Golden99]에 사용되었으나 단순한 래치보다 약간 느렸다[Naffziger02]. 이것은 원래 **에지 트리거 래치**(ETL: edge triggered latch)라고 불렸는데 아주 짧은 투과성 창을 갖고 있어서 엄밀히 말해 펄스 래치이다.

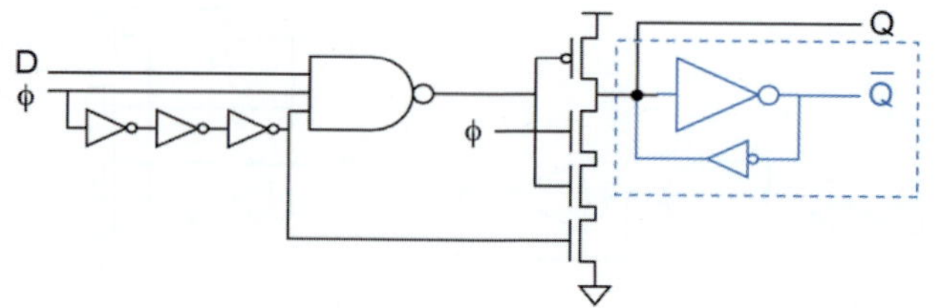

그림 9.23 Partovi 펄스 래치

9.3.4 리셋 가능 래치와 플립플롭

대부분의 실용적인 순차화 요소는 이미 알고 있는 시동 시의 초기 상태로 진입하고 결정된 동작을 하기 위하여 리셋 신호를 필요로 한다. 그림 9.24는 리셋 입력이 있는 래치와 플립플롭을 보여 준다. 리셋에는 **동기**(synchronous)와 **비동기**(asynchronous) 두 가지가 있다. 비동기 리셋은 동기 리셋이 클럭을 기다리는 동안 Q를 로우로 만든다. 동기 리셋 신호는 비동기 리셋이 전달 지연으로 리셋에서 출력으로 특징지어지는 동안 클럭 에지 부근에서의 셋업 시간과 홀드 시간에 대해서 안정적이어야 한다. 동기 리셋은 단순히 $\overline{reset}$로 입력 D를 AND하는 것이다. 비동기 리셋은 데이터와 피드백 모두를 게이

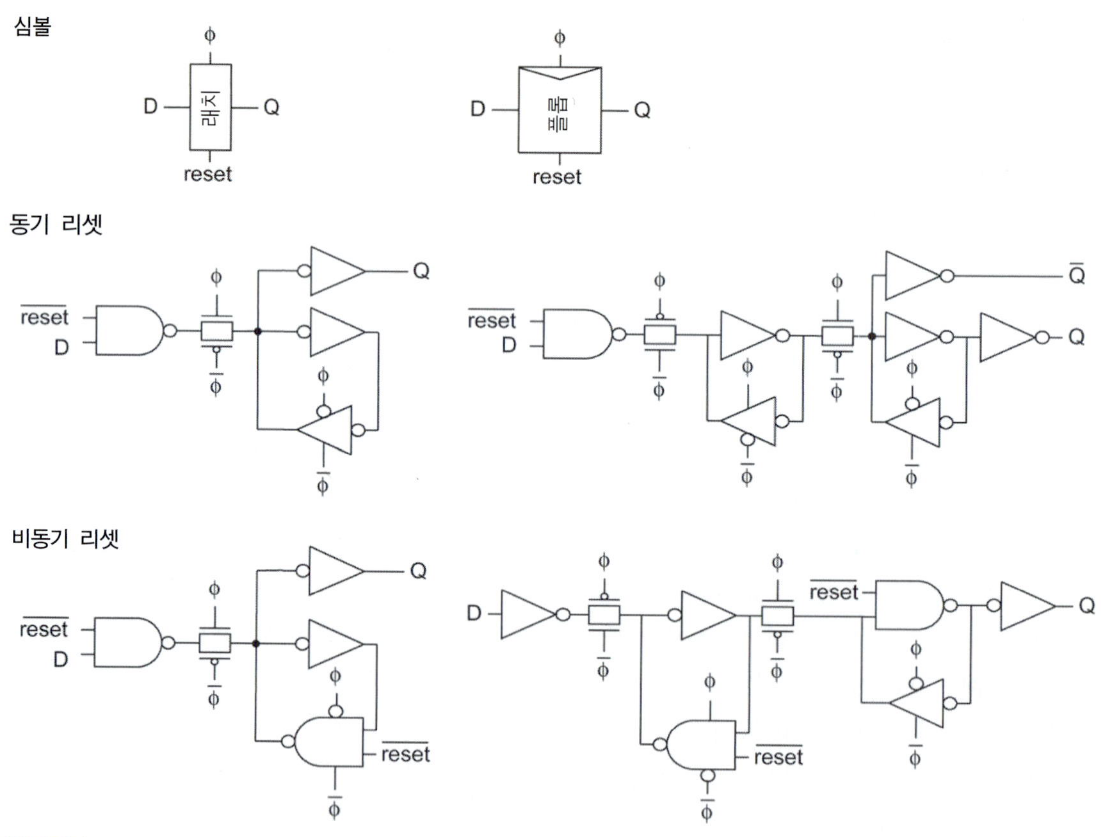

그림 9.24 리셋 가능 래치와 플립플롭

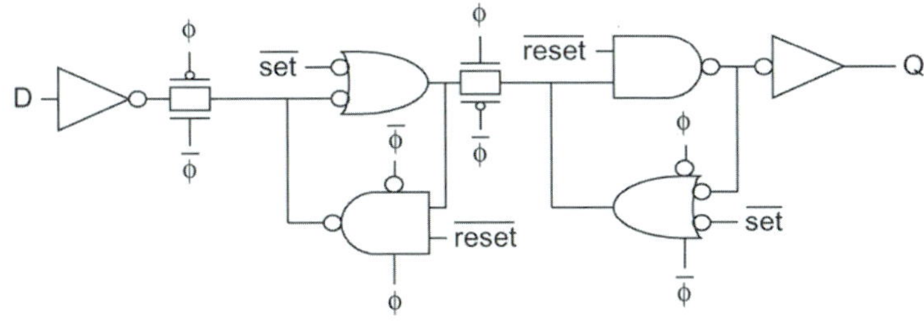

그림 9.25 비동기 세트와 리셋을 가진 플립플롭

팅하여 리셋을 클럭에 무관하게 만드는 것이다. 3상태 NAND 게이트는 일련의 클럭화된 전송 게이트와 결합된 NAND 게이트로 구성한다.

세터블 래치(settable latch)와 플립플롭은 출력을 로우 대신 하이로 한다. 그것들은 그림 9.24의 리셋 가능 소자와 유사하지만 NAND를 NOR로, $\overline{reset}$를 *set*로 대체한다. 그림 9.25는 비동기 세트와 리셋을 결합하는 플립플롭을 보여 준다.

9.3.5 이네이블 래치와 플립플롭

순차화 요소는 또한 가끔 이네이블 입력을 수신한다. 이네이블 *en*이 로우일 때, 소자는 클럭과 관계없이 그 상태를 유지한다. 그림 9.26에서 알 수 있는 바와 같이 이네블은 입력 멀티플렉서나 클럭 **게이팅**(gating)과 함께 수행될 수 있다. 입력 멀티플렉서는 소자가 디세이블될 때 오래된 상태를 피드백한다. 멀티플렉서는 면적과 지연을 추가한다. 클럭 게이팅은 데이터 입력에서 발생하는 지연에 영향을 주지 않고 AND 게이트는 다중 클럭 소자가 같이 공유한다. 그렇게 함으로써 디세이블된 소자의 클럭이 전환되지 않기 때문에 현저하게 전력 소모를 줄여 준다. 그러나 AND 게이트는 클럭을 지연시

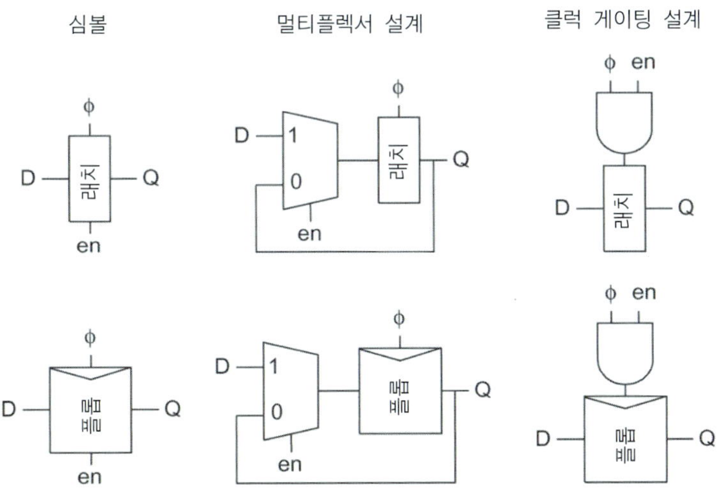

그림 9.26 이네이블 래치와 플립플롭

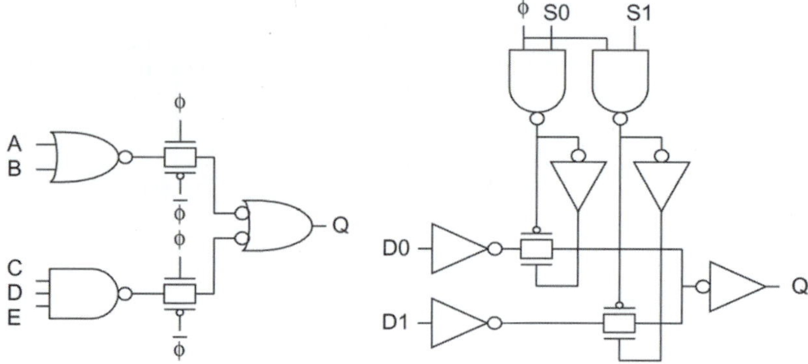

그림 9.27 논리와 래치의 결합

커 클럭 스큐를 유발할 수 있다. 12.4.5절은 AND 게이트를 클럭 분배 네트워크의 마지막 버퍼에 집어넣음으로써 스큐를 최소화하는 기법에 대해서 다룬다. *en*은 클럭의 글리치를 방지하도록 하이인 동안 안정해야 한다.

9.3.6 래치에 논리 결합하기

계산기의 초기 시절에서부터 엔지니어들은 래치의 순차화 오버헤드를 줄이기 위하여 래치에 논리를 결합하는 방법을 고안했다[Earle65]. 예를 들면 래치에 있는 몇몇 인버터를 유용한 계산을 수행하는 게이트로 교체하는 것이다. 그림 9.27은 동적 래치에서 이렇게 하는 두 가지 방법을 보여 준다. DEC Alpha 21164는 NAND, NOR, 또는 인버터 같은 정적 CMOS 게이트 클럭을 전송 게이트 앞뒤에서 반전시켜 만든 몇 개의 래치를 사용한다[Bowhill95]. 이 방법은 버퍼 입력과 출력을 유지하는 한 전송 게이트의 오버헤드가 낮다. **mux 래치**(mux latch)는 상응하는 선정된 신호로 게이팅된 클럭에 의해 제어되는 병렬로 연결된 두 개의 전송 게이트로 구성한다. 이것은 상태 노드의 소량의 추가적인 확산 커패시턴스를 제외하고는 *D* 입력으로부터 *Q* 출력까지 추가 지연 없이 멀티플렉서 기능을 통합한다. 선정한 입력에서의 셋업 시간은 비교적 높다는 것을 주목하자. 클럭 게이팅은 클럭화 방법이 시스템적으로 모든 클럭을 게이팅하지 않는다면 스큐를 유발한다. 동일한 원칙이 정적 래치와 플립플롭에 적용된다.

9.3.7 Klass 준동적 플립플롭

그림 9.28의 **Klass 준동적 플립플롭**(SDFF)[Klass99]은 펄스 래치와 플립플롭 간의 절충물이다. Partovi 펄스 래치와 같이 이것은 교차 펄스 원리로 작동한다. 그러나 이것은 정적인 NAND 대신 동적인 NAND 게이트를 사용한다. 클럭이 로우인 동안 *X*는 하이로 선충전하고 *Q*는 이전 상태를 유지한다. 클럭이 상승하면 동적인 NAND는 판정한다. 만일 *D*가 '0'이면 *X*는 하이를 유지하고, 상단의 nMOS 트랜지스터는 OFF된다. 만일 '1'과 *X*가 로우로 하강하기 시작하면 트랜지스터는 ON으로 남아 전환을 종료한다. 이것은 매우 짧은 펄스와 짧은 홀드 시간 동안 허용된다. 약한 크로스 커플드

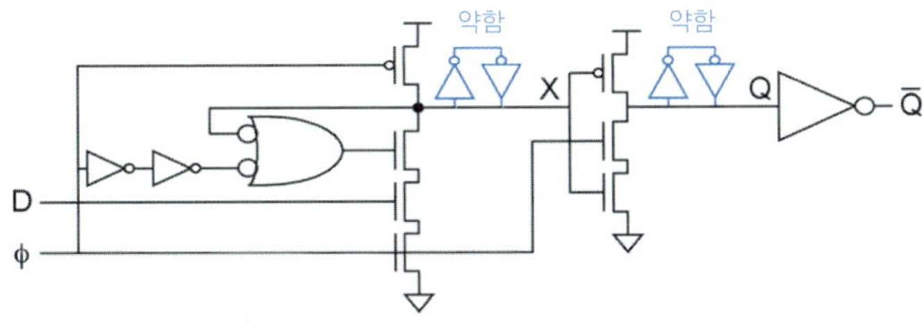

그림 9.28 Klass 준동적 플립플롭

인버터는 플립플롭을 정적화하고 최종 인버터는 출력 노드를 버퍼링한다.

펄스 래치와 같이 SDFF는 상승 클럭 에지 약간 이후에 상승 입력을 받아들인다. 플립플롭과 같이 하강 입력은 상승 클럭 에지 전에 셋업되어야 한다. 이것을 **준동적**이라고 하는데 동적인 입력과 정적인 동작을 결합하기 때문이다. SDFF는 Partovi 펄스 래치보다 약간 빠르지만 스큐 허용과 시간 차용 능력을 상실한다. 이것은 또한 높은 활동률을 가진 다수의 노드 때문에 더 높은 에너지 소비를 가지고 있다.

Sun UltraSparc III는 OR이나 멀티플렉서 기능을 수행하는 트랜지스터 뭉치로 *D*에 연결되는 단일 트랜지스터를 교체하는 방법으로 논리를 매우 효과적으로 SDFF에 집어넣었다[Heald00]. 셀 프로세서는 유사하게 최고 4-입력(더하기 스캔을 위한 다섯 번째 입력)을 가진 동적 먹스 래치를 사용한다[Warnock06].

9.3.8 차동 플립플롭

차동 플립플롭(differential flip-flop)은 참형과 상보형 입력을 받아들이고 참형과 상보형 출력을 만든다. 이것들은 클럭화된 센스 앰프로 만들어져 작은 차동 입력 전압에도 매우 빠르게 반응한다. 이것들이 상보형 출력을 만드는 추가 인버터를 갖고 있는 보통의 단일 종단 플립플롭(single-ended flip-flop)보다 크면 레지스터 파일 비트라인(11.2.3.3절)과 로우 스윙 버스(low-swing bus, 5.4.4절)와 같은 로우 스윙 입력(low-swing input)과 잘 동작한다.

그림 9.29(a)는 차동 입력을 받아들이고 차동 출력을 생성하는 차동 **센스 앰프 플립플롭**(SA-F/F: sense-amplifier flip-flop)을 보여 준다[Matsui94]. 클럭이 로우일 때 내부 노드 X와 $\overline{X}$는 선충전한다. 클럭이 상승하면, 크로스 커플드 pMOS 트랜지스터가 다른 쪽 노드를 지키는 동안 두 개의 노드 중 한 개가 아래로 내려진다. 크로스 커플드 NAND 게이트에 의해 구성된 SR 래치는 슬레이브 스테이지로 작동하여 출력을 포착하고 선충전하는 동안 유지한다. 플립플롭은 작은 차동 입력 전압을 증폭하거나 인버터를 이용하여 *D*로부터 상보형 입력을 유발할 수 있다. 이런 플립플롭은 Alpha 21264에 사용되고 있다[Gronowski98]. 이것은 작은 클럭 부하를 가지고 있어서 반전 클럭을 필요로 하지 않는다. 그러나 구조가 매우 크고, 종래 플립플롭보다 더 많은 에너지를 소모한다. 만일 두 개의 입력 트랜지스터가 참형과 상보형 nMOS 논리 네트워크로 교체되면 SA-F/F는 논리 기능을 수행할 수 있지만 큰 셋업 시간의 이점은 희생된다[Klass99].

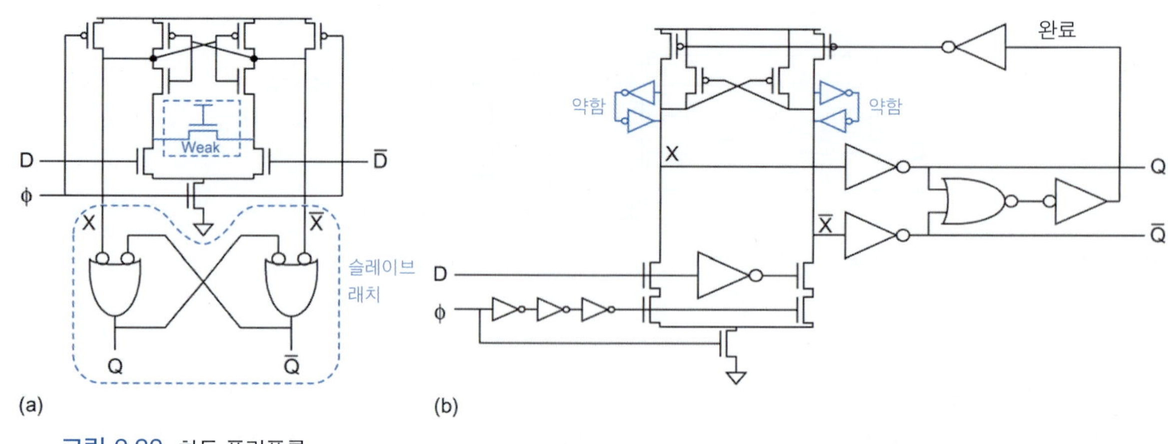

그림 9.29 차동 플립플롭

원래의 SA-F/F는 내부 노드 중 하나가 클럭이 하이일 경우 입력이 전환되면 로우로 부유하는 문제가 있다. StrongArm 110[Montanaro96]은 그림 9.29(a)의 약한 nMOS 트랜지스터를 추가하여 내부 부하와 지연이 작은 이점을 희생하면서 플립플롭을 정적화한다.

센스 앰프 스테이지가 빠름에도 불구하고 두 개의 크로스 커플드 NAND 게이트를 통한 전달 지연은 성능을 저하시킨다. NAND 게이트는 슬레이브 SR 래치로 동작하고 단조롭게 하강하는 펄스 X 신호를 정적 Q 출력으로 전환하는 데만 유일하게 필요하다. 즉 이것들은 Q가 도미노 게이트를 구동할 때 HI-스큐 인버터에 의해 대체될 수 있다. [Nikolic-00], [Kim00]과 [Strollo05] 모두는 더 빠른 선택적 슬레이브 래치 설계를 제안하지만, 더 많은 트랜지스터를 이용한다.

AMD K6는 정적 논리에서 자가 리셋 도미노 논리(self-resetting domino logic)까지의 인버터에 그림 9.29(b)에 나와 있는 또 다른 차동 플립플롭을 사용했다[Draper97]. 마스터 스테이지는 자가 리셋 듀얼 레일 도미노 게이트(self-resetting dual-rail domino gate)로 구성된다. 내부 노드가 초기에 선충전되었다고 가정한다. 클럭의 상승 에지에서 둘 중에 하나가 풀다운(pull down)되고 해당 출력을 하이로 구동한다. OR 게이트는 이것을 감지하고 **종료**(done) 신호를 발생시켜 내부 노드를 선충전하고 출력을 리셋한다. 따라서 플립플롭은 다음의 자가 리셋 도미노 게이트에서 활용하기 적합한 펄스 출력을 발생시킨다. 크로스 커플드 pMOS 트랜지스터는 크로스 커플드 인버터가 내부 노드를 정적화하는 동안 노이즈 내성을 개선한다.

9.3.9 이중 에지 트리거 플립플롭

많은 연구자가 절반의 클럭 주파수에 작동시킴으로써 에너지를 절감하기 위해 클럭의 양쪽 상승, 하강 에지에 대한 데이터를 잡는 플립플롭을 제안했다. 주요 단점은 하강 클럭 에지의 스큐를 증가시키는 동작 주기 변형에 대한 감도이다.(상승 에지에서부터 상승 에지까지의 스큐는 그것이 똑같은 전이를 포함하고 변이의 측면에서 더 좋게 일치하기 때문에 상승 에지에서부터 하강 에지까지의 스큐보다 작은 경향이 있다.) 먼저 이중 에지 트리거(DET) 플립플롭은 절반의 클럭 주파수와 2회의 활동률을 가지고 있어서 플립플롭에서 소모된 에너지는 변하지 않는다. 그러나 전역 클럭 분배 네트워크의 에너지는 감소된 주파수로 인해 1/2로 감소한다. 잘 설계된 시스템에서, 에너지는 보통 레지스터에 의존하고 클럭 분배에 의하지 않는다. 더욱이 DET 플립플롭은 면적, 지연과 에너지에서 약간의 오버헤드를 가지고 있는 경향이 있다. 한층 나아가서 동작 주기 변형에 의해 초래된 여분의 스큐는 순차화 오버헤드를 증가시킨다. 경로가 추가적 지연을 회복하기 위해 수정될 때쯤이면 순수한 에너지 절약은 작거나 부정적일지도 모른다. 절약이 실제적일지라도, DET 플립플롭은 타이밍 분석과 다른 CAD 흐름에 대한 수정을 요구한다. 이 모든 이유에도 불구하고, DET 플립플롭은 아직도 상용 시스템에서 광범위하게 사용된다.

DET 플립플롭을 위한 2가지 개념적 설계는 회로 구현과 함께 그림 9.30에 나와 있다 [Tschanz01, Gago93]. 그림 9.30(a)의 마스터 슬레이브 디자인에서, 분리된 두 마스터 래치는 클럭의 반대쪽 위상에서 동작한다. 슬레이브 래치의 위치에서 동작하는 멀티플렉서가 비투과 상태의 마스터의 결과를 선택한다. 그림 9.30(b)는 이 디자인의 트랜지스터 수준 구현을 보여 준다. 그림 9.30(c)의 펄스 형태 디자인에서, 펄스 발생기는 펄스를 클럭의 양쪽 에지에서 발생시킨다. 이 펄스는 보통의 플립플롭 또는 펄스 래치의 클럭 역할을 한다. 그림 9.30(d)는 펄스 래치와 효율적인 펄스 발생기를 이용하는 트랜지스터 수준 설계를 보여 준다.

그림 9.31은 Zhao 펄스 내재형 DET 플립플롭[Zhao07]을 보여 준다. 그림 9.30(c)의 외장 펄스

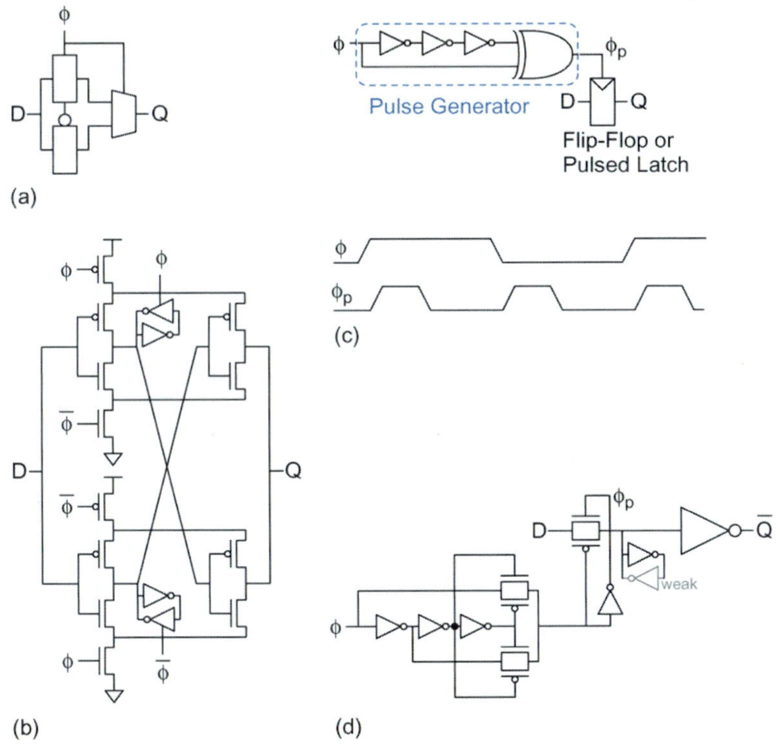

그림 9.30 DET 플립플롭

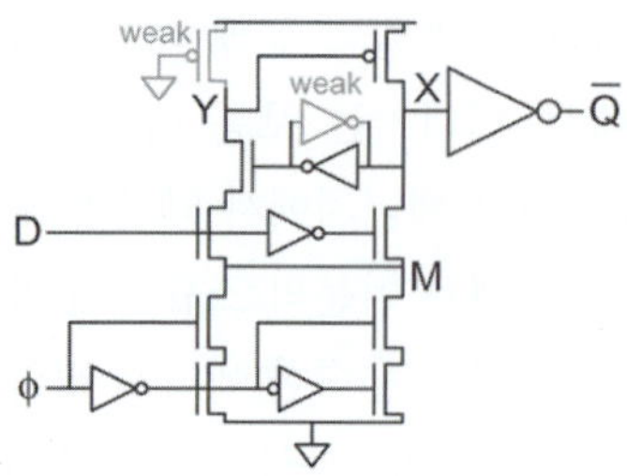

그림 9.31 Zhao 펄스 내재형 DET 플립플롭

발생기와 반대로 바닥의 nMOS 트랜지스터의 두 쌍은 내재형 펄스 발생기로서 역할을 하고, 클럭의 상승, 하강 에지 상에 짧은 간격으로 M 노드를 풀다운한다. 이 간격 동안, D가 0이면, X는 0으로 끌어 내려진다. D가 1이고 X가 0이면, Y는 간략하게 0으로 내려지고, X가 1로 상승하도록 유도된다. 사이클의 나머지 동안, Y는 약한 pMOS 트랜지스터에 의해 1로 붙잡히고 X는 약한 인버터에 의해 현재 값에 고정된다. 심한 비율 제약이 있다는 것을 주목하자: 약한 트랜지스터는 최고 4개까지의 직렬 nMOS 트랜지스터에 의해 보강되어야 한다.

9.3.10 방사 경화 플립플롭

6.3.4절에서 논의한 것처럼, 알파 입자 또는 우주 복사선에 의해 초래된 소프트 에러는 RAM 셀이 가장 작은 노드 커패시턴스와 가장 약한 피드백을 가지고 있어서 쉽게 방해를 받으므로 한때 메모리에서 주요 관심사였다. 트랜지스터 크기가 축소되면서, 플립플롭에 대한 소프트 에러의 비율은 그들이 높은 신뢰도 시스템에서 중요할 정도까지 증가했다. **방사 경화**(radiation-hardened) 플립플롭은 그와 같은 오류에 저항하기 위해 설계된다. 이들은 또한 우주선 복사가 매우 큰 우주 산업에서 매우 중요하다.

소프트 에러를 최소로 하기 위한 가장 단순한 방법은 입자 충돌이 상태를 반전시킬 가능성이 없는 충분한 전하를 가지는 저장 노드를 이용하는 것이다. 이것은 축소화가 커패시턴스와 전압 모두를 감소시키기 때문에 충전을 매우 감소시키면서 나노미터 공정에서는 어려워지게 되었다. 보통과 달리 큰 저장 노드는 여전히 방해 현상의 확률을 감소시킬 수 있지만, 그것은 성능, 에너지와 면적에서 비용을 지불하게 한다.

또 다른 선택은 비트당 3개 레지스터를 가진 3중 여분을 이용하여 비트 중 하나에서의 반전을 확인하기 위해 다수결을 이용하는 것이다(6.6.2절 참조). 이것은 분명히 훨씬 더 비싸지만, 중요한 상태 소자를 보호하는 효과적인 방법이다.

그림 9.32는 쿼드-코어 Itanium 프로세서에서 이용된 방사 경화 래치[Stackhouse09, Hazucha04]를 보여 준다. 소프트 에러 내성은 **이중 연동 셀**(DICE: dual interlocked cell) 원칙을 기반으로 한다[Calin96]. 상부의 전송 게이트와 3개 인버터는 일반적인 래치를 구성한다. 래치는 아래에 있는 이중 연동 피드백 회로를 이용하여 정지된다. 일반적인 래치에서, 내부 노드 중 하나의 상태를 반전시킨 입자 충돌은 래치에서 값을 손상시킬 수 있다. DICE 방식에서, 노드 n_0와 n_2는 보통 Q와 같은 값을 가진다. n_1과 n_3는 또한 보통 상보 값을 가지고 있다. 셀이 쓰여질 때, n_1은 $\overline{D}$에 의해 조정된다. 경쟁을 방지하기 위해, n_1을 조정한 nMOS와 pMOS 피드백 트랜지스터는 쓰기 동작 동안 꺼져야 한다. 이

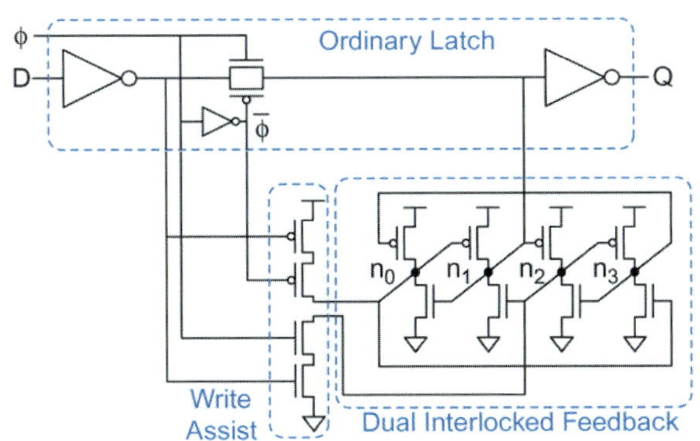

그림 9.32 방사 경화 래치

것은 쓰기 보조 회로에 의해 쓰기 동안 실행되고 $n_2=0$과 $n_0=1$을 보증한다. 4-상태 노드 $n_0 \sim n_3$ 중 하나가 소프트 에러에 의해 방해받더라도, 연동된 피드백은 값을 보정할 것이다. 래치는 여전히 2개 노드를 방해하는 방사 충돌에는 취약하다. 셀 배치 상에서 노드를 분리하는 것은 이 위험을 감소시킨다. 쿼드-코어 Itanium은 그러한 래치가 면적의 34%와 전력의 25%를 추가 소비하면 어떤 추가 지연 없이 소프트 에러를 두 단위만큼 줄일 수 있다는 것을 알았다.

9.4.5절에서 논의할 Razor 래치는 소프트 에러를 탐지하기 위해 충분한 저장 노드를 이용한다. 재실행 방법과 결합하여, 그것은 이러한 오류를 제거할 수 있다.

9.4 정적 순차화 요소 방법론

이 절에서는 순차화 요소 방법을 선정할 때 설계자들이 관심을 가져야 할 많은 논제들을 검증한다. 처음에는 일반적인 사항을 다루고 그후에 플립플롭, 펄스 래치, 그리고 투과성 래치에 각각 특별한 기법을 다룬다.

0.5 μm가 나타날 때까지 누설은 비교적 낮았고 그래서 동적 래치는 그 상태를 꽤나 오랫동안 유지할 수 있었다. DEC Alpha 21164는 1990년대 중반에 0.35 μm 공정에서 사용했던 동적 래칭 기법을 사용하기 위한 최후의 주요 마이크로프로세서 중 하나였다. 이것은 시험 중이라고 하더라도 상태를 유지하는 데 최소 전 속도의 10분의 1의 작동 주파수를 필요로 한다. 현대의 시스템은 일반적으로 클럭이 게이팅되거나 시스템이 무난한 주파수로 테스트 중이면 상태를 유지하기 위하여 정적 순차화 요소를 필요로 한다. 누설은 보통 칩이 양호한 토글 커버리지를 보장하기 위하여 정확히 동작할 필요가 있는 상승된 온도와 전압에서 테스트 중에 가장 나쁜 영향을 끼친다. 정적인 소자는 반대쪽 동적 소자보다 크고 다소 느리다.

마찬가지로, 점점 커지는 디버깅과 테스트의 어려움과 비용으로 인해 기술자들은 순차화 요소에 DFT(design-for-test) 기능을 집어넣게 되었다. 가장 중요한 특징은 **스캔**(scan)인데 이는 래치나 플립플롭을 묶어서 커다란 시프트 레지스터에 집어넣어 시험 중에 외부 제어 상태에서 읽고 쓸 수 있도록 하는 특별한 방법이다. 이 기법은 14.6.2절에서 상세히 다루기로 한다. 스캔은, 칩이 대부분의 내부 신호가 프로브에 직접 도달하지 못하는 많은 금속층으로 되어 있기 때문에 특히 중요하다. 더욱이 어떤 **플립 칩**(flip-chip)은 거꾸로 장착되어 접근하기가 더 어렵다. 스캔은 칩을 디버그하는 시간을 비약적으로 절약하고 시험 비용을 줄여 주기 때문에 대부분의 설계 기법은 모든 순차화 요소가 추가적인 면적이 필요함에도 스캔이 가능하도록 요구한다. Alpha 21264는 완전 스캔(full scan)을 지원하지 않고 디버그하기가 매우 어려워 그만 출시 시기를 놓치고 말았다.

클럭 분배는 또 다른 주요한 도전 과제이다. 12.4절에서 보겠지만, 하나의 클럭을 넓은 다이에 걸쳐 모든 순차화 요소에 거의 동시에 분배한다는 것은 매우 어려운 일이다. 한 클럭 이상에 있는 클럭 스큐를 제어하는 것은 더더욱 어려운 일이어서 대부분의 현대 설계는 어떤 주어진 영역에도 단 하나의 고속 클럭을 분배한다. 상보형 클럭, 펄스, 지연 클럭과 같은 다른 신호들은 필요한 곳에서 국지적으로 생성한다. 클럭 에지율은 비교적 날카롭게 하여 마스터와 슬레이브가 동시에 부분적으로 ON이 되는 레이스를 회피한다. 전역 클럭은 긴 결선을 따라 전파한 후에 느린 에지율을 가져서 보통 국지적으로 (각 순차화 요소 내에서나 버퍼셀 안에서) 버퍼링되어 에지율을 날카롭게 한다. 클럭 분배 네트워크와 클럭 부하의 클럭 전력은 보통 전체 칩 전력 소모의 2분의 1에서 3분의 1에 이른다. 따라서 클럭은 칩의 사용하지 않는 순차 소자를 끄기 위해 가끔 로컬 클럭 버퍼에 있는 AND 게이트로 게이팅한다.

모든 쌍안정 소자는 회로를 가격하고 민감한 노드에 전하를 주입하는 알파 입자나 우주선으로 인해 소프트 에러를 일으킨다(6.3.4절 참조). 순차화 요소는 소프트 에러율을 줄이기 위해 상태 노드에 비교적 높은 커패시턴스를 필요로 한다. 이로써 해당 노드의 최소의 트랜지스터 크기를 낮은 값으로 잡을 수 있다.

9.4.1 소자 선정

플립플롭, 펄스 래치 및 투과성 래치는 순차화 오버헤드, 스큐 허용도, 간이성 측면에서 장단점이 있다.

9.4.1.1 플립플롭 지금까지 보아 온 것처럼 플립플롭은 비교적 높은 순차화 오버헤드를 갖고 있음에도 매우 단순하기 때문에 자주 사용되었다. 거의 모든 기술자는 플립플롭이 어떻게 동작하는지 이해한다. 어떤 분석 툴과 시간 분석기는 투과성 래치보다 훨씬 부드럽게 플립플롭을 취급할 수 있다. 많은 ASIC 기법들은 플립플롭을 파이프라인과 상태기에 사용한다. 만일 성능 요구치가 공정의 한계 이내라면 플립플롭은 오늘날 CAD 흐름에서 단연 최상의 선택이 될 것이다.

9.4.1.2 펄스 래치 펄스 래치는 플립플롭보다 빠르고 홀드 시간이 크지만 시간 차용 능력이 있다. 펄스 래치는 클럭화된 트랜지스터 수가 적고 전력 소모가 작다. 만일 의도적인 시간 차용이 필요하지 않다면 홀드 시간이 길지만 지연이 작은 펄스의 상승 에지를 트리거하는 플립플롭처럼 구성할 수 있다. 이로써 펄스 래치를 비교적 쉽게 플립플롭 기반의 CAD 흐름에 집어넣을 수 있다. 더욱이 펄스 래치는 필요시 시간을 차용할 수 있어 의도적인 시간 차용을 사용하지 않을지라도 설계상 부정확성을 보

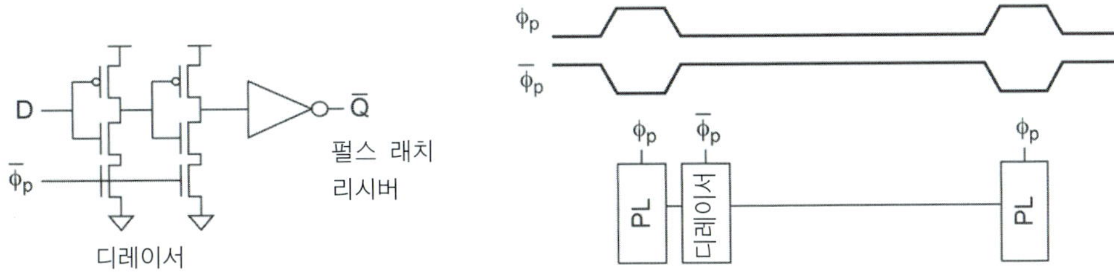

그림 9.33 클럭화된 디레이서

상해 준다. 펄스 래치는 홀드 시간을 다루는 노력이 필요한 일부의 마이크로프로세서에서 사용된다.

긴 홀드 시간 때문에 펄스 래치는 파이프라인 스테이지 간에 논리가 없는 파이프라인에 사용하기에는 적당하지 않다. 하나의 해결책은 속도가 중요하지 않은 경우에 펄스 래치 대신 보통의 플립플롭을 사용하는 것이다. 불행하게도 어떤 펄스 래치는 다중 경로를 팬아웃하는데 일부는 짧고 일부는 길다. Itanium 2 프로세서는 그림 9.33에 나와 있는 바와 같이 Naffziger 펄스 래치와 결합하여 **클럭화된 디레이서**(clocked deracer)를 사용했다[Naffziger02]. 이것들은 짧은 경로 상에 있는 수신 래치 앞에 설치하여 수신 래치가 투과성인 기간에 인입 경로를 막는다. 이것들은 펄스의 변동에 자동적으로 맞추어져 버퍼보다 짧은 명목 전달 지연을 하지만, 클럭 부하로 인하여 버퍼보다 더 많은 전력을 소모한다[Rusu03].

9.4.1.3 투과성 래치 투과성 래치도 플립플롭보다는 낮은 순차화 오버헤드를 갖고 있고 거의 반주기의 시간 차용으로 매력적이다. 래치는 각 반주기마다 설치하여야 한다. 데이터는 래치가 투과성인 동안에는 언제나 래치에 도착할 수 있다. 간편한 설계 방법은 각 반주기가 시작하는 곳에 래치를 두는 것이다. 그러면 시간 차용은 하나의 반주기 내의 논리가 명목값보다 길고, 데이터가 다음 반주기까지 다음 래치에 도착하지 않을 때 발생한다.

그림 9.34는 래치 간의 짧고 긴 경로에 대한 파이프라인 타이밍을 보여 준다. 경로가 짧으면(a), 데이터는 두 번째 래치에 빨리 도착하고 ϕ_2의 상승 에지 때까지 지연된다. 따라서 짧은 경로는 자동적으로 이렇게 맞추어 동작하므로 반주기가 시작하는 곳에 래치를 두는 것을 고려함이 자연스럽다. 경로가 길면(b), 첫 번째 반주기에서 두 번째 반주기로 시간을 차용한다. 스큐가 발생한 가장 최근의 상승 에지 후까지 데이터가 래치에 도착하지 않기 때문에 어떻게 클럭 스큐가 긴 경로를 늦추지 않는지 주목하자.

다중 신호를 포함하는 논리 블록은 각 신호 경로가 각 주기에서 두 개의 래치를 통과하도록 해야 한다. 신호는 Phase 1과 Phase 2로 분류할 수 있고, 논리 게이트는 동일한 위상에서 입력을 수신하여야 한다.

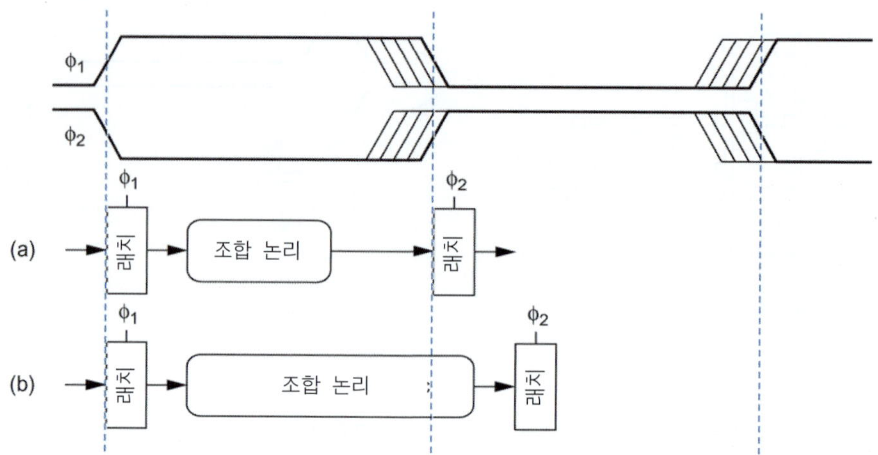

그림 9.34 래치 배치와 시간 차용

9.4.2 순차화 요소 지연의 특징

이전 절에서는 셋업 시간과 홀드 시간, 전달 지연과 혼조 지연을 이용하여 순차화 요소의 성능을 계산하였다. 이러한 지연은 상호 연관이 되어 있고 비용 계산 측면에서 사용하였다. 예를 들어 플립플롭은 데이터가 클럭 에지 전에 셋업 시간보다 약간 작게 변동하면 그 입력을 적절히 포착할 수 있다. 그러나 클럭-Q 지연이 이 상태에서 매우 길 수 있다. 이러한 시간 변수를 규정하기 위한 최선의 방법은 출력이 안정될 때까지 데이터가 설정될 때부터 전체적 D-Q 지연을 최소로 하는 것이다. 만일 t_{DC}를 데이터가 실제로 클럭 에지 전에 셋업한 시간, t_{CQ}를 클럭에서 Q까지의 실제 지연이라고 한다면 t_{setup}을 $t_{CQ} \leq t_{pcq}$와 같이 가장 작은 t_{DC} 값으로 정의할 수 있다. 더욱이 순차화 오버헤드 $t_{\text{setup}}+t_{pcq}$를 최소화하기 위해 t_{pcq}를 선택할 수 있다. 이 절에서는 시뮬레이션을 통해서 이들 지연을 특징짓는 방법을 탐구한다.

그림 9.35는 그림 9.19(b)의 기존의 정적 에지 트리거 플립플롭의 타이밍을 보여 준다. 지연은 FO4 인버터에 정규화되어 있다. 상승 입력에 대한 실제의 clk-$Q(t_{CQ})$와 D-$Q(t_{DQ})$ 지연이 D-$clk(t_{DC})$ 지연, 즉 클럭이 상승하기 전에 얼마나 오래 데이터가 도착하는가에 대하여 그려 놓았다. 만일 데이터가 클럭보다 상당히 오래전에 도착한다면 t_{CQ}는 짧고 본질적으로 t_{DC} 지연과는 독립적이다. $t_{DQ}=t_{DC}+t_{CQ}$이며, 데이터가 미리 도착한다면 데이터의 전진이 막히기 때문에 이것은 선형으로 증가한다. 데이터가 클럭에 좀 더 가까이 도착하면 t_{CQ}는 상승하기 시작한다. 그러나 t_{DQ}는 초기에 감소하고 t_{CQ}가 -1의 경사(축에 눈금은 표시하지 않음)를 가질 때 최솟값에 도달한다.

따라서 셋업 시간 t_{setup}을 최저 t_{DQ}가 발생하는 t_{DC}로, 그리고 이때의 전달 지연 t_{pcq}를 t_{CQ}로 정의하자. 혼조 지연 t_{ccq}는 입력이 일찍 도착할 때 일어나는 최저 t_{CQ}이다. 홀드 시간은 $t_{CQ} \leq t_{pcq}$와 같이 클럭에서 D가 변하는 최소 지연이다.

일반적으로 지연은 입력이 '0'이냐 '1'이냐에 따라 다를 수 있다. 그림 9.36은 상승 및 하강 D와 Q의 4가지 조합에 대해서 t_{CQ} 대 t_{DC}를 도식화한 것이다. 셋업 시간 t_{setup0}와 t_{setup1}은 각각 데이터가

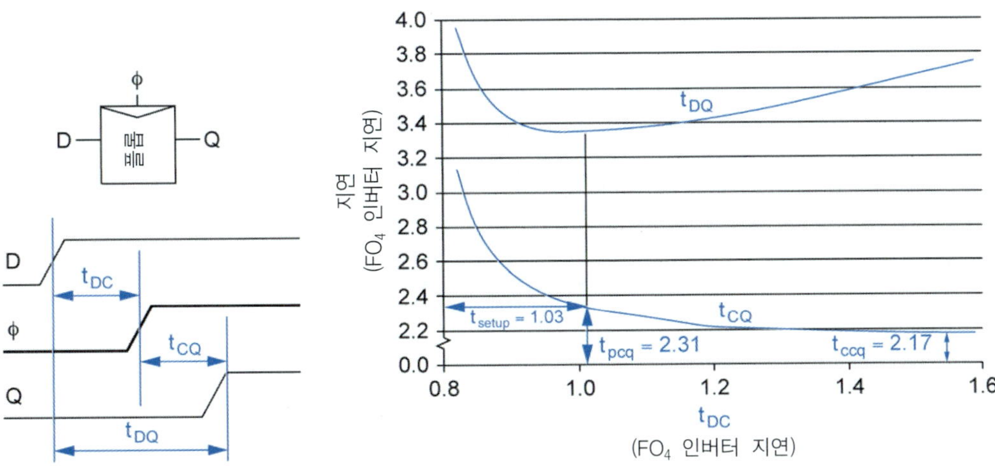

그림 9.35 플립플롭 지연 대 데이터 도착 시간

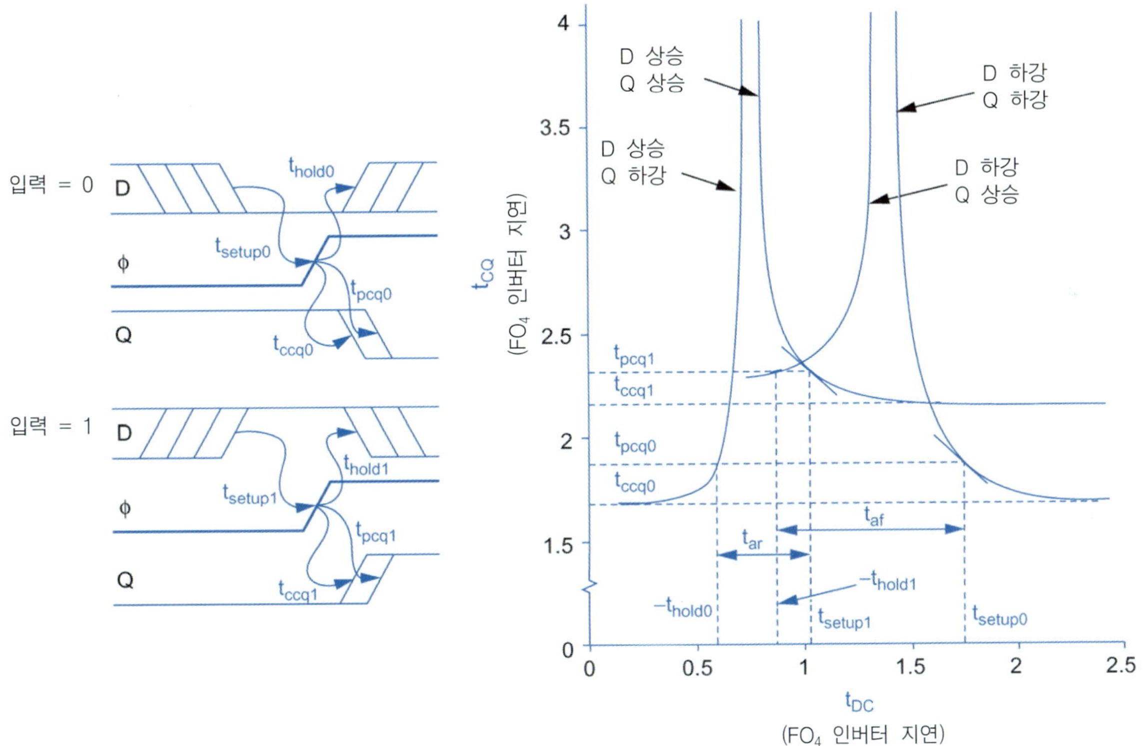

그림 9.36 플립플롭 셋업 및 홀드 시간

가능한 한 최소의 t_{DQ}로 적절히 포착될 수 있게 클럭 전에 D가 상승하거나 하강해야 하는 시간이다. 이 플립플롭이 하이 입력보다 로우 입력에 대해서 더 긴 셋업 시간과 더 짧은 전달 지연을 갖고 있음을 관찰하라. 홀드 시간 t_{hold0}와 t_{hold1}은 각각 오래된 값 '0'과 '1'이 새로운 값 대신 포착되도록 클럭 후에 D가 상승 또는 하강하는 시간이다. 홀드 시간은 보통 부(−)임을 주시하자. 혼조 지연 $t_{ccq0/1}$은 다시 가능한 최저 t_{CQ}이고 입력이 클럭 에지 전에 변동할 때 발생한다. 단지 하나의 지연만이 플립플롭 타이밍 파라미터에 대해서 인용될 때 관례상 그것은 '0'과 '1' 지연의 최악의 경우이다.

애퍼처(aperture) **폭** t_a는 플립플롭이 t_{pcq}보다 작은 전달 지연으로 정확한 출력을 생성하고자 한다면 데이터가 전이하지 않아야 하는 동안의 에지 클럭 부근에서의 창 폭이다. 상승 및 하강 입력에 대한 애퍼처 시간은 아래와 같다.

$$
\begin{aligned}
t_{ar} &= t_{\text{setup1}} + t_{\text{hold0}} \\
t_{af} &= t_{\text{setup0}} + t_{\text{hold1}}
\end{aligned}
\tag{9.20}
$$

만일 데이터가 애퍼처 내에서 전이하면, Q는 준안정하게 되고 확정하는 데 무한한 시간을 갖게 된다. 준안정성에 대해서는 9.5.1절에서 상세히 다룬다.

만일 D가 매우 짧은 펄스이면 플립플롭은 D가 상승 클럭 에지 부근에서 셋업과 홀드 시간 기간에 안정하다고 하더라도 포착에 실패할 수도 있다. 마찬가지로 만일 클럭 펄스가 너무 짧으면 플립플롭은 안정적인 데이터를 포착하는 데 실패할 수 있다. 잘 정리된 라이브러리는 때때로 셋업 시간 및 홀드 시간과 같이 클럭과 데이터에 대해서도 최소의 펄스 폭을 지정한다.

펄스 폭 4 FO4 인버터 지연을 사용하는 그림 9.17(g)의 기존의 정적인 래치에 비해서 레벨 동기식(level-sensitive) 래치는 그림 9.37에 나와 있는 바와 같이 투과성으로 인해 다소 다른 타이밍 제약조건을 가지고 있다. 에지 트리거 플립플롭을 사용할 때와 같이 데이터가 클럭이 상승($t_{DCr} > 0$)하기 전에 도착하면 데이터는 클럭을 기다려야 한다. 이 구역에서 클럭-Q t_{CrQ} 지연은 거의 변동이 없으며 t_{DQ}는 데이터가 빨리 도착하는 대로 증가한다. 만일 래치가 투과성인 동안 클럭이 상승한 후에 데이터가 도착하면 t_{DQ}는 본질적으로 도착 시간에 무관하다. 데이터는 클럭의 하강 에지 전에 셋업되어야 한다. X축의 두 번째 레이블 세트는 D-clk 하강 시간 t_{DCF}를 나타낸다. 데이터가 하강 에지에 너무 가깝게 도착하면 t_{DQ}는 증가한다. t_{DQ}를 달성하기 위해 곡선의 무릎 전, 즉 최솟값의 5%를 넘기 전에 셋업 시간을 선택해야 한다. 셋업 시간은 클럭의 하강 에지에 대한 상대값으로 측정한다. 만일 데이터가 클럭의 하강 에지 후 홀드 시간보다 짧은 시간 내에 변동하면 Q에는 순간적으로 글리치가 발생한다. 이래서 래치의 홀드 시간 t_{hold}는 Q가 무시할 만한 글리치를 보이는 $-t_{DCf}$로 정의된다.

펄스 래치는 클럭의 하강 에지 부근에서 측정된 셋업 시간과 홀드 시간을 갖는다. 그러나 설계자는 가끔 타이밍 분석 측면에서 에지 트리거 플립플롭처럼 펄스 래치를 취급하고 싶어 한다. 그러므로 우리는 상승 클럭 에지에 상대적인 '가상' 셋업과 홀드 시간을 정의할 수 있다[Stojanovic99]. 예를 들어 그림 9.37의 펄스 래치는 $t_{\text{setup-virtual}} = t_{\text{setup}} - t_{pw} = -2.4$ FO4 이나, $t_{pcq\text{-virtual}} = t_{pdq} + (t_{pw} - t_{\text{setup}}) = 4.06$ FO4이다. 따라서 $t_{pdq} = t_{\text{setup-virtual}} + t_{pcq\text{-virtual}}$의 총 순차화 오버헤드는 레퍼런스나 펄스 폭의 변동에 의해서 영향을 받지 않는다. 가상 홀드 시간은 $t_{\text{hold-virtual}} = t_{\text{hold}} + t_{pw} = 2.6$ FO4로 입력이 클럭의 상승 에

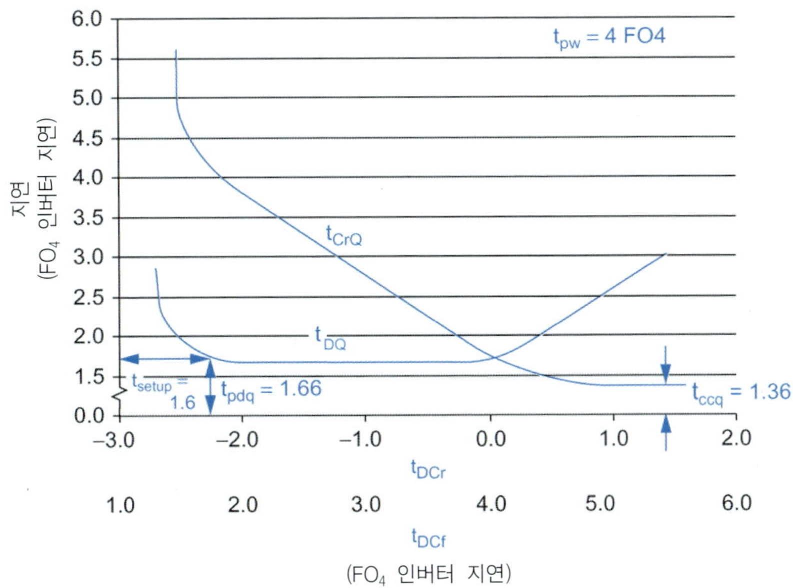

그림 9.37 래치 지연 대 데이터 도착 시간

지 후에 오랫동안 유지해야 하므로 예상할 수 있는 것처럼 정(+)이다.

지연은 입력 경사, 전압 및 온도에 따라 변동한다. 혼조 지연은 셋업 시간과 홀드 시간 중 가장 짧은 환경에서, 전달 지연은 가장 긴 환경에서 측정할 수 있어야 한다.

설계자들은 셋업 시간, 홀드 시간 및 전달 지연을 적절히 선택할 수 있다. 그림 9.38은 플립플롭의 클럭, D 또는 Q 단자에 지연 t_{buf}를 추가하는 경우의 효과를 보여 준다. 플립플롭 간의 최소 지연이 홀드 시간에서 혼조 지연을 뺀 값에 따라 변동하는 중에 순차화 오버헤드가 셋업 시간과 전달 지연의 합에 좌우됨을 상기하자. 입력이나 출력에 지연을 추가하면 순차화 오버헤드가 커지지만 최소 지연은 완화시킨다. 많은 표준 셀 라이브러리는 의도적으로 느린 플립플롭을 사용해서 논리 설계자들은 홀드 시간 위반에 대해 크게 우려할 필요가 없다. 클럭에 지연을 추가하면 플롭이 활성화할 때 단지 시프트

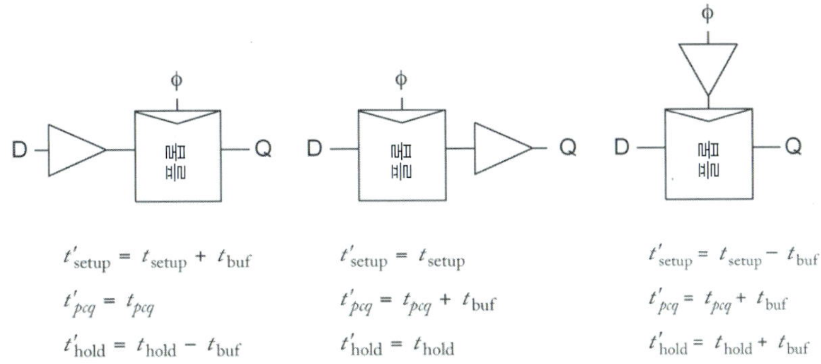

그림 9.38 지연 트레이드오프

하는 것이다. 순차화 오버헤드는 변동하지 않고 시스템은 전 주기에서 좀 더 많은 논리를 받아들이고 다음 주기에서 좀 더 적은 논리를 받아들인다. 이것은 래치 시스템의 시간 차용과 유사하지만 우연히 투과성의 이점을 이용하기보다는 의도적으로 클럭을 조정해야 한다. 어떤 저자들은 클럭을 지연하는 것을 **의도적인 클럭 스큐**(intentional clock skew)로 부른다. 이 책에서는 클럭 도착 시간의 불확정성으로 인해 **클럭 스큐**(clock skew)라고 한다.

9.4.3 상태 보존 레지스터

4.3.2절에서는 한 단위 블록이 상당 기간 작동을 멈추고 있을 때 누설 전력을 절약하기 위한 전력 게이팅을 소개하였다. 그 단위 블록은 전력이 다시 가해질 때 자신을 다시 초기화하거나, 전력 소실 동안 자신의 상태를 유지해야 한다. **상태 보존 레지스터**(state retention register)는 단위 블록의 나머지에 전력 공급이 끊어진 동안 그들의 상태를 유지하기 위해 두 번째 전력을 공급받는다. 그들은 입력이 무효가 될 때 낮은 누설을 이루고 손상을 방지하도록 특수한 설계가 요구된다.

그림 9.39는 상태 보존을 위한 풍선 회로를 가진 플립플롭을 보여 준다[Shigematsu97]. 풍선 회로의 교차 결합 인버터는 플립플롭의 나머지에 전력이 차단된 동안 상태를 유지하기 위해 분리된 전력 공급기에 연결된 저누설 트랜지스터를 사용한다. 풍선 회로는 보통 누출을 최소로 하기 위해 최소 크기의 높은 V_t 그리고/또는 얇은 옥사이드 트랜지스터를 사용한다. 예를 들면 I/O 트랜지스터는 일반적으로 이러한 특성을 가지고 있고, 추가 비용 없이 이용 가능하다. 조정 신호인 SAMPLE(S)과 HOLD(H)는 타이밍 도면에 나타난 바와 같이, 정상 작동 동안 0이다. 단위 블록이 전력 게이팅되었을 때, ϕ는 비투과 상태의 슬레이브 래치와 낮은 값에 머문다. SAMPLE은 풍선 안으로 상태를 쓰기에 충분한 기간 동안(트랜지스터가 특히 느리면 오랜 시간) 펄스가 발생된다. 그러고 나서 HOLD가 상태를 유지하기 위해 발생한다. 이제 가상의 파워 레일은 단위 블록의 전력을 끊어 비활성화할 수 있다. 비록 전력 단절 동안 클럭이나 리셋 또는 데이터 반전 같은 다른 래치 제어 신호가 있어도, 상태의

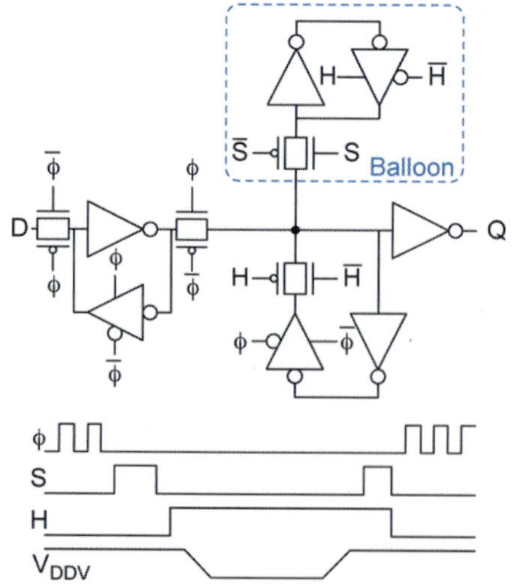

그림 9.39 상태 보존을 위한 풍선 회로

복사는 안전하게 풍선에 저장될 것이다. 단위 블록의 전력이 돌아왔을 때 풍선으로부터 상태를 슬레이브 래치로 복사하기 위해 SAMPLE이 다시 펄스를 준다. 그러고 나서 HOLD는 해제되고 마침내 단위 블록은 ϕ를 재시작하고 정상 작동을 다시 시작한다. 같은 풍선 회로가 투과성 래치 또는 펄스 래치의 상태 보존을 위해 부착될 수 있다.

9.4.4 수준 변환 플립플롭

4.2.3.1절에서 논의한 것처럼, 회로는 낮은 곳과 높은 곳의 전압 영역들 사이를 넘나들 때 수준 변환기를 요구한다. 그림 4.15는 표준 차동 수준 변환기를 보여 준다. 변환이 클럭 주기의 경계부에서 발생하면, 레벨 변환기의 오버헤드는 플립플롭에 흡수되어, 시간과 에너지를 절약할 수 있다. 예를 들면 그림 9.29(a)의 센스 증폭기 플립플롭은 낮게 변동하는 입력을 받아들인다.

문헌에서는 다른 수준의 컨버터 플립플롭에 집중하고 있다. 일반 원리는, 낮게 변동하는 입력은 V_{DDH}에 연결된 pMOS 트랜지스터를 완전히 끌 수 없기 때문에 반드시 nMOS 트랜지스터 또는 통과 트랜지스터를 구동해야 한다는 것이다. 그림 9.40은 접근 방법의 분류를 보여 준다. 푸른색의 인버터와 3상태들은 V_{DDL}을 사용한다. 다른 게이트는 V_{DDH}를 이용한다. D와 ϕ는 모두 V_{DDL} 수준을 사용할 수 있다. 그림 9.40(a)는 차동 수준 변환기에 연결된 한 쌍의 슬레이브 래치를 가진 플립플롭을 보여 준다[Hamada98]. 상호 결합 nMOS 트랜지스터는 슬레이브 래치의 정지를 담당한다. 그림 9.40(b)는 단순한 래치 수준 변환기를 보여 준다[Usami95]. 상호 결합 인버터는 래치를 정지시킬 뿐만 아니라 레벨 복구를 수행한다. 그들은 nMOS 풀다운 스택에 의해 무기력화되기에 충분한 정도로 약하여야 한다. 그림 9.40(c)는 Zhao의 펄스 내장형 수준 변환기를 보여 준다[Zhao09]. 이것은 그림 9.31의 펄

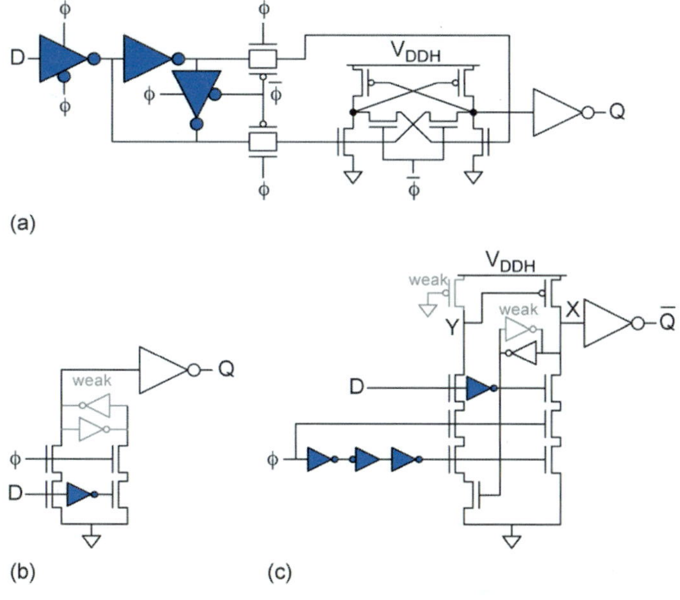

그림 9.40 수준 변환기 플립플롭과 래치

스 내장형 DET 플립플롭과 유사하다. [Zhao09] 그리고 [Ishihara04]는 다양한 다른 설계를 조사했다. 그러나 상업적인 설계는 여전히 일반적 플립플롭과 차동 수준 변환기를 이용하는 경향이 있다.

9.4.5 설계 마진과 적응적 순차 소자

순차 회로는 여러 차이에도 불구하고 동작한다는 것을 확실하게 하기 위해 전압 또는 주파수에서 어느 정도 여유를 가질 것을 요구한다. 모든 것을 고려하면, 여유는 설계자가 TT 처리와 보통의 동작 조건에서 얻어질 수 있었던 것으로부터 30% 이상으로 성능 또는 전력을 낮추도록 한다.[1] **적응적**(또는 **편차 허용**) **순차 소자**(adaptive sequential element)는 변이를 측정하고 보상함으로써 이 여유를 줄이려고 노력한다.

동적 전압 크기 조정(voltage scaling)은 전압-주파수 교환의 동작점이 여러 지점에서 만들어져야 하기 때문에 적응적 순차 소자를 위한 특히 좋은 방법이다. 부품이 동작할 수 있는 여러 전압 지점의 최대 주파수를 선택하는 동등한 쌍대(dual) 문제가 될 수도 있지만, 문제는 여러 목표 주파수들을 달성하기 위해서 필요한 최소 전압을 선택한 것으로 보일 수 있다. 가장 단순한 접근법은 칩을 사전에 특성화하여 최악의 변이가 발생한 경우에도 동작을 보장한 전압-주파수 쌍의 표를 만드는 것이다. 이것은 구축이 단순하고 테스트를 하기 쉽기 때문에 상업적 마이크로프로세서에서는 일반적인 기술이지만, 가장 보수적인 여유 설정을 요구한다[Stackhouse09]. 온도, 전압 강하, 그리고/또는 공급 전류를 측정하고 이것들로 참조표를 구성함으로써, 설계 여유는 다소 완화시킬 수 있다[Tschanz07].

6.5.3.6절에 도입된 적응적 접근법은 칩의 가장 나쁜 경우의 경로를 흉내 낸 지연 체인을 구축하고 동작 주파수를 정하기 위해 그 지연을 이용하는 것이다. 이것은 **카나리아 회로**(canary circuit)로 불린다: 광부가 공기가 숨쉬는 데 안전한지를 확인하기 위해 터널 안으로 카나리아를 보냈던 것처럼, 동작하는 데 안전한 주파수를 결정하기 위해 칩은 카나리아 회로를 이용한다[Calhoun04]. 카나리아 회로는 공정와 환경적 경계를 추적하여 경계 여유의 일부는 제거될 수 있다. 그러나 그것은 여전히 무작위 변이, 공정 이동, 다이 내부 전압과 온도 변화, 그리고 카나리아 회로와 실제 임계 경로 사이의 부정합에 따른다. 이러한 모든 부정합 소스를 특징짓는 것은 어려워서 보수적인 설계자는 불확실성에 대한 추가적인 경계 여유를 제공할 것이다. 더 좋게는 부품이 어떤 속도에 동작하는 것을 보장하기 위해 경계 여유의 양이 실행 시간에 조절될 수도 있다.

최신의 혁신적인 발전으로 회로는 언제 그들이 실패의 경계에 있는지를 스스로 나타낸다. 이것은 입력을 이중 샘플링하도록 순차 소자를 수정함으로써 행해진다. 순차 소자를 통하는 주요 경로는 변하지 않지만 두 번째 점검 경로는 입력을 약간 뒤에 샘플링한다. 2개의 결과가 동일하면, 회로는 바르게 작동하고 있는 것이다. 그들이 다르면, 데이터는 원래 경로에서 셋업 시간을 놓쳤지만, 뒤의 샘플러에서는 성공한 것으로 주파수가 다소 높거나 전압이 다소 낮은 것이다. 이 오류는 시스템 컨트롤러

[1] 예를 들면 일부 열성 PC 사용자는 공정이 거의 최악의 경우보다 더 좋다는 사실을 이용하여, 그들의 CPU에 과다한 주파수를 설정함으로써 성능을 추가로 벌충하는 것을 즐긴다. 그들은 심지어 최악의 동작 온도 조건 이하를 유지하기 위해 최신의 방열기를 자주 이용하고, 그리하여 더 높은 성능을 달성하기 위해 공급 전압을 끌어올린다. 그리고 때때로 그들은 고전압 그리고/또는 고온에서 과도한 스트레스를 줌으로써 그들의 CPU를 태워 버린다.

에 보고된다. 시스템이 마지막 정상 상태의 작동을 반복할 수 있는 재생 기법으로 설계되면, 그 동작은 정상적이었던 하위 주파수 또는 더 높은 전압에서 되풀이될 수 있다.

그림 9.41(a)는 **Razor 플립 플롭**의 기본적 개념을 보여 준다[Ernst03, Das06]. 주요 경로는 일반적 플립플롭을 이용하고, 반면에 확인 경로는 래치를 이용한다. 플립플롭은 ϕ_p의 상승 에지에서 샘플링하는 반면에 래치는 ϕ_p의 하강 에지에서 약간의 시간이 지난 후 샘플링한다. 그림 9.41(b)는 회로의 작동을 설명한다. 데이터가 ϕ_p의 상승 에지 앞에 적어도 셋업 시간에 맞추어 도착하면, 양쪽 소자는 똑같은 값을 추출한다. 데이터가 늦게 도착하면, 플립플롭은 데이터를 놓치고 XOR는 *ERR* 신호를 생성한다. 시스템(또는 최소한 잠재적 위험 경로 위의 그것들)의 모든 플립플롭으로부터의 *ERR* 신호는 오류를 나타내고 재생 동작을 일으키기 위해 함께 OR된다.

동작 전압과 주파수는 시스템이 간신히 동작할 정도로 매우 작은 경계 여유가 제공되도록 조절된다: 회로는 '면도기의 날 위에서' 기능을 하고 있다. 전원 공급 노이즈, 비정상적으로 큰 누화, 또는 아주 드물게 동작하는 임계 경로의 활성화와 같은 변화는 *D*의 도착을 지연시키기에 충분하며 가끔 일어나는 오류의 원인이 된다. 클럭 펄스의 폭은 오류 검출과 홀드 시간 사이에 타협점을 제공한다. 더 넓은 펄스는 더 뒤 입력이 오류로서 탐지되게 하며, 이는 일반적 지연과 최악 지연 사이의 간격을 늘려 준다. 그러나 펄스 래치와 같이, 홀드 시간은 펄스 폭과 같이 증가한다. 긴 홀드 시간을 다루는 것은 어려워서 상대적으로 좁은 펄스(예를 들면 < 3 FO4 지연)가 바람직하다.

Razor 회로는 *D*가 샘플링 동안에 변하면 플립플롭이 준안정성이게 될 결점을 가지고 있다. *Q*가 래치와 똑같은 값으로 결정되면 어떤 오류도 나타나지 않을 것이지만, 플립플롭을 통한 전파는 무한정 증가할 수 있다. [Ernst03]는 회로의 오버헤드를 현저하게 증가시킨 준안정성 검출기를 추가하는 것을 제안한다.

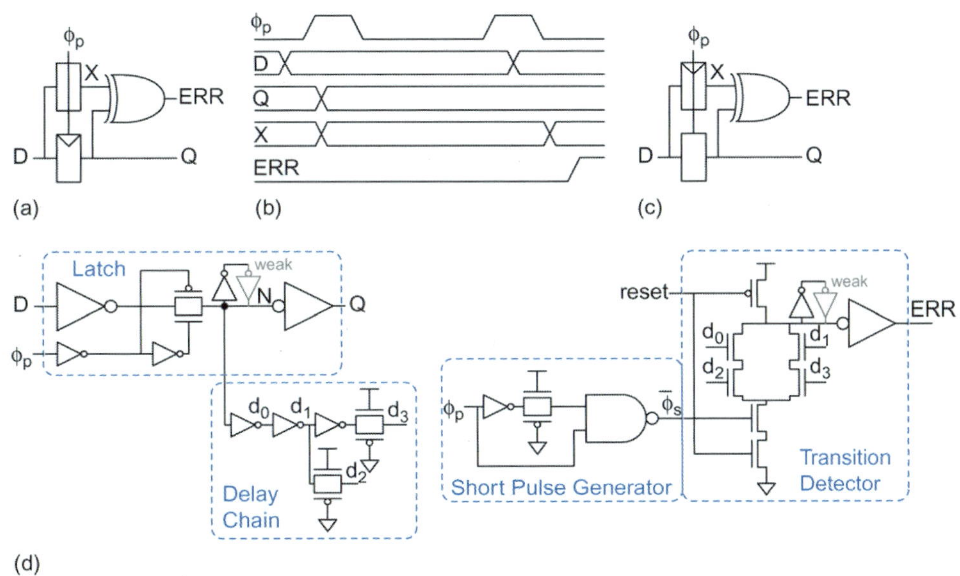

그림 9.41 적응형 순차 요소

그림 9.41(c)는 데이터 경로로부터 에러 경로로 준안정성을 이동시킨, **시간 차용 이중 샘플링**(DSTB: double sampling with time borrowing)으로 불리는 개선 구조를 보여 준다[Bowman09]. 데이터가 다소 늦어서 도달하면, 펄스형 래치는 여전히 그것을 바르게 잡을 것이다. 플립플롭은 *ERR*가 오르도록 하고 시스템이 실패의 경계 가까이라는 것을 알리면서 그것을 놓치거나, 준안정성이게 될 것이다. 에러 경로가 충분한 여유를 가지고 있다고 가정할 때, 준안정성은 *ERR*가 샘플링되기 전에 해결할 수 있다.

그림 9.41(d)는 일반적 펄스 래치, 짧은 펄스 발생기, 전달 검출기로 구성된 **Razor II** 펄스 래치를 보여 준다[Das09]. 짧은 펄스 발생기는 래치가 투과성일 때 짧은 하강 펄스를 만든다. 전달 검출기는 어떤 변화가 이 짧은 펄스 밖에 관찰되는지 오류를 알린다. 전달 검출기는 각각의 오류가 탐지된 뒤에 다시 적용되어야 할 **리셋** 신호에 의해 사전 충전된 동적 XOR 구조를 이용한다. 짧은 펄스 폭은 시간 차용을 설정하고, 긴 펄스 폭은 홀드 시간을 설정하며, 그 차이는 지연 에러가 탐지될 수 있는 검출 창을 설정한다.

늦은 데이터의 감지뿐만 아니라, 이러한 적응형 순차 요소는 소프트 에러를 탐지할 수 있다. 래치나 플립플롭을 훼손한 입자는 *ERR* 신호를 작동시킨다. 조합 논리에서의 글리치를 유발한 입자 충돌은 단지 순차 소자가 그것 때문에 잘못된 값을 잡도록 하는지가 중요하다. 검출 창이 글리치보다 더 긴 한, *ERR* 신호도 오를 것이다. 그러고 나서 재생 기법은 결과를 바르게 재산정하는 데 사용될 수 있다.

9.5 동기기

순차화 요소는 셋업 시간과 홀드 시간으로 특징지어진다. 만일 데이터 입력이 셋업 시간 전에 변동하면 출력은 한정(bounded) 전달 지연 후의 새로운 값을 반영한다. 만일 데이터가 홀드 시간 후에 변동하면 출력은 한정 전달 지연 후의 오래된 값을 반영한다. 만일 셋업 시간과 홀드 시간 사이의 **애퍼처** 중에 데이터가 변동하면, 출력은 예측 불가능하고, 출력이 양호한 논리 레벨로 확정되기 위한 시간은 무한(unbounded)할 수 있다. 적절히 설계된 동기 회로는 데이터가 애퍼처 중 안정하다. 그러나 관심을 갖는 많은 시스템은 동일한 클럭으로 동기화되지 않은 소스로부터 오는 데이터와 인터페이스하여야 한다. 예를 들어 사용자는 임의의 시간에 키를 누를 수 있고, 네트워크로 오는 데이터는 다른 위상이나 주파수의 클럭과 연계될 수 있다.

동기기(synchronizer)는 임의 시간을 변경하고 동기기의 클럭에 연계된 출력을 생성하는 입력을 받아들이는 회로이다. 입력이 동기기의 애퍼처 중에 변동할 수 있기 때문에 동기기는 **준안정**(metastable) 출력을 반드시 생성한다[Chaney73]. 이 절에서는 우선 샘플링 클럭 에지 근처에서 변경할 수 있는 아날로그 전압에 대한 래치의 반응을 검토한다. 래치는 잔여 준안정 가능성이 시간의 흐름에 따라 기하급수적으로 감소하더라도 한정된 얼마의 시간 동안 준안정 상태로 진입할 수 있다. 따라서 여러분은 신호를 샘플링하고, 준안정성 확률이 수용할 수 있을 만큼 낮을 때까지 기다렸다가 다시 샘플링함으로써 간단한 동기기를 제작할 수 있다. 어떤 환경에서는 데이터와 클럭 시간의 관계가 좀 더 예측 가능하여 좀 더 신뢰성 있는 동기기를 만들 수 있다.

9.5.1 준안정성

래치는 두 개의 안정 상태(0과 1)를 갖는 양안정 디바이스이다. 조건이 맞으면 래치는 출력이 0과 1 사이의 중간 레벨에 있는 준안정 상태로 진입할 수 있다. 예를 들어 그림 9.42는 두 개의 스위치(실제는 전송 게이트일 가능성 있음)와 두 개의 인버터로 구성된 정적 래치에 대한 간단한 모델이다. 래치가 투과성인 동안에 샘플 스위치는 닫히고, 홀드 스위치는 열린다[그림 9.42(a)]. 래치가 비투과성이 되면 샘플 스위치는 열리고 홀드 스위치는 닫힌다[그림 9.42(b)]. 그림 9.42(c)는 두 인버터의 DC 전달 특성을 보여 준다. 래치가 비투과성일 때 $A=B$이기 때문에 안정한 상태는 $A=B=0$과 $A=B=V_{DD}$이다. 준안정 상태는 V_m이 합법적인 논리 레벨이 아닌 곳에서 $A=B=V_m$이다. 전압이 일관성 있게 무한히 그곳에 머무르기 때문에 이 점을 **준안정**(metastable) 점이라고 한다. 그러나 어떤 잡음이나 방해도 A와 B를 두 개의 안정 상태 중 하나로 전환시킨다. 그림 9.42(d)는 언덕 위의 공에 비유해서 보여 준다. 언덕 위의 공은 준안정 상태이다. 공에 교란이 가해지면 공은 두 안정 상태 중 하나인 언덕의 오른쪽 또는 왼쪽으로 굴러 떨어진다.

그림 9.43(a)는 데이터가 하강 클럭 에지 근처에서 전이함에 따라 그림 9.17(g)의 래치가 출력되는 양상을 그린 것이다. 만일 데이터가 애퍼처 안에서 부적당한 시간(wrong time) t_m에서 변동하면 출력은 유효한 논리 레벨로 확정되기 전 얼마간 준안정점을 유지할 수 있다. 그림 9.43(b)는 상승하는 입력과 출력에 대해 반대수적인 스케일로 t_{DQ} 대 $t_{DC}-t_m$을 도식화한 것이다. 지연은 셋업 시간을 충족하는 입력에 대해서 t_{pdq}보다 작거나 같고 t_m에 너무 근접하는 입력에 대해서는 증가한다. 그래프 상

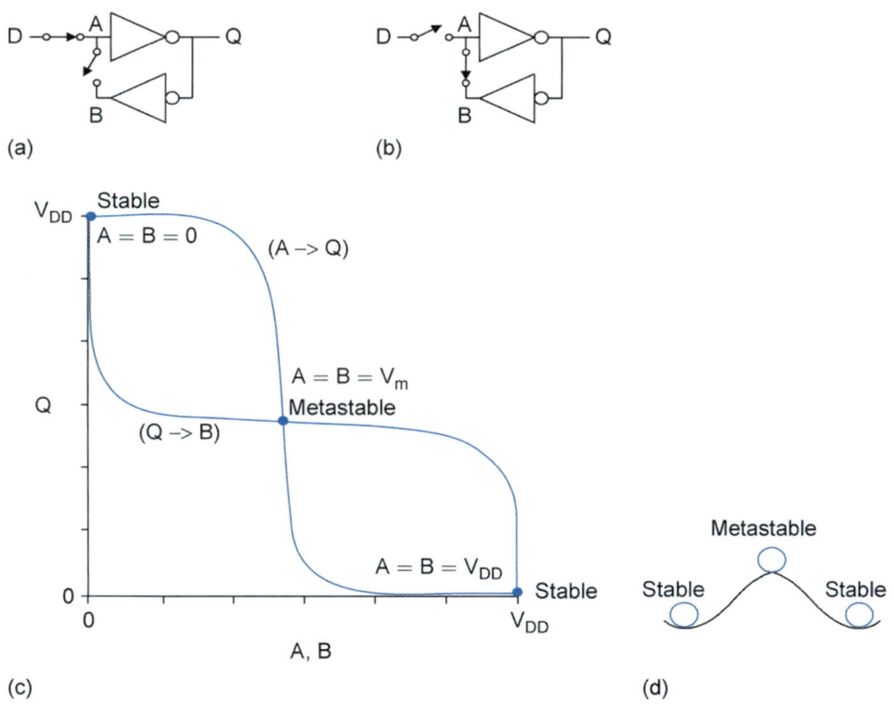

그림 9.42 정적 래치에서의 준안정 상태

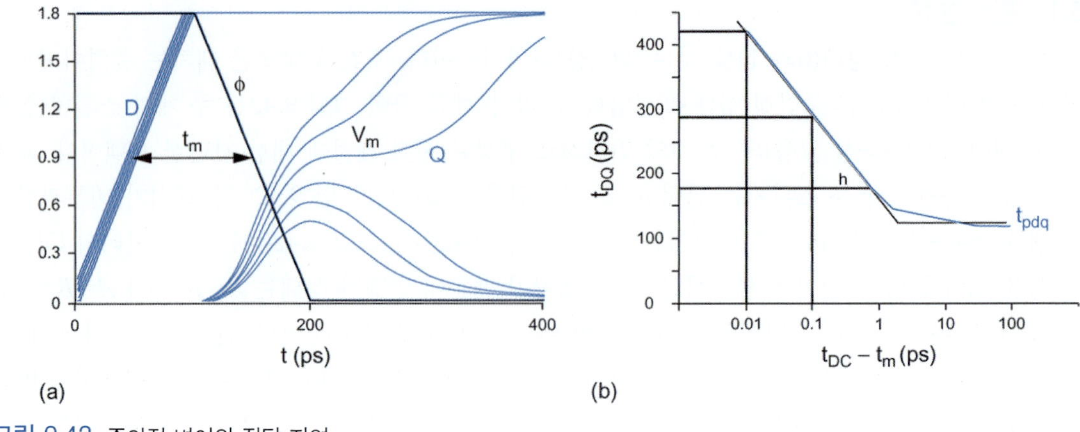

그림 9.43 준안정 변이와 전달 지연

에 표시한 점은 이 절의 마지막에 있는 예제에서 활용할 것이다.

크로스 커플드 인버터는 A가 준안정 전압 V_m과 가까이 있을 때 이득(gain)이 G인 선형 앰프와 같이 작동한다. 인버터 지연은 출력 저항 R과 부하 커패시턴스 C로 모델링할 수 있다. 우리는 래치가 시간 $t=0$에서 비투과성일 때의 노드 A의 초기 전압을 가정함으로써 준안정 상태에서의 거동을 예측할 수 있다.

$$A(0) = V_m + a(0) \tag{9.21}$$

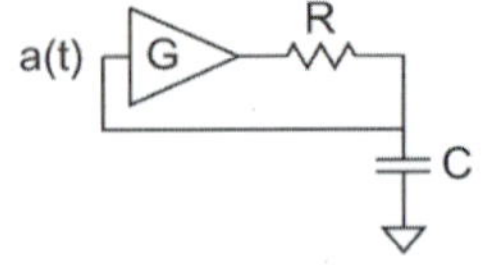

그림 3.44 준안정 상태에서 쌍안정 요소의 작은 신호 모델

여기서 $a(0)$은 준안정점의 작은 신호 오프셋이다. 그림 9.44는 $a(t)$에 대한 작은 신호 모델을 보여 준다. 시간 0 이후의 거동은 1차 미분방정식에 의해 다음과 같이 주어진다.

$$\frac{Ga(t) - a(t)}{R} = C\frac{da(t)}{dt} \tag{9.22}$$

이 공식을 풀면 양(+)의 피드백은 $a(t)$를 크로스 커플드 인버터 루프의 이득과 RC 지연에 의해 결정되는 시정수로 준안정점으로부터 지수함수적으로 멀어지도록 구동한다.

$$a(t) = a(0)e^{\frac{t}{\tau_s}};\ \tau_s = \frac{RC}{G-1} \tag{9.23}$$

$|a(t)|$가 편차 ΔV를 초과할 때 노드가 합법한 논리 레벨로 정의된다고 가정하자. 이 레벨에 도달하는 시간은 다음과 같다.

$$t_{DQ} = \tau_s\left[\ln \Delta V - \ln a(0)\right] \tag{9.24}$$

이것은 $A(0)$이 준안정점에 접근하고 $a(0)$이 0에 접근하면서 래치 전달 지연이 것을 보여 준다. 지연은 만일 $a(0)$이 정확히 0이면 무한대로 접근한다. 그러나 잡음이 있기 때문에 물리적으로 일어날 수 없다. 그러나 신호가 유효하게 되는 데 필요한 가능한 대기 시간 t에 상한선은 없다. 만일 입력 $A(t)$가 시간 t_m에서 V_m을 통과하는 램프(ramp)라면 $a(0)$은 $t_{DC}-t_m$과 비례한다. 식 (9.24)가 그림 9.43(b)의 로그 선형(log-linear) 부분에 꼭 맞는 것을 주시하자. 시정수 τ_s는 본질적으로 이득-밴드폭 곱의 역수(reciprocal)이다[Flannagan85]. 그러므로 래치의 피드백 루프는 준안정성으로부터 신속히 확정하기 위하여 고 이득-밴드폭 곱을 가져야 한다.

설계자는 래치 전달 지연이 시간 t'을 초과하는 확률을 알아야 한다. 더 긴 전달 지연은 $a(0)$이 0에 더 근접해야 하므로 가능성이 적다. 이러한 확률은, 고르게 분포한 입력 변동이 임계 시간에는 잘 일어나지 않기 때문에, 클럭 주기 T_c와 함께 저하한다. 식 (9.24)를 계산해 보면 확률이 지연시 t'에 따라 기하급수적으로 감소하는 것을 알 수 있다. 이론적이며 실험적인 연구[Chaney83, Veendrick80, Horstmann89]에 의하면 확률 계산식은 다음과 같다.

$$P\left(t_{DQ} > t'\right) = \frac{T_0}{T_c} e^{-\frac{t'}{\tau_s}} \text{ for } t' > h \tag{9.25}$$

여기서 T_0와 τ_s는 시뮬레이션이나 측정으로 계산할 수 있다[Baghini02]. 직관적으로 T_0/T_c는 애퍼처 중에 입력이 변동하여 준안정성을 유발하는 확률을 설명하고 지수함수는 그것이 준안정 상태에 진입하지 않으면 t' 후에 출력이 확정되지 않을 확률을 나타낸다. 모델은 충분히 긴 전달 지연에 대해서만 유효하다(h는 t_{pdq}보다 현격하게 큼).

예제 9.8

그림 9.43의 데이터를 사용하여 래치의 τ_s, T_0, h 값을 구하시오.

해답: h는 로그 선형 스케일 상의 데이터가 양호한 직선에 맞는 전달 지연이다. 그림 9.43에서 이 값은 대략 175 ps이다. 시간 t'을 초과하는 지연은 랜덤 시간에 입력 변동이 높은 지연으로 이끄는 작은 애퍼처 내로 하강한다. 우리는 그림의 선형 부분 상의 두 점을 선택하여 두 개의 미지 값을 구할 수 있다. 예를 들어 (0.1 ps, 290 ps)와 (0.01 ps, 415 ps)를 선택하면 다음을 계산할 수 있다.

$$\begin{aligned} P\left(t_{DQ} > 290 \text{ ps}\right) &= \frac{0.1 \text{ ps}}{T_c} = \frac{T_0}{T_c} e^{-\frac{290 \text{ ps}}{\tau_s}} \\ P\left(t_{DQ} > 415 \text{ ps}\right) &= \frac{0.01 \text{ ps}}{T_c} = \frac{T_0}{T_c} e^{-\frac{415 \text{ ps}}{\tau_s}} \end{aligned} \tag{9.26}$$

T_c는 공식에서 빠지고 τ_s=54 ps, T_0=21 ps로 구해진다. 이 데이터가 상승 입력임을 상기하자. 보수적인 설계는 하강 입력도 고려하여야 하고, 일반적인 환경보다는 느린 환경에서의 데이터도 취해야 한다.

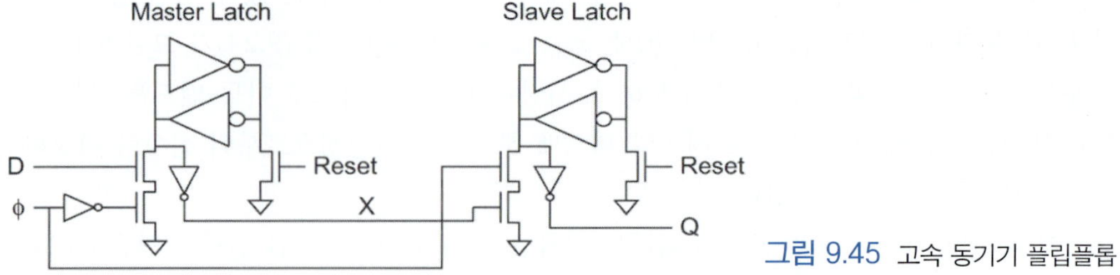

그림 9.45 고속 동기기 플립플롭

우리는 양호한 동기기 래치가 고 이득-밴드폭 곱으로 구성한 피드백 루프를 가져야 한다는 것을 알았다. 기존의 래치는 데이터와 직렬 트랜지스터를 갖고 있어 지연이 증가한다(즉 밴드폭을 좁힌다). 그림 9.45는 피드백 루프를 크로스 커플드 인버텅 쌍으로 간편화한 동기기 플립플롭을 보여 준다 [Dike99]. 더욱이 플립플롭은 0으로 리셋되고, 피드백 루프에 주는 부하를 최소화하기 위해 $D=1$로 할 때만 1로 세팅된다.

플립플롭은 마스터와 슬레이브 잼(jamb) 래치로 구성한다. 각 래치는 $D=0$일 때 0으로 세팅한다. D가 ϕ 전에 상승할 때는 마스터 출력 X가 하이로 구동된다. 이것이 이번에는 ϕ가 상승할 때 슬레이브 출력 Q를 하이로 구동한다. 풀다운 트랜지스터는 크로스 커플드 인버터를 제압할 만큼 반드시 충분히 커야 하지만 가급적 작은 부유 커패시턴스를 추가해야 한다. X와 Q는 작은 인버터로 버퍼하여 피드백 루프에 부하를 주지 않아야 한다.

9.5.2 간단한 동기기

동기기는 입력 D와 클럭 ϕ를 받아들인다. 동기기는 클럭 후 한정된 지연 기간 동안 유효한 출력 Q를 출력한다. 동기기는 클럭의 상승 에지 부근에서 셋업 시간과 홀드 시간으로 정해지는 애퍼처를 갖는다. 만일 데이터가 애퍼처 중 안정하면 Q는 D와 같게 된다. 만일 데이터가 애퍼처 중 변동하면 Q는 임의로 선정된다. 불행하게도 준안정 기간이 무한히 길어질 수 있기 때문에 완전한 동기기를 제작하는 것은 불가능하다. 만일 출력이 시간 t' 후 유효한 논리 레벨로 확정되지 않으면, 동기기 실패가 발생하는 것으로 정의한다.

그림 9.46은 한 쌍의 플립플롭으로 제작한 간단한 동기기를 보여 준다. $F1$은 비동기 입력 D를 샘플링한다. 출력 X는 일정 시간 동안 준안정적으로 된다. 그러나 충분히 기다리면 높은 확률의 좋은 레벨로 확정될 것이다. $F2$는 X를 샘플링하고, 유효한 논리 레벨이 되고 클럭에 연계된 출력 Q를 생성한다. 동기기는 한 클럭 주기 T_c의 잠복기를 갖는다. 동기기는 X가 두 번째 클럭 에지 전에 셋업 시간까지 유효한 레벨로 확정되지 않으면 실패할 수 있다.

각 플립플롭은 마스터 래치가 비투과성일 때 상승 클럭 에지에서 샘플링한다. 슬레이브 래치는 마스터 콘텐츠를 따라서 단순히 통과하며 준안정의 확률에 크게 영향을 주지 않는다. 만일 동기기가 D에서 매초 평균 N개의 비동기 입력 변동을 받아들인다면, 주어진 시간(초)에 동기기가 실패할 확률은 다음과 같다.

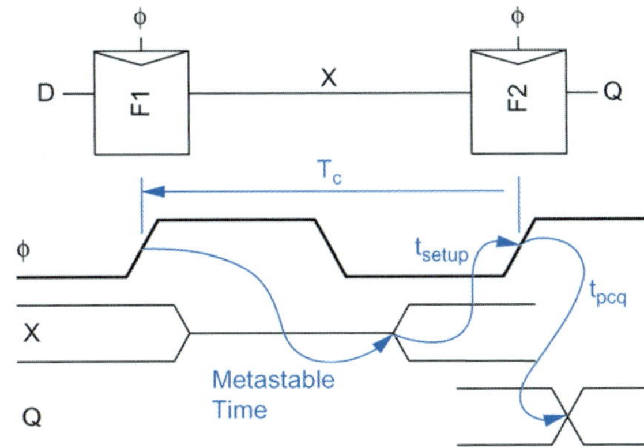

그림 9.46 간단한 동기기

$$P(\text{failure}) = N\frac{T_0}{T_c}e^{\frac{-(T_c - t_{setup})}{\tau_s}} \tag{9.27}$$

그리고 시간에 따라 MTBF는 기하급수적으로 증가한다.

$$MTBF = \frac{1}{P(\text{failure})} = \frac{T_c e^{\frac{T_c - t_{setup}}{\tau_s}}}{NT_0} \tag{9.28}$$

수용할 만한 MTBF는 용도에 따른다. 동기기 신뢰성이 매우 중요하고 레이턴시(latency)가 별로 중요하지 않은 의료용에서는 데이터를 사용하기 전에 한 클럭 이상 대기함으로써 MTBF는 우주의 나이(~10^{19}초)보다 더 길게 선정될 수 있다. 그리 중요하지 않은 용도의 MTBF는 단지 설계자가 회사에서 근무할 기간보다만 길도록 선정될 수 있다!

예제 9.9

0.25 μm 공정의 특이한 동기기 플립플롭이 τ_s=20 ps이고 T_0=15 ps이다[Dike99]. 입력이 N=50 MHz에서 토글링하고, 셋업 시간은 무시할 수 있다고 가정한다. MTBF가 1년을 초과하는 최소 클럭 주기 T_c를 구하시오.

해답: 1년≈$\pi \times 10^7$초. 계산식은 아래와 같다.

$$\pi \times 10^7 = \frac{T_c e^{\frac{T_c}{20\times10^{-12}}}}{(5\times10^7)(15\times10^{-12})} \tag{9.29}$$

최소 클럭 주기는 수치로 625 ps(1.6 GHz)이다.

예제 9.10

MTBF가 1000년이라면 우리는 몇 년을 더 대기하여야 하는가?

해답: 식 (9.29)와 비슷한 공식으로 계산하면 760 ps이다. 레이턴시를 135 ps 증가시키면 MTBF는 1000배로 개선된다.

9.5.3 비동기 클럭 도메인 간 통신

동기기의 일반적인 용도는 비동기 클럭 도메인, 즉 공통의 클럭을 공유하지 않는 블록 간의 통신이다. 그림 9.47처럼, 시스템 A가 *N*비트 데이터 워드를 *clkB*에 의해 제어되는 시스템 B로 전송하는 데 필요한 *clkA*에 의해 제어된다고 가정한다. 시스템은 서로 관계없는 클럭을 사용하여 칩 안에서 개별 칩이나 개별 유닛을 대표할 수 있다. 시스템 B가 각 워드를 단 한 번 받아야 한다. 시스템 A는 시스템 B의 플립플롭이 워드를 샘플링하는 동안 데이터가 안정하도록 하여야 한다. 그것은 새로운 데이터가 요청 신호(request signal)(*Req*)를 사용함으로써 유효해질 때 나타내어 시스템 B가 워드를 전혀 받지 않거나 여러 번 받는 게 아니라 정확히 단 한 번 받는다. 시스템 B는, 데이터를 샘플링해서 시스템 A가 데이터가 안전하게 변경될 수 있다는 것을 알 때 응답 신호(*Ack*)로 답한다. 만일 *clkA*와 *clkB*의 관계를 전혀 알 수 없다면 동기기는 인터페이스에 설치해야 한다.

요청 신호와 응답 신호(acknowledge signal)는 **주고받기**(handshaking) 라인이라고 부른다. 그림 9.48은 2-위상과 4-위상 주고받기 규약(protocol)을 설명한다. 4-위상 주고받기는 2-위상 주고받기가 에지 트리거되면 레벨에 민감하다. 4-위상 주고받기에서 시스템 A는 데이터를 버스에 위치시킨다. 그리고 시스템 A는 데이터가 유효하다는 것을 나타내기 위하여 *Req*를 올린다. 시스템 B는 *Req*에 높은 값을 감지하면 데이터를 샘플링하고 데이터가 포착되었다는 것을 나타내기 위하여 *Ack*를 올린다. 시스템 A는 *Req*를 내리고, 시스템 B는 *Ack*를 내린다. 이 규약은 주고받기 라인의 4개의 천이를 필요로 한다. 2-위상 주고받기에서 시스템 A는 데이터를 버스에 위치시킨다. 그러고 나서 데이터가 유효하다는 것을 나타내기 위하여 *Req*를 변경한다(로우에서 하이로 또는 하이에서 로우로). 시스템 B는 *Req* 레벨에서 변동을 감지하면 데이터를 샘플링하고 데이터가 포착된 것을 나타내기 위해 *Ack*를 토글링

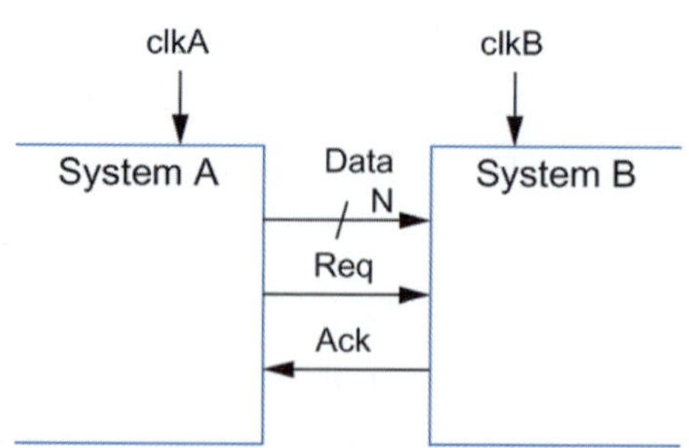

그림 9.47 비동기식 시스템 간의 통신

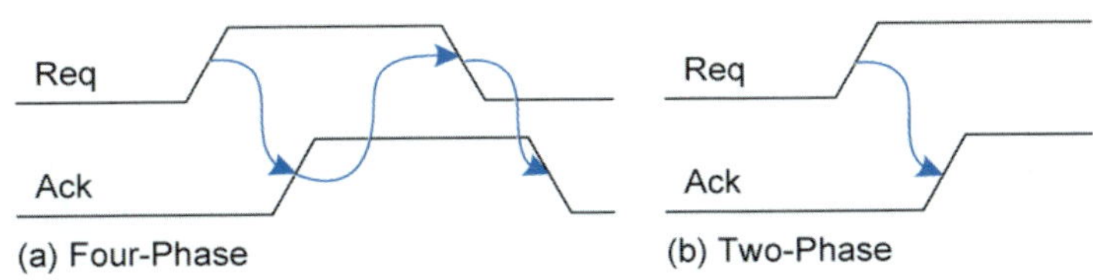

그림 9.48 4-위상과 2-위상 주고받기 규약

한다. 이 규약은 더 적은 천이(그리고 더 적은 시간과 에너지)를 사용하지만 레벨보다는 에지에 반응하는 회로를 요구한다.

*Req*는 *clkB*에 동기화되지 않는다. 만일 이것이 *clkB*가 상승하는 시점에서 변동하면, 시스템 B는 준안정 값을 수신한다. 그래서 시스템 B는 *Req* 입력에 동기기를 필요로 한다. 만일 동기기가 너무 많이 기다리면 그 요청은 매우 높은 확률의 유효 논리 레벨로 확정될 것이다. 동기기는 하이나 로우로 확정한다. 만일 하이로 확정하면 상승 요구가 검출되고 시스템 B는 데이터를 샘플링할 수 있다. 만일 로우로 확정하면 상승 요구는 손실한다. 그러나 상승 요구가 약간 늦게 발생하면 원래 그랬던 것처럼 *clkB*의 다음 주기에서 검출된다. *Ack*는 *clkA*에 동기화되지 않는다. 그래서 그것 또한 동기기를 필요로 한다.

그림 9.49는 전형적인 2-위상 주고받기 시스템을 보여 준다[Crews03]. *clkA*와 *clkB*는 관계없는 주파수에서 작동하고 각 시스템은 다른 쪽의 주파수를 알 수 없다. 각 시스템은 동기기, 레벨-펄스 컨버터(level-to-pulse converter), 펄스-레벨 컨버터를 포함한다. 시스템 A는 *DataA*가 준비될 때 하나의 주기에 대한 *ReqA*를 표명한다. 우리는 이것을 **펄스**(pulse)로 본다. XOR과 플립플롭은 *Req*의 레벨을 토글링하는 펄스-레벨 컨버터를 형성한다. 이 레벨은 *clkB*에 동기화된다. 에지가 검출되면 레벨-펄스 컨버터는 *ReqB* 위에서 펄스를 생성한다. 이 펄스는 이제는 *Ack*를 토글링한다. 응답 레벨은 *clkA*에 동기화되고 *AckA*로 전환된다. 동기기는 상당한 레이턴시를 추가함으로써 비동기 통신의 처리 능력이 동기 통신의 그것보다 훨씬 낮을 수 있다.

9.5.4 일반적인 동기기 실수

동기기는 단순한 회로이지만 오용하기 쉬운 것으로 악명 높다. 예를 들어 AMD 9513 시스템 컨트롤러, AMD 9519 인터럽트 컨트롤러, Zilog Z-80 직렬 I/O 인터페이스, Intel 8048 마이크로프로세서, AMD 29000 마이크로프로세서는 모두 준안정성 문제를 경험한 바 있다고 한다[Wakerly00]. [Ginosar03]는 심지어 "동기기를 속이는 14가지 방법들"이라는 논문을 가상적인 설계를 통하여 보여 줬다.

불량한 동기기를 만드는 하나의 방법은 불량한 래치나 플립플롭을 사용하는 것이다. 동기기는 출력을 양호한 논리 레벨로 구동시키기 위해서 정(+)의 피드백에 의존한다. 그러므로 그림 9.17(a~d)와 같은 피드백이 없는 동적인 래치는 동작하지 않는다. 실패의 확률은 피드백 루프의 시정수에 의해 기하급수적으로 커진다. 그러므로 루프는 부하가 적게 걸려야 한다. 그림 9.17(f)의 래치는 선택을 잘못한 경우인데 출력 측의 큰 정적 부하가 시정수를 증가시키기 때문이다. 즉 그림 9.17(g)가 훨씬 좋

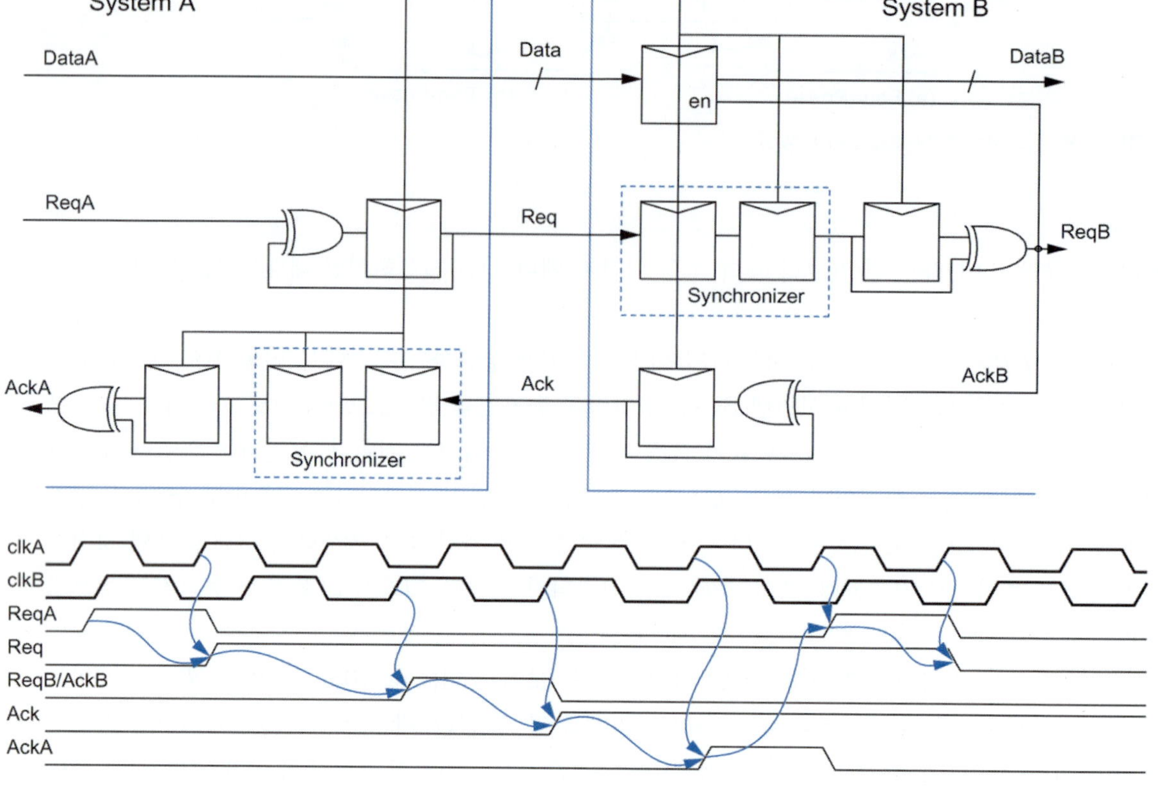

그림 9.49 동기기를 가진 2-위상 주고받기 회로

은 선택이 된다.

또 다른 오류는 일정하지 않은 데이터를 포착하는 것이다. 예를 들어 그림 9.50(a)는 두 개의 동기기를 구동하는 단일 신호를 보여 준다(각각은 한 쌍의 백투백 플립플롭으로 구성되었다). 만일 신호가 애퍼처를 통해서 안정하면 *Q*1과 *Q*2는 동일할 것이다. 그러나 만일 시스템에서 *Q*1과 *Q*2 모두 데이터 입력의 동일한 표현이어야 한다면 신호는 하나의 동기기에서 와야 한다.

또 다른 예는 한 번에 1비트 이상 변동하는 다중 비트 워드를 동기화하는 것이다. 예를 들어 만일 그림 9.50(b)에 있는 워드가 0000에서 1111로 변환하면 동기기는 0101과 같이 오래된 데이터 워드도 아니고 새로운 데이터 워드도 아닌 값을 생성할 수 있다. 이런 이유로 그림 9.49에 있는 시스템은 *Req*/*Ack* 신호만 동기화하였고 데이터가 샘플링하기에 안정하다거나 샘플링이 종료되었다는 것을 표시한다. **그레이 코드**(Gray code: 교번 2진 코드)(10.7.3절 참조)는 출력이 정확하게 매 카운트마다 1비트 변동하여, 동기기가 오래된 데이터 값이나 새로운 데이터 값을 반드시 발견하도록 동기화되어야 하는 카운터에도 유용하다.

일반적으로 동기기 설계 오류는 간헐적이며 찾아서 진단하기가 매우 어렵다. 이런 이유로 비동기

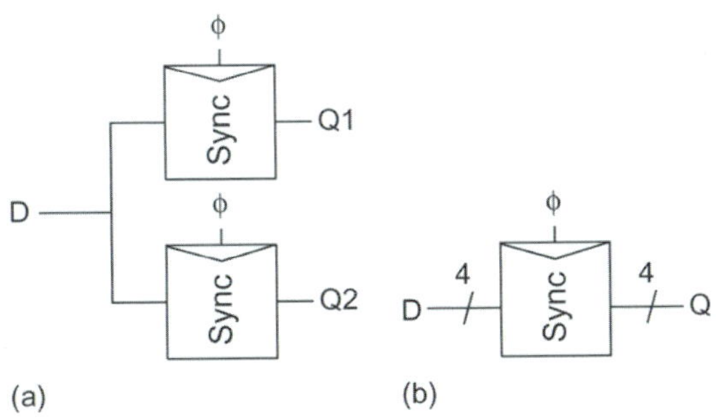

그림 9.50 나쁜 동기기 설계

인터페이스를 자세히 살펴야 한다.

9.5.5 중재기

그림 9.51(a)의 **중재기**(arbiter)는 동기기와 밀접하게 관련되어 있다. 중재기는 두 개의 입력 중 어느 것이 먼저 도착했는지를 결정한다. 만일 입력 간의 간격이 애퍼처 시간을 초과하면 첫 번째 입력은 응답되어야 한다. 만일 간격이 더 작으면 정확하게 둘 중에 하나가 응답된다. 예를 들어 TV 게임 쇼에서 두 사람의 경합자가 질문에 답하기 위하여 버튼을 연타할 수 있다. 만일 한쪽이 버튼을 먼저 누르면 그것이 응답되어야 한다. 만일 두 사람이 동시에 버튼을 눌러서 구분하기 어려우면 쇼 진행자는 독단적으로 두 경합자 중 하나를 선정한다.

그림 9.51(b)는 하나의 SR 래치와 하나의 4-트랜지스터 준안정 필터로 구성한 중재기를 보여 준다. 만일 요청한 입력 중 하나가 다른 쪽보다 충분히 먼저 도착하면 래치는 적절히 반응할 것이다. 그러나 만일 거의 동시에 도착하면 래치는 그림 9.51(c)에 나와 있는 것처럼 준안정 상태로 된다. 필터는 내부 노드 n_1과 n_2 간의 전압 차이가 V_t를 초과할 때까지 두 개의 신호를 로우로 유지하여 결정이 되었음을 표시한다. 이와 같은 비동기 중재기는 결코 준안정 출력을 생성하지 않는다. 그러나 결정하는 데 필요한 시간은 끝없이 지속될 수 있어서 응답 신호가 클럭 시스템에서 사용되기 전에 동기화되어야 한다.

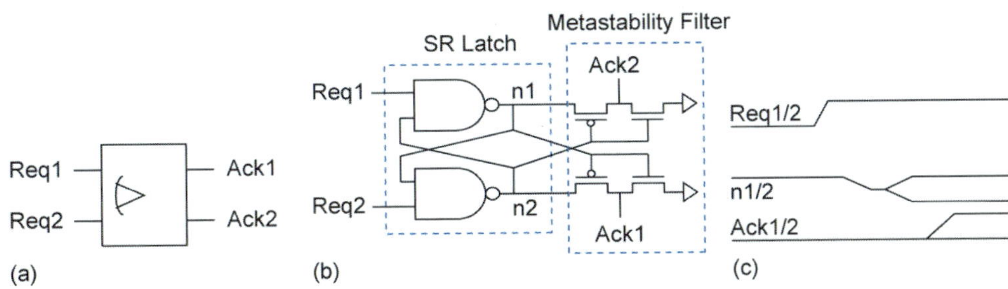

그림 9.51 중재기

중재기를 일반화하면 1-of-N 또는 M-of-N 입력을 선택할 수 있다. 그러나 그러한 중재기는 다중 준안정 상태를 갖고 있어 주의 깊은 설계를 요한다[van Berkel99].

9.5.6 동기 상태의 정도

9.5.2절의 단순한 동기기는 언제든지 변경할 수 있는 입력을 수신한다. 그러나 실패하지 않는 것은 아니다. 실제로 많은 입력은 단일 시스템 클럭에 연계되어 있지 않지만 아직은 예측이 가능하다. 표 9.3은 위상 $\Delta\phi$와 주파수 Δf 차이에 기반을 둔 입력 신호와 수신기 시스템 클럭 간[Messerschmitt90]의 동기 종류를 설명한다.

[Dally98]은 입력이 예측 가능할 때 실패할 확률이 없거나 더 낮은 대기 시간을 갖는 많은 수의 동기기에 대해서 설명한다. 그것들은 신호나 t_a만큼 지연된 신호의 복제물이 애퍼처를 통해서 안정하다는 관점에서 본 것이다. 여기서 입력 도착 시간을 예측할 수 있는 동기기는 안전하게 샘플링하기 위해 그 신호나 지연된 신호를 선택할 수 있다. 준동기식(Mesochronous) 신호는 위상 차를 측정하고 입력을 지연시켜 애퍼처 밖에서 하강하도록 함으로써 동기화된다. 독립 동기식(plesiochronous) 신호는 같은 방법으로 동기화될 수 있으나 위상차가 천천히 변하여 지연은 이따금 조정되어야 한다. 주파

표 9.3 동기의 종류

Classification	Periodic	$\Delta\phi$	Δf	Description
Synchronous	Yes	0	0	Signal has same frequency and phase as clock. Safe to sample signal directly with the clock. **Example:** Flip-flop to flip-flop on chip.
Mesochronous	Yes	Constant	0	Signal has same frequency, but is out of phase with the clock. Safe to sample signal if it is delayed by a constant amount to fall outside aperture. **Example:** Chip-to-chip where chips use same clock signal, but might have arbitrarily large skews.
Plesiochronous	Yes	Varies slowly	Small	Signal has nearly the same frequency. Phase drifts slowly over time. Safe to sample signal if it is delayed by a variable but predictable amount. Difference in frequency can lead to dropped or duplicated data. **Example:** Board-to-board where boards use clock crystals with small mismatches in nominally identical rates.
Periodic	Yes	Varies rapidly	Large	Signal is periodic at an arbitrary frequency. Periodic nature can be exploited to predict and delay accordingly when data will change during aperture. **Example:** Board-to-board where boards use different frequency clocks.
Asynchronous	No	Unknown	Unknown	Signal may change at arbitrary times. Full synchronizer is required. **Example:** Input from pushbutton switch.

수가 다르기 때문에 동기기는 손실되거나 추가되는 데이터 아이템을 취급하기 위하여 약간의 흐름 제어가 필요하다. 주기식(periodic) 신호는 또한 흐름 제어를 필요로 하며 다음 클럭 에지가 어디서 발생하고, 신호가 애퍼처에서 하강하지 않도록 지연해야 할 것인지를 계산하는 클럭 예측기를 사용한다.

9.8 웨이브 파이프라이닝

파이프라인에서 현재의 토큰이 다음의 토큰을 따라잡거나 다음의 토큰에 의해서 따라잡히는 것을 방지하기 위해 순차화 요소가 파이프라인 시스템에 사용되는 것을 상기하자. 만일 소자가 꽤 일정한 비율로 파이프라인을 통해 전파하면 분명한 순차화 요소는 순서를 유지할 필요가 없게 된다. 비유적으로 광케이블은 광펄스로 데이터를 운반한다. 많은 펄스가 첫 번째 것이 끝에 도착하기 전에 케이블에 들어온다. 그러나 케이블은 분리된 펄스를 유지하기 위해 내부 래치를 필요로 하지 않는다. 왜냐하면 그것들은 잘 제어된 속도로 케이블을 따라 전파하기 때문이다. 최대 데이터율은 라인이 너무 짧아지면 펄스들이 시간의 흐름에 따라 약화되거나 서로 약화시키는 라인의 확산에 의해 제한된다.

그림 9.52는 전통적인 파이프라이닝을 웨이브 파이프라이닝(wave pipelining)과 비교한 것이다. 양쪽의 경우에 파이프라인은 레지스터로 분리된 조합 논리를 포함한다[그림 9.52(a)]. 레지스터 *F*1과 *F*2는 통상 동일한, 그러나 스큐를 발생시킬 수도 있는 클럭 *clk*1과 *clk*2를 수신한다. 그림 9.52(b)는 전통적인 파이프라이닝을 보여 준다. 데이터는 *clk*1의 상승 에지 위에서 출발한다. 전파에 대해서는 사선 원뿔로 표시하였다. *D*2는 클럭 에지 후 혼조 지연과 전달 지연 사이에서 안정해진다. *D*2는 파란 상자로 표시한 *clk*2 근처에서 셋업과 홀드 애퍼처 중에 변동되지 않아야 한다. 그림은 토큰 *i*와 *i*+1이 파이프라인을 통해서 이동하는 두 개의 연속적인 주기를 보여 준다. 각 토큰은 단일 주기에 있는 조합 논리를 통과한다. 그림 9.52(c)는 2배 주파수 클럭의 웨이브 파이프라이닝을 보여 준다. 토큰 *i*는 조합 논리에 진입하지만 *F*2에 도달하는 데 두 개의 주기를 소요한다. 한편 토큰 *i*+1은 한 주기 뒤에 논리에 진입한다. 각 토큰이 *F*2에서 샘플링하기에 안전하고 원뿔이 병행하지 않으면, 파이프라인은 동일한 대기시간으로 정확히 동작하지만 처리량은 2배이다.

[Burleson98]은 웨이브 파이프라이닝에 대한 지침서를 제공하고 타이밍 조건을 도출한다. 일반적으로 웨이브 파이프라인은 각 레지스터 쌍 간에 *N*개의 토큰을 포함할 수 있다. *N*의 최댓값은 논리 원뿔의 확산에 대한 전달 지연의 비율에 의해서 아래와 같이 제한을 받는다.

$$N < \frac{t_{pd}}{t_{pd} - t_{cd}} \tag{9.30}$$

만일 혼조 지연과 전달 지연이 거의 같으면, 조합 논리는 동시에 많은 토큰을 포함할 수 있다. 실제로 지연은 논리 경로들의 차이와 함께 전압, 온도, 공정으로 인해 광범위하게 다를 수 있다. 클럭 스큐와 순차 부담도 타이밍 예산을 잡아먹는다. 실제 *N*=2를 달성하여도 동시 토큰은 어렵고, 웨이브 파이프라이닝은 일반적인 목적의 논리로는 광범위하게 사용되지 않고 있다.

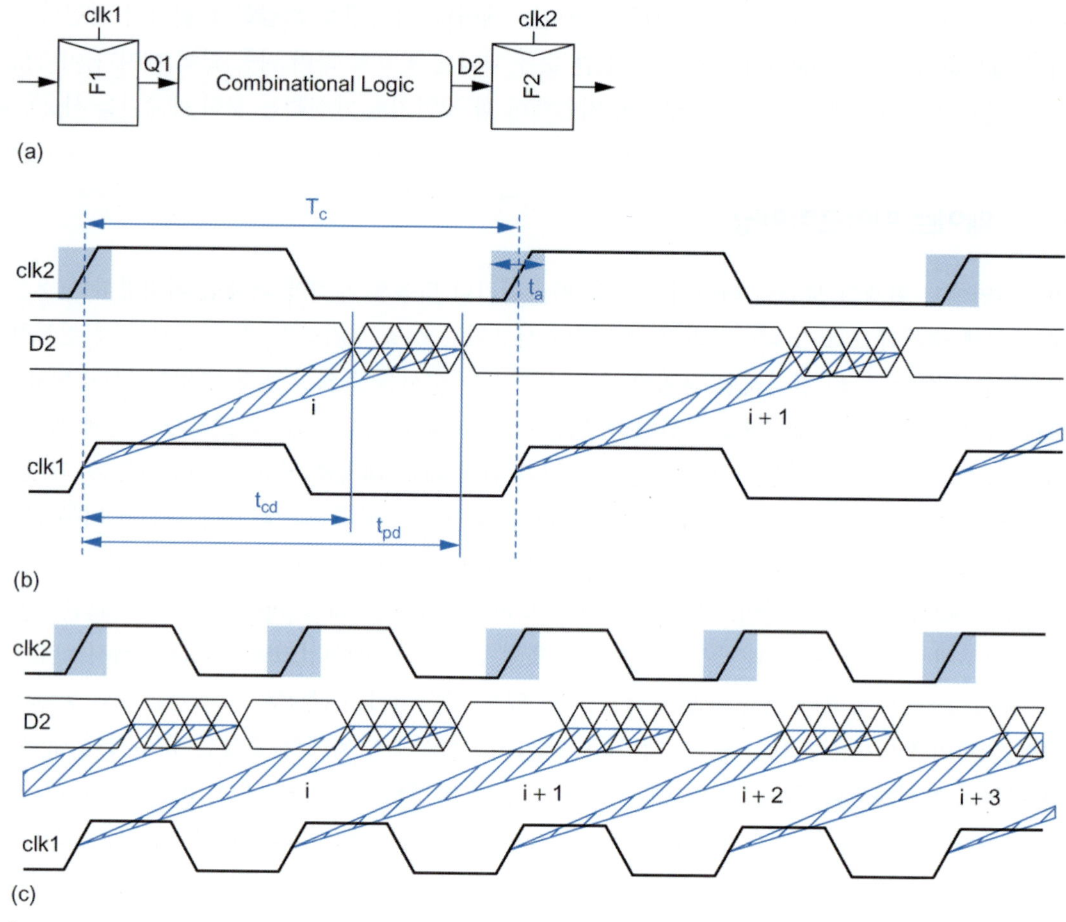

그림 9.52 웨이브 파이프라이닝

9.7 함정 및 착오

불완전하게 보고하는 플립플롭 지연

플립플롭의 효과적인 지연은 플립플롭의 *D*−*Q* 시간이다. 이것은 이 지연의 합을 최소화하도록 정의되어 있으면 셋업 시간 t_{setup}과 *clk*−*Q* 지연 t_{pdq}의 합이다. 어떤 기술자들은 오로지 *clk*−*Q* 지연에 대해서만 집중하거나 아니면 합을 최소화하지 않는 방법으로 셋업과 *clk*−*Q* 지연을 정의한다.

홀드 시간 점검 실패

정확하게 시뮬레이션할 것 같음에도 칩이 제대로 작동하지 못하는 주된 이유 중 하나는 홀드 시간 위반, 특히 예상하지 못한 클럭 스큐로 야기되는 위반이다. 설계가 2−위상 비중복 클럭을 사용하지 않으면 클럭 스큐는 주의 깊게 모델링되어야 하고, 홀드 시간은 정적인 타이밍 분석기로 점검되어야 한다. 이러한 검사는 에러가 즉시 정정될 수 있게 설계되었을 때 바로 실시하여야 한다. 예를 들어 대형 프로

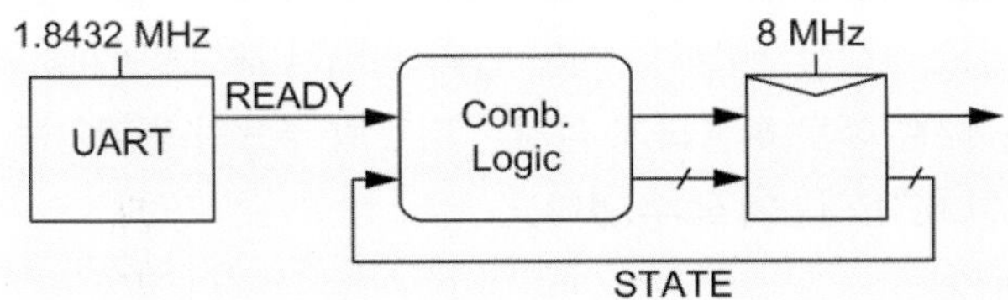

그림 9.53 동기화되지 않은 입력

세서는 긴 경로에서의 셋업 시간을 해결하기 위하여 광범위한 구성의 지연 클럭을 사용했다. 홀드 시간은 테이프아웃(tapeout) 직전까지 검사하지 않아 위반이 많을 때는 현격한 일정 차질로 이어진다.

설계 주기에서 순차 기법 선정을 너무 늦게 하기

설계자들은 각각의 장단점이 있는 여러 순차 방법 중에서 선택한다. 특정한 응용에 대한 최상의 방법은 격렬하게 논쟁 중이고 기술자들은 논쟁을 즐긴다. 만일 순차 방법이 프로젝트의 초기에 확정되지 않으면 방법이 변경될 때 재작업을 하고, 여러 가지 방법을 지원하고 검증하는 데 엄청난 시간을 낭비한다는 것을 경험으로 알고 있다. 프로젝트에는 팀이 초기에 한 가지 방법을 선택하고 집중하도록 명할 강한 기술 관리자가 필요하다.

비동기 입력의 동기화 실패

동기화되지 않은 입력은 찾아내기가 매우 어렵고 이상한 간헐적인 시스템 고장을 일으킨다. 예를 들어 그림 9.53은 하나의 클럭을 빠뜨린 유한 상태기가 *UART*가 데이터를 갖고 있을 때 다른 클럭에 실행하는 *UART*로부터 *READY* 입력을 받은 것을 보여 준다. 설계자는 *READY* 신호를 동기화하는 것은, 그것이 FSM의 클럭 에지 가까이에서 변동하면 한 주기에서 검출이 되었든 다음 주기에서 검출이 되었든 신경 쓰지 않기 때문에, 중요하지 않다고 이유를 밝힌다. 더욱이 클럭이 아주 느려서 준안정 상태가 확정할 시간을 가질 수 있다. 그러나 FSM은 규칙상 절대 일어날 수 없는 랜덤 상태로 건너뛰어 때때로 실패한다. 두 달간의 디버깅 후에, 비동기 *READY* 신호가 FSM 클럭 에지 전에 수 게이트 지연을 표명하고 나서야 설계자들은 문제가 시작되었다는 것을 깨달았다. 조합 논리를 통한 전달 지연은 다음 상태 논리의 다양한 비트에 대해 다르다. 어떤 비트는 다른 비트가 오래된 값에 있는 동안 새로운 값으로 변동되어서 FSM은 정의되지 않은 상태로 건너뛸 수 있다. 조합 논리를 구동하기 전에 FSM 클럭으로 *READY* 신호를 레지스터링하여 문제를 해결하였다.

결함 동기기 제작

설계자들은 결함 동기기를 제작하려고 많은 방법을 발견하였다. 예를 들어 만일 비동기 입력이 한 개 이상의 동기기를 구동한다면, 두 개의 동기기는 다른 값으로 확정할 수 있다. 만일 그것이 일정한 출력을 생성해야 한다면, 하나의 동기기가 사용되어야 한다. 다른 예로 동기기는 한 개 이상의 비트가 동시에 변동하는 경우에는 다중 비트를 받아들여서는 안 된다. 이는 다른 비트가 오래된 상태로 확정하는 동안 몇 비트가 변동된 대로 확정함으로써 오래된 입력 워드건 새로운 입력 워드건 무효한 패턴이 되는 리스크를 제기한다. 또 다른 예로 허술하게 설계된 피드백 루프의 동기기는 기대보다 더 느릴 수 있고, 기하급수적으로 불량한 MTBF를 가질 수 있다.

요약

이 장에서는 플립플롭, 2-위상 투과성 래치, 펄스 래치를 사용한 순차의 장단점을 검증하였다. ITRS는 족히 10 FO4 지연 이하로(표 4.17 참조) 주기 시간이 단축될 것으로 예측한다. 순차화 오버헤드를 최소화하는 것은 이들 고성능 시스템에서 매우 중요하다. 플립플롭은 가장 단순하다. 그러나 가장 큰 순차화 오버헤드를 갖는다. 투과성 래치는 가장 많은 스큐를 허용하고, 가장 많은 시간 차용을 하지만 주기 대신에 반주기에 논리를 집어넣는 더 커다란 설계 노력을 필요로 한다. 펄스 래치는 가장 낮은 순차화 오버헤드를 갖지만 최소 지연 문제에 가장 민감하다. 표 9.4는 각 기법의 순차화 오버헤드, 최소 지연 조건, 시간 차용 능력을 비교한다. 상용 제품과 설계자의 선택은 설계 조건과 CAD 툴에 달려 있다.

초급 VLSI급에 대한 실습 프로젝트에서 타이밍 분석은 가끔 초보적이거나 하지 않거나 한다. 칩으로부터 발생한 2-위상 비중복 클럭을 사용하는 것은 매력적인데 그것은 만일 클럭 주기와 비중복이 충분히 크면 최대 지연이나 최소 지연 실패가 없기 때문이다. 그러나 대형의 고성능 상용 칩에 두 개의 비중복 위상을 발생시키고 분배하는 것은 실용적이지 않다.

저급 및 중급 성능 설계와 몇몇 고속 설계의 대부분에는 플립플롭을 사용한다. 플립플롭은 사용하기 쉽고 대부분의 설계자들이 잘 숙지하고 있다. 더 중요한 것은 이것을 잘 다룰 수 있는 분석 툴과 타이밍 분석기가 있다는 것이다. 불행하게도 주기당 몇 개의 게이트 지연 시스템에서는 순차화 오버헤드가 주기의 많은 부분을 소모할 수 있다. 더욱이 많은 표준 셀 플립플롭은 더 큰 순차화 오버헤드를 희생해서라도 홀드 시간 위반을 방지하기 위하여 의도적으로 다소 느리다.

대부분의 2-위상 래치 시스템은 단일 클럭을 분배하고 두 번째 래치를 구동하기 위해 국지적으로 반전한다. 이러한 시스템은 성능의 저하 없이 충분한 양의 클럭 스큐를 허용하고 의도적이든 우연히든 지연을 균형 잡기 위하여 시간을 차용할 수 있다. 그러나 시스템은, 시간 차용은 각 스테이지에서

표 9.4 순차화 요소의 비교

	Sequencing Overhead ($T_c - t_{pd}$)	Minimum Logic Delay t_{cd}	Time Borrowing t_{borrow}
플립플롭	$t_{pcq} + t_{setup} + t_{skew}$	$t_{hold} - t_{ccq} + t_{skew}$	0
2-위상 투과성 래치	$2t_{pdq}$	$t_{hold} - t_{ccq} + t_{nonoverlap} + t_{skew}$ in each half-cycle	$T_c/2 - (t_{setup} + t_{nonoverlap} + t_{skew})$
펄스 래치	$\max(t_{pdq}, t_{pcq} + t_{setup} - t_{pw} + t_{skew})$	$t_{hold} - t_{ccq} + t_{pw} + t_{skew}$	$t_{pw} - (t_{setup} + t_{skew})$

타이밍 조건을 격리하기보다는 파이프라인의 많은 스테이지를 통해서 분배하기 때문에 이해하는 데 더 많은 노력을 요구한다. 모든 타이밍 분석기가 래치를 적절하게 다루는 것은 아닌데 특히 서로 다른 클럭 간에 서로 다른 양의 클럭 스큐가 있을 경우 그렇다[Harris99]. 2-위상 래치는 Alpha 21064와 21164[Gronowski98], 기타 많은 오래된 칩에 사용되고 있으나 현재는 거의 사용되고 있지 않다.

펄스 래치는 낮은 순차화 오버헤드를 갖는다. 그것은 펄스 폭을 선정할 때 장단점을 제기한다. 즉 넓은 펄스는 더 많은 시간 차용과 스큐를 허용하지만 최소 지연 조건을 만족하기는 더 어렵다. 펄스 래치는 의도적인 시간 차용이 어려우면 타이밍 분석기 관점에서 형편없는 시간 차용으로도 플립플롭만큼 빠르게 모델링될 수 있기 때문이다. 최소 지연 문제는 긴 경로에는 펄스 래치를, 짧은 경로에는 플립플롭을 혼합함으로써 대체적으로 해결할 수 있다. 불행히도 많은 실제의 설계는 전달 지연이 매우 길지만 혼조 지연이 매우 짧은 경로를 갖고 있어서 고난도 설계를 더 도전적으로 만든다. 펄스 래치는 Itanium 2[Naffziger02], Pentium 4[Kurd01], Athlon[Draper97], CRAY 1[Unger86]에 사용되어 왔다. 그러나 이것들은 기존의 상용 설계 흐름을 엉망으로 만들기 때문에 성능 요구가 꼭 필요한 상황이 아니면 피하는 것이 상책이다.

시스템의 입력이 비동기적으로 도착할 때 그들은 클럭 소자에서의 셋업 시간과 홀드 시간을 보장받을 수 없다. 입력이 한 주기에 도착했는지 다음 주기에 도착했는지에 관계하지 않더라도 순차화 요소가 유효한 논리 레벨을 생성하는 것은 보장하여야 한다. 불행히도 소자가 잘못된 시간의 변동하는 입력을 샘플링하면 기약할 수 없는 시간 동안 무효하게 유지되는 준안정 출력을 생성할 수 있다. 준안정성의 확률은 시간에 따라 기하급수적으로 떨어진다. 시스템은 비동기 입력을 샘플링하고 유지하기 위해 동기기를 사용하고, 앞으로 보내기 전에 매우 높은 확률로 유효한 논리를 확정하기 위하여 충분히 오래 유지한다.

대부분의 동기 VLSI 시스템은 하나의 토큰을 다음 토큰과 분리하기 위하여 비투과성인 순차화 소자를 사용한다. 대조적으로 많은 광학 시스템은 데이터를 시간으로 나누어 전송한다. 전달 매체가 펄스를 지나치게 확산하지 않는 한 수신 측에서 회복된다. 이와 유사하게 VLSI 시스템에서 확산이 낮으면, 즉 같은 혼조 지연과 전달 지연을 가지면 명백한 래칭 없이 한 데이터의 파동보다 더 많이 보낼 수 있다. 그러한 파동 파이프라이닝은 높은 처리량과 낮은 순차화 오버헤드 가능성을 제공한다. 그러나 데이터 지연의 다양성 때문에 실제로 수행하기는 어렵다.

연습문제

표 9.5의 타이밍 파라미터를 사용하시오.

표 9.5 순차화 요소 매개변수

	Setup Time	*clk*-to-*Q* Delay	*D*-to-*Q* Delay	Contamination Delay	Hold Time
플립플롭	65 ps	50 ps	n/a	35 ps	30 ps
래치	25 ps	50 ps	40 ps	35 ps	30 ps

9.1 τ_s가 54 ps, T_0가 21 ps인 플립플롭을 사용하는 동기기가 있다. 입력이 10 MHz에서 토글링하고 셋업 시간은 무시할 정도로 작다고 가정한다. 평균 고장 간격(MTBF)이 100년을 초과하는 최소 클럭 주기는 얼마인가?

9.2 그림 9.45의 동기기 플립플롭을 시뮬레이션하고 그림 9.43과 유사한 그림을 작성하시오. 그 그림에서 Δ_{DQ}, h, τ 및 T_0를 구하시오.

9.3 다음의 각 순차 유형에 대하여, 500 ps 클럭 주기 내에서 가능한 최대 논리 전달 지연을 구하시오. 클럭 스큐는 없고 시간 차용은 하지 않는다고 가정한다. a) 플립플롭 b) 2-위상 투과성 래치 c) 80 ps 펄스 폭의 펄스 래치

9.4 두 소자 간의 클럭 스큐가 50 ps까지 상승할 경우에 대해 연습문제 9.3을 반복하시오.

9.5 다음의 각 순차 유형에 대해 각 클럭 사이클(또는 반주기, 2-위상 래치에 대해서)의 최소 논리 혼조 지연을 구하시오. 클럭 스큐가 없다고 가정한다. a) 플립플롭 b) 50% 듀티 주기 클럭의 2-위상 투과성 래치 c) 위상 간 60 ps의 비중복의 2-위상 투과성 래치 d) 80 ps 펄스 폭의 펄스 래치

9.6 임의의 두 소자 간의 클럭 스큐가 50 ps까지 올라갈 경우에 대해 연습문제 9.5를 반복하시오.

9.7 한 주기의 논리가 특히 임계적이고 다음 주기가 거의 없다(empty)고 가정한다. 다음의 각 순차 유형에 대하여 첫 번째 주기가 두 번째 주기로 차용할 수 있는 최대 시간을 구하시오. 클럭 스큐가 없다고 가정한며 클럭 주기는 500 ps이다. a) 플립플롭 b) 50% 듀티 주기 클럭의 2-위상 투과성 래치 c) 위상 간 60 ps의 비중복의 2-위상 투과성 래치 d) 80 ps 펄스 폭의 펄스 래치

9.8 임의의 두 소자 간의 클럭 스큐가 50 ps까지 상승할 경우에 대하여 연습문제 9.7을 반복하시오.

9.9 식 (9.17)을 증명하시오.

9.10 비중복 클럭을 사용하는 한 쌍의 투과성 래치로 구성한 플립플롭을 생각해 보자. 플립플롭의 셋업 시간, 홀드 시간 및 클럭-Q 지연을 ϕ_1의 상승 에지에 대하여 래칭 타이밍 파라미터와 $t_{\text{nonoverlap}}$으로 설명하시오.

9.11 그림 9.54의 경로에 대해서 어느 래치가 시간을 차용하는지, 셋업 위반은 발생하는지 답하시오. 1200 ps, 1000 ps, 800 ps 사이클 타임에 대해서 반복하시오. 클럭 스큐는 없고 래치 지연은 전달 지연이다.

a) Δ1=550 ps; Δ2=580 ps; Δ3=450 ps; Δ4=220 ps

b) Δ1=300 ps; Δ2=600 ps; Δ3=400 ps; Δ4=550 ps

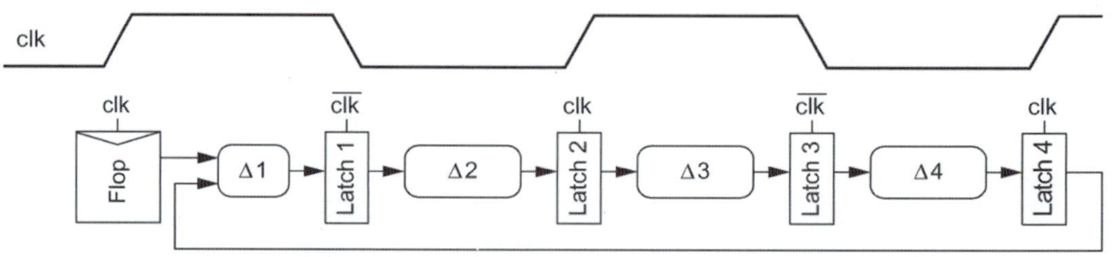

그림 9.54 예제 경로

9.12 그림 9.55의 회로가 다음의 각 논리 지연에 대해 정확하게 작동하는 최소 클럭 주기를 구하시오. 클럭 스큐는 없고 래치 지연은 전달 지연이다. a) $\Delta1=300$ ps; $\Delta2=400$ ps; $\Delta3=200$ ps; $\Delta4=350$ ps b) $\Delta1=300$ ps; $\Delta2=400$ ps; $\Delta3=400$ ps; $\Delta4=550$ ps c) $\Delta1=300$ ps; $\Delta2=900$ ps; $\Delta3=200$ ps; $\Delta4=350$ ps

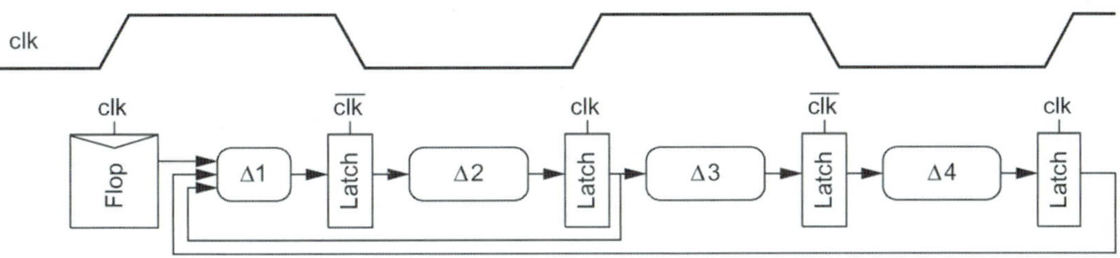

그림 9.55 또 다른 예제 경로

9.13 클럭 스큐가 100 ps일 경우에 대해 연습문제 9.12를 반복하시오.

9.14 그림 9.54의 회로에서 각 신호의 타이밍 유형을 표시하시오. 플립플롭은 백투백 투과성 래치로 구성되며 첫 번째 것은 *clk_b*로, 두 번째 것은 *clk*으로 제어된다.

9.15 InferiorCirciuts 사가 준안정 출력을 생성하지 않는 완전한 동기기를 판매하려고 한다. 동기기는 입력에 대해서 $V_{DD}/4$ 이상의 출력을 생성하는 고이득 비교기(comparator)를 후단에 붙인 보통의 플립플롭으로 구성되어 있다. 마케팅 VP는 플립플롭이 준안정 상태로 진입하더라도 출력은 $V_{DD}/2$ 근처에 머물러서 동기기는 비교기 이후에 양호한 고출력을 생성한다고 주장한다. 당신은 이 동기기를 구매하겠는가?

9.16 시뮬레이터를 사용하여 연습문제 9.25의 가정하에서 TSPC 래치의 셋업 시간과 홀드 시간을 구하시오.

9.17 다음의 500 ps 클럭 주기를 사용하여 전통적인 도미노 파이프라인의 한 주기에서 얻을 수 있는 최대 논리 전달 지연을 구하시오. 클럭 스큐는 없다고 가정한다.

9.18 임의의 두 소자 간의 클럭 스큐가 50 ps까지 상승할 경우에 대하여 연습문제 9.17을 반복하시오

9.19 500 ps 클럭 주기를 사용하는 4-위상 스큐 허용 도미노 파이프라인의 한 주기에서 얻을 수 있는 최대 논리 전달 지연을 구하시오. 클럭 스큐는 없다고 가정한다.

9.20 임의의 두 소자 간의 클럭 스큐가 50 ps까지 상승할 경우에 대하여 연습문제 9.19를 반복하시오.

9.21 클럭이 50% 듀티 주기를 가질 경우 연습문제 9.20에서 하나의 위상이 다음에서 얼마나 많은 시간을 차용할 수 있는가? $t_{\text{hold}}=0$이라고 가정한다.

9.22 클럭이 65% 듀티 주기를 가질 경우 연습문제 9.20을 반복하시오.

9.23 고속 펄스 래치를 설계하시오. 클럭과 데이터 입력의 게이트 커패시턴스를 같게 하시오. 래치는 네 개의 동일한 래치의 출력 부하를 구동하도록 하시오. 래치를 시뮬레이션해 보고 셋업 시간과 홀드 시간, 클럭-*Q* 지연과 혼조 지연을 구하시오. 결과를 FO4 인버터 지연으로 설명하시오.

9.24 네 개의 팬아웃을 구동하는 8-입력 동적 NOR 게이트의 최악의 전달 지연을 시뮬레이션하시

오. 전 16개 설계 코너(전압, 온도, nMOS, pMOS)에서의 지연을 보고하시오. 또한 이들 각 코너에서의 네 개의 인버터의 팬아웃의 지연을 구하시오. NOR 게이트의 절대 전달 지연은 코너에 걸쳐서 몇 퍼센트까지 변동하는가? 정상 지연은 몇 퍼센트까지 변동하는가(FO4 인버터를 사용하여)? 정합 지연(matched delay)을 사용하여 회로의 의미에 대해서 설명하시오.

9.25 시뮬레이터를 사용하여 그림 9.17(d)의 기존 동적 래치의 *D*-*Q* 전달 지연과 9.3.11절의 TSPC 래치의 *D*-*Q* 전달 지연을 비교하시오. 각각의 래치는 4개의 팬아웃을 갖는다고 가정하자. 4λ 폭의 클럭 트랜지스터를 사용하고, 최소 전달 지연을 위해 다른 트랜지스터 크기를 조정하자.

데이터 경로 10

10.1 서론

칩 기능은 일반적으로 다음의 범위로 나누어 볼 수 있다.

- 데이터 경로 연산기(operator)
- 메모리 요소
- 제어 구조
- 특수 목적 셀
  - I/O
  - 전원 분배
  - 클럭 발생 및 분배
  - 아날로그와 RF

CMOS 시스템 설계는 시스템을 위에 목록으로 만든 형태의 서브시스템으로 분할하는 것으로 구성된다. 속도, 밀도, 프로그램 가능성, 설계의 용이함 및 다른 변수들 사이의 균형을 만드는 많은 옵션이 존재한다. 이 장은 공통 데이터 경로 연산기에 대해 사용되는 설계 옵션에 대해 검토한다. 다음 장에서는 어레이, 특히 메모리에 사용되는 어레이에 대해 검토한다. 제어 구조는 하드웨어 설명어 내에서 가장 공통적으로 코드화되어 있고 합성된다. 특수 목적 서브시스템은 12장에서 다룰 것이다.

1장에서 소개한 바와 같이 데이터 경로 연산기는 계층구조(hierarchy), 정규성 (regularity), 모듈성(modularity) 및 지역성(locality)의 구조적 설계 원칙으로부터 이득을 얻는다. 이것은 *N*개의 동일한 회로를 사용하여 *N*비트 데이터를 처리할 수 있다. 관련된 데이터 연산기는 도선 길이 및 지연을 감소시키기 위해 물리적으로 서로 가깝게 위치한다. 일반적으로 데이터는 한 방향 내에서 흐르도록 정렬되어 있는 반면에 제어 신호는 데이터 흐름에 직교 방향 내에서 도입된다.

이 장에서 검토되는 공통 데이터 경로 연산기는 가산기, 0/1 탐색기, 비교기, 카운터, 부울 논리 단위, 에러 수정 코드 블록, 시프터 및 곱셈기 등이다.

10.2 덧셈/뺄셈

"시간을 절약하고 운반 메커니즘을 간단히 할 목적으로 다수의 고안품이 설계되고 거의 무한정 개수의 도면이 만들어졌다."

— 배비지(Charles Babbage), 차분기관(Difference Engine) 1호(1864)[Morrison61]

덧셈은 ALU에서 주소 생성, 곱셈, 필터링에 이르기까지 많은 처리 연산의 기본을 형성한다. 결과적으로 2개의 이진수를 더하는 가산기 회로는 디지털 시스템 설계자에게 매우 흥미롭다. 가산기 아키텍처의 방대하고 거의 무한한 구분은 서로 다른 속도/면적 요구사항을 만족시킨다. 이 절은 단일 비트 덧셈에 대한 반가산기 및 전가산기와 함께 시작한다. 그 다음에 다중 비트 단어의 덧셈에 대한 캐리 전파(carry-propagate) 가산기의 과다를 고려한다. 마지막으로 뺄셈기 및 다중 입력 같은 관련된 구조가 논의된다.

10.2.1 단일 비트 덧셈

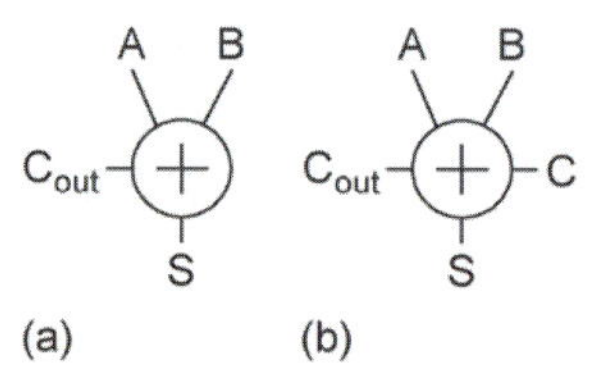

그림 10.1 반가산기 및 전가산기

그림 10.1(a)의 **반가산기**(half adder)는 두 개의 단일 비트 입력 A와 B를 더한다. 결과는 0, 1, 또는 2이고 따라서 그 값을 표현하는 데 두 개 비트가 필요하다. 이것은 합 S 및 캐리아웃(carry-out) C_{out}이라 부른다. 이 캐리아웃은 다중 비트 가산기의 다음의 유효 열(significant column)에 대해 캐리인(carry-in)과 같고 따라서 다른 비트의 **가중치**(weight)의 두 배가 되는 것으로 설명될 수 있다. 다중 가산기가 단계적으로 접속(cascade)될 준비를 하면 각 가산기는 이 캐리인을 수신할 수 있어야만 한다. 그림 10.1(b)에 나와 있는 그러한 **전가산기**(full adder)는 C 및 C_{in}으로 부르는 세 번째 입력이다.

반가산기 및 전가산기에 대한 진리표는 표 10.1과 표 10.2에 주어져 있다. 전가산기에 대해서 이것은 때로는 **발생**(generate, G), **전파**(propagate, P), 그리고 아마도 **킬**(kill, K) 신호를 정의하는 데 유용하다. 이 가산기는 C_{out}이 C_{in}과 상관없이 참일 때 캐리를 발생시키고 따라서 $G=A \cdot B$이다. 이 가산기는 C_{out}이 C_{in}과 상관없이 거짓일 때 캐리를 죽이고 따라서 $K=\overline{A} \cdot \overline{B}=\overline{A+B}$이다. 이 가산기는 캐리를 전파한다. 반드시 한 개의 입력이 참일 때 이것이 캐리인을 수신할 필요충분조건은 캐리아웃을 생성하는 것이다: $P=A \oplus B$.

진리표로부터 반가산기 논리는 다음과 같다.

표 10.1 반가산기에 대한 진리표

A	B	C_{out}	S
0	0	0	0
0	1	0	1
1	0	0	1
1	1	1	0

표 10.2 전가산기에 대한 진리표

A	*B*	*C*	*G*	*P*	*K*	C_{out}	*S*
0	0	0	0	0	1	0	0
		1				0	1
0	1	0	0	1	0	0	1
		1				1	0
1	0	0	0	1	0	0	1
		1				1	0
1	1	0	1	0	0	1	0
		1				1	1

$$\begin{aligned} S &= A \oplus B \\ C_{out} &= A \cdot B \end{aligned} \tag{10.1}$$

그리고 전가산기 논리는 다음과 같다.

$$\begin{aligned} S &= A\bar{B}\bar{C} + \bar{A}B\bar{C} + \bar{A}\bar{B}C + ABC \\ &= (A \oplus B) \oplus C = P \oplus C \\ C_{out} &= AB + AC + BC \\ &= AB + C(A+B) \\ &= \overline{\bar{A}\bar{B} + \bar{C}(\bar{A}+\bar{B})} \\ &= \mathrm{MAJ}(A,\ B,\ C) \end{aligned} \tag{10.2}$$

가산기를 설계하는 데 가장 직관적인 접근 방식은 논리 게이트와 함께 이루어진다. 그림 10.2는 반가산기를 보여 준다. 그림 10.3은 게이트(a) 및 트랜지스터(b)에서의 전가산기를 보여 준다. 이 캐리 게이트는 세 개의 입력 중 최소한 두 개가 1이면 1을 생성하기 때문에 **다수**(majority) 게이트라고 부

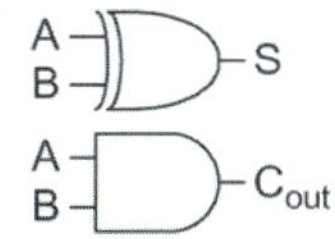

그림 10.2 반가산기 설계

그림 10.3 전가산기 설계

른다. 전가산기가 가장 자주 사용되고 따라서 이 절 나머지 부분에서 주목하게 될 것이다.

그림 10.3(b)의 전가산기는 32개의 트랜지스터(인버터에 대해 6, 다수 게이트에 대해 10, 그리고 3-입력 XOR에 대해 16)를 채택한다. 더 간결한 설계는 S 스캔이 C_{out} 항을 재사용할 수 있도록 인수(factor)화될 수 있다는 관측에 기초하고 있다.

$$S = ABC + (A + B + C)\overline{C}_{out} \tag{10.3}$$

그림 10.4에 있는 게이트(a) 및 트랜지스터(b)에서 그러한 설계를 볼 수 있고 단지 28개의 트랜지스터만 사용한다. pMOS 네트워크는 전도 보체(conduction complement)가 되기보다는 차라리 nMOS 네트워크와 동일하다는 점에 유념하자. 그래서 그 위상 배치는 **거울 가산기**(mirror adder)라고 불린다. 이 단순화는 직렬 트랜지스터 수를 감소시키고 레이아웃을 더 균일하게 만든다. 덧셈 함수

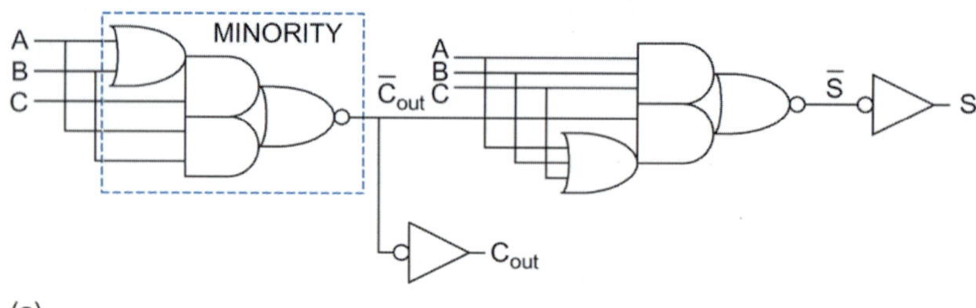

(a)

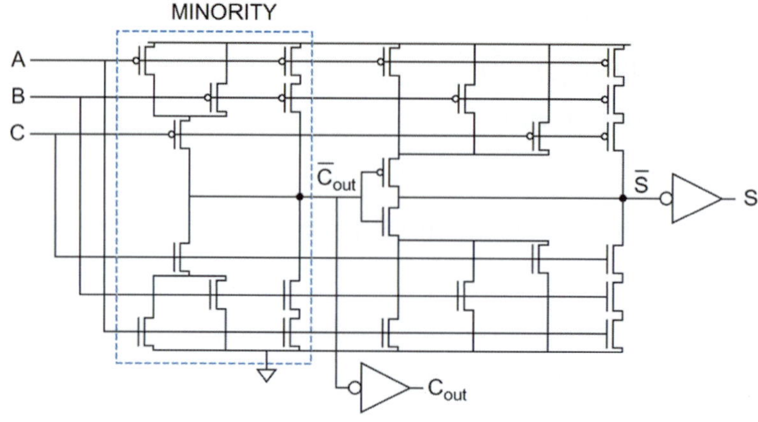

(b)

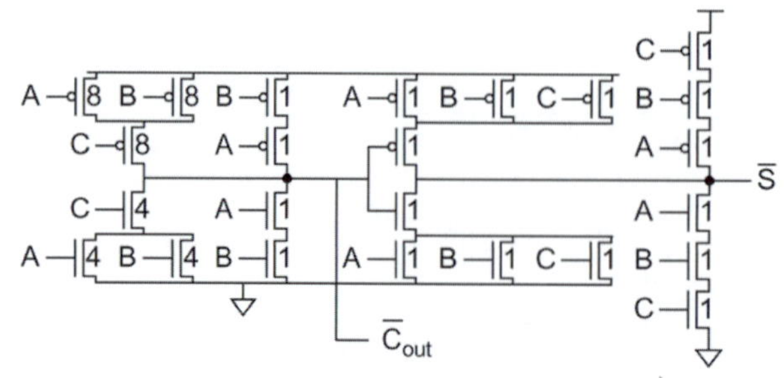

(c)

그림 10.4 캐리 리플 연산을 위한 전가산기

가 **대칭**(symmetric), 예를 들면 보체 입력의 함수가 그 함수의 보체이기 때문에 이것이 가능하다.

이러한 거울 가산기는 C_{out}보다는 S를 계산하는 데 더 지연이 된다. 캐리 리플(carry-ripple) 가산기(10.2.2.1절)에서 임계 경로는 많은 전가산기를 통해서 $C(C_{in})$로부터 C_{out}으로 가고 따라서 S를 계산하는 여분 지연은 중요하지 않다. 그림 10.4(c)는 다음의 수많은 기법을 사용하여 임계 경로를 도와주기 위해 최적화된 트랜지스터 크기를 가진 가산기를 보여 준다.

- 내부 커패시턴스가 이미 방전되어 있도록 캐리인 신호(C)를 내부 입력에 공급한다.
- 합 논리(sum logic) 내의 모든 트랜지스터를 게이트 신호가 캐리인 및 캐리 논리 최소 크기(1단위, 예: 4λ)에 연결되도록 만든다. 이것은 임계 경로 상에서 갈림 에퍼트(branching effort)를 최소화한다. 상호 연결 커패시턴스를 감소시키기 위해 이 신호 상의 경로를 가능한 한 짧게 유지한다.
- 논리 에퍼트(logical effort) 및 시뮬레이션에 의한 직렬 트랜지스터의 폭을 결정한다. S에 대한 희생으로 인해 C로부터 C_{out}에 이르는 비대칭 게이트를 구성한다.
- 스트레이 도선 커패시턴스는 전체 커패시턴스의 작은 부분이 되도록 임계 경로 상에서 상대적으로 큰 트랜지스터를 사용한다.
- 지연 및 트랜지스터 카운트를 24로 감소시키기 위해 출력 인버터 및 교호(alternate) 양 및 음 논리를 제거한다(10.2.2.1절 참조).

그림 10.5는 이 가산기의 두 가지 레이아웃을 보여 준다(앞표지 안쪽 참조). 종횡비(aspect ratio)의 선택은 적용 방법에 의존한다. 표준 셀 환경 내에서는 nMOS 및 pMOS 트랜지스터의 단일 행(row)이 사용될 때 그림 10.5(a)의 레이아웃이 적절할 수도 있다. A, B 및 C 입력에 대한 경로는 외부 경로 트랙이 어쨌든 이러한 신호에 할당되어야만 하기 때문에 셀 외부에 위치할 수 있을지라도 셀 내부에 보인다. 그림 10.5(b)는 밀집한 데이터 경로에 적절할 수도 있는 레이아웃을 보여 준다(수평 폴리실리콘이 가능할 경우). 여기에서 트랜지스터들은 회전되어 있고 폴리실리콘 및 금속1 내에서 모든 도선이 완료된다. 이것은 금속2 버스 라인이 수평으로 셀 너머로 통과할 수 있도록 한다. 더군다나 이 트랜지스터의 폭은 데이터 경로의 비트 피치(높이)에 영향을 주지 않고 증가될 수 있다. 이러한 사례에서 폭은 C_{in}을 캐리 리플 가산기의 임계 경로 상에 있는 C_{out} 지연으로 감소시킬 수 있도록 선택된다.

상당히 서로 다른 전가산기 설계는 멀티플렉서 및 XOR를 형성하기 위해 전달 게이트(transmission gate)를 사용한다. 그림 10.6(a)는 24개의 트랜지스터를 사용하고 동일 지연으로 적절한 극성(polarity)의 버퍼링된 출력을 제공하는 트랜지스터 수준 결선도를 보여 준다. 그림 10.6(b)[1]에 나와 있는 바와 같이 이 설계는 전파 게이트 구조를 멀티플렉서 및 일종의 '역인버터(invertible inverter)' XOR 구조(10.7.4절 참조) 속으로 구문 분석 (parsing)을 함으로써 이해될 수 있다. S를 선택하는 멀티플렉서는 식 (10.2)에 주어진 바와 같이 $P \oplus C$를 계산하도록 구성되어 있다.

[1] 유명한 IRSIM 같은 일부 스위치 수준 시뮬레이터는 이 XOR 구조에 의한 혼란이 있고 올바르게 시뮬레이션하지 않을 수도 있다.

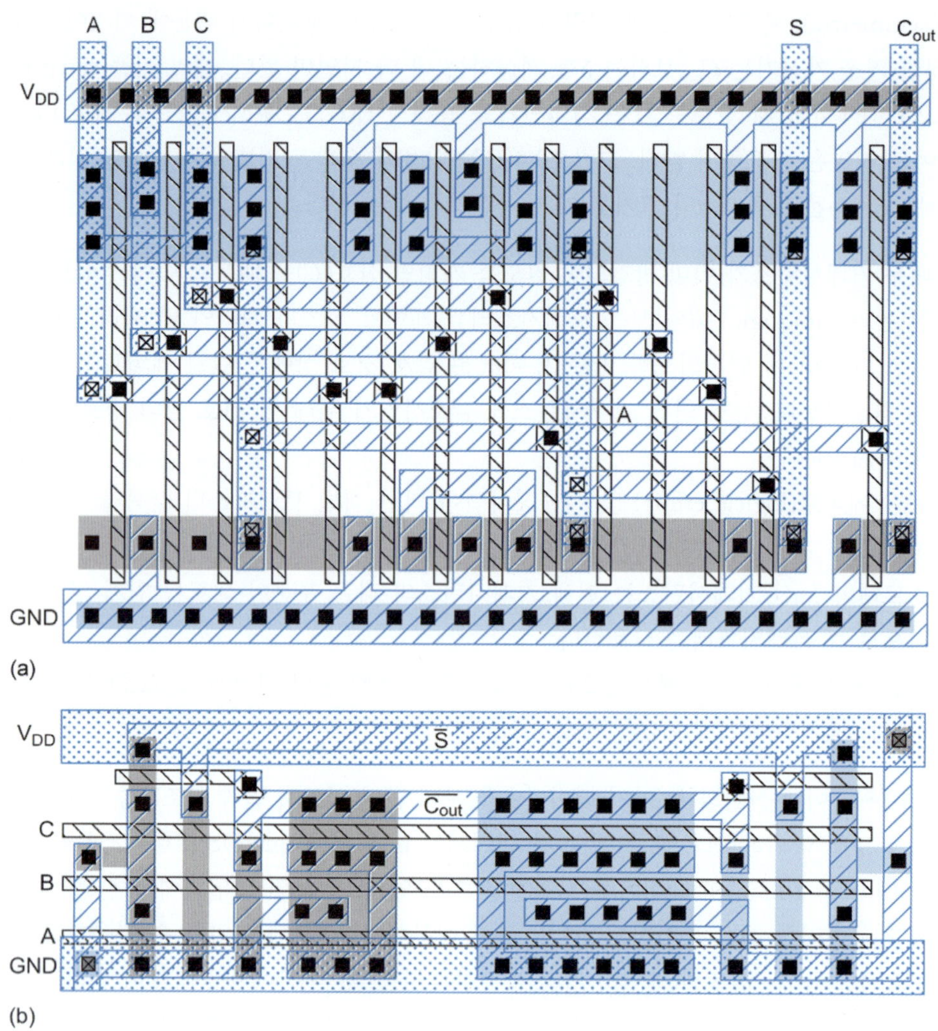

그림 10.5 전가산기 레이아웃

그림 10.7은 상보형 통과 트랜지스터(complementary pass-transistor) 논리(CPL) 방법을 보여 준다. 최적화되지 못한 40-트랜지스터 정적 CMOS 전가산기와 비교해서 [Yano90]는 CPL이 속도가 두 배 빠르고, 전력이 30% 낮고 약간 더 작은 것을 확인했다. 반면에 거울 가산기의 신중한 구현과 비교해서 [Zimmermann97]은 CPL 지연이 약간 더 낫고, 전력은 비등하고, 면적이 훨씬 더 큰 것을 확인했다.

동적 전가산기는 고속 곱셈기에서 널리 사용된다. 합 논리가 본래부터 입력의 참형 및 상보형 버전을 요구하기 때문에 이중 레일(dual-rail) 도미노가 필수적이다. 그림 10.8은 풋리스 이중 레일 도미노 XOR/XNOR 및 MAJORITY/MINORITY 게이트를 사용하는 그러한 가산기를 보여 준다 [Heikes94]. 두 개의 출력으로의 지연은 합리적으로 균형이 잘 잡혀 있는데 이것은 양쪽 경로가 임계

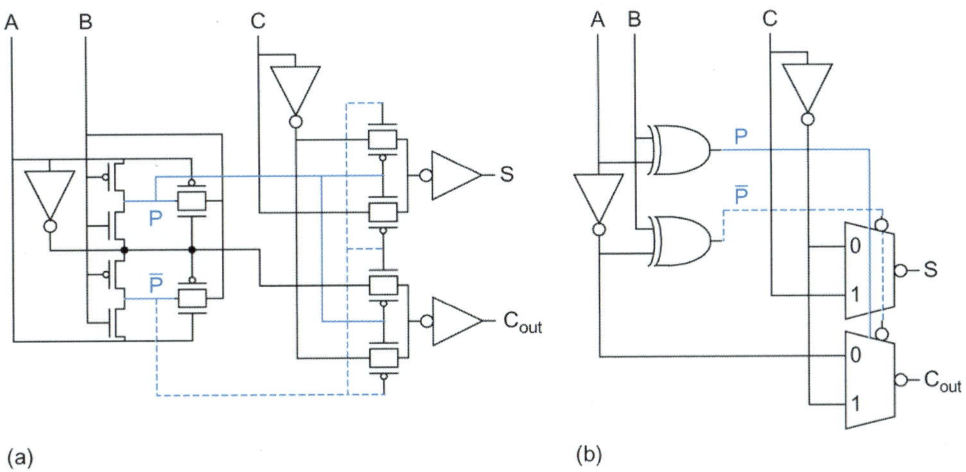

그림 10.6 전달 게이트 전가산기

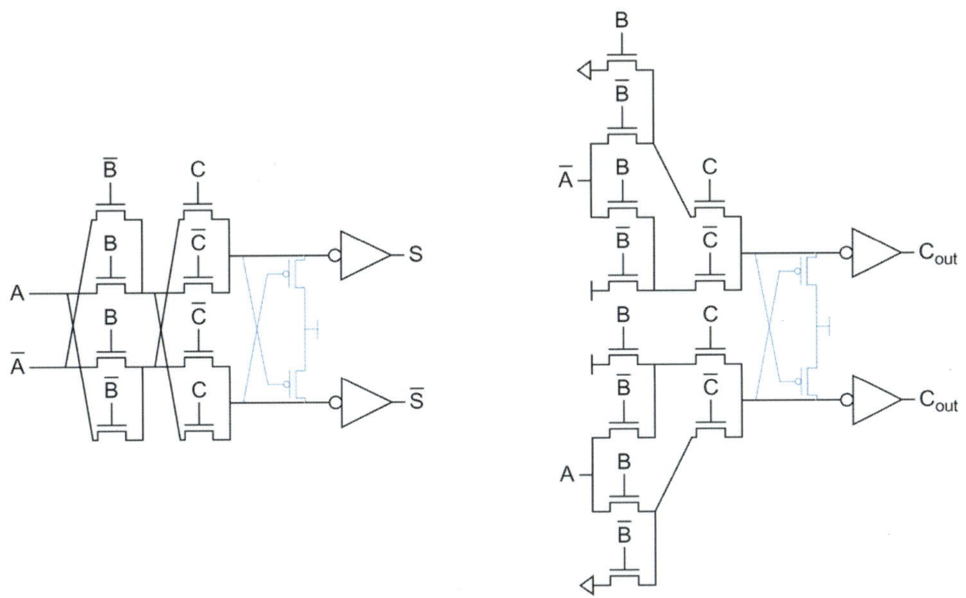

그림 10.7 CPL 전가산기

적인 곱셈기에 중요하다. 이것은 트랜지스터 카운트를 감소시키기 위해 합 게이트 내의 트랜지스터를 공유하고, 또한 두 개의 캐리 게이트에 대한 동일 레이아웃을 제공하기 위해 대칭 특성을 이용한다.

정적 CMOS 전가산기는 일반적으로 2~3개의 FO4 인버터의 지연이 있고 도미노 가산기는 약 1.5의 지연이 있다.

그림 10.8 이중 레일 도미노 전가산기

10.2.2 캐리 전파 덧셈

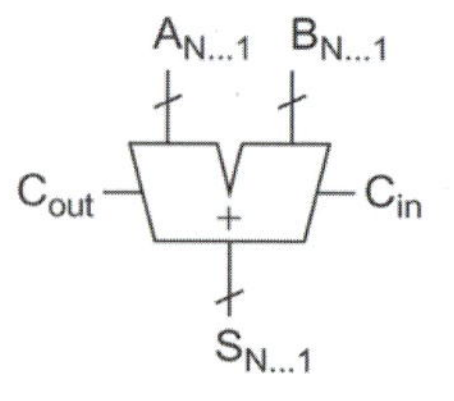

그림 10.9 캐리 전파 가산기

N비트 가산기는 그림 10.9에 나와 있는 바와 같이 입력 $\{A_N, \cdots, A_1\}$, $\{B_N, \cdots, B_1\}$ 및 캐리인 C_{in}을 취하고 최고 유효 비트 C_{out}의 합 $\{S_N, \cdots, S_1\}$ 및 캐리아웃을 계산한다.(통상적으로 이 책에서는 최하위 비트를 A_1 대신 A_0로 부른다. 그러나 가산기에서는 계속되는 페이지의 표기법으로 캐리를 다루기 위해 열 0를 지정하는 것이 보기 좋다.) 각 비트 속으로의 캐리가 모든 유효 비트 속으로의 캐리에 영향을 줄 수 있기 때문에 이들은 **캐리 전파 가산기**(CPA: carry-propagate adder)로 부른다. 예를 들면 그림 10.10은 덧셈 $1111_2+0000_2+0/1$을 보여 주는데 합 및 캐리 비트의 각각은 C_{in}에 의한 영향을 받는다. 가장 간단한 설계는 한 개 비트의 캐리아웃이 단지 다음 비트에 대해 캐리인으로서 연결되는 캐리 리플(carry-ripple) 가산기이다. 더 빠른 가산기는 예견 능력이 있어 다중 비트 그룹의 캐리아웃을 예측한다. 이것은 보통 다중 비트 그룹이 캐리인을 전파하거나 캐리아웃을 발생시킬지를 표시하기 위해 그룹 PG 신호를 계산함으로써 행하게 된다. 긴 가산기는 심지어 더 빠른 속도에 대해 예측(lookahead) 구조의 다중 수준을 사용한다.

10.2.2.1 캐리 리플 가산기 N비트 가산기는 그림 10.11(a)에서와 같이 N=4에 대해 N개의 전가산

그림 10.10 캐리 전파의 예제

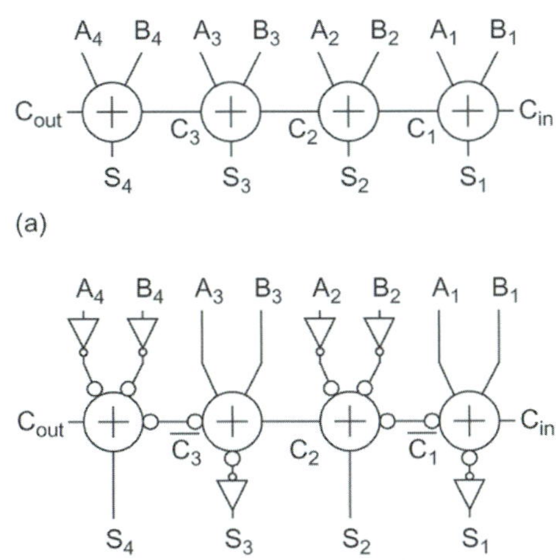

그림 10.11 4비트 캐리 리플 가산기

기를 단계적으로 행함으로써 구성될 수 있다. 이것은 **캐리 리플 가산기**(carry-ripple adder, 또는 **리플 캐리 가산기**)라고 부른다. 비트 i의 캐리아웃 C_i는 비트 $i+1$쪽으로 캐리인이다. 이러한 캐리는 합 S_i 가중치의 두 배를 가지고 있다고 말한다. 가산기의 지연은 캐리가 N개의 스테이지를 통해 리플하는 시간에 의해 설정되고 따라서 $t_{C \rightarrow C_{out}}$ 지연은 최소화되어야만 한다.

이러한 지연은 그림 10.4(c)에서 행해진 바와 같이 출력 상에서 인버터를 생략함으로써 감소시킬 수 있다. 덧셈은 **자체 듀얼**(self-dual) **함수**이기 때문에(즉 반전 입력의 함수가 함수의 반전과 같다) 상보형 입력을 수신하는 반전 전가산기는 참 출력을 생성한다. 그림 10.11(b)는 반전 전가산기로부터 구성된 캐리 리플 가산기를 보여 준다. 그 밖의 모든 스테이지는 상보형 데이터 상에서 연산한다. 가산기 입력 또는 합 출력의 반전 지연은 임계 리플 캐리 경로 밖에서 처리된다.

10.2.2.2 캐리 발생 및 전파 이 절은 더 빠른 가산기를 설명하는 데 공통적으로 사용되는 표기법을 소개한다. P와 G **전파**(propagate) 및 **발생**(generate) 신호가 10.2.1절에 정의되었다는 것을 상기하자. 이러한 신호를 일반화하여 포함한 그룹 스패닝(group spanning) 비트 $i \cdots j$가 캐리를 발생시키는지 또는 캐리를 전파하는지 설명할 수 있다. 비트 그룹은 이 캐리아웃이 캐리인과 무관하게 참이면 캐리를 발생시킨다. 이것은 캐리인이 있을 때 이 캐리아웃이 참이면 캐리를 전파한다. 이러한 신호는 $i \geq k > j$에 대해 다음과 같이 반복적으로 정의될 수 있다.

$$\begin{aligned} G_{i:j} &= G_{i:k} + P_{i:k} \cdot G_{k-1:j} \\ P_{i:j} &= P_{i:k} \cdot P_{k-1:j} \end{aligned} \tag{10.4}$$

기본 예는 다음과 같다.

$$\begin{aligned} G_{i:i} &\equiv G_i = A_i \cdot B_i \\ P_{i:i} &\equiv P_i = A_i \oplus B_i \end{aligned} \tag{10.5}$$

다시 말하면 상부(더 유효) 또는 하부 부분이 캐리를 발생시키고 상부 부분이 그 캐리를 전파한다면 그룹은 캐리를 발생시킬 수 있다. 상부 및 하부 부분 모두가 이 캐리를 전파하면 이 그룹은 캐리를 전파한다.[2]

캐리인은 특별히 취급되어야만 한다. $C_0=C_{\text{in}}$ 및 $C_N=C_{\text{out}}$으로 정의한다. 그 다음에 비트 0에 대해 발생 및 전파 신호를 다음과 같이 정의할 수 있다.

$$\begin{aligned} G_{0:0} &= C_{\text{in}} \\ P_{0:0} &= 0 \end{aligned} \tag{10.6}$$

비트 i의 캐리인은 비트 $i-1$의 캐리아웃이고 $C_{i-1}=G_{i-1:0}$이다. 이것은 중요한 관계이다. **그룹 발생**(group generate) 신호 및 **캐리**(carry)는 다음 절에서 유사하게 사용될 것이다. 그리하여 식 (10.2)를 사용하여 비트 i에 대한 합을 다음과 같이 계산할 수 있다.

$$S_i = P_i \oplus G_{i-1:0} \tag{10.7}$$

따라서 덧셈은 세 단계 처리 공정으로 줄일 수 있다.

1. 식 (10.5)와 (10.6)을 사용하여 비트 방식의 발생 및 전파 신호를 계산
2. 식 (10.4)를 사용하여 모든 $N \geq i \geq 1$에 대해 그룹 발생 $G_{i-1:0}$을 결정하기 위해 이러한 신호를 조합
3. 식 (10.7)을 사용하여 합을 계산

이러한 단계는 그림 10.12에 도식화되어 있다. 첫 번째 그리고 세 번째 단계는 일반적인 것이고 따라서 이 절의 나머지 부분에서 가장 주목한 것은 속도, 면적 및 복잡도 사이의 서로 다른 균형을 맞추는 일과 함께 그룹 PG 논리에 대한 대안이다. 이 하드웨어 일부는 그림 10.13에 나와 있는 바와 같이 비트 성향의 PG 논리 내에서 공유될 수 있다.

그룹 PG 논리를 설명하기 위해 많은 표기법이 학술 논문에서 사용되고 있다. 일반적으로 PG 논리는 **프리픽스**(prefix) 계산의 한 예이다[Leighton92]. 이것은 입력 $\{P_{N:N}, \cdots, P_{0:0}\}$ 및 $\{G_{N:N}, \cdots, G_{0:0}\}$을 수락하고 식 (10.4)에 주어진 관계를 이용하여 **프리픽스** $\{G_{N:0}, \cdots, G_{0:0}\}$를 계산한다. 이러한 관계는 **델타 연산기**(delta operator), **기본 캐리 연산기**(fundamental carry operator) 및 **프리픽스 연산기**(prefix operator)를 포함한 학술 논문의 많은 명칭에 주어진다. 10.10절에서 다루겠지만, 우선순위 인코딩(priority encoding) 같은 다른 많은 문제는 프리픽스 계산으로서 자리잡을 수 있고 고속 그룹 PG 논리를 구성하기 위해 사용되는 모든 기법이 적용될 것이다.

식 (10.4)는 더 작은 그룹의 쌍을 조합하기 때문에 **발런세**(valency)-**2**[또는 **기수**(radix)-**2**라고도

---

[2] 다르게는, OR이 XOR보다 더 빠르기 때문에 일부 가산기는 P_i를 대신하여 $\overline{K}_i=A_i+B_i$를 사용한다. 이 그룹 논리는 $G_{i:j}=G_{i:k}+\overline{K}_{i:k}\cdot$ Gk-1:j 및 $\overline{K}_{i:j}=\overline{K}_{i:j}\cdot\overline{K}_{k-1:j}$가 된다. 그러나 $P_i=A_i \oplus B_i$는 최종 합을 계산하기 위해 여전히 식 (10.7) 내에서 필요하다. 때때로 이름을 바꾼 X_i나 T_i가 혼란을 피하기 위해 사용된다.

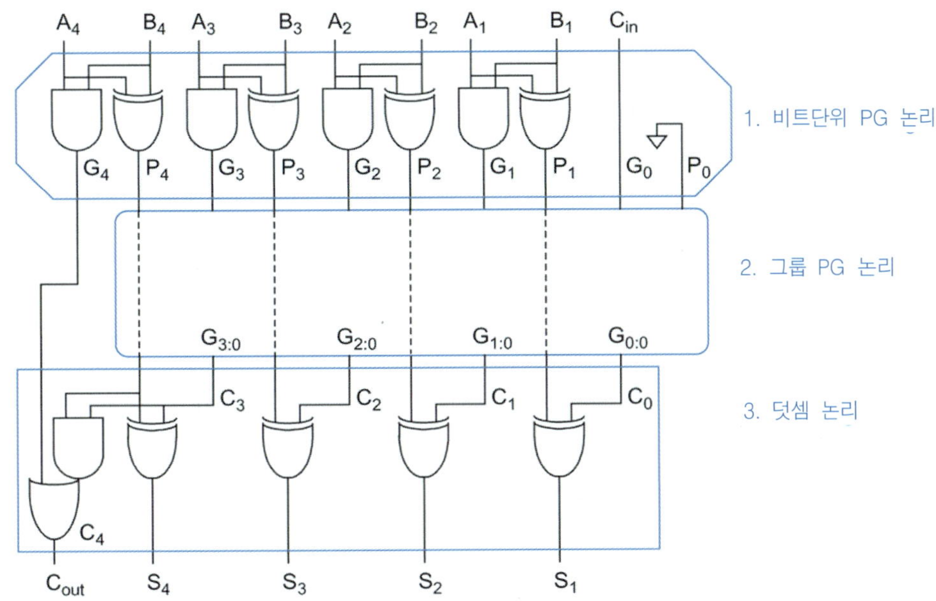

그림 10.12 발생 및 전파 논리를 가진 덧셈

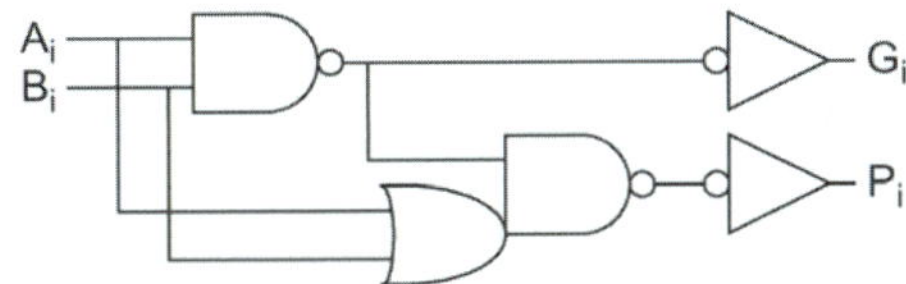

그림 10.13 공용 비트 성향 PG 논리

불림] 그룹 PG 논리를 정의한다. 또한 식 (10.8)과 나중에 그림 10.16(c)에서 보겠지만, 더 복잡한 게이트의 스테이지 사용을 줄이기 위해 더 높은 발런세 그룹 논리를 정의하는 것이 가능하다 [Beaumont-Smith99]. 예를 들면 발런세-4 그룹 논리에서 네 개의 모든 부분이 전파하면 한 그룹이 그 캐리를 전파한다. 상부 부분이 발생시키면, 두 번째 부분이 발생시키고 상부 두 개가 전파하면, 또는 하부가 발생시키고 상부 세 개가 전파하면 한 개의 그룹은 한 개의 캐리를 발생시킨다.

$$\left.\begin{aligned} G_{i:j} &= G_{i:k} + P_{i:k}\cdot G_{k-1:l} + P_{i:k}\cdot P_{k-1:l}\cdot G_{l-1:m} + P_{i:k}\cdot P_{k-1:l}\cdot P_{l-1:m}\cdot G_{m-1:j} \\ &= G_{i:k} + P_{i:k}\left(G_{k-1:l} + P_{k-1:l}\left(G_{l-1:m} + P_{l-1:m}G_{m-1:j}\right)\right) \\ P_{i:j} &= P_{i:k}\cdot P_{k-1:l}\cdot P_{l-1:m}\cdot P_{m-1:j} \end{aligned}\right\} \quad \left(i \ge k > l > m > j\right) \qquad \textbf{(10.8)}$$

논리 에퍼트는 최상 스테이지 에퍼트가 약 4라는 것을 가르쳐 준다. 따라서 더 높은 발런세 게이트의 스테이지를 덜 구성하는 것이 꼭 더 좋은 것은 아니다. 주어진 기술에 대한 대안을 비교하기 위한 시뮬레이션 또는 계산이 행해져야만 한다.

10.2.2.3 PG 캐리 리플 덧셈 캐리 리플 가산기의 임계 경로는 캐리 체인 다수 게이트를 따라서 캐리 인으로부터 캐리아웃으로 통과한다. P와 G 신호가 캐리가 도착하는 시간에 따라 이미 안정화되어 있을 것이기 때문에 AND-OR 게이트 속으로 다수 함수를 간단히 하기 위해 이들을 사용할 수 있다.[3]

$$\begin{aligned} C_i &= A_iB_i + \left(A_i + B_i\right)C_{i-1} \\ &= A_iB_i + \left(A_i \oplus B_i\right)C_{i-1} \\ &= G_i + P_iC_{i-1} \end{aligned} \tag{10.9}$$

$C_i = G_{i:0}$이기 때문에 캐리 리플 덧셈은 이제 1비트 그룹이 $(i+1)$ 비트 그룹을 형성하기 위해 i비트 그룹과 조합하고 있는 그룹 PG 논리의 극단적 사례로서 보일 수 있다.

$$G_{i:0} = G_i + P_i \cdot G_{i-1:0} \tag{10.10}$$

이러한 극단적 예에서 그룹 전파 신호는 결코 사용되지 않고 계산될 필요도 없다. 그림 10.14는 4비트 캐리 리플 가산기를 보여 준다. 임계 캐리 경로는 이제 다수 게이트 체인보다는 차라리 AND-OR 게이트의 체인을 통해 진행한다. 그림 10.15는 16비트 캐리 리플 가산기를 위한 그룹 PG 논리를 도식적으로 설명하고 여기에서 그룹 PG 네트워크 내의 AND-OR 게이트는 회색 셀로 표현된다.

이와 같은 다이어그램은 다음 절에서 다양한 가산기 아키텍처를 비교하는 데 사용될 것이다. 이

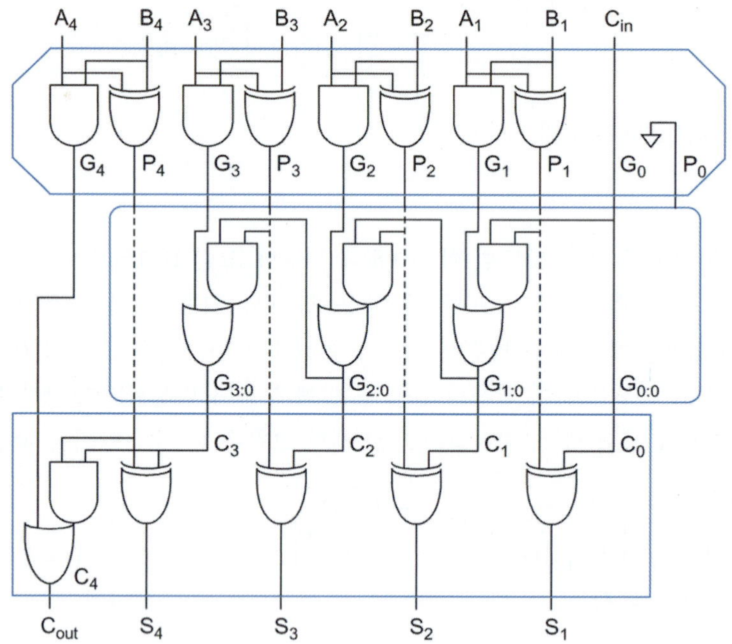

그림 10.14 PG 논리를 사용하는 4비트 캐리 리플 가산기

[3] AND-OR 같은 양적 논리가 설명될 때는 언제나 면적 및 지연을 절감하기 위해 그림 10.11(b)에서 행해진 바와 같이 AOI 게이트 및 교호(alternate) 양적 그리고 음적 극성 스테이지 또한 사용할 수 있다.

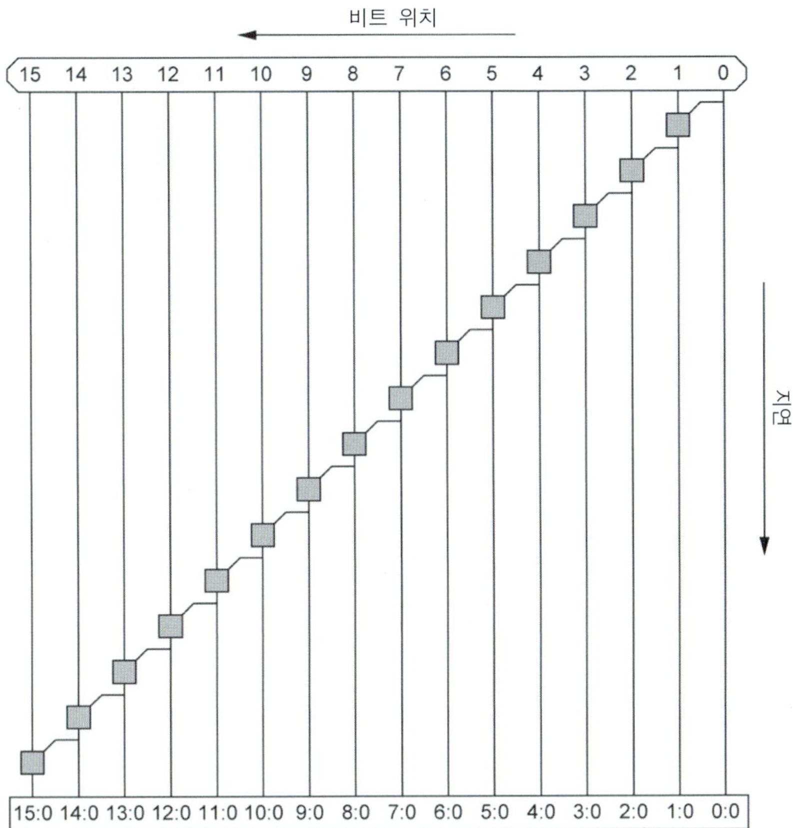

그림 10.15 캐리 리플 가산기 그룹 PG 네트워크

다이어그램은 발런세-2에 대해 그림 10.16(a)에 정의된 흑색 셀, 회색 셀 및 백색 버퍼를 사용한다. 흑색 셀은 식 (10.4)에 정의된 그룹 발생 및 전파 논리(AND-OR 게이트 및 AND 게이트)를 포함한다. 단지 그룹 발생 신호만이 합을 계산하는 데 필요하기 때문에 그룹 발생 논리만을 포함하는 회색 셀은 각 열 내의 최종 셀 위치에서 사용된다. 버퍼는 임계 경로 상에서 부하를 최소화하도록 사용될 수 있다. 각 라인은 그룹 발생 및 전파 신호(전파 신호는 회색 셀 후에 생략된다)의 **묶음**(bundle)을 나타낸다. 이 비트 성향 PG 및 합 XOR는 최상위 및 최하위 박스 내에서 추출되어 나오고 AND-OR 게이트가 캐리아웃을 연산하기 위해 합 XOR와 병렬로 동작한다고 가정한다.

$$C_{\text{out}} = G_{N:0} = G_N + P_N G_{N-1:0} \tag{10.11}$$

셀은 작동하는 곳의 시간에 따라서 수직 축을 따라 정렬된다[Guyot97]. 그림 10.15로부터 캐리 리플 가산기 임계 경로 지연이 다음과 같음을 알 수 있다.

$$t_{\text{ripple}} = t_{pg} + (N-1)\,t_{AO} + t_{\text{xor}} \tag{10.12}$$

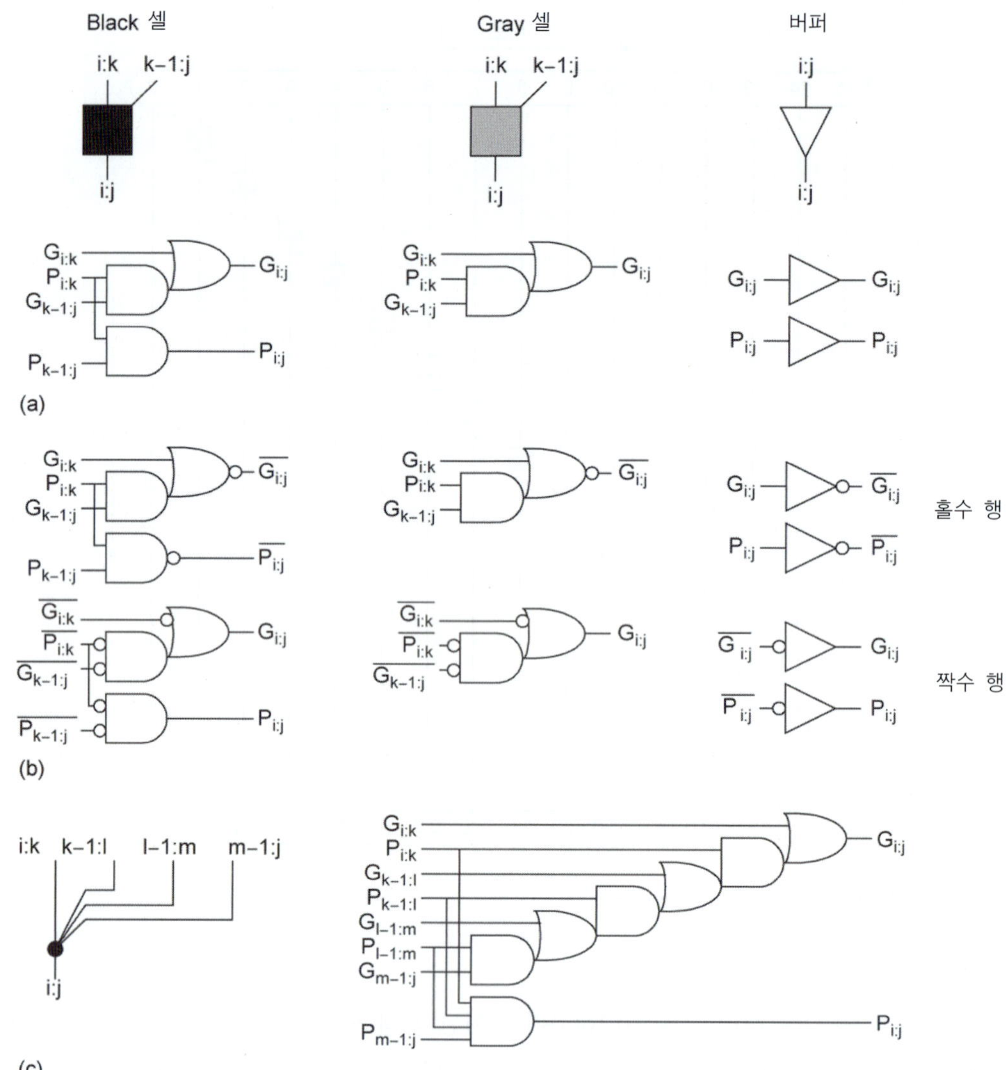

그림 10.16 그룹 PG 셀

여기에서 t_{pg}는 1비트 전파/발생 게이트의 지연이고, t_{AO}는 회색 셀 내의 AND-OR 게이트의 지연이며, 또한 t_{xor}는 최종 합 XOR의 지연이다. 그러한 지연 예측은 팬아웃 또는 크기를 포함하지 않기 때문에 정성적이다.

종종 비반전(noninverting) 게이트를 사용하는 것은 필요 이상의 논리 스테이지로 이끌게 된다. 그림 10.16(b)는 여분의 인버터를 제거하기 위해 그룹 PG 네트워크의 교호 상의 반전 스테이지의 두 개 형태를 교호하는 방법을 보여 준다. 최상의 성능을 위해 $G_{k-1:j}$는 직렬 스택 내에서 내부 트랜지스터를 구동해야만 한다. 또한 그림 10.16(c)에서와 같이 발런세-4 흑색 셀에 대해 더 높은 발런세 셀을 사용함으로써 스테이지 수를 감소시킬 수 있다.

10.2.2.4 캐리 스킵 가산기 CPA의 임계 경로는 가산기의 각 비트에 대해 트랜지스터와 게이트를 포함하는데 이것은 대형 계산기에 대해서는 여전히 속도가 느리다. 19세기에 배비지(Charles Babbage)가 처음으로 제안하고 기계적 계산기에서 수년 동안 사용된 **캐리 스킵**[carry-skip, 또한 **캐리 우회**(carry-bypass)라고도 부른다]은 각 캐리 체인에 대해 그룹 전파 신호를 계산하며 이것을 긴 캐리 리플 너머로 스킵시키는 데 사용하기 위해 임계 경로를 짧게 한다[Morgan59, Lehman61]. 그림 10.17은 4비트 그룹으로부터 구성된 캐리 스킵 가산기를 보여 준다. 이 직사각형은 비트 성향의 전파 및 발생 신호를 계산하고(그림 10.15와 같이) 4비트 그룹의 전파 신호를 위해 4-입력 AND 게이트를 포함한다. 그룹 전파가 참이거나 또는 그렇지 않고 리플 가산기 캐리아웃이 참이면 스킵 멀티플렉서는 그룹 캐리인을 선택한다.

그림 10.17을 통한 임계 경로는 비트 1로부터 캐리를 발생시키면서 그 다음에 가산기의 나머지를 통해 이것을 전파하면서 시작한다. 캐리는 다음 세 개 비트를 통해 리플을 해야만 하지만 그리고나서 다음 두 개 4비트 블록을 가로질러 스킵할 수도 있다. 마지막으로 이것은 합을 생성하기 위해 최종 4비트 블록을 통해 리플해야만 한다. 이것은 그림 10.18에 도해적으로 설명되어 있다. 이 다이어그램의 최상위에서 4비트 리플 체인은 각 그룹이 캐리를 발생시키는지를 결정한다. 다이어그램 중앙의 캐리 스킵 체인은 4비트 블록을 가로질러 스킵한다. 마지막으로 청색 라인을 가진 4비트 리플 체인은 캐리인이 그들에게로 우회될 때 캐리아웃을 생성할 수 있는 **동일 가산기**(same adder)를 나타낸다. C_{out}이 식 (10.11)을 사용하여 합 XOR와 병렬로 계산될 수 있기 때문에 최종 AND-OR 및 열 16은 반드시 필요하지는 않다는 점에 유념하자.

그림 10.17과 10.18을 보면 가산기의 임계 경로는 비트 1의 캐리를 생산하는 초기 PG 논리를 포함하고, 3개 AND-OR 게이트를 타고 비트 4로 전달되고, 3개의 멀티플렉서가 그것을 우회하여 C_{12}로 전달하며, 다시 3개의 AND-OR 게이트를 통해 비트 15로 전달되고, 그리고 마지막으로 XOR가 S_{16}을 생산한다. 멀티플렉서는 AND22-OR 함수이어서 AND-OR 함수보다 다소 느리다. 일반적으로 k개의 n비트 그룹($N=n\times k$)의 N비트 캐리 스킵 가산기는 다음의 지연을 가지고 있다.

$$t_{\text{skip}} = t_{pg} + 2(n-1)t_{AO} + (k-1)t_{\text{mux}} + t_{\text{xor}} \tag{10.13}$$

이 임계 경로는 첫 번째와 마지막 그룹의 길이 그리고 그룹의 수에 의존한다. 네트워크의 더 많은 유효 비트 내에서 리플 결과는 초기에 활용 가능하다. 따라서 시작 및 끝에서 더 짧은 그룹 그리고 중앙

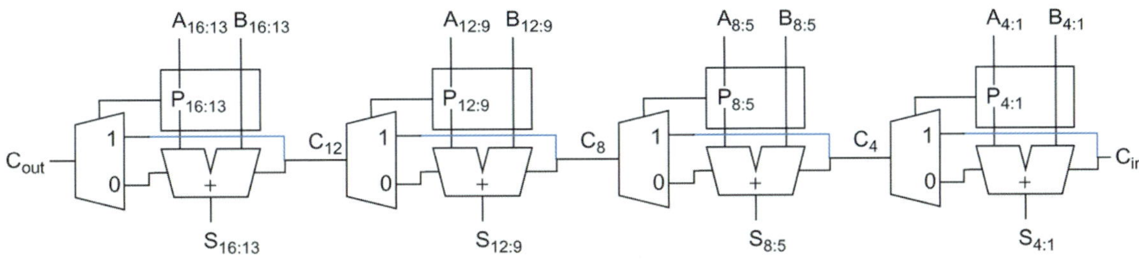

그림 10.17 캐리 스킵 가산기

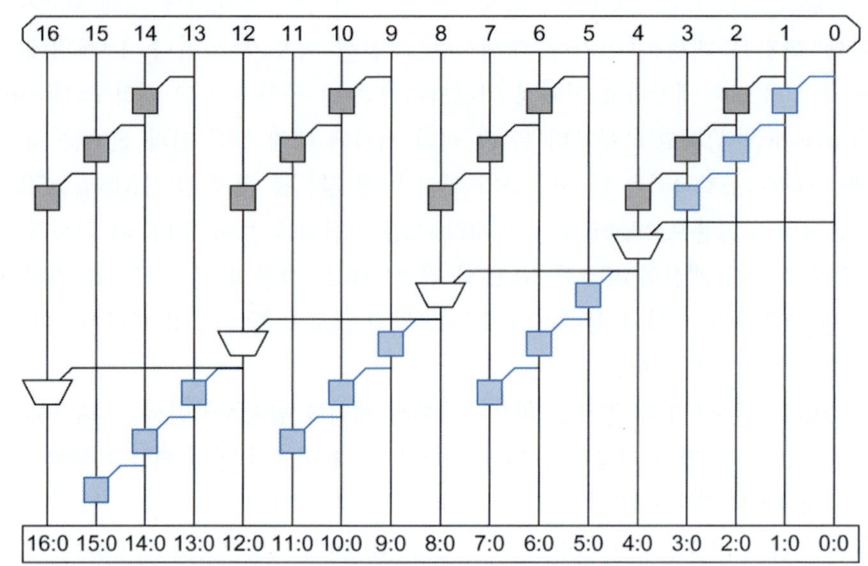

그림 10.18 캐리 스킵 가산기 PG 네트워크

부 내의 더 긴 그룹을 사용함으로써 임계 경로는 짧게 될 수 있다. 그림 10.19는 [4, 4, 4, 4]에 반대가 되면서 길이 [2, 3, 4, 4, 3]의 그룹을 사용하는 그러한 PG 네트워크를 보여 주고 이것은 16비트 가산기 내 논리의 두 개 수준을 절감한다.

캐리 스킵 가산기의 하드웨어 비용은 간단한 캐리 리플 가산기 더하기 *k*개의 멀티플렉서 및 *k*개의 *n*-입력 AND 게이트의 비용과 동일하다. 이것은 리플 캐리 가산기가 너무 저속일 때 흥미가 있지만 하드웨어 비용은 여전히 낮게 유지되어야만 한다. 긴 가산기에 대해서는 스킵을 가로질러 스킵을

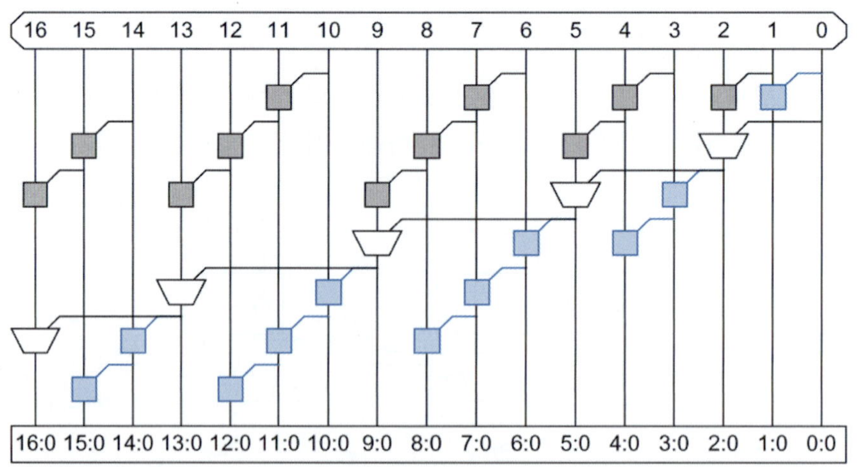

그림 10.19 가변 그룹 크기의 캐리 스킵 가산기 PG 네트워크

하도록 다중 수준 스킵 접근 방식을 사용할 수 있었다. 지금은 병렬 프리픽스 가산기가 긴 가산기 대신에 일반적으로 사용되고 있다고 할지라도 최고 그룹 크기 및 수준 수를 선택하는 데는 상당한 양의 연구가 진행되어 왔다[Majerski67, Oklobdzija85, Guyot87, Chan90, Kantabutra91].

그림 10.17 및 그림 10.18의 각 스킵 멀티플렉서를 n비트 가산기의 캐리아웃 또는 그룹 캐리인과 그룹 캐리 전파를 조합하는 AND-OR 게이트로 교체하는 것은 흥미로울 수도 있다. 사실상 이것은 각 사이클에서 캐리아웃이 선충전된 도미노 캐리 가산기에 대해 실행된다. 또한 다음 절에서 다룰 캐리 예측 가산기 및 캐리 선택 가산기에 대해 실행된다. 그러나 이것은 캐리 스킵 가산기 속으로 은닉형(sneaky) 긴 임계 경로를 도입한다. 111···111+000···000+C_{in}의 합을 상상해 보자. 모든 그룹 전파 신호는 참이다. C_{in}=1이면 모든 4비트 블록은 캐리아웃을 생성한다. C_{in}이 하강하면 하강하는 캐리 신호는 각 n비트 가산기의 캐리아웃을 통한 경로 때문에 모든 N비트를 통해 리플해야만 한다. 모든 캐리가 선충전 동안 강제로 로우로 되기 때문에 도미노 스킵 캐리 가산기는 이러한 경로를 피하고 AND-OR를 사용할 수 있다.

그림 10.20은 맨체스터 캐리 체인이 캐리 스킵을 수행하기 위해 수정될 수 있다는 것을 보여 준다[Chan90]. 발런세-5 체인은 4개 비트의 그룹을 한 번에 가로질러 스킵하는 데 사용된다.

10.2.2.5 캐리 예측 가산기 **캐리 예측 가산기**(CLA: carry-lookahead adder)[Weinberger58]는 캐리 스킵 가산기와 유사하지만 첫 번째 그룹이 캐리를 발생시키는지를 결정하기 위해 리플이 대기하는 것을 피하기 위해 그룹 전파 신호뿐만 아니라 그룹 발생 신호를 계산한다. 4비트 그룹 PG 신호를 계산하기 위해 발런세-4 흑색 셀을 사용하는 그러한 가산기는 그림 10.21에 나와 있고 PG 네트워크는 그림 10.22에서 볼 수 있다.

일반적으로 각 n개 비트의 k개 그룹을 사용하는 CLA는 다음의 지연이 있다.

$$t_{cla} = t_{pg} + t_{pg(n)} + \left[(n-1) + (k-1) \right] t_{AO} + t_{xor} \tag{10.14}$$

여기에서 $t_{pg(n)}$은 발런세-n 발생 신호를 계산하는 AND-OR-AND-OR-···-AND-OR 게이트의 지연이다. 이것은 그림 10.19의 변수 길이 캐리 스킵 가산기보다 더 우수하지는 않고 여분 n비트 발생

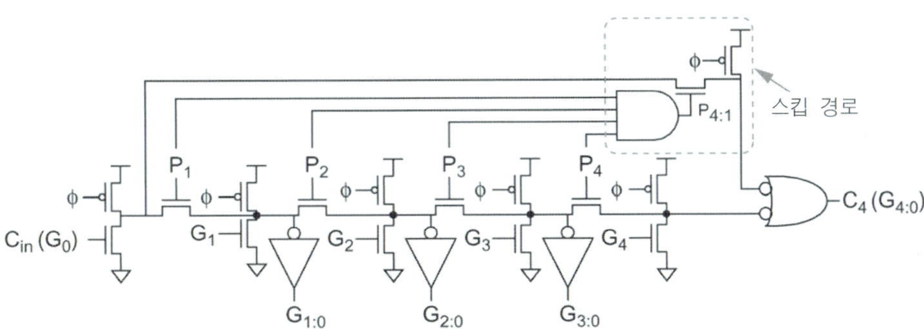

그림 10.20 캐리 스킵 가산기 맨체스터 스테이지

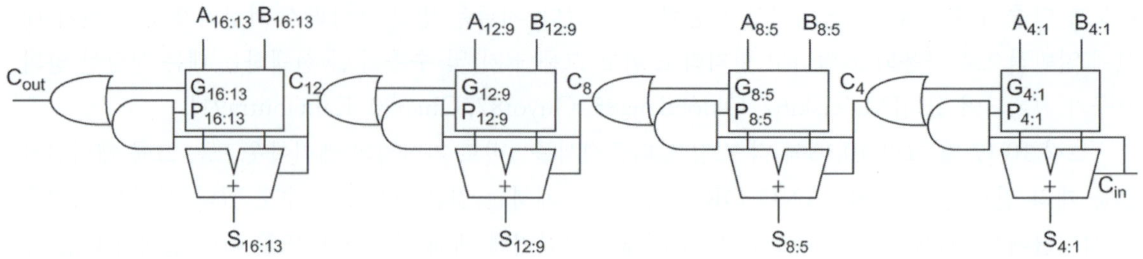

그림 10.21 캐리 예측 가산기

게이트를 필요로 하고 따라서 간단한 CLA는 우수한 설계 목적으로 거의 사용하지 않는다. 그러나 이것은 다음 절에서 설명한 더 빠른 가산기를 이해하기 위한 기초를 형성한다.

CLA는 캐리를 병렬로 계산함으로써 *n*비트 덧셈의 지연을 감소시키기 위해 더 높은 발런세 셀을 종종 사용한다. 그림 10.23은 맨체스터 캐리 체인 또는 병렬로 작동하는 다중 정적 게이트를 사용하여 4비트 가산기가 구성되는 그러한 CLA를 보여 준다.

10.2.2.6 캐리 선택, 캐리 증가 및 조건 합 가산기 캐리 스킵 및 캐리 예측 가산기의 임계 경로는 각 *n*비트 그룹 속으로 캐리를 계산하고 그후 캐리인 상에 기반을 둔 그룹 내의 각 비트에 대한 합을 계산하는 것을 포함한다. 임계 경로를 가속하기 위한 표준 논리 설계 기법은 양쪽 가능 입력에 대한 출력을 먼저 계산하고 그 다음에 두 개 출력 선택 사이에서 선택하기 위해 멀티플렉서를 사용하는 것이다. 그림 10.24에 나와 있는 **캐리 선택 가산기**(carry-select adder)[Bedrij62]는 각 그룹의 *n*비트 가산기 쌍으로 이것을 행한다. 한 가산기가 0의 캐리인을 가정하면서 합을 계산하는 반면에 다른 가산기는 1의 캐리인을 가정하면서 합을 계산한다. 실제 캐리는 적절한 합을 선택하는 멀티플렉서를 시작하게

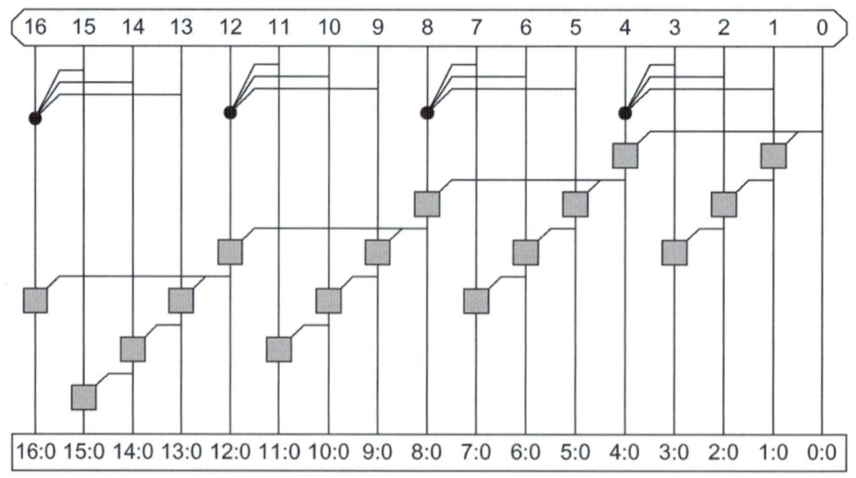

그림 10.22 캐리 예측 가산기 그룹 PG 네트워크

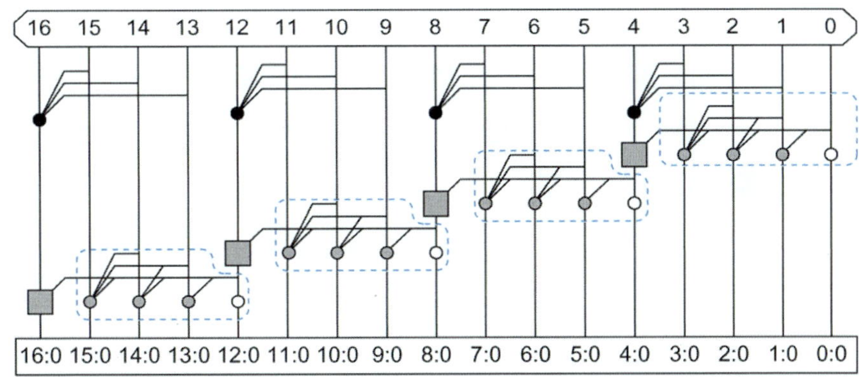

그림 10.23 향상된 CLA 그룹 PG 네트워크

한다. 임계 경로 지연은 다음과 같다.

$$t_{\text{select}} = t_{pg} + \left[n + (k-2)\right] t_{AO} + t_{\text{mux}} \tag{10.15}$$

양쪽 모두가 초기 PG 논리 및 최종 합 XOR를 포함한다는 점에서 두 개의 n비트 가산기는 여분이 있다. 그림 10.25에서와 같이 [Tyagi93]은 공통 논리를 인수화하고 멀티플렉서를 회색으로 단순화함으로써 그 크기를 감소시킨다. 이것은 때로 **캐리 증가**(carry-increment) 가산기라고 부른다 [Zimmermann96]. 또한 그룹 내의 비트에 대해서 PG 신호를 계산하기 위해 흑색 셀의 짧은 리플 체인을 사용한다. 각 그룹에 의해 범위가 주어진 비트는 다이어그램 상에서 주석을 달게 된다. 이전 그룹으로부터의 캐리아웃이 가능하게 되면 각 열 내의 최종 회색 셀은 캐리아웃을 결정하고 이 그룹이 캐리를 발생시킨다면 이것은 참이다. 캐리 증가 가산기는 일종의 캐리 리플 가산기로서 PG 네트워크 내의 셀 수의 약 두 배만큼 가지고 있다. 멀티플렉서와 XOR가 서로 유사하기 때문에 임계 경로 지연은 캐리 선택 가산기의 지연과 동일하지만 면적은 더 작다.

$$t_{\text{increment}} = t_{pg} + \left[(n-1) + (k-1)\right] t_{AO} + t_{\text{xor}} \tag{10.16}$$

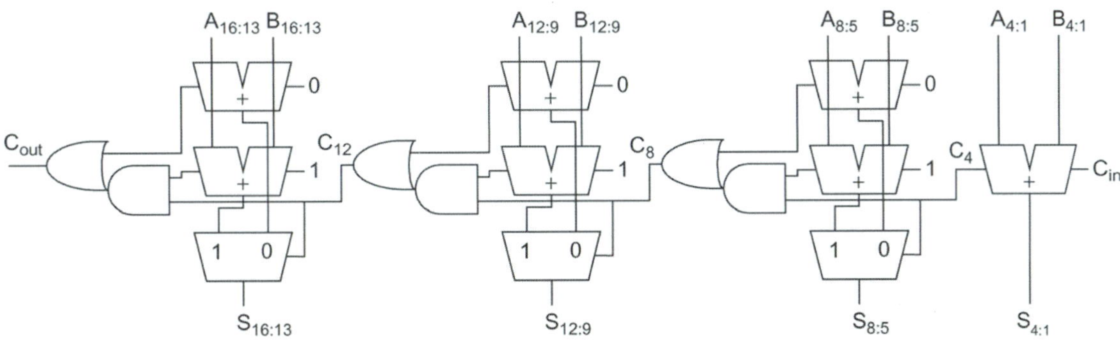

그림 10.24 캐리 선택 가산기

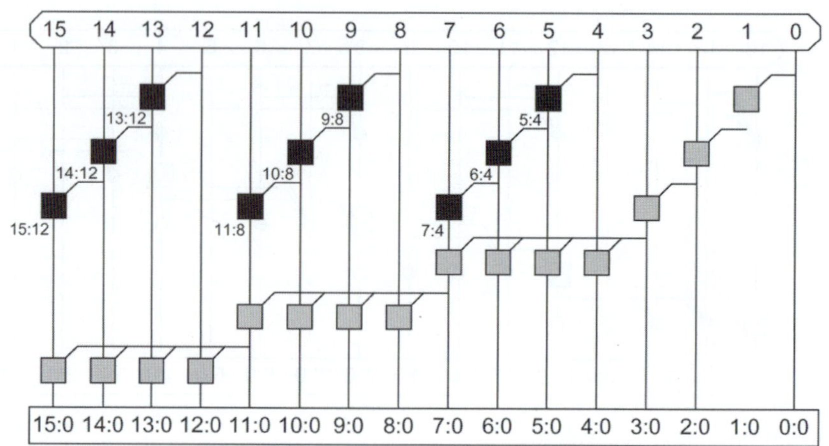

그림 10.25 캐리 증가 가산기 PG 네트워크

물론 맨체스터 캐리 체인 또는 더 높은 발런세 셀은 첫 번째 그룹 발생 신호를 생성하기 위해 리플 연산을 신속하게 사용할 수 있다. 이 경우에 리플 지연은 그룹 PG 게이트 지연에 의해 교체되고 임계 경로는 다음과 같이 된다.

$$t_{\text{increment}} = t_{pg} + t_{pg(n)} + \left[k-1\right] t_{AO} + t_{\text{xor}} \tag{10.17}$$

캐리 스킵 가산기에서와 같이 더 많은 유효 비트에 대한 캐리 체인은 초기에 완료한다. 그림 10.26(a)에서와 같의 여분 시간을 잘 이용하기 위해 다시 변수 길이 그룹을 사용할 수 있다. 그러한 변수 그룹 크기와 함께 지연은 다음과 같이 줄어든다.

$$t_{\text{increment}} \approx t_{pg} + \sqrt{2N}\, t_{AO} + t_{\text{xor}} \tag{10.18}$$

지연 방정식은 각 스테이지가 구동해야만 하는 팬아웃을 고려하지 않는다. 그림 10.26(b)는 임계 예측 경로를 방해하지 않는 반면에 변수 길이 그룹 내의 팬아웃은 갈림 에퍼트를 감소시키는 방향으로 버퍼가 어떻게 삽입되는지 보여 준다.

폭이 넓은 가산기 내에서 캐리 선택 또는 캐리 증가의 다중 수준들을 반복적으로 적용할 수 있다. 예를 들면 64비트 캐리 선택 가산기는 네 개의 16비트 캐리 선택 가산기로부터 구성될 수 있는데 각 가산기는 다음 16비트 그룹 방향으로 캐리인을 선택한다. 이것을 한계점까지 가져가고 또한 1의 그룹으로 시작해서 반복적으로 $N/2$비트로 배증(double)하면서 캐리 선택을 실행하는 **조건 합**(conditional-sum) 가산기[Sklansky60]를 획득하게 된다. 그림 10.27은 그러한 가산기를 보여 준다. 첫 번째 두 개의 행에서 전가산기는 0과 1의 캐리인 각각을 가정하여 각 비트에 대해 합 및 캐리아웃을 계산한다. 다음 두 개 행에서 멀티플렉서 쌍은 다시 0과 1의 캐리인을 가정하여 4의 각 블록의 상부 비트에 대한 합 및 캐리아웃을 선택한다. 그 다음 두 행에서는 멀티플렉서가 4의 각 블록의 상부 두 개 비트에 대한 합과 캐리아웃을 선택하는 방식으로 진행된다.

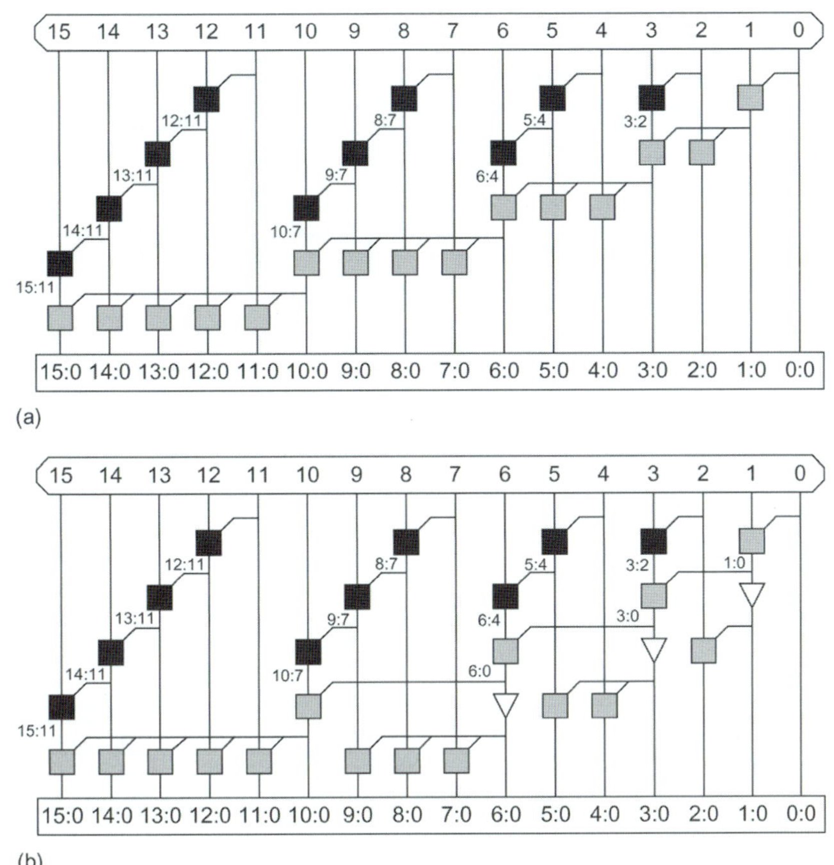

그림 10.26 변수 길이 캐리 증가 가산기

그림 10.28은 $C_{in}=0$을 가진 $N=16$에 대한 실행에서의 조건 합 가산기의 연산을 보여 준다. 블록 폭 1 행에서 전가산기 한 쌍은 각 열에 대해 합 및 캐리아웃을 계산한다. 한 가산기는 캐리인이 열이 0인 것으로 가정하여 연산하는 반면에 다른 연산기는 1인 것으로 가정한다. 블록 길이 2 행에서 연산기는 하부 절반(lower half)의 캐리아웃 상에 기반을 둔 각 블록의 상부 절반(upper half)(짝수 열)에 대한 합을 선택한다. 또한 이것은 비트 쌍의 캐리아웃을 계산한다. 이것은 다시 블록으로의 캐리인의 양쪽 가능성에 대해 두 번 행하여진다. 블록 폭 4 행에서 가산기는 다시 하부 절반의 캐리아웃 상에 기반을 둔 상부 절반에 대한 합을 선택한다. 이 처리 공정은 16비트 합 및 최종 캐리아웃이 선택될 때까지 다음 행 내에서 반복된다.

조건 합 가산기는 거의 $2N$개의 전가산기 및 $2N\log_2 N$개의 멀티플렉서를 포함한다. 캐리 선택에서와 같이 조건 합 가산기는 합 XOR를 요소화하고 멀티플렉서 대신에 AND-OR 게이트를 사용함으로써 향상될 수 있다. 이것은 다음 절에서 논의되는 Sklansky 트리 가산기로 주의를 이끌게 된다.

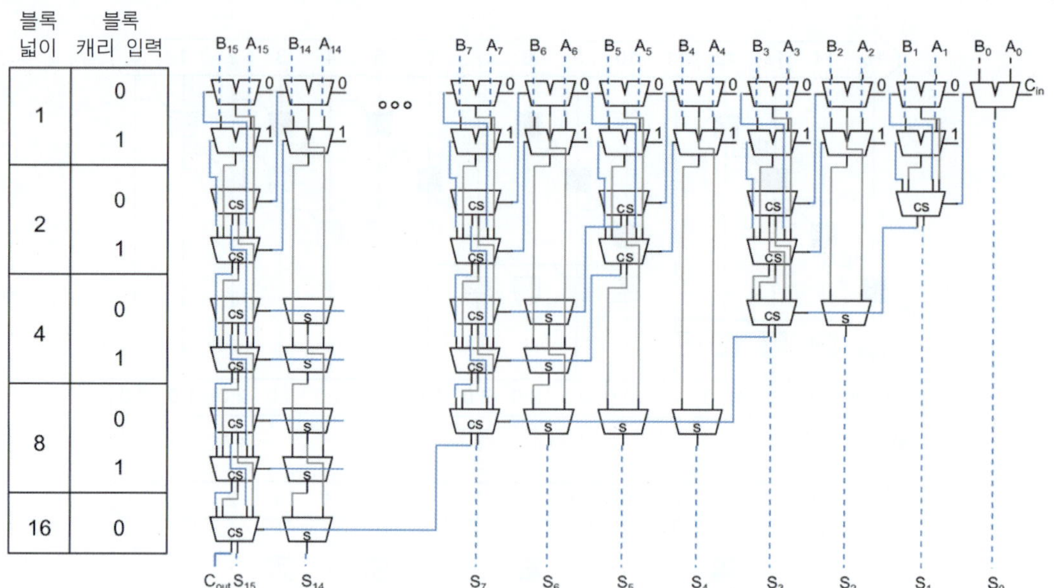

그림 10.27 조건 합 가산기

블록폭	블록 캐리 입력		16	15	14	13	12	11	10	9	8	7	6	5	4	3	2	1	C_{in}
		a	1	0	1	1	1	0	1	1	0	1	1	0	1	1	0	1	0
		b	0	0	0	1	1	0	0	1	1	0	1	1	0	1	1	0	
			Block Sum and Carry Out																
1	0	s	1	0	1	0	0	0	1	0	1	1	0	1	1	0	1	1	
		c	0	0	0	1	1	0	0	1	0	0	1	0	0	1	0	0	
	1	s	0	1	0	1	1	1	0	1	0	0	1	0	0	1	0		
		c	1	0	1	1	1	0	1	1	1	1	1	1	1	1	1		
2	0	s	1	0	0	0	0	0	0	0	1	1	0	1	0	0	1	1	
		c	0		1		1		1		0		1		1		0		
	1	s	1	1	0	1	0	1	0	1	0	0	1	0	0	1			
		c	0		1		1		1		1		1		1				
4	0	s	1	1	0	0	0	1	0	0	0	0	0	1	0	0	1	1	
		c	0				1				1				1				
	1	s	1	1	0	1	0	1	0	1	0	0	1	0					
		c	0				1				1								
8	0	s	1	1	0	1	0	1	0	0	0	0	1	0	0	0	1	1	
		c	0								1								
	1	s	1	1	0	1	0	1	0	1									
		c	0																
16	0	s	1	1	0	1	0	1	0	1	0	0	1	0	0	0	1	1	합
		c	0																C_{out}
	1	s																	
		c																	

그림 10.28 조건 합 덧셈 예제

10.2.2.7 트리 가산기 광범위 가산기에 대해(대략 $N > 16$비트) 캐리 예측(또는 캐리 스킵 또는 캐리 선택) 가산기의 지연은 예측 스테이지를 통해 캐리를 통과하는 지연에 의해 지배된다. 이러한 지연은 예측 블록을 가로질러 예측함으로써 감소시킬 수 있다[Weinberger58]. 일반적으로 log N과 함께

증가하는 지연을 달성하기 위해 예측 구조의 다중 수준 트리를 구성할 수 있다. 그러한 가산기는 **트리**(tree) 가산기, **로그**(logarithmic) 가산기, **다중 수준 예측**(multilevel-lookahead) 가산기, **병렬 프리픽스**(parallel prefix) 가산기, 또는 단순히 **예측**(lookahead) 가산기로서 다양하게 언급된다. 이 중에서 마지막 명칭은 학술 논문에서 가끔 보이지만 이것이 예측의 다중 수준들이 사용되고 있는지 구별하지 못하기 때문에 추천되지는 않는다.

논리의 스테이지 수, 논리 게이트 수, 각 게이트 상의 최대 팬아웃, 그리고 스테이지 사이 도선의 양 가운데서 균형을 취하는 일을 제공하는 예측 트리를 구성하는 많은 방법이 있다. 세 개의 기본 트리는 Brent-Kung, Sklansky, Kogge-Stone 아키텍처이다. 이제 각 스테이지에서 그룹의 쌍을 조합하는 발런세-2 사례에서 각각을 검사하면서 시작한다.

Brent-Kung 트리[Brent82][그림 10.29(a)]는 2비트 그룹에 대해 프리픽스를 계산한다. 이것은 4비트 그룹에 대해 프리픽스를 찾기 위해 사용되고 차례로 8비트 그룹 등에 대한 프리픽스를 찾기 위해 사용된다. 그 다음에 이 프리픽스는 각 비트로 캐리인을 계산하기 위해 다시 팬다운(fan down)시킨다. 이 트리는 $2\log_2 N-1$ 단계를 필요로 한다. 팬아웃은 각 스테이지에서 2로 제한되어 있다. 다이어그램은 팬아웃 및 게이트 상의 부하를 최소화하기 위해 사용되는 버퍼를 보여 주지만 사실상 버퍼는 일반적으로 생략된다.

Sklansky 또는 **분리 정복**(divide-and-conquer) 트리[Sklansky60][그림 10.29(b)]는 큰 그룹 프리픽스와 함께 중간 프리픽스(intermediate prefix)를 계산함으로써 $\log_2 N$ 단계로 지연을 감소시킨다. 이것은 각 수준에서 배증되는 팬아웃의 희생으로 인해 발생한다. 게이트는 [8, 4, 2, 1] 다른 열로 팬아웃한다. 게이트가 대략적으로 어떤 크기로 되거나 또는 중간 프리픽스를 위해 사용되기 전에 임계 신호가 버퍼링되지 않는 한 이러한 높은 팬아웃은 광범위 가산기 상에서 빈약한 성능을 유발한다. 더 큰 게이트가 이웃한 열 속으로 산포될 수 있다 할지라도 각 셀의 다중 크기가 필요하기 때문에 트랜지스터 크기를 정하는 것는 레이아웃의 규칙성 속으로 포함될 수 있다. Sklansky 트리 내에서의 반복적 배증은 그림 10.27의 조건 합 가산기와 유사하다. 연습문제 10.23에서 살펴보지만, 적절한 버퍼링과 함께 팬아웃은 [8, 1, 1, 1]로 감소할 수 있다.

Kogge-Stone 트리[Kogge73][그림 10.29(c)]는 양쪽 $\log_2 N$ 단계 및 각 단계에서 2의 팬아웃을 보관한다. 이것은 스테이지 사이의 경로가 정해져야 하는 많은 긴 도선의 희생으로 인해 발생한다. 이 트리는 또한 더 많은 PG 셀을 포함한다. 가산기 레이아웃이 정규 그리드(grid) 상에 있으면 이 트리가 면적에 영향을 주지 않을 수도 있는 반면에 전원 소비를 증가시킬 것이다. 이러한 비용에도 불구하고 Kogge-Stone 트리는 고성능 32비트 및 64비트 계산기에 널리 사용되고 있다.

요약하자면 Sklansky 또는 Kogge-Stone 트리 가산기는 임계 경로를 다음의 식으로 감소시킨다.

$$t_{\text{tree}} \approx t_{pg} + \lceil \log_2 N \rceil t_{AO} + t_{\text{xor}} \tag{10.19}$$

이상적 트리 가산기는 논리의 $\log_2 N$ 수준, 2를 결코 초과하지 않는 팬아웃, 그리고 각 행 사이의 최대 1 도선 트랙($P_{i:j}$와 $G_{i:j}$ 묶음)을 가지게 될 것이다. 기본 트리 아키텍처는 이 이상에 접근하는 방식의 사례를 나타내지만 각 사례는 한 가지 관점에서 다르다. Brent-Kung은 너무 많은 논리 수준을

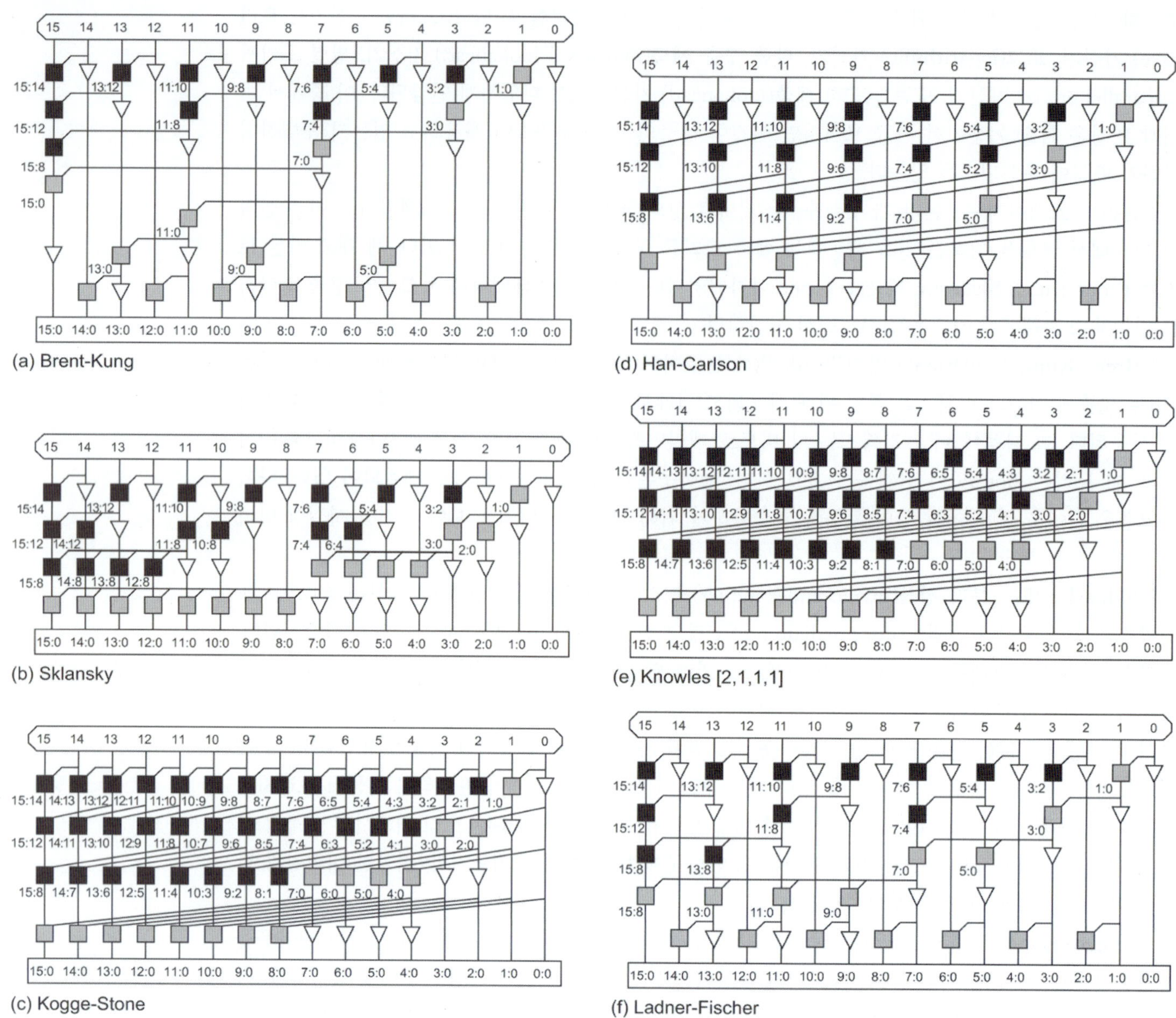

(a) Brent-Kung

(b) Sklansky

(c) Kogge-Stone

(d) Han-Carlson

(e) Knowles [2,1,1,1]

(f) Ladner-Fischer

그림 10.29 트리 가산기 PG 네트워크

가지고 있다. Sklansky는 너무 많은 팬아웃을 가지고 있다. 그리고 Kogge-Stone은 너무 많은 도선을 가지고 있다. 이러한 세 가지 극단 사이에서 Han-Carlson, Ladner-Fischer 및 Knowles 트리는 스테이지 수, 팬아웃 및 도선 카운트 사이에 서로 다른 타협과 함께 설계 공간을 채운다.

Han-Carlson 트리[Han87]는 Kogge-Stone과 Brent-Kung 사이의 네트워크 계보이다. 그림 10.29(d)는 홀수 비트 상에서 Kogge-Stone을 실행하고 그 후에 짝수 위치 속으로 리플을 하기 위해 스테이지를 한 개 더 사용하는 그러한 트리를 보여 준다.

Knowles 트리[Knowles01]는 Kogge-Stone 과 Sklansky 사이의 네트워크 계보이다. 이러한 트리 모두는 $\log_2 N$개의 스테이지를 가지고 있지만 도선의 팬아웃 및 수에서 다르다. 16-비트 Kogge-Stone 및 Sklansky 가산기가 [1, 1, 1, 1]과 [8, 4, 2, 1] 다른 열 각각의 팬아웃을 구동하면 Knowles 망은 이러한 극단 사이에 놓인다. 예를 들면 그림 10.29(e)는 그러한 도선 상의 부하를 배증하는 희생으로 인해 최종 트랙 내의 도선의 수를 반감하는 [2, 1, 1, 1] Knowles 트리를 보여 준다.

Ladner-Fischer 트리[Ladner80]는 Sklansky와 Brent-Kung 사이의 네트워크 계보이다. 그림 10.29(f)는 Sklansky와 유사하지만 홀수 비트에 대한 프리픽스를 계산하고 다시 짝수 위치 속으로 리플을 하기 위해 스테이지를 한 개 더 사용한다. 높은 팬아웃 노드에서의 셀은 우수한 속도를 달성하게 위해 여전히 크기가 정해지거나 적절히 집단을 이루어야만 한다. 일부 저자는 Ladner-Fischer를 Sklansky와 동의어로 사용한다.

Brent-Kung 네트워크 및 관련된 것들(여분의 행을 가진 Han-Carlson 및 Ladner-Fischer 네트워크)의 이득은 어떤 주어진 행에 대해 열의 각 쌍 내의 한 개 셀을 넘지 않다는 것이다. 이러한 네트워크는 낮은 게이트 카운트를 가지고 있다. 더군다나 이들의 레이아웃은 그 계산기에 걸친 수평 도선의 길이를 감소시키면서 폭이 단지 절반이 될 수도 있다. 이것은 도선 커패시턴스를 감소시키는데 이 커패시턴스는 64비트 및 더 큰 가산기 내에서 지연의 주요 구성 요소가 될 수도 있다[Huang00].

그림 10.30은 트리 계산기의 삼차원 분류법을 보여 준다[Harris03]. $L=\log_2 N$으로 놓으면 범위 $[0, L-1]$에서 세 개의 정수(l, f, t)를 가진 각 트리를 설명할 수 있다. 이 정수는 다음을 지정한다.

- 논리 수준: $L+1$
- 팬아웃: 2^f+1
- 도선 트랙: $2t$

트리 가산기는 평면 $l+f+t=L-1$ 상에 놓인다. 16비트 Brent-Kung, Sklansky, 그리고 Kogge-Stone은 각각 정육면체의 꼭짓점 (3, 0, 0), (0, 3, 0), 그리고 (0, 0, 3)을 표시한다. Han-Carlson, Ladner-Fischer 및 Knowles는 대각선을 따라 놓인다.

10.2.2.8 더 높은 발런세 트리 가산기 지금까지 설명한 트리 모두는 각 스테이지에서 두 개 이상의 그룹을 조합한다[Beaumont-Smith01]. 각 게이트 내에 조합된 그룹의 수는 셀의 **수**(valency) 또는 **기수**(radix)라고 부른다. 예를 들면 그림 10.31은 27비트 발런세-3 Brent-Kung, Sklansky, Kogge-Stone 및 Han-Carlson 트리들을 보여 준다. 둥글게 된 박스는 발런세-3 캐리 체인[맨체스터 캐리 체인, 다중 출력 도미노 게이트, 또는 여러 이산 게이트(discrete gate)를 사용하여 구성될 수 있었던]을 표시한다. 사다리꼴은 캐리 증가 연산을 표시한다. 더 높은 발런세 설계는 논리의 더 적은 수의 스테이지를 사용하지만 각 스테이지는 더 큰 지연을 가지고 있다. 이것은 이 스테이지 에퍼트가 4보다 훨씬 크기 때문에 정적 CMOS 회로에서 빈약한 균형을 맞추게 되는 경향이 있지만 논리 에퍼트가 더 작고

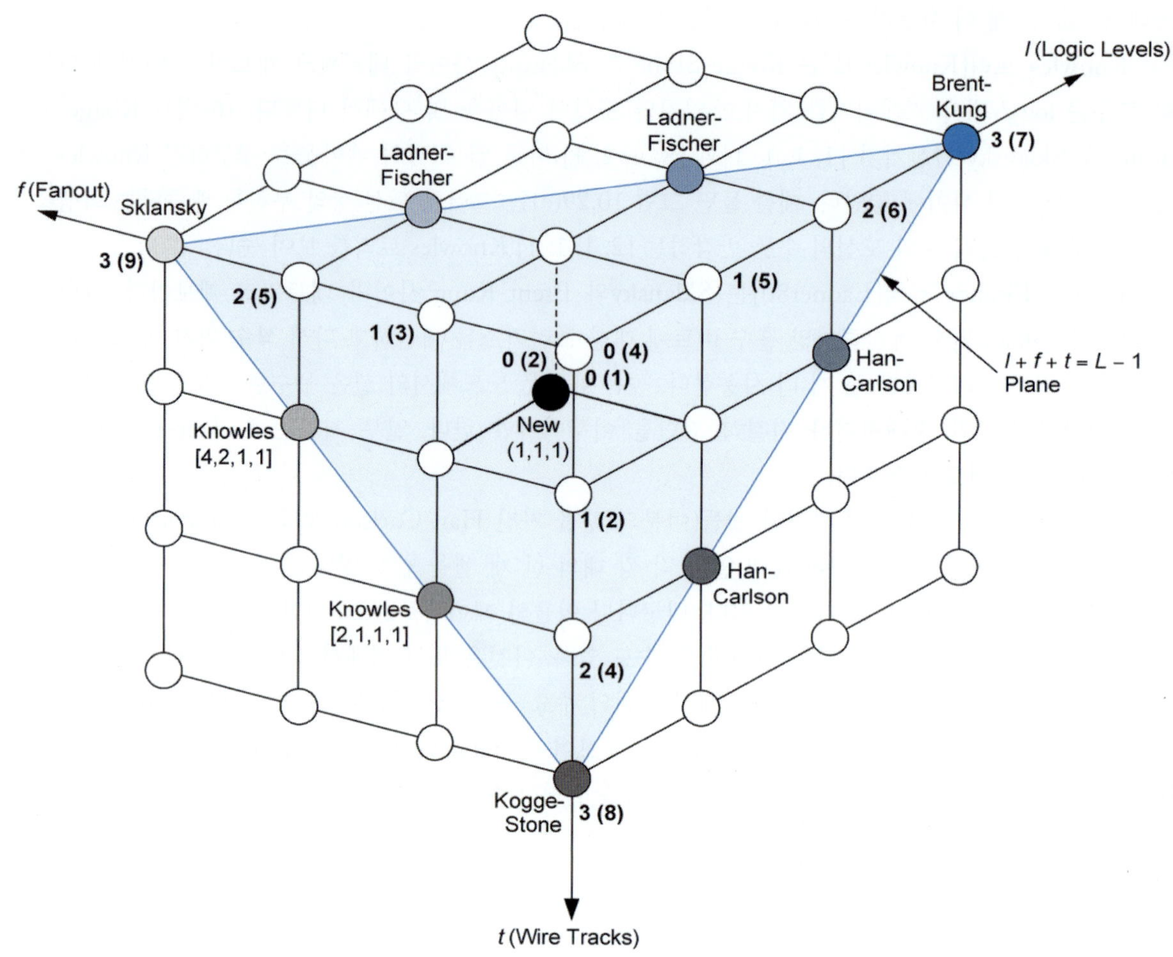

그림 10.30 프리픽스 네트워크의 분류법

따라서 더 적은 수의 스테이지가 필요하기 때문에 도미노 내에서는 우수한 균형을 이루게 된다.

큰 팬아웃 또는 긴 도선을 가진 노드는 버퍼를 사용할 수 있다. 또한 프리픽스 트리는 극히 높은 작업 처리량의 연산을 위해 내부적으로 파이프라이닝이 될 수 있다. 일부 더 높은 발런세 설계는 내부 PG 스테이지를 PG 합치기(merge)의 첫 번째 수준과 결합시킨다. 예를 들면 10.2.2.10절에 설명된 Ling 가산기는 단일 스테이지 내의 1차 입력으로부터 4비트 그룹에 대한 발생 및 전파를 계산한다.

더 높은 발런세(v) 가산기도 여전히 $L=\log_v N$과 $l+f+t=L-1$을 가진 3차원 분류에서 기술될 수 있다. $(v-1)v^f+1$의 최대 팬아웃과 최악의 수준의 $(v-1)v^t$ 배선 트랙의 $L+l$ 논리 수준들이 있다.

10.2.2.9 희소 트리 가산기 캐리를 계산하기 위해 프리픽스 트리를 만드는 것은 전력 관점에서 비싸다. 대체 방법은 짧은 그룹(예: $s=2, 4, 8$, 또는 16비트)을 위한 캐리만을 계산한다. 그러는 동안 s비트의 가산기 짝은 각 그룹의 0과 1 모두를 가정하고 합을 미리 계산한다. 멀티플렉서는 프리픽스 트

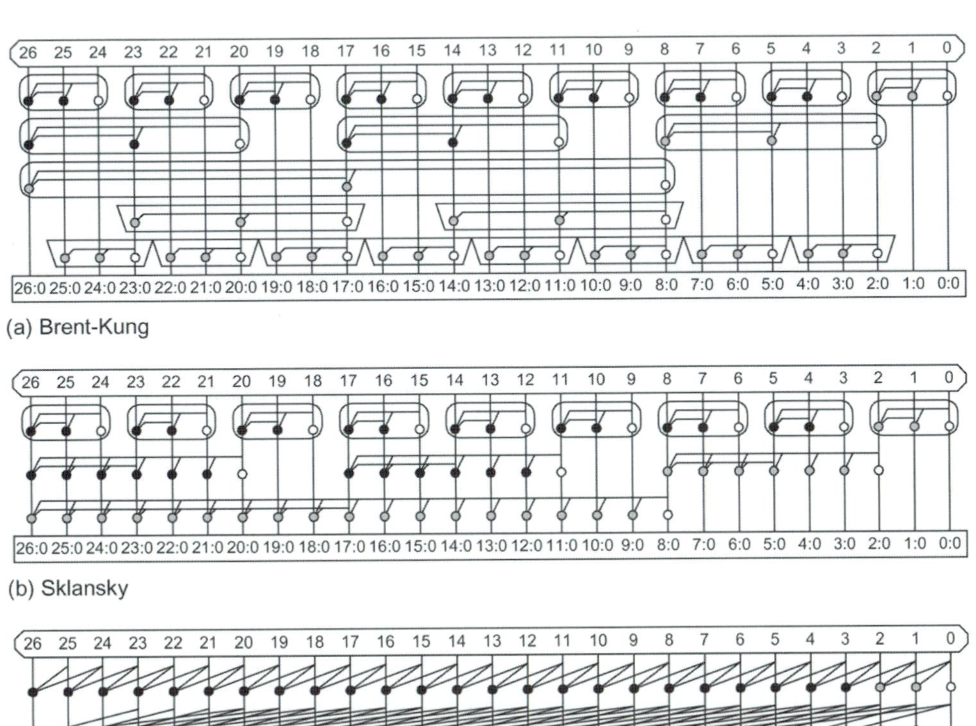

(a) Brent-Kung

(b) Sklansky

(c) Kogge-Stone

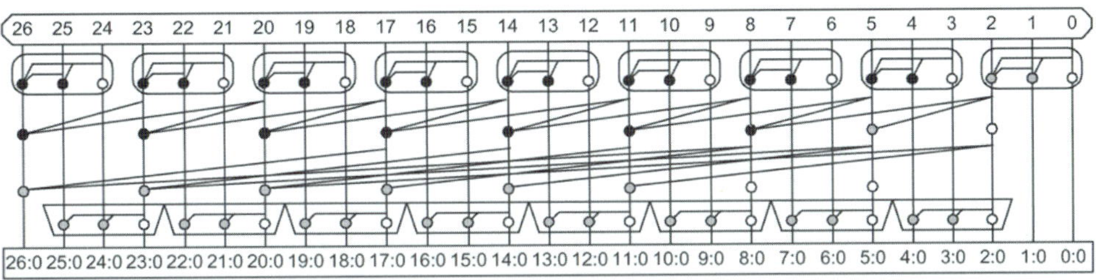

(d) Han-Carlson

그림 10.31 더 높은 발런세 트리 가산기

리로부터의 캐리를 기반으로 각 그룹에 대해 정확한 합계를 선택한다. 캐리인과 미리 계산된 합계가 똑같은 시간에 이용 가능하게 되도록 그룹 길이를 균형 잡는다. 프리픽스 가산기와 캐리 선택 가산기 사이의 그러한 연결은 **희소 트리**(sparse tree)라고 불린다. s는 트리의 **희소성**(sparseness)이다.

스패닝 트리 가산기(spanning-tree adder)[Lynch92]는 그림 10.31(a)의 더 높은 발런세 Brent-Kung에 기초한 희소 트리 가산기이다. 그림 10.32는 s=3비트 그룹에 대한 합을 먼저 계산하고 각 그룹 속으로 캐리 상에 기반을 둔 출력을 선택함으로써 한 개의 논리 수준을 절감하는 간단한 발런세-3

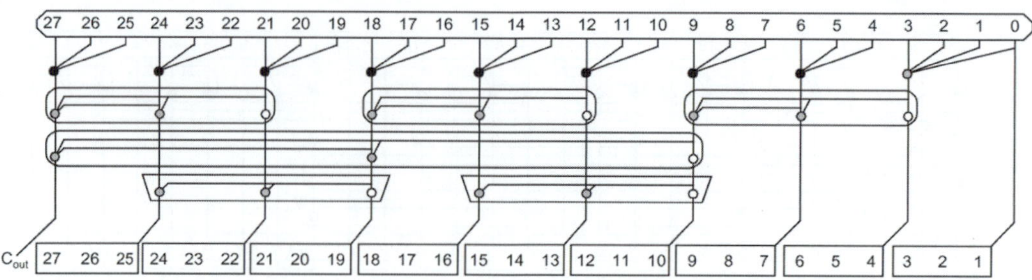

그림 10.32 s=3인 발런세-3 Brent-Kung 희소 트리 가산기

버전을 보여 준다. 캐리아웃(C_{out})은 명시적으로 보인다. 최소 유효 그룹이 $G_{3:0}$ 캐리인을 두 번째 선택 블록으로 계산하는 데 발런세-4 회색 셀을 필요로 한다.

[Lynch92]는 발런세-4 스테이지 및 8비트 캐리 선택 그룹을 사용하는 AMD AM29050 플로팅 포인트 단위 장치로부터 56비트 스패닝 트리 설계를 설명한다. [Kantabutra93]과 [Blackburn96]은 변수 길이 캐리 선택 스테이지의 사용 및 트랜지스터 크기의 적절한 선택을 함으로써 스패닝 트리 가산기를 최적화하는 것을 설명한다.

그림 10.33(a)에서 캐리 선택 박스 스패닝 비트 $i \cdots j$를 볼 수 있다. 이것은 그룹으로 0과 1의 캐리인을 가정하여 합을 먼저 계산하기 위해 짧은 캐리 리플 가산기를 사용하고 그 다음에 그림 10.33(b)에서와 같이 멀티플렉서를 사용하여 그들 사이에서 선택한다. 그림 10.33(c)에서와 같이 캐리인이 상수이기 때문에 가산기는 어느 정도 단순화될 수 있다.

[Mathew03]은 그림 10.34에서와 같이 각 4비트 그룹으로 단지 캐리만을 계산하기 위해 Sklansky와 유사한 발런세-2 트리를 사용하는 32비트 **희소 트리 가산기**(sparse-tree adder)를 설명한

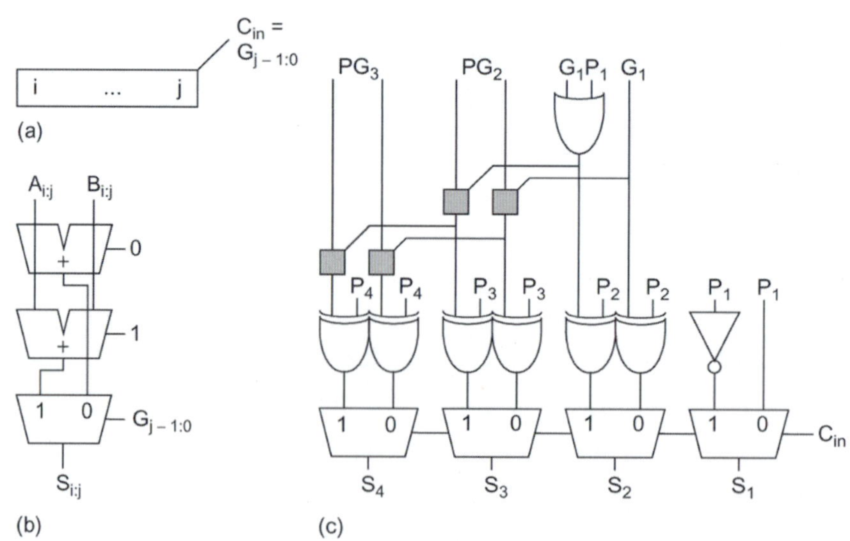

그림 10.33 캐리 선택 구현

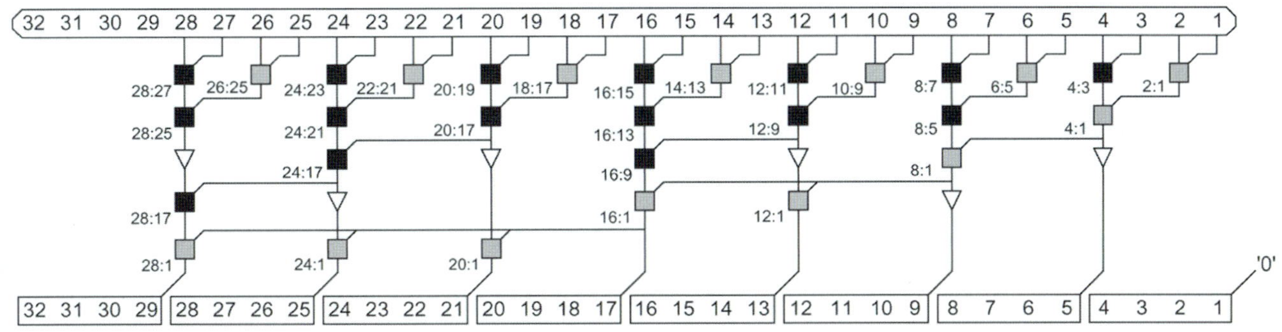

그림 10.34 s=4인 인텔 발런세-2 Sklansky 희소 트리 가산기

다. 이것은 트리 내의 게이트 카운트 및 전력 소모를 감소시킨다. 이 트리는 최종 두 개의 트리 수준 및 선택 멀티플렉서로 교체된 XOR를 가진 (2, 2, 0) Ladner-Fischer 트리로 보일 수 있다. 이 가산기는 캐리인이 0임을 가정하고, 최소 유효 회색 박스로 한 개의 입력을 절감시키면서 또한 네 개의 최고 유효 열 내의 프리픽스 논리를 삭제하면서 캐리아웃을 생성하지 않는다.

이러한 희소 트리 접근 방식은 이들이 트리 내의 게이트 카운트 및 전력 소모를 감소시키는 동안 발런세 트리의 더 적은 수의 논리 수준을 제공하기 때문에 고성능 32~64비트의 높은 발런세 가산기에 널리 사용된다. 그림 10.35는 3비트 그룹 상의 캐리 선택을 가진 27비트 발런세-3 Kogge-Stone 설계를 보여 준다. 게이트 수가 어떻게 세 배 감소되는지를 주시하자. 더군다나 도선의 수도 감소되기 때문에 여분 면적은 경로 지연을 감소시킬 차폐(shielding)를 위해 사용될 수 있다. 이 설계는 최종 논리 수준이 캐리 선택 멀티플렉서로 교체된 그림 10.31(d)의 Han-Carlson 가산기로 보일 수 있다.

희소 트리는 프리픽스 트리의 비싼 부분을 감소시킨다. Kogge-Stone 구조에서, 그것은 요구되는 도선의 수를 s 비율만큼 감소시킨다. Sklansky 구조에서, 그것은 s만큼 팬아웃을 감소시킨다. Brent-Kung 구조에서, 그것은 마지막 $\log_v s$ 논리 수준을 제거한다. 사실상 그것은 (l, f, t) 설계 공간에서 가산기를 원점으로 움직일 수 있다. 이러한 유용성은 최종 선택 멀티플렉서에 대한 s의 팬아웃과 합계를 먼저 계산하기 위한 영역과 전력의 희생으로 얻어진다.

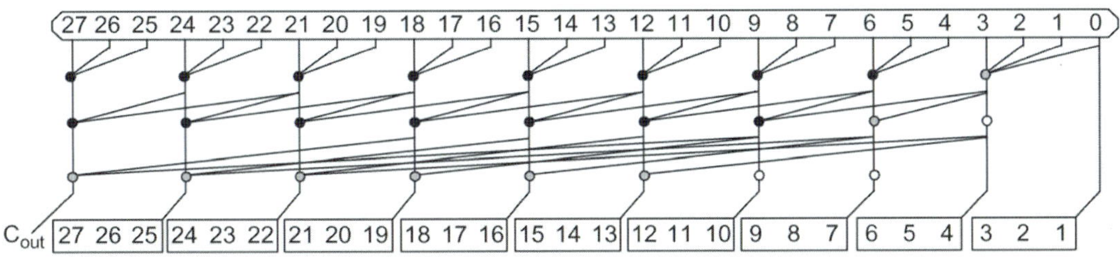

그림 10.35 s=3인 발런세-3 Kogge-Stone 희소 트리 가산기

10.2.2.10 Ling 가산기 Ling은 하나의 직렬 트랜지스터를 임계 그룹에서 제거하기 위한 기술이 합계 사전 계산의 또 다른 XOR 게이트의 비용으로 가산기를 통하는 경로를 생성한다는 것을 발견했다 [Ling81, Doran88, Bewick94]. 그 기술은 프리픽스 네트워크에서 P 대신에 $\overline{K}$를 이용하는 것으로 $G_i\overline{K}_i=(A_iB_i)(A_i+B_i)=G_i$의 관찰에 의존한다.

의사발생(pseudogenerate, **의사 캐리**라고도 부름) 신호 $H_{i:j}=G_i+G_{i-1:j}$를 규정하자. 이것은 $G_{i:j}=G_i+P_iG_{i-1:j}$보다 더 단순하다. $G_{i:j}$는 필요하면 AND 함수로 $H_{i:j}$로부터 나중에 얻을 수 있다.

$$\bar{K}_iH_{i:j}=\bar{K}_iG_i+\bar{K}_iG_{i-1:j}=G_i+\bar{K}_iG_{i-1:j}=G_{i:j} \quad \textbf{(10.20)}$$

일반적인 생성에 비해 의사 생성 신호의 장점은 프리픽스 네트워크의 첫 번째 열을 계산하는 것이 더 쉽다는 것이다.

또한 **의사 전달**(pseudopropagate) 신호 I를 정의하는 것도 단순히 전달을 시프트하면 된다: $I_{i:j}=\overline{K}_{i-1:j-1}$. 연습문제 10.17에서 보겠지만, 그룹 의사 생성 신호와 의사 전달 신호는 함께 묶여 일반적 그룹 생성이나 전달과 같은 검은색이나 회색의 셀을 사용한다.

$$\begin{aligned}H_{i:j}&=H_{i:k}+I_{i:k}H_{k-1:j}\\ I_{i:j}&=I_{i:k}I_{k-1:j}\end{aligned} \quad \textbf{(10.21)}$$

실제 그룹 생성 신호는 식 (10.20)을 이용하여 의사 생성으로부터 형성된다. 이러한 신호는 일반적 XOR를 가진 합을 계산하는 데 사용될 수 있다: $S_i=P_i\oplus G_{i-1:0}=P_i\oplus(\overline{K}_{i-1}H_{i-1:0})$. AND 게이트를 임계 경로에 다시 도입하지 않기 위해, S_i를 $H_{i-1:0}$의 식으로 다음과 같이 확대한다.

$$S_i=H_{i-1:0}\left[P_i\oplus\bar{K}_{i-1}\right]+\bar{H}_{i-1:0}\left[P_i\right] \quad \textbf{(10.22)}$$

그러므로 합 선택은 $P_i\oplus\overline{K}_{i-1}$나 $H_{i-1:0}$ 기반의 P_i 중 한쪽을 선택하는 멀티플렉서로 실행될 수 있다.

Ling 가산기 기술은 프리픽스 네트워크의 검은색이나 회색의 셀을 이용한 가산기의 어떤 형태와도 함께 사용될 수 있다. 그것은 어떤 발런세로도, 그리고 도미노와 정적 설계 모두에서 동작한다. 초기 PG 단계와 프리픽스 네트워크의 첫 번째 수준은 직접적으로 그룹 H와 I 신호를 계산하는 셀에 의해 대체된다. 프리픽스 네트워크의 중앙은 보편적 프리픽스 가산기와 같지만, G와 P 대신에 H와 I에 기초하여 동작한다. 합 선택 논리는 XOR보다는 차라리 식 (10.22)로부터의 멀티플렉서를 이용한다. 희소 트리에서 s비트 블록으로부터의 합은 직접적으로 H 신호를 기반으로 선택된다.

발런세-v 가산기에 대해 Ling 기술은 v개의 직렬 nMOS 트랜지스터와 v개의 직렬 pMOS 트랜지스터를 가진 생성 게이트를 $v-1$개 직렬 nMOS와 여전히 v개의 직렬 pMOS를 가진 의사 생성 게이트로 변환한다. 예를 들면 발런세 2에서, AOI 게이트는 NOR2 게이트가 된다. 이것은 정적 논리에는 특별히 유용하지 않지만, 직렬 pMOS가 제거되고 nMOS 적층이 단축되기 때문에 도미노 구현에 유익하다.

Ling 기술의 또 다른 장점은 의사 생성과 의사 전달의 첫 번째 단계가 G_i와 K_i 게이트를 기반으로 하기보다는 직접적으로 A_i와 B_i 입력으로부터 계산되는 것이다. 예를 들면, 그림 10.36은 직접적으

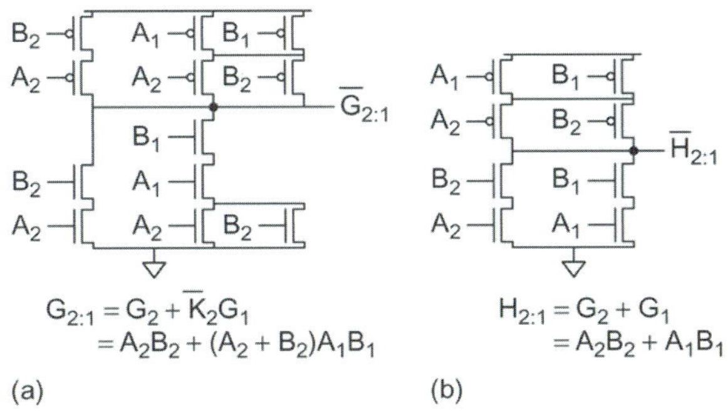

그림 10.36 주입력을 사용한 2비트 발생과 의사 발생 게이트

로 $A_{2:1}$과 $B_{2:1}$으로부터 $G_{2:1}$과 $H_{2:1}$을 계산한 정적인 게이트를 비교한다. H 게이트는 적은 수의 직렬 트랜지스터와 훨씬 적은 기생 커패시턴스를 가지고 있다. $H_{3:1}$은 또한 그림 10.37(a)에 나타난 복잡한 정적 CMOS 게이트를 이용하여 직접적으로 $A_{3:1}$과 $B_{3:1}$으로부터 계산될 수 있다[Quach92]. 마찬가지로 그림 10.37(b)는 직접적으로 A와 B로부터 $H_{4:1}$을 계산하는 합성 도미노 게이트가 $G_{4:1}$에 요구된 다섯 개보다는 단지 네 개의 직렬 트랜지스터를 이용한다는 것을 보여 준다[Naffziger96, Naffziger98].

[Jackson04]는 가산 트리의 어떤 다른 곳에 $\overline{K}$ 신호를 빼내기 위해 반복적으로 Ling 방법을 적용하는 것을 제안했다. [Burgess09]는 이 순환적 Ling 기술이 빠르고 더 작은 가산기를 포함하는 새로운 설계 공간을 연다는 것을 보여 줬다.

10.2.2.11 요약 수많은 가산기를 검토해 오면서 아마도 어떤 가산기가 어떤 응용에 사용되어야 하는지 알고 싶을 것이다. 표 10.3은 발런세-2 프리픽스 네트워크와 함께 도식화된 다양한 가산기 아키텍처를 비교한다. '논리 수준(logic level)' 부문은 초기 PG 논리 및 최종 XOR를 배제하면서 임계 경로 내의 AND-OR 게이트의 수를 제공한다. 물론 이 지연은 논리 수준의 수뿐만 아니라 팬아웃 그리

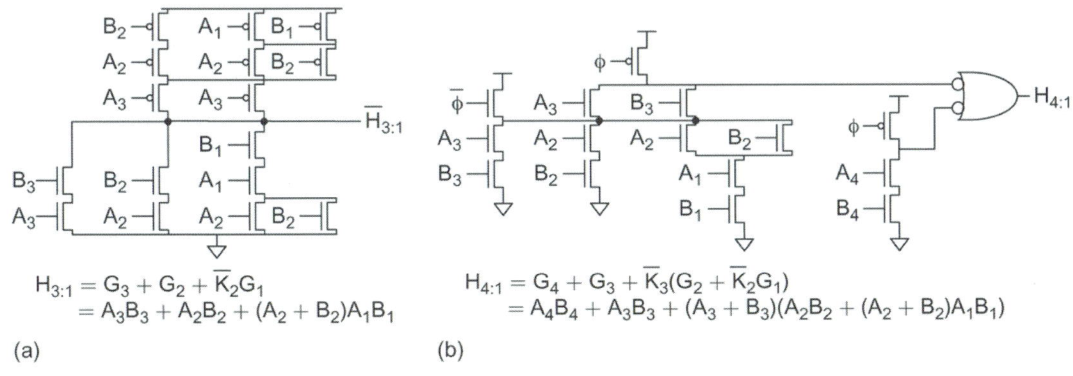

그림 10.37 주입력을 사용한 3비트와 4비트 의사 발생 게이트

표 10.3 가산기 아키텍처의 비교

구조	분류	논리 수준	최대 팬아웃	트랙	셀
Carry-Ripple		$N-1$	1	1	N
Carry-Skip ($n=4$)		$N/4+5$	2	1	$1.25N$
Carry-Increment ($n=4$)		$N/4+2$	4	1	$2N$
Carry-Increment (variable group)		$\sqrt{2N}$	$\sqrt{2N}$	1	$2N$
Brent-Kung	$(L-1, 0, 0)$	$2\log_2 N-1$	2	1	$2N$
Sklansky	$(0, L-1, 0)$	$\log_2 N$	$N/2+1$	1	$0.5\, N\log_2 N$
Kogge-Stone	$(0, 0, L-1)$	$\log_2 N$	2	$N/2$	$N\log_2 N$
Han-Carlson	$(1, 0, L-2)$	$\log_2 N+1$	2	$N/4$	$0.5\, N\log_2 N$
Ladner Fischer ($l=1$)	$(1, L-2, 0)$	$\log_2 N+1$	$N/4+1$	1	$0.25\, N\log_2 N$
Knowles [2,1,...,1]	$(0, 1, L-2)$	$\log_2 N$	3	$N/4$	$N\log_2 N$

고 도선 부하에 의존한다. '셀(cell)' 부문은 네트워크 내의 회색 및 흑색 셀의 대략적인 수를 나타낸다. 캐리 예측은 더 높은 발런세 셀을 사용하기 때문에 보이지 않는다. 캐리 선택도 동일 성능에 대해 캐리 증분보다 더 크기 때문에 또한 보이지 않는다.

일반적으로 캐리 리플 가산기는 간결하고 구성이 쉽기 때문에 타이밍 제약을 맞출 때 사용되어야만 한다. 더 빠른 계산기가 필요할 때 캐리 증분 및 캐리 스킵 아키텍처는 특히 8~16비트 길이에 대해 잘 작업한다. 이러한 기법들을 조합하는 혼성도 널리 알려져 있다. 32비트 그리고 특히 64비트의 단어 길이에서 트리 가산기는 명백히 빠르다.

여전히 최고의 트리 가산기 설계에 대한 논란이 있다. 선택은 전력과 지연 제한 조건, 도미노 대 정적, 주문형 대 합성 선택, 그리고 특정 제조 공정에 의해 영향을 받는다. 더욱이 특별한 구조에서의 주의 깊은 최적화는 트리 구조의 선택보다 더 중요하다.

전력이 문제가 되지 않는다면, 가장 빠른 가산기는 도미노나 합성 도미노 회로를 사용한다[Naffziger96, Park00, Mathew03, Mathew05, Oklobdzija05, Zlatanovici09, Wijeratne07]. 여러 저자가 Kogge-Stone 구조에서 지연이 가장 낮음을 발견했다[Silberman98, Park00, Oklobdzija05, Zlatanovici09]. 그러나 다수의 긴 도선은 에너지를 심각하게 소모하고, 속도를 위한 큰 드라이버를 요구한다. Sklansky[Mathew03] 또는 Han-Carlson[Vangal02]과 같은 다른 구조는 긴 도선이 더 적기 때문에 더 좋은 에너지 효율을 제공한다. 인버터가 이어진 발런세-4 동적인 게이트는 경미한 속도상의 장점을 주지만[Naffziger96, Park00, Zlatanovici09, Harris04, Oklobdzija05], 발런세-2 HI-스큐 정적 게이트가 이어진 발런세-2 동적 게이트를 이용하는 합성 도미노 구현 또한 이용된다[Mathew03]. 희소 트리는 성능에 거의 영향 없이 도미노 가산기에서 에너지를 줄인다[Naffziger96, Mathew03,

Zlatanovici09]. Ling 최적화는 보편적으로 이용되지는 않지만, 여러 연구에서 그것이 유익함을 발견했다[Quach92, Naffziger96, Zlatanovici09, Grad04]. UltraSparc III는 이중 레일 도미노 Kogge-Stone 가산기를 이용했다[Heald00]. 64비트 마이크로프로세서의 Itanium 2와 Hewlett Packard PA-RISC 라인은 이중 레일 도미노 희소 트리 Ling 가산기를 이용했다[Naffziger96, Fetzer02]. 65 nm 펜티엄 4는 합성 도미노 기수-2 Sklansky 희소 트리를 이용한다[Wijeratne07]. 좋은 64비트 도미노 가산기는 7~9 FO4의 지연을 가지며 4~12 $M\lambda^2$의 면적을 갖는다[Naffziger96, Zlatanovici09, Mathew05].

전력 제한 설계는 동적 가산기의 1/3~1/10의 에너지를 소모하며 약 13 FO4의 지연을 가지고 있는 정적 가산기를 이용한다[Oklobdzija05, Harris03, Zlatanovici09]. 예를 들면 CELL 프로세서의 부동 소수점 장치는 발런세-2 정적 Kogge-Stone 가산기를 이용한다[Oh06].

[Patil07]은 가산기를 위한 에너지-지연의 설계 공간에 대한 포괄적 연구를 소개한다. 그 논문은 Sklansky 구조가 Kogge-Stone의 다수의 전력에 굶주린 도선과 Brent-Kung의 과다한 수의 논리 수준을 피할 수 있기 때문에 어떤 지연 요구에 대해서도 에너지 효율적이라고 결론짓는다. Sklansky 트리의 높은 팬아웃 게이트는 합리적 논리 에퍼트를 유지하기 위해 확대된다. 정적 가산기는 약 4의 스테이지 에퍼트를 제공하는 발런세-2 셀을 이용하는 데 제일 효율적이다. 도미노 가산기는 발런세-4 동적 게이트를 정적 인버터로 바꾸는 데 가장 효율적이다. 정적 희소 트리 가산기의 합 사전 계산 논리는 프리픽스 네트워크에서 절약하는 것보다 더 많은 에너지 비용이 든다. 도미노 가산기에서 2의 희소성은 합 사전 계산이 정적 게이트로 실행될 수 있기 때문에 에너지를 절약한다. 그림 10.38은 정적 가산기가 느린 가산기를 위해 가장 에너지 효율적이며, 도미노가 높은 속도 요구사항에 더 좋고, 이중 레일 도미노 Ling 가산기가 매우 빠르고 전력 소모가 가장 큰 가산기를 위해 바람직하다는 몇몇 결과를 보여 준다. 매우 빠른 지연은 더 높은 V_{DD}와 더 낮은 V_t를 이용하여 달성된다. [Zlatanovici09]는 64비트 도미노 가산기를 위한 에너지-지연 공간을 연구하고, Kogge-Stone이 우수하다는 상반되는 결론에 도달했다. 다시, 발런세-4 동적 게이트를 정적 인버터로 바꾸는 것과 2의 희소성을 이용하는 것은 그림 10.39에 나와 있는 바와 같이 최상의 결과를 가져온다. 다른 합리적인 가산기는 거의 에너지-지연 공간에서 좋으며, 다른 것을 제치고 하나의 구성을 선택할 뚜렷한 이유는 없으며, '최고의' 가산기에 대한 토론은 틀림없이 미래에도 이루어질 것이다.

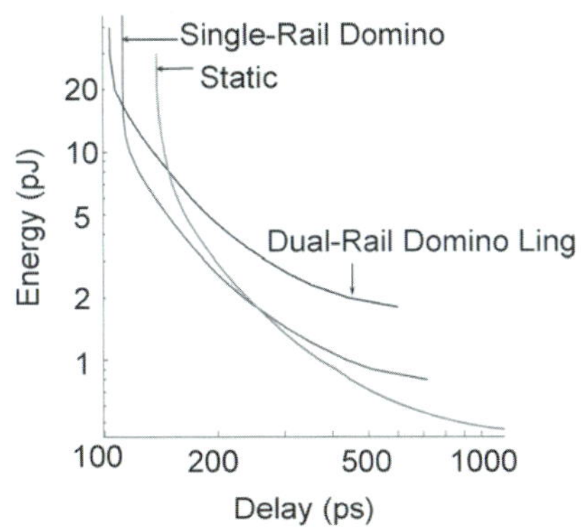

그림 10.38 90 nm 32비트 Sklansky 정적, 도미노, 그리고 이중 레일 도미노 가산기를 위한 에너지-지연 트레이드오프. 이 공정의 1.0 V와 보통 V_t에서의 FO4 인버터 지연은 31 ps임(© IEEE 2007)

그림 10.39 발런세(v)와 희소성(s)의 함수로서의 90 nm 64비트 도미노 Kogge-Stone Ling 가산기를 위한 에너지-지연 트레이드오프(© IEEE 2009)

우수한 논리 합성 도구는 면적을 최소화하는 동안 타이밍 제약을 맞추기 위해 적절한 가산기 상으로 '+' 연산기를 자동적으로 매핑(mapping)한다. 예를 들면 Synopsys Design Ware 라이브러리는 캐리 리플 가산기, 캐리 선택 가산기, 캐리 예측 가산기 및 다양한 프리픽스 가산기를 포함한다. 그림 10.40은 서로 다른 타이밍 제약하에서 32비트 및 64비트 가산기 합성의 결과를 보여 준다. 레이턴시(latency)가 감소하면서 합성은 더 큰 면적을 가진 더 정교한 가산기를 선택한다. 그 결과는 TTTT 코너 내에 89 ps의 FO4를 가진 0.8 μm 상업용 셀을 위한 것이고 이 면적은 게이트뿐만 아니라 개산된 상호 연결을 포함한다. 가장 빠른 설계는 트리 가산기를 사용하고 측면 부하가 임계 경로에서 벗어나 버퍼링된 채 불균일 설계를 함으로써 32비트 및 64비트 각각에 대한 7.0 및 8.5 FO4의 상당히 빠른 레이아웃 전 지연을 달성한다. 캐리아웃 선택 가산기는 비트의 하부 3/4에 대한 캐리 리플과 상부 1/4 상의 캐리 선택을 사용함으로써 흥미로운 면적/지연 균형 맞추기를 달성한다. 이 결과는 도선 기생(parasitic)들이 포함되어 있을 때 어느 정도 더 느리다.

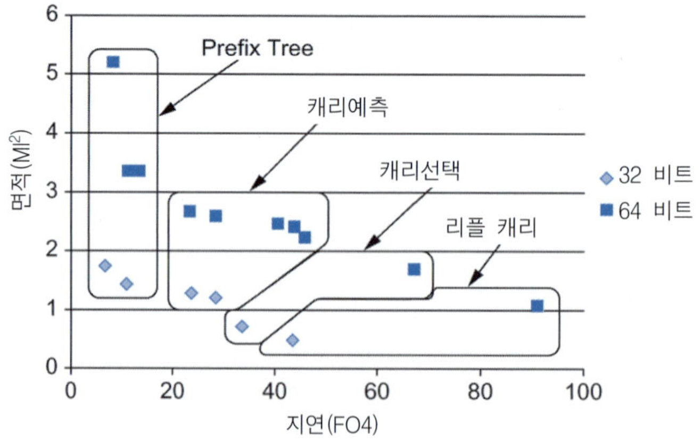

그림 10.40 합성된 가산기의 면적 대 지연

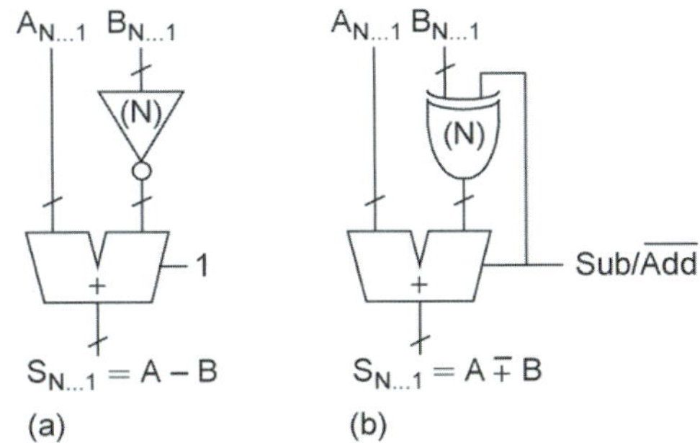

그림 10.41 감산기

10.2.3 뺄셈

N비트 감산기(subtracter)는 2의 보수 관계를 사용한다.

$$A - B = A + \overline{B} + 1 \tag{10.23}$$

이것은 그림 10.41(a)에서와 같이 N비트 CPA로 한 개의 피연산자(operand)를 반전하고 캐리 출력(carry output)을 거쳐 더해지는 것을 포함한다. 가산기/감산기는 그림 10.41(b)에서와 같이 B를 조건부로 반전하기 위해 XOR 게이트를 사용한다. 프리픽스 가산기 내에서 B 상의 XOR 게이트는 때로 비트 성향 PG 회로 소자 내로 병합된다.

10.2.4 다중 입력 덧셈

k개의 N비트 단어를 더하는 가장 알기 쉬운 방법은 그림 10.42(a)에 도식화한 바와 같이 0001+0111+1101+0010에 대해 $k-1$개의 단계적 접속(cascade)된 CPA와 함께 있지만 이것은 커다란 양의 하드웨어를 가지고 있고 느리다. 더 우수한 기법은 한 전가산기가 단위 가중치(unit weight)의 세 개의 입력을 합하고 단위 가중치의 합 출력 및 배증 가중치(double weight)의 캐리 출력을 생성하는 것을 유념하는 것이다. N개의 전가산기가 병렬로 사용되면 이것은 세 개의 N비트 입력 단어 $X_{N\cdots1}$, $Y_{N\cdots1}$ 및 $Z_{N\cdots1}$을 접수하고 10.42(b)에서와 같이 두 개의 N비트 출력 단어 $S_{N\cdots1}$ 및 C_{N-1}을 생성한다. 이때 $X+Y+Z=S+2C$이다. 이 결과는 각 가산기의 합 및 캐리 출력과 일치한다. 캐리 출력이 가산기를 따라서 전파되기 보다는 차라리 보존되기 때문에 이것은 **캐리 보존 여분 형식**(carry-save redundant format)으로 부른다. 이러한 응용에서의 전가산기는 세 개의 입력을 접수하고 캐리 보존 형식 내에서 두 개의 출력을 생성하기 때문에 때로는 **[3:2] 캐리 보존 가산기**([3:2] carry-save adder)([3:2] CSA)로 부른다. 캐리 단어 C가 한 개의 위치에 의해 좌측으로 시프트되고 일반 CPA와 함께 합 단어 S에 더해지면 결과는 $X+Y+Z$가 된다. 다른 대안으로 네 번째 입력 단어는 다시 캐리 보존 여분 결과를 가져오면서 CSA의 또 다른 행과 함께 캐리 보존 여분 결과에 더해질 수 있다. 그러한 네 수의 캐리 보존 덧셈은 그림 10.42(c)에 도식화되어 있는데 여기에서 캐리 출력 내의 밑줄은 캐리가 그들이 더 큰 가중치를 고려하여 좌측 한 개의 열로 시프트되어 있음을 상기시킨다.

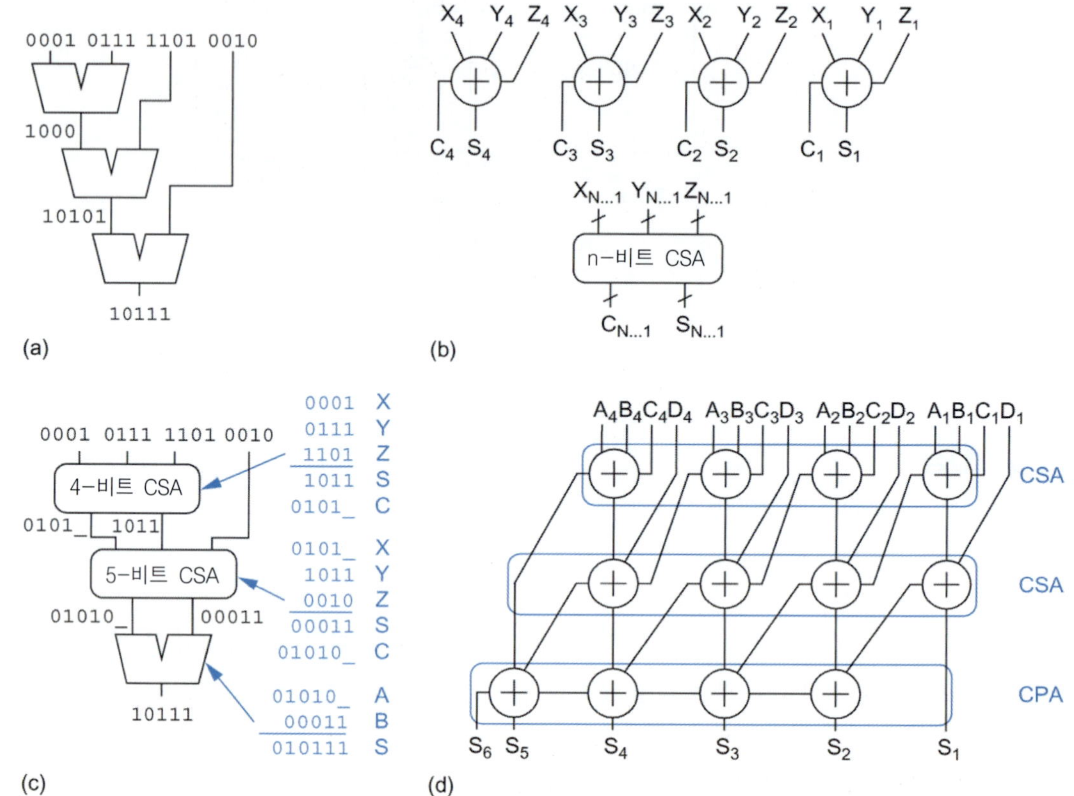

그림 10.42 다중 입력 가산기

[3:2] 가산기를 통한 임계 경로는 하나의 3-입력 XOR 또는 두 단계의 XOR2를 포함하는 합 계산을 위한 것이다. 이것은 CPA보다 매우 빠르다. 일반적으로 k개의 수는 $k-2$개의 [3:2] CSA와 하나의 CPA로 합산될 수 있다. 이러한 접근은 많은 부분 곱을 빠르게 곱셈기에 추가하기 위해 10.9절에서 이용될 것이다. 이 기술은 폰 노이만의 초기 컴퓨터로 거슬러 올라간다[Burks46].

CSA의 입력 중 하나가 상수일 때, 하드웨어는 한층 더 감소될 수 있다. 한 비트의 입력이 0이면, CSA 열은 반가산기로 줄어든다. 그 비트가 1이면, CSA 열은 $S=\overline{A \oplus B}$와 $C=A+B$로 단순화된다.

10.2.5 표시 프리픽스 가산기

가끔 $A+B$를 계산하고, 늦게 도착한 제어 신호에 따라서 1을 추가하는 것이 필요하다. 어떤 응용은 암호 작성과 리드-솔로몬을 위한 $A+B$ mod 2^n-1을 계산하고, 차분 절댓값 $|A-B|$를 계산하고, 부호-크기 수의 덧셈/뺄셈을 하고, 어떤 부동 소수점 가산기에서 반올림하는 것을 포함한다[Beaumont-Smith99]. 간단한 접근은 2개 가산기를 구축하고, 캐리를 하나에게 제공하고, 그 결과를 선택하는 것이다. [Burgess02]는 훨씬 적은 하드웨어를 사용하는 **표시 프리픽스 가산기**(flagged prefix adder)라고 불리는 영리한 대안을 기술한다.

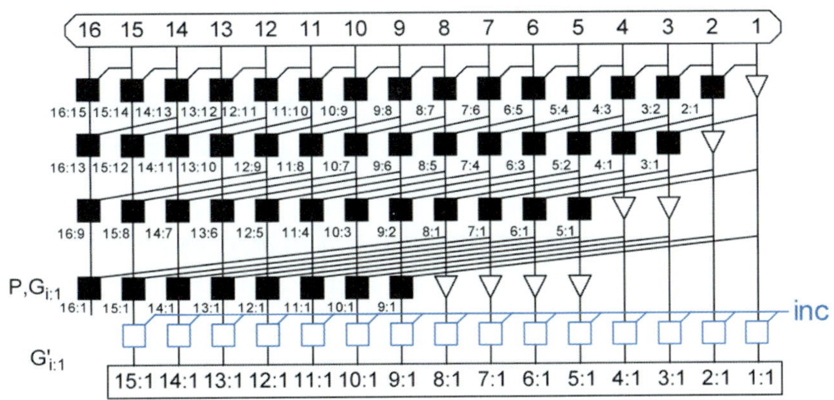

그림 10.43 표시 프리픽스 Kogge-Stone 가산기

표시 프리픽스 가산기는 A, B와 제어 신호 inc를 수신하고, $A+B+inc$를 계산한다. 보편적 가산기가 각각의 열 i 안의 프리픽스 $G_{i-1:0}$을 캐리로 계산하고 합 $S_i=P_i \oplus G_{i-1:0}$을 계산한다는 것을 상기하자. 이 상황에서, C_{in}이 없으므로 열 0은 생략된다. $G_{i-1:1}$이 그 대신에 이용된다. 표시 프리픽스 가산기의 목적은 inc가 나타날 때 이러한 캐리를 조절하는 것이다. 표시 프리픽스 가산기는 그 대신에 $G'_{i-1:1}=G_{i-1:1}+P_{i-1:1}\cdot inc$를 이용한다. 그러므로 inc가 참이면, 그룹 전달 신호가 참인 모든 하위 비트 안으로 캐리를 생성한다. 수정된 프리픽스 $G'_{i-1:1}$은 **표시**(flag)로 불린다. 합은 XOR 게이트로 동일한 방법으로 계산된다: $S_i=P_i \oplus G'_{i-1:1}$.

이러한 표시를 생산하기 위해, 표시 프리픽스 가산기는 회색 셀의 행을 하나 더 이용한다. 그러기 위해서는 회색 셀의 이전 하부 열이 그룹 전달 신호를 생산하기 위해 흑색 셀로 변환되어야 한다. 그림 10.43은 표시 프리픽스 Kogge-Stone 가산기를 보여 준다. 푸른색으로 나타난 새로운 행은 늦은 증가를 수행하기 위해 덧붙여진다. 열 0은 C_{in}이 없기 때문에 제거되지만, 표시 가산기의 응용이 전체 n비트를 가로지르는 생성과 전달 신호를 필요로 하기 때문에 열 16이 제공된다.

10.2.5.1 modulo 2^n-1 덧셈 부호 없는 피연산자를 위한 $A+B \bmod 2^n-1$을 계산하기 위해, 가산기는 먼저 $A+B$를 계산하여야 한다. 합이 2^n-1보다 크거나 같으면, 결과는 증가되고 n비트로 되돌아가도록 절단된다. $G_{n:1}$은 가산기가 오버플로면 참이다. 즉 결과는 2^n-1보다 더 크다. $P_{n:1}$은 모든 열이 전달이면 참이며, 그것은 합이 2^n-1과 같을 때만 발생한다. 그러므로 모듈러 덧셈은 $inc=G_{n:1}+P_{n:1}$을 이용하는 표시 프리픽스 가산기로 가능하다.

일반적 덧셈과 비교하여, 모듈러 덧셈은 검은 셀의 한 행의 추가, inc를 계산하기 위한 OR 게이트, 모든 n비트를 가로질러 inc를 구동하는 버퍼를 요구한다.

10.2.5.2 차분 절댓값 $|A-B|$는 **차분 절댓값**(absolute difference)으로 불리고, 일반적으로 비디오 압축과 같은 응용에 사용된다. 그 가장 쉬운 접근은 $A-B$와 $B-A$를 둘 다 계산하는 것이고 그러고 나서

양수인 결과를 선택한다. 더 효과적인 기술은 $A+\overline{B}$를 계산하고 $\overline{G}_{n:1}$에 의해 표시되는 부호를 보는 것이다. 결과가 음수이면, $B-A$를 얻기 위해 반전시킨다. 결과가 양수이면, $A-B$를 얻기 위해 증가시킨다.

이러한 모든 동작은 조건적으로 결과를 반전시키기 위해 개선된 표시 프리픽스 가산기를 이용하여 수행될 수 있다. $S_i=(P_i \oplus inv)-G'_{i-1:1}$을 계산하기 위해 합 논리를 수정하자. $inv=\overline{G}_{n:1}$ 그리고 $inc=G_{n:1}$을 선택하자.

일반적인 덧셈과 비교하여, 차분 절댓값은 $\overline{B}$를 얻기 위한 죽 늘어선 인버터, 검은 셀의 한 행의 추가, 모든 n비트를 가로질러 inv와 inc를 구동하는 버퍼, 그리고 조건적으로 결과를 반전시키기 위한 한 행의 XOR가 필요하다. $(P_i \oplus inv)$가 먼저 계산될 수 있어서 임계 경로에 영향을 미치지 않는다는 것을 주목하자.

10.2.5.3 부호-크기 계산 부호-크기(sign-magnitude) 수의 덧셈은 피연산자의 부호를 검사하는 것을 포함한다. 부호가 같으면, 크기는 더해지고 부호는 변하지 않는다. 부호가 다르면, 크기의 차분 절댓값이 계산되어야 한다. 이것은 이전 절에서 기술한 표시 캐리 가산기를 이용하여 수행될 수 있다. 결과의 부호는 $\text{sign}(A) \oplus G_{n:1}$이다.

뺄셈은 B의 부호가 먼저 뒤집히는 것을 제외하고는 동일하다.

10.3 1/0 탐지기

넓은 N비트 단어의 모든 1 또는 0을 탐지하려면 큰 팬인(fan-in) AND 또는 NOR 게이트가 필요하다. 드모르간 법칙(DeMorgan's law)에 의하면 AND, OR, NAND 및 NOR는 근본적으로 입력 그리고/또는 출력의 가능한 반전에 대한 것을 제외하고는 동일한 연산이다. 그림 10.44(a)에서와 같이 AND 게이트의 트리를 구성할 수 있다. 여기서는 교호 NAND 게이트와 NOR 게이트가 사용되었고, 그 경로는 $\log N$개의 스테이지를 갖는다. 일반적으로 트리 교호 게이트 및 인버터와 함께 최소 논리 에퍼트가 달성되고 경로 논리 에퍼트는 다음과 같다.

$$G_{\text{and}}(N)=\left(\frac{4}{3}\right)^{\log_2 N}=N^{\log_2 \frac{4}{3}}=N^{0.415} \tag{10.24}$$

정적 CMOS 게이트를 사용하여 H의 경로 전기 에퍼트를 구동하는 경로 지연의 대략적 개산은 다음과 같다.

$$D \approx \left(\log_4 F\right) t_{FO4}=\left(\log_4 H+0.415 \log_4 N\right) t_{FO4} \tag{10.25}$$

여기에서 t_{FO4}는 4중 팬아웃 인버터 지연이다.

점검되는 단어가 출력의 도착 시간(리플 가산기의 출력에서와 같은) 내에 자연 스큐를 가지고 있다면 설계자는 그림 10.44(b)에서와 같이 탐지기 내의 가산기 지연을 모방하는 것을 고려할 수도 있다. 여기에서 최종 변화 출력 A_7으로부터의 지연은 단일 지연이다.

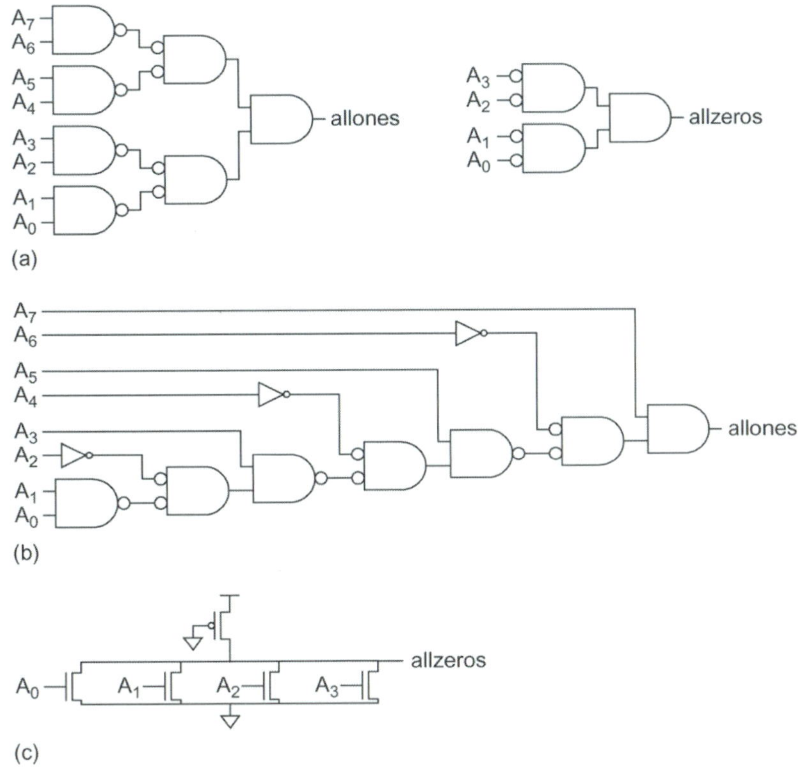

그림 10.44 1/0 탐지기

또 다른 고속 탐지기는 그림 10.44(c)에서와 같이 '도선화된 OR(wired-OR)'를 실행하기 위해 의사 nMOS 또는 동적 NOR 구조를 사용한다. 이는 16비트까지의 단어에는 잘 동작한다. 더 큰 단어를 위해서 게이트들은 8~16비트의 조각으로 나누어 기생 지연을 줄이고 부임계 누설에 의한 문제를 피한다.

10.4 비교기

10.4.1 절대크기 비교기

절대크기 비교기(magnitude comparator)는 두 개의 이진수 중 더 큰 수를 판단한다. 두 개의 부호 없는 수(unsigned number) A 및 B를 비교하기 위해 $B-A=B+\overline{A}+1$을 계산한다. 캐리 출력이 있으면 $A \le B$이며, 없으면 $A > B$이다. 0 탐지기는 수들이 동일하다는 것을 표시한다. 그림 10.45는 캐리 리플 가산기 및 2의 보수기(complementer)로부터 구성된 4비트 부호 없는 비교기를 보여 준다. 상대크기(relative magnitude)는 표 10.4에 따라 캐리 출력(C)과 0(Z) 신호로부터 결정된다. 광범위 입력에 대해 더 빠른 가산기가 모두 사용될 수 있다.

서로 다른 부호를 가진 두 개의 수를 뺄 때 오버플로(overflow) 가능성 때문에 부호 있는 2의 보

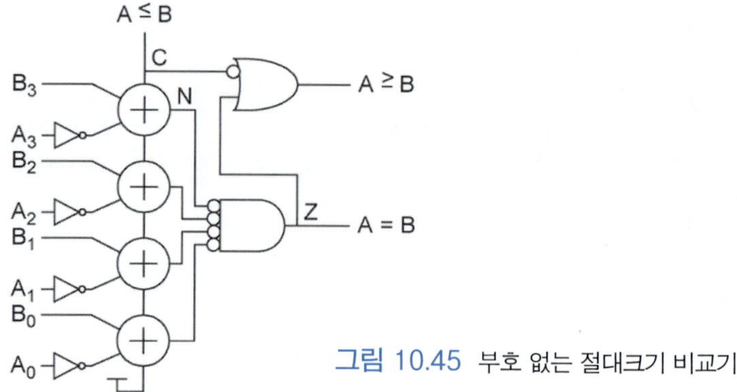

그림 10.45 부호 없는 절대크기 비교기

표 10.4 절대크기 비교

관계	부호를 고려하지 않은 비교	부호를 고려한 비교
$A=B$	Z	Z
$A \neq B$	$\bar{Z}$	$\bar{Z}$
$A<B$	$C \cdot \bar{Z}$	$\bar{S} \cdot \bar{Z}$
$A>B$	C	S
$A \leq B$	C	$\bar{S}$
$A \geq B$	$\bar{C}+Z$	$S+Z$

수를 비교하는 것은 약간 더 복잡하다. 이 캐리 출력을 단순히 검사하는 대신에 결과가 음(N, 결과의 최고 유효 비트에 의해 표시됨)인지 또한 오버플로가 가능한 부호 있는 수의 범위를 넘치는지 판단해야만 한다. 입력이 서로 다른 부호(최고 유효 비트)를 가졌다면 오버플로 신호 V는 참이고 출력 부호는 B의 부호와 다르다. 오버플로가 부호를 뒤집기 때문에 차 $B-A$의 실제 부호는 $S=(N \oplus V)$이다. 이 부호가 음이면($S=1$), $A > B$라는 것을 알게 된다. 그리고 다른 관계들이 이 수정된 부호 및 Z 신호로부터 유도될 수 있다.

10.4.2 동등 비교기

동등 비교기(equality comparator)는 ($A=B$)인지를 판단한다. 이것은 그림 10.46에서와 같이 XNOR 게이트 및 1의 탐지기를 가지고 더 간단하고 신속하게 행할 수 있다.

10.4.3 $K=A+B$ 비교기

때로는 ($A+B=K$)인지를 판단하는 것이 필요하다. 예를 들면 11.2.2.4절에서 설명할 합 주소가 된(sum-addressed) 메모리[Heald98]는 레지스터 기반 주소 및 즉시 오프셋(immediate offset) 같은 두 수의 합에 대해서 반드시 일치해야만 하는 디코더를 포함한다. 놀랍게도 어떠한 캐리 전파도 필요하

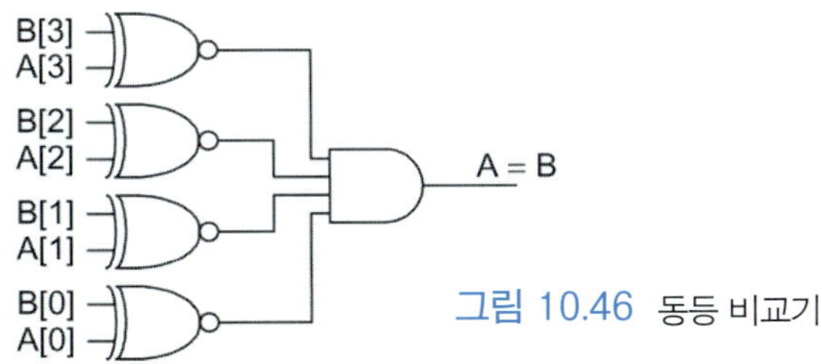

그림 10.46 동등 비교기

지 않기 때문에 이러한 비교는 $A+B$를 계산하는 것보다 더 빨리 행할 수 있다. 요점은 A와 B를 아는 경우 또한 $K=A+B$를 안다면 각 비트 내로의 캐리가 반드시 무엇이 되어야만 하는지를 알게 된다는 것이다[Cortadella92]. 따라서 이전 비트가 현재 비트가 요구하는 캐리를 생성하는 것을 검증하기 위해 단지 비트의 이웃 쌍(adjacent pair)을 점검하면 되고, 그러고 나서 조건이 N개의 모든 쌍에 대해 참인 것을 점검하기 위해 1의 탐지기를 사용하기만 하면 된다. 특히 $K=A+B$인 경우 표 10.5는 캐리인 c_{i-1}이 이것이 참이 되기 위해 무엇이 되어야만 하는지 또한 캐리아웃 c_i가 각 비트 위치 i에 대해 무엇이 될지를 목록으로 보여 준다.

표 10.5 $K=A+B$이면 요구되는 그리고 발생되는 캐리

A_i	B_i	K_i	c_{i-1} (요구)	c_i (제작)
0	0	0	0	0
0	0	1	1	0
0	1	0	1	1
0	1	1	0	0
1	0	0	1	1
1	0	1	0	0
1	1	0	0	1
1	1	1	1	1

이 표로부터 비트 i에 대한 요구되는 c_{i-1}이 다음과 같음을 알 수 있다.

$$c_{i-1} = A_i \oplus B_i \oplus K_i \tag{10.26}$$

그리고 비트 $i-1$에 의해 생성되는 c_{i-1}은 다음과 같다.

$$c_{i-1} = \left(A_{i-1} \oplus B_{i-1}\right)\bar{K}_{i-1} + A_{i-1} \cdot B_{i-1} \tag{10.27}$$

그림 10.47은 이 연산을 실행할 회로의 한 개 비트 단편(bitslice)을 보여 준다. XNOR 게이트는 각 비트 위치에서 생성된 캐리와 반드시 일치하도록 사용된다. 그 다음에 AND 게이트는 상태가 모든 비트에 대해 만족되는지를 점검한다.

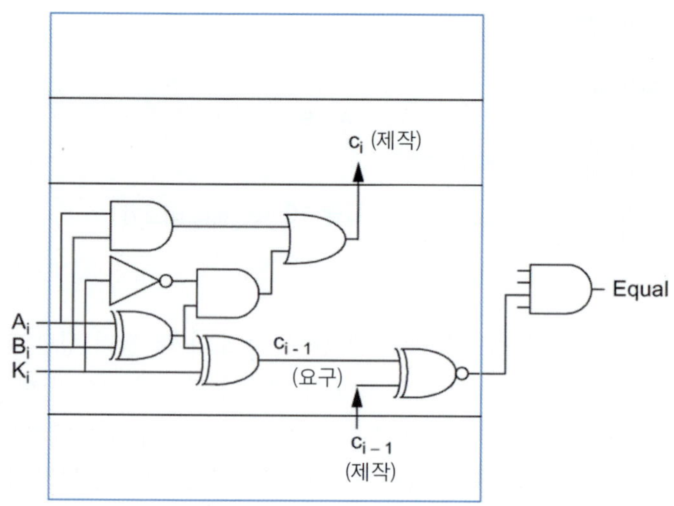

그림 10.47 $A+B=K$ 비교기

10.5 카운터

공통적으로 사용되는 두 카운터의 형태는 **이진 카운터**(binary counter)와 **선형 피드백 시프트 레지스터**(linear-feedback shift register)이다. N비트 이진 카운터는 이진 순서 내의 $2N$ 출력을 통해 차례로 배열한다. 이것은 N과 함께 증가하는 최소 사이클 타임을 가지고 있다. N비트 선형 피드백 시프트 레지스터는 의사 임의 순서(pseudo-random order) 내의 2^N-1까지를 통해서 차례로 배열된다. 이것은 N과 관계없이 짧은 최소 사이클 타임을 가지고 있고 따라서 의사 임의 수 발생뿐만 아니라 극히 빠른 카운터를 위해 유용하다.

카운터가 가지는 공통적인 특징의 일부는 다음과 같다.

- **초기화 가능**(resettable): *RESET*이 가해지면 카운터 값이 0이 된다(테스트를 위해 필수적임).
- **입력 가능**(loadable): *LOAD*가 가해지면 N비트 값이 카운터 값으로 입력된다.
- **동작 가능**(enabled): 카운터는 *EN*이 가해질 때만 클럭 주기에 따라 카운트한다.
- **역전 가능**(reversible): 카운터는 $\overline{UP}/DOWN$ 입력에 따라 증가하거나 감소한다.
- **종단 계수**(terminal count): 카운터가 오버플로(위로 셀 때)하거나 언더플로(아래로 셀 때)할 때 *TC* 출력이 나타난다.

일반적으로 M에 이르는 카운터를 리셋하기 위해 M으로 나눔(devide-by-M) 카운터($M < 2^N$)는 일반 N비트 카운터 및 회로 소자를 사용하여 구성될 수 있다. 동등 비교기가 사용되면 M은 프로그램 가능 입력이 될 수 있다. 다르게는 *TC*가 카운터의 오버플로를 나타낼 때마다 입력 가능 카운터가 $N-M$에서 다시 시작하도록 사용될 수도 있다.

10.5.1 이진 카운터

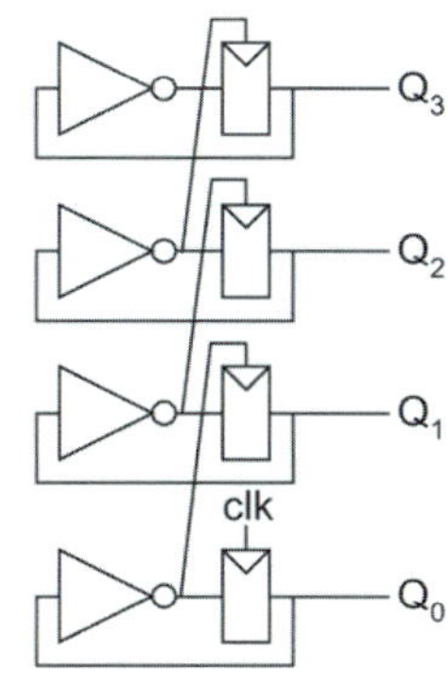

그림 10.48 비동기 리플 캐리 카운터

그림 10.48에 나와 있는 바와 같이 가장 간단한 이진 카운터는 **비동기 리플 캐리 카운터**(asynchronous ripple-carry counter)이다. 이것은 토글 구성 내에 연결된 *N*개의 레지스터로 구성되어 있는데 여기서 각 레지스터의 하강 트랜지스터는 다음 레지스터를 클럭화한다. 따라서 지연은 상당히 길 수 있다. 이것은 리셋 신호가 없어 테스트하기 극히 어렵다. 일반적으로 비동기 회로는 전반적 문제를 가져오게 되고 따라서 리플 캐리 카운터는 주로 역사적 흥미의 목적으로 보여지고 상업적 설계를 위해서는 추천하지 않을 것이다.

일반 **동기 업/다운 카운터**(synchronous up/down counter)는 그림 10.49(a)에서 볼 수 있다. 이것은 각 비트 위치에 대해 리셋 가능 레지스터 및 전가산기를 사용한다. 사이클 타임은 리플 캐리 지연에 의해 제한된다. 다음 절에서 논의할 더 빠른 가산기 기법의 어떤 것을 사용하여도 향상될 수 있다. 단지 **업 카운터**[또한 **증분기**(incrementer)로 부르는]만 요구되면 전가산기는 그림 10.49(b)에 나와 있는 반가산기로 줄일 수 있다. 입력 멀티플렉서를 포함하는 것은 카운터가 초기화 값을 입력하는 것을 가능하게 한다. 클럭 이네이블 또한 조건부 카운팅을 위한 각 레지스터에 종종 제공된다. 종단 계수(*TC*: terminal count) 출력은 카운터가 오버플로하거나 언더플로하는 것을 나타낸다. 그림 10.50은 완전한 특징을 갖춘 초기화 가능, 입력 가능, 동작 가능, 동기 업/다운 카운터를 보여 준다.

10.5.2 고속 이진 카운터

그림 10.49의 카운터의 속도는 가산기에 의해 제한된다. 이것은 카운터를 2개 이상의 조각으로 나눔으로써 극복될 수 있다[Ercegovac89]. 예를 들면 32비트 카운터는 그림 10.51에 나와 있는 바와 같이 4비트 **프리스칼라**(prescalar) 카운터와 28비트 카운터로 구성될 수 있다. 프리스칼라의 *TC* 출력은 더

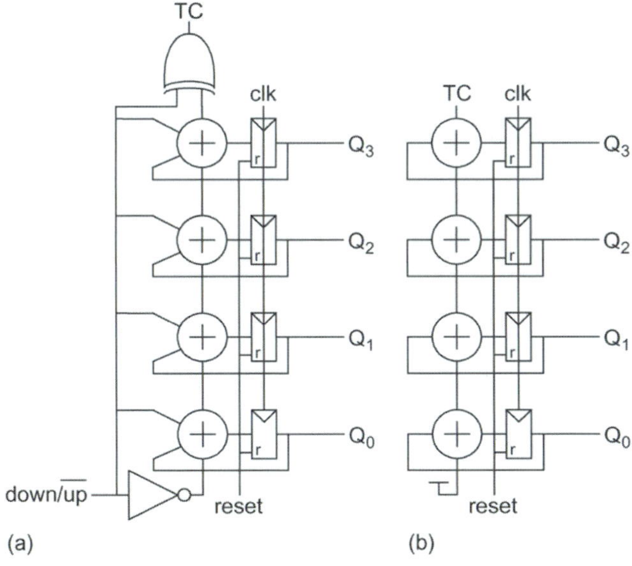

그림 10.49 동기 카운터

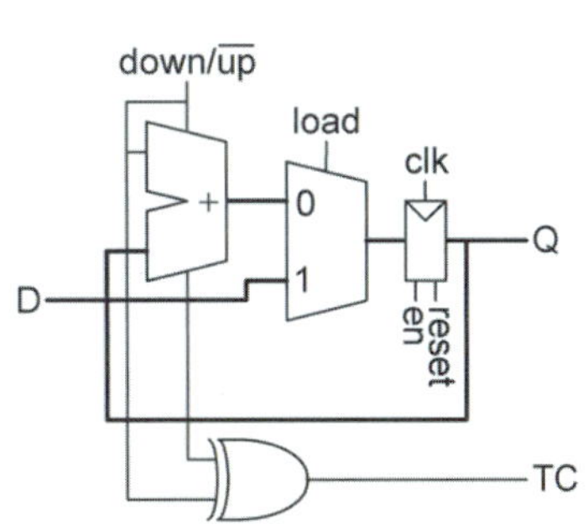

그림 10.50 초기화 가능, 입력 가능, 동작 가능, 동기 업/다운 카운터

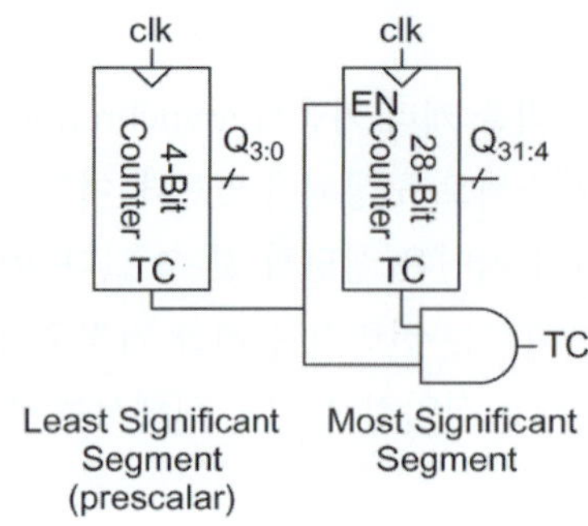

그림 10.51 고속 이진 카운터

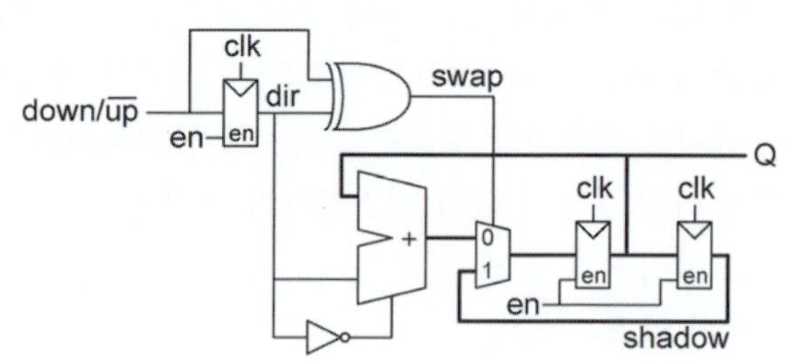

그림 10.52 고속 이진 업/다운 카운터(최대 유효 조각)

중요한 조각에 의존하는 것을 가능하게 한다. 지금 사이클 타임은 28비트 가산기가 결과를 생산하기 위해 24개의 사이클을 가지고 있기 때문에 프리스칼라 속도에 의해서만 제한된다. 더 많은 조각을 이용하면, 임의 길이의 카운터는 1비트 또는 2비트 카운터의 속도로 동작할 수 있다.

최대 유효 조각이 언제 카운터가 방향을 바꾼다고 알리는 데 한 주기를 소비할 수 있기 때문에 프리스케일링은 업/다운 카운터에 적합하지 않다. 이것을 해결하기 위해, 방향을 바꿀 때 이용되어야 할 이전 값을 잡기 위해 최대 유효 조각에 **섀도 레지스터**(shadow register)를 이용할 수 있다 [Stan98]. 그림 10.52는 빠른 업/다운 카운터를 위한 최대 유효 조각을 보여 준다. 초기화(그림에 나타나지 않는다) 시 *dir* 레지스터는 0, Q도 0, 섀도는 -1로 설정된다. $\overline{UP}/DOWN$이 변화할 때, 가산기(그것은 리플 캐리에 충분한 시간을 가지고 있지 않을지도 모른다)보다 오히려 섀도 레지스터로부터 새로운 **카운트**를 로딩하기 위해 *swap*이 한 주기 동안 가해진다.

10.5.3 링 카운터와 존슨 카운터

링 카운터(ring counter)는 그림 10.53(a)에 나와 있는 바와 같이 출력이 입력으로 돌아가는 M비트 시프트 레지스터로 구성된다. 초기화에서 첫 번째 비트는 1로 초기화되고 다른 것은 0으로 초기화된다. TC는 매 M주기마다 바뀐다. 링 카운터는 플립플롭 사이에 어떤 논리도 있지 않기 때문에 매우 빠른 프리스칼라를 구축하기 위한 편리한 방법이지만, 더 큰 M 때문에 비싸게 된다.

존슨 카운터(Johnson counter) 또는 **뫼비우스**(Mobius counter) 카운터는 링 카운터와 유사하지

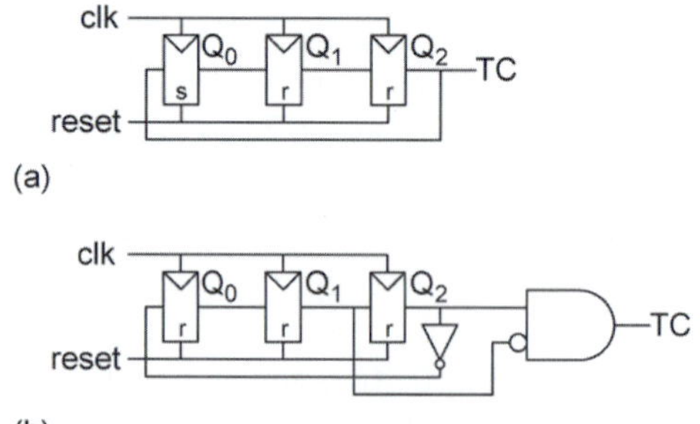

그림 10.53 3비트 링과 존슨 카운터

표 10.6 존슨 카운터 순서

Cycle	Q_0	Q_1	Q_2	TC
0	0	0	0	0
1	1	0	0	0
2	1	1	0	0
3	1	1	1	0
4	0	1	1	0
5	0	0	1	1
6	0	0	0	0
Repeats forever				

만, 그림 10.53(b)에 나와 있는 바와 같이 입력으로 돌아가기 전에 출력을 반전시킨다. 플립플롭은 모두 0으로 초기화되며 반복하기 전에 $2M$개의 상태를 통하여 카운트된다. 표 10.6은 3비트 존슨 카운터를 위한 순서를 보여 준다.

10.5.4 선형 피드백 시프트 레지스터

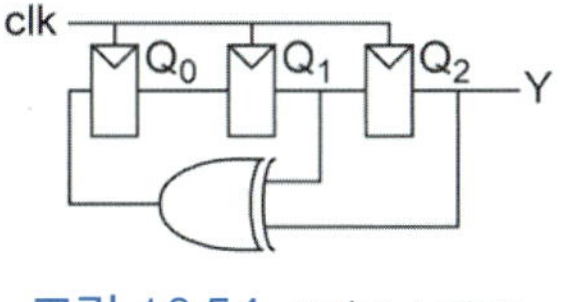

그림 10.54 3비트 LFSR

선형 피드백 시프트 레지스터(LFSR)는 하나의 시프트 레지스터로서 서로 연결된 N개의 레지스터로 구성된다. 시프트 레지스터로의 입력은 3비트 LFSR에 대해 그림 10.54에 나와 있는 바와 같이 레지스터의 특정 비트의 XOR로부터 온다. 리셋 상에서 레지스터는 반드시 0 이 아닌 값(예: 모두 1)으로 초기화되어야만 한다. LFSR의 출력에 대한 패턴이 표 10.7에 있다.

출력이 2^N-1 조합(모두 0 제외) 모두를 통해 차례로 배열하기 때문에 이러한 LFSR는 **최대 길이**(maximal-length) 시프트 레지스터의 한 예이다. XOR로 공급된 입력은 **탭 순서**(tap sequence)라고 부르고 종종 **지수 다항식**(characteristic polynomial)을 가지고 지정된다. 예를 들면 탭이 두 번째 그리고 세 번째 레지스터 후에 오기 때문에 이러한 3비트 LFSR는 지수 다항식 $1+x^2+x^3$을 가지고 있다.

표 10.7 LFSR 순서

주기	Q_0	Q_1	Q_2 / Y
0	1	1	1
1	0	1	1
2	0	0	1
3	1	0	0
4	0	1	0
5	1	0	1
6	1	1	0
7	1	1	1
Repeats forever			

표 10.8 지수 다항식

N	다항식
3	$1 + x^2 + x^3$
4	$1 + x^3 + x^4$
5	$1 + x^3 + x^5$
6	$1 + x^5 + x^6$
7	$1 + x^6 + x^7$
8	$1 + x^1 + x^6 + x^7 + x^8$
9	$1 + x^5 + x^9$
15	$1 + x^{14} + x^{15}$
16	$1 + x^4 + x^{13} + x^{15} + x^{16}$
23	$1 + x^{18} + x^{23}$
24	$1 + x^{17} + x^{22} + x^{23} + x^{24}$
31	$1 + x^{28} + x^{31}$
32	$1 + x^{10} + x^{30} + x^{31} + x^{32}$

출력 Y는 7비트 순서 [1110010]를 따른다. 이것은 스펙트럼처럼 임의적이기 때문에 **의사 임의 비트 순서**(PRBS: pseudo random bit sequence)의 예이다. LFSR는 고속 카운터 및 의사 임의 수 발생기에 대해 사용된다. 의사 임의 순서는 통신 링크 내에서의 붙박이 자가 테스트 및 비트 에러율 테스트에 대해 편리하다. 이들은 또한 서로의 상관관계 특성이 다른 사용자(user)들을 비상관성 잡음(uncorrelated noise)같이 보이게 만드는 GPS 및 CDMA 같은 많은 스프레드 스펙트럼 통신 시스템 내에 사용되고 있다.

표 10.8은 일부 공통적으로 사용되는 최대 길이 LFSR에 대한 지수 다항식의 목록을 보여 준다. 어떤 길이 N에 대해 두 개 이상의 탭이 요구될 수도 있다. N의 많은 값들에 대해서 서로 다른 최대 LFSR의 결과를 가져오는 다중 다항식이 있다. 사이클 타임이 N과 상관없이 레지스터 및 XOR 지연에 의해 설정되는 것을 주시하자. [Golomb81]은 선형 피드백 시프트 레지스터 상의 결정적 처리(definitive treatment)를 제공한다.

예제 10.1

8비트 선형 피드백 시프트 레지스터를 그리시오. 그 레지스터가 생성하는 의사 임의 비트 순서는 얼마나 긴가?

해답: 그림 10.55는 표 10.7에서 주어진 바와 같이 첫 번째, 여섯 번째, 일곱 번째, 그리고 여덟 번째 비트 후에 네 개의 탭을 사용하는 8비트 LFSR를 보여 준다. 이것은 반복 이전에 $2^8-1=255$개 비트의 상태를 생성한다.

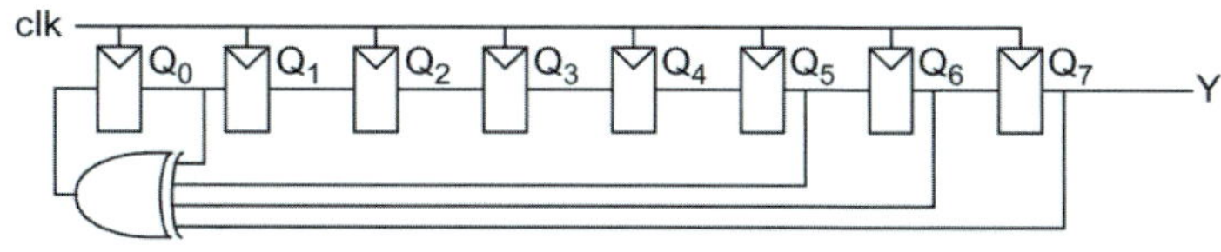

그림 10.55 8비트 LFSR

10.6 부울 논리 연산

부울 논리 연산(Boolean logical operation)은 그림 10.56에서 볼 수 있는 멀티플렉서 기반 회로를 사용하여 쉽게 달성될 수 있다. 표 10.9는 서로 다른 논리 함수를 실행하기 위해 입력이 어떻게 배당되는지 보여 준다. 서로 다른 P 값을 제공함으로써 이 단위는 XNOR(A,B) 또는 NOT(A) 같은 다른 연산을 실행할 수 있다. **산술 논리 연산장치**(ALU: arithmetic logic unit)는 산술(가산, 감산) 및 부울 논리 연산 양쪽 모두를 필요로 한다.

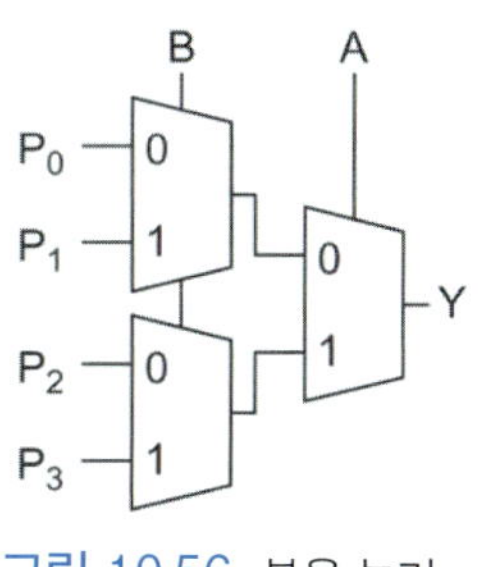

그림 10.56 부울 논리 연산

표 10.9 부울 단위에 의해 구현된 함수

동작	P_0	P_1	P_2	P_3
AND(A, B)	0	0	0	1
OR(A, B)	0	1	1	1
XOR(A, B)	0	1	1	0
NAND(A, B)	1	1	1	0
NOR(A, B)	1	0	0	0

10.7 코딩

에러 탐지 및 에러 수정 코드는 시스템 신뢰성을 높이기 위해 공통적으로 사용된다. 메모리 어레이는 비트를 플립하는 알파 입자 또는 우주 선(cosmic ray)에 의한 소프트 에러에 특히 민감하다. 그러한 에러는 어레이 내의 각 단어에 몇몇의 여분 **점검 비트**(check bit)를 더함으로써 탐지되거나 심지어 수정될 수 있다. 통신 링크 내의 비트 에러율을 감소시키기 위해 코드도 사용된다.

에러 탐지 코드의 가장 간단한 형식은 **패리티**(parity)이고 이것은 단일 비트 에러를 탐지한다. 더 정교한 **에러 수정 코드**(ECC: error-correcting code)는 단일 비트 수정과 이중 에러 탐지(SEC-DED)를 할 수 있다. 그레이 코드는 표준 이진 코드에 대한 다른 유용한 대안이다. 모든 코드는 XOR 게이트 상에 기반을 크게 두고 있으므로 다양한 CMOS XOR 설계를 검토해 볼 것이다.

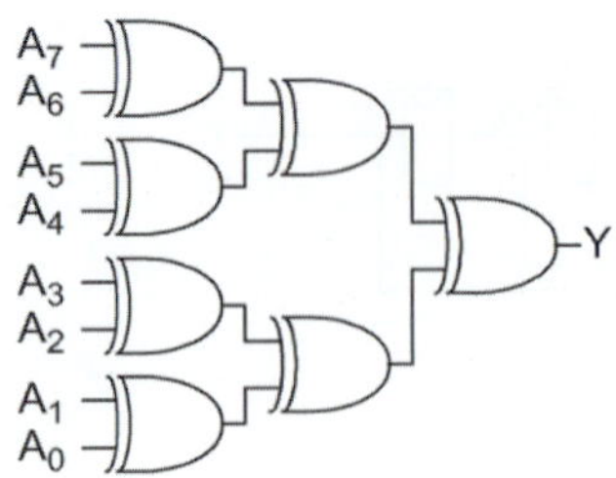

그림 10.57 8비트 패리티 발생기

10.7.1 패리티

단어 내에 있는 1의 개수가 짝수인지 홀수인지를 표시하기 위해 *N*비트 단어에 패리티 비트가 더해질 수 있다. **짝수 패리티**(even parity)에서 여분 비트는 다른 *N*비트의 XOR이고 이것은 (*N*+1)비트 코딩된 단어가 다음과 같이 짝수 개의 1을 가지고 있다는 것을 분명하게 한다.

$$A_n = \text{PARITY} = A_0 \oplus A_1 \oplus A_2 \oplus \ldots \oplus A_{n-1} \quad (10.28)$$

그림 10.57은 일종의 관용 구현(conventional implementation)을 보여 준다. 다중 입력 XOR 게이트도 사용될 수 있다.

10.7.2 에러 수정 코드

이진수 쌍 사이의 **해밍 거리**(Hamming distance)[Hamming50]는 두 수 사이에서 서로 다른 비트의 개수이다. 단일 비트 에러는 1의 해밍 거리에 의해 분리된 다른 단어 내로 데이터 단어를 변환시킨다. 에러 수정 코드는 유효 단어 사이의 최소 해밍 거리가 증가하도록 데이터 단어에 점검 비트를 더한다. 패리티는 단일 점검 비트 및 유효 단어 사이에 2의 해밍 거리를 가진 코드의 한 예이고 따라서 단일 비트 에러는 무효 단어(invalid word)로 이끌게 되고 결과적으로 탐지 가능하다. 유효 단어 사이의 최소 거리가 3이 되도록 더 많은 점검 비트가 더해지면 1의 거리 내의 단지 한 개의 유효 단어만 있을 것이기 때문에 단일 비트 에러는 수정될 수 있다. 유효 단어 사이의 최소 거리가 4이면 단일 비트 에러는 수정되고 두 개 비트를 손상시킨 에러가 탐지될 수 있다(그러나 수정되지 않는다). 비트 에러의 가능성이 낮고 한 비트에서 다른 비트로 비상관되어 있으면 단일 에러 수정과 이중 에러 탐지(SEC-DED) 코드는 시스템의 전반적 에러율을 크게 감소시킨다. 더 큰 해밍 거리는 더 많은 점검 비트의 희생으로 인해 에러율을 더욱더 향상시킨다.

일반적으로 간단한 절차를 사용하여 *c*개의 점검 비트 및 $N=2^c-c-1$ 데이터 비트 [Wakerly00]를 가진 길이 2^c-1의 거리-3 해밍 코드를 구성할 수 있다. 비트에 1에서 2^c-1까지 번호가 매겨지면 2의 거듭제곱(power) 위치의 각 비트는 점검 비트의 역할을 한다. 그림 10.58(a)에 나와 있는 바와 같이 4개의 데이터 비트 및 3개의 점검 비트를 가진 7비트 코드에 대해 점검 비트로서 동일 위치 내에서 1을 가진 모든 비트에 대한 짝수 패리티를 얻을 수 있도록 체크 비트의 값이 선택된다. 이 비트는 그림 10.58(b)에 나와 있는 바와 같이 전통적으로 인접한 데이터 내로 재구성된다. 이 구조는 **패리티 점검 매트릭스**(parity-check matrix)라고 부르며 각 점검 비트는 강조된 데이터 비트의 XOR로서 다

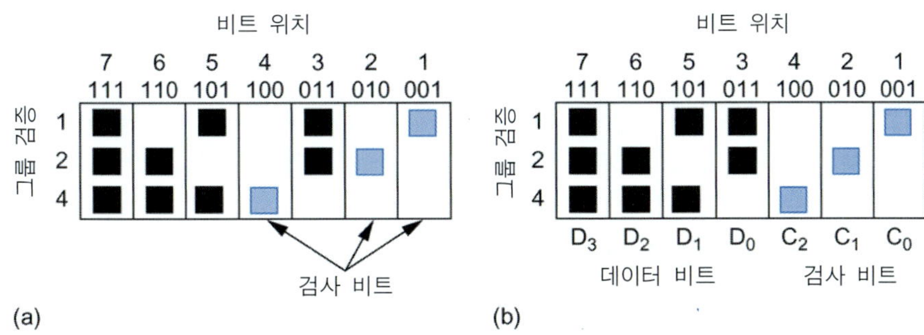

그림 10.58 패리티 점검 매트릭스

음과 같이 계산될 수 있다.

$$
\begin{aligned}
C_0 &= D_3 \oplus D_1 \oplus D_0 \\
C_1 &= D_3 \oplus D_2 \oplus D_0 \\
C_2 &= D_3 \oplus D_2 \oplus D_1
\end{aligned}
\qquad (10.29)
$$

에러 수정 디코더는 점검 비트를 검사한다. 이들 모두가 짝수 패리티이면 단어는 올바른 것으로 간주된다. 한 개 또는 그 이상의 그룹이 홀수 패리티를 가지고 있으면 에러가 발생한 것이다. 틀린 패리티(wrong parity)를 가지고 있는 점검 비트의 패턴은 **신드롬**(syndrome)이라 부르는데 이는 올바르지 않은 비트 위치에 일치한다. 디코더는 이러한 비트가 올바른 결과를 회복시키도록 반드시 플립해야만 한다.

예제 10.2

데이터 값 1001이 거리-3 해밍 코드를 사용하여 전달되었다고 가정한다. 점검 비트는 무엇인가? 데이터 비트가 전달 동안에 1101 내로 잘못 전달되었다면 무엇이 신드롬이 될 것인지 그리고 데이터가 어떻게 수정될 것인지를 설명하시오.

해답: 식 (10.29)에 따라서 점검 비트는 100이 되어야 하고 1001100의 전달된 비트와 일치한다. 수신된 단어는 1101100이다. 신드롬은 110, 즉 점검 비트 C_2 및 C_1 상의 홀수 패리티이고 이것은 비트 위치 110=6 내의 에러를 표시한다. 이 위치는 1001100의 수정된 단어를 생성하기 위해 플립되고 점검 비트는 디세이블되면서 1001의 올바른 값을 남긴다.

SEC-DED 거리-4 해밍 코드는 전체 단어를 위한 또 하나의 패리티 비트를 추가함으로써 거리-3 코드로 구성될 수 있다. 단일 비트 오류가 있다면, 패리티는 실패할 것이고 체크 비트는 데이터를 어떻게 보정하는지를 보여 줄 것이다. 이중 비트 오류가 있다면, 체크 비트가 오류를 나타낼 것이나, 패리티는 통과할 것이고, 발견할 수 있지만 회복할 수 없는 이중 비트 오류임을 보여 준다.

패리티 점검 매트릭스는 인코딩과 디코딩 논리에서 요구된 XOR의 수를 결정한다. 64비트 데이터 단어를 위한 SEC-DED 해밍 코드는 8개의 체크 비트를 가지고 있다. 그것은 296개의 XOR 게이트를 요구한다. 전체 단어를 위한 패리티 논리는 72개 입력을 가지고 있다. Hsiao SEC-DED는 동일 수의 데이터와 체크 비트로 같은 기능을 수행하지만, 단지 216개의 XOR 게이트와 패리티 논리를 이용하면서, 최대 27개의 입력을 가지도록 재치 있게 비용을 최소화하여 설계된다. [Hsiao70]는 6, 7 및 8개의 체크 비트를 가진 16, 32 및 64비트 데이터 단어를 위한 패리티 점검 매트릭스를 보여 준다.

데이터 길이와 허용 가능한 디코더 복잡도가 상승함에 따라 다른 코드도 효율적이게 된다. 이것들은 리드-솔로몬, BCH와 터보 코드를 포함한다. [Lin83, Sweeney02, Sklar01, Fujiwara06]과 다른 많은 책은 다양한 오류 보정에 대한 광범위한 정보를 제공한다.

10.7.3 그레이 코드

축 인코더(shaft encoder)[Gray53] 상의 사용에 대해 특허권을 가지고 있는 그레이(Frank Gray)의 이름을 딴 **그레이 코드**(Gray code)는 연속 수(consecutive number)가 단지 한 개 비트 위치 내에서 다른 유용한 성질을 가지고 있다. 많은 그레이 코드가 있는데 가장 간단한 코드 중 하나는 모든 비트 0을 가지고 시작하고 또한 계속해서 생성되는 새로운 스트링을 생성하는 가장 우측 비트를 플립함으로써 발생되는 **이진 반영 그레이 코드**(binary-reflected Gray code)이다. 표 10.10은 3비트 이진 및 이진 반영된 그레이 코드를 비교한다. 전형적으로 연속 상태를 통해서 이동하는 제한 상태 기계장치는 그 상태에 그레이 코딩을 하여 전력을 절감하여 전이의 수를 감소시킬 수 있다. 카운터 값이 클럭 도메인에 걸쳐서 반드시 동기화되어야만 할 때 단지 한 개 비트만이 각 사이클을 변화시키기 때문에 동기기(synchronizer)가 확실히 현재 또는 이전 값 둘 중 하나를 수신하도록 그레이 코딩이 될 수 있다.

N비트 이진 B와 이진 반영된 그레이 코드 G 사이의 전환은 상당히 간단하다.

$$\begin{array}{lll} \text{Binary} \rightarrow \text{Gray} & \text{Gray} \rightarrow \text{Binary} & \\ G_{N-1} = B_{N-1} & B_{N-1} = G_{N-1} & \\ G_i = B_{i+1} \oplus B_i & B_i = B_{i+1} \oplus G_i & N-1 > i \geq 0 \end{array} \tag{10.30}$$

표 10.10 3비트 그레이 코드

수	2진 코드	그레이 코드
0	000	000
1	001	001
2	010	011
3	011	010
4	100	110
5	101	111
6	110	101
7	111	100

10.7.4 XOR/XNOR 회로 형식

CMOS 회로 설계에서의 만성적 어려움 가운데 하나는 빠르고 간결한 저전력 XOR 또는 XNOR 게이트를 구성하는 것이다. 그림 10.59는 공통되는 정적 단일 레일 2-입력 XOR 설계를 보여 준다. XNOR 설계는 이와 유사하다. 그림 10.59(a) 및 그림 10.59(b)는 게이트 수준 구현을 보여 준다. 첫 번째는 근사하지만 두 번째는 약간 더 효율적이다. 그림 10.59(c)는 상보형 CMOS 게이트를 보여 준다. 그림 10.59(d)는 두 개의 접점을 최적화함으로써 게이트를 약간 향상시키고 또한 공통적으로 사용되는 셀 설계이다. 그림 10.59(e)는 전달 게이트 설계를 보여 준다. 그림 10.59(f)는 6트랜지스터 '반전 가능 인버터(invertible inverter)' 설계이다. *A*가 '0' 일 때 전달 게이트는 ON되고 *B*는 출력 쪽으로 통과된다. *A*가 '1' 일 때 *A* 입력은 *B*를 반전시키는 트랜지스터 쌍을 거듭제곱시킨다. 이것은 간결하지만 복원하지 못한다. 그림 10.59(g)[Wang94]는 간결하고 빠른 4-트랜지스터 통과 게이트 설계이지만 레일에서 레일로 스윙하지 않는다.

3개 또는 4개의 입력을 가진 XOR 게이트는 2-입력 게이트의 단계적 접속보다 더 빠를 필요는 없을지라도 더 간결할 수 있다. 그림 10.60(a)는 4-입력 정적 CMOS XOR[Griffin83]이고 그림 10.60(b)는 4-입력 CPL XOR/XNOR이다. 반면에 그림 8.20(c)는 4-입력 CVSL XOR/XNOR를 보여 준다. 참형 및 상보형 트리는 대부분의 트랜지스터를 공유하는 것을 주시하자. 8장에서 언급한 바와 같이 CPL은 낮은 전압에서 잘 실행하지 못한다.

참형 및 상보형 입력 양쪽 모두가 요구되기 때문에 동적 XOR는 단조성 규칙을 위반하면서 문제를 발생시킨다. 10.2.2.10절에서 언급된 공통 해답은 도미노 논리의 체인 끝으로 XOR를 푸시하면서 정적 CMOS를 가지고 그 XOR를 구성하거나, 이중 레일 도미노 구조를 구성하는 것 둘 중 하나이다. 이중 레일 도미노 2-입력 XOR는 그림 8.30(c)에서 볼 수 있었다.

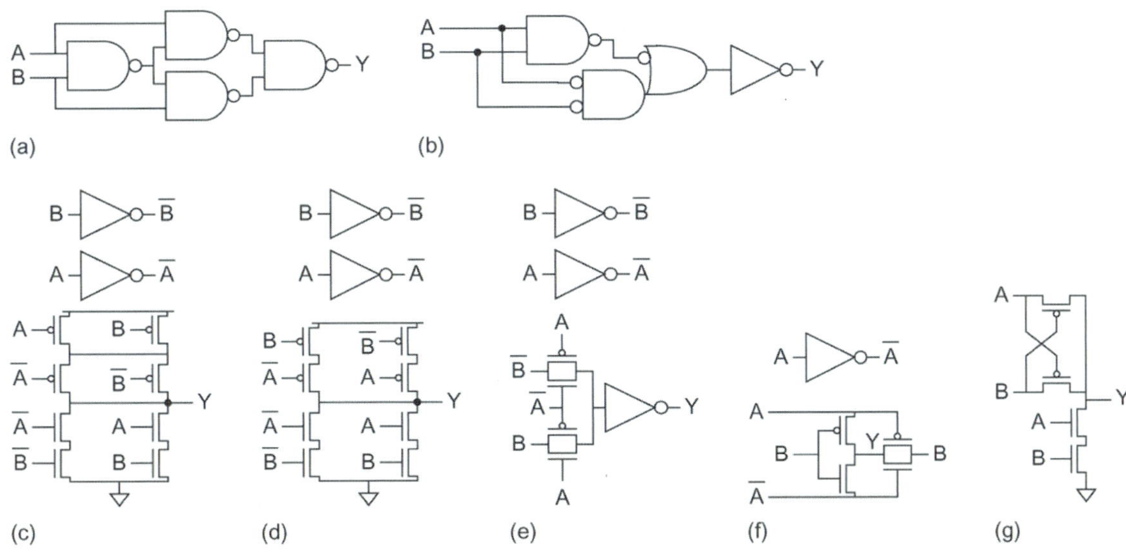

그림 10.59 정적 2-입력 XOR 설계

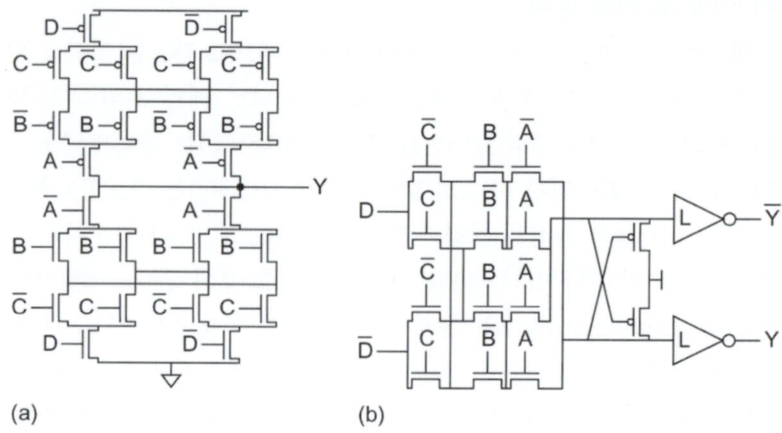

그림 10.60 4-입력 XOR 설계

10.8 시프터

시프트는 일정량이나 가변량만큼 실행될 수 있다. 일정한 시프트는 단지 도선만 필요하며 하드웨어적으로 단순하다. 그들은 또한 2의 배수에 의한 곱셈 또는 나눗셈을 수행하기 위한 효율적인 방법이다. 가변 시프터는 *N*비트 입력인 *A*, 이동량인 *k*, 그리고 시프트 형태와 방향을 보여 주는 제어 신호를 가진다. 그것은 *N*비트 출력인 *Y*를 생산한다. 가변 시프트에는 3가지 공통 유형이 있는데, 각각이 왼쪽이거나 오른쪽일 수 있다.

- **회전**(rotate): 빈 자리가 다른 끝의 밖에서 시프트된 비트를 가지고 채워지는 원 내의 숫자를 회전시킨다.
  - 예제: 1011 ROR 1=1101;1011 ROL 1=0111
- **논리 쉬프트**(logic shift): 좌측 또는 우측으로 수를 시프트하고 0을 가지고 빈 자리를 채운다.
  - 예제: 1011 LSR 1=0101; 1011 LSL 1=0110
- **산술 쉬프트**(arithmetic shift): 논리 시프트와 동일하지만 우측 시프트 상에서 기호 비트(sign bit)를 가지고 최고 유효 비트를 채운다(2^k에 의한 나눗셈에 대해 k에 의한 우측 시프트를 사용할 때 2의 보수를 적절히 기호화하고 확대하기 위함).
  - 예제: 1011 ASR 1=1101;1011 ASL 1=0110

개념적으로 회전은 각각의 출력을 각각의 가능한 입력 위치에서 선택하기 위해 *N*개의 *N*-입력 멀티플렉서의 어레이를 포함한다. 이것은 **어레이 시프터**(array shifter)로 불린다. 어레이 시프터는 디코더가 *N* 중에서 하나를 선택하는 이동량을 만들도록 요구한다. 실제로 4~8개의 입력 이상을 가진 멀티플렉서 입력은 지나친 기생 커패시턴스를 가지고 있어서 *v*-입력 멀티플렉서의 $\log_v N$ 단계로 구성하는 것이 더 빠르다. 이것을 **로그 시프터**(logarithmic shifter)라고 한다. 예를 들면 기수-2 로그 시프터에서 $N/2$에 의한 첫 번째 시프트, $N/4$에 의한 두 번째, 그리고 계속하여 마지막 단계 시프트는 1만큼 시프트한다. 로그 시프터에서 디코더는 필요 없다. 그림 8.47의 CMOS 전달 게이트 멀티플렉서는 강한 도선 커패시턴스가 한 쌍의 직렬 트랜지스터를 통하기보다는 직접적으로 인버터에 의해 구동되기 때문에 로그 시프터에 특히 잘 맞는다. 4:1 또는 8:1 전달 게이트 멀티플렉서는 도선과 팬아웃을 지불하며 2 또는 3의 배수만큼 단계의 수를 감소시킨다. 원핫 먹스 선택 신호를 각 레벨에서 구동시키기 위해 이중 또는 삼중의 이동량이 디코딩된다. [Tharakan92]는 논리 단계의 수를 감소시키기 위해 3:1 멀티플렉서를 이용하는 도미노 로그 시프터를 기술했다.

k 비트에 의한 왼쪽 회전은 곧바로 $N-k$ 비트에 의한 오른쪽 회전에 해당된다. $N-k$를 계산하는 것은 임계 경로에서 감산기를 요구한다. 2의 보수 산술과 회전이 반복되는 modulo N이라는 사실을 이용하면 $N-k=N+\bar{k}+1=\bar{k}+1$이다. 그러므로 왼쪽 회전은 1만큼 오른쪽으로 미리 시프트하고, 그러고 나서 보수인 이동량에 의해 오른쪽으로 시프트한다.

논리적 그리고 산술 시프트는 회전과 유사하지만, 한쪽 끝 또는 다른 쪽 끝에 있는 비트를 **킬 값**(kill value, 0 또는 부호 비트)으로 대체하여야만 한다. 2가지 주요 시프터 구조는 깔때기 시프터와 배럴 시프터이다. **깔때기 시프터**(funnel shifter)에서 킬 값은 초기에 적용되는 반면에 **배럴 시프터**(barrel shifter)에서 킬 값은 마지막에 선택된다. 각각의 구조는 아래에 기술된다. 배럴과 깔때기 시프터는 어레이 또는 로그적인 구현을 이용할 수 있다. [Huntzicker08]는 정적 시프터에서 에너지-지연 트레이드오프를 시험했다. 다목적 시프트를 위해, 양쪽 구조는 에너지와 지연에서 비슷하다. 일반적인 기생 커패시턴스가 주어지면, 논리 에퍼트의 이론은 4:1 멀티플렉서를 이용하는 로그 구조가 가장 효율적이라는 것을 보여 준다. 단지 시프트 연산(회전시키지 않고)만이 요구되면 깔때기 구조가 더 단순하고, 단지 회전(시프트 없이)만이 필요하면 배럴이 더 단순하다.

10.8.1 깔때기 시프터

그림 10.61에 나와 있는 바와 같이 **깔때기 시프터**(funnel shifter)는 A 그리고/또는 킬 값에서 2^N-1 비트 입력 Z를 생성하고, 이 입력에서 N비트 필드를 선택한다. 그 이름은 넓은 입력 단어에서 좁은 것으로 아래로 내려가는 모양에서 비롯되었다. 표 10.11은 각 시프트 종류에 대하여 어떻게 Z가 형성되는지 보여 준다. Z는 좌측 시프트를 위한 1비트 예비 시프트에 포함된다.

가장 간단한 깔때기 시프터 설계는 N 중 1 핫 선택 신호(각 출력 비트에 대해 한 개의 멀티플렉서)를 수신하는 N개의 N-입력 멀티플렉서의 어레이로 구성되어 있다. 4비트 시프터에 대해 nMOS

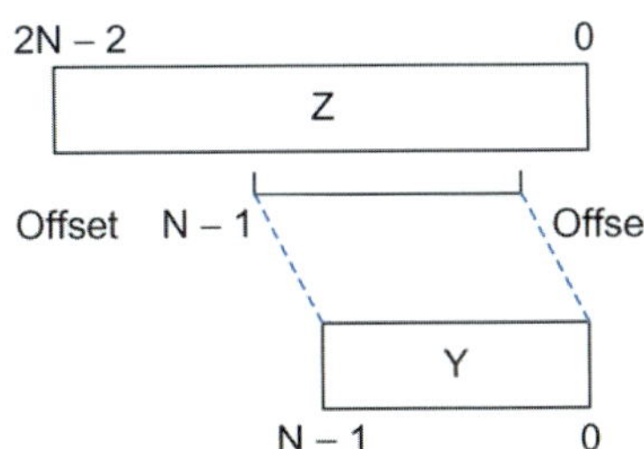

그림 10.61 깔때기 시프터 동작

표 10.11 깔때기 시프터 소스 생성기

시프트 유형	$Z_{2N-2:N}$	Z_{N-1}	$Z_{N-2:0}$	오프셋
Logical Right	$A_{N-2:0}$	A_{N-1}	$A_{N-2:0}$	k
Arithmetic Right	0	A_{N-1}	$A_{N-2:0}$	k
Rotate Right	sign	A_{N-1}	$A_{N-2:0}$	k
Logical/Arithmetic Left	$A_{N-1:1}$	A_0	$A_{N-1:1}$	$\bar{k}$
Rotate Left	$A_{N-1:1}$	A_0	0	$\bar{k}$

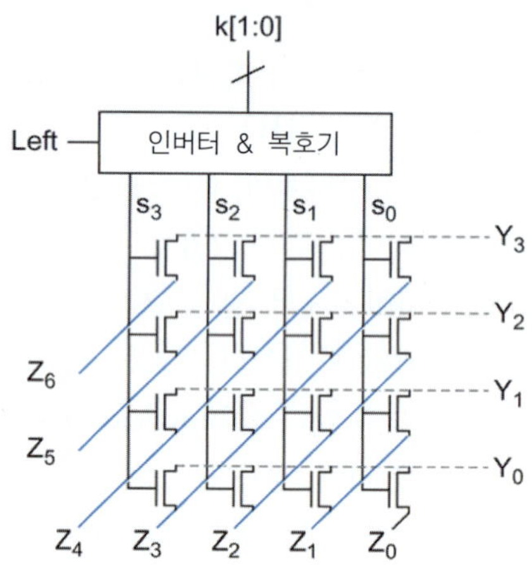

그림 10.62 4비트 어레이 깔때기 시프터

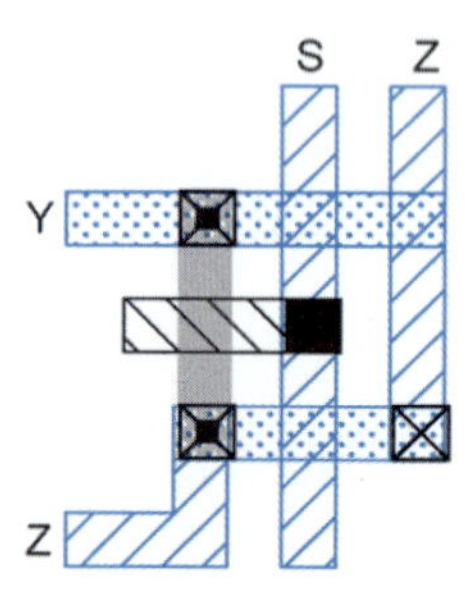

그림 10.63 어레이 깔때기 시프터 셀 막대 다이어그램

통과 트랜지스터를 사용하는 그러한 어레이 시프터는 그림 10.62에서 볼 수 있다. 시프트 양은 조건적으로 반전되고 어레이를 가로질러 수직으로 공급되는 선택 신호 내로 디코딩된다. 출력은 수평으로 취해진다. 출력에 부착된 트랜지스터의 각 행은 멀티플렉서 한 개를 형성한다. 2^N-1개의 입력은 적절한 멀티플렉서 입력(mux input)으로 대각선 방향으로 달린다. 그림 10.63은 어레이 내의 N^2개의 트랜지스터 한 개에 대한 막대 다이어그램을 보여 준다. nMOS 통과 트랜지스터는 문턱 강하(threshold drop)를 겪게 되지만 이 문제는 출력을 선충전하거나(Alpha 21164[Gronowski96]에서 행하여진) 완전 CMOS 전달 게이트를 사용함으로써 해결될 수 있다.

어레이 시프터는 트랜지스터 수준 설계 내의 중형 크기 시프터에 대해 합리적으로 작동하지만 더 큰 시프터 내의 높은 기생 커패시턴스를 가지고 있어 많은 지연과 에너지를 소비하며, 표준 셀 설계에 따르지 않는다. 그림 10.64는 2:1 멀티플렉서(물론 전달 게이트가 될 수 있는)의 다중 수준 상에 기반을 둔 4비트 로그 시프터를 보여 준다[Lim72]. 제어 입력 상의 XOR 게이트는 좌측 시프트에 대한 시프트 양을 조건적으로 반전한다.

그림 10.65는 32비트 깔때기 시프터가 8:1 멀티플렉서가 이어진 4:1 멀티플렉서를 이용한다는 것을 보여 준다[Huntzicker08]. 소스 발생기는 63비트 Z를 선택한다. 첫 번째 단계는 0, 8, 16, 또는

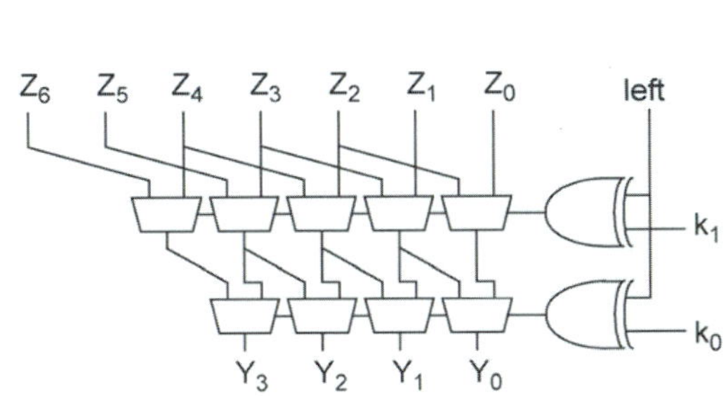

그림 10.64 4비트 로그 깔때기 시프터

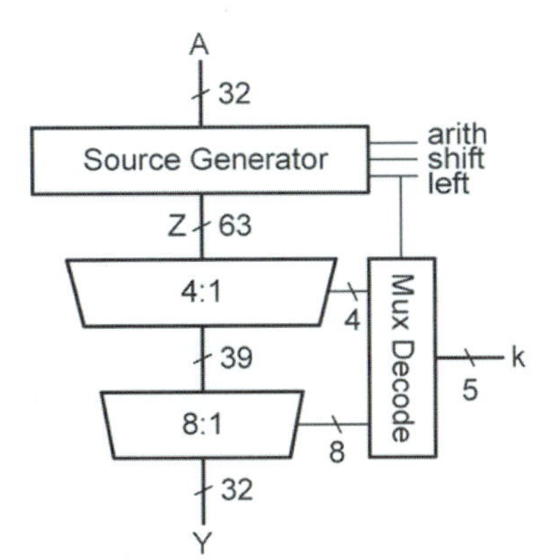

그림 10.65 32비트 로그 깔때기 시프터

24비트에 의해 조악한 오른쪽 시프트를 수행한다. 두 번째 단계는 0~7비트의 오른쪽 시프트를 수행한다. 먹스 디코드 블록은 왼쪽 시프트를 위해 조건적으로 k를 반전시키고, 1-핫 선택을 계산하고, 넓은 멀티플렉서를 구동하기 위해 버퍼를 통과 시킨다.

개념적으로 소스 발생기는 시프트 유형과 방향에 의해 제어된 2^N-1비트 5:1 멀티플렉서로 구성된다. 그림 10.66은 어떻게 소스 발생기 논리가 단순화될 수 있는지를 보여 준다. 수평 제어선은 높은 팬아웃을 구동하기 위해 버퍼를 통할 필요가 있으며, 그들은 임계 경로에 있다. 그들이 일찍 이용 가능할지라도, 부호 비트는 여전히 결정적이다. 단지 일정한 종류의 시프트 또는 회전이 지원되어도, 논리는 한층 더 나아가서 최적화될 수 있다.

깔때기 시프터는 멀티플렉서의 소스 발생기와 초기 단계가 데이터 경로의 나머지보다 더 넓기 때문에 레이아웃 문제를 야기한다. 그림 10.67은 데이터 경로에 맞추기 위해 소스 발생기가 접히는 것을 보여 준다. 그와 같은 접힘은 배선 길이를 감소시키며 에너지를 절약한다. 레이아웃 제약에 따라서, 1단계 멀티플렉서의 추가적인 7개의 최대 유효 비트는 또 다른 행으로 접히거나 지퍼에 통합될 수 있다.

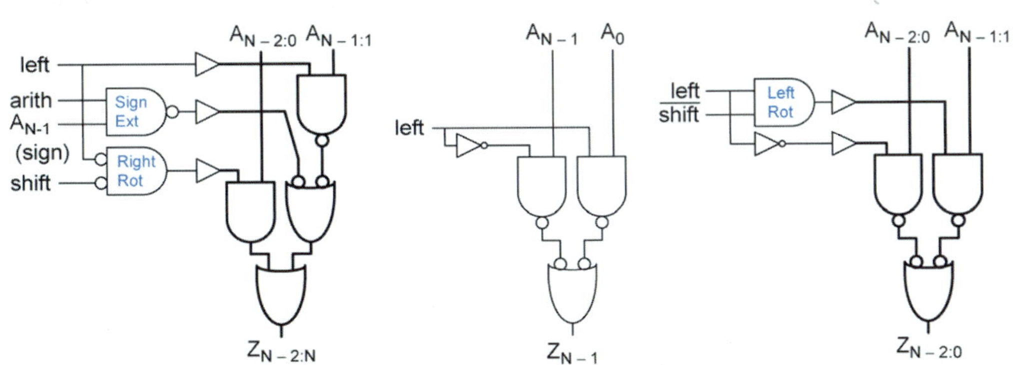

그림 10.66 최적화된 소스 발생기 논리

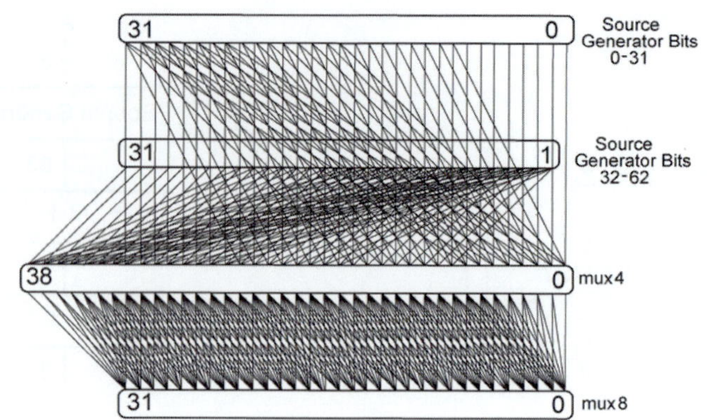

그림 10.67 깔때기 시프터 평면배치

10.8.2 배럴 시프터

배럴 시프터는 오른쪽 회전 동작을 수행한다[Davis69]. 앞서 언급된 바와 같이, 그것은 보수의 이동량을 이용하는 왼쪽 회전을 다룬다. 배럴 시프터는 또한 적절한 마스킹 하드웨어가 포함될 때 시프트를 수행할 수 있다. 배럴 시프터는 어레이와 로그의 형태에 따라 구성된다. 우리는 큰 시프트에 더 적합한 로그 배럴 시프터에 초점을 맞춘다.

그림 10.68(a)는 오른쪽 회전을 수행하는 단순한 4비트 배럴 시프터를 보여 준다. 깔때기 시프터와는 달리, 배럴 시프터가 되돌아 감싸는 긴 도선을 포함하는 데 주목하자. 큰 시프터에서는 이러한 도선을 위한 드라이버를 확대하거나 완충시키는 것이 유익하다. 그림 10.68(b)는 오른쪽으로 미리 1만큼 회전하고 나서 $\bar{k}$만큼 오른쪽으로 회전함으로써 왼쪽 회전이 가능한 개선된 형태를 보여 준다. 그림 10.68(c)에 나와 있는 바와 같이 배럴 시프터에서 논리 또는 산술 시프트를 수행하는 방법은 시프터의 끝에서 회전되어 떨어져 나온 비트를 밖에 버리도록 요구한다.

그림 10.69는 32비트 배럴 시프터가 5:1 멀티플렉서와 8:1 멀티플렉서를 이용한다는 것을 보여 준다. 첫 번째 단계는 1비트를 선회전시키고 3비트까지의 미세한 회전을 다루기 위한 0, 1, 2, 3, 또는 4비트를 오른쪽으로 회전한다. 두 번째 단계는 0, 4, 8, 12, 16, 20, 24, 또는 28비트에 의해 오른쪽으로 회전한다. 임계 경로는 첫 번째 단계를 위한 이동량을 디코딩하는 것으로 시작한다. 이동량이 초기에 이용 가능하면, A에서부터 Y까지 지연은 확실히 나아진다.

회전이 일어나고 있는 동안, 마스킹 부분은 오른쪽 시프트를 위해 킬 값이 삽입되어야 하는 곳으로 1의 N비트 마스크를 생성한다. m에 의한 오른쪽 시프트를 위해, m개의 최상위 비트는 1이다. 이것은 서모미터 코드라고 불리고 그것을 계산하기 위한 논리는 10.10절에서 기술한다. 회전 결과 X가 완성되면, 마스킹 부분은 마스크된 비트를 킬 값으로 대체한다. 왼쪽 시프트를 위해, 마스크는 역전된다. 그림 10.70은 마스킹 논리를 보여 준다. 단지 특정한 시프트만 지원될 경우에 마스킹 부분은 단순화될 수 있고, 단지 회전만 지원된다면 그 부분은 그에 따른 하드웨어, 전력, 그리고 지연을 절약하며 제거될 수 있다.

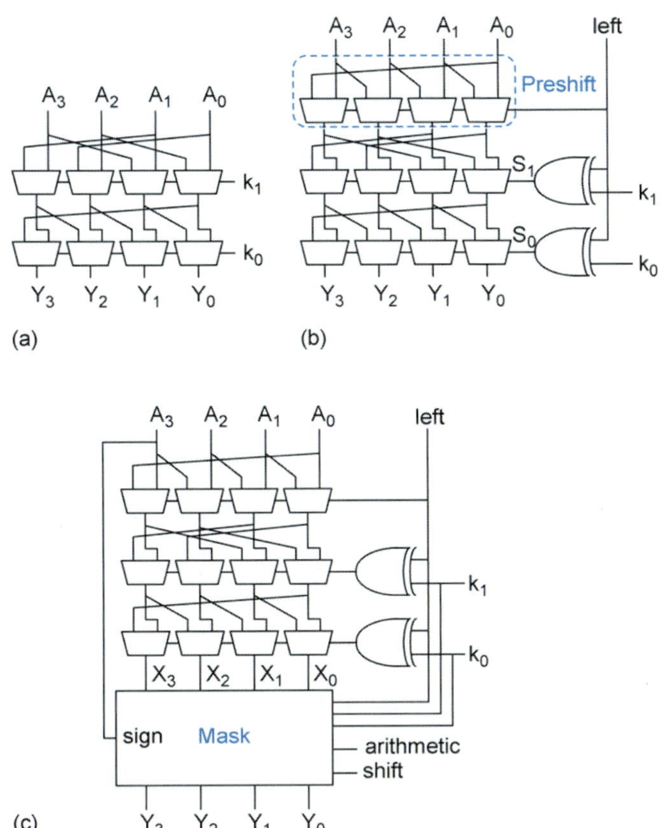

그림 10.68 배럴 시프터: (a) 우회전, (b) 왼쪽이나 오른쪽 회전, (c) 회전과 시프트

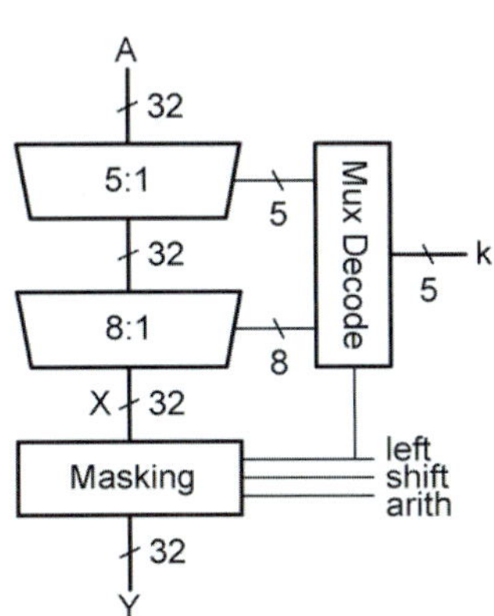

그림 10.69 32비트 로그 배럴 시프터

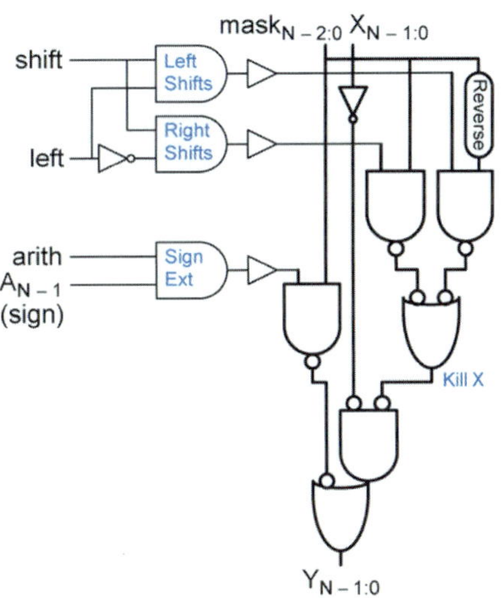

그림 10.70 배럴 시프터 마스킹 논리

10.8.3 또 다른 시프트 함수

셔플, 비트 반전, 교환, 추출, 그리고 저장을 포함하는 다른 형태의 시프트가 특히 암호화나 멀티미디어 애플리케이션 때문에 종종 요구된다[Hilewitz04, Hilewitz07]. 이것들은 또한 멀티플렉서의 적절한 조합으로 만들어진다.

10.9 곱셈

곱셈은 덧셈보다 덜 흔한 연산이지만 여전히 마이크로프로세서, 디지털 신호 프로세서 및 그래픽 엔진에 대해 필수적이다. 곱셈 알고리즘은 더 큰 구조에서 맞도록 하기 위해 서로 다른 셀을 설계하는 방법을 도식화하는 데 사용될 것이다. 곱셈의 가장 기본적인 형식은 두개의 부호 없는(양의) 이진수의 곱으로 구성된다. 이것은 밑수(base) 2로 단순화된 채로 초등학교에서 가르친 전통 기법을 통해 달성될 수 있다. 예를 들면 두 양의 6비트 이진 정수 25_{10}와 39_{10}의 곱셈은 그림 10.71에서와 같이 진행한다.

$M \times N$비트 곱셈 $P = Y \times X$는 각각의 M개 비트에 N개의 부분 곱(partial product)을 형성하고 그 다음에 $M+N$비트 결과 P를 생성하기 위해 적절히 시프트된 부분 곱을 합하는 것으로 볼 수 있다. 이진 곱셈은 논리 AND 연산과 동등하다. 따라서 부분 곱을 발생시키는 것은 곱셈기 및 피곱셈기의 적절한 비트의 논리 AND로 구성된다. 그 다음에 부분 곱의 각 열은 반드시 더해져야 하고 필요한 경우 다음 열로 통과된 어떤 캐리 값이라도 더해져야만 한다. 피곱셈기는 $Y = \{y_{M-1}, y_{M-2}, \ldots, y_1, y_0\}$ 그리고 곱셈기는 $X = \{x_{M-1}, x_{M-2}, \ldots, x_1, x_0\}$로 표시된다. 부호 없는 곱셈에 대해 곱은 식 (10.31)로 주어진다. 그림 10.72는 6×6비트 곱셈기 내의 부분 곱의 발생, 시프트 및 합을 도식화한 것이다.

$$P = \left(\sum_{j=0}^{M-1} y_j 2^j\right)\left(\sum_{i=0}^{N-1} x_i 2^i\right) = \sum_{i=0}^{N-1}\sum_{j=0}^{M-1} x_i y_j 2^{i+j} \qquad (10.31)$$

큰 곱셈은 **도트 다이어그램**(dot diagram)을 사용하여 더 관용적으로 도식화할 수 있다. 그림 10.73은 간단한 16×16 곱셈기에 대한 도트 다이어그램을 보여 준다. 각 도트는 0 또는 1이 될 수 있는 단일 비트에 대한 위치 보유자(place holder)를 나타낸다. 부분 곱은 그 가중치에 따라 시프트되면서 도트의 수평 박스 행으로 표현된다. 부분 곱을 발생시키는 데 사용되는 곱셈기 비트는 우측에 있다.

곱셈을 실행하는 데 사용될 수 있는 수많은 기법이 있다. 일반적으로 선택은 레이턴시, 작업 처리

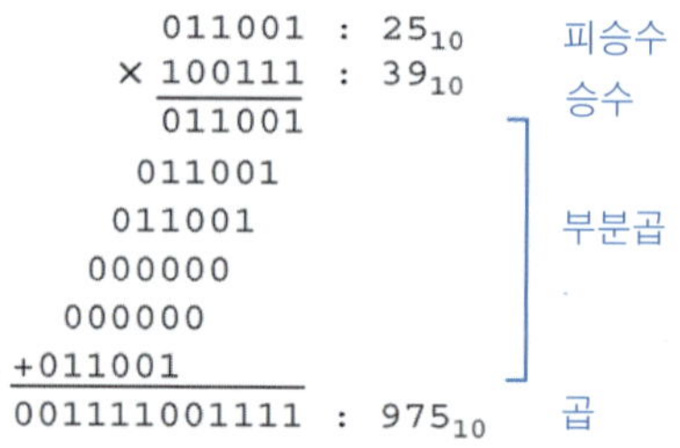

그림 10.71 곱셈 예제

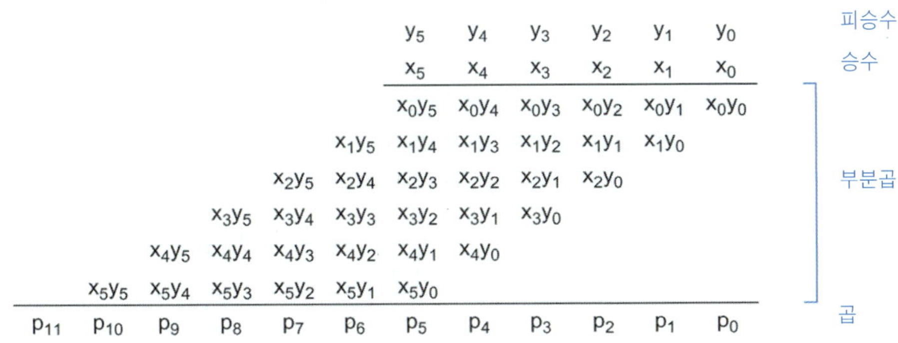

그림 10.72 부분 곱

량, 에너지, 면적 및 설계 복잡도 같은 요소에 기반을 두고 있다. 명백한 접근 방식은 첫 번째 두 개의 부분 곱을 더하기 위해 M+1비트 캐리 전파 가산기(CPA)를 사용하고, 그 다음에 가동 중인 합에 세 번째 부분 곱을 더하기 위해 다른 CPA를 사용하는 것 등이다. 그러한 접근 방식은 $N-1$개의 CPA를 필요로 하고 빠른 CPA가 채용되더라도 느리다. 더 효과적인 병행 접근 방식은 부분 곱을 합하기 위해 일부 종류의 어레이 또는 전가산기의 트리를 사용한다. 여기에서는 부호 없는 곱셈기의 단순 어레이를 가지고 시작하고 그 다음에 Baugh-Wooley 알고리즘을 사용하여 부호 있는 2의 보수를 다루기 위해 어레이를 변형한다. 합할 부분 곱의 개수는 Booth 인코딩을 사용하여 감소시킬 수 있고, 합산을 실행하기 위해 필요한 논리 수준의 개수는 Wallace 트리를 이용하여 감소시킬 수 있다. 불행하게도 Wallace 트리는 레이아웃을 하기에 복잡하고 길고 불규칙한 도선을 가지고 있고 따라서 혼성 어레이/트리 구조가 더 흥미롭다. 완전성을 위해 직렬 곱셈기 아키텍처를 고려해야 한다. 이것은 게이트가 상대적으로 비쌌던 시기에 잠깐 유행했지만 지금은 거의 필요하지 않다.

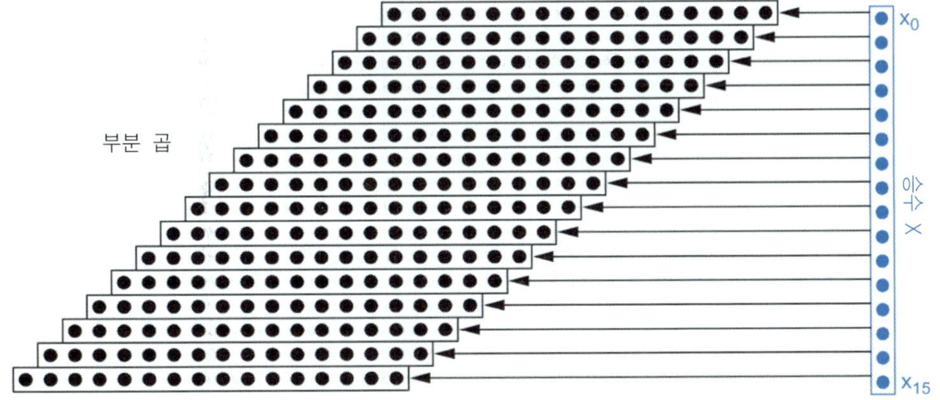

그림 10.73 도트 다이어그램

10.9.1 부호 없는 어레이 곱셈

빠른 곱셈기는 부분 곱을 합하기 위해 캐리 보존 가산기(CSA, 10.2.4절 참조)를 사용한다. CSA는 전형적으로 부분 곱의 폭과 상관없이 1.5~2개의 FO4 인버터의 지연을 가지고 있고 반면에 캐리 전파 가산기(CPA)는 폭, 아키텍처 및 회로 계보에 따라 4~15개의 FO4 인버터의 지연을 가지는 경향이 있다. 그림 10.74는 CSA의 어레이를 사용하는 부호 없는 수에 대한 4×4 어레이 곱셈기를 보여준다. 각 셀은 가동 중인 합 내로 부분 곱을 더하기 위해 부분 곱 및 전가산기(CSA)를 형성하는 2-입력 AND 게이트를 포함한다. 첫 번째 행은 캐리 보존 여분 형태 내로 부분 곱을 전환한다. 이후의 각 행은 CSA를 사용하여 이전 행의 캐리 보존 여분 결과로 일치하는 부분 곱을 더하고 캐리 보존 여분 결과를 발생시킨다. *N*개의 최소 유효 출력 비트는 CSA로부터의 직접 합 출력으로서 활용 가능하다. 최고 유효 출력 비트는 캐리 보존 여분 형태 내에 도착하고 정규 이진 형식으로 전환하기 위해 *M*비트 캐리 전파 가산기를 필요로 한다. 그림 10.74에서 CPA는 캐리 리플 가산기로 구현된다. 어레이는 구조 내에서 정규적이고 단일 형태의 셀을 사용하고 따라서 설계와 레이아웃이 쉽다. 캐리 출력이 CSA 내의 합 출력보다 빠르다는 것을 가정하면서 어레이를 통한 임계 경로는 그림 상에 파선으로 표시된다. 이 가산기는 행 사이의 레지스터 배치와 함께 쉽게 파이프라이닝될 수 있다. 사실상 회로는

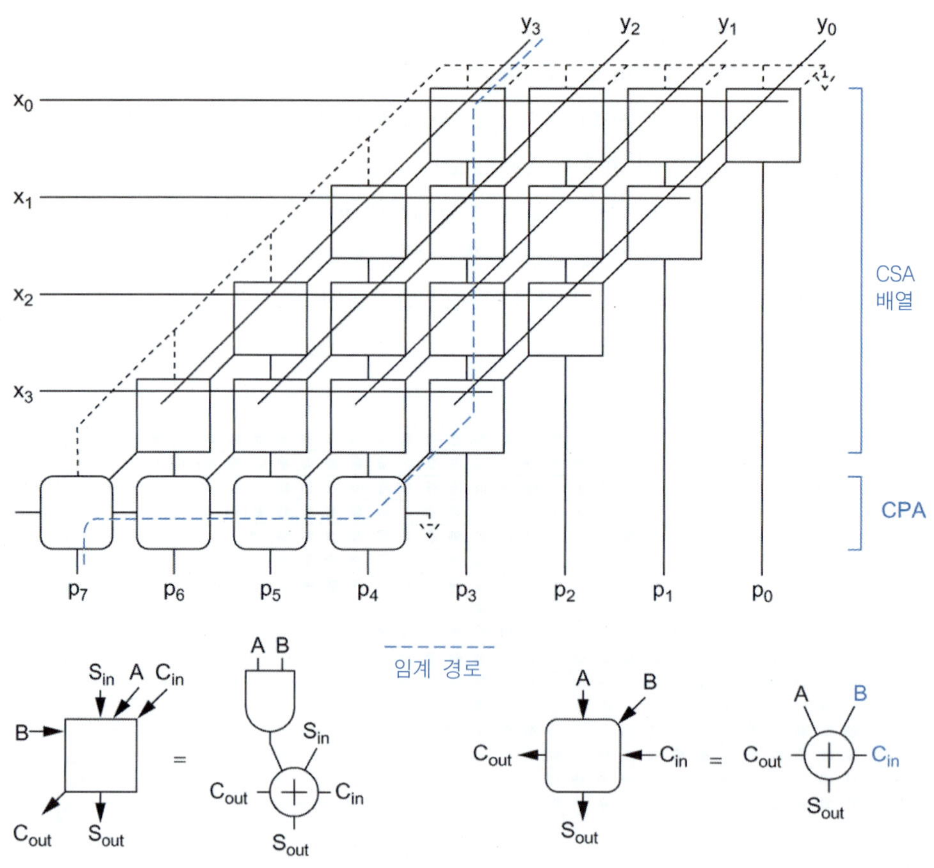

그림 10.74 어레이 곱셈기

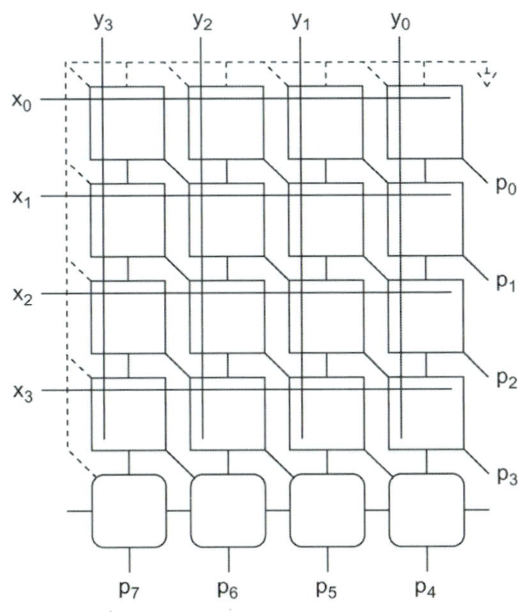

그림 10.75 직사각형 어레이 곱셈기

배치 계획 내에 배정된 사각형 블록이고 따라서 평행사변형 외형은 공간을 낭비한다. 그림 10.75는 같은 가산기가 사각형 블록에 들어감을 보여 준다.

이 설계의 핵심 요소는 간결한 CSA이다. 이것은 낮은 도선 커패시턴스를 가진 짧은 도선으로 이끌기 때문에 이득을 줄 뿐만 아니라 성능에 도움을 준다. 이 두 개의 지연 중 더 큰 것이 성능을 제한하기 때문에 이상적 CSA 설계는 대략적으로 동일한 합 및 캐리를 가지고 있다. 그림 10.4의 미러(mirror) 가산기는 합 지연이 캐리 지연을 초과할지라도 그 소형의 레이아웃 때문에 일반적으로 사용된다. 합의 출력은 부분적인 보상을 위하여 더 빠른 캐리 입력에 연결될 수 있다[Sutherland99, Hsu06a].

CSA의 첫 번째 행이 0의 쌍에 첫 번째 부분 합을 더한다는 점에 유념하자. 이것은 정규 구조로 이끌지만 효율적이지 못하다. 정규성에 대한 약간의 대가로 CSA의 첫 번째 행은 첫 번째 세 개의 부분 곱을 서로 더하기 위해 사용될 수 있다. 이것은 2만큼 행의 수를 감소시키고 이에 상응해서 가산기 전파 지연을 감소시킨다. 곱셈기 어레이 성능을 향상시키기 위한 또 다른 방법은 여전히 예측 또는 트리 가산기 같은 더 빠른 CPA를 가지고 최하위 행을 교체하는 것이다. 요약하면, 어레이 곱셈기의 임계 경로는 $N-2$개의 CSA 및 한 개의 CPA를 포함한다.

10.9.2 2의 보수 어레이 곱셈

일부 부분 곱이 음이고 반드시 빼야만 하기 때문에 처음에 2의 보수의 곱셈은 더 어려워 보일 수도 있다. 2의 보수의 최상위 비트(MSB)는 음 가중치를 가지고 있음을 상기하자. 따라서 곱은 다음과 같다.

$$
\begin{aligned}
P &= \left(-y_{M-1}2^{M-1} + \sum_{j=0}^{M-2} y_j 2^j\right)\left(-x_{n-1}2^{N-1} + \sum_{i=0}^{N-2} x_i 2^i\right) \\
&= \sum_{i=0}^{N-2}\sum_{j=0}^{M-2} x_i y_j 2^{i+j} + x_{N-1}y_{M-1}2^{M+N-2} - \left(\sum_{i=0}^{N-2} x_i y_{M-1} 2^{i+M-1} + \sum_{j=0}^{M-2} x_{N-1} y_j 2^{j+N-1}\right)
\end{aligned}
\tag{10.32}
$$

식 (10.32)에서 부분 곱 두 개는 음 가중치를 가지고 있고 그 다음에 더해지기보다는 차라리 빼져야만 한다. Baugh-Wooley[Baugh73] 곱셈기 알고리즘은 뺄 항의 2의 보수를 취함으로써(예를 들면 비트를 반전하고 한 개를 더함) 뺄셈을 다룬다. 그림 10.76은 반드시 합해져야 하는 부분 곱을 보여 준다. 상부 평행사변형은 입력의 최고 유효 비트를 제외한 모든 부호 없는 곱셈을 표현한다. 다음 행은 최고 유효 비트의 곱과 일치하는 단일 비트이다. 다음 행의 두 쌍은 뺄 항의 반전이다. 각 항은 암시적 선행 및 후행 0들을 가지고 있는데 이것은 선행 및 후행 1들로 반전된다. 여분 1들은 2의 보수를 취할 때 최소 유효 열 내로 반드시 더해진다.

이 곱셈기 지연은 합해져야 할 부분 곱의 행 수에 의존한다. **변형된 Baugh-Wooley 곱셈기**(modified Baugh-Wooley multiplier)[Hatamian86]는 상수 1의 합을 먼저 계산하고 여분의 열 내로 일부 항을 푸시업(push up)함으로써 이 부분 곱의 수를 감소시킨다. 그림 10.77은 그러한 배열을 보여 준다. 평행사변형 외형 어레이는 그림 10.78에서와 같이 그림 10.75와 같은 직사각형으로 쭈그러들 수 있다. AND 게이트는 교차된 평행선 무늬가 있는 셀(hatched cell) 내에서 NAND 게이트로 교체되고 사용되지 않은 두 입력에 1이 0 대신에 더해진다. 부호 있는 그리고 부호 없는 어레이는 너무 유사해서 모드에 의존하는 일부 항을 조건적으로 반전하는 데 사용된다면 단일 어레이가 양쪽 목적을 위해 사용

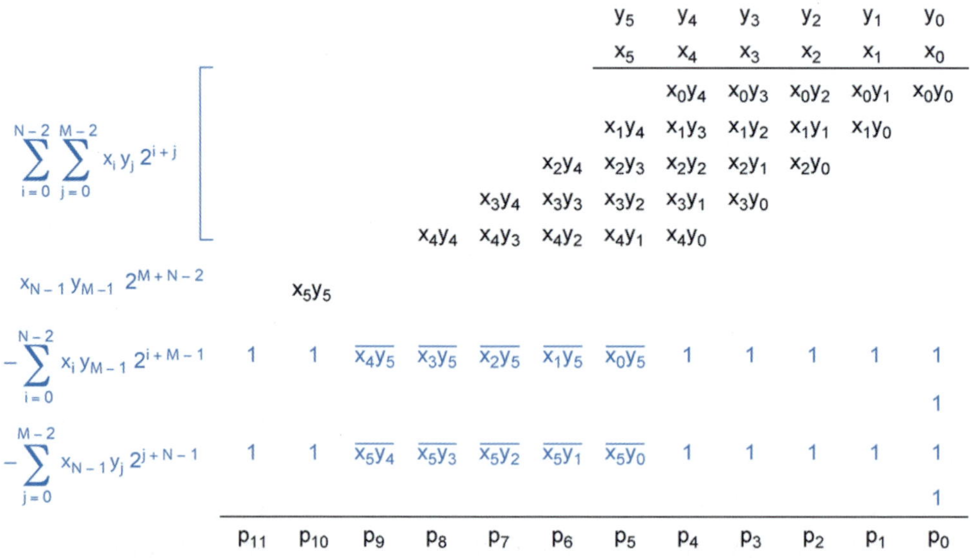

							y_5	y_4	y_3	y_2	y_1	y_0
							x_5	x_4	x_3	x_2	x_1	x_0
$\sum_{i=0}^{N-2}\sum_{j=0}^{M-2} x_i y_j 2^{i+j}$								x_0y_4	x_0y_3	x_0y_2	x_0y_1	x_0y_0
							x_1y_4	x_1y_3	x_1y_2	x_1y_1	x_1y_0	
						x_2y_4	x_2y_3	x_2y_2	x_2y_1	x_2y_0		
					x_3y_4	x_3y_3	x_3y_2	x_3y_1	x_3y_0			
				x_4y_4	x_4y_3	x_4y_2	x_4y_1	x_4y_0				
$x_{N-1}y_{M-1}2^{M+N-2}$		x_5y_5										
$-\sum_{i=0}^{N-2} x_i y_{M-1} 2^{i+M-1}$	1	1	$\overline{x_4y_5}$	$\overline{x_3y_5}$	$\overline{x_2y_5}$	$\overline{x_1y_5}$	$\overline{x_0y_5}$	1	1	1	1	1
												1
$-\sum_{j=0}^{M-2} x_{N-1} y_j 2^{j+N-1}$	1	1	$\overline{x_5y_4}$	$\overline{x_5y_3}$	$\overline{x_5y_2}$	$\overline{x_5y_1}$	$\overline{x_5y_0}$	1	1	1	1	1
												1
	p_{11}	p_{10}	p_9	p_8	p_7	p_6	p_5	p_4	p_3	p_2	p_1	p_0

그림 10.76 2의 보수 곱셈기의 부분 곱

						y_5	y_4	y_3	y_2	y_1	y_0
						x_5	x_4	x_3	x_2	x_1	x_0
					1	$\overline{x_5y_0}$	x_0y_4	x_0y_3	x_0y_2	x_0y_1	x_0y_0
					$\overline{x_5y_1}$	x_1y_4	x_1y_3	x_1y_2	x_1y_1	x_1y_0	
				$\overline{x_5y_2}$	x_2y_4	x_2y_3	x_2y_2	x_2y_1	x_2y_0		
			$\overline{x_5y_3}$	x_3y_4	x_3y_3	x_3y_2	x_3y_1	x_3y_0			
		$\overline{x_5y_4}$	x_4y_4	x_4y_3	x_4y_2	x_4y_1	x_4y_0				
1	x_5y_5	$\overline{x_4y_5}$	$\overline{x_3y_5}$	$\overline{x_2y_5}$	$\overline{x_1y_5}$	$\overline{x_0y_5}$					
p_{11}	p_{10}	p_9	p_8	p_7	p_6	p_5	p_4	p_3	p_2	p_1	

그림 10.77 2의 보수 곱셈기에 대한 간소화된 부분 곱

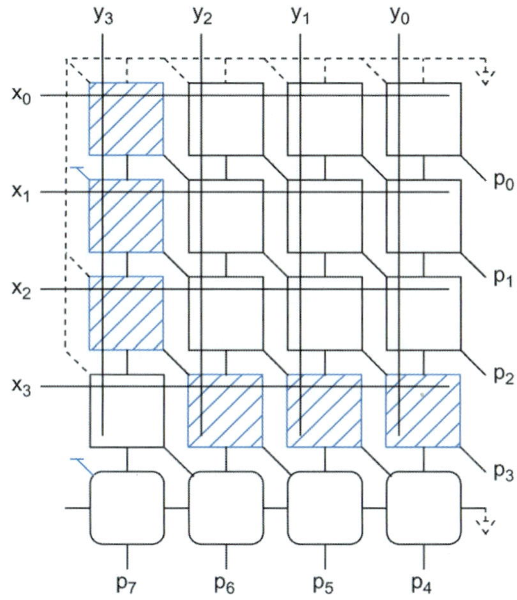

그림 10.78 변형된 Baugh-Wooley 곱셈기 2의 보수 곱셈기

될 수 있다.

10.9.3 Booth 인코딩

이전 절에서의 어레이 곱셈기는 기수(radix)-2 방식으로, 예를 들면 한 번에 곱셈기의 한 개 비트를 관측함으로써 부분 곱을 계산한다. 기수 2^r 곱셈기는 N/r개의 부분 곱을 생성하는데 이 곱의 각각은 멀티플렉서의 r개 비트에 의존한다. 더 적은 수의 부분 곱은 더 작고 더 빠른 CSA 어레이로 이끈다. 예를 들면 기수-4 곱셈기는 $N/2$개의 부분 곱을 생성한다. 각 부분 곱은 X의 비트 쌍에 따라 0, Y, $2Y$, 또는 $3Y$이다. $2Y$를 계산하는 것은 간단한 시프트이지만 $3Y$는 부분 곱 발생이 시작되기 전에 $Y+2Y$의

표 10.12 기수-4 변형된 Booth 인코딩 값

입력			부분 곱	부스 선택		
x_{2i+1}	x_{2i}	x_{2i-1}	PP_i	SINGLE_i	DOUBLE_i	NEG_i
0	0	0	0	0	0	0
0	0	1	Y	1	0	0
0	1	0	Y	1	0	0
0	1	1	$2Y$	0	1	0
1	0	0	$-2Y$	0	1	1
1	0	1	$-Y$	1	0	1
1	1	0	$-Y$	1	0	1
1	1	1	$-0\ (=0)$	0	0	1

느린 캐리 전파 덧셈을 필요로 하는 **하드 배수**(hard multiple)이다.

Booth 인코딩(Booth encoding)은 근본적으로 직렬 곱셈을 가속하기 위해 제안되었다 [Booth51]. **변형된 Booth 인코딩**(modified booth encoding)은 보다 높은 기수의 병렬 동작이 가능한데 하드 $3Y$ 배수 대신 음의 부분 곱을 사용한다. $3Y=4Y-Y$이고 $2Y=4Y-2Y$임을 주시하자. 그러나 기수-4 곱셈기 어레이 내의 $4Y$는 4배의 가중치를 캐리하는 어레이의 다음 행 내의 Y와 동등하다. 따라서 부분 곱은 이전 쌍으로부터 최상위 비트를 따라서 비트 쌍을 고려함으로써 선택된다. 이전 쌍으로부터의 최고 유효 비트가 참이면 Y는 현재의 부분 곱에 반드시 더해져야 한다. 현재 쌍의 최고 유효 비트가 참이면 현재 부분 곱은 음으로 선택되고 다음 부분 곱은 증분된다.

표 10.12는 부분 곱이 곱셈기의 비트 상에 기반을 둔 채 어떻게 선택되는지 보여 준다. 음 부분 곱은 피곱셈기(아마도 $-2Y$에 대해 한 열만큼 좌측 시프트된)의 2의 보수를 취함으로써 발생된다. 부호 없는 기수-4 Booth 인코딩 곱셈기는 $\lceil (N+1)/2 \rceil$의 부분 곱이 N개 대신 필요하다. 각 부분 곱은 $M+1$개의 비트가 $2Y$와 $-2Y$ 곱을 규정한다. X와 Y가 부호가 없더라도 부분 곱은 음수가 될 수 있어 적절한 부호 확장이 있어야 한다. Booth 선택이 예제 뒤에 논의될 것이다.

예제 10.3

그림 10.71의 $P=Y\times X=011001_2\times 100111_2$ 계산을 부분 곱의 수를 줄이기 위해 Booth 인코딩을 사용하여 반복하시오.

해답: 그림 10.79는 이 곱셈을 보여 준다. X는 수직적으로 쓰여지고 그 비트는 4개의 부분 곱을 선택하는 데 사용된다. 각 부분 곱은 그것이 4배의 가중치를 가지고 있기 때문에 이전 것의 왼쪽으로 2개 열이 시프트된다. 상위 비트는 음수의 부분 곱을 위한 1과 양수의 부분 곱을 위한 0으로 부호 확장된다. 부분 곱은 결과를 얻기 위해 더해진다.

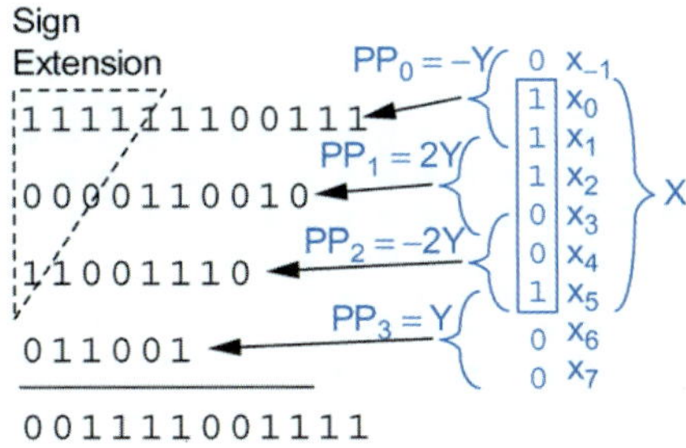

그림 10.79 Booth 인코딩 예제

기수-4 Booth 인코딩된 곱셈기 내에서 세 개 비트의 각 그룹(한 쌍, 이전 쌍의 최고 유효 비트를 따라서)은 여러 개의 선택 라인($SINGLE_i$, $DOUBLE_i$ 및 NEG_i, 표 10.12의 가장 우측 열에 주어짐) 내로 디코딩되고 그림 10.80에서와 같이 부분 곱 행을 가로질러 구동된다. 곱셈기 Y는 모든 행으로 분배된다. 선택 라인은 각 부분 곱에 대한 Y의 적절한 배수를 선택하는 Booth 선택기를 제어한다. Booth 선택기는 간단한 어레이 곱셈기의 AND 게이트에 의해 치환된다. 그림 10.80은 일반적인 Booth 인코더와 선택기의 설계를 보여 준다[Goto92]. Y는 M+1비트로 0 확장이 된다. $SINGLE_i$와 $DOUBLE_i$에 따라, A22OI 게이트는 0, Y, 또는 2Y를 선택한다. 음수의 부분 곱은 2의 보수가 되어야 한다(즉 반전시키고 1을 추가한다). NEG_i가 가해지면, 부분 곱은 반전된다. CPA가 필요해지는 것을 피하기 위해 다음 행의 최소 유효 열에 여분의 1이 추가될 수 있다.

심지어 부호 없는 곱셈기에서도 음 부분 곱은 올바르게 합해지도록 반드시 부호 확장(sign extended)이 되어야 한다. 그림 10.81은 도트 다이어그램 표기법을 사용하여 부호 없는 곱셈기에 대한 16비트 기수-4 Booth 부분 곱 어레이를 보여 준다. Booth 인코딩된 곱셈기의 각 도트는 간단한

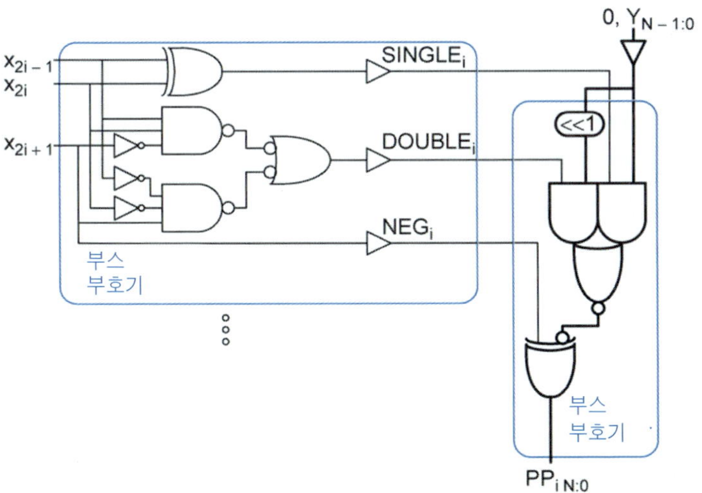

그림 10.80 기수-4 Booth 인코더 및 선택기

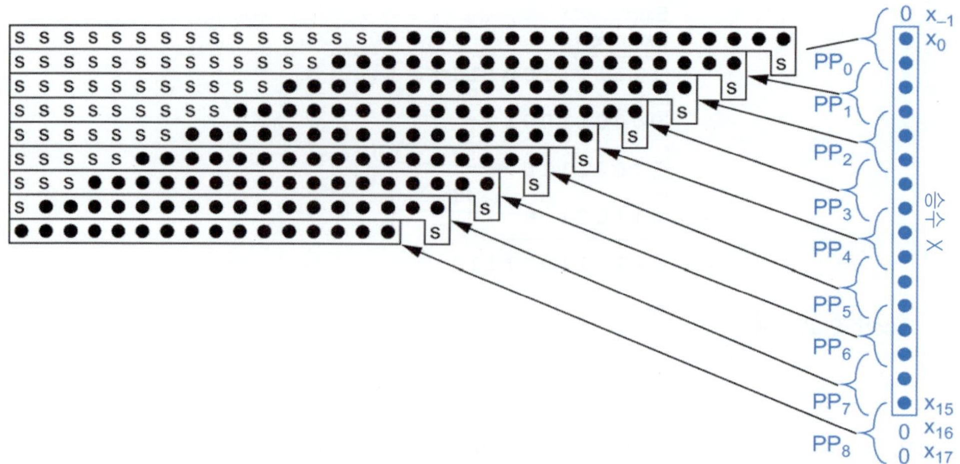

그림 10.81 부호 확장을 가진 기수-4 Booth 인코딩된 부분 곱

AND 게이트보다는 Booth 선택기에서 생성된다. 부분 곱 0~7은 17비트이다. 각 부분 곱 i에 대해 기호 비트 $s_i=NEG_i=x_{2i+1}$는 음 배수에 대해 1(표 10.12의 최하위 절반에 있는 것들)이거나 또는 양 배수에 대해 0이다. 여분 1이 음 배수의 2의 보수를 형성하기 위해 다음 행 내의 최소 유효 비트에 어떻게 더해지는지 보자. 암시적으로 선행하는 0의 반전은 음 배수 상에 선행하는 1을 발생시킨다. 여분 항은 곱셈기의 크기를 증가시킨다. PP_8은 음이고 x_{16} 및 x_{17}은 0이기 때문에 이러한 부분 곱은 항상 0 또는 Y이다. 따라서 부분 곱 8은 단지 16비트이다.

부호 확장 비트가 모두 1 아니면 0임을 주시하자. 단일 1이 1의 스트링 내의 최소 유효 위치에 더해지면 결과는 0의 스트링 더하기 폐기(discard)될 수도 있는 최상위 비트의 캐리아웃이다. 따라서 각 부분 곱 내의 s비트의 큰 수는 그림 10.82(a)에서와 같이 상수 1의 동일 개수 더하기 최소 유효 위치에 더해지는 s의 역으로 교체될 수 있다. 이러한 상수들은 합을 먼저 계산함으로써 어레이에서 나와 대부분 최적화될 수 있다. 간략화된 결과는 그림 10.82(b)에서 볼 수 있다. 마찬가지로 이것은 직사각형 평면배치에 맞춰 찌그러질 수 있다.

이 곱셈기의 임계 경로는 Booth 디코더, 선택 라인 구동기, Booth 선택기, 약 $N/2$개의 CPA, 그리고 최종 CPA를 포함한다. 각 부분 곱은 약 $M+5$개의 열을 채운다. IEEE 이중 정밀 플로팅 포인트 단위에 대한 54×54비트 기수-4 Booth 곱셈기는 전형적으로 인코딩되지 않은 상대부(counterpart)보다 20~50% 정도 더 작고(그리고 거의 틀림없이 20%까지는 더 빠르다) 따라서 이 기법은 널리 사용된다. 이 곱셈기는 $M \times N/2$ Booth 선택기를 필요로 한다.

이들은 면적의 상당한 부분 그리고 임계 경로의 단지 적은 부분만을 고려하기 때문에 속도보다는 크기에 대해 최적화되어야만 한다. 예를 들면 [Goto97]은 더 복잡한 인코더를 사용하여 선택기 비트 당 단지 10개의 트랜지스터를 이용한 **부호 선택**(sign select) Booth 인코더와 선택기를 기술한다. [Hsu06a]는 전달 게이트 멀티플렉서를 이용하여 6개의 가능한 부분 곱 중 하나를 선택하는 **원핫**

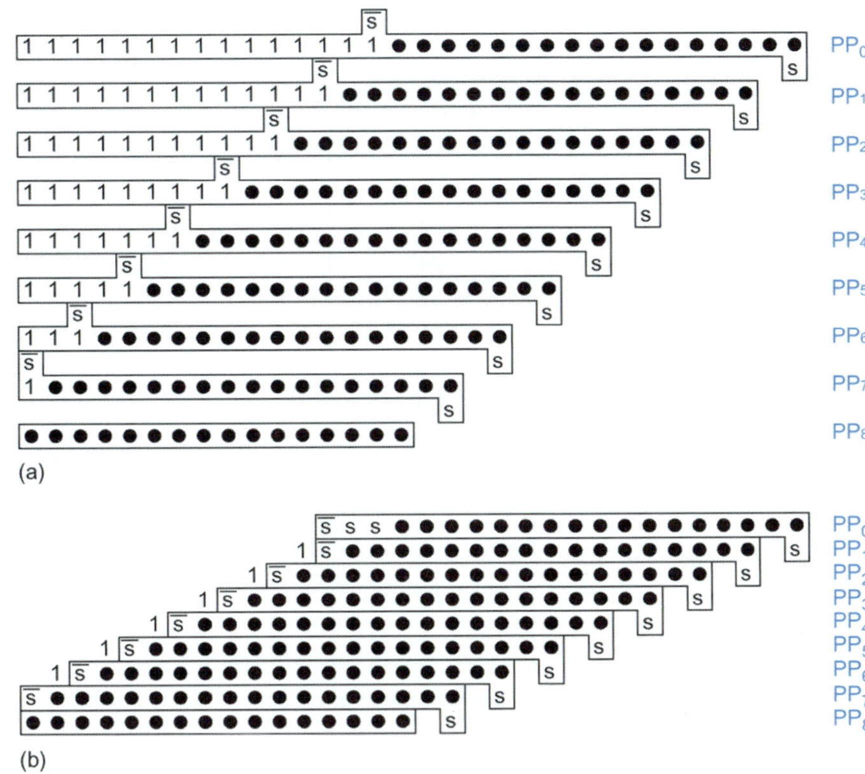

그림 10.82 간편화된 부호 확장을 가진 기수-4 Booth 인코딩된 부분 곱

(one-hot) Booth 인코더와 선택기를 제공한다. 연습문제 10.2는 또 하나의 인코딩을 다룬다.

10.9.3.1 부호 있는 Booth 인코딩 곱셈기 부호 있는 2의 보수 곱셈은 유사하지만 피곱셈기는 음이 되었을 수도 있기 때문에 부호 확장은 부분 곱 PP_{iM}의 부호에 기반을 두고 있다[Bewick94]. 그림 10.83은 부호 확장 비트가 $e_i = PP_{iM}$인 그러한 어레이를 보여 준다. 또한 부호 없는 곱셈에 대해 Y 또는 0 둘 중 하나였던 PP_8은 항상 0이고 $x_{17} = x_{16} = x_{15}$이 되도록 곱셈기 x가 부호 확장이 되기 때문에 부호 있는 곱셈에 대해 생략될 수 있다. 같은 Booth 선택기와 인코더가 사용될 수 있으나(그림 10.80

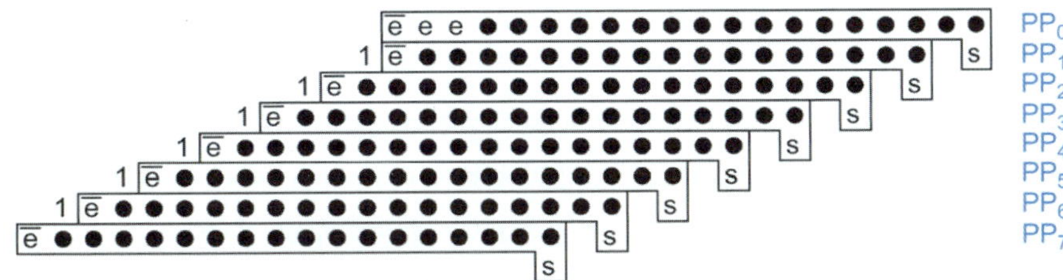

그림 10.83 부호 있는 곱셈을 위한 기수-4 Booth 인코딩된 부분 곱

표 10.13 기수-8 변형된 Booth 인코딩 값

x_{i+2}	x_{i+1}	x_i	x_{i-1}	부분 곱
0	0	0	0	0
0	0	0	1	Y
0	0	1	0	Y
0	0	1	1	$2Y$
0	1	0	0	$2Y$
0	1	0	1	$3Y$
0	1	1	0	$3Y$
0	1	1	1	$4Y$
1	0	0	0	$-4Y$
1	0	0	1	$-3Y$
1	0	1	0	$-3Y$
1	0	1	1	$-2Y$
1	1	0	0	$-2Y$
1	1	0	1	$-Y$
1	1	1	0	$-Y$
1	1	1	1	-0

참조), Y는 M+1비트로 0 확장이 되기보다는 부호 확장이 되어야 한다.

10.9.3.2 더 높은 기수의 Booth 인코딩 큰 곱셈기는 더 높은 기수의 Booth 인코딩을 사용할 수 있다. 예를 들면 보통 기수-8 곱셈은 3의 인수만큼 부분 곱의 수를 감소시킬 수 있지만 $3Y$, $5Y$ 및 $7Y$의 하드 배수를 필요로 한다. 기수-8 Booth 인코딩은 표 10.13에서와 같이 하드 $3Y$ 배수만을 필요로 한다. 이것이 부분 곱 발생 이전에 CPA를 필요로 할지라도 어레이 크기 및 지연 내의 감소에 의해 정당화될 수 있다. 더 높은 기수 Booth 인코딩이 가능하지만 다른 하드 배수를 발생시키는 것은 64비트보다 적은 비트 수의 곱셈기에 대해 행할 가치가 있어 보이지 않는다. 유사한 기법이 부호 확장을 하는 더 높은 기수 곱셈기에 적용된다.

10.9.4 열 덧셈

곱셈기의 임계 경로는 각 열의 점에 대한 덧셈을 포함한다. CSA는 사실상 A, B, 그리고 C 상의 1의 개수를 더하는 '1 카운터(1's counter)'이고 표 10.14에 요약되어 있는 바와 같이 합 및 캐리 출력 상에 이들을 인코딩한다. 따라서 CSA가 두 개의 출력 내에 인코딩된 카운트 내로 세 개의 입력을 전환시키기 때문에 **(3,2) 카운터**로도 알려져 있다[Dadda65]. 캐리아웃은 다음 유효 열로 통과되는 반면에 일치하는 캐리인이 이전 열로부터 수신된다. 이는 열을 가로지르기 때문에 **수평 경로**(horizontal path)라고 불린다. 따라서 간단하게 하기 위해 캐리는 열 아래로 직접 통과되는 것으로 표현된다. 그림 10.84는 $N-2$ CSA를 사용하여 순차적으로 N개의 부분 곱을 합하는 어레이 곱셈기 열의 도트 다이어그램을

표 10.14 1의 카운터로서의 가산기

A	*B*	*C*	캐리	합	1의 개수
0	0	0	0	0	0
0	0	1	0	1	1
0	1	0	0	1	1
0	1	1	1	0	2
1	0	0	0	1	1
1	0	1	1	0	2
1	1	0	1	0	2
1	1	1	1	1	3

보여 준다. 예를 들면 그림 10.82(b)의 16×16 Booth 인코딩 곱셈기는 7개 수준의 CSA에서 9개의 부분 곱을 더한다. 출력은 최종 CPA에 대해 적절한 캐리 보존 여분 형식 내에서 생성된다.

열 덧셈은 단지 한 개의 CSA가 한 번에 활성화되기 때문에 느리다. 열 덧셈의 속도를 내는 또 다른 방법은 순차적이기보다는 차라리 병렬로 부분 곱을 합하는 것이다. 그림 10.85는 이러한 접근 방식을 사용하는 **Wallace 트리**(Wallace tree)를 보여 준다[Wallace64]. Wallace 트리는 2개의 캐리 보존 여분 형식 출력에 대해 아래로 *N*개의 입력을 감소시키기 위해 수준을 필요로 한다.

$$\left\lceil \log_{3/2}\left(N/2\right) \right\rceil$$

Wallace 트리의 CSA가 2차원으로 나타날지라도, 그들은 논리적으로 곱셈기의 단일 열로 압축된다. 이것은 길고 불규칙한 도선을 열을 따라 CSA에 연결시켜야 한다. 도선 커패시턴스는 곱셈기의 지연과 에너지를 증가시키고 도선도 레이아웃이 어려울 수 있다.

10.9.4.1 [4:2] 압축기 트리 그림 10.86에 나와 있는 바와 같이 훨씬 더 정규적인 레이아웃을 생성하기 위해 **[4:2] 압축기**([4:2] compressor)가 이진 트리 내에 사용될 수 있다[Weinberger81, Santoro89]. [4:2] 압축기는 동일 가중치의 네 개의 입력을 취하고 두 개의 출력을 생성한다. 이것은 그림 10.87에서와 같이 두 개의 (3,2) 카운터로부터 구성될 수 있다. 진로를 따라서 이것은 다음 열 내로 중간 캐리를 발생시키면서 이전 열로부터 캐리를 접수하고 따라서 더 적합하게는 **(5,3) 카운터**로

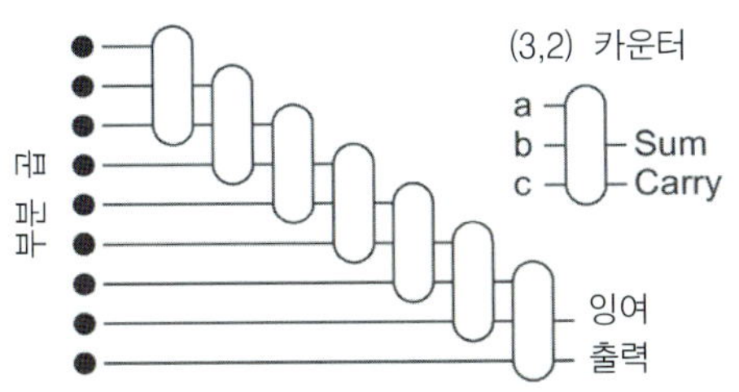

그림 10.84 어레이 곱셈기에 대한 도트 다이어그램

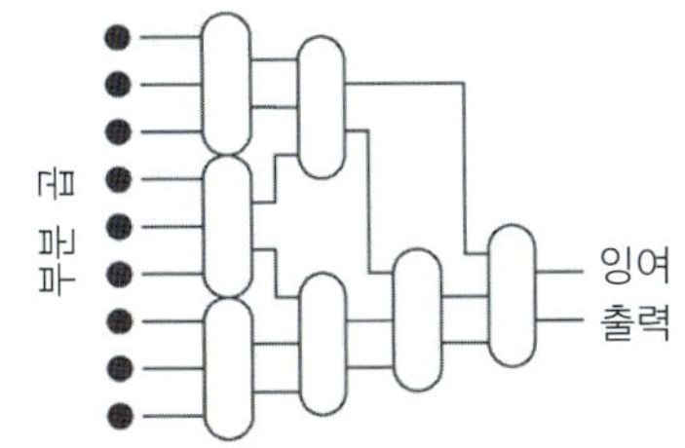

그림 10.85 Wallace 트리 곱셈기에 대한 도트 다이어그램

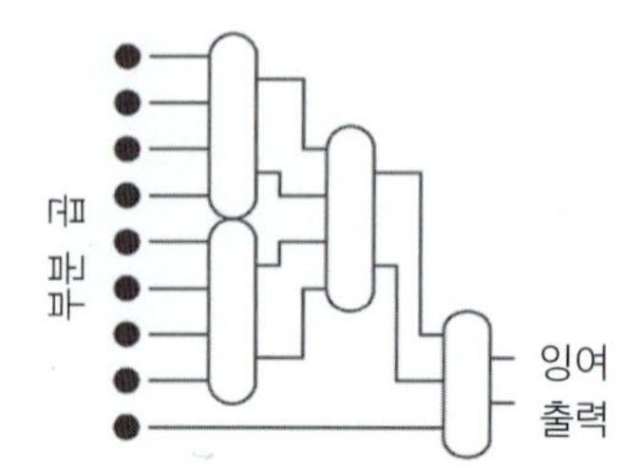

그림 10.86 [4:2] 트리 곱셈기에 대한 도트 다이어그램

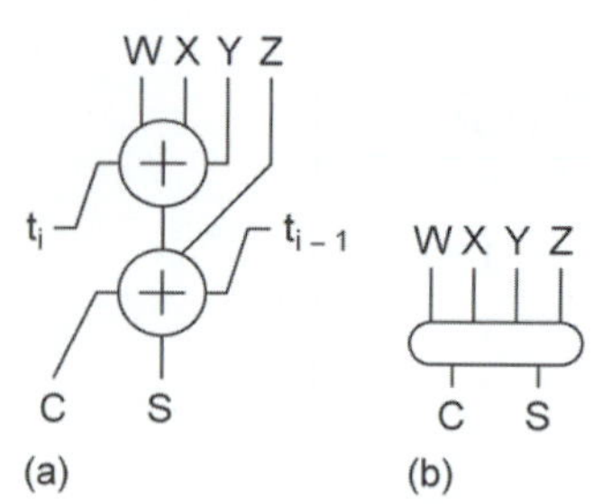

그림 10.87 [4:2] 압축기: (a) 두 CSA로 구현, (b) 심벌

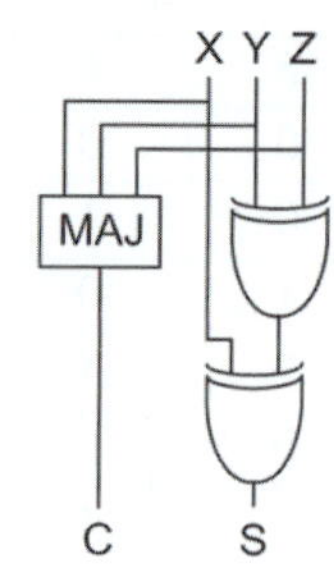

그림 10.86 게이트 수준 캐리 세이브 가산기

부를 수도 있다. 각각이 CSA보다 더 큰 지연을 가지고 있다고 할지라도 단지 [4:2] 압축기의

$$\left\lceil \log_2\left(N/2\right)\right\rceil$$

수준만이 필요하다. 정규 레이아웃 및 경로 배정 또한 이진 트리를 매력적으로 만든다.

[4:2] 압축기의 유용성을 보기 위해, 우리는 빠르고 느린 입력과 출력의 개념을 도입한다. 그림 10.88은 단순한 게이트 수준 CSA 설계를 보여 준다. CSA를 통하는 가장 긴 경로는 합을 계산하기 위한 XOR2의 두 단계를 포함한다. *Y*와 *Z*가 XOR의 두 번째 단계를 통과하기 때문에 **느린 입력**인 반면, *X*는 **빠른 입력**으로 불린다. *C*는 하나의 게이트 지연을 포함하기 때문에 **빠른 출력**인 반면에 *S*는 그것이 2개의 게이트 지연을 포함하기 때문에 **느린 출력**이다. [4:2] 압축기는 XOR2의 네 단계를 사용할 것으로 예상할 수 있다. 그림 10.89는 임계 경로를 단지 3개의 XOR2로 감소시킨 다양한 [4:2] 압축기 설계를 보여 준다. 그림 10.89(a)에서 첫 번째 CSA의 느린 출력은 두번째의 빠른 입력으로 연결된다. 그림 10.89(b)에서 [4:2] 압축기는 대부분의 게이트가 멀티플렉서로 대체되어 하나의 셀 안으로 합쳐졌다. 그림 10.89(c)에서 초기의 XOR는 하부 기능을 약간 공유하도록 한 2단계 XNOR 회로로 대체되면서 트랜지스터 수를 감소시켰다[Goto92].

그림 10.90은 [4:2] 압축기의 전달 게이트 구현을 보여 준다[Goto97]. 그것은 더 짧은 도선을 가진 더 작은 곱셈기 배열을 만들 수 있도록 단지 48개의 트랜지스터를 이용한다. 그것이 세 가지 특징적 XNOR 회로 형태와 2개의 전달 게이트 멀티플렉서를 사용한다는 것을 주목하자.

그림 10.91은 그림 10.86의 [4:2] 트리, 그림 10.85의 Wallace 트리, 그림 10.84의 16×16 Booth 인코딩된 어레이 곱셈기의 평면배치를 비교하고 있다. 각 열은 Booth 선택기 또는 CSA를 포함하는 곱셈기의 수평 조각을 나타낸다. 수직 버스는 CSA를 연결한다. Wallace 트리는 가장 불규칙하고 긴 도선을 가지고 있다. 실제로 평행사변형은 공간을 더 잘 사용하기 위해 직사각형으로 뭉칠 수 있다. [Itoh01n]과 [Huang05]는 트리 곱셈기의 평면배치 문제를 기술한다.

10.9.4.2 3차원 방법 빠른 입력에 느린 출력을 연결하는 개념은 4개 이상의 입력을 가진 압축기로 일반화된다. 동시에 전체의 부분 곱 어레이를 검사함으로써, 우리는 최단 가능 시간에 부분 곱을 모두

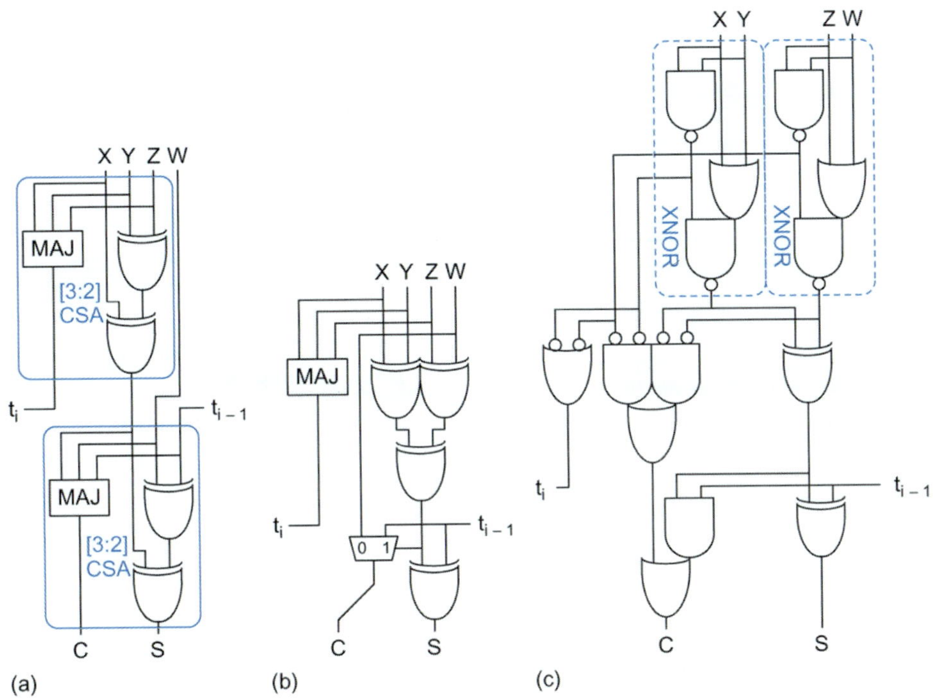

그림 10.89 [4:2] 압축기

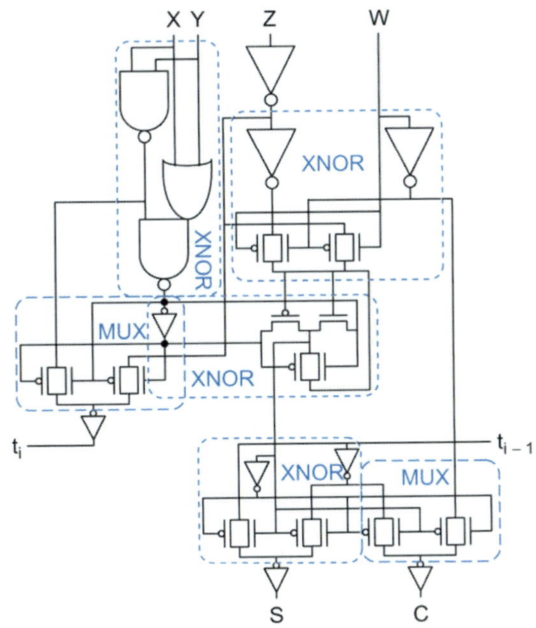

그림 10.90 전달 게이트 [4:2] 압축기

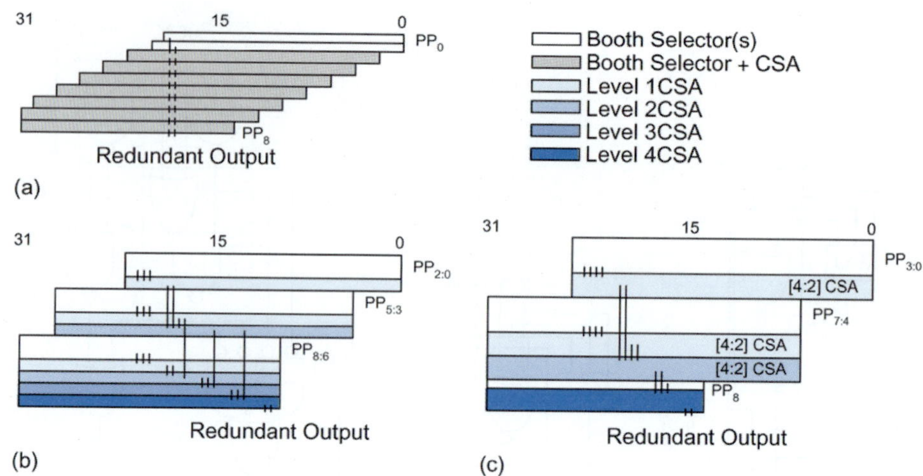

그림 10.91 16×16 Booth 인코딩된 곱셈기 평면배치: (a) 어레이, (b) Wallace 트리, (c) [4:2] 트리

합하는 각 열을 위한 트리를 구성할 수 있다. 이 접근법은 그것이 행과 열과 함께 3차원으로 보고 도착 시간을 고려하기 때문에 **3차원 방법**(TDM: three-dimensional method)으로 불린다[Oklobdzija96, Stelling98].

그림 10.92는 16×16 배율기의 예를 보여 준다. 상단에서의 평행사변형은 Booth 인코딩을 통하여 획득된 아홉 개의 부분적인 곱셈열을 포함하는 그림 10.82(b)의 도트 다이어그램을 보여 준다. 각각의 32열의 부분 곱은 32비트 결과를 생산하기 위해 합산되어야 한다. 앞에서 본 것처럼, 이것은 마지막 CPA가 이어지는 한 쌍의 출력을 생산하기 위해 압축기로 수행된다.

3차원 방법에서, 각 열은 CSA로 만들어진 **수직 압축기 조각**(VCS: vertical compressor slice)에 의해서 합산된다. 그림 10.92에서 VCS 16은 9개의 부분 곱을 더한다. 이 다이어그램에서 압축기 조각 사이의 수평 캐리가 명확하게 보인다.

각 도선은 그 도착 시간으로 이름이 붙여진다. 모든 부분 곱 입력은 시간 0에 도착한다. 다이어그램은 XOR2와 다수의 게이트 각각은 단위 지연을 가지고 있다고 가정한다. 그러므로 어떤 입력에서부터 *C*까지 또는 *X*에서부터 *S*까지 CSA를 통하는 경로는 하나의 단위 지연을 가지며, *Y* 또는 *Z*로부터 *S*까지의 경로는 2단위 지연을 갖는다. 반가산기는 절반의 지연을 가지는 것으로 가정한다. 수평 캐리는 조각 뒤에서 또는 조각에서 나오는 대각선에 의해 표시된다. VCS 16은 VCS 15로부터 5개의 수평 캐리를 수신하고, 6개의 수평 캐리를 발생시키여 VCS 17에 전달한다. 마지막 캐리아웃은 CPA를 구동하기 전에 1열만큼 이동시킨다. CSA로의 입력은 곱셈기의 지연을 최소로 하기 위해 그들의 도착 시간을 기반으로 배열된다. CSA의 형상이 비대칭인 지연을 강조하기 위해 어떻게 그려지는지를 주목하자. 또한 VCS 16이 가장 느린 것이 아니라는 것을 주목하자. 연속적인 조각의 일부는 수평 캐리가 더 나중에 도착하기 때문에 하나의 단위 지연을 더 가지고 있다. [Oklobdzija96]는 임의의 CSA 지연이 주어질 때 각 VCS에서 CSA의 가장 빠른 배열을 선택하기 위한 알고리즘을 기술했다.

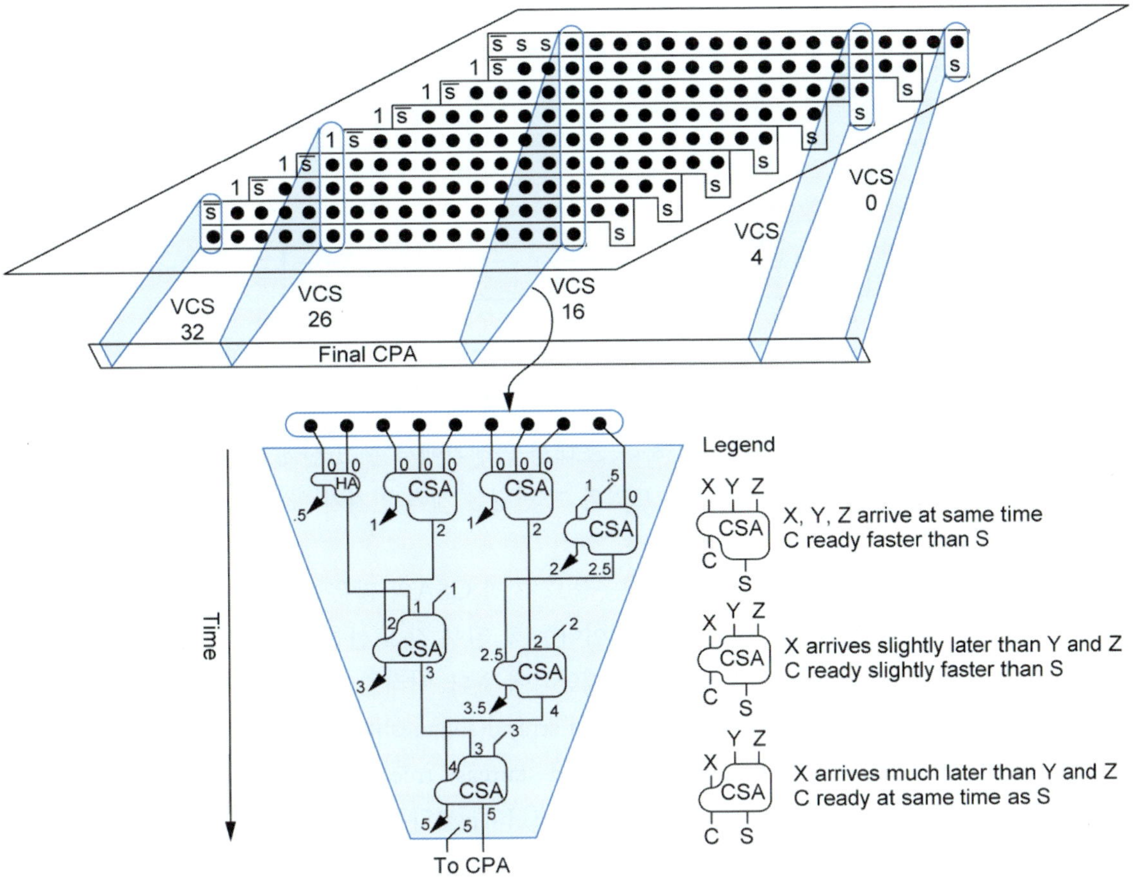

그림 10.92 TDM 곱셈기의 수직 압축기 조각 그림 10.93 (4:2) 압축기를 이용하는 수직 압축기 조각

비교해 보면, 그림 10.93은 똑같은 VCS 16이 [4:2] CSA를 이용한다는 것을 보여 준다. 많은 XOR 단계가 요구되지만 도선은 더 정규적이다.

표 10.15는 부분 곱의 다양한 수를 위한 임계 경로의 XOR 단계의 수를 나열한다. [4:2] 트리는

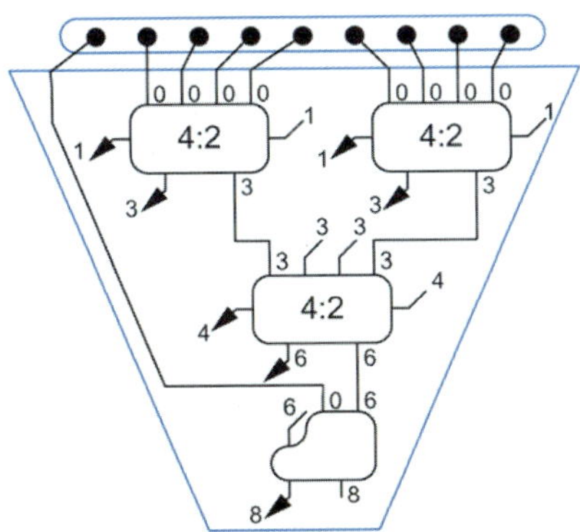

그림 10.93

표 10.15 곱셈기 트리의 XOR 수준의 비교

# Partial Products	Wallace Tree	4:2 Tree	TDM
8	8	6	5
9	8	8	6
16	12	9	8
24	14	11	10
32	16	12	11
64	20	15	14

배선 복잡성과 논리 수준에서 Wallace 트리 이상의 실질적 개선을 제공한다. TDM은 일반적으로 [4:2] 트리보다 XOR의 한 단계를 절약하나, 초대형 곱셈기에서는 그 단계가 증가한다. 이 절약은 불규칙한 도선을 사용해서 이루므로, [4:2] 트리와 그 변형은 계속 인기가 있다.

10.9.4.3 혼성 곱셈 어레이는 정규 레이아웃을, 하지만 CSA의 많은 수준을 제공한다. 트리는 CSA의 더 적은 개수의 수준, 하지만 낮은 정규 레이아웃 및 일부 긴 도선을 제공한다. 이러한 극단 사이의 균형을 맞출 방법을 제공하는 수많은 혼성이 제안되어 왔다. 이러한 것은 **홀수/짝수 어레이**(odd/even array)[Hennessy90], **어레이 중의 어레이**(array of arrays)[Dhanesha95], **균형 잡힌 지연 트리**(balanced delay tree)[Zuras86], **전복 계단 트리**(overturned-staircase tree)[Mou90], 그리고 **상하좌우 건너기**(ULLRF: upper/lower left-to-right leapfrog) 트리[Huang05]를 포함한다. 이것들은 더 정규적인(그리고 더 빠른) 도선화를 제공하는 반면에 Wallace 트리만큼 적은 수준을 거의 달성할 수 있다. 이 중 어떤 것도 [4:2] 트리보다 눈에 띄게 좋지는 않다.

10.9.5 최종 덧셈

부분 곱 배열 또는 트리의 출력은 캐리 세이브 여분 형태의 $M+N$비트 수이다. CPA는 다시 비중복된 형태로 결과를 돌리기 위해 최종 덧셈을 수행한다.

CPA로의 입력은 불균일한 도착 시간을 가지고 있다. 그림 10.91에 그려진 것처럼, 중앙 열이 왼쪽이나 오른쪽 열보다 더 많은 부분 곱을 가지고, 부분 곱은 평행사변형을 형성한다. 그러므로 중앙 열은 다른 것보다 더 나중에 CPA에 도착한다. 이것은 CPA를 단순화하기 위해 이용될 수 있다[Zimmermann96, Oklobdzija96]. 그림 10.94는 16×16비트 곱셈기에서 불균일 도착 시간을 이용한 32비트 프리픽스 네트워크의 예를 보여 준다. PG 신호와 합을 비트 방식으로 계산하기 위한 초기와 최종 단계는 보이지 않는다. 마지막 중앙 입력에서부터 출력까지의 경로는 단지 네 단계의 셀을 포함한다. 셀의 전체 수와 에너지 소비는 종래 Kogge-Stone 또는 Sklansky CPA의 그것보다 훨씬 적다.

10.9.6 융합된 곱셈–덧셈

많은 알고리즘은 특히 디지털 신호 처리에서 $P=X\times Y+Z$의 계산을 필요로 한다. 곱셈기 및 가산기를

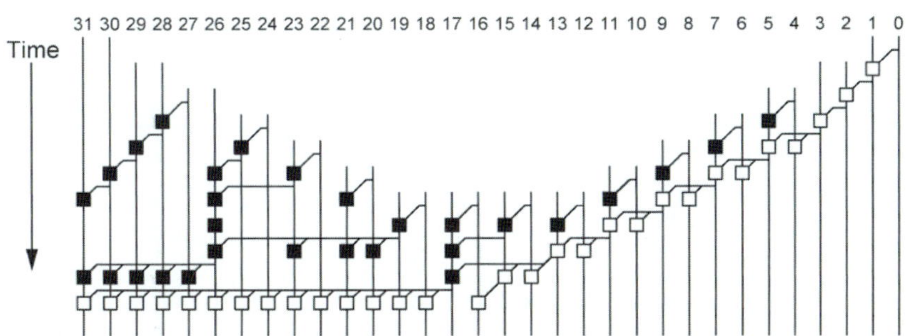

그림 10.94 불균일한 입력 도착 시간을 가진 CPA 프리픽스 네트워크

이용한 계산보다 **융합된 곱셈-덧셈**(fused multiply-add) 유닛을 사용하는 것이 훨씬 더 빠른데 이 유닛은 다른 부분 곱처럼 더해지는 다른 입력 Z를 취하도록 변형된 평범한 곱셈기이다[Montoye90]. 여분 부분 곱은 단지 한 개의 여분 CSA에 의한 어레이 곱셈기의 지연을 증가시킨다.

10.9.7 요약

곱셈의 세 단계는 부분 곱 생성, 부분 곱 감소, 그리고 캐리 전달 덧셈이다. 단순한 $M \times N$ 곱셈기는 AND 게이트를 이용하는 N 부분 곱을 생성한다. 16 이상 비트의 곱셈기를 위해, 기수-4 Booth 인코딩은 실질적인 면적과 전력을 절감시키면서, 부분 곱의 수를 반으로 줄이는 데 일반적으로 사용된다. 일부 구현은 Booth 인코딩이 더 빠르며, 다른 구현에서는 적은 속도 유용성을 가지고 있는 것을 확인했다. 그러고 나면 부분 곱은 CSA의 어레이 또는 트리를 이용하는 캐리 세이브 여분 형태의 한 쌍의 수로 감소한다. 트리는 논리의 더 적은 단계를 가지나, 긴 그리고 덜 정규적인 도선을 가지고 있다. 그럼에도 불구하고 대부분의 큰 곱셈기는 트리 또는 혼성 구조를 이용한다. 통과 트랜지스터 Booth 선택기와 CSA는 1990년대에는 인기 있었지만, 공급 전압의 크기 변화로 정적 CMOS로 향하는 추세이다. 마지막으로 CPA는 비중복된 형태로 결과를 변환한다. CPA는 비트의 불균일한 도착 시간을 기반으로 단순화될 수 있다.

표 10.16은 두 배 정밀도 부동 소수점 연산을 위한 54×54비트 곱셈기의 보고된 구현을 비교한다. 모든 구현은 기수-4 Booth 인코딩을 이용한다.

10.10 병렬 프리픽스 계산

많은 데이터 경로 연산은 각 출력 비트가 모든 이전 입력 비트에 의존하는 입력 세트로부터 출력 세트를 계산하는 것을 포함한다. 합 출력 $Y_N \cdots Y_1$을 생성하기 위한 두 개의 N비트 입력 $A_N \cdots A_1$ 및 $B_N \cdots B_1$의 덧셈은 고전적 예이다. 각 출력 Y_i는 이전 비트로부터 캐리인 c_{i-1}에 의존하는데 이것은 차례로 그 이전 비트로부터의 캐리인 c_{i-2}에 의존하는 식이다. 얼핏 보면 이러한 의존성 체인(dependency chain)은 지연이 캐리 리플 가산기에서와 같이 논리의 약 N개의 스테이지를 반드시 포함해야 하는

표 10.16 54×54비트 곱셈기

Design	Process (μm)	PP Reduction	Circuits	Area (mm × mm)	Area (Mλ^2)	Transistors	Latency (ns)	Power (mW)
[Mori91]	0.5	4:2 tree	Pass Transistor XOR	3.6 × 3.5	200	82k	10	870
[Goto92]	0.8	4:2 tree	Static	3.4 × 3.9	80	83k	13	875
[Heikes94]	0.8	array	Dual-Rail Domino	2.1 × 2.2	28		20 (2-stage pipeline)	
[Ohkubo95]	0.25	4:2 tree	Pass Transistors	3.7 × 3.4	805	100k	4.4	
[Goto97]	0.25	4:2 tree	Pass Transistors	1.0 × 1.3	84	61k	4.1	
[Itoh01]	0.18	4:2 tree	Static	1 × 1	100		3.2 (2-stage pipeline)	
[Belluomini05]	90 nm	3:2 and 4:2 tree	LSDL	0.4 × 0.3	61			1800 @ 8 GHz
[Kuang05]	90 nm	3:2 and 4:2 tree	Pass Transistor and Domino	0.5 × 0.4	94			426 @ 4 GHz

것을 의미하는 것처럼 보일 수도 있다. 그러나 점진적으로 더 큰 블록을 가로질러 예측함으로써 단지 log N개의 스테이지를 포함하는 가산기를 구성할 수 있다. 10.2.2.2절에서는 그림 10.12에 나와 있는 바와 같이 덧셈의 개념을 비트 성향 선계산, 프리픽스를 형성하는 그룹 논리의 트리 및 최종 출력 스테이지를 포함하는 프리픽스 계산으로서 소개했다. 이 절에서는 결합 그룹 논리 함수를 가진 다른 프리픽스 계산에 동일 기법을 확대할 것이다.

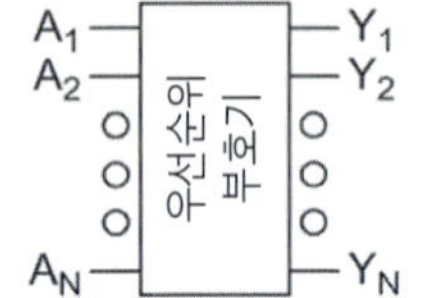

그림 10.95 우선순위 인코더

그림 10.95에 나와 있는 **우선순위 인코더**(priority encoder)를 가지고 시작해 보자. 우선순위 인코더 회로의 공통되는 적용은 공유된 자원으로의 모든 접근이 필요한 N개의 단위 가운데서 조정을 하는 것이다. 각 단위 i는 요구(request)를 표시하면서 비트 A_i를 송신하고 그것이 승인된 접근이었음을 표시하는 비트 Y_i를 수신한다. 접근은 최상의 우선순위를 가진 단일 단위에만 승인되어야 한다. 입력의 최소 유효 비트가 최상의 우선순위와 일치하면 이 논리는 다음과 같이 표현될 수 있다.

$$
\begin{aligned}
Y_1 &= A_1 \\
Y_2 &= A_2 \cdot \overline{A_1} \\
Y_3 &= A_3 \cdot \overline{A_2} \cdot \overline{A_1} \\
&\cdots \\
Y_N &= A_N \cdot \overline{A_{N-1}} \cdot \ldots \cdot \overline{A_1}
\end{aligned}
\tag{10.33}
$$

입력 $A_i \cdots A_j$의 어떤 것도 주장되지 않음을 표시하는 프리픽스 $X_{i:j}$를 정의함으로써 우선순위 인코딩을 프리픽스 연산으로 표현할 수 있다. 그 이후에 우선순위 인코딩은 비트 성향 선계산, 그룹 논리 및 $i \geq k > j$ 출력 논리를 가지고 정의될 수 있다.

$$\begin{aligned} X_{i:i} &= \bar{A}_i && \text{비트당 선계산} \\ X_{i:j} &= X_{i:k} \cdot X_{k-1:j} && \text{그룹 논리} \\ Y_i &= A_i \cdot X_{i-1:1} && \text{출력 논리} \end{aligned} \tag{10.34}$$

덧셈 부분에서 논의된 그룹 네트워크(예: 리플, 스킵, 예측, 선택, 증분, 트리)의 어떤 것도 $X_{i:0}$ 프리픽스를 계산하기 위해 그룹 논리를 구성하는 데 사용될 수 있다. 짧은 우선순위 인코더는 리플 구조를 사용한다. 중간 길이 인코더는 스킵, 예측, 선택, 또는 증분 구조를 사용할 수도 있다. 긴 인코더는 $\log N$ 지연을 얻기 위해 프리픽스 트리를 사용한다. 그림 10.96은 서로 다른 그룹을 도식화하는 네 개

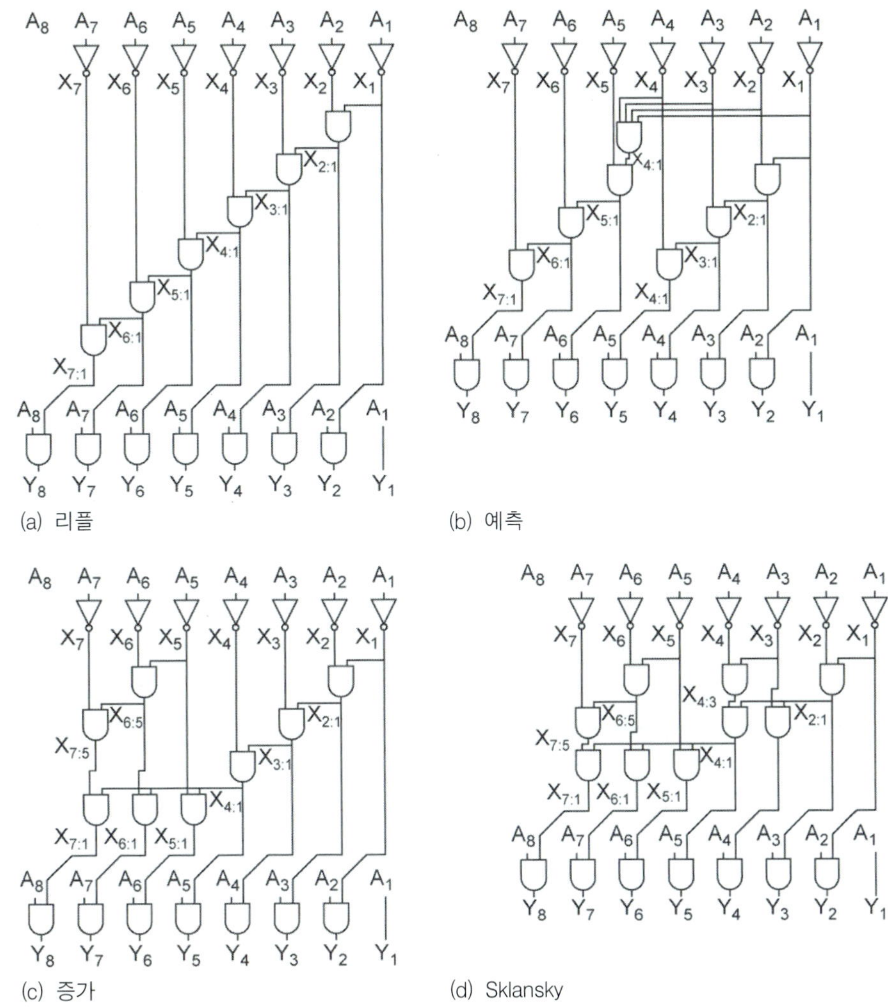

그림 10.96 우선순위 인코더 트리

의 8비트 우선순위 인코더를 보여 준다. $X_{i:i}$에 대한 인버터의 초기 행 및 Y_i 출력 논리에 대한 AND 게이트의 최종 행을 사용한다. 그 사이에 리플, 예측, 증분 및 Sklansky 네트워크는 게이트 카운트 및 지연 사이의 다양한 균형 맞추기를 가진 프리픽스를 형성한다. 이러한 트리를 그림 10.15, 10.22, 10.25 및 10.29(b)와 각각 비교해 보자. [Wang00, Delgado-Frias00, Huang02]는 다양한 우선순위 인코더 구현을 설명한다.

증분기(incrementer)는 유사한 방식으로 구성될 수 있다. 입력 단어에 1을 더하는 것은 단어 내의 최소 유효 0을 찾는 것과 이 지점까지 모든 비트를 반전시키는 것으로 구성된다. X 프리픽스는 가산기 내의 전파 신호의 역할을 한다. 다시 말해 프리픽스 네트워크의 어떤 것도 변동하는 면적, 속도 균형 맞춤과 함께 사용될 수 있다.

$$\begin{aligned} X_{i:i} &= A_i && \text{비트당 선계산} \\ X_{i:j} &= X_{i:k} \cdot X_{k-1:j} && \text{그룹 논리} \\ Y_i &= A_i \oplus X_{i-1:1} && \text{출력 논리} \end{aligned} \qquad (10.35)$$

감량기(decrementer) 및 **2의 보수**(2's complement) 회로도 유사하다[Hashemian92]. 감량기는 최소 유효 비트를 찾고 이 지점까지 모든 비트를 반전시킨다. 2의 보수 회로는 최소 유효 1 위의 모든 비트를 반전시킴으로써 부호 있는 수를 부정한다.

이진-온도계 변환 디코더는 프리픽스 계산의 또 다른 응용이다. 입력 B는 숫자 M의 k비트 표현이다. 표 10.17에 주어진 것처럼, 출력 Y는 M개의 최대 유효 비트가 1로 설정된 2^k비트 수이다. 단순한 접근법은 원핫 2^k비트의 단어 A를 생산하기 위해 일반적인 k:2^k 디코더를 이용하는 것이다. 그러고 나서 다음과 같은 프리픽스 계산이 적용될 수 있다:

$$\begin{aligned} X_{i:i} &= A_{N-i} && \text{비트당 선계산} \\ X_{i:j} &= X_{i:k} + X_{k-1:j} && \text{그룹 논리} \\ Y_i &= X_{i:0} && \text{출력 논리} \end{aligned} \qquad (10.36)$$

그림 10.97(a)는 8비트 이진-온도계 변환 디코더가 Sklansky 트리를 이용한다는 것을 보여 준다.

표 10.17 이진-온도계 변환 디코더

B	Y
000	00000000
001	10000000
010	11000000
011	11100000
100	11110000
101	11111000
110	11111100
111	11111110

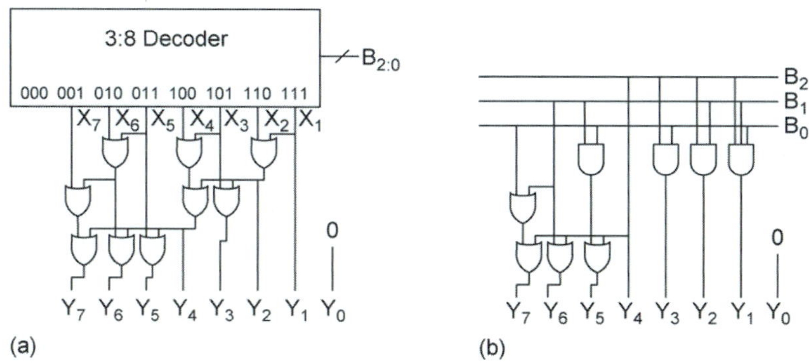

그림 10.97 이진-온도계 변환 디코더

3:8 디코더는 입력의 참형과 그 보수형들에 동작하는 3-입력의 AND 게이트를 포함한다. 그러나 논리는 그림 10.97(b)에 나와 있는 바와 같이 보수인 AND 입력을 제거함으로써 현저하게 단순화될 수 있다.

약간 더 복잡한 예로, 이진수의 스트링 내의 첫 번째 두 개의 1을 찾는 변형된 우선순위 인코더를 고려해 보자. 이것은 캐시(cache) 내의 두 개의 자유 단어(free word) 를 찾을 필요가 있는 두 개의 쓰기 포트를 가진 캐시에서 유용할 수도 있다. 여기에서 두 개의 프리픽스 X와 W를 사용할 것이다. 다시 $X_{i:j}$는 입력 $A_i \cdots A_j$의 어떤 것도 주장되지 않음을 표시한다. $W_{i:j}$는 입력 $A_i \cdots A_j$의 하나가 주장되는 것을 표시한다. 여기에서 다음 식에 일치하는 처음 두 개의 1 출력을 생성할 것이다.

$$
\begin{aligned}
X_{i:i} &= \overline{A_i} \\
W_{i:i} &= A_i && \text{비트당 선계산} \\
X_{i:j} &= X_{i:k} \cdot X_{k-1:j} \\
W_{i:j} &= W_{i:k} \cdot X_{k-1:j} + X_{i:k} \cdot W_{k-1:j} && \text{그룹 논리} \\
Y_i &= A_i \cdot X_{i-1:1} \\
Z_i &= A_i \cdot W_{i-1:1} && \text{출력 논리}
\end{aligned}
\tag{10.37}
$$

10.11 함정 및 착오

논리 수준 및 지연의 균등화

새로운 설계를 현존하는 최상의 설계와 비교하는 것은 어렵다. 일부 엔지니어는 단지 논리 수준을 비교함으로써 지름길로 간다. 불행하게도 지연은 각 스테이지의 논리 에퍼트, 틀림없이 구동해야 하는 팬아웃, 그리고 도선 커패시턴스에 강하게 의존한다. 예를 들면 [Srinvas92]는 가장 빠르다고 알려진 이진 예측 가산기보다 새로운 가산기가 20~28% 더 빠르다고 주장하지만 시뮬레이션 결과를 나타내지는 못한다. 더군다나 이것은 세 개 또는 네 개 유효 숫자에 속도 이점의 일부를 보고한다. 더 세밀한 조사[Dobson95]에서 이 가산기는 일부 불필요한 선계산을 가진 일종의 혼성/캐리 선택 설계가 되는 것을 증명한다.

문턱 강하를 가진 회로 설계

현대적 연산 처리에서 $V_{DD}-V_t$로 출력을 끌어오는 단일 통과 트랜지스터는 문턱 강하[바디 효과(body effect)에 의해 증폭된]가 잡음 마진이 너무 작은 출력을 낳기 때문에 일반적으로 용인하기 어렵다. 더군다나 이들이 후속 스테이지(subsequent stage)의 게이트 단자를 구동할 때 이 스테이지는 부분적으로 ON되고 정적 전력을 소비한다. 그러한 문턱 강하 문제를 겪는 많은 10-트랜지스터 전가산기 셀이 제안되어 왔다.

가산기 재창조

속도, 면적 및 전력 소비 측면의 다양한 균형을 맞춘 가산기에 대한 상당한 양의 연구 논문이 있다. 설계 공간은 상당히 잘 개척되어 왔고 많은 설계자(저자들 중 하나가 포함된)는 '신규' 가산기를 개발하는 데 상당한 시간을 소비해 왔으며 그것이 단지 현재의 주제에 작은 변동인 것을 발견했다. 이와 유사하게 우선순위 인코더에 대한 수많은 최근의 발표 논문은 덧셈의 문맥에서 이미 개척되어 온 프리픽스 네트워크 기법을 재창조한다.

요약

이 장은 데이터 경로 서브시스템의 범위를 보여 주었다. 주어진 CMOS 칩을 어떻게 설계하고 구현하는가는 도구의 활용 가능성, 스케줄, 시스템의 복잡도, 그리고 칩의 최종 비용 목표에 의해 영향을 받는다. 일반적으로 목표를 만족시키는 가장 간단하고 비용이 들지 않는(시간 및 돈의 항목에서) 접근 방식이 선택되어야만 한다. 많은 시스템에서 이것은 합성 및 위치와 경로 배정(place and route)이 충분히 좋다는 것을 의미한다. 현대적 합성 도구는 광범위한 응용 범위를 포괄하기에 충분한 다양한 면적/속도 균형 맞추기를 한 가산기 및 곱셈기의 좋은 라이브러리에 의존한다. 성능 또는 밀도 측면에서 요구 조건이 가장 엄격한 시스템에 대해 결선도 수준에서의 맞춤 설계는 여전히 이점을 제공한다. 도미노 병렬 프리픽스 트리는 높은 전력 소모가 관용적으로 허용될 때 가장 빠른 가산기를 제공한다. 도미노 CSA 또한 빠른 곱셈기에서 사용된다. 그러나 곱셈기 설계에서 도선 커패시턴스는 탁월하고 또한 치밀하고 짧은 도선을 가진 곱셈기는 전력 면에서 작고 낮을 뿐만 아니라 빠를 수 있다.

연습문제

10.1 매 주기당 한 비트만 바뀌는 그레이 코드 카운터를 설계하시오.

10.2 표 10.12 및 그림 10.80은 *SINGLE*, *DOUBLE* 및 *NEG*를 사용하는 기수-4 Booth 인코딩

을 도식화한 것이다. 대안적 인코딩은 *POS*, *NEG* 및 *DOUBLE*을 사용하는 것이다. *POS*는 배수 Y 및 $2Y$에 대해 참이다. *NEG*는 배수 $-Y$ 및 $-2Y$에 대해 참이다. *DOUBLE*은 배수 $2Y$ 및 $-2Y$에 대해 참이다. 이 인코딩을 사용하여 Booth 인코더 및 선택기를 설계하시오.

10.3 입력 스트링 내의 세 개의 1과 일치하는 세 개의 1-핫 출력을 생성하기 위해 식 (10.37)의 우선순위 인코더 논리를 적용하시오.

10.4 Kogge-Stone 프리픽스 네트워크를 사용하여 16비트 우선순위 인코더를 스케치하시오.

10.5 연습문제 10.4로부터 우선순위 인코더의 지연을 개산하기 위해 논리 에퍼트를 사용하시오. 경로의 전기 에퍼트는 1로 가정하자.

10.6 패턴 10이 N비트 입력 스트링 내에 나타나는 두 번째 위치(location)를 결정하는 프리픽스 계산에 대한 방정식을 쓰시오. 예를 들면 010010은 010000으로 복귀해야 한다.

10.7 빠른 8비트 가산기를 설계하시오. 입력은 각 트랜지스터 폭이 30λ를 넘지 않도록 구동할 수도 있고 출력은 반드시 $20/10\lambda$ 인버터를 구동해야만 한다. 이 가산기를 시뮬레이션하고 그 지연을 결정하시오.

10.8 두 개의 부호 없는 수를 더할 때 최종 스테이지의 캐리아웃은 오버플로를 표시한다. 2의 보수 형식 내에 두 개의 부호 있는 수를 더할 때 오버플로 탐지는 약간 더 복잡하다. 캐리 출력 및 출력의 최고 유효 비트의 함수로서 오버플로에 대한 부울 방정식을 개발하시오.

10.9 그림 10.41(b)에서와 같은 부호 있는 더하기/빼기 단위에 대해 연습문제 10.8을 반복하시오. 오버플로 출력은 두 입력과 출력의 최고 유효 비트 그리고 하부 신호(subsignal)의 함수가 되어야만 한다.

10.10 $C_1 \cdots C_n$을 계산하는 n-스테이지 맨체스터 캐리 체인의 C_0 입력에 관해서 논리 에퍼트 및 기생 지연에 대한 식을 개발하시오. 기생 지연을 유도할 때 모든 내부 확산 커패시턴스를 고려하시오. 그림 10.98에 나와 있는 트랜지스터 폭을 사용하고 또한 각 스테이지의 P_i 및 G_i 트랜지스터가 단일 확산 접점을 공유한다고 가정하자.

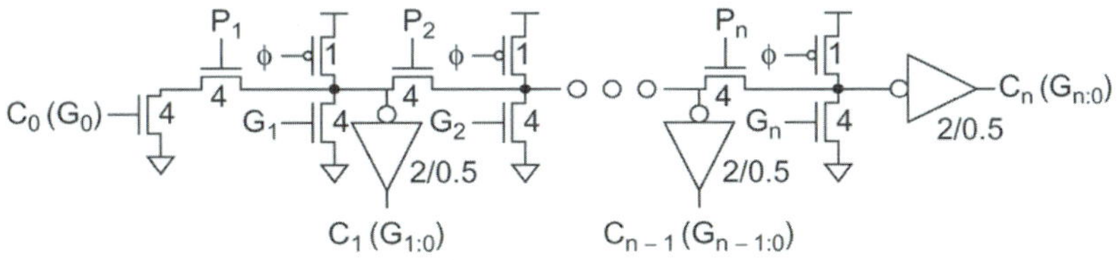

그림 10.98 맨체스터 캐리 체인

10.11 연습문제 10.10의 결과를 사용하면 어떤 맨체스터 캐리 체인 길이가 긴 가산기에 대한 최소 지연을 주는가?

10.12 변동 가능 블록 크기를 가진 그림 10.26(b)의 캐리 증 가산기는 16비트 덧셈에 대한 발런세-2 그룹 PG 셀의 다섯 개의 스테이지를 필요로 한다. 32비트 덧셈에 대해 얼마나 많은 스테이지가 필요한가? 64비트 덧셈에 대해서는 어떠한가?

10.13 [Jackson04]는 나중에 프리픽스 네트워크에서 셀을 단순화하기 위하여 Ling 가산기 구성을 확장하는 것을 제안했다. 이 기술을 이용하여 16비트 가산기를 설계하고 기존의 16비트 Ling 가산기와 비교하시오.

10.14 그림 10.29는 다양한 16비트 가산기에 대한 PG를 보여 주고 그림 10.30은 이러한 네트워크가 어떻게 입방체의 면을 가진 $l+f+t=3$ 평면의 교점으로 분류될 수 있는지를 도식화한다. 이 평면은 또한 $(l, f, t)=(1, 1, 1)$에서 입방체 내부의 한 점을 교차한다[Harris03]. 이 16비트 가산기에 대한 PG 네트워크를 스케치하시오.

10.15 32비트 Ladner-Fischer 가산기에 대한 그룹 PG 트리의 다이어그램을 스케치하시오.

10.16 그림 10.6(b)에 나와 있는 회로 내의 C_{out}에 대한 부울 식을 쓰시오. 통과 트랜지스터 회로가 다수 함수를 참으로 계산하는지를 증명하기 위해 방정식을 간단히 하시오.

10.17 식 (10.21)을 증명하시오.

10.18 $A-B=k$를 계산하는 비교기에 대한 설계를 스케치하시오.

10.19 그림 10.57의 패리티 발생기의 레이아웃이 트리 배선(tree-routing) 채널을 가진 XOR 게이트의 선형 열로 어떻게 설계될 수 있는지 보이시오.

10.20 $c=3$을 가진 거리-3 해밍 코드에 대한 ECC 디코더를 설계하시오. 이 회로는 7비트 수신된 단어를 접수하고 4비트 수정된 데이터 단어를 생성해야만 한다. 게이트 수준 구현을 스케치하시오.

10.21 8비트 데이터 단어에 대한 거리-3 해밍 코드에 대해 얼마나 많은 체크 비트가 필요한가? 패리티 점검 매트릭스를 스케치하고 각 점검 비트를 계산하기 위한 방정식을 쓰시오.

10.22 수 0~15에 대해 4비트 이진 반영된 그레이 코드 값을 찾으시오.

10.23 [8, 4, 2, 1]보다는 [8, 1, 1, 1]의 팬아웃을 가진 변형된 16비트 Sklansky 가산기에 대한 PG 네트워크를 스케치하시오. 임계 경로의 로딩으로부터 덜 중요한 비트를 방지하기 위해 버퍼를 사용하시오.

11 메모리

11.1 서론

메모리 배열은 종종 CMOS 시스템온칩(system-on-chip) 내의 트랜지스터 다수에 대해 설명한다. 배열은 그림 11.1과 여러 부문으로 나누어 볼 수도 있다. **프로그램 가능 논리 배열**(PLA: programmable logic array)은 저장 기능보다는 논리 기능을 실행하지만 이 장에서 논의될 것이다.

임의 액세스 메모리(random access memory)는 **주소**(address)를 가지고 접근되고 주소와 상관없이 지연을 가지고 있다. 대조적으로 **순차 액세스 메모리**(serial access memory)는 순차적으로 접근되고 따라서 어느 주소도 필요하지 않다. **내용 주소지정 가능 메모리**(content addressable memory)는 어느 주소가 지정된 **키**(key)와 대등한 데이터를 포함하는지를 결정한다.

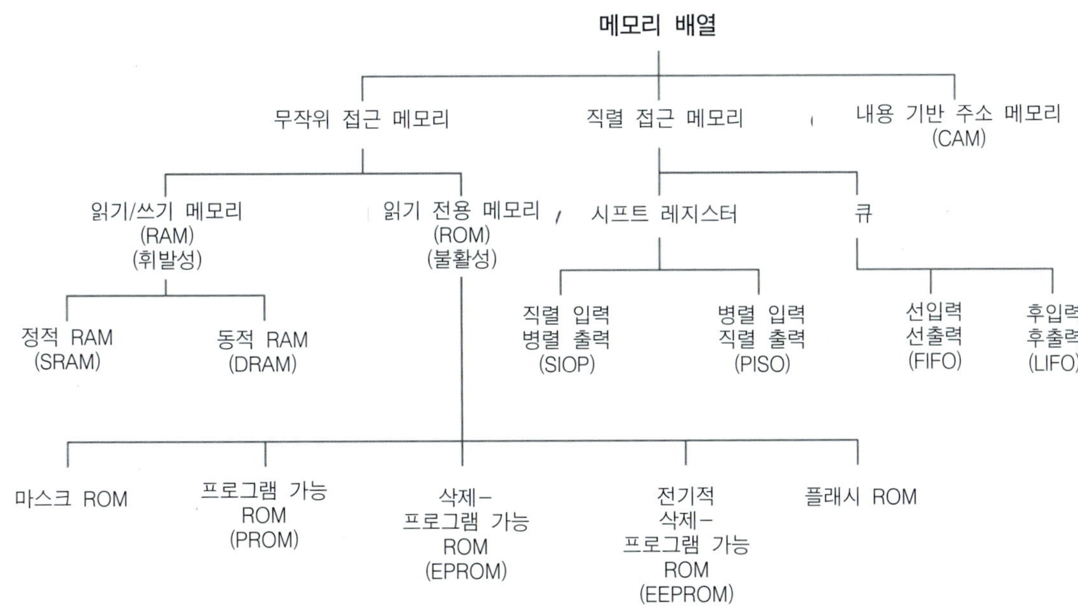

그림 11.1 메모리 배열 분류

임의 액세스 메모리는 공통적으로 **읽기 전용 메모리**(ROM: read-only memory), 또는 **읽기/쓰기 메모리**(read/write memory, 혼동해서 RAM으로 부르는)로 분류된다. 그런데 ROM이라는 용어는 많은 ROM이 쓰기도 가능하기 때문에 혼동을 준다. 더 유용한 분류는 **휘발성**(volatile) 대 **비휘발성**(nonvolatile) 메모리이다. 휘발성 메모리는 전력이 적용되고 있는 한 데이터를 유지하는 반면에 비휘발성 메모리는 데이터를 무한정 보유할 것이다. RAM은 휘발성 메모리와 동의어이고 ROM은 비휘발성 메모리와 동의어이다.

순차화 요소(sequencing element)와 같이 휘발성 메모리에 사용된 메모리 셀은 **정적**(static) 구조와 **동적**(dynamic) 구조로 더 나누어질 수 있다. 정적 셀은 그들의 상태를 유지하기 위해 피드백의 형식을 가지고 있고, 동적 셀은 접근 트랜지스터를 통해 부유 커패시터 상에 저장되는 전하를 사용한다. 전하는 트랜지스터가 OFF인 동안에도 접근 트랜지스터를 통해 누설되어 나갈 것이고 따라서 동적 셀은 그들의 상태를 재생(refresh)하기 위해 반드시 주기적으로 읽기가 되고 다시 쓰기가 되어야만 한다. 정적 RAM(SRAM)은 더 빠르고 문제가 덜 발생하지만 동적 RAM(DRAM)보다 비트당 더 큰 면적을 필요로 한다.

일부 비휘발성 메모리는 확실히 읽기 전용이다. 마스크 ROM의 내용은 제작하는 동안 결선되고 바뀔 수 없다. 하지만 많은 비휘발성 메모리는 그들의 휘발성 상대보다 더 느리다고 할지라도 쓰기가 될 수 있다. **프로그램 가능 ROM**(PROM: programmable ROM)은 한 번 특히 높은 프로그램용 전압을 가지고 칩 상 취입성형(blowing)에 의한 제작 후에 프로그래밍된다. **삭제 가능 프로그램 가능 ROM**(EPROM: erasable programmable ROM)은 부동 게이트 상에 전하를 저장함으로써 프로그래밍된다. 이것은 게이트 외부에서 전하에 충격을 주기 위해 몇 분 동안 자외선(UV)에 노출시킴으로써 삭제될 수 있다. 그 이후 **전기적 삭제 가능 프로그램 가능 ROM**(EEPROM: electrically erasable programmable ROM)은 유사하지만 칩 상 회로 소자와 함께 수천분의 1초 동안에 삭제된다. **플래시**(flash) 메모리는 개별 비트 보다는 차라리 전체 블록을 삭제하는 EEPROM의 변형이다. 더 큰 블록을 가로질러 삭제 회로 소자를 공유하는 것은 비트당 면적을 감소시킨다. 이들의 우수한 밀도 및 쉬운 시스템 내 재프로그램 가능성(reprogrammability) 때문에 플래시 메모리는 대부분의 현대적 CMOS 시스템 내의 다른 비휘발성 메모리를 교체해 왔다.

메모리 셀은 접근을 위한 한 개, 또는 그 이상의 **포트**(port)를 가질 수 있다. 읽기/쓰기 메모리 상에서 각 포트는 읽기 전용, 쓰기 전용, 또는 읽기 및 쓰기 양쪽을 다 할 수 있다.

메모리 배열은 2^m개 비트 각각의 2^n개의 **워드**(word)로 구성된다. 각각의 비트는 메모리 셀에 저장된다. 그림 11.2는 16개의 4비트 워드($n=4$, $m=2$)를 가진 작은 메모리의 구조를 보여 준다. 그림 11.2(a)는 워드당 한 개의 행 및 각 워드 내의 비트당 한 개의 열을 가진 가장 간단한 설계를 보여 준다. 행 디코더는 주소를 이용하여 워드 라인을 동작함으로써 행 중 하나를 활성화한다. 읽기 동작 동안, 이 워드 라인의 셀은 메모리 액세스에 앞서 알려진 값으로 적절하게 조절된 **비트 라인**(bitline)을 구동한다. 열 회로는 데이터를 감지하기 위해 증폭기, 또는 버퍼를 포함하기도 한다. 일반적인 메모리 배열은 각각 8~64개의 비트를 가진 수천, 또는 수백만의 워드를 가지고 있을 수 있으며, 그것은 칩 평면배치와 잘 맞지 않는 높고 가는 레이아웃으로 이어지고 긴 수직의 도선 때문에 느려질 것이다. 따라서 이 배열은

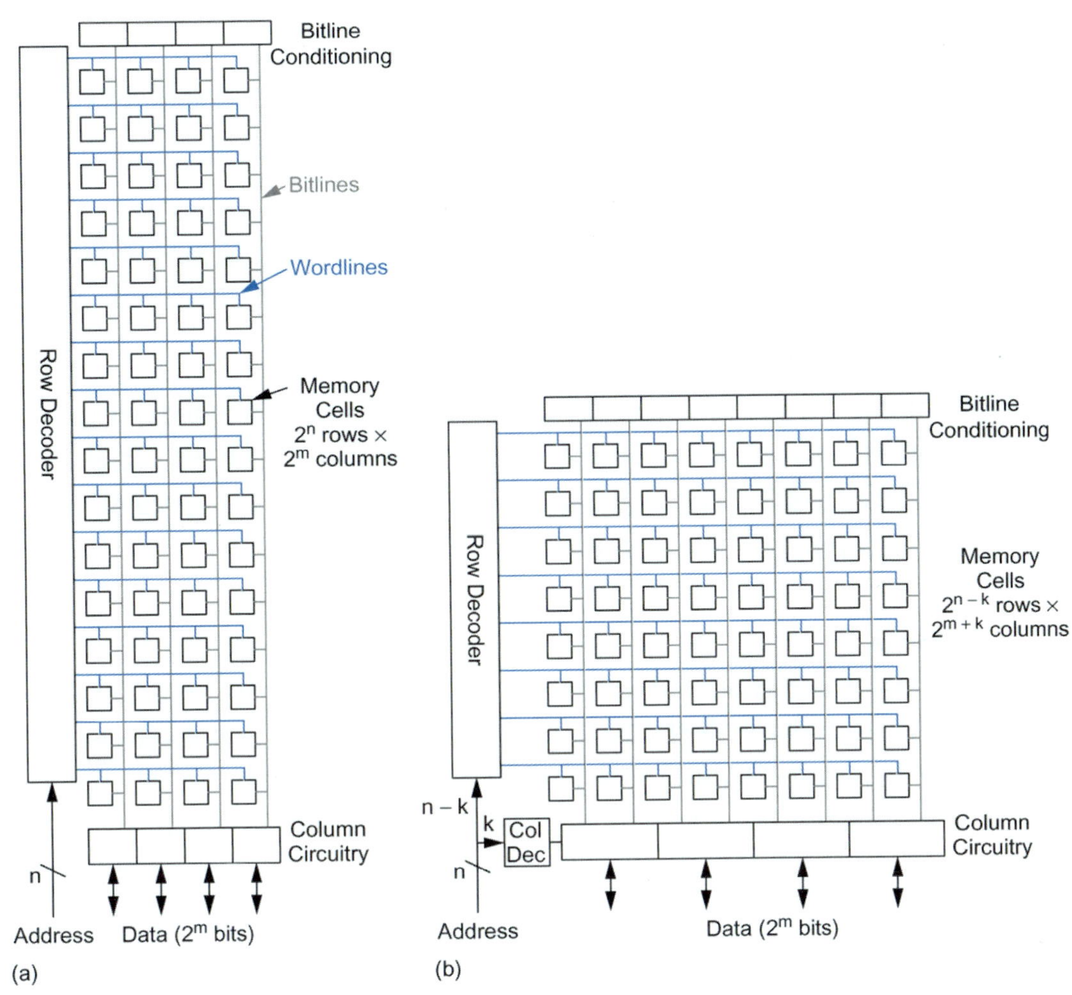

그림 11.2 메모리 배열 구조

종종 더 많은 개수의 열의 더 적은 개수의 행으로 포개지게 된다. 포개진 후에 메모리의 각 행은 2^k개의 워드를 포함하고 따라서 이 배열은 물리적으로 2^{m+k}개 **열**(column)의 2^{n-k}개의 **행**(row)으로 또는 비트로 구성된다. 그림 11.2(b)는 8개 열과 8개 행의 2-방향으로 포개짐(k=1)을 보여 준다. 열 디코더는 접근하기 위한 데이터로서 2^m개의 비트를 행에서 선택하기 위해 열 회로에 있는 멀티플렉서를 제어한다. 더 큰 메모리는 워드 라인과 비트 라인이 합리적으로 짧고, 빠르고, 전력 소비에서 낮은 채로 남아 있도록 일반적으로 다중의 작은 부배열로 만들어진다.

11.2절에서는 칩 상 메모리의 가장 널리 사용되는 형식인 SRAM을 가지고 시작한다. 또한 SRAM은 셀 설계, 디코딩 및 열 회로 소자 설계의 모든 쟁점을 보여 준다. 그 다음 절들에서는 DRAM, ROM, 순차 액세스 메모리, CAM 및 PLA를 설명한다.

11.2 SRAM

정적 RAM은 전원이 가해지는 한 그 값을 유지하는 내부 피드백을 가진 메모리 셀을 이용한다. 이것은 다음과 같은 매력적인 특성을 가지고 있다.

- 플립플롭보다 밀집할 수 있다.
- 표준의 CMOS 공정과 호환성을 가진다.
- DRAM보다 빠르다.
- DRAM보다 사용하기 쉽다.

이런 이유로, SRAM은 캐시에서부터 레지스터 파일에, 표에, 스크래치 패드 버퍼에까지 넓은 응용에서 사용된다. SRAM은 행과 열 회로와 함께 메모리 셀의 배열로 구성된다. 이 절은 이러한 성분의 설계와 동작을 검사하는 것에서 시작된다. 그러고 나서 다중 포트로 연결된 레지스터 파일, 큰 SRAM, 그리고 하위 문턱 SRAM을 포함하여 중요한 SRAM의 특별한 경우를 고려한다.

11.2.1 SRAM 셀

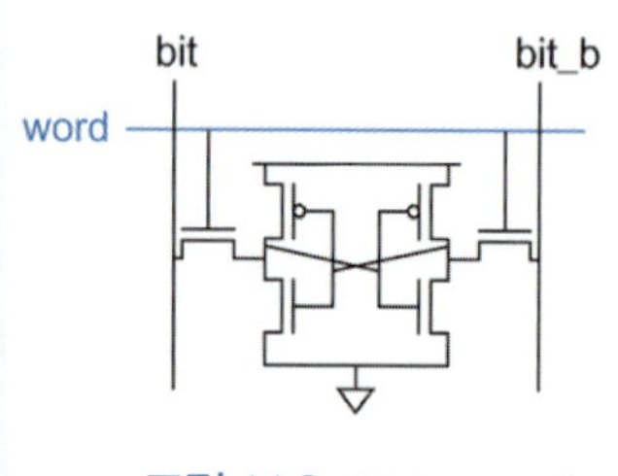

그림 11.3 6T SRAM 셀

SRAM 셀은 데이터를 읽고 쓰고전력이 공급되는 한 데이터를 붙잡아 둘 수 있어야 있다. 보편적 플립플롭은 이 요구 사항을 성취할 수 있지만, 크기가 상당히 크다. 그림 11.3은 플립플롭보다 1/10 이하로 작은 크기의 표준 6-트랜지스터(6T) SRAM 셀을 보여 준다. 6T 셀은 셀을 읽고 쓰는 데에 보다 복잡한 주변 회로를 사용하여 조밀도를 달성한다. 이것은 메모리 셀이 면적을 지배하는 큰 RAM 배열에서 좋은 트레이드오프이다. 작은 셀 크기는 또한 더 짧은 도선과 그에 따른 낮은 동적 전력 소모를 제공한다.

6T SRAM 셀은 상태를 잡는 한 쌍의 약한 상호 결합된 인버터와 상태를 읽거나 쓰기 위한 한 쌍의 접근 트랜지스터를 포함한다. 양의 피드백은 누설, 또는 잡음에 의해 초래되는 방해를 보정한다. 셀은 *bit*와 *bit_b*인 비트 라인을 통하여 원하는 값과 그 보수를 구동하고, 그러고 나서 워드 라인, *word*를 올려 쓴다. 새로운 데이터는 상호 결합된 인버터보다 강한 힘을 가진다. 그것은 2개의 비트 라인을 높게 선충전시키고, 그러고 나서 그들이 표류하게 함으로써 읽힌다. *word*가 올려질 때, *bit*, 또는 *bit_b*를 끌어내리며 데이터 값을 보여 준다. SRAM 설계의 핵심적인 도전 과제는 그 크기를 최소로 하고, 상태를 잡는 회로가 충분히 약해서 쓰는 동안 보다 강한 힘이 가해지는 것을 보장하게 하면서도, 읽는 동안 상태가 방해받지 않을 정도로 강하게 하는 것이다.

SRAM 동작은 두 개의 위상으로 나누어진다. 이 위상들은 ϕ_1 및 ϕ_2로 부르지만 실제적으로는 *clk* 및 그 보수 *clkb*로부터 발생될 수 있다. 위상 2에서 SRAM이 선충전되는 것을 가정한다. 위상 1에서 SRAM은 쓰기, 또는 읽기가 된다. 타이밍 도면은 보장된 클럭(이네이블로 게이팅된 ϕ1)을 위해 _q1, 위상 1 동안 유효화한 것들을 위해 _v1, 그리고 단계 1을 통해 안정적인 채로 남아 있는 것들을 위해 _s1이라는 신호를 표시한다.

설계자가 그들 자신의 SRAM 셀을 개발하는 것은 더 이상 일반적이지 않다. 보통 제작 회사는 특별한 제조 공정에 주의 깊게 맞춰진 셀을 공급한다. 일부 공정은 다양한 속도/밀도의 트레이드오프를 가진 2개 이상의 셀을 제공한다.

다음 절에서는 SRAM의 읽기와 쓰기 그리고 물리적 설계를 논의한다.

11.2.1.1 읽기 동작 그림 11.4는 읽기가 되고 있는 SRAM을 보여 준다. 비트 라인은 양쪽 모두 초기에 높게 플로팅된다. 보편성을 잃지 않고 *Q*가 초기에 '0' 이 되고 그 다음에 *Q_b*가 초기에 '1' 임을 가정한다. *Q_b*와 *bit_b* 양쪽 모두는 '1' 로 남아있어야만 한다. 워드 라인이 상승될 때 트랜지스터 *D*1 및 *A*1를 통해 *bit*는 풀다운되어야만 한다. *bit*가 풀 다운 됨과 동시에 *Q*가 상승된다. *Q*는 *D*1에 의해 낮게 유지되어 있지만 *A*1으로부터 흘러 들어가는 전류에 의해 상승된다. 따라서 구동기 *D*1은 반드시 접근 트랜지스터 *A*1보다 강해야만 한다. 특히 트랜지스터는 반드시 노드 *Q*가 *P*2/*D*2 인버터의 스위칭 문턱 아래로 유지되도록 비율이 되어야만 한다. 이 제약은 **읽기 안정성**(read stability)이라고 부른다. 읽기 동작의 파형은 0이 *bit* 상으로 읽기가 되면서 그림 11.4(b)에서 볼 수 있다. *Q*가 일시적으로 상승하지만 셀을 뒤집기에 충분할 만큼 나쁘게 오동작하지 않음을 주시하자.

그림 11.5는 SRAM으로부터의 완전 열의 문맥 내의 동일 셀을 보여 준다. 위상 2 동안 비트 라인은 높게 선충전된다. 워드 라인은 위상 1 동안 단지 상승한다. 따라서 이것은 _q1 자격 있는 클럭으로 생각될 수 있다. 많은 SRAM 셀은 분산된 이중 레일 풋리스(footless) 동적 멀티플렉서로서 작용하는

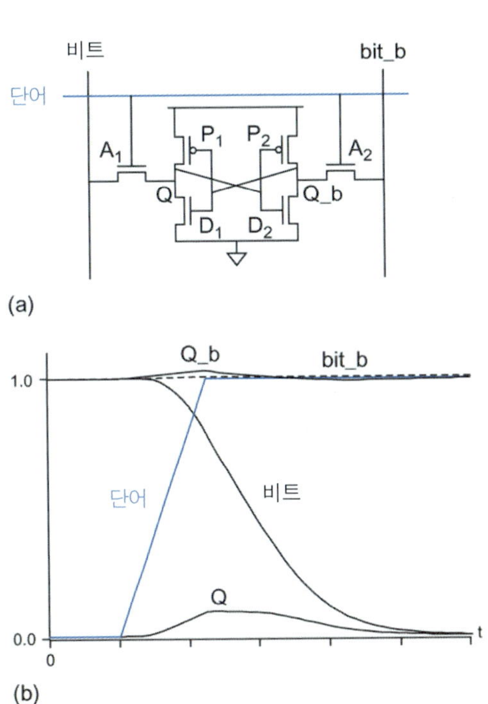

그림 11.4 6T SRAM 셀에 대한 읽기 동작

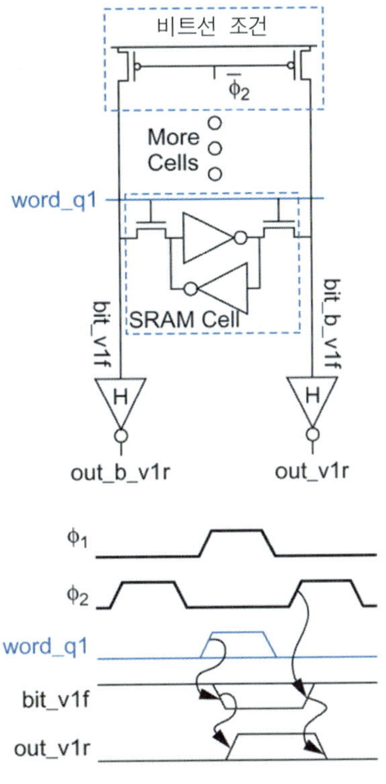

그림 11.5 SRAM 열 읽기

동일 비트 라인 쌍을 공유한다. 전체 비트 라인의 커패시턴스는 접근 트랜지스터를 통해 반드시 방전되어야만 한다. 출력은 HI-비대칭 인버터의 쌍에 의해 감지될 수 있다. 센스 인버터의 스위칭 문턱을 상승시킴으로써 지연은 잡음 여유의 희생으로 감소될 수 있다. 출력은 도미노 게이트 내에서와 마찬가지로 이중 레일 단조성 상승 신호이다.

11.2.1.2 쓰기 동작 그림 11.6의 파형은 쓰기가 되고 있는 SRAM 셀을 보여 준다. 다시 *Q*가 초기에 '0' 이고 셀 내로 '1' 쓰기를 원한다고 가정한다. *bit*는 높게 선충전되고 플로팅된 채로 남겨진다. *bit_b*는 쓰기 구동기에 의해 낮게 당겨진다. 여기에서 읽기 안정 제약 때문에 *bit*는 *A*1을 통해 *Q*를 강제로 높게 할 수 없으리라는 것을 알게 된다. 따라서 셀은 *P*2를 통해 강제로 *Q_b*를 낮게 함으로써 반드시 쓰기가 되어야 한다. *Q_b*가 충분히 낮게 당겨질 수 있도록 반드시 *P*2는 *A*2보다 더 약해야만 한다. 이 제약은 **쓰기 안정성**(writability)이라고 부른다. 일단 *Q_b*가 낮게 하강하면 바라는 바와 같이 *Q*를 높게 당기면서 *D*1은 OFF가 되고 *P*1은 ON이 된다.

그림 11.7(a)는 다시 SRAM으로부터의 완전 열의 문맥 내의 셀을 보여 준다. 위상 2 동안 비트 라인은 높게 선충전된다. 쓰기 구동기는 셀 쓰기를 위해 위상 1 동안 비트 라인 및 그 보수를 낮게 끌어당긴다. 쓰기 구동기는 데이터 및 쓰기 이네이블에 대한 각 비트 라인 상의 트랜지스터 쌍 또는 신호의 적절한 조합에 의해 구동된 단일 트랜지스터[그림 11.7(b)]로 구성되어 있다. 어느 사례에서도 쓰기 구동기, 비트 라인 도선 및 접근 트랜지스터의 직렬 저항은 SRAM 셀 내의 pMOS를 제압하기에 충분할 만큼 반드시 낮아야만 한다. 일부배열은 하나의 비트 라인을 높게하며 동시에 다른 하나는 끌어내림으로써 쓰기 능력을 향상시키기 위해 3상태 쓰기 구동기를 이용한다.

11.2.1.3 셀 안정성 읽기 안정성 및 쓰기 가능성 양쪽 모두가 확실하도록 트랜지스터의 비율 조건은 반드시 만족되어야 한다. 상호 결합된 인버터 내의 nMOS 풀다운 트랜지스터가 반드시 최고로 강해야만 한다. 접근 트랜지스터는 중간 정도로 강하고 pMOS 풀업 트랜지스터는 반드시 약해야만 한다. 우수한 레이아웃 밀도를 달성하기 위해 모든 트랜지스터는 반드시 상대적으로 작아야만 한다. 예를 들면 풀다운은 $8/2\lambda$이고 접근 트랜지스터는 4/2, 그리고 풀업은 3/3이다. SRAM 셀은 모든 전압 및

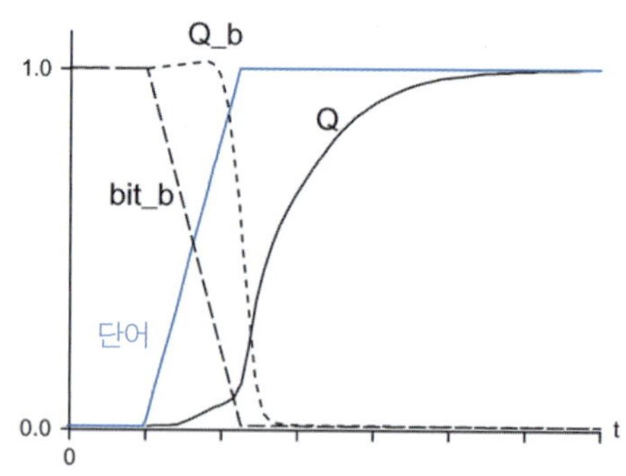

그림 11.6 6T SRAM 셀에 대한 쓰기 동작

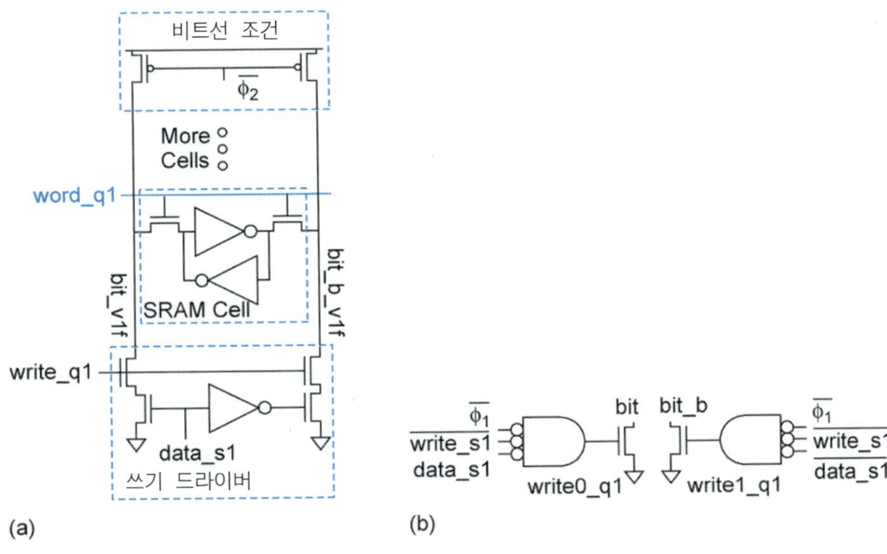

그림 11.7 SRAM 열 쓰기

온도의 모든 공정 코너에서 반드시 올바르게 동작해야만 한다.

셀의 안정성과 쓰기 능력은 유지 여유, 읽기 여유와 쓰기 여유에 의해 측정되며, 그것은 다양한 운용 방법에서 셀의 정적 잡음 여유에 의해 결정된다. 셀은 유지와 읽기 작업 동안 2가지 안정 상태를 가지고 있어야 하며 쓰기 작업 동안은 하나의 안정 상태를 가져야 한다. **정적 잡음 여유**(SNM: static noise margin)는 (유지, 또는 읽기 중에) 안정 상태를 잃거나 (쓰기 중에) 두 번째 안정 상태가 만들어지기까지 얼마나 많은 잡음이 2개의 상호 결합된 인버터들의 입력에 가해질 수 있는지를 측정한다.

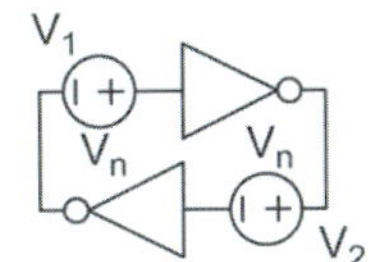

그림 11.8 잡음원에 대한 유지 여유를 가진 상호 결합된 인버터

그림 11.8은 **유지 여유**(hold margin)를 결정하기 위한 테스트 회로를 보여 준다(즉 읽기나 쓰기가 아닌 동안 셀이 그 상태를 잡고 있는 정적 잡음 여유. 이것은 플립플롭의 홀드 시간과 **무관**하다). 잡음원 V_n이 상호 연결된 각 인버터들에 가해진다. 접근 트랜지스터는 꺼지고, 회로의 행동에 영향을 미치지 않는다. 정적 잡음 여유는 그림 11.9에 나와 있는 **버터플라이 다이어그램**(butterfly diagram)으로부터 그래프로 결정될 수 있다. 그림은 $V_n=0$으로 놓고, V_1에 대해서 V_2를 그리고(곡선 I) V_2에 대해서 V_1을 그려서(곡선 II) 생성한다. 인버터가 동일하면, DC 전달 곡선은 $V_1=V_2$의 선을 가로질러 반사된다. 버터플라이 다이어그램은 2가지 안정 상태(한쪽 출력은 낮고 다른 출력은 높은)와 하나의 준안정 상태($V_1=V_2$)를 보여 준다. 양의 잡음 값은 곡선 I을 왼쪽으로 움직이고 곡선 II를 위로 움직인다. 과도한 잡음은 $V_1=0$과 $V_2=V_{DD}$의 안정 상태를 제거하고 셀을 반대 상태로 밀어 넣는다. 정적 잡음 여유는 곡선들 사이에 위치할 수 있는 가장 큰 정사각형의 옆의 길이에 의해 결정된다[Lohstroh83, Seevinck87]. 인버터가 같으면, 버터플라이 다이어그램이 대칭이 되고, 높고 낮은 정적 잡음 여유가 같게 된다.[1] 인버터

[1] 이와는 대조적으로, 2.5.3절에 정의된 단일 이득 잡음 여유는 같지 않을 수 있다. 버터플라이 다이어그램에 의한 정적 잡음 여유는 작은 잡음 여유를 향상시키기 위해 큰 잡음 여유를 일부 희생한다.

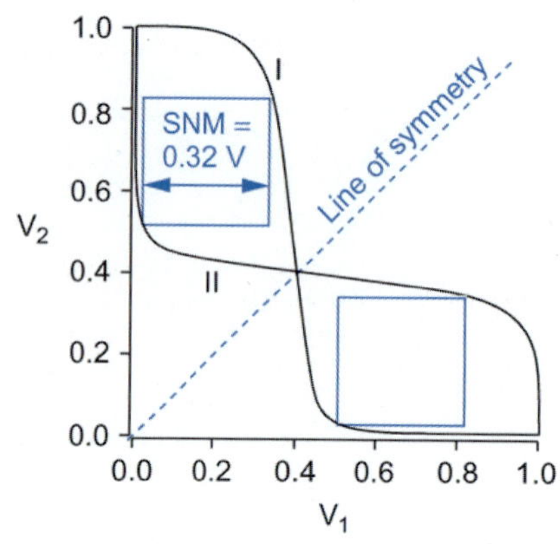

그림 11.9 유지 여유를 나타내는 버터플라이 다이어그램

가 같지 않으면, 정적 잡음 여유는 그 두 가지 경우보다 작아진다. 잡음 여유는 V_{DD}와 V_t에 따라 증가한다.

셀이 읽히고 있을 때, 비트 라인은 처음에 선충전되고 접근 트랜지스터는 낮은 노드를 끌어올리는 경향이 있다. 이것은 전압 전달 특성을 왜곡한다. 이러한 환경 아래서 정적 잡음 여유는 **읽기 여유**(read margin)로 불리며 유지 여유보다 작다. 그것은 비트 라인을 V_{DD}에 묶고 그림 11.10의 회로에서 같은 시뮬레이션을 수행함으로써 획득될 수 있다. 그림 11.11은 그 결과를 보여 준다. 읽기 여유는 접근 트랜지스터 A에 대한 풀다운 트랜지스터 D의 상대적인 강도에 의존한다. 이러한 두 트랜지스터 폭의 비율은 **베타 비율**(beat ratio) 또는 **셀 비율**(cell ratio)로 불린다. 높은 베타 비율은 읽기 여유를 증가시키지만, 넓은 풀다운 트랜지스터를 구축하기 위해서 더 많은 면적을 차지한다. 읽기 여유는 또한 V_{DD} 또는 V_t를 증가시키거나 워드 라인의 전압을 V_{DD}에 비하여 줄임으로써 개선된다.

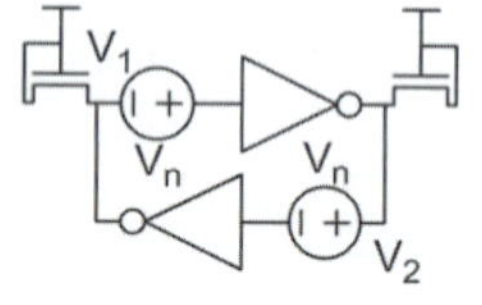

그림 11.10 읽기 여유 회로

셀이 쓰여지고 있을 때, 접근 트랜지스터 A는 하나의 안정 상태를 만들기 위해 풀업 P보다 강해야 한다. **쓰기 여유**(write margin)는 한 접근 트랜지스터는 0으로 다른 것은 1로 당겨 놓고, 읽기 여유와 비슷한 시뮬레이션에 의해 결정된다. 만약 $|V_n|$이 너무 크면, 두 번째 안정 상태가 존재할 것이고, 쓰기 기능을 방지할 것이다. 그림 11.12는 비트가 0에 잡혀 있는 동안의 특성을 보여 준다. 쓰기 여유는 두 곡선 사이에 포함된 가장 작은 정사각형의 크기이다[Bhavnagarwala05]. 쓰기 여유는 접근 트랜지스터가 더 강해지거나, 풀업이 더 약해지거나, 워드 라인 전압이 증가되는 등으로 개선된다. 이러한

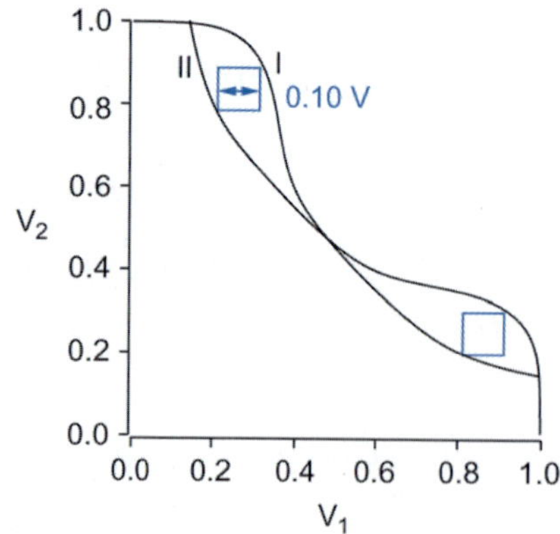

그림 11.11 읽기 여유

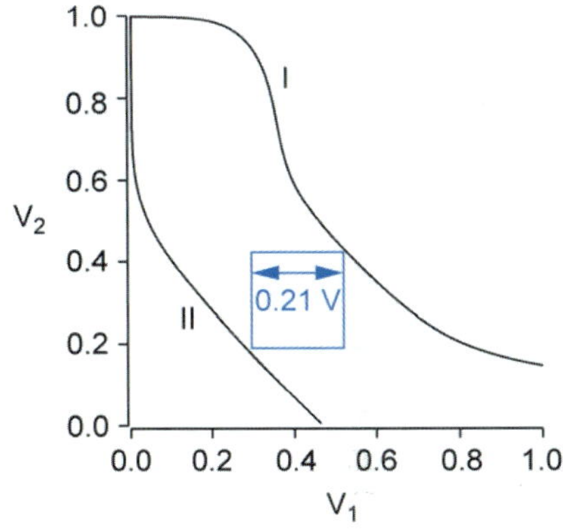

그림 11.12 쓰기 여유

경향은 읽기 여유를 향상시키는 것과 상충하고 있다.

임의의 도펀트 변동에 의해 초래된 문턱 전압 부정합은 칩 위의 막대한 수의 셀과 증가된 변동성 때문에 나노미터 공정에서 특별한 문제가 된다[Bhavnagarwala01]. 이 변화는 읽기, 쓰기, 유지 여유의 분포를 만든다. 어떤 셀에 음의 여유가 발생하면, 그것은 동작 불능이다.

예제 11.1

64 Mb SRAM의 셀이 표준편차가15 mV이고 정규 분포를 따르는 읽기 여유를 가진 것으로 가정하자. 어떤 셀이 음의 읽기 여유를 가지고 있다면 배열을 신뢰할 수 없다고 가정하자(이것이 낙천적이다. 어느 정도 여유는 잡음에 대한 예상으로 있어야 한다). 배열을 위한 90% 매개변수적 수율을 달성하기 위해 평균 읽기 여유는 어떻게 되어야 하는가?

해답: 식 (6.21)을 이용하면, 각 셀은 다음의 고장 확률을 가지고 있어야 한다.

$$X_c = 1 - \sqrt[N]{Y} = 1 - \sqrt[2^{26}]{0.9} = 1.6 \times 10^{-9} \tag{11.1}$$

표 6.8에 따르면, 이것은 거의 가우스 변동의 6σ가 받아들여져야 함을 의미한다. 그러므로 읽기 여유는 최소 90 mV여야 한다.

이 분석은 여러 경고를 수용해야 한다. X_c의 연산은 셀의 고장 확률이 독립적이라고(그러나 가우스 분포일 필요는 없다) 가정한다. 읽기 여유가 반드시 가우스 분포는 아니며 다른 형태의 꼬리를 가진 분포는 X_c를 달성하도록 다른 여유량이 요구될 것이다. 0 읽기 여유의 고장 기준은 셀을 방해할 수도 있는 잡음을 고려하지 않는다. 90% 매개변수적 수율의 선택은 임의적이고 아마 잘못될 수 있다. 만약 그 메모리가 더 큰 칩의 작은 부분이었으면, 그것의 매개변수적 수율은 칩 전체를 위한 좋은 매개변수적 수율을 달성하는 것 보다 더 커야 할 것이다. 그리고 기능 장애를 일으키는 점 결함은 고려되지 않았다.

전체 몬테카를로 시뮬레이션을 통하여 그와 같은 불량 발생률을 검증하는 것은 수십억의 시뮬레이션을 요구하여 비실용적이다. 그러나 정적 잡음 여유의 꼬리는 경험적으로 정규 분포를 따르는 것이 발견되었다[Calhoun06b]. 그러므로 소수의 몬테카를로 매개변수는 모델을 맞추는 데 사용될 수 있으며, 결국 긴 꼬리의 행동을 예상하는 데 사용된다. 이것은 꼬리의 분포가 모델과 가깝게 일치하지 않으면, 결과가 심각하게 부정확할 수 있기 때문에 주의 깊게 이루어져야 한다. 다른 방법은 **주요 표집**(importance sampling)이라고 불리는 기술로 고장 지점 근처에 무작위 값을 이용하는 시뮬레이션을 수행한다. 샘플은 고장의 정정된 확률을 계산하기 위해 가중치가 가해진다[Kanj06].

정적 잡음 여유가 V_{DD}에 의존하기 때문에, SRAM은 그들이 확실히 동작할 수 있는 최소 전압을 가지고 있다. 이 전압은 V_{min}으로 불리며, 6T 셀이 사용된 경우 일반적으로 0.7~1.0 V이다. V_{min}은 연속된 전압 크기 조정에 장애물이 된다. 11.2.6.1절에서는 저전압 SRAM 설계에 대한 대안을 조사할 것이다.

정적 잡음 여유는 그들이 DC 작동을 가정하기 때문에 보수적이다: 잡음원이 일정하고, 접근 트랜지스터는 무한히 ON이고, 비트 라인은 가득 찬 선충전 수준에 남아 있다. 이러한 가정은 큰 **동적 잡음 여유**(dynamic noise margin)를 정의하기 위해 완화될 수 있다[Khalil08, Sharifkhani09].

11.2.1.4 물리적 설계 SRAM 셀은 좋은 밀도를 달성하도록 영리한 레이아웃을 요구한다. 전통적인 설계는 90 nm 세대까지 이용되었고 리소그래피에 우호적인 설계가 그 이후에 이용되었다.

그림 11.13(a)는 종래 6T 셀의 막대 도표를 보여 준다. 그림 11.13(b)에 나와 있는 바와 같이 셀 경계를 따라 인접 셀 사이에 V_{DD}와 GND 선을 공유하기 위해 셀은 반사되고 중첩되도록 설계된다. 어떻게 비트 라인에의 단일 확산 접촉이 한 쌍의 셀 사이에 공유되는지를 주목하자. 이것은 확산 커패

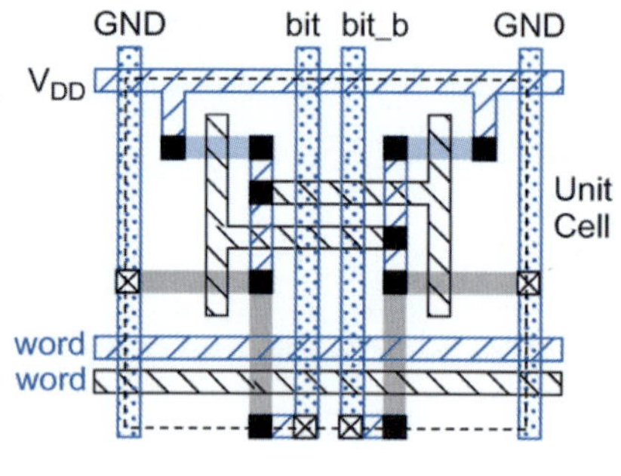

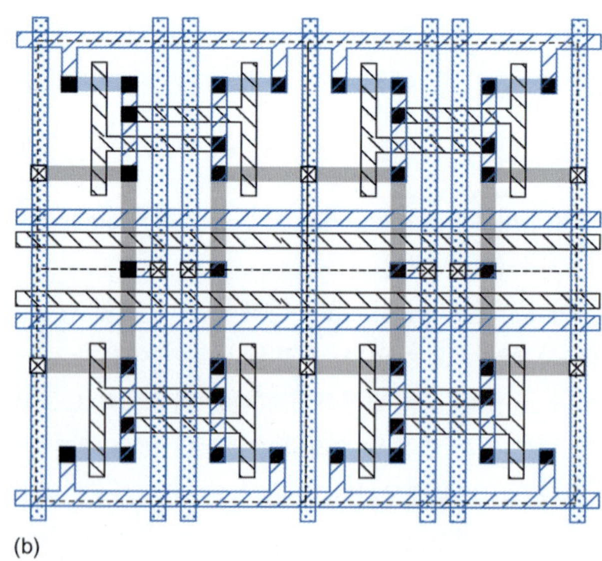

그림 11.13 6T SRAM 셀의 막대 그림

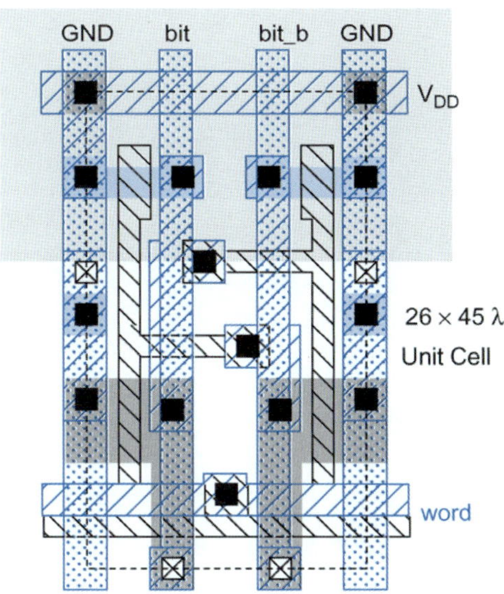

그림 11.14 6T SRAM 셀의 레이아웃

시턴스를 이등분하고, 읽기 접근 동안 비트 라인을 방전하는 지연을 감소시킨다. 워드 라인은 금속1과 폴리실리콘으로 구성된다. 2개 층은 때때로 묶여야 한다(예를 들면 4개 또는 8개 셀마다). 그림 11.14는 MOSIS 서브미크론 설계 도구에 따르는 26×45λ의 보수적인 셀을 보여 준다. 이 레이아웃에서, 금속1과 폴리실리콘 워드 라인은 각 셀에 접촉된다. 기판 그리고 웰 또한 각 셀에 접촉된다.

특징 크기가 빛의 파장보다 작은 경우 폴리실리콘과 확산의 굴곡은 정확히 제조하기 어렵다. 더욱이 기존 셀의 마스크 부정 정렬은 변동성을 한층 더 증가시킨다. 그러므로 나노미터 공정은 이제 그림 11.15에 나와 있는 **리소그래피에 우호적인 6T 셀**을 이용한다[Osada01]. 확산은 엄격히 수직 방향으로 진행하고 폴리실리콘은 엄격히 수평 방향으로 진행한다. 셀은 길고 홀쭉하며, 더 긴 워드 라인을 사용함으로써 임계적인 비트 라인의 커패시턴스를 감소시킨다. 따라서 그것은 종종 **얇은 셀**(thin cell)로 불린다[Khare02]. 그 레이아웃은 두 개의 수평 금속1 트랙과 여섯 개의 수직 금속2 트랙을 차지한

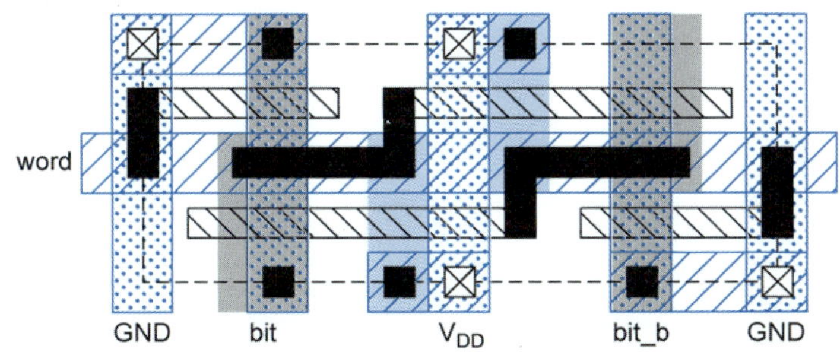

그림 11.15 리소그래피 우호적 6T SRAM 셀

저작권자의 요청으로 그림을 제공할 수 없음

그림 11.16 SRAM 크기 조정(© IEEE 2005~2008)

다. 그것은 pMOS 드레인과 nMOS 트랜지스터와 폴리실리콘 배선 사이를 연결하기 위해 지역 연결, 또는 **트렌치 접촉**(trench contact)을 이용한다. 이번에도 기판과 웰 접촉은 복수의 셀 사이에 공유된다.

nMOS 확산은 1보다 큰 베타 비율을 달성하기 위한 일정하지 않은 폭을 가지고 있다. 파인 홈은 리소그래피 제한 때문에 둥글게 마무리하는 경향이 있다. 그러므로 폴리실리콘의 확산에 대한 정렬 불량은 접근 트랜지스터의 유효 폭을 바꿀 수 있다. 또 다른 레이아웃은 nMOS 트랜지스터와 1의 베타 비율을 위하여 최소 폭 확산을 이용한다. 이것은 **직사각형 확산**(rectangular-diffusion)[Yamaoka04], 또는 **홈 없는 확산**(diffusion-notch-free)[Khellah09] 셀로 불린다. 그 레이아웃은 일반적인 읽기 여유를 감소시키지만, 셀의 변동성은 감소시킨다.

그림 11.16은 어떻게 SRAM 셀 크기가 다섯 공정 세대 동안 조정되는 지를 보여 준다. 마이크로그래프는 확산과 폴리실리콘 영역을 보여 준다. 종래 셀에서부터 얇은 셀까지의 변화를 주시하라. 그림 11.17은 셀 크기 대 최소 배선 폭을 표시한다. 셀 크기는 리소그래피와 변동성의 커지는 도전에도 불구하고 잘 조정되어 왔다. SRAM은 매우 중요하므로 상업적 공정에서 셀 면적이 최소화되도록 설계 규칙이 세밀히 조사되고 가능하면 구부리도록 한다. 기판과 웰 접촉은 면적을 절약하기 위하여 규칙성을 사용하여 복수의 셀에 공유된다. 그림 15.12는 nMOS와 pMOS 트랜지스터를 연결시키기 위해 금속1 대신에 지역 연결을 이용한 종래 6T SRAM 셀의 또 다른 마이크로그래프를 보여 준다.

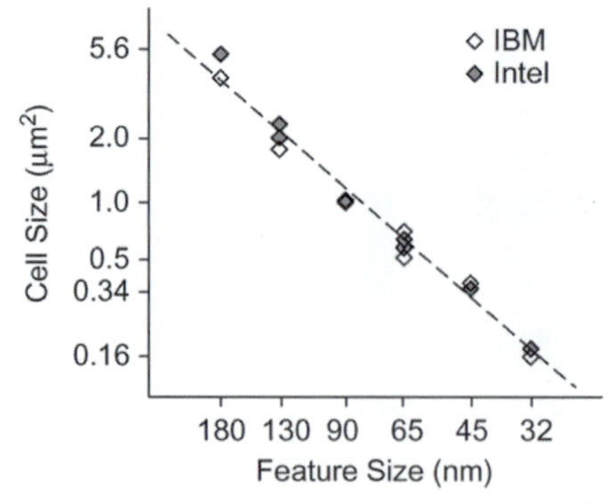

그림 11.17 SRAM 셀 크기 대 특징 크기

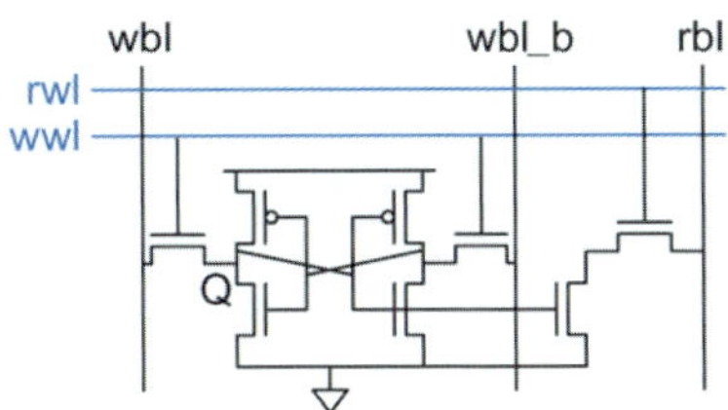

그림 11.18 8T 이중 포트 SRAM 셀

11.2.1.5 대체 셀 그림 11.18은 독립적인 읽기와 쓰기 포트를 제공하기 위하여 8개 트랜지스터를 이용하는 **이중 포트**(dual-port) SRAM 셀을 보여 준다. 쓰기를 위해 데이터와 그것의 보수가 *wbl*과 *wbl_b* 비트 라인에 가해지고 *wwl* 워드 라인이 가해진다. 읽기를 위해 *rbl* 비트 라인은 선충전되고, 그러고 나서 *rwl* 워드 라인이 가해진다. 읽기 작업이 접근 트랜지스터를 통해 상태 노드를 후진시키지 않으므로 읽기 여유는 유지 여유만큼 좋다는 것을 유의하자. 다중 포트 셀은 11.2.4절에서 더 논의된다.

읽기 여유, 쓰기 여유, 트랜지스터 크기, 그리고 동작 전압 사이의 트레이드오프는 소형 6T 셀의 최소 동작 전압을 제한한다. 단일 포트 동작을 위한 8T 이중 포트 셀을 이용하는 것은 이러한 트레이드오프를 피하고, 저전압 동작을 가능하게 한다[Chang08]. 인텔은 45 nm 라인의 Core 프로세서의 코어 내에서 6T를 8T 셀로 전환했다[Kumar09].

SRAM은 비율 제약이 만족됨을 확실히 하고 동적 비트 라인을 누설과 잡음으로부터 보호하도록 주의 깊은 설계가 요구된다. 작은 메모리를 위해, 정적 설계가 바람직할 수도 있다. 그림 11.19(a)는 단순한 정적 래치와 3상태의 인버터로 만들어진 12-트랜지스터 SRAM 셀을 보여 준다. 그 셀은 단일

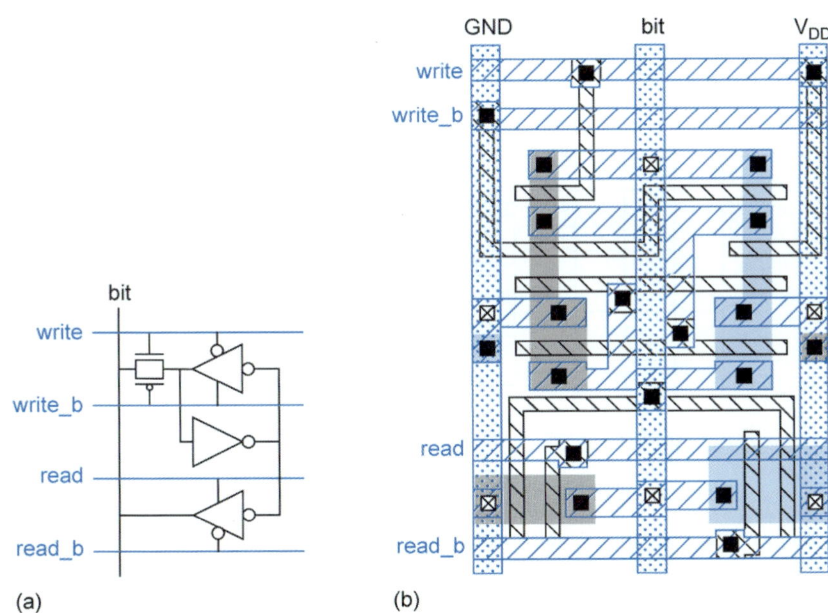

그림 11.19 12T SRAM 셀

비트 라인을 가지고 있다. 참형과 상보형의 읽기와 쓰기 신호가 하나의 워드 라인 대신에 이용된다. 그림 11.19(b)의 대표적인 레이아웃은 46×75λ의 면적을 가지고 있다. 이 셀은 작은 레지스터 파일(<32개)에, 설계 시간이 밀도보다 더 중요한 학교 프로젝트에, 그리고 저전압 동작에 적합하다.

11.2.2 행 회로 소자

행 회로는 디코더와 워드 라인 구동기로 구성된다. 가장 간단한 디코더는 주소 비트의 참형 및 상보형 버전을 사용하는 AND 게이트의 모음이다. 그림 11.20은 여러 가지 직접적 구현을 보여 준다. 그림 11.20(a)의 첫 번째 구현은 인버터가 뒤를 따르는 정적 NAND 게이트이다. 이러한 구조는 속도가 임계적이지 않으면 5~6개의 입력, 또는 그 이상의 입력에 대해 유용하다. 행 디코더 내에 각 참형 및 상보형 주소 라인 상의 2^{n-k}개의 트랜지스터가 있기 때문에 버퍼링된 주소 라인 상의 로드를 감소시키기 위해 NAND 트랜지스터는 보통 최소 크기로 만들어져 있다. 그림 11.20(b)의 두 번째 구현은 두 개의 인버터를 가지고 버퍼링된 의사 nMOS NOR 게이트를 사용한다. NOR 게이트 트랜지스터는 최소 크기로 만들어져야 하며 인버터는 워드 라인을 구동하기 위한 적절히 크기로 조정된다. 이 설계는 만들기는 쉬우나 비율 제약을 확인해야 하며 커다란 배열에서 사용하기에는 전력 소비가 너무 크다.

워드 라인은 일반적으로 적절한 비트 라인 타이밍을 위한 클럭에 확인되어야 한다. 이것은 보통 디코더 뒤에 또 다른 AND 게이트, 또는 디코딩의 최종 단계에 입력된 여분의 *clk*로 실행된다. 클럭 확

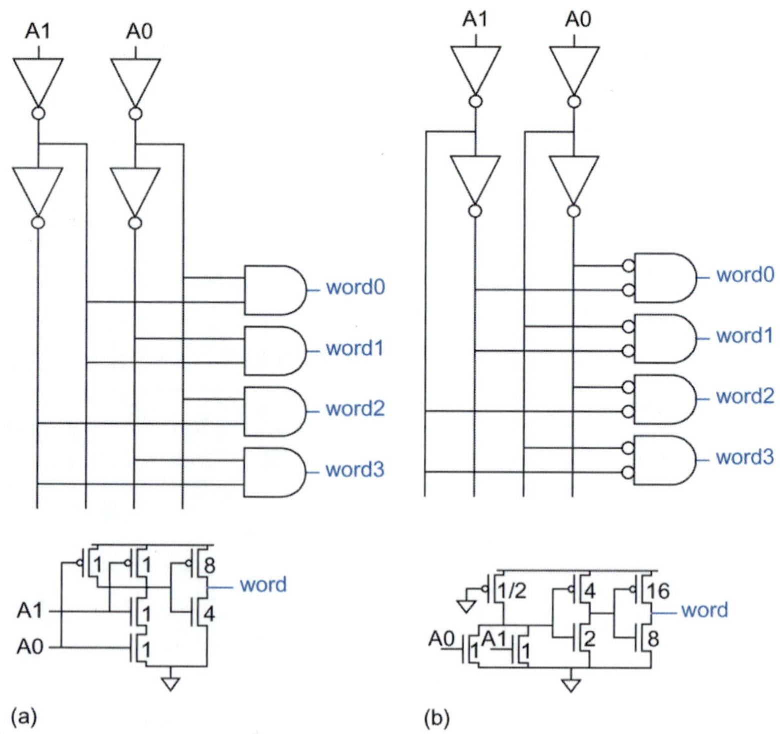

그림 11.20 디코더

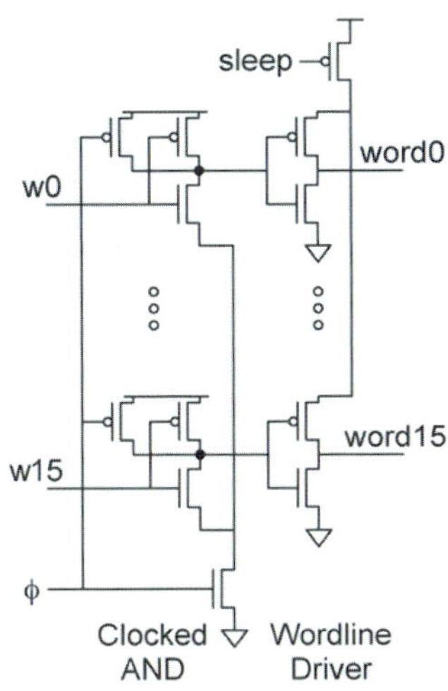

그림 11.21 워드 라인 구동기에서의 공용 클럭과 트랜지스터

인은 정적-도미노 변환 인터페이스처럼 작용하여 주소는 클럭 에지보다 충분히 전에 셋업되어야 한다. 그림 11.21은 워드 라인 클럭 전력을 감소시키면서, 다중의 마지막 2-입력 AND 게이트를 가로지르는 클럭화된 nMOS 트랜지스터를 공유하기 위해 디코더 출력의 1-핫 성질을 이용하는 방법을 보여 준다[Hsu06b]. 마찬가지로 워드 라인 구동기 인버터는 크고, 상당한 양의 누설 전류가 흐른다. 기껏해야 하나의 구동기는 한 번에 1개의 출력을 생산한다. 그림은 또한 배열이 비활성적일 때 0상태에서 구동기를 위한 누설을 끄는 미세 크기 슬립(fine-grained sleep) 트랜지스터를 보여 준다[Kitsukawa93, Gerosa09]. 슬립 트랜지스터는 단지 단일 인버터에 전류를 공급하기에 충분한 폭이면 된다.

이 디코더의 레이아웃은 메모리 배열로 반드시 피치가 대등(pitch-match)해야만 한다. 예를 들면 각 디코더 게이트의 높이는 그것이 구동하는 행의 높이와 반드시 대등해야만 한다. 이것은 SRAM에 대해 까다로울 수 있고 ROM 및 작은 메모리 셀을 가진 다른 배열에 대해 심지어 더 까다로울 수 있다. 그림 11.22(a)는 재래식 표준 셀 스타일 접근 방식의 레이아웃을 보여 준다. 디코더 높이는 입력의 개수와 함께 증가한다. AND 게이트는 폴리실리콘 입력을 적절한 주소 입력으로 연결함으로써 쉽게 프로그래밍된다. 그림 11.22(b)는 더 치밀하고 또한 입력의 개수에 상관없는 피치 상의 레이아웃을 보여 준다. 이 디코더는 트랜지스터 및 금속 스트랩의 배치에 의해 프로그래밍될 수 있다. 이것은 레이아웃을 발생시키는 스크립트식 소프트웨어를 가지고 최상으로 수행된다. 폴리실리콘 주소 라인은 그들의 저항을 감소시키기 위해 금속2로 묶여야 하지만 금속2는 신뢰성을 위해 그림 밖에 둔다. 이 디코더 피치는 5개 트랙 또는 40λ이다. 다른 모든 행이 V_{DD} 및 GND를 공유하도록 똑같이 반영되면 피치는 4개 트랙 또는 32λ로 감소될 수 있다.

11.2.2.1 선디코딩 디코더는 전형적으로 높은 전기 그리고 갈림 에퍼트(branching effort)를 가지고 있다. 따라서 이들은 많은 스테이지를 가지고 있고 가장 빠른 설계는 논리적 에퍼트를 최소화하는 설계이다. 2-입력 그리고 3-입력 NAND 게이트 및 인버터의 트리는 정적 CMOS 내의 높은 팬인 게이

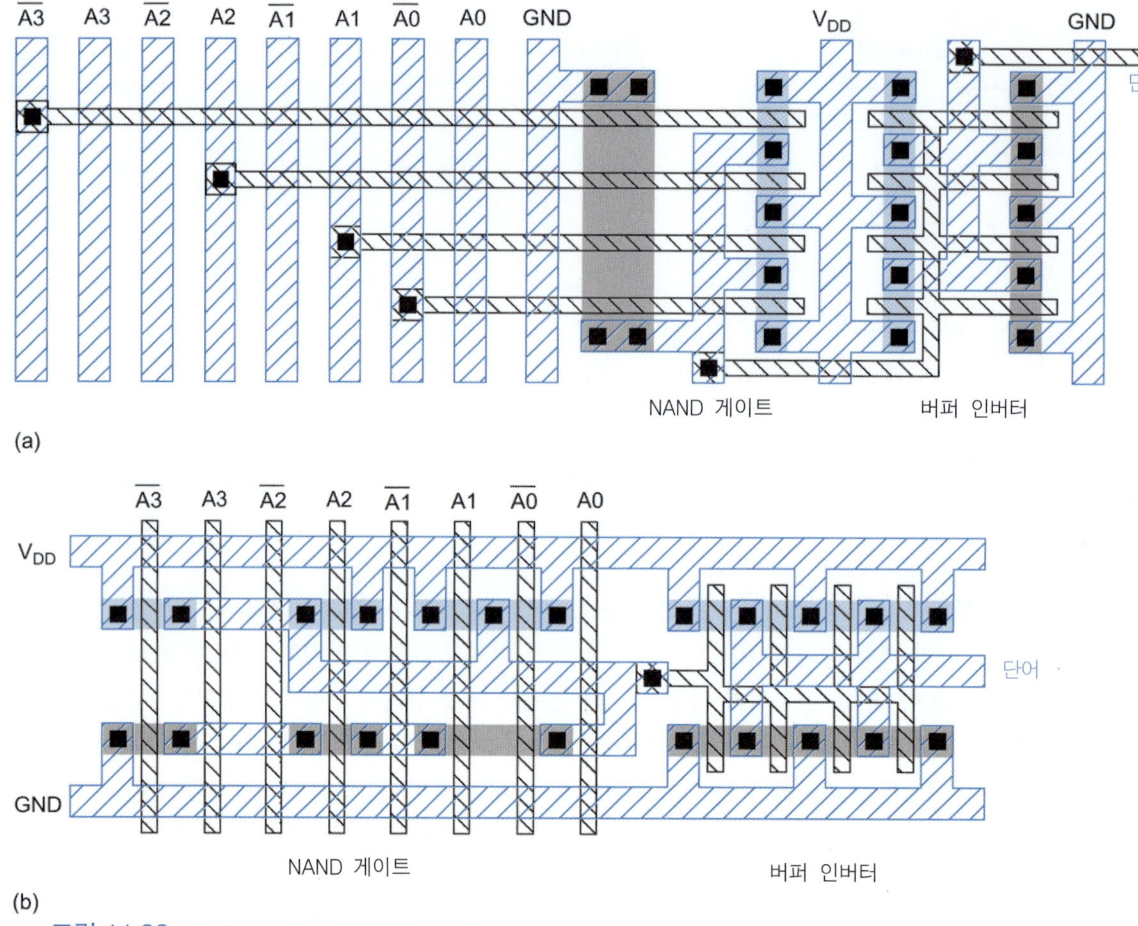

그림 11.22 두 디코더 레이아웃의 막대 다이어그램

트를 구성하기 위한 가장 낮은 논리 에퍼트를 제공한다[Sutherland99]. 예를 들면 그림 11.23(a)는 4-입력 AND 기능이 2-입력 NOR가 이어진 2-입력 NAND로부터 만들어지는 16워드 디코더를 보여 준다.

많은 NAND 게이트는 똑같은 입력을 정확하게 공유하므로 과다하다. 디코더 면적은 그림 11.23(b)에 나와 있는 바와 같이 이러한 공통 NAND를 밖으로 빼냄으로써 향상될 수 있다. 이 기술은 **선디코딩**(predecoding)으로 불린다. 이것은 디코더의 경로 에퍼트를 바꾸지는 않지만, 면적을 향상시킨다. 일반적으로 p 주소 비트의 블록은 최종 단계 디코더에 대한 입력의 역할을 하는 $1/2^p$-핫 선디코딩된 라인 안으로 사전에 디코딩될 수 있다. 예를 들면 그림 11.23(b)는 1/4-핫 코드로 주소 비트의 각 쌍을 디코딩하는 p=2비트 설계를 보여 준다.

워드 라인은 큰 용량성 부하이다. 디코더가 최소 지연을 위해 설계될 때, NAND 게이트는 이 부하를 구동하도록 크게 하는 경향이 있다. 디코더와 워드 라인 사이에 버퍼를 위치시키면 작은 지연 비용으로 다량의 동적 전력을 절약할 수 있다.

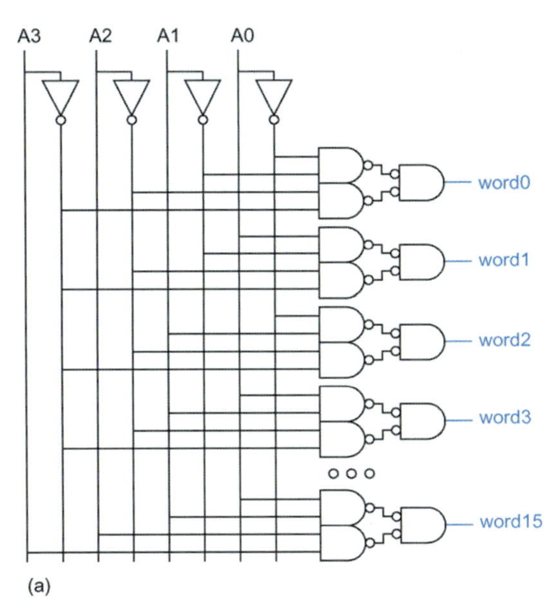

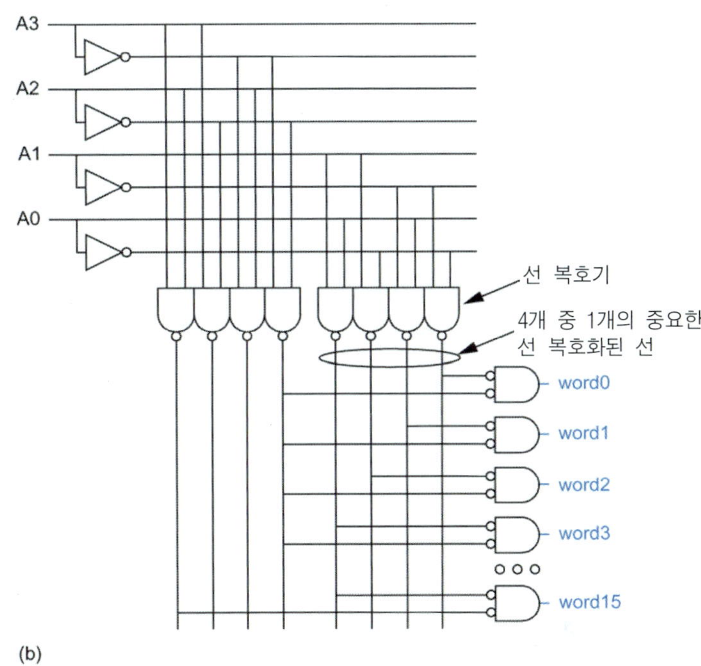

그림 11.23 보통 및 선디코딩 회로

11.2.2.2 계층적 워드 라인 워드 라인은 심한 부하가 걸린다. 그것은 또한 낮은 수준의 좁은 금속 배선으로 구성되기 때문에 높은 저항을 가지고 있다. 이것은 커다란 배열에서는 긴 RC 전달 시간으로 이어진다. 대안은 그림 11.24에 나와 있는 바와 같이 한 수준이 추가되어 분포된 디코딩을 갖는 전체적이고 국지적인 워드 라인으로 나누는 것이다[Yoshimoto83, Itoh97]. 이것들은 또한 **계층적**(hierarchical) 또는 **나누어진 워드 라인**(divided wordline)으로 불린다. **국부 워드 라인**(local wordline, *lwl*)은 더 짧고, 각각 더 작은 그룹의 셀을 구동한다. **전체 워드 라인**(global wordline, *gwl*)은 여전히 길지만, 더 가벼운 부하를 가지고 있고, 금속의 넓고 두꺼운 수준으로 구성될 수 있다. 또한 단지 국부 워드 라인에 의해 활성화된 비트 라인이 전환하므로 배열은 에너지를 절약한다.

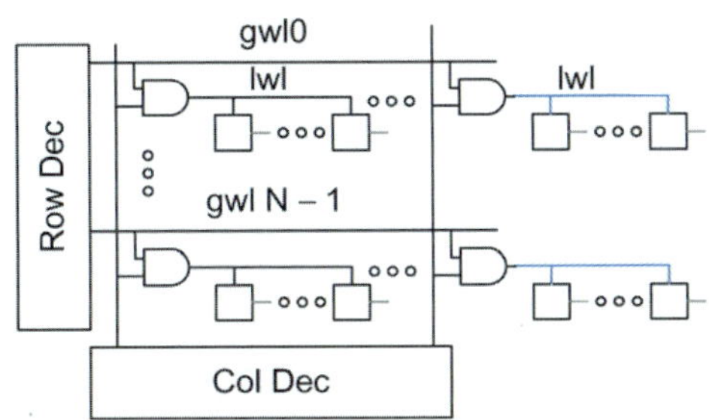

그림 11.24 구조적 워드 라인

11.2.2.3 동적 디코더 동적 게이트는 더 낮은 논리 에퍼트를 가지고 있기 때문에 빠른 디코더에 유리하다. 전통적 도미노 디코더에 의한 주요 문제는 높은 전력 소모이다. 예를 들면 이전 예제에서 256개 워드 라인 중 한 개만이 각 사이클 상에서 상승할지라도 모든 256개의 AND 게이트는 클럭 로드가 극히 크게 되도록 반드시 선충전되어야만 한다. 더 낮은 전력 접근 방식은 계산된 워드 라인을 단지 선충전하는 자가 리셋형 도미노 게이트를 사용하는 것이다. [Amrutur01]은 이러한 자가 리셋형 게이트의 일부를 설명하고 긴 입력 펄스와 함께 작동하는 일부 변동을 보여 준다. 자가 리셋형 도미노는 동일 기본 게이트를 사용하기 때문에 근본적으로 전통적 도미노와 동일한 성능을 가지고 있다. 펄스는 부정확하게 설계되거나 과다한 변이가 생기면 칩 고장으로 이어지는 타이밍 레이스를 만든다. [Samson08]는 에너지를 절약하기 위해 각 게이트가 그 다음의 선충전을 유발하는 또 다른 도미노 디코더를 기술한다.

또 다른 동적 디코더에 대한 접근 방식은 N개의 출력 중 $N-1$개가 각 사이클 상에서 방전하는 폭넓은 NOR 구조를 사용하는 것이다. 대부분의 메모리가 단조성으로 증가하는 출력을 필요로 하지만 NOR는 단조성으로 하강하며, 그러한 디코더는 레이스 기반의 비단조 기법을 필요로 한다. 예를 들면 그림 11.25는 레이스 기반의 NOR 구조를 사용하는 단조 상승 입력을 가진 4-입력 AND 게이트를 보여 준다[Nambu98]. 이러한 기법은 도미노 AND 게이트보다 약간 더 빠르지만 동적 노드 X가 각 사이클 상에서 반드시 선충전되어야만 하기 때문에 더 많은 전력을 낭비한다[Amrutur01]. 그것은 또한 주소 입력이 클럭 이전에 설정되는 것을 요구한다. 레이스 여유를 보장하는 것은 공정 변화의 증가로서 점점 어렵게 된다.

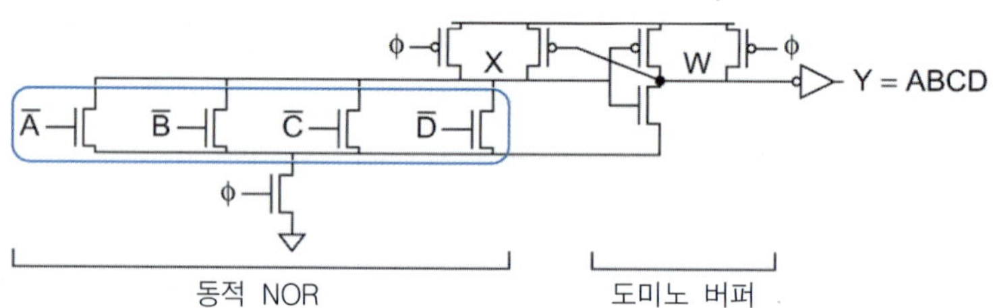

그림 11.25 레이스 기반 NOR를 이용한 4-입력 AND

예제 11.2

정적 CMOS 및 실체 있는(footed) 도미노 게이트를 사용하여 8:256 디코더의 지연을 추정하시오. 디코더가 $H=10$의 전기 에퍼트를 가지고 있고 참형 및 상보형 입력 양쪽 모두가 활용 가능하다고 가정한다.

해답: 이 디코더는 256개의 8-입력 AND 게이트로 구성된다. 각각의 참형 입력 및 상보형 입력이 1/2게이트만큼 사용되기 때문에 이것은 $B=256/2=128$의 갈림 에퍼트를 가지고 있다. 경로 G의 논리 에퍼트가 1에 가깝다고 가정하면 경로 에퍼트는 $F=GBH=1280$이고 스테이지의 최고 개수

는 $\log_4 F=5.16$이다. 각 게이트가 2-입력 NAND 및 인버터로부터 구성된 2-입력 AND 게이트의 세 개 수준을 사용하여 6-스테이지 설계를 고려하자.

정적 CMOS 설계는 $G=[(4/3)\times(1)]^3=64/27$의 논리 에퍼트를 가지고 있다. 따라서 스테이지 에퍼트는 $F=3034$이다. 기생 지연은 $P=3\times(2+1)=9$이다. 총 지연은 $D=NF^{1/N}+P+31.8\tau$ 또는 6.4 FO4 인버터 지연이다.

HI-비대칭 인버터를 사용하는 이 실체 있는 도미노 설계는 $[(1)\times(5/6)]^3=125/256$의 논리 에퍼트 및 625의 스테이지 에퍼트를 가지고 있다. 기생 지연은 $P=3\times(4/3+5/6)=6.5$이다. 총 지연은 4.8 FO4 인버터 지연이다. 일반적으로 도미노 디코더는 정적 CMOS보다 약 33% 더 빠르다.

11.2.2.4 합 주소지정된 디코더 많은 마이크로프로세서 명령어 세트는 유효 주소가 기본 주소와 오프셋 같은 두 값의 합인 주소지정 모드(addressing mode)를 포함한다. 캐시(cache)로 사용되는 전통적 SRAM에서 두 개의 값은 반드시 처음에 더해지고 그 다음에 캐시 워드 라인을 결정하기 위해 그 결과가 디코딩되어야만 한다. 접근 레이턴시가 최소화될 필요가 있으면 이러한 두 단계는 **합 주소지정된 메모리**(sum-addressed memory) 내의 하나로 결합될 수 있다[Heald98].

캐리 전파 요구가 발생하지 않기 때문에 $A+B=K$인지를 점검하는 것은 $A+B$를 실제로 계산하는 것보다 더 빠르다는 것을 10.4.3절에서 배웠다. N-워드 메모리에 대한 **합 주소지정된 디코더**(sum-addressed decoder)는 두 개의 입력을 접수한다. 첫 번째는 $A+B=0$인지를 점검하고 두 번째는 $A+B=1$인지를 점검하는 식으로 반복한다. 비교기는 워드 라인을 가로질러 반복되는 여분의 논리를 포함한다. [Heald98]는 선디코더 내의 공통 항을 인수로 함으로써 면적을 감소시킬 수 있는 방법을 보여 준다.

11.2.3 열 회로 소자

열 회로는 비트 라인 조절 회로 소자, 쓰기 구동기, 비트 라인 감지 회로 소자와 열 멀티플렉서로 구성된다. 그림 11.5와 11.7은 열 멀티플렉서가 없는 단순한 열 회로를 보여 주었다. 비트 라인은 처음에 선충전시킨다. 쓰기 동안, 쓰기 구동기가 비트 라인 중 하나를 내린다. 읽기 동안, 데이터는 HI-비대칭 인버터에 의해서 감지된다. 동적 비트 라인은 병렬로 많은 트랜지스터에 연결되어서 누설은 심각한 문제일 수 있다. 8.2.4.3절에서 논의된 것처럼, 비트 라인은 특히 번인 동안, 강한 키퍼를 요구할 수 있다. 더욱이 비트 라인의 기생 지연은 읽기 시간의 주요 부분을 차지한다.

예제 11.3

큰 메모리의 부배열은 256개 워드×136개 비트로 구성된다. 비트 라인의 기생 지연을 추정하시오. 구동기와 접근 트랜지스터는 단위 크기이고 도선의 커패시턴스가 확산 커패시턴스와 같다고 가정하자.

해답: 비트 라인은 256개 셀이 붙지만 셀의 쌍이 비트 라인을 공유하기 위해 반사되어 확산 커패시턴스는 128*C*이다. 도선의 커패시턴스는 비슷하여 전체 커패시턴스는 256*C*이다. 비트 라인은 구동기와 접근 트랜지스터와 직렬로 연결되어 2*R*의 전체 저항으로 풀다운된다. 그러므로 지연은 512*RC* 또는 34.1 FO4 인버터 지연이다. 이것은 많은 응용에서 받아들이기 어렵게 너무 크다.

비트 라인 감지는 대신호 또는 소신호로 분류될 수 있다. **대신호**(large-signal) 또는 **단일 종단 감지**(single-ended sensing)에서, V_{DD}와 GND 사이의 비트 라인 왕복은 일반적인 디지털 신호와 같다. HI-비대칭 인버터는 대신호 감지의 예이다. 기생 지연을 감소시키기 위해, 비트 라인은 다중의 지역 비트 라인으로 계층적으로 나누어지고, 그러고 나서 전체 워드 라인을 구동하기 위해 결합될 수 있다. **소신호**(small-signal) 또는 **차동 감지**(differential sensing)에서는 2개의 비트 라인 중 하나에서 작은 변화가 생긴다. 센스 증폭기는 작은 차이를 탐지하고, 디지털 출력을 생산한다. 이것은 전체 비트 라인 왕복을 기다리는 지연을 절약하고, 비트 라인 왕복이 감지된 후 종결되면 에너지 소비를 줄인다. 그러나 배열은 타이밍 회로가 언제 센스 앰프가 동작해야 하는지를 나타내도록 요구하고 시간이 또한 짧으면, 오답이 감지될 수도 있다. 공정 변화는 필요한 비트 라인 왕복을 증가시키는 센스 증폭기의 편차로 이어진다. 역사적으로 레지스터 파일과 같은 작은 SRAM 배열은 대신호 감지를 이용하지만, 큰 SRAM과 DRAM 배열은 속도와 힘을 향상시키기 위해 소신호 감지를 이용하고, 나노미터 공정에서는 대신호 감지로 향하는 경향이 있다.

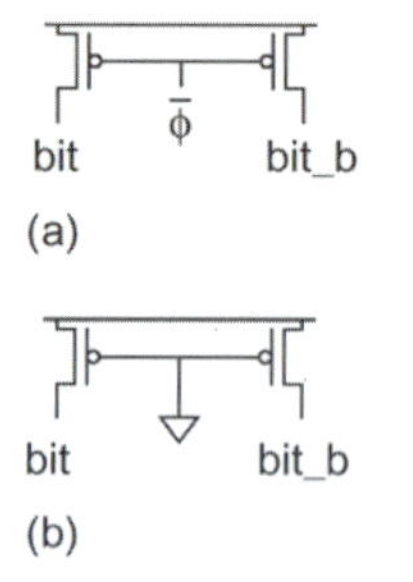

그림 11.26 비트 라인 조정 회로

11.2.3.1 비트 라인 조정 비트 라인 조정 회로 소자가 동작 이전에 비트 라인을 높게 선충전하기 위해 사용된다. 간단한 조정기는 그림 11.26(a)에 나와 있는 바와 같이 pMOS 트랜지스터의 한 쌍으로 구성된다. 이것은 또한 어떤 클럭도 활용 가능하지 않은 선충전 트랜지스터[그림 11.26(b)] 대신에 약한 풀업 트랜지스터를 가진 의사 nMOS SRAM을 구성할 수 있다. 경쟁은 읽기를 느리게 하고 비율 제약을 생성하므로 저전압 동작에 적합하지 않다.

11.2.3.2 대신호 감지 비트 라인 지연은 비트 라인에 붙어 있는 워드의 수에 비례한다. 작은 메모리(예를 들면 16~32개 워드까지)는 비트 라인을 감지하는 단순한 인버터로 충분히 빠를지도 모른다. 더 큰 메모리는 그림 11.27에 나와 있는 바와 같이 **계층적**(hierarchical) 또는 **나누어진 비트 라인**(divided bitline) 위에서 읽을 수 있다. 작은 그룹의 셀은 **지역 비트 라인**(local bitline, *lbl*)에 붙인다. 지역 비트 라인의 쌍은 HI-비대칭 NAND 게이트에 결합하여 동적 **전역 비트 라인**(global bitline, *gbl*)을 내린다. 지역 비트 라인은 각 셀을 위한 접근과 구동기 트랜지스터로 구성된 언풋 도미노 멀티플렉서로 볼 수 있다. 동적 멀티플렉서가 일정한 논리 에퍼트를 가지는 것이 아니라 입력 횟수(즉 지역 비트 라인 위의 워드)에 비례하는 기생 지연을 가지며, 따라서 지역 비트 라인은 32개 워드 이상에서 상당히 느려진다는 것을 상기하자. 전역 비트 라인은 언풋 도미노 OR 게이트로 간주될 수 있다. 전역 비트 라인 구동기는 셀의 그룹 사이에 흩뿌려진다. 그들은 긴 전역 비트 라인을 구동하기 위해 더 큰 트

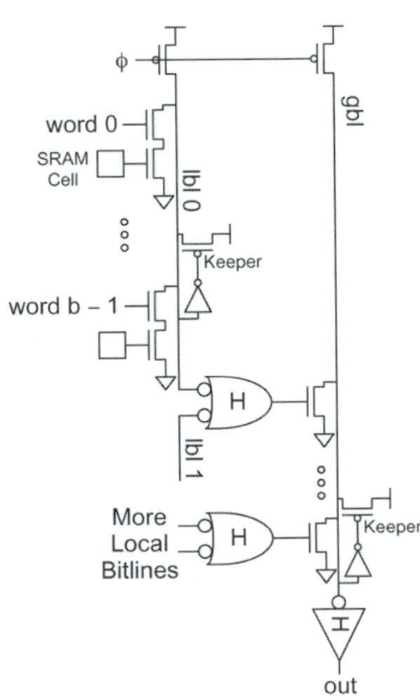

그림 11.27 계층적 비트 라인

랜지스터를 이용한다. 전역 비트 라인은 일반적으로 배열의 면적을 증가시키지 않도록 상위 계층의 금속(예를 들면 금속3 또는 금속4)으로 셀의 상단을 통과한다.

각각의 비트 라인에 연결되는 최대 개수의 트랜지스터는 누설에 의해 제한될 수 있다. 최악의 경우는 읽히는 셀이 0을 포함하고 다른 모든 셀은 1을 포함할 때 발생한다. 지역 비트 라인은 1에 남아 있어야 하지만 접근하지 않는 모든 셀로부터의 하위 문턱 누설 전류는 비트 라인을 아래로 당기게 된다. 많은 셀이 똑같은 비트 라인을 공유할 때 누설과 싸우기 위한 조건적이고 적응적인 키퍼가 8.2.4.3절에 기술되어 있다. 읽어 낸 데이터를 정적 논리에 공급하기 전에 선충전 동안 잃어버리지 않도록 래치를 걸어야 한다. 대신호 감지의 예는 Power6 SRAM 배열[Stolt08]과 Itanium 레지스터 파일[Fetzer06]을 포함한다.

11.2.3.3 소신호 감지 소신호 감지 방식에서, 접근 트랜지스터가 소량(예를 들면 100~300 mV)으로 비트 라인을 흔들기에 충분한 기간 동안 활성화되면 차동 비트 라인 전압이 감지된다. 비트 라인이 계속 흔들려서 더 많은 전력을 소모하지 않도록 감지가 발생하면 워드 라인은 꺼진다. 많은 **센스 증폭기**(sense amplifier)가 작은 전압 변동에 응답함으로써 더 빠른 감지를 제공하기 위해 발명되었다.

그림 11.28(a)의 차동 센스 증폭기는 아날로그 미분 쌍을 기반으로 하여 클럭을 요구하지 않는다. 그러나 그 회로는 상당한 양의 직류 전력을 소모한다. 모든 트랜지스터를 포화 상태에 붙들기 위한 저전압에 편향하는 것도 어렵다.

그림 11.28(b)의 클럭 센스 증폭기는 활성화되는 동안만 전력을 소모하지만, 적절한 시간에 활성

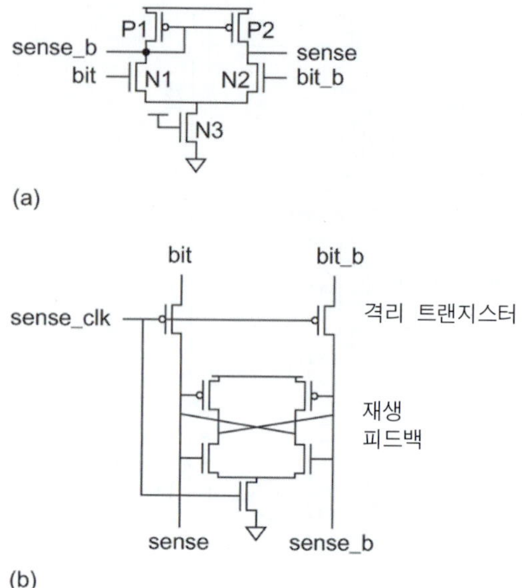

그림 11.28 센스 증폭기

화하도록 시간 연결을 요구한다. 감지 클럭이 낮을 때, 증폭기는 비활성이다. 센스 증폭기가 오를 때, 그것은 효과적으로 상호 결합된 인버터 쌍을 켜서, **재발생 피드백**(regenerative feedback)을 통하여 한 쪽 출력은 낮게 그리고 다른 출력은 높게 당긴다. **격리 트랜지스터**(isolation transistor)는 감지 동안 커패시턴스가 큰 비트 라인으로부터 출력을 분리함으로써 응답을 가속한다. 그것이 본래 비트 라인으로부터 감지 노드를 분리하기 때문에 그림 9.29(a)로부터의 센스 증폭기 플립플롭이 일반적으로 이용된다[Hart06].

일단 충분한 차동 전압이 비트 라인 상에서 달성되어 왔으면 워드 라인을 OFF시킴으로써 전력 낭비는 읽기 동작에 대해 감소될 수 있다. 이것은 비트 라인 스윙과 따라서 감지 후에 V_{DD}로 비트 라인을 복원하기 위해 필요한 전하를 감소시킨다.

센스 증폭기는 그들이 작은 전압 차이를 탐지하기 때문에 비트 라인 상의 차동 잡음에 대해 매우

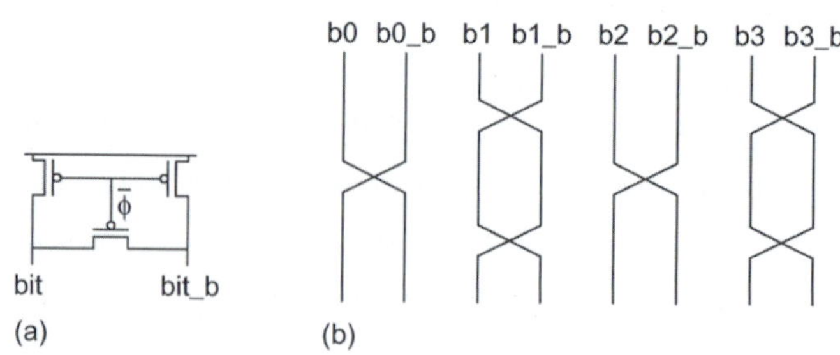

그림 11.29 등화기와 꼬임을 통한 비트 라인 잡음 감소

민감하다. 비트 라인이 충분히 길게 선충전되지 않으면 이전 읽기로부터의 라인 상의 잔여 전압은 패턴 의존 결함의 원인이 될 수도 있다. 등화기(equalizer) 트랜지스터[그림 11.29(a)]는 *bit* 및 *bit_b*가 V_{DD}로 충분히 선충전되어 있지 않을지라도 그들이 거의 동일한 전압 수준에 있는지를 확인함으로써 필요한 선충전 시간을 감소시키기 위해 비트 라인 조정 회로에 더해질 수 있다. 이웃하는 셀 내의 비트 라인 변환으로부터의 결합은 또한 잡음을 도입할 수도 있다. 이 비트 라인은 그림 11.29(b)에 나와 있는 바와 같이 비트 라인 및 그 보수 양쪽 모두로 동일 결합의 원인이 되도록 **꼬이거나**(twisted) **자리가 바뀔**(transposed) 수 있다. 예를 들면 세세한 검사가 *b*1이 그 길이의 첫 번째 1/4에 대해 *b*0_*b*, 다음 1/4에 대해 *b*2, 세 번째 1/4에 대해 *b*2_*b*, 그리고 마지막 1/4에 대해 *b*0로 결합 되는 것을 보여 준다. *b*1_*b*는 또한 그 길이의 1/4에 대해 이러한 네 개의 공격자(aggressor) 각각에 결합되고 그래서 이 결합은 양쪽 라인 상에서 동일하다.

센스 증폭기 오프셋 전압은 0 차동 출력 전압(*sense-sense_b*)을 생성하는 데 필요한 차동 입력 전압(*bit-bit_b*)이다. *N*1이 *N*2와, 또한 *P*1이 *P*2와 동일하면 센스 증폭기는 이상적으로 0 오프셋 전압을 가질 것이다. 사실상 V_t에 영향을 주는 통계적 불순물 변동(dopant fluctuation)과 NBTI 저하 때문에 오프셋 전압은 0이 아니다. 차동 입력은 신뢰성 있게 감지될 수 있도록 오프셋 전압을 반드시 크게 초과해야만 한다. 오프셋 전압에 대한 전형적인 예산은 50 mV이다[Amrutur00]. 불행하게도 문턱 변동 및 오프셋 전압은 기술 크기 조정과 함께 대단히 크게 변하고 있지는 않고 따라서 오프셋 전압은 센스 증폭기를 덜 효과적으로 만들면서 공급 전압의 더 큰 함수가 되고 있다[Mizuno94].

클럭화된 센스 증폭기는 반드시 정확한 시간에 활성화되어야만 한다. 이것이 너무 일찍 시동을 하면 비트 라인은 신뢰성 있게 동작하기에 충분한 전압 차이를 만들지 못했을 수도 있다. 이것이 너무 늦게 시동을 하면 SRAM은 불필요하게 느리다. 이 센스 증폭기 가동 클럭(*saen*)은 디코더, 워드 라인 및 비트 라인에 지연과 반드시 대등해야 하는 회로 소자에 의해 발생된다. 이러한 사실은 모든 지연 일치를 도전으로 이끈다. 많은 배열은 인버터 체인을 사용하지만 인버터는 공정 및 환경적 코너에 걸쳐 접근 경로의 지연을 아주 잘 추적하지 못한다. 모든 코너에서의 신뢰성 있는 동작을 위해 전형적 코너 내에서 종종 30% 이상의 마진이 필요하다.

그 대신에 배열은 접근 경로를 더 가깝게 추적하기 위해 그림 11.30에 나와 있는 바와 같이 더미 또는 **복제**(replica) 셀 및 비트 라인을 사용할 수도 있다[Amrutur98]. 블록 디코더는 특정 메모리 블록이 선택(*bs*)되는 것을 결정한다. 적절한 지역 워드 라인(*lwl*)이 활성화되면, 한 열의 하나의 SRAM 셀을 켜서 *bit* 또는 *bit_b*가 방전하도록 한다. 한편, 블록 선택 신호는 또한 복제 열의 한 셀을 활성화한다. 복제 열은 비트 라인에 연결된 셀의 1/*r* 셀(예를 들면 *r*=10)을 가져, *r*배 빨리 방전한다. 복제 비트 라인(*rbl*)이 낮게 떨어질 때, 블록의 비활성화를 시작하기 위해 초기화 신호가 생성된다. 한편, 신호는 센스 증폭기를 구동하기 위해 버퍼링된다. *saen*이 이네이블될 때쯤, 비트 라인 흔들림은 대략 V_{DD}/r일 것이다. 그러므로 바람직한 비트 라인 흔들림을 획득하기 위해 *r*이 선택될 수 있다. 복제 경로가 실제적 경로로서 대부분의 동일 요소를 포함하기 때문에, 그 지연은 PVT 변화로 매우 잘 추적하면서, *saen*에 요구된 여유량을 감소시킨다. 그럼에도 불구하고 보통의 여유가 합리적인 수준에서 공격적일 수 있도록 어느 정도의 동조성을 제공하는 것이 현명하지만, 변화가 예상보다 크고 회로가 기능 장애를

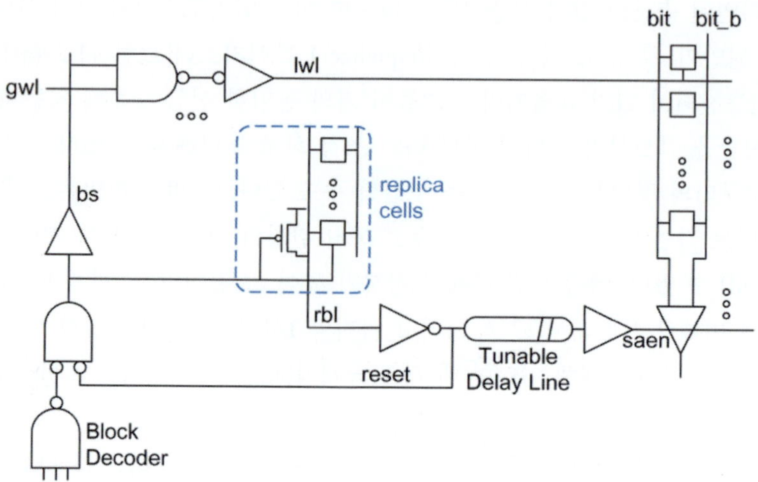

그림 11.30 센스 증폭기 이네이블에 대한 복제 지연

일으키면 여유는 증가될 수 있다.

11.2.3.4 열 다중화 일반적으로 2^k:1 열 멀티플렉서가 각 행의 2^{m+k}개의 비트로부터 2^m개의 비트를 추출하는 데 필요할 수도 있다. 열 디코딩은 행 디코딩과 병렬로 발생하여 임계 경로에 영향을 주지 않는다. 그림 11.31은 2-방향 열이 nMOS 통과 트랜지스터 멀티플렉서를 이용하는 대신호 감지에 의해 다중화한다는 것을 보여 준다. 멀티플렉서의 출력은 높게 선충전된다. 쓰기 구동기와 읽기 감지 인

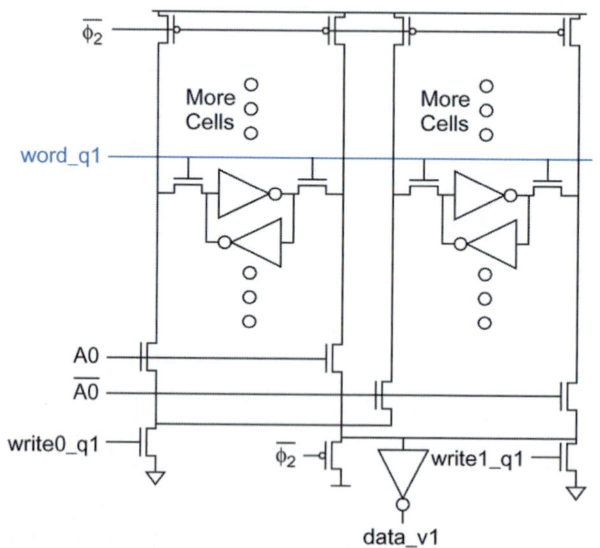

그림 11.31 2-방향 다중화된 SRAM에 대한 완전 쌍의 열

버터 모두는 멀티플렉서 출력에 연결된다.

소신호 감지에서 비트 라인 전압은 V_{DD}에 근접하므로 pMOS 통과 트랜지스터가 요구된다. 그러므로 배열은 전달 게이트를 이용하거나, 분리된 쓰기 경로 nMOS 트랜지스터와 읽기 경로 pMOS 트랜지스터를 이용할 수 있다.

각 열의 비트 간격이 각 열을 위한 센스 증폭기를 레이아웃하기 어려울 정도로 좁기 때문에 열 다중화 또한 도움이 된다. 다중화한 후, 복수의 열이 열 회로의 나머지에 이용 가능하다. 더욱이 열 멀티플렉서 뒤에 센스 증폭기를 위치시키는 것은 배열에서 요구되는 전력에 굶주린 증폭기의 수를 감소시킨다.

열 다중화를 가진 배열에 쓸 때, 행의 셀의 일부분만이 수정되어야 한다. 이것을 **부분 쓰기**(partial write) 동작이라고 부른다. 쓰여지지 않는 열의 비트 라인을 부동하게 하면서, 그것은 해당 열에서 비트 라인을 구동하는 것으로 이루어진다. 부분 쓰기는 쓰여지지 않는 열이 방해받지 않도록 좋은 읽기 안정성이 요구된다. 이것은 저전압에서는 도전일 수 있다[Chang08].

11.2.4 다중 포트 SRAM 및 레지스터 파일

레지스터 파일은 일반적으로 다중 읽기 및 쓰기 포트를 가진 빠른 SRAM이다. 그들은 단순히 구조적 레지스터를 잡는 것 이상으로 많은 표와 버퍼에 사용된다. 예를 들면 Core 2는 각 코어에서 54개의 다양한 레지스터 파일을 가지고 있다[George07]. 슈퍼스칼라(superscalar) 마이크로프로세서 내의 데이터 캐시는 다중 동시 로드 및 저장을 취급하기 위한 다중 포트를 종종 필요로 한다.

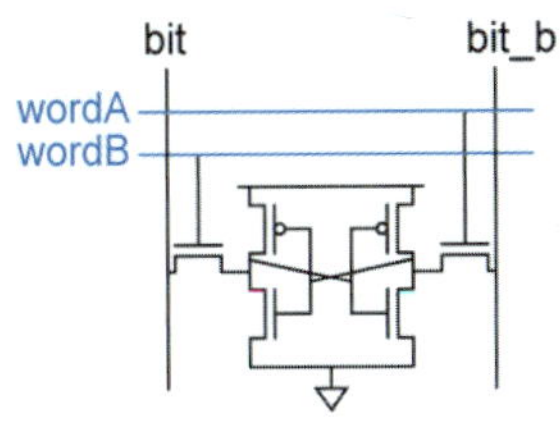

그림 11.32 간단한 이중 포트 SRAM

그림 11.18은 기존의 8T 이중 포트 SRAM 셀을 보여 준다. 간단한 이중 포트 SRAM은 그림 11.32에 나와 있는 바와 같이 두 번째 워드 라인을 더한다[Horowitz87]. 그러한 **분리 워드 라인 셀**(split-wordline cell)은 각 사이클 내에서 두 개의 읽기 또는 한 개의 쓰기를 실행할 수 있다. 읽기는 두 개의 워드 라인을 가진 서로 다른 워드를 독립적으로 설정함으로써 실행될 수 있다. 읽기는 단일 단말 동작이 되는데 한 개의 읽기가 *bit* 상에서 나타나는 동안 다른 한 개는 *bit_b* 상의 상보형 형식 내에서 나타난다. 예를 들면 *wordA*[7] 및 *wordB*[3]를 주장하는 것은 *bit* 상으로 세 번째 워드 읽기를 하고 *bit_b* 상으로 일곱 번째의 보수 읽기를 한다. 쓰기는 그래도 *bit*와 *bit_b* 양쪽을 필요로 하므로 한군데에서 일어날 수 있다. 조심스런 타이밍과 함께 단일 이슈 RISC 프로세서에 보통 필요한 바와 같이, 접근은 각 반사이클에서 실행될 수 있고, 첫 번째 상에서 두 개의 읽기 그리고 두 번째 상에서 한 개의 쓰기를 허락한다. 이 셀은 UltraSPARC[Konstadinidis09]와 Power6[Plass07]의 이중 포트 캐시에 사용된다.

다중 읽기 포트를 가진 8T 셀에서 한 것처럼 셀은 합리적 읽기 여유를 달성하기 위해 상태 노드로부터 읽기 포트를 분리할 필요가 있다. 각가의 추가적 단일 종단 읽기 포트는 읽기 워드 라인, 읽기 비트 라인과 2개의 읽기 트랜지스터를 사용하여 제공될 수 있다. 차동 읽기 포트는 읽기 비트 라인과 트랜지스터의 수를 두 배로 한다.

다중 쓰기 포트를 가진 셀은 간단히 상태 노드에 포트를 붙인다. 외부 논리는 두 포트가 다른 값을 레지스터에 동시에 쓰려고 시도하지 않는다는 것을 보장하여야 한다. 각각의 추가적인 쓰기 포트는 한 워드 라인, 참형과 상보형 쓰기 비트 라인, 그리고 2개의 접근 트랜지스터를 사용하여 제공될 수

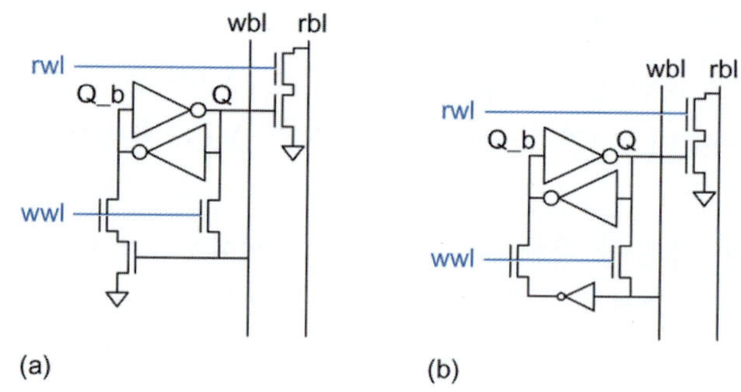

그림 11.33 단일 종단 쓰기 포트를 가진 레지스터 셀

있다. 많은 포트를 가진 셀에서는 배선의 면적이 트랜지스터의 면적을 작아 보이게 한다. 면적을 절약하기 위해, 상보형 쓰기 비트 라인은 그림 11.33에 나와 있는 바와 같이 셀 내에 트랜지스터 또는 인버터를 추가함으로써 제거될 수 있다. 인버터 접근 방식은 또 하나의 트랜지스터를 요구하지만, 쓰기 능력을 향상시킨다.

이 스타일의 셀은 각 포트를 위해 하나의 워드 라인과 하나의 비트 라인을 추가함으로써 임의의 수의 포트로 확장된다. 그림 11.34는 3개의 쓰기 포트와 4개의 SRAM 셀을 보여 준다.

슈퍼스칼라 프로세서에 대한 레지스터 파일은 종종 방대한 양의 포트를 필요로 한다. 예를 들면 Itanium 2 프로세서는 한 사이클 내에 여섯 개의 정수 명령어에 이르기까지 송신(issue)하는데 이 명령어 각각은 두 개의 소스 레지스터 및 한 개의 수신지(destination)를 필요로 한다. 이 레지스터 파일은 총 12개의 포트 및 10개의 쓰기 포트로 이끌면서 늦은 캐시 데이터 복귀에 대한 두 개의 쓰기 포트를 더 필요로 한다[Fetzer06]. 큰 레지스터 파일의 면적은 워드 라인 및 비트 라인의 메시(mesh)에 의해 지배된다. 다중 포트 SRAM 셀 면적을 평가하기 위한 대략적 규칙은 워드 라인 및 비트 라인에 대한 트랙의 수를 세고 그 이후에 내부 도선 배치를 위해 각 크기(dimension) 내에 세 개를 더하는 것이

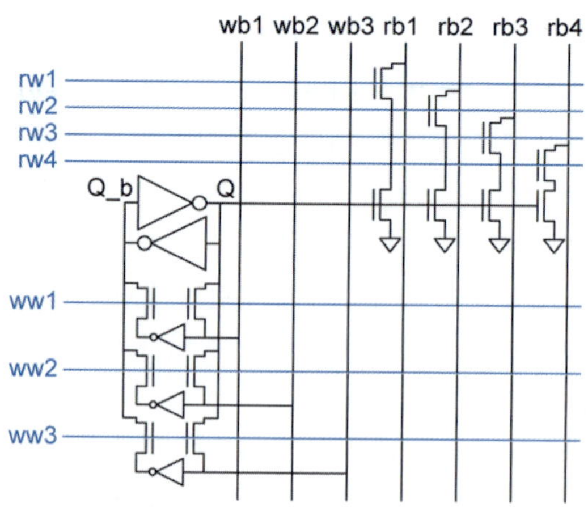

그림 11.34 다중 포트 레지스터 셀

다. 22개 포트를 가진 레지스터 파일의 면적은 거대하고, 긴 워드 라인과 비트 라인을 구동하는 과도한 지연과 전력으로 이어진다.

레지스터 파일의 면적을 감소시키기 위한 두 가지 기술은 시간 다중화와 다중 뱅크이다. 이러한 기술들은 개별적으로 또는 동시에 적용될 수 있다. 앞서 언급한 바와 같이 6T 2-포트 셀을 위해, 레지스터 파일은 주기의 2분의 1에서 기록을 읽고 나머지 절반에서 씀으로써 **시간 다중화**(time-multiplexed) 또는 **이중 펌핑**(double-pumped)될 수 있다. Itanium 2의 레지스터 파일은 11개로 워드 라인의 수를 줄이기 위해 이 기술을 채택한다. 다른 방법으로는, 각각의 읽기와 쓰기 포트가 주기당 2회 이용될 수 있다. 이러한 접근은 펄스형 워드 라인과 비트 라인을 포함한다. **다중 뱅크**(multiple bank) 설계에서, *R* 읽기 포트와 *W* 쓰기 포트를 가진 레지스터 파일은 각각 *R*/2 읽기 포트와 *W* 쓰기 포트를 가진 2개 뱅크로 나누어진다. 쓰기는 항상 양쪽 뱅크를 갱신하여 그들은 동일한 데이터를 가진다. 그러고 나서 읽기는 각 뱅크에서 일어날 수 있다. 이 기술은 더 많은 수의 뱅크로 일반화한다. 예를 들면 16개의 읽기 포트 및 4개의 쓰기 포트를 가진 단일 종단 레지스터 파일은 23×23개의 트랙 또는 약 $184 \times 184\lambda = 33856\lambda^2$의 셀 크기를 가지고 있다. 면적은 각각 8개의 포트 및 4개의 쓰기 포트를 가진 두 개의 부분으로 레지스터 파일을 분할함으로써 개선될 수 있다. 셀 크기는 지금 파일당 $14400\lambda^2$의 면적 또는 모두 함께 $28800\lambda^2$을 가진 15×15개의 트랙이다. 분할된 레지스터 파일은 더 짧은 비트 라인 및 워드 라인 때문에 더 작을 뿐만 아니라 더 빠르다.

[Golden99, Hart06, Warnock06]는 AMD Athlon, Sun UltraSparc IV+, IBM/Sony/Toshiba 셀 프로세서의 각각의 큰 레지스터 파일에 대한 다른 설계를 보여 준다.

11.2.5 큰 SRAM

정적 RAM 읽기 사이클 내의 임계 경로는 임의의 데이터 레지스터에 대한 지연 시간, 행 주소 구동기 시간, 행 디코드 시간, 비트 라인 센스 시간 및 설정 시간의 주소지정을 할 클럭을 포함한다. 비트 라인이 큰 트랜지스터에 의해 능동적으로 구동되기 때문에 쓰기 동작은 읽기 사이클보다 보통 더 빠르다. 그러나 비트 라인은 더 많은 접근 사이클이 발생하기 전에 그들의 정지 값(quiescent value)으로 회복되도록 허락되어야만 할 수도 있다.

메모리 배열이 커지게 되면 워드 라인 및 비트 라인은 오히려 길게 된다. 긴 라인은 긴 지연 및 높은 전력 소비로 이끄는 높은 커패시턴스를 가지고 있다. 따라서 큰 메모리는 때로 **뱅크**(bank) 또는 **부배열**(subarray)이라고 부르는 여러 개의 더 작은 메모리 배열로 분할된다. 각 부배열은 그 주변 회로 소자에 대해 일부 면적 부하(overhead)를 제공하고 따라서 부배열의 크기는 면적과 속도의 트레이드 오프를 표현한다.

비트 라인의 지연은 셀과 반전되는 비트 라인의 수에 비례한다. 큰 SRAM은 속도를 위해 계층적 비트 라인이나 센스 증폭기를 사용한다. 일반적인 부배열은 비트 라인당 128 또는 256개의 워드를 구동한다. 워드 라인은 도선의 저항 및 그것이 구동하는 트랜지스터의 게이트 커패시턴스로부터 RC 지연을 제공한다. 이것은 워드 라인 상의 비트 개수의 제곱과 함께 증가한다. 전형적인 부배열은 각 워드 라인 상에서 128 또는 256개의 비트를 사용한다.

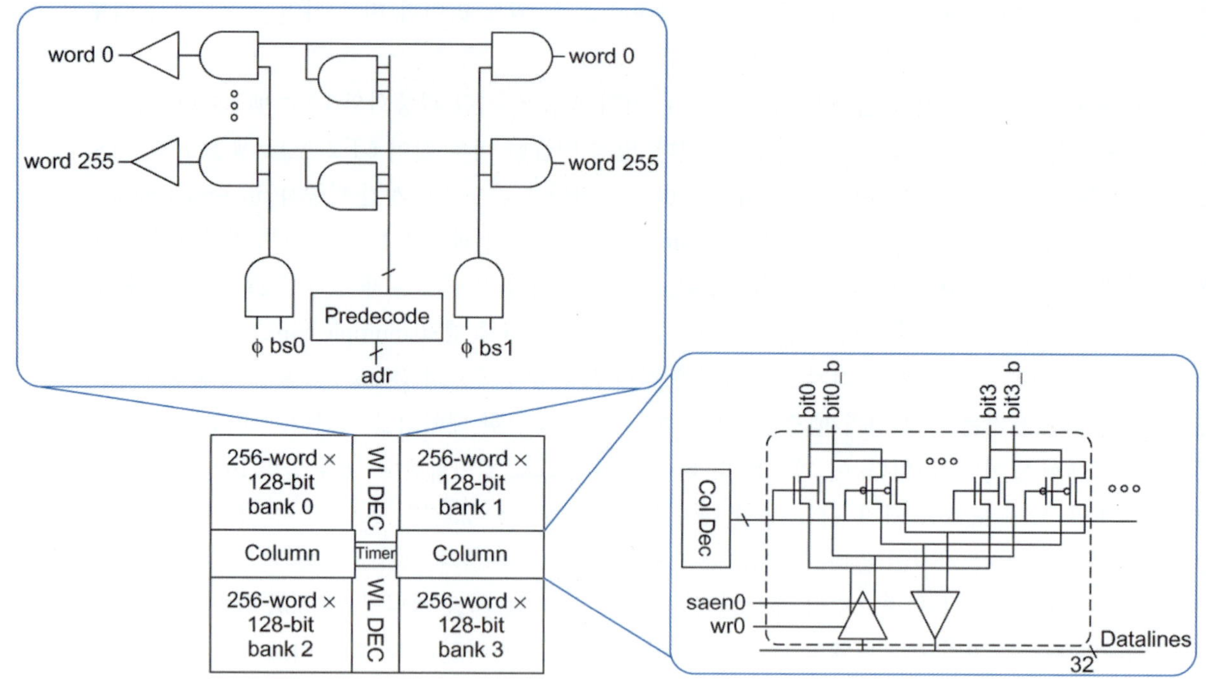

그림 11.35 16 KB 부배열

그림 11.35는 큰 SRAM을 위한 전형적인 16 KB 부배열을 보여 준다. 부배열은 4개의 4 KB **뱅크** 또는 각각 128개 비트의 256개 워드의 **블록**(block)으로 나누어진다. 워드 라인 디코더와 열 회로는 레이아웃 면적을 감소시키기 위해 뱅크 사이에 공유된다. 각 워드 라인 디코더 블록은 선디코딩을 수행하고 1-핫 256비트 신호를 만들기 위해 정규적 디코딩을 수행하고, 결국 클럭과 뱅크 선택 신호에 의해 게이팅되며 적절한 뱅크의 워드 라인을 구동하기 위해 버퍼링된다. 열 회로는 4:1 열의 멀티플렉서와 센스 증폭기와 열의 각 그룹을 위한 쓰기 구동기를 포함한다. 타이밍 회로는 센스 증폭기 이네이블 신호와 다른 필요한 타이밍 펄스를 생성한다.

정보는 **데이터 라인**(dataline)의 부배열에서 부배열로 옮겨진다. 큰 SRAM은 데이터 라인을 위한 중계기와 적절한 부배열을 선택하는 또 다른 디코더를 요구한다. 비활성인 부배열을 위한 클럭은 전력을 절약하기 위해 제어된다.

그림 11.36은 130 nm UltraSparc Gemini 프로세서의 512 KB L2 캐시를 보여 준다[Shin05]. 그것은 각각 256개 열의 256개 행으로 구성된 16개 8 KB 뱅크를 포함하는 4개의 128 KB 배열로 만들어진다. 데이터 배열은 약 60%의 면적 효율을 가지고 있고, 전체 캐시는 다른 제어와 배선 블록 때문에 40%의 면적 효율을 가지고 있다. 큰 내장 SRAM의 더 많은 예는 [Chappell91, Weiss02, Shin05, Zhang05, Warnock06, Chang07, Plass07, Hamzaoglu09]를 참조하자.

메모리의 배열 효율은 메모리 셀에 의해 차지된 면적의 분율이다. 큰 SRAM 배열은 일반적으로 70~75%의 효율을 달성하며[Lu08], 빠른 메모리는 낮은 효율을 가지는 경향이 있다.

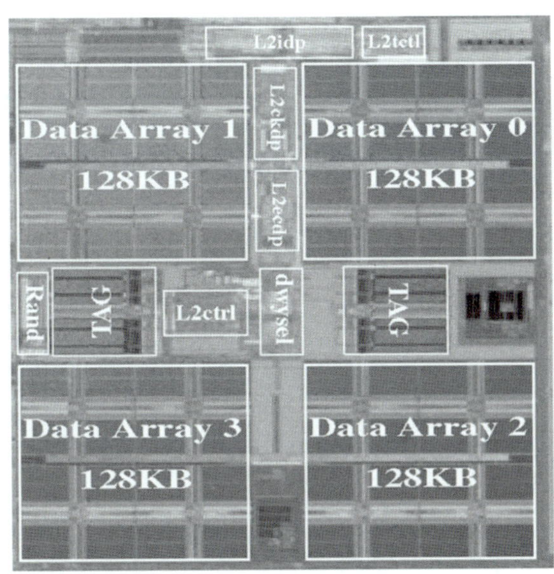

그림 11.36 512 KB 캐시 배열(© IEEE 2005)

다중 부배열을 가진 큰 메모리는 각 부배열이 단일 포트로 되어 있을지라도 한 개 이상의 포트를 시뮬레이션할 수 있다. 예를 들면 두 개의 부배열을 가진 시스템에서 짝수화된 워드는 한 개의 부배열 내에, 홀수화된 워드는 다른 부배열 내에 저장될 수도 있다. 한 개가 짝수 워드의 주소지정을 그리고 다른 하나는 홀수 워드의 주소지정을 하면 두 개의 접근이 동시에 발생할 수도 있다. 양쪽이 짝수 워드의 주소지정을 하면 **뱅크 충돌**(bank conflict)이 일어날 수 있고 한 개의 접근은 반드시 기다려야만 한다. 뱅크 개수를 증가시키는 것은 더 많은 병행 및 뱅크 충돌의 더 낮은 가능성을 제공한다.

11.2.6 저전력 SRAM

SRAM은 대부분의 나노미터 칩 면적의 큰 부분을 차지하고, 동적 그리고 누설 전력의 큰 부분을 소모한다. 예를 들면 16 MB L3 캐시를 가진 듀얼 코어 Xeon 프로세서에서[Rusu07, Chang07], 다양한 캐시의 6T 셀은 13억 전체 트랜지스터의 그리고 칩 면적의 절반에 대하여 77%를 차지한다. 동적 전력은 접근을 위한 L3 캐시의 단지 0.8%를 활성화함으로써 최소가 되고 누설은 캐시의 나머지를 슬립 모드에 놓음으로써 최소가 된다. 그럼에도 불구하고 L3 캐시는 칩을 위한 110 W 전형적 합계에서 약 14 W를 소모하고 이 캐시 전력의 약 절반은 누설이다.

이 절에서는 저전력 SRAM 설계의 도전 과제를 알아본다. 일반 원리는 동적 전력을 최소로 하기 위해 단지 필요한 부배열만을 돌리고, 누설을 최소로 하기 위해 다른 부배열을 슬립 모드에 보존하고, 그리고 전체 전력을 최소화하도록 가능한 한 낮은 전압으로 동작시키는 것이다. 공정 변화의 상태에서 읽기와 쓰기 여유를 저전압에 유지하는 것은 어려울 수 있다. 많은 기법이 누설 감소를 위해 사용된다. 최소 에너지가 목적일 때, 수정된 SRAM은 임계값 아래에서 작동될 수 있다.

11.2.6.1 저전압 동작 RAM을 위한 최소 동작 전압 V_{min}은 읽기 안정성과 쓰기 능력 제한에 의해 정해진다. 11.2.1.3절에서 논의된 것처럼, 다이 내부 변동성은 읽기와 쓰기 여유의 분산을 유발한다. 만족할 만한 수율을 얻기 위해 필요한 적정 여유는 여유의 표준편차와 셀의 수, 그 양쪽이 기술의 크기 변동에 따라 증가함에 따라 같이 증가한다. 표준 6T SRAM을 위한 V_{min}은 90 nm 공정에서 0.7 V [Calhoun07]이고, 공정 크기 변동에 따라 증가할 것으로 예상된다[Itoh09]. SRAM 셀은 누설을 감소시키기 위해 높은 임계값 트랜지스터를 이용하는 경향이 있으며, 저전압에서 느린 작동으로 이어진다.

거의 최소 크기 트랜지스터를 가진 SRAM 트랜지스터는 더 좋은 밀도를 달성하지만, V_{min}을 증가시키는 나쁜 읽기와 쓰기 여유와 더 큰 변동성을 가지고 있다. 예를 들면 인텔의 65 nm 공정은 V_{min}=0.7 V에서 고성능 SRAM 셀을 가지고 있으며, 대기(그것이 상태를 유지하지만, 읽거나 쓸 수 없을 때)하는 동안 0.6 V를 가진다. 그것은 또한 고밀도 SRAM 셀을 제공하여 주어진 면적에 44% 메모리를 추가할 수 있지만, 1.1/1.0 V 작동으로 제한된다[Khellah07].

동적 전압 크기 조정은 V_{min} 제약과 충돌한다. 예를 들면 65 nm 쿼드-코어 Itanium은 주파수가 1.2에서 2.4 GHz로 변함에 따라 0.9~1.2 V의 코어 전원으로 변화한다[Stackhouse09]. 그러나 그 칩은 30 MB 캐시를 구축하기 위해 고밀도 SRAM 셀을 이용한다. 이 문제를 해결하는 가장 단순한 접근법은 메모리를 위해 고정된 상대적으로 높은 1.1 V 전원을 이용하고 수준 변환을 인터페이스에서 수행하는 것이다[Khellah07].

V_{min}은 읽기와 쓰기 동작을 도와주는 외부 회로 소자에 의해 감소될 수 있다. 읽기 안정성을 개선하는 **읽기 보조**(read assist) 기술의 예는 다음과 같다.

- 정적 잡음 여유보다 큰 동적 잡음 여유를 이용하기 위한 짧은 워드 라인 또는 비트 라인 펄싱 [Khellah06]
- 워드 라인 전압 낮추기[Ohbayashi07, Yabuuchi07]
- 읽기 동안 셀 V_{DD}를 높이기[Zhang06, Bhavnagarwala04]

쓰기 능력 개선을 위한 **쓰기 보조**(write assist) 기술의 예는 다음과 같다.

- 음의 전압으로 비트 라인 조종
- 워드 라인 전압 올리기[Morita06]
- 쓰기 동안 셀 GND를 부동시키기[Yamaoka04b]
- 쓰기 동안 셀 V_{DD}를 부동시키기[Yamaoka06]
- 쓰기 동안 셀 V_{DD}를 낮추기[Zhang06, Ohbayashi07]

더 단순한 접근법은 저전압에 전적으로 문제가 되는 6T 셀을 회피하는 것이다. 그림 11.18의 8T 이중 포트 셀은 읽기 안정성 문제를 해결하고, 그러므로 더 낮은 전압에서 작동할 수 있다[Chang08]. 그 셀 면적은 약 30%만큼 증가한다. 인텔은 0.7 V[Kumar09] 아래로 동적 전압 크기 조정을 지원하기 위해 45 nm 코어군의 프로세서 코어에서 8T 셀로 전환했다. 그러나 여전히 많은 다이 크기를 차지하는 L3 캐시는 더 높은 전압에서 동작하는 더 밀집한 6T 셀을 이용한다.

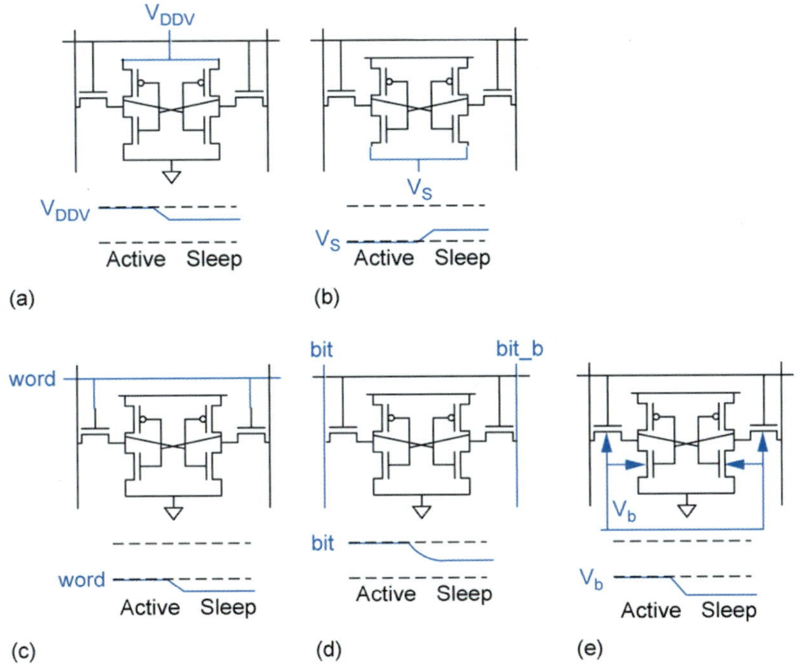

그림 11.37 누설 감소 기술

11.2.6.2 누설 제어 큰 메모리의 대부분의 부배열은 어떤 주어진 시간에 비활성이고, 따라서 이 상태에서의 누설을 최소로 하는 것이 결정적이다. 누설은 큰 메모리를 위한 임계 전압과 산화물 두께의 선택에 영향을 미친다. 동적으로 누설을 제어하기 위한 일반적인 3가지 방법은 V_{ds}를 감소시키거나, 음수의 V_{gs}를 제공하거나, 음수의 V_{bs}를 제공하는 것이다[Nakagome03]. 그림 11.37은 이러한 접근을 설명한다[Kim05].

셀의 상태를 유지하는 데 필요한 공급 전압은 동작 때문에 필요한 것보다 낮다. 트랜지스터를 가로지르는 전압을 감소시키는 것은 DIBL 효과를 감소시키고, 그러므로 하위 문턱 누설 전류를 감소시킨다. 더욱이 그것은 게이트 누설과 BTBT 접합 누설을 크게 감소시킨다. 그러므로 이것은 전체 누설 전력을 줄이기 위한 공통 기술이다. 이것은 V_{DD}가 떨어지는 것을 허락하는 전력 스위치[Kanda02, Nii04][그림 11.37(a)]에 의하거나 슬립 동안의 제어된 양에 의해 GND를 올리는 것[Zhang05][그림 11.37(b)]에 의해 이루어질 수 있다. 소프트 에러 비율은 이 상태에서 증가하며, 따라서 ECC는 데이터를 보호하는 데 필수적이다.

예제 11.4

100 mV/decade의 하위 문턱 전압 기울기와 0.15의 DIBL 계수를 가진 공정을 고려하자. 전원 전력이 얼마나 떨어져야 하위 문턱 누설을 1/2만큼 줄일 수 있는가?

해답: 식 (2.45)에 따르면, 셀을 가로지르는 전압이 ΔV만큼 약해지면, 하위 문턱 누설 전류는 다음과 같이 된다.

$$I_{\mathrm{sub}} = I_{\mathrm{off}} 10^{-\frac{\eta \Delta V}{S}} \tag{11.2}$$

$I_{\mathrm{sub}}=I_{\mathrm{off}}/2$를 풀면 다음과 같다.

$$\Delta V = \frac{S}{\eta} \log_{10} \frac{I_{\mathrm{off}}}{I_{\mathrm{sub}}} = 200\ \mathrm{mV} \tag{11.3}$$

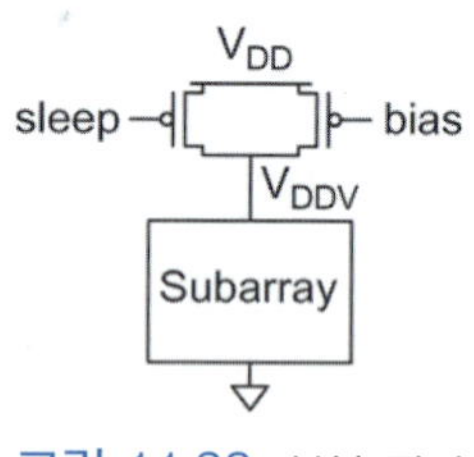

그림 11.38 부분 전력 게이팅

그림 11.38은 슬립 동안의 부분 전력 게이팅의 예를 보여 준다[Gerosa09, Hamzaoglu09]. 그 기술은 4.3.2절에 기술된 최대 전력 게이팅과 유사하지만, 메모리가 그 상태를 유지하도록 전원 붕괴는 제한되어야 한다. 부배열이 접근되려고 할 때, 넓은 전력 게이팅 트랜지스터는 배열의 V_{DDV}를 V_{DD}에 연결하기 위해 활성화한다. 부배열이 슬립 모드로 진입할 때, 전력 게이팅 트랜지스터는 꺼지지만 조정 가능한 슬립 트랜지스터는 켜진다. 슬립 전류는 V_{DD}가 최소 유지 전압으로 약해지는 수준으로 설정된다. 부배열이 완전히 디세이블될 때, 슬립 트랜지스터 또한 꺼진다. 슬립에서 작동 모드로의 전이는 약간의 시간(예를 들면 두 주기)과 에너지를 요구하므로 불필요한 전이는 피해야 한다. 작동 과정은 부배열 접근이 알려지자마자 시작한다. 이것은 보통 행 디코딩이 완료되기 전에 시작할 수 있다. 부배열은 곧 다시 접근되는 경우에 접근 뒤에 여러 주기 동안 ON으로 남아 있을 수 있다. 슬립 트랜지스터를 조절하는 여러 방법이 있다[Khellah07]. 폐쇄 연결 제어는 V_{DDV}의 측정과 그에 따른 제어 전압 조정을 포함한다. 이와는 달리 슬립 트랜지스터는 다중의 작은 장치로부터 만들어질 수 있다. 제조 후, 칩 조절 단계는 슬립 동안 얼마나 많은 수가 ON되어야 하는지 결정할 수 있고, 이 값은 일련의 퓨즈로 프로그래밍될 수 있다.

접근 트랜지스터를 통한 누설은 비활성 워드 라인을 음의 전압으로 구동함으로써 감소될 수 있다(그림 11.37(c))[Itoh96, Wang07]. 주의사항: 일부 공정에서, 상승된 게이트 유도 누설은 하위 문턱 누설 전류의 절약을 압도한다. 감소된 누설은 비트 라인에 연결할 수 있는 셀의 수를 증가시킨다. 대기 동안, 비트 라인은 접근 트랜지스터 누설 또한 감소시키기 위해 표류시킬 수 있다[그림 11.37(d)][Heo02]. 4.3.4절에서 언급된 것처럼, 바디 바이어스는 슬립 모드에서 하위 문턱 누설 전류를 감소[그림 11.37(e)] 시키거나 동작 모드에서 속도를 증가시키기 위한 또 다른 방법이다.

11.2.6.3 하위 문턱 메모리 종래의 6T SRAM 셀은 특히 임계값 변이에서 읽기 안정성과 쓰기 능력을 위한 비율 제약이 보증될 수 없기 때문에 임계 아래에서 안정적으로 기능하지 않는다[Calhoun06b, Chen07]. 더욱이 L_{off}에 대한 I_{on}의 나쁜 비율은 지역 비트 라인에 연결될 수 있는 셀의 수를 제한한다.

그림 11.19의 12T 셀은 그것이 똑같은 회로 형상을 가지고 있고, 비율 제약을 제거하기 때문에 정적 CMOS 레지스터만큼 낮은 전압에서 바르게 작동한다. 그러나 12T 셀은 6T 셀보다 3배 크다. 더

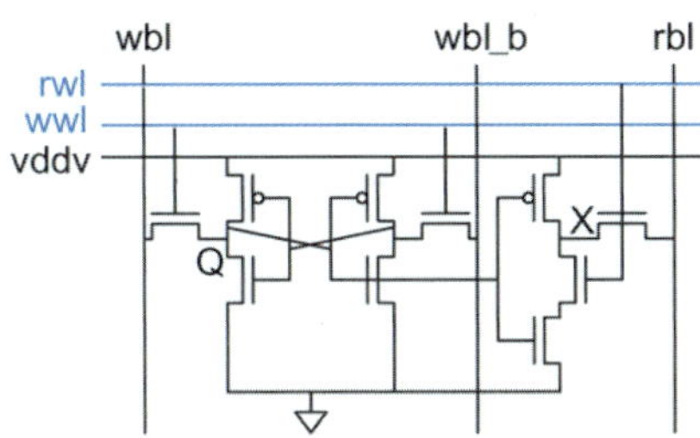

그림 11.39 10T 하위 문턱 메모리 셀

욱이 비트 라인을 공유하는 셀의 수는 누설 때문에 적다. 8T 이중 포트 셀은 밀집하고, 6T 셀보다 낮은 전압에 동작할 수 있지만, 그것은 접근 트랜지스터가 pMOS 풀업보다 강한 힘을 가할 수 없을 때 임계값 근처에서는 쓸 수 없다.

그림 11.39의 10T 셀은 특히 임계값 아래 작동을 위해 설계되었다[Calhoun07]. 그것은 8T 셀처럼 보이지만, 읽기 포트 누설을 감소시키기 위해 2개의 트랜지스터를 추가하고, 쓰기 능력을 향상시키기 위해 가상의 전원 라인을 대체한다. 읽기 비트 라인 *rbl*은 V_{DD}로 선충전시킨다. *rwl*이 0일 때, *rbl*은 2개의 직렬 트랜지스터를 통하여 GND로부터 분리된다. 스택 효과 때문에, 누설은 10배만큼 감소된다. 노드 *X*에 연결된 pMOS 트랜지스터는 선택적이며, 누설을 더욱 감소시키는 데 도움이 된다. 그것이 ON일 때, 그것은 *X*를 V_{DD}로 끌어올린다. 그것이 OFF인 동안에도, 누설은 *X*를 GND 이상의 중간 전압으로 올린다. 어떤 경우에도 *rbl*에 연결된 nMOS 트랜지스터는 음의 V_{gs}를 가질 것이며, 그것의 누설을 더욱 감소시킨다. 누설은 수백의 셀이 공통의 비트 라인을 공유하게 할 만큼 충분히 낮다. 쓰기 동작 동안, 가상 전원 라인 V_{DDV}는 부동한다. 이것은 접근 트랜지스터가 셀의 상태를 뒤집게 하면서, pMOS 풀업과의 경쟁을 제거한다. V_{DDV}는 쓰기 작업을 마치기 전에 셀을 안정시키기 위해 V_{DD}로 회복된다.

문헌들은 [Chen06, Zhai08, Kim09]과 같은 다른 하위 문턱값 메모리 셀로 가득하다. 이러한 셀의 일부는 강한 역방향 단채널 효과와 같은 특징을 가진 공정에서만 동작하므로, 변동성을 고려할 때 공정의 읽기와 쓰기 여유를 주의 깊게 확인해야 한다. 심지어 전문화된 셀을 이용할 때도 하위 문턱값 메모리는 더 높은 전압에서의 메모리 동작보다 더 낮은 수율을 가지는 경향이 있다.

11.2.7 RAM과 레지스터 파일의 면적, 지연, 그리고전력

11.2.7.1 면적 *N*개의 비트를 포함하는 메모리의 면적은 다음과 같이 예측할 수 있다.

$$A = \frac{NA_{\text{bit}}}{E} \tag{11.4}$$

여기서 A_{bit}는 메모리 셀의 면적이고 *E*는 배열 효율이다. 6T SRAM 셀의 셀 면적은 그림 11.17에 나타나 있다. A_{bit}는 상업적 레이아웃을 이용하여 약 600 λ^2 정도이고 MOSIS 설계 규칙을 이용하여

1200 λ^2 정도이다. 11.2.4절에 따르면 MOSIS 규칙의 p-포트 레지스터 파일은 대략 $64(p+3)^2\ \lambda^2$의 면적을 가진다. 상업적인 레이아웃은 워드 라인과 비트 라인에 사용되는 금속3과 금속4의 간격을 좁힐 수 있을 것이다. 0.7의 배열 효율은 합리적 목표이다. 캐시 컨트롤러와 같은 외부 회로는 이 모델에서 고려되지 않았다.

11.2.7.2 지연 논리 에퍼트의 방법은 정적 RAM 또는 레지스터 파일의 지연을 추정하는 데 유용하다. 열 다중화 없이 작은 단일 포트 RAM에 대한 임계 읽기 경로는 워드 라인을 그리고 비트 라인을 풀다운하는 SRAM 셀을 구동하기 위한 디코더를 포함한다. 그림 11.40은 총 $N=2^{n+m}$개의 비트 크기를 가진 2^m비트 메모리에 의한 $2n$개의 워드에 대해 이러한 경로를 강조한다.

이 디코더는 참형 및 상보형 주소 입력의 일부 조합을 취하는 n-입력 AND 게이트로서 모델링된다. 이것은 표 3.2 및 3.3에 따라 $(n+2)/3$의 논리 에퍼트 및 n의 기생 지연을 가지고 있다. 비트 라인은 동적 멀티플렉서처럼 동작하는 두 개의 직렬 트랜지스터를 통해 SRAM 내에서 방전된다. 워드 라인으로 각 셀에 의해 제공되는 $3C$의 총 커패시턴스에 대해 각 셀이 두 개의 단위 크기의 접근 트랜지스터 및 다른 단위 크기의 트랜지스터와 거의 동일한 스트레이 도선 커패시턴스를 가지고 있다고 가정해 본다. 직렬 연결에 두 개의 트랜지스터가 있기 때문에 셀은 입력 커패시턴스 $3C$를 가진 단위 인버터 전류의 약 절반을 인도한다. 따라서 셀이 동일 입력 커패시턴스를 가진 인버터 전류의 절반을 인도하기 때문에 논리 에퍼트는 2이다. 각 셀이 비트 라인 상에서 확산 커패시턴스의 $1C$를 제공한다고 가정해 보면 총 비트 라인 커패시턴스는 2^nC이다. 이 셀은 두 개의 직렬 단위 트랜지스터를 통해 비트 라인을 방전하는 $2R$의 유효 저항을 가지고 있다. 따라서 비트 라인은 $2^{n+1}RC$의 기생 지연을 가지고 있다. $\tau=3RC$에 의해 정규화되면 $p=2^{n+1}/3$이 된다.

이러한 두 개의 스테이지를 함께 넣으면 경로 논리 에퍼트는 $G=(n+2)/3\times2$이다. 참형 및 상보형 비트 라인이 주소 입력에 의해 보인 그것의 절반과 동일한 각 구동 커패시턴스를 출력하면 경로 전

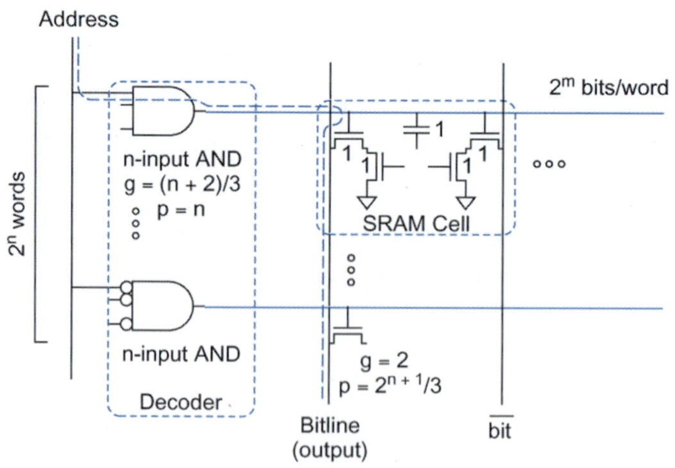

그림 11.40 작은 SRAM 읽기에 대한 임계 경로

기 에퍼트는 $H=1/2$이다. 그 경로 내에는 각 주소 비트가 각 워드 라인 디코더에 의해 필요한 것처럼 2^n-방향 갈림(branch)이 있고, 워드 라인이 그 워드 상의 모든 비트를 구동하면서 다른 2^m-방향 갈림이 있다. 따라서 갈림 에퍼트는 $B=N$이다. 경로 에퍼트 지연은 $F=GBH=N(n+2)/3$이다. 기생 지연은 $P=n+2^{n+1}/3$이다. 스테이지의 최고 개수는 약 $\log_4 F=(m+n)/2+\log_4[(n+2)/3]$이다. 이러한 스테이지는 주소 구동기 내의 버퍼, 디코더 내의 게이트 다중 수준, 워드 라인을 구동할 버퍼, 그리고 비트 라인 출력 상의 인버터를 포함하게 될 것이다. 경로 지연은 다음과 같다.

$$D = 4\log_4 F + P = 2(m+n) + 4\log_4[(n+2)/3] + n + 2^{n+1}/3 \tag{11.5}$$

32워드×32비트 레지스터 파일에 대해 $n=5$, $N=2^{10}$ 및 $D=48.8\tau=9.8$ FO4 인버터 지연이다.

이 모델은 명백히 과도하게 단순화되었다. n-입력 AND 게이트는 낮은 팬인 게이트의 체인 밖에서 보통 구성되지만 이것은 단지 그 논리 에퍼트를 약간 향상시킨다. 또한 클럭 에지 상에서 워드 라인을 구동하기 위한 클럭 게이팅의 에퍼트를 무시해 본다. RAM이 센스 증폭기가 사용되지 않을 만큼 그리고 도선 저항이 무시될 만큼 충분히 작다고 가정해 본다. SRAM 셀 내부의 풀다운 트랜지스터는 접근 트랜지스터보다 더 클 수도 있다. 그럼에도 불구하고 이 모델은 메모리가 사용해야만 하는 스테이지의 개수 그리고 대략적 지연에 대한 통찰력을 제공한다. 예를 들면 이것은 센스 증폭기 없이 비트 라인 상에 너무 많은 워드를 두는 것은 과도한 기생 지연을 유발함을 알려 준다.

[Amrutur00]은 여기에서 반복할 수 있는 것보다 대단히 더 상세한 논리 에퍼트를 사용하여 큰 SRAM의 지연을 모델링한다. 전반적 지연은 게이트 및 도선 RC 양쪽 모두가 기여하는 구성 요소를 포함한다. 정적 CMOS 디코더를 사용하는 잘 설계된 N비트 SRAM($N \geq 2^{16}$)에서 게이트 지연 구성 요소는 FO4 인버터 지연으로 대략 다음과 같다.

$$D = 1.2\log_2 N - 4 \tag{11.6}$$

11.2.2에서 다룬 도미노 또는 레이스 기반의 NOR 기법을 사용하는 더 공격적인 디코더는 이 지연을 약 15% 정도 감소시킬 수 있다[Amrutur01]. 도선 지연은 1 Mbit 용량을 넘어서는 RAM에 대해 중요하게 된다. 도선 지연에 대한 더 낮은 경계(bound)는 4 Mbit 메모리에 대해 약 1.75 FO4에서의 빛의 속도에 의해 설정된다. 이러한 지연은 메모리 크기의 각 네제곱에 대해 배증된다. 사실상 도선 지연은 도선 폭 및 두께 그리고 중계기(repeater) 전략에 의존하지만 이러한 더 낮은 경계의 여러 배가 될 수 있다. 100 nm 발생을 넘는 공정에서 센스 증폭기는 그것의 오프셋 전압이 공급 전압과 비례하지 않고 있기 때문에 상대적으로 더 큰 비트 라인 스윙을 요구할 것이다. 이것은 비트 라인 감지 시간에 여러 개의 FO4 인버터 지연을 더하게 될 것이다.

CACTI(캐시 접근과 주기 시간)는 캐시 지연을 위한 또 다른 모델이다[Wilton96]. [Agarwal01]은 도선과 트랜지스터의 공정 크기 조정을 설명하기 위해 이 모델을 확장한다. 256 KB까지의 캐시에서 모델은 50 nm 공정의 32바이트 블록 크기의 단일 포트 직접 매핑 캐시의 접근 시간을 대략 FO4 지연으로 다음과 같이 예측한다.

$$D = 1.5\sqrt{C} + 13 \tag{11.7}$$

여기서 C는 KB로 표시된 용량이다. 예를 들면 16 KB 캐시를 위한 접근 시간은 대략 19 FO4 지연이다. 모델은 또한 64비트 워드를 가진 6-포트 레지스터 파일의 지연을 32~256개의 레지스터 용량 증가에 따라 12~16 FO4 지연으로 예측한다.

11.2.7.3 전력 메모리 전력은 동적 성분과 누설 성분을 가지고 있다. 동적 전력은 뱅크 안의 셀의 수와 활성화된 뱅크의 수에 비례한다(일반적으로 1). 큰 캐시에서는 캐시 밖으로 데이터를 보내기 위한 데이터 라인의 동적 전력도 중요하다. 이 전력은 용량의 제곱근에 따르는 배선 길이로 늘어난다. 누설 전력은 메모리 안의 전체 셀의 수에 비례한다. 동적 전력과 누설 전력은 둘 다 포트의 수에 따라 선형적으로 커진다. [Evans95]는 한층 나아가서 SRAM 전력 모델링을 기술한다.

11.3 DRAM

동적 RAM(DRAM: dynamic RAM)은 피드백 루프 내에서보다는 차라리 커패시턴스 상의 전하로서 그들의 내용을 저장한다. 따라서 기본 셀은 SRAM보다 상당히 더 작지만 이 셀은 그 내용이 누설되어 나가지 않도록 반드시 주기적으로 읽기가 되고 재충전(refresh)되어야만 한다. 상업적 DRAM은 밀도가 높은 커패시터 구조에 대해 최적화된 특수 공정에서 구성된다. 이것은 표준 논리 공정 내에서 구성된 고성능 SRAM보다 10~20배 더 큰 밀도(bits/cm^2)의 상태를 제공하지만[Nakagome03] 이들은 또한 훨씬 더 큰 레이턴시를 가지고 있다. DRAM 회로 설계는 일종의 매우 전문화된 예술이고 [Keeth07] 같은 훌륭한 서적의 주요 화제이다. 이 절은 일반적 문제의 개관을 제공한다.

1-트랜지스터(1T) 동적 RAM 셀은 그림 11.41(a)에 나와 있는 바와 같이 한 개의 트랜지스터 및 한 개의 커패시터로 구성된다. SRAM처럼 셀은 커패시턴스를 비트 라인으로 연결하도록 워드 라인을 주장함으로써 접근된다. 읽기 상에서 비트 라인은 처음에 $V_{DD}/2$로 선충전된다. 워드 라인이 상승하면 커패시터는 그림 11.41(b)에 나와 있는 바와 같이 감지될 수 있는 전압 변화 ΔV를 유발하면서 비트 라인을 가지고 그 전하를 공유한다. 읽기는 x에서 셀 내용을 방해하고 따라서 셀은 각 읽기 후에 반드시 다시 쓰기가 되어야만 한다. 쓰기 상에서 비트 라인은 높게 또는 낮게 구동되고 전압은 커패시

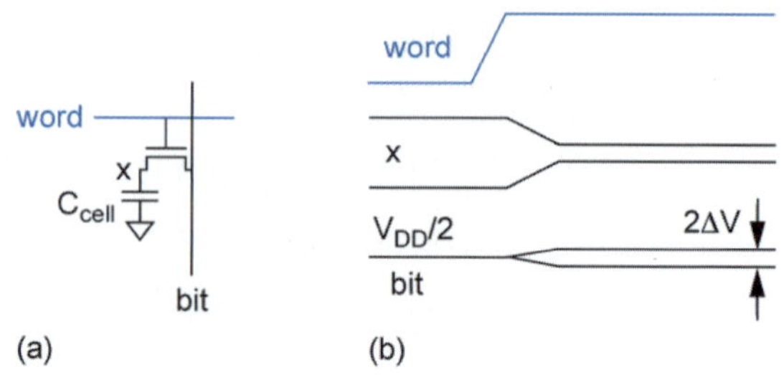

그림 11.41 1T DRAM 셀 읽기 동작

터 상으로 강요된다. 일부 DRAM은 '1' 쓰기를 할 때 강등된 수준을 피하기 위해 $V_{DDP}=V_{DD}+V_t$로 워드 라인을 구동한다.

DRAM 커패시터 C_{cell}은 우수한 밀도를 달성하도록 반드시 물리적으로 작아야만 한다. 그러나 비트 라인은 많은 DRAM 셀로 연결되고 상대적으로 큰 커패시턴스 C_{bit}를 가지고 있다. 따라서 셀 커패시턴스는 전형적으로 비트 라인 커패시턴스보다 훨씬 더 작다. 전하 공유(charge-sharing) 방정식에 따라서 읽기 판독 동안 비트 라인 상에서의 전압 스윙은 다음과 같다.

$$\Delta V = \frac{V_{DD}}{2}\frac{C_{\text{cell}}}{C_{\text{cell}}+C_{\text{bit}}} \tag{11.8}$$

또한 큰 셀 커패시턴스는 합당한 전압 스윙을 제공하는 데 중요하다. 만족스럽게 긴 시간 동안 내용을 유지하고 소프트 에러를 최소화하는 것 또한 필요하다. 예를 들면 30 fF가 전형적인 목표이다. 그러한 높은 커패시턴스를 구성하기 위한 가장 치밀한 방법은 세 번째 차원으로 확장하는 것이다. 예를 들면 그림 11.42는 트랜지스터의 소스 하에서 식각된 **트렌치 커패시터**(trench capacitor)의 단면 및

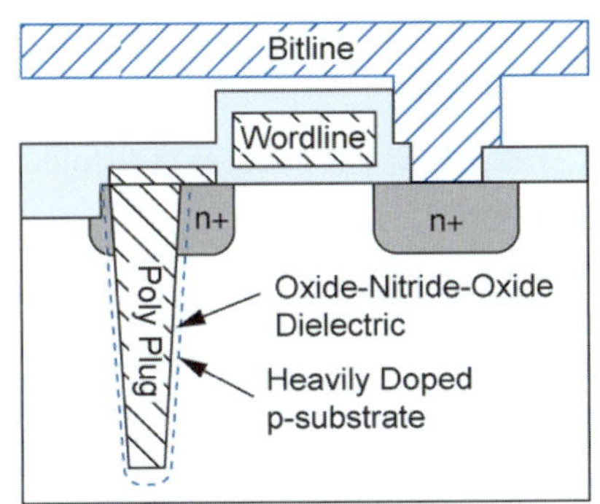

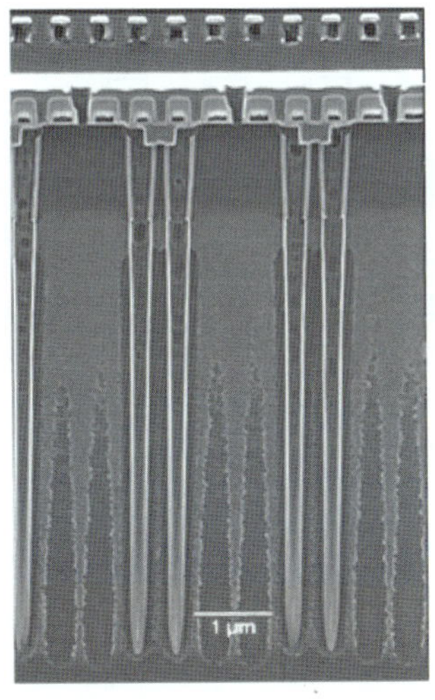

그림 11.42 트렌치 커패시터

주사 전자 현미경(SEM) 영상을 보여 준다. 트렌치 커패시터의 벽은 산화물-질화물-산화물 유전체를 가지고 직선화되어 있다. 그 이후에 이 트렌치는 트랜지스터 드레인으로 부착된 커패시터의 한쪽 단자 역할을 하는 폴리실리콘 도전체로 채워져 있고, 크게 도핑된 기판은 다른 단자 역할을 한다. 다양한 삼차원적 커패시터 구조는 전통적 CMOS 공정에서는 활용 가능하지 않은 특수한 DRAM 공정에서 사용되어 왔다.

11.3.1 부배열 구조

11.2.5절에서 설명한 SRAM처럼 큰 DRAM은 다중 부배열로 나누어진다. 부배열 크기는 밀도 및 성능 사이의 트레이드오프를 나타낸다. 더 큰 부배열은 더 많은 셀을 가로질러 디코더 및 센스 증폭기를 분할 배치하고 따라서 더 우수한 밀도를 달성한다. 그러나 이들도 느리고 높은 워드 라인 및 비트 라인 커패시턴스 때문에 작은 비트 라인 스윙을 가지고 있다. 전형적인 부배열의 크기는 그림 11.43에 나와 있는 바와 같이 512개의 비트×256개의 워드이다. 배열 효율성은 보통 50~60%이다.

이러한 크기의 부배열은 셀 내에서보다는 비트 라인 상에서 절대 크기가 더 큰 커패시턴스의 순서를 가지고 있고 따라서 읽기 동안 비트 라인 전압 진동 ΔV는 매우 작다. 이 배열은 (V_{DD}/2로 선충전된) 유휴 비트 라인의 배열과 비트 라인 전압을 비교하기 위해 센스 증폭기를 사용한다. 센스 증폭기도 또한 배열의 치밀한 간격을 맞추기 위해 반드시 치밀해야 한다. 낮은 진동의 비트 라인은 잡음에 매우 민감하다. 세 개의 비트 라인 구조, 즉 **열린**(open), **포개진**(folded) 및 **꼬인**(twisted) 구조는 잡음 및 면적 사이의 다른 타협을 제공한다.

초기 DRAM(64 kbit 세대까지)은 그림 11.44에 나와 있는 열린 비트 라인 구조를 사용했다. 이러한 구조에서 센스 증폭기는 두 개의 부배열 중 한 개로부터 한 개의 비트 라인을 수신한다. 워드 라인은 기준 전압에서 부동하는 다른 배열 내에 그 비트 라인을 남기면서 단지 한 배열 내에서 나타난다.

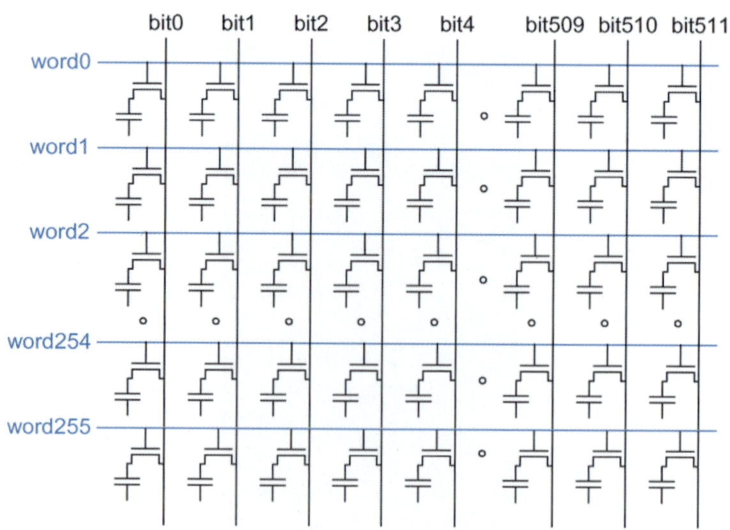

그림 11.43 DRAM 부배열

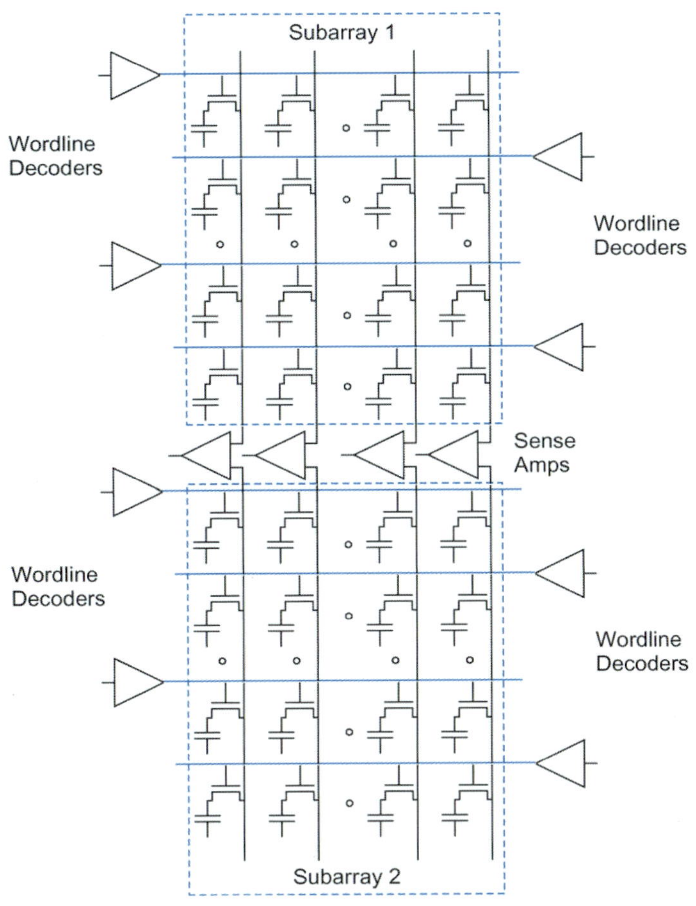

그림 11.44 열린 비트 라인

이 배열은 매우 조밀하다. 그러나 다른 배열보다는 한 개의 배열에 영향을 주는 어떤 잡음도 센스 증폭기에 차분 잡음으로서 나타날 것이다. 따라서 열린 비트 라인은 대용량 DRAM에서 받아들이기 어렵게 낮은 신호 대 잡음 비를 가지고 있다.

포개진 비트 라인 구조는 그림 11.45에서 볼 수 있다. 이러한 구조에서 각 비트 라인은 단지 셀 개수의 절반 만큼에만 연결된다. 이웃하는 비트 라인은 센스 증폭기로의 입력으로서 쌍으로 구성된다. 워드 라인이 동작할 때 그 이웃하는 비트 라인이 정적인 기준 역할을 하는 동안 한 개의 비트 라인이 스위칭될 것이다. 많은 잡음원은 두 개의 이웃하는 비트 라인 상으로 동일하게 나타날 것이고 따라서 이들은 센스 증폭기에 의해 거부되는 공통 모드 잡음으로서 나타나는 경향이 있다. 이러한 잡음 이득은 더 큰 레이아웃 면적의 희생으로 인해 얻게 된다. 그림 11.46은 열린 비트 라인 레이아웃보다 단지 33% 더 큰 6×8 포개진 비트 라인 부배열에 대한 우수한 레이아웃을 보여 준다. DRAM 공정이 설계 규칙을 어떻게 지원하고 또한 면적을 감소시키기 위해 대각선 폴리실리콘을 어떻게 사용하는지를 주시하자. 레이아웃 내의 셀 쌍들이 비트 라인 커패시턴스를 최소화하기 위해 어떻게 한 개의 단일 비트

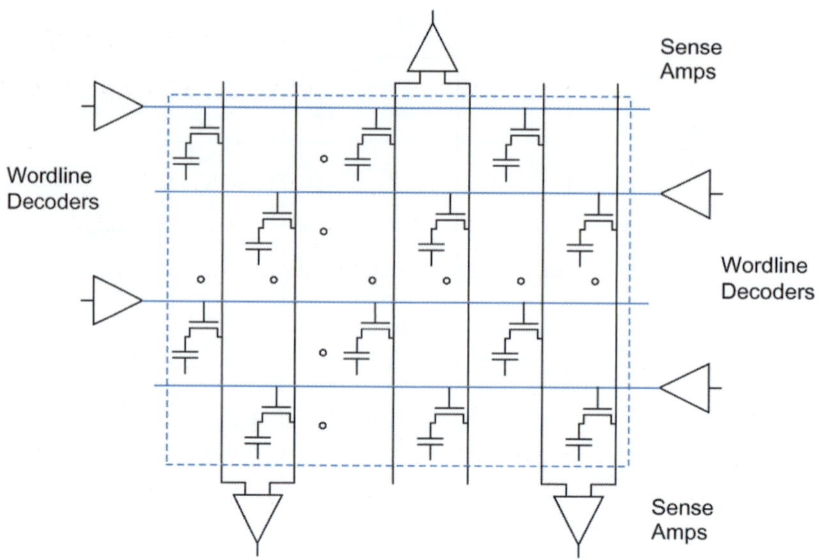

그림 11.45 포개진 비트 라인

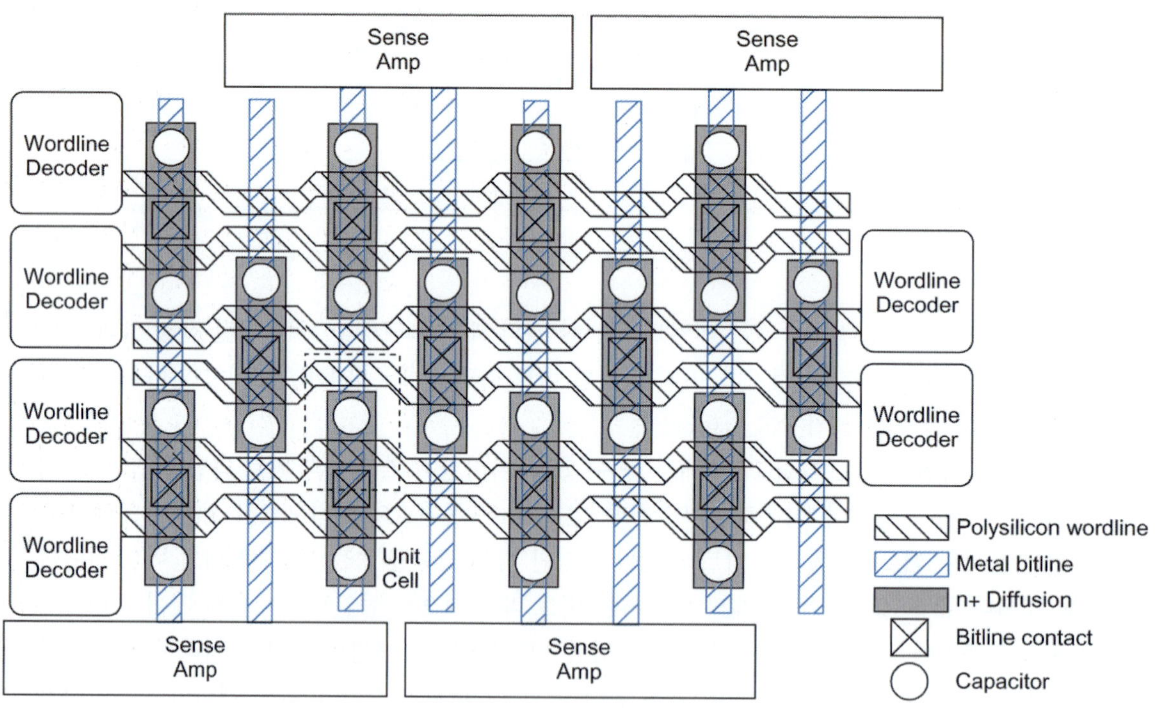

그림 11.46 포개진 비트 라인 부배열의 레이아웃

라인 접점을 공유하는지에 유념한다.

불행하게도 포개진 비트 라인 구조는 쌍 내의 비트 라인 하나에 용량적으로 더 강하게 결합하는 이웃하는 스위칭 비트 라인으로부터의 잡음에 여전히 민감하다. 용량성 결합은 현대 공정에서 매우 중요하다. 꼬인 비트 라인 구조[Hidaka89]는 그림 11.29(b)에서 SRAM이 꼬였던 것과 매우 동일한 방식으로 배열을 따라서 포개진 비트 라인 부분의 위치를 교환(swap)함으로써 이러한 문제를 해결한다. 이 꼬임에는 배열 내부의 여분 면적의 일부가 사용된다.

11.3.2 열 회로 소자

DRAM 내의 열 회로 소자는 센스 증폭기, 쓰기 구동기, 열 다중화 및 비트 라인 조정 회로를 포함한다. 포개진 또는 꼬인 비트 라인 구조 내에서 열 회로 소자는 그림 11.46에 나와 있는 바와 같이 이것이 단일 열 피치의 네 배 크기 상에 레이아웃이 될 수 있도록 배열의 양쪽 측면에 위치한다. 이 회로 소자의 부분은 두 개의 이웃하는 부배열 사이에서 공유될 수 있다.

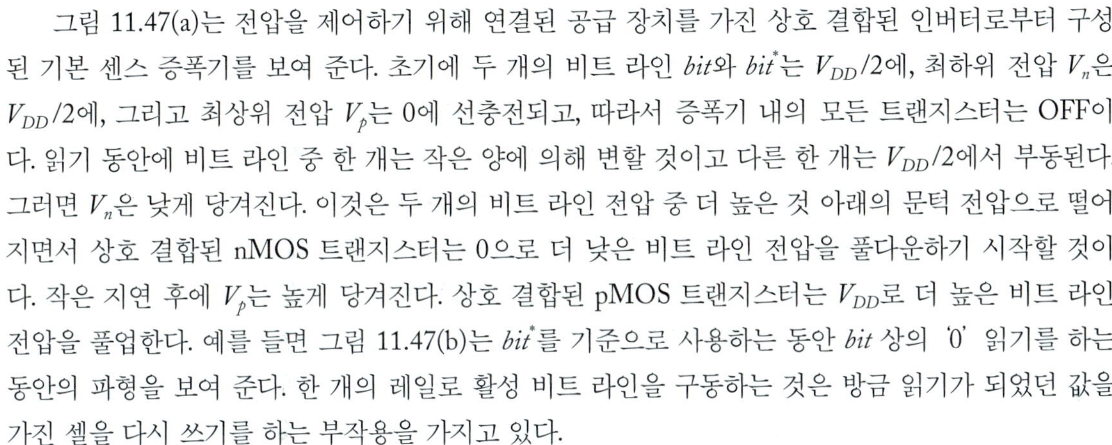

그림 11.47(a)는 전압을 제어하기 위해 연결된 공급 장치를 가진 상호 결합된 인버터로부터 구성된 기본 센스 증폭기를 보여 준다. 초기에 두 개의 비트 라인 *bit*와 *bit**는 $V_{DD}/2$에, 최하위 전압 V_n은 $V_{DD}/2$에, 그리고 최상위 전압 V_p는 0에 선충전되고, 따라서 증폭기 내의 모든 트랜지스터는 OFF이다. 읽기 동안에 비트 라인 중 한 개는 작은 양에 의해 변할 것이고 다른 한 개는 $V_{DD}/2$에서 부동된다. 그러면 V_n은 낮게 당겨진다. 이것은 두 개의 비트 라인 전압 중 더 높은 것 아래의 문턱 전압으로 떨어지면서 상호 결합된 nMOS 트랜지스터는 0으로 더 낮은 비트 라인 전압을 풀다운하기 시작할 것이다. 작은 지연 후에 V_p는 높게 당겨진다. 상호 결합된 pMOS 트랜지스터는 V_{DD}로 더 높은 비트 라인 전압을 풀업한다. 예를 들면 그림 11.47(b)는 *bit**를 기준으로 사용하는 동안 *bit* 상의 '0' 읽기를 하는 동안의 파형을 보여 준다. 한 개의 레일로 활성 비트 라인을 구동하는 것은 방금 읽기가 되었던 값을 가진 셀을 다시 쓰기를 하는 부작용을 가지고 있다.

그림 11.48은 *EQ*가 주장될 때 $V_{DD}/2$로 비트 라인 한 쌍을 선충전 및 등화(equalize)하는 비트 라인 조정 회로 소자를 보여 준다. 이것은 전압이 V_{DD}의 한 개의 비트 라인과 GND의 다른 한 개의 비트 라인 사이에 전하를 공유함으로써 도달되기 때문에 매우 적은 전력을 소비한다.

그림 11.49는 두 개의 포개진 부배열 역할을 하는 완전 열 회로 소자를 결합한다. 각 부배열 열은

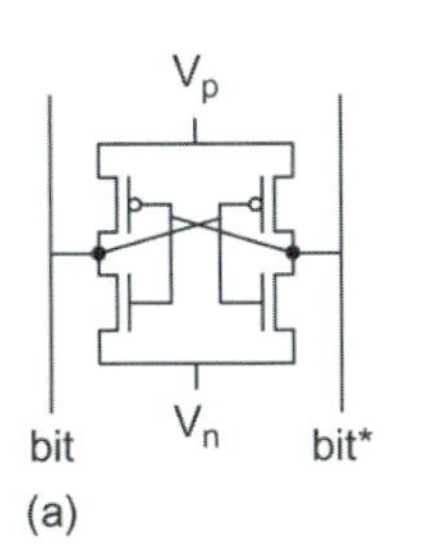

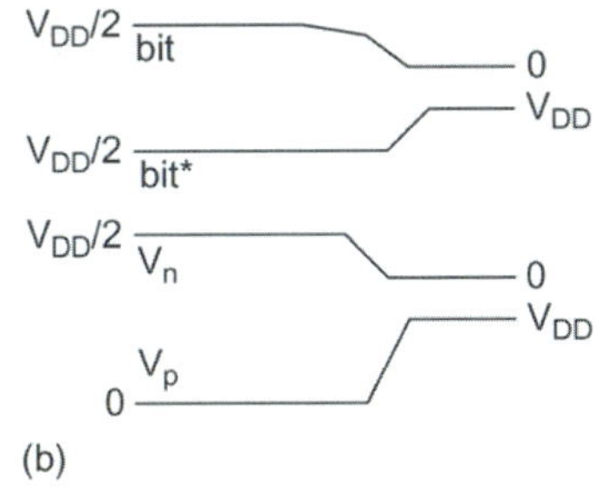

그림 11.47 센스 증폭기

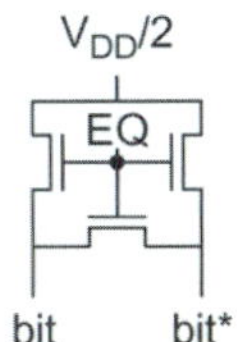

그림 11.48 비트 라인 조정

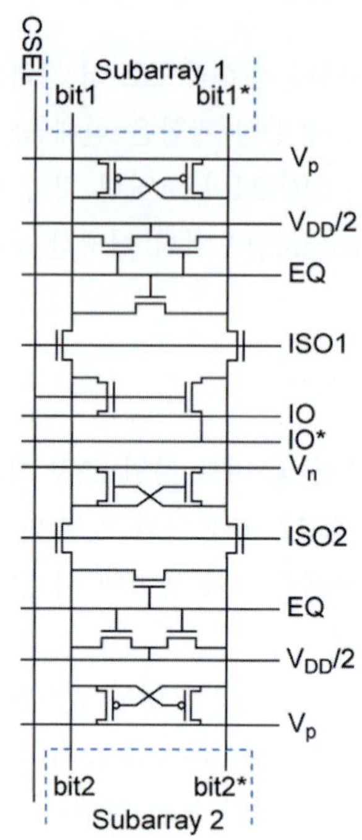

그림 11.49 열 회로 소자

신호 한 쌍 *bit*와 *bit**를 생성한다. *CSEL* 신호는 열 디코더에 의해 생성되는데 이 열이 배열에 대해 I/O 라인으로 연결될 것인지를 결정한다. 각 부배열은 그 자신의 등화 트랜지스터 및 센스 증폭기의 pMOS 부분을 가지고 있다. 그러나 nMOS 센스 증폭기 및 I/O 라인은 부배열 사이에서 공유된다 *ISO*1 또는 *ISO*2 둘 중의 한 개는 다른 한 개가 격리된 상태로 놓이는 동안 I/O 라인으로 한 개의 부배열을 연결하도록 주장된다. 읽기 동작 동안에 데이터는 I/O 라인 상으로 읽기가 된다. 쓰기 동안에 한 개의 I/O 라인은 높게 그리고 다른 한 개는 낮게 구동되어 비트 라인으로 하나의 값을 집어넣는다. 상호 결합된 pMOS 트랜지스터는 격리 트랜지스터를 통해 문턱 강하에 대해 보상을 하도록 쓰기 동안 완전 논리 수준으로 이 비트 라인을 당긴다.

11.3.3 내장 DRAM

메모리는 지금 많은 칩의 절반 또는 그 이상의 면적을 차지한다. SRAM을 더 밀집한 DRAM으로 대체하는 것은 이 면적의 많은 부분을 절약하고 제조 비용을 줄일 수 있다. 불행하게도 DRAM 공정은 높은 임계값과 두꺼운 산화물을 이용하는 저누설을 위해 설계된다. DRAM 공정 위에 있는 논리를 합체시키기 위한 시도는 당연하게 여겨져 왔다. 표준 논리 공정은 극도의 고밀도 DRAM을 구축하기 위해 전문화된 커패시터와 적층형 접촉 구조가 결핍되어 있다. 그러나 일부 제조사는 밀집된 커패시터 구조로 내장 DRAM(eDRAM) 옵션을 제공한다. 예를 들면 IBM 65 nm 공정은 트렌치 커패시터를 이용하는 0.127 μm^2 eDRAM 셀을 지원한다. 셀은 동일 공정에서 SRAM보다 4배 밀집하지만 그만큼 빠르지는 않다[Wang06, Barth08]. 그림 11.50은 이 eDRAM 셀을 이용하는 12 Mb RAM을 보

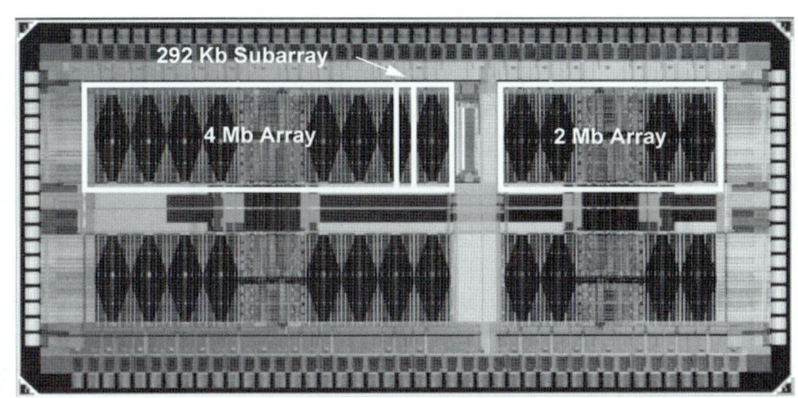

그림 11.50 eDRAM 배열(© IEEE 2008)

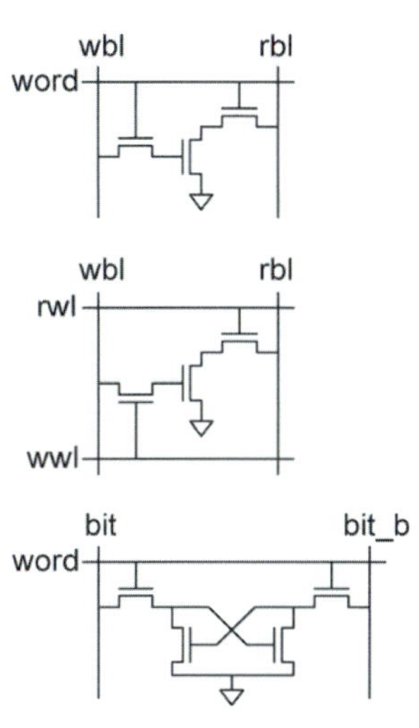

그림 11.51 3T와 4T DRAM 셀

여 준다.

또한 DRAM은 커패시터 대신에 추가적 트랜지스터를 이용하여 표준 논리 공정에서 구성될 수 있다. 그림 11.51은 일부 3T와 4T DRAM **이득 셀**(gain cell)을 보여 준다[Nakagome03]. 이러한 셀은 값을 트랜지스터의 게이트 커패시턴스에 저장한다. 읽기 작업은 단순한 전하 공유보다 오히려 활성 트랜지스를 포함하므로 더 강한 신호를 생산할 수 있다. 초기의 DRAM은 이러한 셀을 이용했지만, 1968년에 IBM의 Dennard가 발명한 1T 셀로 대체되었다[Dennard68]. 그들은 기술로서 적절하게 되었고 전원 공급은 계속 크기 조정이 되었다.

11.4 읽기 전용 메모리

읽기 전용 메모리(ROM) 셀은 저장 공간의 비트당 단지 한 개의 트랜지스터만을 가지고 구성될 수 있다. ROM은 상태가 무한정 심지어 전력 없이도 유지될 수 있다는 점에서 비휘발성 메모리 구조이다. 한 개의 ROM 배열은 단일 종단 NOR 배열로서 공통적으로 구현된다. 상용의 ROM은 비록 의사 nMOS가 단순하고 작은 구조에 충분하지만 동적이다. SRAM 셀 및 다른 실체 없는 동적 게이트에서처럼 워드 라인 입력은 동적 NOR 게이트 상의 선충전 동안 반드시 낮게 되어야만 한다. DC 전력 소비가 허용될 수 있고 속도가 충분한 곳에서 의사 nMOS ROM은 타이밍을 필요로 하지 않으며 설계하기가 더 쉽다. DC 전원 소비는 열 멀티플렉서 다음에 풀업 트랜지스터를 위치시킴으로써 다중화된 ROM 내에서 상당히 감소될 수 있다.

그림 11.52는 다음의 내용을 가진 의사 nMOS 풀업을 사용하는 6비트 ROM에 의한 4워드를 보여 준다.

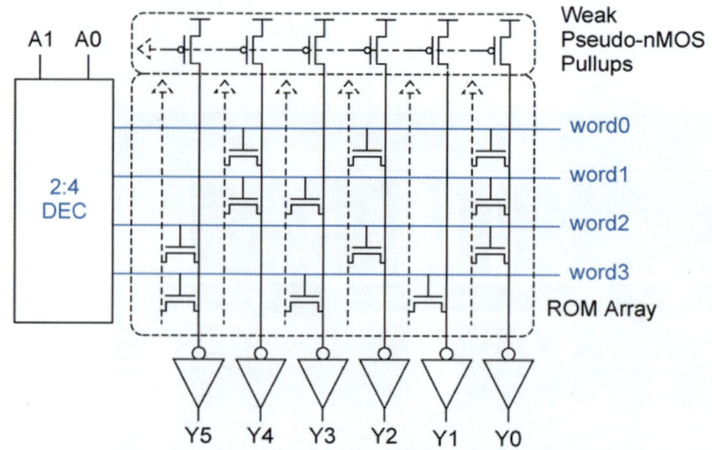

그림 11.52 의사 nMOS ROM

```
word0: 010101
word1: 011001
word2: 100101
word3: 101010
```

이 ROM의 내용은 그림 11.53에 나와 있는 바와 같이 도트가 '1'의 존재를 표시하는 도트 다이어그램과 함께 상징적으로 표현될 수 있다. 이 도트는 실질적으로 비트 라인에 연결된 nMOS 풀다운 트랜지스터와 일치하지만 출력은 반전된다.

마스크 프로그래밍된 ROM은 트랜지스터 또는 접점의 존재 또는 비존재 또는 트랜지스터가 필요하지 않은 곳에서 그 트랜지스터를 영원히 OFF시키는 문턱 주입(implant)에 의해 구성될 수 있다. 트랜지스터를 생략하는 것은 워드 라인 및 전력 소비 상의 커패시턴스를 감소시키는 이득을 가지고 있다. 그러한 ROM이 금속 레이어를 제외하고는 완전히 생산되고 그 이후에 금속화 단계를 통해 고객 요구를 따라서 프로그래밍될 수 있기 때문에 금속 접점을 가지고 프로그래밍하는 것이 한때 유행이었다. EEPROM 및 플래시 메모리 칩의 출현은 그러한 마스크 프로그래밍된 ROM에 대한 수요를

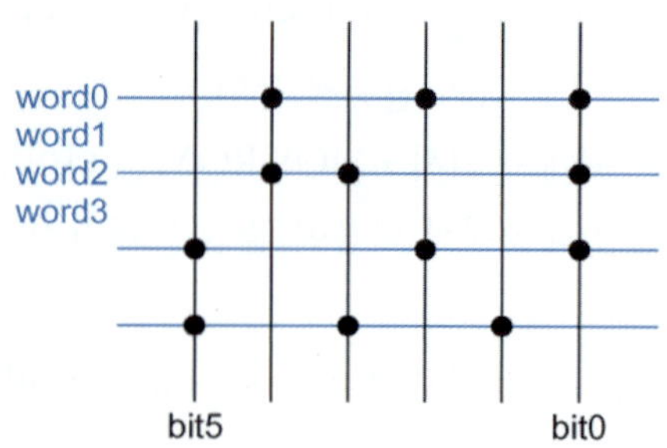

그림 11.53 ROM의 도트 다이어그램

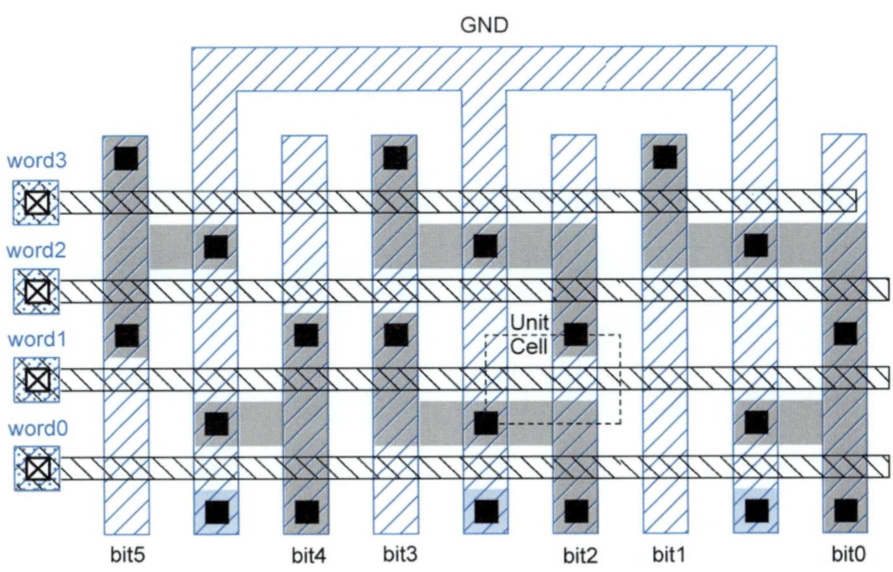

그림 11.54 ROM 배열 레이아웃

감소시켜 왔다. 그림 11.54는 6비트 ROM 배열에 의한 4워드에 대한 레이아웃을 보여 준다. 워드 라인은 폴리실리콘 내에서 수평으로 지나가고 비트 라인 및 접지는 금속1 내에서 수직으로 지나간다. 각 접지가 셀 쌍 사이에서 공유됨을 유념하자. ROM의 각 비트는 $12\times8\lambda$셀[2]을 차지한다. 폴리실리콘 워드 라인은 작은 또는 느린 ROM에 대해서만 적절하다. 더 큰 ROM은 폴리실리콘 너머로 금속2 스트랩을 지나가고 두 주기마다(예: 여덟 개 열마다) 접점을 만든다. 가끔은 기판 접점도 필요하다.

ROM에 대한 행 디코더는 이들이 ROM 워드 라인 피치에 의해 보통 제한되는 것을 제외하고는 RAM에 대한 행 디코더와 유사하다. 그림 11.55는 2:4 디코더의 각 출력이 수직 폴리실리콘 참형 및 상보형 주소 라인 및 금속 공급 라인을 사용하여 단일 수평 트랙의 좁은 공간으로 어떻게 밀려 들어갈 수 있는지를 보여 준다. ROM에 대한 열 디코더는 단일 종단 감지가 공통적으로 적용되기 때문에 RAM에 대한 디코더보다 보통 더 간단하다.

그림 11.56은 행 디코더, 셀 배열, pMOS 풀업, 그리고 출력 인버터를 포함하는 완전 의사 nMOS ROM을 보여 준다.

11.4.1 프로그램 가능 ROM

사용자가 ROM이 생산된 후에 그 ROM에 프로그램을 작성하거나 재작성할 수 있는 것은 종종 바람직한 일이다. 프로그래밍/읽기 속도는 ROM에 대한 읽기 속도보다 일반적으로 더 느리다. 네 가지 형태의 비휘발성 메모리는 **프로그램 가능 ROM**(PROM: programmable ROM), **삭제 가능 프로그램 가**

[2] 이 셀은 확산 내의 접지 라인을 가동함으로써 또한 폭 및 공간을 3λ로 감소시킴으로써 $11\times7\lambda$로 감소될 수 있다.

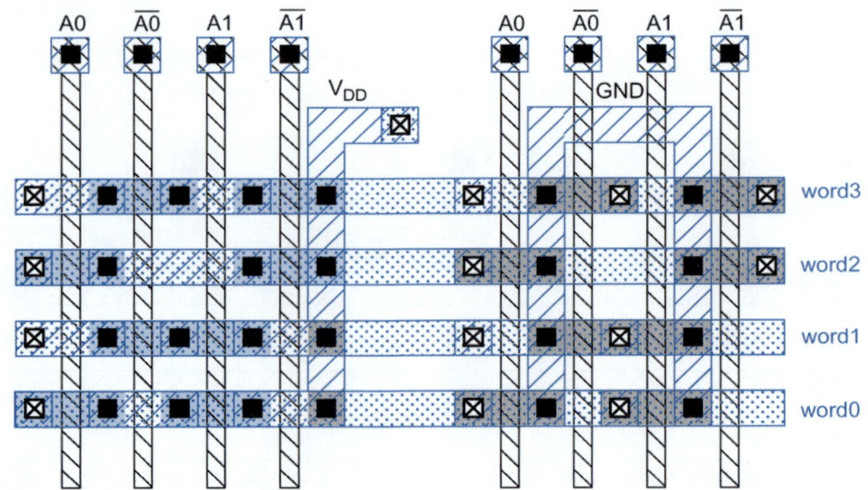

그림 11.55 치밀한 피치 상의 행 디코더 레이아웃

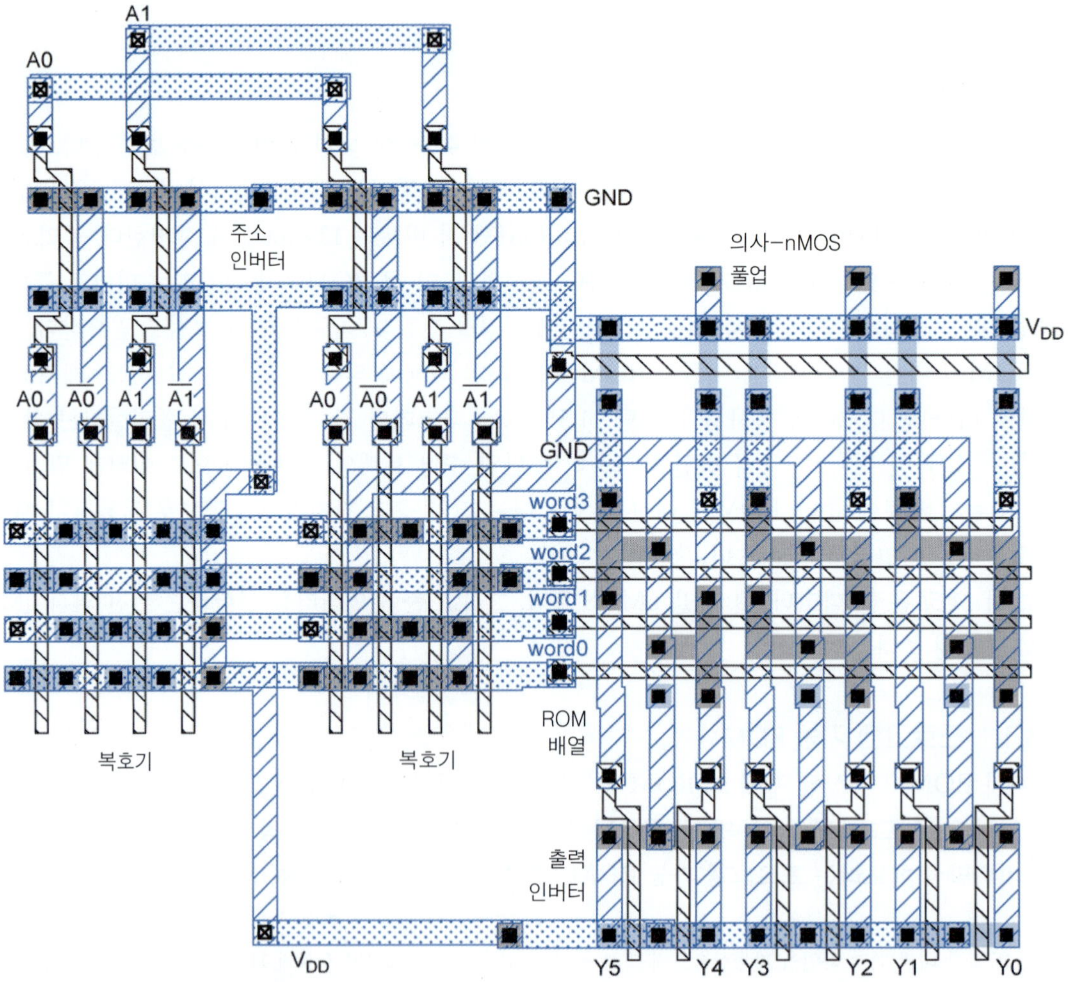

그림 11.56 완전 ROM 레이아웃

능 ROM(EPROM: erasable programmable ROM), **전기적 삭제 가능 프로그램 가능** ROM(EEPROM: electrically erasable programmable ROM), 그리고 **플래시**(flash) 메모리이다. 이러한 메모리 모두는 표준 CMOS 공정에 약간의 향상을 필요로 한다. EPROM, EEPROM 및 플래시는 부동 게이트 상에서 저장된 전하를 사용하는 반면에 PROM은 퓨즈를 사용한다.

프로그램 가능 ROM은 각 위치의 모든 풀다운 트랜지스터와 완전히 함께 있는 보통의 ROM으로서 제작될 수 있다. 각 트랜지스터는 높은 전류를 적용함으로써 타 버릴 수 있는 폴리실리콘, 니크롬, 또는 일부 다른 도전체로 만들어진 퓨즈를 가지고 직렬로 위치하고 있다. 사용자는 전형적으로 이것을 시스템 내에 넣기 전에 지정된 PROM 프로그램 제작기 내의 ROM을 구성한다. 망가진 퓨즈를 수리할 방법이 없기 때문에 PROM도 **일시적 프로그램 가능**(one-time programmable) 메모리로서 언급된다.

기술이 향상되면서 재프로그램 가능 비휘발성 메모리가 PROM을 거의 교체시켰다. EPROM, EEPROM, 그리고 플래시를 포함하는 이러한 메모리는 그림 11.57에 나와 있는 바와 같이 1차 게이트 및 채널 사이의 부동 게이트를 형성하기 위해 폴리실리콘의 2차 레이어를 사용한다. 부동 게이트는 우수한 도전체이지만 다른 것에는 붙어있지 않다. 상부 게이트에 고전압을 적용하는 것은 전자가 애벌랜치 주입(avalanche injection) 또는 **FN 터널링**(Fowler-Nordheim tunneling)으로 부르는 공정을 통해 부동 게이트 상으로 얇은 산화막(thin oxide)을 통해 점프하도록 유발한다. 전자를 주입하는 것은 보통 OFF인 지점으로 트랜지스터의 문턱 전압을 효과적으로 증가시키면서 부동 게이트 상에 음의 전압을 유도한다.

EPROM은 전기적으로 프로그래밍되지만 자외선에 대한 노출을 통하여 부동 게이트 밖으로 전자를 몰아냄으로써 삭제된다. 이것은 조밀한 셀을 제공하지만 삭제하고 재프로그래밍하기에 불편하다. EEPROM 및 플래시는 시스템으로부터 삭제되지 않고 전기적으로 삭제될 수 있다. 플래시가 대량으로 삭제되는 반면에 EEPROM은 어느 비트가 삭제되는지에 대한 미세한 제어를 제공한다. EEPROM 셀은 자신들이 이러한 융통성을 제공할 수 있도록 더 크고 따라서 플래시는 편리한 비휘발성 저장 장치의 가장 경제적인 형식이 된다. 플래시 메모리는 11.4.3절에서 더 논의된다.

11.4.2 NAND ROM

그림 11.52의 ROM은 비트 라인 각각이 단지 의사 nMOS NOR 게이트이기 때문에 NOR ROM이

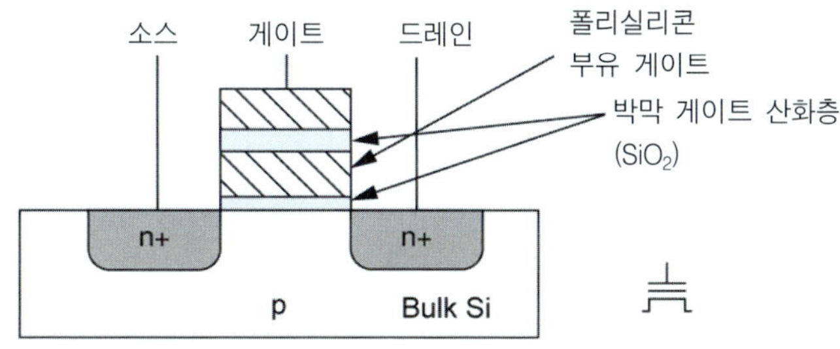

그림 11.57 부동 게이트 nMOS 트랜지스터의 단면

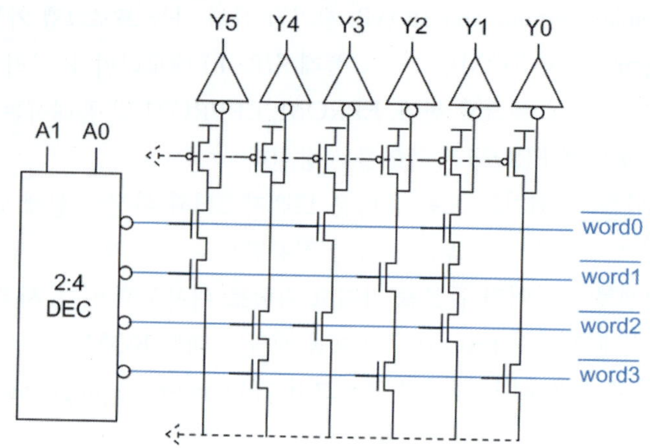

그림 11.58 의사 nMOS NAND ROM

라고 부른다. 어느 트랜지스터에라도 부착된 워드 라인이 높게 주장될 때 비트 라인은 풀다운된다. 그림 11.58은 활성이 낮은 워드 라인을 사용하는 NAND ROM을 보여 준다. 트랜지스터는 직렬로 위치하고 있고 비선택된 행 상의 트랜지스터는 ON이 된다. 어느 트랜지스터도 선택된 워드와 연관되어 있지 않으면 비트 라인은 풀다운될 것이다. 트랜지스터가 존재하면 비트 라인은 높게 유지될 것이다.

그림 11.59(a)는 NAND ROM의 레이아웃을 보여 준다. 셀 크기는 단지 $7 \times 8\lambda$이다. 내용은 각 비트 위치 내의 트랜지스터 또는 금속 둘 중의 하나를 사용함으로써 지정된다. 접점은 셀 크기를 제한한다. 그림 11.59(b)는 트랜지스터가 모든 위치에 위치하는 심지어 더 작은 레이아웃을 보여 준다. 이러한 설계에서 여분 구현(extra implementation) 단계는 어떤 트랜지스터가 필요하지 않은 곳에서 영원히 ON시키면서 트랜지스터 음의 문턱 전압을 새롭게 생성하는 데 사용될 수 있다. 그러한 공정 내에서 셀 크기는 디코더 및 비트 라인 회로 소자가 그러한 치밀한 피치 상에서 구성될 수 있다고 가정하면서 단지 $6 \times 5\lambda$로 감소된다.

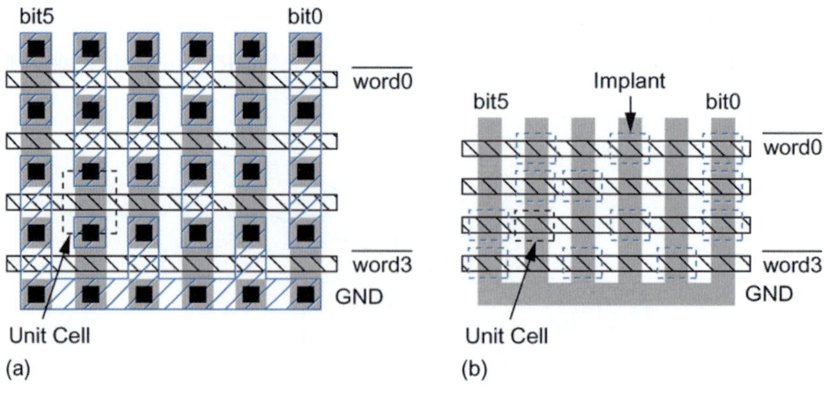

그림 11.59 NAND ROM 배열 레이아웃

NAND ROM의 단점은 지연이 비트 라인을 방전하는 직렬 트랜지스터의 개수에 따라 제곱으로 상승한다는 것이다. 8~16개의 직렬 트랜지스터를 가진 NAND 구조는 극히 느리고 따라서 NAND ROM은 제한된 개수의 직렬 트랜지스터를 가진 여러 작은 뱅크로 종종 나누어진다. 그럼에도 불구하고 이러한 NAND 구조는 접근 시간보다 밀도 및 비용이 더 중요한 플래시 메모리에서 유용하다.

11.4.3 플래시

플래시 메모리는 1984년에 도시바의 Fujio Masuoka와 동료에 의해 발명되었다[Masuoka84]. Masuoka는 메모리 블록 모두가 '순식간에(in a flash)' 지워진 것을 보고 플래시라는 명칭을 붙였다. 1988년까지, 장기간의 안정성은 입증되었고 대규모 생산은 256 KB 부품으로 시작됐다[Kynett88]. 한편, Masuoka는 30%에 달하는 비트당 면적을 낮춘 NAND 구조를 개발했다[Masuoka87]. 플래시 메모리는 그 비휘발성 기억 장치와 예외적으로 낮은 비트당 단가 때문에 굉장히 인기 있게 되었다. 예를 들면 플래시 메모리 카드는 수백의 고해상도 이미지를 저장하기 위해 디지털 카메라에 폭넓게 사용된다. 플래시는 또한 케이스를 열거나 부품을 제거하지 않고 현장에서 시스템을 업그레이드하기 위해 다시 쓰여질 수 있기 때문에 펌웨어 또는 구성 데이터를 위해 유용하다. 대부분의 플래시 시장은 성능과 심지어 신뢰성이 2차적인 고려 대상이어서, 비용에 의해 거의 전적으로 움직이는 상품 비즈니스가 되었다. 이 절에서는 플래시의 작동 원리를 요약한다. [Brewer08]는 아주 상세하게 플래시의 많은 특징을 기술하고 있다.

대부분의 독립적 플래시 메모리는 비트 셀 크기와 비용을 최소로 하기 위해 NAND 구조를 이용한다. NAND 플래시 메모리는 페이지(page)로 만들어진 블록으로 나누어진다. 메모리는 한 페이지를 한번에 써서 보내고, 하나의 블록을 한번에 지운다. 예를 들면 기존의 NAND 플래쉬 메모리는 각각이 16개의 512 B(4 Kb) 페이지를 포함한 8 KB(64 Kb) 블록으로 만들어질 수 있다.

플래시가 부동 게이트 트랜지스터를 메모리 셀로 사용한다는 것을 상기하자. 부동 게이트의 충전은 트랜지스터의 임계값을 결정하고, 셀의 상태를 보여 준다. 음의 임계값은 논리 '1'을 나타내고 양의 임계값은 논리 '0'을 나타낸다.

NAND 플래쉬에서 부동 게이트 트랜지스터는 직렬로 연결되어 **스트링**(string)을 이룬다. 그림 11.60은 단순한 플래시 메모리에서 스트링, 페이지와 블록의 구조를 보여 준다. 각 스트링은 완전히

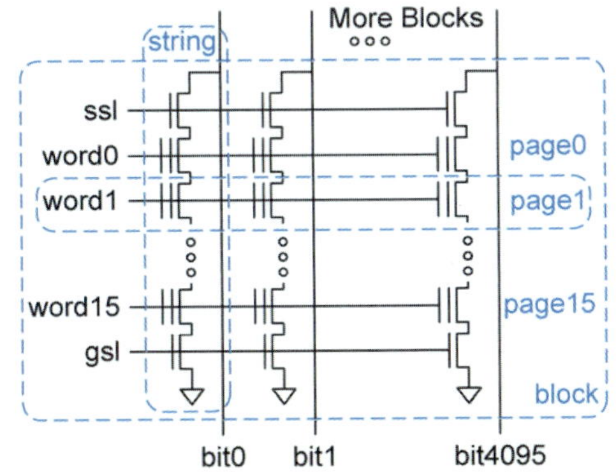

그림 11.60 NAND 플래시 스트링

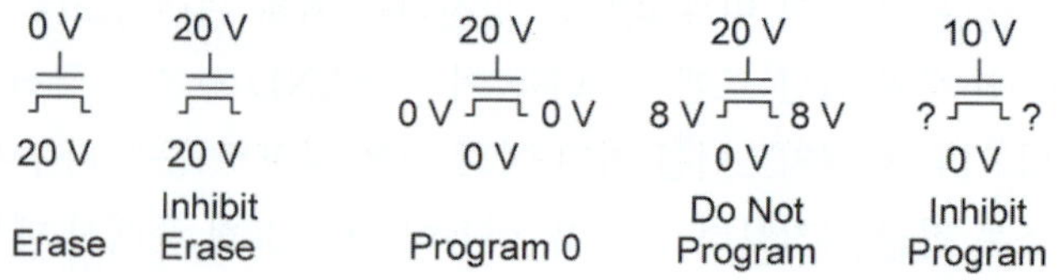

그림 11.61 지우기와 프로그램 동작

직렬로 연결되고 비트 라인에 붙어 있는 16개 셀, **스트링 선택**(string selecct) 트랜지스터와 **접지 선택**(ground select) 트랜지스터로 구성된다. 각 셀의 제어 게이트는 워드 라인에 연결된다. 배열은 한 페이지에 각 비트를 위한 하나의 열을 포함한다. 각 열은 블록당 하나의 스트링을 포함한다. 스트링에서 셀의 수는 블록당 페이지의 수를 결정한다.

그림 11.61은 수 메가비트 설계를 대표하는 전압을 이용한 플래시 메모리의 동작을 보여 준다. 블록은 모든 제어 게이트를 GND에 놓고 기판을 20 V로 올림으로써 지워진다. 게이트 산화물을 가로지르는 고전압은 FN 터널링을 유도함으로써 전자가 부동 게이트에서 기판으로 흘러 나오도록 한다. 삭제 단계의 끝에서 모든 부동 게이트 트랜지스터는 음의 V_t을 가지고 있고, 그러므로 1를 나타낸다. 터널링은 느린 과정으로 블록 삭제는 ms의 시간이 걸린다. 칩의 다른 블록을 위한 워드 라인은 삭제를 금지하기 위해 기판과 동일 전압으로 설정된다. 온칩 전하 펌프(12.3.7절 참조)가 고전압을 생성하는 데 사용된다.

셀은 부동 게이트 위에 있는 전자를 터널링함으로써 0으로 프로그래밍된다(쓰여진다). 프로그램은 1 값을 복원할 수 없어서 블록은 어떤 셀도 재프로그래밍되기 전에 지워져야 한다. 전체 페이지는 동시에 프로그래밍된다. 페이지를 프로그래밍하기 위해, 비트 라인은 데이터 값에 의해서 구동된다: 논리 0을 위한 0 V와 논리 1을 위한 8 V. 기판은 접지로 잡힌다. 워드 라인은 프로그램되는 페이지를 위한 20 V와 블록의 다른 페이지를 위한 10 V로 설정된다. 접지 선택 선(*gsl*)은 OFF로 남지만 블록을 위한 스트링 선택 선(*ssl*)은 ON되면서 비트 라인의 전압을 프로그래밍되는 모든 트랜지스터의 채널에 전달한다. 그러므로 0으로 프로그래밍되는 셀은 제어 게이트의 20 V와 채널의 0 V를 본다. 이 높은 전압차는 FN 터널링을 유도하여 전자를 부동 게이트 위로 움직여 V_t를 양의 전압으로 올린다. 다른 셀은 터널링을 발생시키기에는 불충분한 더 작은 전압을 본다.

페이지는 종래 NAND ROM과 유사한 방식으로 읽힌다. 비트 라인은 선충전된다. *ssl*과 *gsl*은 선택된 블록을 활성화하기 위해 둘 다 3.3 V로 설정된다. 선택된 페이지를 위한 저수준 활성 워드 라인은 0 V로 설정되고 블록의 다른 모든 페이지를 위한 워드 라인은 V_t보다 더 높은 4.5 V로 설정된다. 따라서 선택된 페이지에 해당한 하나를 제외하고 스택의 모든 트랜지스터는 ON된다. 읽히는 셀이 음의 V_t를 가지고 있다면, 그것은 또한 ON되고 비트 라인은 방전한다. 읽히는 셀이 양의 V_t를 가지고 있다면, 그것은 OFF로 남아 있고 비트 라인은 전환하지 않는다.

더 높은 밀도를 달성하기 위해, **다중 수준**(multilevel) 플래시 셀은 여러 수준 중 하나로 임계값을 프로그래밍함으로써 한 비트 이상을 하나의 트랜지스터에 저장한다. 임계값은 전압을 선택된 워드 라인에 맞춤으로써 감지될 수 있다. 저장될 수 있는 비트의 수는 얼마나 정확하게 임계값이 프로그래밍되고 감지되는지에 달려 있다.

플래시 메모리를 위한 두 가지 신뢰성 측정 기준은 보존 시간과 내구력이다. **보존 시간**(retention time)은 플래시 셀이 그 값을 잡고 있는 지속 시간이다. 정상 동작 상태에서 부동 게이트의 충전은 누설되는 데 수천 또는 수백만 년이 걸린다. 그러나 산화물에서의 결함은 일부 셀의 누설을 증가시킬 수 있다. 제조사는 일반적으로 10년 보존 기간을 규정한다. **내구력**(endurance)은 셀이 지워지고 재프로그래밍될 수 있는 횟수이다. 고전압은 산화물에 충격을 주고, 결국 그것이 닳도록 만들 수 있다. 100,000번의 삭제 프로그램 주기의 내구력이 전형적이지만, 일부 다중 수준 플래시 셀은 5000번의 주기 정도의 낮은 내구력을 가지고 있다.

일부 제조사는 내장형 플래시 선택을 제공하고, 여기서 추가적인 마스크와 처리 과정은 부동 게이트 트랜지스터를 만드는 데 사용된다. 내장형 플래시는 일반적으로 마이크로컨트롤러와 같은 응용에서 코드 저장에 사용된다. 이러한 응용은 전체 페이지로의 느린 접근보다 오히려 개별적 워드에 대한 빠른 접근을 필요로 하기 때문에 일반적으로 NAND 대신에 NOR 플래시를 사용한다.

그림 11.62는 도시바와 샌디스크의 삼중 금속층을 가진 43 nm 공정에서 제조된 64 Gb NAND 플래시 칩의 다이 사진을 보여 준다[Trinh09]. 이 칩은 트랜지스터당 4개 비트를 저장하기 위해 16-수준 셀을 이용한다. 메모리는 처리량을 두 배로 하기 위해 독립적으로 작동할 수 있는 2개의 32 Gb(4 GB) 판으로 나누어진다. 각 판은 64K 열을 가지고 있다. 그러므로 각 페이지는 64 Kb(8 KB)이다. 각

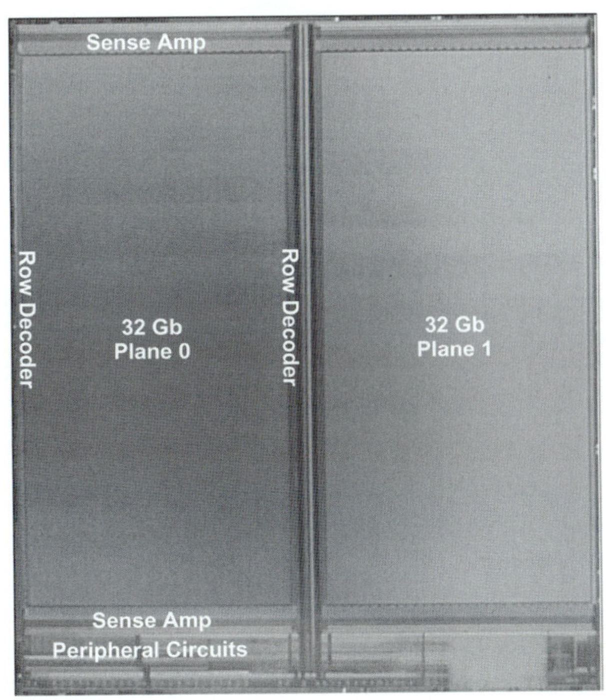

그림 11.62 64 Gb NAND 플래시(© IEEE 2009)

스트링은 64개의 직렬 트랜지스터를 포함한다. 그러므로 각 블록은(64개 트랜지스터/스트링)×(4개 비트/트랜지스터)=256개 페이지 또는 2 MB의 데이터를 가진다. 각 판은 2K 블록을 가지고 있다. 칩은 3.3 V에 작동하고, 5.6 MB/s의 프로그래밍 대역폭을 가지고 있다.

11.5 순차 액세스 메모리

기본 SRAM 셀 그리고/또는 레지스터를 사용하여 시프트 레지스터 및 대기열(queue)을 포함하는 다양한 순차 액세스 메모리를 구성할 수 있다. 이러한 메모리는 외부 논리가 읽기 또는 쓰기를 위한 주소를 추적할 필요가 없다.

11.5.1 시프트 레지스터

시프트 레지스터(shift register)는 데이터를 저장 및 지연하기 위한 신호 처리 응용에 공통적으로 사용된다. 그림 11.63(a)는 32개의 플립플롭으로부터 구성된 간단한 4-스테이지 8비트 시프트 레지스터를 보여 준다. 레지스터 사이에 논리가 없기 때문에 홀드 시간(hold time)이 만족되는 특별한 주의가 반드시 취해져야 한다. 플립플롭은 꽤 크고 매우 많아서 시프트 레지스터는 이중 포트 RAM을 대신 사용한다. 이 RAM은 데이터 쓰기 및 읽기가 되는 곳을 지정하는 카운터 한 쌍을 가진 원형 버퍼로서 구성된다. 그림 11.63(b)에 나와 있는 바와 같이 읽기 카운터는 처음 엔트리로, 그리고 쓰기 카운터는

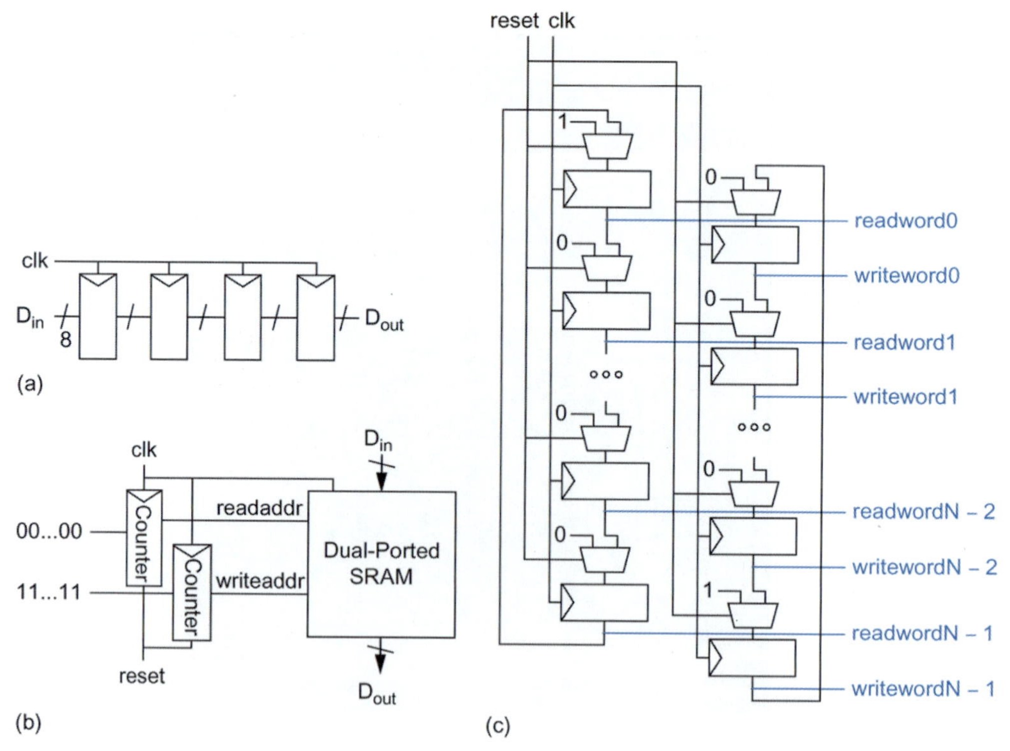

그림 11.63 시프트 레지스터

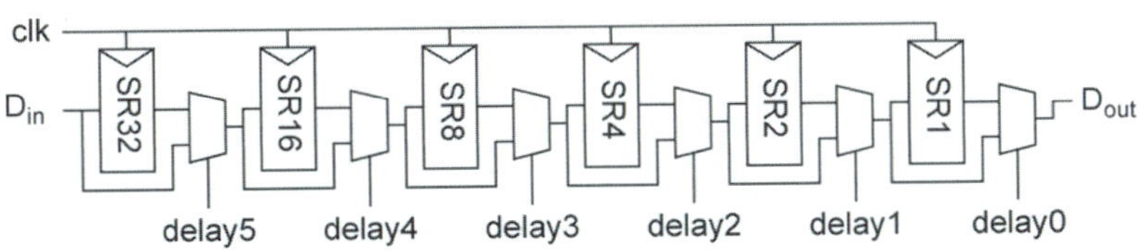

그림 11.64 탭 지연선

리셋 상에서 최종 엔트리로 초기화된다. 그 대신에 *N*-스테이지 시프트 레지스터 내의 카운터는 어느 엔트리가 읽기 및 쓰기가 되어야만 하는지를 추적하기 위한 두 개의 *N* 중 1(1-of-*N*) 핫 레지스터를 사용할 수 있다. 다시 한 레지스터는 처음 엔트리로 다른 카운터는 최종 엔트리로 초기화된다. 이러한 레지스터는 그림 11.63(c)에 나와 있는 바와 같이 분리 디코더에 대한 요구 없이 직접 워드 라인을 구동할 수 있다.

시프트 레지스터의 한 개의 변형(variant)은 지연의 변동 가능 스테이지 개수를 제공하는 일종의 **탭 지연선**(tapped delay line)이다. 그림 11.64는 비디오 처리 시스템 내에서 사용될 수도 있는 64-스테이지 탭 지연선을 보여 준다. 지연 블록은 32-, 16-, 8-, 4-, 2-, 그리고 1-스테이지 시프트 레지스터로부터 구성된다. 멀티플렉서는 총 지연을 제공하기 위해 지연 블록의 통과 주변을 제어한다.

또 다른 변형은 직렬/병렬 메모리이다. 그림 11.65(a)는 4-스테이지 직렬 인 병렬 아웃(SIPO: serial in parallel out) 메모리를 그리고 그림 11.65(b)는 4-스테이지 병렬 인 직렬 아웃(PISO: parallel in Serial out) 메모리를 보여 준다. 이들은 또한 신호 처리 및 통신 시스템에서 유용하다.

11.5.2 대기열(FIFO, LIFO)

대기열(queue)은 데이터를 서로 다른 비율로 읽기 및 쓰기가 되도록 한다. 그림 11.66은 대기열로의 인터페이스를 보여 준다. 읽기 및 쓰기 동작 각각은 비동기가 될 수도 있는 그들 자신의 클럭에 의해 제어된다. 대기열은 데이터 쓰기에 남아 있는 공간이 없을 때 **FULL** 플래그(flag)를 그리고 읽기를 할 데이터가 없을 때 **EMPTY** 플래그를 주장한다. 다른 시스템 지연 때문에 일부 대기열은 또한 임박한 상태를 전달하고 또한 쓰기 또는 읽기 요청을 정지시키기 위한 ALMOST-FULL 및 ALMOST-EMPTY 플래그를 제공한다. 이 대기열은 어느 데이터가 다음에 접근되어야만 하는지를 표시하는 읽기 및 쓰기 지시자(pointer)를 내부적으로 유지한다. 시프트 레지스터와 마찬가지로 이 지시자는 *N* 중

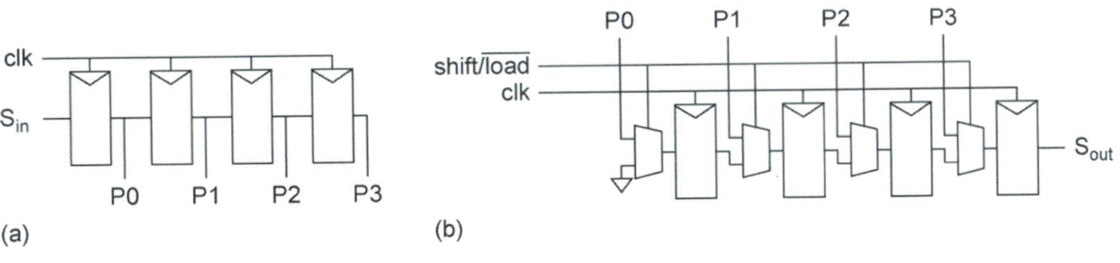

그림 11.65 직렬/병렬 메모리

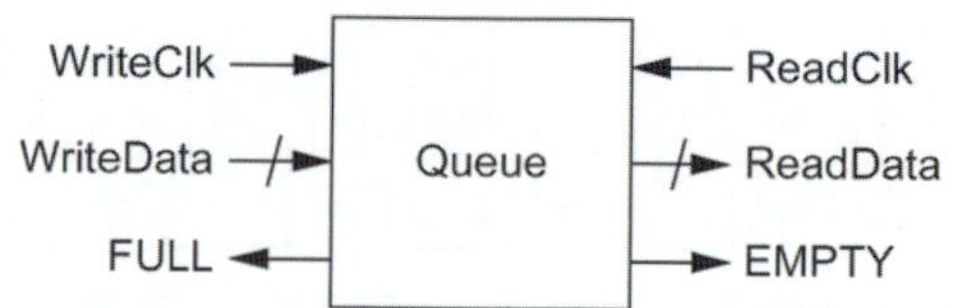

그림 11.66 대기열

1 핫 레지스터의 카운터가 될 수 있다.

선입선출(FIFO: fast in fast out) 대기열은 두 개의 비동기 스트림 사이의 데이터를 버퍼링하기 위해 공통적으로 사용된다. 시프트 레지스터처럼 FIFO는 원형 버퍼로서 구성된다. 리셋 상에서 읽기 및 쓰기 지시자는 양쪽 모두 첫 번째 요소로 또한 FIFO는 EMPTY로 초기화된다. 쓰기 상에서 쓰기 지시자는 다음 요소로 전진한다. 이것이 읽기 지시자를 잡으려고 하면 FIFO는 FULL이다. 읽기 상에서 읽기 지시자는 다음 요소로 전진한다. 이것이 쓰기 지시자를 잡으려고 하면 FIFO는 다시 EMPTY가 된다.

후입선출(LIFO: last in first out) 대기열은 또한 **스택**(stack)으로 알려져 있는데 마이크로컨트롤러 내의 서브루틴 또는 일시중단 스택(interrupt stack) 같은 응용에 사용된다. LIFO는 읽기 및 쓰기 양쪽 모두에 대해 단일 지시자를 사용한다. 리셋 상에서 지시자는 처음 요소로 초기화되고 LIFO는 EMPTY가 된다. 쓰기 상에서 지시자는 증가된다. 이것이 최종 요소에 이르면 LIFO는 FULL이다. 읽기 상에서 지시자는 감소된다. 이것이 처음 요소에 이르면 LIFO는 다시 EMPTY가 된다.

11.6 내용 주소지정 가능 메모리

그림 11.67은 내용 주소지정 가능 메모리(CAM: content-addressable memory)에 대한 기호를 보여 준다. CAM은 주소 및 데이터가 주어지면 읽기 또는 쓰기가 될 수 있는 보통 SRAM으로서 행동하고 또한 **정합**(matching) 동작을 실행한다. 정합은 지정된 **키**(key)를 포함하는 CAM의 각 워드에 대해 **정합 라인**(matchline) 출력을 주장한다.

CAM의 공통적 응용은 가상 메모리(virtual memory)를 지원하는 마이크로프로세서 내의 변환 색

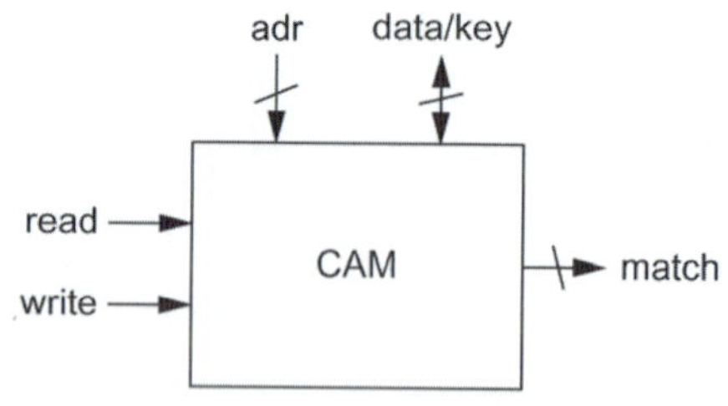

그림 11.67 내용 주소지정 가능 메모리

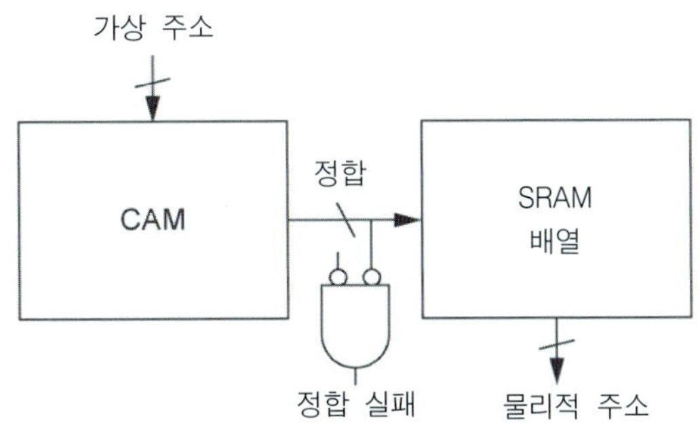

그림 11.68 CAM을 사용하는 변환 색인 버퍼(TLB)

인 버퍼(TLB: translation lookaside buffer)이다. 가상 주소는 TLB CAM에 대해 키로서 주어진다. 이 주소가 CAM 내에 있으면 일치하는 정합 라인이 주장된다. 이 정합 라인은 그림 11.68에 나와 있는 바와 같이 연관된 물리적 주소를 포함하는 RAM에 접근하기 위한 워드 라인으로 작용할 수 있다. 모든 정합 라인을 처리하는 NOR 게이트는 CAM에 대한 부적중(miss) 신호를 발생시킨다. TBL 엔트리를 갱신하기 위한 읽기(read), 쓰기(write) 및 주소(adr) 라인은 그어지지 않는다.

정합(match)을 실행하기 위한 덧붙인 트랜지스터를 가진 정상 SRAM으로 구성된 CAM 셀의 10T 구현은 그림 11.69에서 볼 수 있다. 동일 워드 내의 다중 CAM 셀은 동일 정합 라인으로 묶여 있다. 정합 라인은 일종의 분배된 의사 nMOS 게이트로서 선충전되거나 높게 당겨지거나 둘 중의 하나일 수 있다. 이 키는 비트 라인 상에 위치한다. 셀 내에 저장된 키와 값이 서로 다르면 정합 라인은 풀다운될 것이다. 키 비트 모두가 메모리 워드 내에 저장된 비트 모두와 대등할 때만 그 워드에 대한 정합 라인이 높게 남는다. 키는 *bit* 및 *bit_b* 모두를 낮게 설정함으로써 '상관없음'을 포함할 수 있다. 이 책의 앞표지 안쪽에 56×43 λ의 이러한 셀의 레이아웃이 나와 있다. CAM은 일반적으로 SRAM 셀 면적의 약 두 배를 가지고 있다. 때때로 탐색의 커패시턴스와 전력 소비를 줄이기 위해 비트 라인보다는 별도의 **탐색 라인**(searchline)에 키가 제공된다.

그림 11.70은 완전한 4×4 CAM 배열을 보여 준다. SRAM처럼 이것은 셀의 배열, 디코더 및 열 회로 소자로 구성된다. 그러나 각 행은 또한 동적 정합 라인을 생성한다. 이 정합 라인은 클럭화된 pMOS 트랜지스터와 함께 선충전된다. 부적중(miss) 신호는 하나의 분배된 의사 nMOS NOR를 가지고 생성

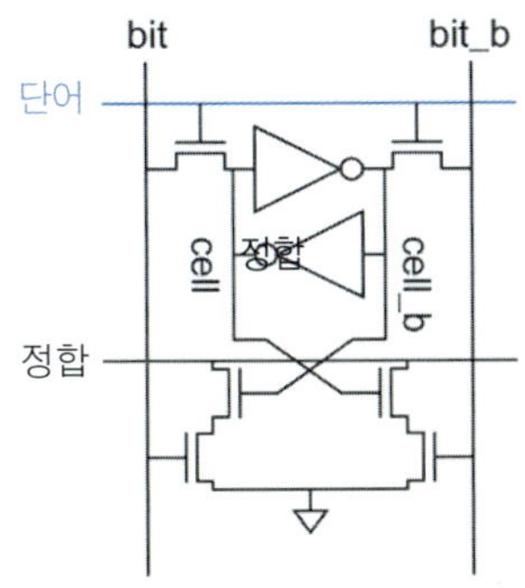

그림 11.69 CAM 셀 구현

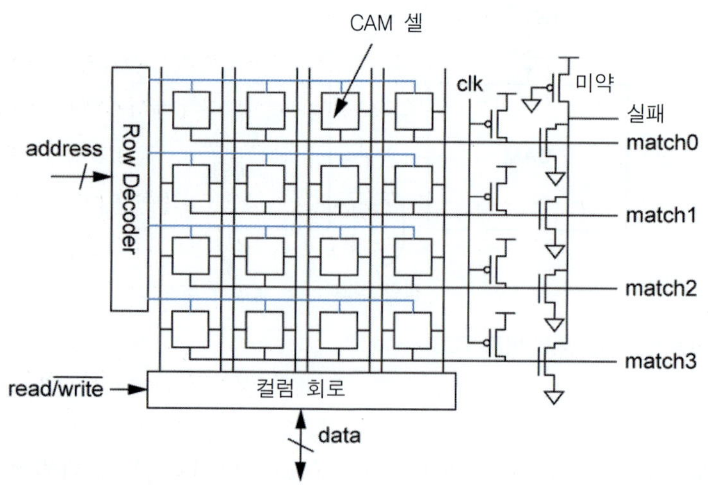

그림 11.70 4×4 CAM 배열

된다.

정합 라인이 RAM에 접근하기 위해 사용될 때 단조성 문제는 반드시 고려되어야 한다. 초기에 모든 정합 라인은 높다. CAM 동작 동안 이 라인은 어느 행이 키를 포함하는지를 표시하기 위해 주장된 최대 한 개 라인을 남기면서 풀다운한다. 그러나 RAM은 단조성으로 상승하는 워드 라인을 필요로 한다. 그림 11.71은 정합 라인이 자리를 잡은 후에 가능한 한 일찍 워드 라인을 구동하는 스트로브(strobe) AND 게이트를 가지고 그림 11.68을 다시 그린 것이다. 이 스트로브는 SRAM에 대한 센스 증폭기 클럭이 11.2.3.3절 내에서 생성되었던 것과 매우 동일한 방식의 인버터 체인 또는 복제 지연을 가지고 시간지정이 될 수 있다. 보통 그런 것처럼 회로가 모든 설계 코너에 걸쳐서 올바르게 동작하도록 자가 타이밍 마진은 반드시 제공되어야 한다. 스트로브는 정합 라인이 선충전되기 전에 꺼야 한다.

일부 응용에서, CAM은 특정 비트의 값에 무관하다. 예를 들면 네트워크 라우터에 사용된 CAM은 데이터를 정확한 대륙으로 라우팅하려고 노력하고 있을 때 서브넷 어드레스에 관심을 가지지 않

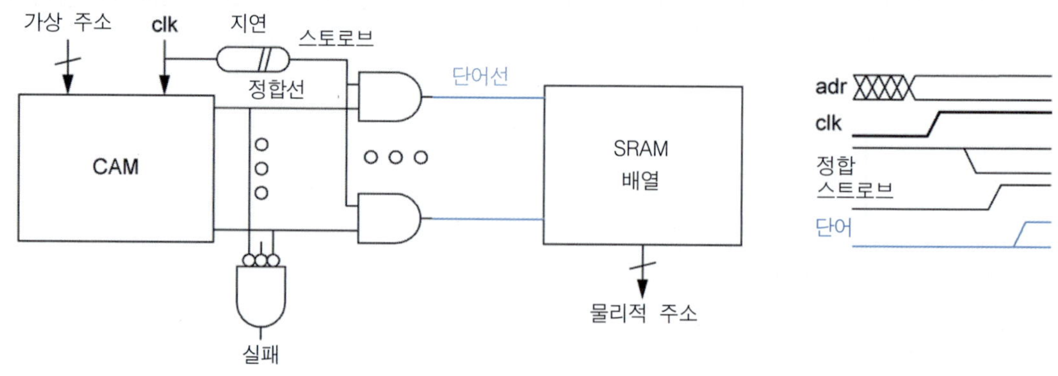

그림 11.71 단조 워드 라인을 가진 다시 그린 TLB 경로

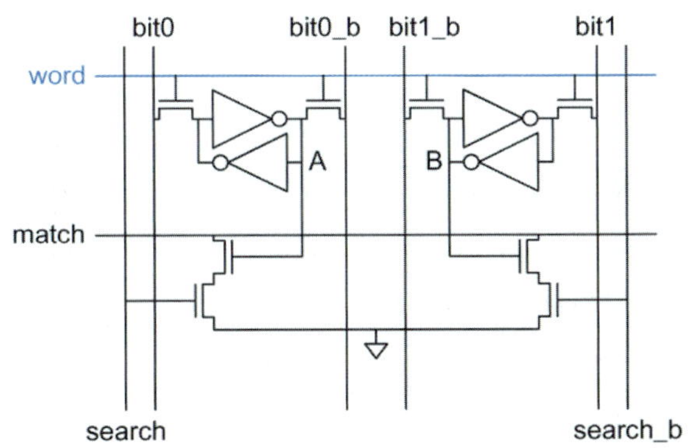

그림 11.72 TCAM

을지도 모른다. **3진 CAM**(TCAM)은 0과 1 비트뿐만 아니라 *X*(상관없음) 값을 저장할 수 있다. 그림 11.72는 TCAM 셀이 3개 값을 저장하기 위해 두 비트의 상태를 이용한다는 것을 보여 준다. 이 셀은 또한 비트 라인으로부터 탐색 라인을 분리하는 것을 보여 준다. $A=1$, $B=0$일 때 셀은 0과 일치한다. $A=0$, $B=1$일 때 셀은 1과 일치한다. $A=0$, $B=0$일 때 셀은 0과 1 모두와 일치한다.

큰 CAM은 센스 증폭기 및 다중 부배열을 포함하여 큰 RAM과 동일한 기법의 많은 부분을 사용할 수 있다. 정합 라인은 부하가 매우 크고 동작 비율이 1에 가깝기 때문에 상대적으로 전력을 대량 소비하는 경향이 있다. [Pagiamtzis06]은 NAND 구조와 같은 여러 CAM 구조를 조사하였다. [Agrawal08]은 전력과 지연 모델을 제시한다.

11.7 프로그램 가능 논리 배열

프로그램 가능 논리 배열(PLA: programmable logic array)은 **곱의 합 정규형**(sum-of-products canonical form)에 지정된 조합 논리를 구현하기 위한 정규 구조를 제공한다. 출력이 레지스터를 통해 입력으로 피드백되면 PLA는 또한 유한 상태 기계장치를 형성할 수 있다. 2-수준 논리 최소화가 잘 이해되었을 때 PLA는 VLSI 초기 시절에는 가장 유행했지만 다중 수준 논리 최적화기(optimizer)는 여전히 성숙되지 않았다. 이들은 간단한 함수를 구현하기 위한 조밀하고 빠른 방식이고 적절한 CAD 지원과 함께 논리 결함이 찾아질 때 변화하기 쉽다. 논리 합성기는 대단히 발전하여 최근에는 제어 논리가 대신 합성된다. 더군다나 동적 PLA는 타이밍 체인의 신중한 설계를 필요로 하는 반면에 의사 nMOS PLA는 정적 전력을 낭비한다. 그럼에도 불구하고 Cell 프로세서는 정적 논리가 시간을 만족시키지 못하는 경우 제어 신호를 계산하기 위해 각 코어에 27개의 동적 PLA를 사용한다[Warnock06].

어떠한 논리 함수도 곱의 합 형식 내에서, 예를 들면 각 출력이 참형 및 상보형 입력의 AND(곱)의 OR(합)인 곳에서 표현될 수 있다. 입력과 그 보수는 **리터럴**(literal)이라 부른다. 리터럴 한 세트의 AND는 **곱**(product) 또는 **최소항**(minterm)이라 부른다. 출력은 최소항의 OR이다. PLA는 최소항을 계산하기 위한 **AND 평면**(plane) 그리고 출력을 계산하기 위한 **OR 평면**으로 구성된다.

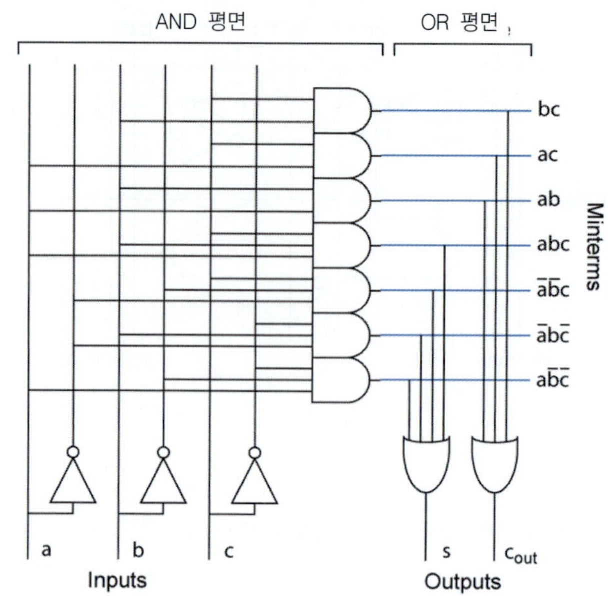

그림 11.73 PLA의 OR/NOR 표현

NOR 게이트는 결코 직렬이 아닌 단지 병렬 트랜지스터만을 사용하기 때문에 의사 nMOS 그리고 동적 논리에서 특히 효율적이다. 따라서 그림 11.73에 나와 있는 바와 같이 입력 및 출력을 반전시킨 후 NOR 게이트를 가지고 AND 및 OR 게이트를 교체하기 위해 드모르간 법칙을 사용한다. 간결함을 위해 그림 11.74에 나와 있는 바와 같이 도트 다이어그램을 가지고 PLA를 표현한다. 경험이 있

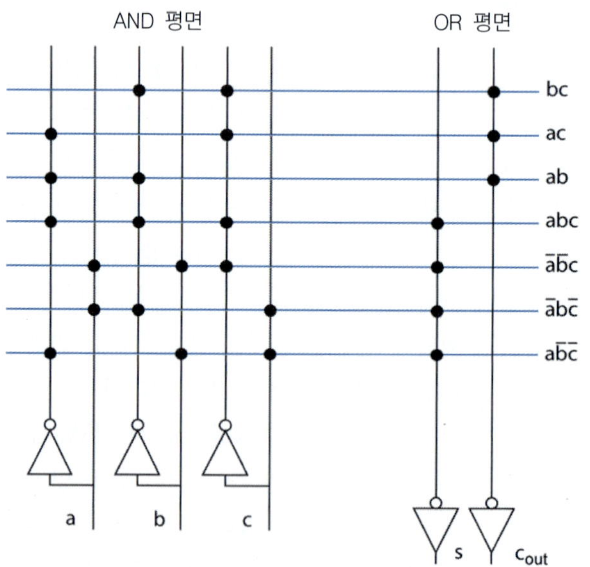

그림 11.74 PLA의 도트 다이어그램 표현

는 설계자는 PLA의 전반적인 범위 (footprint)를 변경하지 않은 최종 설계 변동을 수용하도록 종종 그들의 PLA에 사용되지 않은 약간의 행 및 열을 더한다. ROM 및 PLA는 형식에서 매우 유사함을 주시하자. ROM 디코더는 2^n개의 모든 최소항을 발생시키는 AND와 동등하다. ROM 배열은 출력을 생성하는 OR 평면과 일치한다.

예제 11.5

곱의 합 형식 내의 전가산기에 대한 방정식을 쓰시오. 이 논리를 구현하는 3-입력, 2-출력 PLA를 스케치하시오.

해답: 그림 11.75는 PLA를 보여 준다. 논리 방정식은 다음과 같다.

$$
\begin{aligned}
s &= a\bar{b}\bar{c} + \bar{a}b\bar{c} + \bar{a}\bar{b}c + abc \\
c_{out} &= ab + bc + ac
\end{aligned}
\quad (11.9)
$$

가장 직접적인 PLA 설계는 의사 nMOS NOR 게이트이다. 그림 11.76은 전가산기 PLA에 대한 회로 다이어그램을 보여 준다. 이러한 PLA의 이득은 단순성 및 작은 크기를 포함한다. 손실은 NOR 게이트의 정적 전원 낭비 및 느린 풀업 반응, 최근의 일반적인 논리 설계 흐름에 맞지 않는 점을 포함한다. 클럭화된 레지스터는 원하는 경우 더해질 수 있다. 그림 11.77은 의사 nMOS PLA에 대한 레이아웃을 보여 준다. 트랜지스터 게이트는 폴리실리콘 내에서 작동되고 금속2와 함께 묶일 수 있다. 각 최소항 및 출력이 1.5 트랙 피치 상에 위치할 수 있도록 최소항 및 출력 쌍들 사이에 어떻게 공유될

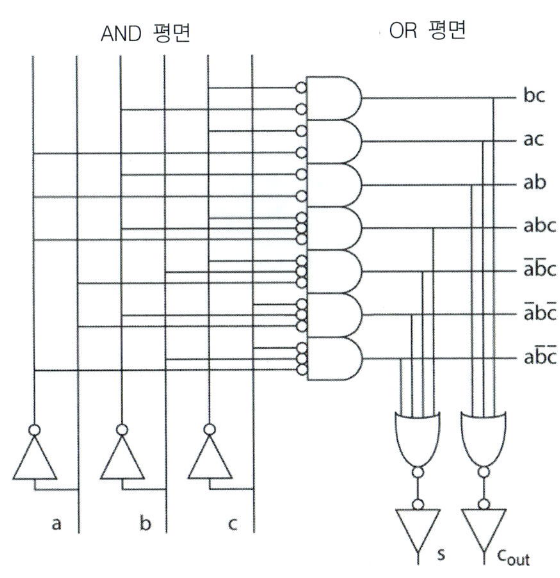

그림 11.75 PLA의 AND/OR 표현

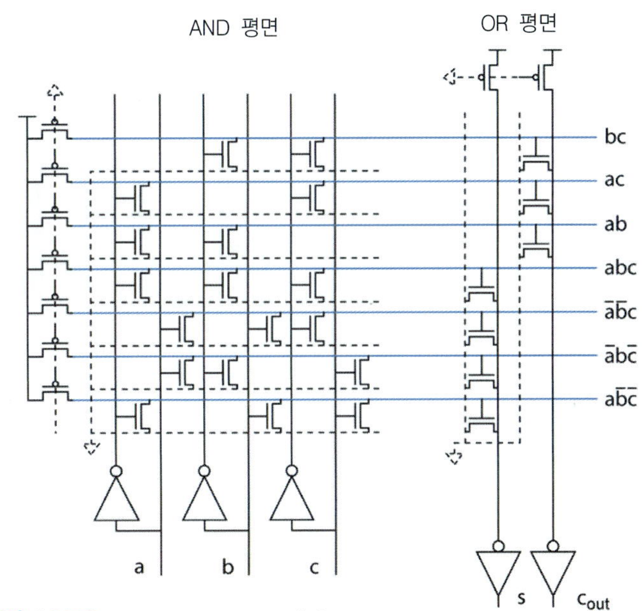

그림 11.76 의사 nMOS PLA 결선도

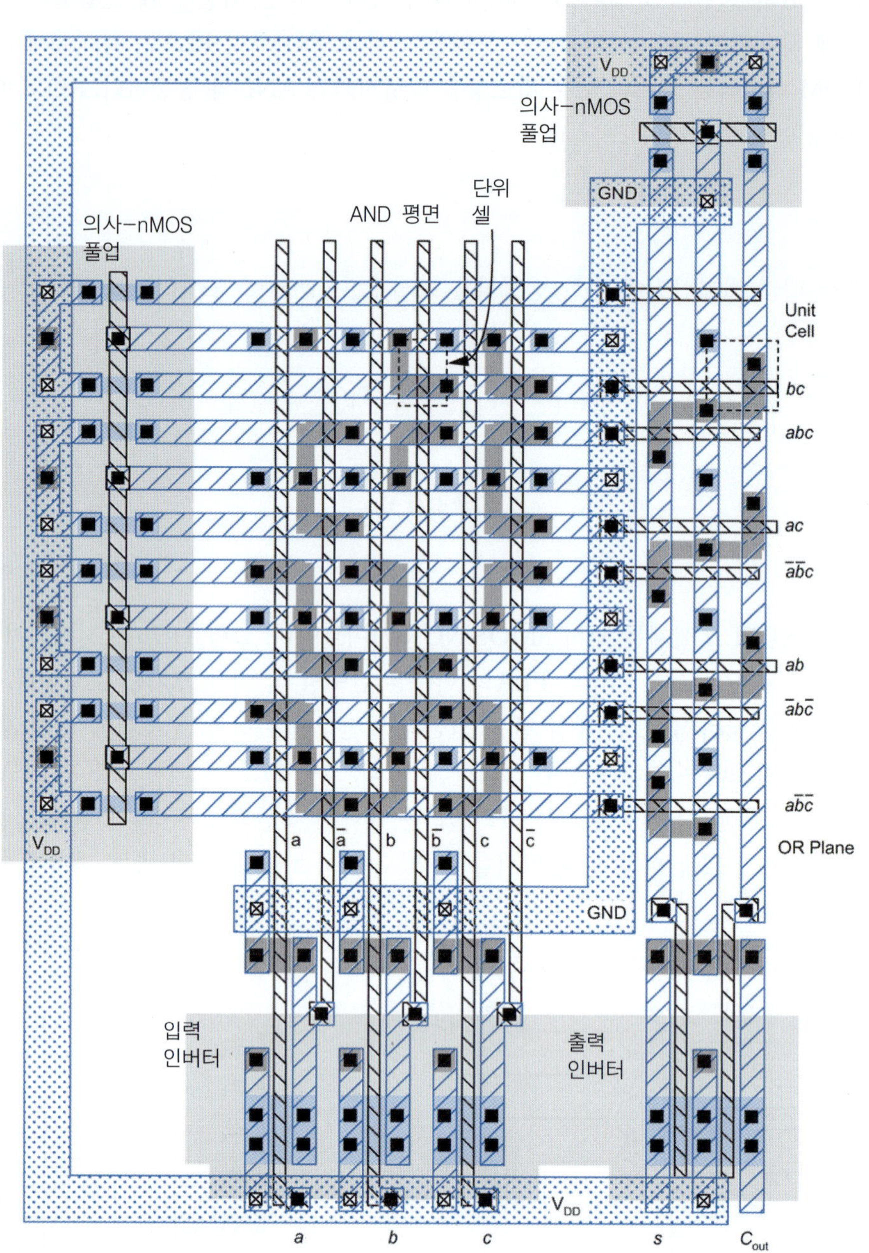

그림 11.77 의사 nMOS PLA 레이아웃

수 있는지를 주시하자. 인버터는 치밀한 피치를 맞추기 위해 사려 깊은 레이아웃을 필요로 한다. pMOS의 풀업은 PLA가 사용되지 않을 때 정적 전류가 꺼져 있을 수 있도록 GND 대신에 이네이블로 묶여 있을 수 있다.

동적 PLA는 경합 전류(contention current)를 제거하고 그들의 의사 nMOS 상대 부분보다 약간

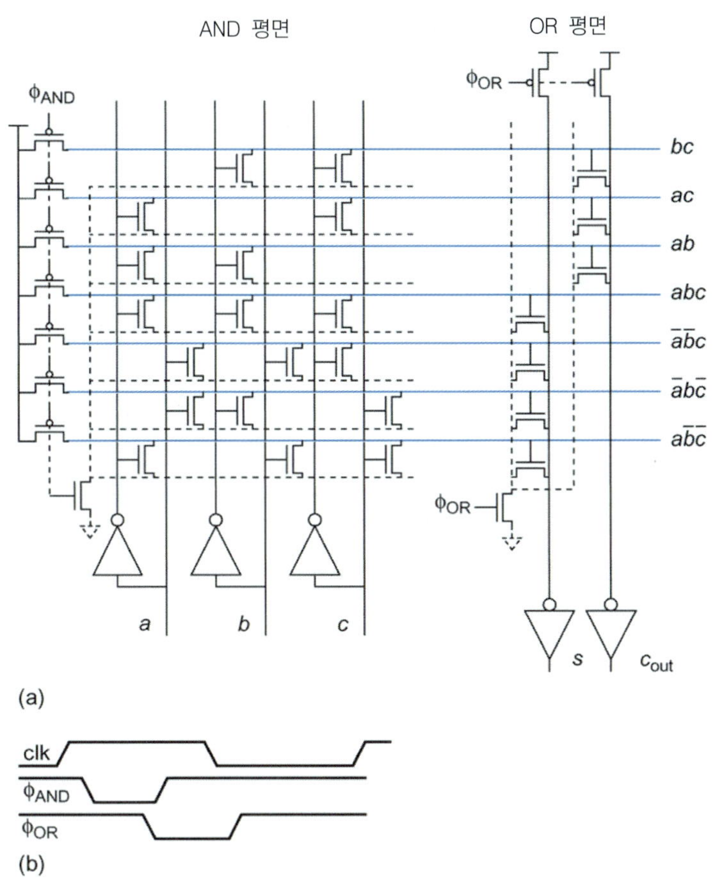

그림 11.78 동적 PLA 결선도

더 빠르다. 그림 11.78(a)는 AND 및 OR 평면 양쪽 모두에 대해 실체 있는 동적 NOR를 사용하는 PLA를 보여 준다. 불행하게도 AND 평면은 단조성을 위반하면서 OR 평면을 반드시 직접적으로 구동해야만 한다. OR 평면은 최소항이 적당히 방전(V_t 아래로까지)할 때까지 지연되는 클럭 위상을 반드시 취해야 한다. 이러한 클럭은 AND 평면 내의 가장 느린 최소항보다 더 빠르지 못하도록 보증되는 복제 지연선을 가지고 종종 발생한다. 더군다나 OR 평면 출력은 결과가 손상되지 않도록 AND 평면이 선충전되기 전에 반드시 포착되어야 한다. 이러한 것을 달성하기 위해 PLA는 반드시 그림 11.78(b)에 나와 있는 것들과 유사한 클럭에 의해 공급되어야 한다. 부하가 강하게 걸린 ㅊ최소항 라인의 동작 계수가 1에 가깝기 때문에 동적 전력은 높다.

그림 11.79는 복제 지연선으로서 두 개의 더미 행을 사용하는 자가 시간적(self-timed) 동적 PLA를 보여 준다. 입력은 플립플롭으로부터 도착하고 클럭의 상승 에지 후에 즉시 자리잡는 것으로 가정한다. 클럭화된 회로 소자는 클럭 에지 후에 즉시 ϕ_{AND} 상에 낮게 가는(low-going) 선충전 펄스를 생성하면서 펄스 발생기로서 행동한다. 펄스의 폭은 더미 AND 행 1 더하기 두 개의 인버터의 지연과

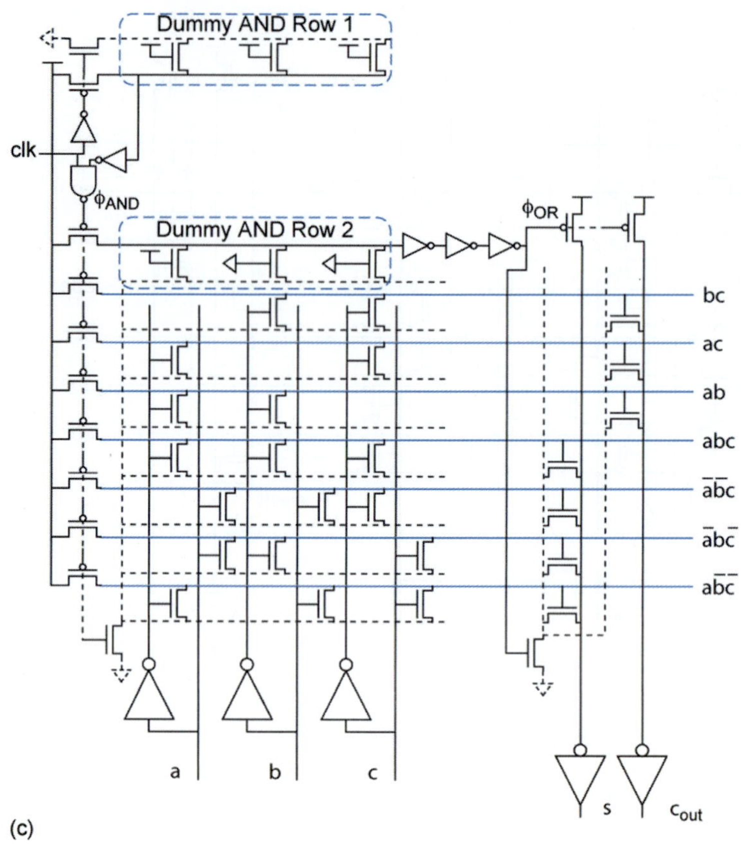

그림 11.79 동적 PLA 결선도

동일하고 실제 AND 행의 모두를 완전히 선충전하기에 충분할 정도로 커야만 한다. 따라서 더미 AND 행 상의 로딩은 어떤 실제 행의 최악의 로딩과 동일하거나 또는 초과하도록 선택된다. 이러한 최악의 로딩은 각 입력에 대한 한 개의 nMOS 드레인 및 각 출력에 대한 한 개의 게이트로 구성된다. 이 그림에서 AND 라인을 로딩시키는 인버터의 크기는 원하는 게이트 로드에 기여하도록 선택된다. 일단 AND 평면이 평가(evaluation)로 들어가면 두 번째 더미 AND 행은 단일 트랜지스터를 통해 방전하기 시작한다. 다시 이 행은 최악의 실제 AND 행의 지연과 동일하거나 또는 초과하도록 로딩된다. 세 개의 인버터는 AND 평면이 완전히 평가될 때까지 ϕ_{OR}가 확실히 상승하지 않도록 일부 자가 타이밍 마진을 제공한다. OR 평면의 출력은 클럭의 다음 상승 에지 상의 플립플롭 내로 표본화될 수 있다.

[Wang01]은 다양한 PLA 설계를 조사한다. [Samson09]은 AND 평면이 도미노 AND 게이트로 구성된 NAND-NOR 구조를 기술한다. 이러한 접근 방법은 단조적이어서 레이스 상태를 피할 수 있다. 그러나 연속적인 트랜지스터가 커질 때 성능이 나빠진다.

11.8 강인한 메모리 설계

배열이 많은 시스템온칩 및 마이크로프로세서 설계의 다이 면적의 큰 비율을 차지하기 때문에 이들은 전체 칩 수율 및 신뢰성에 크게 영향을 준다. 다행스럽게도 이들의 정규 구조는 더 우수한 수율 및 신뢰성을 위한 설계를 향상시키는 것을 쉽게 만든다. 여유분의 행, 열, 그리고 심지어 부배열은 결함이 있는 메모리를 수리하는 데 사용된다. 에러 정정 코드는 소프트 에러를 수정하는 데 사용된다. 방사선 경화 셀은 소프트 에러 비율을 감소시킨다. 이 절에서는 마모 메커니즘도 조사한다.

11.8.1 여유분

논리 설계 내의 하나의 단일 결함은 보통 전체 칩을 쓸모없게 만들 것이다. 메모리 수율은 결함 부분을 대치할 수 있는 여분의 요소를 더함으로써 향상될 수 있다. 각 부배열은 불량 셀을 수정하기 위해 여분의 행과 열을 갖추고 있다. 여분의 부배열은 수리를 넘어선 부배열을 대체하는 데 사용될 수 있다. 다르게는, 여분의 메모리 용량이 중요하지 않다면, 불량의 부배열은 디세이블되고 칩은 그냥 팔린다. 여유분의 도전은 대체 논리의 부담을 최소로 하는 것이다.

예비 행과 열은 64 Kb DRAM 칩으로 거슬러 올라간다[Cenker79]. 여분의 수는 예상되는 결함 밀도와 감도에 의존한다. 작은 수는 수율에서 큰 차이를 만들 수 있다. 원래 칩은 불량 셀을 확인하기 위해 공장에서 시험하고, 그러고 나서 레이저로 불량 행과 열을 무력화하고 여분의 주소를 프로그래밍했다. 제조 비용을 줄이기 위해 지금은 배열에 내장형 자체 테스트를 포함시킨다(14.6.3절 참조). 칩 자체에서 대체물을 형성하기 위해 전자 퓨즈를 끌 수 있다. 다르게는, 칩은 초기화될 때마다 자체 테스트 수열을 동작하고 제품의 수명이 다했는지 확인할 수 있다.

그림 11.80은 2개의 여유 행을 가진 배열을 위한 디코더의 예를 보여 준다. 행 디코더는 모든 출력에 0을 강제하는 추가적인 이네이블 입력을 가진다. 결함이 있는 행의 주소는 시동 시에 레지스터에 저장된다. 주소가 결함이 있는 행들 중 하나와 일치하면, 디코더는 디세이블되고 여유 행 중 하나가 그 대신에 활성화된다.

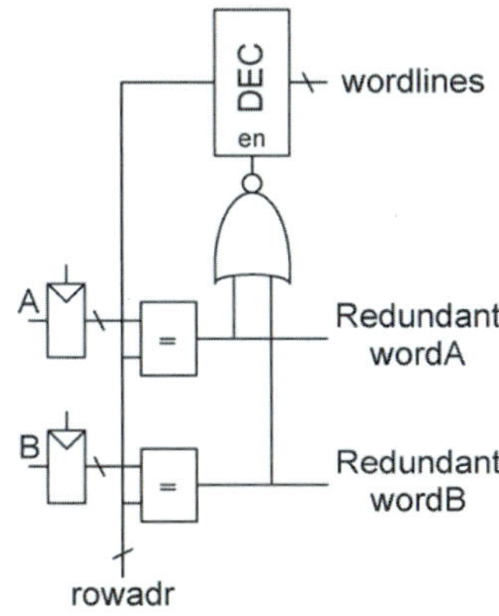

그림 11.80 행 여유분

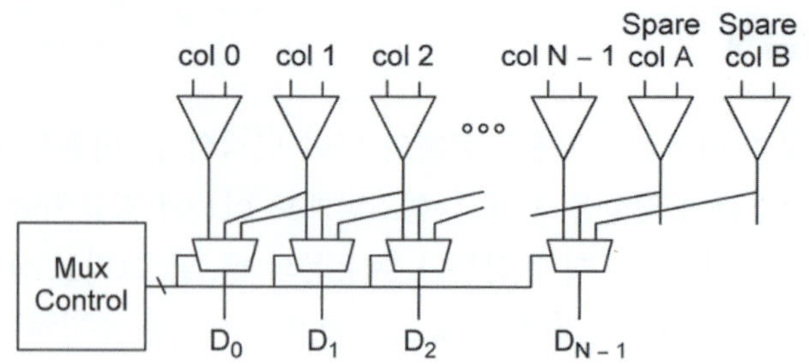

그림 11.81 열 여유분

그림 11.81은 2개의 여유 열을 가진 배열을 위한 읽기 경로의 예를 보여 준다. 각 센스 증폭기 출력은 결함 열을 건너뛰기 위해 하나 또는 2개 열을 이동시킬 수 있다. 쓰기 경로는 반대 논리를 요구한다.

예제 11.6

예제 11.1에서는 읽기 여유가 15 mV의 표준편차로 정규 분포를 따르는 것으로 가정한 64 Mb SRAM을 고려했다. 수리 방법이 없을 경우에 90% 매개변수적 수율을 달성하기 위해, 평균 읽기 여유는 6 표준편차(90 mV)를 초과하여야 한다. 배열이 각각 M=32 kb의 S=2048 부배열로 나누어진다고 가정하라. 어떻게 다음의 각 시나리오에서 결과가 나아지는가?

(a) 배열은 부배열당 2개의 결함 셀을 보수할 수 있다.

(b) 배열은 2개의 결함이 있는 부배열을 대체할 수 있다.

해답: (a) 식 (6.21)을 이용하면, 부배열 불량의 확률은 다음의 이하여야 한다.

$$X_{\text{sub}} = 1 - \sqrt[S]{0.9} = 5.1 \times 10^{-5} \tag{11.10}$$

식 (6.30)에 따르면, 셀이 불량의 확률 X_c를 가지고 있다면, 부배열이 2개 이상의 불량을 갖고, 수리할 수 없는 확률은 다음과 같다.

$$X_{\text{sub}} = 1 - \left[(1 - X_c)^M + M(1 - X_c)^{M-1} X_c + \frac{M(M-1)}{2}(1 - X_c)^{M-2} X_c^2 \right] \tag{11.11}$$

수치를 넣어 계산하면 부배열 신뢰성의 필요한 수준을 달성하기 위한 X_c=2.1×10^{-6}을 얻는다. 표 6.8을 내삽하거나 식 (6.17)의 CDF를 해석함으로써, 이것이 4.6 표준편차 또는 69 mV의 읽기 여유에 해당된다는 것을 알 수 있다.

(b) 수율 Y=1−X의 관점에서 해결하는 것은 더 편리하다. 식 (6.30)에 따르면 배열 수율은 다음과 같다.

$$Y = Y_{sub}^{S} + SY_{sub}^{S-1}\left(1-Y_{sub}\right) + \frac{S(S-1)}{2} Y_{sub}^{S-2}\left(1-Y_{sub}\right)^{2} \tag{11.12}$$

$Y=0.9$에 대해 수치적으로 풀면 $Y_{sub}=1-5.4\times10^{-4}$이다. 셀의 수율은 다음과 같아야 한다.

$$Y_c = \sqrt[M]{Y_{sub}} = 1-1.6\times10^{-8} \tag{11.13}$$

이는 5.6 표준편차 또는 84 mV의 읽기 마진에 해당된다.

포토리소그래피와 식각 문제는 큰 반복 구조의 주위를 따라 흔히 발생한다. 메모리 수율은 **더미**(dummy) 행과 열이 각 경계에 위치한다면 개선된다. 이러한 더미 셀은 결코 활성화되지 않는다. 예를 들면 Sun Niagra 프로세서는 큰 캐시를 수리하기 위한 여분과 수리할 수 없는 레지스터 파일의 수율을 향상시키기 위한 더미를 사용했다[Leon07]. 마찬가지로 NAND 플래쉬 스트링은 더미 비트를 스트링의 각 끝에 첨가한다[Trinh09].

결함이 있는 부배열을 대체하는 것은 부배열에 주소를 재할당하는 것을 요구한다. 이것은 주소 전달의 수준이 이미 시스템에 내장된 보조 구조에서 가장 쉽다. 예를 들면 Itanium 2는 18-방향 세트 결합 L3 캐시로 구성된 9 MB의 메모리를 갖고 있다[Chang05]. 그 캐시는 수리를 위해 여섯 개 여분의 48 kB 부배열을 제공한다. 이것이 문제를 해결하는 데 불충분하면, 하나 이상의 결함이 있는 길은 퓨즈 비트로 무력하게 될 수 있다. 최소 12개의 기능적 길을 가진 다이는 6 MB 캐시를 가진 제품으로서 판매될 수 있다.

NAND 플래시 메모리는 또한 셀 크기를 최소로 하기 위해 높은 결함 레벨을 감당한다. 한 블록이 수정할 많은 결함을 가지고 있다면, 그것은 불량으로 표시된다. 플래시 메모리 제어기는 하드 디스크 제어기와 매우 동일한 방식으로 물리적 블록에 논리적 주소를 할당한다. 제어기는 단순히 불량 블록의 이용을 피한다. 그들의 한정된 내구력 때문에 닳은 블록은 불량 블록 목록에 추가된다. 좋은 제어기는 또한 매번 블록이 지워질 때마다 할당을 섞음으로써 어떤 블록도 특별히 많은 프로그램 삭제의 주기를 겪지 않도록 **소모 수준 평균화**(wear-leveling)를 수행한다.

11.8.2 에러 수정 코드(ECC)

메모리는 또한 6.3.4절에서 논의한 바와 같이 셀들 중 한 개 내에 저장된 어떤 비트를 자발적으로 뒤집는 소프트 에러의 경향이 있다. 크기 조정의 경향은 셀의 작은 전하와 칩의 다수의 비트 때문에 소프트 에러 비율을 증가시킨다. 전원 공급 장치가 슬립 모드인 동안 누설을 감소시키기 위해 하락하면 소프트 에러는 또한 증가한다[Degalahal05].

10.7.2절에서 논의한 바와 같이 에러 수정 코드(ECC)는 그러한 에러로부터 회복하기 위해 공통적으로 사용된다. 예를 들면 메모리 내의 64비트 워드에 8개의 체크 비트를 더하는 것은 워드 내의 어떤 에러도 수정하고 에러의 어떤 쌍도 탐지하는 데 충분하다. ECC는 또한 수율을 극적으로 향상시키기 위해 여분 비트 라인을 보충한다. ECC는 메모리의 지연과 면적을 증가시키므로 그것은 지연과 면

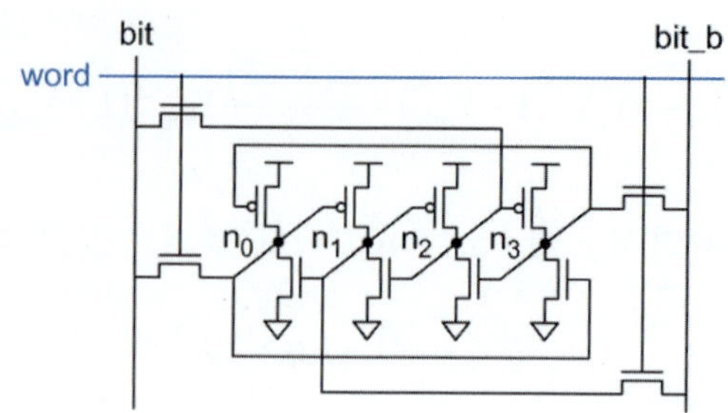

그림 11.82 방사선 경화 SRAM 셀

적이 이미 큰 커다란 메모리에 가장 적합하다.

11.8.3 방사선 경화

방사선 경화는 방사선의 플럭스가 매우 높은 비행과 우주 산업에서 그리고 메인프레임 또는 의료 기기와 같은 높은 신뢰도의 지구상 응용에서 소프트 에러 감수성을 감소시키는 데 사용된다. 또한 9.3.10절에서 레지스터에 사용된 똑같은 이중 결합 셀(DICE) 기술이 SRAM 셀을 위해 사용된다[Calin96]. 그림 11.82는 그러한 12T 방사선 경화 셀을 보여 준다. 어떤 한 노드의 충격은 피드백에 의해 수정된다. 12T 셀은 보편적 6T 셀 면적의 대략 2배이다.

입자 충돌은 그것이 부딪친 노드뿐 아니라, 기생 바이폴라 효과 때문에 인접한 노드를 방해할 수 있다. 이것은 인접한 SRAM 셀에서 비트를 뒤집을 수 있다. ECC가 워드당 단일 오류를 수정하는 것에서 효과적이나, 복잡하고 긴 코드는 다중 비트 오류를 수정하도록 요구된다. 영향을 받을 수 있는 인접 셀의 수는 레이아웃에 의존한다. 인접 행의 셀에 대한 전복은 다른 행이 독립적으로 ECC에 의해 보호받기 때문에 상관없다. 열 다중화는 워드를 나타내는 셀들을 넓게 펼치기 때문에 동일 행의 셀을 보호하기 위한 효과적인 방법이다. 예를 들면 어떤 메모리는 4:1 열 다중화를 이용하는 288비트 행에서 4개의 64비트 워드(각각의 워드를 위한 8비트 ECC를 추가)를 저장할 수 있다. 네 번째 비트들은 모두 같은 워드에 속한다. 그러므로 단지 동일 행의 네 개의 인접한 비트에 충격을 가하는 충돌은 각각의 네 워드의 한 비트를 오염시키고, 수정 가능하다. 가는 셀 레이아웃에서 n형 웰은 격리를 제공하고 충돌은 동일 행의 2개의 인접 셀 이상을 방해하지 않는다. 그러므로 2:1 열 다중화를 이용하는 것은 회복 불가능한 다중 비트 오류에 대한 저항력을 제공한다[Osada06].

11.9 역사적 관점

MOS 메모리는 인텔이 첫 번째 1103 1 kb DRAM 칩의 판매를 발표한 1970년에 세상을 깜짝 놀라게 했고 IBM은 그 370-시리즈 메인프레임 컴퓨터 내의 반도체 메모리로 자석 코어 메모리를 교체했다. 그때부터 DRAM은 몇 곳밖에 되지 않는 제조사들 간의 맹렬한 가격 경쟁(때로는 가격 고정)으로 인해 특성화된 상품 사업이 되어 왔다. 사실상 1986년에 인텔은 주기적인 하락기에 시장이 값싼 칩으로

넘쳐 났을 때 무엇이 그 이후에 핵심 사업이었는지를 남겼다. 칩당 DRAM 용량은 일 년마다 60%로 증가했고 비트당 비용은 일 년마다 27%로 감소했다. 지형 크기(feature size) 증가는 용량 이득 부분에 대한 설명을 하지만 그 전부에 대해서는 그렇지 못하다. 비트당 면적은 1T DRAM 셀, 혁신적 레이아웃, 그리고 삼차원 커패시터 구조 같은 우수한 셀 설계 때문에 지형 크기보다 더 빠르게 축소되어 왔다. 더 큰 다이스(dice)는 생산 수율 향상 때문에 경제적이다. DRAM 용량을 증가시키는 것은 프로세서 성능에서의 진보만큼이나 시스템 설계자들에게 수혜를 주었다.

DRAM 밀도는 첫 30여 년 동안 거의 3년마다 네 배가 되어 왔다. 좀 더 최근에는 그 경향은 3년마다 대략 두 배가 되는 쪽으로 느려졌다. 표 11.1은 각 DRAM 세대의 혁신 일부를 목록으로 보여 준다[Itoh01k, Isaac08]. 초기 DRAM은 높은 공급 전압을 필요로 하는 nMOS 공정 내에 구성되었다. V_{DD}는 1980년대 및 1990년대를 통해 5 V에 표준화되었고, 궁극적으로 CMOS 주변 회로 소자가 전력 절감을 위해 채택되어 온 것이다. 또 다른 향상은 신호 대 잡음 비, 대역폭 및 레이턴시, 전력 소모 및 테스트 시간 등에서 나타났다.

표 11.1 DRAM 세대

Capacity	Years of Volume Shipment	Power Supply (V)	Memory Cell	Circuit Innovations
1 kb	1970s	> 12	3T or 4T	MOS technology Differential sensing
4 kb	1970s	> 12	3T or 4T	Multiplexed addresses
16 kb	1978–1984	12	1T	Dynamic amplifier Dynamic driver
64 kb	1981–1987	5	1T	Folded bitline Word bootstrapping Substrate bias generator
256 kb	1984–1992	5	1T	Shared amplifier Metal-strapped wordline Redundancy
1 Mb	1987–1997	5	1T	CMOS peripheral circuits Half-V_{DD} precharge Multidivided data line BIST
4 Mb	1991–2000	5	1T	3-D capacitor structure
16 Mb	1994–2003	5	1T	On-chip voltage converter Twisted bitlines
64 Mb	1997–2006	3.3	1T	Synchronous small-signal I/O Multidivided wordlines
256 Mb	2001–	1.8–3.3	1T	Double data rate interface
512 Mb	2004–	2.5	1T	DDR2 interface
1 Gb	2007–	1.25–1.8	1T	DDR3 interface
2 Gb	2010–	1.2–1.5	1T	

요약

배열은 이차원적으로 기본 셀을 반복한다. 이 셀은 매우 높은 밀도를 제공하도록 주의 깊게 최적화된다. 성능 및 밀도 때문에 보통 배열 내의 노드는 레일에서 레일로 스윙하지 않는다. 주변 회로 소자는 디지털 논리 수준을 채우기 위해 출력 스윙을 복원시킨다.

정적 RAM은 CMOS 시스템 내에서 매우 널리 사용된다. 어디에나 존재하는 6T 셀은 상태를 보유하기 위한 상호 결합된 인버터 쌍 그리고 차동 읽기 및 쓰기를 위한 두 개의 접근 트랜지스터로 구성된다. 비트 라인은 처음에는 알려진 값으로 선조정된다. 디코더는 워드 라인의 한 개를 주장한다. 그 워드는 비트 라인 상으로 읽기가 되고 감지된다. 열 멀티플렉서는 출력으로서 단지 비트의 서브세트 한 개만을 선택할 수도 있다. SRAM은 캐시 그리고 다른 내장형 메모리 내에서 사용된다. 다중 포트 SRAM은 레지스터 파일 내에서 사용된다.

내용 주소지정 가능 메모리는 SRAM과 유사하다. 그러나 이들은 또한 한 키가 비트 라인 상에 위치하고 그 키를 포함하는 각 워드가 그 정합 라인을 주장하는 검색(lookup) 모드를 제공한다. CAM은 변환 색인 버퍼와 네트워크 라우터에서 주소를 찾는 데 중요하다.

동적 RAM은 단 하나의 접근 트랜지스터를 이용하여 정보를 커패시터에 저장한다. 소형 커패시터를 만들기 위한 전문화된 공정 단계로, 그들은 SRAM보다 수십 배 높은 데이터 저장 밀도를 제공한다. 그러나 데이터는 점차 커패시터로부터 누설되므로 DRAM은 그들의 상태를 유지하기 위해 정기적으로 재생되어야 한다. DRAM은 보통 전용 칩의 전문화된 공정으로 구성되지만, 잠재적으로 디지털 CMOS 공정에서 고용량의 내장형 메모리를 위해 유용할 수 있다.

읽기 전용 메모리는 또한 단일 접근 트랜지스터를 사용하지만 그 내용은 상수 값으로 도선연결된다. 이들은 코드를 저장하는 데 공통적으로 사용되고 결함 또는 더하기 특성을 수정하기 위해 설계 공정 내에서 후에 쉽게 변동될 수 있기 때문에 편리하다. 플래시 메모리는 전기적으로 프로그래밍되고 지워지며 매우 높은 저장 밀도를 제공한다.

ROM은 또한 검색 표로서 고려될 수 있다. 일반적으로 y개 비트에 의한 2^x개 워드의 ROM은 x개의 입력 및 y개의 출력을 갖는 어떤 함수도 실행하기 위한 검색 표로서의 역할을 할 수 있다. 함수가 곱의 합 형식으로 쓰여지면 ROM 배열이 OR를 실행하는 동안 ROM 디코더는 AND 동작을 실행한다. 많은 함수는 상대적으로 드물다. 프로그램 가능 논리 배열은 AND 평면을 가지고 교체함으로써 불필요한 엔트리를 최적화해 버린다. 어떤 사례에서는 PLA가 ROM보다 더 작지만 여전히 설계 사이클 내에서 늦게 쉬운 변경을 할 수 있는 동일한 유연성을 제공한다. PLA는 1980년대의 마이크로코딩된 유한 상태(finite state) 기계 장치를 위해 공통적으로 사용되었다. 이들은 여전히 가끔 사용되고 있지만 우수한 논리 합성 도구(logic synthesis tool)는 이제 효율적인 PLA에 대해 필요한 복잡한 회로 설계를 피하는 동안 임의 논리(random logic)에 대한 동일한 쉬운 변동을 제공한다.

우수한 설계 흐름은 간단한 SRAM 및 ROM에 대한 자동 발생기를 제공해야만 한다. 설계자는 이러한 배열이 적절한 곳에서 이들을 사용하면서 편해져야만 한다. 고성능 설계에는 더 정교한 다중 포트 SRAM, 큰 메모리 배열, 그리고 CAM이 필요하다. 이러한 배열의 대부분은 숙련된 회로 설계 및 조심스러운 시뮬레이션을 요구한다.

연습문제

11.1 전가산기를 구현하기 위한 검색 표로서의 역할을 하는 8워드×2비트 NAND ROM에 대한 결선도를 스케치하시오.

11.2 NOR ROM과 비교하여 NAND ROM의 장점과 단점을 설명하시오.

11.3 11.2.6절로부터 SRAM의 읽기 시간과 유사한 2^n개의 행 및 2^m개 열의 읽기 시간에 대한 모델을 개발하시오. ROM 배열 내의 도선 커패시턴스가 게이트 및 확산 커패시턴스와 비교해서 무시할 만하다고 가정한다. 두 개의 셀이 단일 확산 접점을 공유하도록 ROM 셀이 레이아웃되고 따라서 각 셀이 확산 커패시턴스의 단지 $C/2$에만 기여한다고 가정한다.

11.4 주변 회로 소자는 코어의 각 차원에 10%를 더한다고 가정하고 1.3×1.44 μm SRAM 셀을 사용하여 연습문제 11.3의 SRAM 배열의 크기를 예측하시오.

11.5 선디코딩과 함께 그리고 선디코딩 없이 6:64 디코더에 대한 설계를 스케치하시오. 선디코딩의 찬반 양론에 대해 논평하시오.

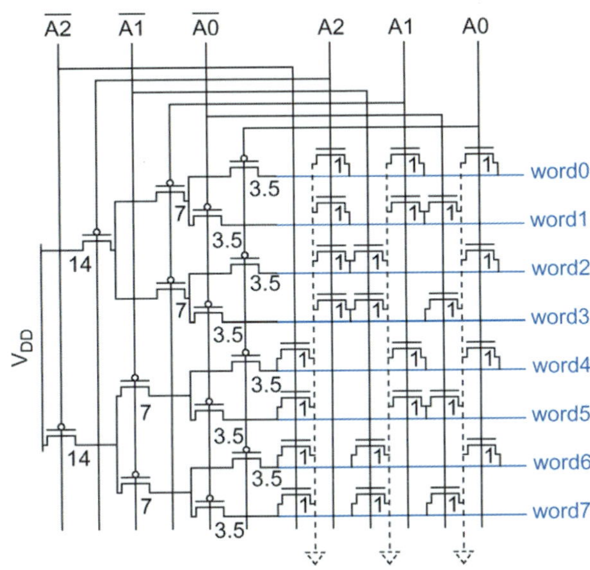

그림 11.83 Lyon-Schediwy 디코더

11.6 그림 11.83은 3:8 디코더를 보여 준다[Lyon87]. 3-입력 NOR로 만들어진 일반적인 디코더에 비하여 각 입력의 논리 에퍼트는 어떻게 되는가? 그 디코더는 성능상 결점을 가지고 있는가?

11.7 다음을 사용하여 H=20의 전기 에퍼트를 구동하는 10:1024 디코더의 최소 지연을 추정하시오.

a) 정적 CMOS 게이트

b) 실체 없는 도미노 게이트

11.8 자가 리셋형(self-resetting) 도미노 게이트를 사용하여 연습문제 11.7(b)로부터 실체 없는 도미노 게이트를 설계하시오. 입력은 3개의 FO4 인버터의 지속과 함께하는 펄스로서 참형 및 상보형 형식 내에서 활용 가능하고 각각은 게이트 폭 48λ를 구동할 수 있다고 가정한다. 트랜지스터 크기를 표시하고 디코더의 지연을 예측하시오.

11.9 2^n개의 행 및 2^m개의 열을 가진 RAM에 대한 워드 라인 디코더 지연을 개발하시오. 참형 및 상보형 입력이 활용 가능하고, 입력 커패시턴스는 $H=2^m$이며 열 한 개의 커패시턴스와 동일하다고 가정한다. 정적 CMOS 게이트를 사용하고 n과 m의 항으로 결과를 표현하시오.

11.10 동적 RAM 배열 내의 열린, 닫힌, 그리고 꼬인 비트 라인 사이의 트레이드오프를 설명하시오.

11.11 ROM을 사용하는 2-입력 XOR에 대한 도트 다이어그램을 스케치하시오.

11.12 PLA를 사용하는 2-입력 XOR에 대한 도트 다이어그램을 스케치하시오.

11.13 내장형 SRAM은 2048 8비트 워드를 포함한다. 이것이 물리적으로 정사각형으로 배열되어 있다면 각각의 열 멀티플렉서는 얼마나 많은 입력을 필요로 하는가?

패키지, 전원, 클럭, I/O

12

12.1 서론

이 장은 디지털 설계자가 마주칠 수도 있는 다양한 특수 목적 서브시스템을 설명한다. 이러한 서브시스템은 보통 전문가에 의해 설계되고 제3의 판매인으로부터 얻어지는데 각각은 책 전체의 주제가 된다. 그러나 숙련된 디지털 설계자는 핵심 디지털 설계에 미치는 다른 서브시스템의 영향을 이해하기 위해서 각 영역에 정통해야만 한다.

이 장은 패키지와 함께 시작하는데 패키지는 시스템의 다른 요소들에 강하게 영향을 주기 때문이다. 다음으로 전력 및 클럭 분배 서브시스템을 다룬다. 위상 동기 루프(PLL)는 고성능 시스템에 아주 중요하므로 특별한 주의가 필요하다. I/O 서브시스템은 칩을 패키지와 연결하여 전력, 클럭, 그리고 데이터를 받는다. 마지막으로 이 장은 일부의 무작위 회로를 검토한다.

12.2 패키지와 냉각

칩 패키지는 칩 및 회로 보드 사이의 기계적, 전기적 연결을 제공한다. 고성능 집적회로의 설계를 그 패키지 설계로부터 분리하는 것은 더 이상 가능하지 않다. 이상적 패키지는 다음 특성을 가지고 있다.

- 거의 지연 또는 왜곡 없이 칩과 보드 사이의 신호 및 전력을 연결한다.
- 칩에 의해 생성되는 열을 제거한다.
- 기계적 손상 및 열적 팽창 스트레스로부터 칩을 보호한다.
- 생산 및 테스트하기에 비싸지 않다.

우수한 신호 및 전력 연결을 제공하기 위해 패키지는 반드시 낮은 저항 및 인덕턴스를 가진 짧은 도선을 제공해야 한다. 전력 공급 및 I/O에 미치는 패키지의 영향은 12.3절 및 12.6절에서 각각 더 논의된다. 이 절의 나머지는 공통적으로 활용 가능한 패키지의 일부 형태 그리고 그 패키지가 칩으로부터 어떻게 열을 제거하는지를 보여 준다.

12.2.1 패키지 옵션

표 12.1은 다양한 공통 집적회로 패키지의 목록을 보여 준다. 그림 12.1은 이러한 패키지의 사진을 보여 준다. I/O 카운트는 신호 및 전력 양쪽 모두에 대한 연결을 포함한다. I/O 간격(spacing)은 전형적으로 mil(1 mil=0.001 inch=25.4 μm)이라는 고풍적 단위 내에서 지정된다. 패키지는 세라믹 및 플라스틱 양쪽 모두의 다양성에서 나온다. 플라스틱은 더 싸지만 많은 열을 제거할 수 없다. 과거의 DIP 및 PGA 패키지는 **스루홀**(through-hole) 핀을 사용하는 경향이 있었는데 이것은 인쇄 회로 기판 내의 구멍을 통과하고 아래로부터 솔더링된다. 이 핀은 인덕턴스에 기여하고 구멍의 크기는 핀의 밀도를 제한한다. **표면 장착**(SMT: surface mount) 패키지는 이러한 문제를 덜기 위해 인쇄 회로 기판의 표면에 솔더링된다. DIP, PGA, PLCC, 그리고 LGA 패키지는 저비용 소켓 내로 삽입시키는 것이 쉽고 따라서 이들은 재프로그래밍 또는 교체를 위해 제거될 수도 있는 구성 요소에 대해 편리하다. 볼 그리드 어레이(BGA: ball grid array) 패키지는 최근에 치밀한 형식 요소 내에서 많은 개수의 높은 대역폭 신호를 필요로 하는 부품에 대해 선호하는 접근 방식이 되어 왔다. 패키지 설계는 빠르게 진보하는 영역이고 매년 새로운 패키지가 채택되고 있다.

표 12.1 패키지 옵션

패키지	# I/Os	설명
Dual Inline Package (DIP)	8, 14, 16, 20, 28, 40, 64	100 mil 중심 상의 스루홀 핀의 두 개의 행. 저비용. 칩과 코너 핀 사이의 긴 도선.
Pin Grid Array (PGA)	65–391+	100 mil 중심 상의 스루홀 핀의 어레이. 낮은 열 저항 및 높은 핀 카운트.
Small Outline IC (SOIC)	8,10, 14, 16, 20, 24, 28	50 mil 중심 상의 SMT 핀의 두 개의 행. 저비용. 작은 핀 카운트를 가진 저전력 부품에 대해 우수.
Thin Small Outline Package (TSOP)	28–86+	얇은 패키지 내의 0.5 또는 0.8 mm 중심 상의 SMT 핀의 두 개의 행. DRAM에 대해 공통적으로 사용됨.
Plastic Leadless Chip Carrier (PLCC)	20, 28, 44, 68, 84	50 mil 중심 상의 네 개의 모든 면 상의 J 형상의 SMT 핀. 튼튼한 납이 소케팅에 대해 편리함
Quad Flat Pack (QFP)	44–240	15.7~50 mil 중심 상의 네 개의 모든 면 상의 SMT 핀. I/O의 높은 밀도. 얇은(TQFP) 또한 1.6 mm 정도로 매우 얇은(VQFP) 형태에서 활용 가능.
Ball Grid Array (BGA)	49–2000+	15.7~50 mil 중심 상의 패키지의 하부 면 상의 SMT 솔더 볼의 어레이. 낮은 기생을 가진 I/O의 극히 높은 밀도. 인쇄 회로 기판 상의 패드의 어레이에 눈에 보이지 않게 붙이기 위한 전문화된 조립 및 검사 장치가 필요함.
Land Grid Array (LGA)	많이	BGA와 유사하나 솔더볼보다는 금판 사용. 소켓이나 PCB의 패드에 연결.
Chip Scale Packaging (CSP)	가변적	SMT 패키지는 다이 크기의 1.2배를 넘지 않음. CSP의 일반적 형태는 플립칩으로 PCB에 솔더볼을 이용하여 칩의 금속층에 직접 연결. BGA보다도 높은 I/O 밀도와 낮은 기생을 가짐. 모바일 기기에 많이 사용.

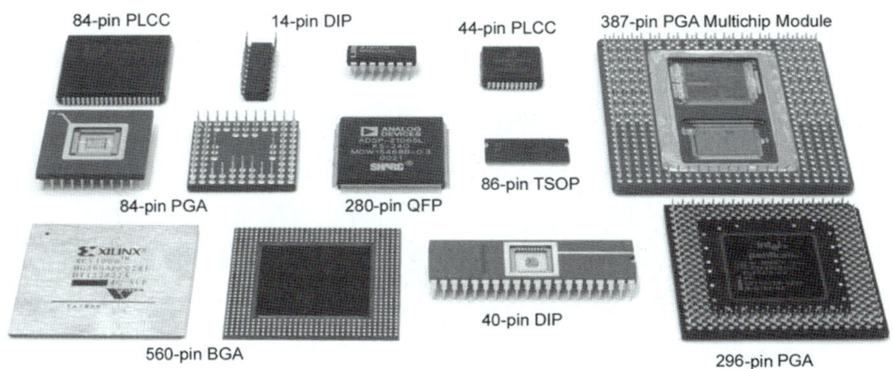

그림 12.1 집적회로 패키지(© 2003 Harvey Mudd College. 허가 후 게재)

12.2.2 칩과 패키지 간 연결

전통적으로 칩은 금속 패드에 접착된 얇은(25 μm) 금 도선을 통해 패키지로 연결되었다. 이 패드는 **패드 프레임**(pad frame)이라고 부르는 칩의 주변의 링 내로 구성된다. 패드의 최소 피치는 대략적으로 100~200 μm까지 접착 기계(bonding machine)에 의해 제한된다. 따라서 1 cm^2 칩은 수백 개의 I/O로 제한된다. 많은 개수의 I/O를 가진 칩은 칩 크기가 칩 내의 논리보다는 패드 프레임에 의해 결정되는 것을 의미하며 때로는 **패드 제한**(pad-limited)된다. 그림 1.63은 40-핀 패드 프레임 내의 패드 제한된 칩의 예를 보여 주었다. 일부 칩은 패드의 두 번째 링을 사용해 왔지만 이러한 접근 방식은 더 긴 접착 도선(bond wire) 및 도선이 우연히 접촉할 더 큰 위험을 초래한다.

접착 도선은 패키지 내의 금속 리드 프레임으로 연결된다. 이 리드 프레임은 패키지의 주변으로 I/O를 분배하고 패키지의 핀을 형성하기 위해 구부러진다. 많은 패키지는 또한 패키지를 가로질러 다이로부터 그리고 궁극적으로 방열판 외부로 열을 분배하는 것을 돕기 위한 열 확산기를 포함한다. 그림 12.2는 리드 프레임으로 연결하는 접착 도선을 가진 칩의 코너를 보여 주는 이중 인라인 패키지의 내부 단면을 보여 준다[Mahalingam85]. 금속 리드는 그 이웃에 대한 기생 인덕턴스 및 결합 커패시턴

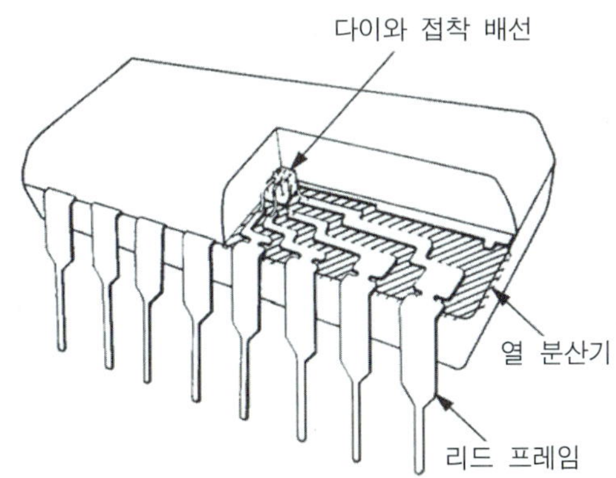

그림 12.2 이중 인라인 패키지의 내부 단면(© IEEE 1985)

스에 기여한다. 더 진보된 패키지는 제어된 임피던스 전송선 상의 I/O를 분배하기 위해 신호의 다중 레이어 및 신호 및 전력/접지 면을 사용하며 내부적으로 인쇄 회로 기판을 닮았다.

1990년대 후반부터 많은 제조사는 **플립칩**(flip-chip) 연결을 채택해 왔다. 이러한 기술은 또한 **제어된 붕괴 칩 연결**(C4: controlled collapse chip connection)으로 부르는데 1960년대에 IBM에 의해 개발되었고 수십 년 동안 그들의 메인프레임 상에서 사용되어 왔다. 플립칩 설계에서 칩의 표면은 금속의 최상위 수준 상에 패드의 어레이로 덮인다. 납 솔더 볼은 **웨이퍼 범핑**(wafer bumping)으로 부르는 최종 공정 단계 내에서 이러한 패드로 접착된다. 이 칩은 볼이 녹을 때까지 그 볼을 가열함으로써 아래위가 바뀐 채 뒤집혀 패키지로 연결된다. 접착은 조심스러운 정렬을 필요로 하지만 솔더로부터의 표면 장력은 위치 내로 칩을 당기는 것을 돕는다. 칩은 접착 도선과 연관된 인덕턴스를 제거하면서 패키지와 거의 직접 접촉되어 있다. 범프(bump)는 다이와 패키지 사이의 수천 개의 연결을 제공하면서 150 μm 또는 그보다 작은 피치 상에 위치할 수 있다. 예를 들면 제온 프로세서는 13,164개의 솔더 범프를 가지고 있고, 대부분은 120 A의 전류를 칩으로 공급하기 위한 전력선과 접지이다[Rusu07]. 최상위 수준 금속 도선이 결함 수정 동안 탐침을 위해 더 이상 접근 가능하지 않기 때문에 플립칩 기술은 새로운 테스트 문제를 도입한다.

그림 12.3은 LGA 패키지의 코어 i7 마이크로 프로세서를 보여 준다. LGA 기판은 작은 회로 보드로 볼 수 있다. 왼쪽 사진은 LGA 기판에 탑재될 플립칩의 원 다이를 위에서 바라본 것이다. 솔더 볼은 다이의 최상위 금속 패드와 그에 일치하는 기판의 패드 사이의 연결을 형성한다. 중간 사진은 접합 열 확산기가 부착된 후의 LGA를 보여 준다. 열 확산기는 방열판으로의 좋은 열 경로를 제공한다. 오른쪽 사진은 아랫면을 보여 준다. 기판에는 머더보드의 소켓에 연결하는 1366개의 금 도금 패드가 있다. 중앙에 있는 우회 커패시터의 배열을 확인할 수 있다. 이들은 반대편에 있는 다이로의 낮은 인덕턴스 연결을 제공한다.

12.2.3 패키지 기생

그림 12.4는 집적회로 패키지의 한 모델을 보여 준다. 접착 도선 및 리드 프레임은 신호 흔적에 대한 기생 인덕턴스에 기여한다. 이것들은 또한 다중 신호가 스위칭할 때 잠재적으로 누화(crosstalk)를 유발하면서 가까운 신호 흔적에 대한 일부 상호 유도성 및 용량성 결합을 가지고 있다. V_{DD} 및 GND 도선은 또한 접착 도선 및 리드 프레임 양쪽 모두로부터 인덕턴스를 가지고 있다. 더군다나 이들은 큰

그림 12.3 LGA 패키지(인텔 사 제공)

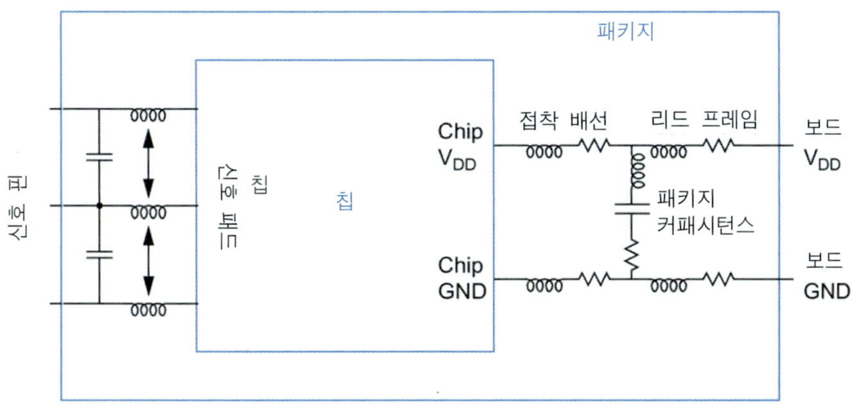

그림 12.4 패키지 기생

공급 전류를 이끄는 칩을 위해 중요한 0이 아닌 저항을 가지고 있다. 고성능 패키지는 종종 V_{DD} 및 GND 사이의 우회 커패시터를 포함한다. 12.3.5절에서 살펴볼 내용이지만 우회 커패시터는 높은 주파수에서 그들의 효과를 제한하는 그들 자신의 기생 저항 및 인덕턴스를 가지고 있다.

12.2.4 열 발산

60와트 백열 전구는 약 120 cm^{2}의 표면적을 가지고 있고 만지기에는 너무 뜨겁다. 이와 비교해 보면 고성능 마이크로프로세서는 1.6 cm^2 다이 상에서 150 W를 발산시켜 180배 크기의 전력 밀도를 나타낸다. 칩으로부터 열을 제거하는 것은 분명히 패키지에 대한 주요 도전 과제이다.

칩에 의해 발생되는 열은 그것이 기판 및 패키지를 통해 발생되는 곳인 트랜지스터 접합(junction)으로부터 흐른다. 이 열은 방열판에 걸쳐서 퍼지게 되고 그 이후에 대류에 의해 대기를 통해 전달된다. 전류 흐름이 전압차 및 전기적 저항에 의해 결정되는 것과 같이 열 흐름이 온도차 및 열 저항에 의해 결정된다. 따라서 트랜지스터 접합 및 대기(ambient air) 사이의 온도차 ΔT는 다음과 같다.

$$\Delta T = \Theta_{ja} P \tag{12.1}$$

여기에서 θ_{ja} 는 접합 및 분위기 사이의 열 저항(°C/W로)이고 P는 칩의 전력 소비이다. 열 저항은 차례로 다이로부터 패키지로의 직렬 저항 θ_{jp} 그리고 패키지로부터 대기로의 직렬 저항 θ_{pa}로서 모델링 될 수 있다.

$$\Theta_{ja} = \Theta_{jp} + \Theta_{pa} \tag{12.2}$$

대부분의 저비용 패키지에 대해 θ_{pa}가 저항을 압도한다. 여전히 대기는 약 0.001 W/(cm^2 °C)이다 [Glasser85]. 따라서 10 cm^{2}의 표면적을 가진 패키지는 약 θ_{pa}=100°C/W의 열 저항을 가지고 있다. 그러한 패키지는 약 1와트 이상을 발산시키는 칩을 다룰 수 없다. 강제 대기(forced air)는 0.01~0.03 W/(cm^2 °C)을 전달한다. 고전력 칩은 열 저항을 감소시키기 위해 패키지에 큰 방열판 및 팬을 더한다.

예를 들면 72-핀 세라믹 PGA는 정지된 대기 내에서 34°C/W, 400 ft/분 대기흐름 내에서 18°C/W, 그리고 우수한 방열판을 가진 400 ft/분 대기 흐름 내에서 10°C/W의 열 저항 θ_{pa}를 가지고 있다. 액체 냉각은 0.3°C/W의 낮은 열 저항을 제공하며 비용이 많이 들지만 매우 효과적이다. MEMS의 마이크로 채널과 마이크로 유체는 다이 또는 패키지에 직접 통합된 매우 낮은 열 저항 냉각 가능성을 제공한다 [Paik08].

예제 12.1

수동적 방열판을 가진 볼 그리드 어레이 패키지로 ASIC 패키지를 만들 계획을 가지고 있다. 시스템 박스는 250선형feet/분(LFM)의 대기 흐름을 제공하는 큰 팬을 포함한다. 패키지 판매사의 사양에 따르면 접합으로부터 패키지로의 열 저항은 0.9°C/W이다. 방열판의 경우는 패키지로부터 이러한 대기 흐름에 대한 분위기로의 열 저항을 패키지와 방열판 사이의 방열판 접착제에 대한 0.1°C/W 더하기 방열판에 대한 4.0°C/W로 기록하고 있다. 시스템 박스 분위기 온도는 55°C에 달할 수도 있다. 접합 온도가 100°C를 초과하지 않는다면 이 ASIC의 최대 전력 발산(power dissipation)은 얼마인가?

해답: 열 저항은 $\theta_{ja}=0.9+0.1+4.0=5$°C/W이다. 접합 및 분위기의 온도차는 반드시 $\Delta T=100-55=45$°C를 초과하지 않아야 한다. 따라서 최대 전력 발산은 $P=\Delta T/\theta_{ja}=9$ W이다.

방열판, 팬, 그리고 패키지의 진보는 저비용 패키지에 대해 1985년의 약 8 W로부터 2008년의 약 130 W까지의 열 제거를 위한 실질적 한계를 상승시켜 왔다. 강제 대기 냉각은 칩의 전력 소비상의 상한을 설정하면서 그 한계에 도달하고 있는 것으로 보인다.

12.2.5 온도 센서

냉각팬 모터가 고장 나거나 공기 흡입구의 통풍구가 막힐 경우, 칩은 빠르게 자기 파괴의 지점까지 과열될 수 있다. 또한 칩은 일반적으로 최악의 환경(예를 들어 70°C 시스템 상자 안)에서 제대로 작동하도록 설계되어 있어서, 상온에서 높은 전력과 성능 수준으로 작동할 수 있다. 대부분의 고성능 마이크로프로세서는 이제 적응 제어를 위하여 다이의 뜨거운 곳에 하나 이상의 온도 센서를 포함한다. 온도에 따라 칩은 과열을 피하기 위해 동적 전압 크기 조정이나 스로틀(throttle) 활동을 수행한다[McGowen06, Pham06, Sakran07].

칩 온도를 감지하는 가장 일반적인 방법은 바이폴라 트랜지스터에 대한 절대 온도 T, 컬렉터 전류 I_c, 그리고 베이스-이미터 전압 V_{BE}의 관계를 기반으로 한다[Pertijs06].

$$I_c = I_s e^{\frac{qV_{BE}}{kT}} \tag{12.3}$$

이 식에서 q는 전자의 전하이고 k는 볼츠만 상수이다. I_s는 트랜지스터 형상과 공정의 함수이며, 또한 온도에 매우 민감하다. 식 (12.3)을 V_{BE}에 대하여 풀면 다음과 같다.

$$V_{BE} = \frac{kT}{q} \ln \frac{I_c}{I_s} \tag{12.4}$$

불행히도 이 베이스-이미터 전압은 I_s 의존도 때문에 온도의 복잡한 함수이다. 그러나 다른 컬렉터 전류 I_{c1} 및 I_{c2}에서 동작하는 두 개의 동일한 트랜지스터의 베이스-이미터 전압의 차이는 I_s 항을 제거하여 직접 **절대 온도에 비례**(PTAT: proportional to absolute temperature)하게 된다.

$$\Delta V_{BE} = V_{BE1} - V_{BE2} = \frac{kT}{q}\left(\ln \frac{I_{c1}}{I_s} - \ln \frac{I_{c2}}{I_s}\right) = \frac{kT}{q}\left(\ln \frac{I_{c1}}{I_{c2}}\right) \tag{12.5}$$

15.4.3.5절에서 다루겠지만, 보통의 CMOS 공정은 p-확산, n-웰, 그리고 p-기판으로 구성된 수직의 pnp 바이폴라 트랜지스터를 포함한다. 이 구조는 비싼 공정 변화 없이 온도 센서를 구성하기 위해 활용된다.[1] 그림 12.5는 m의 전류비를 가진 간단한 온도 센서의 구성을 보여 준다. 출력 전압은 온도의 디지털 표현을 생성하는 A/D 변환기로 측정할 수도 있고, 과온도 경고 신호를 생성하는 기준 전압에 단순히 비교할 수도 있다. 기준 전류 I는 낮은 또는 높은 주입의 문제를 피하기 위해 일반적으로 1 μA의 크기 단위이다.

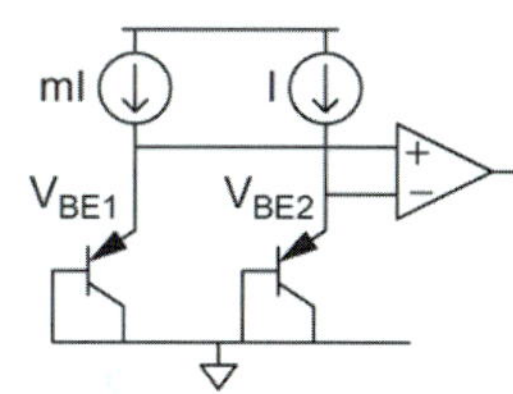

그림 12.5 온도 센서

예제 12.2

컬렉터 전류비가 10일 때, 온도 센서의 온도 계수를 예측하시오.

해법: 온도 계수는 다음과 같다.

$$\frac{\Delta V_{BE}}{T} = \frac{k}{q}\left(\ln \frac{I_{c1}}{I_{c2}}\right) = \frac{1.38 \times 10^{-23} \frac{J}{K}}{1.602 \times 10^{-19} C} \ln 10 = 198 \frac{\mu V}{K} \tag{12.6}$$

사실 ΔV_{BE}와 온도의 관계는 완벽한 선형은 아니어서 측정 오류가 있다. 정확성은 알고 있는 온도에서 센서를 조정하면 상당히 개선된다. 이러한 조정은 칩이나 웨이퍼를 온도 가마에 넣고 온도가 평형이 되도록 하여 이룬다. 증가된 테스트 시간은 많은 양을 생산하는 환경에서는 비싸다. 만약 온도 조정이 1초로 제한되면 약 0.5°C의 부정확성이 생긴다. 2점 조정 절차는 보다 나은 결과를 주지만 시간이 많이 소비된다.

[1] 다이오드는 I-V 특성과 유사한 온도 의존성을 가지므로 더욱 단순한 센서 요소가 된다고 생각할 수 있다. 그러나 다이오드는 결핍 영역에서의 전자-정공 재결합 문제가 있으며 이는 측정의 부정확성으로 나타난다.

12.3 전력 분배

칩의 전력 분배 서브시스템은 패키지 내 그리고 인쇄 회로 기판 상의 금속 도선 또는 칩 상의 평면으로 구성된다. 이것은 또한 시스템의 순간 전류 요구를 충족시키기 위해 우회 커패시터를 포함한다. 이상적인 전력 분배 네트워크의 특징은 다음과 같다.

- 잡음이 적은 안정된 전압을 유지한다.
- 평균 및 첨두(peak) 전력 요구를 공급한다.
- 신호에 대한 전류 복귀 경로를 제공한다.
- 전자 이동(electromigration) 및 자가 발열로부터의 마모를 피한다.
- 칩 면적 및 도선을 적게 소비한다.
- 레이아웃을 하기가 쉽다.

실제 네트워크는 가능한 한 비싸지 않게 잡음 및 신뢰성 목표치를 맞추면서 반드시 이러한 경쟁적 요구의 균형을 잡아야 한다. 잡음 목표는 전형적으로 ±10%이다. 예를 들면 명목상 V_{DD}=1.0 V를 가진 시스템은 실제 공급이 0.9~1.1 V로 유지되는 것을 보증할 수도 있다. 신뢰성 목표는 6.3.3절에서 논의했던 바와 같이 공급 전력을 전달하기에 충분한 바이어스 및 금속 단면적을 요구한다. 전력 공급 잡음의 두 가지 근본적 원천은 IR 강하 및 L di/dt 잡음이다.

그림 12.6은 마이크로프로세서에 대한 전력 소비 대 시간을 그래프로 보여 준다[Gauthier02]. 프로세서가 활성인 동안 전원은 동작 및 데이터에 의존한다. 이것은 또한 큰 클럭이 스위치를 로딩할 때 클럭 에지 근처에서 스파이크(spike)가 된다. 프로세서가 유휴 상태로 될 때 클럭 게이트는 전력을 충분히 내려가도록 구동하면서 사용되지 않은 단위로 클럭을 OFF한다. 공급 전압이 거의 일정하면 공급 전압 I(또한 I_{DD}로도 부르는)는 순간 전압 요구에 비례한다. 이러한 전류가 전력 분배 네트워크의 저항 R을 통해 흐르면서 이것은 IR에 비례하는 전압 강하를 유발한다. 더군다나 변동하는 전류가 인

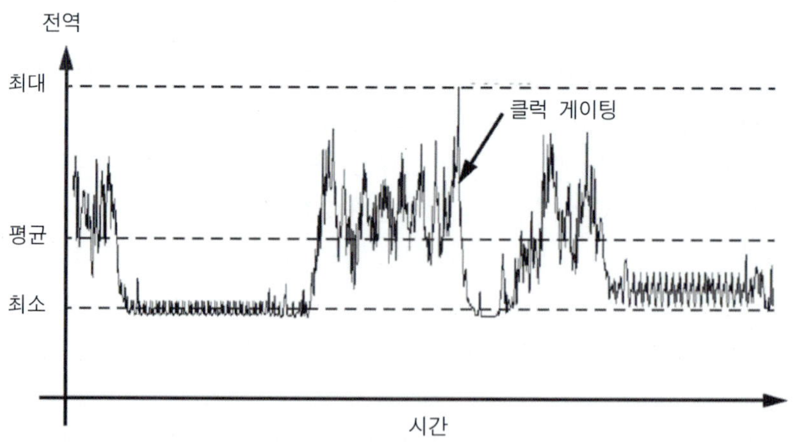

그림 12.6 마이크로프로세서의 시간 의존 전력 소비(선마이크로시스템스의 허가 후 게재)

쇄 회로 기판 및 패키지의 인덕턴스를 통해 흐르면서 이것은 또한 변동의 정도인 L di/dt에 비례하는 전압 강하를 유발한다.

이 절은 전력 분배 네트워크의 물리적 설계를 검사하면서 시작한다. 그 이후에 IR 강하 및 L di/dt 잡음에 대해 논의한다. 전류 스파이크로부터 잡음을 제어하는 핵심은 모든 주파수에 낮은 임피던스를 공급하기 위해 칩 상 그리고 칩 외부에 적당한 우회 커패시턴스를 공급하는 것이다. 전원 네트워크는 수동 해석이 부적당할 정도로 충분히 복잡하다. 대신에 이것은 전형적으로 유한 요소 시뮬레이션에서 모델링되어야만 한다. 전력 네트워크는 또한 신호 도선 내에 흐르는 전류에 대한 복귀 경로를 제공한다. 이 네트워크의 기하학적 배열은 칩 상 신호의 인덕턴스에 영향을 준다. 위상 고정(phase-locked) 루프 및 아날로그 블록 같은 일하위 문턱 경로는 우수한 성능을 위한 고요한 공급(quiet supply)을 필요로 한다. RC 필터는 공급 잡음의 대부분을 감소시킬 수 있다. 민감한 회로에서 기판을 통해 전해지는 잡음도 중요하다.

12.3.1 칩 상 전력 분배 네트워크

칩 상 전력 분배 네트워크는 셀 내의 전력 및 접지 도선 및 셀을 서로 연결하는 더 많은 도선으로 구성된다. 대부분의 셀은 금속1 및 금속2 상에 경로 지정된 내부 전력 및 접지 버스(bus)를 포함한다. 이러한 도선은 더 낮은 저항 및 더 우수한 전자 이동 내성을 제공하도록 전형적으로 최솟값보다 더 폭이 넓다. 예를 들면 이 책 앞표지 안쪽의 셀은 8λ 금속1 전력/접지 버스를 가진 셀 라이브러리를 보여 준다. 이러한 도선은 접합부에 의해 이웃한 셀 사이에서 정상적으로 연결된다. 표준 셀 설계 및 데이터 경로 양쪽 모두는 공통 전력선 및 접지선을 공유하는 셀의 행을 사용할 수 있다.

작은 저전력 설계에서 이러한 행은 심지어 폭이 더 넓은 수직 금속 도선과 서로 스트래핑될 수 있다. 그림 12.7(a)는 이러한 스트래핑의 추상적 다이어그램을 보여 준다. 그림 1.64는 좌측에 전력 그리고 우측에 접지를 가지고 스트래핑된 표준 셀 설계를 보여 주었다. 이 예에서 이웃한 행 내의 nMOS 및 pMOS 트랜지스터는 경로 지정 채널에 의해 분리되고 따라서 웰 사이의 간격은 문제가 되지 않는다. 현대적 공정에서 경로 지정은 전형적으로 상부 수준 금속 내의 셀 위에서 실행된다. 따라서 셀의 행은 더 가깝게 함께 위치할 수 있고 좋은 간격은 패킹 밀도를 제한한다. 그 대신에 다른 모든 행은 그림 12.7(b)에 나와 있는 바와 같이 이웃한 행의 웰이 인접하도록 **반영**(mirrored)(위아래가 바뀐 채 뒤집히는)될 수 있다.

더 큰 또는 고전력 설계에서 낮은 수준의 얇은 금속 상에 경로 지정된 수평 전력 및 접지 버스의 저항은 너무 큰 IR 강하를 유발할 것이다. 대신에 큰 전류가 폭이 넓고 두꺼운 상부 수준 금속의 그리드 상에서 모든 층에 전달되어야만 한다. 최상위 금속은 가장 두꺼워 많은 전류를 전달하지만, 모든 층의 안정적인 격자가 전류를 아래의 트랜지스터에 전달하는 데 중요하다. 레이어가 연결되는 곳에서 수많은 바이어스가 높은 전류를 전달하기 위해 사용되어야만 한다. 5.3.4절에서 논의된 바와 같이 전력선과 접지선은 신호선과 엇갈려 지나가 유도 효과를 최소화하는 좋은 회귀 경로를 제공한다. 다중의 전압 영역과 전력 게이팅을 가진 시스템은 전력 네트워크 무결성에 특별한 주의를 요구한다[Kanno07].

전력 그리드는 칩 전체를 가로질러 확장된다. 궁극적으로 이것은 I/O 패드를 통해 패키지로 반드

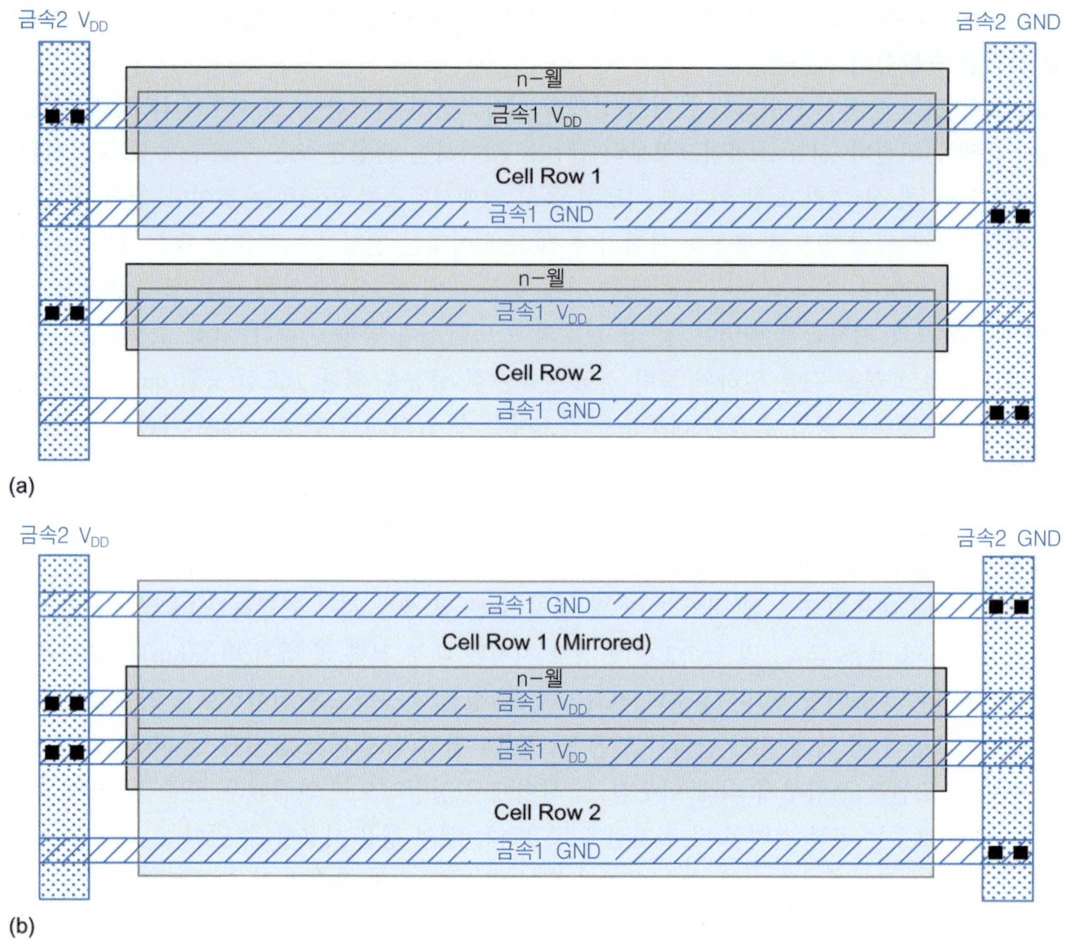

그림 12.7 표준 셀 레이아웃에 대한 전력 분배

시 연결되어야만 한다. 패드 링이 사용될 때 이 연결은 모두 칩의 주변 근처에 있다. 따라서 가장 큰 IR 강하는 전류가 가장 긴 도선 및 가장 큰 저항을 통해 흐르는 칩의 중심 근처에서 발생한다. 패키지 내의 낮은 저항 전력 평면으로부터 전류가 필요한 칩의 영역으로 직접 전류를 전달할 수 있기 때문에 다이를 가로질러 분배된 C4 솔더 범프는 전력 분배에 훨씬 더 우수하다. 따라서 칩 상 금속 자원이 전력 분배를 위해 덜 필요하다.

12.3.2 IR 강하

전력 공급 네트워크의 저항은 칩 상 도선 및 바이어스의 저항, 패키지로의 접착 도선, 또는 솔더 범프의 저항, 패키지 평면, 또는 흔적의 저항, 그리고 인쇄 회로 기판 위치의 저항을 포함한다. 패키지 및 인쇄 회로 기판은 전형적으로 칩 상 도선보다 훨씬 더 두껍고 폭이 더 넓은 구리를 사용하기 때문에 칩 상 네트워크가 저항 강하를 지배한다.

IR 강하는 평균 및 순간 전류 요구로부터 발생한다. 많은 레지스터 및 게이트가 동시에 스위칭할 때 전류 인가가 클럭 에지 근처에서 국부적으로 스파이크하는 경향이 있기 때문에 순간 전류는 평균 강하보다 훨씬 더 클 수도 있다. 스위칭 게이트에 가까운 우회 커패시턴스는 이러한 순간 전류의 많은 부분을 공급할 수 있고 따라서 잘 우회된 전력 공급 네트워크는 피크는 필요 없고 단지 평균 전류 요구를 전달하기에 충분히 낮은 저항만 필요로 한다.

예제 12.3

64개 중계기(repeater)의 행이 그림 12.7(a)에 나와 있는 것과 같은 공통 금속2 전력 버스를 공유한다고 가정한다. 이 버스는 320 μm 길이 및 1 μm 폭을 가지고 있다. 금속2는 0.05 $\Omega/\square$의 시트 저항(sheet resistance)을 가지고 있다. 중계기가 200 ps 전이 시간을 가진 0.4 pF 도선 부하를 구동하면 명목상 1.8 V 공급을 위해 중계기에 의해 볼 수 있는 전력 공급 약화(droop)를 추정하시오.

해답: 각 중계기는 대략적으로 다음 값의 전류를 인가한다.

$$I = C\frac{\Delta V}{\Delta t} = (0.4\text{ pF})\frac{1.8\text{ V}}{200\text{ ps}} = 3.6\text{ mA} \tag{12.7}$$

전력 및 접지 버스 각각은 320평방 길이 따라서 R=16 Ω의 저항을 가지고 있다. 64개 중계기의 도선 끝 부분에서의 공급 약화는 64 $IR/2$=1.85 V 또는 분명히 불가능한 V_{DD} 이상이다. 대신에 전력 공급이 약화되기 시작하면서 이 중계기는 이 약화를 감소시키면서 그러나 전이 시간 및 지연을 증가시키면서 더 적은 전류를 전달한다. 이 문제를 완화시키는 한 가지 방법은 각 중계기가 동시에 스위칭하는 이웃 모두와 단일 수평 도선을 공유하는 것보다 차라리 그 자신의 수직 도선으로부터 전류를 얻도록 전력 그리드를 사용하는 것이다. 그림 12.8은 중계기 각각의 시뮬레이션을 보여 준다. 이것은 두 개의 전력 버스 레이아웃을 비교한다. 모든 중계기가 단일 전력 도선을 공유할 때 전력 공급은 약 30% 정도로 약화되고 전파 지연은 두 배 이상이 된다. 각 중계기가 그 자신의 전력 도선을 가지고 있고 따라서 공급 잡음이 무시할 만할 때 출력은 훨씬 더 또렷하다.

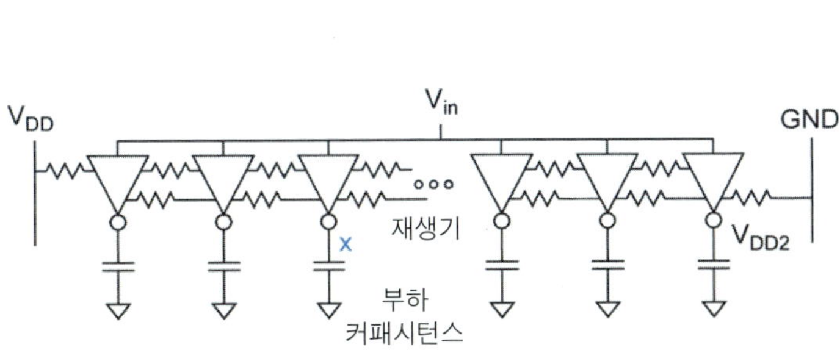

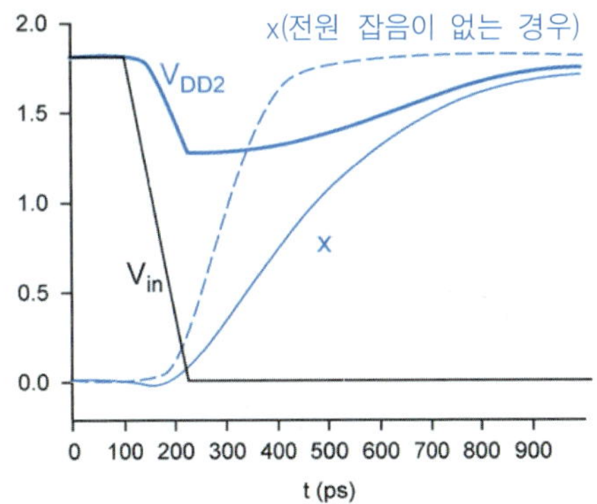

그림 12.8 전력 공급 약화

12.3.3 L di/dt 잡음

전력 공급의 인덕턴스는 전형적으로 패키지에 다이를 연결하는 접착 도선 또는 C4 범프의 인덕턴스에 의해 지배된다. 전형적인 접착 도선은 약 1 nH/mm의 인덕턴스를 가지고 있는 반면에 C4 볼(ball)은 100 pH의 상태에 있다. 병렬 다중 인덕터의 인덕턴스는 감소된다는 것을 돌이켜 보자. 현대적 패키지는 공급 인덕턴스를 최소화하기 위해 전력 및 접지로의 그들의 많은 개수(종종 50% 또는 그 이상)의 핀에 기여한다. 과도 전류(current transient)의 가장 큰 두 가지 원천은 칩 코어 내의 유휴 모드와 활성 모드 사이에서 스위칭하는 I/O 신호 및 변화이다.

예제 12.4

한 1 GHz 칩이 유휴 상태에서 단일 사이클 내의 최대 전력 동작까지 전이한다. 유휴 모드는 20 A를 인가하고 최대 전력 모드는 60 A를 인가한다. 전력 공급이 직렬 인덕턴스 20 pH를 가지고 있는 경우, 칩이 내부 우회 커패시턴스를 가지고 있지 않으면 이 전이에 의해 유발된 전력 공급 잡음은 얼마이겠는가?

해답: 과도 전류는 다음과 같다.

$$\frac{\Delta I}{\Delta t} = \frac{(60\text{ A} - 20\text{ A})}{1\text{ ns}} = 40\text{ GA/s} \tag{12.8}$$

유도성 잡음은 $L\ \Delta I/\Delta t$=0.8 V이다. 이것은 저전압 공정에서는 분명히 수용 불가능하다. 다시 한 번 칩은 I/O 핀에 의해 보이는 과도 전류를 감소시키면서 순간 전류를 공급하기 위해 내부 우회 커패시턴스를 필요로 한다.

L di/dt 잡음은 일부 고전력 시스템이 단일 사이클 내의 최소 전력과 최대 전력 사이의 전이로부터 칩을 보호하는 미세 구조적 해결에 반드시 의존해야만 하는 문제의 대부분이 되어 가고 있다. 예를 들면 하나의 파이프라인이 많은 사이클에 걸쳐서 전류 변화를 퍼지도록 하기 위해 모두 한번에라기보다는 한 번에 한 스테이지씩 유휴 모드에 들어가거나 나올 수 있다.

12.3.4 칩 상 우회 커패시턴스

지금까지 살펴본 것과 같이 칩은 자신의 순간 전류 요구를 충족시키기 위해 전력과 접지 사이의 상당한 양의 커패시턴스를 필요로 한다. 이것은 **우회**(bypass) 또는 **분리**(decoupling)라고 부른다. 이 우회 커패시턴스는 전류 내의 국부적 스파이크가 전반적 전력 그리드의 저항을 통해서라기보다는 가까운 우회 커패시턴스로부터 공급될 수 있다. 이것은 또한 패키지로부터 인가된 di/dt를 크게 감소시킬 수 있다.

예제 12.5

200 mV보다 더 크지 않은 공급 약화를 가지고 1 ns에 대해 40 A의 갑작스러운 전류 스파이크를 공급하는 데 우회 커패시턴스가 얼마만큼 필요한가?

해답: 다음과 같이 푼다.

$$I = C\frac{\Delta V}{\Delta t} \Rightarrow C = \frac{(40\ \text{A})(1\ \text{ns})}{0.2\ \text{V}} = 200\ \text{nF} \qquad (12.9)$$

다행스럽게도 정지한 트랜지스터의 고유 게이트 커패시턴스는 상당한 양의 **공생적**(symbiotic) 우회 커패시턴스를 제공한다[Dally98]. 예를 들면 그림 12.9는 다른 것을 구동하는 한 개의 인버터를 보여 준다. 부하 인버터의 게이트와 소스 사이의 커패시턴스는 명시적으로 보인다. A=1이고 B=0일 때 C_{gs4}를 충전하면서 $M1$은 ON이다. 마찬가지로 A=0이고 B=1일 때 C_{gs3}를 충전하면서 $M2$는 ON이다. 충전된 커패시터는 갑작스러운 전류 요구를 충족시키기 위해 방출될 수 있는 에너지를 저장한다. 어떤 주어진 시간에 어떤 정지한 회로의 게이트 커패시턴스의 약 절반은 공생적 우회 커패시턴스로서 동작한다. 더군다나 게이트의 단지 아주 작은 비율만이 어느 주어진 시간에 스위칭하고 있을 것 같기 때문에 칩 상의 전체 게이트 커패시턴스의 거의 절반이 우회 커패시턴스로서의 역할을 할 것이다.

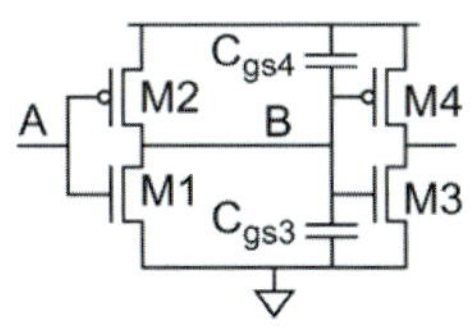

그림 12.9 공생적 우회 커패시턴스

예제 12.6

게이트 커패시턴스가 트랜지스터 폭의 1 fF/μm이고 트랜지스터 게이트가 칩 면적의 9%를 차지하면 크기 f를 가진 칩에 대한 평방 밀리미터당 공생적 우회 커패시턴스는 얼마인가?

해답: 길이 f의 1 μm 폭 트랜지스터의 커패시턴스 밀도는 1/f fF/μm^{2}이다. 9% 사용 효율(utilization)에서 이것은 0.09/f nF/mm^{2}과 일치한다. 그 절반 또는 0.045/f nF/mm^{2}은 평균적인 공생적 우회 커패시턴스의 역할을 한다. f=65 nm 공정에서 이것은 공생적 우회 커패시턴스가 약 0.7 nF/mm^{2}이라는 것을 의미한다.

대부분의 낮은 또는 중간 전력의 칩에서, 이 공생 커패시턴스는 즉각적인 IR 강하와 L di/dt 잡음을 제거하는 적절한 우회를 제공한다. 높은 전력 칩에서는, 추가적인 직접적 커패시턴스가 필요하다. 예를 들어 Sun Niagra2 프로세서는 칩 상에 디결합 커패시턴스 700 nF를 추가했다[Nawathe08]. 소형의 높은 커패시턴스 구조를 구축하기 위한 표준 CMOS 공정에서 사용할 수 있는 유일한 유전체는 게이트 산화물이며, 별도의 우회 커패시턴스가 일반적 게이트를 V_{DD}에 묶고 소스와 드레인을 GND에 묶은 nMOS 트랜지스터로 구축된다. 디커플링 커패시터 레이아웃은 단위 면적당 커패시턴스를 극대화해야 한다. [Meng08]는 우회 커패시터의 레이아웃 기법을 설명한다.

일부 나노미터 공정에서 게이트 누설은 박막 산화물 트랜지스터에서 심각하다. 두꺼운 산화물 트랜

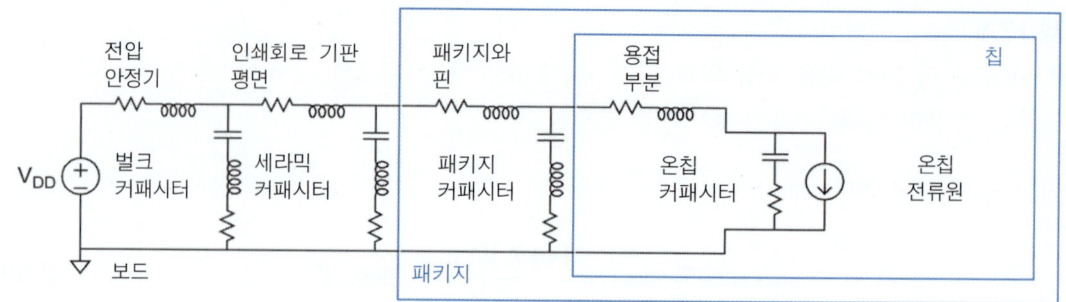

그림 12.10 전력 분배 시스템 모델

지스터는 낮은 커패시턴스 밀도를 사용하여 누설을 줄이는 것이 바람직할 수 있다. Sun은 커패시턴스 밀도에서의 20% 손실로 Rock 프로세서에서 두꺼운 산화물 트랜지스터를 사용하였다[Konstadinidis09].

12.3.5 전력 네트워크 모델링

그림 12.10은 전압 조정기, 인쇄 회로 기판, 패키지, 그리고 칩을 포함하는 시스템에 대한 전력 분배 네트워크의 일괄적 모델을 보여 준다. 네트워크는 또한 전압 조정기 근처, 칩 패키지 근처, 아마도 칩 패키지 내부, 그리고 반드시 칩 상의 우회 커패시터를 포함한다. 외부 커패시터는 유효 직렬 저항(ESR) 및 커패시터 패키지의 기생을 표현하는 유효 직렬 인덕턴스(ESL)를 가진 이상적 커패시터로서 모델링된다. 더 큰 커패시터는 더 큰 유효 직렬 인덕턴스를 가지고 있다.

전압 조정기는 부하 전류와 상관없이 일정한 출력 전압을 생성하려 한다. 이것은 작은 저항 및 핀의 인덕턴스를 가진 직렬의 이상적 전압원(voltage source)으로서 모델링된다. 조정기 근처에는 큰 벌크 커패시터(전형적으로 전해 또는 탄탈 커패시터)가 있다. 인쇄 회로 기판 상의 전력 및 접지 평면은 일부 저항 및 인덕턴스에 기여하면서 패키지로 공급 전류를 전달한다. 전형적으로 보드 설계자는 패키지 근처에 여러 가지 작은 세라믹 커패시터를 위치시킨다. 패키지 및 그 핀은 다시 저항 및 인덕턴스에 기여한다. 고주파 패키지는 이후의 분리를 위해 패키지 내부에 종종 작은 커패시터를 포함한다. 마지막으로 칩은 부가적인 저항 및 인덕턴스를 가진 솔더 범프 또는 접합을 통해 패키지로 연결된다. 칩의 동적 그리고 정적 전류 요구는 그림 12.6을 닮을 수도 있는 파형을 가진 변동 가능 전류원(current source)으로서 모델링된다. 칩 상 우회 커패시턴스는 공생적 커패시턴스 및 가능하면 일부 명시적 분리 커패시턴스로 구성된다. 이것은 스위칭 부하에 매우 가깝게 위치하기 때문에 전형적으로 무시할 만한 인덕턴스를 가지고 있다.

전압 조정기를 향한 칩의 한 움직임으로, 각 커패시터는 일반적으로 몇 배로 증가한다. 그러나 각 직렬 인덕턴스는 비슷한 양으로 증가한다. [Budnik06]는 고성능 90 nm 마이크로프로세서의 대표적인 전력 공급 네트워크를 보여 준다. 커패시턴스는 다이에서는 1 μF의 단위, 패키지에서는 10 μF의 단위, 보드에서는 100 μF의 단위, 그리고 전압 조절기에서는 1 MF의 단위로 있다. 인덕턴스는 다이와 패키지 사이에서는 1 pH의 단위, 패키지와 보드 사이에서는 10 pH의 단위, 그리고 보드에서 전압 조정기로는 100 pH의 단위로 있다. 저항은 각 조각에서 mΩ 단위보다 작다.

12.3.5.1 전력 공급 임피던스 우수한 전력 분배 네트워크는 변화하는 칩 전류 요구와 상관없이 공급 전압이 안정되게 유지되도록 중요한 모든 주파수에서 낮은 임피던스를 제공할 수 있다. 만약 시스템이 P와트의 전력을 사용하고 전원 공급의 최대 허용 가능 파고가 $r \times V_{DD}$(예를 들면 10% 전원 잡음에 대해 $r=0.1$)이면 전원 임피던스는 다음보다 작아야 한다.

$$Z = \frac{rV_{DD}^2}{P} \tag{12.10}$$

이 관계는 필수 전원 임피던스는 전압 크기 조정에 따라 제곱으로 떨어지는 것을 보여 준다. 그것은 또한 전력 소비 증가에 따라 떨어진다. 이 임피던스 요구 사항은 도선 접합 대신 향상된 패키지와 솔더 범프에 의한 플립칩 접합의 채택을 주도하고 있다. 이는 칩이 더 많은 금속과 칩 우회 커패시턴스를 사용해야 함을 의미한다. 예를 들어 전력 100 W를 사용하는 1.0 V 시스템은 100 A를 끌어들인다. 전원 잡음을 V_{DD}의 10% 이하로 유지하기 위해서 전원 공급 임피던스는 1 mΩ이어야 한다.

시스템이 우회 커패시턴스를 가지고 있지 않다면 분배 네트워크는 단지 저항 및 인덕턴스로만 구성될 것이고 따라서 이것은 $Z=R+j\omega L$의 임피던스를 가질 것이다. 임피던스는 주파수 ω를 가지고 증가하고 대부분의 시스템에 대해 약 1 MHz만큼의 높이가 허용 가능하지 않게 된다.

공급을 가진 병렬 우회 커패시터는 더 높은 주파수에서 대체적 저임피던스 경로를 제공한다. 이상적인 커패시터는 $Z=1/j\omega C$로서 주파수와 함께 감소하는 임피던스를 가지고 있다. 불행하게도 이 커패시터의 유효 직렬 인덕턴스는 실제 커패시터의 유용한 주파수 범위를 제한한다. 유효 직렬 저항 R 및 인덕턴스 L을 가진 커패시터 C의 임피던스는 다음과 같다.

$$Z = \frac{1}{j\omega C} + R + j\omega L \tag{12.11}$$

이러한 임피던스는 다음의 자가 공진(self-resonant) 주파수에서 $Z=R$의 최솟값을 가진다.

$$f_{\text{resonant}} = \frac{\omega_{\text{resonant}}}{2\pi} = \frac{1}{2\pi\sqrt{LC}} \tag{12.12}$$

그림 12.11은 0.25 nH의 직렬 인덕턴스 및 0.03 Ω의 직렬 저항을 가진 1 μF 커패시터의 임피던스 절대 크기를 도식화하는 것이다. 이 커패시터는 10 MHz의 공진 주파수에 가까운 낮은 임피던스를 가지고 있지만 그 이외에는 더 높은 임피던스를 가지고 있다.

더 큰 커패시터는 더 높은 유효 직렬 인덕턴스를 가지는 경향이 있고 따라서 그들이 그 이상 넘어서는 유용하지 않은 더 낮은 자가 공진 주파수를 가지고 있다. 또한 칩에 더 가까운 커패시터는 자신들과 칩 사이의 보드 및 패키지 내에 더 적은 임피던스를 가지고 있기 때문에 고주파에서 더 유용하다. 벌크 커패시터 및 세라믹 커패시터는 1~10 MHz 범위에서 가장 효과적이다. 패키지 내 커패시

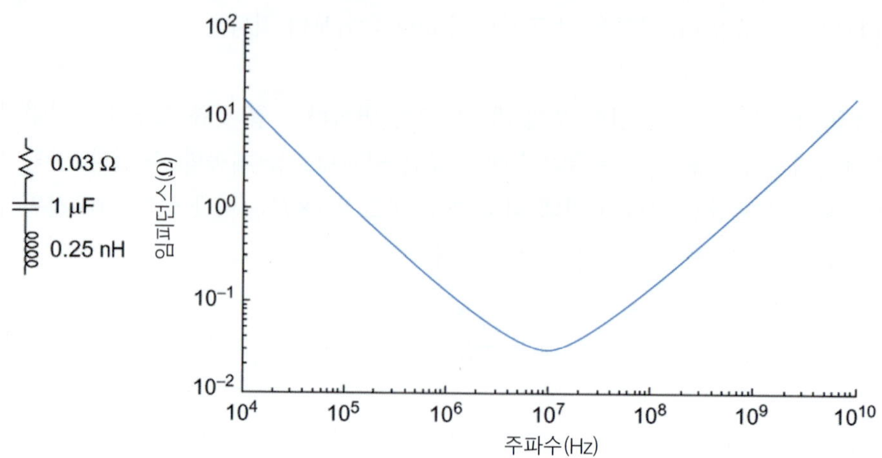

그림 12.11 우회 커패시터의 임피던스

터는 10~200 MHz에서 유용한 경향이 있다. 수백 MHz 이상에서 솔더 범프 또는 접합 도선의 인덕턴스는 칩 상 분리 커패시터를 제외한 모든 커패시터를 비효과적으로 만든다.

그림 12.12는 펜티엄 4 전력 분배 네트워크의 시뮬레이션된 임피던스를 주파수의 함수로 보여 주며, 패키지, 소켓, 보드, 그리고 조정기에 의한 공진을 설명한다[Xu08]. 패키지에 의해 100 MHz 근처에서 임피던스가 크게 증가됨을 주목하자.

12.3.5.2 전력 공급 계단 응답 가까운 우회 커패시턴스에 대한 필요성에 관해 생각하는 또 다른 방법은 칩 상의 전류 내의 갑작스러운 증가를 상상하는 것이다. 스파이크가 전력 공급에 도달하기 전에 일부 왕복 전파 지연은 반드시 발생해야만 하고, 공급은 그것이 전달하고 있는 전류를 조정하며 그 전류는 칩으로 돌아온다. 이러한 지연 상의 하부 경계는 빛의 속도이다. 따라서 게이트가 스위칭할 때 전이가 완료된 후에 얼마 안 된 시점이 될 때까지 전압 조정기는 상황에 대해 모를 것이다. 그 동안 전하는 우회 커패시터로부터 와야만 한다. 이것은 몇개의 연속된 약화를 유발하고 각 커패시터는 다음

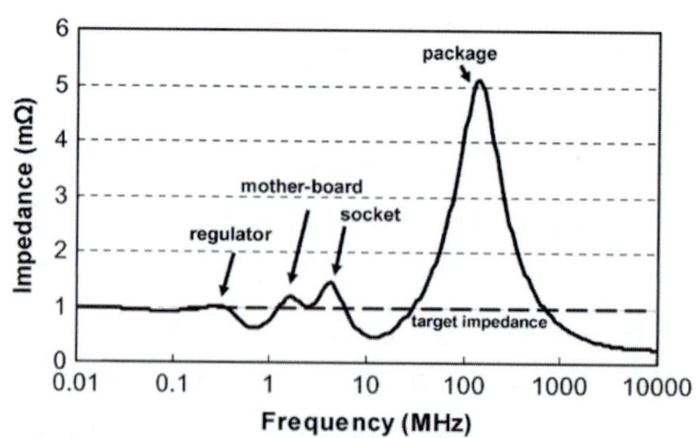

그림 12.12 펜티엄 4 전력 공급 임피던스 시뮬레이션(© IEEE 2008)

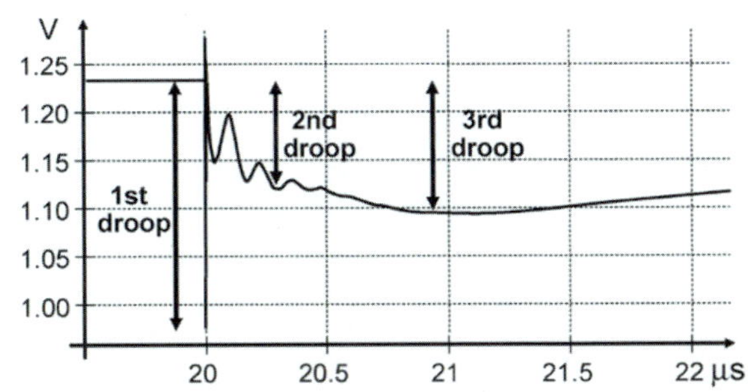

그림 12.13 펜티엄 4 전압 약화 시뮬레이션(© IEEE 2006)

번이 오기 전에 고갈된다. 또 다른 관점은 인덕터는 전류가 순간적으로 변하는 것을 좋아하지 않는다는 것이다. 따라서 커다란 인덕터는 더욱 긴 지연을 만든다.

그림 12.13은 전력 분배 네트워크의 세 가지 약화 특징을 순서대로 설명하는 펜티엄 4의 전류 수요가 돌연 높아질 때의 시뮬레이션 응답을 보여 준다[Wong06]. 그 단계 전에 전압 조정기는 칩의 평균적인 요구를 충족하기에 충분한 전류의 일부를 제공한다. 전류 수요가 갑자기 증가하면, 추가 전하가 처음에는 칩 상 우회 커패시터로부터 나온다. 이러한 커패시터의 방전에 따라 공급 전압이 급격히 떨어진다. 이것을 **첫 번째 약화**(first droop)라고 한다. 곧 솔더 범프를 통한 전류가 칩 상 커패시터를 재충전하기 위해 증가한다. 지연은 범프의 인덕턴스에 따라 달라진다. 더욱이 이 인덕턴스는 공급 전압에 오버슈트와 진동을 일으킬 수 있다. 한편, 이 전류를 공급하는 패키지의 커패시터가 방전을 시작하고 전압 약화가 다시 발생한다. 이 **두 번째 약화**(second droop)는 패키지 커패시턴스에 의해 결정되는 긴 시간 규모로 발생한다. 결국 패키지 핀과 소켓을 통한 전류가 패키지 커패시터를 재충전하기 시작하며 증가한다. 한편, 인쇄기 판의 커패시터가 방전하고, 전압 조절기가 증가하는 전류 요구를 따라잡기 전에 **세 번째 약화**(third droop)가 생긴다. 두 번째 및 세 번째 약화는 전력 분배 네트워크의 각 단계에서 높은 품질, 낮은 ESL 커패시터를 충분히 제공함으로써 최소화된다[Smith99].

설계자는 일반적으로 전원 약화를 줄이는 칩 상 우회 커패시턴스를 추가하면 동작 주파수를 향상시킬 수 있다고 가정한다. 더 많은 커패시턴스는 분명히 약화를 감소시키지만, 주파수는 반드시 개선되지는 않는다. 눈에 띄는 실험으로, [Wong06]는 분리 커패시터가 있는 또한 없는 펜티엄 4 프로세서의 여러 웨이퍼를 가공했다. 커패시터 없이 첫 번째 약화는 V_{DD}의 8%로 증가하지만, 동작 주파수는 1%로 둔화되었다. 이 특이성은 특정 조건에서 잡음이 임계 경로 지연을 따라가는 방식의 클럭 주기로 변조되는 것을 보여 주는 것으로 설명된다.

12.3.5.3 분배된 전력 공급 모델 지금까지 제공된 모델은 해석을 위해 편리한 일괄적인 근사치이고 칩 동작에 관한 직감을 얻는 것을 돕는다. 칩 설계자는 또한 칩을 가로질러 공급 전압 내의 변동에 대해 관심이 있다. 이것은 그림 12.14에 나와 있는 바와 같이 작은 요소들의 메시(mesh)를 가지고 접근할 수 있는 분배된 모델을 필요로 한다. 이 메시는 칩 상 전력 공급 그리드의 저항 및 인덕턴스를 표현

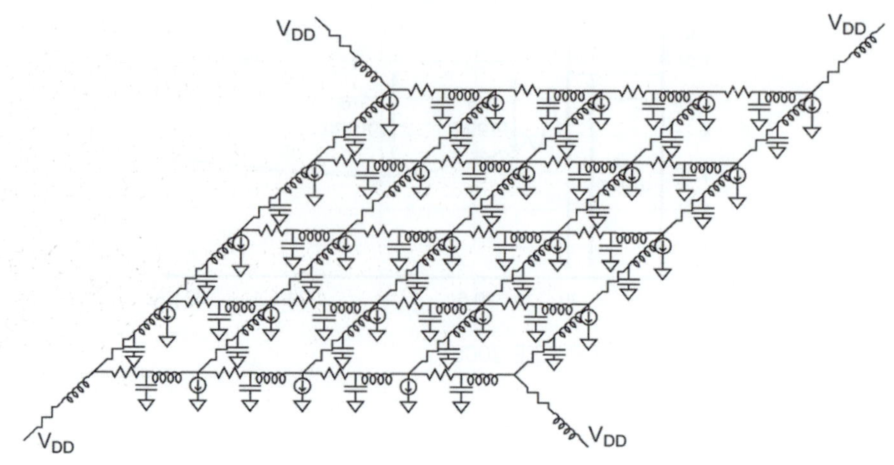

그림 12.14 우회 커패시터의 임피던스

한다. 공생적 또는 명시적 분리 커패시터는 칩을 가로질러 분배된다. 각 노드에서 전류원은 회로 소자의 국부 전류 요구를 표현한다. 패키지로의 솔더 범프 또는 접합 도선은 부가적인 저항 및 인덕턴스를 가지고 모델링된다. 이러한 모델에서 패키지는 그리드의 코너로 연결되는 완전한 V_{DD}로서 취급된다. 또한 더 복잡한 모델에서 분배된 저항, 인덕턴스, 그리고 패키지 자체의 우회 커패시턴스를 더할 수도 있을 것이다.

고전력 칩을 위해 설계자는 전력 그리드 도선 및 국부적 분리 커패시턴스의 양에 기반을 둔 SPICE 네트리스트로서 메시 모델을 추출할 수 있다. 서로 다른 전류 파형은 서로 다른 노드, 즉 예를 들면 합성된 논리의 전류 서명(current signature), SRAM, 중계기 뱅크, 그리고 도미노 논리에서 적용될 수 있다. 완전 칩 전력 그리드 시뮬레이션은 가동하는 데 종종 많은 시일이 걸리고 그 결과 적용되는 전류 패턴에 대해 전압 대 시간의 그래프가 생성된다. 그림 6.2는 Itanium 2 마이크로프로세서 상의 전압 약화의 스냅샷을 보여 주었다. 이 약화는 여러 전력이 필요한 도미노 가산기 모두가 IR 강하에 기여하는 곳인 정수 실행에서 가장 컸다.

12.3.6 전력 공급 필터링

잡음이 있는 V_{DD} 필터링된 V_{DD}

C_{big}

그림 12.15 전력 공급 필터

위상 고정 루프(PLL), 클럭 버퍼, 그리고 아날로그 회로 같은 어떤 구조는 전력 공급 잡음에 특히 민감하다. 예를 들면 클럭 버퍼 상의 공급 잡음은 클럭 지터(jitter)를 직접 증가시킬 수 있다. 그림 12.15는 국부적 공급의 고주파 잡음을 제거하는 RC 전력 공급 필터 회로를 보여 준다. 국부적 필터링된 전력 공급은 전형적으로 단일 도선 또는 솔더 범프를 통해 전력 그리드에 연결된다. 이러한 도선의 저항은 초과 IR 강하 없이 국부적 회로 소자의 전류 요구를 전달하기에 충분할 정도로 반드시 낮아야만 하지만 관심 있는 주파수에서 잡음을 필터링할 RC 시간 상수를 생성하기에는 여전히 충분히 낮다. 전형적으로 이것은 전력 공급 필터링을 칩 면적의 관점에서 비싸게 만들면서 또한 거대한 필터 커패시터를 필요로 한다.

예를 들면 펜티엄 4는 클럭 지터를 감소시키기 위해 클럭 버퍼 상의 전력 공급 필터를 사용한다[Kurd01]. 이 필터는 pMOS 트랜지스터를 저항기로서 사용하여 V_{DD}의 10%로부터 2%로 전형적 공급 잡음을 희석시킨다. 이것은 70 mV의 IR 강하와 함께 2.5 ns의 RC 시간 상수를 가지고 있다.

12.3.7 전하 펌프

많은 회로가 V_{DD}를 초과하는 영의 전압 또는 음의 전압을 필요로 한다. 예를 들어 플래시 메모리는 부동 게이트 트랜지스터를 지우는 20 V를 요구할 수 있다. 역방향 바디 바이어스 기술은 음의 전압을 필요로 한다. 추가적인 외부 전압 조정기는 시스템 비용을 추가할 수 있다. 현재의 요구 사항이 너무 높지 않은 경우, 이 전압은 **전하 펌프**(charge pump)를 사용하여 칩 상에서 생성할 수 있다.

그림 12.16은 Dickson 전하 펌프를 보여 준다[Dickson76]. 이 펌프는 두 개의 비중복 클럭 위상을 사용한다. 처음에 노드 V_1은 $N1$을 통해 $V_{DD}-V_t$까지 충전된다. ϕ_1이 상승할 때, 충전기가 V_1을 위로 올린다. $V_1-V_2 > V_t$일 때, $N2$가 ON되고 V_2를 $2(V_{DD}-V_t)$로 충전하기 시작한다. ϕ_1이 떨어지면, 커패시터는 노드 V_1을 다시 아래로 끌어내린다. $N2$는 OFF되며, V_2는 높아진 전압에 남는다. 다음에 ϕ_2가 상승하고, V_2와 V_3를 $3(V_{DD}-V_t)$ 쪽으로 몰아간다. 펌프는 라인을 계속 내린다. 충분한 단계에서, V_{out}은 파손과 같은 제한이 따르는 임의의 높이로 구동될 수 있다. 펌프 커패시터 C는 자신의 소스와 드레인을 클럭에 연결하고 게이트를 펌핑되는 노드에 연결한 nMOS 트랜지스터로 구성될 수 있다. 높은 주파수 f에서 펌핑되는 큰 커패시터는 사용 가능한 출력 전류를 증가시킨다. 만약 펌핑된 각 노드가 표유 커패시턴스 C_s(게이트와 트랜지스터의 오른쪽과 왼쪽의 확산 커패시턴스)를 가진다면, 출력 전압은 대략 다음과 같다.

$$V_{\text{out}} = N\left[\frac{CV_{DD}-\frac{I_{\text{out}}}{f}}{C+C_s} - V_t\right] \tag{12.13}$$

큰 부하 커패시터 C_L은 V_{out}의 출렁임을 평탄해지도록 돕는다.

그림 12.17은 음의 전압을 위한 전하 펌프를 보여 준다. 펌프는 비슷한 방식으로 동작하지만, pMOS 트랜지스터는 클럭의 떨어지는 변이에서 전압을 끌어내린다. pMOS 바디는 바디 효과를 줄이기 위해 GDN에 묶을 수 있다.

12.3.8 기판 잡음

벌크 CMOS 트랜지스터의 바디 단자는 기판 또는 웰에 연결된다. nMOS 트랜지스터에 대한 p형 기

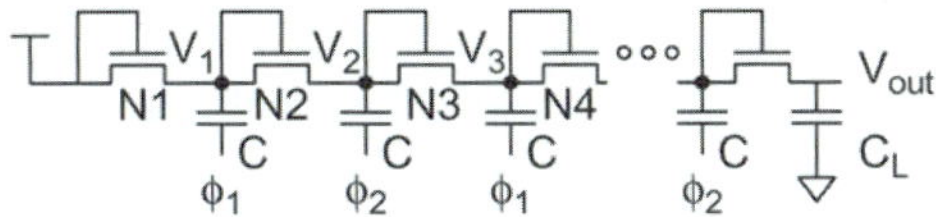

그림 12.16 Dickson 전하 펌프

그림 12.17 음의 전하 펌프

판은 정상적으로 GND로 연결되고 pMOS 트랜지스터에 대한 n형 기판은 정상적으로 V_{DD}로 연결된다. 이 연결은 상대적으로 고저항 기판 또는 웰 접점을 통해 실행된다. 기판 내의 전류 흐름은 바디 단자 상의 잡음을 유발한다. 이러한 전류는 기판 다이오드로의 역바이어스된 소스/드레인을 통한 용량성 결합 또는 ON 트랜지스터를 통한 전류 흐름으로서의 충격 이온화(impact ionization)로부터 온다. 기판 잡음은 바디 효과에 의하여 문턱 전압을 변조시킨다.

기판 잡음은 또한 분리 전원 공급이 잡음이 있는 디지털 회로 및 고요한 아날로그 회로에 사용되는 **혼합 신호**(mixed-signal) 설계에 대해 문제가 된다. 많은 신속 스위칭 디지털 회로는 공통 기판을 지나서 민감한 아날로그 회로 소자로 전파하는 디지털 접지 상의 잡음을 생성한다.

이 기판 및 웰은 전력 네트워크로의 저저항 경로를 보증하기 위한 수많은 접점을 가지고 있어야만 한다. 6.3.6절에 설명된 보호환(guard ring)은 가까운 기판 내의 전류에 의해 유발되는 잡음에 대해 일부 보호를 제공한다. 아날로그 회로는 디지털 회로로부터 물리적으로 분리되고 고요한 아날로그 공급으로 연결되는 보호환에 의해 보호된다. 동일 한 쌍의 터브(twin-tub) 및 삼중 웰(triple-well) 공정 및 SOI는 트랜지스터가 그들 자신의 웰 내에 분리되어 있기 때문에 또한 기판 결합을 훨씬 적게 경험한다.

기판 잡음을 모델링하고 해석하는 것은 이 책의 범위를 넘는다. 이 주제에 대해 더 자세히 알고 싶으면 [Donnay03]을 참조하면 된다.

12.3.9 에너지 청소

에너지원은 휴대용 시스템의 고질적인 문제이다. 대부분의 시스템은 결국 교체해야 할 배터리를 사용한다. 이는 성가신 정도에서(매년 화재 경보기의 배터리를 변경) 명백히 어려운 정도의(이식한 심장 박동기의 배터리를 변경) 범위에 이른다. **에너지 청소**(energy scavenging)는 초저전력 시스템에 대한 엄청난 약속을 하는 새로운 분야이다. 아이디어는 장치를 동작하는 환경에서 충분한 에너지를 추출하는 것이다. 기술은 마이크로와트 또는 나노와트의 평균 전력 수준에서 운영되는 하위 문턱 회로와 결합할 때 특히 매력적이다. 전력 수요는 일반적으로 시간에 따라 다르므로, 필요한 때까지 에너지는 커패시터 또는 **마이크로배터리**(microbattery)에 저장될 수 있다.

마이크로 전력 발전기는 여러 소스의 에너지를 활용할 수 있다. **태양 전지**(solar cell)가 제일 잘 알려져 있다[Guilar09]. 태양열 계산기는 에너지 청소의 가장 오래되고 가장 유명한 응용이다. **열전자**(thermoelectric) 마이크로 발전기는 요소 전체의 온도 차이에 비례하는 전압을 생성하는 열전쌍을 사용한다[Lhermet08]. **압전**(piezoelectric) 마이크로 발전기는 기계적 진동을 전기로 변환한다[Le06, Ramadass10]. 무선 주파수 식별(RFID) 태그는 판독기에 의해 방출되는 RF 에너지를 수집하는 코일을 사용하며, 자신의 ID를 다시 방송한다. 이 소스의 전원 출력은 청소가 가능한 에너지와 발전기의 크기에 따라 다르지만, 제곱 cm당 수십에서 수백까지의 마이크로와트를 일반적으로 달성하고 있다.

마이크로배터리 생산도 변하고 있다. 마이크로배터리는 표준 단계를 모두 완료한 후 집적회로 위에 쌓을 수 있는 박막의 레이어들로 만들 수 있다. 10 μm 두께의 리튬 기반 배터리가 현재 100 μW-hr/cm^{2}의 에너지 밀도를 실현한다[Lhermet08].

12.4 클럭

동기 시스템은 이전 또는 다음 단계로부터 계산 내의 한 단계를 구별하기 위한 클럭을 사용한다. 이상적으로 시스템이 공통 시간 기준을 공유하기 위해 이 클럭은 동시에 시스템 내의 모든 클럭화된 요소에 도착해야만 한다. 이러한 요소들은 래치 및 플립플롭, 메모리, 그리고 동적 게이트를 포함한다. 사실상 도착 시간은 지점마다 약간씩 다르다. 이러한 차이는 **클럭 스큐**(clock skew)라고 부른다. 클럭 시스템 설계 내의 중심적 도전 과제는 스큐, 전력 소비, 금속 자원 사용, 그리고 설계 노력 사이의 허용 가능한 절충을 찾는 동안 칩 상의 모든 클럭화된 요소로 클럭을 전달하는 것이다.

12.4.1 정의

시스템은 한 개 또는 그 이상의 **논리 클럭**(logical clock)을 사용하도록 설계된다. 논리 클럭은 하드웨어 설명 언어를 가지고 그 시스템을 설명할 때 논리 설계자에 의해 사용되는 스큐가 없는 이상적인 신호이다. 예를 들면 플립플롭을 가진 시스템은 보통 *clk*라고 부르는 단일 논리 클럭을 필요로 한다. 2상(two-phase) 투과성 래치(transparent latch)를 사용하는 시스템은 두 개의 논리 클럭 ϕ_1 및 ϕ_2(또는 하드웨어 설명 언어 내의 ph1 및 ph2)를 필요로 한다. 불행하게도 부당하게 짝지어진 클럭 네트워크 경로 그리고 공정 처리 및 환경 변동은 모든 클럭이 그들의 이상적 시간에 도달하는 것이 불가능하도록 만들고 따라서 설계자는 다수의 스큐된 **물리적 클럭**(physical clock)을 실제로 수신하는 것을 반드시 감수하도록 해야만 한다.

적은 스큐 방식으로 칩 전체를 가로질러 단일 클럭을 분배하는 것은 도전 과제이다. 한 개 이상을 분배하는 것은 거의 불가능하다. 따라서 대부분의 시스템은 이들이 다중 논리 클럭을 필요로 할 수도 있지만 단일 **전역 클럭**(global clock)을 분배한다. 클럭화된 요소 근처에 위치한 **국부 클럭 게이터**(local clock gater)는 물리적 클럭을 생성하고 짧은 도선 너머의 요소로 이들을 구동한다. 클럭 게이터의 예는 버퍼, 사용되지 않은 단위에 클럭을 정지시키기 위한 AND 게이트, 상보형 클럭을 생성하기 위한 인버터, 그리고 펄스화된 래치를 위한 펄스 발생기 등이다.

클럭 스큐 항은 비공식적으로 많은 방식으로 사용되어 왔다. 우리는 스큐를 **물리적 클럭 쌍의 명목상 시간과 실제 시간 간격의 차**로서 정의한다. 예를 들면 그림 12.18(a)는 두 개의 플립플롭을 가진 시스템을 보여 준다. 양쪽 플립플롭은 0 상호도착 시간(interarrival time)을 가진 논리 클럭 clk를 수신하지만 이들은 실제적으로 clk_1 및 clk_2를 수신한다. 클럭 분배 도선 및 국부 클럭 버퍼의 지연 내에서의 차이 때문에 clk_1은 clk_2보다 25 ps 먼저 도착한다. 따라서 클럭 스큐는 25 ps이다. 그림 12.18(b)는 세 개의 투과성 래치를 가진 시스템을 보여 준다. 이 래치는 상승 에지 사이의 $T_c/2$의 명목상 시간 간격을 가진 상보형 논리 클럭 ϕ_1 및 ϕ_2를 사용한다. 이 래치들은 물리적 클럭 ϕ_{1a}, ϕ_{1b} 및 ϕ_{2a}를 수신한다. 클럭 스큐는 다음과 같다.

$$t_{\text{skew}}^{\phi_{1a},\phi_{1b}} = 5 \text{ ps}; \quad t_{\text{skew}}^{\phi_{1a},\phi_{2a}} = 15 \text{ ps}; \quad t_{\text{skew}}^{\phi_{1b},\phi_{2a}} = 10 \text{ ps}$$

설계자는 때로 설정 또는 홀드 시간(hold time) 문제를 해결하기 위해 클럭을 의도적으로 지연시킨

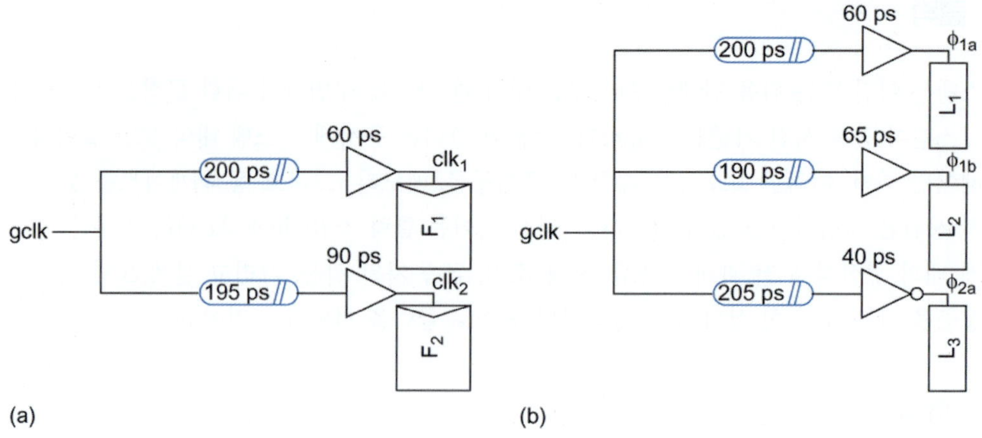

그림 12.18 클럭 스큐 예

다. 예를 들면 임계 경로가 그림 12.18(a)의 F_1 및 F_2 사이에 존재했다고 가정한다. 설계자는 clk_2 상에서 더 느린 국부 클럭 버퍼를 사용함으로써 경로에 더 시간을 주기 위해 F_2에 30 ps로 클럭을 의도적으로 지연시켰을 수도 있다. 이러한 사례에서 clk_1 및 clk_2의 명목상 시간 간격은 30 ps이다. 실제 시간 간격은 25 ps이고 따라서 클럭 스큐는 5 ps이 일부 설계자는 이러한 30 ps 지연을 **의도적 스큐**(intentional skew)라고 부른다. 여기서는 이것을 **의도적 지연**(intentional delay)이라 부르고 의도하지 않은 클럭 도착 시간의 차를 설명하기 위해 **클럭 스큐** 항을 예비로 둔다.

클럭 스큐는 클럭의 서로 다른 에지 사이에서 또는 서로 다른 사이클 사이에서 또한 측정될 수 있다. 예를 들면 그림 12.19는 에지가 그들의 명목상 타이밍과 다른 두 개의 물리적 클럭 파형을 보여준다. 이 클럭 스큐는 물리적 클럭뿐만 아니라 에지(상승/하강) 및 개입된 사이클 개수에 기반을 두고 정의된다.

$$t_{\text{skew}}^{clk_1,clk_1,(r,r,0)} = 0\text{ ps};\ t_{\text{skew}}^{clk_1,clk_1,(r,f,0)} = 30\text{ ps};\ t_{\text{skew}}^{clk_1,clk_1,(r,r,1)} = 70\text{ ps}$$
$$t_{\text{skew}}^{clk_1,clk_2,(r,r,0)} = 0\text{ ps};\ t_{\text{skew}}^{clk_1,clk_2,(r,f,0)} = 0\text{ ps};\ t_{\text{skew}}^{clk_1,clk_2,(r,r,1)} = 40\text{ ps}$$

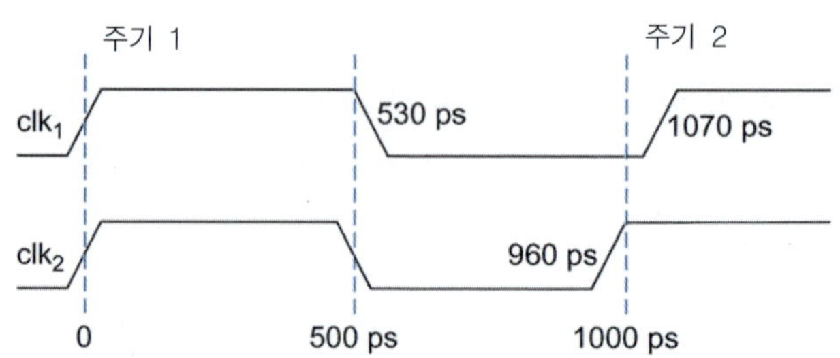

그림 12.19 스큐된 클럭 파형

두 개의 플립플롭 사이의 경로에 대해 홀드 시간 제약은 양쪽 물리적 클럭의 동일 상승 에지 사이의 스큐에 의존한다. 설정 시간 제약은 한 개의 물리적 클럭의 상승 에지 및 다른 물리적 클럭의 부수적 상승 에지 사이의 스큐에 의존한다. 클럭 분배 네트워크는 설정 및 홀드 시간 제약이 서로 다른 양의 스큐 예산을 만들 수 있도록 한 사이클로부터 다음 사이클로 더 많은 스큐를 도입하는 경향이 있다.

두 개의 클럭화된 요소 사이의 실제 클럭은 시간과 함께 변하고 칩마다 다르다. 더군다나 이것은 설계 시기에는 모를 가능성이 있다. 엔지니어링 관점에서 더 많은 유용한 변수는 **클럭 스큐 예산**(clock skew budget)이다. 클럭 스큐 예산은 어떤 작동하는 칩의 길거나 짧은 경로 상에서 우연히 겪게 되는 실제 스큐보다 더 커야 하지만 여전히 칩이 과도하게 설계되지 않도록 필요 이상으로 크게 하지 않아야 한다.

원칙적으로 설계자가 칩 상의 클럭화된 요소의 모든 쌍에 대해 물리적 클럭 사이의 클럭 스큐 예산을 표로 만들 수 있었던 반면에 이 표는 불합리하게 크고 너무 거대해질 수도 있었다. 그 대신에 설계자들은 **클럭 영역**(clock domain) 내로 물리적 클럭을 그룹화하고 전체 영역을 설명하기 위한 단일 스큐 예산을 사용한다. 예를 들면 두 개의 래치가 그들의 물리적 거리가 500 μm보다 크지 않다면 국부 클럭 영역 내에 있도록 정의될 수 있다. 그 이후에 전역 스큐보다 더 작은 국부 스큐를 가지고 국부 및 전역 스큐가 정의될 수 있다. 클럭 주기가 최대 스큐에 비해서 길면 단지 단일 전역 스큐 예산만이 정의될 수 있고 모든 클럭화된 요소가 이러한 최악의 사례의 스큐를 보게 될 수도 있다고 비관적으로 가정할 수 있다.

클럭 스큐의 원인은 **계획적**(systematic), **임의**(random), **드리프트**(drift), 그리고 **지터**(jitter)로서 분류될 수 있다. 그림 12.20은 간단한 클럭 분배 네트워크 내의 이러한 원천을 도식화한 것이다. 전역 클럭은 두 개의 게이터로 도선을 따라서 분배된다. 한 개의 도선은 3 mm이고 다른 도선은 3.1 mm이다. 이 게이터는 정상적으로 동일하지만 하나가 1.3 pF의 일괄적 부하를 구동하는 반면에 다른 것은 0.5 mm를 따라서 분배되는 0.8 pF의 부하를 구동한다. **계획적** 클럭 스큐는 심지어 정상 조건하에서도 존재하는 부분이다. 이러한 구성 요소는 시뮬레이션에 의해 예측될 수 있다. 게이터 한 개의 크기를 조정함으로써 clk_1 및 clk_2 사이의 규칙적 스큐가 0으로 구동될 수 있다. 그러나 일부 규칙적 스큐는 게이터 이후의 도선을 따르는 경과 시간 때문에 clk_2 및 clk_3 사이에서 항상 존재할 것이다.

스큐의 **임의** 구성 요소는 도선 폭, 두께, 또는 간격 및 트랜지스터 채널 길이, 문턱 전압, 또는 산화물 두께에 영향을 줄 수 있는 생산 변동에 의해 유발된다. 이러한 것은 부가적 스큐를 도입하면서 저항, 커패시턴스 및 트랜지스터 전류 내의 예측 불가능한 변화를 유발한다. 원칙적으로 실제 임의 스

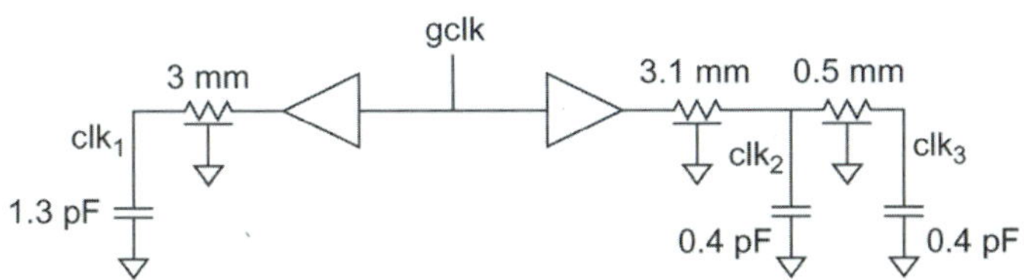

그림 12.20 간단한 클럭 분배 네트워크

큐는 칩 테스트 동안 또는 스타트업 상에서 측정될 수 있고 조정 가능 지연 요소가 임의 스큐에 대해 보상되도록 교정될 수 있다.

드리프트는 상대적으로 느리게 발생하는 시간 의존적인 환경 변동에 의해 유발된다. 예를 들면 칩이 ON된 후에 가열될 것이다. 온도는 게이트 및 도선 지연에 서로 다르게 영향을 준다. 또한 칩을 가로지르는 온도 변화는 스큐를 이끌게 된다. 드리프트는 또한 조정가능 지연 요소와 함께 무효화될 수 있다. 임의 스큐와 달리 드리프트에 대한 보상은 스타트업에서 단 한 번이기보다는 오히려 주기적으로 반드시 발생해야 한다. 교정 빈도는 칩의 열적 시간 상수에 의존한다.

지터는 고주파 환경 변동, 특히 전원 공급 잡음에 의해 유발된다. 이러한 잡음은 시간 및 공간 양쪽의 클럭 버퍼 및 게이터 내의 변동을 지연시키도록 이끈다. 지터는 보상 회로가 그것을 카운트할 수 없을 만큼 너무 빠르게 발생하기 때문에 특히 방심할 수 없다.

일부 엔지니어는 지터를 스큐의 일부로서 보고하지 않는다. 그러한 경우 이 엔지니어들은 설정 및 홀드 시간 예산 내의 지터 및 스큐 양쪽 모두를 포함시켜야 한다.

12.4.2 클럭 시스템 아키텍처

그림 12.21은 전형적 클럭 서브시스템의 개요를 보여 준다. 이 칩은 I/O 패드를 통해 외부 클럭 신호를 수신한다. 클럭 발생 단위는 12.5절에서 논의될 내용인데 전역 클럭의 주파수 또는 위상을 조정하기 위해 **위상 고정 루프**(PLL: phase-locked loop) 또는 **지연 고정 루프**(DLL: delay-locked loop)를 포함할 수도 있다. 전역 클럭은 그 이후에 클럭화된 모든 요소 가까운 지점에 칩을 가로질러 분배된다. 클럭 분배 네트워크는 클럭 스큐를 최소화하기 위해 반드시 조심스럽게 설계되어야 한다. 국부 클럭 게이터는 이러한 전역 클럭을 수신하고 클럭화된 요소의 작은 그룹에 짧은 도선을 따라 물리적 클럭 신호를 구동한다.

12.4.3 전역 클럭 발생

전역 클럭 발생기는 외부 클럭 신호를 수신하고 다이를 가로질러 분배될 전역 클럭을 생성한다. 이러한 가장 간단한 사례에서 클럭 발생기는 단순히 클럭 분배 네트워크의 큰 커패시턴스를 구동하기 위한 버퍼이다. 그러나 이러한 단순한 클럭 발생기는 많은 문제를 가지고 있다.

먼저 입력 패드, 버퍼링, 분배 네트워크 및 게이터는 외부 클럭 및 클럭화된 요소에서 수신되는

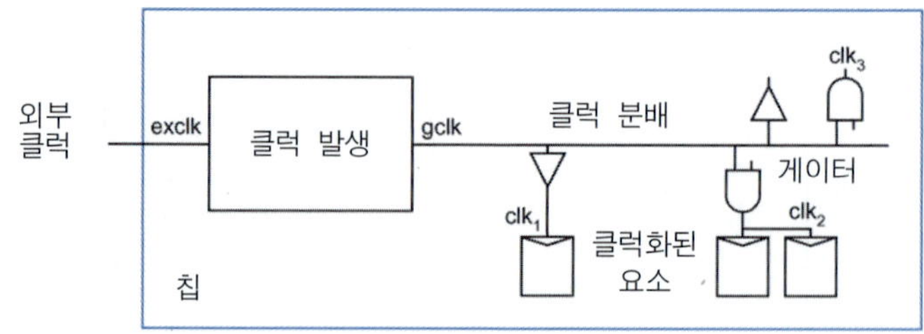

그림 12.21 클럭 서브시스템

물리적 클럭 사이의 큰 스큐로 나타나는 상당한 지연(종종 큰 칩을 가로질러서는 0.5~1 ns)을 가지고 있다. 더군다나 이러한 지연은 공정 처리 및 환경과 함께 변동하며, 칩에 존재하는 전원이나 기판 잡음 때문에 시간에 따라 빠르게 출렁인다. 이 제어되지 않는 양의 스큐 및 지터로 인해, 칩 내부의 클럭 영역은 외부 클럭 영역과 비동기화되어 안정적인 통신이 어렵게 된다. 이것은 스큐가 클럭 주기의 상당 부분이 되는 높은 주파수에서 특히 문제가 된다.

이러한 문제를 완화하기 위해 보다 정교한 클럭 발생기는 변화와 잡음의 존재 하에서 지연을 상수 값으로 조절하기 위해 위상 고정 루프(PLL) 또는 지연 고정 루프(DLL) 중 하나를 사용한다. 이 지연이 클럭 주기의 정수 배일 경우, 지연된 클럭은 지연이 없는 원본 클럭과 구별할 수 없다. 이렇게 하면, 외부와 내부의 클럭 영역은 클럭 분배 네트워크의 추가적인 요소 도입에 따른 지연에도 불구하고 동기 상태로 남는다. 이러한 이유로, 이 목적에 사용되는 PLL과 DLL은 종종 **제로 지연 버퍼**(zero-delay buffer)이라고 불린다.

그림 12.22는 칩 상 클럭 지연을 보상하는 PLL 또는 DLL의 사용을 보여 준다. 그 회로는 입력과 출력 클럭 사이의 위상 차이에 비례하는 신호를 생산하는 위상 검출기(PD)를 포함하고 있다. 루프 필터(LF)는 이 위상 오류를 발진기의 주파수나 지연선의 지연으로 조정하는 제어 신호로 변환한다. 12.5절에서는 이러한 각 요소의 설계를 검사한다. 그리고 그 출력은 다음의 큰 출력 클럭 부하를 구동하도록 버퍼링된다. PLL과 DLL은 이 **피드백 제어**(feedback control)의 동일한 원리를 공유한다. 둘 다 클럭의 분산을 관찰하고 그들이 외부 입력 클럭과 부정 배열되어 있다면 그것을 수정한다. 유일한 차이점은 DLL이 부정 배열의 감지에 따라 클럭의 지연을 조정하면, PLL은 클럭의 주파수(연속되는 위상)를 조정한다는 것이다. 그럼에도 불구하고 피드백 루프의 두 종류는 클럭의 가장자리 위치가 외

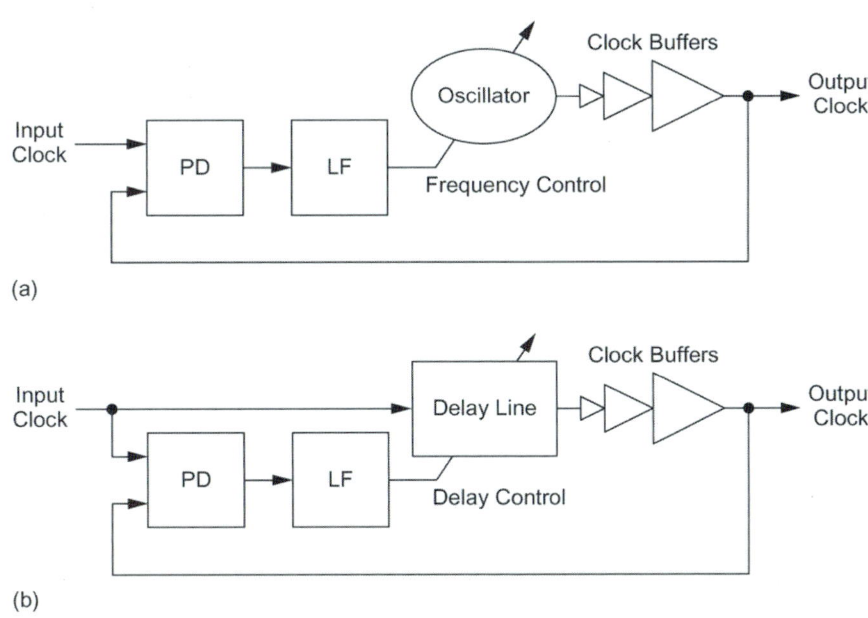

그림 12.22 제로 지연 버퍼: (a) PLL 이용, (b) DLL 이용

부 클럭의 가장자리와 정렬되는 클럭를 분배하기 위해 노력한다.

12.4.3.1 PLL 대 DLL PLL과 DLL 사이의 주요 차이점은 DLL이 단순히 입력 클럭을 **지연**하기 위해 가변 지연선을 사용하는 반면에 PLL은 새로운 클럭을 **만드는** 발진기를 사용한다는 것이다. 양쪽 모두 클럭의 가장자리 위치를 조정하는 작동기 요소로 사용할 수 있지만, 발진기는 클럭의 주파수를 바꿀 수 있다는 의미에서 더 다용도로 쓰인다. 이 속성은 PLL이 쉽게 정수배의 또는 원하는 분수배만큼을 클럭 주파수에 곱할 수 있도록 한다. 그러나 하나(즉 지연)를 제어하는 대신 두 양(즉 주파수와 발진기 클럭의 위상)을 제어하기 때문에, PLL 루프 필터는 일반적으로 DLL의 그것보다 더 복잡하다.

12.4.3.2 대역폭과 안정성 피드백 루프에 대한 주요 측정 단위는 얼마나 빨리 그들이 다양한 교란에 대응하고 출력 클럭을 조정할 수 있는가 하는 것이다. 예를 들어 그 방해가 전원 잡음이라면 우리는 PLL이나 DLL이 최대한 빨리 그 방해에 반하는 움직임을 보이도록 하려는 것이다. 그러나 그 방해가 입력 클럭 지터인 경우, 우리는 출력 클럭이 입력 클럭의 평균 위치를 추적하여 낮은 지터를 가지도록 천천히 반응하기를 원할 것이다. 응답의 신속함을 설명하기 위해 가장 많이 사용되는 양은 **대역폭**(bandwidth)이다. 또 다른 중요한 측정 단위는 **안정성**(stability)이며, 이것은 피드백 루프가 얼마나 안정적으로 고정 상태로 수렴하는지를 설명한다. 일반적으로 PLL은 좋은 안정성을 달성하기 위해 DLL보다 더 많은 주의를 필요로 한다.

12.4.3.3 주파수 체배 일부 응용에서, 외부 클럭과는 다른 주파수를 가지고 칩 상 클럭을 생성해야 할 수도 있다. 예를 들어 높은 주파수 클럭보다 저렴한 낮은 주파수 크리스털 클럭 소스를 사용할 수도 있다. 그림 12.23에 설명한 대로 피드백 경로에 주파수 분할기를 삽입한 PLL을 사용하여 주파수 체배는 쉽게 얻을 수 있다. 위상 검출기는 지금 N으로 나눈 출력 클럭과 M으로 나눈 입력 기준 클럭을 비교하고, PLL이 고정 상태에 도달하고 그 두 클럭이 정렬될 때, 발진기의 출력 클럭은 입력 클럭 주파수의 N/M배의 클럭을 가진다. 따라서 PLL은 입력 주파수의 임의의 유리수배가 되는 출력을 생성할 수 있다.

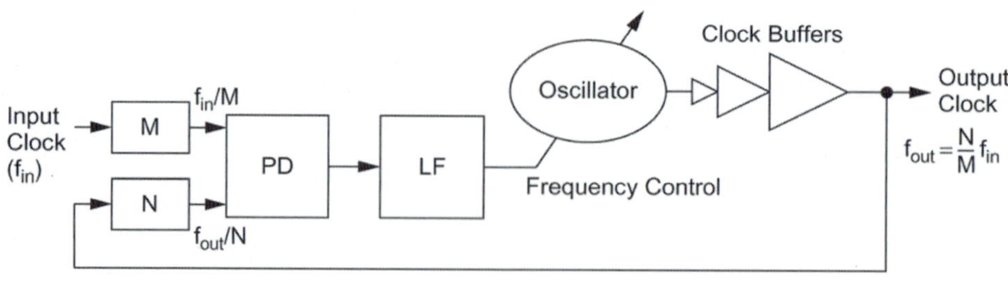

그림 12.23 PLL을 이용한 주파수 체배

12.4.4 전역 클럭 분배

전역 클럭은 반드시 거의 동시에 클럭화된 요소 모두에 도달하는 방식으로 칩을 가로질러 분배되어야 한다. 느린 트랜지스터 및 빠른 도선을 가진 노후된 공정에서 클럭 도선은 무시할 만한 지연을 가지고 있었고 어느 편리한 경로 지정 계획도 클럭을 분배하는 데 사용될 수 있었다. 현대적 공정에서 그 자신의 커패시턴스 및 클럭 부하 커패시턴스를 구동하는 저항성 클럭 도선의 RC 지연은 15평방 mm다이를 포괄하는 잘 설계된 분배 네트워크에 대해 1 ns에 가까운 경향이 있다. 클럭이 임의적으로 경로 지정되었다면 이러한 것은 클럭 발생기로부터 가까운 또한 먼 물리적 클럭 사이의 약 1 ns의 클럭 스큐로 이끌게 될 것이다. 이러한 것은 시스템의 사이클 시간의 몇 배가 될 수도 있다. 따라서 클럭 분배 시스템은 클럭 발생기 및 클럭화 된 수신기 사이의 **비행 시간**(flight time)을 등화시키도록 반드시 조심스럽게 설계되어야 한다. 전역 클럭 분배 네트워크는 **그리드**, **H-트리**, **스파인**(spine), **임시**(ad-hoc), 또는 **혼성**(hybrid)으로서 분류될 수 있다[Restle98].

클럭 분배 네트워크로부터의 임의 스큐, 드리프트, 그리고 지터는 이들이 분배 요소 내의 공정 또는 환경 변동에 의해서 유발되기 때문에 네트워크를 통한 지연에 비례한다. 따라서 설계자는 이러한 분배 지연을 낮게 유지하려고 해야 한다. 불행하게도 칩이 점점 더 커지면서 도선은 점점 더 느려지고, 또한 클럭 부하가 증가하면서 심지어 사이클 시간이 내려가면서 분배 지연은 상승하는 경향이 있다. 과거에는 계획적 클럭 스큐가 지배 구성 요소였다. 지금은 우수한 클럭 분배 네트워크가 낮은 규칙적 스큐를 달성하지만 임의, 드리프트, 그리고 지터 구성 요소는 사이클 증가의 일부가 되어 가고 있다.

12.4.4.1 그리드 클럭 그리드는 중간 또는 가장자리로부터 구동된 수평 및 수직 도선의 하나의 메시이다. 이 메시는 클럭화된 모든 요소에 가까운 지점에 클럭을 전달하기에 충분히 미세하다. 스큐가 가까운 클럭화 된 요소 사이에서 또한 낮게 되도록 저항은 메시 내의 어떠한 두 개의 가까운 지점 사이에서도 낮다. 그러한 문제가 요소 사이의 전파 지연이 또한 작은 가까운 요소 사이에서 발생하는 경향이 있기 때문에 이러한 것은 홀드 시간 문제의 기회를 감소시킨다. 클럭을 함께 짧게 하는 것이 지연 내의 변동을 상관없게 만들기 때문에 그리드는 또한 많은 임의 스큐에 대해 보상한다. 이 그리드들은 래치 배치의 상세한 지식 없이 설계 내에서 일찍 경로 지정될 수 있다. 그러나 그리드는 구동기에 가장 가까운 지점 및 가장 먼 지점 사이의 상당한 규칙적 스큐를 정말로 가지고 있다. 이것들은 또한 금속 자원의 상당한 양을 소비하고 따라서 높은 스위칭 커패시턴스 및 전력 소비를 가지고 있다.

12.4.4.2 H-트리 H-트리는 H 형상을 그리고 그 이후에 그림 12.24에 나와 있는 바와 같이 각 꼭짓점 상에서 반복적으로 H 형상을 그림으로써 구성된 일종의 부분 구조이다. 충분한 반복과 함께 H-트리는 정확히 동일한 도선 길이를 유지하는 동안 중앙으로부터 칩 상의 각 지점의 무한정으로 짧은 거리 내로 클럭을 분배할 수 있다. 버퍼는 분배기로서의 역할을 하는 데 필요한 만큼 더해진다. 클럭 부하가 칩 주변으로 균일하게 분배되었다면 H-트리는 0 규칙적 스큐를 가졌을 것이다. 더군다나 이 트리는 도선을 덜 사용하는 경향이 있고 따라서 그리드보다 더 낮은 커패시턴스를 가지고 있다 [Restle98].

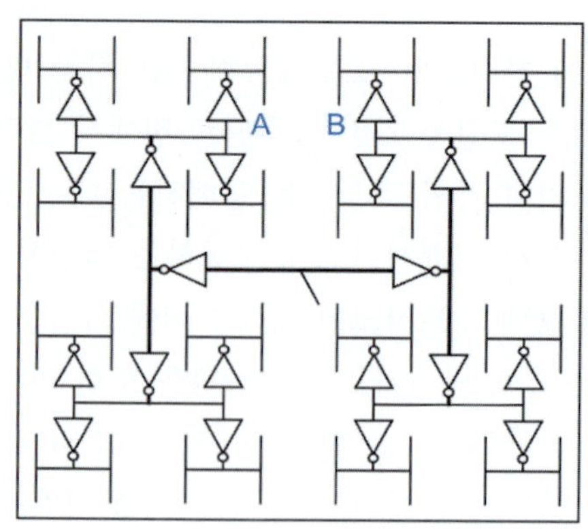

그림 12.24 H-트리

사실상 이 H-트리는 다른 트리보다 더 많은 트리의 일부 리프(leaf)를 로딩하면서 클럭 부하가 균일하지 않기 때문에 일부 스큐를 여전히 보여 준다. 더군다나 이 트리는 종종 메모리 어레이 같은 장애물 주위로 반드시 경로 지정되어야 한다. H의 리프는 칩 상의 모든 지점에 이르지 못하고 따라서 일부 짧은 물리적 클럭 도선은 국부 클럭 게이터 이후에 필요하다. 그럼에도 불구하고 도선의 조심스러운 테이퍼링(tapering) 및 클럭 게이터의 크기 정하기와 함께 H-트리는 가까운 0 규칙적 스큐를 전달한다. H-트리의 결점은 트리의 서로 다른 다리의 리프인 두 개의 가까운 지점 사이의 높은 임의 스큐, 드리프트, 그리고 지터를 가지고 있을 수도 있다는 것이다. 예를 들어 그림 12.24에서 점 A와 B는 큰 스큐를 경험했을 수도 있다. 지점이 서로 가까우면서 이러한 것은 홀드 시간에 대한 특정한 문제이다.

그림 12.25는 Itanium 2 상의 변형된 H-트리를 보여 준다. 칩 중앙부 내의 1차적 클럭 구동기는 H의 리프 상에서 네 개의 서로 다른 중계기로 차동 출력을 보낸다. 이러한 중계기는 칩을 가로질러 유닛 모두에 역할을 하는 2차 수준 클럭 버퍼(SLCB)로 도선화의 일부 불규칙 패턴을 구동한다. 도선화 및 SLCB 배치는 칩 상의 불균일 클럭 부하 및 장애에 의해 결정된다. 부하가 설계 공정 내에서 늦게 변할 때 트리가 쉽게 경로 재지정 될 수 있도록 주문형 클럭 라우터(custom clock router)는 실제 클럭 부하 상에 기반을 둔 트리를 자동적으로 발생시켰다. SLCB는 마이크로프로세서 상에서 사용되는 클럭 파형의 절대 크기를 생성하면서 국부 클럭 게이터를 구동한다. 이러한 파형의 일부는 9.8.2절에서 볼 수 있다.

그림 12.26은 Itanium 2 상의 1차적 클럭 버퍼 및 중계기로서 사용되는 차동 구동기를 보여 준다 [Anderson02]. 입력 스테이지는 차동 입력이 크로스오버(crossover)하는 지점에 민감한 차동 증폭기이다. 중계기는 내부 노드 y 및 $\overline{y}$를 스위칭하기 위해 p_1 또는 n_1 둘 중의 하나 또한 p_2 또는 n_2 둘 중의 하나를 펄스화한다. 작은 3상태 키퍼는 펄스 종료 후에 이러한 노드가 부동하지 않도록 한다. SLCB는 동일한 구조를 사용하지만 단지 단일 종단 출력만을 생성한다. 이것은 또한 규칙적 스큐에 대해 보상하고 결함 수정 동안 임계 경로를 위치시키기 위해 전류가 필요한(current-starved) 조정 가능 지연을 제공한다. 중계기는 낮은 입력 커패시턴스를 가진 높은 구동 능력을 제공한다. 따라서 클럭 버퍼링의

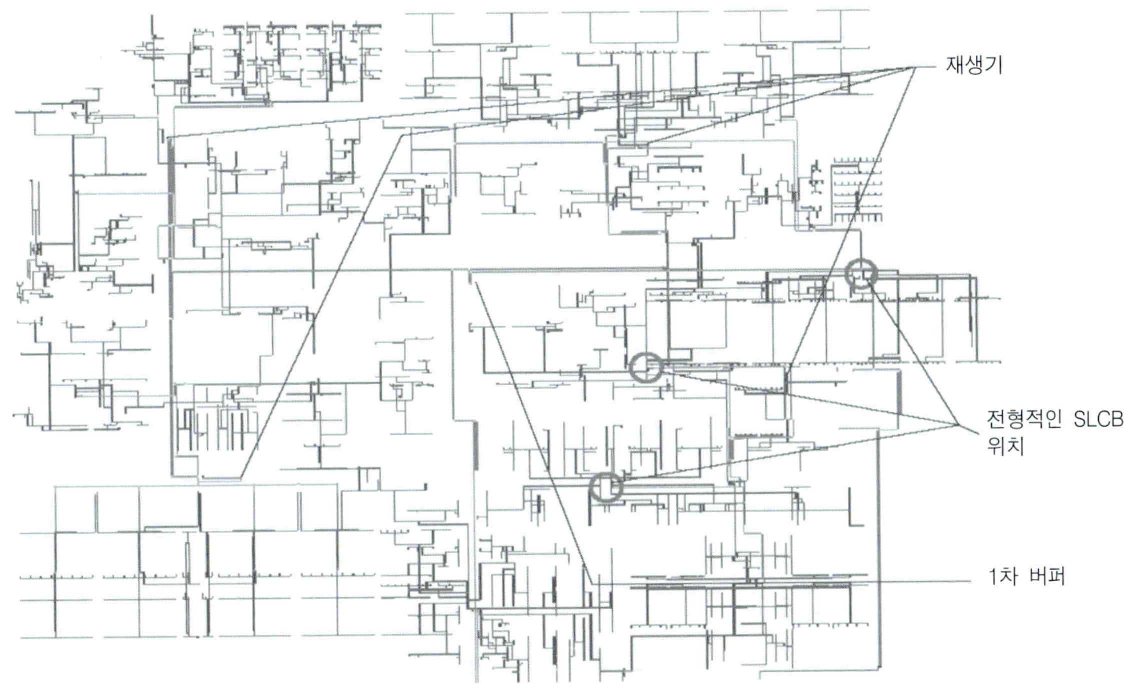

그림 12.25 Itanium 2의 수정된 H-트리

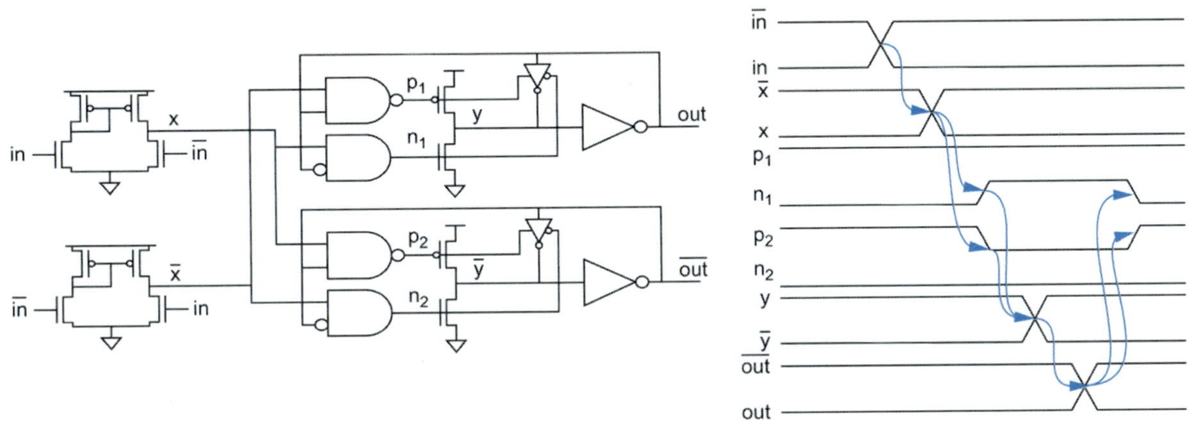

그림 12.26 Itanium 2 중계기

스테이지는 네트워크 내에서 거의 필요하지 않다. 그렇게 적은 중계기를 가지고 필터링 된 전역 공급을 제공하는 면적 부하(area overhead)는 적당하다. 중계기가 상대적으로 느릴지라도 그들의 지터는 공급 필터링을 가지고 제어된다.

12.4.4.3 스파인 그림 12.27은 한 쌍의 스파인(spine)을 사용하는 클럭 분배 도식을 보여 준다. 그리

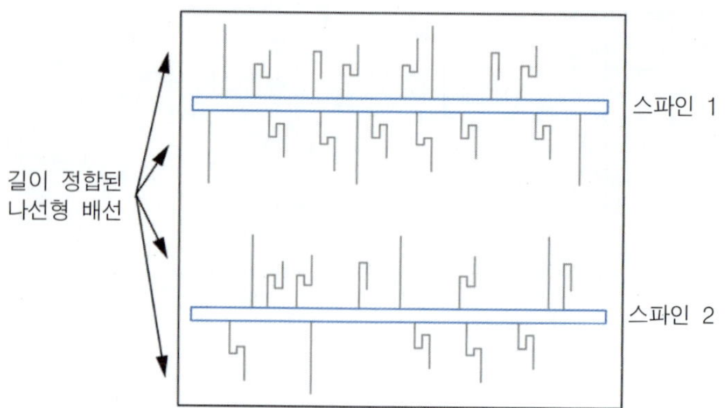

그림 12.27 서펜타인 경로 지정을 가진 클럭 스파인

드와 마찬가지로 클럭 버퍼는 칩을 가로지르는 몇 개의 행 내에 위치한다. 그러나 전체 다이를 가로지르는 단일 클럭 그리드를 구동하는 것 대신에 이 스파인은 클럭화된 요소의 각각의 작은 그룹으로 길이 정합된(length-matched) 서펜타인 도선(serpentine wire)을 구동한다. 부하가 균일하면 이 스파인은 클럭 도선의 길이를 대등하게 함으로써 그리드의 규칙적 스큐를 피할 수 있다. 각 서펜타인은 게이터가 어떤 도선을 스위칭하지 않음으로써 전력을 절감하기 위해 사용될 수 있도록 개별적으로 구동된다. 이 서펜타인은 또한 설계하기가 쉽고 각 부하는 개별적으로 조정될 수 있다. 그러나 많은 클럭화된 요소를 가진 시스템은 클럭 네트워크에 대한 높은 면적 및 커패시턴스로 이끌면서 많은 개수의 서펜타인을 필요로 할 수도 있다. 트리와 같이 이 스파인도 서로 다른 서펜타인에 의해 구동된 가까운 요소 사이의 큰 국부 스큐를 가지고 있다.

펜티엄 II 및 III는 한 쌍의 클럭 스파인을 사용한다[Geannopoulos98]. 펜티엄 4는 최종 클럭 도선의 길이를 감소시키기 위해 세 번째 클럭 스파인을 더한다[Kurd01]. 그림 12.28(a)는 0 규칙적 스큐를 가진 펜티엄 4 상의 세 개의 스파인으로 클럭을 분배하는 전역 클럭 버퍼를 보여 주고, 그림 12.28(b)는 클럭 스파인 위치를 가지고 주석이 달린 칩의 사진을 보여 준다. 이 스파인은 각각이 개별적으로 게이팅될 수 있는 47개의 독립적 클럭 영역을 구동한다. 클럭 영역 게이터는 또한 규칙적 그리고 임의 스큐를 무효화하고 심지어 신중한 클럭 지연이 성능을 향상시키도록 강요하는 데 사용되는 조정 가능 지연 버퍼를 포함한다.

12.4.4.4 임시 상대적으로 낮은 주파수(수백 MHz)에서 가동하는 많은 ASIC은 도선 길이를 동등하게 하고 지연을 동등하게 하기 위해 버퍼를 더하려고 하는 일부 시도와 함께 계획성 없이 클럭이 경로 지정되는 임시 클럭 분배 네트워크를 여전히 가지고 있다. 명목상 지연이 거의 동일할 때까지 버퍼 크기가 조정될 수 있기 때문에 그러한 임시 네트워크는 적당히 낮은 규칙적 스큐를 가질 수 있다. 그러나 공정 변동이 도선 및 게이트 지연에 서로 다르게 영향을 줄 때 이들은 심하게 임의 스큐를 필요로 한다. 이것은 가장 공통적으로 활용 가능한 도구가 지원하는 수준이다. 임시 클럭 네트워크를 사용

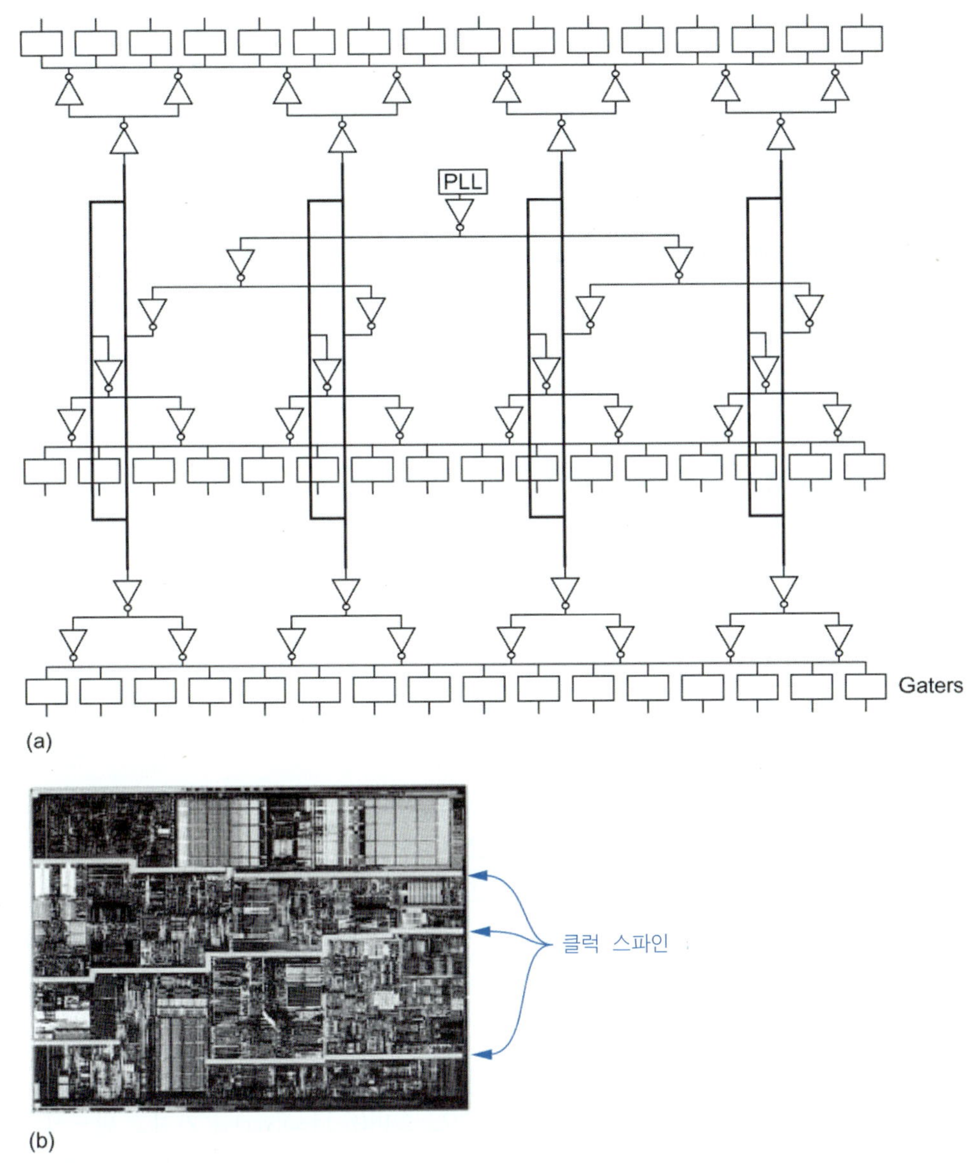

그림 12.28 펜티엄 4 클럭 스파인(© IEEE 2001)

하는 대부분의 설계 팀은 임의 스큐, 지터 및 드리프트를 조심스럽게 해석하기 위한 자원 또한 부족하다. 따라서 이들은 스큐 예산을 정의하는 데 보수적이어야 하고 반드시 홀드 시간 위반에 관해 주의해야만 한다.

12.4.4.5 혼성 H-트리 및 그리드의 혼성 조합은 H-트리 또는 그리드 둘 중 하나보다 더 적은 스큐를 제공한다. 혼성 접근 방식에서 H-트리는 다이를 가로지르는 많은 개수의 지점으로 클럭을 분배하기 위해 사용된다. 그리드는 이러한 지점을 서로 짧게 한다. 간단한 그리드에 비교해서 혼성 접근 방

식은 그리드가 단지 중간 또는 가장자리 대신에 많은 지점으로부터 구동된다. H-트리와 비교해서 혼성 접근 방식은 불균일 부하 분배로부터의 스큐에 영향을 덜 받는다. 그리드는 또한 국부 스큐를 감소시키고 이 그리드가 필요한 모든 위치 근처에 클럭을 가져온다. 마지막으로 혼성 접근 방식은 잘 제어된 전송선 구조를 더 쉽게 만들면서 정규적이다.

IBM은 Power4, PowerPC, 그리고 S/390을 포함하는 다양한 마이크로프로세서 상의 그러한 혼성 분배 네트워크를 사용하여 왔다[Restle01]. 1차적으로 버퍼링된 H-트리는 칩을 가로질러 배열되는 16~64개의 섹터 버퍼를 구동한다. 각 섹터 버퍼는 더 작은 트리 네트워크를 구동한다. 각 트리는 도선 폭을 조정함으로써 불균일 부하 커패시턴스를 적응시키기 위해 조율될 수 있다. 이에 동반해서 조율 가능(tunable) 트리는 1024개 지점에 이르기까지 전역 클럭 그리드를 구동한다.

12.4.4.6 레이아웃 문제

고속 클럭 분배 네트워크는 스큐를 최소화하기 위한 조심스러운 레이아웃을 필요로 한다. 두 개의 지침 원칙은 이 네트워크가 균일해야만 하고 가능하면 빨라야 한다는 것이다. 균일한 네트워크 내에서 칩 범위의 공정 또는 환경 변동은 모든 클럭 경로에 동일하게 영향을 준다. 빠른 네트워크 내에서 두 개의 클럭 경로 지연 사이의 단편적 차이를 유발하는 국부적 변동은 단지 적당한 양의 스큐로 이끌게 된다. 예를 들면 H-트리를 통해 두 개의 경로 사이에 10% 지연 변동을 유발하는 전압 잡음은 트리 지연이 800 ns이면 80 ps의 지터로 하지만 트리 지연이 1600 ps이면 160 ps의 지터로 이끌 것이다.

빠른 클럭 네트워크를 구성하는 것은 적절한 중계기 삽입을 가진 저저항 전역 클럭 도선을 필요로 한다. 두꺼운 최상위 수준 금속 레이어는 클럭 분배에 적합하다. 폭넓은 도선은 클럭 및 신호선 사이의 용량성 결합을 방지하기 위해 V_{DD} 또는 GND 선을 가진 양쪽 면 상에서 차폐(shield)되어야 한다. 클럭은 심지어 미세 스트립 도파관(microstrip waveguide)을 형성하기 위해 더 낮은 금속 레이어 상에 차폐될 수 있다[Anderson02].

폭이 넓은 저저항 도선은 기대한 것보다 더 빠른 에지 비율 및 오버슈트(overshoot)를 포함하여 상당한 유도성 효과 또한 가지고 있다. 빠른 에지는 바람직하지만 오버슈트는 과전압 손상을 방지하기 위해 최소화 되어야 한다. 고성능 클럭 네트워크는 필드 솔버(field solver)를 가지고 반드시 추출되어야 하고 전송선으로서 모델링된다[Huang03]. 균일성은 또다시 중요하다. RC 지연이 불균일 레이아웃 내에서 일치된다고 할지라도 RLC 지연은 상당히 다를 수 있다. 6.3.4절에서 논의된 바와 같이 폭넓은 도선은 저인덕턴스 전류 복귀 경로를 제공하고 표피 효과(skin effect)를 최소화하는 V_{DD}/GND 도선을 가지고 서로 맞물리는 여러 개의 폭이 더 좁은 흔적(narrower trace) 내로 분산될 수 있어야만 한다.

12.4.5 국부 클럭 게이터

국부 클럭 게이터는 전역 클럭을 수신하고 클럭화된 요소에 의해 필요한 물리적 클럭을 생성한다. 게이터의 출력은 전형적으로 클럭화된 요소로 짧은 거리(< 1 mm)를 통과한다. 클럭 게이터는 전력을 절감하기 위한 논리의 사용되지 않은 블록으로 클럭을 정지시키거나 또는 **게이팅**시키기 위해 종종 사용된다. 9장에서 논의한 바와 같이 이러한 클럭 게이터는 펄스화 된 클럭, 지연된 클럭, 확장된

(stretched) 클럭, 비중첩하는 클럭, 그리고 이중 주파수 펄스화된 클럭을 포함하는 다양한 변형된 클럭 파형을 생성할 수 있다. 이들이 클럭 에지를 변형하기 위해 사용될 때 때로는 **클럭 초퍼**(clock chopper) 또는 **클럭 확장기**(clock stretcher)로 부른다. 그림 12.29는 다양한 클럭 게이트를 보여 준다.

대부분의 시스템은 많은 개수의 클럭 게이터를 필요로 하고 따라서 모든 시스템에서 전력 공급을 필터링하는 것은 비실용적이다. 전압 잡음, 교차 다이(cross-die) 공정 변동, 그리고 불균일 온도 분배에 의해 유발되는 클럭 게이터 지연 내의 변동은 서로 다른 게이터에 의해 생성되는 클럭 사이의 스큐를 유발한다. 이러한 스큐를 제한하는 최상의 방법은 게이터 지연을 가능하면 짧게 만드는 것이다. 클럭화된 요소의 입력 문턱 내의 변동은 또한 스큐를 유발한다. 이러한 스큐를 제한하는 최상의 방법은 클럭 게이터에서 생생한 상승/하강 시간을 생성하는 것이다. 최종 게이트는 약 4보다 크지 않은 팬

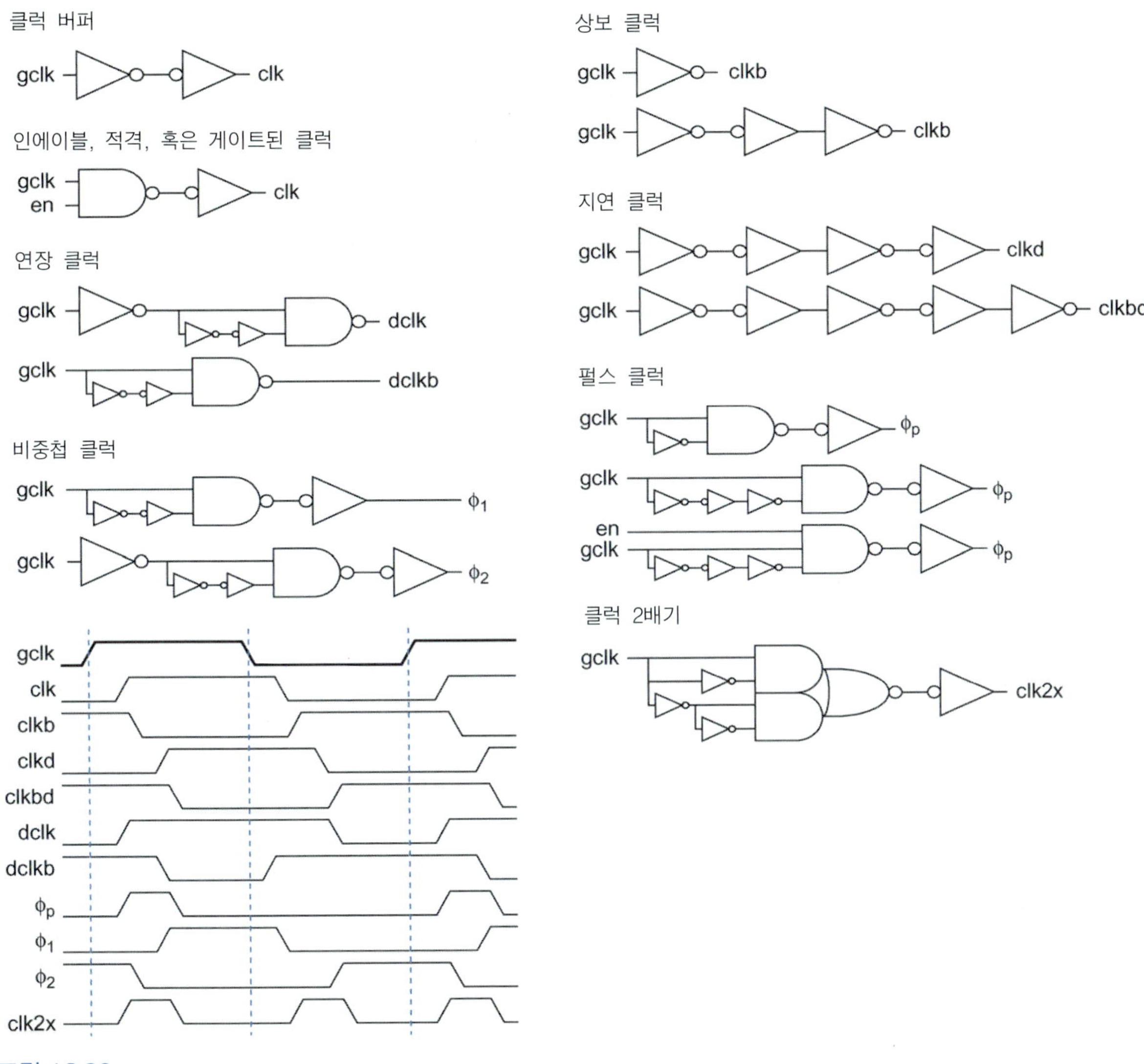

그림 12.29 클럭 게이터

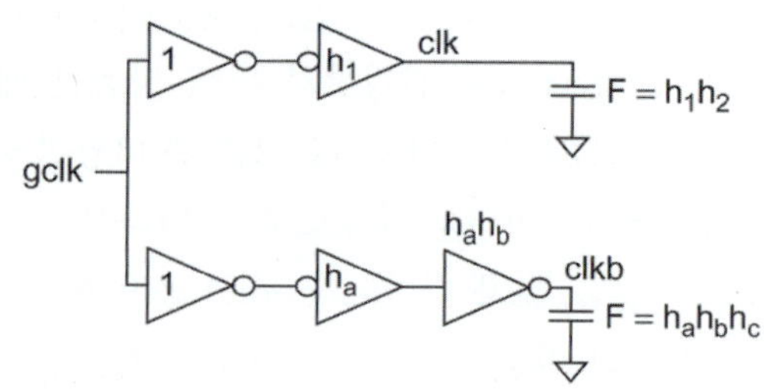

그림 12.30 2-인버터와 3-인버터 경로

아웃을 가져야만 한다.

클럭 게이터는 위상 사이의 일부 규칙적 지연을 도입할 수도 있다. 예를 들면 *clk*가 단지 두 개의 인버터를 가지고 생성되는 동안 *clkb*가 세 개의 인버터를 가지고 생성된다면 *clkb*는 *clk*로부터 약간 지연될 수도 있다. 설계자는 순 지연(net delay)이 동일하도록 인버터의 크기를 조심스럽게 정하거나, 또는 지연이 동일하지 않음을 받아들이고 타이밍 해석에 계통적 차이를 포함시키는 방법 중 한 가지를 선택할 수 있다.

그림 12.30은 두 인버터의 지연이 F의 팬아웃을 구동할 때 세 인버터의 지연에 대해 동등하게 되는 회로를 보여 준다. 이 인버터는 그 크기와 함께 주석이 달린다. 두 개의 인버터는 h_1 및 h_2 각각의 전기 에퍼트를 가지고 있는 반면에 세 개의 인버터는 h_a, h_b 그리고 h_c의 전기 에퍼트를 가지고 있다. 이 전기 에퍼트는 체인의 지연이 동일하도록 선택된다.

$$D = h_1 + h_2 + 2p_{\text{inv}} = h_a + h_b + h_c + 3p_{\text{inv}} \tag{12.14}$$

인버터가 TT 코너 내에서 동일한 상승 및 하강을 가지고 있다고 할지라도 이 인버터는 FS 또는 SF 코너 내의 동일하지 않은 지연을 가지고 있을 것이다. 이것은 이러한 코너 내에서 *clk* 및 *clkb* 사이의 스큐로 이끌 수 있다. 그러나 각 체인 내에서 두 번째 인버터의 지연이 동일하다면($h_2=h_b$) 두 개의 게이터는 모든 공정 코너 내에서 동일 지연을 가질 것이다[Shoji86].

경로를 통해 최소 지연을 제공하는 동안 이러한 제약을 만족시키는 최상의 전기적 에퍼트에 대한 풀이를 할 수 있다. 경로는 그 스테이지 에퍼트가 동일할 때 최소 지연을 가진다는 것을 돌이켜 보자. 따라서 $h_a=h_c=h^*$를 선택한다. 이것은 $h_1=h^{*2}$를 필연적으로 포함한다. *clk* 경로 내의 첫 번째 인버터의 지연은 *clkb* 경로 내의 첫 번째 및 세 번째 인버터의 지연의 합과 반드시 동일해야 한다.

$$h^{*2} + p_{\text{inv}} = 2h^* + 2p_{\text{inv}} \tag{12.15}$$

이것은 h^*에 대해 풀이가 될 수 있는 이차 방정식을 제공한다.

$$h^* = 1 + \sqrt{1 + p_{\text{inv}}} \tag{12.16}$$

$p_{\text{inv}}=1$에 대해 이것은 최고 스테이지 에퍼트가 다음과 같음을 암시한다.

$$h_1 = 5.8 \quad h_2 = \frac{F}{5.8}$$

$$h_a = 2.4 \quad h_b = \frac{F}{5.8} \quad h_c = 2.4 \tag{12.17}$$

이러한 사례에서 서로 다른 스테이지의 상승/하강 시간은 차라리 서로 다를 수도 있고 따라서 논리 에퍼트 지연 모델은 특히 정확하지 않다. 이러한 에퍼트는 우수한 시작 지점을 만들지만 더 이상의 조율은 회로 시뮬레이터를 가지고 행해져야만 한다. 게이터가 인버터 한 개 대신에 NAND 게이트 한 개를 사용할 때 동일한 접근 방식이 사용될 수 있다.

또 다른 접근 방식은 그림 12.31에 나와 있는 바와 같이 한 개의 인버터 및 한 개의 전달 게이트에 대해 두 개의 인버터의 지연을 대등하도록 시도하는 것이다. 이러한 매칭은 모든 공정 코너를 가로질러 완벽하지 않을 수도 있다. 그러나 이 게이터는 더 적은 전반적 지연을 가질 수도 있고 따라서 전력 공급 잡음으로부터 더 적은 지터를 생성할 수도 있다.

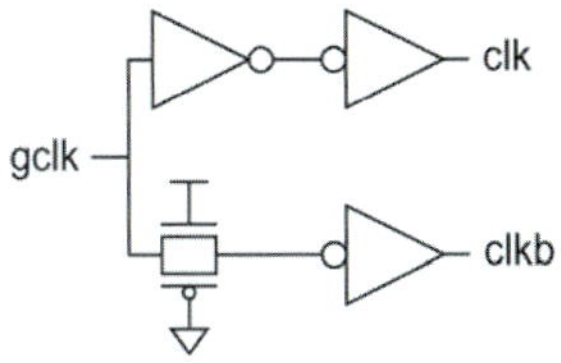

그림 12.31 2-인버터 및 1-인버터 경로

12.4.6 클럭 스큐 예산

설계를 위한 적절한 클럭 스큐 예산을 개발하는 것은 일종의 까다로운 공정이다. 설계자는 클럭 스큐를 무시하거나, 모든 곳에서 최악의 사례 클럭 스큐 예산을 계산하거나, 또는 서로 다른 클럭 영역 사이의 서로 다른 양의 클럭 스큐 예산을 계산하는 등 많은 가능성을 가지고 있다. 궁극적으로 설계자의 목적은 성능 목표를 달성하고 가능하면 적은 면적, 전력, 그리고 설계 노력을 소모하는 동안 홀드 시간 결함을 가지고 있지 않은 시스템을 구성하는 것이다. 성능 목표는 표준에 의해 설정된 고정된 숫자일 수 있고 단순히 '가능한 한 빨리'가 될 수도 있다.

홀드 시간에 대해 보수적이고 단순히 시스템이 가능하면 빨리 작동하기를 원하는 경우에는 클럭 스큐를 무시하는 것이 가능하다. 이 경우는 백투백(back-to-back) 플립플롭 사이의 스큐가 너무 커질 가능성이 없도록 클럭 분배 네트워크 내에서 반드시 적절한 주의를 해야만 한다. 많은 ASIC 그리고 FPGA 플립플롭은 홀드 시간을 위반하기 전에 상당한 스큐를 견딜 수 있도록 긴 오염 지연을 가지고 설계된다. 시스템이 가능한 한 빠르게 작동하도록 구성한다. 이 시스템이 생산될 때 클럭 스큐는 시스템이 기대한 것보다 더 느리게 작동하는 원인이 될 것이다. 이러한 방법론의 이점은 설계자가 클럭 스큐에 관해 생각할 필요가 없기 때문에 더 생산적이 될 수 있다는 것이다. 반면에 불리한 점은 시스템이 느린 플립플롭을 사용하는 것이다. 또 다른 결점은 일부 경로 지연이 다른 것보다 더 많은 스큐를 가질 점이라는 것이다. 모든 경로가 동일한 지연을 갖도록 설계된다면 더 많은 스큐를 가진 경로는 성능을 제한할 것이고 반면에 다른 경로는 과도하게 설계되어 필요 이상으로 더 많은 면적 및 전력을 소비할 것이다. 더군다나 스큐 내성(skew-tolerant) 회로 기법이 다른 곳은 아닌 일부 위치에서 사용된다면 비내성 회로는 임계 경로를 형성하는 경향이 있을 것이다.

관련된 접근 방식은 최악의 사례 클럭 스큐를 추정하고 그것을 모든 곳의 예산에 적용하는 것이다. 단지 플립플롭만을 사용하는 시스템 내에서 이러한 것은 더 짧은 클럭 주기로 설계함으로써 실행될 수 있다. 예를 들면 ASIC이 반드시 4 ns 클럭 주기를 맞추어야만 하고 500 ps의 스큐를 가지는 것으로 예측된다면 이것은 스큐가 없는 3.5 ns 클럭 주기를 맞추도록 설계될 수 있다. 이러한 방법은 클럭 스큐를 예측하기 위해 일부 클럭 설계자의 작업을 필요로 하지만 여전히 스큐에 관한 염려로부터 대부분의 설계자를 보호한다.

사이클 시간이 약 25 FO4 인버터 지연보다 더 짧게 되면서 모든 장소에서 최악의 사례 스큐 예산을 계산하는 것은 설계를 불가능하게 만든다. 대신에 국부 클럭 영역 내의 요소 사이의 더 작은 양의 스큐를 반영하는 다중 스큐 예산이 반드시 개발되어야만 한다. 이러한 방법은 지역성(locality)을 이용하기 위해 일부 설계자의 더 많은 생각을 수반하고 적절한 스큐를 적용하는 정적 타이밍 해석기를 필요로 한다. 좋은 타이밍 해석기는 투과성 래치 및 중첩하는 클럭을 가진 도미노 게이트 같은 그러한 스큐 내성 기법 또한 적절히 취급한다[Harris99].

12.4.6.1 클럭 스큐 원천 이전에 논의한 바와 같이 클럭 스큐는 많은 원천으로부터 온다. 위상 고정 루프의 출력은 PLL 내의 잡음 그리고 외부 클럭 원천 내의 지터 때문에 일부 지터를 가지고 있다. 클럭 분배 네트워크는 버퍼 및 도선 내의 변동으로부터 더 많은 스큐를 도입시킨다. 이 버퍼는 그들의 채널 길이 및 문턱 전압 내의 임의 변동뿐만 아니라 V_{DD} 및 온도의 차이 때문에 서로 다른 지연을 가지고 있을 수도 있다. 도선 길이 및 버퍼 사이의 로딩은 완전히 맞추어지지 않을 수도 있다. 각 게이터는 도선을 따라서 물리적 클럭을 구동하고 따라서 도선의 서로 다른 종단에서의 클럭화된 요소는 서로 다른 RC 지연을 볼 것이다. 2.3.2절에서 언급한 바와 같이 클럭화된 부하의 유효 게이트 커패시턴스는 소스 및 드레인의 스위칭 활동에 의존한다. 일부 클럭화된 요소에 대해 이러한 것은 클럭화된 커패시턴스 및 국부 도선 지연 내의 상당한 데이터 의존도를 유발한다.

홀드 시간 점검에 대해 시간 내의 특정한 순간에 두 개의 연속 클럭화된 요소 사이의 스큐에 관심이 있게 된다. 설정 시간 점검에 대해 한 사이클로부터 다음 사이클로의 요소 사이의 스큐에 관심이 있게 된다. 클럭 분배 네트워크 내의 지터는 순간 클럭 주기에 영향을 줄 수 있고 따라서 설정 시간 예산은 동일 국부 클럭 영역 내의 요소에 대해서도 전체 클럭 분배 시스템의 사이클 간(cycle-to-cycle) 지터를 반드시 포함해야만 한다. 따라서 설정 시간 및 홀드 시간 해석을 위한 분리된 클럭 스큐 예산을 정의할 수 있다.

이 원천은 계획적, 임의, 드리프트, 그리고 지터로 분류될 수 있다. 계획적 스큐는 여분 지연으로서 모델링될 수 있고 또한 이것을 모델링하려고 한다면 스큐 예산을 벗어나게 될 것이다. 우수한 클럭 분배 네트워크는 0에 가까운 계획적 스큐를 가지고 있다. 계획적 그리고 임의 스큐는 12.4.7절에서 논의될 것인데 지연 시간을 교정함으로써 또한 제거될 수 있다. 드리프트는 지연선의 주기적 재교정에 의해 제거될 수 있을 만큼 느리게 발생한다. 궁극적으로 지터는 예측하고 대처하기에 너무 빠르기 때문에 스큐의 가장 심각한 원천이다.

12.4.6.2 통계적 클럭 스큐 예산 계산하기 클럭 스큐를 추정하기 위한 가장 보수적 접근 방식은 각

스큐 원천의 최악의 사례 값을 찾고 이 값들을 합하는 것이다. 실제 칩은 이러한 모든 최악의 사례를 동시에 보지 못할 가능성이 있고 따라서 그러한 합은 비관적이고 고속 칩의 설계를 거의 불가능하게 만든다.

가장 많은 스큐 원천은 가우스 분배를 가지고 있지 않고 따라서 원천의 루트 합 제곱을 취하는 것은 부적절하다. 더 우수한 접근 방식은 스큐의 그럴듯한 분포를 찾기 위해 서로 다른 스큐 원천의 몬테카를로 시뮬레이션을 실행하는 것이다. 스큐 예산은 이러한 분포 내의 일부 지점에서 선택된다. 홀드 시간에 대해 보유 시간이 위반되면 칩이 작동하지 않을 것이기 때문에 반드시 보수적으로 예산을 계산해야만 한다. 예를 들면 칩의 95~99%가 홀드 시간 위반을 가지고 있지 않도록 홀드 시간 스큐 예산이 선택될 수 있다.

목표가 가능한 한 빠르게 동작하는 칩을 구성하는 것이라면 설정 시간을 맞추는 관점으로 볼 때 그 스큐에 대해 할 것이 없기 때문에 모든 경로에 동등하게 영향을 주는 스큐의 어떤 고정된 양도 설계자와 무관하다. 그러나 서로 다른 경로가 서로 다른 양의 스큐를 경험한다면 더 적은 스큐를 보는 경로는 더 큰 스큐를 보는 경로보다 더 많은 논리를 포함할 수 있다. 더군다나 스큐 내성 순차화 요소(sequencing element)를 사용하는 경로는 플립플롭 사이의 경로보다 더 많은 논리를 포함할 수 있다. 따라서 이것은 설정 시간 해석의 목적을 위해 여러 다양한 클럭 영역 내에서 보이는 중앙치 스큐(median skew)를 예측하는 데 유용하다.

계획적 클럭 스큐가 낮게 되는 경향이 되면서 대부분의 클럭 스큐 원천은 임의 공정 변동 및 잡음으로부터 발생한다. 그러나 임계 경로 또한 임의 공정 변동 및 잡음을 경험하고 따라서 일부는 시뮬레이션 예측보다 더 느리게 될 것이고 반면에 다른 경로는 더 빠르게 될 것이다. 이 칩이 많은 임계 경로가 시뮬레이션 내에서 거의 동일한 사이클 시간을 가질 때까지 조율된다면 몇 개의 경로는 제작된 부분 내에서 기대한 것보다 더 느리게 되고 또한 칩 속도를 제한할 것 같다. 데이터 지연 내의 최악의 사례 변동을 가진 경로는 또한 최악의 클럭 스큐에 의해 영향을 받은 경로가 되지는 않을 것 같다. 따라서 데이터 경로 및 클럭 네트워크의 지연 내의 양쪽 변동 모두를 고려하는 몬테카를로 시뮬레이션은 더 작고 더 실질적인 클럭 스큐 예산을 예측할 것이다[Harris01b]. [Agarwal04]는 확률적인 스큐를 직접 결정하는 효과적인 방법을 기술한다.

전반적으로 적절한 클럭 스큐 예산을 선택하는 것은 설계자들 사이에서 계속 진행 중인 연구 및 논쟁의 원천이다. 사실상 많은 설계 팀은 일부 계산을 실행하고 그 이후에 클럭 스큐 예산이 사이클 시간의 약 10%가 될 때까지 숫자들을 적당히 만들어 내는 것 같다. 이러한 전략은 역사적으로 대부분의 시간 동안 동작성 칩으로 이끌어 왔지만 사이클 시간이 감소하면서 더 위험천만해진다. 출판된 서적에 보고되는 측정된 클럭 스큐 숫자는 너무 낙관적이다. 예를 들면 [Mule02]는 최근의 마이크로프로세서 내의 사이클 시간의 평균 3.2% 스큐를 보고했다. 부분적 이유는 최악의 사례 스큐를 측정하는 것이 어렵다는 것이다. 적은 개수의 클럭 사이클에 대한 단지 몇 개의 클럭화된 요소에서만 측정이 이루어지는 경향이 있는 반면에 이 칩은 반드시 $\sim 10^{17}$ 사이클 수명 기간 동안 아무 때나 칩 상의 어느 장소에서도 볼 수 있는 가장 큰 스큐에 대해 올바르게 동작하도록 설계되어야 한다.

12.4.7 적응적 디스큐잉

PLL 또는 DLL이 전체 클럭 분배 지연에 대해 보상하는 것과 마찬가지로 부가적인 조정 가능 지연 버퍼는 다양한 경로를 따라서 클럭 분배 지연 내의 불일치(mismatch)에 대해 보상할 수 있다. 예를 들면 펜티엄 II 및 4는 클럭 분배 네트워크 내의 계획적 그리고 임의 변동을 제거하기 위해 클럭 스파인의 리프에 그러한 버퍼를 사용한다. 그림 12.32는 조정의 여덟 개의 수준을 가진 디지털 조정 가능 지연선의 예를 보여 준다. 선택 신호는 더 많은 통과 트랜지스터가 ON되면서 단조성으로 감소하는 전파 지연을 생성하기 위해 **온도계 코드**(thermometer code)[2]를 사용한다.

펜티엄 II에서 위상 비교기(phase comparator)는 물리적 클럭의 도착 시간을 점검하고 모든 클럭을 동시에 도착하도록 만들기 위해 디지털 제어된 지연선을 조정한다. 루프 대역폭은 지터를 무시할 만큼 낮지만 온도 드리프트에 대해 보상할 만큼 높다. 이러한 기법은 때로는 **적응적 디스큐잉**(adaptive deskewing)이라 부른다[Geannopoulos98]. 펜티엄 4에서 이 지연선은 경계 스캔 테스트 접근 포트를 통해 스캔 체인을 사용하여 조정된다. 46개의 위상 비교기는 클럭 게이터의 위상을 측정한다. 이들의 결과는 TAP을 통해서 시프트되어 나갈 수 있다. 지연선은 조정 이전에 약 64 ps에 비교되면서 계획적 그리고 임의 스큐를 ±8 ps로 감소시키기 위해 조정될 수 있다. 지연선은 또한 성능을 향상시키거나 결함 수정을 지원하기 위해 어떤 클럭은 의도적으로 지연시킬 수 있다[Kurd01]. 마이크로프로세서의 Itanium 시리즈는 유사한 디스큐 기법을 사용한다[Tam00, Anderson02, Stinson03, Tam04]. 1.5 GHz Itanium 2에서는 디스큐가 생산 테스트 동안 발생한다. 이때 리셋 상에서 또는 정상 동작 동안 교정이 필요 없는 계획적 그리고 임의 스큐를 제거하기 위해 칩 상 퓨즈가 끊어진다.

적응적 디스큐잉의 결점은 버퍼가 여분 지연을 도입하는 것이다. 버퍼 상의 전압 잡음은 지터로서 나타난다. 디스큐 버퍼 모두가 잘 필터링된 전원 공급을 사용하지 않는 한 디스큐 버퍼로부터의 여분 지터는 계획적 그리고 임의 스큐 내의 향상을 훨씬 넘어설 수 있다.

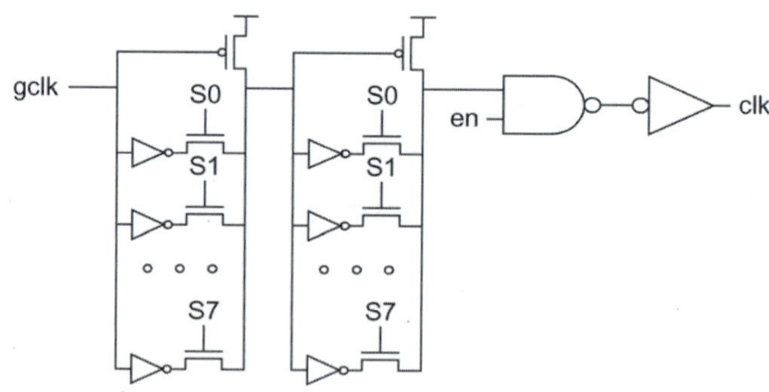

그림 12.32 디지털 조정 가능 지연선

[2] N비트 온도계 코드 내에서 수 $n \in [0, N]$은 최소 유효 위치 내의 n개의 '1'을 가지고 표현된다. 예를 들면 수 3은 00000111로서 8비트 온도계 내에서 표현된다.

12.5 PLL과 DLL

12.4.3절에서 소개된 바와 같이 위상 고정 루프(PLL: phase-locked loop)와 지연 고정루프(DLL: delay-locked loop)는 고속의 입출력(I/O)을 위한 클럭 데이터 복원 및 클럭 생성에 널리 사용되고 있다. PLL은 발진기가 입력 클럭의 위상 및 주파수와 일치하는 출력 클럭을 생성할 때까지 발진기를 조정한다. DLL은 지연선이 입력 클럭의 원하는 양(일반적으로 한 주기)만큼 지연된 출력 클럭을 생성할 때까지 지연선을 조정한다. 이 절에서는 PLL 및 DLL의 작동 원리를 보다 상세하게 검토하며, 각 부품의 선형 시스템 모델 및 회로 설계에 관해 알아본다.

12.5.1 PLL

PLL은 입력 클럭의 위상 및 주파수에 반응하여 출력 클럭을 생성하는 동적 시스템이다. 대역폭과 안정성 등의 행동 특성을 이해하기 위하여 PLL의 간단한 선형 연속 시간 시스템 모델을 구축하는 것이 일반적이다. 이 모델을 통해 고정점(lock point)의 편차(deviation)를 설명한다.

0과 1 사이에서 교대로 발생하는 이상적인 구형파(square wave)로서 클럭을 모델링할 수 있다. PLL을 분석하는 데 있어서 전압보다는 **위상**(phase)을 나타내는 변수에 관해 고려해 보는 것이 핵심이 되겠다. 각각의 클럭은 그 위상 $\Phi(t)$에 의해 다음과 같이 설명되고 있다.

$$\text{clk} = \begin{cases} 1 & \Phi(t) \bmod 2\pi < \pi \\ 0 & \Phi(t) \bmod 2\pi \geq \pi \end{cases} \tag{12.18}$$

위상은 다음과 같이 순간 주파수(instantaneous frequency) $f(t)$의 적분이다.

$$\Phi(t) = 2\pi \int_0^t f(t)dt \tag{12.19}$$

주파수가 상수이면 위상은 선형 램프(linear ramp)이며, 그림 12.33에 나와 있는 바와 같이 250 MHz의 클럭에 대하여 주기적인 클럭이 된다. 그러나 클럭에 지터가 있는 경우 순간 주파수는 변하게 되고 위상은 직선으로 그친다.

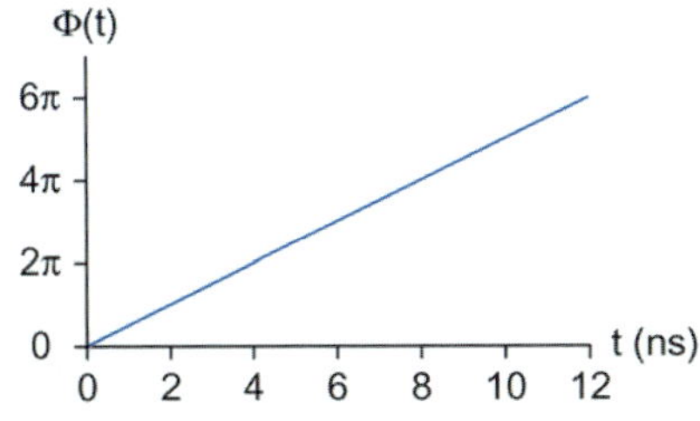

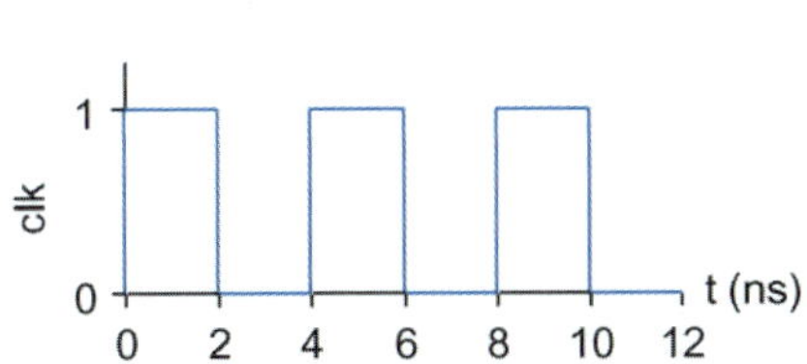

그림 12.33 250 MHz 클럭 위상 및 파형

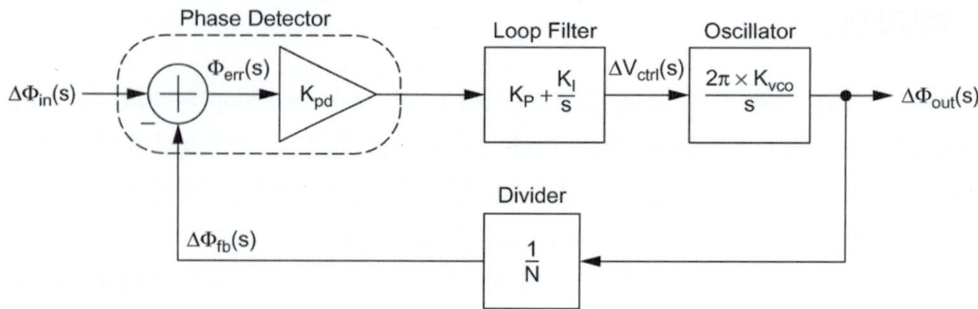

그림 12.34 PLL의 선형 시스템 모델

N을 곱한 PLL은 공칭 위상 $\Phi(t)$를 갖는 입력 클럭을 수신한다고 가정해 보자. 실제 클럭은 일부 지터를 가지면서 위상 $\Delta\Phi_{in}(t)$의 작은 시간 변화를 야기할 수 있다. PLL이 고정되면 출력 클럭은 N배 빠르게 발진해야 하지만 위상 오프셋 $\Delta\Phi_{out}(t)$를 가질 수 있다. 따라서 실제 입력 및 출력 클럭 위상은 다음과 같이 나타낼 수 있다.

$$\begin{aligned}\Phi_{in}(t) &= \Phi(t) + \Delta\Phi_{in}(t) \\ \Phi_{out}(t) &= N\Phi(t) + \Delta\Phi_{out}(t)\end{aligned} \tag{12.20}$$

그림 12.34는 이러한 가정하에 N을 곱한 PLL에 대한 선형 시스템 모델을 나타내고 있다. 공칭 고정 동작점(locked operating point)으로부터 시변 위상 오프셋을 모델을 통해 설명하고 있다. 입력 및 출력 변수는 $\Delta\Phi_{in}$과 $\Delta\Phi_{out}$이며, 각각 공칭값으로부터의 입력 및 출력 클럭 위상의 작은 변화를 나타낸다. 시간 영역(time domain)보다는 s-영역[예: 라플라스 변환(Laplace transformation) 이후]에서 표현되는 변수는 미분법(s 곱하기)과 적분법(s 나누기) 등의 연산을 간단 명료하게 나타낸다.

선형 시스템 모델을 기초로 전제하는 것을 꼭 기억한다.

- 선형 시스템 모델은 PLL이 거의 고정 상태일 때 입력 클럭 위상($\Delta\Phi_{in}$)에서의 작은 변화에 반응하는 방식을 설명한다. 또한 공칭 고정 위치로부터 출력 클럭 위상($\Delta\Phi_{out}$)에서의 작은 변화에 의해 이 반응을 나타낸다.
- PLL은 고정 상태가 아닐 때 높은 비선형도의 거동을 보일 수 있다. 이러한 고정 획득(lock-acquisition)의 거동은 선형 시스템 모델로 설명될 수 없으므로 PLL이 항상 바람직한 고정 상태에 도달할 수 있도록 특히 주의해야 한다(12.5.3절 참조).
- PLL은 일반적으로 주기마다 위상 검출을 수행하는 이산 시간 시스템(discrete-time system)이다. 그러나 대역폭은 PLL이 연속 시간 시스템(continuous-time system)으로서 충분히 근접할 수 있도록 입력 주파수와 비교하여 상당히 낮다(예: 입력 주파수의 1/10보다 낮다)고 추정하고 있다. 대역폭이 매우 높으면 위상 검출 지연으로 인해 피드백 루프(feedback loop)는 불안정해질 수 있다.

이 절의 나머지 부분에서는 각 부품의 기능 및 CMOS 구현에 관하여 논의한다.

12.5.1.1 발진기 PLL의 발진기(oscillator)는 클럭을 발생시키는데, 이 클럭의 주파수는 제어 입력에 따라 조절된다. 예를 들어 전압 **제어 발진기**(VCO: voltage-controlled oscillator)는 클럭의 주파수가 입력 전압에 따라 변화하게 되는 클럭을 발생시킨다. 각각 전류 또는 디지털 숫자가 제어 입력이 되는 **전류 제어 발진기**(ICO: current-controlled oscillator)와 **디지털 제어 방식 발진기**(DCO: digitally controlled oscillator)도 있다. 여기서는 VCO의 경우만 논의하겠지만 다른 유형의 발진기에 대한 분석 및 모델도 제어 입력의 단위가 다른 점을 제외하고는 근본적으로 동일하다.

VCO 제어 전압 V_{ctrl}은 고정, V_{ctrl0}, 작은 오프셋 ΔV_{ctrl}일 때 값의 합계로 나타낼 수 있다.

$$V_{\text{ctrl}}(t) = V_{\text{ctrl0}} + \Delta V_{\text{ctrl}}(t) \tag{12.21}$$

VCO의 클럭 주파수 f_{out}은 제어 전압에 따라 변하므로 고정 주파수의 오프셋은 다음과 같다.

$$\frac{\Delta f_{\text{out}}}{\Delta V_{\text{ctrl}}} = K_{vco} \tag{12.22}$$

이와 같은 소편차(small-deviation)를 가정함으로써 **VCO 이득**(VOC gain)으로 종종 불리는 단일 이득 계수인 K_{vco}와의 관계를 나타낼 수 있다. f_{out}을 헤르츠, V_{ctrl}을 볼트로 나타낼 때 VCO 이득은 Hz/V 단위를 가진다. 위의 방정식을 통해 또한 주파수는 거의 순간적으로 입력 변화에 반응한다는 점을 추측할 수 있는데 이는 대부분의 실제적인 VCO 구현의 경우에 속하며, 안정적인 PLL이 되기 위한 요건이 된다. 위상이 주파수의 정수이므로 이에 따른 출력 클럭 위상 $\Delta\Phi_{\text{out}}$의 변화는 s-영역에서 다음과 같이 나타낼 수 있다.

$$\frac{\Delta\Phi_{\text{out}}(s)}{\Delta V_{\text{ctrl}}(s)} = \frac{2\pi K_{vco}}{s} \tag{12.23}$$

예리한 독자들은 제어 전압의 변화로 VCO의 클럭 위상을 즉시 이동시키지 않는다는 점을 눈치챌 수 있을지도 모른다. 오히려 위상은 제어 전압의 시간 적분에 따라 변한다. 다시 말하면, VCO 위상이 변하는 데 **시간이 걸린다**. 이러한 특성은 종종 인용되는 **지터 누적**(jitter accumulation)이라 불리는 현상을 가리킨다. 즉 PLL의 위상 에러는 위상 검출기에 의해 검출되고 루프 필터(loop filter)에 의해 루프 필터에 작용된 후 즉시 보정되지 않는다. 단시간에 위상 에러는 점차 커질 수도 있다. 같은 이유로 PLL은 DLL보다 안정성 문제에 더 민감하다.

그림 12.35는 **링 발진기**(ring oscillator)를 사용하여 VCO 회로 구현의 예를 보여 주고 있다. 링 발진기가 역단계(inverting stage)의 홀수로 구성된 것을 기억할 것이다. 클럭 에지(clock edge)가 그 링 주변을 2회 선회하는 지연 시간에 의해 클럭 기간이 결정된다. 이러한 설계에서 조절 가능한 공급 전압을 갖는 CMOS 인버터가 **지연 요소**(delsy clement)가 된다. 이 링 발진기의 주파수는 공급 전압을 조절하여 각 단계마다 지연 시간을 변경함으로써 제어된다. 전압 조정기(voltage regulator)는 공급 전압 V_{reg}

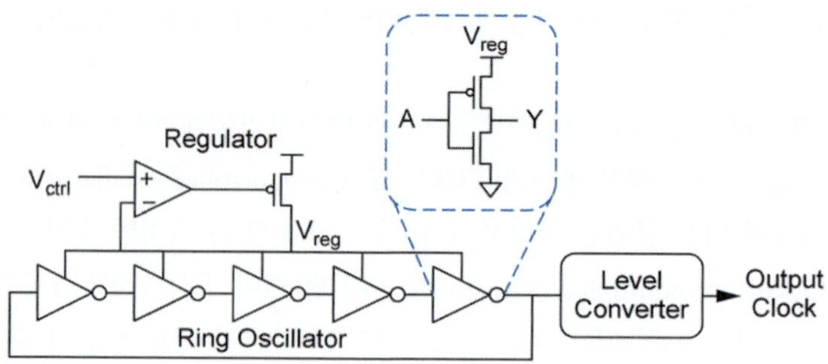

그림 12.35 전압 제어 발진기

를 설정한다. 레벨 컨버터(level converter)는 충분한 레벨까지 출력을 복원한다.

그림 12.36에서는 9단계 공급이 조정된(9-stage supply-regulated) VCO의 전압 대 주파수 특성을 나타내고 있다. 예를 들어 TT 조건하에 대략 3 GHz의 동작점에서 VCO의 이득 K_{vco}=12 GHz/V이다. 관찰해 보면 이 곡선은 전체 범위에 걸쳐 직선이 아니기 때문에 K_{vco}가 고정 주파수에 따라 변한다는 것을 알 수 있다. 곡선은 또한 프로세스 및 온도 변이에 따라 눈에 띄게 이동한다. 따라서 VCO 설계의 어려운 점 중 하나는 가능한 모든 프로세스/환경 조건에 걸친 원하는 주파수 범위를 항상 포함할 수 있는 충분히 넓은 튜닝 범위(tuning range)를 달성하는 것이다. 또 하나의 어려운 점은 예측 가능한 PLL의 대역폭 및 안정성을 얻기 어려운 VCO의 이득 값의 변화이다.

물론 각 단계의 지연 시간을 변경하는 대안이 있다. 지연 시간이 부하 커패시턴스 및 구동 저항의 함수이므로 둘 중 하나를 조정하면 지연 시간이 변경될 수 있다. 그림 12.37은 제어 전압, 제어 전류, 또는 디지털 제어 값을 사용하여 이러한 옵션을 설명하고 있다. 조절 가능한 저항 방식을 **전류 제어 인버터**(current-starved inverter)라고 한다. 이 방법은 그림 12.35의 조절 가능한 전력 공급보다 적은 범위의 가능한 지연 시간을 제공하는 경향이 있다.

일부 발진기는 링 발진기보다는 인덕터-커패시터(LC: inductor-capacitor)와 수정(quartz crystal) 등의 공명 구조를 기반으로 한다[Razavi03]. 공명 기반 발진기는 뛰어난 잡음 성능을 갖는 반면에 링 발진기는 넓은 튜닝 범위 및 디지털 CMOS 회로와의 용이한 통합으로 인하여 실제적으로 여러 가지

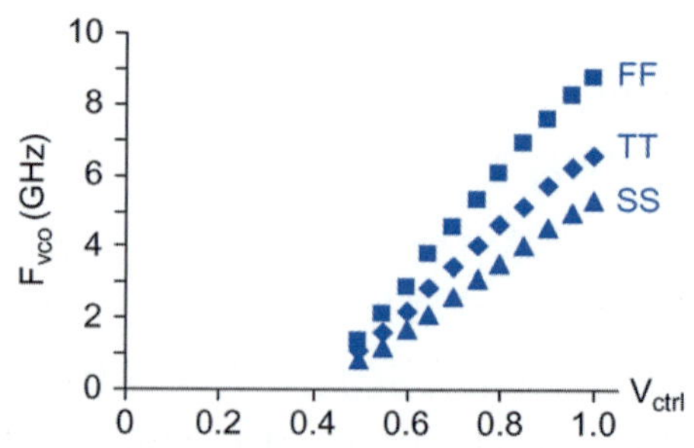

그림 12.36 상이한 프로세스 조건에서의 VCO의 전압 대 주파수 특성

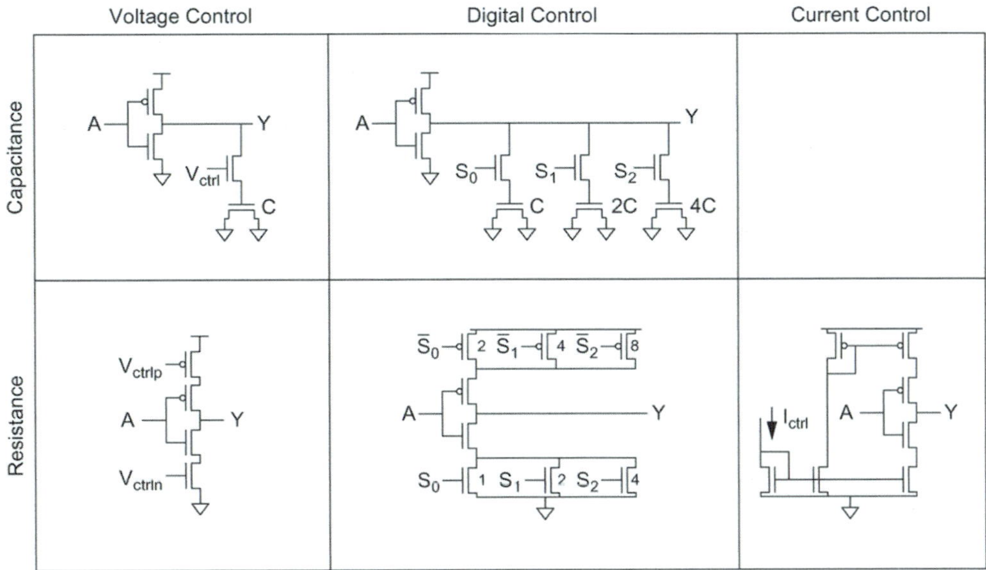

그림 12.37 다른 방식의 지연 요소

로 사용하는 데 있어서 여전히 호응을 얻고 있다.

12.5.1.2 분할기 입력 클럭과 다른 주파수를 갖는 클럭을 생성하는 PLL은 그림 12.23에서와 같이 그 피드백 경로에서 주파수 분할기를 가질 수 있다. 주파수 분할기에서는 인수 N으로 입력 주파수 및 위상을 다음과 같이 나눈다.

$$\Delta f_{\text{fb}} = \frac{\Delta f_{\text{out}}}{N}$$
$$\Delta \Phi_{\text{fb}} = \frac{\Delta \Phi_{\text{out}}}{N} \tag{12.24}$$

여기에서 N은 주파수 제곱 인자에 해당하는 분주율(division ratio)이다. Δf_{fb}와 $\Delta\Phi_{\text{fb}}$는 각각 위상 검출기로 피드백되는 클럭의 주파수 및 위상의 변화를 나타낸다.

10.5절에서 설명한 대로 주파수 분할기는 가장 흔히 모듈로 N 카운터(modulo-N counter)로서 구현된다. VCO는 시동 과도(start-up transient) 현상이 발생하는 동안 더 높은 주파수를 생성할 수 있으므로 주파수 분할기는 공칭 주파수보다 훨씬 높은 주파수에서 올바르게 작동해야 한다. 그렇지 않으면 PLL은 교착 상태에 빠질 수 있다. 이러한 위험에 관한 보다 상세한 설명은 12.5.3절을 참조한다.

12.5.1.3 위상 검출기 위상 검출기(PD: phase detector)는 두 개의 클럭 간의 위상차를 측정한다. PLL에서는 입력 클럭을 피드백 클럭과 비교한다. 그 위상 에러는 $\Phi_{\text{err}} = \Delta\Phi_{\text{in}} - \Delta\Phi_{\text{fb}}$이다.

여러 위상 검출기가 발명되었지만 가장 일반적인 두 가지로는 그림 12.38(a, d)에 나와 있는 XOR 위상 검출기와 위상-주파수 검출기(PFD)가 있다. 이 위상 검출기는 위상차에 비례하는 듀티 사이클

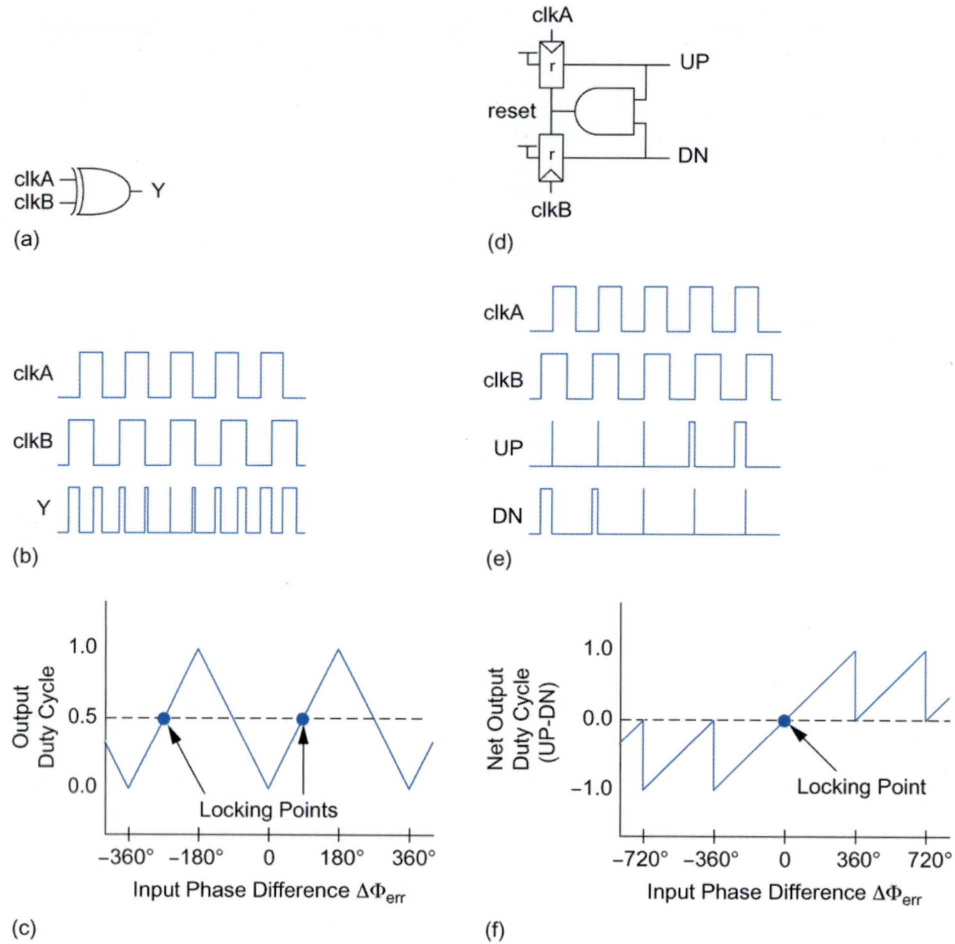

그림 12.38 위상 검출기 구현 및 작동: (a) XOR 위상 검출기, (b) 위상-주파수 검출기

(duty cycle)로 출력을 생성한다. 루프 필터 대역폭이 입력 클럭 주파수보다 훨씬 낮으면 위상 검출기의 출력은 평균값으로 처리될 수 있다.

XOR PD는 두 개의 입력 클럭이 서로 다른 레벨에 있을 때마다 높은 출력을 생성한다. 다양한 입력 위상차에 대한 출력 펄스 파형의 예가 그림 12.38(b)에 나와 있다. 일반적으로 PD 반응의 특성을 설명하는 방법은 그림 12.38(c)와 같이 입력 위상차의 함수로 출력 듀티 사이클(출력이 1인 시간의 비율)을 표로 나타내는 것이다. 두 클럭이 50%의 사용 주기를 가지고 있다고 가정하면,[3] 위상이 벗어났을 때(π 라디안 떨어져 있음) 입력 클럭이 같은 펄스의 완전히 높은 펄스이면(100% 사용 주기, +1로 표현됨) PD는 완전한 낮은 펄스를 만든다(0% 사용 주기, −1로 표현됨). 듀티 사이클은 두 지점 사이에서 선형으로 변하면서 정수 n의 $\pi(1/2+n)$에서 입력 위상차의 50%(0으로 해석)를 횡단한다. 하지

[3] XOR PD의 한 문제는 출력 사용 주기가 입력 클럭의 사용 주기에 따라 바뀔 수 있다는 것이다.

만 PD는 0-레벨 지점의 절반에 대해서는 양의 이득을 가지지만 나머지 절반은 음의 이득을 갖는다. PLL은 PD의 이득이 음의 피드백이 되는 지점으로만 수렴할 수 있다. 그러한 PD의 이득이 양일 경우 XOR PD는 $\pi(1/2+2n)$에서의 고정점(locking point)을 가질 수 있다. 그 XOR PD는 다음과 같은 평균 전압 출력을 생성한다.

$$\frac{V_{pd}(s)}{\Phi_{err}(s)} = \frac{V_{DD}}{\pi} = K_{pd} \tag{12.25}$$

그림 12.38(d)의 PFD는 내적 상태를 구비한 순차적인 PD 클래스에 속한다. 그림 12.38(e)의 파형은 이러한 PD의 동작을 설명하고 있다. 순차적 PD는 과거 이력에 따라 동일한 입력 위상에 대한 다른 출력을 생성할 수 있는데 이는 그림 12.38(f)에 표로 나와 있는 곡선에서의 선형 범위를 확장할 수 있게 한다. 처음에 PD, UP, DN의 출력이 0에 있다고 가정한다. 기준 클럭이 상승하면 클럭에 의해 플립플롭은 UP을 하이로 판단한다. 나중에 피드백 클럭이 상승하면 다른 플립플롭 또한 DN으로 판단한다. 이때 플립플롭의 비동기 리셋 입력에 연결된 AND 논리는 UP과 DN 신호 둘 다 1에 도달하자마자 두 신호를 0으로 판단하고 PD를 원래의 상태로 복귀시킨다. 이에 따라 UP 및 DN 펄스폭의 차이는 두 클럭의 상승 에지 간의 타이밍 차이에 해당한다.

PFD는 그림 12.39에 나와 있는 것처럼 일반적으로 전하 펌프(charge pump)를 사용하여 UP 및 DN 펄스를 전류 입력으로 변환한다. 고정 지점에 근접하여 PFD와 전하 펌프는 다음의 전달 함수(transfer function)를 가진다.

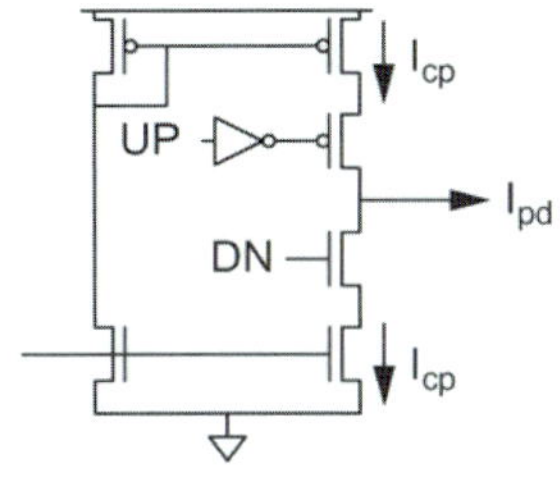

그림 12.39 전하 펌프

$$\frac{I_{pd}(s)}{\Phi_{err}(s)} = \frac{I_{cp}}{2\pi} = K_{pd} \tag{12.26}$$

순차적 PD는 XOR PD와 같은 결합 PD에 비해 여러 가지 이점을 갖고 있다. 첫째, 입력 클럭의 상승 에지 또는 하강 에지로 인한 입력 클럭 듀티 사이클의 변화에 영향을 받지 않을 수 있지만 두 개의 에지에 의해 반응할 수 있다. 둘째, 그림 12.38(f)의 곡선이 그림 12.38(c)와 같이 π라디안마다 기호를 교체하지 않는다. 오히려 기호를 유지하여 위상차의 올바른 극성을 표시한다. 이와 같은 속성으로 두 개의 입력 클럭이 상당한 주파수 차이를 가질 때 PFD는 주파수 검출기로서의 기능을 할 수 있다. PLL이 잘못된 주파수에서 기동하면 PFD는 필요시 주파수를 위로 아래로 조절하게 된다. PLL이 안정적으로 신속하게 고정(lock)을 획득할 수 있게 하므로 클럭 생성 PLL에서 PFD가 선호되고 있다. 그러나 DLL에서 PFD를 잘못 사용하면 간헐성의 교착 문제가 발생할 수 있다(12.5.3절 참조). 더욱이 클럭-데이터 복구(CDR) 회로에서는 12.7.6절에 논의된 이유로 인해 XOR 기반 PD가 필요하다.

12.5.1.4 루프 필터 루프 필터(LF: loop filter)는 위상 에러에 기초하여 VCO 제어 전압을 얼마나 조절해야 하는지 결정하기 때문에 PLL의 중심을 이루는 요소이다. 루프 필터의 역학을 이해하는 것은 고성능의 PLL을 설계하는 데 매우 중요하다.

일반적으로 루프 필터는 위상 에러와 위상 에러 적분 둘 다에 비례하는 제어 전압을 생성한다. 전류 출력을 생성하는 PFD와 전하 펌프를 가정하여 다음과 같이 나타낼 수 있다.

$$\frac{V_{\text{ctrl}}(s)}{I_{pd}(s)} = \frac{K_I}{s} + K_P \tag{12.27}$$

여기에서 K_I/s 항은 위상 에러의 시간 적분을 뜻한다. 실질적으로 적분 제어항(integral control term)은 위상 에러가 0일 때 원하는 주파수에서 VCO가 발진하도록 V_{ctrl0}를 조정한다. V_{ctrl0}가 잘못된 값에 있을 때 제로가 아닌(nonzero) 위상 에러는 에러를 감소시키기 위한 방향으로 V_{ctrl0}를 이동시킨다. 적분항은 위상 에러가 0이 될 때까지만 최종값으로 정해지게 된다.

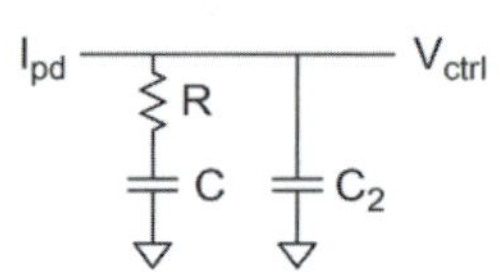

그림 12.40 RC 필터가 따라오는 전하 펌프를 기반으로 하는 루프 필터 구현

PFD가 구비된 종래의 아날로그 PLL에서 LF는 보통 그림 12.40과 같이 RC 필터와 함께 구현된다. C_2는 C보다 훨씬 작아서 초기 분석인 경우 등한시될 수 있다. RC 필터는 전류를 다음과 같이 전압 V_{ctrl}로 변환한다.

$$\frac{V_{\text{ctrl}}(s)}{I_{pd}(s)} = \frac{1}{sC} + R \tag{12.28}$$

저주파수의 위상 에러는 PLL이 위상 오차가 없는 고정(lock)에 있도록 V_{ctrl}이 V_{ctrl0}에 도달할 때까지 커패시터 C에 통합되는 전류를 생성한다. 고주파수 잡음이 고정을 방해하는 위상 오차를 야기하면 레지스터 R은 그 오차에 비례하는 제어 전압을 생성하여 잡음에 대해 보정한다.

실제로 루프 필터에는 VCO가 나타내는 부하와 기생(parasitic)으로 인하여 V_{ctrl}과 GND 사이에 커패시턴스 C_2가 추가된다. 이 커패시턴스는 전하 펌프의 전원이 ON/OFF되면서 발생된 V_{ctrl}의 리플(ripple)을 평탄하게 하여 지터 현상을 줄인다. 하지만 너무 큰 커패시턴스인 경우 루프를 불안정하게 할 수 있다. 보통 C는 C_2가 무시될 수 있도록 적어도 C_2보다 큰 규모(order of magnitude)로 선택된다.

12.5.1.5 루프 역학 이제까지 PLL의 개별 부품의 거동을 분석하였으므로 피드백 루프를 폐쇄할 때 전반적으로 PLL이 입력 클럭 위상에 반응하는 방식을 논의할 수 있다. 특히 앞서 하위 절에서 유도된 모델을 사용하여 선형 시스템 분석을 통해 VCO 이득(K_{vco}), 전하 펌프 전류(I_{cp}), 루프 필터 저항(R), 커패시턴스(C) 등의 구성 요소 변수에 의해 대역폭과 안정성 등의 주요 PLL 특성이 어떻게 결정되는지 이해할 수 있게 된다. 선형 시스템 및 제어 이론에 관한 일부 정보는 이 하위 절의 자료를 충분히 이해하는 데 필요할 수 있다.

입력 기준 클럭 위상 $\Delta\Phi_{\text{in}}$에 대한 PLL의 출력 클럭 위상 $\Delta\Phi_{\text{out}}$의 반응은 PLL의 폐루프 전달 함수에 의해 다음과 같이 주어진다.

$$H(s) = \frac{\Delta\Phi_{\text{out}}(s)}{\Delta\Phi_{\text{in}}(s)} = \frac{K_{pd}\left(R + \frac{1}{sC}\right)\frac{2\pi K_{vco}}{s}}{1 + \frac{1}{N}K_{pd}\left(R + \frac{1}{sC}\right)\frac{2\pi K_{vco}}{s}} \tag{12.29}$$

전달 함수는 고유 주파수 ω_n과 댐핑 팩터(damping factor) ζ를 갖는 표준 2차 시스템으로서 나타낼 수 있다. N의 인수에 의한 주파수 제곱에 해당하는 이득은 N이다.

$$H(s) = N\frac{2\zeta\omega_n s + \omega_n^2}{s^2 + 2\zeta\omega_n s + \omega_n^2} \tag{12.30}$$

$$\omega_n = \sqrt{\frac{I_{cp}K_{vco}}{NC}} \tag{12.31}$$

$$\zeta = \frac{\omega_n}{2}RC \tag{12.32}$$

고유 주파수는 루프 대역폭의 기준이 된다. 더 큰 대역폭의 트랙 입력을 갖는 루프는 더 급속하게 변화한다. 대체적으로 출력 클럭 지터 현상을 최소화하기 위해 대역폭을 선택한다. V_{ctrl}을 방해하는 칩 상 잡음에 의해 출력 지터가 영향을 받으면 제어 전압을 신속하게 보정하는 데 고대역폭이 바람직하다. 그러나 입력 클럭 지터에 의해 출력 클럭이 영향을 받는 경우 입력 클럭 잡음을 거부하는 데는 저대역폭이 바람직하다. 여하튼 고유 주파수는 연속 시간 모델이 유효하도록 적어도 입력 클럭 주파수 이하의 규모여야 한다.

댐핑 팩터는 루프 안정성의 기준이 된다. 댐핑 팩터가 $1/\sqrt{2}$ 이하이면 PLL은 위상의 계단식 변화(step change)에 반응하여 울리게 된다. 이는 지터를 증가시킬 수 있으므로 바람직하지 않은 것으로 간주되기 때문에 보통 0.7~1 범위 내에서 선택된다.

12.5.1.6 확인 앞 절에서 다루었던 2차 분석은 비선형 시스템의 거동에 가깝다. 비선형성은 고정(locking) 문제를 야기할 수 있다. 또한 반응의 지체 현상은 불안정성을 가져올 수 있다. 적절한 설계를 초안한 후 루프 고정을 보장하고 모든 프로세스 코너에서 안정적인지 확인하는 데 시뮬레이션은 필수적이다.

설계자는 일반적으로 알려진 일련의 SPICE의 입력 패턴에 대한 PLL의 폐루프 반응을 시뮬레이션한다. 호응이 좋은 그러한 입력 패턴으로는 스텝(step), 임펄스(impulse), 또는 사인 곡선(sinusoid)이 있는데 이를 이용하여 폐루프 전달 함수 $H(s)$를 어림한 다음에 대역폭과 안정성을 평가할 수 있다. 훌륭한 전략으로는 SPICE의 소신호 AC 분석 기능을 사용하여 위상 영역에서의 반응을 분석함으로써 전달 함수를 직접적으로 설명할 수 있는 것이 있다[Kim07].

12.5.1.7 고급 PLL 구조 PVT의 변이로 인해 양호한 수율로 성능 요건을 충족시키는 안정적인 PLL 설계가 어렵게 된다. 그리고 지터를 최소화하는 루프 대역폭은 동작 주파수(operating frequency)에 따른다. **셀프바이어스된 PLL**(self-biased PLL)은 전하 펌프 전류와 루프 필터 저항 등의 파라미터를 조정하고 동작 주파수를 추적하여 프로세스 변이에 대해 보상한다[Maneatis03, Kim03b].

아날로그 부품은 나노미터 CMOS 프로세스를 구축하기에 까다롭다. **ADPLL**(all- digital PLL)은 관심이 증대되는 분야이다. 일반적으로 DCO와 디지털 루프 필터를 사용한다[Tierno08].

12.5.2 DLL

지연 고정 루프(delay-locked loop)는 출력 클럭을 입력 기준 클럭에 맞추는 동일한 목적을 가지지만 다소 다른 원리에서 작동한다. 즉 발진기 주파수 대신에 버퍼 체인(buffer chain)의 지연을 조정한다. 앞에서 언급한 바와 같이 이러한 차이로 DLL에 대한 루프 필터 설계가 간단해지고 PLL보다 안정성 문제를 줄여 주는 경향이 있다. 이 절에서는 DLL의 부품과 루프 특성에 관해 알아본다.

그림 12.22(b)의 DLL 아키텍처를 기억할 것이다. 입력 클럭은 칩 상 부하를 구동하기 위한 버퍼를 포함하는 가변 지연선에 공급된다. 최종 부하에 분산된 출력 클럭은 입력 클럭에 다시 비교된다. 그 에지가 정렬되지 않으면 위상 검출기는 에러 정보를 발생시키는데 이에 따라 루프 필터는 지연선에 대해 적절하게 작동하여 에러를 감소시킨다.

그림 12.41은 선형 시스템 모델을 나타내고 있다. 그림 12.34의 PLL과 다이어그램을 대비해 보자. 이제 상태 변수는 위상(Φ)보다는 시간(T)이다. 기간 T_c를 사용하여 이상적으로 주기적인 입력이 된다. DLL이 고정되면 정확히 T_c에 의해 출력이 지연된다. 그 모델에서는 입력 주기 시간과 출력 지연 시간의 동작점으로부터의 작은 변이 ΔT의 영향을 설명하고 있다. 대역폭이 입력 클럭 주파수 1/10 이하일 경우와 고정의 작은 편차에 대해 선형 모델이 유효하다는 점에 주의하자. DLL은 VCO 대신에 지연선을 사용하며, PI 루프 필터 대신에 적분기(integrator)를 사용한다. DLL은 1차 시스템이기 때문에 2차 PLL의 여러 안정성의 위험을 막을 수 있다.

DLL은 지연선을 따라 여러 지점으로부터 태핑(tapping)하여 알려진 위상 관계를 갖는 복수의 클럭 출력을 생성할 수 있다. 예를 들면 지연선에 8개의 단계가 있다면 두 단계마다 태핑하여 1/4, 1/2, 3/4의 주기뿐만 아니라 완전 주기에 의해 지연되는 클럭이 생긴다.

12.5.2.1 지연선 가변 지연선은 제어 입력이 지시한 대로 입출력 클럭 사이 지연 시간을 조정한다. 제어 입력으로는 전압, 전류, 디지털 숫자 등이 될 수 있다. 흔히 **전압 제어 지연선**(VCDL: voltage controlled delay line)을 사용한다. VCDL의 경우, 전압 대 지연 특성은 각각의 고정 값(locked value)으로부터 지연 및 제어 전압(V_{ctrl})의 작은 편차 간의 다음의 선형 방정식에 의해 모델링할 수 있다.

$$\frac{\Delta T_{\text{out}}(s)}{\Delta V_{\text{ctrl}}(s)} = K_{vcdl} \tag{12.33}$$

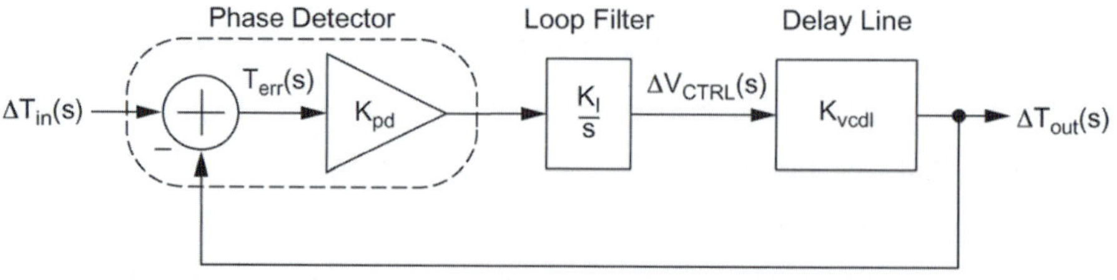

그림 12.41 DLL 선형 시스템 모델

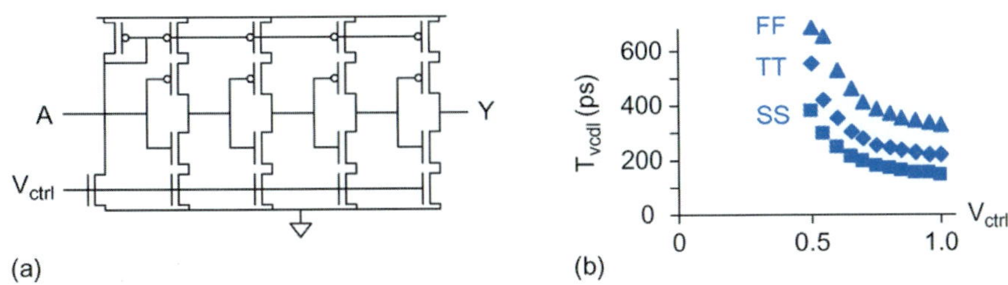

그림 12.42 전압 제어 지연선(VCDL)의 예: (a) 전류 제어 인버터 체인, (b) 다양한 프로세스 조건의 전압 대 지연 특성

VCO의 경우 환산 계수 K_{vcdl}은 **VCDL 이득**을 말하며, seconds/V 단위를 가진다. 제어 입력의 시간 적분을 통해 클럭 타이밍을 조절하는 VCO와 달리 VCDL은 제어 전압을 변경하여 거의 순간적으로 클럭 타이밍을 바꿀 수 있다. 따라서 DLL에서는 일반적으로 지터 누적(jitter accumulation) 현상이 나타나지 않는다.

12.5.1절에 논의된 모든 가변 지연 요소는 VCDL에서도 사용될 수 있다. 예를 들어 그림 12.42(a)의 지연선은 전류 제어 인버터(current-starved inverter)의 4개의 단계로부터 구축된다. 바이어스 전압은 전류를 변경함에 따라 지연 시간도 바꾸게 된다. 그림 12.42(b)에서는 다양한 프로세스 조건하에 16단계 선의 전압 대 지연 곡선을 표로 나타내고 있다. 지연 튜닝 범위는 지연선이 모든 조건에 대해 클럭을 정렬할 수 있는 지연 이동(delay shift)을 제공하도록 충분히 넓어야 한다. 그러나 VCDL의 넓은 튜닝 범위로 인하여 15.5.3절에서 논의되는 잘못된 고정 문제에 DLL을 노출시킬 수 있다.

12.5.2.2 위상 검출기 DLL은 PLL과 동일한 유형의 위상 검출기를 사용할 수 있다. 전하 펌프가 따라오는 PFD는 일반적인 선택 사항이다. PFD는 다음의 전달 함수를 이용하여 출력 전류를 생성한다.

$$\frac{I_{pd}(s)}{T_{err}(s)} = \frac{I_{cp}}{T_c} \tag{12.34}$$

12.5.2.3 루프 필터 DLL의 루프 필터는 PLL의 루프 필터와 유사한 기능을 갖고 있으며, 검출된 위상 에러에 따라 지연 시간을 제어한다. DLL의 루프 필터 설계는 보통 적분 제어(integral control)만으로 피드백 루프를 안정시키는 데 충분한 것과 같이 더 간단하다. 그림 12.43은 위상 검출기로부터 전류를 통합하는 단일 커패시터로 이루어진 루프 필터를 보여 주고 있다.

그림 12.43 DLL의 전하 펌프 기반 루프 필터 구현

적분 제어는 위상 에러가 0에 도달할 때까지 제어 전압을 조절한다. PLL에 관해 논의한 대로 이러한 적분 제어는 프로세스 및 환경 변수가 존재할 때 외부 및 내부 클럭 사이에 로우 스큐(low skew)를 유지하는 데 반드시 필요하다. s-영역에서 나타낸 루프 필터의 거동은 다음과 같이 모델링할 수 있다.

$$\frac{\Delta V_{ctrl}(s)}{I_{pd}(s)} = \frac{K_I}{s} = \frac{1}{sC} \tag{12.35}$$

12.5.2.4 루프 역학 DLL은 다음의 폐루프 전달 함수를 가진다.

$$H(s)=\frac{\Delta T_{\text{out}}(s)}{\Delta T_{\text{in}}(s)}=\frac{1}{s\tau+1} \tag{12.36}$$

시간 상수는 다음과 같다.

$$\tau=\frac{1}{K_{pd}K_{I}K_{vcdl}}=\frac{CT_{c}}{I_{cp}K_{vcdl}} \tag{12.37}$$

전달 함수가 낮은 주파수에서 1의 크기(magnitude)를 가지면서 DLL이 입력 주기 시간의 변화를 추적하는 것을 나타내고 있다. 시간 상수 τ는 얼마 동안 DLL이 주파수의 갑작스런 변화에 반응해야 하는지 나타내고 있다. τ는 연속 시간의 근사치가 유효하도록 적어도 $10T_c$여야 한다.

DLL이 입력 클럭을 간단히 지연하고 있음을 주목하자. 지터 현상은 출력으로 직접 퍼진다. 이때 입력에 잡음이 많다면 PLL은 잡음을 여과시킬 수 있는 좋은 수단이다.

12.5.3 함정

이제까지 선형 시스템 분석을 사용하여 PLL과 DLL이 입력 변화에 반응하는 방식과 전하 펌프 전류 또는 루프 필터 커패시턴스 등의 설계 파라미터가 대역폭과 안정성 등의 주요 루프 역학에 어떻게 영향을 주는지 이해하였다. 이는 오늘날 PLL/DLL을 설계하는 가장 주된 방법론이기도 하지만 선형 시스템 분석이 12.5.1절에서 설명한 가정에 근거를 두고 있다는 점을 명심해야 한다. 이 중 하나는 선형 시스템 모델을 통해 거의 고정된 상태에서만 시스템 거동을 설명하고 있다. 다시 말해서 선형 시스템 분석에서 PLL이 안정적이라고 설명되더라도 PLL이 원하는 고정점(locking point)이 아닌 임의의 상태에서 기동할 때 항상 수렴하게 된다고 보장하지 못한다. 여러 설계의 위험은 수렴성 실패로 간주될 수 있다. 공교롭게도 전 세계적인 수렴성을 증명하는 체계적인 방식이 아직 없다. 이제까지 발견한 버그를 반복하지 않으려 노력하는 것만이 최선책이다. 몇 가지 대표 사례가 이 하위 절에 목록으로 나타나 있다.

PLL의 하나의 실패예로는 주파수 분할기가 VCO만큼 넓은 동작 범위를 갖지 않는 경우이다. PLL이 VCO가 그 분할기의 최대 사용 주파수보다 높은 주파수에서 발진하고 있는 조건에서 기동한다고 가정해 보자. 가능한 모든 전 세계적이고 지역적인 변이에 대해 회로를 확인하지 않는 한 이러한 상태를 피하기는 어렵다. 이런 경우에, 일반적으로 분할기의 반응은 클럭 에지를 간헐적으로 놓친다. 최종적으로 분할기는 예상되는 것보다 더 낮은 주파수의 클럭을 생성한다. 위상 검출기는 이 클럭을 기준 클럭과 비교할 때 VCO 주파수가 너무 낮다고 잘못 결정하여 루프 필터에게 더 높은 주파수 증가를 지시할 수 있다. PLL은 모든 피드백 루프의 힘이 틀린 방향으로 향해 있으므로 이 교착 상태로부터 벗어날 수가 없다. 실행할 수 있는 해결책으로는 분할기가 올바르게 작동하기 위해 충분히 낮은 주파수에서 VCO가 기동될 수 있도록 VCO 제어 전압의 초깃값을 리셋하는 것이다.

DLL은 주파수 분할기를 구비하지 않더라도 수렴성 실패를 지니고 있을 수 있다. DLL은 외부

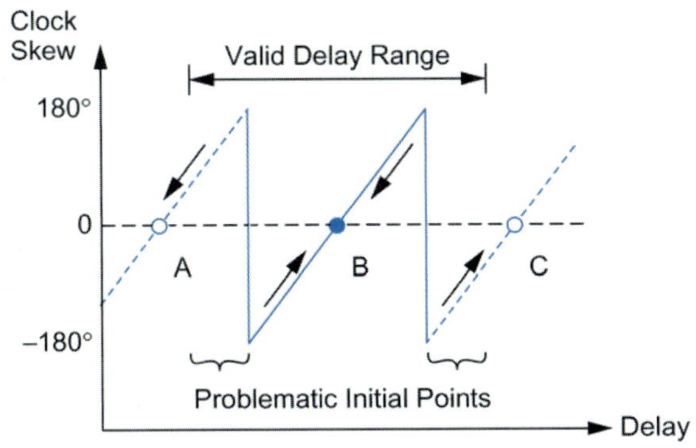

그림 12.44 DLL의 수렴성 실패의 예

및 내부 클럭이 정렬되도록 지연 시간을 클럭 기간의 정수배에 고정하려 한다. 문제는 DLL이 어떤 정수배에 고정하려 하는지 개의치 않는다는 것이다. 이에 따라 DLL은 하나 이상의 고정점을 구비할 가능성이 있다. DLL이 하나 이상의 주기에 해당하는 지연 시간에 고정한다면 더 많은 지터 현상이 생길 것이다. 더욱이 지연선이 유한한 지연 범위를 갖기 때문에 심각한 문제가 발생할 수 있다. 이러한 사례는 그림 12.44에서 설명되고 있다. A, B, C 지점은 A와 C가 지연 범위 내에 있지 않는 동안 가능한 고정점이 되므로 구현될 수 없다. 그러나 DLL의 초기 조건에 따라 위상 검출기는 A 또는 C로 지연을 구동하여 DLL이 교착 상태에 놓이게 함으로써 가상의 고정점을 추적할 수 있다.

12.5.1.3절에서 논의된 바와 같이, 위상-주파수 검출기(PFD)는 PLL에 사용되는 경우 위상 검출기(phase-only detector)보다 더 많은 장점을 가지고 있다. 그렇지만 DLL에서 PFD는 해가 될 수 있다. PFD는 360° 또는 720°로부터 0°을 구별할 수 있는 내부 상태를 구비하고 있어서 PFD를 구비한 DLL은 모든 가능성 중에서 하나의 특정한 고정점에서만 고정할 수 있다. 만약 내부 상태가 적절히 초기화되어 있지 있다면 PFD는 DLL이 지연 범위 밖의 지점에 고정하라고 지시하여 교착 상태에 들어갈 수밖에 없다.

12.6 I/O

입력/출력(I/O) 서브시스템은 칩과 외부 세계 사이의 데이터 통신에 대해 책임이 있다. 우수한 I/O 서브시스템은 다음의 특성을 가지고 있다.

- 칩 외부(off-chip) 신호의 전형적인 큰 커패시턴스를 구동한다.
- 다른 칩과 호환적 전압 수준에서 동작한다.
- 적당한 대역폭을 제공한다.
- 고주파 잡음을 제어하기 위해 슬루율(slew rate)을 제한한다.
- 정전기적 방전(ESD)으로부터의 손상에 대해 칩을 보호한다.

- 과전압 손상에 대해 보호한다.
- 적은 개수의 핀을 가지고 있다(저비용).

I/O 패드 설계는 특수한 아날로그 전문적 기술 및 공정에 대해 특수한 ESD 구조의 지식을 필요로 한다. 프로세서로부터 또는 생산 공정에 대해 적절한 라이브러리 판매자로부터 잘 특성화된 패드 라이브러리가 주어진다. 이 절에서는 I/O 서브시스템 내의 기본 설계 일부를 요약한다.

패드는 패키지로 연결되는 접합 도선에 솔더링되거나 납 솔더 볼을 가지고 코팅되거나 둘 중의 하나인 한 측면 상에서 약 100 μm의 최상위 수준 금속의 정사각형으로 구성된다. **패드**(pad)는 때로 금속 정사각형으로 언급되고 금속, ESD 보호 회로 소자, 그리고 I/O 트랜지스터를 포함하는 완전 셀에 대해서 다른 배수가 된다. 입력 및 출력 패드는 수준 전환 및 증폭을 실행하기 위한 붙박이 수신기 및 구동기 회로를 포함한다.

12.6.1 기본 I/O 패드 회로

기본 I/O 패드는 V_{DD} 및 GND, 디지털 입력, 출력 및 양방향 패드, 그리고 아날로그 패드를 포함한다.

12.6.1.1 V_{DD} 및 GND 패드

전력 및 접지 패드는 패키지 및 칩 상 전력 그리드에 연결되는 금속의 정사각형이다. 대부분의 고성능 칩은 전력 및 접지에 대해 그들 핀 개수의 절반을 희생한다. 이러한 많은 개수의 핀은 높은 전류를 전달하고 낮은 공급 인덕턴스를 제공하는 데 필요하다.

많은 칩에서 잡음의 가장 큰 근원은 출력 패드가 스위칭할 때 유발되는 접지 변동(ground bounce)이다. 이 패드는 큰 전류 스파이크 및 높은 L di/dt 잡음을 유발하면서 큰 외부 용량성 부하를 반드시 빠르게 충전해야만 한다. 이 문제는 64비트 칩 외부 데이터 버스에서 이러한 사례가 될 수 있는 것처럼 많은 핀이 동시에 스위칭할 때 특히 나쁘다. 그러한 버스는 낮은 인덕턴스 경로를 통해 출력 전류를 공급하기 위해 많은 전력 및 접지 핀과 서로 맞물려 있어야만 한다. 많은 설계에서 출력 패드에 기여하는 **지저분한**(dirty) 전력선 및 접지선은 코어 내로 I/O 관련된 잡음의 결합을 감소시키기 위해 주요 전력 그리드로부터 분리된다.

많은 칩은 코어와 I/O 전원 공급을 위해 분리된 패드를 이용한다. 이는 만약 I/O가 코어와 다른 전압을 사용하면 필수적이지만, 또한 잡음이 많은 I/O 전원을 조용한 코어로부터 분리하는 역할도 한다.

12.6.1.2 출력 패드

무엇보다도 먼저 출력 패드는 주어진 용량성 부하 내로 적당한 상승 및 하강 시간을 전달하기 위한 충분한 구동 능력을 반드시 가지고 있어야만 한다. 패드가 저항성 부하를 구동하면 이것은 또한 필요한 DC 전달 특성을 맞추기 위해 반드시 충분한 전류를 전달해야만 한다. 부하 커패시턴스(전형적으로 2~50 pF) 및 상승/하강 시간 사양이 주어지면 출력 트랜지스터 폭은 시뮬레이션을 통해 계산되거나 결정될 수 있다. 전형적으로 이러한 트랜지스터는 반드시 폭이 매우 넓어야 하고 많은 다리 내로 포개진다.

출력 패드는 패드를 구동하는 칩 상 회로 소자에 의해 보이는 부하를 감소시키기 위해 일반적으로 부가적 버퍼링을 포함한다. 논리 에퍼트의 방법은 가장 빠른 버퍼가 약 4의 팬아웃을 가진 인버터의 스트링으로부터 구성됨을 알려준다. 사실상 더 높은 팬아웃(예: 6~8)은 버퍼의 면적 및 전력 소비를 감소시키는 반면에 거의 그만큼의 우수한 지연을 제공한다. 외부 세계에서의 에지 비율은 정상적으로 칩 상의 그 비율보다 더 긴 절대 크기이기 때문에 최종 스테이지는 특히 높은 팬아웃을 가질 수도 있다. 그러나 최종 스테이지는 작은 전압 강하를 가진 전류의 적당한 양의 출처가 되거나 또는 낮추기 위해 반드시 충분히 커야만 한다.

6.3.6절에 소개된 래치업은 특히 출력 패드 근처에서의 특정 문제로 패드가 V_{DD} 위로 또는 GND 아래로 전압 과도 현상을 경험할 때 나타난다. 이러한 과도 현상은 접점 도선 인덕턴스로부터 그리고/또는 종료된 전송선의 부적절한 구동으로부터 퍼지기 때문에 발생하는 것 같다. 이러한 과도 현상은 기판 및 웰 내로 전류가 강제로 흐르게 하거나 아마도 래치업을 유발하면서, 드레인-바디(drain-to-body) 다이오드를 순바이어스되도록 한다.

래치업을 피하기 위해 nMOS 및 pMOS 트랜지스터는 상당한 거리에 의해 분리되고 보호환에 의해 둘러싸여야 한다. 가능하다면 출력 트랜지스터(예: 드레인이 외부 회로 소자로 직접 연결되는 것)는 그림 12.45에 나와 있는 바와 같이 보호환이 이중으로 싸여야 한다. 이것은 n-트랜지스터가 GND에 연결되는 p^+ 기판 접점으로 둘러싸이고 그 이후에 V_{DD}에 연결되는 n-웰 내의 n^+ 웰 접점으로 둘러싸여야만 한다. 링은 금속에 빈번한 접점을 가진 확산 내에서 지속되어야만 한다. 더군다나 GND에 대해 p^+ 연결 및 V_{DD}에 대해 n-웰 내에서 n^+ 연결로 구성되는 더미 컬렉터는 출력 트랜지스터 및 내부 회로 소자 사이에 위치해야만 한다. 이러한 더미 컬렉터 및 보호환은 다이오드가 순바이어스일 때 기판 내로 주입되는 스트레이 반송파(stray carrier)의 대부분을 포착하는 역할을 한다.

또한 출력 트랜지스터는 과도 전압이 드레인에 가해질 때 애벌랜치 붕괴 손상을 방지하기 위해 종종 정상보다 더 긴 게이트를 가지고 있다. 폴리실리콘 게이트 저항이 손상을 방지하면서 출력 트랜지스터 다리를 가로질러 과도 전압을 더 잘 분배하도록 비실리콘 화합물 게이트 또한 선호된다.

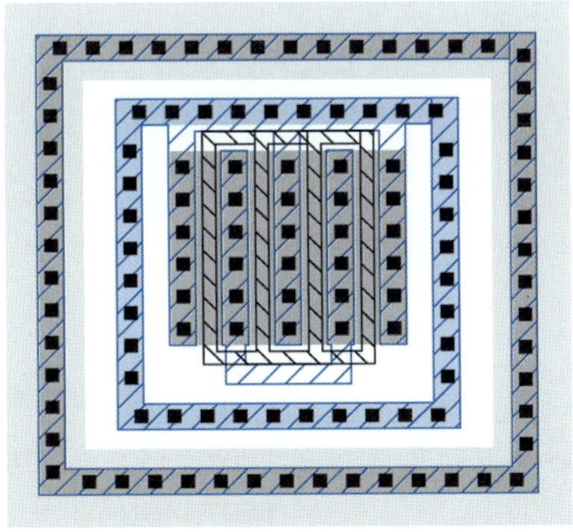

그림 12.45 포개진 nMOS 출력 트랜지스터 주변의 이중 보호환

그림 12.46 슈미트 트리거

12.6.1.3 입력 패드 입력 패드는 또한 잡음이 많은 외부 세계의 신호를 코어 회로 소자의 적절한 논리 수준으로 변환하는 인버터 또는 버퍼를 포함하고 있다. 입력 패드는 또한 12.6.2절에서 설명할 정전기 방전 보호 회로를 가진다. 버퍼는 12.6.4절에서 설명할 수준 변환을 수행할 수도 있다. 고속 시스템에서 버퍼는 일반적으로 클럭화되는 입력 레지스터를 구동한다. 12.7.4절에서는 타이밍에 대해 심도 있게 다룰 것이다. 패드는 연결되지 않은 패드를 알려진 상태로 놓기 위해 풀업이나 풀다운 레지스터를 포함할 수 있다.

일부 입력 패드는 그림 12.46에 나와 있는 바와 같이 **슈미트 트리거**(schmitt trigger)를 포함한다 [Schmitt38]. 슈미트 트리거는 입력이 낮을 때 스위칭 지점을 상승시키고 입력이 높을 때 스위칭 지점을 낮추는 히스테리시스(hysteresis)를 가지고 있다. 이것은 입력이 느리게 상승하거나 또는 잡음이 있으면 발생할 수도 있는 순간 고장(glitch)을 필터링하는 것을 돕는다.

12.6.1.4 양방향 패드 그림 12.47은 3상태가 될 수 있는 출력 구동기 및 입력 수신기를 가진 양방향 패드를 보여 준다. 출력 구동기는 독립적으로 조정되는 nMOS 및 pMOS 트랜지스터로 구성된다. 이네이블이 '1' 일 때 두 개의 트랜지스터 중 한 개는 ON이 된다. 이네이블이 '0' 일 때 양쪽 트랜지스터는 OFF가 되고 따라서 패드는 3상태가 된다. 이 설계는 큰 커패시턴스를 구동할 때 1.4.7절의 4-트랜지스터 '토템폴(totem pole)' 3상태에 선호될 수 있다. 그 이유는 이 설계가 최종 스테이지 내의 큰 트랜지스터 네 개 대신 단지 두 개만을 가지고 있고 또한 트랜지스터는 단지 폭이 절반 정도만 되면 되기 때문이다. 그림 12.48은 NAND 및 NOR가 두 개의 출력을 가진 단일 6-트랜지스터 네트워크 내로 서로 결합되는 이러한 설계상의 현명한 변동을 보여 준다. 그러한 3상태 버퍼는 더 작고 D_{out} 단자

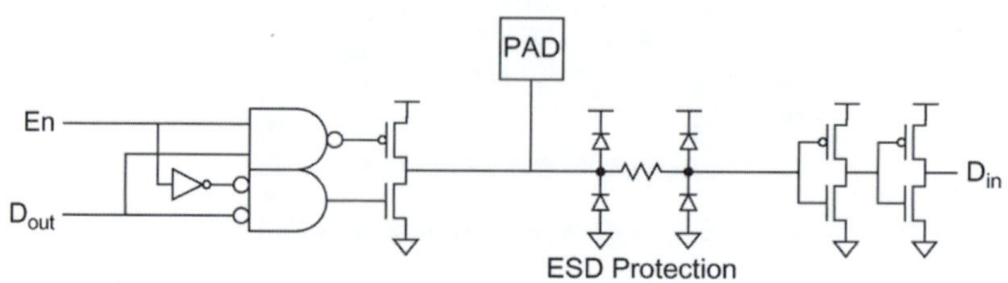

그림 12.47 양방향 패드 회로 소자

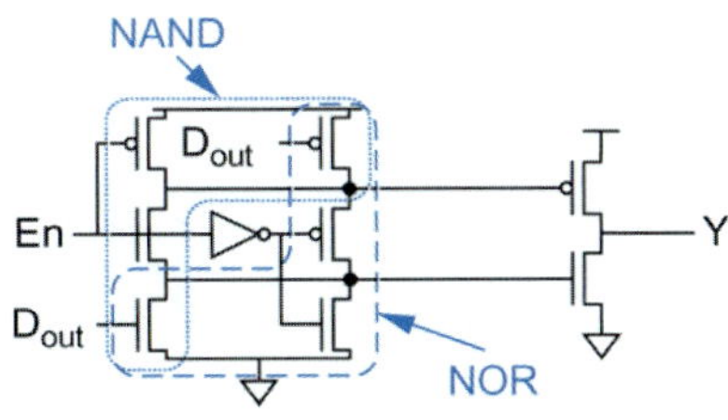

그림 12.48 향상된 3상태 버퍼

상의 더 적은 입력 커패시턴스를 제공한다.

많은 패드 라이브러리는 단지 양방향 패드만을 제공한다. 이네이블 신호를 '1' 또는 '0'으로 배선(hardwiring)함으로써 패드는 출력 또는 입력으로서 사용될 수 있다.

12.6.1.5 아날로그 패드 아날로그 입력 및 출력은 간단한 금속 패드로 연결되고 그 이후에 어떤 디지털 버퍼 또는 구동기 없이 칩 상 아날로그 회로 소자로 직접 연결된다. 아날로그 패드는 여전히 ESD 보호 회로 소자를 필요로 한다.

12.6.2 정전기 방전 보호

건조한 날에 카펫 위를 걷는 동안 신체에 너무 많은 전하가 형성되기 때문에 금속 물체에 손댈 때 아마도 충격을 경험한 적이 있을 것이다. 그러한 충격은 집적회로를 파괴시킬 수 있다. 입력 패드는 외부 세계에 직접 연결되는 트랜지스터 게이트를 가지고 있다. 이러한 게이트는 외부 정전기 방전으로 인해 산화막에 구멍을 내면서 붕괴시킬 수 있다. 이 붕괴 전압(breakdown voltage)은 두꺼운(> 100 Å) 산화막을 가진 더 오래된 공정에 대해서 40~100 V였지만 현대적 얇은 산화막에 대해 지금은 5 V 또는 그 이하이다. 트랜지스터 드레인의 높은 ESD 전압은 또한 **펀치스루**(punchthrough)를 일으킬 수 있으며, 거기에 소스와 드레인 결핍층이 만나, 과열과 영구적인 손상이 발생할 때까지 대량의 전류가 OFF 트랜지스터를 통해 흐른다. 전원 레일 외부의 ESD 전압도 래치업(latchup)의 위험을 일으킨다. ESD 발생으로 매년 반도체 산업에서 수십억 달러가 손실되고 있다.

ESD 보호의 본질은 게이트 산화물을 손상시키지 않고 높은 전압을 방전하는 제어된 경로를 제공하는 것이다[Dabral98]. 경로는 안전한 수준으로 I/O 핀을 단속할 추가 회로 요소로 구성되어 있다. 요소들은 **파손**과 **비파손** 장치로 나눌 수 있다. 비파손 장치는 다이오드, MOSFET, 그리고 기존의 방법으로 동작하는 바이폴라 트랜지스터이다. 파손 장치는 실리콘 제어 조정기(SCR), 두꺼운 필드 산화물(TFO) 트랜지스터, 스파크 갭, 그리고 I/O 트랜지스터 전에 파손되는 다른 장치 등이다. 파손 장치는 동일한 수준의 보호를 제공하기 위해 더 작지만, 모델링과 설계가 훨씬 더 어렵다. 따라서 가능하면 비파손 보호 장치가 사용된다.

보통 그림 12.49에서 나와 있는 바와 같이 전류 제한 저항 및 다이오드 클램프의 조합이 ESD 입력 보호 회로로 사용된다. 패드 전압이 V_{DD}+0.7 V보다 더 크게 되거나 −0.7 V보다 낮게 되면 1차 다

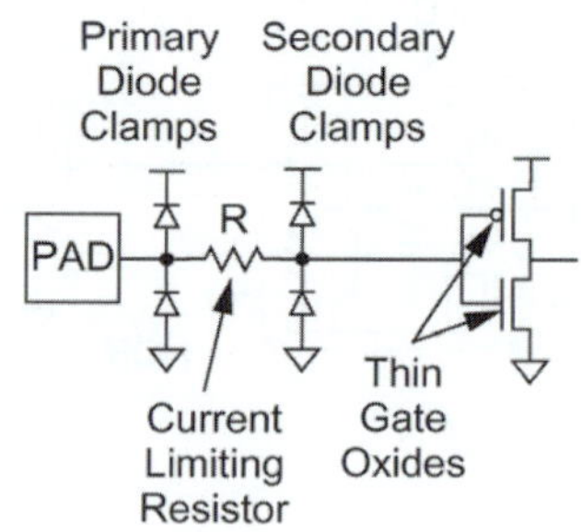

그림 12.49 입력 보호 회로 소자

이오드가 켜져 ESD 전류를 안정적인 V_{DD}나 GND로 회피시킨다. 좋은 보호 다이오드는 ON되었을 때 저항이 약 1 Ω이다. 대형 ESD 현상은 10~20 Å의 전류 흐름을 일으켜, 트랜지스터에 손상을 주기에 충분히 큰 전압을 다이오드에 발생시킨다. 따라서 보호 회로는 추가적으로 트랜지스터에 의해 보여지는 전압을 제한하는 전류 제한 저항과 작은 2차 다이오드 클램프를 추가한다. 100 Ω과 3 kΩ 사이의 레지스터 값이 사용된다. 이러한 저항은 어느 입력 커패시턴스 C와도 연결되어 있는데 고속 회로를 위해 중요할 수 있는 RC 시간 상수로 이끌 것이다. 레지스터는 때로 n-웰 내의 비실리콘 화합물로 된 p^+ 확산의 여러 정사각형으로부터 만들어진다. 클램핑 다이오드는 기판에 대해 n^+ 확산 및 n-웰에 대해 p^+ 확산을 사용하여 형성된다. 출력 트랜지스터와 함께 이러한 다이오드는 자신들이 기판내로 전하를 주입하지 않고 또한 래치업을 유발하지 않도록 이중 보호환으로 둘러싸야 한다.

ESD 보호 회로는 외부의 높은 전압을 가진 핀을 취함으로써 테스트된다. 엔지니어는 그림 12.50과 같은 ESD 강인성을 특징짓기 위한 표준적인 테스트 회로를 사용한다. 커패시터는 높은 전압으로 충전되고, 스위치는 커패시터를 레지스터나 인덕터에 연결하기 위해 닫힌다. **인체 모델**(HBM: human body model)은 올바르지 않게 접지된 사람이 칩의 핀에 손댈 때 발생하는 방전을 표현한다. **충전 장치 모델**(CDM: charged device model)은 제조 시 **마찰전기로**(triboelectrically) 충전(즉 다른 물질과의 접촉을 통해 충전)되는 핀을 표현하며, 그것이 접지 도체에 접촉되면 신속하게 배출된다. CDM 공격은 방지하기도 어렵지만, 실험실에서 정확하게 수행하는 것은 더 어렵다. 패드의 ESD 견고성(robustness)은 패드가 견딜 수 있는 최대 전압으로서 측정된다. 예를 들면 케이블을 취급하는 최종 사용자에 의해 ESD에 노출될 수도 있는 직렬 포트 송수신기(transceiver) 같은 부품을 위해서는 ±15 kV가 좋다. 둘러싸인 시스템 내의 부품은 조립 동안의 손상에만 영향을 받고 2~4 kV 범위 내의 제한을 가능하게 한다.

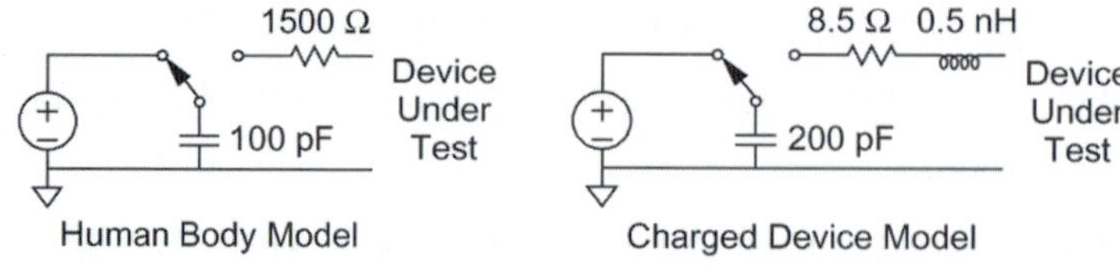

그림 12.50 ESD 테스트 회로

아날로그 패드 보호 회로 소자는 아날로그 구성 요소의 대역폭 또는 신호 품질을 떨어뜨리지 않도록 반드시 조심스럽게 설계되어야 한다. 이것은 보호 다이오드 면적을 최소화함으로써 달성된다. 어느 여분 부하가 성능을 손상시킬 수도 있기 때문에 RF 패드는 대단히 필요하다.

12.6.3 예제: MOSIS I/O 패드

그림 12.51은 패드 설계의 일반적인 원칙을 설명하기 위해 1.6 μm 2-금속 레이어 공정에 대한 MOSIS 서비스로부터의 양방향 패드의 레이아웃을 보여 준다(또한 앞표지 안쪽 참조). 전체 셀은 한 면이 약 200 μm이다. 이 패드는 많은 바이어스와 연결된 금속1 및 금속2의 샌드위치 형태로 구성되는 큰(100×75 μm) 직사각형이다. 금속2를 덮는 SiO_2 오버글래스(overglass)는 접합 도선이 패드로 직접 연결될 수 있도록 패드 위에서 식각(etch)되어 나간다. 두 개의 큰 금속2 직사각형은 패드의 대부분을 덮는다. 위로 부착된 다리를 가진 상부는 GND이고 하부는 V_{DD}이다.

양방향 패드 결선도는 그림 12.52에서 볼 수 있다. 입력 보호 회로 소자는 일부 저항, 두꺼운 산화막 트랜지스터, 그리고 폭이 넓은 출력 트랜지스터의 드레인 확산으로 구성된다. 저항기는 n^+ 그리고 p^+ 확산 도선이고 각각 3.5평방 길이이다. 이들은 53 및 75Ω/□의 명목상 시트 저항을 가지고 있고 따라서 저항의 병렬 조합은 109 Ω이다. 금속 패드의 좌측 및 우측에는 서로 맞물린 핑거로 구성된 두꺼운 산화막 nMOS 트랜지스터가 있다. 이들은 3λ만큼 분리된 소스 및 드레인으로 구성되지만 게이트는 없다. 높은 전압이 채널을 통해 강타하고 발산되기 때문에 이들이 ESD로부터 패드를 보호하는 것을 돕는다. 두꺼운 산화막 트랜지스터의 효율은 공정에 의존한다. 패드는 많은 기판/웰 접점을 사용하고 ESD 사건 동안 래치업을 방지하기 위해 이중 보호환에 의해 둘러싸여 있다. 3상태 구동기 및 수신기는 활용 가능한 공간 내에 맞도록 상당히 포개진 트랜지스터를 사용한다.

12.6.4 혼합 전압 I/O

많은 칩은 논리 트랜지스터의 낮은 코어 전압을 필요로 하면서도, 높은 전압에서 동작하는 다른 칩과 인터페이스한다. 따라서 I/O 패드는 서로 다른 전압 표준 사이의 번역을 위해 수준 변환 회로를 포함할 수 있다. 트랜지스터의 V_{ds}가 너무 커지면, 펀치스루가 일어나며, 상호연결이 녹을 때까지 과도한 전류를 흐르게 할 가능성이 있다. 작은 크기의 트랜지스터는 낮은 펀치스루 전압을 가진다. 15.2.7절에서 소개하겠지만, I/O 회로는 종종 높은 전압을 견딜 수 있는 긴 채널과 두꺼운 산화물을 가진 트랜지스터를 사용한다. 트랜지스터는 또한 전압 내성을 증가시키기 위해 쌓을 수 있다.

표 12.2는 단일 종단 구동기에 대한 일반적인 논리 수준을 요약한 것이다. 논리 수준 정의는 공급업체 간에 다소 다르다는 점을 주의하라. 출력이 강한 트랜지스터로 끌어내려지고 약한 저항에 의해 끌어올려지기 때문에 1970년대와 1980년대의 인기 74-시리즈 논리 게이트가 높은 비대칭 논리 수준을 가진 5 V **트랜지스터-트랜지스터 논리**(TTL) 표준을 사용한다. 5 V CMOS 표준은 좀 더 대칭이다. 1990년대에 TTL과 CMOS의 저전압(3.3 V) 경향이 도입되었다. 바이폴라 회로는 3.3 V 이하에서 제대로 실행되지 않으므로, 전압 감소의 지속으로 CMOS 표준이 강력해졌다. 5 V CMOS와 TTL 표준은 이제 완전히 쓸모가 없지만, 코어가 훨씬 더 낮은 전압에서 작동하는 경우에도 호환성을 위해 3.3

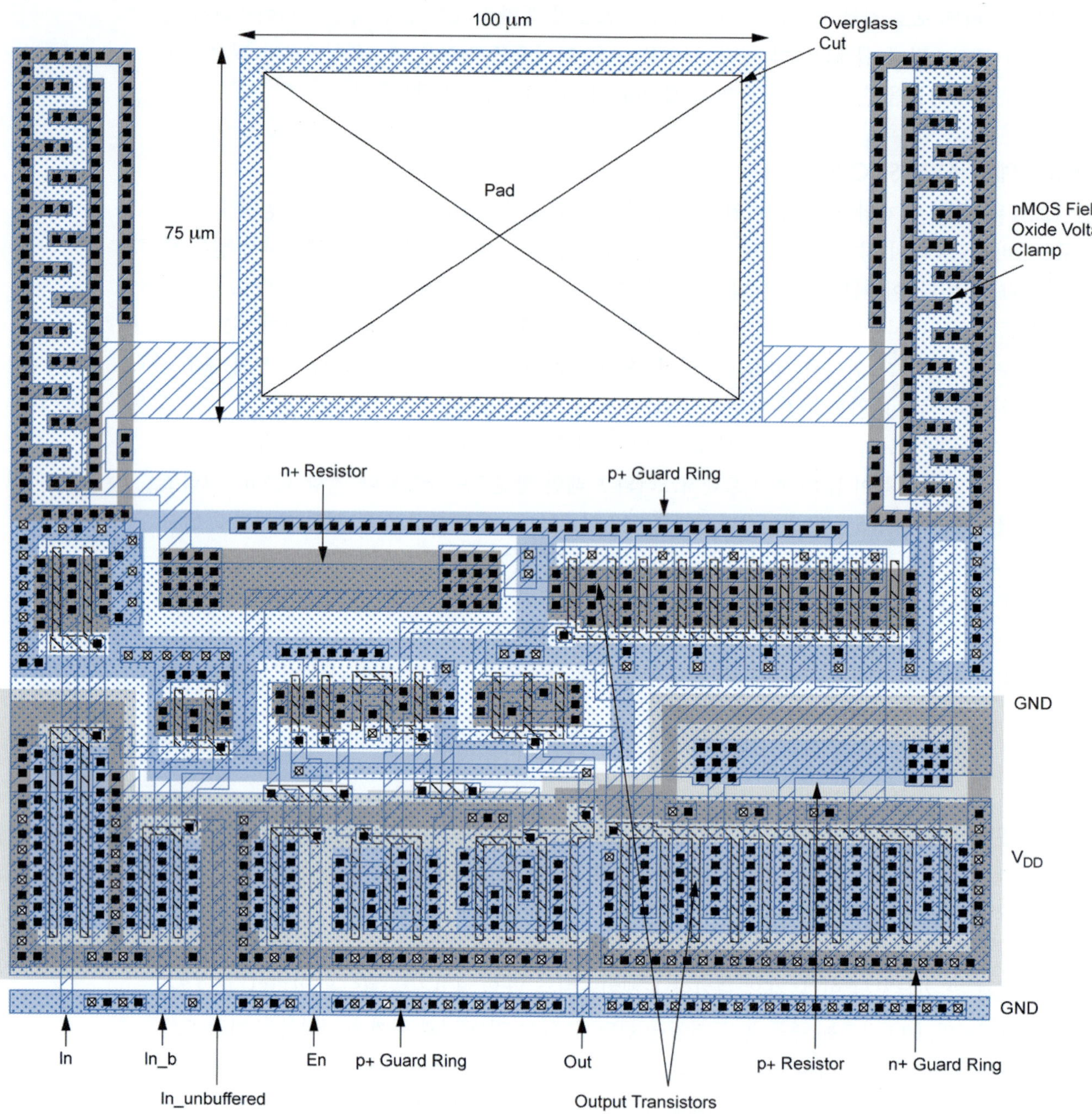

그림 12.51 MOSIS 1.6 μm 양방향 패드

V LVCMOS는 여전히 널리 지원된다. 12.7.3절은 차동 신호를 설명한다.

그림 12.53은 낮은 V_{DDL} 코어 전압과 높은 V_{DDH} I/O 전압을 사용하는 칩을 위한 간단한 수준 변환기를 보여 준다. 그림 12.53(a)는 낮은 입력 전압 흔들림을 가지고 높은 출력 전압 흔들림을 생성하

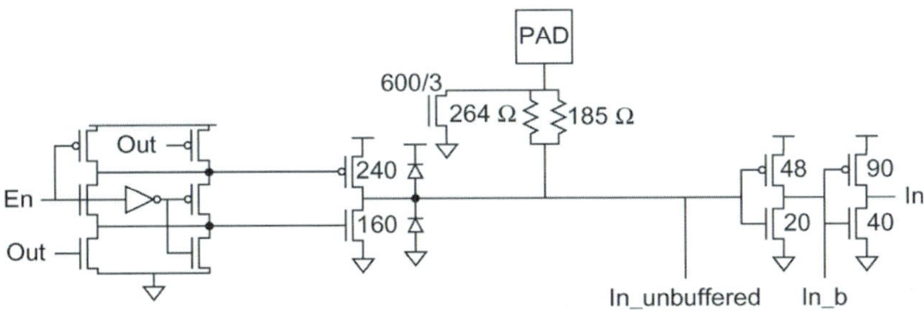

그림 12.52 MOSIS 양방향 패드 결선도

표 12.2 단일 단말 I/O 표준

Standard	V_{DD}	V_{IL}	V_{IH}	V_{OL}	V_{OH}
TTL	4.75–5.25	0.8	2.0	0.4	2.4
CMOS	4.5–6	1.35	3.15	0.33	3.84
LVTTL	3.0–3.6	0.8	2.0	0.4	2.4
LVCMOS33	3.0–3.6	0.8	2.0	0.36	2.7
LVCMOS25	2.3–2.7	0.7	1.7	0.4	V_{DD}–0.4
LVCMOS18	1.65–1.95	0.35 V_{DD}	0.65 V_{DD}	0.45	V_{DD}–0.45
LVCMOS15	1.4–1.6	0.35 V_{DD}	0.65 V_{DD}	0.25 V_{DD}	0.75 V_{DD}
LVCMOS12	1.1–1.3	0.35 V_{DD}	0.65 V_{DD}	0.25 V_{DD}	0.75 V_{DD}

는 출력 구동기이다. 그것은 굵은 글씨로 표시된 4개의 고전압 트랜지스터로 구성된 CVSL 구조를 사용한다. 인버터는 저전압 트랜지스터 및 저전압 전원 공급 장치를 사용한다. 출력 *Y*는 균일한 상승/하강 시간을 제공하기 위해 고전압 인버터나 버퍼가 따른다. 그림 12.53(b)는 높은 입력 전압 흔들림을 가지며 코어 회로를 위한 낮은 흔들림을 생산하는 입력 수신기이다. 이것은 큰 게이트 전압을 견딜 수 있는 고전압 트랜지스터를 사용하는 간단한 인버터로 구성되어 있다.

고전압 트랜지스터의 필요성을 피하기 위해 일부 출력 구동기는 트랜지스터를 쌓아 사용한다. 예를 들어 그림 12.54는 2.5 V 공정에서 3.3 V 출력을 위한 **캐스코드**(cascoded) 구동기를 보여 준다

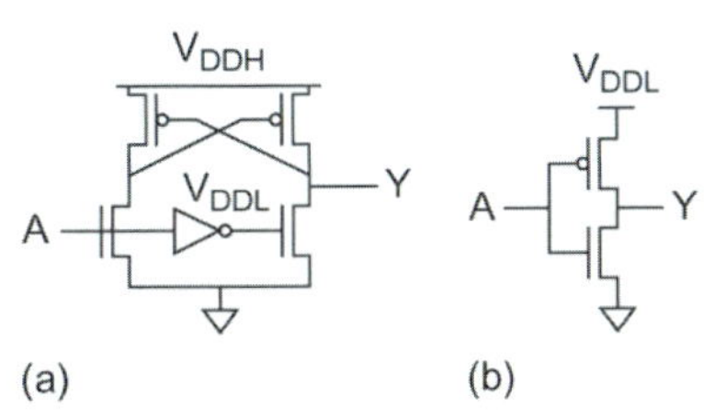

그림 12.53 수준 변환기

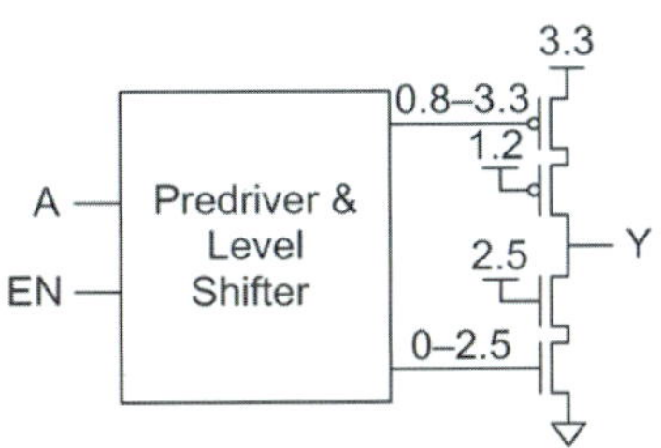

그림 12.54 캐스코드 고전압 출력 구동기

[Greenhill97]. 출력이 큰 흔들림을 가지고 있더라도 개별 트랜지스터에 걸친 V_{gs}와 V_{ds}가 절대 2.5 V를 초과하지 않도록 하는 것과 같은 방식으로 내부의(캐스코드) 트랜지스터는 전원에 묶여 있다. 캐스코드 트랜지스터의 전압이 내부에서 발생하기보다는 외부에서 제공되면, 시스템은 I/O 회로가 순간적으로 손상을 줄 수 있는 전기장에 노출되지 않도록 적절한 순서를 적용해야 한다.

12.7 고속 링크

칩에 있어서 하나의 다이에 더 많은 기능이 통합되고 더 많은 데이터를 처리함에 따라 칩 간에 높은 통신 대역폭이 점점 더 요구되고 있다. 입출력(I/O) 대역폭을 증가시키기 위해 더 많은 핀을 추가하는 것이 간단한 방법이겠지만 패키지 비용과 칩 영역이 상당히 증가하게 된다. 한 가지 대안으로 핀당 통신 속도를 증가시키는 것이 있다. 이 절에서는 고속 I/O 설계 원리에 대해서 논의한다.

12.6절에서 설명한 기본 디지털 I/O에서는 비트 전송 속도를 높이려 하기 때문에 여러 문제에 직면하고 있다. 다음의 하위 절에서는 이러한 문제에 관해 논의하고 현재 초고속 입출력 동작을 가능하게 하는 해결책을 다루고 있다. 그 문제들은 아래와 같다.

- 고속 펄스를 생성하고 이를 디지털 1과 0으로 안정적으로 검출할 수 있는 초고속 회로 설계
- 손실이 많은 유한 지연 재료(**전송로**라고 부름)를 통한 신호 전달
- 비트를 연속적으로 전송할 때 다른 비트와의 식별

12.7.1 고속 I/O 채널

그림 12.55에 나와 있는 기본 입출력 구성에서, 송신기(또는 구동기)는 도선을 통해 수신기에 전기적 신호를 보내고 있다. 저속의 전송 속도에서 이런 도체는 양쪽 단(end)에서 전압 전위(voltage potential)를 동일하게 유지하는 이상적인 선(또는 최악의 경우, 직렬 저항)으로서 역할을 한다. 예를 들어 송신기가 1 V 신호를 발생시켜 1의 부울(Boolean) 기호를 나타낼 때 동일한 전압이 다른 편에서 나타나고 수신기는 이를 1로 해석한다.

그러나 고주파수에서 도체는 더 이상 이상적인 선으로 취급될 수가 없다. 대신에 전압과 전류가 **파**(wave)로서 보내지는 **전송로**(transmission line)로서의 기능을 한다. 도체는 도체를 따라 전달 지연(propagation delay)이 신호 상승/하강 시간과 비슷해질 때 **등전위 망**(equipotential net)이기보다는 전송로로 다루어져야 한다.

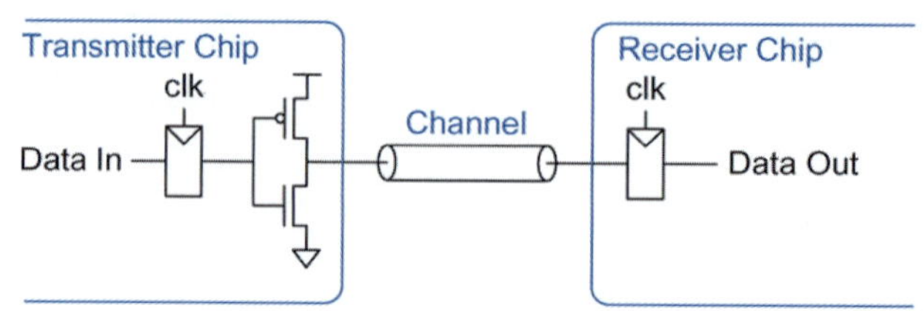

그림 12.55 기본 디지털 I/O

예제 12.7

인쇄 회로 기판 상의 10 cm 트레이스(trace)는 어떤 주파수 이상에서 전송로의 기능을 할 수 있는가?

해답: 일반적인 PCB는 FR4로 불리는 난연성 에폭시(flame-retardant epoxy) 재료를 넣는 구리선으로 이루어진다. FR4는 대략 $\varepsilon = 4.35\varepsilon_0$의 유전 상수(dielectric constant)를 가지므로, 신호는 다음의 속도에서 전달된다.

$$v = \frac{c}{\sqrt{4.35}} = \frac{3 \times 10^8 \frac{\text{m}}{\text{s}}}{2.086} = 14.4 \frac{\text{cm}}{\text{ns}} \tag{12.38}$$

따라서 신호는 경로를 따라 전달되는 데 700 ps 걸린다. 상승 및 하강 상태가 인식되도록 신호의 상승/하강 시간은 주기 시간의 4분의 1 이상이 되어서는 안 된다. 이에 따라 신호가 2.8 ns 미만(예: 350 MHz를 초과하는 주파수)의 주기를 갖는다면 전송로를 따라 전송되는 전파로서 모델링해야 한다.

유한한 전송 시간(propagation time)은 또한 송신기가 전도 채널을 따라 펄스를 내보낼 때 수신단(receiving end)에서 어떤 접속이 이루어지는지 인식할 수 없는 것을 뜻한다. 그보다는 채널 자체에 의해 나타낸 부하 임피던스(load impedance)만 인식한다. 이러한 임피던스를 채널의 **특성 임피던스**(characteristic impedance) Z_0라 하는데, 전형적인 값이 대략 50 Ω이다. 그러므로 초기의 펄스 진폭은 수신단에서의 부하 임피던스가 아니라 특성 임피던스에 의해 결정된다. 특성 임피던스는 또한 채널을 따라 흐르는 전압 및 전류파 간의 비율을 나타낸다.

원활한 임피던스 제어와 예측 가능한 전류 복귀 경로(current return path)를 얻기 위하여 고속 인쇄 회로 기판에서는 보통 금속층의 절반을 전원면 또는 접지면에 할당한다. 그림 12.56은 신호가 PCB에 라우팅되는 일반적인 방식을 나타낸 것이다. 외층에서 흐르는 신호를 **마이크로스트립**(microstrip)이라 한다. 그 신호는 한쪽에서는 접지면, 다른 쪽에서는 자유 공간을 인식한다. 마이크로스트립의 특성 임피던스는 대략 다음과 같다[Mears96].

$$Z_0 = \frac{60}{\sqrt{0.475\text{k} + 0.67}} \ln \frac{4h}{0.67(0.8w + t)} \tag{12.39}$$

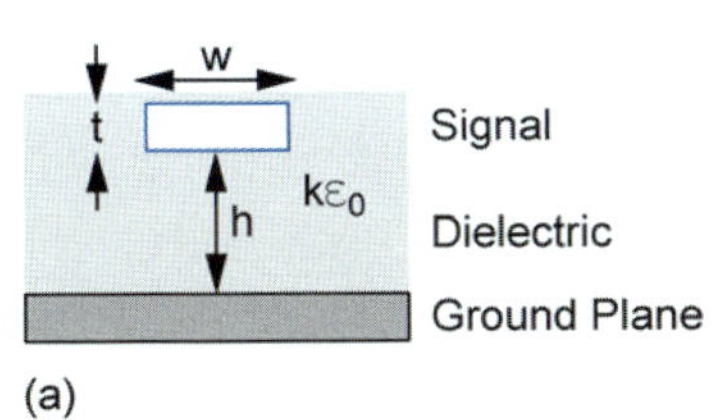

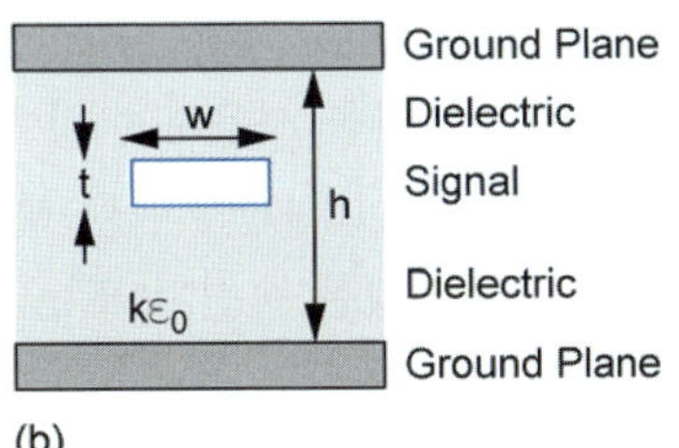

그림 12.56 전송로: (a) 마이크로스트립, (b) 스트립라인

두 면 사이의 내층에 흐르는 신호를 **스트립라인**(stripline)이라 하며, 이는 대략 다음의 특성 임피던스를 가진다.

$$Z_0 = \frac{60}{\sqrt{k}} \ln \frac{4h}{0.67\pi(0.8w+t)} \tag{12.40}$$

예제 12.8

네 개 층의 PCB는 내층에 전원면과 접지면을, 두 개의 외층에는 신호 경로를 포함한다. 그 층들은 1온스 구리[4]를 사용한다. 층 사이의 FR4 유전체는 두께가 8.7 mils이다. 50 Ω의 특성 임피던스를 달성하려면 신호 트레이스는 얼마나 넓어야 하는가?

해답: h=8.7 mils, t=1.4 mils, 그리고 w=15 mils를 이용하여 식 (12.39)를 수치적으로 풀어 본다. 이는 6~7 mils인 일반적인 트레이스의 최소 폭과 비교했을 때 상대적으로 넓은 폭이다. 이 폭은 더 얇은 유전체를 선택함으로써 줄일 수 있다.

특성 임피던스에 따라 파가 채널을 통해 전달되면 끝단에 도달하고 최종 부하 임피던스가 실제적으로 Z_0와 다르다고 할 때 어떻게 되는가? 전송로로 흘러왔던 에너지는 최종 부하에 의해 충분히 흡수되거나 소산되지 못한다. 이를 **임피던스 부정합**(impedance mismatch)이라 한다. 만약 에너지가 수신단에서 충분하게 흡수되지 못한다면 잔류 에너지는 송신기로 돌아가야 한다. 즉 파가 반사되는 것이다. **반사 계수**(reflection coefficient) Γ는 반사파에 대한 입사율이다. 전송로의 이론에 따르면[Hall00], 반사 계수는 부하 임피던스 Z_L와 특성 임피던스 Z_0로 나타낼 수 있다.

$$\Gamma = \frac{Z_L - Z_0}{Z_L + Z_0} \tag{12.41}$$

반사는 여러 가지 이유로 바람직하지 못하다. 첫째, 수신기는 송신기에 의해 보내진 신호의 충분한 에너지를 수신하지 않는다. 즉 반사 에너지는 단순히 낭비되는 것이다. 둘째, 반사파는 송신기에 의해 나중에 보내진 다른 신호를 간섭할 수 있다. 일반적으로 다른 신호의 에너지로 하나의 신호 에너지가 유출되는 현상을 **심벌 간 간섭**(ISI: inter-symbol interference)이라 한다.

따라서 그림 12.57과 같이 그러한 반사를 억제하기 위하여 고속 I/O가 채널의 어느 한쪽의 단에서 적절히 '종단되는' 채널을 사용하는 것이다. 채널 종단이라 함은 특성 임피던스에 부하 임피던스를 정합(matching)하여 식 (12.41)에 따라 제로 반사(zero reflection)를 달성하는 것을 의미한다. 12.7.3절에서 알게 되겠지만, 채널은 송신기 또는 수신기에서 종단될 수 있다. 그러나 일부 원치 않는 신호

[4] 인쇄 회로 기판은 오래된 온스 단위로 구리 두께를 나타내고 특정 두께의 금속 박판의 1제곱 피트의 무게를 표시한다. 1온스 Cu는 1.4 mils 두께이다. 1 mil=10^{-3} inches.

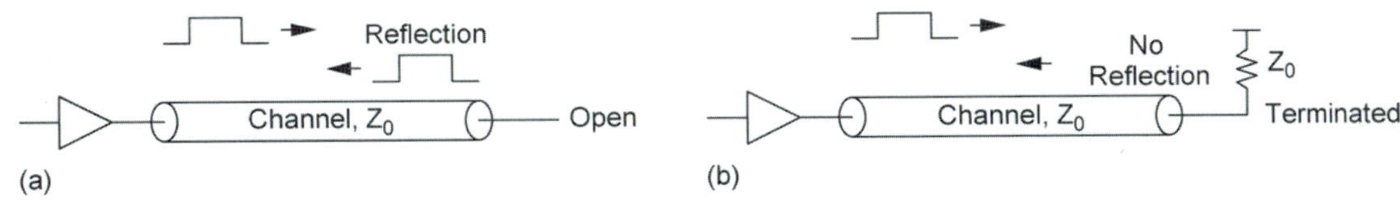

그림 12.57 전송로의 반사 및 종단

가 채널 중간으로 결합되어 종단되지 않은 단으로부터 반사됨으로써 원하는 신호를 간섭하게 되므로 여러 산업 표준에서는 양쪽 단의 종단을 요구하고 있다. 양쪽 단을 종단함으로써 등가 부하 저항(equivalent load resistance)이 Z_0보다는 $Z_0/2$이므로 동일한 양의 구동 전류에 대해 50%만큼 전압 흔들림이 감소한다.

채널을 통해 동일한 속도로 전송되는 비트가 서로 간섭하지 않으므로 현재의 비트가 수신기에 도달하기 전에 적절히 종단된 채널을 이용하여 송신기는 다음 비트를 전송할 수 있다는 점에 주목하자. 종단하지 않으면 송신기는 현재의 비트 전송에 의해 야기된 반사 현상이 없어질 때까지 대기해야 할 것이다. 이는 채널의 많은 왕복 시간이 소요될 수 있다. 예를 들면 비트가 700 ps의 일방향의 전달 지연을 갖는 10 cm FR4 트레이스를 통해 100 ps 간격(즉 10 Gb/s)으로 전송되면 주어진 시간에 7개의 비트는 채널을 따라 동시에 보내진다. 반면에 반사 현상이 심하고 2회의 왕복(2.8 ns) 후에만 안정되면 최대 비트율은 350 Mb/s로 제한된다. 그러므로 반사 현상을 방지하는 적절히 종단된 채널은 고속 입출력 동작에 첫째 요건이 된다.

장치 I/O는 다양한 구성으로 연결할 수 있으며, 그림 12.58에 나와 있는 버스와 점대점(point-to-point) 구성은 대표적인 예이다. 그림 12.58(a)의 멀티드롭 버스(multidrop bus)는 연결되는 선이 더 적게 필요하므로 낮은 데이터율에 호응을 받아 온 반면에 그림 12.58(b)의 점대점 링크(point-to-point link)는 접합부 중간에 분리되지 않고 두 지점을 연결할 수 있기 때문에 고속용에 널리 사용되고 있다. 버스 구성에 있어서 접합부를 분리하면 특성 임피던스의 불연속성을 야기하여 반사 현상을 초래한다. 이에 비해 점대점 링크는 최소한의 반사를 위해 설계하기가 훨씬 용이하다.

12.7.2 채널 잡음 및 간섭

앞 절에서는 안정적인 데이터 전송을 제한하는 심벌 간의 간섭 원인의 하나인 반사에 관해 논의하였

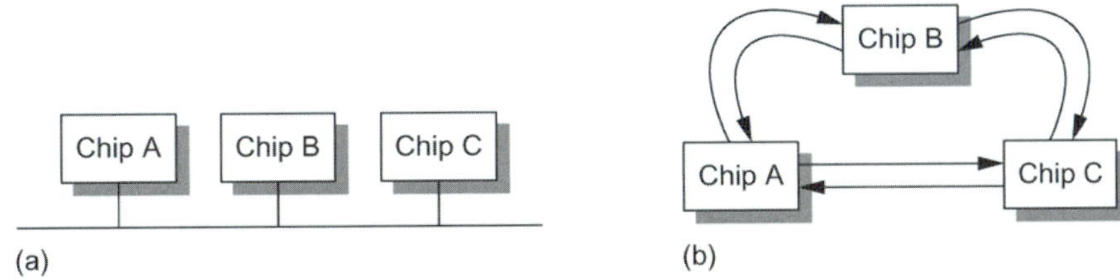

그림 12.58 (a) 멀티드롭 버스 대 (b) 점대점 링크

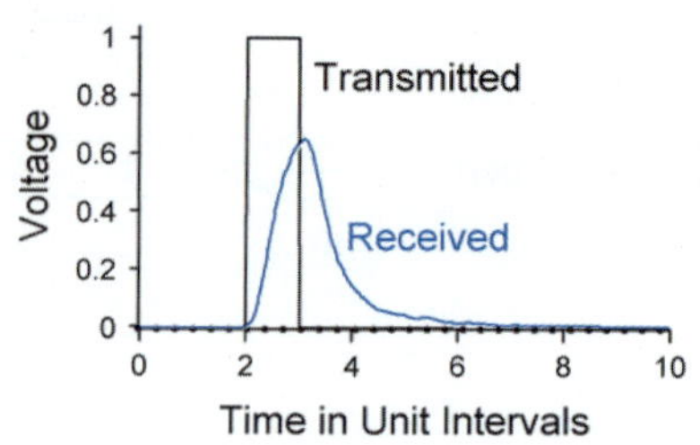

그림 12.59 주파수 의존적 감쇠에 따른 펄스 분산

다. 이 절에서는 분산, 누화(crosstalk), 복귀 경로 잡음(return path noise)을 포함하여 채널을 통해 전송되는 신호를 훼손하는 다른 유형의 잡음 및 간섭에 관해 알아보자.

12.7.2.1 분산 채널은 불완전한 절연체를 통한 유전 손실(dielectric loss)과 도체를 따라 발생하는 저항으로 인하여 신호 에너지의 일부를 감쇠할 수 있다. 주파수 의존적인 감쇠 현상은 대체로 저대역 통과(low-pass)의 특징을 가진다. 예를 들어 5.2.4절에서는 전류가 도체의 표면으로 모일 때 주파수에 따라 도체 손실이 증가하는 표피 효과(skin effect)에 대해 설명하고 있다. 유전체 손실은 또한 주파수에 따라 증가한다. 이러한 주파수 의존적 감쇠는 **분산**(dispersion), 예컨대 신호 형상의 왜곡 및 확대를 야기한다. 송신기가 0의 문자열 사이에 하나의 1 비트 펄스를 보낸다고 가정해 보자. 그림 12.59에 나와 있는 바와 같이 펄스는 할당된 비트 주기를 넘어 그 에너지가 확대되도록 더 낮은 진폭과 더 큰 폭의 전송로로부터 발생한다. 더 작은 진폭에서는 펄스 검출이 더 어려워진다. 더 좋지 않은 것은, 1비트를 바로 따라오는 0비트는 앞 비트의 잔여 에너지를 만나기 때문에 수신기는 0으로 덜 인식한다는 것이다. 따라서 분산은 **심벌 간 간섭**(ISI: inter-symbol interference)을 초래한다. 12.7.3.3절에서는 그러한 분산을 해결하는 데 **등화기**(equalizer)를 어떻게 사용하는지에 대해 논의할 것이다.

12.7.2.2 누화 5.3.3절에서 논의한 바와 같이, 용량성 결합 또는 유도성 결합은 하나의 채널에서 다른 채널로 에너지가 전달되는 입출력 채널 근처 사이에 누화로 불리는 간섭을 일으킨다. 누화는 결합 메커니즘과 공격자의 비트 패턴이 피해자에게 알려지지 않는 한 해결될 수 없으므로 분산 현상보다 더 어려운 과제이다[Zerbe01]. 그 대신에 일반적으로 채널을 설계하여 결합을 최소화함으로써 누화 현상을 억제하고 있다. 한 예로 채널을 접지선으로 차폐하는 한 가지 방법이 있다. 공격 신호가 두 개의 선에 동일하게 영향을 준다면 차동 신호 방식(differential signaling)을 사용하는 것도 유용하다. 고속 I/O에서 일반화되지 않았지만 고급 디지털 통신 시스템은 오류 정정/검출 코드, 시퀀스 검출(sequence detection), 또는 다중 입출력(MIMO) 예측을 이용하여 누화 현상이 있을 때 안정적으로 디지털 비트를 검출할 수 있다[Barry03, Proakis08].

12.7.2.3 복귀 경로 영향 그림 12.57은 전류가 경로를 통해 수신기로부터 송신기로 다시 복귀하는데

이 경로를 나타내지 않아 잘못 이해되기도 한다. 전하량이 보존되려면 시스템을 떠난 모든 전류는 되돌아와야 한다. 양호한 복귀 경로의 제공은 좋은 신호 경로만큼 중요하다. 실제로 많은 신호의 무결성 문제는 복귀 경로를 간과하는 데서 기인한다. 유한 임피던스로 인한 복귀 경로에 걸친 전압 강하는 전송된 신호에 또 하나의 잡음으로 나타나게 된다. 복귀 경로의 임피던스가 주파수에 따라 변하면 이에 따라 잡음도 역시 주파수에 따라 변하게 된다.

복귀 경로 문제의 예로는 **접지 변동**(ground bounce)이 있다. 그림 12.60(a)에 나와 있는 단일 종단 링크(single-ended link)의 예에서 복귀 경로는 두 개의 칩에 의해 공유되는 접지 노드이다. 송신기는 해당 국부 접지에 관련하여 신호 전압을 발생시키지만 수신기는 해당 국부 접지에 관련하여 도달한 전압을 판독한다. 이 두 개의 국부 접지는 공칭적으로 동일한 전위에 있어야 하지만 귀환 전류는 일시적으로 두 접지 사이에 차이를 발생시킬 수 있다. 예를 들어 유도성의 복귀 경로[예: 다이 및 회로 기판에 칩의 접지 부분을 연결하는 세금선(bonding wire) 또는 패키지 리드(package lead)에 의한]인 경우 전압차는 전류의 시간 도함수(time-derivative)에 따라 변하게 된다. 이에 따라 신호가 겪는 잡음은 주파수 의존적이고 또 다른 형태의 ISI(심벌 간 간섭)를 발생시킬 수 있다.

그림 12.60(b)와 같이 다중 I/O 링크가 복귀 경로(예: 동일한 접지 노드)를 공유할 때 하나의 I/O 링크로부터 귀환 전류에 의해 다른 모든 I/O 링크 동작을 간섭할 수 있는 두 개의 지면(ground level) 간의 전압차가 나타날 수 있다. 이를 **동시 스위칭 잡음**(SSN: simultaneous switching noise)이라 부른다. 12.7.3.2절에서 설명할 차동 신호 방식은 각 신호 경로에 전용 복귀 경로를 제공하는 방식으로 여길 수 있다(이로써 SSN 및 접지 변동 문제가 경감됨).

12.7.3 고속 송신기 및 수신기

최소 반사 및 간섭으로 신호를 전달할 수 있는 채널 외에 고속 I/O는 매우 높은 속도에서 신호 펄스를 발생 및 검출할 수 있는 수신기 및 송신기를 요구한다. 이 하위 절에서는 그러한 고속 송신기 및 수신기 구축에 관한 회로 문제를 다루고 있다. 그림 12.55의 단순한 I/O 링크가 CMOS 인버터를 송신기로, 플립플롭을 수신기로 사용하는 것을 상기해 보자. 더 높은 데이터율을 추구함에 따라 이런 기본 링크에 관련한 다양한 문제에 직면하고 있다. 이 하위 절에서는 특히 송신기로서 인버터와 관련된 문제에 관해 집중적으로 다루고 있다. 그 다음 하위 절에서는 수신기 플립플롭의 동작을 시작하기 위해 정확한 타이밍을 유지하는 방법에 관해 초점을 둘 것이다.

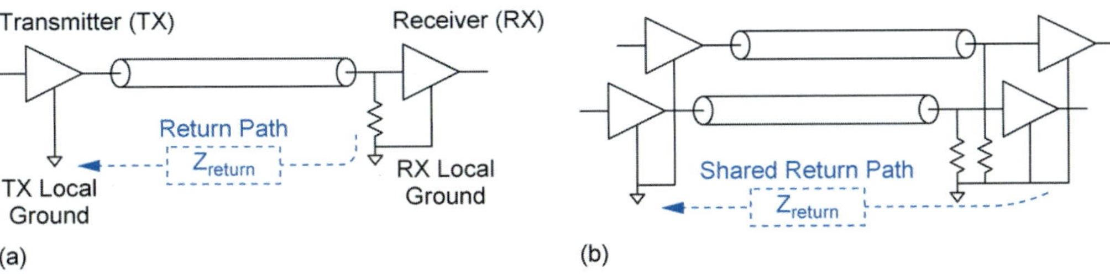

그림 12.60 동시 스위칭 잡음 메커니즘: (a) ISI, (b) 누화

12.7.3.1 단일 종단 송신기 고속 송신기로서 CMOS 인버터에 관련한 기본적인 문제는 출력 임피던스가 그 출력 범위에 걸쳐 상당히 변할 수 있다는 것이다. 출력 전압이 전원 또는 접지에 근접할 때 pMOS 또는 nMOS는 선형 영역 내에서 동작하여 출력 임피던스를 낮춘다. 반면에 출력 전압이 전원 및 접지 사이 중간에 있을 때 포화 상태에 놓이는 트랜지스터는 고출력 임피던스를 갖는다. 이러한 큰 폭의 변화로 인해 출력 임피던스가 채널의 특정 임피던스에 정합되는 인버터의 설계는 실현하기가 불가능하다. 수신단에서 적절한 종단이 없다면 신호파는 송신기 측에서 다시 반사될 수 있고 심벌 간 간섭을 유발할 수 있다.

그림 12.61은 단순한 인버터보다 더 균일한 임피던스를 갖는 단일 종단 송신기를 구축하는 여러 방법을 나타낸 것이다. 그림 12.61(a)의 전류 모드 구동기는 고출력 임피던스로 포화되어 작동되는 오픈 드레인 트랜지스터(open-drain transistor)를 사용하고 있다. 전송로의 원단(far end)에서 병렬 종단하면 전류를 전압으로 변환하게 된다. **거닝 트랜스시버 논리**(GTL: Gunning transceiver logic)[Gunning92]는 V_T=1.2 V와 0.4 V의 저출력을 갖는 이런 유형의 구동기를 사용한다. 그것은 출력을 0.8 V 기준과 비교하기 위해 차동 수신기[그림 11.28(a) 참조]를 이용한다. 그림 12.61(b)의 전압 모드 구동기는 저출력 임피던스를 갖는 선형 구간(linear regime)에서 작동되는 범위가 넓은 트랜지스터를 사용한다. 이에 채널 임피던스와 일치시키기 위해 직렬 레지스터가 추가된다. 프로세스 변이로 인해 CMOS에 정밀한 저항기를 구축하기는 어렵다. 대안으로는 **디지털 제어 임피던스**(digitally controlled impedance)를 통해 이진 가중치 폭의 다수의 병렬 트랜지스터 외부에 구동기를 설치하고 일련의 해당 장치의 전원을 켜서

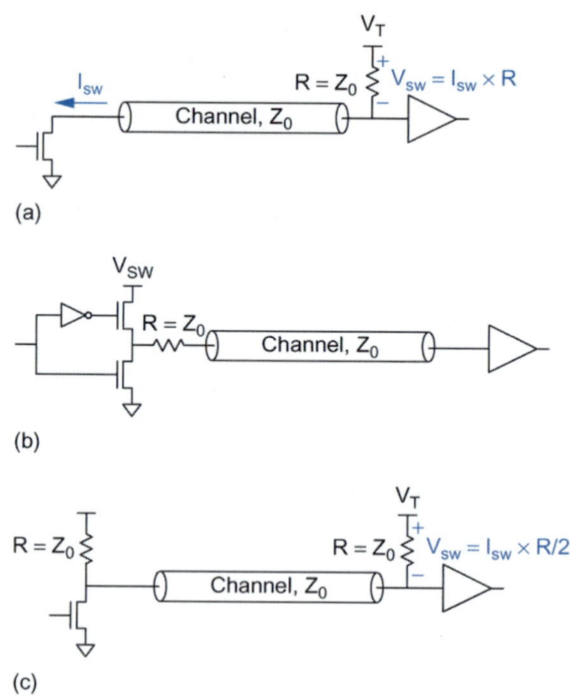

그림 12.61 전송로 구동기: (a) 전류 모드 구동기(수신단에서의 병렬 종단), (b) 전압 모드 구동기(송신단에서의 직렬 종단), (c) 이중 종단(double-terminated) 구동기(전압과 전류 간의 차이가 없음)

원하는 출력 임피던스를 얻는 방법이 있다[Gabara92, DeHon93]. 그림 12.61(c)에서는 전송로가 양단에서 병렬 방향으로 종단되어 있다. 이 방식은 양단에서의 반사 현상을 제거하지만 출력 스윙을 1/2만큼 감소시킨다.

송신기 회로를 분류하는 또 다른 방법은 구동기 형식이 **푸시풀**(push-pull)인지 **풀-유일**(pull-only)인지 알아보는 것이다. 두 가지 유형의 구동기가 이진 신호를 발생시키지만 푸시풀 타입은 0을 중심으로 하는 양극 신호를 생성하며, 풀-유일 타입은 0(예: 신호 없음)을 신호 레벨의 하나로 사용한다. 앞서 그림 12.61(a)와 (b)에 나와 있는 송신기는 각각 풀-유일과 푸시풀의 예이다. 풀-유일 구동기는 대체로 설계하기가 다소 더 쉽지만(능동 스위치가 적게 필요함) 푸시풀 구동기는 풀-유일 구동기의 전류 절반을 사용하므로 동일한 전압/전류 흔들림의 경우 전력을 덜 소비할 수 있다.

12.7.3.2 차동 송신기 **차동 신호 방식**(differential signaling)은 두 전압 또는 두 전류 간의 차이로 신호를 나타내어 잡음 면역성(noise immunity)을 향상시키는 널리 채택되고 있는 방식이다. 외부 잡음 또는 간섭이 있더라도 신호 둘 다 동일하게 방해를 받는 한 그 차이는 영향을 받지 않는다. 그림 12.62는 두 가지 차동 송신기 회로를 나타낸 것이다. 단일 종단 구동기와 마찬가지로, 차동 구동기는 전압 모드 또는 전류 모드 그리고 푸시풀 또는 풀-유일 형식이 될 수 있다. 대부분의 차동 구동기는 차동 쌍으로 이루어져 있는데 이는 합계를 거의 일정하게 유지하면서 두 출력 사이에서 전류를 일정한 방향으로 향하게 한다. 그림 12.62(a)의 구동기 회로는 그림 12.62(b)의 구동기 회로가 두 개의 차동 쌍을 사용하여 풀업 전류와 풀다운 전류 둘 다 발생시키는 동안에만 풀다운 전류를 발생시킨다.

저전압 차동 신호 방식(LVDS)[National08]은 두 전송로 간의 차동 종단을 제공하면서 3.5 mA 전류를 100 Ω 부하로 전환한다. 이로써 차동 수신기에 의해 검출된 350 mV의 출력 스윙이 발생한다. 이는 3.125 Gb/s의 동작에 적합하고 낮은 전력 소비 때문에 인기가 있다. 전류 모드 논리(CML)는 공식적인 표준이 아니다(전류 및 전압 레벨 전환이 매우 다양하다). CML은 더 높은 전류와 더 넓은 스윙을 사용하여 더 많은 전력의 비용으로 10 Gb/s 이상에서 작동할 수 있다. LVPECL(low-voltage positive-emitter-coupled logic)은 유사한 트레이드오프를 구비한 밀접하게 연관된 시스템이다.

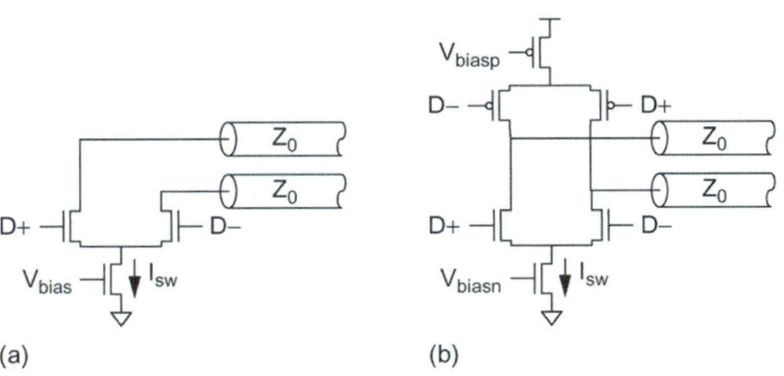

그림 12.62 차동 구동기: (a) 전류 모드 논리(CML), (b) 저전압 차동 신호 방식(LVDS)

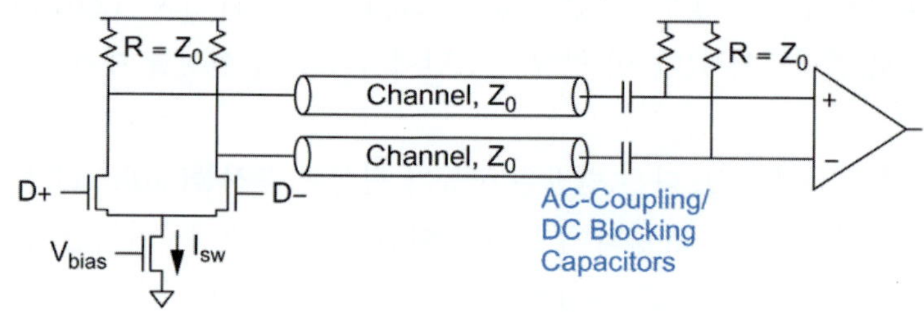

그림 12.63 교류 결합

12.7.3.3 송신기 변이 일부 적용에서는 교류 결합(AC coupling), 슬루율 제어(slew rate control), 또는 프로그램을 입력할 수 있는 스윙 등의 송신기의 기능을 추가로 요구할 수 있다. 그림 12.63에 나와 있는 교류 결합[또는 직류 차단(DC blocking)]은 다른 신호 범위를 가지는 수신기 및 송신기를 연결하는 편리한 방식이다. 다수의 신호 규격에서 작동하는 수신기가 하나의 예이다. 채널 내에 삽입되는 직렬 커패시터는 DC 콘텐츠를 차단하고 신호의 고주파수 콘텐츠만을 전달한다. 이 커패시터는 DC에서 개방 회로로 채널을 변경하므로 신호 범위는 송신기 및 수신기 측에서 독립적으로 설정할 수 있다. 다만 이 직류 차단 커패시터에 의해 데이터가 손실되지 않도록 해야 한다. 한 가지 방법으로는 저주파수 스펙트럼에서 정보를 포함하지 않도록 여분의 정보가 있는 데이터를 부호화하는 것이다. 8b/10b[Widmer83]의 부호화 방식은 널리 쓰이고 있는 방식이다. 이 방식에서는 5개 미만의 연속 0과 1이 나타나고 0과 1의 수가 대략적으로 평균을 이루도록 8비트 바이트를 10비트 기호로 다시 코드화한다. 64b/66b 코드는 낮은 오버헤드를 갖기 때문에 10 Gb 이더넷에서 사용되고 있다.

많은 경우에, 송신기 스윙을 프로그래밍할 수 있는 것이 바람직하다. 그림 12.64는 이런 목적을 위해 설계된 분할된(segmented) 구동기 장치를 구비한 송신기를 나타낸 것이다. 선택 신호(select signal)는 몇 개 장치의 전원을 켜서 전류를 끌어당기고 출력 장치에서 신호 흔들림의 크기를 결정한다.

흔들림 이외에도, 구동기는 신호 전이(예: 슬루율)의 속도를 제어할 수 있다. 이상적인 펄스는 무한하게 날카로운 에지(sharp edge)를 가질 수 있지만 그러한 에지는 실제로 적용하면 부작용이 있을 수 있다. 예를 들면 날카로운 에지를 가지는 신호는 더 심각한 누화 현상을 야기하고 더 많은 반사 현상을 겪으며, 패키지 또는 커넥터에서의 기생 공진(parasitic resonance)으로 인해 울림(ringing)을 야기한다. 송신기가 너무 빠르게 신호를 생성하면 그림 12.65와 같이 구동기 장치를 다수의 부품으로 분할

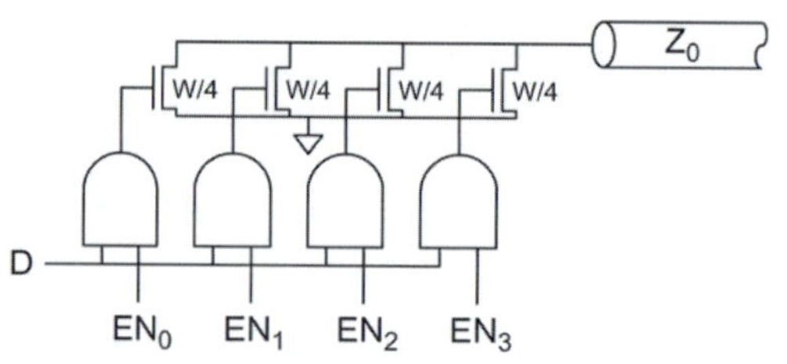

그림 12.64 프로그래밍할 수 있는 구동 전류

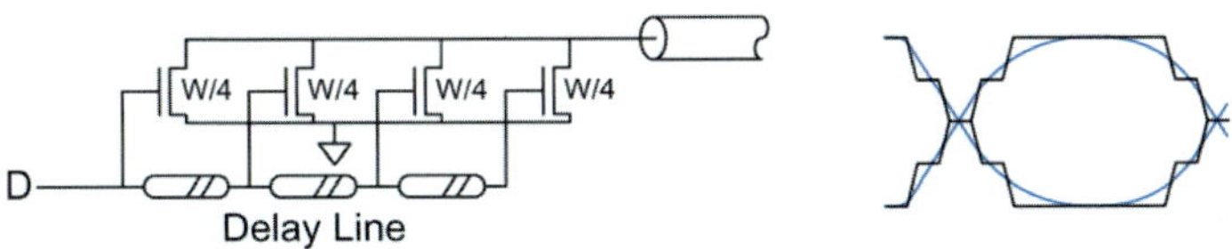

그림 12.65 슬루율 제어

하여 전이 현상을 늦춘 다음에 순차적으로 전원을 켤 수 있다. 이 장치들의 스위치를 켜는 속도는 전송된 신호의 슬루율을 결정한다.

12.7.2절에서 분산 및 심벌 간 간섭을 야기하는 주파수 의존적 감쇠가 채널에서 어떻게 발생할 수 있는지에 관해 논의하였다. 등화기(equalizer)는 그와 같은 바람직하지 않은 현상을 보정할 수 있는 회로이다. 기본적으로 등화기는 전체 주파수 범위에서 결합 채널(combined channel)이 '단조로운' 반응을 내도록 하는 필터링 회로이다. 여기에는 이를 달성할 수 있는 두 가지 방식이 있다(전체 스펙트럼이 동일한 레벨의 감쇠 현상을 인식하도록 채널에 의해 감쇠되는 신호 스펙트럼을 증폭하거나 신호 스펙트럼의 다른 부분을 감쇠하는 방식). 전자가 더 나은 아이디어로 들리겠지만 많은 고속 I/O 회로는 구현하기가 더 용이하여 대부분이 후자를 채택하였다. 그림 12.66은 이러한 목적에 일반적으로 사용되는 **역강조**(de-emphasizing) 송신기를 나타내고 있다. 이 송신기는 두 개의 송신기가 결합되어 있다[하나는 메인 데이터 펄스용이고 다른 하나는 하나의 비트의 주기만큼 지연되는 동일한 데이터의 반전되거나 축소(scaled-down)되는 펄스용]. 이 송신기는 기본적으로 그전의 것을 반복하는 비트의 더 작은 흔들림과 변하는 비트의 더 큰 흔들림을 발생시킨다. 이 장치는 I/O 채널의 저역 통과 반응을 방해하는 고역 통과 필터(high-pass filter)에 가깝다.

12.7.3.4 고데이터율 이제까지 설명한 송신기 회로의 최대 속도를 결정짓는 것에 대해 궁금해 할지 모른다. 밝혀지기로는 송신기 자체가 속도에 대해 주요 한계가 아니라는 점이다. 대부분의 고속 I/O 회로는 일정한 간격에서 데이터 펄스를 발생시키기 위해 정밀한 클럭 신호에 의존하고 최대 데이터율은 종종 칩 상에서 전달될 수 있는 최고 클럭 주파수에 의해 결정된다. 클럭의 최단 주기는 각각의 클럭

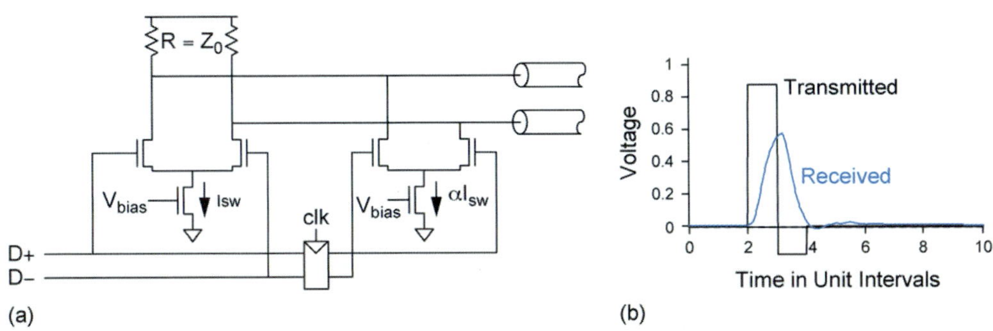

그림 12.66 역강조 송신기: (a) 회로, (b) 역강조 펄스

버퍼 단계의 지연 시간의 8배로 예상할 수 있는데 이는 주기의 약 25%를 차지하는 상승 및 하강 시간을 제공한다. 더 높은 주파수를 요구하는 것은 완전한 크기에 도달하지 않는 클럭 파형을 초래한다.

예제 12.9

65 nm의 프로세스에서 15 ps의 지연 시간을 갖는 FO4 인버터로부터 클럭 버퍼를 얻는다고 가정한다. 한 개의 비트가 클럭 주기마다 전송된다면 데이터가 전송될 수 있는 최대 속도는 얼마인가?

해답: 8 FO4 인버터의 지연 시간은 8.3 Gb/s의 최대 데이터율에 해당하는 120 ps이다.

시간 인터리빙(time interleaving) 또는 **다단계 신호 방식**(multilevel signaling)을 이용하여 더 높은 데이터율을 달성할 수 있다. 시간 인터리브 트랜스시버(time-interleaved transceiver, 그림 12.67)에서는 병렬로 연결된 *N*개의 구동기는 하나의 구동기보다 *N*배 더 큰 데이터 스트림을 발생시킬 수 있다. 순차적으로 각 송신기를 선택하는 타이밍은 클럭의 여러 다른 위상에서 얻어진다. 대부분의 고속 I/O는 두 가지의 클럭 위상(참형) 위상과 상보형(위상)만이 필요하므로 이중 인터리빙(two-way interleaving) 방식을 사용한다. **다단계 송신기**(multilevel transmitter, 그림 12.68)에서는 하나 이상의 비트를 나타내는 데 2개 이상의 레벨이 사용될 수 있다. 다단계 송신기는 시간보다는 더 큰 정밀도에 의존한다. 이러한 옵션의 효율성은 일반적으로 채널의 감쇠와 잡음에 따라 달라진다. 예컨대 시간 인터리빙은 채널의 감쇠가 적당할 때 다단계 신호 방식에 선호되고 있다.

12.7.3.5 수신기 수신기는 일반적으로 정확한 시간에 데이터를 샘플링하는 단순한 플립플롭이다. 차동 신호 방식의 경우 그림 9.29의 SA-F/F와 같은 차동 플립플롭은 작은 스윙 신호를 검출하는 데 필요하다. 시간 인터리브 신호 방식은 시차를 두고(staggered times) 작동되는 여러 수신기를 사용한다. 일

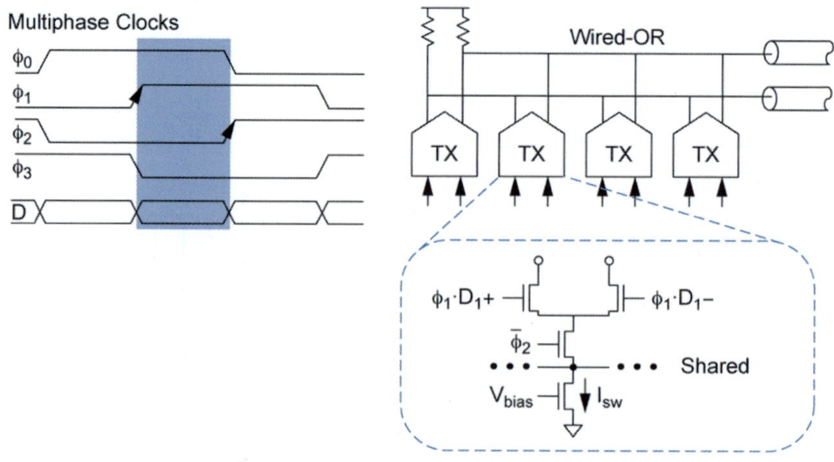

그림 12.67 시간 인터리브 송신기

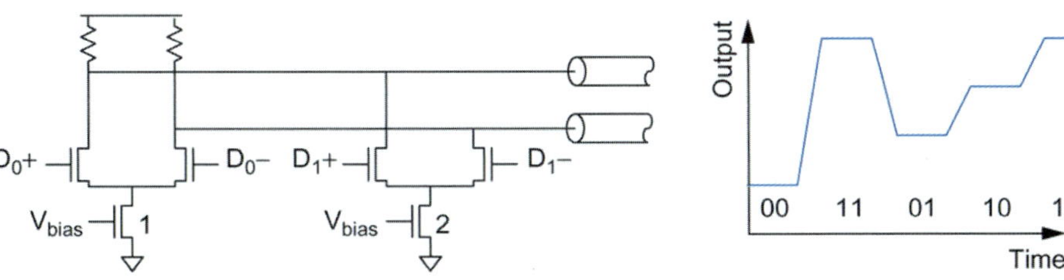

그림 12.68 다단계 송신기

반적으로 VCO 또는 VCDL로부터 태핑되는 여러 출력 장치를 구비하는 PLL 또는 DLL에서 타이밍이 생긴다. 다단계 신호 방식은 수신기 내 작은 A/D 컨버터를 사용한다. 수신기 설계에 있어서 주요 과제는 정확한 시간에 데이터를 샘플링하는 것이다(12.7.4~12.7.7절에서 다양한 해결책이 논의된다).

12.7.3.6 비트 에러율 I/O 링크의 주요 성능에 대한 측정 기준은 오류 비트를 전달할 확률인 **비트 에러율**(BER: bit error rate)이다. 10^{-10}~10^{-12}에 이르는 고속 I/O의 일반적인 비트 에러율이 매우 낮을 수 있다. 그것은 고속 I/O가 어떠한 비트 오류[예: 중복 코딩(redundancy coding) 없음]도 허용할 수 없는 초기의 디지털 I/O로부터 발전되어 왔기 때문이다. 이에 비해 무선 시스템과 같은 다른 일부 통신 링크는 10^{-6}의 더 높은 비율을 지향할 수 있다. BER의 엄격한 요건으로 인하여 비트 에러가 드물게 일어나기 때문에 BER 모델링, 시뮬레이션 및 측정이 시간 소모적이고 어렵다.

12.7.4 동기 데이터 전송

하나의 칩에서 다른 칩으로 비트 열(stream)을 전송하는 경우 양측에서는 하나의 비트를 다른 비트와 구별하도록 하는 합의가 이루어져야 한다. 예를 들어 송신기가 10개의 연속 1을 보낸다고 가정하자. 수신기가 9개 또는 11개보다는 10개의 1이 포함된 문자열을 어떻게 인식할 수 있는가? 9.5.3절에서 더 낮은 속도에서 시스템이 **핸드셰이킹**(handshaking)을 사용할 수 있다고 배운 기억이 있을 것이다. 그 송신기는 새로운 비트를 보내려 할 때마다 수신기에 알리고 수신기가 인정하고 준비된 상태를 송신기에 다시 신호로 알린 후 그 비트를 보내게 된다. 그러나 핸드셰이킹 관련 문제의 한 가지는 데이터율이 채널 지연으로 인해 제한되어 가는 것이다. 이에 따라 그전의 펄스가 원거리 종단에 도달하기 전에 다음 펄스를 전달할 수 있는 전송로가 되는 채널을 활용할 수 없는 것이다.

대신에 대부분의 고속 I/O는 비트를 구별하기 위한 표시로서 **시간**을 사용한다. 다르게 말하자면, 비트는 일정한 시간 간격으로 전송된다. 한 예로 1 Gb/s 링크는 1나노초 마다 하나의 비트를 전송한다. 송신기와 수신기 간에 교환되는 신호가 없으므로 채널 지연으로 인해 신호 속도(signaling rate)는 더 이상 제한되지 않는다. 다만 이와 같은 **동기 전송**(synchronous transmission)은 송신기와 수신기 양측에 중대한 필요조건을 요구한다(발생 및 검출되는 각 비트 펄스의 타이밍이 정확하게 제어되어야 한다). 일정한 비트 간격은 비트를 다른 비트와 구별하는 유일한 방법이므로 타이밍의 편차는 데이터 전송 에러를 유발할 수 있다.

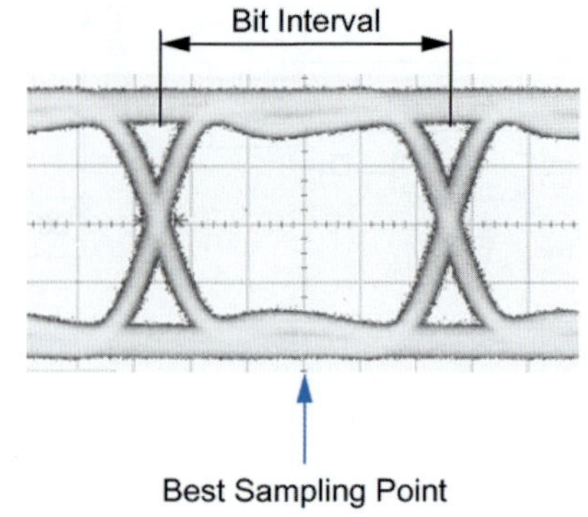

그림 12.69 비트 간격과 최적의 샘플링 시점을 나타내는 눈 다이어그램

예를 들어 논리 1이 고전압 레벨에 의해, 논리 0이 저전압 레벨에 의해 표시된다고 가정해 보자. [**비 제로 복귀**(NRZ: non-return-to-zero) 신호 방식이라 함.] 그림 12.69는 각각의 비트 주기 내에 시간 오프셋의 함수로서 신호를 나타낸 것이다. 이 도표는 일정한 비트 간격에서 비트가 전송되면 신호가 전이 현상을 만들지 않는 도표 중간에 빈 공간(opening)이 있어야 하므로 **눈 다이어그램**(eye diagram)이라 부른다. 비트 간격의 불균일성에 의해 수평 방향으로 빈 공간이 줄고 비트가 안정적으로 검출될 수 있는 시간 주기가 좁혀진다. 한편, 수신기는 눈 다이어그램에 가장 큰 빈 공간이 있는 위치에서 신호를 샘플링하여 각 비트에 대해 결정해야 한다. 고속 수신기 설계에서의 주요 과제는 데이터 스트림을 샘플링하는 최적의 시기를 정확하게 확인하는 데 있다.

송신기 클럭은 일반적으로 PLL 또는 DLL에 의해 발생된다. 12.5.1.5절에서 논의한 타이밍 오류(지터)는 입력 클럭, 전원의 잡음 및 루프 대역폭의 지터 현상에 따른다. 클럭 지터를 줄이기 위한 앞에 설명한 설계에 대한 모든 고려 사항도 여기에 적용한다. 하지만 최소화되고 있는 지터의 유형에 따라 설계 선택이 다를 수 있다. 예를 들면 고속 I/O에서는 절대 시간[예: **절대 지터**(absolute jitter)]에서 공칭 위치로부터 각 클럭 에지 위치의 편차를 최소화하는 데 주로 관심을 둔다. 반면에 여러 디지털 논리 시스템에서는 한 사이클에서 다른 사이클에 이르는 클럭 주기의 변화를 줄이는 것이다[예: **사이클 간 지터**(cycle-to-cycle jitter)]. 예컨대 PLL이 보여 주는 지터 누적은 싸이클 간 지터 현상을 낮추지만 절대 지터 현상은 높인다.

수신기는 송신기로 동기화하여 눈 중간에 비트 스트림을 샘플링해야 한다. 다음의 세개 절에서는 수신기 클럭화에 관한 세 가지 다른 기법을 알아본다.

12.7.5 소스 동기 시스템의 클럭 복원

소스 동기 시스템에서는 그림 12.70과 같이 송신기는 데이터와 적절히 정렬된 클럭 신호를 보낸다. **소스 동기 클럭**(source-synchronous clock)이 I/O 채널을 추가로 소비하므로 종종 동일한 타이밍을 이용하여 다수의 병렬 데이터 채널에 걸쳐 공유된다. 채널 간의 전송 지연 시간이 일치하지 않으면 수신기에서 타이밍 에러로 나타난다. DDR(double-data rate) 메모리의 병렬 I/O 인터페이스는 소스 동기 클

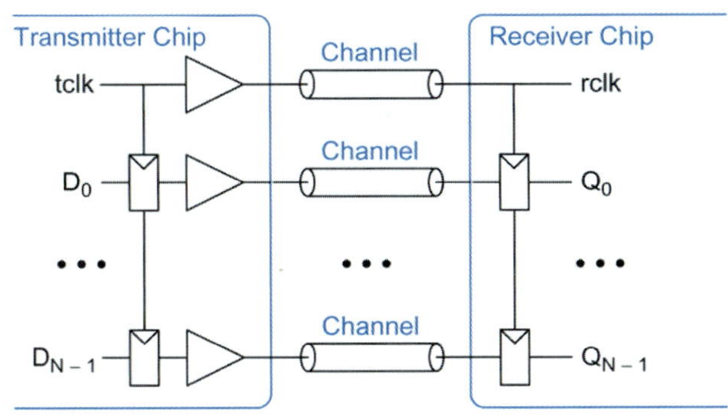

그림 12.70 소스 동기 시스템 구성

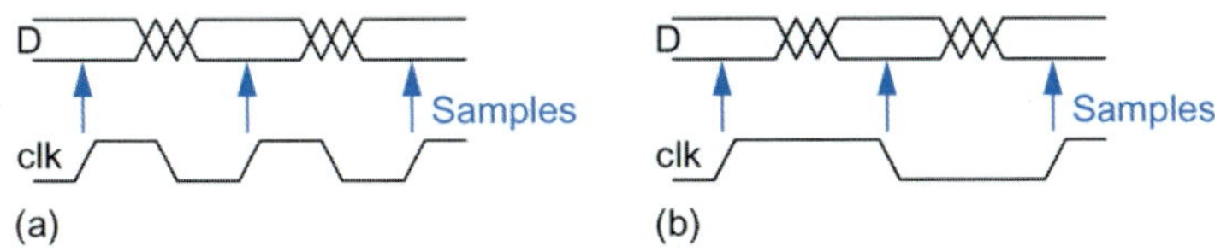

그림 12.71 클럭화: (a) SDR, (b) DDR

럭화의 좋은 예이다.

그림 12.71과 같이 데이터는 클럭 속도의 두 배 또는 동일한 속도로 전송될 수 있다. **SDR**(single-data-rate) 시스템에서 수신기는 소스 동기 클럭의 상승 에지에서 데이터를 샘플링한다. 클럭 전이는 적어도 데이터보다 두 배나 자주 발생한다. 송신기 또는 채널이 초당 최대 전이 횟수를 설정하고 클럭이 이 속도에서 작동하면 시스템 용량 절반에서만 데이터가 전달된다. **DDR**(double-data-rate) 시스템에서는 수신기가 클럭의 상승 및 하강 에지 둘 다에서 데이터를 샘플링한다. DDR 시스템은 초당 전이 횟수가 클럭과 데이터에 상당하는 강력한 이점을 갖고 있다. 클럭과 데이터는 채널의 최대 대역폭에서 작동할 수 있으나 클럭 펄스폭 주기는 50%에서 유지되어야 한다.

원칙적으로 수신기는 소스 동기 클럭을 이용하여 데이터를 간단히 샘플링할 수 있었다. 그러나 특히 다수의 병렬 데이터 채널을 제어하는 경우 종종 클럭을 버퍼링해야 할 필요가 있다. 버퍼 지연으로 눈(eye) 중간에서 클럭이 이동하면서 스큐가 생긴다. 더욱이 전원 또는 기판 잡음에 의한 버퍼 지연의 변이는 더 나아가 지터로 나타난다. 일반적인 해결책으로는 그림 12.72와 같이 PLL 또는 DLL을 사용하여 소스 동기 클럭과 정렬되는 수신기 클럭을 생성하는 것이다.

소스 동기 클럭은 데이터 아이(data eye) 중심과 항상 정렬될 수는 없다. 사실 클럭과 데이터 간의 모든 위상 관계는 고정되고 알려지는 한 가능하다. 예를 들면 일부 응용에서 송신기는 클럭의 에지가 데이터의 에지와 정렬되는 그러한 클럭을 전송할 수 있다. 이 경우, 클럭을 버퍼링하는 PLL 또는 DLL은 클럭의 위상을 90° 이동시켜 데이터 아이 중심에 클럭을 재 위치시킨다. 그림 12.73은 그와 같은 90° 위상 편이(phase shift)를 수행하는 PLL의 예를 나타낸 것이다. VCO 클럭 중 하나가 입력

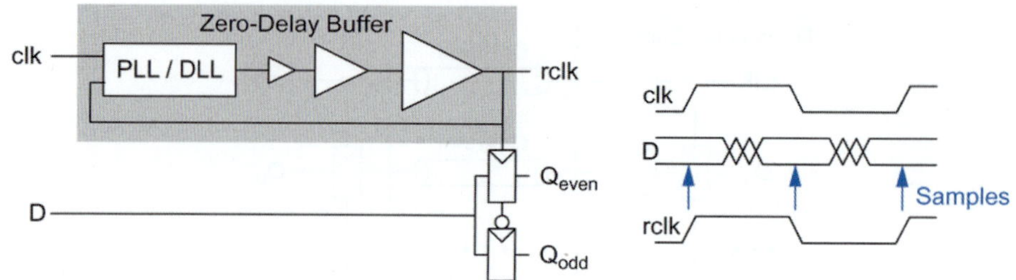

그림 12.72 제로 지연 버퍼를 이용한 클럭 복원

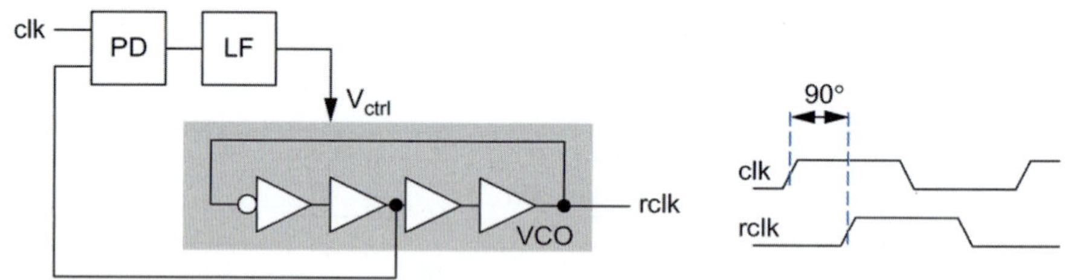

그림 12.73 90° 위상 편이를 위한 PLL을 이용한 클럭 복원

클럭에 정렬되면 이때 다른 클럭이 90°, 180°, 270° 만큼 간격을 두는 위상들을 가지게 된다.

12.7.6 준동기 시스템의 클럭 복원

고속화를 모색함에 따라 소스 동기 시스템에서 정렬되는 클럭 및 데이터를 유지하기가 점점 더 어려워지고 있다. 예를 들어 경로(trace) 길이, 전달 속도(propagation velocity), 특성 임피던스(characteristic impedance) 등에서의 임의의 또는 체계적 변이로 인하여 지연 시간의 작은 차이가 클럭 및 데이터 채널 간에 존재할 수 있다. 또한 클럭 및 데이터 신호를 구동하는 회로 간의 지연차가 있을 수 있다. 속도가 증가하고 비트 간격이 짧아짐에 따라 지연차는 대부분의 비트 간격을 차지한다. 어떤 면에서는, 알려지지 않은 위상을 제외하고 동일한 주파수를 가지는 클럭과 데이터를 고려하는 편이 좋을 것이다. 그러한 시스템을 **준동기**(mesochronous)라 한다.

준동기 시스템에서 수신기는 데이터 샘플러(data sampler)를 기동하는 타이밍 기준으로서 사용하기 전에 들어오는 클럭의 위상을 재정렬해야 한다. 클럭이 정확한 주파수를 계속 가짐에 따라 회로가 위상만을 보정(calibrate)할 수 있는 것으로 충분하다. 그림 12.74는 그와 같은 클럭 복원 루프(clock recovery loop)를 나타내고 있다. 이는 데이터와 복원된 클럭 간의 타이밍 차이를 감시하고 그 차이에 따라 클럭 위상을 조정하는 피드백 제어 루프이다. 이는 주기적인 클럭에 의해 표시되기보다는 임의의 데이터 스트림 내에 있는 기준 타이밍을 제외하고는 12.5절에서 설명한 PLL 및 DLL 구조와 유사하다. 그러므로 먼저 클럭과 데이터 스트림 간의 타이밍을 비교할 수 있는 위상 검출기를 검토할 것이다.

클럭 복원 루프에 사용되는 위상 검출기는 임의의 데이터 스트림에서 작동한다는 점에서 12.5.1.3

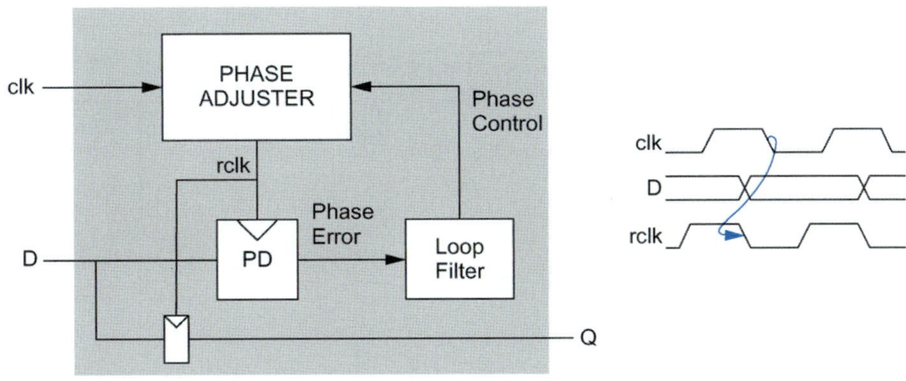

그림 12.74 준동기 타이밍 복원을 위한 위상 보정 루프

절에서 논의한 검출기와 다르다. 그림 12.75에 나와 있는 **호그 검출기**(Hogge detector)[Hogge85]는 잘 알려진 구현된 장치이다. 이 검출기는 두 가지 출력 UP과 DN을 생성하는데 이 출력의 최종 펄스폭(net pulse width)은 클럭과 데이터 간의 타이밍 차이에 비례한다. 극성뿐만 아니라 타이밍 오류의 크기(magnitude)를 검출할 수 있는 이런 유형의 위상 검출기는 **선형**(limear) 위상 검출기라고 부른다. 이는 이진 또는 뱅뱅(bang-bang) 위상 검출기라고 하는 극성만을 검출할 수 있는 다른 유형의 위상 검출기와 대조를 이룬다.

호그 검출기에서 출력 중 하나(DN)는 비트 간격의 절반에 상당하는 고정된 폭을 갖는 펄스를 생성하는 반면에 다른 출력(UP)은 클럭 대 데이터 타이밍 오류에 따라 변하는 펄스폭을 생성한다. UP 펄스는 클럭 및 데이터 위상이 90° 떨어져 있을 때 DN과 동일한 폭을 가지면서 두 개의 펄스폭 간의 차이에 대해 넷 제로(net zero)를 나타낸다. 이런 UP 펄스와 DN 펄스는 전하 펌프를 구동하는데 이 전하 펌프는 VCO에 맞추어 제어 전압을 조정한다. 이때 호그 검출기는 데이터 아이의 중심에 맞추어 클럭을 정렬시킨다.

고데이터율에서, 호그 검출기에는 몇 가지 제한이 있다. 첫째, UP 펄스와 DN 펄스는 매우 좁아져서 전하 펌프로 전달되지 못할 수 있다. 일반적인 비트 간격이 칩에서 충분히 전달될 수 있는 클럭의

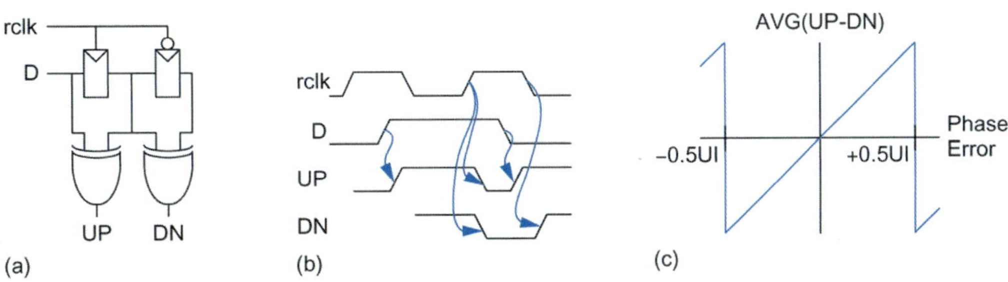

그림 12.75 호그 검출기: (a) 회로, (b) 파형, (c) 전달 곡선

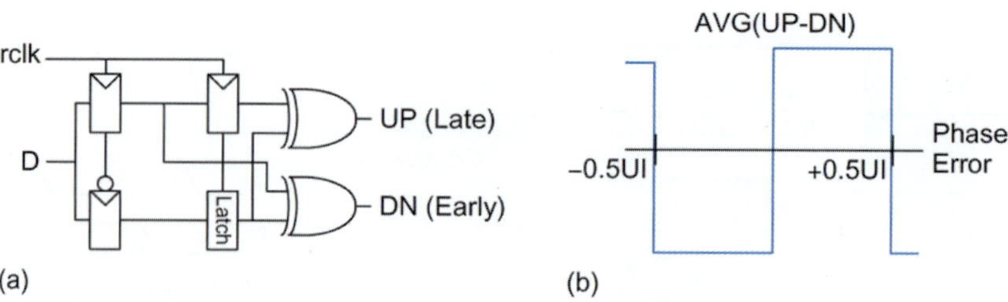

그림 12.76 (4:2) (a) 알렉산더 검출기, (b) 전달 곡선

최단 주기의 일부분이란 점을 명심하자. 둘째, 호그 검출기는 공칭 90°의 고정점과 실제 고정점 사이에 스큐를 가질 수 있다. 문제는 그러한 스큐 현상이 위상 검출기에 존재할 때, 단지 서로 다른 회로이기 때문에 데이터 샘플러의 스큐와 다를 가능성이 있다는 점에 있다.

이에 반해 뱅뱅 위상 검출기는 타이밍과 데이터 검출 둘 다에 정확히 동일한 회로를 사용하는 데 이는 스큐를 일치시키는데 이상적으로 만들어 준다. 이러한 이유로, 여러 클럭 복원 루프는 뱅뱅 위상 검출기를 채택한다. 그림 12.76의 **알렉산더**(Alexander) 또는 **뱅뱅**(bang-bang) 위상 검출기는 타이밍 오류의 극성만을 측정한다[Alexander75]. 호그 검출기와 동일한 UP 출력과 DN 출력을 갖지만 펄스 폭은 클럭 주기에 고정되고 타이밍 에러에 따라 변하지 않는다. 각각의 클럭 사이클의 경우, 클럭이 데이터와 늦게 비교될 때 UP 신호가 확인되고 이른 경우에는 DN 신호가 확인된다. 데이터 전이가 없다면 출력 둘 다 확인되지 않는다. 알렉산더 검출기는 각각의 비트 간격 내에 데이터 스트림을 샘플링하여 클럭과 데이터의 타이밍을 비교한다. 하나의 샘플은 데이터 비트(데이터 샘플)를 읽기 위한 것이고 다른 샘플은 인접한 두 개의 비트 간에 전이 현상이 발생하였는지의 여부를 탐지하기 위한 것이다. 에지 샘플을 인접하는 데이터 샘플과 비교함으로써 위상 검출기는 타이밍 오류의 극성에 대해 결정할 수 있다.

출력 펄스가 데이터 신호 자체보다 더 좁지 않다는 점과 데이터와 에지 샘플링 회로 간의 체계적인 타이밍 스큐가 최소화될 수 있다는 점에서 이진 위상 검출기가 선형의 유사한 장치보다 더 많은 장점이 있지만 타이밍 오류의 크기(magnitude)에 대한 모든 정보를 잃는다. 이런 점 때문에, 이진 위상 검출기를 구비한 클럭 복원 루프는 타이밍 오류에 비례하는 타이밍 조정을 할 수 없다. 대신에 극성에 기초하여 고정 스텝 조정(fixed-step adjustment)만을 할 수 있다. 정확한 스텝 크기를 선택하는 것은 까다로울 수 있다. 고정(lock)에 신속하게 도달하도록 충분히 커야 하지만 고정점 주변에서 디더링으로 인해 야기되는 지터 현상을 제한할 정도로 충분히 작아야 한다.

과샘플링 수신기(oversampling receiver)는 각 비트 간격마다 2회 이상 데이터를 샘플링한다[Yang96]. 이로써 더 많은 정보를 제공하게 되어 수신기 클럭을 정확하게 조정한다. 디지털 출력은 디지털 루프 필터에 의해 처리될 수 있다. 그러나 정교한 샘플링 분해능(sampling resolution)의 경우 샘플러의 영역 및 전력에 대한 부담이 있다.

12.7.7 pleisochronous 시스템에서의 클럭 복원

어떤 경우에는 소스 동기 클럭을 위해 또 다른 채널을 추가하면 너무 많은 비용이 발생할 수 있으며, 수신기의 자체 클럭 기준(local clock reference)을 사용하는 것이 바람직할 수 있다. 자체 클럭 주파수가 전송된 데이터율과 정확하게 일치할 수 있는 반면에 여전히 매우 작은 오류가 생길 수 있다(예: 수정 발진기의 경우 200 ppm 미만). 소스 동기(source-synchronous) 및 준동기(mesochronous) 시스템에 비해, 수신기의 클럭 기준은 불확실한 위상뿐만 아니라 주파수의 작은 오류를 가질 수 있다. 이런 유형의 시스템을 **pleisiochronous**라고 한다. 그와 같은 시스템에서 클럭 복원 루프는 클럭 주파수뿐만 아니라 위상을 보정하는 기능이 있어야 한다. RS-232 직렬 포트는 발신기와 수신기가 보드율(baud rate) 합의가 필요한 pleisochronous 링크의 전형적인 예이다.

pleisochronous 수신기는 일반적으로 데이터 아이 중심에 있는 샘플링 클럭을 발생시키기 위한 PLL을 사용한다. PLL은 12.7.6절에서 설명한 선형 또는 이진 위상 검출기를 사용할 수 있다. 그런데 기존의 PLL과 다른 차이는 데이터 전이가 있을 때만 위상 검출기가 타이밍을 비교할 수 있어 데이터가 오랫동안 하나의 값에 머무르면 커다란 타이밍 오류를 초래할 수 있다는 점이다. 이를 완화하기 위해, pleisiochronous 시스템 내 데이터 스트림은 데이터 전이의 최소 밀도를 유지하고 타이밍 오류를 억제하기 위하여 종종 여분으로 부호화된다.

주기적 클럭에서 작동하는 기존의 PLL과 다른 또 한 가지는 클럭 복원용 PLL이 통상적으로 위상 검출기가 큰 주파수 오류를 검출할 수 없으므로 주파수 획득(frequency acquisition)용 보조 장치가 필요하다는 것이다. 예를 들어 12.7.6절에서 설명한 위상 검출기는 1 Gb/s에서 1010과 2 Gb/s에서 11001100의 반복 패턴들을 식별할 수 없다. 따라서 VCO가 정확한 주파수를 발생시키고 있음을 확실히 해 줄 다른 수단을 사용할 필요가 있다. 하나의 접근 방법으로는 먼저 위상 주파수 검출기를 이용하여 자체 기준 클럭에 VCO 클럭을 고정한 다음 데이터 타이밍을 추적하도록 루프를 전환하는 것이다. 일단 VCO 주파수가 원하는 주파수에 충분히 근접하면 위상 검출기는 데이터 전이가 충분하게 자주 이루어지는 한 고정 상태의 클럭 복원 루프를 유지할 수 있다.

12.8 무작위 회로

많은 보안 및 인증 알고리즘은 무작위수에 의존한다. 이를테면 웹 브라우저는 인터넷으로 정보를 보내기 전에 임의로 생성된 키로 신용카드 번호를 암호화한다. 10.5.4절에서는 선형 피드백 시프트 레지스터를 사용하여 의사 랜덤 비트 열(pseudo-random bit sequence)을 발생시킨다고 설명하고 있지만 강력한 보안에는 부족하다. 다행히도 다양한 랜덤 잡음과 칩 상의 변화를 제공하는 특성이 있다. 이 절에서는 TRNG(true random number generator)에 관해 논의한다. 또한 랜덤 변이를 이용한 칩 식별을 검토한다.

12.8.1 TRNG

TRNG는 열 잡음과 같은 일부 물리적인 임의의 공급원을 비트의 랜덤 열(random sequence)로 변환

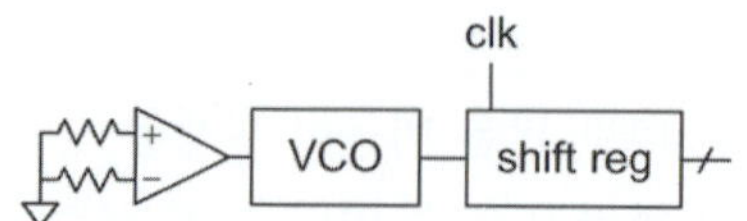

그림 12.77 열 잡음 기반 TRNG

표 12.3 폰 노이만 알고리즘

Bit 1	Bit 2	Output
0	0	None
0	1	1
1	0	0
1	1	None

시킨다. 그림 12.77은 열 잡음을 이용하는 단순한 난수 생성기(random number generator)를 나타낸 것이다. 레지스터에 걸쳐 전압은 전자의 열 여기(thermal excitation) 현상으로 인해 시간에 따라 무작위로 변한다[Razavi03]. 증폭된 잡음은 전압 제어 발진기(voltage-controlled oscillator)를 구동한다. 발진기 출력은 주기적으로 샘플링되고 시프트 레지스터(shift register)에 저장된다. Sun Niagra2 프로세서는 XOR한 세 개의 독립적인 열 잡음 모듈을 구비한 TRNG를 포함한다[Nawathe08]. 기타 하드웨어 구현에 관해서는 [Kinniment02, Brederlow06, Tokunaga08]에 설명되어 있다.

일부 하드웨어 난수 생성기는 0과 1의 불균등 확률을 갖는 편향 패턴(biased pattern)을 생성한다. 관련되지 않은 비트들은 **폰 노이만 알고리즘**(von Neumann's algorithm)[von Neumann51]을 한 쌍의 연속 비트에 적용하여 저데이터율에서 비편향 패턴으로 변환할 수 있다. 이 알고리즘을 표 12.3에 간략하게 나타내었다.

랜덤 열(random sequence)의 품질을 평가하기는 쉽지 않다. 국립 표준 기술원(NIST: National Institute of Standards and Technologies)은 연방 정부 정보 처리 표준(FIPS: Federal Information Processing Standard) 140.2[NIST02]의 표준 통계 테스트 방법(standard statistical test)을 공표하고 있다.

12.8.2 칩 식별

칩 식별(ID: chip identification) 번호는 집적회로를 고유하게 식별하는 데 사용되는 변경할 수 없는 비트 열이거나 비밀키로서 기능을 한다. 칩 ID의 가장 단순한 형태는 제조 과정 중에 공장에서 끊어지는 퓨즈로 암호화된 시리얼 번호이다. 칩 ID는 적용 범위가 매우 넓다. 무선 센서 노드 또는 네트워크 인터페이스 카드는 다른 주소와 구별하기 위해 고유 주소를 사용한다. 제조업체는 칩 ID를 이용하여 브랜드 상품화나 위조를 탐지할 수 있다. 그러나 칩 ID는 특히 사용자의 동의 없이 소프트웨어에 의해 읽혀질 수 있을 경우 시민의 자유가 제한되면서 정부와 기업이 덕을 보기 쉬운 심각한 사생활 침해 문제를 야기하기도 한다. 한 예로 교과서 발행자는 전자책 불법 복제본을 이용하여 학생의 신분을 추적하기 위해 칩 ID를 사용할 수 있을지 모른다. 정부는 검열당한 웹 사이트를 방문했던 자의 신원을 알아내기 위해 칩 ID를 사용할 수 있다.

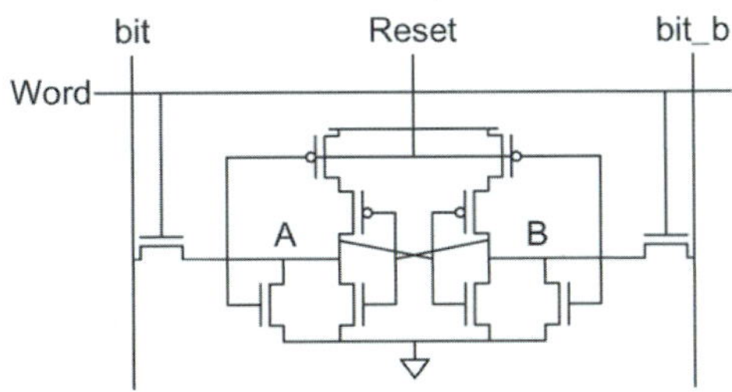

그림 12.78 칩 식별 비트 셀

제조 기간에 칩 ID에 써넣는 것은 약간의 비용을 초래한다. 게다가 위조자는 다른 칩에 동일한 ID를 써넣을 수 있을 것이다. 한 가지 대안은 프로세스 변이의 장점을 이용하여 각 칩의 고유한 지문을 제공하는 것이다. [Su08]에서는 그러한 칩 ID에 관한 네 가지 특성을 나타내고 있다.

- ID 회로는 이진 ID 코드를 생성해야 한다.
- ID 코드는 전원 공급, 온도, 노후화, 열 잡음에 대하여 안정적이고 반복적이어야 한다.
- ID 코드 길이와 안정성으로 각 다이의 정확한 식별 가능성이 높아야 한다.
- ID 회로는 전력 소비가 낮고 보정이 필요하지 않아야 한다.

그림 12.78은 [Su08]의 칩 ID 어레이의 비트 셀(bit cell)의 한 예를 보여 주고 있다. 셀이 리셋되면 노드 *A*와 *B*는 0으로 옮겨진다. 리셋을 해제하면 회로는 한 쌍의 상호 결합 인버터(cross-coupled inverter)로서 동작한다. 장치 불일치 및 열 잡음에 따라 하나의 노드는 높아지고 다른 하나는 낮아진다. 이 타일 형태의 셀은 SRAM과 같은 배열을 형성하고 비트는 동일한 방식으로 이 배열로부터 판독된다. 예를 들어 8×16비트 배열은 128비트의 칩 ID를 생성한다.

ID가 판독될 때마다 일부 비트는 잡음의 방해를 받을 수 있다. 잡음이 일반적인 불일치에 비해 작은 경우 ID와 참 ID 간에 다른 비트[**해밍 거리**(Hamming distance)]의 수가 작게 된다. 이에 따라 *d* 비트만큼 다르면 두 ID는 동일한 칩에 해당하는 것으로 간주된다. *d*는 칩을 정확하게 식별할 가능성이 높을 정도로 충분히 커야 하고 동일한 ID가 일치하는 다른 칩의 확률이 낮을 정도로 충분히 작아야 한다. 더 긴 ID를 사용하면 이 방식이 더 쉬워진다. 칩 식별의 기타 방법에는 전류[Lofstrom00] 또는 지연[Lim05]의 무작위 차이를 측정하는 것이 있다.

12.9 함정 및 착오

패키지 기생을 무시함

패키지의 저항, 커패시턴스 및 인덕턴스는 고속 디지털 칩의 전력 및 I/O 신호 집적도 상에 큰 영향을 미치고 있다. 이것들은 반드시 모델링 내로 포함되어야 한다.

부적당한 전력 그리드 사용

전력 그리드는 직교 방향에서 통과하는 두 개의 최상위 금속 레이어의 상당한 양을 사용해야 한다. 한 방향에서 대부분 통과하는 메시는 많은 게이트가 동시에 스위칭할 때 과다 IR 강하를 받기 쉽다. 이것은 또한 큰 전류 루프 때문에 심각한 유도성 문제로 이끌 수 있다. 전력 그리드는 큰 전류 복귀 루프를 형성하는 몇 개의 폭넓은 도선보다는 차라리 낮은 S:R 비를 제공하기 위해 신호와 맞물린 많은 좁은 도선을 사용해야 한다. 이 그리드는 또한 큰 전류 루프 및 높은 인덕턴스로 이끌 수도 있는 슬롯 그리고 다른 불연속성을 피해야 한다.

PLL/DLL의 설계 실수

위상 고정 루프는 올바르게 설계하기가 지독하게 어렵다. 부족하게 설계되면 이들은 틀린 주파수에서 발진하거나, 고정을 얻는 데 실패하거나 또는 과다한 지터를 가질 수 있다. 이들이 확실히 공정 변동에 걸쳐서 작동하고전력 공급 잡음을 제거할 수 있도록 조심스러운 회로 설계가 필요하다. PLL이 작동하지 않으면 칩의 나머지를 테스트하는 것은 어렵거나 불가능하다. 대부분의 성공한 기업들은 PLL을 전공한 사내 팀을 가지고 있거나 평판이 좋은 공급자로부터 그들의 루프에 대한 사용허가권을 받는다.

클럭 스큐에 관해 대중을 바보로 만드는 최상의 6가지 방법

1) 공정 변동 데이터를 사용하지 않고 클럭 스큐를 계산함

임의 스큐는 트랜지스터의 불일치(L_e) 및 도선 불일치에 전적으로 의존한다. 이러한 불일치는 거리 및 레이아웃 기법과 함께 변동한다. 공정 코너는 칩에서 칩으로의 최악의 사례 변동을 모델링하는데 이 변동은 두 개의 가까운 트랜지스터 사이보다 훨씬 더 크다. 이러한 것은 수용 불가능한 보존 스큐 예산의 결과를 가져온다. 그러나 칩 상 변동에 대한 신뢰성 있는 데이터는 획득하기 어려운데 작은 ASIC 설계 팀 및 학교에 대해 특히 더 그렇다. 이러한 데이터가 사용되지 않는 한 클럭 스큐 예산 정하기는 크게 추측의 문제이다.

2) '0 스큐' 를 주장함

많은 논문은 저자가 그것이 실제로 0 계획적 스큐를 가지고 있는 것을 의미할 때 시스템이 0 스큐(zero skew)를 가지고 있다고 주장한다. 이러한 시스템은 드리프트 및 지터뿐만 아니라 상당한 임의 스큐도 가지고 있을 수도 있다. 이 0 스큐 항은 현혹적이므로 피해야 한다.

3) 계획적 스큐만을 보고함

많은 논문은 또한 계획적 스큐만을 보고한다. 잘 균형 잡힌 클럭 분배 네트워크 내에서 계획적 스큐는 임의 스큐 및 지터보다 종종 더 작다.

4) 지터를 무시함

지터는 시간 및 공간에 의존하고 모델링하거나 추정하기가 어렵다. 세련되지 못한 클럭화 전략은 때로 지터를 무시한다. 이것은 비현실적 스큐 예산의 결과를 가져온다. 특히 활성 디스큐 버퍼는 클럭 분배 지연을 증가시킨다. 버퍼 상의 전압 잡음은 지터로서 나타난다. 공급이 드물게 고요하면 이 버퍼는 그 자신이 계획적 또는 임의 버퍼를 감소시키는 것보다 더 지터를 증가시킬 수 있다.

5) 고요한 환경 내에서 짧은 시간 주기에 걸쳐 단지 두 개의 요소에서만 측정된 스큐를 보고함

칩 상의 스큐를 측정하는 것도 어렵다. 일부 논문은 짧은 시간 주기에 대해 칩 상의 단지 두 개 또는 몇 개의 지점에서만 클럭 시간 간격을 측정하고 그러한 것을 스큐로 보고한다. 칩이 클럭화된 많은 요소를 가지고 있음에 따라 단지 몇 개의 지점만을 측정함으로써 최악의 사례 스큐를 찾기는 어렵다. 더군다나 짧은 시간 간격에 걸쳐서 측정하게 되면 최악의 사례 지터를 쉽게 포착하지 못한다. 이 칩은 최대 전력 공급 잡음 및 클럭 지터를 유발하도록 공급 전류 내의 큰 파동(fluctuation)을 유발하는 다양한 모델을 통해 시험되어야 한다.

6) 설계 동안 사용되는 스큐 예산을 보고하지 않음

설계자들은 그들의 설계가 올바르게 동작할 지 확실하게 해야만 하기 때문에 종종 설계 동안 보존 클럭 스큐 예산을 선택한다. 스큐 예산보다 '측정된' 스큐를 보고하는 것은 더 작은 스큐 개수를 제공할 것이다.

요약

이 장에서는 패키지, 전력 분배, I/O, 클럭, 그리고 아날로그 서브시스템 설계를 살펴보았다. 한편으로는 각 주제가 그 자체로 교과서이고 특수 설계 영역이지만 VLSI 설계자는 시스템을 전반적으로 최적화하기 위해 각 영역에 관해 반드시 충분히 이해해야만 한다.

패키지는 보드 또는 모듈로 칩을 연결하고, 칩을 보호하고, 또한 열을 제거하는 첫 번째 연결이다. 이 패키지는 많은 연결, 낮은 열 저항, 그리고 낮은 기생을 제공해야만 하는데 생산하고 테스트하기에는 여전히 어렵다. 다이를 가로질러 분포된 솔더 범프를 사용하는 플립칩 패키징은 많은 개수의 연결 및 낮은 인덕턴스 때문에 대중화되어 있다.

전력 분배 네트워크는 칩 상 요소, 패키지, 그리고 보드로 구성된다. 이것은 변동하는 전류 요구하에서 칩을 가로질러 반드시 안정한 전압을 전달해야 한다. 평균 그리고 피크 전류 필요성 양쪽 모두에 의해 잡음이 유발된다. 다중 우회 커패시터는 고주파 IR 및 L dt/di 잡음 필터를 돕기 위한 낮은 임피던스를 제공하지만 DC 공급 저항은 평균 전류를 전달하기에 충분할 정도로 반드시 낮아야 한다. V_{DD} 및 GND 선은 작은 전류 복귀 루프 및 낮은 인덕턴스를 제공하기 위해 신호 도선을 가지고 양쪽 방향으로 서로 맞물리게 된다. 공급 도선은 또한 전자 이동 문제를 피하기 위해 충분한 교차 단면 영역을 반드시 가지고 있어야 한다. 이러한 요구는 많은 양의 금속 및 우회 커패시턴스를 내포하고 있지만 여전히 비용 제한이 필요 이상의 칩 면적을 허락하지 않는다.

클럭 서브시스템은 클럭 발생, 분배, 그리고 게이터 요소를 포함한다. 클럭 발생기는 동기 통신을 위한 외부 기준으로 칩 상 클럭을 정렬하고 주파수 다중화를 실행하기 위해 PLL을 사용할 수 있다. 클럭 분배 네트워크는 낮은 스큐를 가진 모든 클럭화된 요소로 전역 클럭을 송신해야 하지만 여전히 과다 전력 또는 면적을 소비하지는 않아야 한다. 게이터는 국부 클럭 정지를 실행하거나 단일 전역 클럭으로부터 다중 위상을 생성할 수 있다.

I/O 신호는 입력, 출력, 양방향 신호, 및 아날로그 신호를 포함한다. I/O 패드는 다른 칩과 호환하는 전압 수준에서 대형 칩 외부 커패시턴스에 충분한 대역폭을 제공해야 한다. 또한 과전압 및 정전기 방전에 대해서 코어 회로를 보호해야 한다. 고속 병렬 및 직렬 연결은 칩 사이 도선의 전송로 특성을 고려해야 한다. 그들의 궁극적인 성능은 정확하게 적절한 시기에 받은 데이터를 잡을 수 있는 능력에 의해 제한된다.

칩은 보안 응용을 위해 불규칙성을 채택하고 있다. 진정한 난수 발생기는 추측할 수 없는 암호화 키를 생성할 수 있다. 불규칙 변이는 또한 일련 번호를 제공하거나 위조를 방지하기 위해 개별 집적회로를 유일하게 식별하는 데 사용할 수 있다.

연습문제

12.1 H-트리 및 클럭 그리드의 장단점을 쓰시오. 혼성 트리/그리드는 표준 그리드 상에서 어떻게 향상되는가?

12.2 정전기 방전 사례가 어떻게 CMOS 칩 상의 래치업을 유발할 수 있는지 설명하시오.

12.3 우수한 방열판 및 팬을 가진 세라믹 PGA 패키지가 10°C/W 분위기로의 열 저항을 가지고 있다. 다이로부터 패키지로의 열 저항은 2°C/W이다. 패키지가 결코 50°C를 초과하지 않을 섀시 내에 있고 최대 허용 가능 다이 온도가 110°C이면 이 칩은 얼마나 많은 전력을 발산할 수 있는가?

방법론 13

13.1 서론

특정한 시스템, 칩 또는 회로를 설계하는 방법은 필요한 노력과 설계 결과에 많은 영향을 준다. IC 설계자들은 시의적절하고 성공적인 설계 가능성을 높이기 위한 원리들을 소프트웨어공학적으로 결합한 복합적인 규칙들로 이루어진 방법론들을 개발, 적응해 왔다. 우리는 이 장에서 이러한 원리들을 알아볼 것이다. 근본적인 설계 원리들은 수십 년간 변하지 않았지만, 미세한 설계 기법들과 도구들은 생산성과 기술의 발전에 따라 진화해 왔다. 이 장에서는 현재의 CMOS 설계 방법들과 여러 저서들에서 다루어진 복잡한 주제들의 개요를 설명한다. 우리는 이렇게 빠르게 변화하는 기술을 쫓아가기 위하여 이 장에서 다루어진 회사들과 문헌들을 찾아보기를 권한다.

1.6절에서 소개한 바와 같이 집적회로는 세 가지 **영역**(domain)으로 표현할 수 있다. (1) **동작 영역**(behavioral domain), (2) **구조 영역**(structural domain), (3) **물리 영역**(physical domain). 동작 영역은 우리가 시스템을 이용하여 이루고자 하는 바를 나타낸다. 최상위 단계에서 분산 센서 네트워크에 대해 초저전력 라디오를 구축하고자 하는 예를 들어 보자. 구조 영역은 원하는 동작을 이루기 위하여 필요한 요소들의 연결을 나타낸다. 이에 대한 예로서, 우리의 센서 라디오는 센서, 라디오 송수신기, 프로세서, 프로그램이 있는 메모리, 그리고 전원 장치 등이 적절히 연결되어야 할 것이다. 마지막으로 물리 영역은 요구되는 동작이 수행되도록 요소들을 연결하기 위하여 요소들을 배치하는 방법을 나타낸다. 우리의 예로서는 소자를 담기 위한 규격, 물리적 도면의 작성, 칩을 이루는 기하학적 구성에 대한 규격 등을 포함하게 될 것이다. 설계 흐름(design flow)은 수동 또는 자동적인 변환을 사용하여 동작에서 구성, 최종적으로 물리적 구현에 이르는 단계를 포함한다. 각 변환에서는 설계의 전후를 비교하여 정확성을 검사해야 한다. 예로서 센서 라디오의 전력 소모량 기준이 있을 경우, 설계 기준을 만족시키는지 확인하기 위하여 물리 영역에서의 피드백이 포함된 구조 영역에서의 검사가 실행된다.

각각의 영역들에는 특정 문제를 해결하기위한 여러 가지 설계 옵션 들이 있다. 동작 수준(behavioral level)에서 우리는 무선 통신 규격과 센서라디오에서 전송되는 데이터의 형태를 규정할 수 있다. 구조 영역에서는 특정 회로설계기법, 논리회로의 종류, 클럭 전달방법 등을 선택할 수 있다. 물리 수준(physical level)에서도 회로를 구현하는 데 있어서 칩, 보드 등에 많은 옵션이 있다. 이러한 영역들은 여러 **설계 추상화**(design abstraction)의 수준(level)들로 더 나눌 수 있다. 전통적으로 디지털칩의 설계는 다음과 같은 계층들을 가진다.

- 아키텍처 수준(architectural level) 또는 기능 수준(functional level)
- 논리 수준(logical level) 또는 레지스터 전달 수준(RTL: register transfer level)
- 회로 수준(circuit level)

아날로그나 RF 회로의 경우, 논리 수준 대신 블록도 수준(block diagram level)이 사용된다.

설계 영역과 추상화 수준 간의 관계는 1.6.3절에 처음 소개되었던 그림 13.1의 **Gajski-Kuhn Y 차트**에 나타나 있다. 이 그림에서 세 방사선은 각각 동작 영역, 구조 영역, 그리고 물리 영역을 나타낸다. 각 선을 따라 그 영역의 여러 추상화 수준들이 나열되어 있다. 동작 영역에서는 기존의 소프트웨어, 하드웨어 기술 언어 분류가 표현되어 있다. 방사선을 따라 바깥쪽으로 좀 더 복잡한 것을 표현하도록 설계 추상화의 수준도 증가한다. 따라서 동작 영역에서 가장 낮은 추상화 수준은 하나의 명령어 또는 한 줄의 소프트웨어나 하드웨어기술 등이 된다. 그림에서 원들은 유사한 정도(구조, RTL, 논리, 회로 수준)의 추상화 수준을 나타낸다. 특정 추상화 수준과 설계 요소들은 설계 방법에 따라 조금씩 다를 수 있다.

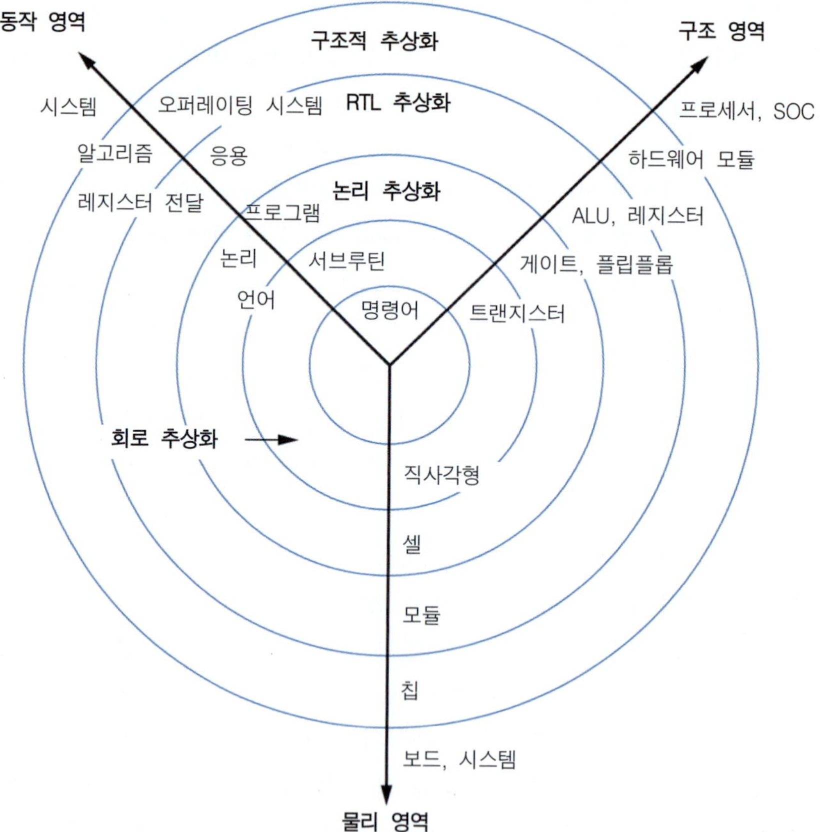

그림 13.1 Gajski-Kuhn Y 차트

이 장에서 우리는 설계의 구성을 유지하면서 하나의 영역에서 다른 영역으로 변환하는 방법을 다룰 것이다. 이러한 방법을 통해서만 성공적으로 동작의 기술에서 제품의 구현에 이를 수 있다.

우리는 먼저 대다수의 공학 프로젝트들에 적용되는 몇 가지 기준 원리들에 대해 논할 것이다. 그리고 CMOS IC 설계자들이 사용하는 빠른 시제품의 제작 또는 큰 분량의 디지털, 아날로그 또는 RF 설계에 적합한 미시적 접근들을 포함하는 여러 가지 설계 기법들을 조사할 것이다. 또한 구현 방법의 바른 선택을 도와주는 설계의 경제성을 알아본다.

13.2 구조적 설계 전략

IC의 지속성은 많은 부분 설계 단계에서 도입된 생산성에 의하여 영향을 받는다. 이는 결국 개념을 구조로 변환하는 설계 단계의 효율성에 의존하게 된다. 좋은 VLSI 설계 시스템은 세가지 설계 영역(동작 영역, 구조 영역, 물리 영역)과 모든 추상화 수준(구조, RTL/블록, 논리, 회로 수준) 사이의 조화로운 결합을 제공해야 한다. 그 결합 방법들은 응용 프로그램에 기반을 둔 중요도의 차이를 구분할 수 있는 여러 항목들로 측정할 수 있게 한다. 이러한 항목들은 다음과 같이 정리될 수 있다.

- 성능—속도, 전력 소모, 기능, 유연성
- 다이 크기(즉 다이의 단가)
- 설계 기간(즉 구현 비용)
- 설계 검증의 용이성, 검사법 제작, 그리고 검사 가능성(즉 구현 비용)

설계는 상기의 항목들에 대하여 적절한 결과를 얻기 위한 계속되는 트레이드오프 과정이다. 따라서 특정 칩에 사용된 도구와 설계 방법들은 이러한 항목들의 함수가 된다. 어떤 최종 결과는 반드시 충족되어야 하는 반면(즉 칩은 정해진 성능 규격을 만족시켜야 한다), 어떤 제한 조건들은 경제성(즉 다이 크기는 불량률에 영향을 준다)에 따라 또는 설계자의 주관적 판단(즉 설계자가 볼 때 이해하기 쉽다거나 어렵다는 판단)에 따라 사용된다.

시스템을 실리콘에 설계하는 과정이 복잡할 때, 이 복잡성을 줄이거나, 생산성을 높이거나, 동작하는 제품을 검증하는 것이 좋은 VLSI 설계 보조기의 역할이다. 설계 과정을 단순화하는 좋은 방법은 제한 요소들과 추상화된 요소들을 사용하는 것이다. 제한 요소들을 사용함으로써 도구 설계자는 과정의 자동화를 설계에 있어서 많은 노력을 줄일 수 있다. 추상화 요소들은 자세한 부분을 고려하지 않고 단순한 요소들로 설계를 할 수 있게 한다.

이 장에서 우리는 설계 기법상의 자유도를 변경할 수 있는 설계 방법들을 다룰 것이다. 선택은 모든 기법이 가능하다는 전제하에 전적으로 경제성을 염두에 두고 이루어져야 한다. 기능에 따라서 적절한 설계 방법이 선택된다. 이런 단계들을 따라 필요한 칩의 비용을 산출할 수 있으며 선택할 수 있는 가장 빠른 방법을 택할 수 있다. 우리는 설계 복잡도를 다루는 가장 적합한 방법인 구조적인 접근 방법에 초점을 맞출 것이다.

거의 모든 성공적인 집적회로의 구현을 위해서는 자세한 설계 과정에 대한 주의가 필요하다. 수

년 동안 복잡한 하드웨어나 소프트웨어 과제를 수행하기 위한 여러 구조적 설계 기술들이 개발되었다. 이러한 기술들은 상당한 유사성을 갖고 있다. 이러한 기술들을 정확히 사용하게 되면 특정 과제에 필요한 노력의 정도를 상당히 바꿀 수 있으며, 최종적인 성공의 기회를 높일 수 있다.

13.2.1 소프트웨어 라디오—시스템 예

구조적 설계의 과정을 설명하기 위해, 우리는 그림 13.2에 있는 가상의 '소프트웨어 라디오(software radio)'를 예로 이용할 것이다. 이 장치는 고주파(RF) 신호를 송수신하는 데 이용되며, 정보는 자료, 목소리 또는 비디오를 전송하기 위해 RF **반송파**(carrier)에 변조된다. RF 반송파는 정보를 받기 위해 복조된다. 이상적인 소프트웨어 라디오라면 어떤 주파수도 받을 수 있고, 임의의 데이터 전송률에서 임의의 형태의 정보도 복호화하거나 부호화할 수 있다. 언젠가 이것이 가능할지도 모르나 현재의 공정 한계로는 어느 정도 제한이 있다. 시스템 해법에 미치는 설계 방법의 효과를 이해하기 위해, 우리는 더 많은 세부 사항에서 그 소프트웨어 라디오를 검사할 것이다. 이러한 방법에서 설계를 위한 구조적 접근에 관한 토의가 설계의 기초를 형성할 것이다.

IQ 변조기(IQ modulator)라 불리는 전형적인 라디오 송신기로 신호를 전송하는 방법이 그림 13.3에 설명되어 있다. 입력 데이터 열은 **동위상**(inphase, I)과 **직교위상**(quadrature, Q) 신호로 부호화된다. I와 Q는 그림 13.3의 아래에 나와 있는 것과 같이 시간에 따라 순간적으로 변화하는(전위) 벡터의 신호 크기를 나타낸다. 적절한 I와 Q의 값에 따라서는 어떠한 형태의 변조된 반송파도 합성될 수 있다. I는 F_{osc} 주파수에서 동작하는 발진기의 사인파와 곱해진다. 직교위상(Q) 신호는 발진기 주파수의 코사인과 곱해진다. 그 결과로서 생기는 신호들은 더해져서 디지털-아날로그 변환기(DAC: digital-to-analog converter)를 통과한다. 이것으로부터 **중간 주파수**(IF: Intermediate Frequency)라 불리는 신호가 생성된다.

일반적인 IQ 성좌표(constellation)는 그림 13.4에 나와 있다. 그림 13.4(a)에 나와 있는 **진폭 변조**(AM: amplitude modulation)는 변조될 파형의 크기에 따라 반송파의 크기만을 변화시킨다. 이것은 임의의(우리가 상관할 필요없는) 위상 각도와 원점에서부터 그 반송파의 최댓값을 나타내는 원 위의 점에 이르는 벡터의 신호로 나타난다. AM 라디오의 경우에, 그 반송 주파수는 800 kHz(AM 주파수 대역) 정도이며, 그 변조 주파수는 대략 300 Hz 부터 6 kHz(음성과 음악 주파수)에 이른다. **위상 변조**(phase modulation)는 그림 13.4(b)에 나와 있다. 여기에서 벡터는 변조가 진행되면 위상각을 변화시키며 최대 반송파 크기인 원을 일주한다. 이것은 100 MHz[FM 방송 주파수 대역—위상 변조와 유사

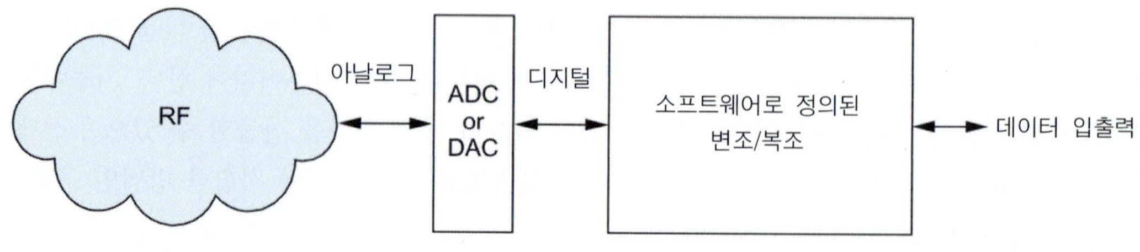

그림 13.2 소프트웨어 라디오 블록도

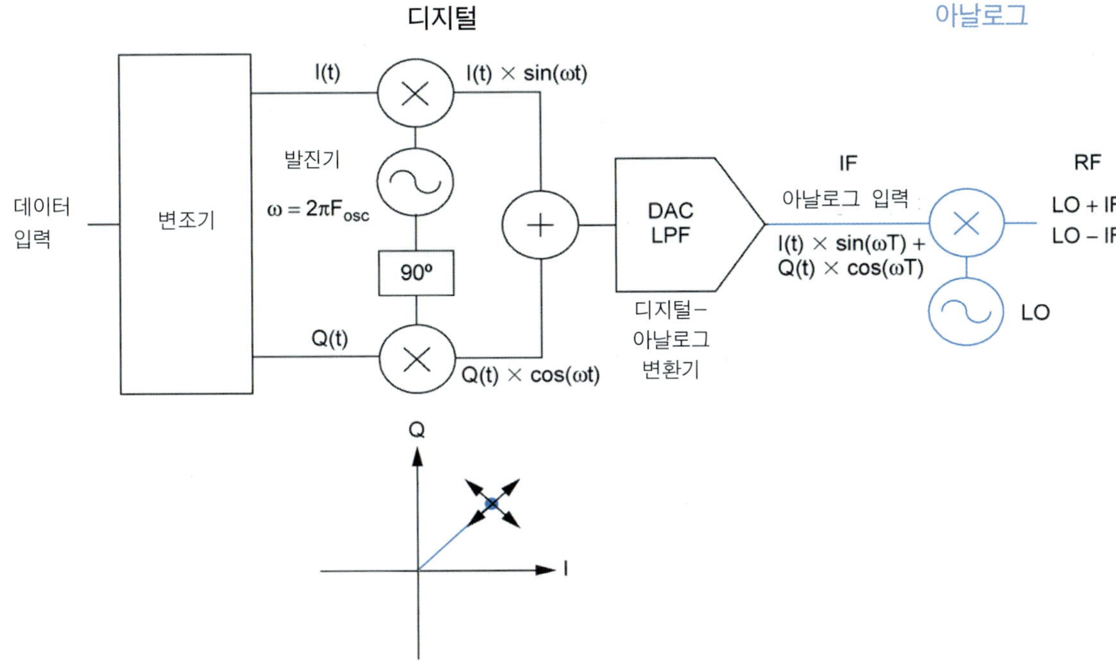

그림 13.3 소프트웨어 라디오 전송로

한 **주파수 변조**(FM: frequency modulation)를 사용한다]의 반송 주파수를 이용하는 고정 진폭 변조(constant amplitude modulation)로서 200 Hz~20 kHz(하이파이 오디오) 변조 주파수를 가지고 있다. 마지막으로 그림 13.4(c)는 **직교위상 편이 변조**(QPSK: quadrature phase shift keying)로서 주로 데이터의 전송에 사용된다. 그림에 나와 있는 것처럼 두 비트의 데이터가 네 개의 위상점들로 부호화된다.

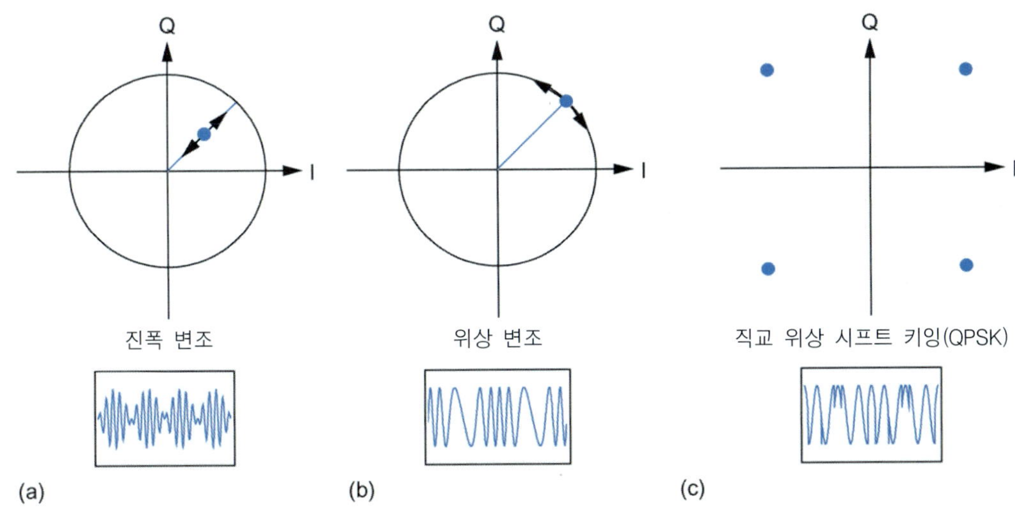

그림 13.4 IQ 변조의 예

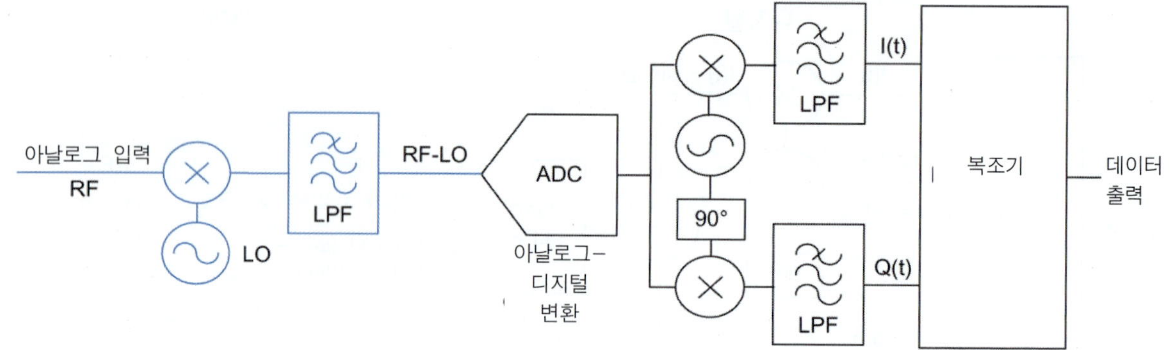

그림 13.5 소프트웨어 라디오 수신로

일반적인 반송 주파수는 공업 및 과학, 의료용(ISM: industrial scientific and medical) 주파수 대역인 2.4 GHz 정도이며 변조되는 데이터 속도는 10 Mb/s 정도이다.

실제로 반송파와 변조 주파수의 범위는 상당히 다양하다. 일반적으로 고주파의 반송파의 경우 변조는 중간 정도 주파수에서 행해진 후 더 높은 주파수와 아날로그 상태로 곱해진다. 이는 아날로그 영역에서 행해지며, 그림 13.3의 오른쪽 파란 부분에 그려져 있다. 아날로그 곱셈기[RF 용어로는 **믹서**(mixer)라고 불린다]는 아날로그 국부 발진기(LO: local oscillator)와 발생된 중간 주파수(IF) 신호로 합과 차의 주파수들을 만든다.(원하는 RF 주파수를 직접 만드는 것도 가능하지만, 여기서는 중간 주파수를 사용하는 것으로 한다.) 아날로그 대역 통과 필터나 좀 더 복잡한 믹서가 원하는 혼합 성분(LO+IF 또는 LO−IF)을 선택하는 데 사용될 수 있다. 예를 들어 20 MHz IF 디지털 신호를 만들어 2.4 GHz LO와 섞는다면, 2.42나 2.38 GHz 데이터 신호를 만들 수 있다. 이것을 **고대역 변환**(upconversion)이라 한다.

그림 13.5에는 소프트웨어 라디오를 완성하기 위한 수신부가 나와 있다. 그것은 대체로 송신부의 역순이 된다. 송신의 경우처럼 높은 주파수는 실제의 ADC에 의해 처리하기 적합하도록 낮은 중간 주파수로 **저대역 변환**(downconversion)된다. RF 신호는 LO와 혼합되고, 차분 주파수를 얻기 위해 저역 통과 필터로 처리된다. 예로서 2.4 GHz LO가 2.42 GHz RF 신호와 혼합된다면, 20 MHz IF 신호가 복원된다. 아날로그-디지털 변환기(ADC: analog-to-digital converter)는 복조된 IF 반송파를 디지털 데이터 열로 변환한다. 이 데이터는 디지털 영역에서 IF 주파수로 동작하는 발진기와 혼합(곱셈)된다. 디지털 저역 통과 필터(LPF: low pass filter)로 처리된 후, 원래의 I와 Q 신호가 복원되어 복조기로 전달된다. 디지털 라디오에 관해 좀 더 자세한 사항은 통신이론 문헌 [Haykin00]을 참조하기 바란다.

종합하면 곱셈, 사인파 발생, 필터 처리 등이 소프트웨어 라디오에 중요하다. 변조와 복조는 자세히 다루지 않았으나, 등화(또는 곱셈), 주파수 변환(또는 고속 푸리에 변환), 상관관계, 그밖에 특별한 부호화 연산 등이 포함된다. 이후의 절에서는 계층화, 정규화, 모듈화, 그리고 지역화와 같은 설계 원칙들을 소프트웨어 라디오에 적용되는 현실적인 예들과 함께 다룰 것이다.

13.2.2 계층화

계층구조의 사용 또는 '나누어 해결하기'는 시스템을 모듈로 나누고 하층 모듈의 복잡함이 적절하게 이해할 만한 수준에 다다를 때까지 각각의 모듈에 대해 이 과정을 반복한다. 이 과정은 특정한 기능을 가진 미리 구성된 구성 요소의 수준에 멈추게 된다. 그 과정은 큰 프로그램을 잘 정의된 동작과 인터페이스(interface)로 이루어진 간단한 서브루틴(subroutine)이 쓰여질 수 있을 때까지 더 작고 작은 부분으로 나누는 소프트웨어 전략(software strategy)과 동시에 이루어진다. 미리 정의된 모듈의 경우에 설계 작업은 그 필요한 기능을 위해 작성된 라이브러리 코드(code)를 사용하게 된다. '병렬적 계층화(parallel hierarchy)'의 개념은 동작, 구조, 물리 영역의 설계(병렬적 계층화는 각 영역을 계층화함을 의미한다. 이때 각 영역의 계층들이 같을 필요는 없다)를 종합적으로 기술하는 데 사용된다. 또한 일치 검증 도구(equivalency tool)는 각 영역의 일관성을 보장한다. 이러한 도구는 계층적으로 적용될 수 있기 때문에, 각 영역에 부합하는 계층적 단계들을 검사함으로써 설계의 아래로부터 가장 위까지 검증할 수 있다. 예를 들면 RISC 프로세서 코어는 그 프로세서의 행동을 설명하는 HDL 모델을 가지고 있을 수 있다. 회로의 형태와 그 상호 연결을 설명하는 게이트 네트리스트(gate netlist)는 그 프로세서를 생산하기 위해 필요하다. 그리고 회로의 배치와 연결하는 기술은 주어진 공정에서 물리적으로 그 프로세서를 만드는 방법을 설명한다. 이 장의 뒤쪽에서, 어떻게 영역과 영역의 비교가 영역 사이의 일관성을 보장하는 데 이용되는지 볼 것이다.

계층화는 기존의 IC를 소프트웨어 형태로 **가상의 구성 요소**(virtual component)로서 사용이 가능하게 한다. 가상의 구성 요소는 칩 설계에서 코드의 조각으로서 사용되고 검증 방법과 같은 지원 문서를 가지고 있다. 그들은 외부의 **지적 재산권**(IP: intellectual property) 공급자에 의해 제공되거나 당신의 회사에서 개발된 이전의 생산품에서부터 다시 사용될 수 있다. 가상 구성 요소는 13.5.7절에서 좀 더 논의될 것이다.

예제 13.1

소프트웨어 라디오(그림 13.3)의 전송로에서의 디지털 동작은 소프트웨어로 수행된다. 그런 까닭에, 그 설계의 기초는 마이크로프로세서가 된다. 그림 13.6에 나와 있는 대로, 이 경우에 그 설계는 전형적인 마이크로프로세서의 계층구조를 가질 수 있다. 최상위의 수준에서, 마이크로프로세서는 산술 논리 연산장치(ALU), 프로그램 카운터(PC), 레지스터 파일, 명령어 디코더와 메모리를 포함한다. ALU는 가산기, 부울 논리 유닛과 시프터로 더 분해될 수 있다. 시프터와 가산기는 결합하여 곱셈을 수행할 수 있다. 그 도면은 어떻게 상대적으로 복잡한 구성 요소가 계층구조의 몇몇 수준 안에서 간단한 구성 요소로 빨리 분해될 수 있는지를 설명한다. 각각의 수준은 단지 약간의 모듈만을 가지고 있어서, 계층구조의 그 수준의 이해를 돕는다.

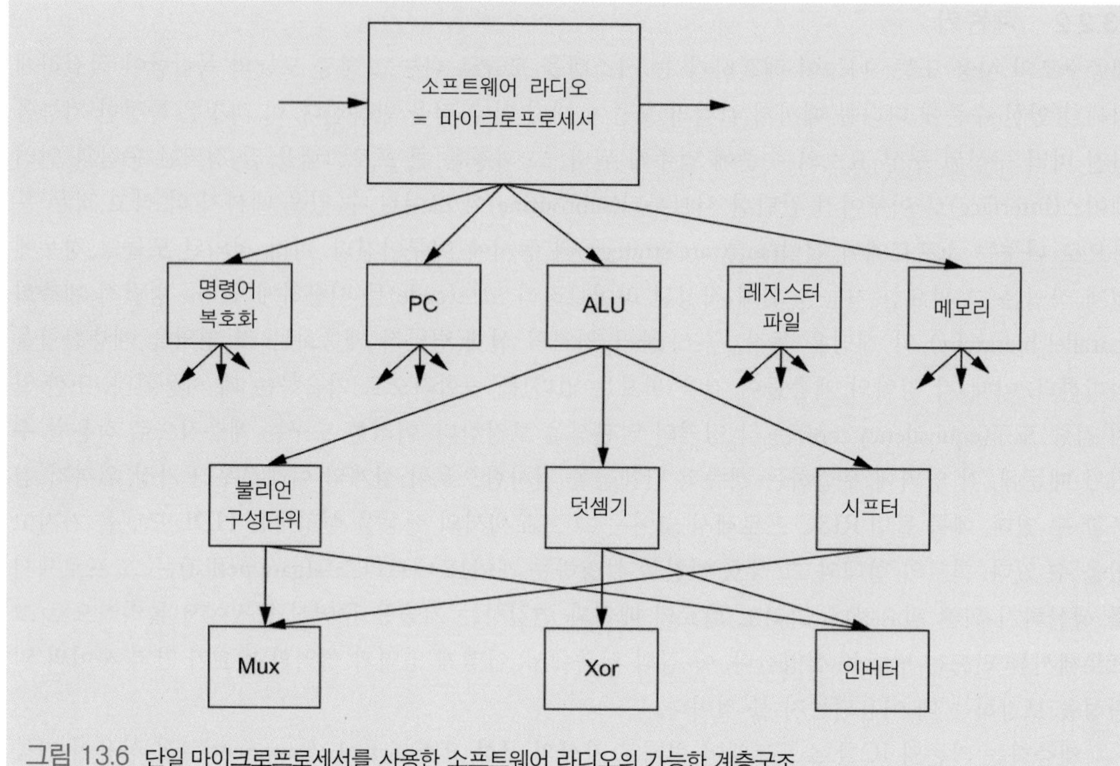

그림 13.6 단일 마이크로프로세서를 사용한 소프트웨어 라디오의 가능한 계층구조

예제 13.2

우리는 적어도 두 개의 곱셈과 하나의 덧셈, 그리고 두 개의 표검색(table lookup)(사인과 코사인)을 요구한다는 것을 유의함으로써 전달 경로에 필요한 성능을 대략 추정할 수 있다. 루프 카운터를 유지하기 위하여 또 하나의 덧셈이 필요할 것이다. N 비트 워드에 대해 반복적 곱하기(iterative multiply)는 N개의 주기가 걸린다. 그래서 16비트 워드 폭을 위해, 설명된 단계를 위한 주기의 총수는 대략 16+16+1+2+2+1(표검색에 두 클럭 주기가 걸린다면)이 될 것이다. 이것은 대략 40개의 클럭 주기가 된다. 1 GHz 프로세서에서 우리가 수행할 수 있는 가장 빠른 IQ 변환(IQ conversion)은 대략 40 ns로, 나이퀴스트(Nyquist) 기준($F_{analog\_max}=F_{sample}/2$)에 따르면 1.25 MHz IF 신호를 생성시킬 능력이 있다. 물론 여기에는 반송파로 변조하는 어떤 추가적인 처리 과정도 없다. 또 다른 프로세서를 더할 수도 있지만, 이것은 주어진 수행 동작에서 면적과 전력의 낭비일 수 있다.

더 좋은 전력 효율적 접근 방법은 강도 높은 계산을 위한 고정 기능 블록의 전용 하드웨어를 사용하는 것이다. 그 방법은 주어진 DAC와 ADC 분해능에서 소프트웨어 라디오의 송수신로의 IQ 변조기 부분이 상대적으로 고정된 아키텍처를 가지고 있다는 것을 알아차리는 것이다. 송신로에서, 그림 13.7에 나와 있는 계층구조는 그 파란 부분이 고정 기능 블록으로 변한 곳에서 사용될 수 있다. IQ 고대역 변환이 블록을 일반적 통신용 빌딩 블록이기 때문에 이것은 상대적으로 안전한 투자이다. 곱셈기 이외에, **수치 제어 발진기**(NCO: numerically controlled oscillator)로 불리는 장치가 소개되었다[Lu93, Lu93b, Hwang02]. 다음 절에 상세히 설명할 NCO는 *N*비트 가산기를 통한 지연에 의해 결정된 속도로 사인이나 코사인 파형을 생성한다. 일반적인 NCO에서 *N*은 16에서 32까지 범위에 있다. IQ 고대역 변환을 위한 전용 하드웨어로의 이동은 회로가 매 클럭 주기마다 하나씩 새로운 값을 생성하도록 한다. 보수적으로 말해서 그 산술 블록이 마이크로프로세서 ALU와 같은 속도로 동작한다면, 그 회로는 이제 1 GHz에서 동작할 것이다. 표본화 이론(sampling theory)을 고려하면, 이것은 우리가 적당한 DAC로 거의 500 MHz까지의 아날로그 주파수를 생성시킬 수 있다는 것을 의미한다. 마이크로프로세서는 이제 IQ 고대역 변환기에 IQ 값을 제공하면서 그 변조 데이터 전송률의 속도로 응답해야만 한다.

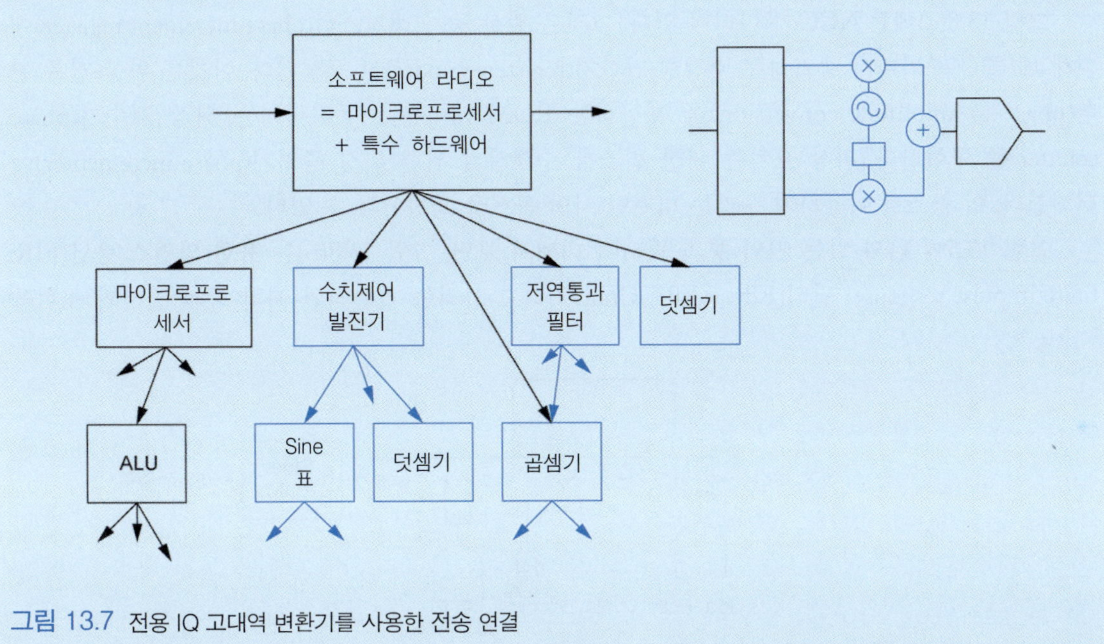

그림 13.7 전용 IQ 고대역 변환기를 사용한 전송 연결

13.2.3 정규화

계층화는 시스템을 서브모듈의 집합으로 나누는 것을 포함한다. 그러나 계층화만으로 그 복잡한 문제를 해결하지는 않는다. 예를 들면 우리는 반복적으로 설계의 계층들을 서로 다른 서브모듈들로 나눌 수 있으나, 결국 상당히 많은 수의 서로 다른 서브모듈로 이루어지게 될 수 있다. 안내서와 같은 규칙성으로, 설계자는 비슷한 크기의 블록들의 모음으로 계층을 나누려고 시도할 것이다. 규칙성은 설계 계층화의 모든 단계에 있을 수 있다. 회로 수준에서는 일정한 크기의 트랜지스터가 사용되고, 게이트

수준에서는 고정 높이와 가변 길이의 논리 회로의 라이브러리가 사용된다. 논리수준에서는 매개변수화된 RAM과 ROM 등이 여러 곳에서 사용될 수 있다. 구조 수준에서는 여러 개의 동일한 프로세서들이 성능을 보다 끌어올리기 위해 사용될 수 있다.

정규화는 검증해야 할 하위 구성 요소의 수를 감소시키고 공식적인 검증 프로그램(verification program, 13.4.1.3절 참조)이 더 효과적으로 동작하게 하는 등 검증을 쉽게 한다. 설계 재사용(design reuse)은 여러 장소나 생산품에서 같은 가상 구성 요소를 사용하도록 하는 규칙성의 원리에 의존한다.

예제 13.3

소프트웨어 라디오에 적용된 정규화의 보기에서, 먼저 어떤 종류의 기능이 요구되는지 가늠하기 위해 그림 13.3과 그림 13.5에 나와 있는 설계에 사용된 두 블록을 살펴보자.

그림 13.8(a)에는 NCO가 나타나 있다. 그것은 위상 증가 레지스터(phase increment register)에 의해 매 클럭 주기마다 증가하는 저정형 가산기(registered adder)로 구성된다. 이것은 위상-진폭 변환(phase-to-amplitude conversion)을 제공하는 ROM 테이블을 동작시키는 위상 계수기(phase counter)를 구현한다. 위상 오차는 위상 변조를 수행하기 위한 위상 증가기(phase incrementer)에 더해진다. 이 구조를 이용하여 우리는 디지털 사인 곡선을 생성시킬 수 있다.

그림 13.5에 나와 있는 저역 통과 필터에 대해서 보면, 그림 13.8(b)는 **유한 임펄스 응답**(FIR: finite impulse response) 필터[Edwards93, Choi97]라고 불리는 일반적인 저역 통과 필터의 구현을

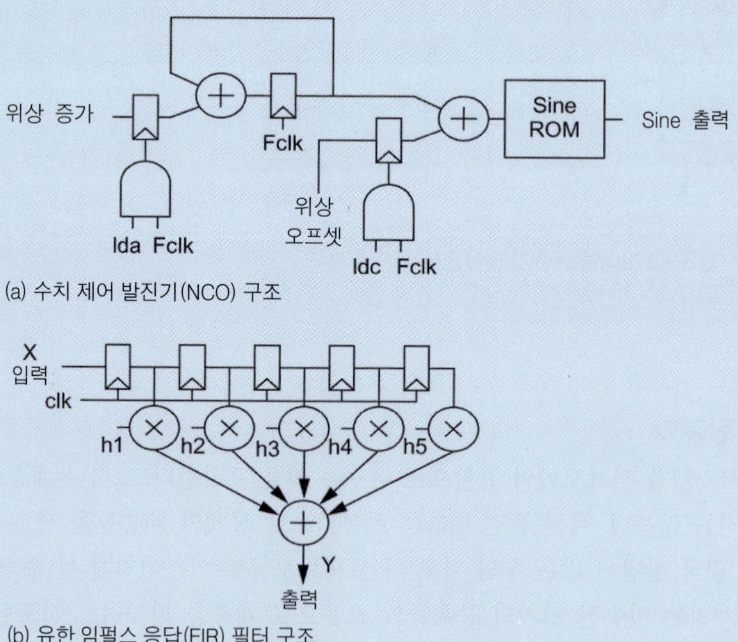

그림 13.8 수치 제어 발진기와 (유한 임펄스 응답(FIR) 필터로 구현된) 저역 통과 필터의 구조

위한 구조를 보여 준다. 그 구조는 다음을 계산한다.

$$Y[n] = \sum X[n-k]h[k] \tag{13.1}$$

여기서 $X[n]$은 견본 입력이고, $h[k]$는 그 특정 필터를 특징짓는 필터 계수(filter coefficient)이다. 그리고 $Y[n]$은 출력이다. 그 구조가 나타내는 바와 같이, 필터는 레지스터, 곱셈기, 그리고 가산기로 구성된다. 필터는 계수의 **단**(tap, 계수) 수에 의해 특징지어진다. 더 많은 단들은 가파른 컷오프(cutoff)와 낮은 리플(ripple)을 가진 이상적인 '벽돌벽(brick wall)' 필터와 비슷한 더 좋은 필터를 뜻한다. 이것은 결국 더 많은 레지스터와 더 많은 곱셈기를 요구한다.

이 블록의 세부사항을 보면 그 공통의 기능이 임의의 정확도를 가진 레지스터, 덧셈기, 그리고 곱셈기라는 것을 알 수 있다. 병렬의 N비트 덧셈기는 N개의 단일 비트 전가산기(full adder)로 구성된다. 곱셈기 또한 많은 전가산기들로 만들어진다. N비트 레지스터는 1비트 플립플롭으로 만들어진다. 결국 규칙성의 한 형태는 모든 병렬 덧셈기와 곱셈기들을 위한 동일한 전가산기들을 사용함으로써 얻어진다. 마찬가지로 동일한 플립플롭이 모든 위치에서 사용된다.

일반적으로 NCO에 있는 위상 계수 덧셈기(phase counter adder)는 16~32비트의 폭을 가지나, 8~16비트가 될 수도 있다. 곱셈기의 크기와 FIR 필터에 있는 덧셈기의 크기는 경우에 따라 많이 다르지만, 입력 데이터 폭에 의존한다. 이는 일반적으로 1과 12비트 사이에서 결정된다.

예제 13.4

이전 절에서 보았듯이 그리고 그림 13.9에 파란색으로 표시된 바와 같이, IQ 고대역 변환과 저대역 변환은 고정된 하드웨어로 변경할 수 있다. 그 하드웨어가 공유되든(즉 NCO와 곱셈기에서) 아니든 간에, 결정은 설계 시에 이루어진다. 일단 이것이 결정되더라도 IQ 변조와 복조는 여전히 미정이다. 이 블록들은 특정 시스템에 의존적이어서 매우 가변적이다. 소프트웨어 라디오는 그 표준이 시간이 지남에 따라서 발전할 것이다. 기존의 표준에 따르는 제품과 달리, 소프트웨어 라디오는 현장에서 펌웨어 업데이트(firmware update)를 통하여 제품을 갱신한다. 따라서 소프트웨어 라디오 아키텍처의 탐구에서, 우리는 여전히 프로그래밍 가능성(programmability)을 원한다.

계산 성능이 증가하는 동안 프로그래밍 가능성을 유지하는 것에 대한 해법은 멀티프로세서

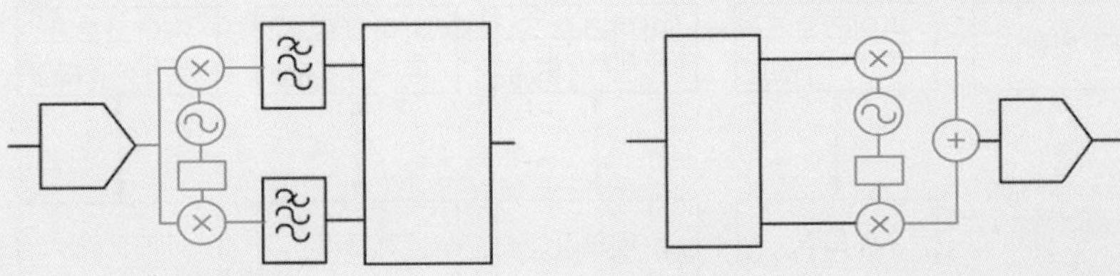

그림 13.9 일반적인 IQ 블록

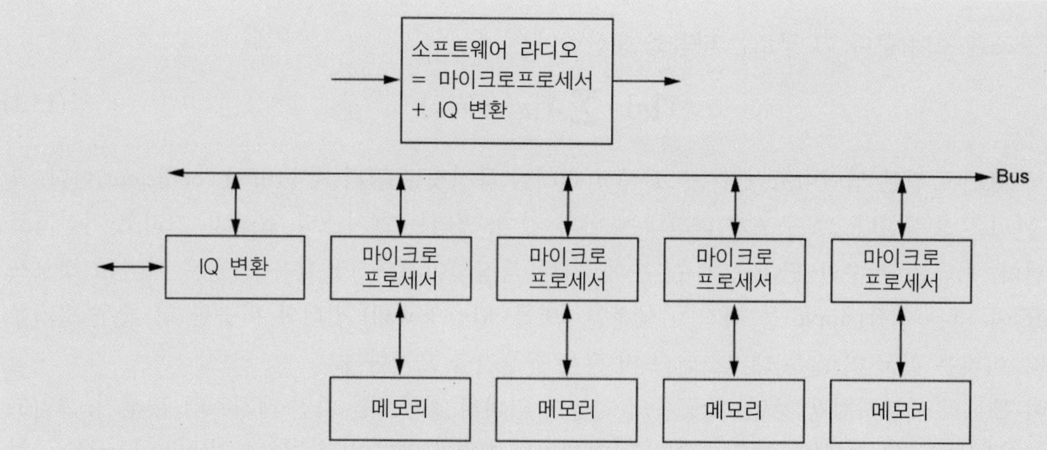

그림 13.10 멀티프로세서를 사용한 소프트웨어 라디오

(multiprocessor)를 그림 13.10과 같이 사용하는 것일 수도 있다. 여기에서 IQ 고저대역 변환은 유지되며, IQ 변복조는 그 네 개의 프로세서에 의해 수행된다. 프로세서의 수는 임의로 정할 수 있으며 그 필요한 계산 성능의 상세한 분석에 의해 확정된다.

그림 13.10에 나와 있는 네 프로세서에 의한 계산 성능이 필요한 정도를 약간 초과한다고 생각해 보자. 곱셈은 신호 처리 과정에서 빈번히 사용되는 동작이기 때문에, 그림 13.11과 같이 각각의 마이크로프로세서 안에 곱셈기를 배치하는 것이 적합하다. 따라서 우리는 규칙성을 유지하며 계산 성능을 개선한다.

만약 곱셈이 한 클럭 주기의 동작이라면, 곱셈 주도형(multiplication-intensive) 동작들의 처리율(throughput)은 비트 단위로 반복적인 곱셈 연산을 하는 *M*비트 프로세서와 비교할 때 *M*배 정도까지 개선될 수 있다. 이러한 방식의 가속은 계산량이 많은 어떠한 동작에 대해서도 반복될 수 있다. 응용 코드는 프로파일링되고, 타이밍 병목이 확인된다. 그리고 주문형 하드웨어(custom hardware)가 그 하드웨어를 조정하기 위한 적절한 명령어와 함께 추가된다. 이런 식으로 처리 속도가 현저하게 증가하는 동안, 그 전체적인 해결 방법은 여전히 프로그래밍 가능한 채로 남아 있다. Tensilica는 그런 방법을 사용한 확장 가능한 프로세서를 판다. 그러나 기능 유닛(functional unit)을 더하는 것은 칩 크기와 전력 손실을 증가시키므로 트레이드오프가 필요하다.

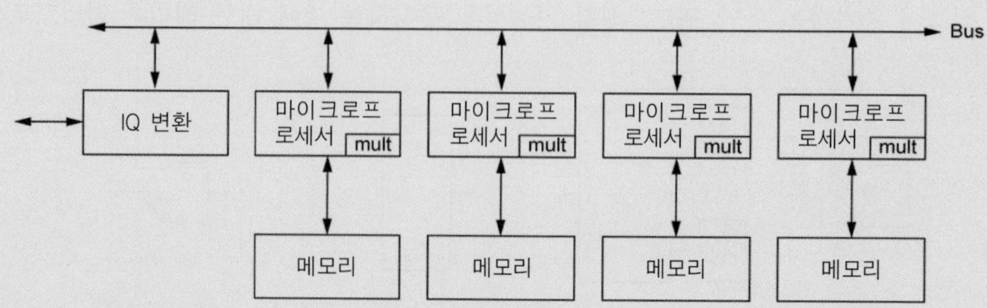

그림 13.11 소프트웨어 라디오를 위한 향상된 멀티프로세서

13.2.4 모듈화

모듈화의 방식에서 모듈은 잘 정의된 기능과 인터페이스를 가지고 있다. 모듈이 체계적으로 구성되어 있다면, 다른 모듈과 관련된 상호 작용도 잘 묘사될 수 있다. 체계화의 개념은 상황에 따라 다를지도 모르나, 좋은 출발점은 체계화된 소프트웨어 서브루틴에 사용된 기준이다. 첫째로 명확히 정의된 인터페이스가 요구된다. 소프트웨어의 경우에, 이것은 형식 변수(typed variable)들을 포함하는 인수의 목록이다. IC 경우에 이것은 명확히 정의된 기능과 구조, 그리고, 함수와 이름, 신호 형태, 포트의 전기적·시간적 제약 등을 포함하는 물리적 인터페이스와 대응된다. I/O 포트에는 적당한 부하 커패시턴스와 구동 커패시턴스가 필요하다. 매우 큰 팬인 또는 매우 작은 구동 커패시턴스는 우리가 최소화하기 위하여 노력하고 있는 예기치 않은 타이밍 문제를 일으킨다. 잡음 면역과 예측 가능한 타이밍에서, 입력은 확산형 단말(diffusion terminal)이 아닌 트랜지스터 게이트를 구동해야 한다. 그 물리적 인터페이스 규격은 위치와 연결 계층, 선폭 등과 같은 속성을 포함한다. HDL 기술과 같이 우리는 포트를 입력, 출력, 양방향, 전력, 또는 접지로 분류한다. 또한 우리는 포트가 아날로그인지 디지털인지를 명확히 해야한다. 모듈화는 설계자가 문제에 대한 접근을 명확하게 기술하고, 모듈이 구성됨에 따라 설계 시스템이 더 쉽게 모듈의 속성을 검사하는 것(즉 출력이 서로 단락되지 않도록 하기 등)을 돕는다. 작업을 잘 정의된 모듈의 집합으로 나누는 능력은 설계를 완성하기 위해 서로 다른 분야의 IP들이 조화되어야 하는 시스템온칩(SOC) 설계에 도움이 된다.

13.2.5 지역화

모듈을 위한 잘 특성화된 인터페이스를 정의함으로써 우리가 효과적으로 기술한 외부 인터페이스에 비하여 그 모듈의 내부는 다른 모듈에 중요하지 않다. 이러한 방법으로 우리는 그 모듈의 실제의 복잡함을 감소시키는 '정보 감춤(information hiding)' 을 행하고 있다. 소프트웨어와 HDL의 세계에서 이것은 전역 변수(global variable)를 최소한으로(또는 없도록) 한다. 지역화(locality)는 종종 시간적 지역화 또는 클럭에의 근접, 타이밍 프로토콜 등을 의미한다. 이것은 다른 클럭화(clocking) 방법들을 다룬 9장에서 언급했다. 시간적 지역화의 중요한 주제 중 하나는 모든 신호를 클럭에 맞춰 참조하는 것이다. 그래서 입력 신호는 클럭에 대해 요구되는 셋업 및 홀드 시간으로 특징지어지며, 출력은 클럭의 에지(edge)에서부터의 지연과 관계가 있다.

예제 13.5

소프트웨어 라디오의 보기에서, 지역화는 그 칩의 평면배치(floorplan)에서 가장 명백하게 나타난다. 한 평면배치의 예가 그림 13.12에 있다. 아날로그 블록(ADC와 DAC)은 I/O 패드에 가까이 놓인다. 아날로그 블록이 DC 전류를 상당히 흐르게 하고전력 공급선(power bus)은 짧고 저항이 낮아야 하므로 이것은 물리적 지역화의 보기이다. 또한 아날로그 입력과 아날로그 출력 신호는 디지털 신호에서 나온 간섭이 없는 경로를 이용해야 한다. 필요하다면 칩의 왼편 가장자리는 보호환(guard-ring)으로 하고, 또 공정 선택이 가능하다면 깊은 n-웰에 놓는다. 디지털의 IQ 고대역 변환

모듈은 DAC와 ADC의 가까이에 놓인다. 그리고 네 개의 프로그램 가능한 프로세서/메모리의 모임은 칩을 가로질러 배치한다.

또 다른 평면배치가 그림 13.13에 나와 있다. 여기에서 아날로그 블록과 IQ 변환 모듈은 그 칩의 꼭대기에 놓인다. 그러고 나서 네 개의 프로세서/메모리 블록은 중심에 위치한 버스(bus) 주위에 배치한다. 두 가지 배치의 가능한 영역은 대체로 같다. 그러나 프로세서 들을 연결하는 버스가 더 짧아서 더 빠르고 더 작은 전력을 소비할 가능성이 있으므로 두 번째 평면배치가 더 좋다. 이것이 좋은 시간적 성능을 얻을 수 있는 물리적 집약성의 보기이다.

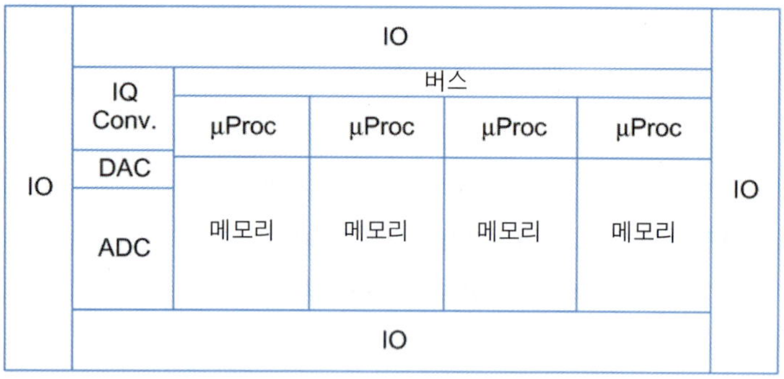

그림 13.12 소프트웨어 라디오를 위한 평면배치의 한 예

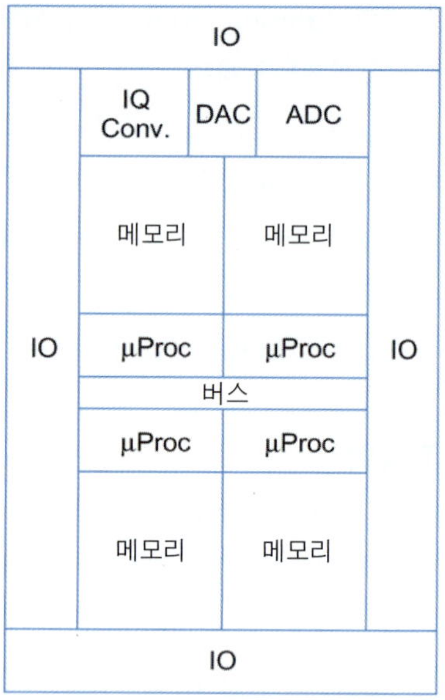

그림 13.13 소프트웨어 라디오를 위한 또 다른 평면배치

13.2.6 요약

소프트웨어와 하드웨어 시스템을 위한 설계의 방법 사이에는 강한 유사성이 있다. 표 13.1은 위에 나열한 원칙들의 그러한 유사성을 요약하고 있다.

표 13.1 구조적 소프트웨어와 VLSI 하드웨어 설계

설계 원칙	소프트웨어	하드웨어
계층화	서브루틴, 라이브러리	모듈
정규화	반복, 코드 공유, 객체 지향 절차(object-oriented procedure)	데이터 경로, 모듈 재사용, 정규 어레이, 게이트 어레이, 표준 셀
모듈화	잘 정의된 서브루틴 인터페이스	잘 정의된 모듈 인터페이스, 모듈에 대한 타이밍과 부하 데이터, 등록된 입력과 출력
지역화	유효 범위의 지역화, 전역 변수의 비사용	평면배치를 통한 지역 간 연결

13.3 설계 방법

이 절에서 우리는 CMOS 시스템을 구현하기 위해 이용할 수 있는 설계 방법의 범위를 알아볼 것이다. 칩을 구성하는 설계 흐름과 대조하여, 이 절에서는 그 설계 방법의 대상에 집중할 것이다. 설계 흐름에서 어떤 도구들을 사용하여 설계가 진행되는지는 다음 절에서 다룰 것이다. 기본적 설계 방법은 시스템을 설계하고 구현하는 데 걸리는 시간과 비용과 관계 있는 '투자 증가'의 순서로 구성된다. 비용, 능력, 그리고 주어진 실현 기술의 제한을 이해하는 것은 옳은 해법을 선택하는 데에 중요하다. 예를 들면 같거나 더 낮은 비용에 그 시스템 기준을 만족시키는 상업적 해법이 있을 때 주문형 칩을 설계하는 것은 쓸모없는 일이다.

13.3.1 마이크로프로세서/DSP

많은 경우, 시스템 설계 문제를 해결하는 가장 현실적인 방법은 표준 마이크로프로세서나 디지털 신호 처리기(DSP)를 사용하는 것이다. 시장에는 많은 내장 RAM/EEROM/EPROM을 가진 단일 칩 마이크로프로세서가 있다. 예를 들면 Microchip 사의 PIC 프로세서 계열은 넓은 범위의 클럭 속도, 기억 용량, 그리고 아날로그 I/O 기능(ADC)을 하나의 패키지에서 제공한다. 좀 더 신호 집약형인 문제를 위해, Analog Devices사와 Texas Instruments 사와 같은 벤더의 오래된 DSP를 사용할 수도 있다. 시스템이 소프트웨어 패치를 통해 현장에서 업그레이드될 수 있기 때문에 마이크로프로세서는 큰 융통성을 제공한다. 마이크로프로세서 기반의 시스템에 대한 소프트웨어 개발 비용을 낮게 평가해서는 안 된다.

상업용 마이크로프로세서로 시스템을 구축하기로 결정한 경우에도, 결국에는 통합의 가능성을 고려해야 한다. 예를 들면 당신의 생산품이 매우 성공적이어서 하나의 시스템온칩 안에 그것을 통합함으로써 비용을 감소시키기를 원한다면, 기존의 소프트웨어를 유지시킬 수 있도록 내장된 형태로 사용 가능한 마이크로프로세서를 필요로 할 것이다. 상업적인 내장형 프로세서 코어의 예로는 ARM과 MIPS, IBM의 PowerPC 등이 있다.

13.3.2 프로그램 가능 논리

마이크로프로세서의 비용, 속력, 전력 손실은 시스템 목적을 충족시키지 않을 수도 있어서 대안이 요구되곤 한다. 현존하는 다양한 프로그램 가능한 칩은 범용 마이크로프로세서보다 더 효율적이고 특정 목적 칩보다는 빨리 개발할 수 있다.

- 프로그램 가능 논리 배열(PLA: programmable logic array)을 가진 칩
- 프로그램 가능 상호연결(programmable interconnect)을 가진 칩
- 프로그램 가능 논리 배열과 상호연결을 가진 칩

시스템 설계자는 두 가지 이유 때문에 이 선택 항목들을 잘 알아야 한다.

1. 첫째, 그것은 주어진 시스템 복잡도, 동작 속도, 비용 목표, 시장 진입 시간(time-to-market) 목표, 그리고 그 외의 최상위 고려 사항들에서, 설계자가 IC에 대한 특별한 시스템 요구 사항을 평가하고 해법을 얻도록 한다.
2. 둘째, 그것은 IC 설계자가 어떤 칩도 더 유용하고 넓은 용도가 되도록 하드웨어 수준에서 재프로그램 가능하게 만드는 방법을 익숙하게 한다.

13.3.2.1 프로그램 가능 논리 장치 이 절에서 다루고 있는 장치는 프로그램 가능 논리 배열(PLA)이 11.7절에서 논의한 2수준 곱의 합(two-level sum-of-product)을 구현하는 칩의 일종이다. 이것은 다음 절에서 다룰 배선 능력이 한정적인 필드 프로그램 가능 게이트 어레이(FPGA: field-programmable gate array)와는 다르다. 역사적으로 공정 밀도는 현대의 프로그램 가능 게이트 어레이에서 찾을 수 있는 트랜지스터 수와 배선 자원이 허용되지 않았다. 프로그램 가능 논리 배열(PLA)에 기반을 둔 프로그램 가능한 논리 장치들은 유용한 제품이 현장에서 사용되도록 했고 잘 확립된 기술은 PLA 구조에 적합한 논리 최적화를 가능하게 했다. 따라서 이에 연관된 CAD 도구는 상대적으로 간단했다. 규칙적인 배열과 상호연결은 타이밍을 예측 가능하게 하므로 그들은 여전히 종종 사용된다.

PLA는 곱의 합으로서 표현된 어떤 기능도 계산하기 위해 AND 평면과 OR 평면으로 구성된다. AND와 OR 평면에서의 각각의 트랜지스터는 존재하거나 존재하지 않도록 프로그래밍할 수 있어야 한다. 이것은 각각의 PLA 위치에 있는 NOR 구조를 AND와 OR 평면에 전체적으로 분포시킴으로써 달성될 수 있다. 그림 13.14에 나와 있는 대로 각각의 노드는 부동 게이트(floating-gate) 트랜지스터, 퓨즈 연결점, 또는 RAM 제어형 트랜지스터로 구성된다. 처음 두 버전은 공정 밀도가 낮았을 때 이 유형의 장치가 구성된 방법이다. Texas Instruments의 PAL16 종류와 같은 이러한 장치들은 과거의 응용처에 일반적으로 사용된다.

13.3.2.2 필드 프로그램 가능 게이트 어레이(FPGA) 필드 프로그램 가능 게이트 어레이(FPGA)는 현대의 공정에서 IC를 구성하기 위해 높은 회로 밀도를 사용한다. 그리고 그 이름이 나타내는 바와 같이, 완전하게 제품이 출하 또는 현장에서 사용된 후에도 프로그램이 가능하다. 두 가지 기본적인 종류가 존재한다. 첫 번째는 상호연결을 영구히 프로그래밍하고 논리를 개인화하기 위해 퓨즈나 안티퓨즈

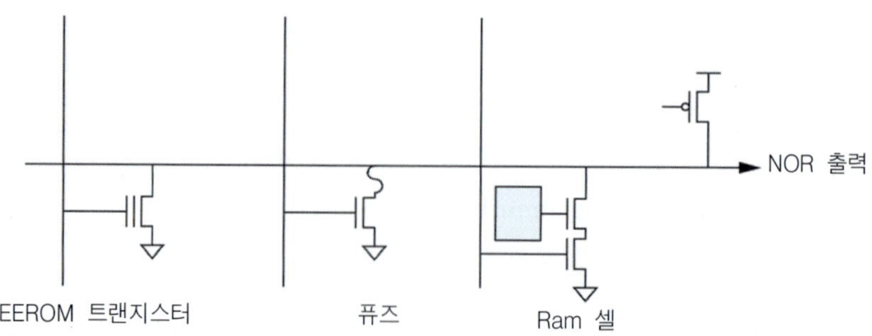

그림 13.14 PLA NOR 구조(한 층만 보임)

와 같은 특별한 공정 선택 사항을 사용한다. 이들은 한 번만 프로그램 가능하다. 두 번째 형태는 배선과 논리 기능을 조정하기 위해 작은 정적인 RAM 셀이나 플래시 메모리를 이용한다. 일반적으로 FPGA는 프로그램 가능한 배선 자원으로 둘러싸인 논리 셀의 배열로 이루어진다.

FPGA의 첫 번째 형태의 보기로서, Actel에 의해 제조된 장치는 논리 모듈의 배열을 금속층(metal layer) 위에 형성된 상호연결 매트릭스 안에 내장한다. 연속하는 배선 통로가 수직 또는 수평으로 달린다. 배선의 교차점에 **안티퓨즈**(antifuse)라 불리는 한 번만 프로그램 가능한 특별한 접점을 놓는다. 이것은 보통 높은 저항[사실상의 개회로(open circuit)]을 가지고 있다. 그 접점을 지나는 특별한 프로그래밍 전압의 응용으로, 그 저항은 몇 옴 정도로 영구히 떨어진다. CMOS 스위치들은 그 프로그래밍 전압이 칩 안의 어떠한 안티퓨즈에도 연결되도록 한다. 이러한 형태의 배선의 이점은 프로그램 가능한 상호연결의 크기를 두 금속선의 교차 영역만큼 작게 할 수 있다는 것이다. 더욱이 저항이 CMOS 스위치에 비해 낮게 형성되어 회로 속도가 줄어들지 않는다. 단점은 상호연결이 재프로그램 가능하지 않기 때문에 한번 프로그램된 칩은 상호연결이 개인화된 채로 그 기능이 고정된다.

그림 13.15는 간략화한 FPGA의 평면배치를 보여 준다. 그 칩은 **구성 가능한**(configurable) **논리 블록**(CLB: configurable logic block)의 배열로 구성된다. CLB의 배열 사이로 수직, 수평으로 금속 배

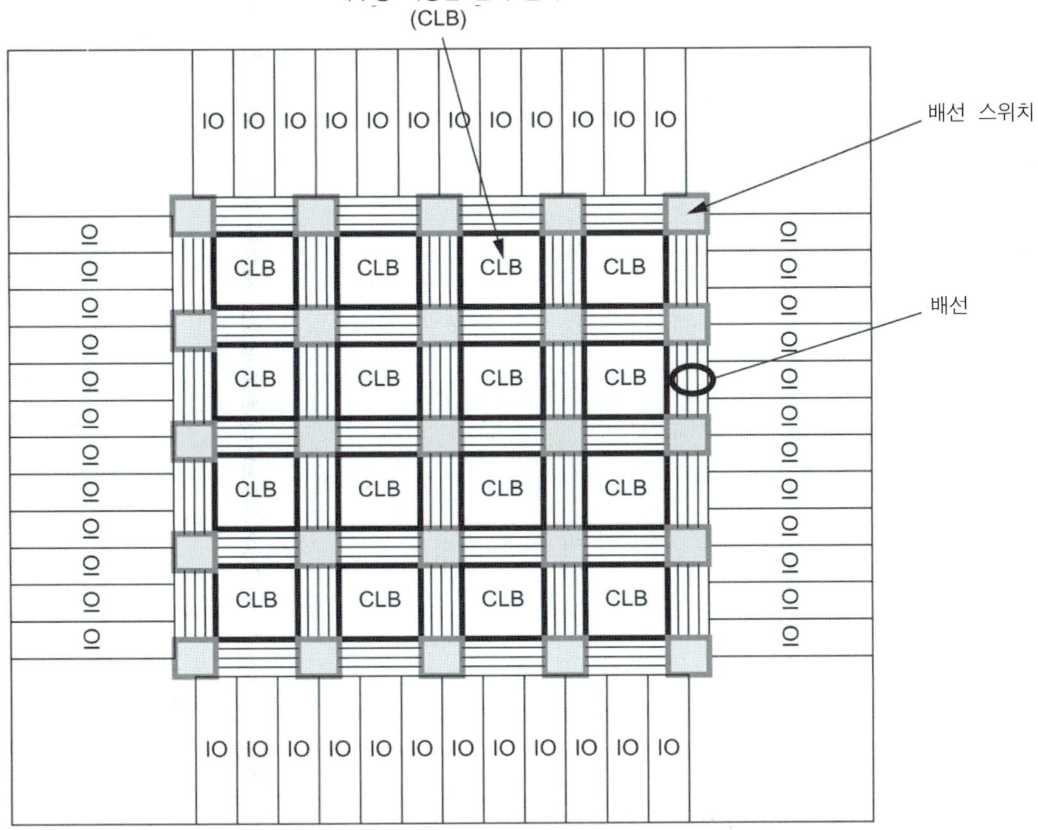

그림 13.15 단순화된 FPGA 평면배치

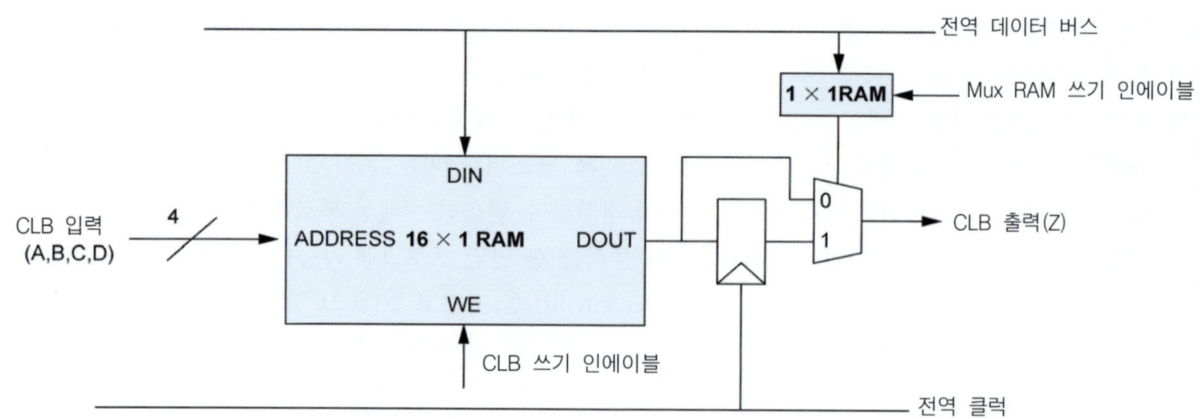

그림 13.16 간단한 FPGA 논리 셀

선로가 지나간다. 이것은 CMOS 전달 게이트(transmission gate), 3상태 버퍼, 안티퓨즈를 사용하여 구현되는 배선 스위치인 회색의 블록에서 끝난다. 그 배선 자원은 또한 이웃의 CLB의 입력과 출력에 연결될 수 있다. CLB는 여러 변수의 어떤 기능을 계산하기 위해 프로그램 가능한 검색표를 사용한다. 입력, 출력, 또는 양방향 패드로 사용되는 구성 가능한 I/O 셀은 CLB의 코어 배열을 둘러싸고 있다.

간단한 SRAM 기반 FPGA 논리 셀이 그림 13.16에 나와 있다. 그것은 16×1의 SRAM의 논리 원소로 구성되어 있다. 이것은 단지 RAM에 그 적절한 내용을 실음으로써 네 가지 변수의 어떤 논리 기능도 제공한다. 표 13.2는 다양한 논리를 수행하기 위해 테이블을 올려놓는 방법을 설명한다. 전가산기는 두 CLB(캐리와 합을 위해 각각 하나씩)에 구현될 수 있다. 또한 그림에 나와 있는 CLB는 선택적인 출력 레지스터를 제공한다. 논리를 수행하기 위해 RAM을 사용하는 것이 비효율적이거나 느리게 보일 수도 있지만, 특별히 설계된 단일 데이터 선 RAM(single-data line RAM)은 현재의 공정에서 작고 빠르다. 그리고 밀도와 속도의 관점에서 배선과 같은 자원이 현대의 설계를 지배하는 경향이 있다.

FPGA는 성숙하여 메가비트의 RAM과 수백만 논리 게이트를 가진다. I/O는 10 GHz 넘게 동작할 수 있다. FPGA는 종종 내장형 마이크로프로세서 코어들과 DSP 가속 하드웨어를 가진다. 낮은 선행 비용과 설계 오류 수정의 용이성으로 그것들은 소량 내지 중간 정도의 주문자 논리 응용에 최선의 선택이다.

(몇몇 특허 소유자들의 지적 재산권을 배제한 후) 게이트 수준에서 어느 정도의 프로그램 가능성을 제공하기 위해 어떤 CMOS 칩 위에도 FPGA 블록을 구현하는 것이 가능하다는 것을 유의하라.

13.3.3 게이트 어레이와 SOG 설계

이전 절에서 설명한 칩은 제작 공정을 요구하지 않는다. 설계자는 일반적으로 가능한 한 비순환 공학 비용(NRE: non recurring engineering cost, 13.5.1절 참조)을 최소로 유지시키려고 노력한다. 이렇게 하는 한 방법은 트랜지스터들의 공통의 기초 배열을 구성하고 그 트랜지스터들 위에 놓이는 금속화(metallization, 금속 및 비아 마스크)를 변경함으로써 칩을 개인화하는 것이다. 이러한 칩을 게이트 어

표 13.2 RAM CLB 기능

주소	*ABCD*	*A · B · C · D*	*~A*	합 (*A,B,C*)
0	0000	0	1	0
1	1000	0	0	1
2	0100	0	1	1
3	1100	0	0	0
4	0010	0	1	1
5	1010	0	0	0
6	0110	0	1	0
7	1110	0	0	1
8	0001	0	1	0
9	1001	0	0	1
10	0101	0	1	1
11	1101	0	0	0
12	0011	0	1	1
13	1011	0	0	0
14	0111	0	1	0
15	1111	1	0	1

레이(GA: gate array)라고 부른다. 게이트 어레이의 특수한 하위 부류는 SOG(sea-of-gate) 칩으로 알려져 있다.

고정된 기능 칩에 재프로그램 가능한 논리의 영역을 제공하기 위해 주문형 칩에 사용될 수 있기 때문에 SOG 기술을 이해할 가치가 있다. 시스템온칩은 고정된 기능의 집합(예를 들면 프로세서, RAM, 특정 가속기)과 SOG 영역으로 이루어져 있다. nMOS와 pMOS 트랜지스터의 행이 칩 영역 전체에 걸쳐 배열된다. 각각의 논리 행은 n 행과 p 행으로 구성된다. 그림 13.17(a)는 연속적인 트랜지스터의 행으로 특징지어지는 SOG 구조를 보여 준다. nMOS 트랜지스터의 게이트를 접지한다거나 pMOS 트랜지스터의 게이트를 V_{DD} 레일로 연결함으로써 게이트 간의 분리를 제공한다. 그림 13.17(b)는 세 트랜지스터 쌍의 그룹을 사용하는 게이트 어레이 구조를 보여 준다.

그림 13.17(c)는 3-입력 NAND 게이트로 프로그래밍된 SOG 구조의 일부를 보여 준다. 이전에 설명한 대로 각각의 끝에 있는 nMOS와 pMOS 트랜지스터가 그 게이트를 분리시킨다는 것을 주목하자. 이 SOG 구조의 개인화는 접점과 금속1 마스크에서 시작되며, 이후 사용 가능한 모든 금속층에서 계속될 수 있다.

CAD 도구는 SOG를 다시 프로그래밍하는 것이 셀 기반 레이아웃을 다시 프로그래임하는 것보다 별로 쉽지 않을 정도로 발전되었다. 그러나 작은 SOG 영역은 디버깅이나 설계의 나중 단계에서 단순한 논리 오류를 금속만을 사용하여 수정하는 데 여전히 유용하다[Stolt08]. 더욱이 공정 변화는 SOG를 닮아 가는 일반적인 구조를 가진 제한적인 설계 규칙으로 설계자를 몰아간다.

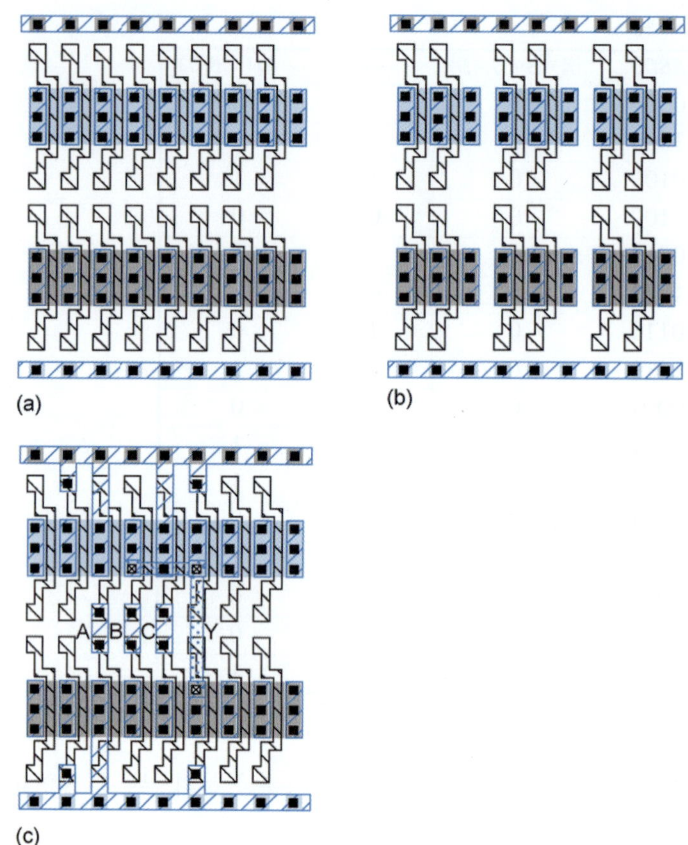

그림 13.17 SOG 셀 레이아웃

13.3.4 셀 기반 설계

셀 기반 설계는 표준 셀 라이브러리를 칩의 기본적인 설계 블록으로 사용한다. 그 셀을 적절한 위치에 배치하고 그것들의 상호연결을 배선한다. 셀 기반 설계는 FPGA보다 더 작고, 빠르고, 소비 전력이 낮은 칩을 설계할 수 있지만 주문형 마스크 세트를 생산하기 위한 비싼 NRE 비용을 가지고 있다. 그러므로 그것은 단지 대량의 부품을 위하거나, 그 성능이 유리한 판매 가격을 형성할 때 경제적이다. 완전 주문형(full-custom) 설계와 비교하여, 셀 기반 설계는 미리 설계된 셀을 레이아웃에 이용하기 때문에 더 높은 생산성을 제공한다. 제조회사와 라이브러리 벤더는 넓은 범위의 기능성을 가진 셀들을 공급한다. 이것은 다음을 포함한다.

- 소규모 집적(SSI: small-scale integration) 논리(NAND, NOR, XOR, AOI, OAI, 인버터, 버퍼, 레지스터)
- 메모리(RAM, ROM, CAM, 레지스터 파일)
- SOG 셀 레이아웃프로세서, 프로토콜 프로세서, 직렬 인터페이스, 그리고 버스 인터페이스와 같

표 13.3 일반적인 표준 셀 라이브러리

게이트 종류	변화	선택사항
인버터/버퍼/ 3상 버퍼		넓은 범위의 전력 선택, 1x, 2x, 4x, 8x, 16x, 32x, 64x 최소 크기 인버터
NAND/AND	2~8 입력	고, 중, 저전력
NOR/OR	2~8 입력	고, 중, 저전력
XOR/XNOR		고, 중, 저전력
AOI/OAI	21, 22	고, 중, 저전력
멀티플렉서	반전/비반전	고, 중, 저전력
가산기/반가산기		고, 중, 저전력
래치		고, 중, 저전력
플립플롭	D, 동기식/비동기식 셋, 리셋, 스캔 포함, 또는 비포함	고, 중, 저전력
I/O 패드	입력, 출력, 3상, 양방향, 경계 스캔, 제한 슬루율, 크리스털 발진기	다양한 구동 수준(1~16 mA)과 논리 수준

은 시스템 수준 모듈들

- 혼합 신호 또는 RF 모듈의 가능성

여기서 셀로서 공급되는 가산기, 곱셈기, 패리티 블록과 같은 중규모 집적(MSI) 기능, 합성 엔진 등은 주로 현재의 설계 시스템에서의 기본 수준 소규모 집적(SSI) 게이트들로 구성된다.

전형적인 표준 셀 라이브러리가 표 13.3에 나와 있다. 1x(표준 전력) 셀은 일반적으로 표준 셀의 수직 피치(pitch) 안에 맞춘 가장 넓은 트랜지스터를 사용하도록 정의된다. 2x 또는 더 큰(고전력) 셀은 더 많은 전류를 전달하기 위해 더 넓은 트랜지스터를 사용한다. 그들은 셀 안에 맞추기 위해 트랜지스터를 접어야 하며, 이것은 셀 폭을 증가시킨다. 종종 낮은 전력형의 게이트 또한 사용 가능하다. 이러한 셀은 커패시턴스를 감소시키기 위해 최소폭 트랜지스터를 사용한다. 저전력 셀들은 그들이 동작시켜야 하는 도선의 커패시턴스 때문에 느린 경향이 있다. 그들이 면적을 감소시키지는 않을지라도, 비임계 경로의 소비 전력을 감소시킨다.

잘 설계된 라이브러리는 또한 그래픽 사용자 인터페이스에서 특별한 크기의 메모리를 생성시킨다. 그 생성기는 물리적 레이아웃뿐 아니라 접근 시간, 사이클 타임(cycle time), 소비 전력을 나타내는 완전한 데이터 시트를 출력한다.

표준 셀 라이브러리가 없는 공정의 경우에는 몇몇 표준 셀 설계 접근 방법을 검토할 가치가 있다. 보통 표준 셀은 앞표지 안쪽에 나와 있는 바와 같이 고정된 높이를 가진 셀의 위와 아래에 전력과 접지가 배치된다. 이것은 셀들이 끝과 끝을 접해 전원 통로가 이어지게 한다. 보통 GND(접지)와 이웃한 nMOS 트랜지스터의 하나의 행, V_{DD}(전력)와 이웃한 pMOS 트랜지스터의 하나의 행이 사용된다. 폴리실리콘 게이트가 nMOS 트랜지스터로부터 pMOS 트랜지스터에 연결되고, 멀티플렉서와 레지스터의 경우에는 폴리실리콘 연결이 수직으로 만나는 nMOS와 pMOS 트랜지스터 사이를 연결한다.

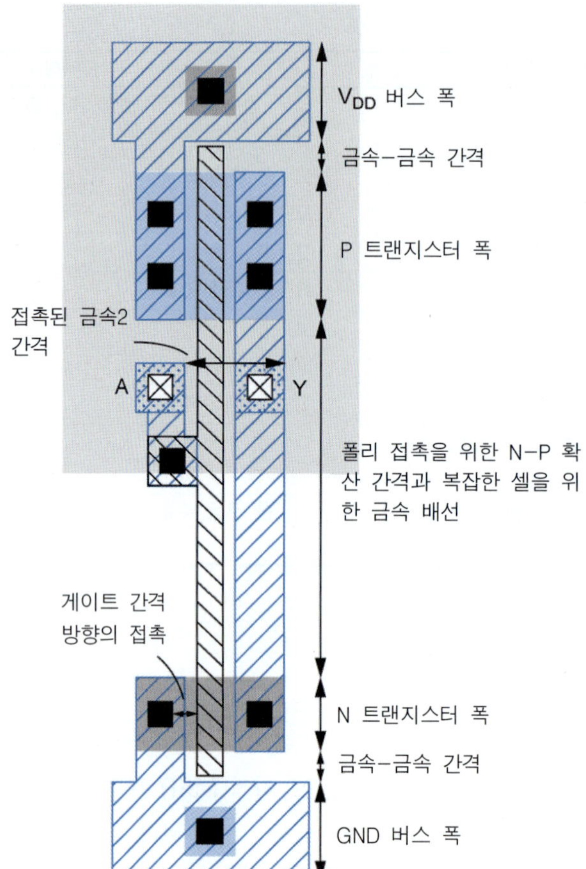

그림 13.18 몇몇 제한 조건을 가진 일반적인 표준 셀 레이아웃

트랜지스터의 크기에 대해서도 결정해야 한다. 이 결정 뒤에, 그 셀은 공정 설계 규칙에 의해 거의 완전히 정의된다. 그림 13.18은 이 점을 설명한다. 그 셀의 높이는 nMOS와 pMOS 트랜지스터 폭의 합, n과 p 영역의 분리, V_{DD}와 GND 버스 사이의 간격, 그리고 이 버스의 폭에 의해 정의된다. 이 그림에 나와 있는 것과 같이, 수평 피치는 폴리(poly)에서 금속2 연결의 피치에 의해 결정된다. 그림 13.18에 나와 있는 것 같은 셀을 자동적으로 생성시키는 소프트웨어 프로그램을 구성하는 것은 상대적으로 쉽다. 셀 지연은 실리콘과 아주 유사한 시뮬레이션으로 특징지어질 수 있다. 성능을 증명하기 위한 셀의 제작은 드물게 요구된다. 표준 셀의 선택 사항은 전력과 접지 버스, 클럭의 배선, 그리고 각 셀로의 다중의 전원 전압 배선을 포함한다. 후자의 기술은 임계 경로가 아닌 곳에 보통의 전원 전압보다 낮은 게이트를 연결함으로써 전력 소비를 감소시키는 데 이용된다. 전력 소비가 그 전원 전압의 제곱으로 떨어진다는 것을 상기하자.

13.3.5 완전 주문형 설계

여러 기술들이 마스크 수준에서 표준 셀이나 더 큰 회로 블록을 설계하는 데 이용될 수 있다. 가장 오래되고 전통적인 기술은 **주문형 마스크 레이아웃**(costom mask layout)이다. 거기서 설계자는 대화식

에디터를 수행하는 그래픽 디스플레이의 앞에 앉아 함께 기하학 수준의 직사각형을 한 번에 하나씩 짜 맞춘다. 때때로 이 일은 다각형 푸싱(pushing)이라고 불린다. 주문형 마스크 설계의 변형은 **상징적 레이아웃**(symbolic layout)이라고 불린다. 다양한 마스크 수준에서 사각형과 다각형을 다루는 대신에, 그 기본은 트랜지스터, 접점, 전선과 포트이다(연결 되는 곳). 이 기본은 또한 그래픽 에디터에 의해 조작될 수 있다. 몇몇의 시스템은 상징적인 객체의 '무설계 규칙' 배치를 허용한다. 실제 배치는, 사용 중인 공정의 설계 규칙에 따라, 가능한 그것의 이웃과 가까이 각각의 기본을 꽉 채우는 간격 두기 과정 후에 발생한다. 상징적 레이아웃 시스템을 사용함으로써 레이아웃 형태는 별 노력 없이 공정에서 공정으로 옮겨질 수 있다.

셀 기반 설계의 시대에, 디지털 CMOS IC는 마이크로프로세서 데이터 경로와 같이 가장 큰 양을 가진 부분에만 주문형 마스크 설계를 사용한다. 그러나 아날로그와 RF 설계, 셀 라이브러리, 메모리, 그리고 I/O 셀은 여전히 종종 주문형 설계를 사용한다. 13.7절에 다양한 주문형 MOS 레이아웃 힌트가 있다. 트랜지스터로부터 시스템으로의 연결을 완료하기 때문에 주문형 설계는 알아야 할 가치가 있다.

가끔 우리는 물리적 레이아웃를 생성시키는 방법으로서 소프트웨어 생성기를 언급한다. 이러한 종류의 생각은 오랫동안 존재해 왔으며 종종 **실리콘 컴파일**(silicon compilation)이라고 불린다. 완전한 마이크로프로세서는 생성된 레이아웃의 전형이었다. '구조에 의한 수정' 방법은 그 레이아웃을 계층적으로 구축하는 데 이용되었다. 바꾸어 말하면, 동작 모델인 고수준 명령어 수준 시뮬레이터 정도를 가지고, 마스크 기술(description)이 생성되었다. 생성기는 오늘날 라이브러리 생성에 사용되는 가장 일반적인 방법이다.

현대의 설계 흐름에서, 설계의 다른 많은 '관점'은 설계 시스템을 통하는 규칙적인 방법과 통합해야 한다. 예를 들면 동작 모델 이외에, 타이밍 관점이 타이밍 검증을 위해 필요할 것이다. 논리 관점은 시뮬레이션이 필요할 수도 있다. 그리고 레이아웃 대 스키매틱(schematic)이나 네트리스트(netlist) 비교를 위한 회로 관점이 필요할 것이다. 소프트웨어 생성기는 이러한 관점 전부를 자동적으로 제공하는 데 이용될 수 있다.

훌륭한 '실리콘 컴파일러'의 현대적 버전은 조직화된 계층적 방법으로 레지스터 파일과 메모리를 생성할 수 있다. 그리고 다른 특수 목적 구조는 전용화된 레이아웃으로 이득을 볼 수 있다. 가장 직접적인 접근 방법은 근본적으로는 표준 셀 설계의 행 구조 안에 어떤 표준 셀을 '수동 배치'하는 주문형 배치 루틴을 짜는 것이다. 예를 들면 당신은 어떤 가산기 설계를 좋아할 수 있고 그 가산기를 위한 데이터 경로 레이아웃을 지닐 수 있다. 그 표준 셀 그리드에 셀을 위치시키기 위해 알고리즘을 짤 수 있다. 또한 HDL 안에 게이트 네트리스트를 생성시키기 위해 연결된 알고리즘이 쓰여질 수 있다. 이 방법으로 물리적이고 구조적인 설계를 잡는다. 그 동작은 HDL 기능이나 모듈 호출에 의해 나타낼 수 있다. 그런 주문형 배치는 도선 길이를 짧게 할 수 있어서 속력과 전력을 개선할 수 있다.

합성된 ASIC이 일반적으로 200~350 MHz에 가까이 동작하는 반면, 주문 설계된 마이크로프로세서는 보통 나노미터 공정에서 2 GHz를 초과한다. [Chinnery02]는 이러한 간격을 설명하는 설계 방법 간의 차이에 대한 흥미로운 연구를 기록하고 있다. 저자는 마이크로아키텍처, 순차 오버헤드, 회로군, 논리 설계, 셀 디자인, 레이아웃, 그리고 설계 여유를 주요 차이점으로 지적했다. 그 연구 이후, CAD 도구는 특히 합성과 배치의 통합에서 개선되었다. 주문 설계는 더 보수적이 되어, 지금은 정적 CMOS 회로 및 친척이라 할 수 있는 ASIC과 유사한 셀 라이브러리를 사용한다. 그럼에도 불구하고 넓은 격차는 여전히 존재한다.

이후의 보충적인 연구에서, [Chinnery07]은 전력 소비의 관점에서 ASIC과 주문 설계 사이의 간격을 검사한다. 주문 설계보다 더 많은 전력을 소모하는 ASIC의 주요 요소는 마이크로아키텍처, 클럭 게이팅, 논리 유형, 논리 설계, 공정 기술 적용, 셀 및 도선 크기 조정, 전압 스케일링, 평면배치, 공정 기술, 공정 편차 등이다. 연구를 통하여 합성 가능한 설계는 일반적으로 주문 설계보다 3~7배 많은 전력을 소비하긴 하지만, 더 나은 도구 및 셀 라이브러리가 이 간격을 2.6배로 좁힐 수 있다는 것을 보였다.

13.3.6 플랫폼 기반 설계—시스템온칩

시스템이 더욱 복잡해 짐에 따라, 미리 정의된 IP 블록의 사용은 평범한 일이 되었다. 설계는 RISC 프로세서, 메모리, 그리고 공통 버스에 결합된 I/O 기능과 같은 공통의 블록을 빈번히 사용한다. **플랫폼**(platform)은 프로세서를 프로그램하기 위한(C와 같은) 공통의 고급 언어나 버스와 같은 공통의 구조를 사용함으로써 설계를 구현하는 데 이용될 수 있다. 크게 봤을 때, RISC 프로세서와 메모리는 교체될 수 있으며, 주변 장치의 수와 형태는 좋은 설계와 검증 기간을 유지하는 한 변화될 수 있다. 모듈은 미리 설계되어 있으며 테스트와 검증용 스크립트가 IP 블록과 같이 제공되기 때문이다. 설계 업무는 블록을 조립하고, 특정 용도 블록을 설계하고, 그리고 올바른 동작의 칩을 배치 및 배선하는 것이다. 자동화되어도 최종 단계는 상당한 기술적 노력이 필요하다.

많은 현재의 칩이 하나 또는 그 이상의 내장된 마이크로프로세서를 가짐에 따라, 소프트웨어를 작성하는 업무가 논리를 설계하는 작업에 추가된다. 더욱이 플랫폼 기반 설계는 전체 해법을 하드웨어(HDL, 게이트)와 소프트웨어(프로세서에 프로그래밍) 사이에서 분할하는 문제의 형태를 취하게 된다. 이것은 얼마간의 수작업으로 남고 있으나 점점 더 CAD 도구가 자동화하고 있다.

플랫폼 기반 시스템은 일반적으로 멀티플렉서, 유동 소수점 유닛, 특수화된 DSP 유닛 등과 함께 확장될 수 있는 기본적인 RISC 프로세서로 구성된다. 또한(예를 들어 Tensilica의 Xtensa 시스템에서), 실행 코드를 프로파일링함에 의해, 명령어 세트에 포함되는 하드웨어 보조 명령어에 맞는 특별한 하드웨어가 더하여질 수 있다. 이론적으로 부가적인 하드웨어나 여분의 프로세서는 넓은 범위의 계산적인 부하를 다룰 수 있다.

하드웨어-소프트웨어 동반 설계를 위한 수작업 기술은 이 접근 방법을 반영한다. 즉 설계는 소프트웨어 시뮬레이션(이상적으로는 내장 프로세서에서)으로 시작한다. 타이밍 예측이 모이고, 무엇을 하드웨어로 할 것인가에 대한 수동의 결정이 이루어진다. 내장 프로세서를 다루는 특별한 시뮬레이터와 논리가 개발되었다.

플랫폼 기반 설계로 우리는 제안된 첫 번째 설계 방법인 마이크로프로세서의 프로그래밍으로부터 본질적으로 전체를 일주했다. 이것은 프로세서 선택이 궁극적으로는 통합될 수 있는 제품 설계에 착수할 때 중요한 이유이다. 소프트웨어 작업량이 종종 하드웨어 작업량을 초과함에 따라, 당신은 그 노력을 반복하는 것을 원하지 않을 것이다.

13.3.7 요약

이 절에서 우리는 소프트웨어 기반 마이크로프로세서로부터 주문형 설계까지를 포함하는 넓은 범위의 CMOS 설계 선택 항목을 요약했다. 표 13.4는 다양한 기준에서 이 선택 항목들을 요약하고 있다. 각각의 범주는 각각의 설계 방법과의 관계에 따라 낮은 것에서 높은 것까지 분류된다.

가장 비용 효율적인 접근 방법은 주어진 속도, 전력 및 비용 목표(종종 크기 또한 포함)를 하드웨어(또는 소프트웨어) 설계에 주어야 한다. 비순환 공학(NRE) 비용은 많은 단위를 통해 상환되기 때문에 시스템 제약 조건이 충족되는 경우는 언제나 판매 중인 해결책을 사용해야 한다. 작은 부피(100,000)의 응용처를 위해 앞으로 전망이 가장 밝은 것은 FPGA 설계이다. 전원과 비용은 주로 중간 또는 큰 부피의 응용처에서 도전할 만한 속성이며, 표준 셀 설계가 사용된다. 혼합 신호, RF 및 고속 디지털 설계는 셀 기반 또는 주문 접근 방식을 필요로 한다.

NRE 비용(주로 마스크 비용)은 점점 산업용 프로토타입조차도 마스크를 여러 설계에 나누어 비용을 회수하는 다중 프로젝트 칩을 사용해야 하는 수준에 접근했다. 설계는 가능한 한 재프로그램 가능하거나 적응적이어야 함이 틀림없다.

2006년에 세계적으로 3000~5000명의 주문 설계자와 50,000~100,000명의 ASIC 설계자가 있었다[Chinnery07]. FPGA 설계자의 수는 더 많으며, 마이크로컨트롤러를 사용하는 설계자의 수도 여전히 많다. CAD 도구 공급 업체는 가장 수익성 있는 시장의 요구에 맞추며, 대부분의 VLSI 설계 도구는 ASIC을 목표로 한다. Synopsys, Cadence, Mentor Graphics, 그리고 Magma가 가장 큰 공급자이나, 많은 중소 기업들은 전문적 도구를 제공한다. 다음 절에서는 이러한 도구를 사용하는 설계 흐름을 검사한다.

표 13.4 CMOS 설계 방법의 비교

설계 방법	비순환 공학	단위 비용	전력 소비	구현 복잡성	시장 진입 시간	성능	유연성
마이크로프로세서/DSP	낮음	보통	높음	낮음	낮음	낮음	높음
PLD	낮음	보통	보통	낮음	낮음	보통	낮음
FPGA	낮음	보통	보통	보통	낮음	높음	높음
셀 기반	높음	낮음	낮음	높음	높음	높음	낮음
주문형 설계	높음	낮음	낮음	높음	높음	매우 높음	낮음
플랫폼 기반	높음	낮음	낮음	높음	높음	높음	보통

13.4 설계 흐름

설계 흐름은 설계자가 칩에 대한 규격으로부터 최종적인 칩 구현으로 진행하는 데 오류가 없도록 하는 절차들의 집합이다. 이전 절에서 우리는 FPGA, 게이트 어레이 또는 셀 기반 시스템을 실제로 어떻게 설계하는지를 언급하지 않고 기본적인 CMOS 설계 방법을 논의했다. 이 절에서 오늘날 주로 사용 중인 중심적 설계 흐름을 요약할 것이다.

일반적인 설계 흐름이 그림 13.19에 나와 있다. 설계는 동작 수준에서 출발하여 구조 수준(게이트와 레지스터)까지 나아간다. 이 단계가 동작 또는 **레지스터 전달 수준**(RTL: register transfer level) 합성이라고 불리는 이유는 설계가 HDL에서 RTL(메모리 요소와 논리) 수준에 속하기 때문이다. 그 기술(description)은 그 뒤 칩 제작에 적당한 물리적 기술로 전환된다. 이 단계는 **물리적 합성**(physical synthesis, 또는 **레이아웃 생성**)이라고 불린다. 사람의 판단에 인도되기는 하지만, 일반적으로 그 합성 단계는 자동화된다. 그 검증 단계 또한 나와 있다.

그림 13.19에서, 설계는 동작 수준인 **전위**(front end) 단계와 구조적 또는 물리적 수준인 **후위**(back end) 단계로 구분된다. **특정 용도 주문형 집적회로**(ASIC: application specific integrated circuits)를 구성하는 데 사용되는 분할을 설명하기 때문에 이것은 중요하다. ASIC에서, 설계는 HDL 수준에

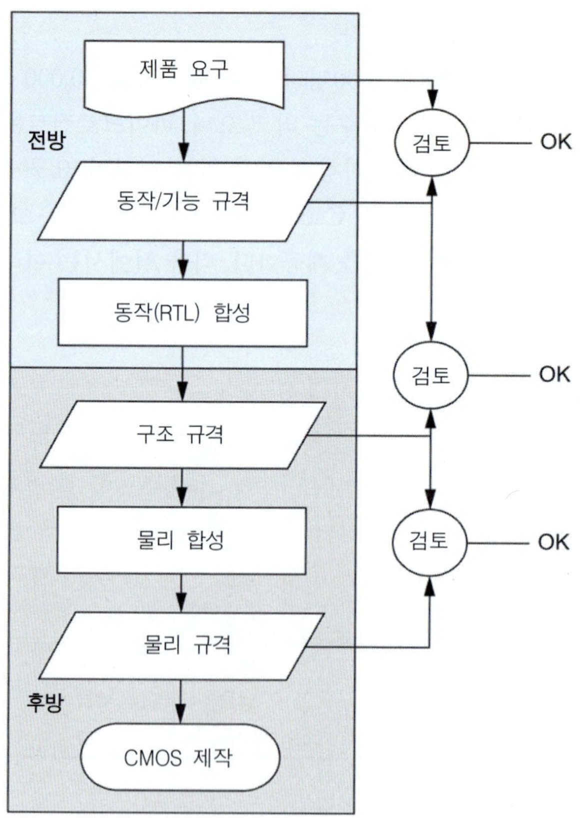

그림 13.19 일반화된 설계 흐름

서 개발되고 나서 실제의 칩으로 전환할 수 있는 회사로 건네질 수 있다. 이 방법에서, 원래의 설계 회사는 HDL 기술을 물리적 칩으로 번역하기 위해 요구되는 인원이나 도구에 투자할 필요가 없다. 이론적으로 ASIC 흐름에서, 단지 동작 HDL만이 설계되고 시뮬레이션(동작 수준에서)될 필요가 있다. 이후 모든 동작은 단지 후위 공정에 의해 검증되어야 하는 최종적인 타이밍을 가진 제삼자 설계 서비스에 의해 완료될 수 있다. 이것은 때때로 '담 넘어 던지기' 접근 방식이라고 지칭된다. 그것은 적당하게 복잡한 설계에 적합하며, 그런 흐름이 예정된 위험이 되는 더 복잡한 회로에는 논리와 레이아웃 사이의 상호 작용이 매우 중요하다. 두 조직에 걸쳐 퍼질 때 논리 설계와 물리적 배치 사이의 반복 시간이 매우 많이 소요되기 때문에 이것이 주로 발생한다. 도선 길이가 레이아웃 전에 추정되지 않아서 설계자에게 제공되는 레이아웃 전에 타이밍 추정이 실제 레이아웃 이후 타이밍과 연관이 적기 때문에 다중 반복이 필요하다. 그림에 나와 있는 것과 같이, 논리로부터 레이아웃으로의 설계 주기가 통합된 작업으로서 완료될 때 2시간이 걸리나 전위와 후위 작업으로 나눌 때는 한 주를 소요하는 경우를 고려하자. 그 설계에 대해 100번의 반복이 있다면, 나누어진 접근 방법이 2년(휴가 없이!)이 걸리는 동안 통합된 접근 방법은 대략 25일이나 다섯 주를 소요한다. 이것을 이야기하면서, 이러한 접근 방법을 가능하게 하는 회사들이 있다. 단지 열 번의 반복이 있다면, 그 시간은 좀 더 적당해진다.

이어지는 두 절에서는 그 자동적인 변환을 수행하기 위해 필요한 도구들을 각각 요약한다. 우리는 또한 그 변환의 정확성을 보증하기 위해 필요한 검증 도구를 시험하고 특별한 설계 흐름을 볼 것이다. 그러고 나서 혼합 신호나 RF 설계에서 전형적인 수작업 흐름을 설명할 것이다. 마지막으로 동작 수준에서 물리적 수준으로 직접 변환하는 방법의 윤곽을 보일 것이다.

13.4.1 동작 합성 설계 흐름(ASIC 설계 흐름)

동작 수준에서, 시스템의 동작은 그 구현을 명시하지 않고도 얻어진다. 이 수준은 세부 사항 구현으로부터 최대의 독립성을 제공하고 좋은 설계를 위해서 도구 흐름에 가장 종속된다.

동작 합성을 위한 도구의 가장 널리 사용되는 유형은 동작 RTL 기술을 구조적 게이트 수준 네트리스트로 직접 변환시키는 것이다. ASIC에 대한 전형적인 동작 흐름이 그림 13.20에 나와 있다. 도구 공급자는 Synopsys, Cadence Design Systems, Mentor Graphics, 그리고 Synplicity 등이다.

13.4.1.1 논리 설계와 검증 설계는 시스템 규격 언어로 이루어진 기술이나 텍스트 기술 등의 규격으로 시작한다. 설계자는 이를 Verilog 또는 VHDL과 같은 HDL의 RTL 동작 기술로 변환한다. 그러고 나서 테스트 벤치의 집합이 구성되고 HDL은 그 규격과 제품 요구 사항에 의해 정의된 대로 올바른 동작을 하는지 검증하기 위해 시뮬레이션된다. 전형적인 대화식 설계 환경과 시뮬레이터는 Cadence Design Systems 사의 NC-Verilog/SystemC/VHDL이나 Desktop Verilog/VHDL, Synopsys 사의 VCS, Mentor Graphics 사의 ModelSim, 그리고 Aldec 사의 ActiveHDL 등이다. 시뮬레이션을 통한 기능 검증은 보통 계층적으로 수행되는 것을 명심하자. 즉 전체적인 구조가 정의된 후, 각각의 단계에서 검증하면서, 아래에서 위로 모듈이 차례로 구축된다. 그 설계는 올바른 동작이 명백할 때까지 이 수준에서 반복된다. 테스트 벤치는 14.3절에 더 다루어진다.

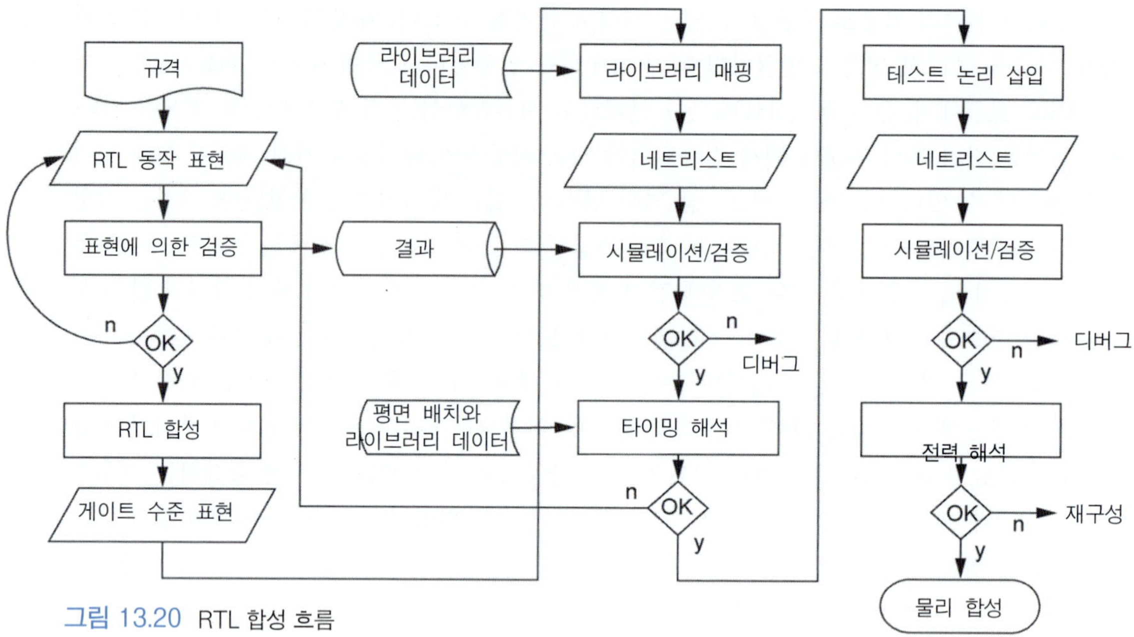

그림 13.20 RTL 합성 흐름

이전에 소개된 NCO의 8비트 구현에 대한 동작 Verilog가 밑에 나와 있다.

```
module nco #(parameter size = 8,
             counter_size = 16,
             table_size = 64)
            (input                          fclock, reset,
             input    [counter_size-1:0]    initial_phase, phase_increment,
             output   [size-1:0]            q);

   reg  [counter_size-1:0] phase;

   wire [size-3:0]         phase_part, inverted_adr, ROM_adr;
   wire [size-2:0]         ROM_data;
   wire [size-1:0]         wave_out;

   // numerically controlled oscillator
   // note that some constants are hardwired in the code below

   // phase counter
   always @(posedge fclock)
      if (reset) phase <= initial_phase;
      else phase <= phase + phase_increment;

   // add offset and determine ROM address
   assign phase_part = phase[counter_size-3:counter_size-8];
   assign inverted_adr = 7'3f - phase_part;
   assign ROM_adr = phase[counter_size-2] ? inverted_adr : phase_part;

   // look up data in ROM and negate if appropriate
   quarter_wave sine_table(ROM_adr, ROM_data);
   assign wave_out = phase[counter_size-1] ? ~ROM_data : ROM_data;
   assign q = wave_out + 8'h80 + phase[counter_size-1];
endmodule
```

13.4.1.2 RTL 합성 다음 단계는 동작 기술을 **합성**(synthesis)하는 것이다. 이것은 RTL을 일반적인 게이트와 레지스터로 변환시키는 것, 속도와 면적을 개선하기 위해 논리를 최적화하는 것, 그리고 일반적인 게이트를 표준 셀 라이브러리에 대응하는 것을 포함한다. 이 단계에 포함된 다른 하부 단계는 상태기 분해, 데이터 경로 최적화, 그리고 전력 소비 최적화이다. 전형적인 생산품은 Synopsys 사의 Design Compiler, Cadence 사의 RTL Compiler, 그리고 Synplicity 사의 Synplify Pro이다. 다음의 기술은 위에 나와 있는 NCO를 위하여 매핑된 일반적 Verilog의 일부분이다.

```
module nco_struct_mapped(input        fclock, reset,
                         input  [15:0] initial_phase, phase_increment,
                         output [7:0]  q);
   .
   .
   BUFX4 i_506(.A(n_355), .Y(q[7]));
   .
   MX2X1 i_00(.S0(reset), .B(initial_phase[15]), .A(nbus_1[15]),
      .Y(phase_0[15]));
   NAND2BX1 i_8(.AN(n_102), .B(n_101), .Y(n_104));
   XOR2X1 i_6(.A(phase[15]), .B(ROM_Table[6] ), .Y(n_103));
   .
   .
   DFFHQX1 phase_reg_0(.D(phase_0[15]), .CK(fclock), .Q(phase[15]));
   .
   .
   .
endmodule
```

13.4.1.3 기능 또는 형식 검증 우리는 이제 구조적 네트리스트가 원래의 동작 HDL과 같은 기능을 수행한다는 것을 증명해야 한다. 이상적으로 네트리스트는 구성상 정확할 것이다. 그러나 때때로 HDL에 있는 모호함은 합성기가 허술하게 쓰여진 동작 코드로부터 틀린 네트리스트를 생산하게 한다. 한 검증 전략은 논리 테스트 벤치를 다시 수행하여 동작 기술과 구조 기술이 같은 출력을 정확히 생산한다는 것을 검사하는 것이다.

다른 전략은 그 두 기술의 논리적인 동등을 비교하는 **형식 검증**(formal verification) 프로그램을 사용하는 것이다. 형식 검증 도구는 성숙 단계에 있으나, 그들은 두 가지 기술이 같은 부울 함수 [Anastasakis02, Perry05]를 갖는다는 것을 수학적으로 증명하는 이점을 제공한다. 대조적으로 시뮬레이션은 단지 테스트 벡터(test vector)의 선택과 같은 정도의 이점을 가진다. Synopsys 사의 Formality와 Cadence 사의 Incisive Conformal은 형식 검증기의 보기이다.

수행할 수 있는 검증의 다른 형태는 HDL에 대한 의미와 구조의 확인이다. 구조 확인의 보기는 모든 출력이 확실히 연결되도록 하며, 의미 확인의 보기는 모든 버스 지정이 비트 폭에서 일치하도록 보증하는 것이다.

13.4.1.4 정적 타이밍 분석 이 시점에서 게이트 수준 기술의 기능적인 동등과 원래의 동작 기술이 확립되었다. 이제 설계의 시간적 필요성이 검사되어야 한다. 예를 들면 가산기는 더하기를 하지만, 충분히 빨리 더하는가? 동작 수준에서, 클럭 사이클 타임은 추상적인 개념이다. 그러나 구조 수준에서, 실

제의 사이클 타임은 특정 게이트 집합에서는 꼭 충족되어야 한다. **타이밍 분석기**(timing analyzer)는 타이밍을 검증하는 데 이용된다.

타이밍 분석기는 현대의 CMOS 디지털 설계자의 무기고에 있는 중요한 분석 도구이다. 타이밍은 타이밍 시뮬레이터를 이용하여 피상적인 방법으로 검증될 수 있다. 즉 사이클 기반이나 단위 지연 시뮬레이터보다는 실제 게이트 타이밍이 사용되는 시뮬레이터를 사용한다. 유용하지만, 이 접근 방법은 보통 완전하지도 엄격하지도 않으며, 엄청난 양의 수행 시간이 필요하다.

한편, 정적인 타이밍 분석은 모든 타이밍 경로를 빨리 수행하고 철저히 평가한다. 이 시점에서 타이밍 분석기의 입력은 통계적으로 추정되거나 평면배치 자료에서 얻어진 고유 게이트 지연과 배선 부하에 의한 라이브러리 게이트의 기본적 타이밍으로부터 유래한다(평면배치의 기술은 13.4.2.2절 참조). 타이밍 분석기는 **최대 지연**(max-delay, 모든 플립플롭이 요구된 사이클 타임에 셋업 시간을 만족시키는가?) 과 **최소 지연**(min-delay, 어떤 플립플롭도 홀드 시간을 위반하지 않는가?) 모두를 검사한다.

정적인 타이밍 분석은 **부정 통로**(false path) 문제로 고생할 수 있다. 이것 중에서 전형적인 문제는 동작시키는 데 많은 클럭 주기를 가지는 회로에 있는 리셋선일 수도 있다. 타이밍 분석기는 그것이 한 주기에 완료할 수 없다고 보고할 수도 있다. 설계자는 타이밍 분석기를 위하여 그런 다중 주기 경로를 손으로 표시해야 한다.

전형적인 타이밍 분석기는 Cadence 사의 ETS와 Synopsys 사의 PrimeTime이다. 타이밍 분석기의 리스트는 한 레지스터의 출력에서부터 다른 레지스터의 입력까지의 경로를 보여 준다. 논리의 각 단계에서 단계의 지연과 출력 도착 시간이 요약된다. 경로는 여유 시간 순서로 나열되며 음수의 여유 시간은 극단적인 경로가 수정되어야 함을 나타낸다.

13.4.1.5 테스트 삽입 논리와 레지스터가 제조 테스트(14.6절 참조)를 돕기 위해 삽입/수정된다. 두 가지 기본적인 기술이 사용된다. 그 중 하나는 회로의 상태가 세트될 수 있고 모니터될 수 있도록 스캔 가능(scannable) 레지스터를 끼워 넣는 것을 포함한다. 이 선택을 동반하는 것은 스캔 가능한 설계를 위한 시험을 생성시키는 데 이용되는 **자동 테스트 패턴 생성**(ATPG: automatic test pattern generation)이라고 불리는 기술이다. **내장 자체 테스트**(BIST: built-in self-test)라고 불리는 다른 기술은 칩 안에서

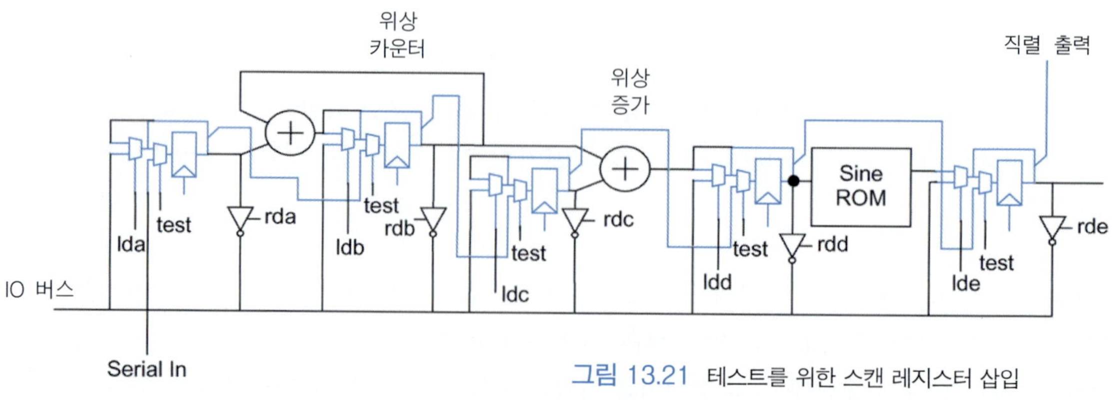

그림 13.21 테스트를 위한 스캔 레지스터 삽입

자체 테스트가 가능하도록 레지스터를 수정한다. 그림 13.21은 테스트 삽입 프로그램이 실행된 후의 NCO를 보여 준다.

전형적인 상업용의 테스트 프로그램은 스캔 삽입을 위한 Synopsys 사의 DFT Max와 ATPG를 위한 Tetramax이다. LogicVision은 내장 자체 테스트용으로 ETLogic과 ETMemory를 판다.

13.4.1.6 전력 분석 그러고 나서는 회로의 전력 소비가 추정된다. 전력 소비는 게이트의 활동 인수에 의존하며, 그것은 또한 그 칩이 받는 입력에 의존한다. **전력 분석**(power analysis)은 테스트 벡터의 특별한 집합에 대해 시뮬레이션을 수행하고 각 노드의 클럭 변이에서 스위칭되는 전체적인 커패시턴스를 평가하는 것에 의해 수행된다. 이 단계에서 전력이 매우 높다면, 그 설계는 해법을 다시 생각하기 위해 구조적 수준으로 돌아가야 한다. 상업적인 전력 분석 도구는 Synopsys 사의 PrimePower와 Powermill이다.

13.4.1.7 요약 설계 생산성을 증가시키는 것 이외에, 논리 합성 시스템은 기술 간의 변환에 유용하다. 예를 들면 당신은 다중의 FPGA에 동작 HDL을 합성할지도 모르고, 실제 조건 아래에서 회로의 연산을 검증하는 프로토타입을 구성할 수도 있다. 그렇다면 당신은 게이트 어레이 라이브러리를 사용하는 같은 HDL로부터 단일 칩 버전을 컴파일할 수 있다.

13.4.2 자동 레이아웃 생성

레이아웃 생성은 설계를 제조 가능한 데이터베이스로 변환시키는 과정에서 최후의 단계이다. 그것은 구조적 영역에서 물리적 영역으로 설계를 변환시킨다. 물리적 레이아웃이 생성되도록 구조적 네트리스트가 다루어지므로, 이 단계는 때때로 **물리적 합성**(physical sybthesis)이라고 불린다.

그림 13.22는 대부분의 ASIC에서 사용되는 표준 배치 및 배선 레이아웃 생성 설계 흐름을 보여준다. 그것은 게이트와 플립플롭, 그리고 그들의 상호연결을 나타내는 구조적 네트리스트로 시작한다. 네트리스트는 13.4.1.2절에 있는 것처럼 Verilog 네트리스트로서 **설계 교환 포맷**(DEF: design exchange format)으로 제공될 수 있다. 배치 도구 또한 셀 치수와 포트 위치를 설명하는 표준 셀 라이브러리 정의를 **라이브러리 교환 포맷**(LEF: library exchange format)으로 받아들인다.

13.4.2.1 배치 그림 13.22에 있는 첫 번째 단계는 표준 셀을 배치하는 것이다. 그림 13.23에 나와 있는 것과 같이 표준 셀 레이아웃의 자동화의 열쇠는 칩을 가로질러 배열되는 고정 높이, 가변 폭 표준 셀의 사용이다. SOG와 게이트 어레이 칩과 대조해, 표준 셀 칩은 고정 형태 주문형 블록 주위에 표준 셀 행이 '흐르는' 것을 허락함으로써 메모리나 아날로그 블록과 같은 특정용도 주문형 블록을 더할 수 있다. 배선이 셀 위로 다중의 금속층을 사용하여 이루어지기 때문에 표준 셀 행 사이에 어떤 분리도 보이지 않는다. 둘이나 세 개의 금속층을 가진 오래된 공정에서는 배선을 위해 행 사이의 공간이 필요하다. LEF는 셀의 특징적인 물리적 세부사항을 요약한다.

간단한 배치 알고리즘의 목표는 도선의 길이를 최소로 하는 것이다. **타이밍 주도형 배치**(timing-

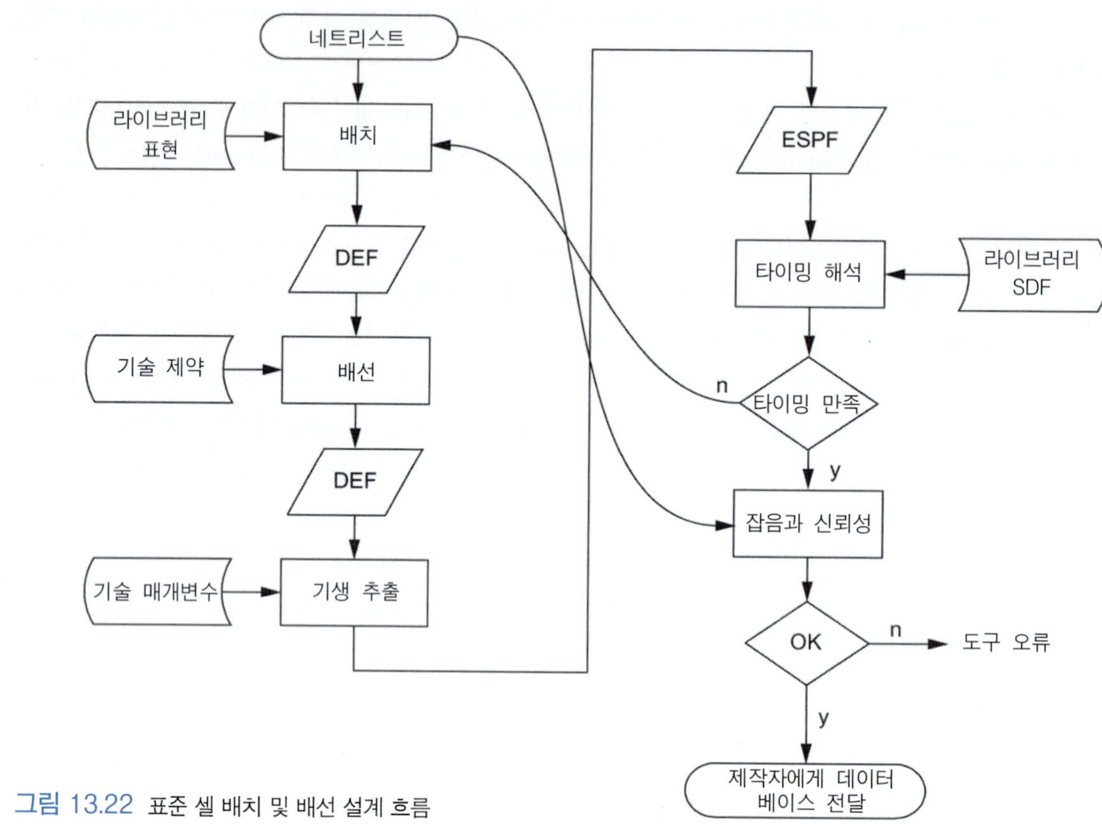

그림 13.22 표준 셀 배치 및 배선 설계 흐름

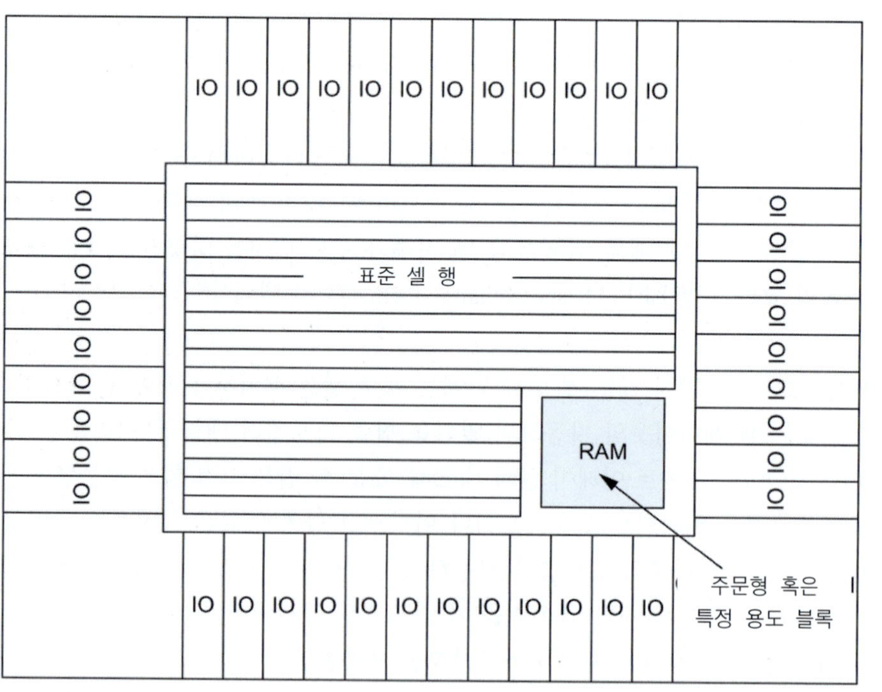

그림 13.23 표준 셀 칩 레이아웃

driven placement)에서, 시간 제약을 만족시키도록 도선의 비용에 가중치가 주어진다. 배치 단계의 끝에서 셀은 전체적인 배열에서 고정된 위치를 갖는다. 배치된 설계는 배선하기 위한 표준 포맷(즉 DEF)으로 저장된다.

13.4.2.2 평면배치 점차적으로 수동의 평면배치 단계가 배치 과정에 요구된다. 설계를 '평평'(즉 모든 셀을 계층의 같은 수준에 배치)하게 배치하는 것보다, 다른 모듈과 통신할 필요성에 의해 구성되는 영역에서 모듈은 집단을 이루게 된다. 예제 13.5는 소프트웨어 라디오를 위한 몇몇의 평면배치를 설명한다. 이 평면배치의 유형은 자동 배치에 앞서 완료될 수도 있다.

13.4.2.3 배선 셀의 배치 후, 회로에 있는 신호 네트가 배선될 필요가 있다. 배선은 보통 **전역 배선**(global routing)과 **상세 배선**(detailed routing)의 두 단계로 분할된다.

전역 배선은 도선이 지나가는, 칩 표면을 덮는 연이은 채널의 개념상 집합으로 배선 문제를 추상화한다. 배선은 비용 함수에 따라서 채널에 추가된다. 도선은 채널에서의 도선 밀도가 매우 높아지면 채널에서 채널로 바뀔 수 있다. 상세 배선기는 신호 연결을 완료하기 위해 필요한 실제의 기하학적 도형을 배치한다. 오랜 시간 동안, 여러 상세 배선기가 자동적으로 신호를 배선하기 위해 개발되었다. 오래된 배선기는 트랙의 격자로 신호를 제한했으나, 새로운 **그리드리스**(gridless) 배선기는 가변 피치 도선을 위해 더 유연하다. 더욱이 그들은 특정 배선 격자 위에 있지 않는 I/O 핀 위치를 가지는 외부 셀로의 쉬운 인터페이스를 허락한다. 배선기는 또한 셀의 위로 배선할 수도 있다. LEF 정의는 셀 정의에서 다양한 층에서 장애물을 나타내는 데 이용된다. 진보된 배선기는 여분의 비아(via)(공간이 허락되면 하나 이상의 비아를 삽입한다)나 조정 간격(여유가 있으면 도선을 분리하고 결합을 줄인다)과 같은 제조성 관계를 고려한다.

그림 13.22에 나와 있는 흐름의 예에서, 배선기는 공정 기술을 위한 배선층과 피치를 명시하기 위한 기술 파일을 사용한다. 그것은 다른 DEF 파일에 결과를 기록한다.

13.4.2.4 기생 추출 그러고 나서 배치 및 배선 설계는 회로 **기생 추출기**(parasitic extractor)를 지나간다. 그림 13.22에 나와 있는 예에서, 배치 및 배선 설계는 DEF 포맷으로 추출기에 제공되고 그 출력은 레이아웃에 있는 모든 네트에 연관된 R과 C를 설명하는 **확장 표준 기생 포맷**(ESPF: extended standard parasitic format), **축소 표준 기생 포맷**(RSPF: reduced standard parasitic format), 또는 **표준 기생 교환 포맷**(SPEF: standard parasitic exchange format)이 된다. 추출기는 층간 커패시턴스(interlayer capacitance)와 계층 저항(layer resistance)을 정의하는 또 다른 기술 파일을 사용한다.

커패시턴스 추출기(capacitance extractor)는 2D, 2.5D, 또는 3D 추출기일 수 있다. 2차원(2D) 추출기는 도선이 그 부분 밖에서도 균일하게 확장된다는 것을 가정하여 횡단면을 본다. 2.5D 추출기는 불균일성에 가까운 커패시턴스를 더 정확하게 평가하기 위하여 검색표를 사용한다. 3D 추출기는 복잡한 기하학 형태의 커패시턴스를 정확히 결정하기 위하여 3차원 맥스웰(Maxwell) 방정식을 푼다. 3D 추출은 엄청나게 많은 시간이 걸린다. 그러나 Magma Design 사의 QuickCap과 같은 새로운 통계적인 알고리즘은 더 빠른 수행 시간과 좋은 정확성을 가진다.

13.4.2.5 타이밍 분석 이제 정적 타이밍 분석이 게이트에 배치된 실제 배선 부하를 가지고 다시 수행된다. 물리적 실현의 진정한 사실들이 명백해짐에 따라 이것이 보통 설계 과정에서 병목이 된다. 합성과 배치 및 배선의 다중 반복은 타이밍 요구에 수렴하기 위하여 일반적으로 필요하다.

추가적으로, 될 수 있으면(특히 동적 회로가 사용될 경우) 트랜지스터 수준 타이밍 시뮬레이션이 수행되어야 한다. 이것이 보통 SPICE 기반 시뮬레이터를 사용해서는 달성될 수 없지만, '유사 SPICE 정확성'을 가지는 다양한 트랜지스터 수준 시뮬레이터가 1970년대 후반부터 사용되었다. 이것은 현재 얼마간 감소된 트랜지스터 모델 정확성으로 전체 칩 시뮬레이션을 트랜지스터 수준에서 수행할 능력이 있다. Synopsys 사의 Nanosim과 Cadence 사의 UltraSim은 현재 사용 중인 이 형태의 시뮬레이터이다.

13.4.2.6 잡음, V_{DD} 강하, 그리고 전자 이동 분석 분석은 이제 잡음, 전원선의 IR 강하, 그리고 **전자 이동**(electromigration) 한계를 확인한다. 잡음 분석은 층간 배선 커패시턴스 때문에 발생하는 누화(crosstalk)를 평가하기 위해 수행된다. Cadence 사의 SignalStorm, ElectronStorm, VoltageStorm은 그런 도구의 보기이다.

13.4.2.7 타이밍 주도형 배치 배치 후 배선 전략(place-then-route strategy)이 가지는 문제는 레이아웃이 완료된 후에 기생 배선 커패시턴스가 추출되고 타이밍을 추정하기 위한 타이밍 분석이 이루어진다는 것이다. 타이밍은 물리적 레이아웃이 완료될 때까지 알려지지 않는다. 타이밍 문제가 발견된다면, 그 과정이 그 문제의 경로에 주어진 어떤 제약과 함께 반복되어야 한다. 이것은 복잡한 설계에서는 한 반복에서 어떤 것을 변화시키는 것이 이전의 반복에서 고정된 어떤 것을 다시 원상태로 되돌릴 수 있다는 점에서 곧 감당할 수 없게 된다. 이 문제 때문에 결코 완료되지 않는 설계의 보기들이 있다.

그 해법은 셀이 배치됨에 따라 회로의 타이밍(속도)을 고려하는 **타이밍 주도 배치**(timing-driven placement)라 불리는 기술을 사용하는 것이다. 임계 경로에 있는 셀은 도선 지연을 최소로 하기 위해 우선권을 가진다. 그림 13.24에 설명된 이 접근 방법은 성공적이어서 많은 설계에서 일과성(one-pass) 접근 방법으로 사용된다.

13.4.2.8 클럭 트리 배선 현대의 고속 설계(high-speed design)의 중심은 클럭 분배(clock distribution) 전략이다. 12.4.4절에서 이러한 접근 방법들을 설명했다. 스큐를 최소로 하기 위해, 주 논리 배치 및 배선이 완료되기 전에 클럭과 그 버퍼를 배선하는 것이 보통 가장 좋다. 이 작업은 **클럭 트리 배선기**(clock tree router)로 수행된다.

13.4.2.9 전력 분석 전력 추정은 실제의 도선 커패시턴스가 사용 가능한 추출된 설계에서 반복될 수 있다. RTL 합성에 사용된 것과 비슷한 기술이 사용된다.

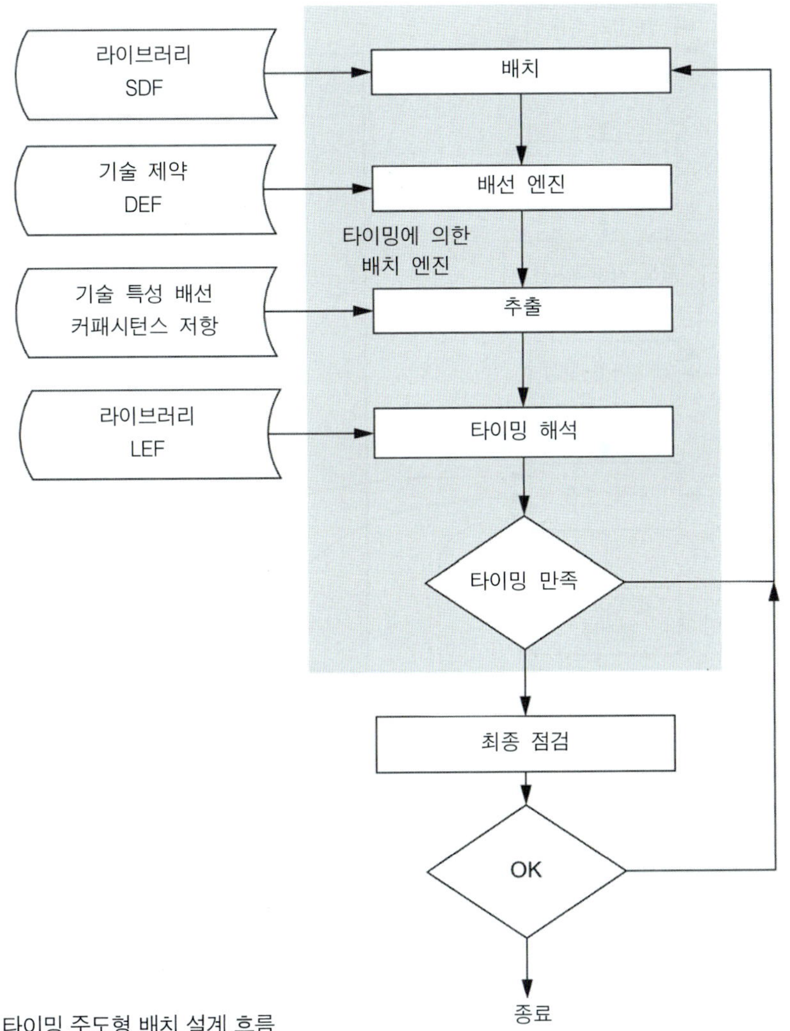

그림 13.24 타이밍 주도형 배치 설계 흐름

13.4.3 혼합 신호 또는 주문형 설계 흐름

이전 절에서 우리는 HDL로부터 레이아웃으로 변환하는 과정이 상당히 자동화되는 순수 디지털 칩에 사용될 흐름을 설명했다. 이 흐름은 보통의 성능 요건을 가진 대부분의 디지털 칩에 대해 높은 생산성을 제공한다. 그러나 작은 아날로그, RF, 그리고 칩의 고속 디지털 부분의 경우는 어떤가? 이 부분을 위해, 우리는 그림 13.25에 나와 있는 주문형 설계 흐름을 사용한다.

설계자는 스키매틱(schematic)을 그림(또는 네트리스트 쓰기)으로써 시작한다. 전기적 규칙 검사(ERC: electrical rule check)는 포트 연결성을 검증하고, 수작업으로 그려진 스키매틱에 흔히 나타나는 단순한 연결 오류인 연결되지 않은 입력이나 출력을 검사한다. 그 스키매틱이 올바르다고 생각될 때, DC, AC, 과도 상태(transient), 잡음과 RF 성능을 검증하기 위해 SPICE 형태 시뮬레이터를 사용하여 회로 시뮬레이션이 수행된다.

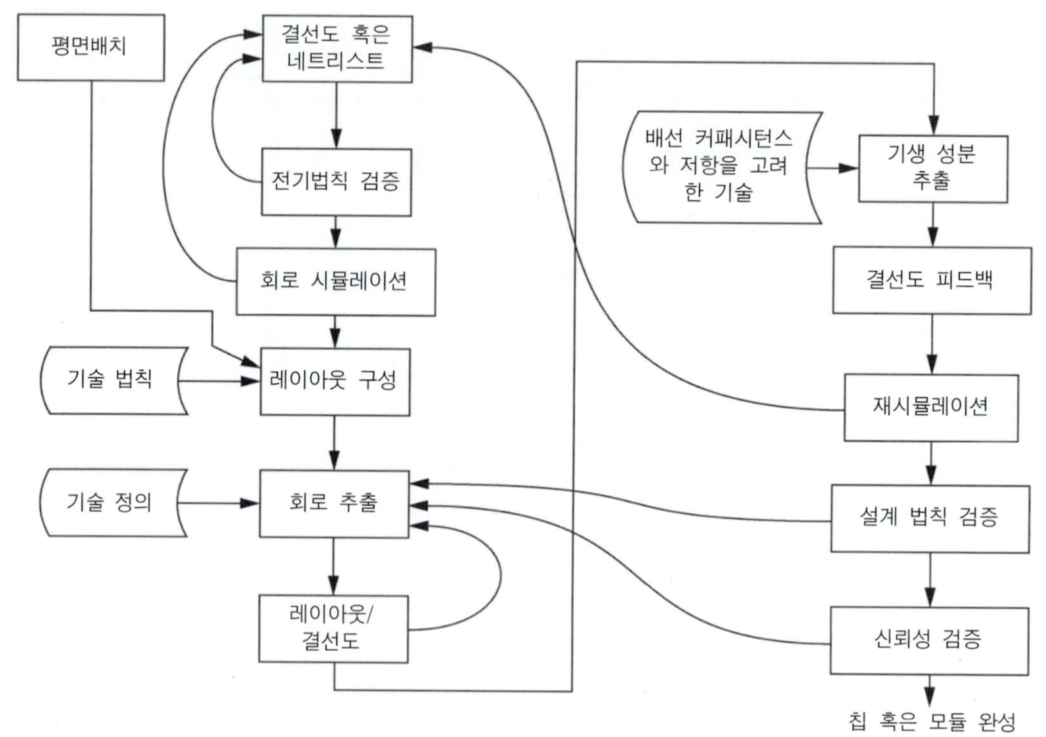

그림 13.25 혼합 신호 또는 주문형 설계 흐름

일단 모듈의 회로 동작이 검증되면, 평면배치를 시작으로 레이아웃이 시작된다. 평면배치는 실제의 모듈 크기와 임계 경로가 점점 정확히 알려지게 됨에 따라 반복적인 과정이 될 수 있다. 주문형 레이아웃은 매우 시간 소비적인 작업이다. 예를 들면 큰 마이크로프로세서는 2년 동안 100명의 마스크 설계 전문가를 바쁘게 할 수 있다. 레이아웃의 중요하지 않은 부분을 자동화하는 것은 생산성에 필수적이다. 모듈을 위한 레이아웃이 완성될 때, 15.5.2절에서 설명하게 될 규칙을 사용하여 레이아웃에서 기본 요소(primitive)(MOS, 바이폴라 트랜지스터, 다이오드, 레지스터, 커패시터, 인덕터)의 연결성을 결정하기 위해 레이아웃 회로 추출기(layout circuit extractor)가 호출된다.

그 다음 단계에서, 추출된 네트리스트는 두 네트리스트가 연결성 면에서 동일한지 결정하는 그래프 동형 프로그램(graph isomorphism program)을 사용하여 스키매틱과 비교된다. 이것은 그래프의 노드와 그래프의 아크(arc)로의 연결에 기본 요소를 할당함으로써 진행된다. 연결성과 회로 매개변수(즉 트랜지스터 종류, 폭, 길이)에 기반을 둔 그래프 컬러링(graph coloring)은 그 비교의 정도를 결정한다. 일단 연결성 동등(connectivity equivalence)(즉 커패시터나 레지스터 값, 트랜지스터 W/L)이 결정되면 각각의 기본적인 속성이 동등한지 검사한다. 불일치는 사용자에게 보고된다. 설계자가 불일치의 원인을 발견하는 것을 돕기 위해 그래픽의 피드백이 제공될 수 있다. 이 단계는 일반적으로 **레이아웃 대 스키매틱**(LVS: layout versus schematic)이라고 불린다.

일단 구조 대비 물리적 동등이 확립되면, 기생 추출(parasitic extract)은 완료된다. 이것은 원래의 기본 원소에 기생 배선 커패시턴스(parasitic routing capacitance)와 저항을 더한다. 일반적으로 인덕터는 추출되지 않으나, 인덕터를 레이아웃에서 잘라내고 미리 생성된 물리적 모델로 대체하는 쿠키(cookie)에 의해 다루어진다. 때때로 이것은 **매크로 대체**(macro substitution)라고 불린다. 기생 커패시턴스와 저항은 스키매틱으로 **백애너테이션**(back-annotation)되어, 회로는 전체적으로 다시 시뮬레이션된다. 이 단계는 지극히 중요하다. 시뮬레이션된 동작과 실제 장치의 동작을 일치시키는 것은 정확히 성능을 예측하는 데 있어서 매우 중요하다. 회로가 만들어진 이후는 이미 늦다!

그러고 나서 그 모듈 레이아웃에 대해 설계 규칙 검사(DRC: design rule check)를 시행한다. 또 다르게는, 레이아웃이 완료되는 것처럼 이 단계에서 완료될 수도 있다. 보통 성능 목표를 충족시키지 않는 회로에서 DRC를 수행하는 것은 시간낭비이기 때문에 AC 성능은 최후의 설계 규칙 오류를 수정하는 것보다 더 중요하다.

이 이후에는 제조성 검증 단계의 집합이 완료될 필요가 있다. 이것은 수동 또는 자동적으로 된다. 표준 셀 설계 흐름과 공통으로, 전원 버스 폭은 금속 이동(metal migration)과 IR 강화 조건을 보증하기 위해 검사되어야 한다. 전력 소비는 회로 시뮬레이션에서 직접 발견될 수 있다. 알맞은 기판(substrate)과 웰 접점(well contact)이 큰 CMOS 설계에 필요하며, 모든 외부 I/O에는 보호환(guard-ring)이 부착되어야 한다. 이 단계에서, 디지털 회로에서 아날로그 회로로의 기판 잡음 주입(substrate noise injection)에 대해 검사될 수 있다. Cadence 사의 SubstrateStorm은 이 작업을 수행한다.

이 과정은 큰 모듈을 만들기 위해 계층적으로 완료된다. 보통 궁극의 제한은 SPICE에서 광대한 수의 트랜지스터를 정확하게 시뮬레이션하려고 노력하는 데서 나온다. 요구된 정확도에서 시뮬레이션하는 것이 항상 어느 정도 상위 한계가 있지만, 빠른 트랜지스터 수준 시뮬레이터가 이 문제점을 다루기 위해 다양하게 개발되었다.

13.5 설계 경제

IC 설계자가 특별한 IC나 IC들의 집합을 설계하기 위해 비용과 시간을 예측할 수 있는 것은 중요하다. 이것은 구현 전략의 선택을 인도할 수 있다. 이 절에서는 이러한 가치를 추정하기 위해 간소화한 접근 방법을 요약할 것이다.

그런 결정을 할 때 전체적인 시스템을 고려해야 할지라도 여기서는 IC 하나의 비용에 집중할 것이다. 패키징과 전력 소비와 같은 시스템 수준 문제는 IC의 비용에 영향을 미칠 수 있다.

집적회로의 판매 가격 S_{total}은 다음과 같이 주어질 수 있다.

$$S_{total} = C_{total} / (1-m) \tag{13.2}$$

여기서

- C_{total}은 벤더에게 주어지는 IC 하나의 제조 비용이다.
- m은 목표 이익 마진이다.

- 마진은 간접비(overhead)(G&A)와 판매 비용(마케팅 및 판매 비용)이 고려된 후에 이익을 보장하도록 선택되어야 한다.

집적회로의 생산 비용은 일반적으로 다음의 요소로 나누어진다.

- 비순환 공학 비용(NRE)
- 순환 비용
- 고정 비용

13.5.1 비순환 공학 비용(NRE)

비순환 공학 비용은 집적회로의 설계 동안 한 번만 쓰인다. 그것은 다음을 포함한다.

- 공학 설계 비용 E_{total}
- 프로토타입 제조 비용 P_{total}

이들 비용은 판매된 IC의 전체 수를 통해 회수된다. 전체 비순환 비용(non-recurring cost) F_{total}은 다음에 의해 주어진다.

$$F_{total} = E_{total} + P_{total} \tag{13.3}$$

NRE 비용은 그 칩의 평생 물량(lifetime volume)을 통해 회수될 수 있다. 또는, 비순환 비용은 필요한 회수 비율(rate of return)에 대한 투자로 볼 수도 있다. 예를 들어 $10M가 하나의 칩을 위해 NRE에 투자된다면, 10의 회수 비율에 대해 $100M가 생성되어야 한다.

13.5.1.1 공학 비용

IC의 설계 비용 E_{total}은 희망적으로는 그 칩의 설계 과정 동안 한 번만 일어날 것이다. 포함되는 비용은 아래와 같다.

- 인건비
- 지원 비용

인건비에 포함되는 생산 활동은 다음과 같다.

- 아키텍처 설계
- 논리 입력
- 기능성 시뮬레이션
- 모듈과 칩의 레이아웃
- 타이밍 검증
- DRC와 테이프아웃 과정
- 테스트 생성

장비의 수명과 설계 프로젝트의 기간 동안 회수되는 지원 비용은 다음과 같다.

- 컴퓨터 비용
- CAD 소프트웨어 비용
- 교육과 재교육 비용

비용은 모듈의 재사용과 IP 벤더로부터 완전히 완료된 모듈을 얻음으로써 급격히 감소할 수 있다. 예로서 연간 비용은 다음과 같이 나뉠 수 있다(이 수치들은 2010년경 미국 엔지니어를 위한 미국 달러로 되어 있다).

봉급	\$50 ~ \$100K
간접비	\$10 ~ \$30K
컴퓨터	\$10K
CAD 도구(디지털 전위부)	\$10K
CAD 도구(아날로그)	\$100K
CAD 도구(디지털 후위부)	\$1M

명확히 후위부의 비용은 칩을 설계하는 그룹 전체가 공유해야 한다.

13.5.1.2 프로토타입 제작 비용 이 비용(P_{total})은 벤더에서 첫 번째 IC를 얻기까지의 고정 비용이다. 이는 다음을 포함한다.

- 마스크 비용
- 테스트 설비(test fixture) 비용
- 패키지 도구

포토마스크(photo-mask) 비용은 공정에서 사용되는 단계의 수와 각 단계에서 필요한 정밀도에 비례한다. 금속층의 마스크들은 그보다 낮은 층에 비해 간격이 좁지 않아 덜 비싸다. 그림 13.26은 마스크 비용이 어떻게 지수적으로 증가하는지 보여 준다[Donovan02, LaPedus07]. 45 nm 공정을 위한

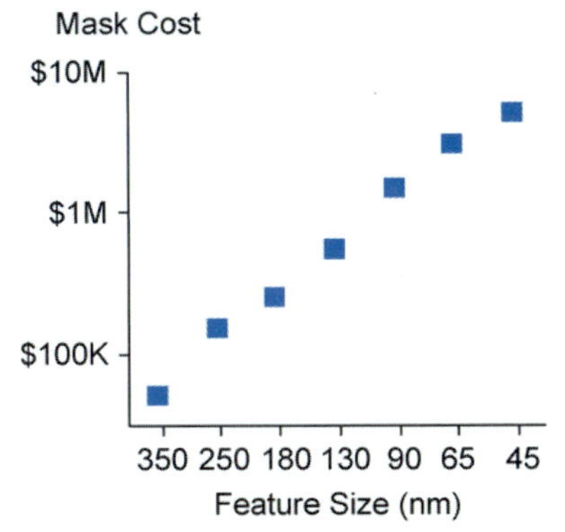

그림 13.26 대략적인 마스크 전체 비용

완전한 마스크 세트의 비용은 대략 $5M이다.

테스트 설비는 웨이퍼 수준에서 각각의 다이를 검사하기 위한 인쇄 도선 보드 탐침 조립(printed wiring board probe assembly)과 테스터로의 인터페이스로 구성된다. 인터페이스 전자기술의 복잡함에 따라 다르지만, 비용은 $1000~$50,000 정도 된다.

주문형 패키지가 요구된다면, 그것은 설계되고 제조되어야(도구화 되어야) 할 것이다. 패키지 도구화의 시간과 비용은 패키지의 정교함에 의존한다. 가능하다면 표준 패키지가 사용되어야 한다.

프로토타입 칩의 경제적인 방법은 하나의 마스크 세트에 여러 다른 칩들의 설계를 합치는 다중 프로젝트 레티클(multi-project reticle)을 사용하는 것이다. 따라서 마스크 세트에 200개의 사용 가능한 장소가 있고 20개의 프로젝트가 구현되었다면, 각각의 프로젝트는 웨이퍼당 10개의 다이를 얻고 프로젝트당 마스크 비용은 완전한 마스크 세트의 1/20이 될 것이다. 다수의 실리콘 벤더와 MOSIS에 의해 이러한 종류의 서비스가 제공된다. 보통의 기술에 대해, 이것은 아주 값이 쌀(0.6 μm급 mm^2당 $1000 정도) 수도 있다. 몇몇의 상업적인 사용자는 마스크 세트를 공유할 때 지적 재산권의 보호를 걱정한다.

예제 13.6

당신의 훌륭한 연구 아이디어를 상업화하기 위해 회사를 설립했다. 혼합 신호 칩에 대한 45 nm 공정의 프로토타입의 비용을 추정하시오. 일곱명의 디지털 설계자, 세 명의 아날로그 설계자, 그리고 다섯 명의 지원 인력을 가지고 있고, 프로토타입이 두 번의 공정 제작에 2년을 소요한다고 가정하라.

해답: 일곱 디지털 설계자는 7×($70K+$30K+$10K+$10K)=$840K를 소요한다. 세 명의 아날로그 설계자는 3×($100K+$30K+$10K+$100K)=$720K를 소요한다. 다섯 명의 지원 인력은 5×($40K+$20K+$10K)=$350K를 소요한다. 후위 도구(back end tool)를 가지고 수행된 한 번의 공정 제작은 $6M를 필요로 한다. 따라서 그 비용은 일 년에 공정 제작을 한 번 수행할 때 $7.91 M이다. 총 예상 비용은 약 $16M이다. 이 비용을 투자할 벤처 캐피털은 위험에 대한 보상을 원할 것이므로 아이디어에 대한 $100M의 시장이 있어야 한다. 45 nm 노드의 일반적인 칩은 대규모 설계팀이 필요하고 $20~$50M의 설계 비용이 든다. 따라서 시장은 더욱 커야 한다.

이것을 개선하는 방법도 있다. 당신은 분명히 사람들의 수와 작업 원가를 감소시킬 수 있다. 당신은 다중 프로젝트 칩을 사용함으로써 CAD 도구 비용과 공정 제작 비용을 감소시킬 수도 있다. 그러나 수율(yield)과 공정 편차(process variation)에 따른 동작과 같은 문제는 증명되지 않을 것이기 때문에 나중의 접근 방법은 양산전 버전으로 당신에게 맞지 않을 것이다. 가장 좋은 방법은 더 성숙하고 덜 비싼 제조 공정으로 채워질 적합한 제품을 찾는 것일 수 있다.

13.5.2 순환 비용

일단 IC의 개발 비용이 결정되면, IC 제조업자는 특정한 IC에 대한 가격을 얻을 것이다. Intel, Toshiba, IBM과 같은 몇몇 큰 회사는 내부 제조 부문을 가지고 있지만, 45 nm 노드에서 자체 제조를 가지기 위한 투자를 충족하기 위해서는 약 $10B가 넘는 연간 매출이 필요하고, 이러한 수치는 공정이 진보할수록 더욱 가파르게 증가할 것이다. 많은 무설비(fabless) 반도체 회사는 TSMC, UMC, IBM과 같은 실리콘 주문 생산 공장(silicon foundry)에 외주를 준다. 어느 쪽이든 이것은 순환 비용이다. 즉 IC가 팔릴 때마다 그것은 다시 발생한다. 순환 비용의 다른 구성 요소는 기술적인 관점에서 그 부품을 지원하는 계속되는 비용이다. 마지막으로 마케팅, 판매 조직, 그리고 IC를 파는 것과 관련된 간접비로 '판매비용' 이라는 것이 있다. IBM 마이크로일렉트로닉스 부문이 CPU를 메인프레임 부문에 파는 것 같은 사내 거래의 상황에서, 이것은 영이 된다.

IC 제조업자는 IC의 생산가와 이익 마진에 근거하여 IC에 대한 부품 가격을 결정할 것이다. 일반적으로 마진은 물량 증가에 따라 감소한다. IC를 제조하는 비용에 대한 표현은 다음과 같다.

$$R_{\text{total}} = R_{\text{process}} + R_{\text{package}} + R_{\text{test}} \tag{13.4}$$

여기서

R_{package} = 패키지 비용
R_{test} = 테스트 비용—IC를 테스트하는 비용은 보통 벡터의 수와 테스트 시간에 비례한다.

$$R_{\text{process}} = W/(N \times Y_w \times Y_{pa}) \tag{13.5}$$

여기서

W = 웨이퍼 비용(공정과 웨이퍼 크기에 따라 $500~$5000)
N = 웨이퍼당 총 다이 수(웨이퍼 위의 모든 다이의 수)
Y_w = 웨이퍼당 다이 수율(안정화된 공정에서 보통 크기 다이일 때 약 70~90% 이상)
Y_{pa} = 패키지 수율(약 95~99%)

면적 A인 다이가 반지름 r인 웨이퍼에 제조될 경우, 웨이퍼당 총 다이 수는

$$N = \pi\left[\frac{r^2}{A} - \frac{2r}{\sqrt{2A}}\right] \tag{13.6}$$

여기서 두 번째 항은 원형의 웨이퍼 가장자리의 버려진 면적을 나타낸다.

예제 13.7

사업 초기에 5의 투자에 따른 회수를 찾는다고 상상해 보자. 웨이퍼는 $2000가 필요하고, 400개의 총 다이에 70%의 수율을 가진다. 패키징, 테스트, 그리고 고정 비용을 무시하면 60%의 이익 마진을 갖기 위해 칩당 얼마가 필요 하겠는가? 당신이 $16M 투자에서 5배의 회수를 얻기 위해 얼마나 많은 수의 칩을 팔아야 하는가?

해답: $R_{total} = R_{process} = \$2000/(400 \cdot 0.7) = \$7.14$. 60% 마진에서, 그 칩은 단위당 \$10.72의 이익을 가진 $\$7.14/(1-0.6) = \$17.86$에 팔린다. 원하는 ROI는 $\$16M \times 5 = \$80M$의 이익을 내포한다. 따라서 $\$80M/\$10.72 = 7.4M$의 칩이 팔려야 한다.

패키지 수율은 웨이퍼가 잘려지고 그 부분이 패키징된 후에 테스트를 통과하는 칩의 수이다. 다이 수율은 웨이퍼 전체에 무작위로 분산된 결함에 영향받는다. 특정 다이의 고장을 일으키는 무작위 결함의 확률은 다이 크기 A와 단위 면적 D당 평균 결함 수에 의존한다. 결함이 일정하게 분포되어 있으면 식 (6.23)으로부터 Y_w는 다음과 같이 푸아송(Poisson) 분포에 따른다[Seeds67].

$$Y_w = e^{-AD} \tag{13.7}$$

작은 다이($AD << 1$)의 경우, Y_w는 거의 1이며, $R_{process}$는 A에 따라 선형적으로 커진다. 큰 다이($AD >> 1$)의 경우, 대부분의 칩은 결함을 가지게 되고 $R_{process}$는 A에 따라 지수적으로 커지므로 Y_w는 급격히 떨어진다.

결함 밀도는 경쟁사에게 칩 제조 비용에 대한 핵심 정보를 제공하기 때문에 신중하게 비밀에 부치는 경향이 있다. 그림 13.27은 어떻게 제조 개선이 꾸준히 결함 밀도를 향상시켰는지에 대한 역사적 자료를 보여 준다. 따라서 칩 제조 업체들은 이제 과거에 그들이 만든 것보다 큰 칩에 더 나은 수율을 얻으며, 반도체 시장의 놀라운 성장을 주도한다.

예제 13.8

만약 결함 밀도가 0.4 defects/cm^{2}이면, 1 cm^2 다이의 수율은 어떻게 되는가? 그리고 새로운 서버 칩에 10%의 수율이 필요하다면 다이는 얼마나 커질 수 있는가?

해답: 식 (13.7)에 따르면, 1 cm^2 다이의 수율은 67%이다. 면적이 5.75 cm^{2}인 칩은 10%의 수율을 가진다.

13.5.3 고정 비용

일단 칩이 설계되고 제조가 시작되면, 공학적 관점에서 칩을 지원하는 비용은 몇몇 근원을 가질 수 있다. 심지어 개발한 회사 밖에서 팔리지 않는 특정 용도 IC에 대해서도, IC의 특성을 설명하는 **데이터 시트**(data sheet)가 쓰여져야 한다. 종종 IC를 어떻게 사용하는지를 설명하는 **응용 노트**(application note)가 필요할 수 있다. 또한 특정한 사용자를 돕기 위해 특정 용도의 지원이 제공되어야 할 수도 있다. 이것은 설계자가 말하고 걷는 데이터 시트가 되는 ASIC에 대해서 특히 사실이다. 다른 계속되는 작업은 부품의 물량이 많고 수율을 증가시키기를 원한다면 고장 또는 수율 분석이 될 것이다.

보조 의견으로, 설계되는 모든 칩 또는 테스트 칩은 그것이 무엇이고 어떻게 사용하는지를 설명

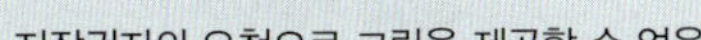

그림 13.27 결함 밀도 추세. 이 데이터는 푸아송 모델보다는 머피(Murphy) 모델을 이용하는 것을 주목하자. 머피 모델은 높은 결함 밀도에서 보다 좋은 수율을 예측함(© 2002 IC Knowledge LLC, www.icknowledge.com)

하는 문서를 가지고 있게 된다. 이는 설계 제출과 제조된 칩 사이의 시간이 매우 커서 가장 좋은 기억력에서도 무리이기 때문에 심지어 학문적 환경에서 설계된 칩에도 적용된다.

13.5.4 일정

새로 설계하는 IC를 포함하는 시스템 설계 프로젝트의 시초에 그 시스템에 대한 설계 비용과 설계 시간을 추정하는 것은 중요하다. 비용을 추정하는 것은 당신이 IC를 설계할 방법을 결정하는 것을 도울 수 있다. 일정을 추정하는 것은 IC가 제시간에 적정 가격에 사용되도록 할 전략을 선택하는 것에 필수적이다. 이 두 번째 작업은 보통 가장 잘 지정되지 않는 것이고 어느 정도의 경험을 요구한다.

고정 비용이 적당하고 주어진 IC 크기에서 $R_{process}$가 일정하다면, IC의 비용을 결정하는 데 있어서 남은 변수는 E_{total}, 공학 설계 비용, 그리고 프로토타입 제조 비용 P_{total}이다. P_{total}은 IC가 구현되는 방법에 의존한다. 우리는 이 장의 초반에 CMOS 시스템의 설계에 대해 다양한 전략을 검사했다. 프로토타입의 고정 비용 P_{total}은 구현 기술이 주어지면 상대적으로 일정하다. 공학 비용은 칩의 복잡함,

설계 전략, 그리고 필요한 기초 공학의 양에 의존한다. 대개 설계와 검증 공학 비용이 전체를 지배한다. 이런 이유로, IC의 설계를 위한 일정을 추정하고 프로젝트를 성공적으로 만들기 위해 사용 가능한 자원을 관리하는 것이 중요하다.

증가된 공학적 노력은 $R_{process}$를 감소시켜 다이의 크기를 감소시킬 수 있다. 그런 까닭에, 공학적 노력의 증가로 다이 비용의 축소를 교환할 수 있는 것은 중요하다. 의견은 다를 수 있지만, 보통 생산품을 먼저 시장에 내놓고, 그 생산품이 성공적으로 될 때 다이를 축소하는 것이 가장 좋다. 시장의 피드백 없이 최적화하게 되면 시장 점유 감소나 심지어는 어떤 시장 점유도 전혀 얻지 못하는 결과를 초래한다.

[Paraskevopoulos87]은 생산성을 증가시키고 일정을 개선하는 것에 대해 매우 분명한 방법을 제안한다.

- 고생산성 설계 방법의 사용
- 주어진 기술의 생산성 향상
- 분할에 의한 설계 작업의 복잡성 감소

최종적인 주의: 이미 늦은 프로젝트에 인원을 추가하는 것은 그것을 더 늦어지게 하는 경향이 있다[Brooks95].

예제 13.9

칩에 대한 설계와 테스트 시간을 예측하는 것은 어렵지만, 적어도 주요 작업과 칩 설계 프로젝트에서 해당하는 고정된 기간을 구별할 수 있다. 1년이 넘는 계획에 대한 갠트(Gantt) 도표 견본이 그림 13.28에 나와 있다. 논리 설계 시간은 극히 간단한 칩에 적절한 12주로 나타난다. 이 기간의 두 배가 적당히 복잡한 디지털 칩의 전형일 것이다. 고정된 시간은 공정 제작 시간과 패키징 시간으로 그 보기에서 10주로 나타난다. 설계, 결함 수정, 테스트 시간은 그 칩의 복잡함에 따라 늘어나거나 줄어들 것이다. 그리고 당신이 조심스럽고 운이 좋다면, 그 칩을 재설계할 필요가 없을 것이다.

ID	과업	시작	종료	기간	Q1 10			Q2 10			Q3 10			Q4 10			
					Jan	Feb	Mar	Apr	May	Jun	Jul	Aug	Sep	Oct	Nov	Dec	Jan
1	규격	1/1/2010	1/28/2010	4w													
2	디지털 설계	1/29/2010	4/21/2010	12w													
3	배치배선	4/22/2010	6/16/2010	8w													
4	제작	6/17/2010	8/11/2010	8w													
5	패키지	8/12/2010	8/25/2010	2w													
6	실험실 검증	8/26/2010	10/20/2010	8w													
7	반복 제작	10/21/2010	11/17/2010	4w													
8	실험실 검증	11/18/2010	12/29/2010	6w													

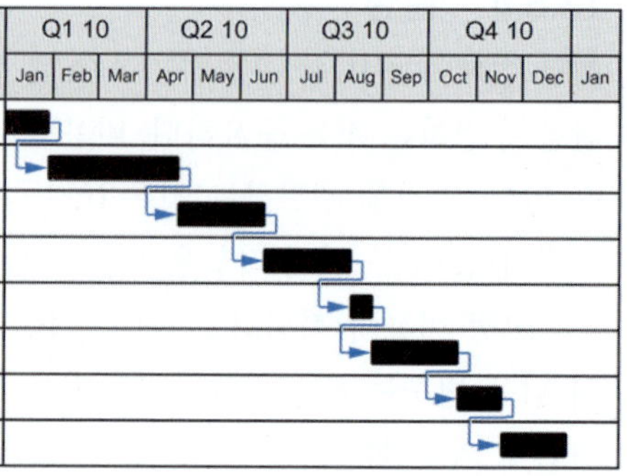

그림 13.28 단순한 칩을 위한 갠트 차트

13.5.5 인적 자원

일정을 추정하기 위해 당신은 그 설계를 완료하기 위해 필요한 노력의 양을 알아야 한다. 우리가 본 대로, 전형적인 IC 프로젝트는 다음의 작업을 수반한다.

- 아키텍처 설계
- HDL 입력
- 기능 검증
- 배치와 배선
- 타이밍 검증, 신호 무결성, 신뢰성 검증
- DRC와 테이프아웃 과정(ERC, LVS, 마스크 생성)
- 테스트 생성

몇몇의 연구원이 생산성에 대한 분석적인 식을 유도하려고 시도하였으나, 팀을 위한 설계 일정에 대한 가장 좋은 예측은 이전의 실행이다. 주어진 팀을 위한 설계 시간은 설계 재사용이나 요소 기반 설계에 의해 개선될 수 있다. 설계하는 시간은 설계 안에 있는 '모듈'의 수의 몇 제곱에 비례하는 것처럼 보인다. 즉 4 모듈 설계는 단일 모듈 설계에 비해 4배 이상 복잡하다. 이 경우에 있는 모듈은 마이크로프로세서, 직렬 인터페이스, 또는 특수 기능 단위와 같은 칩의 중요한 부분을 나타낸다.

대개 프로젝트는 일정 주도형이다. 이 경우에, 필요한 일정을 만족시키는 설계 보조를 최대한 사용하도록 하는 것이 중요하다. 중요성 중에서 소위 '편집-컴파일-결함수정' 루프의 사이클 타임이 있다: 즉 HDL로의 변환, 합성·배치·배선, 그리고 타이밍 검증된 최종 설계 등의 시간이다. 이것은 사용된 설계 도구의 효율에 강하게 의존할 수 있으나, 그것이 하루 이상이면 설계 생산성은 저하된다. 여러 개의 결함이 매일 수정될 수 있는 이상적인 주기는 몇 시간이다.

대체로 완전히 새로운 칩을 위해 18~24개월 단위의 일정이 최근의 평균 복잡도의 칩과 최신의 도구에 맞다. 생산품을 약간 차별되게 하는 재생산인 경우, 이것은 여섯 달 미만으로 감소될 수 있다. 그러나 IC 공정 제작과 패키징 같은 고정된 시간이 완전한 설계 순환 시간에 고정적 제한이 된다. 물론 FPGA와 같은 기술에 대해, 설계 일주(design turnaround)는 몇 분(이것이 FPGA 검증이 ASIC이나 주문형 IC 설계에 그렇게 중요한 이유이다)일 수 있다. 새로운 마이크로프로세서는 3~5년이 걸리는 것 같다. 그리고 대부분은 한 번 이상의 일정 지연을 경험한다.

13.5.6 프로젝트 관리

프로젝트 관리는 그 프로젝트의 전체적인 지휘이다. 그 작업은 충분한 자원이 적절한 시간에 사용 가능하도록 확실히 하고, 그 계획에 배정된 다른 그룹 사이의 소통을 보증하며, 진행과 위험을 요약하고 관리하는 것 등을 포함한다. 개념, 설계, 그리고 궁극적인 제품의 제조에 대한 과정 개발이 프로젝트 관리자의 권한 범위이다.

칩 설계를 관리하는 두 가지 주요 방법이 있다. 첫 번째는 정규 프로젝트 관리자가 사치일 수 있는(좀 더 적절한 표현은 '경험적 프로젝트 관리') 신생 회사의 전형인 빠른 프로토타입 접근 방법이라고 불리는 것이다. 이 접근 방법에서는 시간 목표가 정해지고 작업량은 그 사용 가능한 시간에 맞춘다. 설계의 프로토타입이 동작고(본질적으로 골격) 살(세부)은 점차적으로 더해지는 상태에 빨리 도달하도록 격려한다. 이것은 위험할 수 있다.

큰 회사와 군대에 적절한 기존의 접근 방법은 작업 시간을 추정하여 이를 프로젝트 계획 도구에 넣어 모든 것을 미리 계획하는 것이다. 큰 그룹을 위해 필요한 이 접근 방법은 특성 주도형인 경향이 있고 빠른 프로토타입 접근 방법보다 더 짧은 시간 안에 생산품을 전달하기는 어렵다. 작업이 잘 정의되어 있고 이전에 행해진 적이 있을 경우(그래서 당신은 작업 시간이 얼마인지 알고 있다)에 적당하다. 이 접근 방법은 안정적이며 팀에 의지하면서 종종 예산 안에서 제시간에 생산품을 전달한다.

13.5.7 설계 재사용

설계된 IC가 하나의 사건이기는 어렵다. 오히려 회사는 특정 IC의 개발 노력을 제품의 수 세대에 걸쳐 회수하기를 원한다. 이것은 일반적으로 그 설계가 여러 다른 공정 사이에서 옮겨져야 한다는 것을 의미한다. 설계가 주로 수작업이었고 마스크 수준이었을 때, 사람의 개입을 최소화한 공정 이전이 가능하도록 하는 기술에 상당한 노력이 소모되었다. 여기에서 사용된 기술은 상징적 레이아웃 방법과 마스크 리사이징(resizing) 소프트웨어의 사용을 포함한다.

셀 기반 설계의 출현과 함께, 설계 이전은 두 단계로 줄어든다.

1. 새로운 공정을 위한 표준 셀 라이브러리를 획득 또는 구성함
2. 새로운 셀 라이브러리에 맞추어 HDL 기술을 재조정함

비록 타이밍 분석과 복귀 테스트 벤치 시뮬레이션(regression test bench simulation)은 확실히 완료되어야 하나, 설계와 테스트 생성은 다시 할 필요가 없다.

이러한 단계가 따르지 않는 설계 흐름에서는, 구조적 설계 기술과 소프트웨어 생성 기술의 엄격한 사용이 이전 시간을 현격히 개선할 수 있다. 정확하고 명료한 문서를 유지하는 것은 많은 문제를 하향 감소시킬 것이다.

셀 기반 설계의 성숙, 특히 표준 셀 라이브러리와 하드웨어 기술 언어의 사용에서, 가상 요소의 개념이 변환과 재사용 설계의 방법으로서 중요해진다. 지적 재산(IP)이라고 불리는 가상 요소는 개념적으로 인쇄 도선 기판(printed wiring board) 설계에 사용되는 개별 IC와 같다. 각각의 요소는 정확히 정의된 동작과 I/O 핀의 세트와 해당 부하, 셋업과 홀드 시간, 그리고 지연 등에 대한 규격으로 표시되는 잘 정의된 인터페이스로 정의된다. 요소는 상대적으로 간단할 수도 있고, RISC 프로세서, MPEG 디코더, 또는 무선 LAN 모뎀과 같은 복잡한 것일 수도 있다. 가상 요소는 **하드**(hard), **펌**(firm), 또는 **소프트**(soft)로 분류될 수 있다. 하드 모듈은 특정 공정의 마스크 수준에서 보통 정의된다. 그래서 그것은 고정된 평면배치, 크기, 그리고 잘 알려져 있는 타이밍 파라미터의 집합을 가지고 있을 것이다. 펌 블록은 일반적으로 설계에 사용되는 각각의 게이트(즉 보통 전력의 3-입력 NAND 게이트)나 레지스터를 기술하고있는 특정 또는 일반적 네트리스트를 가지고 있을 것이다. 이것은 그 설계가 순전히 네트리스트 번역에 의해 다수의 공정으로 이전되는 것을 허용한다. 그러나 타이밍은 공정

과 최종 물리적 위치에 의해 다시 기술된다. 소프트 블록은 일반적으로 HDL에 있는 RTL 수준으로 정의된다. 이것에는 그 블록의 기능이 입력되나, 상세한 구현은 자동화된 도구에 남겨진다. 다시 말하지만, 타이밍은 특정 구현에 의존한다. Virtual Socket Interface Alliance는 구현과 가상 요소의 사용을 결정하는 표준을 감시하고 권장한다.

IP 블록을 구입하는 것은 아침용 시리얼을 사는 것보다는 중고차를 사는 귀찮음과 같다. 거기에는 공급업체와의 많은 협상이 포함되며, 관계가 중요하다. IP 블록의 품질과 테스트 벤치의 품질을 평가하는 것은 매우 중요하다: 문제가 있는 IP 블록은 망가진 헤드 개스킷이 당신을 오지를 헤매게 하는 것처럼 쉽게 당신의 칩을 망칠 수 있다. 견적서도 발행되지 않고 라이선스 조건은 일반적으로 기밀로 유지된다. 매우 단순한 지침으로 USB 컨트롤러와 거기에 따르는 소프트웨어 스택, 테스트 장치와 같은 블록은 $100K 단위를 지불할 각오를 해야 한다. 마이크로프로세서 코어는 1%의 로열티 방식으로 제공되곤 한다. 원칙적으로 IP 블록을 믿을 만한 구입처에서 얻을 수 있으면, IP를 구입하는 것은 보통 당신이 직접 재설계하는 것보다 저렴하다.

13.6 데이터 시트와 문서화

IC를 위한 데이터 시트는 그것이 무엇을 하는가를 기술하고 시스템에서 IC를 동작시키는 전원 공급 전압, 전류, 입력 셋업 시간, 출력 지연 시간, 그리고 클럭 사이클 타임과 같은 규격을 대략 표시한다. 데이터 시트는 또한 패키지와 핀아웃 세부 사항을 포함한다.

익혀야 할 좋은 습관은 당신이 설계할 어떤 칩에 대해 데이터 시트를 만드는 것이다. 그것은 단지 칩 설계자와 보드 수준 설계자 사이의 인터페이스뿐만 아니라 설계 팀의 다른 구성원들과의 인터페이스이기도 하다. 특히 그것은 좋은 연습이고 칩이 제조되기 전에 그 칩을 위한 데이터 시트를 만들어 궁극적인 고객에게 주는 것은 산업계에서 필수이다. 이것은 완벽하게 설계된 칩이 완벽하게 설계된 시스템을 만날 때 일어날 수 있는 많은 원치 않은 시나리오를 막는다. 이 절에서 전형적인 데이터 시트의 개요를 예로서 검토할 것이다.

13.6.1 요약

칩의 요약은 사용자를 지향하는 다음의 항목을 포함한다.

- 칩의 명칭과 기술적인 이름
- 그 칩이 하는 것에 대한 간결한 기술
- 특징 리스트(내부 제품에서는 선택적이나 스스로를 위해 좋다)
- 그 칩의 기능에 대한 상위 수준 블록도

13.6.2 핀아웃

핀아웃(pinout) 부문은 그 칩의 외부 인터페이스를 문서화하기 위해 다음과 같은 핀 속성의 기술을 포함해야 한다.

- 핀의 이름
- 핀의 형태(즉 입력, 출력, 3상태, 디지털, 아날로그 등인지에 대한 기술)
- 핀 기능의 간단한 설명
- 패키지의 핀 번호

13.6.3 동작 기술

이 부문은 칩의 사용자로 하여금 흥미를 일으키도록 칩의 기능에 대한 윤곽을 그려야 한다. 프로그래밍 선택 사항, 데이터 포맷, 제어 선택 사항이 요약되어야 한다.

13.6.4 DC 규격

이 부문은 전력 손실과 그 칩을 올바르게 동작시키는 데 필요한 전압을 전달한다. 나타나야 하는 절대적인 최댓값은 다음과 같다.

- 공급 전압
- 핀 전압
- 접합 온도

각각의 I/O(즉 TTL, CMOS, LVDS, ECL)의 유형이 요약되어야 하고 다음의 DC 규격이 그 동작 범위(온도와 전압—즉, 최솟값과 최댓값) 안에서 주어져야 한다.

- 각각의 입력에 대한 V_{IL}과 V_{IH}
- 각각의 출력에 대한 V_{OL}과 V_{OH}(주어진 최대 구동 전류 수준에서)
- 각각의 입력에 대한 입력 부하
- 정지 전류(quiescent current)
- 누설 전류(leakage current)
- 절전 전류(power-down current)(해당될 경우)
- 관련이 있는 모든 전압과 전류

13.6.5 AC 규격

다음의 타이밍 규격이 나타나야 한다.

- 모든 입력에 대한 셋업과 홀드 시간
- 클럭(그리고 다른 모든 관련 입력)에서부터의 출력 지연 시간
- 최소 펄스폭과 같은 다른 중요한 타이밍

이 데이터는 테이블 양식의 표로 만들어져야 하며 필요하면 타이밍도(timing diagram)에 의해 보충되어야 한다. 이것이 아마도 칩 제작에 앞서 보드 설계자를 도울 자료를 제공하는 가장 중요한 부분이자 영역일 것이다. 설계는 빈번히 방해를 받는다. 예를 들면 칩 설계자가 무한히 빠른 외부 메모리

를 가정하고 출력의 변화와 클럭의 다음 상승 에지(rising edge) 사이에 충분한 시간을 허용하지 않을 경우이다.

13.6.6 패키지 다이어그램

핀 이름이 붙여져 있는 패키지 다이어그램(package diagram)이 공급되어야 한다.

13.6.7 동작 원리 매뉴얼

데이터 시트가 특별한 칩의 사용자를 그 장치에 친숙하게 하는 충분한 자료를 제공할지라도, 그 칩을 검사해야 하거나 지원 시스템을 구축하는 내부의 사용자에 대해 동작 원리 매뉴얼(principle of operation manual)을 제공하는 것은 좋은 연습이다.

13.6.8 사용자 매뉴얼

사용자 매뉴얼(user manual) 또한 제공되어야 한다. 이것은 동작 원리 매뉴얼의 '축소판'일 수 있고 그 칩을 설계한 그룹 밖에서의 사용을 위해 설계된다.

13.7 함정 및 착오

부적절한 설계 흐름

과거에는 대학과 작은 회사에서 오픈 소스나 비싸지 않은 CAD 도구를 사용하여 흥미로운 칩을 만들 수 있었다. MOSIS 설계 규칙은 간단한 공통 분모를 제공했다. 이것은 설계 규칙이 너무 복잡해서 상업적인 능력의 DRC와 추출이 필요한 나노미터 공정에서는 더 이상 실용적이지 않다.

불충분한 검증

Synopsys 사는 기능적인 흠이 있는 칩에 대한 설계 반복(design spin)의 82%가 검증의 부족 때문임을 발견했다[Schutten03]. 설계 반복의 다른 47%는 틀린 규격을 가지고 있었다. 그리고 14%는 들여온 IP 안에 오류를 가지고 있었다. 이것은 좋은 규격과 완전한 검증 계획에 대한 필요를 보여 준다. 검증은 14장에서 더 다루어진다.

부정확한 기생 추출

기생 추출(parasitic extraction) 프로그램은 설계의 C와 R 값과 관계 있는 대량의 데이터를 출력한다. 이것이 당신의 벤더에 의해 보증되지 않는 한, 작게 설계하고 그 값을 손으로 계산한 값과 비교해 보아야 한다. 칩을 설계할 때에는 매우 신중한 자세로 임해야 한다. 칩이 돌아왔을 때, 잘 알고 있는 경로를 도구 모음에 의해 예측된 것과 비교해 보자.

연습문제

13.1 한 장에 \$2200 하는 8인치 웨이퍼에서 Y_w=80%이고 Y_{pa}=98%일 때, 4×4 mm 다이의 다이 비용을 추정하시오. 그 다이는 웨이퍼당 \$3000를 필요로 하는 더 진보된 공정에서 3.3×3.3 mm까지 줄여질 수 있다. 물량이 충분히 크다면, 새로운 공정으로 이전할 가치가 있는가?

13.2 그림 13.8(b)에 나와 있는 시그마-델타 변환기(sigma-delta converter)를 가진 GSM 수신기를 위한 FIR 필터는 1비트 입력을 가지고 있다. 곱셈기는 어떤 구조로 변화하는가? 그 계수가 한 비트이고 288-탭 필터는 13 MHz에서 동작해야 한다면, 당신은 전체적인 설계를 위해 어떤 아키텍처를 사용할 것인가?

13.3 80λ PMOS 트랜지스터와 40λ nMOS 트랜지스터의 큰 인버터의 막대 다이어그램을 그리시오. 어떤 트랜지스터도 20λ보다 넓어지지 않도록 트랜지스터를 접어 사용하시오.

13.4 그림 13.17(a)의 SOG 구조를 이용하여 3-입력 NOR 게이트의 금속을 설계하시오.

13.5 공정이 진행된 8인치 웨이퍼당 \$500인 180 nm 공정을 가진 제조 회사가 있다. 오픈 소스 도구를 이용하여 직접 설계하고 마스크 비용이 \$250K라면, 한 면이 3 mm인 칩당 50%의 영업 이익을 얻기 위한 시장의 크기는 얼마인가?

13.6 FPGA의 배선 블록을 구현하기 위해 전달 게이트 또는 3상태 버퍼를 사용하는 것 사이의 트레이드오프를 설명하시오.

13.7 당신은 FPGA의 구성 가능한 논리 블록을 조정하기 위해 어떤 종류의 RAM 소자를 사용할 것인가? 그 셀을 설계하고 선택의 이유를 간략히 쓰시오.

테스트 14

14.1 서론

부동산에서 항상 반복하는 말이 '위치(Location)' 라면 IC 설계에서 그에 준하는 충고는 '테스트(Test)' 이어야 한다. 많은 칩들에 대해 테스트는 설계 이상의 것을 설명한다.

테스트는 3개의 주요 범주로 되어 있다. 테스트의 첫 번째 범주는 칩이 목적한 기능을 수행하는지를 검증한다. **기능성 테스트**(functionality test) 또는 **논리 검증**(logic verification)이라고 불리는 이 테스트는 회로의 기능성을 검증하기 위해 테이프아웃 이전에 실행된다. 제작되어 돌아온 칩의 첫 번째 배치(batch) 상에서 테스트의 두 번째 범주가 실행된다. 이 테스트는 칩이 의도한 대로 잘 실행하는지 확인하고 불일치 결함 수정을 돕는다. 칩이 시스템 내에서 최고 속도로 실행되기 때문에 이 테스트는 논리 검증 테스트보다 더욱 광범위하다. 예를 들면 운영 체제 부팅을 시도하기 위해 새로운 마이크로프로세서를 프로토타입 머더보드(prototype motherboard)에 배치할 수 있다. 설계자가 설계 검증을 하는 동안에 비해서 훨씬 낮은 가시성을 가지고 있기 때문에 이 **실리콘 결함 수정**(silicon debug)은 오동작 원인을 밝혀내기 위해 독창적 검출 작업을 필요로 한다. 테스트의 세 번째 범주는 칩 내의 모든 트랜지스터, 게이트 및 저장 장치가 올바르게 동작하는지 검증한다. 실리콘이 완전히 그대로인지 검증하기 위해 고객에게 운송되기 전에 제조된 칩 상에서 이 테스트가 행해진다. 이 테스트는 **제조 테스트**(manufacturing test)라고 부른다. 어떤 사례에는 세 가지 모든 테스트에 대해 동일한 테스트가 사용될 수도 있지만 논리 결함 수정을 찾아내기 위해 테스트 한 세트를 사용하고 또한 제조 결함을 발견해 내기 위해 최적화된 다른 분리된 세트를 사용하는 것이 더 쉽다.

13.5.2절에서는 특정 IC의 수율은 우량 다이 수를 웨이퍼당 총 다이 수로 나눈 것이라는 점에 유념했다. 제조 공정의 복잡도 때문에 모든 다이가 올바르게 동작하지는 않는다. 시작 재료 또는 포토마스킹 내의 먼지 입자 및 작은 결함은 브리지 연결 또는 기능 상실(missing feature)의 결과를 가져올 수 있다. 이러한 불완전은 **결함**(fault)이라고 부른다. 이 장 후반에 수많은 결함 방식을 검토할 것이다. 공정 테스트 절차의 목표는 어떤 다이가 우량이고 고객에게 운송되어야 하는지를 결정하는 것이다.

다이(칩) 테스트는 다음 수준에서 발생할 수 있다.

- 웨이퍼 수준
- 패키지 칩 수준
- 보드 수준
- 시스템 수준
- 필드 수준

제조 칩을 초기에 검출함으로써 제조 비용을 낮게 유지할 수 있다. 예를 들면 다양한 수준[Williams86]에서 결함을 검출하기 위해 회사에서 소비하는 대략적 비용은 다음과 같다.

- 웨이퍼 $0.01-$0.10
- 패키지 된 칩 $0.10-$1
- 보드 $1-$10
- 시스템 $10-$100
- 필드 $100-$1000

웨이퍼 수준에서 결함이 검출될 수 있으면 제조 비용은 명백히 낮다. 인텔은 1994년에 4백만 단위 이상의 칩이 선적될 때까지도 펜티엄 플로팅 디바이더 내의 논리 결함을 정정하는 데 실패했다. IBM은 펜티엄 기반의 컴퓨터 판매를 중단했고 인텔은 결함이 있는 칩을 회수하도록 강요를 받았다. 이러한 실수 및 신속 대응 미비로 이 회사는 4억5천만 달러의 비용이 들었다.

초기 실리콘의 결함의 대부분은 설계 기능의 문제로부터 유발했다는 점이 흥미롭다. 말하자면, 칩은 시뮬레이터에서 하도록 한 것은 정확히 하지만 어떤 이유 때문에(거의 항상 에러) 이 기능은 시스템의 나머지 부분이 예상하는 것과는 다르게 동작한다.

이 절의 나머지 부분에서는 논리 검증, 칩 결함 수정 및 제조 테스트에 포함된 공정의 개요를 제공할 것이다. 14.2절에서는 테스트 역학 및 테스트 프로그램에 대해 논의한다. 14.3~14.5절에서는 각 테스트 단계 이면에 있는 원칙에 대해 언급한다. 테스트가 사전에 고려되지 않으면 제조 테스트는 지극히 시간 낭비가 되어 비싸게 될 수 있다. 설계자가 내부 동작에 대한 가시성이 거의 없기 때문에 어떤 칩은 심지어 결함 수정이 불가능한 것으로 입증되기도 한다. 14.6~14.7절에서는 칩과 보드 수준에서 결함 수정 및 제조 테스트를 용이하게 하기 위해 칩을 어떻게 설계할 것인가에 대해 초점을 맞춘다. [Wang086]는 테스트에 관한 전문적인 책을 제공한다.

14.1.1 논리 검증

검증 테스트는 항상 설계자가 설계 과정의 일부분으로 구성하는 첫 번째 테스트이다. 이 가산기가 덧셈을 하는가? 이 카운터가 계산을 하는가? 이 상태기(state-machine)가 각 사이클에 대해 올바른 출력을 생성하는가? 이 모뎀이 데이터를 올바르게 복호화하는가?

13.4.1.3절에서 검증 테스트는 합성된 게이트에 대한 기술(description)이 소스 RTL과 기능적으로 동일한가를 검증하기 위해 필요하다는 점에 주목했다. 그림 14.1은 추상화(abstraction)의 높은 수

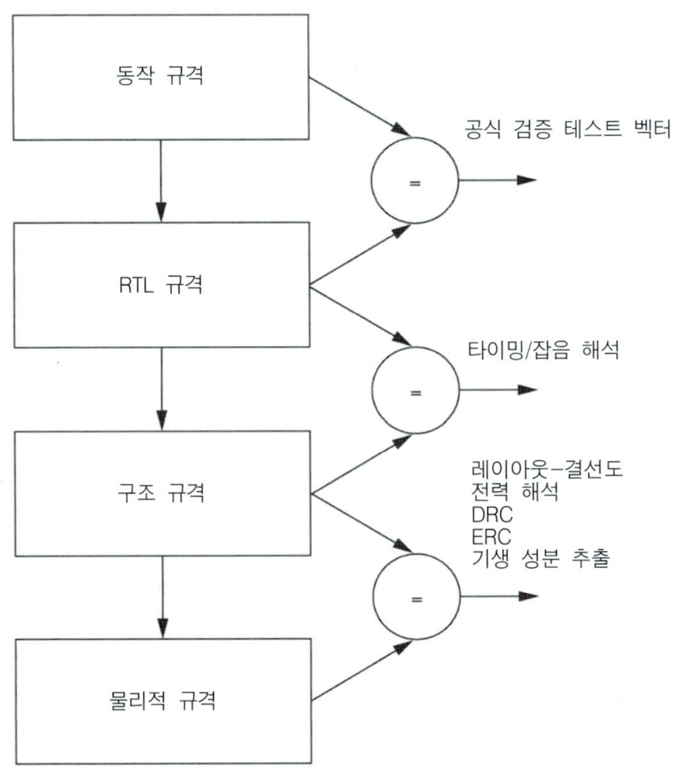

그림 14.1 다양한 추상화 수준에서의 기능 동일성

준의 동작 또는 규격 수준에서 RTL이 설계 규격과 동일한지를 증명하기를 원할 수도 있다는 것을 보여 준다. 동작 규격은 평범한 언어로 된 문자 규격, C, FORTRAN, Pascal이나 LISP 같은 일부 고급 수준 컴퓨터 언어로의 기술, SystemC 같은 시스템 모델링 언어로의 프로그램 또는 VHDL이나 Verilog 같은 하드웨어 기술 언어 또는 단순히 입력 및 요구 출력에 대한 표를 사용하여 일종의 언어적 기술이 가능하다. 설계자들은 앞에서 언급한 포맷으로 종종 **황금 모델**(golden model)을 생성하고 이것은 다른 모든 표현이 점검되는 것에 대해 기준이 된다. 기능 동일성은 시뮬레이터 상에서 칩의 두 가지 기술 방법(예: 게이트 수준 및 동작 수준 각각에서)상의 어떤 수준에서 적용된 모든 입력에 대한 시간 내의 어떤 편리한 점검 지점(check point)에서 출력이 동일한가에 대한 확인을 포함한다. 이것은 **테스트 벤치**(test bench), 예를 들면 모듈을 둘러싸는 래퍼(wrapper)를 사용함으로써 HDL 내에서 가장 편하게 입력 자극에 대한 자동 점검을 할 수 있다. 가장 세부적인 점검은 사이클 순서 기반으로 행할 수도 있다. 검증은 점차적으로 커져 FPGA 기반 시스템 내에서 실시간 또는 거의 실시간에 가까운 에뮬레이션을 포함하게 되는데, 예를 들면 최종 칩을 사용할 실제 시스템 내에서, 시스템 수준 성능을 확인하기 위한 것이다. 칩 및 칩이 적용되는 시스템의 복잡도 수준 증가 때문에 이 방법을 추천한다. 예를 들면 무선 지역 네트워크 칩의 영역에서 실시간 에뮬레이션 시스템이 없다면 대역 밖의 간섭 요소에 의한 신뢰할 수 없는 채널의 보이지 않는 영향을 시뮬레이션하는 것은 실질적으로 불가능하다.

설계 계층구조의 다양한 수준에서 시뮬레이션을 통해 기능 동일성을 점검할 수 있다. RTL 수준의 기술이 있으면 시스템 수준에서의 동작은 충분히 검증할 수 있을 것이다. 예를 들면 마이크로프로세서의 사례에 있어서 운영 체제를 부팅해서 동작 기술을 검증하는 중요 프로그램을 가동할 수 있다. 그러나 이것은 게이트 수준 모델에 대해서는 긴 시뮬레이션 시간 때문에 비실용적일 수 있고 심지어 트랜지스터 수준 모델에서는 더욱 어렵다. 이 곤경을 벗어나는 방법은 시스템 내 고유의 계층구조를 사용하여 칩 및 칩 내의 모듈을 검증하는 것이다. 이것은 잘 정의된 모듈 인터페이스와 조합하여 수많은 VLSI 칩으로 구성된 시스템이 최초로 동작할 가능성을 높이기 위한 먼 길을 가게 된다.

기능 테스트를 구성하기 위한 최상의 방법은 칩 또는 시스템이 실제 세상에서 사용되는 방식에 가능하면 가깝게 시뮬레이션을 하는 것이다. 느린 시뮬레이션 시간 및 극히 긴 검증 순서 때문에 이것은 종종 비실용적이다. 한 가지 접근 방식은 낮은 수준에서 모듈을 검증하면서 시뮬레이션 계층구조를 위로 이동하는 것이다. 예를 들면 비디오 필터 내에서 게이트 수준 가산기 및 레지스터 모듈을 기능 모델로 교환하고, 그러고 나서 점진적으로 필터 자체를 기능 모델로 교환할 수 있다. 각 수준에서 새로운 상위 수준 기능 모델 및 낮은 수준 게이트 또는 기능 수준 사이의 동일성을 검증하기 위한 작은 테스트를 할 수 있다. 최상위 수준에서는 필터의 실제 사용을 모델로 하는 소프트웨어 환경으로 필터 기능 모델을 감쌀 수 있다. 예를 들면 주의 깊게 선택된 비디오 프레임의 부표본(subsample)을 필터로 공급하여 설계자가 이론적으로 예상하는 것과 기능 모델의 출력을 비교할 수 있다. 또한 비디오 프레임 버퍼 상의 비디오 출력을 관측하여 결코 소모적 테스트가 아닌 확신을 얻기 위한 단계로서 기능이 올바른지 점검할 수 있다. 마지막으로 시간이 충분하다면, 트랜지스터 단위 소자가 사용되었을 경우 게이트 수준에 심지어 트랜지스터 수준에 기능 테스트 전부 또는 일부를 적용할 수 있다.

FPGA 에뮬레이터를 사용하는 최상위 칩 수준에서의 검증은 시뮬레이션에 걸쳐서 많은 이점을 그리고 드물게는 최종 칩 구현을 제공한다. 에뮬레이션 시간은 거의 실시간이 될 수도 있다. 이것은 실제 아날로그 신호(만약 사용된다면)가 칩과 인터페이스될 수 있음을 의미한다. 덧붙여서 시스템 성능을 평가하기 위해서는 최종 칩에 포함되지 않을 수도 있는 관측 및 모니터링을 포함하는 미세한 수준을 도입할 수 있다. 예를 들면 통신 모뎀 내에 비트 에러 속도 회로(bit-error rate circuit)를 포함시켜서 성능 최적화를 도울 수 있다.

대부분의 프로젝트에서 검증에 쏟는 노력의 정도는 설계를 위한 노력을 크게 앞지른다. 빽빽한 계획 일정을 맞추기 위해 검증 노력을 최소화하려고 시도할 때마다 다년간의 IC 설계 경험으로부터 나온 다음의 문장을 기억하자.

"테스트하지 않으면 동작하지 않는다(보증함)!"

14.1.2 결함 수정

칩이 제작을 마치고 돌아올 때 테스트의 첫 번째 범주는 거의 실험실 환경 내에서 시행된다. 따라서 이 일에 대한 준비를 할 필요가 있다. 다음 속성을 제공하는 회로 보드를 구성함으로써 테스트를 시작할 수 있다.

- V_{DD}를 변동시키고 전원 손실을 측정할 수 있는 IC를 가진 전원
- 실제 신호 연결(예: 아날로그 및 디지털 입력, 그리고 필요하면 출력도)
- 필요한 클럭의 입력(안정적인 주파수 변조 가능 클럭 발생기가 있는 것이 도움이 됨)
- PC에 대한 디지털 인터페이스(느린 데이터를 위한 직렬이나 병렬 포트 또는 빠른 데이터 교환을 위한 PCI 버스 두 가지 중 하나)

직렬이나 병렬 포트 또는 버스 인터페이스를 통해서 칩과 인터페이스할 소프트웨어 루틴(software routine)을 쓸 수도 있다. 테스트할 칩은 칩의 정상 동작과 독립적으로 사용될 수 있는 직렬 UART 포트 또는 일부 다른 인터페이스를 가지고 있어야 한다. 소프트웨어의 가장 낮은 수준에서는 칩 내의 읽기 및 쓰기용 레지스터를 위한 준비를 해야 한다. 병행할 수 있는 또 다른 접근 방식은 논리 분석기를 위한 인터페이스를 구성하는 것이다. 이것은 다중 핀을 가진 헤더(header)의 형태로 PCB 설계에서 쉽게 더해진다. 그림 14.2는 전형적인 테스트 보드를 보여 주는데 칩을 위한 ZIF(zero insertion force) 소켓(보드 중앙), 아날로그 회로 인터페이스를 위한 영역(왼쪽), 논리 분석기 연결을 위한 헤더 세트(위와 아래), 그리고 프로그램 가능 전원 공급 장치(오른쪽)를 나타내고 있다. 덧붙여서 PC의 직렬 포트에 의한 제어를 위한 인터페이스(왼쪽 아래)가 제공된다.

먼저 '스모크 테스트(smoke test)' 부터 시작해야 한다. 이것은 어떠한 클럭도 동작하지 않은 상태로 전류를 모니터링하는 동안 전압을 0에서 V_{DD}로 램프 형태로 변화시키는 것을 포함한다. 완전 정적 회로에 대해서 전류는 0에 머물러 있어야 한다. 아날로그 회로는 그러한 정지 전류(quiescent current)를 출력할 것이다.

그 다음으로 클럭을 동작시켜야 한다. 일부 동적 전류를 증명해야 하기 때문이다. 클럭이 입력 패

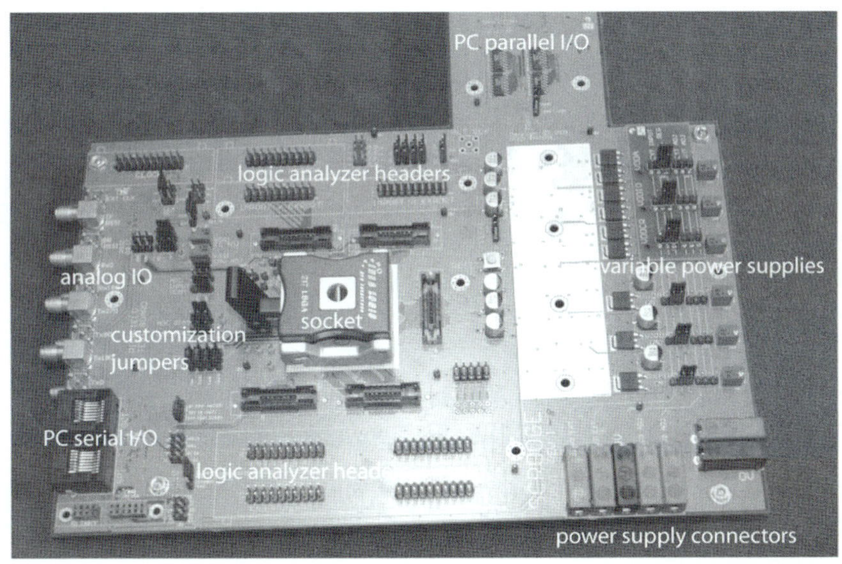

그림 14.2 전형적인 테스트 보드

드 상에서 입력 보호 다이오드를 통해서 부분적으로 칩에 전원을 공급하기 때문에 많은 CMOS 칩은 클럭이 연결되면 전원이 없어도 동작하는 것으로 보인다는 점을 유념하자. 셋업 시간 결함이 결함 수정 작업의 초기에 주원인이 되지 않도록 가능하면 초기에는 낮은 속도에서 클럭을 동작시켜야 한다.

디지털 회로의 사례에는 PC 기반의 입출력 소프트웨어를 사용하여 진단을 위한 다양한 레지스터를 시험해야 한다. 이때 PC에서 칩에 이르는 신호 경로의 무결성(integrity)을 점검한다. 설계자는 종종 주소(address) 0 레지스터 내에 ID를 둔다. 이 레지스터에서 피크를 하는 것은 칩으로부터의 읽기 경로를 검증한다. 칩 레지스터가 알려진 상태로 리셋되면 순차적으로 읽혀서 설계 값과 비교하게 된다. 논리 분석기의 경우에는 동일한 테스트 패턴을 다운로드해서 칩을 시험할 수 있다. 이 패턴은 검증 테스트 벤치에서 자동적으로 생성될 수도 있다. 이 시점까지는 칩의 어떠한 기능도 레지스터 읽기 및 쓰기와 분리하여 시험하지 않는다.

칩에 내장 자체 테스트(built-in self-test)(14.6~14.7절 참조)가 있으면 경계 스캔 인터페이스를 통하여 이 기능을 위해 준비된 상용 소프트웨어를 사용할 수 있다. 이러한 형태의 시스템은 원래의 RTL 설명에 의해 정의된 바와 같이 모든 게이트 및 레지스터의 올바른 동작을 완전히 검증하는 칩 상의 테스트 세트를 자동적으로 동작시킨다. 이러한 종류의 테스트 인터페이스가 사용되지 않았다면 칩의 동작성을 상향식(bottom-up)으로 점검하는 수고를 직접 해야 한다. 물론 도박사라면 코드 일부를 동작하거나 운영 체제를 즉시 부팅하는 등의 최상위 수준 테스트를 할 수 있다. 경험적으로 이러한 작업은 보통 테스트 설비와의 문제 때문에 실행되지 않으며, 상향식 방법으로 복귀해서 설계의 일부를 한 번에 하나씩 검사해야 한다.

비정상 동작을 탐지하면 결함 수정으로 들어가야 한다. 기본적 방법은 결함 방식을 가정하여 그 가정을 테스트하는 것이다. 결함 수정은 그 자체가 일종의 예술이지만 온건한 결함 수정을 위한 요점 일부는 다음과 같다.

- 모든 테스트에 대한 주석 및 날짜별 업무 일지를 작성한다.
- 결함 원인 및 테스트를 가정할 때 동시에 한 가지 변화를 주고 결과를 관측한다: 많은 것에 변화를 주고 작업이 실행되는지 보려고 한다면 논리적으로 결함에 이를 수 없을 것이다. 이러한 것을 일반적으로 '샷건 접근 방식(shotgun approach)'이라고 부른다.
- 모든 것을 두 번 혹은 세 번씩 점검한다. 업무 일지에 측정 및 작업이 기록되어 있지 않는 한 어떤 것도 섣부르게 가정하지 않는다. 중요한 측정은 다른 누군가에게 독립적으로 확인하게 한다.
- IC 핀에서의 신호 및 공급 전압을 점검한다. 새로운 테스트 보드는 종종 결함이 있다.
- 지정된 칩 I/O를 여러 번 점검하고 보드 상의 IC 핀으로부터 원하는 장소(예: 테스트 핀, 전원 공급 장치)까지 연속 점검을 실행한다.
- 무엇이 원인인지 증명할 수 있지 않은 한 이상하더라도 결함에 대한 가능한 모든 이유를 결코 제외하지 않는다.
- 동결 스프레이나 열풍기를 사용하여 회로의 열을 내리거나 가열하여 열로 인한 문제를 점검

한다.

- 문서 상에 특별히 언급된 것에 대해 모든 내부 레지스터 상태를 점검한다.
- 클럭과 관련하여 모든 입력 및 출력 타이밍을 평가한다. 종종 새로운 테스트 단계에서는 셋업 및 홀드 시간이 위배될 수 있다.
- 결함이 발견되고 수정될 때 아직 검출되지는 않았으나 유사한 결함이 있을 수도 있는 설계의 다른 부분에 대해 추적한다. 한 마리 쥐가 있는 곳엔 여러 마리가 있게 마련이다!
- 어떠한 가정도 하지 않는다(모든 것에 의문을 갖는다). 약간의 집착이 도움을 줄 것이다!

[Agans06]에서 반복할 만한 9개의 결함 수정 규칙을 인용한다.

- **시스템을 이해하라.** 당신이 설계자라면, 이것은 명백하다. 그러나 당신이 결함 수정 과제에 할당된 것이라면, 반드시 이 점을 따라야 한다.
- **실패가 일어나게 만들라.** 결함을 도출하기 위한 방법을 찾으라. 반복 가능한 방법이 바람직하다.
- **생각을 멈추고 주시하라.** 테스트를 제안하고 연구하라. 가능한 문제의 원인을 제거할 수 있게 한다.
- **나누어 극복하라.** 시스템의 알고 있는 정상적인 부분을 제외하기 위해 계층을 이용하라.
- **한 번에 한 가지씩 바꾸라.** 매우 중요한 규칙.
- **검사한 경로를 보관하라.** 당신의 기억력이 아무리 좋아도, 쓰여진 기록은 기억의 단초로 또 다른 사람에게는 접근 방법을 제안하기 위한 어떤 역할을 한다.
- **플러그를 확인하라.** 테스트 구성의 전체를 확인하라. 각각의 사용된 검증의 수준 때문에 실제 칩에서보다 새로운 테스트 장치에서 더 많은 문제가 발견된다.
- **새로운 견해를 얻으라.** 동료를 참여하게 하라. 휴식을 취하라. 낮잠을 자라.
- **당신이 고치지 않았으면, 그것은 고쳐지지 않는다.** 문제들은 신비하게 스스로 고쳐지지 않는다. 문제점을 발견하면, 실패 상황에 대한 당신의 가설을 입증하기 위한 시뮬레이션으로 그것을 검증하라.

칩이 동작하기 시작할 때 성능(전원, 속도, 아날로그 특성) 같은 설계의 더욱 미묘한 측면을 측정할 수 있다. 이것은 구성, 측정, 그리고 기록과 같은 정상적 실험실 작업을 포함한다. 가능하다면 동료와의 의사소통을 위해 컴퓨터에서 읽기 가능한 모든 결과(예: 디지털 오실로스코프로부터의 저장된 영상, 논리 분석기로부터의 스크린 덤프)를 저장한다.

거의 모든 부문에서 디지털 칩은 게이트 수준에서 시뮬레이션하고 설계에서 타이밍 분석 점검을 통과하면 실리콘 내에서 아주 동일한 동작을 할 것이다. 시뮬레이션된 회로로부터 다음과 같은 사례에 편차의 가능성이 있다.

- 회로가 예측한 것보다 느리다: 수정 → 클럭을 낮추거나 V_{DD}를 올린다.
- 회로에 레이스 상태가 있다: 수정 → 논리 게이트가 레이스의 원인이면 열풍기로 가열한다.

- 회로에 동적 논리 문제가 있다: 수정 → 다시 행하지 않는다.
- 형편없는 누화(crosstalk) 문제: 수정 → 더 나은 도구를 사용한다.
- 이상 동작: 수정 → 더 나은 검증 작업을 한다.

아날로그 설계에서는 광범위한 문제가 무엇이 시뮬레이션되었는지의 이상으로 성능에 영향을 줄 수 있다. 이것은 전원 및 접지 잡음 및 온도와 공정 효율을 포함한다. 그러나 여전히 동일한 결함 수정 접근 방식을 사용할 수 있다.

14.1.3 제조 테스트

검증 또는 기능 테스트가 전반적으로 칩의 기능 확인을 추구하는 반면에 제조 테스트는 모든 게이트가 예측한 대로 동작하는지 검증하기 위해 사용된다. 이러한 필요성은 칩 제조 또는 가속 수명 테스트(칩이 과전압 및 과잉 온도 작동으로 스트레스를 받는 것) 동안에 발생할 수도 있는 수많은 제조 결함으로부터 발생한다. 전형적 결함은 다음을 포함한다.

- 레이어 간의 단락(예: 금속층과 금속층 사이)
- 불연속 선(예: 급격한 수직 변위를 넘어갈 때의 금속층의 얇은 부분)
- 소실 또는 손상된 비아
- 기판 또는 웰로의 얇은 게이트 산화물을 통한 단락

이러한 것들은 결국 다음을 포함한 특정한 회로 손상으로 이른다.

- 전원 또는 접지로 단락된 노드
- 서로 단락된 노드
- 부동 입력/출력 단절

각 게이트 및 레지스터가 동작하고 제조 결함에 의해 손상되었는지를 검증하기 위한 테스트를 한다. 웨이퍼 수준에서 테스트를 수행하여 불량 다이를 추려 낼 수 있거나 부품들이 패키지로 될 때까지 내버려 둘 수도 있다. 수율 및 패키지 비용에 따라 이러한 결정을 내릴 수 있다. 수율이 높고 패키지 비용이 낮으면(예: 플라스틱 패키지) 패키지 후에 단 한 번 부품을 테스트할 수도 있다. 그러나 웨이퍼 수율이 낮고 패키지 비용이 높으면(예: 고가의 세라믹 패키지) 웨이퍼 수준에서 불량 다이를 첫 번째로 선별하는 것이 더 경제적이다. 테스트 순서와 함께 테스트 시간을 감소시키기 위해 경험에 기초하여 웨이퍼 수준에서의 테스트 시간은 짧아질 수 있다.

내부 게이트 검증과는 별도로 다음 테스트를 완료하여 I/O 무결성을 테스트한다.

- I/O 수준(예: TTL, ECL, 또는 CMOS I/O 패드를 위한 잡음 여유 점검)
- 속도 테스트

14.6절에서 설명할 칩 상 테스트(on-chip test) 구조로 최소수의 연결 핀을 사용하여 최고 속도 웨

이퍼 테스트를 수행할 수도 있다. 이것은 웨이퍼 테스트 설비의 비용을 감소시키는 데 중요할 수 있다.

일반적으로 제조 테스트에서는 회로/칩의 기능이 올바르다는 것을 가정한다. 이것은 모든 게이트 입력을 동작시켜 보거나 모든 게이트 출력을 모니터링하는 방법을 필요로 한다.

예제 14.1

1장으로부터 MIPS 마이크로프로세서의 테스트를 고려한다. 논리 검증 또는 실리콘 결함 수정을 위해 사용할 수 있는 테스트와 제조를 위해 사용할 수 있는 테스트 사이의 차이를 설명하시오.

해답: 논리 검증은 각 동작이 실행되는지를 테스트 해야 한다. 예를 들면 어떤 테스트 프로그램은 모든 명령을 시험하여 각각이 의도한 대로 동작하는지 실연한다. 논리 검증은 가능한 모든 주소 및 데이터 값에 대해서 명령이 동작하는지 반드시 증명할 필요는 없다. 반면에 제조 테스트는 모든 게이트가 올바르게 동작하는지를 반드시 증명해야 한다. 이 테스트는 이상적으로 각 게이트가 0과 1을 생성하도록 입력하여 게이트가 손상을 입지 않았는지 확인한다. 제조 테스트는 시스템에 위치하여 사용되기 전에 마이크로프로세서에 적용되는 유일한 테스트가 아닐 수도 있다. 고객이 거의 결함이 없는 칩을 받기에 충분히 완벽하고 경제적으로 테스트를 유지하기에 충분히 짧은 테스트 시간을 가진 테스트 세트를 고안하는 것은 명백히 어려운 일이다.

14.2 테스터, 테스트 설비 및 테스트 프로그램

칩이 제작된 후 테스트를 하려면 테스터, 테스트 설비 및 테스트 프로그램이 필요하다.

14.2.1 테스터 및 테스트 설비

테스터(tester)는 테스트에서 칩 또는 시스템에 순차적 입력을 주고 이 동작 결과를 관찰 그리고/또는 기록을 할 수 있는 장치이다. 테스터는 다양한 형태와 크기가 있다.

칩을 테스트하기 위해서는 네 가지 **테스트 설비**(test fixture) 중 한 가지 또는 두 가지가 필요할 수 있고 이들은 다음과 같다.

- 칩 테스터로 웨이퍼 수준 또는 패키지가 되지 않은 다이 수준에서 테스트 하기 위한 **탐침 카드**(probe card)
- 칩 테스터로 패키지 부품을 테스트하기 위한 **로드 보드**(load board)
- 벤치 수준 테스트를 위한(테스터로 또는 테스터 없이) 인쇄 회로 기판(PCB)
- 칩이 어떤 용도로 사용되는지 시험하려는, 원래의 위치에(in-situ) 칩을 가진 PCB

일반 목적 생산용 테스터가 사용되는 사례에 첫 번째로 초점을 맞출 것이다. 생산용 테스터는 보통 구성 가능 I/O 포트(구동 전류, 출력 수준 및 입력 수준) 및 각 테스트 핀 뒤에 상당한 양의 RAM

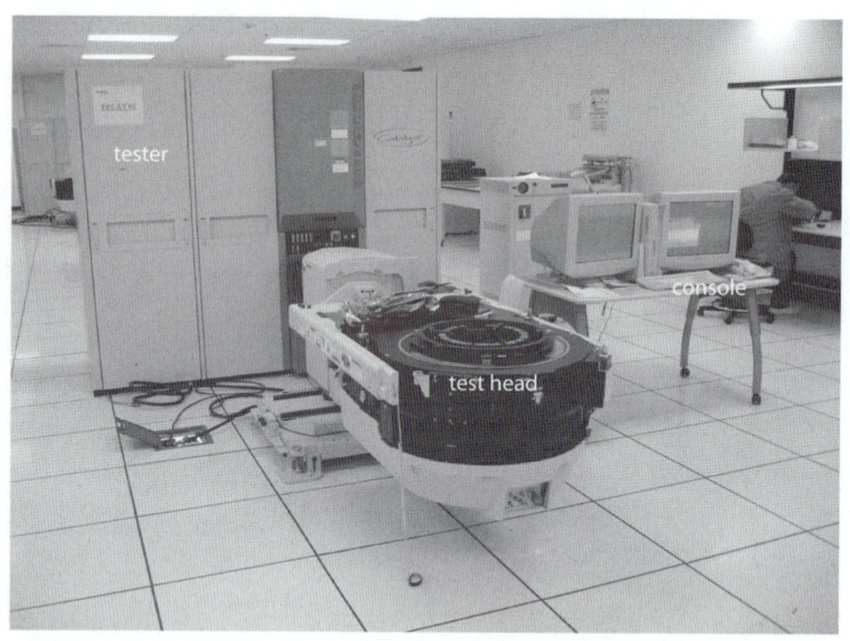

그림 14.3 Teradyne Catalyst: 전형적인 생산용 테스터 (사진: John Haddy, Cisco Systems)

을 가진 장비로 값이 비싼 장비이다. 테스터는 사이클 단위로 이 메모리로부터 입력 핀을 구동하고 출력 핀 상의 출력 표본을 취하고 저장한다. 그림 14.3은 전형적인 생산용 테스터이다. 그 이면부에는 구동 전자 장치를 담는 네 개의 베이를 가진 캐비닛이 있다. 이면부 오른쪽은 제어 워크스테이션이다. 테스트 헤드는 전면 중앙부에 보인다. 이곳은 테스트를 위해 칩이 로드 보드 내에 놓여 있는 곳이다.

테스트 디바이스(DUT: device under test)를 위한 탐침 카드 또는 로드 보드는 그림 14.4에 나와 있는 바와 같이 테스터에 연결되어 있다. 테스트 프로그램은 컴파일되어 있고 테스터 속으로 다운로드되어 노출된 다이 또는 패키지 칩에 대해 테스트가 적용된다. 테스터는 칩 출력의 표본을 취하고 이 값들을 테스트 프로그램이 제공하는 값들과 비교한다. 값 차이가 있으면 칩은 마킹이 되고(잉크점으로) 결함 테스트는 참고로 디스플레이되거나 훗날 분석을 위해 저장된다. 탐침 카드의 경우는 카드가 올려지고, 웨이퍼 상의 다음 다이로 이동되고 다시 내려가고 테스트 절차가 반복된다. 자동 부품 공정을 하는 로드 보드의 경우에는 테스트되는 부품이 보드에서 제거되어 우량 또는 불량 저장소 속으로 분류된다. 새로운 부품이 로드 보드로 공급되고 테스트는 반복된다. 대부분의 경우에 이러한 절차는 각 부품을 테스트하는 데 몇 초 정도 걸린다.

테스터로 핀별로 전압 및 타이밍을 변동시킬 수 있으면 '쉬무잉(Shmooing)'이라고 알려진 절차의 실행이 가능하다. 예를 들면 테스터 사이클 타이밍을 변동하는 동안 5 V 부품 상에서 3 V에서 6 V까지 V_{DD}를 연속적으로 변동시킬 수 있다. 이러한 것은 전압과 관련하여 부품의 속도 민감성을 보여주는 **쉬무 플롯**(shmoo plot)이라 불리는 그래프를 생성한다. 자주 실행되는 다른 쉬무는 셋업과 홀드 시간 편차를 측정하기 위하여 칩 클럭에 대하여 입력의 시간을 변화하는 것이다. 쉬무 플롯의 예 및

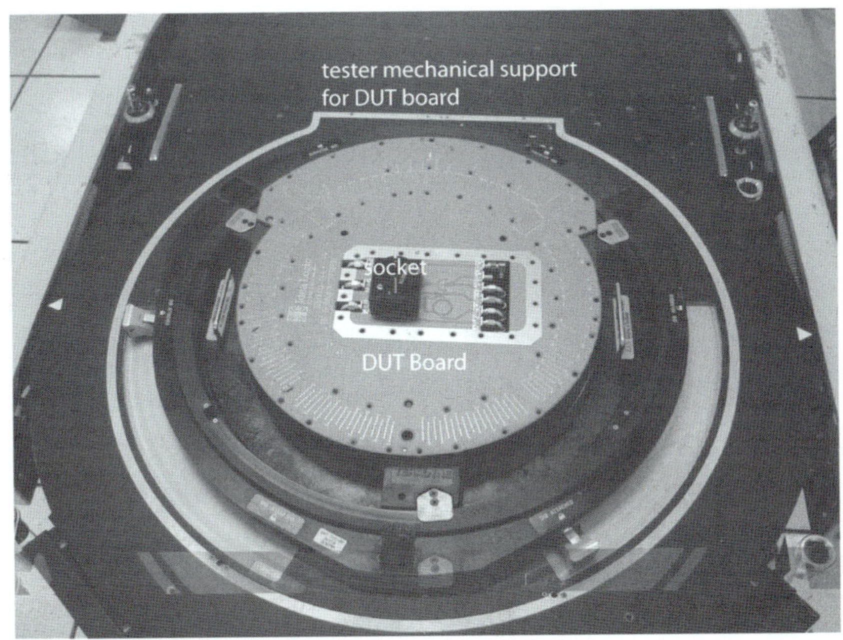

그림 14.4 테스트 헤드 내의 테스터 로드 보드(사진: John Haddy, Cisco Systems)

그에 대한 설명은 14.4절에서 볼 수 있다.

테스터는 매우 비싼 편인데 고주파 그리고/또는 아날로그/RF 칩에 대한 것은 특히 비싸다. 테스터 사용은 시간에 따라 비용을 지불하게 되므로 테스트 시간이 짧으면 그만큼 부품을 싸게 테스트하는 것이다. 각 칩을 테스트하는 비용은 테스터 내에 있어야만 하는 시간의 양에 의존한다. 칩 상의 모든 노드를 점검하기 위한 테스트를 적용하는 것은 금해야 할 만큼 비싼 사례도 있어서 일부 설계는 테스트 비용과 테스트를 통해 빠져나가는 결함이 있는 칩 비율과의 타협에 의한 교환에 직면하게 된다.

예제 14.2

5백만 달러짜리 테스터가 더 빠른 차세대 부품을 테스트하는 데 부적당해지기까지 2년간의 사용 수명 기한이 있다고 가정한다. 이 테스터의 초당 비용은 얼마인가?

해답: 테스터 비용을 2년을 초로 환산한 수로 나누면 초당 0.08달러를 얻게 된다.

실험실 환경 내에서 IC를 테스트하는 데 사용할 수 있는 테스터도 있다. 이 테스터는 대량 생산용 테스터를 반영하지만 일반적으로 동작성이 떨어지고(예: 핀당 속도가 늦고 수가 적은 메모리, 낮은 확장성) 가격이 현저하게 낮다. 웨이퍼 탐침 또는 소켓화된 로드 보드를 가능하게 하는 탐침 카드가 각 설계마다 필요하다. 또한 칩을 테스트하기 위해 패턴 발생기 및 소켓화된 테스트 보드를 가진 좋은 논리 분석기가 사용될 수도 있다. 일부에서는 FPGA로 칩을 에워싸고 FPGA 내의 논리 및 RAM을 사용하여 그들만의 논리 분석기를 효과적으로 설계하여 테스트 패턴에 적용하고 관측한다.

14.2.2 테스트 프로그램

테스터는 **테스트 프로그램**(test program)을 필요로 한다(검증 및 테스트에서 이것은 과도한 용어이다). 이 프로그램은 특정 테스터를 위한 기초 라이브러리를 지원하는 고급 수준 언어(예를 들면 Teradyne이 사용하는 IMAGE 언어는 C에 기초하고 있다).로 작성된다. 테스트 프로그램은 입력 패턴 및 출력 **판단**(assertion)의 집합을 지정한다. 출력이 일치하는 시간에 판단 값과 일치하지 않으면 테스터는 오류를 보고할 것이다. 패턴 및 판단이 적용되기 전에 테스트 프로그램은 다음과 같은 테스터의 다양한 속성을 설정해야 한다.

- 공급 전압을 설정한다.
- 입력 파일의 신호 명칭과 물리적 테스트 핀 사이의 매핑을 할당한다.
- 테스터 상의 핀을 입력 또는 출력이 되도록 설정하고 이들의 V_{OH}/V_{IH} 수준을 설정한다.
- 테스터 상의 클럭을 설정한다.
- 입력 패턴 및 출력 판단 타이밍을 설정한다.

그러고 나서 칩당 기준으로

- 전압 공급을 한다.
- 디지털 입력을 주고 응답을 기록한다.
- 판단에 대해 응답을 점검한다.
- 오류를 보고하고 일지에 기록한다.

자극 및 패턴 파일은 설계 상의 시뮬레이션 결과로부터 추출할 수 있다. 시뮬레이션 결과를 간결히 하기 위해 특별한 **벡터 변화 기술**(VCD: vector change description)이 사용된다. 정가산기의 사례를 위한 간단한 자극/패턴 파일의 예가 아래에 있다.

```
      III      OO
               SC
               UA
               MR
                R
      ABC       Y
0     000      00
1     001      10
2     010      10
3     011      01
4     100      10
5     101      01
6     110      01
7     111      11
```

첫 번째 줄은 신호 방향을 명시하고 세 개의 입력(*I*) 및 두 개의 출력(O)을 보여 준다. 아래 방향으로 읽어 가면서 다음 다섯 줄은 신호 명칭(A, B, C, SUM, CARRY)을 나타낸다. 그 후에 각 줄은 새로운 **테스트 벡터**(test vector)를 명시한다. 첫 번째 열은 테스트 벡터 수이다. 다음 세 개의 열은 입력의 이진수이고 다음 두 개의 열은 출력 기댓값이다. 각 줄은 테스터에 의해 판단되는 어떤 길이의 클럭 사이클을 대표한다. 필요한 테스트 기간에 내부 클럭 동작에 관련한 지정된 기간 후에 신호가 변한다. 클럭 발생은 두 가지 서로 다른 방식으로 실행될 수 있다. 첫 번째는 다른 모든 신호처럼 클럭을 취급할 수 있어서 단일 클럭 사이클을 완료하는 데 두 개의 테스트 사이클이 걸리는데 한 개는 낮은 클럭을 위한 것이고 다른 한 개는 높은 클럭을 위한 것이다. 이와 다르게, 타이밍 발생기가 사용될 수도 있는데 이것은 클럭 상승 에지(예를 들면)가 테스터 사이클의 어떤 부분에도 위치할 수 있도록 한다. 따라서 예를 들어 입력이 테스터 사이클 시작에서 변하면 클럭은 사이클 중간에서 상승할 수 있도록 프로그래밍될 수 있다.

테스터 상의 각 핀은 기능 메모리에 연결되어 있는데 이 메모리는 DUT 핀에서 입력 구동 또는 출력 점검 둘 중의 하나를 위해 사용된다. 3상태 입력 핀을 제어하거나 출력이 무시되어야 할 때 출력을 가리기 위해 각 핀에 대해 다중 비트가 필요할 수도 있다.

공급 전압 수준이 그런 것처럼 클럭 속도 T_c는 지정되어 있다. 또한 각 핀별로(T_s) 핀이 구동되고 측정되는 시간이 지정된다. 일반적으로 테스트 데이터 포맷은 (NRZ: non return to zero), (RTZ: return to zero), 또는 (SBZ: surround by zero)와 같은 여러 포맷 중에서 선택된다.

14.2.3 핸들러

IC 핸들러는 테스터에 부착된 테스트 설비로 IC를 공급하는 책임을 가지고 있다. 패키지 칩을 포함하는 슈트(chute) 또는 트레이는 디바이스를 핸들러로 중력식 공급을 하는 데 사용할 수 있는데, 이 핸들러는 칩을 집어 올려서 로드 보드 상에서 테스트 소켓 속으로 자리 잡도록 다양한 기계적 수단을 사용한다. 그 후 테스터 입력을 주고 칩은 테스트에 합격하는지 아닌지에 따라 처리된다. 온도에 따라 칩을 테스트하기 위해 선반을 가열 또는 냉각하는 것도 가능하다. 그러나 선반을 온도 순환하는 데 걸리는 시간 때문에 패키지 수준 테스트에서는 보통 실행하지 않는다.

그림 14.5에서 핸들러의 예를 볼 수 있다. 이것은 Seiko-Epson의 NS-6040이다. 이 장치의 몸체는 기계적 위치 이동 장치를 담고 있으며, 상부 중앙부는 테스트 장치를 고정한다. 맨 위의 등은 동작하는 또는 정지된 기계를 표시하고 많은 기계들이 작동하고 있는 생산 공장을 가로질러서 눈에 보일 수 있도록 설계되어 있다. 맨 위 오른쪽의 스크린은 상태 정보를 작업자에게 제공한다. 본체는 이동이 쉽도록 바퀴가 있고 또한 기계가 사용 중일 때 고정하는 단단한 발판이 있다.

핸들러는 약 1초 정도 일정 시간을 테스트 공정에 더하게 된다. 따라서 로드 보드 및 핸들러는 테스트 비용을 감소시키기 위해 종종 두 개 또는 네 개의 칩을 처리하도록 설계된다. 로드 보드가 주어진 핸들러에 맞도록 설계되어야 하기 때문에 로드 보드 설계를 시작하기 전에 핸들러를 선택한다.

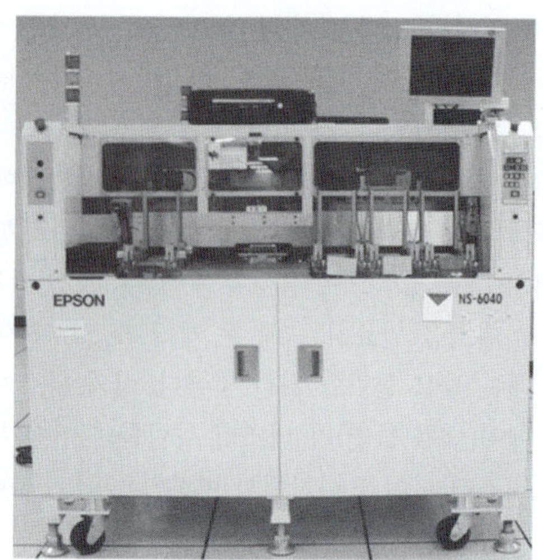

그림 14.5 Epson NS-6040 IC 핸들러(사진: John Haddy, Cisco Systems)

14.3 논리 검증 원칙

그림 14.6(a)는 N개의 입력을 가진 조합 회로를 보여 준다. 이 회로를 완전히 테스트하기 위하여 2^N개의 입력(또는 테스트 벡터)을 가진 수열이 공급되고 관찰되어야 한다. 이 조합 회로는 그림 14.6(b)와 같은 M개의 레지스터를 가진 순차 회로로 변환된다. 회로의 상태는 입력과 이전상태에 따라 결정된다. 회로를 완전히 테스트하기 위하여 최소 2^{N+M}개의 테스트 벡터가 적용되어야 한다. [Williams83]에서 20년도 더 전에 관찰된 바에 의하면

> LSI에서 N=25이고 M=50인 네트워크라면 이는 2^{75}개 패턴으로 대략 3.8×10^{22}개 패턴이다. 이 패턴을 가지고 패턴당 1 μs의 비율로 적용한다면 테스트 시간은 10억(10^9)년 이상이 된다.

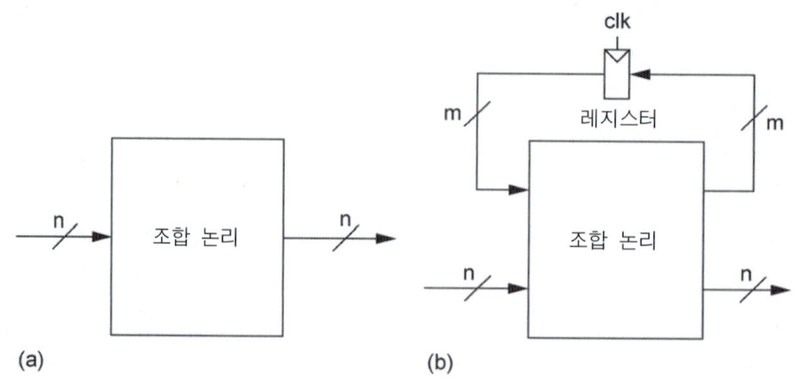

그림 14.6 테스트 벡터의 결합적 폭발

분명히 완전 검증은 대부분의 시스템에서 실행 불가능하다. 다행히 칩의 잠재적인 무동작 노드의 수는 상태의 수보다 매우 작다. 검증 엔지니어는 그렇게 많은 패턴을 사용하지 않고 현명하게 결함이 있는 모든(또는 거의 모든) 노드를 발견할 수 있는 테스트 벡터를 고안하여야 한다.

14.3.1 테스트 벡터

테스트 벡터는 입력에 주어지는 패턴의 집합과 일련의 예상된 출력 집합이다. 논리 검증과 제조 시험 모두는 좋은 테스트 벡터를 요구한다. 그 집합은 모든 논리 오류와 제조 결함을 포착하는 데 충분하고, 테스트 시간(그리고 비용)을 합리적인 상태로 유지할 만큼 작아야 한다.

의도된(directed) 벡터와 **무작위**(random) 벡터가 가장 일반적인 유형이다. 의도된 벡터는 시스템에 대하여 알고 있는 엔지니어에 의해 선택된다. 그들의 목적은 시스템이 오동작할 가능성이 큰 극단적인 경우들을 포함하는 것이다. 예를 들면 32비트 데이터 경로에서, 가능성 있는 극단적인 경우는 다음을 포함한다.

```
0x00000000  All zeros
0xFFFFFFFF  All ones
0x00000001  One in the lsb
0x80000000  One in the msb
0x55555555  Alternating 0's and 1's
0xAAAAAAAA  Alternating 1's and 0's
0x7A39D281  A random value
```

회로는 이러한 의도된 벡터의 모든 조합을 다양한 입력에 적용함으로써 검사될 수 있다. 의도된 벡터는 대부분의 명백한 설계 오류를 확인하는 효율적인 방법이며 좋은 논리 설계자는 최저 수준의 품질을 보장하기 위해 항상 RTL의 새로운 부분에 대해 일련의 의도된 테스트를 실시할 것이다.

수많은 무작위 또는 유사 무작위 벡터를 적용하는 것은 좀 더 미묘한 오류를 탐지하기 위한 좋은 방법이다. 벡터의 유효성은 14.5.6절에서 논의할 오류 감지 범위에 의해 측정된다. 자동 시험 패턴 생성 도구는 14.5.7절에서 논의할 제조 시험을 위한 높은 오류 감지 범위를 구성하는 데 유용하다.

14.3.2 테스트 벤치와 하니스

검증 **테스트 벤치**(testbench) 또는 **하니스**(harness)는 테스트 벡터를 공급하고 측정하기 위해 HDL 코어 부분 주위의 래퍼(wrapper)로서 위치하는 HDL 코드의 일부이다. 가장 단순한 테스트 벤치에 있어서 테스트 중 모듈에 입력이 가해지고 각 사이클에서 출력을 검사하여 이미 규정된 기대 데이터와 같은지 확인한다. 이 데이터 세트는 다른 모델로부터 유래할 수 있고 파일로서 이용 가능하거나 또는 동작 중에 값을 계산할 수도 있다.

시뮬레이터는 보통 결함 수정 불일치일지라도 설계자가 테스트 단계를 계속 진행할 수 있도록 설정 가능한 중단점들과 하나 또는 여러 개의 단위 실행 기능을 제공한다.

14.3.3 회귀 테스트

특히 **회귀 테스트**(regression testing)를 위해 대규모 테스트 벤치를 가동할 때 고급 수준 언어 스크립트가 빈번하게 사용된다. 회귀 테스트는 모듈 또는 모듈 한 세트 내에서 어떤 동작성도 의도하지 않게 변하지 않은 것을 자동적으로 검증하기 위해 한 벌의 시뮬레이션을 수행하는 것을 포함한다. 설계를 하는 동안 설계 활동이 결함 수정 또는 기능 향상이 완료된 모듈을 파괴하지 않는지를 점검하기 위해 매일 밤 회귀 스크립트를 가동하는 것은 일반적인 관행이다.

예제 14.3

그림 13.11은 IQ 변환 블록과 곱셈기 기반의 멀티프로세서의 조합을 사용한 가능한 소프트웨어 라디오 아키텍처를 보여 주었다. 다음의 회귀 테스트가 실행될 수 있다.

```
Test IQ Conversion
   Test Upconverter
      Test NCO
         Test Read and Write of All Registers
         Test Phase Incrementer
         Test Phase Adder
         Test Sine ROM (Read Contents)
         Test Overall NCO at a set of frequencies
      Test Multiplier
   Test Downconverter
      Test NCO
         ...
      Test Multiplier
         ...
      Test Low Pass Filter
         ...
Test Microprocessor Memory Core
   Test Microprocessor
      Test ALU
      Test Instruction Decode
      Test Program Counter
      Test Register File Read/Write
      Exhaustive Instruction Test
   Test Memory Read/Write
Test Interprocessor Bus IO
Test IQ Conversion to Processor pathways
Test Overall Software Radio Functionality
```

처음에 낮은 수준 모델을 검증함으로써 모듈 수정을 천천히 진행하는 방법에 유념하자. 낮은 수준 테스트는 완전한 동작성이 검증될 수 있을 때까지 복잡도를 점차적으로 높여 간다. 낮은 수준에서는 논리가 옳은지 철저히 검증하는 것이 더 쉽다. 예를 들면 정현파 ROM은 사실상 한 주파수에 대해 사인파를 생성하고 있음을 검증할 수 있다. 그러면 NCO 위의 수준에서 검증을 할 때 그것이 올바른 사인파를 생성한다고 간주할 수 있다. 칩 수준에서는, 단지 작은 하부 세트만을 점검할 수 있다고 할지라도 신호 주파수 및 국부 발진기 주파수의 모든 조합에 대해 IQ 변환이 옳다는 것을 가정한다. 최상위 수준에서 시작하고 일부 주파수에 대해 시뮬레이션을 실행했다면 낮은 수준이 옳았는지 전혀 확신할 수 없다. 덧붙여서 문제가 있을 때 최상위 수준에서 결함 수정을 함으로써 문제를 밝혀내려고 시도를 하는 것은 쓸모없는 일이다. 이러한 검증 악몽을 극복하기 위해 최하위로부터 상향적으로 회귀 테스트를 가동하도록 설계되어 있다.

14.3.4 버전 제어

버전의 사용은 말하자면 서로 다른 설계 반복의 규칙적 관리인데 회귀 테스트와 조합되어 있다. CVS나 Subversion과 같은 Unix 또는 Linux 도구가 여기에 유용하다.

예제 14.4

소프트웨어 라디오 예제에서 회귀 테스트는 위에 주어진 예제의 ALU 테스트에서 정지한다. 설계장인 Vanessa Eagleeye는 늦게까지 일하면서 CVS 기록을 검사하여 Fred Codechanger가 그날 동안에 새로운 가산기를 시도하려고 ALU 설계에 편집을 해 온 것을 발견한다. 그녀는 이전에 작업하던 것으로 코드를 복귀시킬 수 있고 따라서 회귀 테스트를 다시 가동하고 편하게 밤잠을 잘 수 있다. Fred는 자신의 실수를 수정하고 그러한 편집을 서둘러 하기 전에 회귀 검증 단계 실행을 잊지 않도록 충고를 받는다.

14.3.5 결함 추적

검증(또한 사실상 전반적 설계 사이클)을 하는 동안 사용하는 또 다른 중요한 도구는 결함 추적(bug tracking) 시스템이다. Unix/Linux 기반의 GNATS 같은 결함 추적 시스템은 다양한 범위의 결함 관리를 가능하게 한다. 이러한 시스템 내에서 각 결함이 입력되고 이 결함의 위치, 본성 및 심각한 정도가 보고된다. 결함 수정에 대해 책임이 있는 사람과 결함 관찰자에게 동시에 보고된다.

예제 14.5

Vanessa는 이전 절에서 설명한 예제로부터 결함을 설명하는 결함 보고에 들어간다. 그녀는 Fred를 책임자로 지적하고 또한 수준은 심각함으로 인용한다. 다음 날 Fred는 문제를 수정하고 결함 상태를 수정된 것으로 바꾸어 놓는다. 결함 보고서는 시스템 내에 보관되지만 어떠한 현저한 결함 목록에도 나타나지 않는다. 이것이 관리자에게 설계 관리에 있어서 문제의 영역을 확인할 수 있으면서 결함 재발생을 추적할 수 있도록 유지된다.

결함의 개수를 추적하면 설계가 어떠한 비율로 마감 상태로 변환하는지에 대한 구상을 할 수 있다. 이 경향이 하향이면 설계는 안정화되고 있다. 반면에 상향적 경향은 설계의 검증 사이클 초기임을 표시하는 경향이 있다.

14.4 실리콘 결함 수정 원칙

14.1.2절에서 기본적인 디지털 결함 수정의 영역이 소개되었다. 실리콘 결함 수정의 주요 도전과제는 칩이 부정확하게 동작하지만 칩 핀 또는 스캔 체인(scan chain) 출력에서 측정을 해서 원인을 확인할 수 없는 사례이다(14.6.2절 참조).

직접 접근을 위한 수많은 기법이 있다. 첫 번째, 지정된 신호를 **탐침 지점**(probe point)으로서 칩의 최상위로 가져올 수 있다. 이러한 것은 설계자가 현명하게 결함 수정 이전에 포함하는 회로 내의 중요 지점으로 연결하는 최상위 수준 금속의 작은 정사각형(한 면이 5~10 μm)이다. 오버글래스 컷 마스크(overglass cut mask)는 금속이 신뢰성 있게 탐침 패드에 걸쳐서 접촉할 수 있도록 패시베이션 내의 구멍을 지정해야 한다. 이러한 종류의 전형적인 테스트 지점은 선형 회로 내의 또는 아마도 빠른 신호 체인 내의 내부 바이어스 지점이 될 수도 있다(탐침을 사용하기 위해 회로에 과도하게 부하를 주지 않도록 주의한다). 노출된 정사각형은 현미경 아래에서 설비 내의 피코프로브(picoprobe, 미세한 침을 가진 탐침)로 조사할 수 있다. 설계를 하는 동안 필요할 때 버퍼를 제공함으로써 피코프로브의 부하를 고려해야 한다. 그림 14.7의 GGB 산업의 Model 35 탐침은 커패시턴스 50 fF, 입력 저항 1.25 MΩ, 그리고 DC로부터의 26 GHz에 이르는 주파수 응답 성능이 있다. 이것은 10 μm×10 μm 크기까지 탐침으로 조사할 수 있다.

또한 기계적 접촉이 불가능할 때 전기적 또는 광학적으로 다이를 탐침으로 조사할 수 있다. **전자 빔**(electron beam, ebeam) 탐침은 주사 전자 현미경을 사용하여 칩 상 전압을 측정하기 위해 전자의 강하게 집중화된 빔을 생성한다. 이와 유사하게 **레이저 전압 탐침**(LVP: laser voltage probing)[Lesserre99]은 회로에서 레이저를 비추는 것과 반사광을 관측하는 것을 포함한다. 이 반사는 전기장에 의해 모듈화되고 따라서 파형 스위치를 추론할 수 있다. 그러나 탐침은 방해적일 수 있어서 광자의 흐름이 민감한 동적 노드를 방해할 수 있다. **피코초 이미지 회로 분석**(PICA: picosecond imaging circuit analysis)[Knebel98]은 트랜지스터를 스위칭함으로써 자연적으로 생성되는 희미한 광 방출을 포착하고 따라서

저작권자의 요청으로 그림을 제공할 수 없음

그림14.7 GGB 산업의 Model 15 피코프로브 (© 2009 GGB 산업)

방해적이지 않다. 실리콘은 적외선에 부분적으로 투명해서 플립칩(flip-chip) 패키지의 뒷면으로부터 기판을 통해 LVP 및 PICA를 실행할 수도 있다.

좀 더 대략적인 규모로는, 문제의 근원(예를 들면 전원 레일 사이의 저항성 단락)이 될 수도 있는 칩 내의 '과열점(hot spot)'을 검사하기 위해 적외선(IR) 이미지를 사용할 수 있다. 또한 대략적인 해상도로 온도 문제를 표시하기 위해 다이에 '채색(paint on)'을 할 수 있는 액정 물질이 있다.

결함의 위치가 알려지면 선을 절단하거나 새로운 전선을 놓는 데 **집중화 이온 빔**(FIB: focused ion beam)을 사용할 수 있다. 심지어 플라스틱 패키지 부품과 함께 플라스틱을 조심스럽게 갈아 내어 이러한 수리를 완료할 수도 있다. 이러한 종류의 도구를 사용하는 이유는 모든 칩 프로젝트에 있어서 시간이 가장 중요하고 FIB 가동이 빈번한 마스크 교환보다 더 빠르기 때문이다(그리고 일부 부품에 대해 더 저렴하기 때문이다). 또한 레이저 절단이 가능하다. MEFAS 같은 상업적 공급자는 이러한 서비스를 제공한다.

예제 14.6

V_{DD}와 GND 사이의 단락은 테이프아웃으로부터 돌아온 칩을 동작하지 않게 한다. 결함의 위치가 알려지면 최상위 수준 금속에 대한 절단으로 수정할 수 있다. 여러 가지 패키지 부품이 주어진 기준 마크로부터의 위치 및 절단할 금속 위치의 동반 도면과 함께 FIB실로 보내진다. FIB실에서는 다이를 노출시킨다(즉 플라스틱 패키지를 갈아 냄). 그러면 작업자는 현미경을 사용하여 수동으로 절단 위치를 밝혀내고 FIB 장비를 가동한다. 그러면 변경된 패키지는 설계자에게 돌려지고, 쓸모없었을 수도 있는 칩의 성공적인 테스트를 축하하는 계기가 된다.

결함 수정 논리 회로는 사실상 아날로그인 극히 빠른 또는 새로운 회로를 종종 포함할 것이다. 이러한 사례에서는 SPICE에서 가능한 문제 내에서 회로의 모델을 택하는 것이 충고할 만하다. 순수 디지털 회로로서의 아날로그 회로의 결함 수정은 가정을 하고 그 그 가정이 올바른지 증명하려고 시도하는 것을 포함한다. 이러한 것은 SPICE 시뮬레이션을 가지고 시작하고 그 이후에 실리콘 측정으로 진행할 수 있다.

결함 원인은 **생산적**(manufacturing), **기능적**(functional), 그리고 **전기적**(electrical) 일 수도 있다. 생산 결함은 칩이 결점을 가지고 있거나 변수 사양에서 벗어나 있을 때 발생한다. 결함 수정은 생산 문제를 가진 칩을 불합격시키지만, 14.6.5절에서 논의될 생산 공정 내의 약점에 민감한 회로는 수율을 향상시키기 위해 변화될 수도 있다. 기능적 결함은 논리 결함 또는 모든 조건하에서 칩의 불량을 유발하는 물리적 설계 오류이다. 이러한 결함들은 부적절한 논리 검증으로부터 발생하고 보통 수정하기에 가장 쉬운 것이다. 전기적 결함은 칩이 논리적으로 올바를 때도 발생하지만 그 오동작은 전압, 온도, 또는 주파수 같은 특별한 조건일 때 발생한다. 8.3절에서는 많은 전기적 결함의 원인을 검토했다. 일부 전기적 결함은 너무 심각해서 기능 결함으로서 나타날 수 있는 반면에 다른 결함은 드물게 발생하고 재현 및 진단이 극히 어렵다.

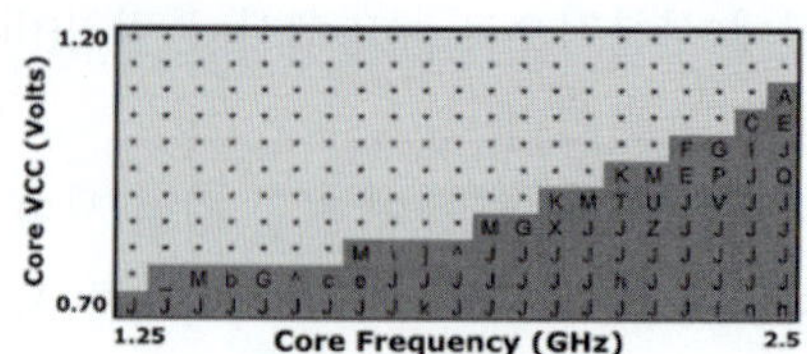

그림 14.8 인텔 아톰 마이크로프로세서의 쉬무(© IEEE 2009)

소위 쉬무 플롯은 실리콘 내의 전기적 결함을 수정하는 데 도움을 줄 수 있다[Baker97]. 쉬무 플롯은 종종 한 축 상에 전압 그리고 다른 축 상에 속도로서 만들어진다. 테스트 벡터는 전압 및 클럭 속도의 각 조합에서 적용되고 성공한 테스트는 기록된다. 종종 특정 모듈에만 적용 가능한 특정 벡터 한 세트만이 그 모듈 내의 문제를 진단하기 위해 적용된다.

그림 14.8은 인텔 아톰 마이크로프로세서의 쉬무를 보여 준다[Gerosa09]. 밝은 회색 영역의 점들은 정확한 동작을 나타내며 다른 글자들은 다른 오류 상태들을 나타낸다. 칩은 0.75 V의 1.25 GHz 그리고 1.15 V의 2.5 GH에서 동작한다.

그림 14.9에 나와 있는 쉬무 플롯은 다양한 상태를 설명한다[Josephson02]. 건강한 정상 칩은 전압이 증가하면 증가하는 주파수에서 동작해야 한다. 'Brick Wall' 패턴은 이 칩이 두 개 중 한 개만이 올바른 상태에서 임의적으로 초기화 될 수도 있다는 것을 암시한다. 예를 들면 리셋 신호가 없는 레지스터는 임의적으로 0 또는 1의 초기 상태를 가지고 있다. 칩이 특정 전압 위 또는 아래의 어떤 주파수에서도 동작 불량인 'Wall' 패턴은 전하 공유, 결합 잡음, 또는 레이스 상태를 표시할 수 있다. 'Reverse Speedpath' 패턴은 약하게 유지된 노드가 사이클 종료 이전에 비유효 수준으로 새 나가는 누설 문제를 표시한다. 더 높은 전압에서 이 누설은 더 악화되며 더 짧은 클럭 주기에서 나타난다. 'Floor' 는 그 일부가 전압과 상관없이 낮은 주파수에서 오동작하는 누설 문제상의 변동이다. 'Finger' 는 공격자(aggressor)와 희생자(victim)의 정렬에 의존하는 결합 문제를 표시하며, 어떤 주파수에서는 정렬이 항상 결함을 유발한다.

쉬무는 또한 온도에 대한 동작 속도를 좌표에 그린다. 차가운 온도에서 FET는 더 빠르고 더 낮은 유효 저항을 가지고 있으며 더 높은 문턱 전압을 가지고 있다. 정상 쉬무는 온도가 감소하면서 속도 증가를 보여 줘야 한다. 낮은 온도에서의 결함은 더 빠른 에지 비율(edge rate)에 의해 더 악화되는 결합 또는 전하 공유 잡음을 나타낼 수 있다. 높은 온도에서의 결함은 더 낮은 문턱 전압에 의해 악화되는 과다한 누설 또는 잡음 문제를 표시할 수 있다. 그 온도 둘 중 하나에서의 'Wall' 패턴은 레이스를 이기는 경로가 온도와 함께 변동하는 레이스 상태를 표시할 수 있다.

14.5 제조 테스트 원칙

13.5.2절에서 논의된 것처럼, 집적회로는 100%보다 낮은 수율을 가지고 있다. 그림 14.10은 일부 제조 결함의 현미경 사진을 보여 준다.

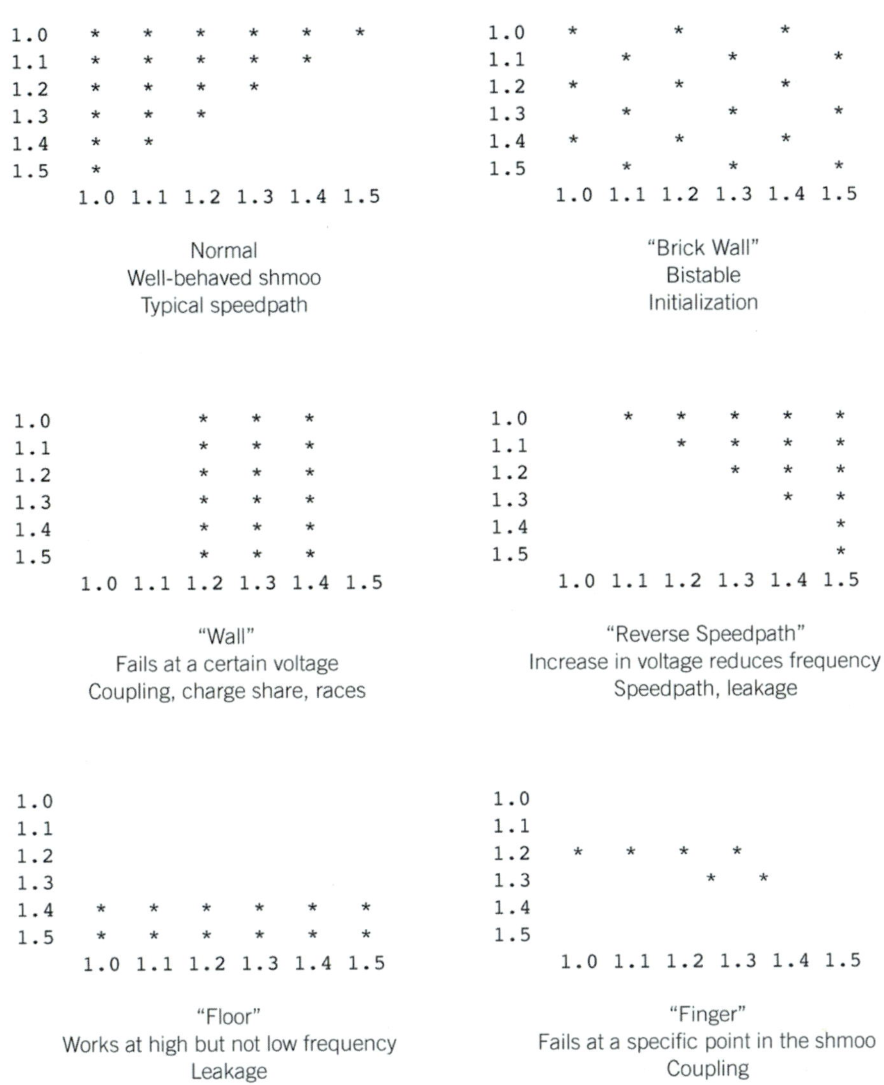

그림 14.9 여러 증상의 쉬무

제조 테스트의 목적은 제품이 고객에게 발송되기 전에 대부분의 결함 부품을 발견하는 것이다. 전형적인 상업용 제품은 선적된 칩 백만 개당 결함 수(DPM)가 350~1000개인 결함률을 목표로 한다. 그러고 나서 고객은 칩으로 시스템을 조립하고, 시스템을 시험하고, 결함이 있는 시스템을 처분하거나 보수 작업을 한다. 높은 결함률은 불행한 고객을 야기한다.

모든 VLSI 설계에서 결정적 요소는 테스트 회로 방법의 통합 필요성이다. 이 작업은 모든 구조적

저작권자의 요청으로 그림을 제공할 수 없음

그림 14.10 [4:2]

고려와 함께 수반하여 진행해야 하고 제작된 부품이 이용 가능할 때까지(설계자에게는 계속적인 유혹인 것처럼) 내버려 두지 않아야 한다.

14.5.1 결함 모델

우량 및 불량 부품의 존재를 다루기 위해서는 **결함 모델**(fault model), 예를 들면 결함 발생 원리와 회로 상에서의 그 영향에 대한 모델이 제공되어야 한다. 가장 잘 알려진 모델은 **고착**(stuck-at) 모델이다. **단락 회로/개방 회로**(short circuit/open circuit) 모델은 실제에 가깝지만 논리 시뮬레이션 도구 속으로 결합하기는 어렵다.

14.5.1.1 고착 결함 고착 결함 모델에서는 결함 게이트 입력이 **0으로 고착**(stuck-at-0, S-A-0) 또는 **1로 고착**(stuck-at-1, S-A-1)으로 모델링된다. 이 모델은 모델링 결함에 대해 적당하다고 판단되는 보드 수준 설계로부터 시작한다. 그림 14.11은 S-A-0 또는 S-A-1이 어떻게 발생할 수 있는지를 설명한다. 이러한 결함은 대부분 게이트 산화물 단락(nMOS 게이트는 GND로, pMOS 게이트는 V_{DD}로) 또는 금속 간 단락 때문에 빈번하게 발생한다.

14.5.1.2 단락 회로 및 개방 회로 결함 또 다른 모델은 **고착 개방**(stuck-open) 또는 **단락**(shorted) 모델이다[Jayasumana91]. 두 개의 브리지 또는 단락 결함을 그림 14.12에서 볼 수 있다. 단락 *S*1은 입력 A에서 S-A-0 결함의 결과를 낳고 단락 *S*2는 게이트 기능을 변형한다. 이러한 수준에서는 완전한 회로 구조가 알려져 있기 때문에 정확한 모델링을 가장 확실하게 하기 위해서는 반드시 트랜지스터 수준에서 결함을 모델링해야 한다. 예를 들면 간단한 NAND 게이트의 사례에 있어서 직렬 nMOS 트랜

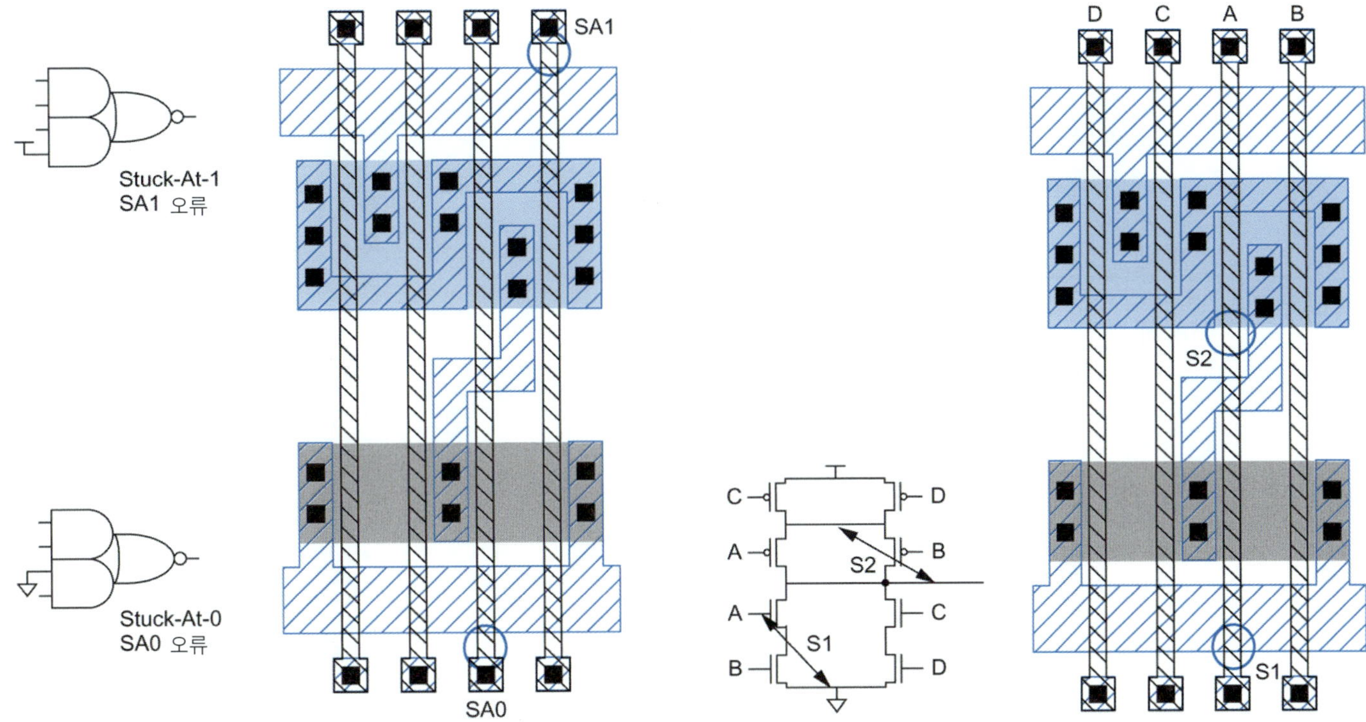

그림 14.11 CMOS 고착 모델

그림 14.12 CMOS 브리지 결함

지스터 사이의 중간 노드는 회로도에서 숨겨져 있다. 이것은 테스트 생성이 스위치 수준에서 가능한 모든 단락 및 개방 회로를 이상적으로 고려해야 함을 암시하고 있다[Galiay80]. 대부분의 현존하는 시스템은 편의를 위하여 회로의 부울 논리 표현 및 고착 결함 모델링에 의존하고 있다.

CMOS와 함께 발생하는 특정한 문제는 결함이 조합 회로를 순차 회로로 전환할 가능성이 있다는 것이다. 이것은 그림 14.13에서 트랜지스터 한 개가 쓸모없는 것으로 간주되는 2-입력 NOR 게이트의 사례에 대해 설명되고 있다. nMOS 트랜지스터 *A*가 고착 개방이 되면 게이트에 의해 디스플레이되는 기능은 아래와 같이 표시된다.

$$Z = \overline{A + B} + \bar{B}Z' \tag{14.1}$$

여기에서 Z'은 게이트의 이전 상태이다. 다른 예처럼 pMOS 트랜지스터가 소실되면 nMOS 트랜지스터 한 개가 노드를 방전할 때까지 노드는 무한정 충전될 것이다(즉 일부 기이한 충전 순서 때문에 높을 가능성이 있다). 이 이후에 이것은 전하 누설 효과를 방지하며 0에 머무를 것이다.

또한 트랜지스터가 고착 개방 또는 고착 폐쇄 상태를 보여 주는 것도 가능하다. 테스트 벡터를 적용하는 동안 정적 V_{DD} 전류(I_{DD})를 관측함으로써 고착 폐쇄 상태를 탐지할 수 있다. 그림 14.14에 나와 있는 결함을 고려하는 데 이 그림에서는 2-입력 NOR 게이트 내의 pMOS 트랜지스터 상의 드레인 연결이 V_{DD}로 단락되어 있다. 이것은 보이는 바와 같이 표류 금속(stray metal, 포토리소그래피 단

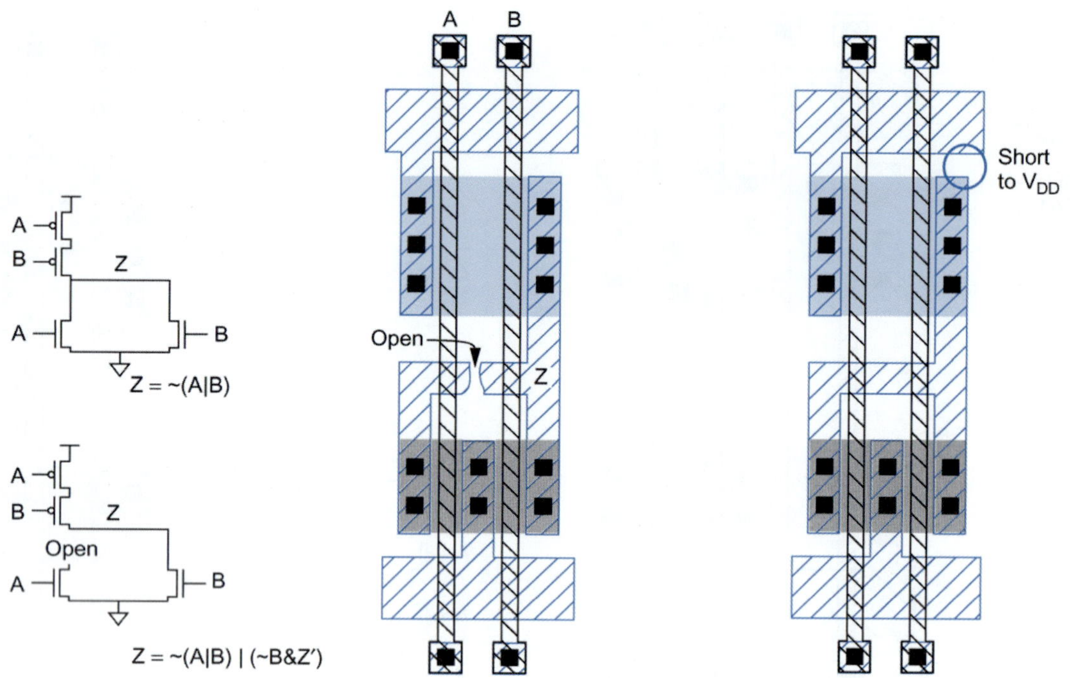

그림 14.13 순차적 결함의 원인이 되는 CMOS 개방 결함

그림 14.14 정적 I_{DD} 전류의 원인이 되는 결함

계에서 먼지 얼룩에 의해 발생하는)이 V_{DD} 선에 겹쳐 있으면 물리적으로 발생할 수 있다. 테스트 벡터 01 또는 10을 A와 B 입력에 적용하고 정적 I_{DD} 전류를 측정하면 nMOS 트랜지스터 크기에 의해 결정되는 어떤 값으로 올라가는 것을 볼 수 있을 것이다.

14.5.2 관측 가능성

특정 회로 노드의 **관측 가능성**(observability)은 집적회로의 출력(예: 핀)에서 노드를 관측할 수 있는 정도(degree)이다. 큰 규모의 회로 내의 출력을 측정하여 올바르게 동작하는지 점검하기를 원할 때 이 척도가 관련이 있다. 직접 관측할 수 있는 한정된 노드 수가 주어지면 쉽게 관측되는 게이트 출력을 가지는 것은 우수한 칩 설계자의 목표이다. 테스트 기법에 대한 일부 기본 설계의 채택은 이러한 관점에서 상당한 도움을 줄 수 있다. 이상적으로는 직접적으로 또는 적당히 간접적으로(예: 몇 번의 사이클을 기다려야 할 수도 있다) 집적회로 내의 모든 게이트 출력을 관측할 수 있어야 한다. 이러한 목적이 여분의 테스트 회로 비용 및 설계 방법론 부족으로 인해 방해를 받을 수 있는 반면에 현재 공정 및 설계 시험은 이러한 이상에 접근할 수 있도록 허락하기도 한다. 14.6절에서는 관측 가능성 증가에 대한 방법의 범위를 검사한다.

14.5.3 제어 가능성

칩 내의 내부 회로 노드의 **제어 가능성**(controllability)은 노드를 1 또는 0으로 설정하는 것이 얼마나 쉬운가를 나타내는 척도이다. 회로 내의 특정 신호를 테스트하기 어려운 정도를 평가할 때 이 측정 기준이 중요하다. 쉽게 제어 가능한 노드는 입력 패드를 거쳐 직접적으로 설정할 수 있다. 카운터의 MSB와 같은 제어 가능성이 낮은 노드는 올바른 상태로 도달하기 위해 수백 번 또는 수천 번의 사이클이 필요할 수도 있다. 종종 제어 가능성이 낮은 수많은 노드를 올바른 상태로 설정하기 위한 테스트 순서를 만들어 내는 것이 불가능한 것을 발견할 것이다. 모든 노드를 쉽게 제어 가능하도록 하는 것은 우수한 칩 설계자의 목표이다. 관측과 마찬가지로 테스트 기법에 대해 일부 단순 설계를 채택하는 것은 이러한 관점을 상당히 도울 수 있다. 전역 리셋 신호(global reset signal)를 거쳐 모든 플립플롭이 리셋 가능하도록 만드는 것은 좋은 제어 가능성을 향한 첫 단계이다.

14.5.4 반복성

시스템의 **반복성**(repeatability)은 똑같은 입력을 받을 때 똑같은 출력을 발생시키는 능력이다. 조합 논리와 동기 순차 논리는 그 기능이 바르게 동작하고 있을 때 항상 반복할 수 있다. 그러나 어떤 비동기식 순서 회로는 비결정형이다. 예를 들면 중재기는 둘 다 똑같은 시간에 도착한 입력 중 어느 쪽이든 선택할 수 있다. 테스트는 시스템이 반복할 수 있을 때 매우 쉬워진다. 비동기 접속을 가진 어떤 시스템은 반복 시험을 용이하게 하기 위해 동시 동작(lock-step) 모드를 가지고 있다.

14.5.5 존속성

시스템의 **존속성**(survivability)은 결함 뒤에도 기능을 계속하기 위한 능력이다. 예를 들면 오류 정정 코드는 소프트 에러의 경우에 존속성을 제공한다. 메모리의 여분 코어의 행과 열은 제조 결함의 경우에도 존속성을 제공한다. 적응형 기술들은 공정 변이의 경우에도 존속성을 제공한다. 일부 존속성 특징들은 하드웨어에 의해 자동적으로 호출되기도 하고, 다른 것은 제조 시험 뒤에 퓨즈를 사용해 활성화된다.

14.5.6 결함 커버리지

테스트 벡터 세트의 우수함의 척도는 보관하는 **결함 커버리지**(fault coverage)의 양이다. 이것은 적용되는 벡터에 대해 칩의 내부 노드의 몇 퍼센트가 검사되었는가 하는 것이다. 개념적으로 결함 커버리지를 계산하는 방법은 다음과 같다. 각 회로 노드가 순차적으로 주어지고 0(S-A-0)으로 고정되고 이 회로는 **알려진 정상적인 기계 장치**(known good machine)—노드를 인위적으로 0(또는 1)으로 설정하지 않는 회로—를 가지고 칩 출력을 비교하는 테스트 벡터로 시뮬레이션한다. **결함이 있는 기계 장치**(faulty machine)와 정상적인 기계 장치 사이에 불일치가 탐지되면 결함은 탐지되면서 마크(mark)가 되고 시뮬레이션은 정지된다. 이것은 노드가 1(S-A-1)로 설정된 것에 대해서도 반복한다. 차례로 모든 노드는 1과 0으로 순차적으로(인위적으로) 고착된다. 테스트 벡터 한 세트의 결함 적용 범위는 벡터가 적용될 때 결함으로 탐지될 수 있는 총 노드의 백분율이다. 세계적 등급의 품질 수준을 달성하기 위해서는 회로의 결함 커버리지가 98.5%를 초과하도록 해야 한다. 「검증 방법론 매뉴얼」[Bergeron05]은 결함 커버리지 기술에 관해 가장 좋은 책이다.

14.5.7 자동 테스트 패턴 생성(ATPG)

역사적으로 IC 산업에서 논리 및 회로 설계자는 RTL 또는 회로 도식 수준에서 기능을 구현했고, 마스크 설계자는 레이아웃을 완료했으며 테스트 엔지니어는 테스트 쓰기를 했다. 리버스 엔지니어링(reverse engineering)에서 회로를 적절한 방법으로 테스트하는 테스트 고안에 있어서 테스트 설계자는 산업계의 셜록 홈스와 같았다. 오랜 시간 동안 테스트 설계자는 회로 설계자가 여분 회로를 포함시키도록 간청하여 테스트 생성의 부담을 경감했다. 다행스럽게도 공정 밀도가 증가하고 칩 복잡도가 증가하면서 설계자와 관리자 모두가 다이 비용에 대해 염려했기 때문에 테스트 회로의 포함으로 부담이 감소하였다. 덧붙여서 테스트 도구가 향상되면서 테스트 생성을 위한 부담의 대부분이 설계자에게로 향한다. 이 부담을 다루기 위해 **자동 테스트 패턴 생성**(ATPG: automatic test pattern generation) 방법이 고안되었다. 어떤 형태로든 ATPG의 사용은 대부분의 디지털 설계에서 표준이다.

상업적 ATPG 도구는 훌륭한 결함 커버리지를 달성할 수 있다. 그러나 이것은 계산량이 많으며, 종종 서버 또는 수많은 병렬 프로세서를 가진 컴퓨터 상에서 실행되어야만 한다. 일부 도구는 통계적 알고리즘을 사용하여 많은 시뮬레이션을 실행함이 없이 벡터 세트의 결함 커버리지를 예측한다. 14.6절에서 설명하겠지만, 스캔 및 내장 자체 테스트(built-in self test)를 추가하는 것은 시스템의 관측 가능성을 향상시키고 원하는 결함 커버리지를 달성하는 데 필요한 테스트 벡터 수를 감소시킬 수 있다.

14.5.8 지연 결함 테스트

이 시점까지 취급해 온 결함 모델은 타이밍을 무시하고 있다. CMOS 내에서 발생하는 오류는 회로 동작성을 손대지 않은 채로 내버려 두지만 타이밍에는 영향을 줄 수 있다. 예를 들면 병렬화된 nMOS 및 pMOS 트랜지스터로 구성된 인버터 게이트를 위해서 그림 14.15에 나와 있는 레이아웃을 생각해 보자. GND로 nMOS 트랜지스터 소스 연결 하나에서 개방 회로가 발생하면 게이트는 여전히 기능을

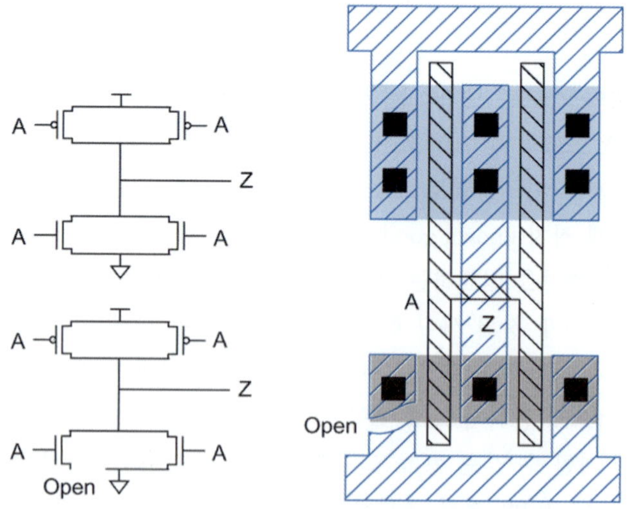

그림 14.15 지연 결함의 예

하지만 t_{pdf}가 증가해 있다. 덧붙여서 결함 탐지가 게이트의 이전 상태에 따라 다르기 때문에 결함은 이제 순차적이 된다.

지연 결함은 누화(crosstalk)로부터 원인이 발생할 수도 있다[Paul02]. 지연 결함은 또한 과거 내용 효과를 통해 SOI 논리에서 더 자주 발생할 수 있다. 지연 결함의 효과를 모델링하기 위한 소프트웨어가 개발되어 왔고 공정 척도로서 결함 모드만큼 중요해져 가고 있다.

14.6 테스트 가능성 설계

테스트 가능한 회로 설계의 핵심은 제어 가능성 및 관측 가능성이다. 다시 언급하자면, 제어 가능성은 회로에 대해 내부적인 모든 노드를 설정(1로) 및 리셋(0으로)하는 능력이다. 관측 가능성은 회로 내의 모든 노드 상태를 직접 또는 간접적으로 관측하는 능력이다. 우수한 관측 가능성 및 제어 가능성은 상대적으로 적은 테스트 벡터로 높은 결함 커버리지를 가능하게 하기 때문에 생산 테스트 비용을 감소시킨다. 더군다나 대부분의 내부 신호를 물리적으로 탐침을 써서 조사하는 것이 매우 어렵기 때문에 이는 실리콘 결함 수정에 필수적이다.

먼저 **테스트 가능성을 위한 설계**(DFT: design for testability)라고 부르는 것에 대한 세 가지 주요 접근 방식을 살펴볼 것이다. 이는 다음과 같이 분류된다.

- 특수 목적 테스트
- 스캔 기반 접근 방식
- 내장 자체 테스트(BIST)

14.6.1 특수 목적 테스트

특수 목적(ad hoc) 테스트 기법은 이름이 암시하는 것처럼 테스트 조합의 폭발적 증가를 감소시키려는 목적을 한 생각의 집합이다. 이것은 역사적 이유 때문에 여기에 요약한다. 이것은 스캔, ATPG 및 BIST 이용이 가능하지 않은 작은 설계에만 단지 유용할 뿐이다. 모든 디지털 설계에 대해 완벽한 스캔 기반 테스트 방법론을 추천한다. 말한 바와 같이 특수 목적 테스트를 위한 공통적 기법은 다음을 포함한다.

- 대형 순차 회로 분할
- 테스트 지점 추가
- 멀티플렉서
- 쉬운 상태 리셋에 대한 대비

이러한 범주에 분류되지 못한 기법은 테스트 목적을 위한 버스 편향(bus-oriented) 시스템 내에서의 버스 사용이다. 각 레지스터는 버스로부터 로딩이 가능하도록 만들어져 왔고 버스 상으로 구동될 수 있다. 여기에서 테스트 목적을 위해 데이터 버스 상에 존재하는 내부 논리 값이 버스 상으로 나타나는 것이 가능할 수 있다.

멀티플렉서가 빈번하게 사용되어 테스트를 하는 동안 대체 신호 경로를 제공할 수 있다. CMOS에서 전달 게이트 멀티플렉서는 작은 영역을 제공하지만 지연을 증가시킨다.

모든 설계는 항상 단일 사이클 또는 대부분 몇 번의 사이클 내에서 칩의 내부 상태를 리셋하는 방법이 있어야 한다. 테스트를 더 쉽게 만드는 것과는 다르게 이것은 시뮬레이션을 더 빠르게도 하는데 다음 절에서 설명될 것이다.

일반적으로 특수 목적 테스트 기법은 설계자에 의해 몇 년에 걸쳐서 개발된 수많은 묘책을 나타내는데, 다음 절에서 설명하겠지만, 이로써 테스트에 대한 구조적 접근 방식의 부담을 회피할 수 있다. 이러한 일반 접근 방식은 여전히 매우 유효하지만 공정 밀도 및 칩 복잡도 때문에 테스트에 대한 구조적 접근 방식을 필요로 한다.

14.6.2 스캔 설계

각 레지스터에 관측 가능성 및 제어 가능성을 제공하기 위해 테스트를 위한 **스캔 설계**(scan-design) 전략이 발생했다. **정상 모드**(normal mode)에서는 예상한 대로 동작한다. 스캔을 가진 설계에서 레지스터는 두 개 모드 중 한 개에서 동작한다. **스캔 모드**(scan mode)에서 이들은 연결되어 칩 전체에 걸친 **스캔 체인**(scan chain)이라고 부르는 거대한 시프트 레지스터(shift register)를 형성한다. 스캔 모드 내에서 N 클럭 펄스를 적용함으로써 시스템 내 상태의 모든 N개의 비트는 시프트 출력될 수 있고 상태의 새로운 N 비트가 시프트 입력될 수 있다. 따라서 스캔 모드는 시스템 내의 모든 레지스터의 쉬운 관측 가능성 및 제어 가능성을 보여 준다.

현대적 스캔은 그림 14.16에 나와 있는 바와 같이 스캔 레지스터의 사용에 기초한다. 스캔 레지스터는 멀티플렉서에 의해 연결된 D 플립플롭이다. *SCAN* 신호가 없으면 레지스터는 D 입력 상에 데이터를 저장하면서 일반적 레지스터처럼 동작한다. *SCAN*이 있으면 *SI* 핀으로부터 데이터가 로딩되는데 이 *SI* 핀은 스캔 체인 내의 이전 레지스터 Q 출력으로 시프트 레지스터 방식으로 연결되어 있다.

스캔 체인을 로딩하기 위한 회로에서 *SCAN*이 판단(assertion)되고 *CLK*이 여덟 번 펄스를 주어 4비트 레지스터의 첫 번째 두 줄에 데이터를 로딩한다. *SCAN*이 제거되고 *CLK*이 판단되면서 한 번의 사이클 동안 이미 지정된 입력과 함께 정상적으로 회로가 동작한다. 그러면 *SCAN*이 다시 입력되고 *CLK*이 여덟 번 입력되어 저장된 데이터 읽기를 한다. 동시에 새로운 레지스터 내용이 다음 테스트를 위해 시프트 입력될 수 있다. 회로의 올바른 지점으로 스캔 레지스터를 통해 데이터를 연속으로 클럭화하고, 단일 시스템 클럭 사이클을 가동하고 또한 관측을 위해 데이터를 연속으로 클럭화하여 내보내는 이러한 방식으로 테스트가 진행된다. 이러한 방식으로 조합 블록에 대한 모든 입력이 제어되고 출력이 관측될 수 있다.

이러한 형태의 테스트 구성에 대한 테스트 생성은 상당한 자동화가 가능하다. 조합 블록에 대해 ATPG 기법이 사용될 수 있고 언급한 바와 같이 스캔 체인은 쉽게 테스트할 수 있다. 손실은 스캔 레지스터 내의 여분 멀티플렉서의 영역 및 지연 영향력이다. 설계자(그리고 관리자도 비슷하게)는 이러한 비용이 결함 수정 시간 및 생산 테스트 비용 절감에 의한 상쇄 효과 이상의 것이라는 데 크게 공감

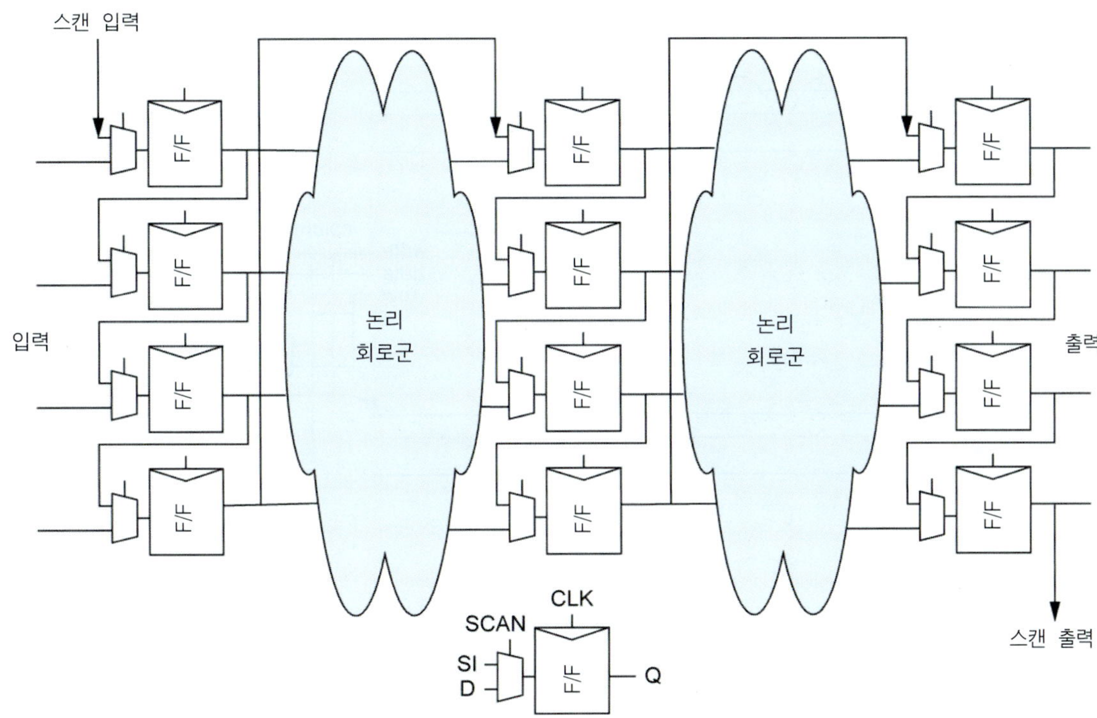

그림 14.16 스캔 기반 테스트

하고 있다.

14.6.2.1 병렬 스캔 직렬 스캔은 시간이 많이 걸리고 로딩 및 언로딩이 테스트 시간을 지배한다고 상상할 수 있다. 상당히 단순한 방법은 체인을 더 작은 세그먼트로 쪼개는 것이다. 이러한 것은 모듈 단위 기반으로 행하여져서 일부 지정된 스캔 길이로 자동적으로 완성될 수 있다. 이것을 극한으로 확대하는 것은 **랜덤 액세스 스캔**(random access scan)[Ando80]이라고 부르는 직렬 스캔으로의 확대를 낳는다. 어느 정도 이것은 제어 RAM 로드 및 읽기를 위해 FPGA 내부에 사용되는 것과 유사하다.

기본 개념은 그림 14.17에서 볼 수 있다. 이 그림은 2×2 레지스터 부분을 보여 준다. 각 레지스터는 행 데이터 라인(`data<n>`)을 따라서 열(`column<m>`) 및 행(`row<n>`) 액세스 신호를 수신한다. 전역 쓰기 신호(`write`)는 모든 레지스터에 연결되어 있다. 쓰기 신호와 연결하여 행 및 열 액세스 신호를 판단함으로써 모든 레지스터는 관용적 RAM처럼 완전히 동일한 방법으로 읽기 및 쓰기가 될 수 있다. 네 개의 레지스터 오른쪽에서 개념적 논리를 볼 수 있다. 트랜지스터 수준에서 필요한 논리를 수행하는 것은 각 레지스터의 오버헤드를 감소시킬 수 있다.

14.6.2.2 스캔 가능 레지스터 설계 지금까지 살펴본 것처럼 그림 14.18(a)와 같이 데이터 상에 멀티플렉서를 추가함으로써 일반 플립플롭은 스캔 가능하게 만들어질 수 있다. 그림 14.18(b)는 전달 게이

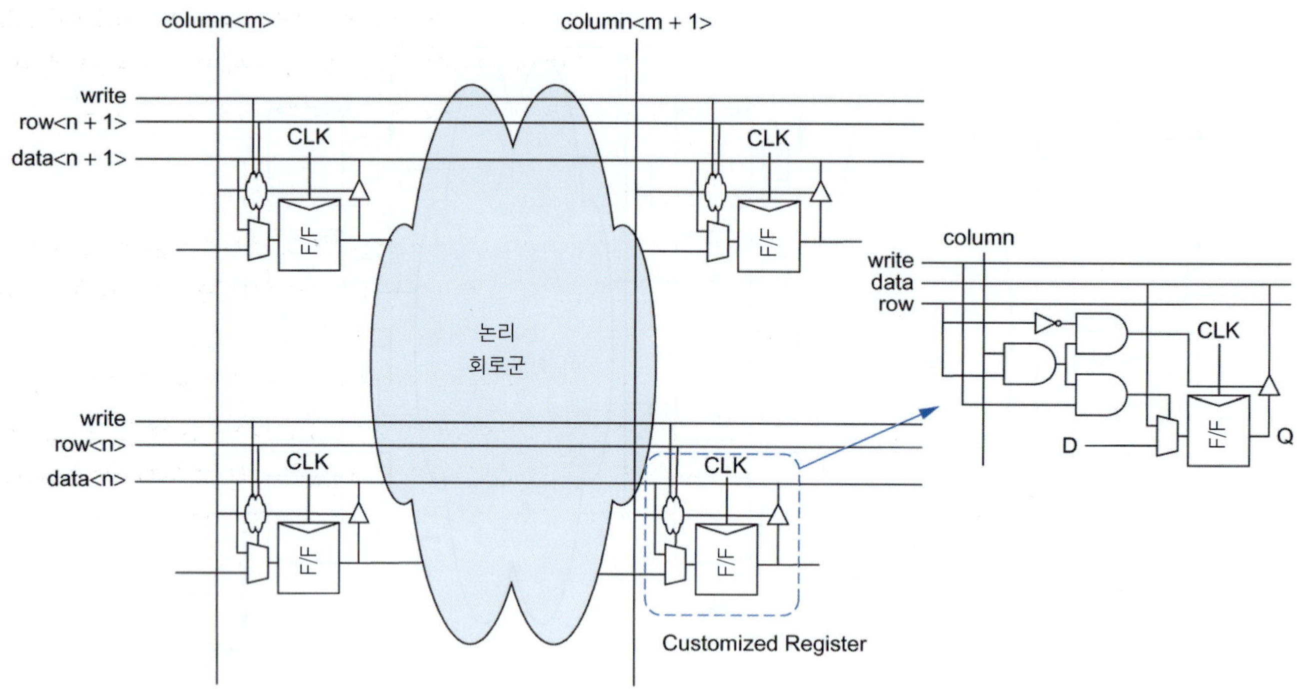

그림 14.17 병렬 스캔—기본 구조

트 멀티플렉서를 사용하는 스캔 레지스터를 위한 회로 설계를 보여 준다. 그림 9.19(b)에서 일반 정적 플립플롭과 비교한 바와 같이 *D* 입력을 가진 직렬 내에서 여분의 전달 게이트 지연을 포함함으로써 셋업 시간이 증가한다. 그림 14.18(c)는 일반 플립플롭처럼 거의 동일 셋업 시간을 얻기 위해 클럭 게이팅을 이용하는 회로를 보여 준다. 어떤 설계이든 클럭이 칩의 사용하지 않는 부분까지 정지하게 하기 위해 클럭 이네이블(enable)이 사용되면 스캔 모드 동안에 ϕ가 항상 토글(toggle)이 되도록 주의해야 한다.

14.6.3 내장 자체 테스트(BIST)

셀프 테스트 및 내장 테스트는 그 명칭이 암시하는 바와 같이 올바른 동작을 증명하는 그 자신 상의 회로 증가에 의존하여 동작을 실행하도록 한다. 이러한 기법은 칩에 테스트 논리를 위한 영역을 추가하지만 필요한 테스트 시간을 감소시키고 따라서 전반적 시스템 비용을 더 낮출 수 있다. [Stroud02]는 구현의 입장에서 이 주제에 대한 더 확대된 적용 범위를 제공한다.

모듈을 테스트하는 한 가지 방법은 **기호 해석**(signature analysis)[Frowerk77, Nadig77]을 사용하거나 **주기적 여유도 점검**(cyclic redundancy checking)을 사용하는 것이다. 이것은 조합 회로 소자 부분과 출력 신호를 관측할 **기호 해석기**(signature analyzer)에 대한 입력 신호를 생성하기 위한 **의사 랜덤 수열 발생기**(PRSG: pseudo-random sequence generator)의 사용을 포함한다.

PRSG는 어떤 길이 n의 다항식으로 정의된다. 이것은 **선형 피드백 시프트 레지스터**(LFSR: linear

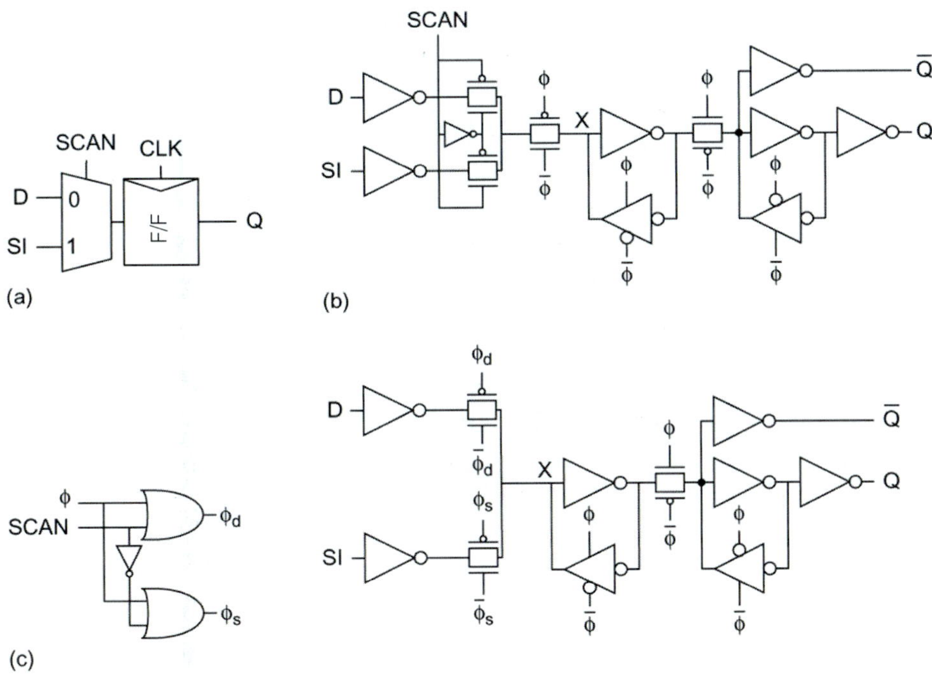

그림 14.18 스캔 가능 플립플롭

feedback shift register)로부터 구성되는데 이 LFSR은 그림 14.19(a)에 나와 있는 바와 같이 차례로 직렬 방식으로 연결된 n개의 플립플롭으로 구성되어 있다. 특정 출력의 XOR는 LFSR의 입력으로 피드백이 된다. n비트 LFSR은 순서를 반복하기 전에 2^n-1개의 상태를 통해 사이클을 행할 것이다. LFSR은 10.5.4절에서 자세히 논의했다. 이것은 비트가 공급되는 것을 표시하는 **지수 다항식**(characteristic polynomial)에 의해 설명된다. **완전 피드백 시프트 레지스터**(CFSR: complete feedback shift register)는 그림 14.19(b)에서 볼 수 있는데 이것은 일부 테스트 상황[Wang86]에서 필요할 수도 있는 0 상태를 포함한다. n비트 LFSR은 $n-1$ 입력 NOR 게이트를 더함으로써 n비트 CFSR로 전환된다. 상태가 0…01에 있을 때 다음 상태는 0…00이다 상태 0…00에 있을 때 다음 상태는 10…0이다. 반면에 순서는 동일하다. 이 외에 $n+1$비트 LFSR의 최하위 n비트는 NOR 게이트의 지연 없이 모두 0 상태를 통해 사이클을 실행하는 데 사용된다.

기호 해석기는 조합 논리 블록의 연속적 출력을 수신하고 이러한 출력의 함수인 **신드롬**(syndrome)을 생성한다. 신드롬은 0으로 리셋되고 나서 각 사이클 상의 출력과 함께 XOR가 된다. 각 비트 내의 결함이 자신을 상쇄시킬 가능성이 없도록 이 신드롬은 각 사이클에서 혼합된다. 테스트 순서의 끝에서 LFSR은 모든 이전 출력의 함수인 신드롬을 포함하고 있다. 이것은 회로가 우량인지 또는 불량인지를 결정하기 위한 올바른 신드롬(우수 논리 상에서 테스트 프로그램을 가동함으로써 유도되는)과 비교될 수 있다. 이 신드롬이 충분한 비트를 포함하고 있다면 결함이 있는 회로가 올바른 신드롬을 생성하는 것은 발생 가능성이 극히 낮다.

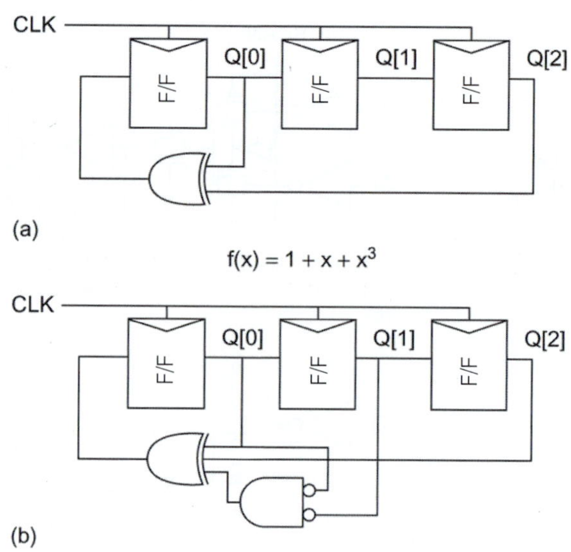

그림 14.19 의사 랜덤 수열 발생기

14.6.3.1 BIST 기호 해독과 스캔 기법의 조합은 BILBO로 알려진 **내장 논리 블록 관측**(built-in logic block observation)[Koenemann79] 또는 **BIST**로 알려진 **내장 자체 테스트**(built-in self-test) 구조를 생성한다. 그림 14.20에서 보여 주는 3비트 BIST 레지스터는 패턴 발생기 및 기호 해석기로서의 역할도 할 수 있는 스캔 가능하고 리셋 가능한 레지스터이다. *C*[1:0]은 동작 모드를 지정한다. 정상 모드(11)에서 모든 플립플롭은 동기적으로 0으로 초기화된다. 스캔 모드(00)에서 플립플롭은 *SI* 및 *SO* 사이의 3비트 시프트 레지스터로서 배열된다. 각 스테이지에 반전(inversion)이 있음을 명심하자. 테스트 모드(01)에서는 레지스터가 의사 랜덤 수열 발생기 또는 기호 해석기처럼 동작한다. 모든 *D* 입력이 낮게 고정되면 *Q* 출력은 조합 논리에 대해 입력의 역할을 할 수 있는 의사 랜덤 비트 순서를 통해 순환된다. 조합 논리 출력으로부터 *D* 입력이 취해지면 현존하는 상태와 함께 혼합되어 신드롬을 생성한다. 요약하면 BIST는 출력 레지스터 내의 신드롬을 처음에 리셋함으로써 실행된다. 그러면 레지스터 양쪽 모두는 테스트 모드 내에 위치하여 의사 랜덤 입력을 생성하고 신드롬을 계산한다. 마지막으로 신드롬은 스캔 체인을 통해 시프트된다.

다양한 회사들이 일반적인 레지스터를 스캔 가능한 BIST 레지스터로 자동적으로 대체하고, 결함 커버리지를 점검하고, 생산 테스트를 위한 스크립트를 생성하는 상업적 설계 보조 패키지를 가지고 있다. 예를 들면 대략 백만 게이트를 포함하는 WLAN 모뎀 칩에, 최고 속도 테스트는 BIST를 사용하면 일 초도 안 걸린다. 이것은 코어 영역에 약 7.3% 오버헤드(하지만 설계가 패드 한정이 되어 있기 때문에 실질적으로 0)를 주지만 99.7%의 결함 커버리지 수준이 가능하다. 이러한 방식으로 설계된 WLAN 모뎀 부품은 첫 번째 실리콘을 받아서 10분 내에 완전한 테스트가 된다. 이러한 종류의 테스트 방법은 제조 테스트 프로그램에서 생산성을 위해 상당히 가치가 있다.

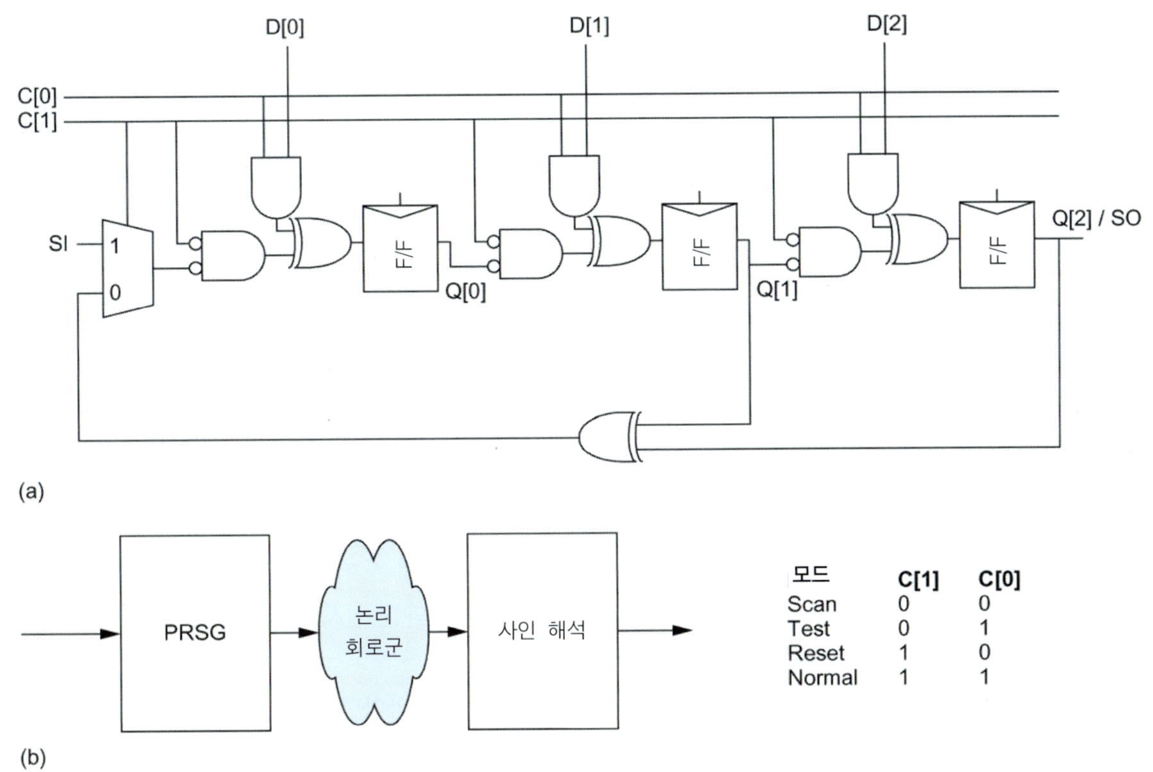

그림 14.20 BIST: (a) 3비트 레지스터, (b) 시스템 내의 사용

14.6.3.2 메모리 BIST 많은 칩에서 메모리는 트랜지스터들의 대부분을 차지한다. 강건한 테스트 방법론은 믿을 만한 부품을 제공하기 위해 적용되어야 한다. 전형적인 MBIST 설계에서, 테스트 동안 메모리에 직접 접근하기 위해 주소, 데이터와 제어 입력에 멀티플렉서가 위치한다. 테스트 동안, 상태 기계는 1과 0이 번갈아 나타나는 체커보드 패턴을 직접 쓰기 위해 이러한 멀티플렉서를 이용한다. 그 데이터는 다시 읽히고 확인되며, 그러고 나서 반대 패턴이 또한 적용되고 확인된다. ROM 시험은 심지어 더 단순하다: 그 내용은 기호 분석기에 읽혀져 신드롬을 생산한다.

14.6.3.3 그 외의 칩 상 테스트 기법들 칩 상 속도는 보통 테스트를 위하여 직접적으로 내부 행동을 관찰하는 것이 어렵거나 불가능할 수 있을 정도로 높다. 설계자는 이 문제를 다루기 위해 칩 상 논리 분석기와 오실로스코프를 포함시켰다[Weinlader00, Lee06, Noguchi07]. 그와 같은 시스템은 일반적으로 데이터 수집, 고속 타이밍 발생기, 아날로그, 또는 디지털 샘플링과 더 낮은 속도로 내려놓을 수 있을 때까지 결과를 저장하기 위한 버퍼를 시작하도록 트리거 신호가 필요하다. 단점은 관찰되기 위한 노드는 설계 기간에 선택되어야 하며 이것들은 문제 회로가 되지 않아야 한다는 것이다. 그럼에도 불구하고 주요 버스와 중요한 아날로그/RF 노드를 탐침으로 조사하는 것은 도움이 될 수 있다. 또한 칩 상 스코프는 전원 공급 잡음[Alon05, Naffziger06]과 클럭 지터[Nose06]의 특징을 파악하는 데 사

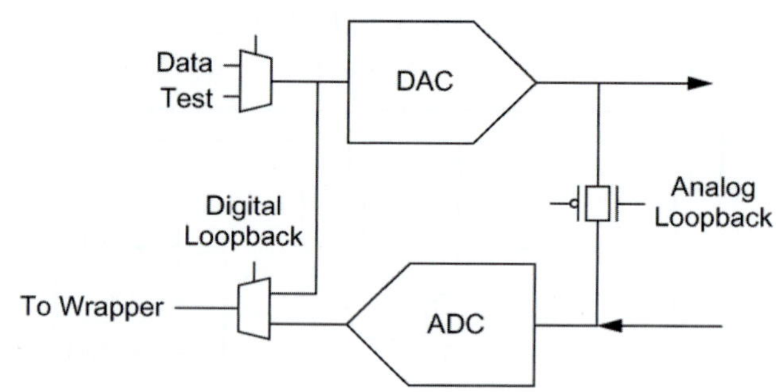

그림 14.21 아날로그와 디지털 루프백

용되고 있다.

아날로그/디지털 변환기 테스트는 ADC의 디지털 출력에의 실시간 접근을 요구한다. 칩 I/O 위의 핀을 재할당함으로써 병렬 디지털 시험 포트를 제공하는 것은 이 테스트를 용이하게 할 수 있다. 만약 이것이 불가능하다면, 칩 상에 '포획 RAM'을 두어 결과를 실시간으로 잡아 분석을 위하여 낮은 속도로 칩 밖으로 전달하게 할 수 있다.

ADC와 DAC 모두가 존재하면, 그림 14.21에 나와 있는 바와 같이 루프백 전략이 사용될 수 있다. 아날로그와 디지털 신호 모두는 폐회로로 되돌릴 수 있다. 통신과 그래픽스 시스템은 그림과 같이 구성될 수 있는 입출력 시스템을 자주 가지고 있다. 아날로그 자체 시험의 수준을 더하기 위해 시스템에 DAC와 ADC를 더하는 것은 종종 가치가 있다.

칩 상 결함 수정 회로를 제공하는 것은 잘못될 수도 있는 모든 것의 관점에서 상당한 상상과 신중을 수반한다. 이는 종종 '방어적 설계'라고 부른다. 오늘날 트랜지스터 개수와 도선 자원은 생각할 수 있는 모든 것을 포함하는 매우 복잡한 결함 수정 도구를 포함하는 것을 가능하게 한다.

14.6.4 IDDQ 테스트

14.5.1.2절에서 브리지 결함이 소개되었다. 브리지 결함에 대한 테스트 방법은 IDDQ 테스트(V_{DD} 공급 전류 정지) 또는 공급 전류 관찰이라 부른다[Acken83, Lee92]. 이것은 상보형 CMOS 논리 게이트가 스위칭을 하지 않고 있을 때 DC 전류(누설을 제외하고)가 흐르지 못하는 사실에 의존한다. 브리지 결함이 발생할 때 입력 조건의 일부 조합에 대해서 측정 가능한 DC I_{DD}가 흐를 것이다. 테스트는 정상 벡터 적용, 필요한 신호 구성, 그러고 난 후 I_{DD} 측정으로 구성되어 있다. 단지 한 개의 게이트만이 잠재적으로 영향을 받는다면 IDDQ 테스트는 매우 민감해져야 한다. 덧붙여서 효율적이기 위해서는 의사 nMOS 게이트 또는 아날로그 회로와 같은 DC 전원을 유인하는 모든 회로가 불능화(disable) 되어야 한다. 또한 동적 게이트도 문제를 일으킬 수 있다. 전류 측정이 늦어지면 테스트는 테스트 시간을 증가시켜서 정상보다 더 늦게(벡터당 1 ms의 순서로) 진행되어야 한다.

V_{DD} 선 상에 유인된 전류를 측정하고 특별히 설정된 테스트 회로를 내부적으로 사용함으로써 칩에 대해 외부적으로 IDDQ 테스트가 완료될 수 있다. 이 기법은 회로 부하가 거의 없이 대량의 간접

관측 가능성을 형성한다. 그러나 하위 문턱(subthreshold) 누설 전류가 증가하면서 하위 문턱 누설 전류 내의 변동이 결함에 의한 전류를 초과하기 때문에 IDDQ 테스트는 효율성이 없어진다.

14.6.5 생산 가능성을 위한 설계

회로는 수율을 높이기 위해 생산 가능성에 대해 최적화될 수 있다. 이것은 수많은 다양한 방식으로 실행될 수 있다.

14.6.5.1 물리적 물리적 수준(예: 마스크 수준)에서 수율 그리고 이에 따르는 생산 가능성은 공정 결함 효과를 감소시킴으로써 향상될 수 있다. 특정 공정에 대한 설계 규칙은 종종 수율을 높이기 위한 지침을 가지게 될 것이다. 다음 목록은 전형적인 것이다.

- 가능하면 전선 사이의 공간을 증가시킨다—이것은 단락 회로를 유발하는 결함의 발생 기회를 줄인다.
- 접점 및 비아 주변의 레이어 겹침(overlap)을 증가시킨다—이것은 비정렬(misalignment)이 접점 구조 내에 수차(aberration)를 일으킬 기회를 감소시킨다.
- 가능하면 한 개 이상의 전선 교차에서 비아의 수를 증가시킨다—이것은 개방 회로의 원인이 되는 결함 발생 기회를 감소시킨다.

점진적으로 설계 도구는 이러한 종류의 최적화를 자동적으로 취급하고 있다.

14.6.5.2 여유도 칩 상의 결함 요소를 보완하기 위해 여유 구조(redundant structure)가 사용될 수 있다. 예를 들면 메모리 배열은 공통적으로 여분 행을 가지고 구성되어 있다. 생산 테스트를 하는 동안 워드 하나가 결함이 있는 것으로 확인되면 메모리는 대신에 예비(spare) 행에 접근하도록 재구성될 수 있다. 레이저 절단된 전선 또는 전기적으로 프로그램 가능한 퓨즈가 구성(configuration)을 위해 사용될 수 있다. 이와 유사하게 메모리가 많은 뱅크가 있고 한 개 또는 그 이상이 결함이 있는 것으로 확인되면 아마도 소프트웨어 제어하에서도 디세이블될 수 있을 것이다.

14.6.5.3 전원 상승된 전원은 금속 이동(metal migration) 결함을 유발할 수 있는 전선 내의 과다 전류 때문에 결함을 유발할 수 있다. 덧붙여서 고전원 장치는 장치 성능을 떨어뜨리면서, 시간에 따라 장치 매개변수 변이(parameter shift)를 유발하면서 다이 온도를 상승시킨다. 생산 가능성의 이러한 요소를 취급하는 방법은 이 교재의 다른 부분에 설명된 설계 기법을 통해 전원을 최소화하는 것이다. 게다가 적절한 패키지 및 히트 싱크가 과도한 열을 제거하도록 선택되어야 한다.

14.6.5.4 공정 스프레드 다른 공정 단계에서도 공정 시뮬레이션이 실행될 수 있다는 것을 보아 왔다. 몬테카를로 분석은 공정 스프레드(process spread)를 위한 더 우수한 모델링을 제공하고 공정 변동 내 설계의 중심을 잡는 데 도움을 줄 수 있다.

14.6.5.5 수율 분석 칩이 수율이 형편없거나 많은 수량으로 생산되려고 할 때 결함의 근본 원인을 찾아내기 위해 수율 분석을 위한 생산 실패 테스트(fail manufacturing test)가 실험실에서 실행되도록 한다. 특정 구조가 결함의 대부분의 원인이 되었다고 판단되면 이 구조의 레이아웃은 다시 설계되어야 한다. 예를 들면 펜티엄 마이크로프로세서에 대해 대량 생산이 크게 증가하는 동안에 길고 얇은 폴리실리콘 선 상에서 실리사이드(silicide)가 갈라져 전선 저항을 증가시킨 것으로 확인되었다 [Needham98]. 이것은 결국 갈라진 칩에 대해 기대치보다 더 느리게 동작을 하도록 했다. 이 레이아웃은 폴리실리콘 전선의 폭을 늘리거나 또는 가능한 곳에서 금속과 함께 잡아 매도록 변형되고 더 높은 고주파에서 수율을 상당히 끌어올리게 되었다.

14.7 경계 스캔

지금까지 개별 칩을 테스트하는 방법에 초점을 맞추어 왔다. 많은 시스템 결함은 개방 또는 단락된 인쇄 회로 기판 흔적 및 불완전한 납땜 접속을 포함하여 보드 수준에서 발생한다. 보드 수준에서는 역사적으로 '네일베드(bed-of-nail)' 테스터가 보드를 테스트하는 데 사용되었다. 이러한 형태의 테스터 내에서 테스트 보드는 보드 상에서 관심 지점을 탐침으로 조사하는 테스트 지점(네일) 세트 상으로 낮추어진다. 이러한 것이 감지되고(관측 가능 지점) 또한 구동되어(제어 가능 지점) 완전한 보드를 테스트할 수 있다. 섀시(chassis) 수준에서는 완전한 보드 세트를 테스트하기 위해 종종 소프트웨어 프로그램이 사용된다. 예를 들면 컴퓨터가 부팅될 때 가능한 오류를 탐지하기 위해 설치된 메모리 상에서 메모리 테스트를 실행할 수도 있다.

증가하는 보드의 복잡도 그리고 표면 실장(mount) 기술(보드 통과 비아의 부재) 같은 기술로의 이동은 시스템 설계자가 보드(그리고 시스템) 수준에서 칩을 테스트하기 위해 **경계 스캔**(boundary scan)이라 부르는 통일된 스캔 기반 방법론에 동조하는 결과를 가져왔다. 경계 스캔은 Joint Test Access Group에 의해 처음으로 개발되었고 따라서 흔히 JTAG라고 부른다. 경계 스캔은 또한 BIST 특징을 제어하기 위한 대중적인 표준 인터페이스가 되어왔다.

IEEE 1149 경계 스캔 아키텍처(boundary scan architecture)[IEEE1149.1-01, Parker03]는 그림 14.22에서 볼 수 있다. 보드 상에서 각 IC 의 모든 I/O 입력 핀은 모든 핀이 스캔 체인을 통해 원격으로 관측되고 제어될 수 있도록 **테스트 접근 포트**(TAP: test access port)를 통해 접근되는 표준화된 스캔 체인 내에서 직렬로 연결되어 있다. 보드 수준에서 표준을 따르는 IC는 직렬로 연결되어 보드 전체 범위에 걸쳐 스캔 체인을 형성할 수 있다. 각 칩의 출력 속으로 값을 스캔하고 IC가 구동하는 칩의 입력에서 이러한 값이 수신되는지 점검함으로써 IC 사이의 연결이 테스트된다. 더군다나 내부 스캔 체인 및 BIST를 가진 칩은 경계 스캔을 통해 그러한 특성에 접근하여 통일된 테스트 골격을 제공한다.

14.8 대학 환경에서의 테스트

산업 환경은 일반적으로 기금 조성이 잘 되어 있고 제품 등급의 테스트에 노력을 기울이는 만큼 적절

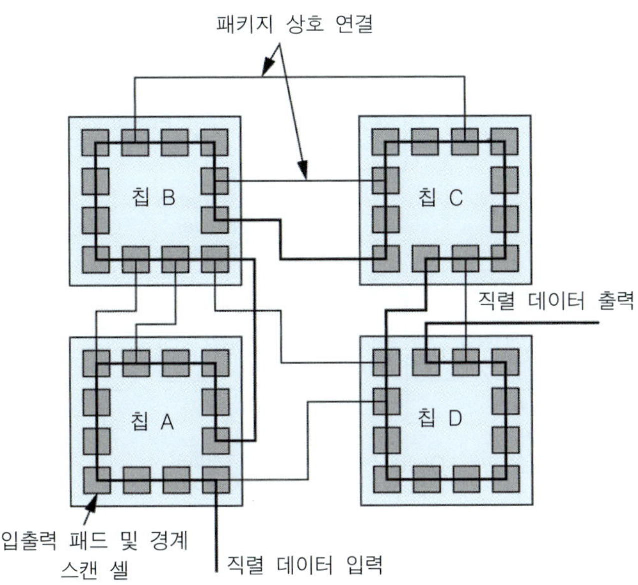

그림 14.22 경계 스캔 아키텍처

한 테스트 도구가 활용 가능하다. 그러나 기반 시설이 산업계만큼 그렇게 풍족하지 않을 때 대학 환경에서는 어떻게 할 것인가? 테스트 도구가 활용 가능하지 않을 뿐만 아니라 테스트 보드 구축 활동이 칩 설계의 최상위에서 기세를 꺾는 여분 작업량이 될 수 있다. 다음은 이러한 상태에서 도움을 줄 수 있는 내용이다.

칩 상의 테스트에 도움을 줄 회로 소자를 포함하도록 그 시간을 취하는 것은 일반적으로 보드 수준에서 이 시간을 추가하는 것보다 훨씬 더 쉽다. 시작 단계에서 대부분의 IC 설계 흐름을 위해 활용 가능한 통합 환경은 설계자가 테스트 회로 소자를 시뮬레이션하는 것을 가능하게 한다. 따라서 이것이 당장에는 작업에 대해 필요 이상이 될 수도 있지만 테스트 회로 소자를 포함하는 것은 칩이 되돌아온 후에 상당한 양의 수고를 절감할 수 있다. 더군다나 칩 상 회로 소자는 종종 매우 비싼 생산 테스트 기계 설비 없이 칩 이외에서는 불가능한 속도에서 테스트할 수 있다. 핵심은 앞서 생각하는 것이다.

경계 스캔과 BIST는 테스트를 매우 단순화한다. 칩이 표준 경계 스캔 인터페이스를 가지고 있다면, 그것은 상업적 경계 스캔 제어기를 이용하는 PC를 사용하여 테스트할 수 있다. 예를 들면 Corelis NetUSB-1149.1/E는 80 MHz까지 스캔 체인을 구동할 수 있다.

BIST가 없을 때에는 칩을 테스트할 수 있는 다양한 방법이 있다. 한 가지는 입력을 위한 스위치 및 출력을 위한 LED를 가진 테스트 보드를 회로 부품판에서 조립을 하거나 도선 랩(wirewrap)을 하는 것이다. 이것은 가장 단순한 칩을 제외하고는 모두에게 지겨운 일이다. 주문 인쇄 회로 기판 테스트 설비는 심지어 더욱 노동집약적이지만 종종 고성능 실험 칩을 위해 필요하다. 또 다른 전략은 패턴 발생기를 가진 논리 분석기를 사용하는 것이다. 이러한 접근 방식은 칩을 유지시키기 위한 특정한 테스트 설비를 필요로 하고 종종 학생을 위한 가파른 학습 곡선을 가지고 있지만 수십 내지 수백 MHz

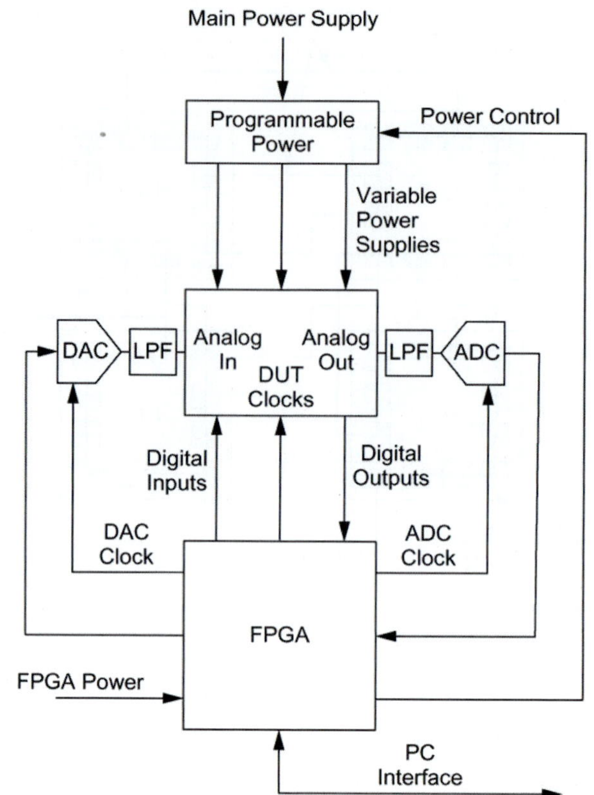

그림 14.23 FPGA 구동형 테스트

에 이르기까지 테스트를 실행할 수 있다. 점점 대중화되는 디지털 칩의 테스트 방법은 큰 FPGA를 포함한 테스트 보드를 설계하는 것이다. FPGA는 테스트 시에 그 칩으로 테스트 패턴을 구동할 수도 있고, 반응을 저장하거나 분석할 수 있다. 그림 14.23은 일반적인 셋업을 보여 준다.

14.9 함정 및 착오

다음의 '전쟁 이야기'는 광범위한 회사의 실제 제품으로부터 수집되고 종종 익명성을 보장하는 조건으로 허락을 받아 발표된 것이다. 이것은 빽빽한 스케줄 상에서 복잡한 시스템을 취급하고 있는 우수한 사람들에게 발생할 수 있는 함정의 일부를 설명하기 위해 제공된다. 능숙한 엔지니어는 이러한 착오로부터 배우고 대부분의 회사는 미래 제품에 가해질 대혼란 이전에 유사한 문제가 반드시 파악되도록 하기 위해 검증 방법을 확장했다. 이러한 것들 중 하나가 당신에게 발생할 수 있을까?

사용 현장에서 예측할 수 없게 정지하는 제품

마이크로프로세서는 몇 년 동안 사용 현장에 있어 왔고 어떤 프로그램이 몇 시간에서 며칠까지의 간격을 가지고 예측할 수 없는 시간에 시스템이 정지하는 원인이 되곤 했다는 보고가 주요 고객으로부터 도착하기 시작했다. 제조사는 무서운 호랑이 팀에게 이 에러를 해결해 줄 것을 약속했다. 이 정지 비율은 전원 전압, 작동 온도 및 클럭 비율에는 영향을 받지 않은 것으로 증명되었다. 이것은 주문 생산 공장(foundry), 제조 기술, 또는 머더보드에 상관없이 칩의 모든 버전 상에서 관측되었다. 결함이 있는 프로그램 모두는 플로팅 포인트 및 정수 연산의 혼합을 포함했다. 어떤 것도 순수하게 정수 코드가 아니었다.

몇 달간의 작업 후에 문제가 프로세서 내의 특정 장치 단위로 분리되었다. 이 시점에서 30명의 엔지니어가 이 문제를 추적하는 데 참여했다. 피코프로브를 사용하는 것은 정지가 발생했을 때 송신을 기다리는 파이프라인 내에 명령어가 고착되어 남아 있었다는 것을 보여 준다. 논리 RTL의 시뮬레이션은 실제 코드를 동작하는 것보다 더 느린 크기의 상태이지만 한 엔지니어는 몇 초 내에 실제 하드웨어 상의 정지를 트리거(trigger)할 수 있는 간단한 테스트 사례를 개발했고 따라서 실질적 시간 동안에 시뮬레이션 내의 결함을 트리거할 수 있었다. 시뮬레이션은 RTL이 흠 없이 동작한다는 것을 보여 주었고 이 RTL과 일치하지 않는 회로 내에 포함된 에러를 암시했다.

이 프로세서 상에서 회로는 '음영 모드(shadow-mode) 시뮬레이션'이라 부르는 기법을 사용하여 TRL에 대해서 검증되었다. 일종의 '회로 이해(circuit understanding)' 도구는 게이트 내부로 트랜지스터 수준의 네트리스트를 구문 분석(parse)을 했고 각 게이트의 논리 기능을 규명했다. RTL의 모듈을 일치하는 추출된 회로로 교환하고 이 시스템이 원형과 일치하는 결과 생성을 점검하기 위해 시뮬레이션을 함으로써 회로가 RLT과 대등하도록 검증되었다. 이 시뮬레이션은 시간 소모적이고 따라서 각 모듈은 일반적으로 기본적인 RTL 검증에 사용되는 수십억 사이클보다는 수만 사이클에 걸쳐서 점검된다.

하강 단계에서 회로를 사용하는 음영 모드 시뮬레이션은 여전히 완벽하게 동작한다. 그러나 한 엔지니어는 대형 회로도를 교차하는 긴 도선이 RC 지연을 감소시킬 수 있도록 양쪽 끝으로부터 구동된다는 것을 관찰했다. 각 끝을 구동하는 신호 *X*1 및 *X*2는 동일하도록 의도되었다(그림 14.24). 이 엔지니어는 그 도선을 분리시키고 양쪽 구동기가 동일한 결과를 생성한 것을 점검하는 실험을 했는데 어떤 테스트 사례에서는 동일하지 못했다. 이것은 도선이 경합(contention)을 경험하고 불확정 논리 값(indeterminate logic value)으로 구동이 되도록 이끌었다. 무효 결과는 다른 논리를 통해 전달되고 프로세서를 정지시켰다. 불행하게도 회로 분석 도구는 양쪽 끝에 대한 논리가 일치했고 에러를 결코 탐지하지 못했다고 부정확하게 결론지었다. 이 도구가 올바르다고 할지라도 원래의 테스트 사례는 결코 다른 결과를 확인하지는 못했을 것이다. 구동기의 단순한 수정은 문제를 해결했지만 많은 장치가 이미 사용 현장에 있었다. 다행스럽게도 논란이 되고 있는 정지 문제를 유발했던 동작을 방지하기 위해 소프트웨어 패치가 개발되었다.

정지는 매우 심각한 문제이지만 틀린 답을 모르고 계산하는 것만큼 심하지는 않다. 이 문제가 수정

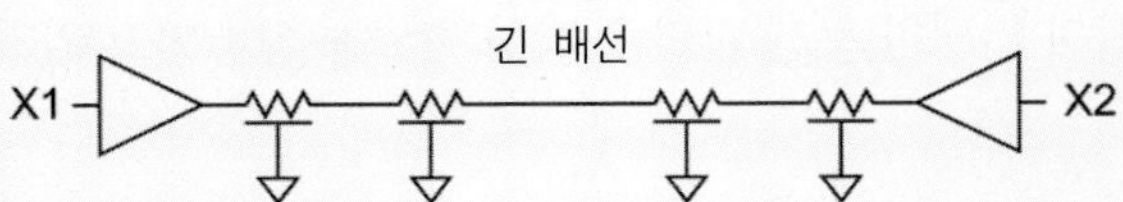

그림 14.24 양쪽 끝으로부터 구동된 긴 도선

된 후에 엔지니어는 그 결함 모드가 기계 장치를 정지시켰지만 부정확한 계산 결과는 결코 가져올 수 없었다는 것을 고객에게 증명하는 데 몇 주를 더 소비했다.

장래에 이러한 문제가 반복되는 것을 피하기 위해 엔지니어는 RTL과 결선도가 그들의 부울 함수(Boolean function) 내에서 동일성을 갖는 것을 증명하는 공식 검증 도구로 방향을 돌려 왔다. 그러한 도구는 불완전 테스트 패턴에는 민감하였다. 그러나 이 도구는 종종 비싸고, 사유적이며, 사용하기 어렵다.

생산 공정이 원숙해진 후에 발생하는 제품 결함

데이터 통신 제품을 설계하는 한 팀은 생산 가동 말기에 있는 특정 마이크로프로세서에 만족하였다. 이 팀은 생산이 정지되기 전에, 일시적으로 생산이 중단된 이 마이크로프로세서 수천 단위를 주문하기로 협의했다. 이 데이터 통신 제품은 성공적이었고 대량으로 선적되었다. 어떤 시간 동안 사용 현장에 있은 후에 주요 고객들로 부터 이 제품이 대형 네트워크 내에서 충돌(crash)하곤 했다는 보고가 들어왔다. 이러한 고객들은 이 충돌에 의해 역으로 영향을 받은 대형 금융, 정부 및 인터넷 서비스 공급자 기관이었다. 이 데이터 통신 회사가 이 문제를 마이크로프로세서의 정지로 분리해 내는 데 여러 주가 걸렸고 그러고 나서 마이크로프로세서 회사의 엔지니어 팀이 쟁점을 조사하기 시작했다.

이 마이크로프로세서 팀은 전위 신호 및 전원 무결성(integrity) 문제를 조사했다. 전원 무결성 문제가 현저하지는 않았지만 쉬무 플롯은 공급 전원에 대해 최소 클럭 주기의 이상 감도(unusual sensitivity)를 보였다. 한 엔지니어는 시스템 보드 상의 전원 조정기에 대한 최근 응용 기록(application note)을 읽었고 이것이 적절하게 우회되지 않으면 발진(oscillation)의 경향이 있다는 것을 알게 되었다. 이 시스템 보드는 그 적용 주석에서 추천한 우회 커패시터가 결핍되었고 따라서 이 엔지니어는 생산 관리자에게 보드에 대한 변동을 제안하는 메모를 기록했다. 이 메모는 이 문제에 대한 해답처럼 잘못 이해되었고 고객들은 수정이 진행 중인 것으로 통보를 받았다. 불행하게도 더 많은 테스트가 조정기를 우회하는 것이 그 충돌을 수정하지 못했다는 것을 보여 주었다.

시스템은 충돌했을 때 그 상태를 코어 파일에 기록했다. 한 엔지니어가 이 파일의 16진수 덤프를 읽기 시작했고 이 충돌을 해결하도록 이끄는 패턴을 발견했다. 이 패턴은 8-방향 결합 명령어 캐시(associative instruction cache) 내의 많은 뱅크로의 동시 접근과 연관되어 있었다. 이 캐시는 각 뱅크와 연관된 퓨즈를 가지고 있어서 불량 블록을 포함하는 뱅크는 생산 테스트 동안 디세이블될 수 있었다. 원래의 제품 결함 수정을 하는 동안에 생산 공정은 상대적으로 덜 원숙했고 대부분의 프로세서는 단지 다섯 개의 동작 캐시 뱅크만 가지고 있었다. 그러나 생산 가동 말기에 생산된 프로세서는 더 원숙한 공정 상에서 구성되었고 종종 모두 여덟 개의 뱅크가 동작했다. 이 모든 뱅크로의 동시 접근은 V_{DD} 평면에 대한 접촉 결핍에 의한 과다 IR 강하로부터의 전원 공급 약화를 가져오면서 신호 무결성 문제를 자극했다. 해답은 시스템 시작에서 뱅크 세 개를 디세이블하도록 소프트웨어 변동을 주는 것이었다.

더 우수한 전원 공급 분석이 이러한 문제 반복을 피하기 위해 실행되고 있다.

낭비성 스핀

한 마이크로프로세서가 테이프아웃되었고 거의 완전 작동으로 돌아왔다. 미미한 변동이 레이아웃에 가해졌고 더 많은 문서화가 이루어졌다. 그러고 나서 두 번째 개정판[그 칩의 두 번째 스핀(spin)이라고 부르는]이 테이프아웃되었다. 이 두 번째 개정은 전원과 접지 사이의 단락으로 완전히 동작 불능으로 되돌아갔다. 폴리실리콘 층을 생산하는 동안의 광학 검사는 칩 상에서 필드 산화물이 없음을 보여 주었다.

마스크 검사는 활성 영역 마스크가 단지 트랜지스터가 속한 장소보다는 칩 전체에 대한 활성 영역(즉 확산)을 지정했다는 것을 보여 주었다. 레이아웃 도구는 각 층—활성 영역 또는 금속1—에 유일 수(unique number)를 배정했다. 그러나 활성 영역 층에 대한 레이아웃이 정확하다고 할지라도 마스크는 그 활성 층과 일치하지 않아 보였다.

레이아웃 문서는 기능 블록을 표시하기 위해 직사각형 및 텍스트를 넣음으로써 비사용 층 상에서 주석화되었다. 더 큰 직사각형은 칩 전체 영역을 정의했다. 마스크 생성 소프트웨어의 조심스러운 추적은 몇 년 전 '비사용(unused)' 층이 활성 영역을 위해 사용되었다는 것과 문서 직사각형이 참 활성 영역과 병합되어 칩 전체를 포괄하는 활성 윤곽을 형성하였다는 것을 발견하였다.

또한 다른 사업자로부터 또 다른 마이크로프로세서가 처음 구성되었을 때 결함이 발생했다. 다이의 육안 검사는 캐시 전체가 소실되어 있음을 보여 주었다. 이 캐시는 이미 별도로 점검되었기 때문에 최종 검증에 박차를 가하기 위해 설계 데이터베이스로부터 제거되었다. 한 엔지니어는 테이프아웃 이전에 다시 되돌려 넣는 것을 잊었다.

이러한 낭비성 제작 가동 모두는 설계 및 마스크 제작 설비 모두에 더욱 엄격한 검증 방법을 사용하여 피할 수 있었다. 이 설계자에 의한 데이터세트 크기의 검정(validation)은 그 소실 외형을 찾아냈을 것이다. 산업 표준 마스크 데이터베이스 검사 도구의 사용은 마스크 설정 후에 에러를 찾아냈을 것이다. 과거에 테스트를 위한 적절한 수의 부품 제작은 설계 비용의 작은 부분이었고 마스크 및 웨이퍼 제작 비용의 단계적 상승과 함께 이러한 오류는 수백만 달러에 이를 수 있다. 시장에 대한 여분의 시간 또한 큰 기회 비용이 있다.

고전압 저주파에서 동작하는 칩

실리콘 결함 수정을 하는 동안 운영 체제를 부팅하면 마이크로프로세서는 저전압에서 예측한 대로 작동했다. 고전압에서 이 부분은 저주파수에서 동작했다. 고전압 최상부는 결함이 고전압 작동과 연관된 빠른 에지 비율로 악화되는 전위 결합 문제의 표시이다. 테스트 사례는 이 문제가 어떤 명령어가 실행되었을 때 레지스터 파일의 부정확한 작동으로부터 유발됐다는 것을 밝혀냈다. 설계자가 스캔 래치를 검사했을 때 올바른 0 값이 쓰기를 위해 레지스터 파일로 송신되었지만 올바르지 않은 1이 읽기가 되었다는 것을 발견했다. 이것은 읽기 또는 쓰기 작동 둘 중 하나가 고전압에서 결함이 있다는 것을 표시했다. 고전압에서 한 작업을 또한 저전압에서 다른 작업을 시도함으로써 이 문제가 쓰기 경로 내에 있다는 것을 증명했다.

그림 14.25에서 레지스터 파일 쓰기 회로 소자의 회로도를 볼 수 있다. 이 레지스터 파일은 데이터에 따라 조건부로 높게 올려진 선방전된 쓰기 비트 라인(bitline)을 사용한다. 적절한 셀이 일치하는 쓰기 접근 트랜지스터를 ON함으로써 쓰기가 된다. 이 레지스터 셀은 비트라인 상의 값이 셀을 제압하고 적절한 값 쓰기를 할 수 있도록 고의적으로 불안정하다. 약한 키퍼는 0 쓰기를 할 때 금속2 비트 라인을

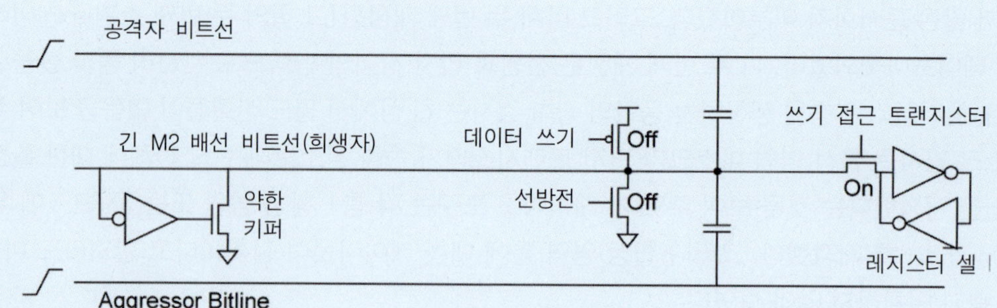

그림 14.25 레지스터 파일 쓰기 회로

유지한다. 그러나 레지스터 파일이 크고 키퍼는 데이터 레지스터로부터 반대 끝에 있다. 길고 좁은 도선의 저항은 비트 라인 상의 잡음에 대해서 키퍼의 효과를 감소시킨다.

이웃한 비트 라인이 높게 스위칭될 때 이들은 희생자 라인(victim line) 상으로 결합하고 이것을 높게 올리는 경향이 있다. 이 공격자(aggressor)가 너무 큰 결합 잡음을 도입하면 이 회로에는 결함이 발생한다. 고전압에서 이 공격자 구동기는 더 강해지고 희생자에 대해 순간적 이상의 원인이 된다. 저전압에서 키퍼는 이 희생자를 낮은 수준에서 복원하기에 충분하다.

자동화된 잡음 점검 장비에 의해 설계 동안에 결합 문제가 약해졌다. 그러나 이 도구는 보존적이고 레지스터 파일 영역은 상당히 증가했을 것이다. 이 비트 라인이 도구를 만족시킬 수 있도록 떨어진 공간이 충분히 있었다. 따라서 한 설계자는 SPICE 시뮬레이션의 과도한 결합을 점검했다. 이 시뮬레이션은 외형적으로 결함을 유발하는 환경의 결합을 모델링했다. 두 번째 엔지니어는 잡음 점검기 경고를 잠시 보류했던 모든 회로를 비교 검토 했으나 또한 과다 결합을 발견하지 못했다. 결합에 대해 대항하도록 두 번째 키퍼를 쓰기 데이터 레지스터 근처에 놓는 것으로 해결되었다.

다른 흥미로운 쉬무

실리콘 결함 수정 동안에 한 프로세서가 그림 14.26의 쉬무에 나와 있는 전압 및 주파수의 특이 범위(peculiar range)에 걸쳐서 단지 올바르게 동작했다.[1] 캐시를 시험하는 테스트 코드는 캐시로부터 읽기가 되는 불량 데이터에 의해 결함이 발생했다는 것을 밝혔다. 스캔은 그림 14.27에 나와 있는 바와 같이 전역 비트 라인의 한 개를 선택하는 동적 멀티플렉서로 이 문제를 분리시켰다.

이 멀티플렉서 입력은 동적 금속3 전역 비트 라인 및 일치하는 선택 신호의 NOR이었다. 금속4 선택 라인은 이미 있었고 동적일 필요가 없지만 어쨌든 동적 노드로서 구현되었다. 동적 멀티플렉서 내의 모든 트랜지스터는 멀티플렉서 출력을 높게 두면서 이러한 특정 테스트 사례에서 OFF로 남아 있도록 되어 있었다.

멀티플렉서의 한 출력은 전역 비트 라인 상에서 하위 값을 가지고 있었지만 보이는 바와 같이 선택되지는 않았다. 따라서 이 트랜지스터는 OFF가 되어 있어야만 했다. 그럼에도 불구하고 이 멀티플

[1] 이러한 형태의 쉬무는 때로 **비행접시**(flying saucer)라고 부른다.

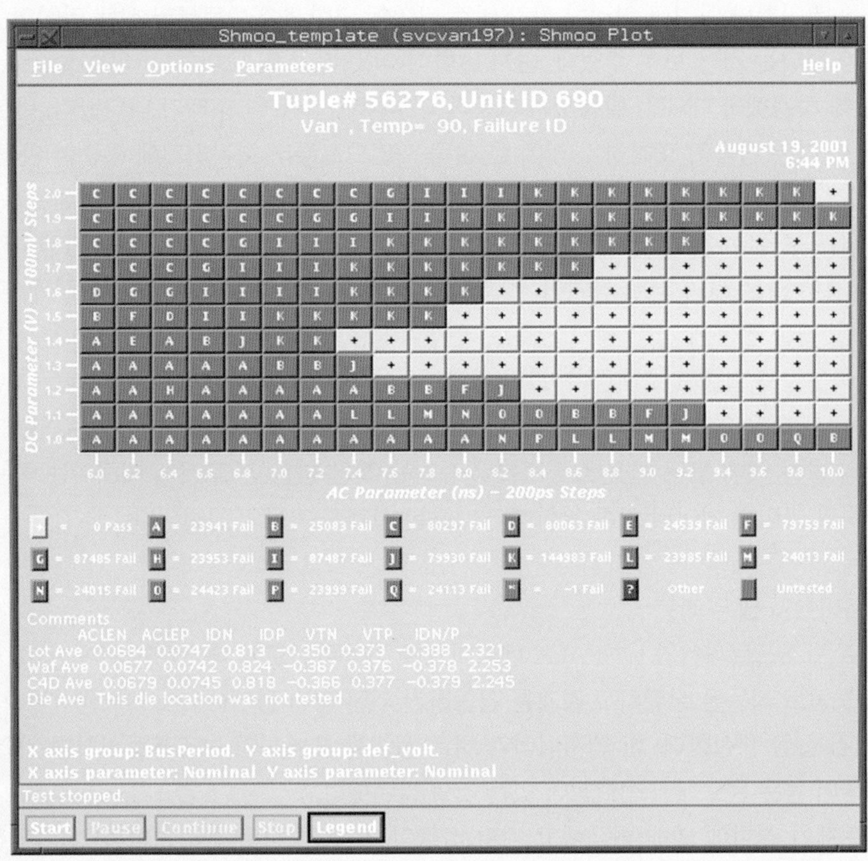

그림 14.26 비행접시 쉬무

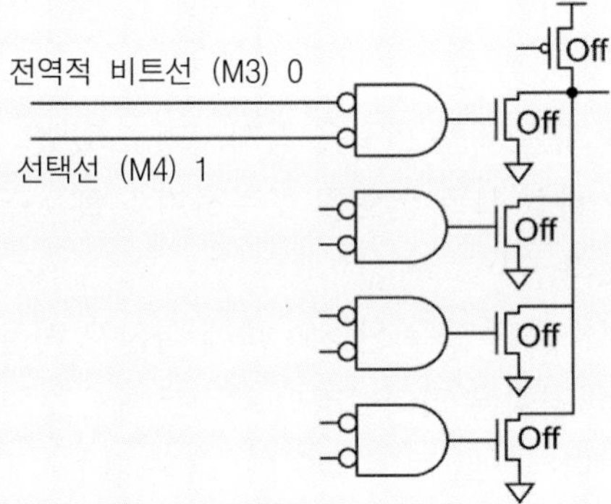

그림 14.27 동적 비트 라인 멀티플렉서

렉서의 출력은 올바르지 않게 방전되었다. 선택 라인의 한 이웃은 접지였고 다른 이웃은 낮게 하강했다. 단일 이웃으로부터의 결합은 일반적으로 잡음 결함을 유발하는 데 충분하지가 않다. 그러나 많은 전역 비트 라인은 선택 라인의 최상부에 걸쳐 동작했고 또한 낮게 하강했다. 레이저 전압 탐침은 외형적으로 이웃한 라인뿐만 아니라 이러한 하강 비트 라인에 의한 결합으로부터 선택 라인이 올바르지 않게 낮게 이끌어졌다는 것을 보여 주었다. 단지 결합이 이웃 라인 및 오버헤드 라인(overhead line) 모두가 거의 동시에 하강했을 때에만 발생했기 때문에 이 쉬무의 기묘한 형태가 나타났다. 반면에 선택 라인 상의 키퍼는 다른 잡음이 도착하기 전에 한 잡음 사건으로부터 회복하기에 충분할 만큼 강했다. 비트 라인 및 제어 경로가 다르기 때문에 잡음 사건은 단지 어떤 전압에서만 동시에 발생했다.

잡음 분석 도구들은 주로 이웃을 확인하는데, 이웃한 하나의 스위치는 오류를 발생시키는 데 불충분하다. 이런 경우 많은 전역 비트 라인이 선택 도선 위를 지나가 그 결합이 무시 못하게 된다. 그 문제는 선택 도선을 결합 잡음에 강한 정적 신호로 바꿔 수정할 수 있다. 보다 나은 잡음 분석기는 동적 네트의 위아래 이웃들의 결합도 고려한다. 그러나 그러한 수직적 이웃들은 종종 레이아웃 계층구조의 서로 다른 수준에서 직교 이웃을 끌어오기 때문에 이들에 대한 정보를 추출하는 것은 어렵다. 더군다나 가능한 최악의 방향 내에 모든 이웃 스위치를 가정하는 것은 항상 긴 도선에 대해서는 비관적이다. 그럼에도 불구하고 그러한 데이터 의존 결합 메커니즘은 설계자 악몽의 근원이다.

저온에서의 올바르지 않은 작동

플로팅 포인트 보조프로세서가 LINPACK 벤치마크를 가동함으로써 테스트되었다. 이 벤치마크는 일련의 플로팅 포인트 작동을 실행하고 결과를 검증하기 위한 점검 합(checksum)을 생성한다. 이 칩은 때때로 틀린 점검 합을 생성한다. 한 엔지니어가 히트 싱크를 제거하여 보조프로세서를 가열했고 이 보조프로세서가 더 높은 온도에서 신뢰성이 있는 것을 발견했다.

이것은 문제가 결합에 의해 발생했고 에지 비율이 더 빠른 저온에서 일반적으로 더 심각한 것을 암시했다. 빽빽한 피치(pitch) 상에서 배치된 많은 도선을 가진 긴 칩 상 버스로 에러가 추적되었다. 이 도선이 결합 잡음을 따르기는 하지만 임계 경로 상에는 없고 올바른 값으로 정착시키는 데 아주 많은 시간이 있어야 했다. 불행하게도 이들은 래치의 확산 입력을 구동했다. 누화가 $-V_t$ 아래로 입력을 구동했을 때 통과 트랜지스터를 ON하고 그 래치를 올바르지 않게 방전하고는 했다(8.3.9절 참조).

플로팅 포인트 단위 결함은 돈벌이가 되는 제품 선적을 중지시키고 있었다. 수정된 보조프로세서가 제작되고 있는 동안 구형 제품 단위가 최소 작동 온도를 보증하기 위해 사용되는 추가된(bolt-on) 항온기/가열기와 함께 제품 내에 선적되었다.

이러한 경험이 주는 분명한 교훈은 가능하면 잡음 신호와 함께 확산 입력을 구동하는 것을 피하라는 것이다. 그러나 더욱 근본적으로 이러한 결함은 라이브러리 재검토에서 포착되어야 했던 셀 라이브러리의 한계적 설계(marginal design)를 시험적으로 보여 주었다. 더군다나 사람은 원초적으로 실수를 저지른다. 비잡음 확산 입력 같은 전기적 규칙은 잡음 확산 입력을 강요하는 컴퓨터 코드가 존재하지 않는 한 인쇄된 종이만큼의 가치도 없다.

기대 이하로 느린 성능

한 특정 용도 주문형 집적회로(ASIC: application-specific integrated circuit)가 제3자 게이트 어레이 생산자에 의해 게이트 어레이 상에서 제작되었다. 정적 타이밍 해석은 이 칩이 충분히 빠르게 동작하고

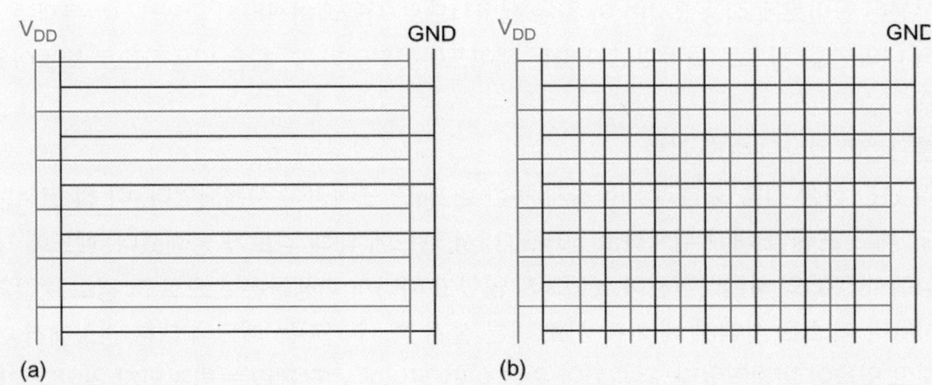

그림 14.28 전원 공급 네트워크

있는 것을 발견했고, 생산자는 칩 대부분이 원하는 주파수에서 작동하지 않고 대신에 출력을 약 20% 낮추어야 했다는 것을 알아냈다.

이 설계자는 예상치 않게 느린 성능의 원인을 찾고자 다이 플롯을 검사했다. 이 플롯은 수평 전원 및 접지선이 그림 14.28(a)에 나와 있는 바와 같이 단지 칩의 에지를 따라서 묶여 있다는 것을 보여 주었다. 일부 게이트 행은 이들의 전원선을 따라서 커다란 IR 강하를 유발하면서 상당한 전원 양을 소비했다. 측정 결과는 명목상 3.3 V 전원 공급에도 불구하고 전원 공급이 때때로 2 V 아래로 약해졌다는 것을 보여 주었다. 그림 14.28(b)에 나와 있는 바와 같이 광범위 수직 전원 공급 스트랩이 추가되었을 때 칩 대부분은 속도 목표치를 달성했다.

현대의 칩은 저저항 칩 상 전원 분포 네트워크를 필요로 하고 패드 및 게이트 사이의 길이 및 저항을 감소시키기 위해 단지 주변에서보다는 다이를 가로질러 분포된 전원 및 접지 패드를 종종 사용한다. 정적 또는 동적 전압 약화가 칩 상의 모든 범위에서 그들의 예산 내에서 유지되는지 검증하기 위해 전원 집적도 분석이 실행되어야 한다.

등급 칩 결함

한 저자는 수많은 등급 프로젝트 칩을 관리해 왔다. 칩이 부분적으로 또는 완전하게 비동작으로 되돌아왔던 이유의 일부는 다음과 같다.

- 불충분한 시뮬레이션

  한 링 발진기가 테스트 구조로서 칩 상에 놓여져 칩의 나머지 부분이 작동하지 않는다 할지라도 그 하드웨어가 최소한 부분적으로 동작했다는 것을 검증했다. 이것은 발진하지 않았다. 이것은 '너무 단순(too simple)' 했기 때문에 시뮬레이션되지 않았다. 결함 수정을 하는 동안의 검사는 발진기가 짝수 개의 인버터를 가지고 있다는 것을 발견했다.

  또 다른 칩이 결함 발생 시뮬레이터를 가진 새로운 CAD 도구를 가지고 설계되었다. 칩의 대부분은 올바르게 작동했지만 이 칩은 전반적으로 시뮬레이션하지 않았다. 이 문제는 시뮬레이터 내의 결함 탓으로 돌려졌고 어쨌든 테이프아웃되었다. 이 칩은 비동작으로 되돌아왔다.

- 불완전한 최상위 수준 검증

일 년간 정상 검증 흐름과 대등하지 못한 한 패드 프레임이 사용되었다. 이 칩 코어는 검증되고, 패드 프레임 내에 위치하고 그러고 나서 패드에 대해 경로가 정해졌다. 패드에 대한 연결 상에서 DRC와 시뮬레이션이 실행되지 않았고 따라서 학생들은 손으로 그 경로를 주의해서 조사했다. 테스트 상에서 네 가지 서로 다른 설계 중 세 가지는 패드에 대한 경로에서 에러를 가지고 있음이 발견되었다. 검증되어 왔던 어떤 코어에서도 에러는 발견되지 않았다. "테스트를 하지 않으면 작동하지 않는다(보증)!"

— 배치 데이터가 칩 내부로 스캔 되면서 스캔 데이터 출력 라인이 0으로부터 절대로 움직이지 않았기 때문에 신경망(neural network) 칩은 결함이 있는 스캔을 가지고 있는 듯했다. 테스트 결과는 스캔 체인의 마지막 비트 내를 제외하고는 이 칩이 올바르게 배치되었다는 것을 발견했다. 이 레이아웃의 검사는 스캔 데이터 출력 라인(스캔 체인의 마지막 비트로부터 온)이 패드로 경로가 정해지는 동안 접지로 단락되었음을 밝혔다.

— 캐리 예측(carry-lookahead) 가산기는 어떤 입력 패턴 상에서 올바르지 않은 결과를 생성했다. 최소 유효 비트는 항상 정확했다. 이 레이아웃 검사는 A[4] 입력이 길 대부분의 패드로부터 코어로 경로가 정해지게 되었지만 도선의 일부는 소실되고 있다는 것을 발견했는데 아마도 설계자가 경로를 끝낸 후에 우연히 UNDO를 눌렀기 때문일 것이다.

— 한 GPS 탐색기 칩은 그 칩이 기본 동작성을 보였다는 것을 증명하기 위해 한 쌍의 핀에 연결된 인버터를 가지고 있었다. 출력은 낮게 고착되었다. 이 레이아웃의 검사는 입력이 출력 패드로 또한 출력은 입력 패드로 부가된 것을 밝혀냈다. GPS 탐색기 자체는 완전히 동작했다.

이러한 것들 중 일부는 등급 상황을 대표할 수 있는 반면에 부분 결함에 대한 동일한 형태의 이유가 또한 산업 칩을 괴롭힐 수 있다. 특별히 시간 규모가 강조될 때 경계 조건은 때때로 무시되고 이것은 칩이 제작될 때 문제 발생으로 이끌게 된다. 일단 알려진 우수 패드 프레임, 최상위 수준 DRC 및 안전 칩 시뮬레이션을 포함하는 위치에 우수한 검증 방법론이 놓이게 되면 학생들은 등급 칩 상에서 100% 성공률을 가지게 된다.

요약

이 장은 CMOS 칩 테스트의 중요한 쟁점을 요약했고 설계의 시작으로부터 칩으로 테스트 조건을 포함시키는 방법 일부를 제공했다. 직접적 신호 탐침 기법은 극히 어렵기 때문에 이제 스캔은 레지스터를 관측하고 제어하기 위한 필수적인 기법이다. 동작 검증 및 제조 검증 모두를 위한 적절한 테스트 쓰기의 중요성은 강조해야 한다. 이것은 아마도 어떤 CMOS 칩 설계 사이클에서도 단 하나의 가장 중요한 활동이 되고 어떤 설계 방법론이 사용되는지 상관없이 일반적으로 항상 오랜 시간이 걸린다. 이 장을 끝내고 난 후 마음에 새길 메시지 하나는 칩 프로젝트를 둘러싼 테스트 활동에 대해 절대적으로 엄격해야 하고 어떠한 설계상의 교환에 대해서도 제일 앞서야 한다는 것이다.

연습문제

14.1 사용 중인 공정 능력을 혹사시키는 여덟 개의 주파수 분할기(divider)에 의한 극히 빠른 분할을 설계해야 한다. 이때 이 분할기를 테스트하는 데 채택해야 할 테스트 전략은 무엇인가? 자신의 선택에 대한 이유를 설명하시오.

14.2 그림 14.17에서 요약한 바와 같이 트랜지스터 카운트를 최소화하지만 병렬 스캔이 구현되도록 하는 레지스터를 설계하시오.

14.3 의사 랜덤 수열 발생기(PRSG)가 16비트 데이터 경로를 테스트하는 데 어떻게 사용될 수 있는지 설명하시오. 이 출력은 어떻게 수집되고 점검되는가?

14.4 4K×32 정적 RAM에 대한 테스트 발생기의 블록 다이어그램을 설계하시오.

14.5 용어 '쉬무'의 유래를 조사하시오.

14.6 5달러가 소요되는 패키지 내에 들어 있는 대형 다이(1 cm×1 cm)를 테스트 해야 한다. 이때 웨이퍼 테스트를 할 것인가? 한다면 이유는 무엇인가?

14.7 검증 스크립트는 황금 모델과 400,000개 벡터로부터 나온 자신의 설계 사이의 단일 불일치(single discrepancy)를 탐지한다. 이런 경우 제작을 진행하겠는가? 자신의 결정에 대해 설명하시오.

14.8 S-A-1 결함 및 S-A-0 결함이 무엇을 의미하는지 설명하시오.

14.9 CMOS에서 순차적 결함이 어떻게 발생되는가? 예를 드시오.

14.10 CMOS 상에서 발생할 수 있는 서로 다른 종류의 물리적 결함을 설명하고 이들을 일반적 회로 오동작과 관련시켜 보시오.

14.11 조정 가능성, 관측 가능성 및 결함 커버리지 항목을 설명하시오.

14.12 테스트 벡터 세트에 대한 높은 결함 커버리지를 갖는 것이 중요한 이유는 무엇인가?

14.13 직렬 스캔(serial-scan) 테스트가 어떻게 구현되는지 설명하시오.

14.14 내장 자체 테스트(BIST)의 원칙을 설명하시오. BIST의 장점과 단점은 무엇인가?

14.15 한 회로가 원하는 주파수에서 작동하지 않는다. 냉각 스프레이로 이 회로를 냉각해서 문제를 고친다. 쉬무는 이 회로가 명목상 V_{DD}보다 더 높은 값에서 올바르게 작동하는 것을 보여 준다. 가능성 있는 문제의 일반적 본질은 무엇이고 그 이유는 무엇인가?

제조 공정 15

15.1 서론

1장은 기본 CMOS 공정 단계들에 대해 요약했다. 이러한 단계들은 이 장에서 계속 확대된다. 가능한 곳곳마다 공정 세부 사항은 CMOS 회로들 및 시스템들이 설계되는 방식과 관련되어 있다. 현대식 CMOS 공정은 복잡하고 이 공정의 세세한 모든 사항들이 이 책의 범주 내에서 다루어지는 것은 아니지만 기초 개념들에 초점을 둘 것이다.

설계자들은 자신들이 트랜지스터가 어떻게 만들어지는지에 왜 두어야 하는지 궁금할 것이다. 많은 경우에 설계자들이 물리 공정을 이해한다면 이들은 내재하는 설계 규칙들에 대한 이유를 이해하고 차례로 이 지식을 더 우수한 설계를 만들어 내는 데 사용할 것이다. 일부 까다로운 칩들의 결함을 수정하고 수율을 향상시킬 때 제조 단계들을 이해하는 것이 또한 중요하다.

제조 공장, 즉 **팹**(Fab)은 건설하고 작동하는 것이 엄청나게 비싸다. 반도체 산업의 초창기에는 소수의 영리한 물리학자와 엔지니어들이 저렴한 비용으로 산업 빌딩에 제조 설비를 세울 수 있었고, 대부분의 회사는 스스로 제조를 했다. 지금은 300 mm 웨이퍼를 처리하는 45 nm 공정의 비용이 약 30억 달러에 달한다. 그 기술의 기초가 되는 연구와 개발에는 또 다른 24억 달러가 든다. 세계적으로 소수의 회사만이 그러한 큰 투자를 감당할 만한 판매량을 가지고 있다. 심지어 이러한 회사들조차도 기술 개발 비용을 그들의 시장 경쟁자와 공유하기 위해 컨소시엄을 형성하고 있다. TSMC, UMC, Chartered, 그리고 IBM과 같은 일부 회사는 **주문 생산 공장**(foundry) 모델을 갖고 무설비 반도체 회사에 그들의 제조 공장의 일부를 대여한다. 그림 15.1은 IBM의 East Fishkill 300 mm 제조 공장에서 동굴과도 같은 클린 룸에 있는 작업자와 기계 장치를 보여 준다.

순수한 또는 **본질적**(intrinsic) 상태에서의 실리콘이 컨덕터와 절연체 사이의 어딘가에 벌크 전기적 저항을 가지고 있는 반도체라는 것을 상기하자. 실리콘의 전도성은 **불순물**(impurity) 원자를 실리콘 결정 격자에 다양한 크기로 도입함으로써 형성될 수 있다. 이러한 투입물은 자유 전자 또는 정공을 공급할 수 있다. 전자를 다 써 버린 붕소와 같은 III족의 불순물 원소는 실리콘 전자의 일부를 받아들이고 정공을 남기기 때문에 **수용체**(acceptor)로서 언급된다. 마찬가지로 비소나 인과 같은 V족 **공여체**(donor) 원소는 전자를 제공한다. 대부분의 공여체를 포함한 실리콘은 **n형**(n-type)으로 알려진 반면에

그림15.1 IBM, East Fishkill, NY 제조 공장

대부분의 수용체를 포함한 실리콘은 **p형**(p-type)으로 알려져 있다. n형과 p형이 접합될 때, n형에서 p형으로 변하는 실리콘의 영역은 **접합**(junction)으로 불린다. 일정한 물리 구조에서 접합을 배열하고 그들을 도선 및 절연체와 결합함으로써 다양한 반도체 장치를 구성할 수 있다. 수년에 걸쳐, 실리콘 반도체 공정은 이러한 접합과 절연성 그리고 전도성 구조물을 구축하기 위한 복잡한 기법을 발전시켰다.

이 장은 상업적 65 nm 제조의 일반적인 공정 특성의 단계들로 시작한다. 또한 특정 응용에 이로운 다양한 공정 향상을 조사한다. 이 장은 레이아웃 설계 규칙을 좀 더 상세히 검사하고, 설계 규칙 점검과 같은 레이아웃 CAD 문제를 논의한다.

15.2 CMOS 기술

CMOS 처리 단계는 크게 두 부분으로 나눌 수 있다. 트랜지스터는 **선행라인**(FEOL: front-end-of-line) 단계에서 형성되고, 도선은 **후행라인**(BEOL: back-end-of-line) 단계에서 구축된다. 이 절은 제조 공정의 양쪽 단계를 통하여 이용된 단계를 조사한다.

15.2.1 웨이퍼 형성

CMOS 반도체 공정에서 사용되는 기본 물질을 **웨이퍼**(wafer) 혹은 실리콘 원판(disk of silicon)이라 하는 데, 이들은 보통 지름이 75 mm와 300 mm(12″—큰 접시!) 사이이고, 두께는 1 mm 이하이다. 웨이퍼는, 순수하게 용융된 다결정 실리콘이 담겨 있는 도가니(crucible)로부터 끌어당겨져서 성장된 단결정 실리콘 봉(silicon ingot)을 절단하여 만들어진다. 이것을 **초크랄스키 방법**(Czochralski method)이라 하는데, 현재 단결정 물질을 만드는 데 가장 널리 사용되는 방법이다. 원하는 전기적 특성을 갖는 결정을 만들어 내기 위해서 적절하게 제어된 양의 불순물이 도가니에 첨가된다. 결정의 방향은 단결정의 성장을 시작하게 만드는 종자 결정(seed crystal)에 의해서 정해진다. 용융되어 있는 물질은 흑연 방열체(graphite radiator)로 둘러싸인 석영 도가니(quartz crucible)에 담겨 있다. 흑연 방열체는 무선 주파수 유도(radio frequency induction)에 의해서 가열되고, 그 온도는 실리콘의 용융점보다 몇 도 정도 높게(1425°C) 유지된다. 용융물 위의 대기는 실리콘의 산화를 막기 위하여 보통 헬륨(helium)이나 아르곤(argon)으로 채워져 있다.

그림 15.2에 나와 있는 것처럼, 종자는 점차 용융물로부터 회전하면서 수직 방향으로 물러난다. 용융된 다결정 실리콘은 종자의 끝을 녹이고, 종자가 물러나면 결빙이 시작된다. 실리콘 봉이 성장하는 속도는 시간당 30~180 mm 정도이다.

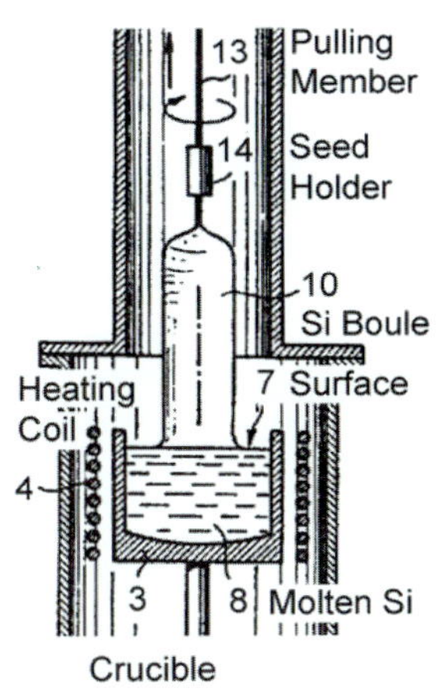

그림 15.2 실리콘 결정 증식을 위한 초크랄스키 시스템 ([Schulmann98]에서 인용)

15.2.2 포토리소그래피

불순물, 폴리실리콘, 금속 및 접촉의 영역들은 마스크들을 사용하여 정의된다. 예를 들면 마스크로 덮인 장소들에서 이온 주입이 발생하지 않거나, 유전체나 금속 레이어가 손상되지 않은 채 남아 있을 수도 있다. 마스크가 없는 영역에서는 주입이 발생하거나, 유전체나 금속이 식각되어 나갈 수 있다. 패턴 형성(patterning)은 글자 그대로 '빛을 사용하여 돌에 사진들을 새겨 넣는 것'을 의미하는, 그리스어 *photo*(빛), *lithos*(돌), 그리고 *graphe*(사진)로부터 유래한 **포토리소그래피**(photolithography)라고 부르는 공정에 의해 달성된다. 웨이퍼 상의 흥미로운 영역들(예: 재료가 있기를 원하거나 또는 없기를 원하는 장소)을 정의하기 위한 기본 방법은 **포토레지스트**(photoresist)들을 사용하는 것이다. 웨이퍼는 포토레지스트로 코팅되어 있고 **포토마스크**(photomask)를 통한 선택적 조광에 따른다. 포토레지스트의 초기 패턴 형성 이후에 다결정 실리콘, 실리콘 산화물, 또는 실리콘 질화물 같은 다른 장벽 레이어들이 칩 상의 물리적 마스크들로서 사용될 수 있다. 이러한 구분은 이 장이 진행되면서 더 현저하게 드러날 것이다.

포토마스크는 크롬(chrome)으로 덮인 석영 유리로 구성된다. UV 광원은 포토레지스트에 빛을 노출시키기 위해 사용된다. 그림 15.3은 이 리소그래피 공정을 도식화하고 있다. 포토마스크는 빛이 차

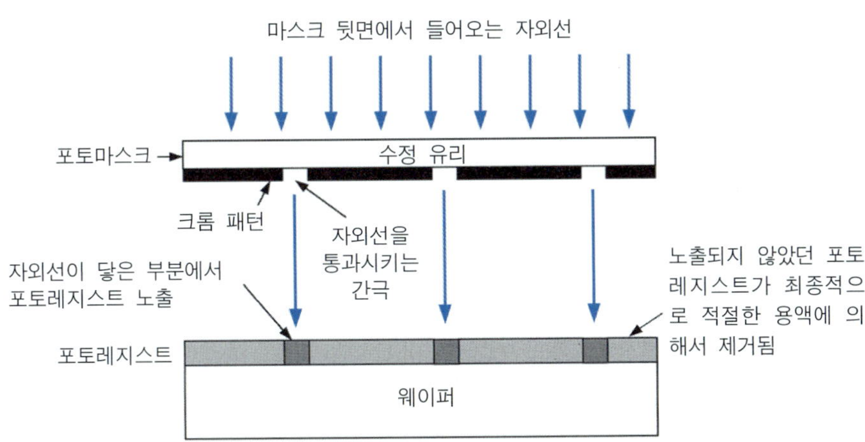

그림 15.3 음성 레지스트(투명성을 향상시키고 리더기의 회절을 피하기 위해 생략된 마스크와 웨이퍼 사이의 렌즈 시스템)를 가진 포토마스킹

단되어야 하는 크롬을 가지고 있다. UV 빛은 후면으로부터 마스크에 빛이 노출되도록 하고 또한 마스크의 깨끗한 단면들을 통해 통과하여 웨이퍼 상에 코팅되어 있는 유기 포토레지스트(PR)에 빛을 노출시킨다. 노출된 불용성 포토레지스트의 아일랜드를 남기면서 노출되지 않은 가용성 포토레지스트를 용해하기 위해 현상액(developer solution)이 그 이후에 사용된다. 이것은 **음성**(negative) 포토레지스트고 부른다. **양성**(positive) 레지스트는 우선 불용성이고 UV에 노출될 때 가용성이 된다. 양성 레지스트들이 음성 레지스트들보다 더 높은 해상도를 제공하지만 빛에 덜 민감하다. 형상 크기들이 작아지면서 포토레지스트 레이어들은 더 얇아지도록 만들어져야 한다. 이것은 그 레이어들을 덜 강하게 만들고 결함에 더 의존적이다. 따라서 차례로 이것은 공정의 전반적 수율 및 칩 생산 비용에 영향을 크게 줄 수 있다.

이 포토마스크는 공통적으로 **레티클**(reticle)이라 부르고 일반적으로 웨이퍼보다, 예를 들면 측면 상에서 2 cm 정도 더 작다. 웨이퍼를 빛에 완전히 노출시키기 위해 **스테퍼**(stepper)는 이 레티클을 연속하는 위치들로 이동시킨다. 정상적으로 **프로젝션 프린팅**(projection printing)이 사용되고 여기에서 레티클 및 웨이퍼 사이의 렌즈들은 웨이퍼 표면 상의 패턴에 초점을 맞춘다. 이전 기법들은 마스크와 패턴이 접촉되는 **접촉 프린팅**(contact printing), 마스크와 패턴이 가깝기는 하지만 접촉하지 않는 **프록시미티 프린팅**(proximity printing)을 포함한다. 이 레티클은 패턴화되거나(1×) 더 크게 되기 위해 영역과 동일한 크기가 된다. 예를 들면 광학 축소(optical reduction)를 하는 2.5× 및 5× 스테퍼들이 산업계에서 사용되고 있다.

광원의 파장은 프린트될 수 있는 최소 형상 크기에 영향을 준다. $2b$이기 위한 공정의 최소 **피치**(pitch, 폭+간격)를 규정하자. 렌즈의 해상도는 빛의 파장 λ와 렌즈의 **개구수**(numerical aperture) NA에 의존한다.

$$2b = k_1 \frac{\lambda}{\text{NA}} \tag{15.1}$$

개구수는 다음과 같다.

$$\text{NA} = n \sin \alpha \tag{15.2}$$

여기서 n은 매체(공기는 1, 물은 1.33, 기름에서는 최고 1.5까지)의 굴절률이고 α는 렌즈의 수용 각도이다. α를 증가시키는 것은 더 큰 렌즈를 요구한다. 1970년대에 사용된 렌즈는 0.2의 개구수를 가지고 있었다. 인텔은 그들의 45 nm 공정[Mistry07]을 위하여 0.92의 개구수를 이용한다. 니콘과 ASML은 물의 더 높은 굴절률을 이용한 **침지 석판술**(immersion lithography)을 도입함으로써 1.0의 벽을 깨뜨렸고[Geppert04], 2008년에 NA=1.35에 도달하였다. 이러한 발전이 있기까지 광학 시스템에 수백만 달러가 소요되었다. k_1은 빛, 반사 방지 코팅, 포토레지스트 파라미터, 그리고 해상도 강화 기술의 긴밀성에 의존한다. 현재 0.5는 확실하며 0.8은 쉬운 것으로 간주된다.

초점 심도(depth of focus)는 다음과 같다.

$$\mathrm{DOF} = \frac{k_2\lambda}{\mathrm{NA}^2} \tag{15.3}$$

여기서 k_2의 범위는 0.5~1이다. 단파장과 큰 개구수를 가진 발전적 리소그래피 시스템은 초점의 매우 얕은 깊이를 가지고 있어 웨이퍼의 표면이 매우 평평하게 유지될 것을 요구한다.

1980년대에는 436 nm 또는 365 nm 파장들을 가진 수은 램프들이 사용되었다. 0.25 μm 공정 세대에서는 248 nm(원자외선) 엑시머 레이저가 채택되었고 180 nm 노드까지 낮추어 사용되어 왔다. 현재 193 nm 아르곤-불소 레이저들이 **임계 레이어**(critical layer)들에 대해 45 nm로 낮추어 사용된다. 임계 레이어들은 디바이스 동작을 정의하는 것들이다. 그 한 예는 게이트(폴리실리콘), 소스/드레인(확산), 첫 번째 금속, 그리고 접촉 마스크들이 될 것이다. 그러한 레이저와 함께, 1.35의 개구수와 k_1=0.5로, 최고로 성취할 수 있는 피치는 36 nm의 폴리실리콘의 절반 간격에 해당하는 $2b$=72 nm이다. 우리가 그렇게 빛의 파장보다 작은 특징을 출력할 수 있음에도 불구하고 인쇄가 45 nm 노드 아래에서 심각한 문제가 되고 있다는 것은 놀랍다.

157 nm의 원자외선 인쇄 시스템을 개발하기 위한 노력은 성공하지 못했고, 산업계에서 포기되었다. 미래에는 13.5 nm 극자외선(EUV) 광원을 이용할 수도 있지만 현재 이러한 광원은 엄청나게 비싼 반사 광학과 진공 처리를 요구하고, 제작 용도를 위해 충분히 강하지 않다. 일부는 EUV가 2011년 또는 2012년까지 준비될 것이라고 예상하자만 다른 쪽에서는 회의적이다[Mack08].

형상 크기에 필적하거나 그보다 더 큰 파장들은 포토레지스트 상에서 빛에 노출된 패턴들 내의 왜곡(distortion)을 유발한다. **해상도 증가 기법**(RET: resolution enhancement technique)은 원하는 패턴들이 획득되도록 이러한 왜곡에 대해 선보상(precompensation)을 한다[Schellenberg03]. 이러한 기법들은 진폭, 위상, 또는 입사광 방향의 변형을 포함한다. 레이아웃 내의 라인의 끝 부분들은 중앙보다 빛을 덜 받고 불균일 노광을 유발한다. **광학 근접 보정**(OPC: optical proximity correction)은 이러한 국지 왜곡들에 대해 보상하기 위해 마스크들 상의 패턴들에 대해 약간의 변경을 한다. 그림 15.4는 광학 근접 보정과 함께 인화되는 예를 보여 준다. OPC는 원치 않는 라운딩을 감소시키기 위해 모서리를 미리 왜곡

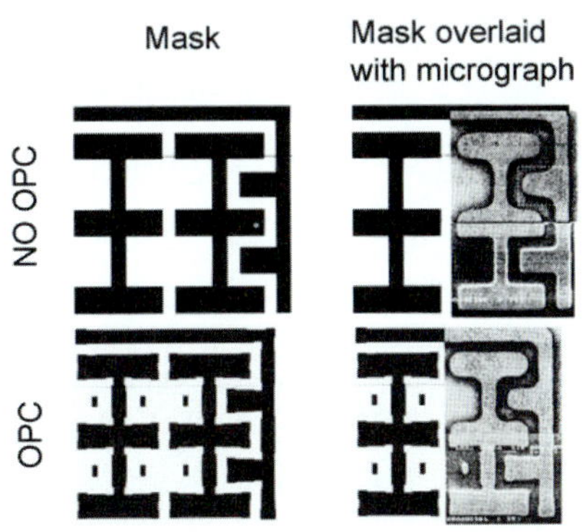

그림 15.4 OPC를 사용한 그리고 사용하지 않은 부파장 특징. OPC에서 구석의 사전왜곡은 원치 않는 라운딩을 줄임 (SPIE 허가에 따라 [Schellenberg98]에서 인용됨)

한다. **위상 시프트 마스크**(PSM: phase shift mask)들은 서로 이웃한 라인들로부터의 광이 위상을 벗어나고 광이 요구되지 않는 곳에서 생략되도록 위상을 변경하기 위해 마스크 두께를 변동시킨다. **오프-액시스 광**(off-axis illumination)은 조밀한, 반복적 패턴들의 어떤 형태들에 대한 대비(contrast)를 또한 향상시킬 수 있다. **이중 패턴화**(double-patterning)는 똑같은 감광막을 위한 다른 마스크를 가진 연속된 두 개의 정확히 정렬된 노광 단계이다[Mack08]. OPC는 180 nm 노드에 필요하게 되었고, 이러한 모든 기술은 45 nm 노드에서 많이 사용되고 있다.

각각의 성공적인 UV 스테퍼는 값이 더 비싸고 이 스테퍼의 처리량은 감소할 수도 있다. 이것은 칩 제조의 가격 악순환에 대해 기여하는 또 다른 논제이다. 또한 마스크들의 비용이 급등하면서 칩 설계자들로 하여금 가능하면 가장 큰 물량에 걸쳐 설계 및 마스크 비용들을 감가상각을 하도록 강요하고 있다. 이러한 주제는 13.3절에서 논의했다.

15.2.3 웰 및 채널 형성

주요 CMOS 기술들은 다음과 같다.

- n-웰 공정
- p-웰 공정
- 트윈-웰 공정
- 삼중-웰 공정

일부 제조사들을 통해 SOI(silicon-on-insulator) 공정들 또한 활용 가능하다(15.4.1.2절 참조).

1장은 n-웰 공정을 요약했다. 역사적으로 보면 p-웰 공정들은 n-웰 공정들보다 앞섰다. p-웰 공정에 있어서 nMOS 트랜지스터들은 p-웰 내에 구성되어 있고 pMOS 트랜지스터는 n형 기판 내에 놓여 있다. p-웰 공정들은 pMOS 트랜지스터 성능을 최적화하기 위해 사용되었다. 향상된 기법들은 우수한 pMOS 트랜지스터들의 n-웰 공정의 p-형 기판 내에서의 제작을 가능케 했다. 트윈-웰 공정들은 n-웰 공정들의 출현을 함께 동반했다. 트윈-웰 공정은 각 트랜지스터 형의 최적화를 가능하게 한다. 삼중-웰 공정을 생성하기 위해 세 번째 웰이 첨가될 수 있다. 삼중-웰 공정은 혼합 신호 칩들 내의 아날로그와 디지털 블록들 사이의 우수한 격리를 제공하기 위해 출현해 왔다. 이것은 고밀도 동적 메모리를 논리로부터 격리시키기 위해 또한 사용된다. 대부분의 제작 라인들은 단일 마스크 레벨의 첨가와 함께 삼중-웰 공정으로의 업그레이드가 될 수 있는 기준선(baseline) 트윈-웰 공정을 제공한다.

웰과 다른 특징들은 도핑된 실리콘의 영역을 필요로 한다. 다양한 반도체 디바이스를 만들기 위해서, 실리콘에 포함되는 공여체 혹은 수용체의 비율을 다양하게 만들 필요가 있다. 이 작업은 **에피택시**(epitaxy), **침전**(deposition), 혹은 **주입**(implantation) 등에 의해서 이루어진다. 에피택시는 실리콘 웨이퍼를 고온에서 불순물에 접촉시켜서, 실리콘 표면(이미 단일 결정인)에 단결정 필름을 성장시키는 것을 포함한다.

에피택시는 음성 웨이퍼보다 더 적은 양의 결함들을 가진 실리콘 층을 생산하기 위해 사용될 수 있고 또한 래치업 방지(6.3.6절 참조)를 도울 수 있다. 주문 생산 공장들은 일반적으로 **에피**(epi)(에피택시 레이어를 가진) 혹은 비에피(non-epi) 웨이퍼들의 선택을 제공한다. 마이크로프로세서 설계자들은 디바이스 성능 균일을 위해 일반적으로 에피 웨이퍼들을 사용하는 것을 선호한다.

침전은 불순물을 실리콘 표면 위로 증발시킨 후, 이것을 다시 실리콘 표면으로부터 벌크로 이동시키는 열확산 단계로 이루어진다. 이것은 깊은 접합들을 구성하기 위해 사용될 수 있다. **화학 증착**(CVD: chemical vapor deposition)이라고 부르는 단계가 침전을 위해 사용될 수 있다. 이 명칭이 암시하는 바와 같이 CVD는 가열된 기체들이 웨이퍼 근처에서 반응하고 실리콘 표면 상에 침전되는 생성물을 만들어 낼 때 발생한다. CVD는 CMOS 공정에서 후에 물질의 박막들을 형성하기 위해 또한 사용된다.

이온 주입은 실리콘 기판을 높은 에너지의 공여체 혹은 수용체 원자에 노출시키는 과정이다. 이러한 원자들이 실리콘 표면에 충돌하면, 실리콘 표면 아래로 이동하여, 다양한 도핑 농도를 갖는 영역을 형성하게 된다. 약 800°C 이상의 고온에서, 서로 다른 불순물 농도를 갖는 실리콘들 사이에서 확산이 이루어지는데, 이때 불순물은 높은 농도의 영역에서 낮은 농도의 영역으로 퍼져 나가는 양상을 보인다. 따라서 일단 도핑된 영역이 결정되고 나면 나머지 공정 단계들은 가능한 한 낮은 온도에서 수행되는 것이 중요하다. 그러나 불순물들을 더 균일하게 재분배하기 위해 고온 제련(high-temperature annealing) 단계는 이온 주입 이후에 수행된다. 이온 주입은 오늘날 사용되고 있는 표준 웰 및 소스/드레인 주입물(implant) 방법이다. 이온의 배치는 무작위 과정이어서 특히 상대적으로 소수의 도펀트 원자를 가진 작은 구조에서 도핑 수준은 완전히 제어될 수 없다. 통계적 도펀트 변동은 임계값 전압의 변화로 이어진다.

대부분의 CMOS 공정들의 첫 번째 단계는 웰 영역들을 정의하는 것이다. 삼중-웰 공정에 있어서 깊은 n-웰은 일반적으로 열확산 작업과 반대되는 고에너지 메가 전자 전압 레벨들(MeV) 이온 주입을 사용하여 처음에 p형 기판 내로 주입된다. 이것은 열적 순환(예: 이 웨이퍼들은 온도를 많이 올릴 필요가 없음)을 회피하며 처리량 및 신뢰성을 향상시킨다. 2~3 MeV 주입은 2.5~3.5 μm 깊이의 n-웰을 생성할 수 있다. 이러한 웰은 표면 바로 아래에 피크 불순물 농도를 가지고 있고 이러한 이유 때문에 **퇴행**(retrograde) 웰이라 부른다. 이것은 수직 펀치스루(punch-through)에 대해 향상된 래치업 특성들 및 감소된 민감도를 제공함으로써 디바이스 성능을 향상시킬 수 있다(6.3.5절 참조). 두꺼운(3.5~5.5 μm) 레지스트는 어떤 웰도 형성되지 않아야 하는 장소에서 고에너지 주입을 막기 위해 사용될 수 있다. 두꺼운 레지스트들 및 깊은 주입물들은 최소 형상 크기에 비교해서 웰들에 대해 필연적으로 상당히 거친 형상 수치들을 이끌어 낸다. 더 얇은 n-웰 및 p-웰 영역들은 그 이후에 주입된다. 이 웰들이 형성되어 있을 때 nMOS 및 pMOS 트랜지스터들 양쪽에 대한 원하는 문턱 전압들을 설정하기 위해 도핑 레벨들이 조정될 수 있다[**문턱 주입물**(threshold implant)을 사용]. 다중 문턱 주입 마스크로 다중 V_t 옵션이 같은 칩에서 제공될 수 있다. 주어진 게이트 및 기판 물질에 대해서 문턱 전압은 기판(N_A), 산화물 두께(t_{ox}), 그리고 표면 상태 전하(Q_{fc}) 내의 도핑 레벨에 의존한다. 이 주입물은 N_A 및 Q_{fc} 양쪽 모두 그리고 따라서 V_t에 영향을 줄 수 있다. 그림 15.5는 전형적인 삼중-웰 구조를 보여 준다. 논의된 바와 같이 n-MOS 트랜지스터들이 깊은 n-웰 내에 위치한 p-웰에 놓이게 된다. 다른 nMOS 트랜지스터는 똑같은 몸체의 노드를 공유하지 않도록 다른 p-웰에 구축될 수 있다. 삼중-웰 공정의 p-웰에서

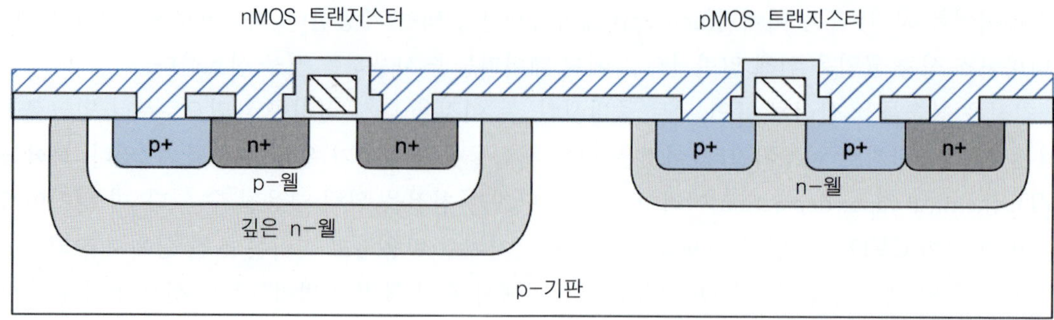

그림 15.5 삼중-웰 공정 내의 웰 구조

트랜지스터는 다양한 도핑 레벨 때문에 기판의 트랜지스터과 다른 특성을 가지고 있을 것이다. p-MOS 트랜지스터들은 얕은(정상) n-웰 내에 위치한다. 이 그림은 인버터의 단면을 보여 준다.

웰들은 각각의 마스크들에 의해 규정된다. 트윈-웰 과정의 경우에는 다른 것이 그것의 보체이기 때문에 하나의 마스크만 잘 정의하면 된다. 삼중-웰 공정은 최소 2개의 마스크로 하나는 깊은 웰을 그리고 다른 하나는 n-웰 또는 p-웰을 규정하여야 한다.

퇴행 웰의 에지 근처(예를 들면 약 1 μm 내에)에 있는 트랜지스터는 이온이 그림 15.6에 나와 있는 바와 같이 웰의 에지 안으로 포토레지스트 마스크에서 떨어져 산재되기 때문에 에지에서 멀리 떨어져 있는 것들과 다른 문턱 전압을 가지고 있을 수 있다[Hook03]. 이것은 **웰-에지 근접 효과**(well-edge proximity effect)로 불린다.

15.2.4 이산화규소(SiO_2)

실리콘 집적회로를 만드는 데 사용되는 구조들 및 제조 기법들의 대부분은 SiO_2의 성질에 의존한다. 따라서 신뢰할 만한 SiO_2의 제조는 극히 중요하다. 사실상 경쟁적 물질들과는 다르게 실리콘은 쉽게 공정 가능한 산화물(예: 이것은 성장되고 식각될 수 있음)을 가지고 있다. 특수 공정에 따라서 SiO_2의 다양한 두께들이 필요할 수도 있다. 얇은 산화물들은 트랜지스터 게이트들을 위해 필요하다. 또한 더

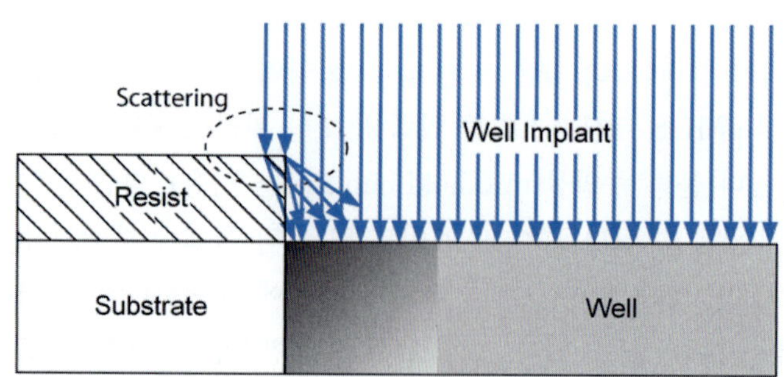

그림 15.6 웰-에지 근접 효과, 포토레지스트에서 떨어져서 산재한 도펀트가 웰의 에지 근처에서 도핑 레벨을 높임 (© IEEE 2003)

두꺼운 산화물들은 더 높은 전압 디바이스들을 위해 필요할 수도 있고 반면에 트랜지스터들이 폴리실리콘 도선들 바로 아래의 실리콘 내에서 의도하지 않게 반드시 형성되지 않도록 더욱 두꺼운 산화물 레이어들이 필요할 수도 있다(다음 절 참조).

실리콘 **산화**(oxidation)는 산화 분위기 내에서 실리콘 웨이퍼들을 가열함으로써 달성된다. 일부 공통된 접근 방식들은 다음과 같다.

- **습식 산화**(wet oxidation)—산화 분위기가 수증기를 포함할 때 발생한다. 온도는 보통 900°C와 1000°C 사이이다. 이것은 또한 수소와 산소의 2:1 혼합물이 사용될 때 **발열성**(pyrogenic) 산화라 부른다. 습식 산화는 빠른 공정이다.
- **건식 산화**(dry oxidation)—산화 분위기가 순수한 산소일 때 발생한다. 온도는 수용가능 성장률을 달성할 수 있도록 1200°C이다. 건식 산화는 습식 산화보다 더 우수한 질의 산화물을 형성한다. 이것은 얇고 잘 제어된 게이트 산화물들을 형성하는 데 사용되고 습식 산화는 두꺼운 필드 산화물들을 형성할 때 사용된다.
- **원자 레이어 침전**(ALD: atomic layer deposition)—이것은 얇은 화학 물질층(물질 *A*)이 표면에 부가되고 그 이후에 화학 물질(물질 *B*)이 요구되는 레이어(예: SiO_2—이것은 다른 다양한 유전체들 및 금속들을 위해 또한 사용될 수 있음)의 얇은 레이어를 생성하기 위해 도입되는 공정이다. 이 공정은 그 이후에 반복되고 요구되는 레이어는 레이어별로 구성된다[George96, Klaus98]. 현재 이것은 새롭게 떠오르는 R&D 공정이다.

산화 공정은 정상적으로 실리콘을 소비한다(침전 또는 ALD는 실리콘을 소비하지 않음). SiO_2는 실리콘 체적의 약 두 배를 가지고 있기 때문에 SiO_2 레이어는 원래 산화되지 않은 실리콘 표면 위아래로 확장된다.

15.2.5 격리

CMOS 공정의 개별 장치는 그들이 기대하지 않은 상호 작용을 하지 않도록 서로를 분리시킬 필요가 있다. 특히 채널은 활성 영역 위의 트랜지스터 게이트의 밑에서만 반전되어야 한다. 다른 곳에 다니는 도선은 기생 MOS 채널을 만들어서는 안 된다. 더욱이 관계가 없는 트랜지스터의 소스/드레인 확산은 서로 방해하여서는 안 된다.

1.5절의 공정 흐름은 역사적으로 이 격리를 제공하는 데 사용되었다. 트랜지스터 게이트는 얇은 **게이트 산화물**(gate oxide) 레이어로 구성된다. 다른 곳에서는 더 두꺼운 층의 필드 산화물이 기판으로부터 폴리실리콘과 금속 배선을 분리한다. 도선, 두꺼운 산화물, 그리고 기판에 의하여 형성된 MOS 샌드위치는 불필요한 기생 트랜지스터와 같은 행동을 보인다. 그러나 두꺼운 산화물은 트랜지스터가 정상 작동 동안 켜지지 못하도록 V_{DD}보다 더 큰 문턱 전압을 효과적으로 설정한다. 실제로 이러한 **필드 장치**(field device)는 I/O 보호에 사용될 수 있으며, 12.6.2절에서 논의했다. 트랜지스터의 소스와 드레인은 그들의 이웃으로부터 그들을 분리하는 기판 또는 웰에 의해 역바이어스된 p-n 접합을 형성한다.

실리콘 국지 산화(LOCOS: local oxidation of silicon)라는 공정이 두꺼운 산화물을 생성하기 위해 사용된다. LOCOS 기반의 공정들을 가진 문제는 두꺼운 산화물과 얇은 산화물 사이의 전이이고 또한 이것은 **새의 부리**(bird's beak)라고 불리는 측면 거리를 확장한다. 측면 거리는 산화물의 두께에 비례하고 트랜지스터의 패킹 밀도를 제한한다.

대략 0.35 μm 노드 근처로부터 **얕은 트렌치 격리**(STI: shallow trench isolation)가 LOCOS가 가진 문제를 회피하기 위해 도입되었다. STI는 트랜지스터를 둘러싸는 SiO_2의 절연성 트렌치(활성 영역을 제외하고 어디든지)를 형성한다. 트렌치 폭은 깊이와 관계없어서 트랜지스터는 리소그래피가 허락한 만큼 밀접하게 쌓일 수 있다. 트렌치는 불필요한 채널 형성을 방지하면서, 기판으로부터 도선을 분리한다. 그들은 또한 소스와 드레인의 측벽 커패시턴스와 접합 누설 전류를 감소시킨다.

STI는 그림 15.7에 나와 있는 바와 같이 마스크용 레이어들로 작용하는 **패드 산화물**(pad oxide) 및 실리콘 질화물 레이어를 가지고 시작한다. 그 이후에 웰 또는 기판 지역 내로 식각하기 위해 패드 산화물 내의 개방이 사용된다(이 공정은 소스/드레인 확산을 위해 또한 사용될 수 있음). 그 이후에 노출된 실리콘을 덮기 위해 선형 산화물이 성장된다[그림 15.7(b)]. 이 트렌치들은 하위의 기반 실리콘을 소비하지 않는 CVD를 사용하여 SiO_2로 채운다[그림 15.7(c)]. 패드 산화물 및 질화물은 제거되고 **화학기계적 연마**(CMP: chemical mechanical polishing) 단계가 그 구조를 평탄화하기 위해 사용된다[그림 15.7(d)]. CMP는 그 명칭이 암시하는 바와 같이 연마 혼합물이 공급되는 동안 회전하는 웨이퍼가 고정식 연마용 헤드에 의해 접촉되는 기계적 연삭(grinding) 동작을 결합한다. 또한 이 혼합물은 연마 작용에 도움을 주기 위해 표면과 화학적으로 반응한다. CMP는 많은 레이어들을 가진 현대식 공정들에 있어서 매우 중요한 평탄 표면들을 달성하기 위해 사용된다.

설계자의 전망에 의하면 깊은 n-웰 그리고/또는 트렌치 격리의 존재는 칩의 잡음에 민감한(아날

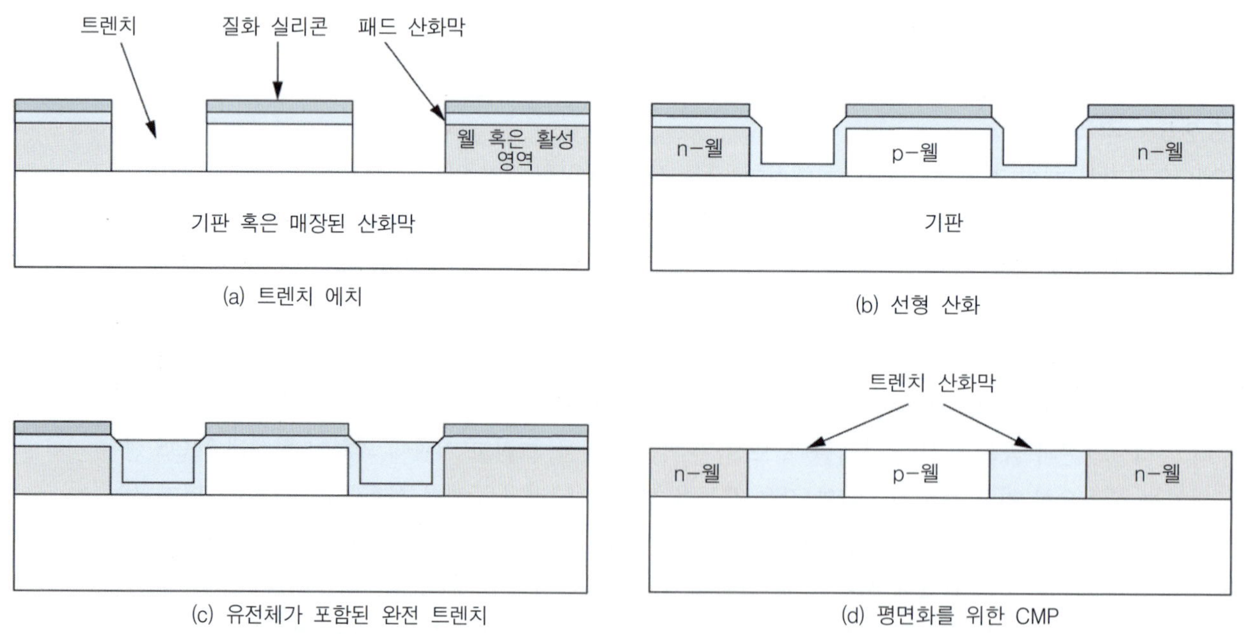

그림 15.7 얕은 트렌치 격리

로그 또는 메모리) 부분들을 디지털 단면들로부터 격리하기가 더 쉽게 만든다. 트렌치 격리는 이 격리가 더 높은 소스/드레인 **파손 전압**(breakdown voltage)—역바이어스된 조건 내에서 소스 또는 드레인 다이오드들이 수행하기 시작하는 전압—을 제공하기 때문에 또한 nMOS 또는 pMOS 트랜지스터들이 서로 더 가깝게 놓이도록 허락한다. 이 파손 전압은 공급 전압을 반드시 초과해야 하고(따라서 접합들은 정상 동작을 하는 동안 파손되지 않음) 형성되는 접합의 접합 크기들 및 도핑 레벨들에 의해 결정된다. 더 깊은 트렌치들은 파손 전압을 증가시킨다.

15.2.6 게이트 산화물

이 공정에서의 다음 단계는 트랜지스터들을 위한 게이트 산화물을 형성하는 것이다. 언급한 바와 같이 이것은 **이산화규소**(silicon dioxide, SiO_2) 형성에 가장 공통적이다.

STI 정의된 소스/드레인 영역의 경우에 게이트 산화물은 그림 15.7(d)에 나와 있는 스테이지에서 발생하는 평탄화 된 구조의 최상부 상에서 성장된다. 이것은 그림 15.8에서 볼 수 있다. 이 산화물 구조는 **게이트 스택**(gate stack)이라 부른다. 이 용어가 생긴 이유는, 현재 공정들이 순수 SiO_2 게이트 산화물을 거의 사용하지 않지만 **산질화된**(oxynitrided) 산화물(질소가 첨가된 것)로 중첩된, 각 두께가 3~4 Å인 SiO_2의 몇몇 원자 레이어들로 구성된 스택 생성을 선호하기 때문이다. 질소의 존재는 **유효 산화물 두께**(EOT: effective oxide thickness)를 감소시키는 유전체 상수를 증가시킨다. 이것은 주어진 산화물 두께에 대해서 더 얇은 산화물과 같이 실행한다는 것을 의미한다. 더 두꺼운 산화물을 사용할 수 있다는 것은 공정의 강도를 향상시킨다. 이 개념은 15.4.1.3절에서 다시 다룬다.

15.4.1.3절에서 논의하겠지만, 180 nm 세대 및 그 이후의 세대에서의 많은 공정들은 최소한 두 개의 산화물 두께들(논리 트랜지스터들을 위해서는 얇은 그리고 더 높은 전압들에 반드시 견뎌야만 하는 I/O 트랜지스터들을 위해서는 더 두꺼운)을 제공한다. 65 nm 노드에서 얇은 게이트 산화물의 유효 두께는 10.5~15 Å이다.

15.2.7 게이트 및 소스/드레인 형성

결정 방향 설정 없이 SiO_2 또는 다른 표면들 상에 실리콘이 침전될 때 이 실리콘은 공통적으로 **폴리실리콘**(polysilicon) 또는 단순히 **폴리**(poly)라고 부르는 다결정 실리콘을 형성한다. 어닐링 공정은 단일

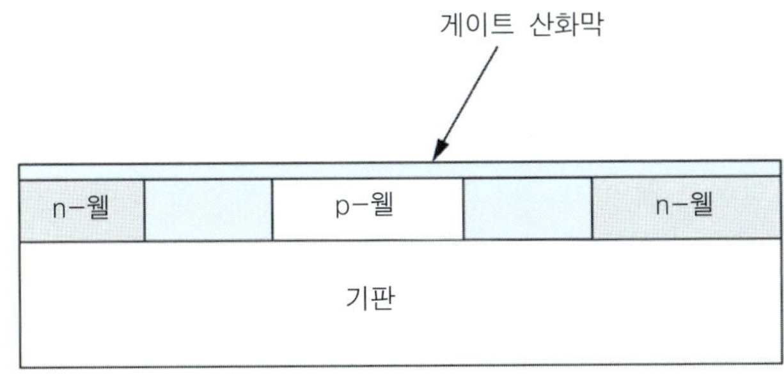

그림 15.8 게이트 산화물 형성

결정 도메인들의 크기를 제어하고 폴리실리콘의 질을 향상시키기 위해 사용된다. 도핑되지 않은 실리콘은 높은 저항률을 가지고 있다. 이 저항은 불순물을 가지고 주입 그리고/또는 내화 금속(refractory metal)과 결합함으로써 감소될 수 있다. 이러한 공정은 **자가 정렬 폴리실리콘 게이트**(self-aligned polysilicon gate)라 부른다. 알루미늄은 소스 및 드레인 형성을 하는 동안에 용융될 것이기 때문에 사용될 수 없었다.

역사적으로 주지하는 바와 같이 초기 금속 게이트 공정들은 처음에는 소스 및 드레인 영역들을 확산시켰고 그 이후에 금속 게이트를 형성했다. 이 게이트가 비정렬되면 전체 채널을 다루지 못하고 결코 ON되지 않은 트랜지스터로 이끌게 될 수 있었다. 이를 방지하기 위해 금속 게이트는 공정의 정렬 허용 오차보다 더 크게 소스 및 드레인 위에 걸쳐져야만 했다. 이것은 스위칭 속도들의 품위를 떨어뜨린 큰 기생 게이트-소스 그리고 게이트-드레인 중첩 커패시턴스들을 생성했다.

자가 정렬된 폴리실리콘 게이트 내의 게이트, 소스 및 드레인을 정의하는 단계들은 다음과 같다.

- 트랜지스터들이 요구될 때마다(영역=소스+드레인+게이트) 게이트 산화물을 성장시킨다—그 외의 장소에서는 두꺼운 산화물이 될 것이다[그림 15.9(a)].
- 칩 상의 폴리실리콘을 침전한다[그림 15.9(b)].
- 폴리실리콘(게이트들 및 상호연결 모두)을 패턴화 한다(그림 15.9(c)).
- 노출된 게이트 산화물을 식각한다—이것은 폴리실리콘으로 덮이지 않았던 게이트 산화물 영역이다. 이 스테이지에서 칩은 소스/드레인 확산이 필요한 장소에서는 항상 웰 또는 기판으로 내려가는 창들을 가지고 있다[그림 15.9(d)].
- pMOS 및 nMOS 소스/드레인 영역들을 주입한다[그림 15.9(e)].

소스/드레인 주입물 밀도는 상대적으로 낮고 전형적으로 불순물 원자들의 $10^{18} \sim 10^{20}$ cm^{-3} 범위 내에 있다. 이러한 **가볍게 도핑된 드레인**(LDD: lightly doped drain) 구조는 고온 전자 손상(6.3.6절 참조)에 대한 디바이스의 면역을 향상시키는 드레인 접합(가장 높은 전압을 가진 접합)에서 전기장을 감소시킨다. LDD 주입물들은 얕고 가볍게 도핑되어 있고 따라서 이들은 낮은 커패시턴스이면서 높은 저항을 보여 준다. 이것은 트랜지스터와 직렬로 있는 저항 때문에 디바이스 성능을 어느 정도 감소시킨다. 결과적으로 고온 전자 억제(suppression)를 낮은 소스/드레인 저항과 결합시키는 디바이스들을 제공하는 데 더 깊고 더 강하게 도핑된 소스/드레인 주입물들이 필요하다. 게이트의 에지를 따라가는 실리콘 질화물(Si_3N_4) **스페이서**(spacer)는 그림 15.10(a)에 나와 있는 바와 같이 이러한 더 깊은 확산 위치를 정의하기 위한 마스크로서의 역할을 한다. 다양한 LDD 구조들의 심층(in-depth) 적용 범위에 대해서는 [Ziegler02]를 참고하기 바란다.

언급한 바와 같이 폴리실리콘 게이트 그리고 소스/드레인 확산은 실리콘 저항률 및 그들의 극히 작은 크기들 때문에 높은 저항을 가지고 있다. 현대식 공정들은 이 저항을 감소시키기 위해 실리콘 상에 내화 금속의 표면 레이어를 형성한다. **내화 금속**(refractory metal)은 수반되는 공정 동안에 손상되지 않을 높은 용융점을 가진 것이다. 탄탈륨, 몰리브데늄, 티타늄, 또는 코발트가 공통적으로 사용된다. 이 금속은 실리콘 상에서(특히 게이트 폴리실리콘 그리고/또는 소스/드레인 영역들 상에서) 침전

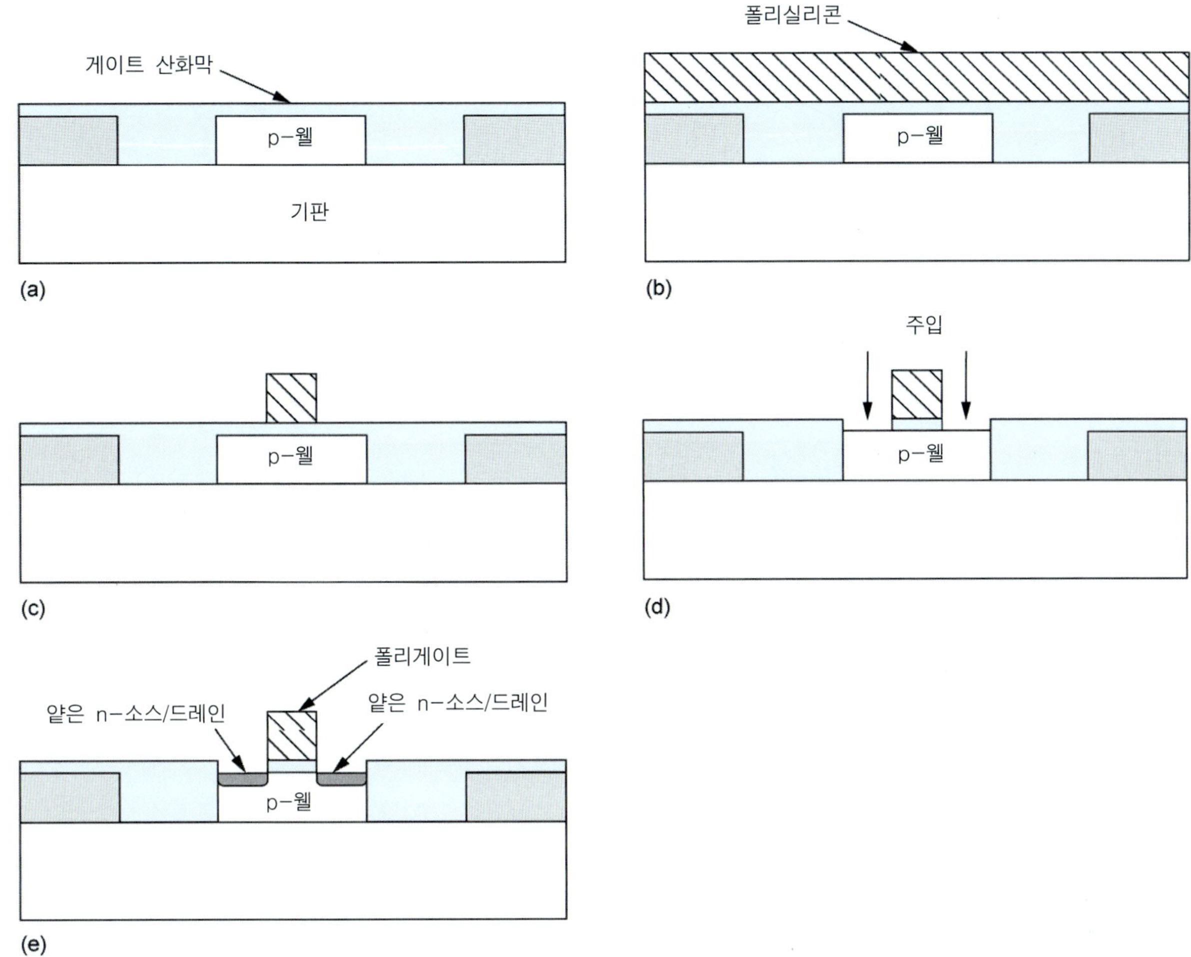

그림 15.9 게이트 및 얕은 소스/드레인 정의

된다. **실리사이드**(silicide) 층은 두 개의 기판들이 상승된 온도에서 반응할 때 형성된다. **폴리사이드**(polycide) 공정에 있어서 단지 게이트 폴리실리콘만이 실리사이드가 된다. 실리사이드 공정[유사한 용어인 **살리사이드**(salicide)로부터 따온, 일반적으로 자가 정렬된 실리사이드화로서 구현되는]에 있어서 게이트 폴리실리콘 및 소스/드레인 영역들 모두가 실리사이드화된다. 이러한 공정은 폴리실리콘 상호연결 그리고/또는 소스와 드레인 확산의 저항을 낮춘다.

그림 15.10(b)는 실리사이드화된 게이트 및 소스/드레인 영역들을 가진 결과적 구조를 보여 준다. 덧붙여서 SiO_2 또는 이를 대신하는 유전체는 다음 공정 단계들에 앞서서 모든 영역들을 덮도록 사용된다. 이 그림은 예전의 공정들에서 전형적인 일부 수직 위상을 가진 결과적 구조를 보여 준다. 표면 높이의 빠른 변화는 이를 따르는 데 실패한 다음 층에서의 절단으로 이어지거나, 금속 에지와 관련된 과다한 설계 규칙을 수반할 수 있다. 이러한 문제를 피하기 위해, CMP 단계는 유전체를 평면화하는 데 사용되어 그림 15.10(c)에 나와 있는 바와 같이 금속화를 위한 평평한 표면을 남기게 된다.

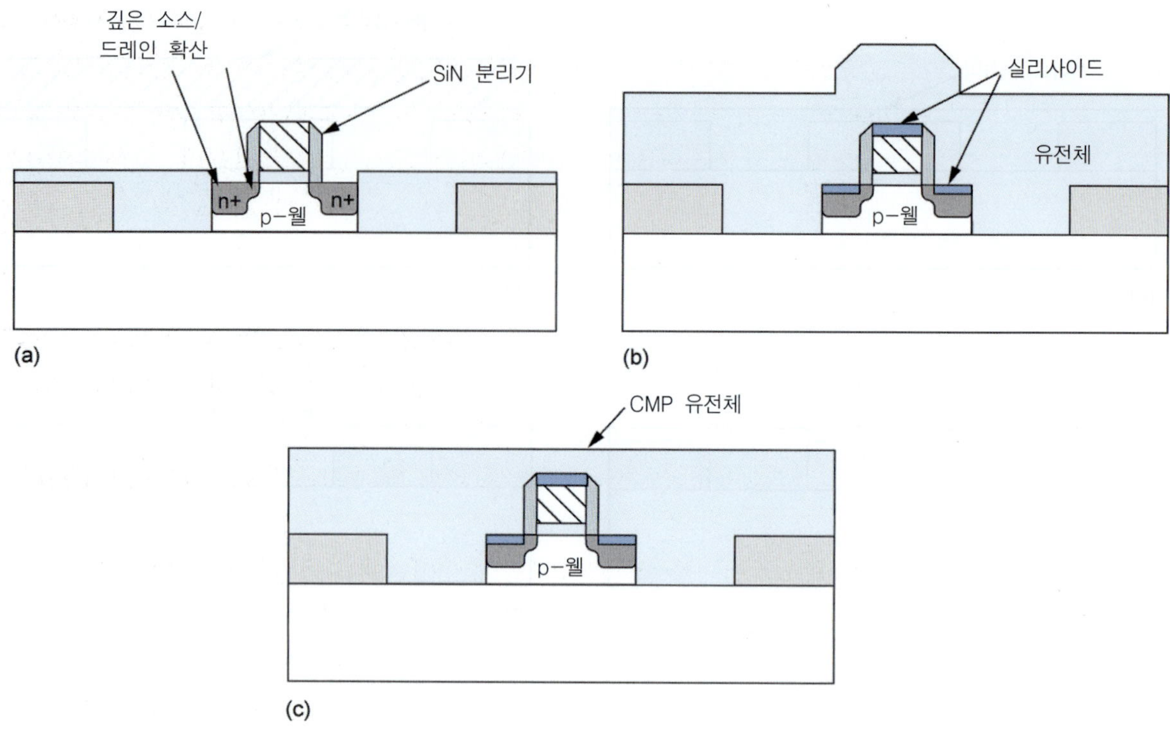

그림 15.10 LDD와 깊은 확산, 실리사이드, 평면화된 유전체를 가진 트랜지스터

나노미터 공정은 채널의 끝 근처에서 기판 또는 웰의 도핑을 증가시킨 **후광 도핑**(holo doping)으로 불리는 또 다른 주입 단계를 포함한다. 후광 도핑은 DIBL, 단채널 효과, 그리고 펀치스루를 완화하지만, 확산과 채널 사이의 접합에 GIDL과 BTBT 누출을 증가시킨다[Roy03].

15.2.8 접점 및 금속화

접촉 마스크에 일치하여 소스, 드레인 및 게이트에 접촉 절단들이 만들어진다. 이러한 것들은 이전 절에서 다루어진 소스/드레인 단계의 말기에서의 유전체 내에서 식각된 구멍들이다. 알루미늄(Al)은 도선들을 위해 이전의 공정들에서 공통적으로 사용되지만, 새로운 공정들에서는 구리(Cu)가 사용된다. 텅스텐(W)은 접촉 구멍들(작은 접점을 채우지 않는 알루미늄의 문제를 완화하기 위해)을 채우는 **플러그**(plug)로서 사용될 수 있다. 일부 공정들에 있어서 이 텅스텐은 또한 국지 상호연결 레이어로서 사용될 수 있다.

금속화(metallization)는 디바이스들을 연결하기 위해 도선들을 구성하는 공정이다. 이전에 언급한 바와 같이 이전 금속화는 알루미늄을 사용한다. 알루미늄은 **증발**(evaporation) 또는 **스퍼터링**(sputtering) 둘 중의 하나에 의해 침전될 수 있다. 증발은 진공 상자 내에서 두꺼운 알루미늄 도선을 통해 높은 전기 전류를 통과함으로써 수행된다. 알루미늄 원자들의 일부는 증기화되고 웨이퍼 상에 침전된다. 오염을 덜 겪는 증발의 향상된 형태는 알루미늄의 컨테이너에 전자빔의 초점을 맞추어 금속을 증발시킨다.

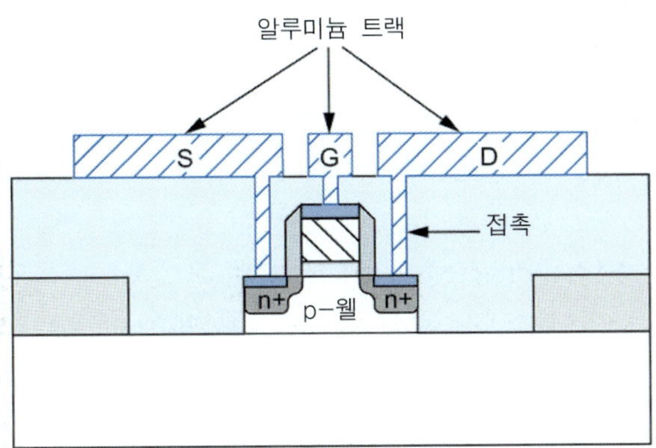

그림 15.11 알루미늄 금속화

스퍼터링은 RF 또는 DC 전기장을 사용하여 비활성 기체를 이온화함으로써 기체 플라스마를 생성함으로써 수행된다. 이 이온들은 알루미늄 타깃 상에 초점이 맞추어지고 플라스마는 웨이퍼 상에서 그 이후에 침전되는 금속 원자들을 이동(dislodge)시킨다.

습식 식각(wet etching) 또는 **건식 식각**(dry etching)은 원하지 않는 금속을 제거하기 위해 사용될 수 있다. **Piranha 용액**은 유기 및 금속 오염물들 또는 금속 형상화 이후의 포토레지스트로 덮인 웨이퍼들을 세정하기 위해 사용되는 황산과 과산화수소의 3:1~5:1 혼합물이다. 플라스마 식각은 금속화 단계들을 위해서 사용되는 불소 또는 염소 기체를 이용하는 건식 식각 공정이다. 이 플라스마는 적절히 충전된 실리콘 표면으로 이끌리게 되는 식각용 기체 이온들을 충전한다. 플라스마 식각을 이용하여 매우 예리한 식각 프로파일들이 달성될 수 있다. 그림 15.11에서 접점 및 금속화 형상화 단계들의 결과를 볼 수 있다.

뒤따르는 금속 간 비아들 및 금속화는 그 이후에 적용된다. 일부 공정들은 n이 최상위 금속일 때 2에서부터 $n-1$까지의 균일한 금속 크기를 제공한다. 이 최상부 레벨은 주로 전압 분배의 사용을 위해 더 두꺼운 레이어가 되고 완화된 폭 및 공간 제한들을 가지고 있다. 다른 공정들은 5.1.2절에서 언급한 대로 하부로부터 상부 레이어들까지 이동하면서 연속적으로 더 두껍고 폭이 넓은 금속을 사용한다.

확산 위의 폴리실리콘은 일반적으로 트랜지스터 게이트를 형성하여 짧은 금속1 도선으로 폴리실리콘 입력에 확산 출력 노드를 연결하는 것이 필요하다. 어떤 공정은 폴리실리콘 위와 금속1 아래에 텅스텐(W) 층을 추가한다. 이 층은 **지역 연결**(local interconnect)이라 부르고, 금속1보다 가는 간격으로 그려질 수 있다. 지역 연결은 특히 정적 RAM에서 더 밀집한 셀 배치를 제공한다. 그림 15.12는 부분적으로 완료된 SRAM 어레이의 주사 전자 현미경 사진을 보여 준다. 산화물은 확산, 폴리실리콘, 지역 연결, 그리고 금속1을 보여 주기 위해 제거되었다. 지역 연결은 금속1까지 올라갈 것 없이 nMOS와 pMOS 트랜지스터를 연결시키는 데 사용된다. SRAM 셀은 11.2절에서 자세히 논의했다.

현대의 논리 공정은 도선 저항과 정전커패시턴스를 감소시키기 위해 구리 연결과 낮은-k 유전체를 이용한다. 이러한 개선은 15.4.2절에서 논의된다.

그림 15.12 지역 연결을 이용하는 부분적으로 완성된 6-트랜지스터 SRAM 어레이(IBM 사 제공. 무단 사용 금지)

그림 15.13 금속화의 11 수준을 보여 주는 단면(IBM 사 제공. 무단 사용 금지)

그림 15.13은 90 nm 공정에서 금속의 11개 층을 보여 주는 IBM 마이크로프로세서의 단면을 보여 준다. 최저 수준은 텅스텐 지역 연결이다. 다음 5개 층은 1× 폭과 두께(0.12 μm 폭과 간격)로 있다. 금속 6~8은 2× 폭, 간격, 그리고 두께이며, 금속 9~10은 4×이다. 이러한 10개 층은 낮은-k 유전체를 가진 구리선을 이용한다. 상위 수준은 알루미늄이고, 주로 I/O 패드에 사용된다. 지역 연결과 금속 1은 양쪽 방향에 사용되고, 반면에 상부 층은 바람직한 방향으로 교차시키며 사용된다. 금속 9와 10 사이에 한 쌍의 비아가 보인다. CMP의 각 단계 뒤에 유전체 수준 사이의 인터페이스가 또한 보인다.

그림 15.14는 금속층 사이에 산화물이 칩 도선의 복잡한 3차원 구조를 보이기 위해 벗겨진 현미경 사진을 보여 준다.

15.2.9 패시베이션

최종 공정 단계는 오염들의 진입을 방지하는 **패시베이션**(passivation) 또는 **오버글래스**(overglass)로 부

그림 15.14 6겹 구리 공정에서 금속화의 현미경 사진(IBM 사 제공. 무단 사용 금지)

르는 보호용 글래스 레이어를 첨가하는 것이다. **오버글래스 컷**(overglass cut)이라 불리는 패시베이션 레이어 내의 개방은 필요한 경우 I/O 패드들 및 테스트 탐침으로의 연결을 가능하게 한다. 패시베이션 이후에 **범핑**(bumping)과 같은 더 추가된 단계들이 수행될 수 있고 이 범핑은 패드 개방에 있어서 도금된 솔더 범프들을 이용하여 칩이 회로 보드에 직접적으로 연결되는 것을 가능하게 한다.

15.2.10 계측학

계측학(metrology)은 측정의 학문이다. 반도체 공정 내에 구성되는 모든 것은 제조 공정으로 피드백을 할 수 있도록 측정되어야 한다. 이것은 라인 폭들의 단순한 광학 측정으로부터 박막들의 두께 또한 구리 상호연결 내의 공간(void) 같은 결점들을 측정하는 진보된 기법들의 범위에 이른다. 제조 공정이 직접 피드백 방식으로 제어될 수 있도록 원위치(in situ) 실제 시간 측정들을 위한 필요성이 자연스럽게 존재한다.

큰 구조들 및 결함들을 관측하기 위해 광학 현미경이 사용되지만 가시광선 파장(~0.5 μm)보다 더 작은 구조들에 대해 더 이상 적당하지 않다. 매우 작은 형상들을 관측하기 위해 주사 전자 현미경(SEM)이 사용된다. SEM 래스터(raster)는 관측하에 있는 구조를 스캔하고 이차 전자 방출을 관측하여 구조의 표면 영상을 생성한다. 에너지 분산 분광학(EDX: energy dispersive spectroscopy)은 엑스선 방출을 유발하는 전자들을 가지고 회로에 충격을 가한다. 이것은 또한 영상을 형성하기 위해 사용될 수 있다. 표본을 통해 전자들을 통과(표본으로부터 벗어나게 하기보다는)시켜서 나타나는 결과들을 관측하는 투과 전자 현미경(TEM: transmission electron microscope)이 때로는 구조들을 측정하는 데 사용된다.

15.3 레이아웃 설계 규칙

1장에 소개된 레이아웃 규칙 또는 **설계 규칙**(design rule)들은 집적회로의 제작에 필요한 포토마스크를 준비하기 위한 처방이라고 생각할 수 있다. 이 규칙들은 **특징 크기**(feature size)(폭), **분리**(separation), 그리고 **중첩**(overlap)을 정의한다. 레이아웃 규칙에 있어서 가장 중요한 목적은, 회로의 신뢰성을 저하시키지 않는다는 전제에서 가능한 한 작은 면적을 사용해서 최적의 수율을 얻는 것이다. 일반적으로 설계 규칙은 성능과 수율 사이에서 최적의 타협점을 제시한다. 이 규칙들이 보수적일수록, 회로가 정상적으로 동작할 확률은 높아진다. 그러나 이 규칙들이 보다 의욕적일수록, 회로의 성능이 개선될 확률이 높아진다.

설계 규칙은 설계자에게 레이아웃 도면에 필요한 일련의 기하학적 제약을 지정하는 데, 이에 따라서 처리된 웨이퍼 상의 패턴들이 설계의 형태와 기하학적 구조를 유지하게 된다. 설계 규칙은 정확한 제작과 잘못된 제작의 명확한 경계를 제시하는 것이 아니라는 점에 유의할 필요가 있다. 대신에 설계 규칙은 매우 높은 확률의 정확한 제작과 그에 따른 정확한 동작들을 보장하고 있다. 예를 들어 설계 규칙을 어긴 레이아웃이 여전히 정확하게 동작하기도 하고, 그 역도 성립하는 경우를 볼 수 있다. 그럼에도 불구하고 어떠한 설계 규칙들로부터의 상당한 또는 빈번한 벗어남(**설계 규칙 기권**: design rule waiver)도 설계의 성공에 심각하게 손상을 줄 것이다.

1장에서는 MOSIS CMOS 스케일링 가능 규칙을 기반으로 한 설계 규칙을 기술했다. MOSIS 규칙은 λ로 표현되고, 공정들 간에 어느 정도의 스케일링이 가능하다. 원칙적으로는 스케일링을 수행할 때 λ의 값만을 줄이면 설계를 축소된 공정에서 사용할 수 있다. 불행하게도 지금까지의 경험상 공정이 균등하게 축소되지 않는다. 따라서 산업체에서는 실제 미크론 설계를 레이아웃에 사용한다. 이 시점에서 주문형 레이아웃(custom layout)은 종종 사용되는 수많은 표준 셀들 또는 메모리들에 한정되며, 추가되는 노력은 많은 단위를 사용하며 반환된다. 그 레이아웃의 노동 비용의 가치가 있는 더 작은 완전 주문형 레이아웃의 비용 절감은 단지 극단적으로 많은 양의 칩들을 위한 것이다.

15.3.1 설계 규칙 배경

가장 중요한 설계 규칙들에 대한 근거를 검토하면서 시작해 본다.

15.3.1.1 웰 규칙 n-웰에서는 보통 트랜지스터의 소스나 드레인에 비해, 더 깊은 이온 주입(특히 깊은 n-웰) 이 이루어지므로, n-웰 경계와, 인접한 n+ 확산이 충분히 떨어질 수 있도록 정해져야 한다. 웰 경계와 안쪽의 확산 간의 거리는 필드 산화층이 웰 경계를 거쳐서 전이되는 현상에 따라 결정된다. STI를 이용하는 어떤 공정들은 내부 거리가 0이 되는 것을 허용한다. 오래된 LOCOS 공정에서는 보통 새의 부리(bird’s beak) 현상과 같은 문제들이 이와 같은 거리를 요구한다. nMOS와 pMOS를 함께 가깝게 위치하는 것은 SRAM 셀의 크기를 대단히 줄일 수 있다.

n-웰 시트 저항은 제곱당 수 kΩ이 될 수 있기 때문에 충분한 수의 웰 탭을 사용하여 웰을 완전히

접지시키는 것이 필요하다. 이것은 웰 전류들에 의한 과도 전압 강하들을 방지할 것이다. 웰 및 기판 탭들 상의 지침들이 6.3.6절에 나와 있다. 웰들이 서로 다른 전위들(말하자면 아날로그 회로들에 있어서)에 연결된 곳에서 공간 규칙들은 **동등 전위**(equipotential) 웰(동일 전압에서의 모든 웰들—디지털 논리에 있어서 정상적인 경우)들과 서로 다를 수도 있다.

마스크 요약: 웰 사양 때문에 마주치게 되는 마스크들은 n-웰, p-웰, 그리고 깊은 n-웰을 포함할 수도 있다. 다양한 웰들이 놓이게 될 장소에 지정하기 위해 이들이 사용된다. 종종 단지 한 개의 웰만이 트윈-웰 공정(즉 n-웰) 내에 지정되고 또한 디폴트로서 p-웰은 n-웰이 있지 않은 영역(즉 p-웰은 n-웰의 논리 NOT과 동일함) 내에 있다.

15.3.1.2 트랜지스터 규칙

CMOS 트랜지스터들은 일반적으로 최소한 네 개의 물리적 마스크들에 의해 정의된다. 이들은 활성 영역(active)(확산, diff, thinox, OD, 또는 RX로도 부름), n-셀렉트(n-주입물, nimp, 또는 nplus로도 부름), p-셀렉트(p-주입물, pimp, 또는 pplus로도 부름), 그리고 폴리실리콘(폴리, polyg, PO 또는 PC로도 부름)이다. 활성 마스크는 n형 또는 p형 확산이 놓이거나 또는 트랜지스터 게이트들이 놓이게 될 장소 둘 중 하나의 모든 영역들을 정의한다. 트랜지스터 게이트들은 예를 들면 폴리실리콘이 확산을 가로지르는 장소에서 폴리실리콘 마스크 및 활성 마스크의 논리 AND에 의해 정의된다. 이 셀렉트 레이어들은 어떤 형태의 확산이 요구되는지를 정의한다. n-셀렉트는 n형 확산이 요구되는 활성 영역들을 둘러싼다. p-셀렉트는 p형 확산이 요구되는 영역들을 둘러싼다. p-웰 영역들 내부의 n-확산 영역들은 nMOS 트랜지스터들(또는 n-확산 도선들)을 정의한다. n-웰 영역들 내부의 n-확산 영역들은 n-웰 접촉들을 정의한다. n-웰들 내부의 p-확산 영역들은 기판 접촉들(또는 p-웰 접촉들)을 정의한다. 설계 시스템들은 공정의 복잡도를 감소시키기 위해 빈번하게 n-확산(ndiff) 및 p-확산(pdiff)만을 정의한다. 적절한 셀렉트들은 자동적으로 생성된다. 다시 말하면 ndiff는 중첩하는 n-셀렉트의 사각형 또는 다각형과 함께 자동적으로 활성으로 변환될 것이다.

폴리가 활성 영역을 완전히 교차하는 것은 필수적이다. 그렇지 않으면 생성된 트랜지스터가 소스와 드레인 사이의 확산된 통로와 단락될 것이다. 따라서 폴리는 확산 영역의 경계 밖까지 확장될 필요가 있다. 이를 **게이트 확장**(gate extension)이라 한다. 활성 영역은 폴리 게이트를 지나서 확장되어야 확산 영역이 존재해서 전하를 채널로 입출력할 수 있다. 폴리와 활성 영역들은 고의로 만나서 트랜지스터를 형성하고자 하는 경우를 제외하고는, 반드시 서로 분리되어 있어야 하고 활성 영역과 폴리실리콘 사이의 간격 규칙(spacing rule)의 결과를 가져온다.

그림 15.15(a)는 그림 15.15(b)에 나와 있는 최종 구조들을 위한 마스크 구성을 보여 준다.

마스크 요약: 트랜지스터들, 확산 상호연결(아마도 저항기들), 그리고 게이트 상호연결을 정의하기 위해 사용되는 기본 마스크들(웰 마스크들에 덧붙여서)은 활성, n-셀렉트, p-셀렉트, 그리고 폴리실리콘이다. 일부 공정에서는 이들을 다른 명칭으로 부른다. 때로는 n-확산 및 p-확산 마스크들이 사용되어 설계자의 혼란을 완화시킨다.

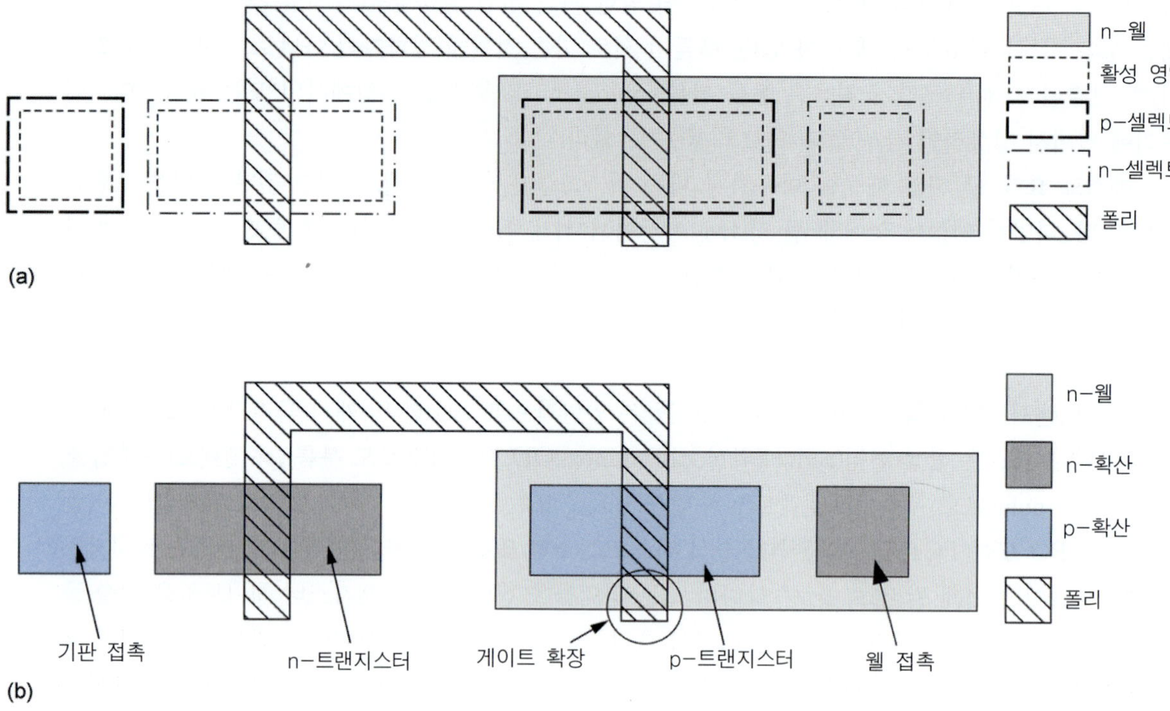

그림 15.15 CMOS n-웰 공정 트랜지스터 및 웰/기판 접점 구성

15.3.1.3 접점 규칙 일반적으로 사용되는 접점들은 다음과 같다.

- 금속에서의 p형 활성 영역(p형 확산)
- 금속에서의 n형 활성 영역(n형 확산)
- 금속에서의 폴리실리콘
- 금속에서의 웰 또는 기판

공정에 따라서, 다른 종류의 접점, 예를 들면 **매장된**(buried) 폴리실리콘-활성 영역 간의 접점 등이 지역적 상호연결을 위해 허용된다.

기판은 웰 영역들로 분리되기 때문에, 각각의 분리된 웰들은 적절한 전원 전압에 연결되어야 한다. 즉 n-웰은 반드시 V_{DD}에 연결되어야 하고, p-웰에 해당하는 기판은 GND에 연결되어야 한다. 1.5.1절에서 언급한 바와 같이 금속은 가볍게 도핑된 기판 또는 웰에 잘 연결되지 않는다. 따라서 그림 15.16의 nMOS 트랜지스터의 소스에서 나타난 바와 같이 심하게 도핑된 활성 영역은 접점 바로 아래에 놓여 있다.

가능하면 항상 각 연결에서 한 개 이상의 접점을 사용한다. 접점들 중 하나가 잘못 형성되어도 여전히 연결이 구성되기 때문에 이러한 것은 많은 공정들에 있어서 수율을 상당히 향상시킨다.

마스크 요약: 활성 또는 폴리에 대해 접점들과 함께 포함되는 마스크만이 접촉 마스크이고 공통

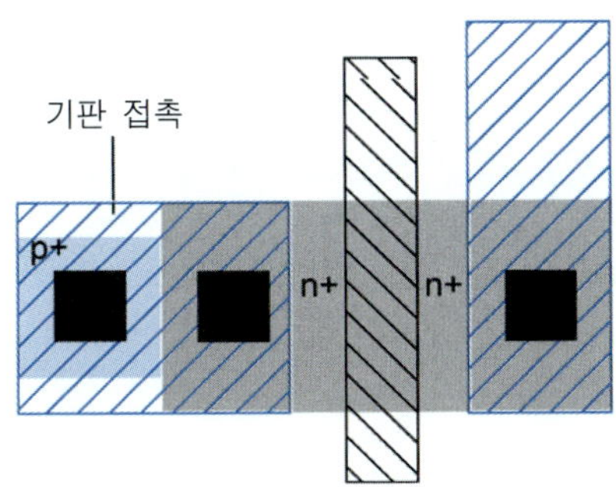

그림 15.16 기판 접점

적으로 CONT 또는 CA라고 부른다. 접점들은 정상적으로 균일 크기이다.

15.3.1.4 금속 규칙 금속 간격은 금속선의 폭에 따라 변한다(fat-metal rule). 즉 어느 정도의 금속선의 폭 이상에서, 최소 금속 간격은 증가할 수 있다. 그 이유는 작은 금속과 큰 금속의 식각 특성에 기인한다. 금속에 관련해서도 최대 금속선폭(maximum metal width) 규칙이 있다. 말하자면 단일 금속 도선들은 어느 폭 이상보다 클 수 없다. 폭이 더 큰 도선들이 요구되면 이들은 수많은 더 작은 도선들을 병렬화함으로써 또한 도선들을 서로 묶는 데 바둑판 나열 연결(link)들을 더함으로써 구성된다. 덧붙여서 길고 가깝게 간격을 띤 병렬 금속선들에 적용되는 공간 규칙들이 있을 수도 있다.

이전의 평탄화되지 못한 공정들은 기초를 이루는 레이어들의 수직 위상에 의해 유발되는 인접 도선들 사이의 파손 및 단락들을 방지하기 위해 상부 레벨 금속 도선들(예: 금속3) 상에서 더 큰 폭 및 간격을 필요로 했다. 이것은 현대의 평탄화된 공정들에 대해서는 더 이상 고려 사항이 아니다. 그럼에도 불구하고 폭 및 간격은 두꺼운 금속 레이어들에 대해서 여전히 더 크다.

마스크 요약: 금속 규칙들은 폭에 따라서 간격을 변동함으로써 복잡하게 될 수도 있다. 폭이 증가하면서 간격도 증가한다. 접점 너머에서의 금속 중첩은 0 또는 0이 아닐 수도 있다. 6.3.3.1절에서 논의한 바와 같이 전자 이동에 대한 지침들 또한 존재하게 될 것이다.

15.3.1.5 비아 규칙 폴리실리콘이나 확산 영역 위로 **적층된**(stacked) 비아를 허용하는가 여부에 따라서 공정들이 변동할 수도 있다. 일부 공정들은 이 영역 안에서는 비아를 허용하지만, 폴리나 확산 영역의 경계에 걸치는 것은 허용하지 않는다. 이것은 갑작스러운 수직 구조의 변화가 서브레이어(sub-layer)들의 경계에서 일어나지 않게 하려는 것이다. 대부분의 평탄화된 현대식 공정들은 하부 레벨 금속으로부터 상부 레벨 금속으로 통과하는 데 필요한 면적을 감소시키는 적층 비아들을 허락한다.

마스크 요약: 비아들은 정상적으로 레이어 내에서 균일 크기이다. 이들은 금속 중첩의 최상부 방향으로 크기가 증가한다. 예를 들면 전력 버스들 상에서 요구되는 큰 비아들은 균일 크기 비아들의 어레이로부터 구성된다.

15.3.1.6 다른 규칙 패시베이션 또는 오버글래스는 보호용 SiO_2(글래스) 레이어를 말하며 최종 단계의 칩을 덮는다. 패드(pad)들이나 내부 테스트 포인트들을 위한 적절한 크기로 개방이 되어 있어야 한다.

일부 공정들 내에서 존재할 수도 있는 일부 부가적 규칙들은 다음과 같다.

- 접점이나 비아를 벗어나는 폴리실리콘 또는 금속의 확장
- 디바이스 길이 또는 디바이스 구성에 따르는 게이트 폴리 확장들의 차별화
- 특징의 최대 폭
- 특징의 최소 면적(포토레지스트의 작은 조각은 벗겨지거나 떠다닐 수 있다)
- 최소 틈새 크기(작은 틈새는 좋지 않으며 해상도 확장 기술을 방해할 수 있다)

15.3.1.7 요약 초기 공정들이 공정이 주도하는 대로 따라가는 경향이 있었고 종종 장황한 그리고 내포된 설계 규칙들을 가졌던 반면에 최근 공정들은 점점 더 '설계자 친화적'이 되거나 또는 특히 컴퓨터 친화적(마스크 지형학적 형태들의 대부분은 알고리즘적으로 생성됨)이 되어 왔다. 때로는 회사들이 그들이 사용할 수도 있는 수많은 서로 다른 CMOS 주조소들까지 걸쳐있는 '일반(generic)' 규칙들을 생성한다. 일부 공정들은 우수한 수율을 확실하게 하기 위해 피해야 할 구조들을 형상화한 설계 지침들을 가지고 있다. 전통적으로 엔지니어들은 수율 향상 주기들을 따라서 결함 칩들의 원인들을 밝혀내고 대부분의 공통 구조 결함들을 피하기 위해 레이아웃을 변형했다. 시장에 대한 시간 및 제품 수명들은 이제 너무 짧아서 가장 수량이 많은 부품들에 대해서만 수율 향상이 행해진다. 오래되고 더 큰 공정들 상에서의 수율 향상을 염려하기보다는 새롭고 더 작은 기술 내에서 성공적인 제품을 다시 구현하는 것이 종종 더 낫다.

15.3.2 절단선 및 다른 구조들

절단선(scribe line)은 칩 전체를 둘러싸는 선으로서, 다이아몬드 톱으로 이 선을 따라 칩을 절단하기 때문에 정확하게 설계되어야 한다. 절단선의 구성 방법은 제조업체마다 다르다. 이것은 칩의 측면(오버글래스에 의해 보호되는 칩 최상부와 반대인)으로부터 오염물이 진입하는 것을 방지하기 위해 설계된다.

여러 다른 구조들이 **정렬 마크**(alignment mark), **임계 치수**(critical dimension) 구조들, **버니어**(vernier) 구조, 그리고 **공정 점검**(process check) 구조들을 포함하는 마스크 상에 포함된다[Hess94]. 마스크 정렬 마크는 한 마스크를 다음 마스크 상에 정렬시키기 위해 항상 주조소 단계에서 놓인다. 임계 치수 테스트 구조들은 폭이 좁은 실리콘 또는 금속선들의 적절한 식각 여부를 점검하기 위해 공정 이후에 측정될 수 있다. 버니어 구조들은 레이어들 사이의 정렬을 판정하기 위해 사용된다. 연쇄적 접촉들 및 비아들 그리고 테스트 트랜지스터들 같은 테스트 구조들이 접촉 저항 및 트랜지스터 매개변수들을 평가하기 위해 사용된다. 버니어는 두 개의 레이어 상에서 간격이 가까운 병렬 라인들의 세트이다. 두 개의 레이어 사이의 비정렬은 두 버니어의 정렬에 의해 판정될 수 있다. 종종 이러한 구조들은 유용한 웨이퍼 영역을 소비하지 않도록 절단선을 따라서 놓일 수 있다.

15.3.3 MOSIS 가변 CMOS 설계 규칙

과목 프로젝트들은 간단하고 자유롭게 활용 가능하기 때문에 MOSIS의 λ 기반의 가변 CMOS 설계 규칙들을 종종 사용한다. MOSIS는 2 μm에서 180 nm까지 크기 조정 가능한 CMOS 규칙과 호환성 있는 넓은 범위의 공정을 지원한다. 사실 MOSIS는 180 nm까지의 크기를 지원하기 위하여 점차로 보수적인 SCMOS, SUBM, 그리고 DEEP의 세 가지 규칙을 지원한다. 보수적인 DEEP 규칙으로 설계된 칩은 어떤 MOSIS 공정으로도 제작될 수 있다.

시간이 지남에 따라, 오래된 공정은 쓸모없게 되었고 새로운 공정은 크기 조정 가능한 설계 규칙과 호환성을 유지하기 위해 많은 미묘한 차이를 가지고 있다. 오늘날 가장 일반적으로 이용되는 MOSIS 공정은 ON 반도체(이전에 AMI) 0.5 μm 공정과 IBM 130, 90, 65 및 45 nm 공정이다.

MOSIS 교육 프로그램이' 1.5 mm×1.5 mm 'TinyChip' 을 위한 제조 비용을 포함하기 위해 관대한 조건을 제공하기 때문에 0.5 μm 과정은 대학 교과목 프로젝트로 인기가 있다. 이 공정에 대한 최상의 설계 규칙들은 크기 조정 가능한 SUBM 규칙[1]들로 λ=0.3 μm을 사용한다. 그러므로 TinyChip은 5000 λ×5000 λ이다. 폴리실리콘은 2 λ=0.6 μm로 그려지고, 실제의 0.5 μm 게이트 길이를 주기 위해 마스크 생성 전에 MOSIS에 의해 −0.1 μm만큼 편향 배치된다. 회로를 시뮬레이션할 때, 정확하게 트랜지스터 행동을 모델링하기 위해 편향된 채널 길이를 이용한는 것을 확인하자. SPICE에서, XL 파라미터는 실제 길이를 찾기 위해 규정된 트랜지스터 길이에 추가된다. 그러므로 SPICE 덱은 각 트랜지스터를 위한 L=0.6 μm의 그려진 채널 길이를 확인하고 0.5 μm의 편향된 길이를 보여 주기 위해 모델 파일에서 XL=−0.1 μm을 포함할 수 있다. Electric CAD 도구 모음과 함께 이 공정에서 설계하는 것이 `www.cmosvlsi.com`에 설명되어 있다. [Brunvand09]는 Cadence와 Synopsys 도구 모음을 가지고 이 공정에서 설계하는 방법을 설명한다. 이 흐름은 더 어려운 학습 곡선을 가지나 산업 현장 실습을 더 잘 반영하고 있다.

믿을 만한 연구 칩에는 동시대 설계 난제를 반영하기 위해 더 발전된 공정이 필요하다. IBM 공정은 현재 대학교에 대해 할인되며 MOSIS는 또한 일정한 연구 자금을 제공한다. 이러한 공정에서 설계하기 위한 최선의 방법은 IBM의 독점적 미크론 기반 설계 규칙을 이용하는 Cadence와 Synopsys 도구를 함께 사용하는 것이다. MOSIS는 현재 설계 흐름의 문서가 부족하며 130 nm 노드에서 어렵고 더 깊은 노드에서는 더 나쁘다. 불행히도 현재 이러한 공정에 대한 접근은 대단히 현명한 연구 그룹에게만 한정한다.

1.5.3절에서는 SCMOS 설계 규칙을 소개한다. 더 광범위한 규칙은 뒤표지 안쪽에 설명되어 있다. 레이아웃들은 폴리실리콘 또는 금속 같은 다양한 레이어들 상에서의 한 세트의 사각형(rectangle)들로 구성된다. **폭**(width)은 특정 레이어 상에서의 사각형의 최소 폭이다. **간격**(spacing)은 동일한 또는 서로 다른 레이어들 상에서의 두 개의 사각형 사이의 최소 간격이다. **중첩**(overlap)은 사각형이 다른 레이어

[1] 기술적으로 MOSIS는 두 종류의 접촉 규칙을 갖는다[MOSIS09]. 표준 규칙은 폴리실리콘과 활성 영역이 접점을 1.5λ만큼 중복하도록 요구한다. 반람다 규칙은 설계자에게 1λ 칸을 벗어나게 하므로 생산성을 줄인다. '대체 접촉 규칙' 이 보수적인 공간 규칙의 비용으로 1λ 중복을 요구하므로 선호된다. 이러한 대체 규칙이 이 책의 예제에 사용된다.

표 15.1 65 nm 공정의 미크론 설계 규칙

레이어	규칙	표현	65 nm 규칙 (μm)
웰	1.1	폭	0.5
	1.2	차동 전위에서 웰까지의 간격	0.7
	1.3	동일 전위에서 웰까지의 간격	0.7
활성 영역 (확산)	2.1	폭	0.10
	2.2	활성 영역까지의 간격	0.12
	2.3	웰로 둘러싸인 소스/드레인	0.15
	2.4	웰로 둘러싸인 기판/웰 접촉	0.15
	2.5	활성 영역까지의 간격	0.25
폴리	3.1	폭	0.065
	3.2	필드 산화막 위의 폴리까지의 간격	0.10
	3.2a	활성 영역 위의 폴리까지의 간격	0.10
	3.3	활성 영역을 넘는 게이트 확장	0.10
	3.4	폴리를 넘는 활성 영역 확장	0.10
	3.5	활성 영역까지의 간격	0.07
셀렉트	4.1	기판/웰 접촉에서 게이트까지의 간격	0.15
	4.2	활성 영역의 중첩	0.12
	4.3	기판/웰 접촉의 중첩	0.12
	4.4	셀렉트까지의 간격	0.20
접촉(폴리 혹은 활성 영역까지의)	5.1, 6.1	폭	0.08
	5.2b, 6.2b	폴리 혹은 활성 영역에 의한 중첩	0.01
	5.3, 6.3	접촉까지의 간격	0.10
	5.4	게이트까지의 간격	0.07
금속1	7.1	폭	0.09
	7.2	웰 금속1까지의 간격	0.09
	7.3, 8.3	접촉 혹은 비아의 중첩	0.01
	7.4	0.5 μm보다 넓은 배선의 금속까지의 간격	0.30
비아1~비아6	8.1, 14.1, …	폭	0.10
	8.2, 14.2, …	동일 레이어의 비아까지의 간격	0.10
금속2~금속7	9.1, …	폭	0.10
	9.2, …	동일 레이어 금속까지의 간격	0.10
	9.3, …	비아의 중첩	0.01
	9.4, …	0.5 μm보다 넓은 배선의 금속까지의 간격	0.30
비아7~8		폭	0.20
		간격	0.20
금속8~9		폭	0.40
		동일 레이어 금속까지의 간격	0.40
		비아의 중첩	0.10
		1.0 μm보다 넓은 배선의 금속까지의 간격	0.50

상의 다른 사각형을 반드시 어느 정도만 둘러싸야 하는지를 지정한다. 본드 배선들 또는 탐침 텁들과 접촉해야 하기 때문에 잘 가변되지 않는 오버글래스 절단들을 제외하고는 규격들이 모두 λ로 지정된다. 셀렉트 레이어들은 종종 자동적으로 생성되고 따라서 레이아웃 내에서 보이지 않는다. 활성 레이어가 설계 규칙들을 만족시키지 못하면 이 셀렉트도 마찬가지로 설계 규칙들을 만족시키지 못한다.

접점들 및 비아들은 반드시 정확하게 $2\times2\lambda$이어야 한다. 더 큰 연결들은 작은 비아들의 어레이들로부터 만들어져서 주변장치(periphery)에 전류가 군집하는 것을 방지한다. 다중 접촉들의 어레이들에 대한 폴리실리콘 또는 확산의 간격 규칙들은 단일 접촉에 대한 것보다 약간 더 크다.

1.5.5절에서는 하부 레벨 금속의 피치를 산정하여 피치가 길이에 대해 8λ, 즉 폭에 대해 4λ와 간격에 대해 4λ가 되도록 했다. 기술적으로 최소 폭 및 간격은 3λ이지만 최소 금속 접촉 크기는 $2\times2\lambda$이고 4λ 폭에 대해 $+1\lambda$가 각 측면 상에서 둘러싼다. 따라서 접촉된 금속선들을 위한 피치는 7λ로 감소할 수 있다. 더군다나 선들이 3λ로 제도가 되고 접촉들이 스태거(stagger)되어 따라서 두 개의 서로 이웃한 선들이 결코 서로 이웃한 접촉들을 가지고 있지 않다면 피치는 6.5λ로 감소한다. 그럼에도 불구하고 계획한 목적을 위한 8λ의 피치를 사용하는 것은 좋은 연습이 되고 어려운 레이아웃 문제들을 풀기 위한 약간의 '해석의 여지(wiggle room)'를 남겨 놓는다.

15.3.4 미크론 설계 규칙

표 15.1은 여러 실제 공정들의 융합을 나타내는 가상 65 nm 공정에 대한 한 세트의 미크론 설계 규칙들을 목록화하여 보여 준다. 규칙 번호는 뒤표지 안쪽의 그림을 참조한다. 이 규칙들은 약간씩 서로 다르지만 $\lambda=0.035\ \mu$m을 가진 λ 기반 규칙들과는 크게 다르지 않다는 점을 확인하자. 이 세대의 미크론 설계 규칙의 전체 세트는 수백 페이지를 채운다. 상위 수준 금속 규칙이 금속 두께에 따라 대단히 가변적이라는 것을 주목하자. 더 두꺼운 도선은 더 큰 폭과 간격, 그리고 더 큰 비아를 요구한다.

15.4 CMOS 공정 향상

15.4.1 트랜지스터

15.4.1.1 다중 문턱 전압 및 산화물 두께 일부 공정들은 다중 문턱 전압들 그리고/또는 산화물 두께들을 제공한다. 낮은 문턱 트랜지스터들은 더 많은 ON 전류를 전달하지만 또한 더 큰 하위 문턱 누설을 가지고 있다. 두 개 또는 그 이상의 문턱들을 제공하는 것은 설계자가 누설 전력을 제한하기 위해 임계 경로들 상에 낮은 V_t 디바이스들을, 그리고 그 이외의 장소에서는 더 높은 V_t 디바이스들을 사용하도록 허락한다. 다중 마스크들 및 주입 단계들은 다양한 문턱들을 설정하기 위해 사용된다. 다르게는, 다소 긴 채널을 가진 트랜지스터를 이용할 수 있다. 이러한 트랜지스터는 자연적으로 단채널 효과(2.4.3.3절 참조) 때문에 더 높은 문턱값을 가지고 있다[Rohrer05].

얇은 게이트 산화물들은 또한 더 많은 ON 전류를 허락한다. 그러나 이들은 I/O 회로들 내에서 필요한 높은 전압들에 노출될 때 파손된다. 약 15 Å보다 얇은 산화물들은 또한 큰 게이트 누설 전류들에 기여한다. 많은 공정들은 I/O 트랜지스터들을 위한 두 번째, 더 두꺼운 산화물을 제공한다(12.6절 참조). 예를 들면 3.3 V I/O 회로들은 공통적으로 0.35 μm 채널 길이들 및 7 nm 게이트 산화물들을 사용한다. 게이트 누설이 문제이고 높은-k 유전체가 이용될 수 없을 때, 누설을 감소시키기 위해 중간 정도의 산화물 두께를 제공할 수 있다. 다시 한 번 말하면, 다중 마스크들이 서로 다른 산화물들을 정의하기 위해 사용된다.

15.4.1.2 절연체 상의 실리콘 여러 해 동안 활용해 온 CMOS 변형은 절연체 상의 실리콘(SOI)이다. 이 명칭이 암시하는 바와 같이 이것은 트랜지스터들이 절연체 상에서 제작되는 공정이다. SOI는 트랜지스터가 전도성 기판 위에 제조되는 기존의 벌크 공정과 비교된다. SiO_2 그리고 사파이어, 이 두 개의 주요 절연체들이 사용된다. 절연 기판의 한 주요한 이점은 소스/드레인 영역들과 본체 사이의 커패시턴스의 제거이고 더 고속 디바이스로 이끌게 된다. 다른 주요한 이점은 식 (2.44)의 더 작은 n에 따른 더 가파른 하위 문턱 기울기에 의한 더 낮은 하위 문턱 누설이다. 단점은 부동 본체에 의한 시간 의존적 문턱값 변화이다.

그림 15.17은 두 가지 SOI의 공통 형태들을 보여 준다. 그림 15.17(a)는 사파이어 기판을 도식화한 것이다. 이 기술(예를 들면 Peregrine 반도체의 UltraCMOS)에 있어서 실리콘의 얇은 레이어는 사파이어 기판 상에서 형성된다. 실리콘의 얇은 층은 다른 문턱값의 트랜지스터를 정의하기 위해 선택적으로 도핑된다. 게이트 산화물은 이 레이어 최상부에서 성장되고 그 이후에 폴리실리콘 게이트가 정의된다. 이를 따라서 nMOS 및 pMOS 트랜지스터들이 주입에 의해 형성된다. 그림 15.17(b)는 실리콘 기반의 SOI 공정을 보여 준다. 여기에서 실리콘 기판이 사용되고 **매장된 산화물**(BOX: buried

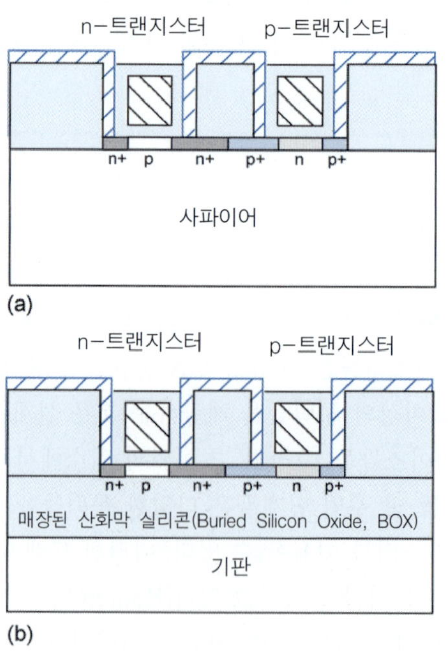

그림 15.17 SOI의 형태

oxide)이 실리콘 기판 상에서 성장된다. 얇은 실리콘 레이어가 그 이후에 매장된 산화물 최상부 상에서 성장되고 이것은 선택적으로 주입되어 nMOS 및 pMOS 트랜지스터들의 영역들을 형성한다. 게이트, 소스, 그리고 드레인 영역들은 그 이후에 유사한 방식으로 벌크 공정에 대해 정의된다. 사파이어는 광학적이고 RF 투과성이다. 이와 같은 것은 III-V 기반의 광 방출기들과 병합될 때 광전자 영역에서 유용할 수 있다.

SOI 디바이스들 및 회로들은 8.4절에서 자세히 논의했다.

15.4.1.3 높은-k 게이트 유전체 MOS 트랜지스터들은 전하를 채널로 이끌기 위해 높은 게이트 커패시턴스를 필요로 한다. 이것은 매우 얇은 SiO_2 게이트 유전체들로 이끈다(예를 들면 10.5~12 Å, 65 nm 공정에서 단지 네 개의 원자층). 이 두께 이하에서는 게이트 누설이 받아들일 수 없을 정도로 증가하여 기존의 크기 조정이 안 된다[Bai04]. 단순한 SiO_2는 유전 상수 $k=3.9$를 가진다. 식 (2.2)에 나와 있는 것처럼 게이트는 두꺼운 유전체를 사용할 수 있으며 높은 유전 상수를 가진 물질이 가능하다면 누설이 적다.

이 방향의 첫 번째 단계는 SiON이라고 불리는 **산화 질소**(oxynitride) 게이트 유전체를 형성하기 위한 질소의 도입이고, 130 nm 세대에서 약 4.1~4.2의 k를 제공한다. 높은-k 유전체는 첫째로 인텔의 45 nm 공정의 하프늄계 물질과 함께, 2007년에 상업적 제작이 시작되었다[Auth08]. 산화 하프늄(HfO_2)은 $k=20$을 가지고 있다.

공핍 영역은 폴리실리콘과 게이트 유전체의 인터페이스를 형성한다. 이것은 t_{ox}를 효과적으로 증가시키는데, 성능을 위해 바람직하지 않다. 더욱이 폴리실리콘 게이트는 **포논 스캐터링**(phonon scattering)과 **문턱 전압 피닝**(threshold voltage pinning)과 같은 효과 때문에 높은-k 유전체와 호환되지 않을 수 있으며, 낮은 문턱값을 얻고 이동성을 감소시키는 것을 어렵게 한다. 인텔 45 nm 공정은 이러한 문제를 해결하고 또한 그림 15.18에 나와 있는 바와 같이 게이트 저항을 감소시키기 위해 금속 게이트로 돌아온다[Mistry07]. 그러므로 용어 MOS는 기술적으로 정확하다! nMOS와 pMOS 트랜지스터는 문턱 전압을 설정하기 위해 다양한 일함수(전자를 고체에서 해방시키는 데 필요한 에너지)를 가진 금속의 다양한 유형을 이용한다. 두 번째 낮은 저항 금속층은 실리사이드와 유사한 역할을 맡는다.

금속 게이트와 관련된 도전 과제 중 하나는 고온의 소스/드레인 형성 단계에 노출되면 녹는 것이

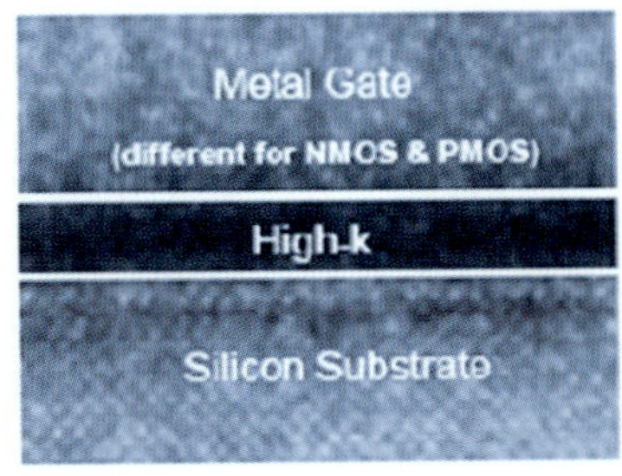

그림 15.18 높은-k 게이트 적층 TEM(© IEEE 2007)

다. 그러나 게이트가 소스와 드레인 뒤에 형성되면, 자체 정렬의 장점은 잃어버릴 것이다. 인텔은 먼저 높은-k 유전체와 표준 폴리실리콘 게이트를 가진 트랜지스터를 구성하여 이 난관을 피한다. 트랜지스터가 완성되고 층 간 유전체가 형성된 후, 웨이퍼는 폴리실리콘 게이트를 노출시키기 위해 연마 처리되고, 원치 않는 폴리를 제거하기 위해 식각된다. 박막 금속 게이트는 트렌치로 침적된다. 다른 일함수를 가진 다른 금속은 nMOS와 pMOS 트랜지스터에 요구된다. 마침내 트렌치는 낮은 게이트 저항을 위해 Al의 두꺼운 층으로 채워지고 웨이퍼는 다시 평면화된다.

15.4.1.4 더 높은 이동성 반도체의 이동성(μ) 증가는 구동 전류 및 트랜지스터 속도를 향상시킨다. 이동성을 향상시키기 위한 한 방법은 기계적인 스트레인을 채널에 도입하는 것이다. 이것을 **스트레인드 실리콘**(strained silicon)이라 부른다.

그림 15.19는 스트레인되지 않은 트랜지스터보다 40%와 100% 더 높은 이동성을 달성한 인텔 65 nm 공정에서의 스트레인된 nMOS와 pMOS 트랜지스터를 각각 보여 준다[Tyagi05, Thompson02, Thompson04]. nMOS 채널은 게이트를 싸는 실리콘 질화물(SiN)의 절연막에 의해 형성된 인장 응력하에 있다. pMOS 채널은 소스와 드레인 안으로 리세스를 식각하고 실리콘 게르마늄(SiGe)의 에피택셜 층으로 슬롯을 채움으로써 생산된 압축 응력하에 있다. 게르마늄은 실리콘보다 더 큰 원자 반경을 가진 또 다른 IV족 반도체이다. 실리콘 원자의 일부가 게르마늄에 의해 대체될 때, 격자는 그 형상을 유지하지만 더 큰 원자 때문에 기계적인 스트레인을 겪는다. nMOS와 pMOS 트랜지스터를 위한 분리된 스트레인 메커니즘을 이용하는 것은 전자와 정공, 모두의 이동성을 향상시킨다. 다른 접근법은 채널에 게르마늄 원자를 주입시키는 것으로 단지 전자 이동도를 향상시킨 인장 응력을 유도한다. STI는 또한 이동성에 영향을 미치는 스트레스를 도입하여 확산 레이아웃이 성능에 영향을 가할 수 있게 하였다[Topaloglu07].

SiGe는 또한 특히 무선 주파수(RF) 응용 때문에, 고성능 바이폴라 트랜지스터에 사용된다. SiGe 바이폴라 장치는 디지털과 RF 회로를 요구하는 저비용 시스템온칩 응용에 가치가 있는, 같은 기판의

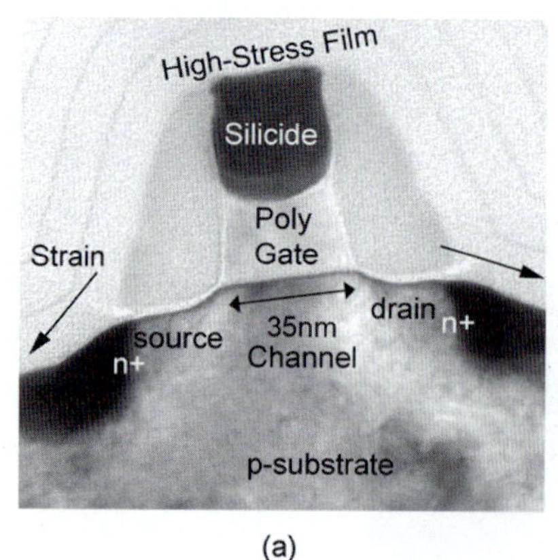

(a)

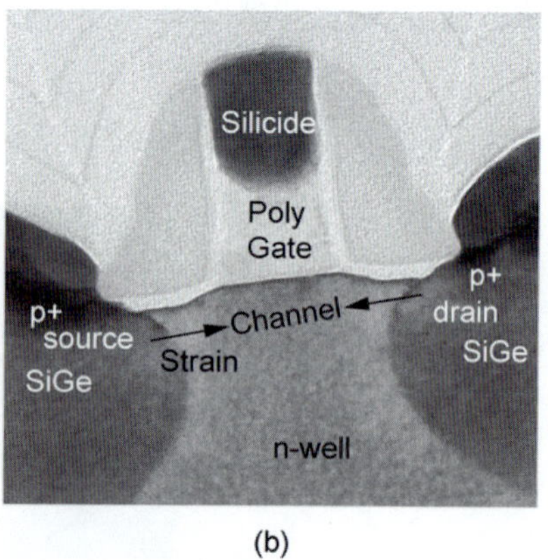

(b)

그림 15.19 스트레인드 실리콘 트랜지스터의 현미경 사진: (a) nMOS, (b) pMOS(© IEEE 2005)

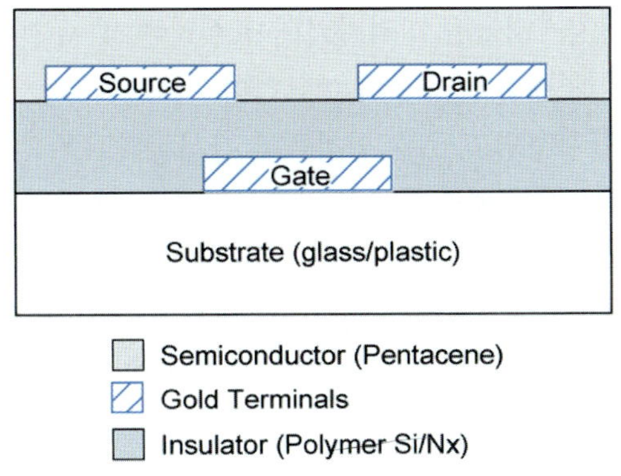

그림 15.20 플라스틱 트랜지스터

기존의 CMOS에 결합될 수 있다[Hashimoto02, Harame01a, Harame01b].

15.4.1.5 플라스틱 트랜지스터 MOS 트랜지스터들은 디바이스들이 저렴한 화학 용액으로부터 생산될 수 있기 때문에 능동 매트릭스 디스플레이들 또는 유연성 전자 종이의 가능성을 보여 준다[Huitema03, Myny09]. 그림 15.20은 플라스틱 pMOS 트랜지스터의 구조를 보여 준다. 이 트랜지스터는 골드 게이트(gold gate)들을 이용하여 '거꾸로(upside down)' 구성되고 상호연결이 기판 상에서 처음 형상화된다. 그 이후에 골드 소스 및 드레인 연결들에 이어서 유기 절연체 또는 실리콘 질화물이 놓인다. 최종적으로 유기 반도체[펜타센(pentacene)]가 놓인다. 플라스틱 트랜지스터 내의 캐리어들의 이동도는 약 0.15 $cm^2/V \cdot s$이다. 이것은 유사한 실리콘 디바이스 이동도의 약 1000분의 1 수준이지만 특별한 응용을 위해서는 충분하다. 전형적인 길이 및 폭은 각각 5 μm 및 400 μm이다.

15.4.1.6 고전압 트랜지스터 고전압 MOSFET는 스위칭 및 고전력 응용을 위해 기존 CMOS 공정들 상으로 또한 집적될 수 있다. 게이트 산화물 두께 및 채널 길이는 파손을 방지하기 위해 보통 이상으로 커야 한다. 아주 높은 파손 전압(breakdown voltage)을 달성하기 위해 특수 공정 단계들이 필요하다.

15.4.2 상호연결

상호연결(interconnect)은 빠르게 발전해 왔다. 두 개 또는 세 개의 금속 레이어들이 한때는 표준이었지만 CMP는 저렴한 공정들이 일곱 개 또는 그 이상의 레이어들을 포함할 수 있도록 해 왔다. 구리 금속 및 낮은-k 유전체들이 이러한 도선들의 저항 및 커패시턴스를 감소시키기 위해 대중화되고 있다.

15.4.2.1 구리 다마스쿠스식 공정 알루미늄이 오랫동안 상호연결 금속으로 선택되어 온 반면에 구리는 나노미터 공정에서 큰 진전이 있었다. 이것은 기본적으로 알루미늄에 비해서 구리가 더 큰 전도성을 가지기 때문이다. 구리를 적용하는 데는 다음과 같은 도전 과제들이 포함된다[Merchant01].

- 구리 원자들이 트랜지스터들을 파괴시키면서 실리콘 및 유전체들 내로 확산된다.
- 구리를 식각하기 위해 필요한 공정이 미묘하다.
- 구리 산화물이 쉽게 형성되고 우수 접점들과 간섭한다.
- 구리가 오염물질로서 환경에 도입되지 않도록 주의해야 한다.

구리가 실리콘 표면으로 들어가는 것을 방지하기 위해 장벽 레이어들이 사용되어 왔다. **다마스쿠스식 공정**(damascene process)이라고 부르는 새로운 금속화 방식이 이러한 장벽을 형성하기 위해 발명되었다. 이 공정은 단검 정밀 세공 기술을 가졌던 중세 다마스쿠스의 야금술사들로부터 그 명칭을 얻었다. 지금까지 보아 온 바와 같이 기존 감식(subtractive) 알루미늄 기반 금속화 단계에 있어서 알루미늄은 실리콘 표면(또한 비아들도 식각되는) 그리고 그 이후 금속의 어느 영역들이 유지되어야 하는지를 결정하기 위해 사용되는 마스크 및 레지스트 상으로 레이어화된다. 필요 없는 금속은 식각되어 나간다. 유전체(SiO_2 또는 다른 것)는 그 이후에 알루미늄 도체들 위로 놓이고 이 공정은 반복될 수 있다.

전형적인 구리 다마스쿠스식 공정은 그림 15.21에서 볼 수 있는데 이것은 Novellus 사에서 채택한 이중 다마스쿠스식 공정 흐름이다. 그림 15.21(a)는 앞선 금속화 레이어 너머로의 장벽 레이어를 보여 준다. 이것은 구리가 유전체 및 실리콘 내로 확산되는 것을 금지시킨다. 그 이후에 비아 유전체가 놓인다[그림 15.21(b)]. 더 많은 장벽 레이어가 그 이후에 형상화되고 그림 15.21(c)에 나와 있는 바와 같이 라인 유전체가 구조 최상부에 레이어화된다. 비반사(anti-reflective) 레이어(포토리소그래피

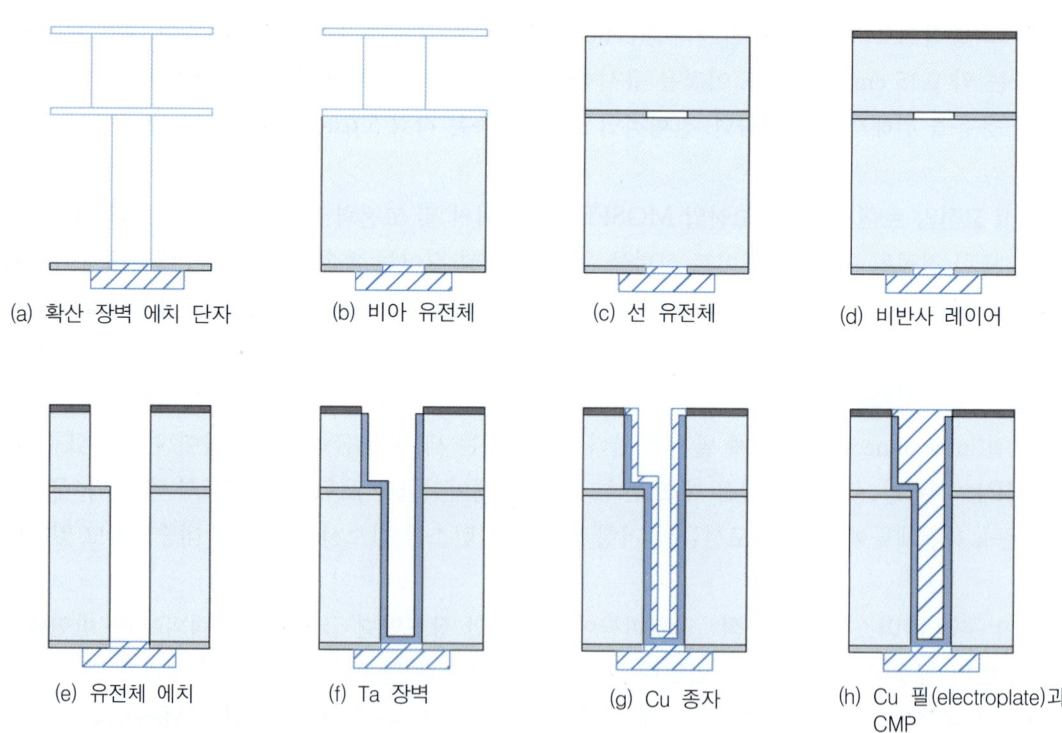

그림 15.21 구리 이중 다마스쿠스식 상호연결 공정 단계

공정을 돕는)가 이 샌드위치 구조의 최상부로 첨가된다. 그 이후에 두 개의 유전체들이 라인들 및 비아들이 필요한 장소에서 식각되어 나간다. 또한 그 이후에 구리가 유전체들 내로 확산되는 것을 방지하기 위해 10 nm 두께의 Ta 또는 TaN 필름 같은 장벽 레이어가 축적된다[Peng02]. 보이는 바와 같이 장벽의 얇은 레이어는 장벽이 반드시 도체가 되도록 비아의 바닥부에 놓인다. 그 이후에 구리 종자 레이어가 장벽 레이어 너머로 코팅된다[그림 15.21(g)]. 결과적인 구조는 구리로 가득 찬 채로 전기 도금되고 최종적으로 이 구조는 그림 15.21(h)에 나와 있는 바와 같이 CMP와 함께 평탄화된다.

15.4.2.2 낮은-k 유전체 SiO_2는 k=3.9~4.2의 유전상수를 가지고 있다. 도선들 사이의 낮은-k 유전체들은 도선 커패시턴스를 감소시키기 때문에 매력적이다[Brown03]. 이것은 도선 지연, 잡음 및 전력 소비 모두를 감소시킨다. 이산화규소에 불소를 첨가하면 130 nm 공정에서 널리 사용되는 3.6의 유전 상수를 가진 **불화실리케이트 글래스**(FSG: fluorosilicate glass 또는 SiOF)를 생성한다. 이 산화물에 탄소를 첨가하면 유전상수를 2.8~3으로 감소시킬 수 있다. 그런 SiCOH[또한 **탄소 도핑 산화물**(carbon-doped oxide), 즉 CDO로 불린다]는 90과 65 nm 세대에 일반적으로 이용된다. 이와는 다르게 다공성 고분자 기반 유전체들은 심지어 더 낮은 유전 상수들을 제공할 수 있다. 예를 들면 Dow Chemical의 SiLK는 k=2.6이고 공극률(porosity)을 증가시킴으로써 k=1.6~2.2으로 가변화된다. IBM은 그림 15.22에 나와 있는 바와 같이 유전체가 전적으로 제거된 k=1을 가지고 있는 공기(또는 진공) 틈을 증명하였다. 공정 작업 동안의 고온 및 CMP 동안에 적용된 힘들을 견딜 수 있는 낮은-k 유전체들을 개발하는 것이 주요 도전 과제이다.

15.4.3 회로 요소

CMOS 트랜지스터들이 거의 완전한 디지털 구동성을 제공하는 반면에 혼합 신호와 RF 공정으로서의 CMOS 기술의 사용은 이러한 목적들을 위해 요구되는 회로 요소들의 성능을 향상시키기 위한 특별 공정 옵션의 추가를 가져왔다.

15.4.3.1 커패시터 기존 CMOS 공정에 있어서 커패시터는 MOS 트랜지스터의 게이트 및 소스/드

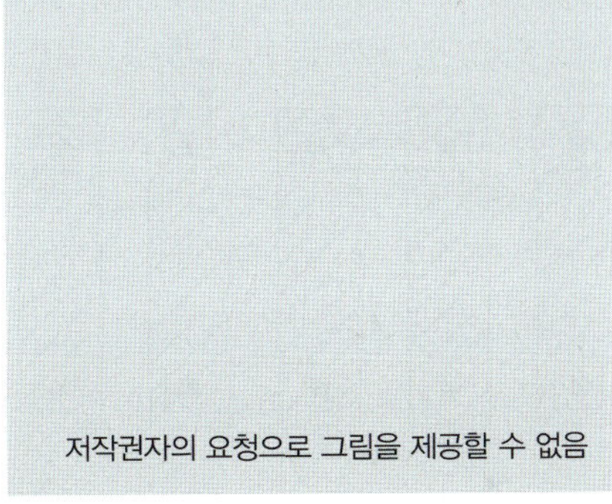

그림 15.22 구리선 사이에 공기 틈 절연을 보이는 현미경 사진(IBM 사 제공. 무단 사용 금지)

레인, 확산 영역(접지 또는 V_{DD}로) 또는 병렬 금속 도금 커패시터(겹쳐 쌓인 금속 레이어들을 사용함)를 사용하여 구성될 수 있다. 이 MOS 커패시터는 면적당 우수한 캐피시턴스를 가지고 있지만 넓은 전압 범위에서 구동되면 상대적으로 비선형이다. 확산 커패시터는 부동 커패시터로 사용할 수 없다(어느 쪽 단자도 접지되지 않는 경우). 금속 병렬 도금 커패시터는 면적당 낮은 커패시턴스를 가지고 있다. 정상적으로 부동 커패시터를 사용하는 목적은 스트레이(stray) 커패시턴스(정상적으로 접지로)에 대해 원하는 커패시턴스 값의 최고 비율을 가지려는 것이다. 바닥부 금속 도금은 접지로의 스트레이 커패시턴스에 기여한다.

그림 15.23 프린지 커패시터

아날로그 회로들은 빈번하게 1~10 pF 범위 내의 커패시터들을 필요로 한다. 이것을 행하기 위한 첫 번째 방법은 **폴리-절연체-폴리**(PIP: poly-insulator-poly) 커패시터가 구성될 수 있도록 두 번째 폴리실리콘 레이어를 첨가하는 것이었다. 얇은 산화물이 두 개의 폴리실리콘 레이어들 사이에 놓여 약 1 fF/μm^{2}의 커패시턴스를 달성한다.

오늘날 CMOS 공정들 내에서 사용되는 가장 일반적인 커패시터는 프린지 커패시터로 그림 15.23에서처럼 맞물린 금속의 손가락으로 구성된다. 단위 면적당 커패시턴스를 증가시키기 위해 여러 개의 층을 겹쳐 놓을 수 있다.

15.4.3.2 저항기 증가되지 않은 공정들에 있어서 저항기들은 레이어의 저항률에 따라서 최종 저항을 가진 채 어느 레이어로부터도 구성될 수 있다. 작은 영역 내에 큰 저항들을 구성하는 것은 높은 저항률을 가진 레이어들, 특히 폴리실리콘, 확산, 그리고 n-웰을 필요로 한다. 확산은 접지로의 큰 기생 커패시턴스를 가지고 있어서 고주파 응용에 부적합하게 만들게 된다. 이것을 고치는 방법은 **도핑되지 않은**(undoped) 고저항률 폴리실리콘 사용을 허락하는 것이다. 이것은 높은 값을 가진 폴리 저항기들이 요구되는 **실리사이드 블록**(silicide block) 마스크를 사용하여 지정된다. 이 저항률은 도핑 레벨에 따라서 약 300~1000 Ω/square 정도로 조절될 수 있다. 이것이 특수 공정 단계에 필요할지라도 고품질 저항기들을 위해 사용되는 또 다른 물질은 니크롬이다.

전형적인 저항기 레이아웃은 그림 15.24에서 볼 수 있다. 이러한 기하학적 형태를 때로는 **굴절형**

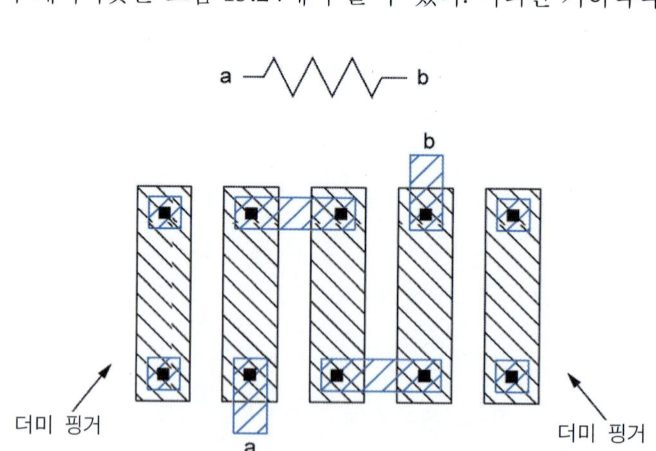

그림 15.24 저항기 레이아웃

(meander) 구조라고 부른다. 다양한 정합된 저항기 값들이 구성될 수 있도록 수많은 **단위**(unit) 저항기들이 사용되어 왔다. 예를 들어 20 kΩ과 15 kΩ 저항기들이 요구된다면 5 kΩ의 단위 값이 사용될 수 있다. 그 이후에 세 개의 저항기들(보는 바와 같이)은 15 kΩ 저항기를 구성할 수 있다. 양 종단에서의 두 개의 저항기들을 **더미 저항기**(dummy resistor) 또는 핑거라고 부른다. 이들은 회로동작을 수행하지 않지만 내부 저항기들이 공정을 행하는 동안 보게 되는 근접 효과들(식각 및 주입물 같은)을 복제한다. 이것은 모든 저항기들이 확실히 정합되도록 돕는다.

집적된 커패시터들과 마찬가지로 다양한 저항기 옵션들이 온도 및 전압 계수들을 가지고 있다. 제조사 설계 매뉴얼들은 정상적으로 이러한 값들을 포함한다.

15.4.3.3 인덕터 칩 상에서 인덕터를 집적하려는 욕구가 RF 회로들에 대한 흥미의 급증과 함께 급격히 증가해 왔다. 가장 공통적인 단일체(monolithic) 인덕터는 상부 레벨 금속이 나선형인 **나선형**(spiral) 인덕터이다. 전형적인 인덕터는 그림 15.25(a)에서 볼 수 있다. 공정이 평탄화됨에 따라서 인덕터를 완료하기 위해 지하도식(underpass) 연결이 만들어져야 한다. 전형적인 상응 모델을 그림 15.25(b)에서 볼 수 있다. 요구되는 L에 덧붙여서 여러 기생 구성 요소들이 있다. R_s는 이 인덕터를 형성하기 위해 사용되는 금속(그리고 접점들)의 직렬 저항이다. C_p는 인덕터를 형성하는 금속 도선들 영

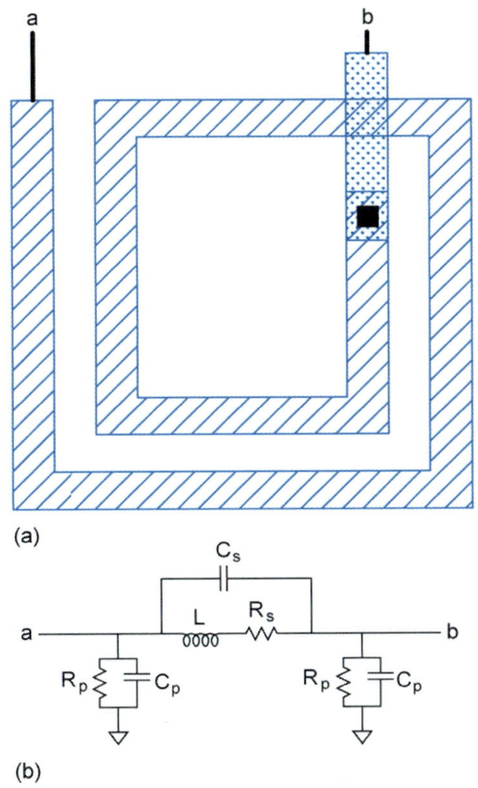

그림 15.25 전형적인 나선형 인덕터 및 상응 회로(Rotella02)

역에 의한 접지로의 병렬 커패시턴스이다. C_s는 이 지하도식 연결의 분로(shunt) 커패시턴스이다. 최종적으로 R_p는 저항성 기판 내에서 발생되는 손실을 모델링한 요소이다.

일반적으로 인덕터를 고려할 때 설계자에게 흥미로운 매개변수들은 그 인덕턴스, 인덕터의 Q, 그리고 자기 공명 주파수이다. 일반적으로 낮은 위상 잡음 발진기들, 폭 좁은 필터들, 그리고 낮은 손실 회로들을 생성하기 위해 높은 Q들이 추구된다. 벌크 공정에 있어서 전형적인 평탄 인덕터들을 위한 Q 값들은 5~10 범위 내에 있다.

도선 피치가 $P=1/2(W+S)$인 경우에 몇몇 인덕턴스 L을 달성하기 위해 요구되는 선회(turn) 수 n은 다음과 같다[Lee98].

$$n \approx \sqrt[3]{\frac{LP}{\mu_0}} \tag{15.4}$$

여기에서 $\mu_0=1.2\times10^{-6}$ H/m이 자유 간격(free space)의 투과성(permeability)이다. 그림 15.25는 $n=1.75$를 가지고 있다. 또한 더 고품질의 인덕터들은 I/O 패드들 사이의 결합 도선들을 사용하여 제조될 수 있다. 길이 l 및 반지름 r을 가진 도선의 인덕턴스는 대략적으로 다음과 같다.

$$L \approx \frac{\mu_0 l}{2\pi}\left[\ln\frac{2l}{r}-0.75\right] \tag{15.5}$$

또는 표준 1 mil(25 μm) 접착 도선들에 대해 약 1 nH/mm이다.

인덕터(R_s)를 구성하기 위해 사용되는 도체들 내의 저항성 손실 및 저항성 실리콘 기판(R_p) 내의 와상 전류 손실 때문에 Q가 감소하게 된다. Q를 증가시키기 위한 노력으로 설계자들은 MEMS 기법들을 이용하여 인덕터 바로 아래의 기판을 제거하는 것으로 되돌아왔다[Yoon02]. 단일체 인덕터들의 Q를 향상시키기 위한 가장 쉬운 방법은 최상부 레벨 금속의 두께를 증가시키는 것이다. 이 Q는 기판 손실들을 감소시킬 수 있도록 인덕터 아래에 폴리실리콘 내의 형상화된 접지 실드(ground shield)를 사용함으로써 또한 향상될 수 있다.

15.4.3.4 전송선

알려진 임피던스 도선을 제공하기 위해 **전송선**(transmission line)이 칩 상에서 사용될 수 있다. 전송선의 두 가지 기본 종류, 즉 **미세스트립**(microstrip)과 **공면 도파관**(coplanar waveguide)이 일반적으로 사용된다. 이들은 그림 3.21에서 볼 수 있다.

미세스트립 전송선은 그림 15.26(a)에서 볼 수 있는데, 이것은 접지 평면 너머에 놓인 두께가 t이고 폭이 w인 도선으로 구성되고 높이 h 및 유전 상수 k의 유전체에 의해 분리된다. 이 칩의 경우에 도선은 금속화 최상부 레벨이 될 수 있고 접지 평면은 다음 금속층 아래가 될 수도 있다.

공면 도파관은 서브레이어 접지 평면을 가질 필요가 없다. 이는 그림 15.26(b)에서 볼 수 있다. 이것은 **공면**(coplanar) 접지 도선들로부터의 각 측면 상에서 s만큼 간격을 두고 폭 w를 가진 도선으로 구성된다. 상세한 설계 방정식들에 대해서는 [Wadell91]을 참조한다.

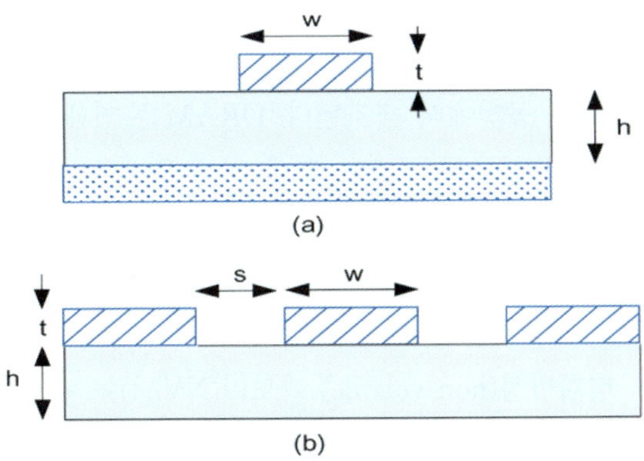

그림 15.26 미세스트립 및 공면 도파관

15.4.3.5 바이폴라 트랜지스터 바이폴라 트랜지스터들은 이전에 SiGe 공정 옵션을 논의하면서 언급되었다. **npn** 및 **pnp** 바이폴라 트랜지스터들 양쪽 모두가 CMOS 공정에 첨가될 수 있고 따라서 이것은 BiCMOS라고 부른다. 이러한 공정들은 특수 아날로그 또는 고전압 회로들을 위해 사용되는 경향이 있다. 정규 n-웰 공정에 있어서 회로들에 대해 밴드갭 전압 기준들로서 사용될 수 있는 기생 pnp 트랜지스터가 존재한다. p-기판 컬렉터, n-웰 베이스, 그리고 p-확산 이미터를 가진 이러한 트랜지스터를 그림 15.27에서 볼 수 있다. 공정의 절단면과 레이아웃이 같이 나와 있다. 기생 npn과 연결된 이러한 트랜지스터는 래치업의 원인이다(6.3.6절 참조).

15.4.3.6 내장형 DRAM 동적 RAM(DRAM)은 한 비트의 정보를 저장하기 위해 하나의 트랜지스터

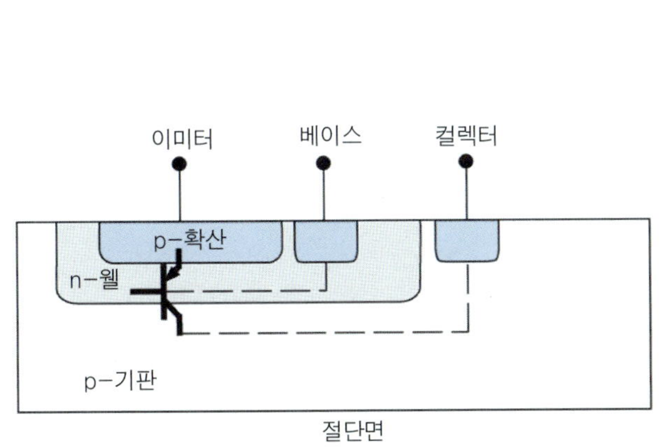

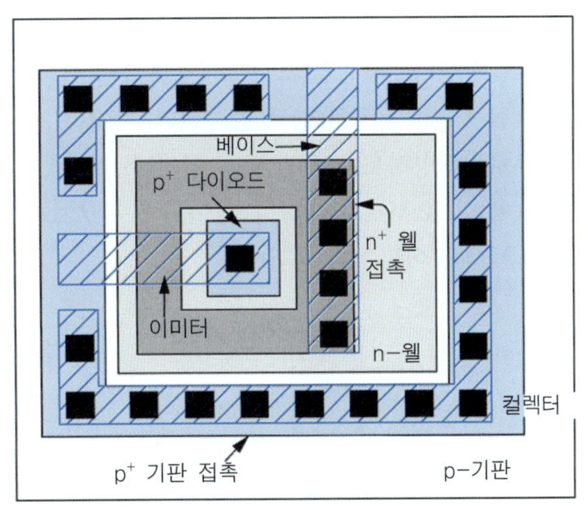

그림 15.27 기생 pnp 바이폴라 트랜지스터

와 커패시터를 이용한다. 정적 RAM(SRAM)이 통상적으로 CMOS 논리 칩에 쓰인 것보다 약 5배 밀집하여서, 다량의 메모리를 포함하는 칩의 크기를 줄일 수 있다. DRAM은 통상적으로 저성능 논리 트랜지스터를 제조하는 전문화된 공정에서 제조된다. DRAM은 커패시터를 작은 지역에 구축하도록 전문화된 구조가 요구된다. 한 가지 공통 구조는 기판 안에 밑으로 식각된 **트렌치**(trench)이다. 일부 최근 공정은 고성능 논리의 곁에 **내장형 DRAM**(embedded DRAM)을 구축하기 위한 소형의 커패시터 구조를 도입했다. 11.3절에서 DRAM을 자세히 논의했다.

15.4.3.7 비휘발성 메모리 **비휘발성**(non-volatile) 메모리(NVM)는 전력이 회로로부터 제거될 때 그 상태를 유지한다. 가장 간단한 NVM은 **마스크 프로그래밍된**(mask-programmed) ROM 셀이다(11.4절 참조). 이러한 형태의 NVM은 재프로그램 가능하지 않거나 디바이스가 제조된 후에 프로그램 가능하지 않다. **일회성**(OTP: one-time programmable) 메모리는 도선 내의 전류 밀도를 초과함으로써 금속을 증발시키는 전류가 통과되는 금속의 얇은 조각으로 구성된 퓨즈(fuse)를 사용하여 구현된다. 최초의 재프로그램 가능 메모리들은 겹쳐 쌓인 폴리실리콘 게이트 구조를 사용했고 부동 게이트 상에 전하를 저장하기 위해 Fowler-Nordheim 터널링을 유발했던 방식으로 디바이스에 고전압을 가함으로써 프로그래밍되었다. 전체 메모리는 전하가 게이트 밖으로 나오게 하는 UV 빛에 이것을 노출시킴으로써 삭제될 수 있었다. 이러한 메모리들은 오늘날 **플래시**(flash) 메모리로 대표되는 **전기적 삭제 가능**(electrically erasable) 메모리들로 진화했다.

전형적인 플래시 메모리 트랜지스터를 그림 15.28에서 볼 수 있다[She02]. 소스 및 드레인 구조들은 고전압 동작이 가능하도록 상당히 변동적일 수 있지만 이중 게이트 구조가 상당히 공통적이다. 이 게이트 구조는 얇은 터널링 옥사이들과 함께 시작하는 스택된 구성이다. 부동 폴리실리콘 게이트는 이러한 산화물의 최상부 상에 놓이고 기존 게이트 산화물은 이 부동 게이트의 최상부에 놓인다. 최종적으로 폴리실리콘 제어 게이트가 이 게이트 산화물의 최상부에 놓인다. 또한 이 셀의 동작을 그림 15.28에서 볼 수 있다. 정상 동작에 있어서 부동 게이트는 트랜지스터가 통전을 하고 있는지 아닌지를 결정한다. 이 셀을 프로그래밍하기 위해 소스는 부동된 채 놓이고 제어 게이트는 약 20 V(칩 상 전압 곱셈기를 사용하여)로 상승된다. 이것은 전자들이 부동 게이트 내로 터널링하고 그 이후에 그것을 프로그래밍하도록 유발한다. 셀의 프로그램을 없애기 위해서는 드레인 및 소스가 부동된 채 기판(또는 웰)이 20 V로 연결된다. 게이트를 프로그래밍되지 않은 상태에 두면서 부동 게이트 상에 축적된 전자들이 끌어당겨져 나간다.

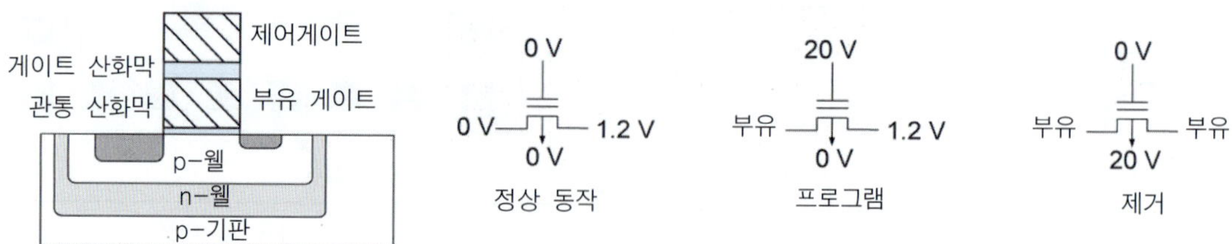

그림 15.28 플래시 메모리 구성 및 동작

15.4.3.8 퓨즈 및 안티퓨즈 제조 공정 상에서 퓨즈들은 고전류와 함께 날아가거나 레이저에 의해 없어질 수 있다. 후자의 경우에 영역은 정상적으로 레이저가 절단될 금속 링크에 직접적 접근이 가능하도록 패시베이션 산화물 내에 놓인다. 그림 15.29는 금속 퓨즈의 레이아웃을 보여 준다.

퓨즈

금속 트랙

그림 15.29 전형적인 금속 퓨즈

레이저 제거 퓨즈는 크며, 제거 처리가 인접 장치를 손상시킬 수 있다. **전자 퓨즈**(electronic fuse)는 큰 전류를 가함으로써 비파괴적으로 특성이 변경될 수 있는 구조이다. 예를 들면 IBM eFUSE는 코발트와 함께 실리콘화된 좁은 폴리실리콘 도선이다. 저항은 초기에 약 200 Ω이다. 10~15 mA의 프로그래밍 전류가 200 μs 동안 가해지면, 코발트는 그림 15.30에 나와 있는 바와 같이 애노드로 이동한다. 이것은 저항을 10배 이상 올린다. 단순한 감지 회로가 eFUSE의 상태를 탐지하는 데 사용된다. IBM은 칩 일련 번호, 열 감지기 교정, 결함이 있는 구성 요소의 재구성을 위해 퓨즈를 이용한다[Rohrer05, Rizzolo07].

안티퓨즈(antifuse)는 초기에 높은 저항률을 가지고 있지만 프로그램용 전압이 가해질 때 낮은 저항이 될 수 있는 디바이스이다. 이러한 디바이스는 특별 공정을 필요로 하고 프로그램 가능 논리 디바이스들 내에서 사용된다(11.7절 참조).

15.4.3.9 미세 전자기계 시스템 반도체 공정들 및 특히 CMOS 공정들은 작은 기계 시스템들이 단일화되도록 구성하는 데 사용되어 왔다. 전형적인 디바이스는 잘 알려진 에어백 센서로서 이것은 일부 조절용 전자 기술(conditioning electronics)들을 가지고 상호 집적화될 때 가속에 있어서의 갑작스러운 변화를 탐지할 수 있는 공기 브리지(air bridge)식 커패시터로 구성되는 작은 가속도계(accelerometer)이다. 뒤틀림 힌지의 MEMS 마이크로미러는 값이 싼 고해상도 디지털 광 프로젝터에 사용된다. 캔틸레버(cantilever), 기계식 공명기, 심지어 미세 모터 같은 구조들이 구성되어 왔다. MEMS에 대한 전반적 논의는 이 책의 범위를 벗어나지만 더 많은 자료들을 [Maluf04]에서 찾을 수 있다.

15.4.3.10 집적 광소자 실리콘이 가시 파장에 불투명할지라도, 그것은 광섬유에 사용된 적외선 범위에서 투명하다. 반도체 광소자 성분은 빨리 진화하고 있다. 종래의 CMOS 공정과 호환되는 성분은 도파관, 변조기, 그리고 광검출기를 포함한다[Salib04, Young10]. 주요한 누락 요소는 레이저와 같은

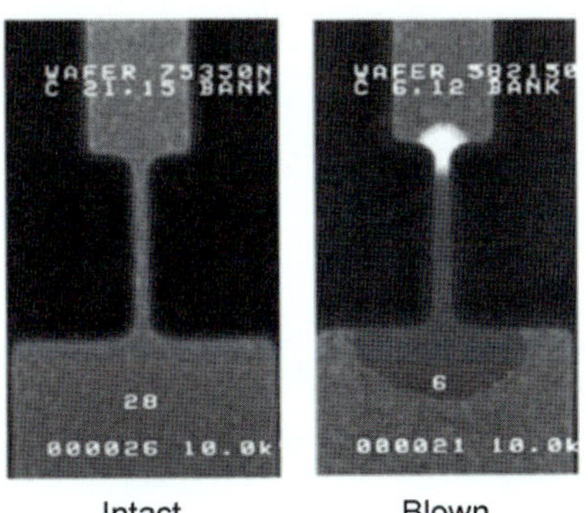

그림 15.30 eFUSE(© IEEE 2005)

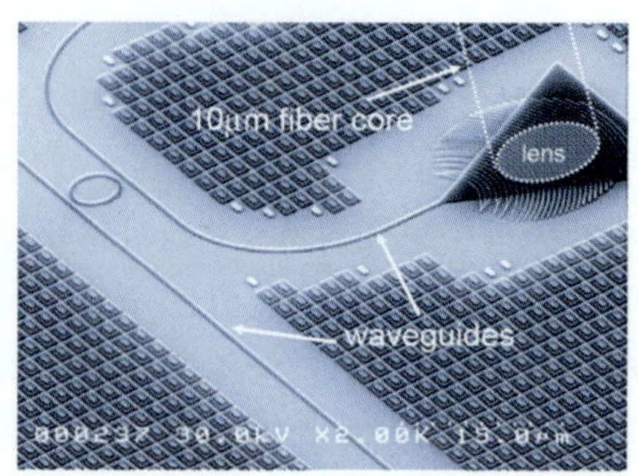

그림 15.31 130 nm CMOS 공정과 통합된 광 도파관과 홀로그래피 렌즈(© IEEE 2006)

광학 소스이다. 그러나 V_{DD}가 직류 전력 공급기로부터 칩 밖에서 발생한 것처럼, 빛은 칩 밖에서 생성되어 광섬유를 통하여 칩위에 들어올 수 있다. 그림 15.31은 광섬유를 온칩 도파관에 연결하는 데 사용된 홀로그래피 렌즈를 보여 준다[Huang06]. 집적 광소자는 고속 네트워크에서 광 전송부가 구리선을 대체할 가능성을 보여 준다.

15.4.3.11 3차원 집적회로 3D IC는 장치의 다중 계층을 포함한다. 적층 트랜지스터는 배선 길이를 감소시키고, 속도와 전력을 개선시킬 수 있다. 그것은 또한 이질적 기술이 화합하여 하나의 패키지가 되는 것을 가능하게 할 수 있다. 예를 들면 논리, 메모리와 아날로그/RF 칩을 하나의 패키지 안에 쌓을 수 있다.

IBM은 200 mm 웨이퍼가 제조 뒤에 주목할 만한 20 μm 두께로 갈아지는 과정을 설명했다[Topol06]. 그들은 1 μm 허용치로 정렬을 이루고 나서, 산화물 용해 또는 구리 결합을 이용하여 다른 것 위에 접합시킨다. 웨이퍼 사이에 큰 마른 관통 실리콘 비아(TSV)를 식각하고 금속화한다. 비아의 종횡비와 웨이퍼의 두께는 웨이퍼 사이의 접촉의 밀도를 설정한다. 10^4 TSVs/mm^2 이상의 밀도가 현재 달성될 수 있다. 3D 집적화 도전 과제의 일부는 웨이퍼 휨, 그들의 접합 전에 계층 테스트하기, 냉각과 동력 전달을 포함한다. 그림 15.32는 함께 접합시킨 2개 웨이퍼를 보여 준다. 밑의 웨이퍼는 금속의 네 레벨을 가지고 있고 상단 웨이퍼는 두 레벨을 가지고 있다. 최저부 웨이퍼의 맨 위 금속 레이

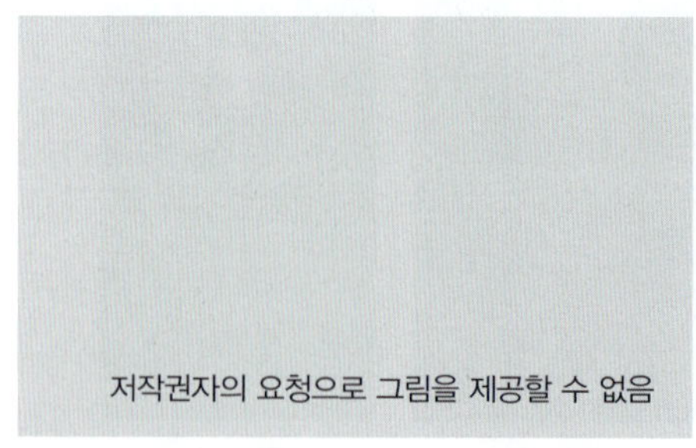

그림 15.32 2개 웨이퍼의 3차원 집적화의 주사 전자 현미경 사진([Koester08]에서 발췌. IBM 사 제공. 무단 사용 금지)

어의 8 μm 넓은 패드는 상단 웨이퍼의 아래에서부터 튀어나오는 3D 비아의 정렬 불량에 대한 여유를 제공한다.

3D IC는 연구에서 생산으로 움직이기 시작하고 있다[Emma08]. 초기 응용은 표준 형식에서 더 높은 용량을 제공하기 위해 다중 메모리 칩을 쌓는 것이다.

15.4.4 기존 CMOS를 넘어서

크기 조절 가능한 벌크 트랜지스터가 가진 주요 문제점은 드레인에서 완전히 채널을 끄지 못하는 게이트에 의해 초래된 소스로의 하위 문턱 누설 전류이다. 이것은 게이트가 채널에서의 충전에 대한 더 좋은 통제를 얻기 위해 채널의 2, 3, 또는 4개 변에 위치한 게이트 구조에 의해 향상될 수 있다. 유망한 구조는 수직 채널을 형성하고 4개 옆 주위에 집게 비슷한 배열의 게이트를 구성함으로써 문제를 해결한다. 이러한 장치는 소스/드레인 영역이 실리콘 표면에 지느러미 모양을 형성하기 때문에 일반적으로 '**핀펫**(finfet)' 이라 불린다[Hisamoto98]. 그림 15.33(a)는 핀펫의 3D 형상을 보여 주고, 그림 15.33(b)는 단면을 보여 주며, 그림 15.33(c)는 위에서 바라본 모습을 보여 준다. 게이트는 수직 소스/드레인 핀의 3개 옆 주위로 감싼다. 장치의 폭은 핀의 높이에 의해 규정되어서 넓은 장치는 병렬화 핀에 의해 구성된다. 그림 15.34는 인텔이 **삼중 게이트 트랜지스터**(trigate transistor)라고 부르는 프로토타입 핀펫의 현미경 사진을 보여 준다[Kavalleros06].

GaAs와 같은 주기율표의 III족과 V족의 화합물은 최고 30배까지 실리콘보다 높은 전자 이동도를 제공한다. 그와 같은 III-V 물질은 수십 년간 연구 주제였다. GaAs는 매우 높은 주파수 응용에 한때 사용되었지만, 발전하는 CMOS 공정에 의해 대체되었다. 그러나 III-V 물질은 언젠가 CMOS에 통합될지도 모른다.

현재 나노 기술은 가변화가 최종적으로 힘을 잃게 될 때 CMOS를 대치할 수 있도록 대체 구조들을 찾는 관심 집중된 연구 분야이다. 이 책의 이전 판 이후로는 근본적인 새로운 소자 구조가 눈에 띄게 진전되지 않았지만, 기존의 100 nm 이하 CMOS 트랜지스터는 지금 나노 기술로 불리고 있다!

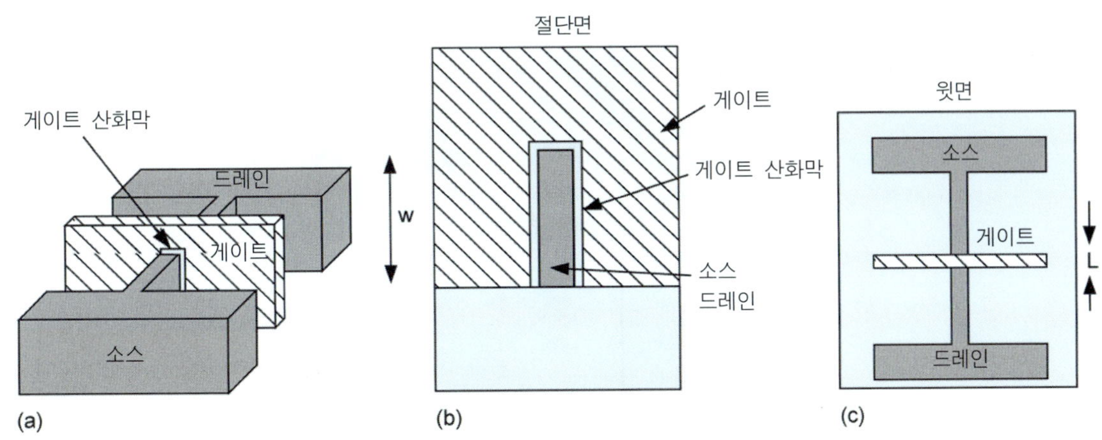

그림 15.33 핀펫 구조

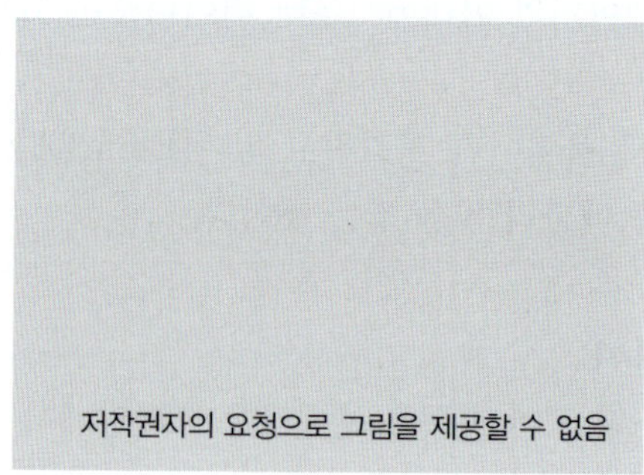

그림15.34 삼중 게이트 트랜지스터(인텔 사)

대안 기술은 40년 동안 진보한 CMOS에 투자된 수천억 달러와 경쟁하고 극복해야 하는 큰 장애물이 있다.

트랜지스터 동작을 시험 가동하고 인버터들을 구성하기 위해 탄소 나노튜브들이 사용되어 왔다[Liu01]. 나노튜브는 몇 나노미터 지름의 실린더이다. 나노튜브들이 높은 운동성을 제공하고, 나노튜브가 CMOS 게이트 길이의 최종 기댓값보다 더 작기 때문에 흥미롭다. 이론적인 나노튜브 트랜지스터를 그림 15.35에서 볼 수 있다[Wong03]. 현재 그 속도들이 매우 느리고 제조 기법들이 한정되어 있지만 미래에는 관심 대상이 될 것이다[Raychowdhury07, Patil09].

15.5 기술 관련 CAD 논제

마스크 데이터베이스는 반도체 제조업체와 칩 설계자를 연결시켜 주는 인터페이스 역할을 한다. 이 데이터베이스가 정상적으로 동작하는 칩을 만들어 내는 것을 확인하기 위해서는 다음의 두 가지 점

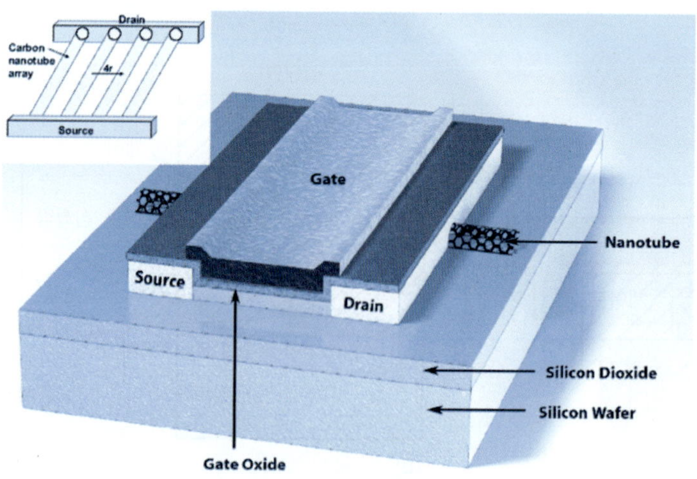

그림 15.35 탄소 나노튜브 트랜지스터(© IEEE 2003)

검을 완료해야 한다. 첫째는 기하학적으로 설계 규칙을 반드시 잘 준수해야 한다. 둘째는 마스크들이 제조 공정에 투입되었을 때, 일련의 회로 요소들 간의 연결이 반드시 제대로 이루어져야 하는 것이다. 이 두 요구 조건을 확인하기 위해서는 두 가지 기본적인 CAD 도구가 요구된다. 즉 **설계 규칙 점검**(DRC: design rule check) 프로그램과 마스크 회로 **추출**(extraction) 프로그램이다. 이 프로그램들을 구현하기 위한 공통적인 접근 방법은 일반적인 기하학적 동작을 수행하는 일련의 서브프로그램들을 제공하는 것이다. 주어진 CMOS 공정(또는 어떤 반도체 공정)을 위한 DRC 규칙과 회로 추출 규칙은 각각의 마스크에서 수행되어야 할 동작과 마스크 상호연결 확인 동작을 지정함으로써 결정된다. 이와 같은 **가동 세트**(run set)들은 문자화된 설계 규칙과 함께 공정의 규격을 정의한다.

이 절에서는 가동 세트의 특성을 살펴보기 위해서 가상적인 DRC와 회로 추출 시스템을 설정하여 검토할 것이다.

15.5.1 설계 규칙 점검(DRC)

어떤 마스크 레이어들 세트의 물리적 설계를 할지라도, 제조 과정에서 사용되는 실제 마스크들은 원래의 규칙으로부터 유도된다. 이와 유사하게 다양한 마스크 레이어들의 상호 관계를 검토함으로써 무엇을 설계했는지를 결정하는 프로그램을 원한다면, 마스크들 간의 다양한 논리적 조합을 지정하는 것이 필요하다.

이러한 개념들을 검토하기 위해서, 다음과 같이 기하학적 데이터베이스(즉 직사각형, 다각형, 경로)에 적용할 동작들을 가정하기로 한다. 다음은 Cadence 사의 DRACULA DRC 프로그램의 형식을 가정한다.

```
AND layer1 layer2 -> layer3
```
레이어3을 생성하기 위해 레이어1 및 레이어2를 함께 AND한다.
(즉 두 개의 입력 마스트 설명들의 교차)

```
OR layer1 layer2 -> layer3
```
레이어3를 생성하기 위해 레이어1 및 레이어2를 함께 OR한다.
(즉 두 개의 입력 마스크 설명들의 결합)

```
NOT layer1 layer2 -> layer3
```
레이어3를 생성하기 위해 레이어1으로부터 레이어2를 뺀다.
(즉 두 개의 입력 마스크 설명들의 차)

```
WIDTH layer > dimension -> layer3
```
레이어 상의 모든 기하학적 형태가 규격보다 더 큰가를 점검한다.
레이어3 내에 놓이지 않은 모든 기하학적 형태.

```
SPACE layer > dimension -> layer3
```

레이어 상의 모든 기하학적 형태가 규격보다 더 간격이 넓은지를 점검한다.

레이어3 내에 놓이지 않은 모든 기하학적 형태.

다음의 레이어들은 입력으로 가정한다.

```
nwell
active
p-select
n-select
poly
poly-contact
active-contact
metal
```

전형적으로 유용한 서브레이어들이 먼저 만들어진다. 처음에 네 가지 종류의 활성 영역이 격리된다. 이러한 것을 달성하기 위한 규칙들은 다음과 같다.

```
NOT  all nwell -> substrate
AND  nwell active -> nwell-active
NOT  active nwell -> pwell-active
AND  nwell-active p-select -> pdiff
AND  nwell-active n-select -> vddn
AND  pwell-active n-select -> ndiff
AND  pwell-active p-select -> gndp
```

위의 사양에서 수많은 새로운 레이어들이 지정되었다. 예를 들면 첫 번째 규칙은 수 nwell이 없는 곳마다 substrate라 불리는 레이어가 존재한다는 것을 나타낸다. 두 번째 규칙은 nwell 내부의 모든 활성 영역들은 nwell-활성이라는 것을 나타낸다. nwell-활성과 p-select 또는 n-select의 조합은 pdiff(p형 확산) 혹은 vddn(웰 탭)을 생성한다.

트랜지스터들을 찾기 위해서는 다음과 같은 규칙 세트가 사용된다.

```
AND poly ndiff -> ngates
AND poly pdiff -> pgates
```

첫 번째 규칙은 폴리실리콘과 n형 확산의 조합은 ngate 영역(n형 트랜지스터 게이트)을 생성한다는 것을 나타낸다.

전형적인 설계 규칙 점검(DRC)은 다음을 포함할 수도 있다.

```
WIDTH metal  < 0.13 -> metal-width-error
SPACE metal  < 0.13 -> metal-space-error
```

예를 들면 첫 번째 규칙은 어느 금속이 0.13 μm보다 좁고 금속 폭 에러(metal-width-error) 레이어 내에 에러들을 발생시키는지를 결정한다. 이러한 레이어는 나중에 에러를 조명하기 위해서 상호 활성적으로 디스플레이될 수도 있다.

15.5.2 회로 추출

이제 마스크 데이터베이스의 전기적인 연결성 결정을 원한다고 상상해 보면 다음의 명령어들이 필요하다.

CONNECT layer1 layer2

전기적으로 레이어1과 레이어2를 연결한다.

MOS name drain-layer gate-layer source-layer substrate-layer

구성 요소 단말(terminal) 레이어들의 항들을 사용하여 MOS 트랜지스터를 정의한다.(이것은 공인된 바와 같이 약간 마술적이다.)

레이어들 간의 연결들은 다음과 같이 지정될 수 있다.

```
CONNECT active-contact pdiff
CONNECT active-contact ndiff
CONNECT active-contact vddn
CONNECT active-contact gndp
CONNECT active-contact metal
CONNECT gndp substrate
CONNECT vddn nwell
CONNECT poly-contact poly
CONNECT poly-contact metal
```

확산들과 금속의 연결들은 처음 일곱 개의 문장들에 의해서 지정된다. 마지막 두 개의 문장들은 금속이 어떻게 폴리에 연결되었는가를 지정한다.

최종적으로 활성 디바이스들은 다음과 같이 이미 유도해 놓은 레이어들 항들로 지정된다.

```
MOS nmos ndiff ngates ndiff substrate
MOS pmos pdiff pgates pdiff nwell
```

그 이후에 출력 문장은 네트리스트(netlist) 형식(즉 SPICE 형식) 내에서 추출된 트랜지스터들을 출력하는 데 사용된다. 이 추출된 네트리스트는 레이아웃을 의도한 스키매틱과 비교하기 위해 종종 사용된다.

위에서의 가동 세트는 수동적으로 생성되었음을 인식하는 것이 중요하다. 그러한 프로그램으로부터 추출된 데이터는 단지 입력에 대해서만 우수하다. 예를 들면 기생 배선(routing) 커패시턴스가 요구되는 경우 그 이후에 각 레이어의 상호 작용이 코드화 되어야 한다. 만약 기생 저항이 회로 성능을 결정하는 데에 중요하다면, 이것 역시 회로 추출용 가동 세트에 반드시 포함되어야 한다. 추상적인 레이어를 정의하는 많은 종류의 프로그램 유형들이 존재한다.

15.6 제조 논제

공정들이 진화되어 오면서 다양한 설계 규칙과 지침들이 공정의 복잡성을 반영한다. 이 절은 일부 중요한 분야들을 다루게 될 것이다. 이러한 규칙들은 종종 **제조성의 설계**(DFM: design for manufacturability)라고 부른다.

15.6.1 안테나 규칙

트랜지스터에 접촉된 금속 도선이 플라스마 식각될 때 이 도선은 얇은 게이트 산화물들을 파손시키기에 충분히 높은 전압까지 충전될 수 있다. 이것은 **플라스마 유도 게이트 산화물 손상**(plasma-induced gate-oxide damage) 또는 간단하게 **안테나 효과**(antenna effect)로 불린다. 이것은 게이트 누설을 증가시키고, 문턱 전압을 바꾸며, 트랜지스터의 예상 수명을 감소시킬 수 있다. 긴 도선은 더 많은 전하가 쌓이고, 게이트를 손상시킬 가능성이 더 높다.

고온 플라스마 식각 동안, 소스와 드레인 확산부에 의해 형성된 다이오드에는 상당한 양의 전류가 흐를 수 있다. 이러한 다이오드는 게이트 산화물이 손상되기 전에 도선으로부터 전하를 빼야 한다.

안테나 규칙(antenna rule)은 방전 요소로서 작용할 소스 또는 드레인 없이 게이트에 연결될 수 있는 금속의 최대 영역을 지정한다. 이들은 가시화하기는 좀 어렵지만 금속 단편(segment)을 짧게 하기 위해 더 높은 층의 금속으로 점퍼들을 놓음으로써 또한 도선들 상에 확산 다이오드들을 놓음으로써 수정된다. 이 설계 규칙은 정상적으로 금속 상의 전하가 게이트를 손상(그리고 따라서 파손 전압)시키지 않도록 게이트 영역에 대한 금속 영역의 최대 비율을 정의한다. 이 비율들은 문제되는 트랜지스터의 게이트 산화물의 두께에 따라서 100:1에서 5000:1까지 변동할 수 있다. 더 높은 비율들은 더 두꺼운 게이트 산화물 트랜지스터들(예: 3.3 V I/O 트랜지스터들)에 적용된다.

그림 15.36은 안테나 규칙 위반에 대한 전형적인 수정을 보여 준다. 그림 15.36(a)에서, 긴 금속1 라인이 트랜지스터 게이트에 연결된다. 그것은 금속2가 형성될 때까지 확산에 미연결 단자를 가지고

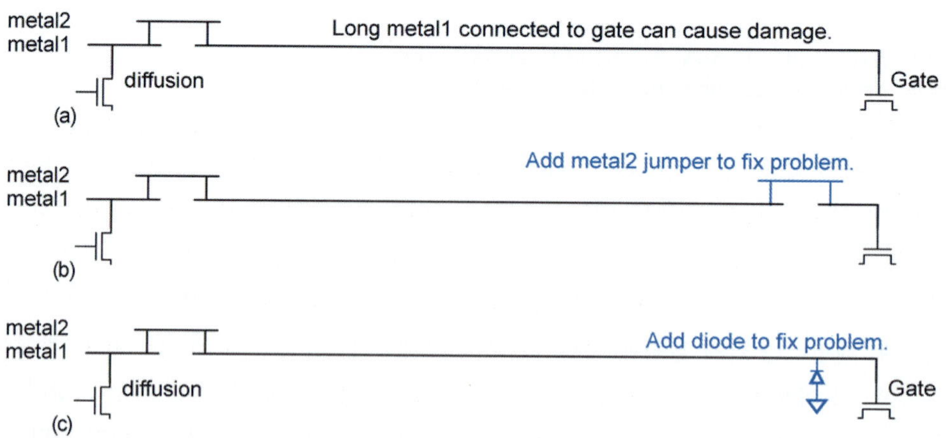

그림 15.36 안테나 규칙 위반 및 수정

있어서 게이트는 금속1 플라스마 식각 동안 손상될 수 있다. 그림 15.36(b)에서, 금속1 라인은 금속2로의 점퍼로 중단된다. 이것은 금속1 식각 동안 게이트를 고장 내는 전하의 양을 줄일 수 있고, 문제를 해결한다. 그림 15.36(c)에서, 안테나 다이오드가 추가되어 식각 동안 전하 배출 경로를 제공한다. 다이오드는 정상 작동 동안 역바이어스되고, (그것이 기여한 면적과 커패시턴스를 제외한) 회로 기능을 방해하지 않는다. 문제가 또한 게이트를 넓게 함으로써 해결된다는 것을 주목하자.

아날로그 또는 메모리 셀과 같이 좋은 일치를 요구하는 회로에서, 트랜지스터 게이트는 불일치를 유도하는 게이트 손상을 방지하려면 금속1의 짧은 조작으로 확산에 직접 연결해야 한다.

15.6.2 레이어 밀도 규칙

진보된 공정들에 속하는 또 다른 세트의 규칙들은 레이어 밀도 규칙들로서 이들은 지정된 영역 내에서 특정 레이어의 최소 및 최대 밀도를 지정한다. 식각률(etch rate)은 제거되어야 할 물질의 양에 대해 어느 정도 민감성을 가진다. 예를 들어 폴리실리콘 밀도가 너무 높거나 너무 낮으면, 트랜지스터 게이트가 과도하거나 부족하게 식각되어, 채널의 길이를 변화시킬 수 있다. 마찬가지로 CMP 공정은 밀도가 균일하지 않을 때 구리를 디싱(dishing, 과도하게 제거)할 수 있다.

이러한 문제를 방지하기 위해, 금속층은 100 μm와 100 μm의 영역 내에 30% 최소 밀도와 70% 최대 밀도를 가지고 있도록 요구될 수 있다. 디지털 회로에서 이러한 밀도 수준은 비어 있는 공간이 존재하지 않는다면 일상적 배선으로 도달된다. 다른 한편, 아날로그와 RF 회로는 거의 정의상으로 희박하다. 그러므로 확산, 폴리실리콘, 그리고 금속층이 수동으로 추가되거나, 설계가 완료된 뒤에 프로그램에 의해 채워진다. 충전(fill)은 접지되거나 부동 상태일 수 있다. 부동 충전은 더 낮은 전체 커패시턴스 그러나 더 많은 결합 커패시턴스를 가까운 도선에 제공한다. 접지된 충전은 접지망을 충전 구조로 연결할 필요가 있다. 비스듬한 직사각형, 더하기 부호 패턴 또는 다이아몬드와 같은 영리한 충전 무늬는 단순한 기하학적 그리드를 구성하는 것보다 낮고 예측 가능한 커패시턴스를 얻는다 [Kahng08]. 설계자들은 이것이 예상치 못한 기생 커패시턴스를 근처 도선들로 도입하지 않도록 채움에 반드시 주의해야 한다.

15.6.3 해상도 향상 규칙

일부 해상도 향상 기법들은 더 많은 설계 규칙들을 부가한다. 예를 들면 폴리실리콘은 전형적으로 가장 폭이 좁은 라인들을 사용하고 따라서 가장 높은 향상을 필요로 한다. 이러한 것은 폴리실리콘 게이트들이 단일 방향(수평 또는 수직)으로 그려지기만 하면 가장 간단해질 수 있다. 또한 단일 방향을 이용하는 것은 조직적 공정의 가변성을 감소시킨다. 그와 같은 노치가 적절한 OPC 분석을 방해할 수 있기 때문에, 작은 조그와 노치(최소층 폭 이하의 것들)를 피해야 한다.

설계 공동체는 현재 균일한 레이아웃 특징의 더 작은 집합 내로 설계자를 한정함으로써 RET을 용이하게 하고 제조 변동성을 감소시키기 위한 **제한적 설계 규칙**(restrictive design rule)을 향한 변화를 토론하고 있다. 이러한 규칙은 더 큰 면적을 희생한다. 예를 들면 인텔은 변화를 제어하고 193 nm 이중 패턴 리소그래피를 용이하게 하기 위한 45 nm 공정에 폴리실리콘을 위한 제한적 설계 규칙을 도입했다[Webb08]. 이러한 규칙 아래서, 폴리실리콘은 레이아웃에서 한 간격과 방향으로 제한된다. 이는 또한 접촉과 금속1 규칙을 단순화한다: 접촉 간격은 게이트 간격과 같고 또한 게이트와 평행한 금속1은 똑같은 간격을 가지고 있다. 접촉을 위한 넓은 폴리 패드와 직각 폴리실리콘 연결은 지역 연결에 적합한 **트렌치 접속**(trench contact)을 도입함으로써 제거되었다. 인텔은 제한적 규칙이 표준 셀 밀도에 충격을 가하지 않고 우수한 수율이 달성된다는 것을 알았다.

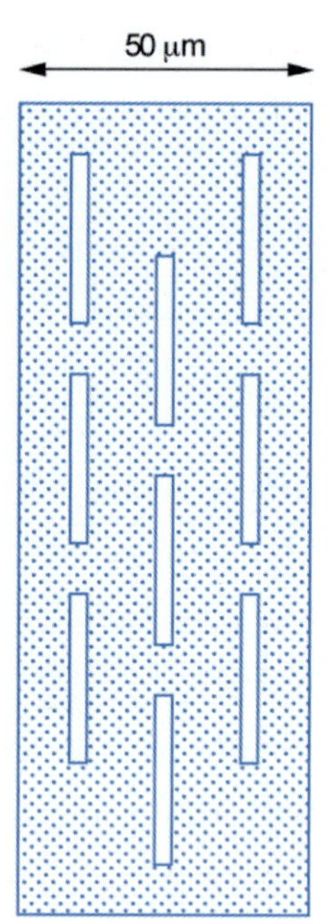

그림 15.37 넓은 금속 전력선 버스의 틈

15.6.4 금속 배열 규칙

어떤 공정은 넓은(예를 들어 $> 10 \sim 40\ \mu m$) 금속 배선이 틈을 가지고 있어야 한다는 특별한 규칙을 갖고 있다. 틈은 그림 15.37에 나와 있는 바와 같이 전류의 방향과 평행하게 뻗는 도선에서 폭이 $3\ \mu m$ 정도인 긴 홈이다. 그들은 스트레스를 줄이고, 도선이 위치에 고정되도록 돕고, 전자 이동 실패 위험을 감소시킨다(6.3.3.1절 참조). 설계 규칙은 제조사에 따라 많이 다르다.

15.6.5 수율 향상 지침

수율을 향상시키기 위해, 어떤 공정은 면적 또는 성능에 영향을 주지 않는 범위에서 일정한 폭과 간격을 증가시키는 것을 권고한다. 예를 들면 폴리실리콘 게이트 확장을 증가시키는 것은 폴리/확산 마스크 정렬 오류로 인한 트랜지스터 실패의 위험을 약간 감소시킨다. 가능한 금속선 사이의 공간 증대는 단락의 위험을 감소시키고, 도선의 커패시턴스를 감소시킨다. 수율을 향상시키기 위한 다른 좋은 습관은 다음과 같다.

- 단락의 위험을 감소시키고 커패시턴스를 감소시키기 위한 도선 바깥쪽의 공간을 넓힌다.
- 개방단의 위험을 감소시키고 저항을 감소시키기 위해 최소 폭 도선을 이용하지 않는다.
- 한 비아의 잘못된 형성으로 인한 개방단을 피하고 전자 이동 마모를 줄이기 위해 모든 연결에 최소 2개의 비아를 사용한다.
- 불규칙하게 정렬된 접촉에 의한 개방단과 저항 변동을 감소시키기 위한 최소 중첩 이상을 가진 랜딩 패드로 접촉과 비아를 둘러싼다.
- 최소 폭보다 넓은 트랜지스터를 사용한다. 최소 폭 트랜지스터는 변동성이 더 크고, 또한 잘 작동하지 않는다.
- 45도 각도나 원과 같은 직사각형이 아닌 모양을 피한다. 45도 각도로부터 큰 이익을 얻은 RAM과 같은 전문화된 회로를 위해, 광학 근접 효과 보정 분석 뒤에 마스크를 검증한다.
- 균일성과 정합을 향상시키기 위해 어레이와 민감한 회로의 경계에 더미 트랜지스터 또는 셀을 배치한다.
- 멋있어 보이면, 동작도 잘한다.

15.7 함정 및 착오

최첨단 공정의 목표

새로운 설계를 위한 새로운 공정으로 이동할지 하지 않을지를 결정할 때 좋은 균형을 이루게 된다. 한편으로는 증가된 밀도 및 속도에 현혹된다. 다른 한편으로 새로운 공정에 대한 지원[공정 규칙들, CAD 도구 스크립트들과 친숙해지는 것, 아날로그 및 RF 설계들의 포팅(porting), 논리 라이브러리들 위치 정하기 등등]은 초기에 비용이 많이 들 수 있다. 덧붙여서 CMOS 주조소들은 초기 몇 달간의 생산에 있어서 그들의 공정들을 빈번하게 조율하고 종종 수율 향상 단계들이 그들의 테이프아웃 계획 내에서 설계들에 대해 늦게 영향을 줄 수 있는 설계 규칙 변경들로 되돌아가는 것을 반영할 수 있다. 이러한 이유 때문에 활용 가능할 때 새로운 공정으로 즉시 건너뛰지 않는 것이 매우 현명하다. 반면에 속도에 또는 새로운 공정에 의해 해결되는 다른 속성에 한정되면 고통을 참는 것 외에는 다른 선택이 별로 없다.

상업적 설계들 상에서의 람다 설계 규칙들의 사용

이 교재에서는 쉬운 설명 및 일관성을 위해 람다 규칙들이 사용되어 왔다. 이들은 고급 설계들을 위해 실용적이다. 그러나 이들은 심원한 서브미크론 공정들을 위한 생산 설계들에 대해서는 매우 비실용적이다. 특별 관심 대상이 되는 것은 금속 폭 및 간격 규칙들이고 이 규칙들은 대부분의 생산 공정들에 대해 너무 보수적이다.

금속 채움의 기생 효과들에 대한 원인 설명의 실패

특히 금속에 있어서 면적 밀도 규칙들과 함께, 대부분의 설계 흐름들은 올바른 금속 밀도를 달성하기 위해 자동 채움 단계를 포함한다. 특히 아날로그 및 RF 회로들에 있어서 자동 채움 동작을 그 영역으로부터 배제하는 것 또는 검증 시뮬레이션 스크립트들을 재가동함으로써 채움 이후에 회로 성능을 점검하는 것 둘 중의 하나가 중요하다.

공정 캘리브레이션 테스트 구조들 포함의 실패

실리콘 제조사에 의해 테스트 구조들이 여기에 빈번히 삽입되는 것은 절단선 구조들에 대한 논의에서 언급되었다. 종종 문서화가 가능하지 않고 따라서 설계자들(특히 주조소에서 지원을 덜 받는 학술적 설계에서)이 트랜지스터 또는 링 발진기 같은 그들 자신의 테스트 구조들을 포함시키는 것이 현명하다. 이것은 설계자들이 시뮬레이션 모델들에 대한 실리콘의 캘리브레이션을 가능하게 한다.

설계 규칙의 포기

가끔 그것이 적용되지 않는 것을 확신하면서도 설계 규칙을 무시하고 싶은 유혹이 들기도 한다. 예를 들면 정확히 2λ 떨어진 2개의 도선을 생각해 보자. 이것은 설계 규칙을 위반하기 때문에 도선은 제조 동안 단락될 수 있다. 두 도선이 어떤 다른 곳에 실제로 연결되면, 추가적 단락이 무해하기 때문에 규칙을 무시할 수 있다. 그러나 도선 사이의 '잘못된 특징'이 제조 동안 끊어지고 떠돌 수 있는 포토레지스

Logos on the image sensor for the Spirit Mars rover (Reprinted from Molecular Expressions Silicon Zoo, **micro.magnet.fsu.edu/creatures**, with permission of Michael Davidson.)

트의 좁은 스트립을 생산하여 몇몇 다른 구조를 손상시키는 것이 가능하다. 더욱이 규율 위반이 안전할지라도, 모든 합법적 예외를 기록하는 것은 특히 큰 설계에서 너무 방대한 일이다. 간단하게 설계 규칙 오류를 수정하는 것이 낫다.

칩에 귀여운 로고 놓기

설계자는 칩에 그들의 이니셜을 숨기거나 귀여운 로고를 다이의 미사용된 모서리에 넣는 전통을 가지고 있다. 몇몇 자동 웨이퍼 정밀 검사 도구는 로고가 합법적 칩 실장 구조보다는 먼지의 덩어리처럼 보이고, 결함이 있는 것으로 칩을 표시한다! 몇몇 회사는 이제 장치의 작동에 필수적이지 않은 레이아웃의 함유를 금지한다. 다른 회사들은 로고를 칩의 모서리에 위치시키는 것을 필요로 하며 LOGO라고 불리는 특수한 가짜 층으로 덮어 RET와 웨이퍼 정밀 검사 도구가 로고를 무시하도록 한다.

15.8 역사적 시각

집적회로의 초기 시절에, 레이아웃 편집기와 설계 규칙 확인기는 나이프와 확대경을 가진 인간이었다. [Volk01]은 1970년대 초 인텔에서 있었던 설계의 매혹적인 이야기를 한다. 마스크 설계자는 그림 15.38(a)에 나와 있는 바와 같이 날카로운 색연필로 엄청나게 큰 마일라 그래프 용지에 레이아웃을 그렸다. 그러고 나면 엔지니어와 기술자가 모든 설계 규칙이 충족되고 연결이 회로도와 일치하는지 보기 위해 도면을 세밀히 조사했다. 당시에 대부분의 칩은 아마 작은 설계 규칙 오류와 함께 제조되었지만, 그러나 정확한 도선은 필수적이었다. 예를 들면 1977년에는 2명의 엔지니어가 각각의 손으로

저작권자의 요청으로 그림을 제공할 수 없음

그림15.38 손으로 그린 레이아웃: (a) 표준 셀, (b) 루비리스에 새긴 패턴 자르기([Volk01]에서 발췌)

8086의 20,000개의 모든 트랜지스터를 확인했다. 양쪽은 똑같은 20가지 오류 중 19가지를 찾았으며 설계가 정확하다는 자신을 얻었다.

그러고 나서 라이트 테이블에서 일하는 기술자는 그림 15.38(b)에 나와 있는 바와 같이 마스크를 만들기 위한 레이아웃의 각 수준을 **루비리스**(rubylith)의 시트 위에 커팅했다. 루비리스는 무겁고 투명한 마일라의 기반에 빨간 셀로판 비슷한 물질의 박막을 가진 두 층의 물질이다. 그리고 트랜지스터 또는 도선이 형성되어야 할 곳에서 빨간 필름을 벗겨 낸다. 설계자와 기술자는 잘못 벗겨 낸 오류와 의도하지 않은 상처를 찾아 며칠에 걸쳐 루비리스를 조사한다. 그 종이는 조각이 문질러 떨어지지 않도록 세심한 주의로 처리되어야 했다. 수정은 새로운 도선을 추가하기 위한 수술용 메스와 금속 자로 또는 물체를 제거하기 위한 빨간 테이프로 수행되었다. 최종 결과는 7배 확대경으로 확인되었다. 마침내 루비리스 종이는 마스크를 형성하기 위해 광학적으로 축소되기 위해 마스크 벤더에 보내졌다. 이 모든 주의에도 불구하고, 인텔의 첫 제품인 3101 64비트 RAM의 초기 버전은 루비리스를 박리시키는 오류 때문에 실제로 63비트 RAM이었다. 설계자는 오늘날에도 여전히 이 도구가 괴롭지만, 산업은 먼 길을 왔다.

반도체 소자의 발달은 보통 국제 전자 소자 회의(IEDM: international electron devices meeting)에서 발표된다. 표 15.2는 인텔과 IBM으로부터 주요 특성을 요약한 것이다. 공정 개발은 너무 비싸져서 IBM은 R&D 비용을 공유하기 위해, Chartered 반도체, 삼성, Infineon, 그리고 STMicro를 포함하

표 15.2 CMOS 공정 특성

Manufacturer		Intel							IBM			
Feature Size f	nm	250	180	130	90	65	45	32	130	90	65	45
Reference		[Bohr96]	[Yang98]	[Tyagi00]	[Thompson02]	[Bai04]	[Mistry07]	[Natarajan08]	[Sleight01]	[Khare02]	[Lee05]	[Narasimha06]
V_{DD}	V	1.8	1.5	1.3	1.2	1.2	1	1	1.2	1	1	1
L_{gate}	nm	180	140	70	50	35	35	30	60	45	40	35
t_{ox}	nm	4.1	3	1.5	1.2	1.2	1	0.9	2.3	1.85	1.05	1.15
$I_{dsat\text{-}n}$	μA/μm	700	940	1170	1449	1460	1360	1550	915	1000	1137	1140
$I_{dsat\text{-}p}$	μA/μm	320	420	600	725	880	1070	1210	520	480	700	800
I_{off}	nA/μm	1	3	100	400	100	100	100	100	200	200	200
Strain		no	no	no	yes	yes	yes	yes	no	no	yes	yes
High-k Gates		no	no	no	no	no	yes	yes	no	no	no	no
Gate Pitch	nm	640	480	336	260	220	160	112.5	325	245		190
Metal1 Pitch	nm	640	500	350	220	210	150	112.5	350	245		140
Metal Layers		5	6	6	7	8	9	9	8	10	10	10
Material		Al	Al	Cu	Cu	Cu	Cu	Cu	Cu	Cu	Cu	Cu
Low-k Dielectric		none	FSG	FSG	CDO	CDO	CDO	CDO	SiLK	SiLK	CDO	Porous
k		3.9	3.55	3.6	2.9	2.9					2.75	2.4
SRAM Cell Size	μm^2	10.26	5.59	2.09	1	0.57	0.346	0.171	1.8	0.99	0.65	0.37

는 협력자들의 공동 플랫폼 동맹을 형성하였다. IBM은 SOI와 벌크 프로세스 모두를 제공한다. 표 15.2는 그들의 SOI 장치가 더 좋은 I_{dsat}/I_{off} 비율을 가지고 있음을 강조한다. 이 표의 모든 공정은 높은 I_{dsat}에 초점을 맞추는 **고성능 공정**(high-performance process)이라고 여겨진다. 많은 제조사는 특히 배터리로 움직이는 통신 장치에서, 누설을 감소시키기 위해 또한 더 높은 문턱 전압과 더 두꺼운 산화물로 **저전력 공정**(low-power process)을 제공한다.

낮은-V_t 트랜지스터에 대한 트랜지스터 특성이 나열되어 있다. 130 nm 세대 이후로, 거의 모든 공정은 I_{dsat}의 15% 감소로 한 단위가 낮은 I_{off}를 제공하는 일반적인-V_t 트랜지스터를 제공한다. 일부의 저전력 공정은 또 한 단위만큼의 누설을 감소시키기 위한 높은-V_t 트랜지스터를 제공한다. 대부분의 제조사는 문턱 전압을 결정하는 분리된 주입 마스크를 이용하지만, 인텔은 그 대신에 약간(~10%) 긴 채널 길이를 이용하여 제조 비용을 감소시키며, 그것은 단채널 효과 때문에 V_t를 증가시킨다[Rusu07].

보고된 하위 문턱(subthreshold) 기울기는 85~100 mV/decade이다. DIBL 계수는 100~130 mV/V에서 변하며 기술의 고도화로 더 크게 되는 경향이 있다.

요약

CMOS 공정 옵션들 및 방향들을 인식하는 것은 설계 결정들에 대해 크게 영향을 줄 수 있다. 새로운 공정에 있어서 성능과 비용 가능성들의 결합은 이전에는 활용 가능하지 않았던 새로운 제품 기회들을 제공할 수 있다. 이와 유사하게 취약성 있는 공정들은 적절한 제품을 가질 좋은 기회들을 제공할 수 있다.

명심해야 할 한 가지 쟁점은 CMOS 설계가 첨단 공정에서 제작이 되도록 하는 계속 증가하는 비용이다. 임계 레이어들을 위한 마스크 비용은 마스크당 $100K 정도이다. 65 nm 공정을 위한 총 마스크 한 세트는 비용이 $1M를 넘을 수 있으며, 그 가격은 각 기술 노드에서 대략 두 배가 된다. 이것은 설계 형태들 내로 차례로 반영되고 미래의 CMOS 칩들을 위해 채택되는 내용의 설계로 접근한다. 예를 들면 수명이 더 긴 제품을 가질 수 있도록 설계를 프로그램 가능하게 하는 것이 좋은 시작이다. 13장에서 이러한 접근 방식들을 심도 있게 다루었다.

실리콘 공정에 대한 좀 더 진보된 읽을 거리는 [Wolf00]와 같은 책을 참조하기 바란다.

연습문제

15.1 폴리사이드와 살리사이드 CMOS 공정의 차이를 설명하시오. 어느 것이 더 높은 성능을 가질 가능성이 있는가? 그리고 그 이유는 무엇인가?

15.2 SUBM 규칙을 사용하면서 λ의 항으로 금속1에 대한 그림 15.39에 나와 있는 최소 접촉된 피치를 계산하시오. 이러한 피치를 감소시킬 수 있는 도선 전략이 있는가?

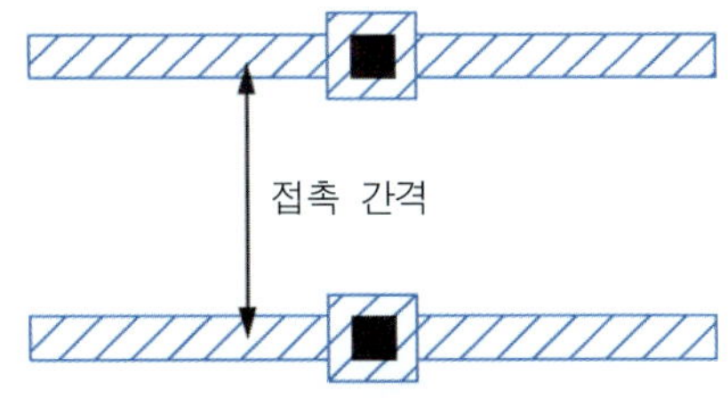

그림 15.39 접촉된 금속 피치

15.3 248 nm UV 스텝 및 스캔 기계 장치는 가격이 \$10M이고 시간당 300 mm 직경, 90 nm 노드 웨이퍼들을 여덟 개 생성할 수 있다. 193 nm UV 스텝 및 스캔 기계 장치는 가격이 \$40M이고 시간당 300 mm 직경, 50 nm 노드 웨이퍼들을 20개 처리할 수 있다. 이 기계 장치들이 4년의 감가상각 주기를 가지고 있다면 이 스테퍼가 임계 레이어들에 대한 공정 실행(run)당 10회 사용되는 경우 90 nm 해상도에서 50평방 mm를 차지하는 칩에 대한 칩당 비용에 있어서의 차이는 얼마인가?

15.4 SiO_2 기반의 구조에서 게이트 산화물 두께가 2 nm이면 동일 커패시턴스를 제공하는 HfO_2 기반의 유전체 두께는 얼마가 되겠는가?

15.5 최소 금속 폭이 0.5 μm이고 최대 전류 밀도가 2 mA/μm인 공정에서 금속6 퓨즈 ROM 셀을 설계하시오. 10 mA보다 낮은 퓨즈 전류가 요구된다.

15.6 활성, p-셀렉트, n-셀렉트, 폴리실리콘, 접촉, 그리고 금속1 마스크들을 가진 n-웰 공정에서 pMOS 트랜지스터에 대한 레이아웃을 제도하시오. V_{DD}에 대해 웰 접촉을 포함시키시오.

15.7 상호연결을 위한 저항이 가장 작은 금속은 무엇인가? 왜 이것은 사용되지 않는가?

15.8 그림 14.40과 SUBM 설계 규칙을 사용하여 p에서 n의 최소 피치와 게이트(내부)로의 폴리 접촉을 가진 그리고 접촉이 없는 최소 인버터 높이를 계산하시오. SOI 공정이 n과 p 확산 사이에 2λ 간격을 가지고 있다면 두 피치들은 어느 정도까지 감소되는가?

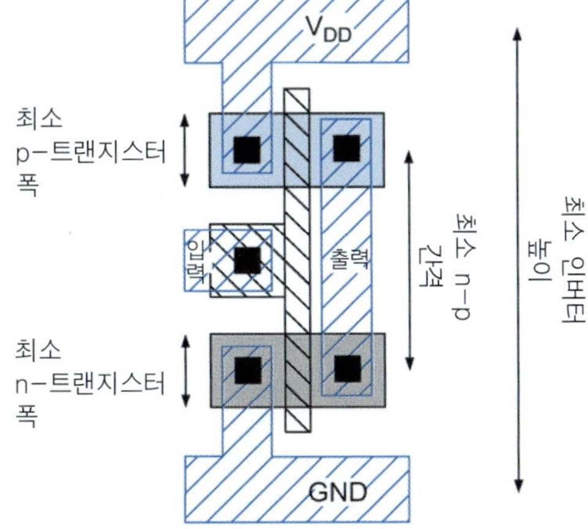

그림 15.40 최소 인버터 높이

15.9 SUBM 설계 규칙을 사용하여 그림 15.41에 나와 있는 최소의 비접촉된 그리고 접촉된 트랜지스터 피치를 계산하시오.

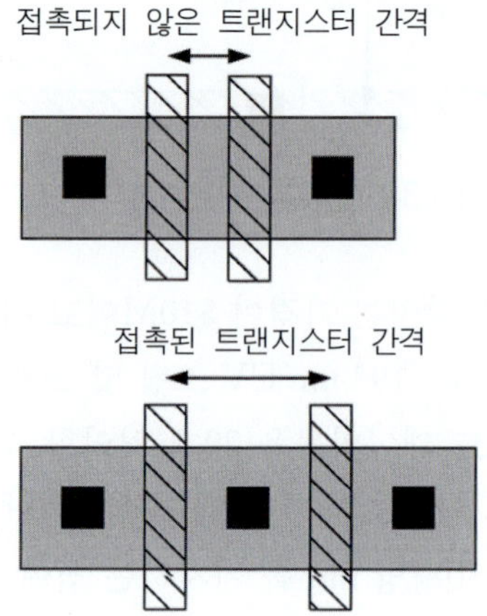

그림 15.41 비접촉된 그리고 접촉된 트랜지스터 피치

참고문헌

A majority of references are from IEEE publications and can be obtained from `ieeexplore.ieee.org`. An electronic version of this bibliography with hyperlinks is available at `www.cmosvlsi.com`. The *IEEE Journal of Solid-State Circuits* is cited heavily and is abbreviated as *JSSC*.

[Abdollahi04] A. Abdollahi, F. Fallah, and M. Pedram, "Leakage current reduction in CMOS VLSI circuits by input vector control," *IEEE Trans. VLSI*, vol. 12, no. 2, Feb. 2004, pp. 140–154.

[Acken83] J. Acken, "Testing for bridging faults (shorts) in CMOS circuits," *Proc. Design Automation Conf.*, 1983, pp. 717–718.

[Afghahi90] M. Afghahi and C. Svensson, "A unified single-phase clocking scheme for VLSI systems," *JSSC*, vol. 25, no. 1, Feb. 1990, pp. 225–233.

[Agans06] D. Agans, *Debugging*, New York: Amacon, 2006, `www.debuggingrules.com`.

[Agarwal01] V. Agarwal, S. Keckler, and D. Burger, "The effect of technology scaling on microarchitectural structures," *Computer Architecture and Technology Laboratory Technical Report TR2000-02*, University of Texas at Austin, 2001.

[Agarwal04] A. Agarwal, V. Zolotov, and D. Blaauw, "Statistical clock skew analysis considering intra-die process variations," *IEEE Trans. CAD*, vol. 23, no. 8, Aug. 2004, pp. 1231–1242.

[Agarwal07] A. Agarwal, K. Kang, S. Bhunia, J. Gallagher, and K. Roy, "Device-aware yield-centric dual-V_t design under parameter variations in nanoscale technologies," *IEEE Trans. VLSI*, vol. 15, no. 6, Jun. 2007, pp. 660–671.

[Agarwal07b] K. Agarwal, R. Rao, D. Sylvester, and R. Brown, "Parametric yield analysis and optimization in leakage dominated technologies," *IEEE Trans. VLSI*, vol. 15, no. 6, Jun. 2007, pp. 613–623.

[Agrawal08] B. Agrawal and T. Sherwood, "Ternary CAM power and delay model: extensions and uses," *IEEE Trans. VLSI*, vol. 16, no. 5, May 2008, pp. 554–564.

[Aisaka02] K. Aisaka et al., "Design rule for frequency-voltage cooperative power control and its application to an MPEG-4 decoder," *Proc. VLSI Circuits Symp.*, 2002, pp. 216–217.

[Alexander75] J. Alexander, "Clock recovery from random binary signals," *Electronics Letters*, vol. 11, no. 22, Oct. 30, 1975, pp. 541–542.

[Allam00] M. Allam, M. Anis, and M. Elmasry, "High-speed dynamic logic styles for scaled-down CMOS and MTCMOS technologies," *Proc. Intl. Symp. Low Power Electronics and Design*, 2000, pp. 155–160.

[Alon05] E. Alon, V. Stojanovic, and M. Horowitz, "Circuits and techniques for high-resolution measurement of on-chip power supply noise," *JSSC*, vol. 40, no. 4, Apr. 2005, pp. 820–828.

[Alvandpour02] A. Alvandpour, R. Krishnamurthy, K. Soumyanath, and S. Borkar, "A sub-130-nm conditional keeper technique," *JSSC*, vol. 37, no. 5, May 2002, pp. 633–638.

[Amrutur98] B. Amrutur and M. Horowitz, "A replica technique for wordline and sense control in low-power SRAM's," *JSSC*, vol. 33, no. 8, Aug. 1998, pp. 1208–1219.

[Amrutur00] B. Amrutur and M. Horowitz, "Speed and power scaling of SRAM's," *JSSC*, vol. 35, no. 2, Feb. 2000, pp. 175–185.

[Amrutur01] B. Amrutur and M. Horowitz, "Fast low-power decoders for RAMs," *JSSC*, vol. 36, no. 10, Oct. 2001, pp. 1506–1515.

[Anastasakis02] D. Anastasakis, R. Damiano, H. Ma, and T. Stanion, "A practical and efficient method for compare-point matching," *Proc. Design Automation Conf.*, Jun. 2002, pp. 305–310.

[Anderson02] F. Anderson, J. Wells, and E. Berta, "The core clock system on the next generation Itanium microprocessor," *Proc. IEEE Intl. Solid-State Circuits Conf.*, Feb. 2002, pp. 146–147, 453.

[Ando80] H. Ando, "Testing VLSI with random access scan," *Digest of Papers COMPCON 80*, Feb. 1980, pp. 50–52.

[Anis03] M. Anis and M. Elmasry, *Multi-Threshold CMOS Digital Circuits*, Norwell, MA: Kluwer, 2003.

[Arnaud08] F. Arnaud et al., "32 nm general purpose bulk CMOS technology for high performance applications at low voltage," *Proc. Intl. Electron Devices Meeting*, Dec. 2008, pp. 1–4.

[Artisan02] Artisan Components, *TSMC 0.18 μm Process 1.8-Volt SAGE-X Standard Cell Library Databook*, Release 4.0, Feb. 2002.

[Asenov07] A. Asenov, "Simulation of statistical variability in nano MOSFETs," *Proc. VLSI Technology Symp.*, Jun. 2007, pp. 86–87.

[Auth08] C. Auth et al., "45 nm high-k+ metal gate strain-enhanced transistors," *Intel Technology Journal*, vol. 12, no. 2, Jun. 2008, pp. 77–85.

[Baghini02] M. Baghini and M. Desai, "Impact of technology scaling on metastability performance of CMOS synchronizing latches," *Proc. Intl. Conf. VLSI Design*, 2002, pp. 317–322.

[Bai04] P. Bai et al., "A 65 nm logic technology featuring 35 nm gate lengths, enhanced channel strain, 8 Cu interconnect layers, low-k ILD and 0.57 μm^2 SRAM cell," *Proc. Intl. Electron Devices Meeting*, Dec. 2004, pp. 657–660.

[Bailey98] D. Bailey and B. Benschneider, "Clocking design and analysis for a 600-MHz Alpha microprocessor," *JSSC*, vol. 33, no. 11, Nov. 1998, pp. 1627–1633.

[Baker97] K. Baker and J. van Beers, "Shmoo plotting: the black art of IC testing," *IEEE Design and Test of Computers*, vol. 14, no. 3, Jul.–Sep. 1997, pp. 90–97.

[Bakoglu90] H. Bakoglu, *Circuits, Interconnections, and Packaging for VLSI*, Reading, MA: Addison-Wesley, 1990.

[Barke88] E. Barke, "Line-to-ground capacitance calculation for VLSI: a comparison," *IEEE Trans. Computer-Aided Design*, vol. 7, no. 2, Feb. 1988, pp. 295–298.

[Barry03] J. Barry, E. Lee, and D. Messerschmitt, *Digital Communication*, 3rd ed., New York: Springer, 2003.

[Barth08] J. Barth et al., "A 500 MHz random cycle, 1.5 ns latency, SOI embedded DRAM macro featuring a three-transistor micro sense amplifier," *JSSC*, vol. 43, no. 1, Jan. 2008, pp. 86–95.

[Baugh73] C. Baugh and B. Wooley, "A two's complement parallel array multiplication algorithm," *IEEE Trans. Computers*, vol. C-22, no. 12, Dec. 1973, pp. 1045–1047.

[Baumann01] R. Baumann, "Soft errors in advanced semiconductor devices—part I: the three radiation sources," *IEEE Trans. Device & Materials Reliability*, vol. 1, no. 1, Mar. 2001, pp. 17–22.

[Baumann05] R. Baumann, "Soft errors in advanced computer systems," *IEEE Design & Test of Computers*, vol. 22, no. 3, May–Jun. 2005, pp. 258–266.

[Beaumont-Smith99] A. Beaumont-Smith, N. Burgess, S. Lefrere, and C. Lim, "Reduced latency IEEE floating-point adder architectures," *Proc. IEEE Symp. Computer Arithmetic*, Apr. 1999, pp. 35–42.

[Beaumont-Smith01] A. Beaumont-Smith and C. Lim, "Parallel prefix adder design," *Proc. IEEE Symp. Computer Arithmetic*, 2001, pp. 218–225.

[Bedrij62] O. Bedrij, "Carry-select adder," *IRE Trans. Electronic Computers*, vol. 11, Jun. 1962, pp. 340–346.

[Belluomini05] W. Belluomini et al., "An 8GHz floating-point multiply," *Proc. Intl. Solid-State Circuits Conf.*, Feb. 2005, pp. 374–375, 604.

[Bergeron05] J. Bergeron, E. Cerny, A. Hunter, and A. Nightingale, *Verification Methodology Manual for SystemVerilog*, New York: Springer, 2005.

[Bernstein99] K. Bernstein, K. Carrig, C. Durham, P. Hansen, D. Hogenmiller, E. Nowak, and N. Roher, *High Speed CMOS Design Styles*, Boston: Kluwer Academic Publishers, 1999.

[Bernstein00] K. Bernstein and N. Rohrer, *SOI Circuit Design Concepts*, Boston: Kluwer Academic Publishers, 2000.

[Bernstein06] K. Bernstein et al., "High-performance CMOS variability in the 65-nm regime and beyond," *IBM J. Research and Dev.*, vol. 50, no. 4/5, Jul./Sep. 2006, pp. 433–449.

[Bewick94] G. Bewick, "Fast Multiplication: Algorithms and Implementation," Ph.D. thesis, Stanford University, CSL-TR-94-617, 1994.

[Bhavnagarwala01] A. Bhavnagarwala, Xinghai Tang, and J. Meindl, "The impact of intrinsic device fluctuations on CMOS SRAM cell stability," *JSSC*, vol. 36, no. 4, Apr. 2001, pp. 658–665.

[Bhavnagarwala04] A. Bhavnagarwala et al., "A transregional CMOS SRAM with single, logic V_{DD} and dynamic power rails," *Proc. VLSI Circuits Symp.*, Jun. 2004, pp. 292–293.

[Bhavnagarwala05] A. Bhavnagarwala et al., "Fluctuation limits & scaling opportunities for CMOS SRAM cells," *Proc. Intl. Electron Devices Meeting*, Dec. 2005, pp. 659–662.

[Black69] J. Black, "Electromigration—A brief survey and some recent results," *IEEE Trans. Electron Devices*, vol. ED-16, no. 4, Apr. 1969, pp. 338–347.

[Blackburn96] J. Blackburn, L. Arndt, and E. Swartzlander, "Optimization of spanning tree carry lookahead adders," *Proc. 30th Asilomar Conf. Signals, Systems, and Computers*, vol. 1, 1996, pp. 177–181.

[Bohr95] M. Bohr, "Interconnect scaling-the real limiter to high performance ULSI," *Proc. Intl. Electron Devices Meeting*, Dec. 1995, pp. 241–244.

[Bohr96] M. Bohr et al., "A high performance 0.25 μm logic technology optimized for 1.8 V operation," *Proc. Intl. Electron Devices Meeting*, Dec. 1996, pp. 847–850.

[Booth51] A. Booth, "A signed binary multiplication technique," *Quarterly J. Mechanics and Applied Mathematics*, vol. IV, pt. 2, Jun. 1951, pp. 236–240.

[Bowhill95] W. Bowhill et al., "Circuit implementation of a 300-MHz 64-bit second-generation CMOS Alpha CPU," *Digital Technical Journal*, vol. 7, no. 1, 1995, pp. 100–115.

[Bowman02] K. Bowman, S. Duvall, and J. Meindl, "Impact of die-to-die and within-die parameter fluctuations on the maximum clock frequency distribution for gigascale integration," *JSSC*, vol. 37, no. 2, Feb. 2002, pp. 183–190.

[Bowman09] K. Bowman et al., "Energy-efficient and metastability-immune resilient circuits for dynamic variation tolerance," *JSSC*, vol. 44, no. 1, Jan. 2009, pp. 49–63.

[Brederlow06] R. Brederlow, R. Prakash, C. Paulus, and R. Thewes, "A low-power true random number generator using random telegraph noise of single oxide-traps," *Proc. Intl. Solid-State Circuits Conf.*, Feb. 2006, pp. 1666–1675.

[Brent82] R. Brent and H. Kung, "A regular layout for parallel adders," *IEEE Trans. Computers*, vol. C-31, no. 3, Mar. 1982, pp. 260–264.

[Brewer08] J. Brewer and M. Gill, eds., *Nonvolatile Memory Technology with Emphasis on Flash*, Piscataway, NJ: IEEE Press, 2008.

[Brooks95] F. Brooks, *The Mythical Man-Month*, Boston: Addison-Wesley, 1995.

[Brown03] A. Brown, "Fast films," *IEEE Spectrum*, vol. 40, no. 2, Feb. 2003, pp. 36–40.

[Brunvand09] E. Brunvand, *Digital VLSI Chip Design with Cadence and Synopsys CAD Tools*, Boston: Addison Wesley, 2009.

[Brusamarello08] L. Brusamarello, R. da Silva, G. Wirth, and R. Reis, "Probabilistic approach for yield analysis of dynamic logic circuits," *IEEE Trans. Circuits & Systems*, vol. 55, no. 8, Sep. 2008, pp. 2238–2248.

[Budnik06] M. Budnik and K. Roy, "A power delivery and decoupling network minimizing ohmic loss and supply voltage variation in silicon nanoscale technologies," *IEEE Trans. VLSI*, vol. 14, no. 12, Dec. 2006, pp. 1336–1346.

[Burd00] T. Burd, T. Pering, A. Stratakos, and R. Brodersen, "A dynamic voltage scaled microprocessor system," *JSSC*, vol. 35, no. 11, Nov. 2000, pp. 1571–1580.

[Burgess02] N. Burgess, "The flagged prefix adder and its applications in integer arithmetic," *J. VLSI Signal Processing*, 2002, pp. 263–271.

[Burgess09] N. Burgess, "Implementation of recursive Ling adders in CMOS VLSI," *Proc. Asilomar Conf. Signals, Systems, and Computers*, 2009.

[Burks46] A. Burks, H. Goldstine, and J. von Neumann, *Preliminary discussion of the logical design of an electronic computing instrument, part 1*, vol. 1, Inst. Advanced Study, Princeton, NJ, 1946.

[Burleson98] W. Burleson, M. Ciesielski, F. Klass, and W. Liu, "Wave-pipelining: a tutorial and research survey," *IEEE Trans. VLSI*, vol. 6, no. 3, Sep. 1998, pp. 464–474.

[Calhoun04] B. Calhoun, F. Honore, and A. Chandrakasan, "A leakage reduction methodology for distributed MTCMOS," *JSSC*, vol. 39, no. 5, May 2004, pp. 818–826.

[Calhoun05] B. Calhoun, A. Wang, and A. Chandrakasan, "Modeling and sizing for minimum energy operation in subthreshold circuits," *JSSC*, vol. 40, no. 9, Sep. 2005, pp. 1778–1786.

[Calhoun06a] B. Calhoun and A. Chandrakasan, "Ultra-dynamic voltage scaling (UDVS) using sub-threshold operation and local voltage dithering," *JSSC*, vol. 41, no. 1, Jan. 2006, pp. 238–245.

[Calhoun06b] B. Calhoun and A. Chandrakasan, "Static noise margin variation for sub-threshold SRAM in 65-nm CMOS," *JSSC*, vol. 41, no. 7, Jul. 2006, pp. 1673–1679.

[Calhoun07] B. Calhoun and A. Chandrakasan, "A 256-kb 65-nm sub-threshold SRAM design for ultra-low-voltage operation," *JSSC*, vol. 42, no. 3, Mar. 2007, pp. 680–688.

[Calin96] T. Calin, M. Nicolaidis, and R. Velazco, "Upset hardened memory design for submicron CMOS technology," *IEEE Trans. Nuclear Science*, vol. 43, no. 6, Dec. 1996, pp. 2874–2878.

[Calma84] Calma Corporation, GDS II Stream Format, Jul. 1984.

[Carr72] W. Carr and J. Mize, *MOS/LSI Design and Application*, New York: McGraw-Hill, 1972.

[Celik02] M. Celik, L. Pileggi, and A. Odabasioglu, *IC Interconnect Analysis*, Boston: Kluwer Academic Publishers, 2002.

[Cenker79] R. Cenker, D. Clemons, W. Huber, J. Petrizzi, F. Procyk, and G. Trout, "A fault-tolerant 64K dynamic random-access memory," *IEEE Trans. Electron Devices*, vol. 26, no. 6, Jun. 1979, pp. 853–860.

[Chan90] P. Chan and M. Schlag, "Analysis and design of CMOS Manchester adders with variable carry-skip," *IEEE Trans. Computers*, vol. 39, no. 8, Aug. 1990, pp. 983–992.

[Chan05] S. Chan, K. Shepard, and P. Restle, "Uniform-phase uniform-amplitude resonant-load global clock distributions," *JSSC*, vol. 40, no. 1, Jan. 2005, pp. 102–109.

[Chan09] S. Chan et al., "A resonant global clock distribution for the cell broadband engine processor," *JSSC*, vol. 44, no. 1, Jan. 2009, pp. 64–72.

[Chandrakasan92] A. Chandrakasan, S. Sheng, and R. Brodersen, "Low-power CMOS digital design," *JSSC*, vol. 27, no. 4, Apr. 1992, pp. 473–484.

[Chandrakasan01] A. Chandrakasan, W. Bowhill, and F. Fox, ed., *Design of High-Performance Microprocessor Circuits*, Piscataway, NJ: IEEE Press, 2001.

[Chaney73] T. Chaney and C. Molnar, "Anomalous behavior of synchronizer and arbiter circuits," *IEEE Trans. Computers*, vol. C-22, Apr. 1973, pp. 421–422.

[Chaney83] T. Chaney, "Measured flip-flop responses to marginal triggering," *IEEE Trans. Computers*, vol. C-32, no. 12, Dec. 1983, pp. 1207–1209.

[Chang05] J. Chang et al., "A 130-nm triple-V_t 9-MB third-level on-die cache for the 1.7-GHz Itanium 2 processor," *JSSC*, vol. 40, no. 1, Jan. 2005, pp. 195–203.

[Chang07] J. Chang et al., "The 65-nm 16-MB shared on-die L3 cache for the dual-core Intel Xeon processor 7100 Series," *JSSC*, vol. 42, no. 4, Apr. 2007, pp. 846–852.

[Chang08] L. Chang et al., "An 8T-SRAM for variability tolerance and low-voltage operation in high-performance caches," *JSSC*, vol. 43, no. 4, Apr. 2008, pp. 956–963.

[Chao89] H. Chao and C. Johnston, "Behavior analysis of CMOS D flip-flops," *JSSC*, vol. 24, no. 5, Oct. 1989, pp. 1454–1458.

[Chappell91] T. Chappell, B. Chappell, S. Schuster, J. Allan, S. Klepner, R. Joshi, and R. Franch, "A 2-ns cycle, 3.8-ns access 512-kb CMOS ECL SRAM with a fully pipelined architecture," *JSSC*, vol. 26, no. 11, Nov. 1991, pp. 1577–1585.

[Chen96] K. Chen, H. Wann, J. Dunster, P. Ko, C. Hu, and M. Yoshida, "MOSFET carrier mobility model based on gate oxide thickness, threshold and gate voltages," *Solid-State Electronics*, vol. 39, no. 10, 1996, pp. 1515–1518.

[Chen97] K. Chen, C. Hu, P. Fang, M. Lin, and D. Wollesen, "Predicting CMOS speed with gate oxide and voltage scaling and interconnect loading effects," *IEEE Trans. Electron Devices*, vol. 44, no. 11, Nov. 1997, pp. 1951–1957.

[Chen03] T. Chen and S. Naffziger, "Comparison of adaptive body bias (ABB) and adaptive supply voltage (ASV) for improving delay and leakage under the presence of process variation," *IEEE Trans. VLSI*, vol. 11, no. 5, Oct. 2003, pp. 888–899.

[Chen06] J. Chen, L. Clark, and T. Chen, "An ultra-low-power memory with a subthreshold power supply voltage," *JSSC*, vol. 41, no. 10, Oct. 2006, pp. 2344–2353.

[Chen07] G. Chen, D. Blaauw, T. Mudge, D. Sylvester, and Nam Sung Kim, "Yield-driven near-threshold SRAM design," *Proc. Intl. Conf. Computer-Aided Design*, Nov. 2007, pp. 660–666.

[Cheng99] Y. Cheng and C. Hu, *MOSFET Modeling & BSIM3 User's Guide*, Boston: Kluwer Academic Publishers, 1999.

[Cheng00] Y. Cheng, C. Tsai, C. Teng, and S. Kang, *Electrothermal Analysis of VLSI Systems*, Boston: Kluwer Academic Publishers, 2000.

[Chern92] J. Chern, J. Huang, L. Arledge, P. Li, and P. Yang, "Multilevel metal capacitance models for CAD design synthesis systems," *IEEE Electron Device Letters*, vol. 13, no. 1, Jan. 1992, pp. 32–34.

[Childs84] R. Childs, J. Crawford, D. House, and R. Noyce, "A processor family for personal computers," *Proc. IEEE*, vol. 72, no. 3, Mar. 1984, pp. 363–376.

[Chinnery02] D. Chinnery and K. Keutzer, *Closing the Gap Between ASIC and Custom: Tools and techniques for high-performance ASIC design*, Boston: Kluwer Academic Publishers, 2002.

[Chinnery07] D. Chinnery & K. Keutzer, *Closing the Power Gap Between ASIC and Custom*, New York: Springer, 2007.

[Choi97] J. Choi, L. Jang, S. Jung, and J. Choi, "Structured design of a 288-tap FIR filter by optimized partial product tree compression," *JSSC*, vol. 32, no. 3, Mar. 1997, pp. 468–476.

[Chong06] K. Chong, L. McMurchie, and C. Sechen, "A 64b adder using self-calibrating differential output prediction logic," *Proc. Intl. Solid-State Circuits Conf.*, Feb. 2006, pp. 1745–1754.

[Chopra06] K. Chopra, C. Kashyap, H. Su, and D. Blaauw, "Current source driver model synthesis and worst-case alignment for accurate timing and noise analysis," *Intl. Workshop on Timing in Synthesis and Specification* (TAU), Feb. 2006.

[Choudhury97] M. Choudhury and J. Miller, "A 300 MHz CMOS microprocessor with multi-media technology," *Proc. IEEE Intl. Solid-State Circuits Conf.*, 1997, pp. 170–171.

[Christiansen06] C. Christiansen, J. Gambino, J. Therrien, D. Hunt, and J. Gill, "Effect of wire thickness on electromigration and stress migration lifetime of Cu," *Proc. Failure Analysis of Integrated Circuits*, Jul. 2006, pp. 349–354.

[Chu86] K. Chu and D. Pulfrey, "Design procedures for differential cascode voltage switch circuits," *JSSC*, vol. SC-21, no. 6, Dec. 1986, pp. 1082–1087.

[Chu87] K. Chu and D. Pulfrey, "A comparison of CMOS circuit techniques: differential cascode voltage switch logic versus conventional logic," *JSSC*, vol. SC-22, no. 4, Aug. 1987, pp. 528–532.

[Clark61] C. Clark, "The greatest of a finite set of random variables," *Operations Research*, vol. 9, no. 2, Mar.–Apr. 1961, pp. 145–162.

[Clark01] L. Clark et al., "An embedded 32-b microprocessor core for low-power and high-performance applications," *JSSC*, vol. 36, no. 11, Nov. 2001, pp. 1599–1608.

[Clark02] L. Clark, S. Demmons, N. Deutscher, and F. Ricci, "Standby power management for a 0.18 μm microprocessor," *Proc. Intl. Symp. Low Power Electronics and Design*, Aug. 2002, pp. 7–12.

[Cobbold66] R. Cobbold, "Temperature effects on M.O.S. transistors," *Electronics Letters*, vol. 2, no. 6, Jun. 1966, pp. 190–192.

[Cobbold70] R. Cobbold, *Theory and Application of Field Transistors*, New York: Wiley Interscience, 1970.

[Colwell95] R. Colwell and R. Steck, "A 0.6 μm BiCMOS processor with dynamic execution," *Proc. IEEE Solid-State Circuits Conf.*, 1995, pp. 176–177.

[Colwell06] R. Colwell, *The Pentium Chronicles: The People, Passion, and Politics Behind Intel's Landmark Chips*, New York: Wiley, 2006.

[Cooley07] J. Cooley, "Verilog vs. VHDL," `www.deepchip.com/items/dvcon07-02.html`, Apr. 2007.

[Cortadella92] J. Cortadella and J. Llabería, "Evaluation of A + B = K conditions without carry propagation," *IEEE Trans. Computers*, vol. 41, no. 11, Nov. 1992, pp. 1484–1487.

[Crews03] M. Crews and Y. Yuenyongsgool, "Practical design for transferring signals between clock domains," *EDN Magazine*, Feb. 20, 2003, pp. 65–71.

[Curran02] B. Curran et al., "IBM eServer z900 high-frequency microprocessor technology, circuits, and design methodology," *IBM J. Research and Development*, vol. 46, no. 4/5, Jul./Sep. 2002, pp. 631–644.

[Dabral98] S. Dabral and T. Maloney, *Basic ESD and I/O Design*, New York: John Wiley & Sons, 1998.

[Dadda65] L. Dadda, "Some schemes for parallel multipliers," *Alta Frequenza*, vol. 34, no. 5, May 1965, pp. 349–356.

[Dally98] W. Dally and J. Poulton, *Digital Systems Engineering*, Cambridge, UK: Cambridge University Press, 1998.

[Das06] S. Das et al., "A self-tuning DVS processor using delay-error detection and correction," *JSSC*, vol. 41, no. 4, Apr. 2006, pp. 792–804.

[Das09] S. Das et al., "RazorII: in situ error detection and correction for PVT and SER tolerance," *JSSC*, vol. 44, no. 1, Jan. 2009, pp. 32–48.

[Davari99] B. Davari, "CMOS technology: present and future," *Symp. VLSI Circuits Digest Tech. Papers*, 1999, pp. 5–10.

[Davis69] R. Davis, "The ILLIAC IV processing element," *IEEE Trans. Computers*, vol. C-18, no. 9, Sep. 1969, pp. 800–816.

[Degalahal05] V. Degalahal, L. Li, V. Narayanan, M. Kandemir, and M. Irwin, "Soft errors issues in low-power caches," *IEEE Trans. VLSI*, vol. 13, no. 10, Oct. 2005, pp. 1157–1166.

[DeHon93] A. DeHon, T. Knight Jr., and T. Simon, "Automatic impedance control," *Proc. Intl. Solid-State Circuits Conf.*, Feb. 1993, pp. 164–165, 283.

[Deleganes02] D. Deleganes, J. Douglas, B. Kommandur, and M. Patyra, "Designing a 3GHz, 130nm, Intel Pentium 4 processor," *Symp. VLSI Circuits Digest Tech. Papers*, 2002, pp. 130–133.

[Deleganes04] D. Deleganes et al., "LVS technology for the Intel Pentium 4 processor on 90nm technology," *Intel Techology Journal*, vol. 8, no. 1, Feb. 2004, pp. 43–53.

[Deleganes05] D. Deleganes et al., "Low-voltage swing logic circuits for a Pentium 4 processor integer core," *JSSC*, vol. 40, no. 1, Jan. 2005, pp. 36–43.

[Delgado-Frias00] J. Delgado-Frias and J. Nyathi, "A high-performance encoder with priority lookahead," *IEEE Trans. Circuits and Systems I*, vol. 47, no. 9, Sep. 2000, pp. 1390–1393.

[Dennard68] R. Dennard, "Field-effect transistor memory," US Patent 3,387,286, 1968.

[Dennard74] R. Dennard et al., "Design of ion-implanted MOSFET's with very small physical dimensions," *JSSC*, vol. SC-9, no. 5, Oct. 1974, pp. 256–268.

[Dhanesha95] H. Dhanesha, K. Falakshahi, and M. Horowitz, "Array-of-arrays architecture for parallel floating point multiplication," *Proc. Conf. Advanced Research in VLSI*, 1995, pp. 150–157.

[Dickson76] J. Dickson, "On-chip high-voltage generation in MNOS integrated circuits using an improved voltage multiplier technique," *JSSC*, vol. 11, no. 3, Jun. 1976, pp. 374–378.

[Dike99] C. Dike and E. Burton, "Miller and noise effects in a synchronizing flip-flop," *JSSC*, vol. 34, no. 6, Jun. 1999, pp. 849–855.

[Dobbalaere95] I. Dobbalaere, M. Horowitz, and A. El Gamal, "Regenerative feedback repeaters for programmable interconnect," *JSSC*, vol. 30, no. 11, Nov. 1995, pp. 1246–1253.

[Dobberpuhl92] D. Dobberpuhl et al., "A 200-MHz 64-b dual-issue CMOS microprocessor," *JSSC*, vol. 27, no. 11, Nov. 1992, pp. 1555–1567.

[Dobson95] J. Dobson and G. Blair, "Fast two's complement VLSI adder design," *Electronics Letters*, vol. 31, no. 20, Sep. 1995, pp. 1721–1722.

[Donnay03] S. Donnay and G. Gielen, eds., *Substrate Noise Coupling in Mixed-Signal ASICs*, Boston: Kluwer Academic Publishers, 2003.

[Donovan02] C. Donovan and M. Flynn, "A 'digital' 6-bit ADC in 0.25 μm CMOS," *JSSC*, vol. 37, no. 3, Mar. 2002, pp. 432–437.

[Doran88] R. Doran, "Variants of an improved carry look-ahead adder," *IEEE Trans. Computers*, vol. 37, no. 9, Sep. 1988, pp. 1110–1113.

[Doyle91] B. Doyle, B. Fishbein, and K. Mistry, "NBTI-enhanced hot carrier damage in p-channel MOSFETs," *Proc. Intl. Electron Devices Meeting*, 1991, pp. 529–532A.

[Drake07] A. Drake et al., "A distributed critical-path timing monitor for a 65nm high-performance microprocessor," *Proc. Intl. Solid-State Circuits Conf.*, Feb. 2007, pp. 398–399.

[Draper97] D. Draper et al., "Circuit techniques in a 266-MHz MMX-enabled processor," *JSSC*, vol. 32, no. 11, Nov. 1997, pp. 1650–1664.

[Dunga07] M. Dunga et al., *BSIM 4.6.1 MOSFET Model User's Manual*, Department of Electrical Engineering and Computer Sciences, UC Berkeley, 2007.

[Earle65] J. Earle, "Latched carry-save adder," *IBM Tech. Disclosure Bulletin*, vol. 7, no. 10, Mar. 1965, pp. 909–910.

[Edwards93] B. Edwards, A. Corry, N. Weste, and C. Greenberg, "A single-chip video ghost canceller," *JSSC*, vol. 28, no. 3, Mar. 1993, pp. 379–383.

[Eichelberger78] E. Eichelberger and T. Williams, "A logic design structure for LSI testability," *J. Design Automation and Fault Tolerant Computing*, vol. 2, no. 2, May 1978, pp. 165–178.

[Elmore48] W. Elmore, "The transient response of damped linear networks with particular regard to wideband amplifiers," *J. Applied Physics*, vol. 19, no. 1, Jan. 1948, pp. 55–63.

[Emma08] P. Emma and E. Kursan, "Is 3D chip technology the next growth engine for performance improvement?" *IBM J. Research & Dev.*, vol. 52, no. 6, Nov. 2008, pp. 541–552.

[EPA07] US Environmental Protection Agency, *Report to Congress on Server and Data Center Energy Efficiency*, Public Law 109-431, Aug. 2, 2007.

[Ercegovac89] M. Ercegovac and T. Lang, "Binary counter with counting period of one half adder independent of counter size," *IEEE Trans. Circuits & Systems*, vol. 36, no. 6, Jun. 1989, pp. 924–926.

[Ernst03] D. Ernst et al., "Razor: a low-power pipeline based on circuit-level timing speculation," *Proc. Intl. Symp. Microarchitecture*, Dec. 2003, pp. 7–18.

[Estreich82] D. Estreich and R. Dutton, "Modeling latch-up in CMOS integrated circuits," *IEEE Trans. Computer-Aided Design*, vol. CAD-1, no. 4, Oct. 1982, pp. 157–162.

[Evans95] R. Evans and P. Franzon, "Energy consumption modeling and optimization for SRAM's," *JSSC*, vol. 30, no. 5, May 1995, pp. 571–579.

[Faggin96] F. Faggin, M. Hoff, S. Mazor, and M. Shima, "The history of the 4004," *IEEE Micro*, vol. 16, no. 6, Dec. 1996, pp. 10–20.

[Fetzer02] E. Fetzer, M. Gibson, A. Klein, N. Calick, C. Zhu, E. Busta, and B. Mohammad, "A fully bypassed six-issue integer datapath and register file on the Itanium-2 microprocessor," *JSSC*, vol. 37, no. 11, Nov. 2002, pp. 1433–1440.

[Fetzer06] E. Fetzer, D. Dahle, C. Little, and K. Safford, "The parity protected, multithreaded register files on the 90-nm Itanium microprocessor," *JSSC*, vol. 41, no. 1, Jan. 2006, pp. 246–255.

[Fischer06] T. Fischer, J. Desai, B. Doyle, S. Naffziger, and B. Patella, "A 90-nm variable frequency clock system for a power-managed Itanium architecture processor," *JSSC*, vol. 41, no. 1, Jan. 2006, pp. 218–228.

[Fishburn85] J. Fishburn and A. Dunlop, "TILOS: A posynomial programming approach to transistor sizing," *Proc. Intl. Conf. Computer-Aided Design*, Nov. 1985, pp. 326–328.

[Flannagan85] S. Flannagan, "Synchronization reliability in CMOS technology," *JSSC*, vol. SC-20, no. 4, Aug. 1985, pp. 880–882.

[Foty96] D. Foty, *MOSFET Modeling with SPICE: Principles and Practices*, Upper Saddle River, NJ: Prentice Hall, 1996.

[Friedman84] V. Friedman and S. Liu, "Dynamic logic CMOS circuits," *JSSC*, vol. SC-19, no. 2, Apr. 1984, pp. 263–266.

[Frohman69] D. Frohman-Bentchkowsky and A. Grove, "Conductance of MOS transistors in saturation," *IEEE Trans. Electron Devices*, vol. ED-16, no. 1, Jan. 1969, pp. 108–113.

[Frowerk77] R. Frowerk, "Signature Analysis: A New Digital Field Service Method," *Hewlett Packard Journal*, May 1977, pp. 2–8.

[Fujiwara06] E. Fujiwara, *Code Design for Dependable Systems: Theory and Practical Applications*, New York: Wiley, 2006.

[Gabara92] T. Gabara and S. Knauer, "Digitally adjustable resistors in CMOS for high-performance applications," *JSSC*, vol. 27, no. 8, Aug. 1992, pp. 1176–1185.

[Gago93] A. Gago, R. Escano, and J. Hidalgo, "Reduced implementation of D-type DET flip-flops," *JSSC*, vol. 28, no. 3, Mar. 1993, pp. 400–402.

[Gajski83] D. Gajski and R. Kuhn, "New VLSI tools," *Computer*, vol. 16, no. 12, Dec. 1983, pp. 11–14.

[Galiay80] J. Galiay, Y. Crouzet, and M. Verginiault, "Physical versus logical fault models MOS LSI circuits: impact on their testability," *IEEE Trans. Computers*, vol. C-29, no. 6, Jun. 1980, pp. 527–531.

[Gauthier02] C. Gauthier and B. Amick, "Inductance: Implications and solutions for high-speed digital circuits: the chip electrical interface," *Proc. IEEE Intl. Solid-State Circuits Conf.*, vol. 2, 2002, pp. 563–565.

[Geannopoulos98] G. Geannopoulos and X. Dai, "An adaptive digital deskewing circuit for clock distribution networks," *Proc. IEEE Intl. Solid-State Circuits Conf.*, 1998, pp. 400–401.

[Gelsinger01] P. Gelsinger, "Microprocessors for the new millennium: challenges, opportunities, and new frontiers," *Proc. IEEE Intl. Solid-State Circuits Conf.*, 2001, pp. 22–25.

[George96] S. George, A. Ott, and J. Klaus, "Surface chemistry for atomic layer growth," *J. Phys. Chem.*, vol. 100, 1996, pp. 13121–13131.

[George07] V. George et al., "Penryn: 45-nm next generation Intel Core 2 processor," *Proc. Intl. Solid-State Circuits Conf.*, Nov. 2007, pp. 14–17.

[Geppert04] L. Geppert, "Chip making's wet new world," *IEEE Spectrum*, vol. 41, no. 5, May 2004, pp. 29–33.

[Gerosa94] G. Gerosa et al., "A 2.2 W, 80 MHz superscalar RISC microprocessor," *JSSC*, vol. 29, no. 12, Dec. 1994, pp. 1440–1452.

[Gerosa09] G. Gerosa et al., "A sub-2 W low power IA processor for mobile internet devices in 45 nm high-k metal gate CMOS," *JSSC*, vol. 44, no. 1, Jan. 2009, pp. 73–82.

[Ginosar03] R. Ginosar, "Fourteen ways to fool your synchronizer," *Proc. Intl. Symp. Asynchronous Circuits and Systems*, May 2003, pp. 89–96.

[Glasser85] L. Glasser and D. Dobberpuhl, *The Design and Analysis of VLSI Circuits*, Reading, MA: Addison Wesley, 1985.

[Gochman03] S. Gochman et al., "The Intel Pentium M processor: microarchitecture and performance," *Intel Technology Journal*, vol. 7, no. 2, May 2003, pp. 21–36.

[Golden99] M. Golden et al., "A seventh-generation x86 microprocessor," *JSSC*, vol. 34, no. 11, Nov. 1999, pp. 1466–1477.

[Golomb81] S. Golomb, *Shift Register Sequences*, Revised Edition, Laguna Hills, CA: Aegean Park Press, 1981.

[Gonclaves83] N. Gonclaves and H. DeMan, "NORA: a racefree dynamic CMOS technique for pipelined logic structures," *JSSC*, vol. SC-18, no. 3, Jun. 1983, pp. 261–266.

[Gonzalez96] R. Gonzalez and M. Horowitz, "Energy dissipation in general purpose microprocessors," *JSSC*, vol. 31, no. 9, Sep. 1996, pp. 1277–1284.

[Gonzalez97] R. Gonzalez, B. Gordon, and M. Horowitz, "Supply and threshold voltage scaling for low power CMOS," *JSSC*, vol. 32, no. 8, Aug. 1997, pp. 1210–1216.

[Goto92] G. Goto, T. Sato, M. Nakajima, and T. Sukemura, "A 54×54-b regularly structured tree multiplier," *JSSC*, vol. 27, no. 9, Sep. 1992, pp. 1229–1236.

[Goto97] G. Goto et al., "A 4.1-ns compact 54×54-b multiplier utilizing sign-select Booth encoders," *JSSC*, vol. 32, no. 11, Nov. 1997, pp. 1676–1682.

[Grad04] J. Grad and J. Stine, "A hybrid Ling carry-select adder," *Proc. Asilomar Conf. Signals, Systems, and Computers*, Nov. 2004, pp. 1363–1367.

[Gray53] F. Gray, "Pulse code communications," US Patent 2,632,058, 1953.

[Gray01] P. Gray, P. Hurst, S. Lewis, and R. Meyer, *Analysis and Design of Analog Integrated Circuits*, 4th ed., New York: John Wiley & Sons, 2001.

[Greenhill97] D. Greenhill et al., "A 330 MHz 4-way superscalar microprocessor," *Proc. Intl. Solid-State Circuits Conf.*, Feb. 1997, pp. 166–167, 449.

[Gregg07] J. Gregg and T. Chen, "Post silicon power/performance optimization in the presence of process variations using individual well-adaptive body biasing," *IEEE Trans. VLSI*, vol. 15, no. 3, Mar. 2007, pp. 366–376.

[Griffin83] W. Griffin and J. Hiltebeitel, "CMOS 4-way XOR circuit," *IBM Technical Disclosure Bulletin*, vol. 25, no. 11B, Apr. 1983, pp. 6066–6067.

[Gronowski96] P. Gronowski et al., "A 433-MHz 64-b quad-issue RISC microprocessor," *JSSC*, vol. 31, no. 11, Nov. 1996, pp. 1687–1696.

[Gronowski98] P. Gronowski, W. Bowhill, R. Preston, M. Gowan, and R. Allmon, "High-performance microprocessor design," *JSSC*, vol. 33, no. 5, May 1998, pp. 676–686.

[Grotjohn86] T. Grotjohn and B. Hoefflinger, "Sample-set differential logic (SSDL) for complex high-speed VLSI," *JSSC*, vol. SC-21, no. 2, Apr. 1986, pp. 367–369.

[Guilar09] N. Guilar, T. Kleeburg, A. Chen, D. Yankelevich, and R. Amirtharajah, "Integrated solar energy harvesting and storage," *IEEE Trans. VLSI*, vol. 17, no. 5, May 2009, pp. 627–637.

[Gunning92] B. Gunning, L. Yuan, T. Nguyen, and T. Wong, "A CMOS low-voltage-swing transmission-line transceiver," *Proc. Intl. Solid-State Circuits Conf.*, Feb. 1992, pp. 58–59.

[Guo05] X. Guo and C. Sechen, "High speed redundant adder and divider in output prediction logic," *Proc. Computer Society Symp. VLSI*, May 2005, pp. 34–41.

[Gutierrez01] E. Gutierrez, J. Deen, and C. Claeys (eds.), *Low Temperature Electronics: Physics, Devices, Circuits, and Applications*, New York: Academic Press, 2001.

[Gutnik97] V. Gutnik and A. Chandrakasan, "Embedded power supply for low-power DSP," *IEEE Trans. VLSI*, vol. 5, no. 4, Dec. 1997, pp. 425–435.

[Guyot87] A. Guyot, B. Hochet, and J. Muller, "A way to build efficient carry-skip adders," *IEEE Trans. Computers*, vol. 36, no. 10, Oct. 1987, pp. 1144–1152.

[Guyot97] A. Guyot and S. Abou-Samra, "Modeling power consumption in arithmetic operators," *Microelectronic Engineering*, vol. 39, 1997, pp. 245–253.

[Hall00] S. Hall, G. Hall, and J. McCall, *High-Speed Digital System Design*, New York: Wiley, 2000.

[Hamada98] M. Hamada et al., "A top-down low power design technique using clustered voltage scaling with variable supply-voltage scheme," *Proceedings of the IEEE*, May 11–14, 1998, pp. 495–498.

[Hamming50] R. Hamming, "Error Detecting and Error Correcting Codes," *Bell Systems Technical Journal*, vol. 29, pp. 147–160.

[Hamzaoglu02] F. Hamzaoglu and M. Stan, "Circuit-level techniques to control gate leakage for sub-100 nm CMOS," *Proc. Intl. Symp. Low Power Electronics and Design*, 2002, pp. 60–63.

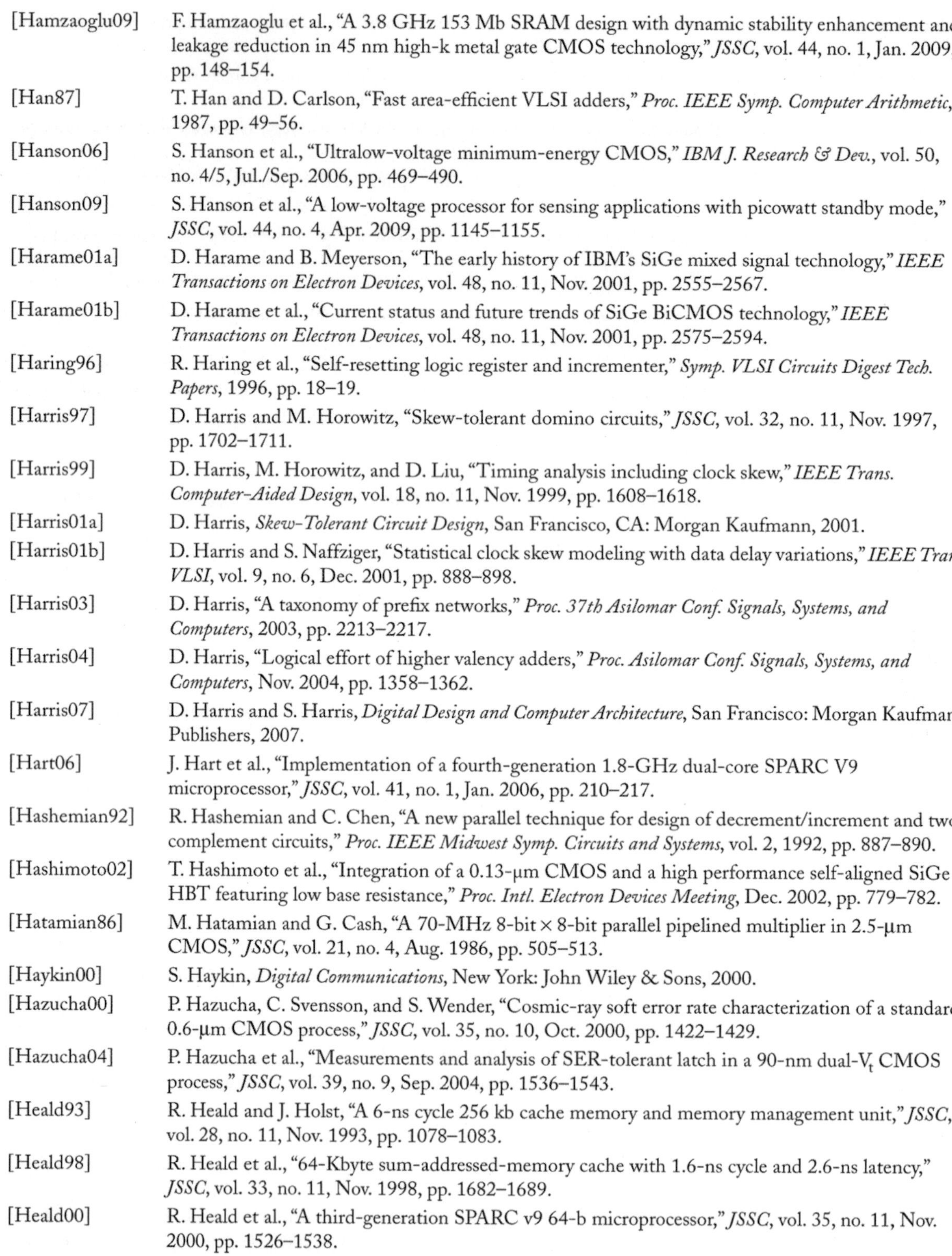

[Hamzaoglu09] F. Hamzaoglu et al., "A 3.8 GHz 153 Mb SRAM design with dynamic stability enhancement and leakage reduction in 45 nm high-k metal gate CMOS technology," *JSSC*, vol. 44, no. 1, Jan. 2009, pp. 148–154.

[Han87] T. Han and D. Carlson, "Fast area-efficient VLSI adders," *Proc. IEEE Symp. Computer Arithmetic*, 1987, pp. 49–56.

[Hanson06] S. Hanson et al., "Ultralow-voltage minimum-energy CMOS," *IBM J. Research & Dev.*, vol. 50, no. 4/5, Jul./Sep. 2006, pp. 469–490.

[Hanson09] S. Hanson et al., "A low-voltage processor for sensing applications with picowatt standby mode," *JSSC*, vol. 44, no. 4, Apr. 2009, pp. 1145–1155.

[Harame01a] D. Harame and B. Meyerson, "The early history of IBM's SiGe mixed signal technology," *IEEE Transactions on Electron Devices*, vol. 48, no. 11, Nov. 2001, pp. 2555–2567.

[Harame01b] D. Harame et al., "Current status and future trends of SiGe BiCMOS technology," *IEEE Transactions on Electron Devices*, vol. 48, no. 11, Nov. 2001, pp. 2575–2594.

[Haring96] R. Haring et al., "Self-resetting logic register and incrementer," *Symp. VLSI Circuits Digest Tech. Papers*, 1996, pp. 18–19.

[Harris97] D. Harris and M. Horowitz, "Skew-tolerant domino circuits," *JSSC*, vol. 32, no. 11, Nov. 1997, pp. 1702–1711.

[Harris99] D. Harris, M. Horowitz, and D. Liu, "Timing analysis including clock skew," *IEEE Trans. Computer-Aided Design*, vol. 18, no. 11, Nov. 1999, pp. 1608–1618.

[Harris01a] D. Harris, *Skew-Tolerant Circuit Design*, San Francisco, CA: Morgan Kaufmann, 2001.

[Harris01b] D. Harris and S. Naffziger, "Statistical clock skew modeling with data delay variations," *IEEE Trans. VLSI*, vol. 9, no. 6, Dec. 2001, pp. 888–898.

[Harris03] D. Harris, "A taxonomy of prefix networks," *Proc. 37th Asilomar Conf. Signals, Systems, and Computers*, 2003, pp. 2213–2217.

[Harris04] D. Harris, "Logical effort of higher valency adders," *Proc. Asilomar Conf. Signals, Systems, and Computers*, Nov. 2004, pp. 1358–1362.

[Harris07] D. Harris and S. Harris, *Digital Design and Computer Architecture*, San Francisco: Morgan Kaufmann Publishers, 2007.

[Hart06] J. Hart et al., "Implementation of a fourth-generation 1.8-GHz dual-core SPARC V9 microprocessor," *JSSC*, vol. 41, no. 1, Jan. 2006, pp. 210–217.

[Hashemian92] R. Hashemian and C. Chen, "A new parallel technique for design of decrement/increment and two's complement circuits," *Proc. IEEE Midwest Symp. Circuits and Systems*, vol. 2, 1992, pp. 887–890.

[Hashimoto02] T. Hashimoto et al., "Integration of a 0.13-μm CMOS and a high performance self-aligned SiGe HBT featuring low base resistance," *Proc. Intl. Electron Devices Meeting*, Dec. 2002, pp. 779–782.

[Hatamian86] M. Hatamian and G. Cash, "A 70-MHz 8-bit × 8-bit parallel pipelined multiplier in 2.5-μm CMOS," *JSSC*, vol. 21, no. 4, Aug. 1986, pp. 505–513.

[Haykin00] S. Haykin, *Digital Communications*, New York: John Wiley & Sons, 2000.

[Hazucha00] P. Hazucha, C. Svensson, and S. Wender, "Cosmic-ray soft error rate characterization of a standard 0.6-μm CMOS process," *JSSC*, vol. 35, no. 10, Oct. 2000, pp. 1422–1429.

[Hazucha04] P. Hazucha et al., "Measurements and analysis of SER-tolerant latch in a 90-nm dual-V_t CMOS process," *JSSC*, vol. 39, no. 9, Sep. 2004, pp. 1536–1543.

[Heald93] R. Heald and J. Holst, "A 6-ns cycle 256 kb cache memory and memory management unit," *JSSC*, vol. 28, no. 11, Nov. 1993, pp. 1078–1083.

[Heald98] R. Heald et al., "64-Kbyte sum-addressed-memory cache with 1.6-ns cycle and 2.6-ns latency," *JSSC*, vol. 33, no. 11, Nov. 1998, pp. 1682–1689.

[Heald00] R. Heald et al., "A third-generation SPARC v9 64-b microprocessor," *JSSC*, vol. 35, no. 11, Nov. 2000, pp. 1526–1538.

[Hedenstierna87] N. Hedenstierna and K. Jeppson, "CMOS circuit speed and buffer optimization," *IEEE Trans. Computer-Aided Design*, vol. CAD-6, no. 2, Mar. 1987, pp. 270–281.

[Heikes94] C. Heikes, "A 4.5mm^2 multiplier array for a 200MFLOP pipelined coprocessor," *Proc. IEEE Intl. Solid-State Circuits Conf.*, 1994, pp. 290–291.

[Heller84] L. Heller, W. Griffin, J. Davis, and N. Thoma, "Cascode voltage switch logic: a differential CMOS logic family," *Proc. IEEE Intl. Solid-State Circuits Conf.*, 1984, pp. 16–17.

[Hennessy90] J. Hennessy and D. Patterson, *Computer Architecture: A Quantitative Approach*, San Mateo, CA: Morgan Kaufmann Publishers, Inc., 1990.

[Heo02] S. Heo, K. Barr, M. Hampton, and K. Asanovic, "Dynamic fine-grain leakage reduction using leakage-biased bitlines," *Proc. Intl. Symp. Computer Architecture*, 2002, pp. 137–147.

[Hess94] C. Hess and L. Weiland, "Drop-in process control checkerboard test structure for efficient online process characterization and defect problem debugging," *Proc. IEEE Int. Conf. Microelectronic Test Structures*, vol. 7, Mar., 1994, pp. 152–159.

[Hicks08] J. Hicks, "45nm transistor reliability," *Intel Technology Journal*, vol. 12, no. 2, Jun. 2008, pp. 131–144.

[Hidaka89] H. Hidaka, K. Fujishima, Y. Matsuda, M. Asakura, and T. Yoshihara, "Twisted bit-line architectures for multi-megabit DRAM's," *JSSC*, vol. 24, no. 1, Feb. 1989, pp. 21–27.

[Hilewitz04] Y. Hilewitz, Z. Shi, and R. Lee, "Comparing fast implementations of bit permutation instructions," *Proc. Asilomar Conf. Signals, Systems, and Computers*, Nov. 2004, pp. 1856–1863.

[Hilewitz07] Y. Hilewitz and R. Lee, "Performing advanced bit manipulations efficiently in general-purpose processors," *Proc. Computer Arithmetic Symp.*, June 2007, pp. 251–260.

[Hill68] C. Hill, "Noise margin and noise immunity in logic circuits," *Microelectronics*, vol. 1, Apr. 1968, pp. 16–21.

[Hinton01] G. Hinton et al., "A 0.18-μm CMOS IA-32 processor with a 4-GHz integer execution unit," *JSSC*, vol. 36, no. 11, Nov. 2001, pp. 1617–1627.

[Hisamoto98] D. Hisamoto et al., "A folded-channel MOSFET for deep-sub-tenth micron era," *Tech. Digest Intl. Electron Devices Meeting*, San Francisco, Dec. 1998, pp. 1032–1034.

[Ho01] R. Ho, K. Mai, and M. Horowitz, "The future of wires," *Proc. IEEE*, vol. 89, no. 4, Apr. 2001, pp. 490–504.

[Ho03a] R. Ho, K. Mai, and M. Horowitz, "Efficient on-chip global interconnects," *Symp. VLSI Circuits Digest Tech. Papers*, 2003, pp. 271–274.

[Ho03b] R. Ho, K. Mai, and M. Horowitz, "Managing wire scaling: a circuit perspective," *Proc. IEEE Interconnect Technology Conf.*, 2003, pp. 177–179.

[Ho07] R. Ho, "Dealing with issues in VLSI interconnect scaling," *Intl. Solid-State Circuits Conf. Tutorial*, Feb. 2007.

[Hoeneisen72] B. Hoeneisen and C. Mead, "Fundamental limitations in Microelectronics-I. MOS technology," *Solid-State Electronics*, vol. 15, 1972, pp. 819–829.

[Hogge85] C. Hogge Jr., "A self correcting clock recovery circuit," *IEEE Trans. Electron Devices*, vol. 32, no. 12, Dec. 1985, pp. 2704–2706.

[Hook03] T. Hook et al., "Lateral ion implant straggle and mask proximity effect," *IEEE Trans. Electron Devices*, vol. 50, no. 9, Sep. 2003, pp. 1946–1951.

[Horowitz83] M. Horowitz and R. Dutton, "Resistance extraction from mask layout data," *IEEE Trans. Computer-Aided Design*, vol. CAD-2, no. 3, Jul. 1983, pp. 145–150.

[Horowitz87] M. Horowitz et al., "MIPS-X: a 20-MIPS peak, 32-bit microprocessor with on-chip cache," *JSSC*, vol. SC-22, no. 5, Oct. 1987, pp. 790–799.

[Horowitz04] M. Horowitz and W. Dally, "How scaling will change processor architecture," *Proc. Intl. Solid-State Circuits Conf.*, Feb. 2004, pp. 132–133.

[Horstmann89] J. Horstmann, H. Eichel, and R. Coates, "Metastability behavior of CMOS ASIC flip-flops in theory and test," *JSSC*, vol. 24, no. 1, Feb. 1989, pp. 146–157.

[Hrishikesh02] M. Hrishikesh et al., "The optimal logic depth per pipeline stage is 6 to 8 FO4 inverter delays," *Proc. Intl. Symp. Computer Architecture*, 2002, pp. 14–24.

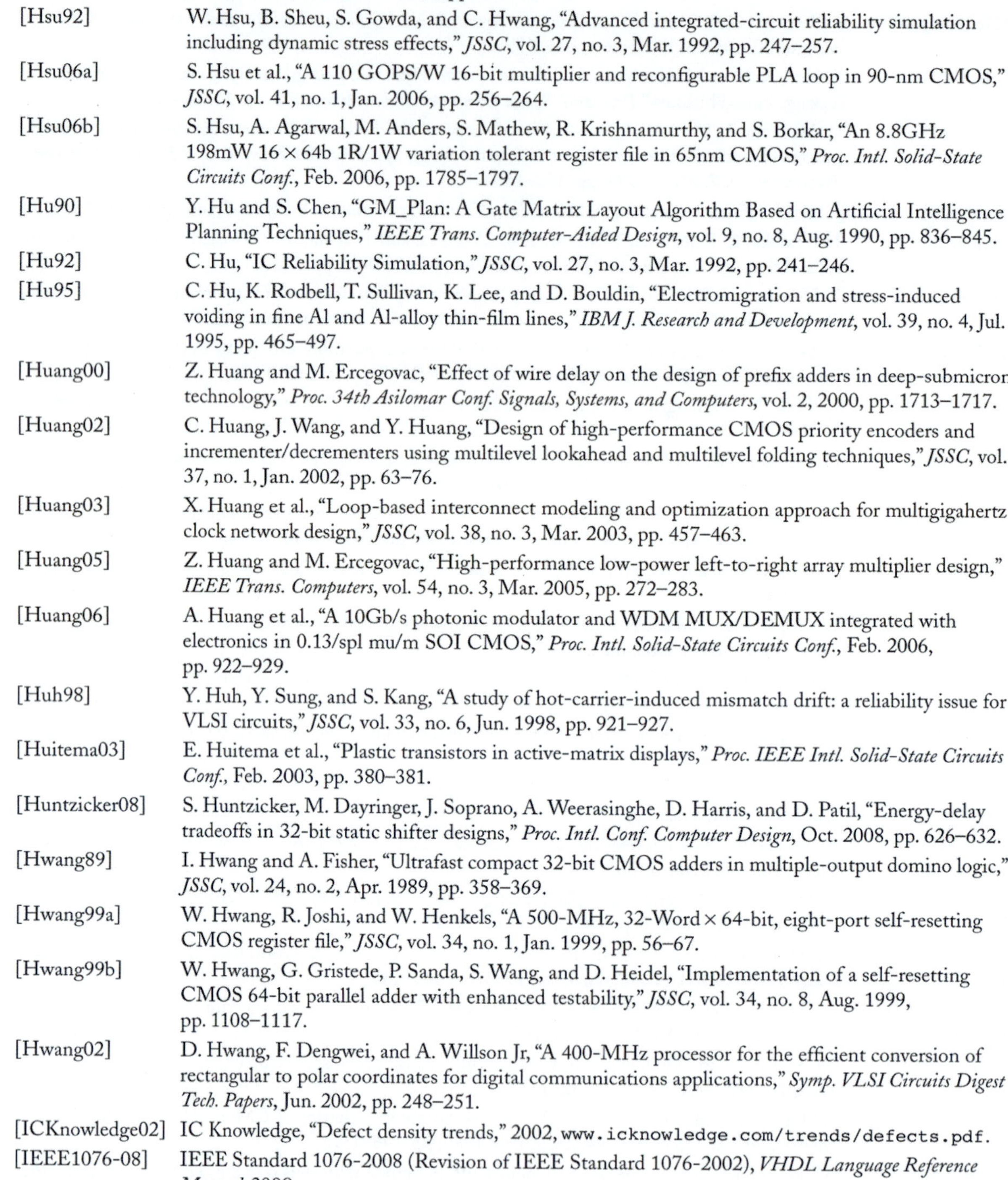

[Hsiao70] M. Hsiao, "A class of optimal minimum odd-weight-column SEC-DED codes," *IBM J. Research & Dev.*, vol. 14, no. 4, Jul. 1970, pp. 395–401.

[Hsu91] W. Hsu, B. Sheu, and S. Gowda, "Design of reliable VLSI circuits using simulation techniques," *JSSC*, vol. 26, no. 3, Mar. 1991, pp. 452–457.

[Hsu92] W. Hsu, B. Sheu, S. Gowda, and C. Hwang, "Advanced integrated-circuit reliability simulation including dynamic stress effects," *JSSC*, vol. 27, no. 3, Mar. 1992, pp. 247–257.

[Hsu06a] S. Hsu et al., "A 110 GOPS/W 16-bit multiplier and reconfigurable PLA loop in 90-nm CMOS," *JSSC*, vol. 41, no. 1, Jan. 2006, pp. 256–264.

[Hsu06b] S. Hsu, A. Agarwal, M. Anders, S. Mathew, R. Krishnamurthy, and S. Borkar, "An 8.8GHz 198mW 16 × 64b 1R/1W variation tolerant register file in 65nm CMOS," *Proc. Intl. Solid-State Circuits Conf.*, Feb. 2006, pp. 1785–1797.

[Hu90] Y. Hu and S. Chen, "GM_Plan: A Gate Matrix Layout Algorithm Based on Artificial Intelligence Planning Techniques," *IEEE Trans. Computer-Aided Design*, vol. 9, no. 8, Aug. 1990, pp. 836–845.

[Hu92] C. Hu, "IC Reliability Simulation," *JSSC*, vol. 27, no. 3, Mar. 1992, pp. 241–246.

[Hu95] C. Hu, K. Rodbell, T. Sullivan, K. Lee, and D. Bouldin, "Electromigration and stress-induced voiding in fine Al and Al-alloy thin-film lines," *IBM J. Research and Development*, vol. 39, no. 4, Jul. 1995, pp. 465–497.

[Huang00] Z. Huang and M. Ercegovac, "Effect of wire delay on the design of prefix adders in deep-submicron technology," *Proc. 34th Asilomar Conf. Signals, Systems, and Computers*, vol. 2, 2000, pp. 1713–1717.

[Huang02] C. Huang, J. Wang, and Y. Huang, "Design of high-performance CMOS priority encoders and incrementer/decrementers using multilevel lookahead and multilevel folding techniques," *JSSC*, vol. 37, no. 1, Jan. 2002, pp. 63–76.

[Huang03] X. Huang et al., "Loop-based interconnect modeling and optimization approach for multigigahertz clock network design," *JSSC*, vol. 38, no. 3, Mar. 2003, pp. 457–463.

[Huang05] Z. Huang and M. Ercegovac, "High-performance low-power left-to-right array multiplier design," *IEEE Trans. Computers*, vol. 54, no. 3, Mar. 2005, pp. 272–283.

[Huang06] A. Huang et al., "A 10Gb/s photonic modulator and WDM MUX/DEMUX integrated with electronics in 0.13/spl mu/m SOI CMOS," *Proc. Intl. Solid-State Circuits Conf.*, Feb. 2006, pp. 922–929.

[Huh98] Y. Huh, Y. Sung, and S. Kang, "A study of hot-carrier-induced mismatch drift: a reliability issue for VLSI circuits," *JSSC*, vol. 33, no. 6, Jun. 1998, pp. 921–927.

[Huitema03] E. Huitema et al., "Plastic transistors in active-matrix displays," *Proc. IEEE Intl. Solid-State Circuits Conf.*, Feb. 2003, pp. 380–381.

[Huntzicker08] S. Huntzicker, M. Dayringer, J. Soprano, A. Weerasinghe, D. Harris, and D. Patil, "Energy-delay tradeoffs in 32-bit static shifter designs," *Proc. Intl. Conf. Computer Design*, Oct. 2008, pp. 626–632.

[Hwang89] I. Hwang and A. Fisher, "Ultrafast compact 32-bit CMOS adders in multiple-output domino logic," *JSSC*, vol. 24, no. 2, Apr. 1989, pp. 358–369.

[Hwang99a] W. Hwang, R. Joshi, and W. Henkels, "A 500-MHz, 32-Word × 64-bit, eight-port self-resetting CMOS register file," *JSSC*, vol. 34, no. 1, Jan. 1999, pp. 56–67.

[Hwang99b] W. Hwang, G. Gristede, P. Sanda, S. Wang, and D. Heidel, "Implementation of a self-resetting CMOS 64-bit parallel adder with enhanced testability," *JSSC*, vol. 34, no. 8, Aug. 1999, pp. 1108–1117.

[Hwang02] D. Hwang, F. Dengwei, and A. Willson Jr, "A 400-MHz processor for the efficient conversion of rectangular to polar coordinates for digital communications applications," *Symp. VLSI Circuits Digest Tech. Papers*, Jun. 2002, pp. 248–251.

[ICKnowledge02] IC Knowledge, "Defect density trends," 2002, `www.icknowledge.com/trends/defects.pdf`.

[IEEE1076-08] IEEE Standard 1076-2008 (Revision of IEEE Standard 1076-2002), *VHDL Language Reference Manual*, 2009.

[IEEE1149.1-01] IEEE Standard 1149.1-2001, *Test Access Port and Boundary-Scan Architecture*, 2001.

[IEEE1364-01] IEEE Standard 1364-2001, *Verilog Hardware Description Language*, 2001.

[IEEE 1800-2009] IEEE Standard 1800-2009, *System Verilog-Unified Hardware Design, Specification, and Verification Language*, 2009.

[Intel10] Intel Corporation, *Microprocessor Quick Reference Guide*, `www.intel.com/pressroom/kits/quickreffam.htm`, 2010.

[Isaac08] R. Isaac, "The remarkable story of the DRAM industry," *IEEE SSCS News*, Winter 2008, pp. 45–49.

[Ishihara04] F. Ishihara, F. Sheikh, and B. Nikolic, "Level conversion for dual-supply systems," *IEEE Trans. VLSI*, vol. 12, no. 2, Feb. 2004, pp. 185–195.

[Ismail99] Y. Ismail, E. Friedman, and J. Neves, "Figures of merit to characterize the importance of on-chip interconnect," *IEEE Trans. VLSI*, vol. 7, no. 4, Dec. 1999, pp. 442–449.

[Itoh96] K. Itoh, A. Fridi, A. Bellaouar, and M. Elmasry, "A deep sub-V, single power-supply SRAM cell with multi-V_t, boosted storage node and dynamic load," *Proc. VLSI Circuits Symp.*, Jun. 1996, pp. 132–133.

[Itoh97] K. Itoh, Y. Nakagome, S. Kimura, and T. Watanabe, "Limitations and challenges of multigigabit DRAM chip design," *JSSC*, vol. 32, no. 5, May 1997, pp. 624–634.

[Itoh01] N. Itoh, Y. Naemura, H. Makino, Y. Nakase, T. Yoshihara, and Y. Horiba, "A 600-MHz 54×54-bit multiplier with rectangular-styled Wallace tree," *JSSC*, vol. 36, no. 2, Feb. 2001, pp. 249–257.

[Itoh01k] K. Itoh, *VLSI Memory Chip Design*, Berlin: Springer-Verlag, 2001.

[Itoh01n] N. Itoh et al., "A 600-MHz 54 × 54-bit multiplier with rectangular-styled Wallace tree," *JSSC*, vol. 36, no. 2, Feb. 2001, pp. 249–257.

[Itoh09] K. Itoh, "Adaptive circuits for the 0.5-V nanoscale CMOS era," *Proc. Intl. Solid-State Circuits Conf.*, Feb. 2009, pp. 14–20.

[Jackson04] R. Jackson and S. Talwar, "High speed binary addition," *Proc. Asilomar Conf. Signals, Systems, and Computers*, Nov. 2004, pp. 1350–1353.

[Jacoboni77] C. Jacoboni, C. Canali, G. Ottaviani, and A. Alberigi Quaranta, "A review of some charge transport properties of silicon," *Solid-State Electronics*, vol. 20, 1977, pp. 77–89.

[Jayasumana91] A. Jayasumana, Y. Malaiya, and R. Rajsuman, "Design of CMOS circuits for stuck-open fault testability," *JSSC*, vol. 26, no. 1, Jan. 1991, pp. 58–61.

[Ji-ren87] Y. Ji-ren, I. Karlsson, and C. Svensson, "A true single-phase-clock dynamic CMOS circuit technique," *JSSC*, vol. SC-22, no. 5, Oct. 1987, pp. 899–901.

[Johnson88] M. Johnson, "A symmetric CMOS NOR gate for high-speed applications," *JSSC*, vol. SC-23, no. 5, Oct. 1988, pp. 1233–1236.

[Johnson91] B. Johnson, T. Quarles, A. Newton, D. Pederson, and A. Sangiovanni-Vincentelli, *SPICE3 Version 3e User's Manual*, UC Berkeley, Apr. 1991.

[Johnston96] A. Johnston, "The influence of VLSI technology evolution on radiation-induced latchup in space systems," *IEEE Trans. Nuclear Science*, vol. 43, no. 2, Apr. 1996, pp. 505–521.

[Josephson02] D. Josephson, "The manic depression of microprocessor debug," *Proc. Intl. Test Conf.*, 2002, pp. 657–663.

[Jung01] S. Jung, S. Yoo, K. Kim, and S. Kang, "Skew-tolerant high-speed (STHS) domino logic," *Proc. IEEE Intl. Symp. Circuits and Systems*, 2001, pp. 154–157.

[Kahng08] A. Kahng and K. Samadi, "CMP fill synthesis: A survey of recent studies," *IEEE Trans. CAD*, vol. 27, no. 1, Jan. 2008, pp. 3–19.

[Kamon94] M. Kamon, J. Tsuk, and J. White, "FASTHENRY: a multipole-accelerated 3-D inductance extraction program," *IEEE Trans. Microwave Theory and Techniques*, vol. 42, no. 9, Sep. 1994, pp. 1750–1758.

[Kanamoto07] T. Kanamoto et al., "Impact of well edge proximity effect on timing," *Proc. European Solid State Device Research Conf.*, Sep. 2007, pp. 115–118.

[Kanda02] K. Kanda, T. Miyazaki, M. Sik, H. Kawaguchi, and T. Sakurai, "Two orders of magnitude leakage power reduction of low voltage SRAMs by row-by-row dynamic V_{DD} control (RRDV) scheme," *Proc. Intl. ASIC/SOC Conf.*, Sep. 2002, pp. 381–385.

[Kang03] S. Kang and Y. Leblebici, *CMOS Digital Integrated Circuits*, 3rd ed., Boston: McGraw Hill, 2003.

[Kanj06] R. Kanj, R. Joshi, and S. Nassif, "Mixture importance sampling and its application to the analysis of SRAM designs in the presence of rare failure events," *Proc. Design Automation Conf.*, 2006, pp. 69–72.

[Kanno07] Y. Kanno et al., "Hierarchical power distribution with power tree in dozens of power domains for 90-nm low-power multi-CPU SoCs," *JSSC*, vol. 42, no. 1, Jan. 2007, pp. 74–83.

[Kantabutra91] V. Kantabutra, "Designing optimum carry-skip adders," *Proc. IEEE Symp. Computer Arithmetic*, 1991, pp. 146–153.

[Kantabutra93] V. Kantabutra, "A recursive carry-lookahead/carry-select hybrid adder," *IEEE Trans. Computers*, vol. 42, no. 12, Dec. 1993, pp. 1495–1499.

[Kapur02] P. Kapur, J. McVittie, and K. Saraswat, "Technology and reliability constrained future copper interconnects. I. Resistance modeling," *IEEE Trans. Electron Devices*, vol. 49, no. 4, Apr. 2002, pp. 590–597.

[Karnik01] T. Karnik, B. Bloechel, K. Soumyanath, V. De, and S. Borkar, "Scaling trends of cosmic rays induced soft errors in static latches beyond 0.18 m," *Symp. VLSI Circuits Digest Tech. Papers*, 2001, pp. 61–62.

[Kavaleros06] J. Kavalieros et al., "Tri-gate transistor architecture with high-k gate dielectrics, metal gates and strain engineering," *Proc. VLSI Technology Symp.*, 2006, pp. 50–51.

[Keating07] M. Keating, D. Flynn, R. Aitken, A. Gibbons, and K. Shi, *Low Power Methodology Manual*, New York: Springer, 2007.

[Keeth07] B. Keeth, J. Baker, B. Johnson, F. Lin, *DRAM Circuit Design: Fundamental and High-Speed Topics*, IEEE Press, 2007.

[Keshavarzi01] A. Keshavarzi et al., "Effectiveness of reverse body bias for leakage control in scaled dual V_t CMOS ICs," *Proc. Intl. Symp. Low Power Electronics and Design*, 2001, pp. 207–212.

[Keyes70] R. Keyes, E. Harris, and K. Konnerth, "The role of low temperatures in the operation of logic circuitry," *Proc. IEEE*, vol. 58, no. 12, Dec. 1970, pp. 1914–1932.

[Keys75] R. Keyes, "The effect of randomness in the distribution of impurity atoms on FET thresholds," *Applied Physics*, 8, 1975, pp. 251–259.

[Khalil08] D. Khalil, M. Khellah, Nam-Sung Kim, Y. Ismail, T. Karnik, and V. De, "Accurate estimation of SRAM dynamic stability," *IEEE Trans. VLSI*, vol. 16, no. 12, Dec. 2008, pp. 1639–1647.

[Khare02] M. Khare et al., "A high performance 90nm SOI technology with 0.992 μm^2 6T-SRAM cell," *Proc. Intl. Electron Devices Meeting*, 2002, pp. 407–410.

[Khellah06] M. Khellah et al., "Wordline & bitline pulsing schemes for improving SRAM cell stability in low-V_{cc} 65nm CMOS designs," *Proc. VLSI Circuits Symp.*, 2006, pp. 9–10.

[Khellah07] M. Khellah et al., "A 256-Kb dual-VCC SRAM building block in 65-nm CMOS process with actively clamped sleep transistor," *JSSC*, vol. 42, no. 1, Jan. 2007, pp. 233–242.

[Khellah09] M. Khellah et al., "Process, temperature, and supply-noise tolerant 45 nm dense cache arrays with diffusion-notch-free (DNF) 6T SRAM cells and dynamic multi-Vcc circuits," *JSSC*, vol. 44, no. 4, Apr. 2009, pp. 1199–1208.

[Kielkowski95] R. Kielkowski, *SPICE: Practical Device Modeling*, Boston: McGraw-Hill, 1995.

[Kilburn59] T. Kilburn, D. Edwards, and D. Aspinall, "Parallel addition in digital computers—a new fast 'carry' circuit," *Proc. IEE*, vol. 106B, 1959, pp. 460–464.

[Kim00] J. Kim, Y. Jang, and H. Park, "CMOS sense amplifier-based flip-flop with two N-C2MOS output latches," *Electronics Letters*, vol. 36, no. 6, Mar. 16, 2000, pp. 498–500.

[Kim03] C. Kim, K. Roy, S. Hsu, A. Alvandpour, R. Krishnamurthy, and S. Borkar, "A process variation compensating technique for sub-90 nm dynamic circuits," *Proc. VLSI Circuits Symp.*, Jun. 2003, pp. 205–206.

[Kim03b] J. Kim, M. Horowitz, and Gu-Yeon Wei, "Design of CMOS adaptive-bandwidth PLL/DLLs: a general approach," *IEEE Trans. Circuits & Systems*, vol. 50, no. 11, Nov. 2003, pp. 860–869.

[Kim05] C. Kim, J. Kim, S. Mukhopadhyay, and K. Roy, "A forward body-biased low-leakage SRAM cache: device, circuit and architecture considerations," *IEEE Trans. VLSI*, vol. 13, no. 3, Mar. 2005, pp. 349–357.

[Kim07] J. Kim, K. Jones, and M. Horowitz, "Variable domain transformation for linear PAC analysis of mixed-signal systems," *Proc. Intl. Conf. Computer-Aided Design*, Nov. 2007, pp. 887–894.

[Kim09] T. Kim, J. Liu, and C. Kim, "A voltage scalable 0.26 V, 64 kb 8T SRAM with V_{min} lowering techniques and deep sleep mode," *JSSC*, vol. 44, no. 6, Jun. 2009, pp. 1785–1795.

[Kinniment02] D. Kinniment and E. Chester, "Design of an on-chip random number generator using metastability," *Proc. Intl. Solid-State Circuits Conf.*, Sep. 2002, pp. 595–598.

[Kio01] S. Kio, L. McMurchie, and C. Sechen, "Application of output prediction logic to differential CMOS," *Proc. IEEE Computer Society Workshop on VLSI*, 2001, pp. 57–65.

[Kitsukawa93] G. Kitsukawa et al., "256-Mb DRAM circuit technologies for file applications," *JSSC*, vol. 28, no. 11, Nov. 1993, pp. 1105–1113.

[Klass99] F. Klass et al., "A new family of semidynamic and dynamic flip-flops with embedded logic for high-performance processors," *JSSC*, vol. 34, no. 5, May 1999, pp. 712–716.

[Klaus98] J. Klaus, A. Ott, A. Dillon, and S. George, "Atomic layer controlled growth of Si_3N_4 films using sequential surface reactions," *Surf. Sci.*, vol. 418, 1998, pp. L14–L19.

[Knebel98] D. Knebel et al., "Diagnosis and characterization of timing-related defects by time-dependent light emission," *IEEE Intl. Test Conf.*, 1998, pp. 733–739.

[Knowles01] S. Knowles, "A family of adders," *Proc. IEEE Symp. Computer Arithmetic*, 2001, pp. 277–284.

[Koenemann79] B. Koenemann, J. Mucha, and G. Zwiehoff, "Built-in logic block observation techniques," *Proc. Intl. Test Conf.*, Oct. 1979, pp. 37–41.

[Koester08] S. Koester et al., "Wafer-level 3D integration technology," *IBM J. Research and Dev.*, vol. 52, no. 6, Nov. 2008, pp. 583–597.

[Kogge73] P. Kogge and H. Stone, "A parallel algorithm for the efficient solution of a general class of recurrence equations," *IEEE Trans. Computers*, vol. C-22, no. 8, Aug. 1973, pp. 786–793.

[Koh01] M. Koh et al., "Limit of gate oxide thickness scaling in MOSFETs due to apparent threshold voltage fluctuation induced by tunnel leakage current," *IEEE Trans. Electron Devices*, vol. 48, no. 2, Feb. 2001, pp. 259–264.

[Konstadinidis09] G. Konstadinidis et al., "Architecture and physical implementation of a third generation 65 nm, 16 core, 32 thread chip-multithreading SPARC processor," *JSSC*, vol. 44, no. 1, Jan. 2009, pp. 7–17.

[Kozu96] S. Kozu et al., "A 100 MHz 0.4W RISC processor with 200 MHz multiply-adder, using pulse-register technique," *Proc. IEEE Intl. Solid-State Circuits Conf.*, 1996, pp. 140–141.

[Krambeck82] R. Krambeck, C. Lee, and H. Law, "High speed compact circuits with CMOS," *JSSC*, vol. SC-17, no. 3, Jun. 1982, pp. 614–619.

[Kuang05] J. Kuang et al., "A double-precision multiplier with fine-grained clock-gating support for a first-generation CELL processor," *Proc. Intl. Solid-State Circuits Conf.*, Feb. 2005, pp. 378–605.

[Kulkarni04] S. Kulkarni and D. Sylvester, "High performance level conversion for dual V_{DD} design," *IEEE Trans. VLSI*, vol. 12, no. 9, Sep. 2004, pp. 926–936.

[Kumar94] R. Kumar, "ACMOS: an adaptive CMOS high performance logic," *Electronics Letters*, vol. 30, no. 6, Mar. 1994, pp. 483–484.

[Kumar01] R. Kumar, "Interconnect and noise immunity design for the Pentium 4 processor," *Intel Technology Journal*, vol. 5, no. 1, Q1 2001, pp. 1–12.

[Kumar06] R. Kumar and V. Kursun, "Reversed temperature-dependent propagation delay characteristics in nanometer CMOS circuits," *IEEE Trans. Circuits & Systems*, vol. 53, no. 10, Oct. 2006, pp. 1078–1082.

[Kumar09] R. Kumar and G. Hinton, "A family of 45nm IA processors," *Proc. Intl. Solid-State Circuits Conf.*, Feb. 2009, pp. 58–59.

[Kuo01] J. Kuo and S. Lin, *Low-Voltage SOI CMOS VLSI Devices and Circuits*, New York: Wiley Interscience, 2001.

[Kurd01] N. Kurd, J. Barkarullah, R. Dizon, T. Fletcher, and P. Madland, "A multigigahertz clocking scheme for the Pentium 4 microprocessor," *JSSC*, vol. 36, no. 11, Nov. 2001, pp. 1647–1653.

[Kuroda96] T. Kuroda et al., "A 0.9-V, 150-MHz, 10-mW, 4 mm^2, 2-D discrete cosine transform core processor with variable threshold-voltage (VT) scheme," *JSSC*, vol. 31, no. 11, Nov. 1996, pp. 1770–1779.

[Kwong06] J. Kwong and A. Chandrakasan, "Variation-driven device sizing for minimum energy sub-threshold circuits," *Proc. Intl. Symp. Low Power Electronics & Design*, Oct. 2006, pp. 8–13.

[Kwong09] J. Kwong, Y. Ramadass, N. Verma, and A. Chandrakasan, "A 65 nm sub-V_t microcontroller with integrated SRAM and switched capacitor DC-DC converter," *JSSC*, vol. 44, no. 1, Jan. 2009, pp. 115–126.

[Kynett88] V. Kynett et al., "An in-system reprogrammable 256k CMOS flash memory," *Proc. Intl. Solid-State Circuits Conf.*, Feb. 1988, pp. 132–133, 330.

[Ladner80] R. Ladner and M. Fischer, "Parallel prefix computation," *J. ACM*, vol. 27, no. 4, Oct. 1980, pp. 831–838.

[Lai97] F. Lai and W. Hwang, "Design and implementation of differential cascode voltage switch with pass-gate (DCVSPG) logic for high-performance digital systems," *JSSC*, vol. 32, no. 4, Apr. 1997, pp. 563–573.

[LaPedus07] M. LaPedus, "Costs cast ICs into Darwinian struggle," *EE Times*, Mar. 30, 2007.

[Larsson94] P. Larsson and C. Svensson, "Impact of clock slope on true single phase clocked (TSPC) CMOS circuits," *JSSC*, vol. 29, no. 6, Jun. 1994, pp. 723–726.

[Lasserre99] F. Lasserre et al., "Laser beam backside probing of CMOS integrated circuits," *Microelectronics and Reliability*, Jun. 1999, vol. 39, no. 6, pp. 957–961.

[Le06] T. Le, J. Han, A. von Jouanne, K. Mayaram, and T. Fiez, "Piezoelectric micro-power generation interface circuits," *JSSC*, vol. 41, no. 6, Jun. 2006, pp. 1411–1420.

[Leblebici96] Y. Leblebici, "Design considerations for CMOS digital circuits with improved hot-carrier reliability," *JSSC*, vol. 31, no. 7, Jul. 1996, pp. 1014–1024.

[Lee86] C. Lee and E. Szeto, "Zipper CMOS," *IEEE Circuits and Systems Magazine*, May 1986, pp. 10–16.

[Lee92] K. Lee and M. Breuer, "Design and test rules for CMOS circuits to facilitate IDDQ testing of bridging faults," *IEEE Trans. On CAD of Integrated circuits*, vol. 11, no. 5, May 1992, pp. 659–670.

[Lee98] M. Lee, "A multilevel parasitic interconnect capacitance modeling and extraction for reliable VLSI on-chip clock delay evaluation," *JSSC*, vol. 33, no. 4, Apr. 1998, pp. 657–661.

[Lee03] D. Lee, W. Kwong, D. Blaauw, and D. Sylvester, "Analysis and minimization techniques for total leakage considering gate oxide leakage," *Proc. Design Automation Conf.*, Jun. 2003, pp. 175–180.

[Lee05] W. Lee et al., "High performance 65 nm SOI technology with enhanced transistor strain and advanced-low-K BEOL," *Proc. Intl. Electron Devices Meeting*, Dec. 2005.

[Lee06] L. Lee, D. Weinlader, and C.K. Yang, "A sub-10-ps multiphase sampling system using redundancy," *JSSC*, vol. 41, no. 1, Jan. 2006, pp. 265–273.

[Lehman61] M. Lehman and N. Burla, "Skip technique for high-speed carry-propagation in binary arithmetic units," *IRE Trans. Electronic Computers*, vol. 10, Dec. 1961, pp. 691–698.

[Leighton92] F. Leighton, *Introduction to Parallel Algorithms and Architectures: Arrays; Trees; Hypercubes*, San Francisco: Morgan Kaufmann, 1992.

[Leon07] A. Leon, K. Tam, J. Shin, D. Weisner, and F. Schumacher, "A power-efficient high-throughput 32-thread SPARC processor," *JSSC*, vol. 42, no. 1, Jan. 2007, pp. 7–16.

[Lhermet08] H. Lhermet, C. Condemine, M. Plissonnier, R. Salot, P. Audebert, and M. Rosset, "Efficient power management circuit: from thermal energy harvesting to above-IC microbattery energy storage," *JSSC*, vol. 43, no. 1, Jan. 2008, pp. 246–255.

[Liew90] B. Liew, N. Cheung, and C. Hu, "Projecting interconnect electromigration lifetime for arbitrary current waveforms," *IEEE Trans. Electron Devices*, vol. 37, no. 5, May 1990, pp. 1343–1351.

[Lih07] Y. Lih, N. Tzartzanis, and W. Walker, "A leakage current replica keeper for dynamic circuits," *JSSC*, vol. 42, no. 1, Jan. 2007, pp. 48–55.

[Lim72] R. Lim, "A barrel switch design," *Computer Design*, Aug. 1972, pp. 76–78.

[Lim05] D. Lim, J. Lee, B. Gassend, G. Suh, M. van Dijk, and S. Devadas, "Extracting secret keys from integrated circuits," *IEEE Trans. VLSI*, vol. 13, no. 10, Oct. 2005, pp. 1200–1205.

[Lin83] S. Lin and D. Costello, *Error Control Coding: Fundamentals and Applications*, Upper Saddle River, NJ: Prentice Hall, 1983.

[Linderman04] M. Linderman, D. Harris, and D. Diaz, "Bounding bus delay and noise effects of on-chip inductance," *Proc. Workshop on Signal Propagation on Interconnects*, May 2004, pp. 167–170.

[Ling81] H. Ling, "High-speed binary adder," *IBM J. Research and Development*, vol. 25, no. 3, May 1981, pp. 156–166.

[Liu01] X. Liu, C. Lee, C. Zhou, and J. Han, "Carbon nanotube field-effect inverters," *Appl. Phys. Letters*, vol. 79, no. 20, Nov. 2001, pp. 3329–3331.

[Lofstrom00] K. Lofstrom, W. Daasch, and D. Taylor, "IC identification circuit using device mismatch," *Proc. Intl. Solid-State Circuits Conf.*, 2000, pp. 372–373.

[Lohstroh79] J. Lohstroh, "Static and dynamic noise margins of logic circuits," *JSSC*, vol. SC-14, no. 3, Jun. 1979, pp. 591–598.

[Lohstroh83] J. Lohstroh, E. Seevinck, and J. de Groot, "Worst-case static noise margin criteria for logic circuits and their mathematical equivalence," *JSSC*, vol. SC-18, no. 6, Dec. 1983, pp. 803–807.

[Lu88] S. Lu, "Implementation of iterative networks with CMOS differential logic," *JSSC*, vol. 23, no. 4, Aug. 1988, pp. 1013–1017.

[Lu91] S. Lu and M. Ercegovac, "Evaluation of two-summand adders implemented in ECDL CMOS differential logic," *JSSC*, vol. 26, no. 8, Aug. 1991, pp. 1152–1160.

[Lu93] F. Lu, H. Samueli, J. Yuan, and C. Svensson, "A 700 MHz 24-b pipelined accumulator in 1.2-μm CMOS for application as a numerically controlled oscillator," *JSSC*, vol. 28, no. 8, Aug. 1993, pp. 878–886.

[Lu93b] F. Lu and H. Samueli, "A 200-MHz CMOS pipelined multiplier-accumulator using a quasi-domino dynamic full-adder cell design," *JSSC*, vol. 28, no. 2, Feb. 1993, pp. 123–132.

[Lu08] S. Lu, S. Hsu, and D. Somasekhar, "Memory arrays circuits for computer architects," *IEEE Micro Tutorial*, 2008.

[Lynch92] T. Lynch and E. Swartzlander, "A spanning tree carry lookahead adder," *IEEE Trans. Computers*, vol. 41, no. 8, Aug. 1992, pp. 931–939.

[Lyon87] R. Lyon and R. Schediwy, "CMOS static memory with a new four-transistor memory cell," *Proc. Advanced Research in VLSI*, Mar. 1987, pp. 111–132.

[Lyons62] R. Lyons and W. Vanderkulk, "The use of triple-modular redundancy to improve computer reliability," *IBM Journal*, Apr. 1962, pp. 200–209.

[Ma94] S. Ma and P. Franzon, "Energy control and accurate delay estimation in the design of CMOS buffers," *JSSC*, vol. 29, no. 9, Sep. 1994, pp. 1150–1153.

[Mack08] C. Mack, "Seeing double," *IEEE Spectrum*, vol. 45, no. 11, Nov. 2008, pp. 46–51.

[MacSorley61] O. MacSorley, "High-Speed arithmetic in binary computers," *Proc. IRE*, vol. 49, pt. 1, Jan. 1961, pp. 67–91.

[Mahalingam85] M. Mahalingam, "Thermal management in semiconductor device packages," *Proc. IEEE Custom Integrated Circuits Conf.*, 1985, pp. 46–49.

[Mai05] K. Mai et al., "Architecture and circuit techniques for a 1.1-GHz 16-kb reconfigurable memory in 0.18-μm CMOS," *JSSC*, vol. 40, no. 1, Jan. 2005, pp. 261–275.

[Maier97] C. Maier et al., "A 533-MHz BiCMOS superscalar RISC microprocessor," *JSSC*, vol. 32, no. 11, Nov. 1997, pp. 1625–1634.

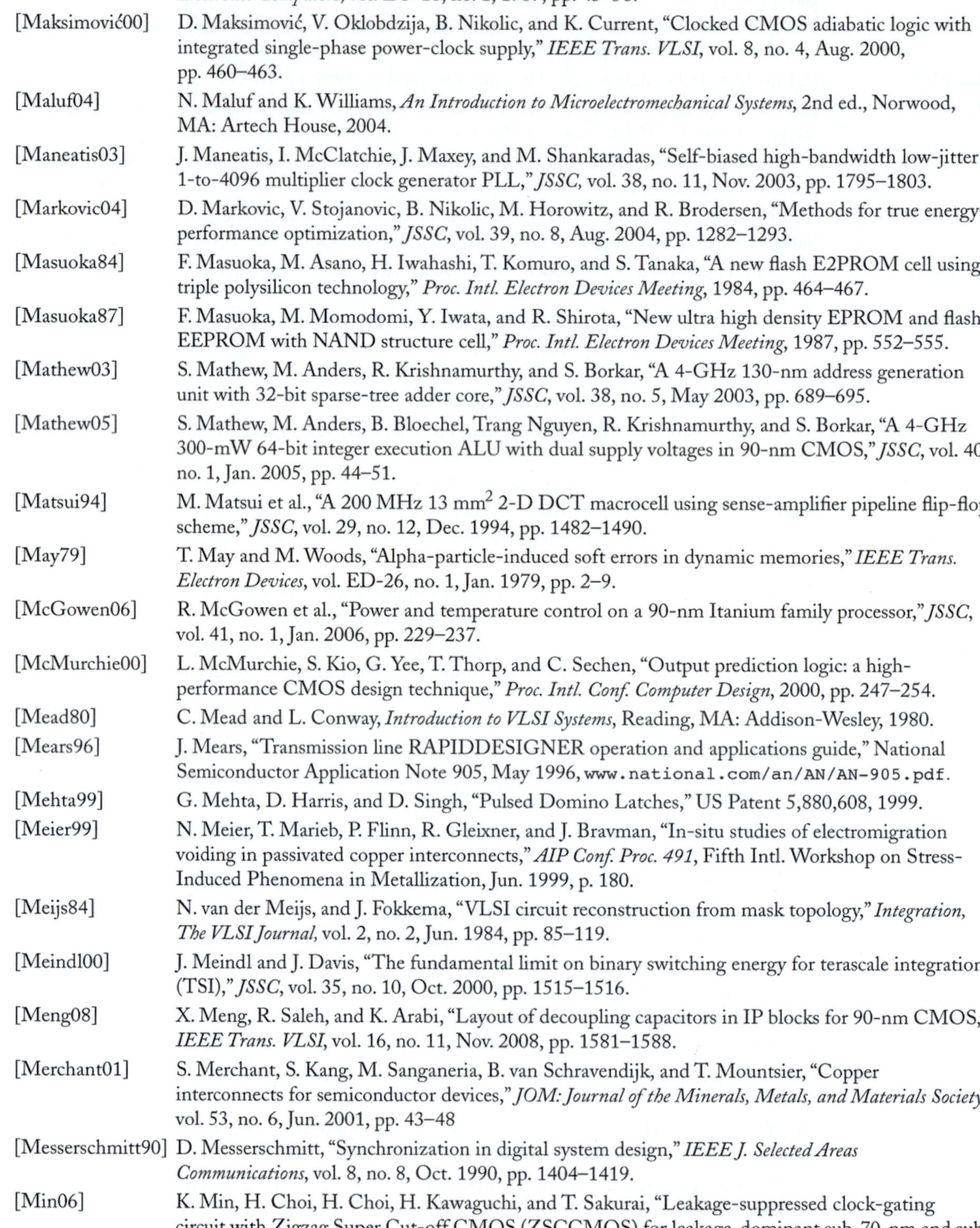

[Majerski67] S. Majerski, "On determination of optimal distributions of carry skips in adders," *IEEE Trans. Electronic Computers*, vol. EC-16, no. 1, 1967, pp. 45–58.

[Maksimović00] D. Maksimović, V. Oklobdzija, B. Nikolic, and K. Current, "Clocked CMOS adiabatic logic with integrated single-phase power-clock supply," *IEEE Trans. VLSI*, vol. 8, no. 4, Aug. 2000, pp. 460–463.

[Maluf04] N. Maluf and K. Williams, *An Introduction to Microelectromechanical Systems*, 2nd ed., Norwood, MA: Artech House, 2004.

[Maneatis03] J. Maneatis, I. McClatchie, J. Maxey, and M. Shankaradas, "Self-biased high-bandwidth low-jitter 1-to-4096 multiplier clock generator PLL," *JSSC*, vol. 38, no. 11, Nov. 2003, pp. 1795–1803.

[Markovic04] D. Markovic, V. Stojanovic, B. Nikolic, M. Horowitz, and R. Brodersen, "Methods for true energy-performance optimization," *JSSC*, vol. 39, no. 8, Aug. 2004, pp. 1282–1293.

[Masuoka84] F. Masuoka, M. Asano, H. Iwahashi, T. Komuro, and S. Tanaka, "A new flash E2PROM cell using triple polysilicon technology," *Proc. Intl. Electron Devices Meeting*, 1984, pp. 464–467.

[Masuoka87] F. Masuoka, M. Momodomi, Y. Iwata, and R. Shirota, "New ultra high density EPROM and flash EEPROM with NAND structure cell," *Proc. Intl. Electron Devices Meeting*, 1987, pp. 552–555.

[Mathew03] S. Mathew, M. Anders, R. Krishnamurthy, and S. Borkar, "A 4-GHz 130-nm address generation unit with 32-bit sparse-tree adder core," *JSSC*, vol. 38, no. 5, May 2003, pp. 689–695.

[Mathew05] S. Mathew, M. Anders, B. Bloechel, Trang Nguyen, R. Krishnamurthy, and S. Borkar, "A 4-GHz 300-mW 64-bit integer execution ALU with dual supply voltages in 90-nm CMOS," *JSSC*, vol. 40, no. 1, Jan. 2005, pp. 44–51.

[Matsui94] M. Matsui et al., "A 200 MHz 13 mm^2 2-D DCT macrocell using sense-amplifier pipeline flip-flop scheme," *JSSC*, vol. 29, no. 12, Dec. 1994, pp. 1482–1490.

[May79] T. May and M. Woods, "Alpha-particle-induced soft errors in dynamic memories," *IEEE Trans. Electron Devices*, vol. ED-26, no. 1, Jan. 1979, pp. 2–9.

[McGowen06] R. McGowen et al., "Power and temperature control on a 90-nm Itanium family processor," *JSSC*, vol. 41, no. 1, Jan. 2006, pp. 229–237.

[McMurchie00] L. McMurchie, S. Kio, G. Yee, T. Thorp, and C. Sechen, "Output prediction logic: a high-performance CMOS design technique," *Proc. Intl. Conf. Computer Design*, 2000, pp. 247–254.

[Mead80] C. Mead and L. Conway, *Introduction to VLSI Systems*, Reading, MA: Addison-Wesley, 1980.

[Mears96] J. Mears, "Transmission line RAPIDDESIGNER operation and applications guide," National Semiconductor Application Note 905, May 1996, `www.national.com/an/AN/AN-905.pdf`.

[Mehta99] G. Mehta, D. Harris, and D. Singh, "Pulsed Domino Latches," US Patent 5,880,608, 1999.

[Meier99] N. Meier, T. Marieb, P. Flinn, R. Gleixner, and J. Bravman, "In-situ studies of electromigration voiding in passivated copper interconnects," *AIP Conf. Proc. 491*, Fifth Intl. Workshop on Stress-Induced Phenomena in Metallization, Jun. 1999, p. 180.

[Meijs84] N. van der Meijs, and J. Fokkema, "VLSI circuit reconstruction from mask topology," *Integration, The VLSI Journal*, vol. 2, no. 2, Jun. 1984, pp. 85–119.

[Meindl00] J. Meindl and J. Davis, "The fundamental limit on binary switching energy for terascale integration (TSI)," *JSSC*, vol. 35, no. 10, Oct. 2000, pp. 1515–1516.

[Meng08] X. Meng, R. Saleh, and K. Arabi, "Layout of decoupling capacitors in IP blocks for 90-nm CMOS," *IEEE Trans. VLSI*, vol. 16, no. 11, Nov. 2008, pp. 1581–1588.

[Merchant01] S. Merchant, S. Kang, M. Sanganeria, B. van Schravendijk, and T. Mountsier, "Copper interconnects for semiconductor devices," *JOM: Journal of the Minerals, Metals, and Materials Society*, vol. 53, no. 6, Jun. 2001, pp. 43–48

[Messerschmitt90] D. Messerschmitt, "Synchronization in digital system design," *IEEE J. Selected Areas Communications*, vol. 8, no. 8, Oct. 1990, pp. 1404–1419.

[Min06] K. Min, H. Choi, H. Choi, H. Kawaguchi, and T. Sakurai, "Leakage-suppressed clock-gating circuit with Zigzag Super Cut-off CMOS (ZSCCMOS) for leakage-dominant sub-70-nm and sub-1-V-V_{DD} LSIs," *IEEE Trans. VLSI*, vol. 14, no. 4, Apr. 2006, pp. 430–435.

[Misaka96] A. Misaka, A. Goda, K. Matsuoka, H. Umimoto, and S. Odanaka, "A statistical critical dimension control at CMOS cell level," *Proc. Intl. Electron Devices Meeting*, Dec. 1996, pp. 631–634.

[Mistry07] K. Mistry et al., "A 45nm logic technology with high-k+ metal gate transistors, strained silicon, 9 Cu interconnect layers, 193nm dry patterning, and 100% Pb-free packaging," *Proc. Intl. Electron Devices Meeting*, Dec. 2007, pp. 247–250.

[Mitra05] S. Mitra, T. Karnik, N. Seifert, and Ming Zhang, "Logic soft errors in sub-65nm technologies design and CAD challenges," *Proc. Design Automation Conf.*, Jun. 2005, pp. 2–4.

[Mizuno94] T. Mizuno, J. Okumtura, and A. Toriumi, "Experimental study of threshold voltage fluctuation due to statistical variation of chanel dopant number in MOSFET's," *IEEE Trans. Electron Devices*, vol. 41, no. 11, Nov. 1994, pp. 2216–2221.

[Moazzami90] R. Moazzami and C. Hu, "Projecting gate oxide reliability and optimizing reliability screens," *IEEE Trans. Electron Devices*, vol. 37, no. 7, Jul. 1990, pp. 1643–1650.

[Monsieur01] F. Monsieur, E. Vincent, D. Roy, S. Bruyre, G. Pananakakis, and G. Ghibaudo, "Time to breakdown and voltage to breakdown modeling for ultra-thin oxides (Tox<32Å)," *Proc. Intl. Integrated Reliability Workshop*, 2001, pp. 20–25.

[Montanaro96] J. Montanaro et al., "A 160-MHz, 32-b, 0.5-W CMOS RISC microprocessor," *JSSC*, vol. 31, no. 11, Nov. 1996, pp. 1703–1714.

[Montoye90] R. Montoye, P. Cook, E. Hokenek, and R. Havreluk, "An 18 ns 56-bit multiply-adder circuit," *Proc. Intl. Solid-State Circuits Conf.*, Feb. 1990, pp. 46–47.

[Moon08] P. Moon et al., "Process and electrical results for the on-die interconnect stack for Intel's 45nm process generation," *Intel Technology Journal*, vol. 12, no. 2, Jun. 2008, pp. 87–92.

[Moore65] G. Moore, "Cramming more components onto integrated circuits," *Electronics*, vol. 38, no. 8, Apr. 1965.

[Moore03] G. Moore, "No exponential is forever: but 'forever' can be delayed!" *Proc. IEEE Intl. Solid-State Circuits Conf.*, 2003, pp. 1–19.

[Morgan59] C. Morgan and D. Jarvis, "Transistor logic using current switching routing techniques and its application to a fast carry-propagation adder," *Proc. IEE*, vol. 106B, 1959, pp. 467–468.

[Morgenshtein09] A. Morgenshtein, E. Friedman, R. Ginosar, and A. Kolodny, "Unified logical effort—a method for delay evaluation and minimization in logic paths with RC interconnect," to appear in *IEEE Trans. VLSI*, 2010.

[Mori91] J. Mori et al., "A 10 ns 54×54 b parallel structured full array multiplier with 0.5 μm CMOS technology," *JSSC*, vol. 26, no. 4, Apr. 1991, pp. 600–606.

[Morita06] Y. Morita et al., "A V_{th}-variation-tolerant SRAM with 0.3-V minimum operation voltage for memory-rich SoC under DVS environment," *Proc. VLSI Circuits Symp.*, 2006, pp. 13–14.

[Morrison61] P. Morrison and E. Morrison, eds., *Charles Babbage: On the Principles and Development of the Calculator*, New York: Dover, 1961.

[Morton99] S. Morton, "On-chip inductance issues in multiconductor systems," *Proc. Design Automation Conf.*, 1999, pp. 921–926.

[Mou90] Z. Mou and F. Jutand, "A class of close-to-optimum adder trees allowing regular and compact layout," *Proc. IEEE Intl. Conf. on Computer Design*, 1990, pp. 251–254.

[Mukhopadhyay03] S. Mukhopadhyay, C. Neau, R. Cakici, A. Agarwal, C. Kim, and K. Roy, "Gate leakage reduction for scaled devices using transistor stacking," *IEEE Trans. VLSI*, vol. 11, no. 4, Aug. 2003, pp. 716–730.

[Mukhopadhyay05] S. Mukhopadhyay, A. Raychowdhury, and K. Roy, "Accurate estimation of total leakage in nanometer-scale bulk CMOS circuits based on device geometry and doping profile," *IEEE Trans. CAD*, vol. 24, no. 3, Mar. 2005, pp. 363–381.

[Mule02] A. Mule, E. Glytsis, T. Gaylord, and J. Meindl, "Electrical and optical clock distribution networks for gigascale microprocessors," *IEEE Trans. VLSI*, vol. 10, no. 5, Oct. 2002, pp. 582–594.

[Muller03] R. Muller, T. Kamins, and M. Chan, *Device Electronics for Integrated Circuits*, 3rd ed., New York: John Wiley & Sons, 2003.

[Muller08] M. Muller, "Embedded processing at the heart of life and style," *Proc. Intl. Solid-State Circuits Conf.*, Feb. 2008, pp. 32–37.

[Murabayashi96] F. Murabayashi et al., "2.5 V CMOS circuit techniques for a 200 MHz superscalar RISC processor," *JSSC*, vol. 31, no. 7, Jul. 1996, pp. 972–980.

[Mutoh95] S. Mutoh et al., "1-V power supply high-speed digital circuit technology with multithreshold-voltage CMOS," *JSSC*, vol. 30, no. 8, Aug. 1995, pp. 847–854.

[Mutoh99] S. Mutoh, S. Shigematsu, Y. Gotoh, and S. Konaka, "Design method of MTCMOS power switch for low-voltage high-speed LSIs," *Proc. Design Automation Conf.*, Jan. 1999, pp. 113–116.

[Myny09] K. Myny et al., "A 128b organic RFID transponder chip, including Manchester encoding and ALOHA anti-collision protocol, operating with a data rate of 1529b/s," *Proc. Intl. Solid-State Circuits Conf.*, Feb. 2009, pp. 206–207.

[Na02] M. Na, E. Nowak, W. Haensch, and J. Cai, "The effective drive current in CMOS inverters," *Proc. Intl. Electron Devices Meeting*, 2002, pp. 121–124.

[Nabors92] K. Nabors, S. Kim, and J. White, "Fast capacitance extraction of general three-dimensional structures," *IEEE Trans. Microwave Theory and Techniques*, vol. 40, no. 7, Jul. 1992, pp. 1496–1506.

[Nadig77] H. Nadig, "Signature analysis—concepts, examples and guidelines," *Hewlett Packard Journal*, vol. 28, no. 9, May 1977, pp. 15–21.

[Naffziger96] S. Naffziger, "A subnanosecond 0.5μm 64b adder design," *Proc. IEEE Intl. Solid-State Circuits Conf.*, 1996, pp. 362–363.

[Naffziger98] S. Naffziger, "High speed addition using Ling's equations and dynamic CMOS logic," US Patent 5,719,803, 1998.

[Naffziger02] S. Naffziger, G. Colon-Bonet, T. Fischer, R. Riedlinger, T. Sullivan, and T. Grutkowski, "The implementation of the Itanium 2 microprocessor," *JSSC*, vol. 37, no. 11, Nov. 2002, pp. 1448–1460.

[Naffziger06] S. Naffziger et al., "The implementation of a 2-core, multi-threaded Itanium family processor," *JSSC*, vol. 41, no. 1, Jan. 2006, pp. 197–209.

[Naffziger06b] S. Naffziger, "High-performance processors in a power-limited world," *Proc. VLSI Circuits Symp.*, 2006, pp. 93–97.

[Nagel75] L. Nagel, *SPICE2: a computer program to simulate semiconductor circuits*, Memo ERL-M520, Dept. of Electrical Engineering and Computer Science, University of California at Berkeley, May 9, 1975.

[Najm07] F. Najm, N. Menezes, and I. Ferzli, "A yield model for integrated circuits and its application to statistical timing analysis," *IEEE Trans. CAD*, vol. 26, no. 3, Mar. 2007, pp. 574–591.

[Nakagome03] Y. Nakagome, M. Horiguchi, T. Kawahara, and K. Itoh, "Review and future prospects of low-voltage RAM circuits," *IBM J. Research and Dev.*, vol. 47, no. 5/6, Sep./Nov. 2003, pp. 525–552.

[Nalamalpu02] A. Nalamalpu, S. Srinivasan, and W. Burleson, "Boosters for driving long on-chip interconnects—design issues, interconnect synthesis, and comparison with repeaters," *IEEE Trans. Computer-Aided Design*, vol. 21, no. 1, Jan. 2002, pp. 50–62.

[Nambu98] H. Nambu et al., "A 1.8-ns access, 550-MHz, 4.5-Mb CMOS SRAM," *JSSC*, vol. 33, no. 11, Nov. 1998, pp. 1650–1658.

[Narasimha06] S. Narasimha et al., "High performance 45-nm SOI technology with enhanced strain, porous low-k BEOL, and immersion lithography," *Proc. Intl. Electron Devices Meeting*, Dec. 2006, pp. 1–4.

[Narayanan96] V. Narayanan, B. Chappell, and B. Fleischer, "Static timing analysis for self-resetting circuits," *Proc. Intl. Conf. Computer-Aided Design*, 1996, pp. 119–126.

[Narendra99] S. Narendra, D. Antoniadis, and V. De, "Impact of using adaptive body bias to compensate die-to-die V_t variation on within-die V_t variation," *Proc. Intl. Symp. Low Power Electronics and Design*, 1999, pp. 229–232.

[Narendra01] S. Narendra, S. Borkar, V. De, D. Antoniadis, and A. Chandrakasan, "Scaling of stack effect and its application for leakage reduction," *Proc. Intl. Symp. Low Power Electronics and Design*, 2001, pp. 195–200.

[Narendra03] S. Narendra, A. Keshavarzi, B. Bloechel, S. Borkar, and V. De, "Forward body bias for microprocessors in 130-nm technology generation and beyond," *JSSC*, vol. 38, no. 5, May 2003, pp. 696–701.

[Narendra06] S. Narendra and A. Chandrakasan, *Leakage in Nanometer CMOS Technologies*, New York: Springer, 2006.

[Natarajan08] S. Natarajan et al., "A 32 nm logic technology featuring 2nd-generation high-k + metal-gate transistors, enhanced channel strain and 0.171 μm^2 SRAM cell size in a 291 Mb array," *Proc. Intl. Electron Devices Meeting*, Dec. 2008, pp. 1–3.

[National08] National Semiconductor, *LVDS Owner's Manual*, 4th ed., 2008, `www.national.com/LVDS`.

[Nawathe08] U. Nawathe, M. Hassan, K. Yen, A. Kumar, A. Ramachandran, and D. Greenhill, "Implementation of an 8-core, 64-thread, power-efficient SPARC server on a chip," *JSSC*, vol. 43, no. 1, Jan. 2008, pp. 6–20.

[Needham98] W. Needham, C. Prunty, and E. Yeoh, "High volume microprocessor test escapes, an analysis of defects our tests are missing," *Proc. Intl. Test Conf.*, 1998, pp. 25–34.

[Ng96] P. Ng, P. Balsara, and D. Steiss, "Performance of CMOS differential circuits," *JSSC*, vol. 31, no. 6, Jun. 1996, pp. 841–846.

[Nii04] K. Nii et al., "A 90-nm low-power 32-kB embedded SRAM with gate leakage suppression circuit for mobile applications," *JSSC*, vol. 39, no. 4, Apr. 2004, pp. 684–693.

[Nikolić00] B. Nikolić, V. Oklobdzija, V. Stojanović, W. Jia, J. Chiu, and M. Leung, "Improved sense-amplifier-based flip-flop: design and measurements," *JSSC*, vol. 35, no. 6, Jun. 2000, pp. 876–884.

[NIST02] National Institute of Standards and Technology, "Security requirements for cryptographic modules," FIPS 140-2, 2001.

[Noguchi07] K. Noguchi and M. Nagata, "An on-chip multichannel waveform monitor for diagnosis of systems-on-a-chip integration," *IEEE Trans. VLSI*, vol. 15, no. 10, Oct. 2007, pp. 1101–1110.

[Noice83] D. Noice, *A clocking discipline for two-phase digital integrated circuits*, Stanford University Technical Report, Jan. 1983.

[Northrop99] G. Northrop et al., "609 MHz G5 S/399 microprocessor," *Proc. Intl. Solid-State Circuits Conf.*, 1999, pp. 88–89.

[Nose00a] K. Nose and T. Sakurai, "Analysis and future trend of short-circuit power," *IEEE Trans. CAD*, vol. 19, no. 9, Sep. 2000, pp. 1023–1030.

[Nose00b] K. Nose, Soo-Ik Chae, and T. Sakurai, "Voltage dependent gate capacitance and its impact in estimating power and delay of CMOS digital circuits with low supply voltage," *Proc. Intl. Symp. Low Power Electronics & Design*, 2000, pp. 228–230.

[Nose00c] K. Nose and T. Sakurai, "Optimization of V_{DD} and V_{TH} for low-power and high-speed applications," *Proc. Design Automation Conf.*, 2000, pp. 469–474.

[Nose06] K. Nose, M. Kajita, and M. Mizuno, "A 1ps-resolution jitter-measurement macro using interpolated jitter oversampling," *Proc. Intl. Solid-State Circuits Conf.*, Feb. 2006, pp. 2112–2121.

[Nowka98] K. Nowka and T. Galambos, "Circuit design techniques for a gigahertz integer microprocessor," *Proc. Intl. Conf. Computer Design*, 1998, pp. 11–16.

[Oh06] H. Oh et al., "A fully pipelined single-precision floating-point unit in the synergistic processor element of a CELL processor," *JSSC*, vol. 41, no. 4, Apr. 2006, pp. 759–771.

[Ohbayashi07] S. Ohbayashi et al., "A 65-nm SoC embedded 6T-SRAM designed for manufacturability with read and write operation stabilizing circuits," *JSSC*, vol. 42, no. 4, Apr. 2007, pp. 820–829.

[Ohkubo95] N. Ohkubo et al., "A 4.4 ns CMOS 54 × 54-b multiplier using pass-transistor multiplexer," *JSSC*, vol. 30, no. 3, Mar. 1995, pp. 251–257.

[Oklobdzija96] V. Oklobdzija, D. Villeger, and S. Liu, "A method for speed optimized partial product reduction and generation of fast parallel multipliers using an algorithmic approach ," *IEEE Trans. Computers*, vol. 45, no. 3, Mar. 1996, pp. 294–306.

[Oklobdzija85] V. Oklobdzija and E. Barnes, "Some optimal schemes for ALU implementation in VLSI technology," *Proc. Computer Arithmetic Symp.*, 1985, pp. 137–143.

[Oklobdzija86] V. Oklobdzija and R. Montoye, "Design-performancce trade-offs in CMOS-domino logic," *JSSC*, vol. SC-21, no. 2, April 1986, pp. 304–309.

[Oklobdzija05] V. Oklobdzija, B. Zeydel, H. Dao, S. Mathew, and R. Krishnamurthy, "Comparison of high-performance VLSI adders in the energy-delay space," *IEEE Trans. VLSI*, vol. 13, no. 6, Jun. 2005, pp. 754–758.

[Ortiz-Conde02] A. Ortiz-Conde, F. Sánchez, J. Liou, A. Cerdeira, M. Estrada, and Y. Yue, "A review of recent MOSFET threshold voltage extraction methods," *Microelectronics Reliability*, vol. 42, 2002, pp. 583–596.

[Osada01] K. Osada et al., "Universal-V_{DD} 0.65-2.0-V 32-kB cache using a voltage-adapted timing-generation scheme and a lithographically symmetrical cell," *JSSC*, vol. 36, no. 11, Nov. 2001, pp. 1738–1744.

[Osada04] K. Osada, K. Yamaguchi, Y. Saitoh, and T. Kawahara, "SRAM immunity to cosmic-ray-induced multierrors based on analysis of an induced parasitic bipolar effect," *JSSC*, vol. 39, no. 5, May 2004, pp. 827–833.

[Osada06] K. Osada, "Reviews and prospects of nanoscale SRAMs," *Proc. Intl Conf. Integrated Circuit Design & Tech.*, 2006, pp. 1–8.

[Pagiamtzis06] K. Pagiamtzis and A. Sheikholeslami, "Content-addressable memory (CAM) circuits and architectures: a tutorial and survey," *JSSC*, vol. 41, no. 3, Mar. 2006, pp. 712–727.

[Paik96] W. Paik, H. Ki, and S. Kim, "Push-pull pass-transistor logic family for low voltage and low power," *Proc. 22nd European Solid-State Circuits Conf.*, 1996, pp. 116–119.

[Paik08] P. Paik, V. Pamula, and K. Chakrabarty, "Adaptive cooling of integrated circuits using digital microfluidics," *IEEE Trans. VLSI*, vol. 16, no. 4, Apr. 2008, pp. 432–443.

[Parameswar96] A. Parameswar, H. Hara, and T. Sakurai, "A swing restored pass-transistor logic-based multiply and accumulate circuit for multimedia applications," *JSSC*, vol. 31, no. 6, Jun. 1996, pp. 804–809.

[Paraskevopoulos87] D. Paraskevopoulos and C. Fey, "Studies in LSI technology economics III: design schedules for application-specific integrated circuits," *JSSC*, vol. SC-22, no. 2, Apr. 1987, pp. 223–229.

[Park00] J. Park, H. Ngo, J. Silberman, and S. Dhong, "470 ps 64-bit parallel binary adder," *Proc. VLSI Circuits Symp.*, 2000, pp. 192–193.

[Parker03] K. Parker, *The Boundary-Scan Handbook*, Boston: Kluwer Academic Publishers, 2003.

[Partovi96] H. Partovi et al., "Flow-through latch and edge-triggered flip-flop hybrid elements," *Proc. IEEE Intl. Solid-State Circuits Conf.*, 1996, pp. 138–139.

[Pasternak87] J. Pasternak, A. Shubat, and C. Salama, "CMOS differential pass-transistor logic design," *JSSC*, vol. SC-22, no. 2, Apr. 1987, pp. 216–222.

[Pasternak91] J. Pasternak and C. Salama, "Design of submicrometer CMOS differential pass-transistor logic circuits," *JSSC*, vol. 26, no. 9, Sep. 1991, pp. 1249–1258.

[Patil07] D. Patil, O. Azizi, M. Horowitz, R. Ho, and R. Ananthraman, "Robust energy-efficient adder topologies," *Proc. Computer Arithmetic Symp.*, Jun. 2007, pp. 16–28.

[Patil09] N. Patil, Jie Deng, S. Mitra, and H. Wong, "Circuit-level performance benchmarking and scalability analysis of carbon nanotube transistor circuits," *IEEE Trans. Nanotechnology*, vol. 8, no. 1, Jan. 2009, pp. 37–45.

[Patterson04] D. Patterson and J. Hennessy, *Computer Organization and Design*, 3rd ed., San Francisco, CA: Morgan Kaufmann, 2004.

[Paul02] B. Paul and K. Roy. Testing cross-talk induced delay faults in static CMOS circuit through dynamic timing analysis. *Proc. Intl. Test Conf.*, Oct. 2002, pp. 384–390.

[Paul07] B. Paul, Kunhyuk Kang, H. Kufluoglu, M. Alam, and K. Roy, "Negative bias temperature instability: estimation and design for improved reliability of nanoscale circuits," *IEEE Trans. CAD*, vol. 26, no. 4, Apr. 2007, pp. 743–751.

[Pedroni10] V. Pedroni, *Circuit Design and Simulation with VHDL*, 2nd ed., Cambridge, MA: MIT Press, 2010.

[Pelgrom89] M. Pelgrom, A. Duinmaijer, and A. Welbers, "Matching properties of MOS transistors," *JSSC*, vol. 24, no. 5, Oct. 1989, pp. 1433–1440.

[Peng02] C. Peng et al., "A 90 nm generation copper dual damascene technology with ALD TaN barrier," *Tech. Digest Intl. Electron Devices Meeting*, Dec. 2002, pp. 603–606.

[Penney72] W. Penney and L. Lau, *MOS Integrated Circuits*, New York: Van Nostrand Reinhold, 1972.

[Perry05] D. Perry and H. Foster, *Applied Formal Verification*, New York: McGraw-Hill, 2005.

[Pertijs06] M. Pertijs and J. Huijsing, *Precision Temperature Sensors in CMOS Technology*, New York: Springer, 2006.

[Petegem94] W. van Petegem, B. Geeraerts, W. Sansen, and B. Graindourze, "Electrothermal simulation and design of integrated circuits," *JSSC*, vol. 29, no. 2, Feb. 1994, pp. 143–146.

[Pfennings85] L. Pfennings, W. Mol, J. Bastiens, and J. van Dijk, "Differential split-level CMOS logic for subnanosecond speeds," *JSSC*, vol. SC-20, no. 5, Oct. 1985, pp. 1050–1055.

[Pham06] D. Pham et al., "Overview of the architecture, circuit design, and physical implementation of a first-generation cell processor," *JSSC*, vol. 41, no. 1, Jan. 2006, pp. 179–196.

[Pihl98] J. Pihl, "Single-ended swing restoring pass transistor cells for logic synthesis and optimization," *Proc. IEEE Intl. Symp. Circuits and Systems*, vol. 2, 1998, pp. 41–44.

[Piña02] C. Piña, "Evolution of the MOSIS VLSI educational program," *Proc. Electronic Design, Test, and Applications Workshop*, 2002, pp. 187–191.

[Plass07] D. Plass and Y. Chan, "IBM POWER6 SRAM arrays," *IBM J. Research and Dev.*, vol. 51, no. 6, Nov. 2007, pp. 747–756.

[Pollack99] F. Pollack, "New microarchitectural challenges in the coming generations of CMOS process technologies," *Intl. Symp. Microarchitecture*, Keynote address, 1999.

[Pretorius86] J. Pretorius, A. Shubat, and A. Salama, "Latched domino CMOS logic," *JSSC*, vol. SC-21, no. 4, Aug. 1986, pp. 514–522.

[Price95] D. Price, "Pentium FDIV flaw—lessons learned," *IEEE Micro*, vol. 15, no. 2, Apr. 1995, pp. 86–88.

[Proakis08] J. Proakis and M. Salehi, *Digital Communications*, New York: McGraw Hill, 2008.

[Proebsting91] R. Proebsting, "Speed enhancement technique for CMOS circuits," US Patent 4,985,643, 1991.

[Quach92] N. Quach and M. Flynn, "High-speed addition in CMOS," *IEEE Trans. Computers*, vol. 41, no. 12, Dec. 1992, pp. 1612–1615.

[Quader94] K. Quader, E. Minami, W. Huang, P. Ko, and C. Hu, "Hot-carrier-reliability design guidelines for CMOS logic circuits," *JSSC*, vol. 29, no. 3, Mar. 1994, pp. 253–262.

[Ramadass10] Y. Ramadass and A. Chandrakasan, "An efficient piezoelectric energy harvesting interface circuit using a bias-flip rectifier and shared inductor," *JSSC*, vol. 45, no. 1, Jan. 2010, pp. 189–204.

[Rao03] R. Rao, A. Srivastava, D. Blaauw, and D. Sylvester, "Statistical estimation of leakage current considering inter- and intra-die process variation," *Proc. Intl. Symp. Low Power Electronics & Design*, Aug. 2003, pp. 84–89.

[Rao07] R. R. Rao, K. Chopra, D. Blaauw, and D. Sylvester, "Computing the soft error rate of a combinational logic circuit using parameterized descriptors," *IEEE Trans. CAD*, vol. 26, no. 3, Mar. 2007, pp. 468–479.

[Raychowdhury07] A. Raychowdhury and K. Roy, "Carbon nanotube electronics: design of high-performance and low-power digital circuits," *IEEE Trans. Circuits & Systems*, vol. 54, no. 11, Nov. 2007, pp. 2391–2401.

[Razavi03] B. Razavi, *Design of Analog CMOS Integrated Circuits*, McGraw Hill, 2003.

[Reddy02] V. Reddy et al., "Impact of negative bias temperature instability on digital circuit reliability," *Proc. 40th IEEE Intl. Reliability Physics Symp.*, 2002, pp. 248–254.

[Restle01] P. Restle et al., "A clock distribution network for microprocessors," *JSSC*, vol. 36, no. 5, May 2001, pp. 792–799.

[Restle98] P. Restle and A. Deutsch, "Designing the best clock distribution network," *Symp. VLSI Circuits Digest Tech. Papers*, 1998, pp. 2–5.

[Riordan97] M. Riordan and L. Hoddeson, *Crystal Fire: The Invention of the Transistor and the Birth of the Information Age*, New York: W. W. Norton & Co, 1998.

[Rizzolo07] R. Rizzolo, "IBM System z9 eFUSE applications and methodology," *IBM J. Research and Dev.*, vol. 51, no. 1/2, Jan./Mar. 2007, pp. 65–75.

[Rohrer05] N. Rohrer et al., "A 64-bit microprocessor in 130-nm and 90-nm technologies with power management features," *JSSC*, vol. 40, no. 1, Jan. 2005, pp. 19–27.

[Rotella02] F. Rotella, V. Blaschke, and D. Howard, "A broad-band scalable lumped-element inductor model using analytic expressions to incorporate skin effect, substrate loss, and proximity effect," *Tech. Digest Intl. Electron Devices Meeting*, Dec. 2002, pp. 471–474.

[Roy03] K. Roy, S. Mukhopadhyay, and H. Mahmoodi-Meimand, "Leakage current mechanisms and leakage reduction techniques in deep-submicrometer CMOS circuits," *Proceedings of the IEEE*, vol. 91, no. 2, Feb. 2003, pp. 305–327.

[Ruehli73] A. Ruehli and P. Brennan, "Efficient capacitance calculations for three-dimensional multiconductor systems," *IEEE Trans. Microwave Theory and Techniques*, vol. MTT-21, no. 2, Feb. 1973, pp. 76–82.

[Rusu00] S. Rusu and G. Singer, "The first IA-64 microprocessor," *JSSC*, vol. 35, no. 11, Nov. 2000, pp. 1539–1544.

[Rusu03] S. Rusu, J. Stinson, S. Tam, J. Leung, H. Muljono, and B. Cherkauer, "A 1.5-GHz 130-nm Itanium 2 processor with 6-MB on-die L3 cache," *JSSC*, vol. 38, no. 11, Nov. 2003, pp. 1887–1895.

[Rusu07] S. Rusu et al., "A 65-nm dual-core multithreaded Xeon processor with 16-MB L3 cache," *JSSC*, vol. 42, no. 1, Jan. 2007, pp. 17–25.

[Rusu10] S. Rusu et al., "A 45 nm 8-core Enterprise Xeon Processor," *JSSC*, vol. 45, no. 1, Jan. 2010, pp. 7–14.

[Rzepka98] S. Rzepka, K. Banerjee, E. Meusel, and C. Hu, "Characterization of self-heating in advanced VLSI interconnect lines based on thermal finite element simulation," *IEEE Trans. Components, Packaging, and Manufacturing Technology—Part A*, vol. 21, no. 3, Sep. 1998, pp. 406–411.

[Sah64] C. Sah, "Characteristics of the Metal-Oxide-Semiconductor Transistors," *IEEE Trans. Electron Devices*, ED-11, Jul. 1964, pp. 324–345.

[Saint02] C. Saint and J. Saint, *IC Mask Design: Essential Layout Techniques*, New York: McGraw-Hill, 2002.

[Sakran07] N. Sakran, M. Yuffe, M. Mehalel, J. Doweck, E. Knoll, and A. Kovacs, "The implementation of the 65nm dual-core 64b Merom processor," *Proc. Intl. Solid-State Circuits Conf.*, Feb. 2007, pp. 106–107, 590.

[Sakurai83] T. Sakurai, "Approximation of wiring delay in MOSFET LSI," *JSSC*, vol. SC-18, no. 4, Aug. 1983, pp. 418–426.

[Sakurai86] T. Sakurai, K. Nogami, M. Kakumu, and T. Iizuka, "Hot-carrier generation in submicrometer VLSI environment," *JSSC*, vol. SC-21, no. 1, Feb. 1986, pp. 187–192.

[Sakurai90] T. Sakurai and R. Newton, "Alpha-Power Law MOSFET Model and its Applications to CMOS Inverter Delay and Other Formulas," *JSSC*, vol. 25, no. 2, April 1990, pp. 584–594.

[Sakurai91] T. Sakurai and A. Newton, "Delay analysis of series-connected MOSFET circuits," *JSSC*, vol. 26, no. 2, Feb. 1991, pp. 122–131.

[Salib04] M. Salib et al., "Silicon photonics," *Intel Technology Journal*, vol. 08, no. 2, May 2004, pp. 143–160.

[Samson08] G. Samson, N. Ananthapadmanabhan, S. Badrudduza, and L. Clark, "Low-power dynamic memory word line decoding for static random access memories," *JSSC*, vol. 43, no. 11, Nov. 2008, pp. 2524–2532.

[Samson09] G. Samson and L. Clark, "Low-power race-free programmable logic arrays," *JSSC*, vol. 44, no. 3, Mar. 2009, pp. 935–946.

[Santoro89] M. Santoro, "Design and Clocking of VLSI Multipliers," Ph.D. thesis, Stanford University, CSL-TR-89-397, 1989.

[Sathe07] V. Sathe, J. Chueh, and M. Papaefthymiou, "Energy-efficient GHz-class charge-recovery logic," *JSSC*, vol. 42, no. 1, Jan. 2007, pp. 38–47.

[Schellenberg98] F. Schellenberg, H. Zhang, and J. Morrow, "SEMATECH J111 Project: OPC validation," *Proc. Optical Microlithography XI*, SPIE vol. 3334, 1998, pp. 892–911.

[Schellenberg03] F. Schellenberg, "A little light magic," *IEEE Spectrum*, vol. 40, no. 9, Sep. 2003, pp. 34–39.

[Schmitt38] O. Schmitt, "A thermionic trigger," *J. Scientific Instruments*, vol. 15, Jan. 1938, pp. 24–26.

[Schulmann98] W. Schulmann, F. Thimm, and H. Kaiser, "Rotating head for crystal pulling systems for carrying out the Czochralski process," US Patent 5766348, 1998.

[Schultz90] K. Schultz, R. Francis, and K. Smith, "Ganged CMOS: trading standby power for speed," *JSSC*, vol. SC-25, no. 3, Jun. 1990, pp. 870–873.

[Schutten03] R. Schutten, T. Fitzpatrick, "Design for verification—blueprint for productivity and product quality," Synopsys white paper, 2003.

[Schutz98] J. Schutz and R. Wallace, "A 450 MHz IA32 P6 family microprocessor," *Proc. Intl. Solid-State Circuits Conf.*, Feb. 1998, pp. 236–237.

[Seeds67] R. Seeds, "Yield and cost analysis of bipolar LSI," *Intl. Electron Device Meeting*, Oct. 1967.

[Seevinck87] E. Seevinck, F. List, and J. Lohstroh, "Static-noise margin analysis of MOS SRAM cells," *JSSC*, vol. 22, no. 5, Oct. 1987, pp. 748–754.

[Segura04] J. Segura and C. Hawkins, *CMOS Electronics: How it Works, How it Fails*, Hoboken, NJ: John Wiley & Sons (IEEE Press), 2004.

[Shahidi02] G. Shahidi, "SOI technology for the GHz era," *IBM J. Research and Development*, vol. 46, no. 2/3, Mar./May 2002, pp. 121–131.

[Sharifkhani09] M. Sharifkhani and M. Sachdev, "SRAM cell stability: a dynamic perspective," *JSSC*, vol. 44, no. 2, Feb. 2009, pp. 609–619.

[She02] M. She et al., "JVD silicon nitride as tunnel dielectric in p-channel flash memory," *IEEE Electron Device Letters*, vol. 23, no. 2, Feb. 2002, pp. 91–93.

[Shepard99] K. Shepard, V. Narayanan, and R. Rose, "Harmony: static noise analysis of deep submicron digital integrated circuits," *IEEE Trans. Computer-Aided Design*, vol. 18, no. 8, Aug. 1999, pp. 1132–1150.

[Sheu87] B. Sheu, D. Scharfetter, P. Ko, and M. Jeng, "BSIM: Berkeley short-channel IGFET model for MOS transistors," *JSSC*, vol. SC-22, no. 4, Aug. 1987, pp. 558–566.

[Shichman68] H. Shichman and D. Hodges, "Modeling and simulation of insulated-gate field-effect transistor switching circuits," *JSSC*, vol. SC-3, no. 3, Sep. 1968, pp. 285–289.

[Shigematsu97] S. Shigematsu, S. Mutoh, Y. Matsuya, Y. Tanabe, and J. Yamada, "A 1-V high-speed MTCMOS circuit scheme for power-down application circuits," *JSSC*, vol. 32, no. 6, Jun. 1997, pp. 861–869.

[Shin05] J. Shin, B. Petrick, M. Singh, and A. Leon, "Design and implementation of an embedded 512-KB level-2 cache subsystem," *JSSC*, vol. 40, no. 9, Sep. 2005, pp. 1815–1820.

[Shockley52] W. Shockley, "A unipolar 'field-effect' transistor," *Proc. IRE*, vol. 40, 1952, pp. 1365–1376.

[Shoji82] M. Shoji, "Electrical design of BELLMAC-32a microprocessor," *Proc. IEEE Intl. Conf. Circuits and Computers*, Sep. 1982, pp. 112–115.

[Shoji86] M. Shoji, "Elimination of process-dependent clock skew in CMOS VLSI," *JSSC*, vol. SC-21, no. 5, Oct. 1986, pp. 875–880.

[SIA97] Semiconductor Industry Association, *International Technology Roadmap for Semiconductors*, 1997.

[SIA07] Semiconductor Industry Association, *International Technology Roadmap for Semiconductors*, 2007.

[Silberman98] J. Silberman et al., "A 1.0-GHz single-issue 64-bit PowerPC integer microprocessor," *JSSC*, vol. 33, no. 11, Nov. 1998, pp. 1600–1608.

[Singh08] P. Singh, J. Seo, D. Blaauw, and D. Sylvester, "Self-timed regenerators for high-speed and low-power on-chip global interconnect," *IEEE Trans. VLSI*, vol. 16, no. 6, Jun. 2008, pp. 673–677.

[Sklansky60] J. Sklansky "Conditional-sum addition logic," *IRE Trans. Electronic Computers*, vol. EC-9, Jun. 1960, pp. 226–231.

[Sklar01] B. Sklar, *Digital Communications: Fundamentals and Applications*, 2nd ed., Upper Saddle River, NJ: Prentice Hall, 2001.

[Sleight01] J. Sleight et al., "A high performance 0.13 μm SOI CMOS technology with a 70 nm silicon film and with a second generation low-k Cu BEOL," *Proc. Intl. Electron Devices Meeting*, 2001, pp. 11.3.1–11.3.4.

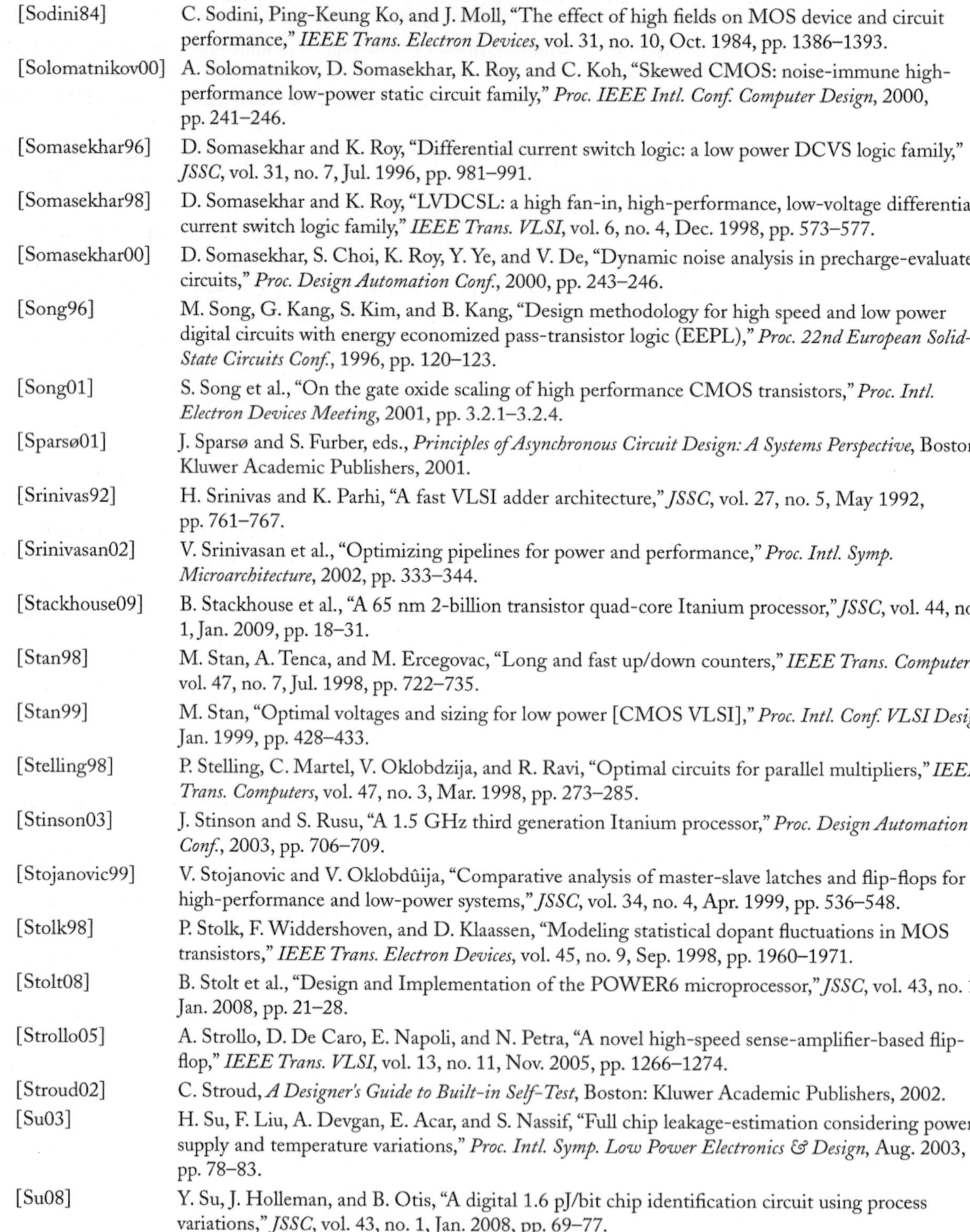

[Smith99] L. Smith, R. Anderson, D. Forehand, T. Pelc, and T. Roy, "Power distribution system design methodology and capacitor selection for modern CMOS technology," *IEEE Trans. Advanced Packaging*, vol. 22, no. 3, Aug. 1999, pp. 284–291.

[Sodini84] C. Sodini, Ping-Keung Ko, and J. Moll, "The effect of high fields on MOS device and circuit performance," *IEEE Trans. Electron Devices*, vol. 31, no. 10, Oct. 1984, pp. 1386–1393.

[Solomatnikov00] A. Solomatnikov, D. Somasekhar, K. Roy, and C. Koh, "Skewed CMOS: noise-immune high-performance low-power static circuit family," *Proc. IEEE Intl. Conf. Computer Design*, 2000, pp. 241–246.

[Somasekhar96] D. Somasekhar and K. Roy, "Differential current switch logic: a low power DCVS logic family," *JSSC*, vol. 31, no. 7, Jul. 1996, pp. 981–991.

[Somasekhar98] D. Somasekhar and K. Roy, "LVDCSL: a high fan-in, high-performance, low-voltage differential current switch logic family," *IEEE Trans. VLSI*, vol. 6, no. 4, Dec. 1998, pp. 573–577.

[Somasekhar00] D. Somasekhar, S. Choi, K. Roy, Y. Ye, and V. De, "Dynamic noise analysis in precharge-evaluate circuits," *Proc. Design Automation Conf.*, 2000, pp. 243–246.

[Song96] M. Song, G. Kang, S. Kim, and B. Kang, "Design methodology for high speed and low power digital circuits with energy economized pass-transistor logic (EEPL)," *Proc. 22nd European Solid-State Circuits Conf.*, 1996, pp. 120–123.

[Song01] S. Song et al., "On the gate oxide scaling of high performance CMOS transistors," *Proc. Intl. Electron Devices Meeting*, 2001, pp. 3.2.1–3.2.4.

[Sparsø01] J. Sparsø and S. Furber, eds., *Principles of Asynchronous Circuit Design: A Systems Perspective*, Boston: Kluwer Academic Publishers, 2001.

[Srinivas92] H. Srinivas and K. Parhi, "A fast VLSI adder architecture," *JSSC*, vol. 27, no. 5, May 1992, pp. 761–767.

[Srinivasan02] V. Srinivasan et al., "Optimizing pipelines for power and performance," *Proc. Intl. Symp. Microarchitecture*, 2002, pp. 333–344.

[Stackhouse09] B. Stackhouse et al., "A 65 nm 2-billion transistor quad-core Itanium processor," *JSSC*, vol. 44, no. 1, Jan. 2009, pp. 18–31.

[Stan98] M. Stan, A. Tenca, and M. Ercegovac, "Long and fast up/down counters," *IEEE Trans. Computers*, vol. 47, no. 7, Jul. 1998, pp. 722–735.

[Stan99] M. Stan, "Optimal voltages and sizing for low power [CMOS VLSI]," *Proc. Intl. Conf. VLSI Design*, Jan. 1999, pp. 428–433.

[Stelling98] P. Stelling, C. Martel, V. Oklobdzija, and R. Ravi, "Optimal circuits for parallel multipliers," *IEEE Trans. Computers*, vol. 47, no. 3, Mar. 1998, pp. 273–285.

[Stinson03] J. Stinson and S. Rusu, "A 1.5 GHz third generation Itanium processor," *Proc. Design Automation Conf.*, 2003, pp. 706–709.

[Stojanovic99] V. Stojanovic and V. Oklobdûija, "Comparative analysis of master-slave latches and flip-flops for high-performance and low-power systems," *JSSC*, vol. 34, no. 4, Apr. 1999, pp. 536–548.

[Stolk98] P. Stolk, F. Widdershoven, and D. Klaassen, "Modeling statistical dopant fluctuations in MOS transistors," *IEEE Trans. Electron Devices*, vol. 45, no. 9, Sep. 1998, pp. 1960–1971.

[Stolt08] B. Stolt et al., "Design and Implementation of the POWER6 microprocessor," *JSSC*, vol. 43, no. 1, Jan. 2008, pp. 21–28.

[Strollo05] A. Strollo, D. De Caro, E. Napoli, and N. Petra, "A novel high-speed sense-amplifier-based flip-flop," *IEEE Trans. VLSI*, vol. 13, no. 11, Nov. 2005, pp. 1266–1274.

[Stroud02] C. Stroud, *A Designer's Guide to Built-in Self-Test*, Boston: Kluwer Academic Publishers, 2002.

[Su03] H. Su, F. Liu, A. Devgan, E. Acar, and S. Nassif, "Full chip leakage-estimation considering power supply and temperature variations," *Proc. Intl. Symp. Low Power Electronics & Design*, Aug. 2003, pp. 78–83.

[Su08] Y. Su, J. Holleman, and B. Otis, "A digital 1.6 pJ/bit chip identification circuit using process variations," *JSSC*, vol. 43, no. 1, Jan. 2008, pp. 69–77.

[Sun87] J. Sun, Y. Taur, R. Dennard, and S. Klepner, "Submicrometer-channel CMOS for low-temperature operation," *IEEE Trans. Electron Devices*, vol. ED-34, no. 1, Jan. 1987, pp. 19–26.

[Sutherland99] I. Sutherland, B. Sproull, and D. Harris, *Logical Effort: Designing Fast CMOS Circuits*, San Francisco, CA: Morgan Kaufmann, 1999.

[Suzuki73] Y. Suzuki, K. Odagawa and T. Abe, "Clocked CMOS calculator circuitry," *JSSC*, vol. SC-8, no. 6, Dec. 1973, pp. 462–469.

[Suzuki93] M. Suzuki, N. Ohkubo, T. Shinbo, T. Yamanaka, A. Shimizu, K. Sasaki, and Y. Nakagome, "A 1.5-ns 32-b CMOS ALU in double pass-transistor logic," *JSSC*, vol. 28, no. 11, Nov. 1993, pp. 1145–1151.

[Svensson03] C. Svensson, "Forty years of feature-size predictions (1962–2002)," *Proc. Intl. Solid-State Circuits Conf.*, 2003, pp. 35–36.

[Swanson72] R. Swanson and J. Meindl, "Ion-implanted complementary MOS transistors in low-voltage circuits," *JSSC*, vol. 7, no. 2, Apr. 1972, pp. 146–153.

[Sweeney02] P. Sweeney, *Error Control Coding: From Theory to Practice*, New York: John Wiley & Sons, 2002.

[Sylvester98] D. Sylvester and K. Keutzer, "Getting to the bottom of deep submicron," *Proc. IEEE/ACM Intl. Conf. Computer-Aided Design*, 1998, pp. 203–211.

[Takahashi98] M. Takahashi et al., "A 60-mW MPEG4 video codec using clustered voltage scaling with variable supply-voltage scheme," *JSSC*, vol. 33, no. 11, Nov. 1998, pp. 1772–1780.

[Takeuchi94] K. Takeuchi and M. Fukuma, "Effects of the velocity saturated region on MOSFET characteristics," *IEEE Trans. Electron Devices*, vol. 41, no. 9, Sep. 1994, pp. 1623–1627.

[Tam00] S. Tam, S. Rusu, U. Desai, R. Kim, J. Zhang, and I. Young, "Clock generation and distribution for the first IA-64 microprocessor," *JSSC*, vol. 35, no. 11, Nov. 2000, pp. 1545–1552.

[Tam04] S. Tam, R. Limaye, and U. Desai, "Clock generation and distribution for the 130-nm Itanium 2 processor with 6-MB on-die L3 cache," *JSSC*, vol. 39, no. 4, Apr. 2004.

[Tang97] X. Tang, V. De, and J. Meindl, "Intrinsic MOSFET parameter fluctuations due to random dopant placement," *IEEE Trans. VLSI*, vol. 5, no. 4, Dec 1997, pp. 369–376.

[Tawfik09] S. Tawfik and V. Kursun, "Low power and high speed multi threshold voltage interface circuits," *IEEE Trans. VLSI*, vol. 17, no. 5, May 2009, pp. 638–645.

[Tharakan92] G. Tharakan and S. Kang, "A new design of a fast barrel switch network," *JSSC*, vol. 27, no. 2, Feb. 1992, pp. 217–221.

[Thompson02] S. Thompson et al., "A 90 nm logic technology featuring 50 nm strained silicon channel transistors, 7 layers of Cu interconnects, low k ILD, and 1 μm^2 SRAM cell," *Proc. Intl. Electron Devices Meeting*, 2002, pp. 61–64.

[Thompson04] S. Thompson et al., "A logic nanotechnology featuring strained-silicon," *IEEE Electron Device Letters*, vol. 25, no. 4, Apr. 2004, pp. 191–193.

[Thorp99] T. Thorp, G. Yee, and C. Sechen, "Design and synthesis of monotonic circuits," *Proc. IEEE Intl. Conf. Computer Design*, 1999, pp. 569–572.

[Tierno08] J. Tierno, A. Rylyakov, and D. Friedman, "A wide power supply range, wide tuning range, all static CMOS all digital PLL in 65 nm SOI," *JSSC*, vol. 43, no. 1, Jan. 2008, pp. 42–51.

[Tobias95] P. Tobias and D. Trindade, *Applied Reliability*, 2nd ed., New York: Van Nostrand Reinhold, 1995.

[Toh88] K. Toh, P. Ko, and R. Meyer, "An engineering model for short-channel MOS devices," *JSSC*, vol. 23, no. 4, Aug. 1988, pp. 950–958.

[Tokunaga08] C. Tokunaga, D. Blaauw, and T. Mudge, "True random number generator with a metastability-based quality control," *JSSC*, vol. 43, no. 1, Jan. 2008, pp. 78–85.

[Topaloglu07] R. Topaloglu, "Standard cell and custom circuit optimization using dummy diffusions through STI width stress effect utilization," *Proc. Custom Integrated Circuits Conf.*, Sep. 2007, pp. 619–622.

[Topol06] A. Topol et al., "Three-dimensional integrated circuits," *IBM J. Research and Dev.*, vol. 50, no. 4/5, Jul./Sep. 2006, pp. 491–506.

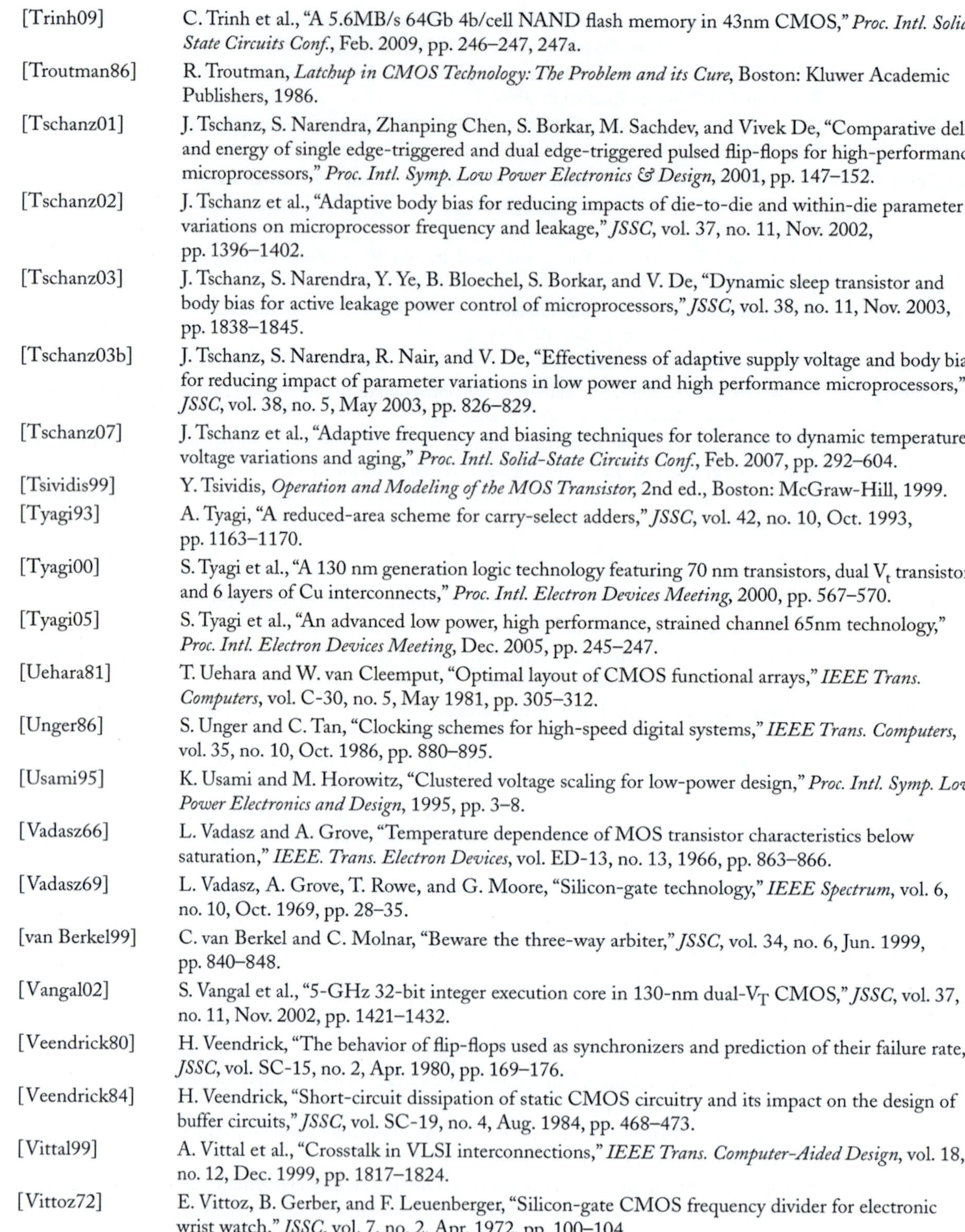

[Trinh09] C. Trinh et al., "A 5.6MB/s 64Gb 4b/cell NAND flash memory in 43nm CMOS," *Proc. Intl. Solid-State Circuits Conf.*, Feb. 2009, pp. 246–247, 247a.

[Troutman86] R. Troutman, *Latchup in CMOS Technology: The Problem and its Cure*, Boston: Kluwer Academic Publishers, 1986.

[Tschanz01] J. Tschanz, S. Narendra, Zhanping Chen, S. Borkar, M. Sachdev, and Vivek De, "Comparative delay and energy of single edge-triggered and dual edge-triggered pulsed flip-flops for high-performance microprocessors," *Proc. Intl. Symp. Low Power Electronics & Design*, 2001, pp. 147–152.

[Tschanz02] J. Tschanz et al., "Adaptive body bias for reducing impacts of die-to-die and within-die parameter variations on microprocessor frequency and leakage," *JSSC*, vol. 37, no. 11, Nov. 2002, pp. 1396–1402.

[Tschanz03] J. Tschanz, S. Narendra, Y. Ye, B. Bloechel, S. Borkar, and V. De, "Dynamic sleep transistor and body bias for active leakage power control of microprocessors," *JSSC*, vol. 38, no. 11, Nov. 2003, pp. 1838–1845.

[Tschanz03b] J. Tschanz, S. Narendra, R. Nair, and V. De, "Effectiveness of adaptive supply voltage and body bias for reducing impact of parameter variations in low power and high performance microprocessors," *JSSC*, vol. 38, no. 5, May 2003, pp. 826–829.

[Tschanz07] J. Tschanz et al., "Adaptive frequency and biasing techniques for tolerance to dynamic temperature-voltage variations and aging," *Proc. Intl. Solid-State Circuits Conf.*, Feb. 2007, pp. 292–604.

[Tsividis99] Y. Tsividis, *Operation and Modeling of the MOS Transistor*, 2nd ed., Boston: McGraw-Hill, 1999.

[Tyagi93] A. Tyagi, "A reduced-area scheme for carry-select adders," *JSSC*, vol. 42, no. 10, Oct. 1993, pp. 1163–1170.

[Tyagi00] S. Tyagi et al., "A 130 nm generation logic technology featuring 70 nm transistors, dual V_t transistors and 6 layers of Cu interconnects," *Proc. Intl. Electron Devices Meeting*, 2000, pp. 567–570.

[Tyagi05] S. Tyagi et al., "An advanced low power, high performance, strained channel 65nm technology," *Proc. Intl. Electron Devices Meeting*, Dec. 2005, pp. 245–247.

[Uehara81] T. Uehara and W. van Cleemput, "Optimal layout of CMOS functional arrays," *IEEE Trans. Computers*, vol. C-30, no. 5, May 1981, pp. 305–312.

[Unger86] S. Unger and C. Tan, "Clocking schemes for high-speed digital systems," *IEEE Trans. Computers*, vol. 35, no. 10, Oct. 1986, pp. 880–895.

[Usami95] K. Usami and M. Horowitz, "Clustered voltage scaling for low-power design," *Proc. Intl. Symp. Low Power Electronics and Design*, 1995, pp. 3–8.

[Vadasz66] L. Vadasz and A. Grove, "Temperature dependence of MOS transistor characteristics below saturation," *IEEE. Trans. Electron Devices*, vol. ED-13, no. 13, 1966, pp. 863–866.

[Vadasz69] L. Vadasz, A. Grove, T. Rowe, and G. Moore, "Silicon-gate technology," *IEEE Spectrum*, vol. 6, no. 10, Oct. 1969, pp. 28–35.

[van Berkel99] C. van Berkel and C. Molnar, "Beware the three-way arbiter," *JSSC*, vol. 34, no. 6, Jun. 1999, pp. 840–848.

[Vangal02] S. Vangal et al., "5-GHz 32-bit integer execution core in 130-nm dual-V_T CMOS," *JSSC*, vol. 37, no. 11, Nov. 2002, pp. 1421–1432.

[Veendrick80] H. Veendrick, "The behavior of flip-flops used as synchronizers and prediction of their failure rate," *JSSC*, vol. SC-15, no. 2, Apr. 1980, pp. 169–176.

[Veendrick84] H. Veendrick, "Short-circuit dissipation of static CMOS circuitry and its impact on the design of buffer circuits," *JSSC*, vol. SC-19, no. 4, Aug. 1984, pp. 468–473.

[Vittal99] A. Vittal et al., "Crosstalk in VLSI interconnections," *IEEE Trans. Computer-Aided Design*, vol. 18, no. 12, Dec. 1999, pp. 1817–1824.

[Vittoz72] E. Vittoz, B. Gerber, and F. Leuenberger, "Silicon-gate CMOS frequency divider for electronic wrist watch," *JSSC*, vol. 7, no. 2, Apr. 1972, pp. 100–104.

[Volk01] A. Volk, P. Stoll, and P. Metrovich, "Recollections of early chip development at Intel," *Intel Technology Journal*, Q1 2001, pp. 1–12.

[Vollertsen99] R. Vollertsen, "Burn-in," *IEEE Integrated Reliability Workshop Final Report*, 1999, pp. 167–173.

[von Arnim05] K. von Armin, et al., "Efficiency of body biasing in 90-nm CMOS for low-power digital circuits," *JSSC*, vol. 40, no. 7, July 2005, pp. 1549–1556.

[von Neumann51] J. von Neumann, "Various techniques used in connection with random digits," notes by Forsythe, G., *National Bureau of Standards Applied Math Series*, 1951, vol. 12, pp. 36–38. Reprinted in *von Neumann's Collected Works*, vol. 5, Pergamon Press, 1963, pp. 768–770.

[von Neumann66] J. von Neumann, *Theory of Self-Reproducing Automata*, Urbana, IL: Univ. Illinois Press, 1966.

[Wadell01] B. Wadell, *Transmission Line Design Handbook*, Norwood, MA: Artech House, 1991.

[Wakerly00] J. Wakerly, *Digital Design Principles and Practices*, 3rd ed., Upper Saddle River, NJ: Prentice Hall, 2000.

[Wallace64] C. Wallace, "A suggestion for a fast multiplier," *IEEE Trans. Electronic Computers*, Feb. 1964, pp. 14–17.

[Wang86] L. Wang and E. McCluskey, "Complete feedback shift register design for built-in self test," *Proc. Design Automation Conf.*, Nov. 1986, pp. 56–59.

[Wang89] J. Wang, C. Wu, and M. Tsai, "CMOS nonthreshold logic (NTL) and cascode nonthreshold logic (CNTL) for high-speed applications," *JSSC*, vol. 24, no. 3, Jun. 1989, pp. 779–786.

[Wang93] Z. Wang, G. Jullien, W. Miller, and J. Wang, "New concepts for the design of carry-lookahead adders," *Proc. IEEE Intl. Symp. Circuits and Systems*, vol. 3, 1993, pp. 1837–1840.

[Wang94] J. Wang, S. Fang, and W. Feng, "New efficient designs for XOR and XNOR functions on the transistor level," *JSSC*, vol. 29, no. 7, Jul. 1994, pp. 780–786.

[Wang97] Z. Wang, G. Jullien, W. Miller, J. Wang, and S. Bizzan, "Fast adders using enhanced multiple-output domino logic," *JSSC*, vol. 32, no. 2, Feb. 1997, pp. 206–214.

[Wang00] J. Wang and C. Huang, "High-speed and low-power CMOS priority encoders," *JSSC*, vol. 35, no. 10, Oct. 2000, pp. 1511–1514.

[Wang01] J. Wang, C. Chang, and C. Yeh, "Analysis and design of high-speed and low-power CMOS PLAs," *JSSC*, vol. 36, no. 8, Aug. 2001, pp. 1250–1262.

[Wang02] A. Wang, A. Chandrakasan, and S. Kosonocky, "Optimal supply and threshold scaling for subthreshold CMOS circuits," *Proc. Computer Society Symp. VLSI*, 2002, pp. 5–9.

[Wang06] G. Wang et al., "A 0.127 μm^2 high performance 65 nm SOI based embedded DRAM for on-processor applications," *Proc. Intl. Electron Devices Meeting*, Dec. 2006, pp. 1–4.

[Wang07] C. Wang, C. Lee, and W. Lin, "A 4-kb low-power SRAM design with negative word-line scheme," *IEEE Trans. Circuits & Systems*, vol. 54, no. 5, May 2007, pp. 1069–1076.

[Wang08a] A. Wang and S. Naffziger, eds., *Adaptive Techniques for Dynamic Processor Optimization: Theory and Practice*, New York: Springer, 2008.

[Wang08b] L. Wang, C. Stroud, and N. Touba, eds., *System-on-Chip Test Architectures: Nanometer Design for Testability*, Elsevier, 2008.

[Wanlass63] F. Wanlass and C. Sah, "Nanowatt logic using field effect metal-oxide semiconductor triodes," *Proc. IEEE Intl. Solid-State Circuits Conf.*, 1963, pp. 32–33.

[Warnock06] J. Warnock et al., "Circuit design techniques for a first-generation cell broadband engine processor," *JSSC*, vol. 41, no. 8, Aug. 2006, pp. 1692–1706.

[Webb97] C. Webb et al., "A 400-MHz S/390 microprocessor," *JSSC*, vol. 32, no. 11, Nov. 1997, pp. 1665–1675.

[Webb08] C. Webb, "45 nm design for manufacturing," *Intel Technology Journal*, vol. 12, no. 2, Jun. 2008, pp. 121–130.

[Wei98] L. Wei, Z. Chen, M. Johnson, K. Roy, and V. De, "Design and optimization of low voltage high performance dual threshold CMOS circuits," *Proc. Design Automation Conf.*, 1998, pp. 489–494.

[Wei00] G. Wei, J. Kim, D. Liu, S. Sidiropoulos, and M. Horowitz, "A variable-frequency parallel I/O interface with adaptive power-supply regulation," *JSSC*, vol. 35, no. 11, Nov. 2000, pp. 1600–1610.

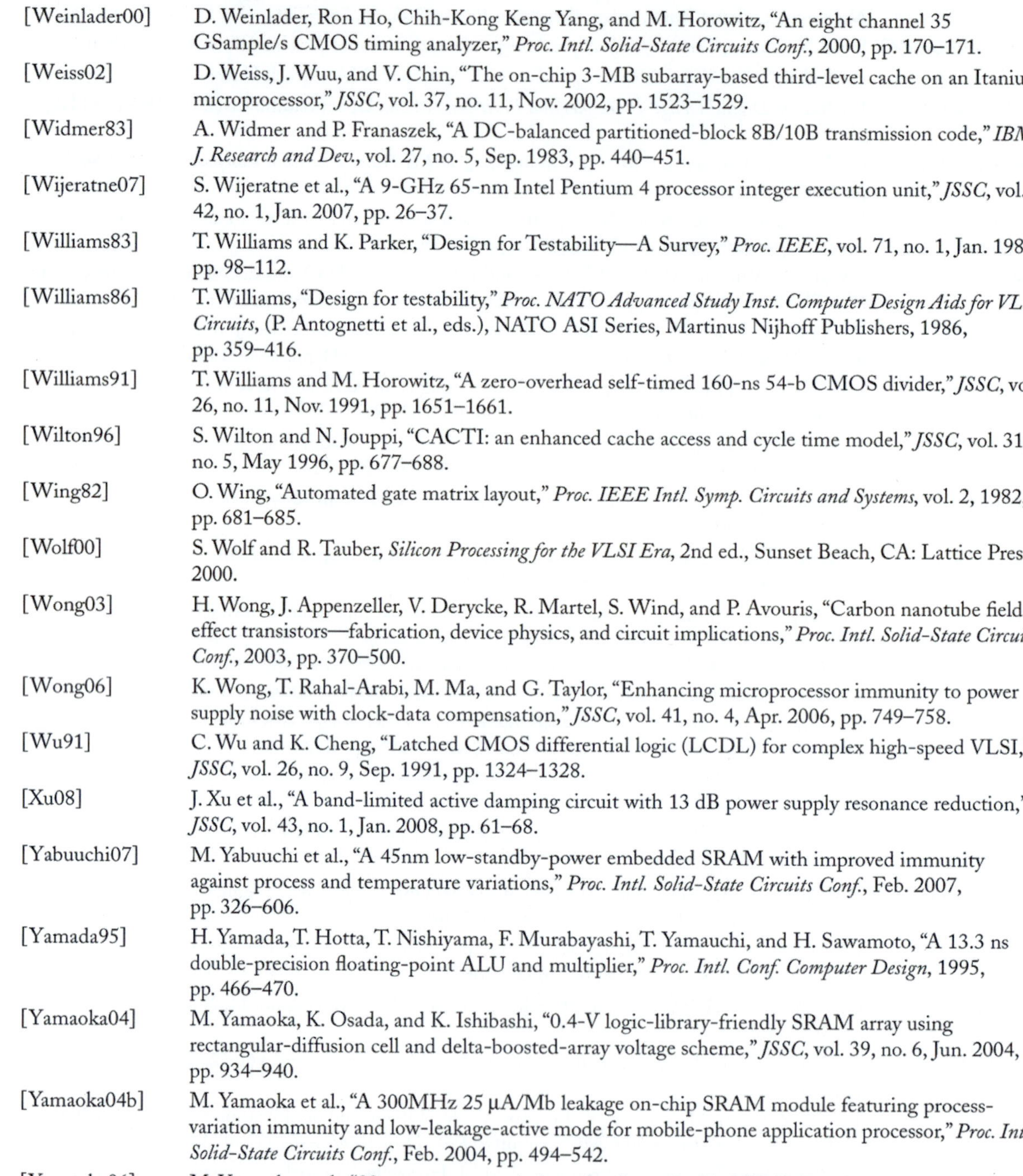

[Weinberger58] A. Weinberger and J. Smith, "A logic for high-speed addition," *System Design of Digital Computer at the National Bureau of Standards: Methods for High-Speed Addition and Multiplication*, National Bureau of Standards, circular 591, section 1, Feb. 1958, pp. 3–12.

[Weinberger81] A. Weinberger, "4-2 carry-save adder module," *IBM Technical Disclosure Bulletin*, vol. 23, no. 8, Jan. 1981, pp. 3811–3814.

[Weinlader00] D. Weinlader, Ron Ho, Chih-Kong Keng Yang, and M. Horowitz, "An eight channel 35 GSample/s CMOS timing analyzer," *Proc. Intl. Solid-State Circuits Conf.*, 2000, pp. 170–171.

[Weiss02] D. Weiss, J. Wuu, and V. Chin, "The on-chip 3-MB subarray-based third-level cache on an Itanium microprocessor," *JSSC*, vol. 37, no. 11, Nov. 2002, pp. 1523–1529.

[Widmer83] A. Widmer and P. Franaszek, "A DC-balanced partitioned-block 8B/10B transmission code," *IBM J. Research and Dev.*, vol. 27, no. 5, Sep. 1983, pp. 440–451.

[Wijeratne07] S. Wijeratne et al., "A 9-GHz 65-nm Intel Pentium 4 processor integer execution unit," *JSSC*, vol. 42, no. 1, Jan. 2007, pp. 26–37.

[Williams83] T. Williams and K. Parker, "Design for Testability—A Survey," *Proc. IEEE*, vol. 71, no. 1, Jan. 1983, pp. 98–112.

[Williams86] T. Williams, "Design for testability," *Proc. NATO Advanced Study Inst. Computer Design Aids for VLSI Circuits*, (P. Antognetti et al., eds.), NATO ASI Series, Martinus Nijhoff Publishers, 1986, pp. 359–416.

[Williams91] T. Williams and M. Horowitz, "A zero-overhead self-timed 160-ns 54-b CMOS divider," *JSSC*, vol. 26, no. 11, Nov. 1991, pp. 1651–1661.

[Wilton96] S. Wilton and N. Jouppi, "CACTI: an enhanced cache access and cycle time model," *JSSC*, vol. 31, no. 5, May 1996, pp. 677–688.

[Wing82] O. Wing, "Automated gate matrix layout," *Proc. IEEE Intl. Symp. Circuits and Systems*, vol. 2, 1982, pp. 681–685.

[Wolf00] S. Wolf and R. Tauber, *Silicon Processing for the VLSI Era*, 2nd ed., Sunset Beach, CA: Lattice Press, 2000.

[Wong03] H. Wong, J. Appenzeller, V. Derycke, R. Martel, S. Wind, and P. Avouris, "Carbon nanotube field effect transistors—fabrication, device physics, and circuit implications," *Proc. Intl. Solid-State Circuits Conf.*, 2003, pp. 370–500.

[Wong06] K. Wong, T. Rahal-Arabi, M. Ma, and G. Taylor, "Enhancing microprocessor immunity to power supply noise with clock-data compensation," *JSSC*, vol. 41, no. 4, Apr. 2006, pp. 749–758.

[Wu91] C. Wu and K. Cheng, "Latched CMOS differential logic (LCDL) for complex high-speed VLSI," *JSSC*, vol. 26, no. 9, Sep. 1991, pp. 1324–1328.

[Xu08] J. Xu et al., "A band-limited active damping circuit with 13 dB power supply resonance reduction," *JSSC*, vol. 43, no. 1, Jan. 2008, pp. 61–68.

[Yabuuchi07] M. Yabuuchi et al., "A 45nm low-standby-power embedded SRAM with improved immunity against process and temperature variations," *Proc. Intl. Solid-State Circuits Conf.*, Feb. 2007, pp. 326–606.

[Yamada95] H. Yamada, T. Hotta, T. Nishiyama, F. Murabayashi, T. Yamauchi, and H. Sawamoto, "A 13.3 ns double-precision floating-point ALU and multiplier," *Proc. Intl. Conf. Computer Design*, 1995, pp. 466–470.

[Yamaoka04] M. Yamaoka, K. Osada, and K. Ishibashi, "0.4-V logic-library-friendly SRAM array using rectangular-diffusion cell and delta-boosted-array voltage scheme," *JSSC*, vol. 39, no. 6, Jun. 2004, pp. 934–940.

[Yamaoka04b] M. Yamaoka et al., "A 300MHz 25 μA/Mb leakage on-chip SRAM module featuring process-variation immunity and low-leakage-active mode for mobile-phone application processor," *Proc. Intl. Solid-State Circuits Conf.*, Feb. 2004, pp. 494–542.

[Yamaoka06] M. Yamaoka et al., "90-nm process-variation adaptive embedded SRAM modules with power-line-floating write technique," *JSSC*, vol. 41, no. 3, Mar. 2006, pp. 705–711.

[Yang96] C. K. Yang and M. Horowitz, "A 0.8-μm CMOS 2.5 Gb/s oversampling receiver and transmitter for serial links," *JSSC*, vol. 31, no. 12, Dec. 1996, pp. 2015–2023.

[Yang98] S. Yang et al., "A high performance 180 nm generation logic technology," *Tech. Digest Intl. Electron Device Meeting*, Dec. 1998, pp. 197–200.

[Yano90] K. Yano, T. Yamanaka, T. Nishida, M. Saito, K. Shimohigashi, and A. Shimizu, "A 3.8-ns 16 × 16-b multiplier using complementary pass-transistor logic," *JSSC*, vol. 25, no. 2, Apr. 1990, pp. 388–395.

[Yano96] K. Yano, Y. Sasaki, K. Rikino, and K. Seki, "Top-down pass-transistor logic design," *JSSC*, vol. 31, no. 6, Jun. 1996, pp. 792–803.

[Ye98] Y. Ye, S. Borkar, and V. De, "A new technique for standby leakage reduction in high-performance circuits," *Symp. VLSI Circuits Digest Tech. Papers*, 1998, pp. 40–41.

[Ye00] Y. Ye, J. Tschanz, S. Narendra, S. Borkar, M. Stan, and V. De, "Comparative delay, noise and energy of high-performance domino adders with stack node preconditioning (SNP)," *Symp. VLSI Circuits Digest Tech. Papers*, 2000, pp. 188–191.

[Yee00] G. Yee and C. Sechen, "Clock-delayed domino for dynamic circuit design," *IEEE Trans. VLSI*, vol. 8, no. 4, Aug. 2000, pp. 425–430.

[Yoon02] J. Yoon et al., "CMOS-compatible surface-micromachined suspended-spiral inductors for multi-GHz silicon RF ICs," *IEEE Electron Device Letters*, vol. 23, no. 10, Oct. 2002, pp. 591–593.

[Yoshimoto83] M. Yoshimoto et al., "A divided word-line structure in the static RAM and its application to a 64K full CMOS RAM," *JSSC*, vol. SC-18, no. 5, Oct. 1983, pp. 479–485.

[Young00] K. Young et al., "A 0.13 μm CMOS technology with 193 nm lithography and Cu/Low-k for high performance applications," *Proc. Intl. Electron Devices Meeting*, 2000, pp. 563–566.

[Young10] I. Young et al., "Optical I/O technology for tera-scale computing," *JSSC*, vol. 45, no. 1, Jan. 2010, pp. 235–248.

[Yuan82] C. Yuan and T. Trick, "A simple formula for the estimation of the capacitance of two-dimensional interconnects in VLSI circuits," *IEEE Electron Device Letters*, vol. EDL-3, Dec. 1982, pp. 391–393.

[Yuan89] J. Yuan and C. Svensson, "High-speed CMOS circuit technique," *JSSC*, vol. 24, no. 1, Feb. 1989, pp. 62–70.

[Zerbe01] J. Zerbe et al., "A 2 Gb/s/pin 4-PAM parallel bus interface with transmit crosstalk cancellation, equalization, and integrating receivers," *Proc. Intl. Solid-State Circuits Conf.*, 2001, pp. 66–67, 432.

[Zhai05a] B. Zhai, D. Blaauw, D. Sylvester, and K. Flautner, "The limit of dynamic voltage scaling and insomniac dynamic voltage scaling," *IEEE Trans. VLSI*, vol. 13, no. 11, Nov. 2005, pp. 1239–1252.

[Zhai05b] B. Zhai, S. Hanson, D. Blaauw, and D. Sylvester, "Analysis and mitigation of variability in subthreshold design," *Proc. Intl. Symp. Low Power Electronics & Design*, Aug. 2005, pp. 20–25.

[Zhai08] B. Zhai, S. Hanson, D. Blaauw, and D. Sylvester, "A variation-tolerant sub-200 mV 6-T subthreshold SRAM," *JSSC*, vol. 43, no. 10, Oct. 2008, pp. 2338–2348.

[Zhang05] K. Zhang et al., "SRAM design on 65-nm CMOS technology with dynamic sleep transistor for leakage reduction," *JSSC*, vol. 40, no. 4, Apr. 2005, pp. 895–901.

[Zhang06] K. Zhang et al., "A 3-GHz 70-mb SRAM in 65-nm CMOS technology with integrated column-based dynamic power supply," *JSSC*, vol. 41, no. 1, Jan. 2006, pp. 146–151.

[Zhao07] P. Zhao, J. McNeely, P. Golconda, M. Bayoumi, R. Barcenas, and Weidong Kuang, "Low-power clock branch sharing double-edge triggered flip-flop," *IEEE Trans. VLSI*, vol. 15, no. 3, Mar. 2007, pp. 338–345.

[Zhao09] P. Zhao et al., "Low-power clocked-pseudo-NMOS flip-flop for level conversion in dual supply systems," *IEEE Trans. VLSI*, vol. 17, no. 9, Sep. 2009, pp. 1196–1202.

[Zhou99] X. Zhou, K. Lim, and D. Lim, "A simple and unambiguous definition of threshold voltage and its implications in deep-submicron MOS device modeling," *IEEE Trans. Electron Devices*, vol. 46, no. 4, Apr. 1999, pp. 807–809.

[Ziegler96] J. Ziegler, "Terrestrial cosmic rays," *IBM J. Research and Development*, vol. 40, no. 1, Jan. 1996, pp. 19–39.

[Ziegler02] J. Ziegler, *Ion-Implantation—Science and Technology*, 2002 ed., IIT Press, 2002.

[Zimmermann96] R. Zimmermann, "Non-heuristic optimization and synthesis of parallel-prefix adders," *Proc. Intl. Workshop on Logic and Architecture Synthesis*, Dec. 1996, pp. 123–132.

[Zimmermann97] R. Zimmermann and W. Fichtner, "Low-power logic styles: CMOS versus pass-transistor logic," *JSSC*, vol. 32, no. 7, Jul. 1997, pp. 1079–1090.

[Zlatanovici09] R. Zlatanovici, S. Kao, and B. Nikolic, "Energy-delay optimization of 64-bit carry-lookahead adders with a 240 ps 90 nm CMOS design example," *JSSC*, vol. 44, no. 2, Feb. 2009, pp. 569–583.

[Zuras86] D. Zuras and W. McAllister, "Balanced delay trees and combinatorial division in VLSI," *JSSC*, vol. SC-21, no. 5, Oct. 1986, pp. 814–819.

찾아보기

ㄱ

ㄴ

ㄷ

ㄹ

ㅁ

ㅅ

ㅇ

ㅈ

ㅋ

ㅌ

ㅍ

기타

그림 출처

그림 1.1 © 1997 Semiconductor Industry Association. All Rights Reserved.
그림 1.2 (a) Courtesy AT&T.
그림 1.2 (b) Courtesy Texas Instruments 18
그림 1.3 (a) © Copyright 1967 IEEE. All Rights Reserved.
그림 1.3 (b) Courtesy of Intel Corporation.
그림 1.48 Copyright © 2003 The McGraw-Hill Companies, Inc. All Rights Reserved.
그림 1.71 Courtesy of Intel Corporation.
그림 3.25 Copyright © ARM. All Ri ghts Reserved.
그림 3.41 Copyright © ARM. All Rights Reserved.
그림 4.11 © Copyright 2004 IEEE-All Rights Reserved.
그림 4.19 © Copyright 2007 IEEE-All Rights Reserved.
그림 4.21 © Copyright 2007 IEEE-All Rights Reserved.
그림 4.26 © Copyright 2005 IEEE-All Rights Reserved.
그림 4.27 © Copyright 2002 IEEE-All Rights Reserved.
그림 4.28 © Copyright 1997 IEEE-All Rights Reserved.
그림 4.30 © Copyright 2009 IEEE-All Rights Reserved.
그림 4.33 Courtesy of Intel Corporation.
그림 5.2 (a) © Copyright 2010 IEEE-All Rights Reserved.
그림 5.2 (b) Courtesy of Intel Corporation.
그림 5.3 Courtesy of Intel Corporation.
그림 6.2 © Copyright IBM Corporation. All Rights Reserved.
그림 6.3 © Copyright 2001 IEEE-All Rights Reserved.
그림 6.4 From M. Pelgrom, "Nanometer CMOS: An Analog Design Challenge! IEEE Distinguished Lecture, Denver 2006. Reprinted by permission of the author. Figure courtesy of Boris Ljevar (NXP). All Rights Reserved.
그림 6.7 © Copyright 2010 IEEE-All Rights Reserved.
그림 6.8 © Copyright 2010 IEEE-All Rights Reserved.
그림 6.11 © Copyright 2010 IEEE-All Rights Reserved.
그림 6.15 © Copyright 2010 IEEE-All Rights Reserved.
그림 6.16 © 1997 Semiconductor Industry Association. All Rights Reserved.
그림 6.21 Courtesy Larry Pileggi.
그림 6.22 Courtesy of Texas Instruments.
그림 6.23 © Copyright 2006 IBM Corporation. All rights reserved.
그림 6.27 © Copyright 2010 IEEE-All Rights Reserved.
그림 6.30−6.38 Courtesy of Intel Corporation.
그림 8.62 Courtesy International Business Machines Corporation Unauthorized use not permitted.
그림 9.6 © Copyright 2002 IEEE-All Rights Reserved.
그림 10.38 © Copyright 2007 IEEE-All Rights Reserved.
그림 10.39 © Copyright 2009 IEEE-All Rights Reserved.
그림 11.16 (a) © Copyright 2000 IEEE-All Rights Reserved.
그림 11.16 (b) © Copyright 2002 IEEE-All Rights Reserved.
그림 11.16 (c) © Copyright 2004 IEEE-All Rights Reserved.
그림 11.16 (d) © Copyright 2007 IEEE-All Rights Reserved.
그림 11.16 (e) © Copyright 2008 IEEE-All Rights Reserved.
그림 11.36 © Copyright 2005 IEEE-All Rights Reserved.
그림 11.50 © Copyright 2008 IEEE-All Rights Reserved.
그림 11.62 © Copyright 2009 IEEE-All Rights Reserved.
그림 12.3 Courtesy of Intel Corporation.
그림 12.6 © Copyright Sun Microsystems, Inc.
그림 12.12 © Copyright 2008 IEEE-All Rights Reserved.
그림 12.13 © Copyright 2006 IEEE-All Rights Reserved.
그림 13.27 Copyright © 2000-2010 IC Knowledge. All Rights Reserved.
그림 14.7 © 2009 GGB Industries, reprinted with permission.
그림 14.9 © Copyright 2009 IEEE-All Rights Reserved.
그림 14.10 Courtesy of Intel Corporation.
그림 15.1 Courtesy of International Business Machines Corporation Unauthorized use not permitted.
그림 15.4 Copyright © 1998 SPIE. All Rights Reserved.
그림 15.6 © Copyright 2008 IEEE-All Rights Reserved.
그림 15.12 Courtesy of International Business Machines Corporation. Unauthorized use not permitted.
그림 15.13 Courtesy of International Business Machines Corporation. Unauthorized use not permitted.
그림 15.14 Courtesy of International Business Machines Corporation. Unauthorized use not permitted.
그림 15.18 © Copyright 2007 IEEE-All Rights Reserved.
그림 15.19 (a)(b) © Copyright 2005 IEEE-All Rights Reserved.
그림 15.22 Courtesy of International Business Machines Corporation. Unauthorized use not permitted.
그림 15.30 © Copyright 2005 IEEE-All Rights Reserved.
그림 15.31 © Copyright 2006 IEEE-All Rights Reserved.
그림 15.32 © Copyright 2008 IBM Corporation. All rights reserved.
그림 15.34 Courtesy of Intel Corporation.
그림 15.35 © Copyright 2003 IEEE-All Rights Reserved.
그림 15.38 Courtesy of Intel Corporation.
Artwork p. 694 © 1995-2010 by Michael W. Davidson and The Florida State University. All Rights Reserved. Reproduced with permission.

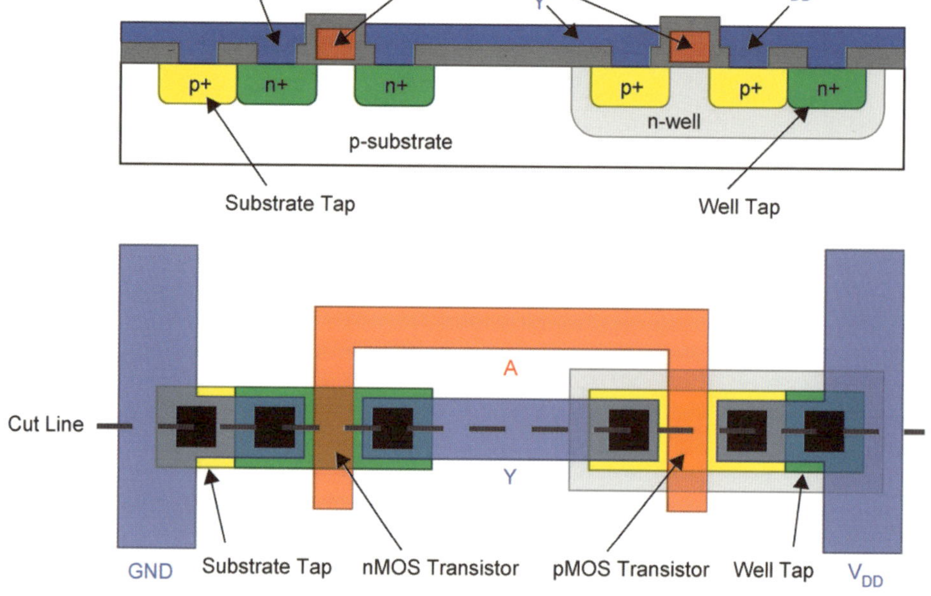

그림 1.34-1.35(a) 웰과 기판 접점을 갖는 인버터의 절단면

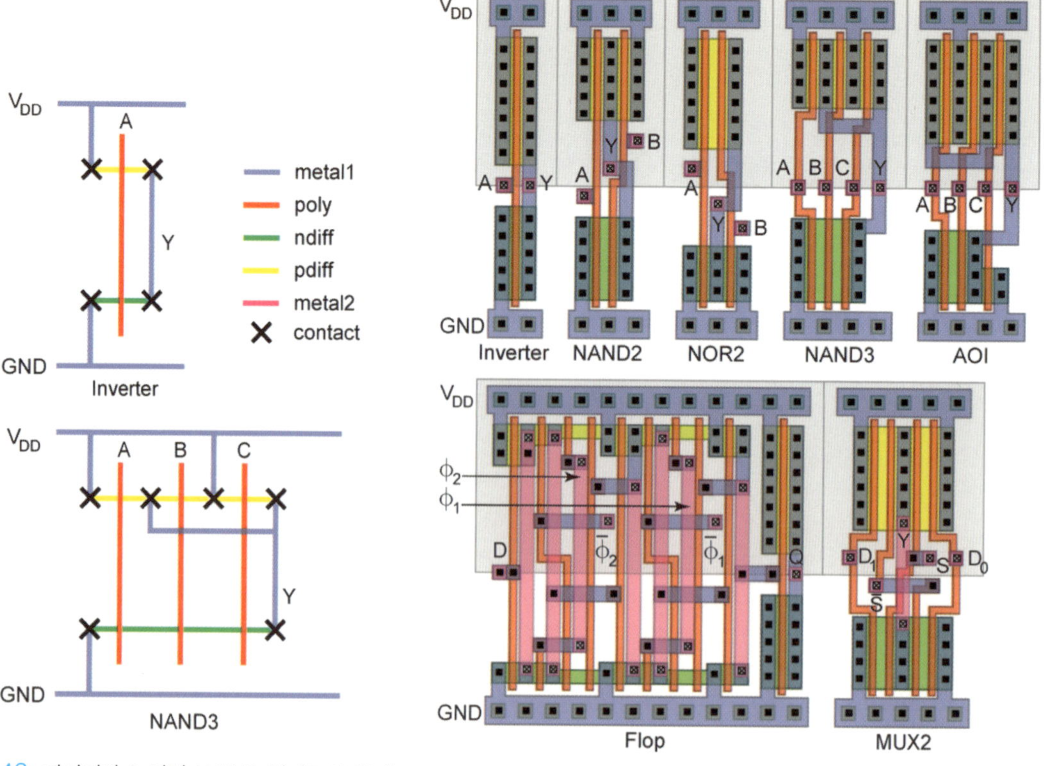

그림 1.43 인버터와 3-입력 NAND 게이트의 막대도

간단한 표준 셀 라이브러리

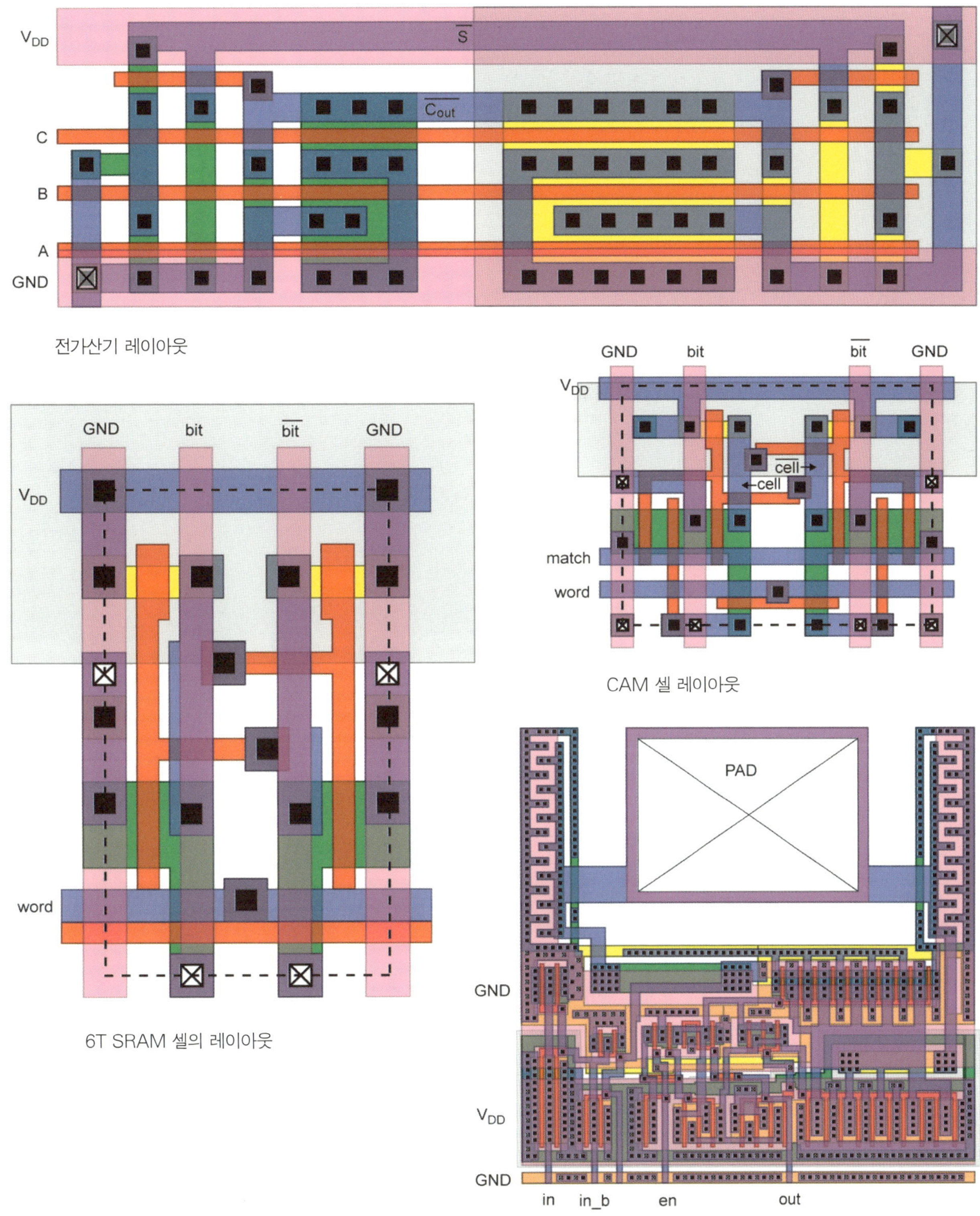

전가산기 레이아웃

6T SRAM 셀의 레이아웃

CAM 셀 레이아웃

I/O 패드 레이아웃